极化码原理与应用

牛 凯 编著

科 学 出 版 社

北 京

内 容 简 介

极化码是第一种达到信道容量极限的构造性编码，是信道编码理论的重大突破，已经成为第五代移动通信(5G)的信道编码标准。本书主要介绍极化码的原理与应用。全书共 8 章，包括绪论、信道编码基础、极化码基本理论、极化码构造与编码、极化码译码算法、硬件译码器设计、极化编码调制与极化信息处理。本书汇聚了作者十年极化码研究工作的精华，也尽可能收集了本领域的重要研究成果，力图反映极化码研究的学术前沿与最新进展。

本书可作为信息与通信工程学科的研究生教材，也可供需要了解 5G 移动通信技术的工程技术人员参考。

图书在版编目(CIP)数据

极化码原理与应用/牛凯编著. —北京：科学出版社，2021.12
ISBN 978-7-03-071269-1

Ⅰ. ①极…　Ⅱ. ①牛…　Ⅲ. ①信道编码-通信理论　Ⅳ. ①TN911.22

中国版本图书馆 CIP 数据核字(2021)第 274252 号

责任编辑：潘斯斯 / 责任校对：杨聪敏
责任印制：张　伟 / 封面设计：迷底书装

科 学 出 版 社 出版
北京东黄城根北街 16 号
邮政编码：100717
http://www.sciencep.com
北京中石油彩色印刷有限责任公司 印刷
科学出版社发行　各地新华书店经销
*
2021 年 12 月第 一 版　开本：787×1092　1/16
2023 年 1 月第二次印刷　印张：37
字数：875 000

定价：258.00 元
(如有印装质量问题，我社负责调换)

序

今天，由移动通信、互联网、光通信、卫星与微波通信等构成的信息基础设施，普遍采用差错控制编码保证信息可靠传输，编码技术已经成为信息社会的基石。1948 年，信息论创始人、美国科学家香农(C.E.Shannon)指出，理论上存在最佳的信道编码，能够达到信道容量极限，但并没有给出具体的构造方案。70 多年来，研究逼近信道容量极限的编码构造与实用化问题，被认为是信息与通信科学皇冠上的明珠。

信道编码技术具有重大的经济价值与社会效益。特别是在移动通信中，作为对抗无线传输差错与干扰的重要技术，信道编码既是移动通信标准的核心，也是全球厂商争夺的焦点。在第三代/第四代移动通信(The Third/Fourth Generation Mobile Communication, 3G/4G)系统中采用的 Turbo 码与卷积码都是由国外厂商主导的编码标准，中国厂商没有发言权，只能全盘接收，缴纳高昂的专利费。

为了满足高可靠与高频谱效率的系统需求，第五代移动通信(The Fifth Generation Mobile Communication, 5G)标准的信道编码发生了革命性变化。2016 年 11 月，在美国召开的 3GPP RAN1 87 会议上，关于 5G 信道编码的技术方案讨论，美国的 LDPC(低密度校验)方案、法国的 Turbo2.0 编码方案以及中国华为技术有限公司的 Polar Code(极化码)方案展开了激烈竞争。最终，华为技术有限公司主导的极化码入选了 5G 控制信道编码标准，这是中国在移动通信编码标准上的首次突破!

2008 年发明的极化码是第一种达到信道容量极限的构造性编码方案，是编码理论的重大突破，但还缺乏应用方面的深入研究。牛凯教授是一位在极化码理论与应用研究方面做出突出贡献的优秀学者。早在 2012 年，他提出了 CRC 级联极化编码与 CRC 辅助的串行抵消列表/堆栈译码方案，这种高性能编译码方案是极化码超越 Turbo/LDPC 码性能的关键，目前已经成为极化码研究的基准参考。2013 年，他提出的准均匀凿孔速率适配方案，具有低复杂度、高性能的技术优势，解决了极化码任意码长编码的难题。这些理论成果被华为技术有限公司标准提案引用，并写入 5G 编码标准。在极化码研究方面，中国企业与学者取得了重要成果，体现了中国在通信领域技术实力的提升，这是一件值得庆贺的事情。

极化码诞生以来，相关论文数量迅速增长，庞大的研究体系亟待进行梳理与归纳。牛凯教授编著的这部极化码专著，恰逢其时，为极化码研究人员提供了一本体例清晰、内容翔实的著作。

该书对极化码原理与应用进行了全面总结与系统阐述。在原理方面，全面介绍了信道极化基础理论；具体描述了极化码编码构造的各种关键方法与算法，反映了编码构造技术的最新进展；详细论述了极化码译码的典型方案与算法实现细节，全方位展示了极化码译码的研究前沿。在应用方面，介绍了极化码硬件译码器设计的关键技术；阐述了极化编码调制等诸多实用化的关键技术；最后基于广义极化观点，论述了极化信息处理

技术的基本原理。

由此可见，该书既对极化码基本理论进行了全面系统的阐述，又归纳总结了作者与极化码领域研究者的重要研究成果，能够展现极化码研究的最新前沿，是一部兼具基础性与前沿性的著作。

当前，学术界与工业界正在开展第六代移动通信(The Sixth Generation Mobile Communication, 6G)技术研究，极化码也是其中的重要候选技术。为此，我向业界推荐这部专著，相信它将对学习极化码的学生、研究人员与工程技术人员有所裨益，对于推动极化码在6G移动通信中的应用有积极意义。

中国工程院院士

2021年8月29日

前　言

我从事极化码研究已经十年了。

回首这十年的研究历程，跌宕起伏恰似信道极化的过程，珍藏的记忆浮现在眼前，历历在目。

十年前的仲夏，我南下香港，访问香港城市大学电子工程系张启图教授。张教授让我研读 Arıkan 的经典论文。甫一接触极化码，我立即被其优美的理论所吸引。彼时，尽管已有十年的信息论与编码学习及研究经历，但我从来没有想到，互信息链式法则这个信息论教科书上的基本工具，居然有如此大的威力，其能够用于容量可达的信道编码构造！与张教授多次如沐春风的讨论，坚定了我从事极化码研究的决心。三个月的访问转瞬即逝，改进有限码长下极化码的性能，成为我后续两年研究的核心目标。

进展出现在 2011 年初春，我将极化码译码归结为码树上的搜索，列表译码、堆栈译码等各种高性能的译码算法就像精灵一般，悬挂在枝头向我们招手。经过我的学生陈凯的仿真验证，列表译码、堆栈译码都能够达到最大似然译码性能，大幅度改善了极化码性能。但是改进后，极化码的性能仍然略差于 Turbo/LDPC 码。

我与陈凯在反复讨论与验证中度过了大半年，仿佛在茫茫黑夜中寻找一点光明。真正的突破出现在 2012 年 3 月 27 日晚上。由于有列表 Viterbi 译码的背景知识，我突然灵光乍现，建议陈凯把 CRC 码与极化码级联，采用 CRC 校验选择幸存路径，看是否能够提高译码性能。一两天后，陈凯激动地让我看结果，(1024,512)的 CRC-Polar 级联码的性能终于超越了 Turbo 码！我们找到了提升极化码性能的“金钥匙”，这真是“众里寻他千百度，蓦然回首，那人却在，灯火阑珊处”。整整一周，我沉浸在极度的兴奋与快乐中，那是一种犹如发现新大陆的奇妙感觉，无法用文字确切形容。

2012 年 5 月，我将撰写好的论文投稿到 *IEEE Communications Letters* 期刊。大约两周后，我突然收到了编辑部的邮件。编辑对论文的创新性提出疑问，询问我们是否参加过前一年的 IEEE 国际信息理论研讨会(ISIT)。因为 Tal 与 Vardy 在会议报告的 PPT 中，展示了类似的仿真结果。我的心情就像坐过山车一样，从高峰顿时跌入低谷。我冷静下来，仔细查阅他们的会议论文，包括 arXiv 预印本服务器上的版本，发现 Tal 与 Vardy 只是给出了列表译码性能，没有正式提到 CRC-Polar 级联码。而我们并没有参加 ISIT 2011 会议，因此有充足的理由表明，我们独立发现了 CRC-Polar 级联编译码方案。据理力争下，编辑部完全采信了我们的论证，这篇首次正式报道 CRC-Polar 级联码的重要论文才得以顺利发表。这一波折让我深刻体会到，参加国际学术盛会是必要的，但有时独立研究也能带来意想不到的幸运。

此后两年，是我极化码研究的井喷期，QUP 速率适配方案、HARQ 方案、极化编码调制等系列工作都获得了突破。陈凯也顺利毕业，加盟华为技术有限公司，推动极化码在 5G 标准中的应用研究。

2016 年 11 月 18 日，是令人难忘的日子。我正在出差途中，突然收到了陈凯转发的微信，极化码被正式接纳为 5G 控制信道编码标准！这是我研究生涯的又一个幸福时刻，CRC-Polar 级联码、QUP 凿孔方案都对 5G 极化码标准有实质性贡献。中国人的理论研究成果对 5G 移动通信设备产生了重要影响。对于一个学者而言，没有比这更好的奖励了。

极化码写入 5G 标准，并不是我研究之路的终点，反而是新的起点。时间追溯到 2013 年 7 月，在布拉格开往布达佩斯的火车上，我与陈凯热烈讨论极化码的发展方向。也许是沿途美景激发了想象力，电光石火间，我意识到极化是优化通信系统的统一方法，多天线、多用户、多载波都可以纳入统一的广义极化框架。历经数年，在我、戴金晟与陈凯的共同努力下，极化信息处理方案已经初步建立，为通信系统整体优化提供了新观点与新方法。

当前，极化码研究正在快速发展，大量的研究成果散见于期刊与会议论文，迫切需要对极化码理论进行全面的梳理总结。本书的出版，填补了极化码相关领域专著的空白，是我与合作者、学生十年极化码研究工作的总结。此外，我精心整理了学术同行代表性的研究成果，力图给读者呈现出极化码的研究全貌与前沿进展。

本书包括 8 章内容，第 1 章简述了信道编码的研究历史，然后按照从理论到应用的逻辑顺序组织全书内容。

理论方面，为了便于初学者入门，第 2 章简要介绍信道编码基础，既包括线性分组码与卷积码等经典理论，也涵盖 Turbo、LDPC 码等先进编码技术。读者只要有信息论与通信理论的基本背景，就能够方便地阅读。第 3 章全面介绍极化码基本理论，便于读者从整体角度理解极化码原理。第 4 章具体描述极化码编码构造的各种关键方法与算法细节，反映编码构造技术的最新进展。第 5 章详细论述极化码译码的典型方案与算法实现细节，全方位展示极化码译码的研究前沿。

应用方面，第 6 章简要介绍极化码硬件译码器设计的关键技术，对于工程实现具有重要的参考意义。第 7 章阐述极化编码调制，重点介绍极化码实用化的诸多关键技术原理。第 8 章论述极化信息处理，引入广义极化新观点，解释极化编码传输技术的基本原理。

本书主要面向极化码的初学者与研究人员。对于初学者，本书对极化码基本理论进行了系统全面的阐述，便于读者了解极化码研究的全貌。对于研究人员，本书总结了作者在极化码方面的研究成果，收集了截止到 2020 年底业界的重要工作，并添加了自己的理解与评述，希望能够展现极化码研究的最新前沿。

完成本书，首先要感谢张启图教授、吴伟陵教授、张平院士和李坪教授。张启图教授是我的极化码研究领路人，十年前与张教授的香江对谈，使我的研究跃上了高峰。吴伟陵教授是我的授业恩师，他深邃的洞察力帮我厘清了极化的信息论本质。张平院士是我的伯乐，他慧眼识珠，对我关怀备至，长期鼎力支持我的研究工作。李坪教授是编码领域令人尊敬的前辈，每次与他交谈，都令我获益匪浅。

其次，要感谢我指导的博士研究生陈凯、戴金晟，我的很多研究思路都是在与他们乐此不疲的讨论与验证中逐步成形的。也要感谢博士研究生周德坤、刘珍珍、杨芳僚及硕士研究生许郑磊、师争明、边鑫等，我组织本书内容时，大量参考了他们的毕业论文。同时，也感谢朴瑨楠、管笛、高健、董雁飞、李燕、吴泊霖、王炜、崔宏基、徐晋等同学，他们为本书成文提供了诸多文字与数据素材。

非常感谢国家自然科学基金项目(编号：61171099、61671080、62071058、92067202)、国家重点研发计划项目(编号：2018YFE0205501)对于基础研究的持续资助，也感谢华为技术有限公司、高通公司、中兴通讯股份有限公司等企业合作项目的长期支持。本书的研究成果，都是在这些项目资助下产生的。感谢所有从事极化码研究的学术界与企业界同行对我的长期支持。特别感谢科学出版社编辑潘斯斯，没有她的鞭策与鼓励，本书无法顺利完成。

最后，我把本书献给我的父亲与母亲、亲爱的妻子与可爱的儿子。父母的养育之恩难以报答，这本书是对他们常年付出的一点回馈。本书撰写时正值疫情，我的妻子承担了大量的家务劳动，乖巧懂事的儿子自觉安排学习，这才令我全身心投入写作。感谢我所有的亲人，你们是我科研事业的坚强后盾！

极化码研究的光明之路就在前方，我将坚定地走下去！

牛　凯

2020 年 12 月于北京

目　录

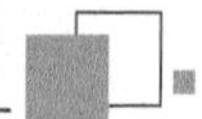

第1章 绪论

本章是全书的开篇，首先简要回顾信道编码的研究历史，然后概述极化码诞生与发展的历程，介绍第五代移动通信中的极化码标准化，最后说明全书的章节安排。

1.1 信道编码简史

1948 年，信息论创始人 Shannon(香农)在其奠基性论文[1]中，提出了著名的信道编码定理，表述如下：

给定离散无记忆信道W，存在互信息上界，即信道容量$C=\max I(W)$，小于信道容量的所有信息速率，即编码码率都是可达的。具体而言，对于任意$R\leqslant C$，存在一个$\left(2^{NR},N\right)$的码序列，当码长充分大，即$N\to\infty$时，码字差错概率$P_e\to 0$。反之，任意满足差错概率$P_e\to 0$的码序列必定有$R\leqslant C$。

这个定理揭示了编码码率R与信道容量C之间的本质关系[2]：信道容量是通信系统工作的分界点，当编码码率小于信道容量时，差错概率以指数速率趋于 0，而当编码码率大于容量时，差错概率以指数速率趋于 1。

Shannon 最早采用随机编码与典型序列译码证明信道编码定理[1,2]，但证明是存在性的，无法给出具体的编码构造。后来，Gallager[3]分析了编码码率R逼近信道容量C时，采用最大似然(ML)译码的差错概率收敛行为。

70 多年来，信道编码研究经历了跌宕起伏、峰回路转的发展历程，正如 Costello 与 Forney[4]指出的，设计逼近信道容量的编码方案成为信道编码研究的中心目标。20 世纪 50 年代，以汉明码[5]与卷积码[6]的发明为滥觞，代数编译码与概率编译码成为两条发展主线，推动信道编码几乎每 10 年就取得一个重大进展。

20 世纪 60～70 年代，BCH 码[7-9]、RS 码的发明与译码算法[10]研究，极大地推动了代数编译码理论的发展。同时，卷积码 Viterbi 译码算法[11]的发明，使卷积编译码成为通信系统的基本单元，Fano 译码算法[12]的发明，丰富了人们对码树搜索机制的认识，并引入了截止速率(Cutoff Rate)来刻画通信系统实际可达速率。1962 年，Gallager 发明了低密度奇偶校验码(LDPC)[13]，但很快被人们遗忘。Forney[14]提出的串行级联码异军突起，作为第一种可以逼近容量极限的信道编码，真正开启了人们对渐近好码的探求。

20 世纪 80 年代，Ungerboeck[15]提出的格图编码调制(TCM)技术，能够逼近高信噪比下的信道容量极限，推动了带限信道编码调制理论的发展，奠定了现代有线接入网物理层技术的基础。但是整个编码理论研究陷入沉寂，无论采用何种串行级联码，似乎都无法突破截止速率限，与 Shannon 限总有约 2dB 的差距，甚至有人宣称“编码已死”[16]。其间，只有 1981 年 Tanner 发明的 LDPC 码二分图表示[17](现称为 Tanner 图或因子图(Factor Graph)是为数不多的几个亮点之一，加强了图论与编码理论之间的关系。

20 世纪 90 年代信道编码的重大进展，就是提出带交织的并行/串行级联码结构和基于最大后验概率(MAP)的迭代译码算法。1993 年，Berrou 等发明的 Turbo 码[18,19]，在码长 $N=65536$，编码码率 $R=1/3$ 时，采用 1974 年提出的 BCJR 迭代译码[20]作为分量码译码算法，距离 Shannon 限只差 0.7dB，第一次突破了截止速率限。1999 年，第三代移动通信(3G)采用 Turbo 码作为数据业务编码标准，掀起了迭代编译码的研究热潮。1999 年，MacKay 重新发现了 LDPC 码[21]，验证了置信传播(BP)译码具有与 Turbo 码类似的纠错性能，同样能够逼近容量极限。在沉寂 30 多年后，LDPC 码重新回到了编码研究的中心位置。

Turbo 与 LDPC 码的设计，实际上采用了随机编码思想，符合 Shannon 证明信道编码定理的基本思路，从而能够在码长充分大时，逼近信道容量极限。这两种码的译码过程，都可以归结为因子图上的迭代译码，Richardson 与 Urbanke 的经典著作[22]奠定了它们的理论分析基础。基于因子图的分析与设计理论，不仅是最近 20 年编码界的研究热点，而且与人工智能、机器学习有密切联系[23,24]。但理论上，并不能严格证明两种编码在任意信道下容量可达。虽然 Chung 等构造了信噪比门限只与 Shannon 限相差 0.0045dB 的不规则 LDPC 码[25]，但这里的信噪比门限对应码长无限长。因此，LDPC 码实际上与容量极限仍然有一个不为零的微小差距，只能逼近而非达到容量极限。

当人们已满足于 Turbo/LDPC 码的研究现状，似乎信道编码即将终结时，极化码的诞生掀开了信道编码研究的新篇章。

1.2 极化码的诞生与发展

2008 年，Arıkan 在 IEEE 国际信息理论研讨会(ISIT)上首次提出了信道极化码(Polar Code)的概念[26]，第二年发表在 IEEE 信息论汇刊(*IEEE Transactions on Information Theory*)的经典文献[27]中，以严谨完美的理论框架，第一次证明了极化码能够达到二元对称信道的容量极限。极化码的诞生，标志着经过 60 年孜孜以求的探索，人们第一次构造出达到容量极限的编码。极化码的发明，意味着信道编码定理不再仅仅是存在性定理，信息论教材与专著都将改写。这是信道编码理论研究的重大突破。

2010 年，经典文献[27]获得 IEEE 信息论分会最佳论文奖。2018 年，Arıkan 教授获得了信息与通信领域的最高奖——香农奖，以奖励他在信道编码理论方面的杰出贡献。

极化码自诞生以来，得到了通信与编码理论界的高度关注，在众多学者的共同努力下，迅速发展壮大，成为新兴的研究领域，其影响并不局限在信道编码，而是逐步扩大到整个通信领域。图 1.2.1 给出了极化码研究方向的基本框架，以信道极化理论为基础，极化码不仅对传统的编码构造、译码算法、编码调制、信号处理产生重大影响，而且扩展到信源编码、多用户通信等多个领域，掀起通信系统设计的方法论革命。下面简要说明各个方向的代表性工作。

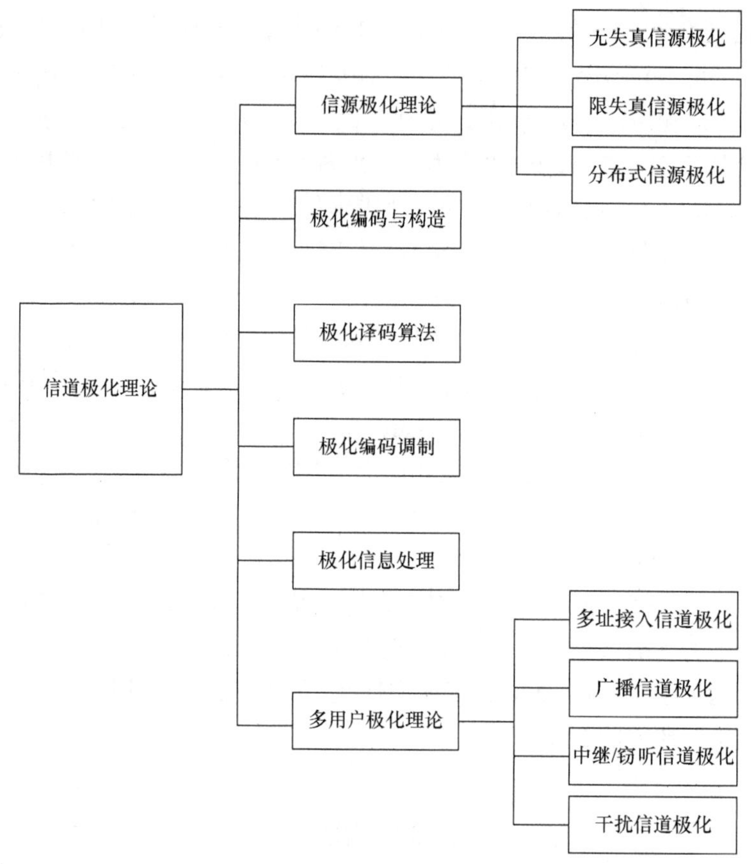

图 1.2.1　极化码研究方向概览

1. 信道极化理论

严格意义上，极化编码思想在 Arıkan 之前已经萌芽。早在 2002 年，Stolte 在其博士论文[28]中就提出了 OCBM(Optimized Construction for Bitwise Multistage)编码，这种编码的基本思想与极化码非常类似。2006 年，Dumer 和 Shabunov[29]也提出类似思想。尽管有这些先驱性工作，但建立完整严密的信道极化理论体系，严格证明极化码的容量可达性，要归功于 Arıkan。

Arıkan 引入的信道极化(Channel Polarization)[27]，是指将一组可靠性相同的二进制对称输入离散无记忆信道(Binary-input Discrete Memoryless Channel，B-DMC)采用递推编码的方法，变换为一组有相关性的、可靠性各不相同的极化子信道的过程，随着码长(信道数目)的增加，这些子信道呈现两极分化现象，好信道占总信道的比例极限趋于原信道容量。因此，信道极化是容量可达的编码构造方法，它将互信息链式法则应用于信道编码设计，是一种全新的编码设计思想。

Arıkan 的原始工作[27]只证明了极化码在 B-DMC 信道下的容量可达性，他与 Telatar 在文献[30]中证明采用 2×2 核矩阵 $\boldsymbol{F}$，极化码渐近($N\to\infty$)差错性能 $P_B(N)<2^{-N^{\beta}}$，其中，误差指数 $\beta<1/2$，换言之，极化码的差错概率随着码长的平方根指数下降。Korada 等进一步证明[31]，如果推广到 $l\times l$ 核矩阵，则渐近性能 $P_B(N)<2^{-N^{E_c(\boldsymbol{G})}}$，其中 $E_c(\boldsymbol{G})$是

生成矩阵 $\boldsymbol{G}$ 对应的差错指数。随着核矩阵维度增长，差错指数极限为 1，换言之，极化码渐近差错率随码长指数下降。这样极化码具有与随机编码一致的渐近差错性能，相当于给出了信道编码定理的构造性证明。

此外，Şaşoğlu 等扩展了信道模型[32]，证明信道极化方法对于任意离散无记忆信道都是容量可达的。Şaşoğlu 和 Tal 推广了信道行为[33]，证明信道极化方法同样适用于有记忆信道。正如 Korada 在其博士论文[34]中指出的：“Polarization is good for everything!”。所有满足对称性的通信系统，采用信道极化方法，都是容量可达的。信道极化是一种通信系统优化的革命性方法。

2. 信源极化理论

信源编码中也广泛存在极化现象，极化码是能够逼近熵 $H(U)$ 或率失真 $R(D)$ 函数的有效方法。对于极化码而言，信源编码是信道编码的对偶应用，即采用信道译码算法进行信源压缩，采用信道编码方法进行信源恢复。

Arıkan 首先研究了二元对称信源的无失真极化编码[35]，证明信源极化可以达到不等概信源熵。文献[36]推广到多元对称信源的无失真极化编码。Korada 和 Urbanke 讨论了限失真信源编码问题[37]，指出信道极化码对于有损信源编码是渐近最优方法，能够达到率失真函数 $R(D)$ 的下界。Mori 和 Tanaka[38]考虑了有限域与 Reed-Solomon 矩阵上的信源与信道极化问题。Arıkan 还证明了分布式信源场景中，极化编码能够达到 Slepian-Wolf 界[39]。但这些研究只侧重于理论探讨，信源极化编码的实用化设计工作还不多。例如，杨芳僚与牛凯等设计了极化编码量化方法[40]，应用于云无线接入网(C-RAN)的前传(Fronthaul)链路数据压缩，有显著的效果。

3. 多用户极化理论

多用户通信的典型信道模型，如多址接入(MAC)信道、广播(BC)信道、中继与窃听(Wiretap)信道、干扰(IC)信道等，都普遍存在极化现象。

对于多址接入信道，Şaşoğlu 等[41]最早讨论了两用户 MAC 信道的极化问题。有意思的是，两用户场景下，子信道会收敛于 5 个极值点，而不是通常的两个极值点。Abbe 与 Telatar 在文献[42]中，将两用户 MAC 推广到多用户 MAC，并考虑采用拟阵理论设计极化编码，可以达到 MAC 容量域。

对于广播信道，Goela 等[43]最早研究确定性广播与退化广播信道的极化。Mondelli 等[44]进一步证明，采用极化码，能够达到一般广播信道的 Marton 容量域。

对于中继信道，Andersson 等[45]最早设计了嵌入式极化码结构，并证明可以达到退化中继信道容量。进一步，Serrano 等[46]研究了协作中继场景下的极化编码构造。由于中继信道与窃听信道模型类似，往往合并研究。Mahdavifar 与 Vardy[47]证明采用极化码可以达到窃听信道的安全容量。

对于干扰信道，Appaiah 等[48]提出了极化对齐方案，可以达到相应容量界。Wang 和 Şaşoğlu[49]考虑了干扰网络中的极化编码设计问题。

目前，多用户通信极化的理论研究已经初具规模，但具有实用价值的多端极化编译码方案还不多见，仍然需要深入研究。

4. 极化编码与构造

极化码的编码构造，主要包括依赖信道条件的构造、独立信道条件的构造以及基于距离谱的构造三类方法。其中，依赖信道条件的构造算法，包括 Arıkan 提出的巴氏参数构造[27]，Mori 和 Tanaka 提出的密度进化(DE)[50]、Tal-Vardy 构造[51]，以及 Trifonov 提出的高斯近似(GA)[52]等代表性算法。这些算法的共同特点是需要根据初始信道条件，采用迭代运算构造极化码。独立信道条件的构造算法，主要包括 Schürch 提出的部分序[53]，以及 He 等提出的 PW 度量[54]，这两类方法具有通用性，便于实际应用。第三类构造方法，是考虑极化码代数编码性质的构造方法，例如，牛凯等[55]提出的极化谱构造方法，综合了上述两类构造方法的优点，是一种性能优越的新型构造方法。

2019 年，Arıkan 在香农讲座中提出 PAC(Polarization-Adjusted Convolutional)编码[56]，采用卷积码与极化码的级联方案，能够逼近有限码长容量极限。朴瑨楠与牛凯等在文献[57]中采用经过优化的 CRC-Polar 级联编码，与容量极限仅相差 0.025dB。这些工作表明，短码情况下，极化码是纠错性能最佳的编码方式。

5. 极化译码算法

当码长无限长时，极化码具有最优的渐近纠错性能，但有限码长条件下，由于逐级判决，Arıkan 提出的串行抵消(SC)译码算法[27]存在错误传播现象，是一种次优算法，因此性能较差，远逊于 Turbo/LDPC 码。

为了提升有限码长下极化码的性能，主流译码算法是对原始的 SC 译码算法进行改进增强。其中代表性方法包括：Tal 与 Vardy[58]、陈凯与牛凯[59]两个团队独立提出的串行抵消列表译码(SCL)算法，牛凯与陈凯[60]提出的串行抵消堆栈译码(SCS)算法、陈凯与牛凯等[61]提出的串行抵消混合译码(SCH)算法等，以及 Balatsoukas-Stimming 等[62]提出的基于对数似然比(LLR)的 SCL 算法。这些改进算法，显著提升了极化码的纠错性能，可以逼近 ML 译码性能。但是，即使采用这些增强型译码算法，极化码的纠错性能仍然与 Turbo/LDPC 码有一些差距。

为了进一步增强极化码性能，牛凯与陈凯在文献[63]中首次提出了循环冗余校验(Cyclic Redundancy Check，CRC)级联极化编码以及 CRC 辅助的串行抵消列表/堆栈(CA-SCL/SCS)译码算法。Tal 与 Vardy 在 SCL 算法的长文版本[64]中也补充了 CRC 辅助译码的结果。进一步，李斌等在文献[65]中提出了自适应的 CA-SCL 译码算法。在中短码长下，CRC-Polar 级联码以及 CA-SCL/SCS 译码算法构成的编译码方案，能够大幅度超越同等配置的 Turbo/LDPC 码，达到最优的差错性能，这是极化码入选 5G 移动通信标准的关键优势。牛凯等[66]对极化码的基本概念与编译码算法进行了详细梳理与总结，从模拟渐近等分割(AEP)性质的角度，对极化思想给出了理论诠释，这是全面反映极化码理论与应用的一篇综述论文。

6. 极化编码调制

极化码在通信系统中应用，必须要考虑各种实用化的编码调制技术，包括极化编码调制、速率适配、极化编码混合自动请求重传(Hybrid Automatic Repeat Request，HARQ)、衰落信道构造等。Seidl 等[67]提出的极化编码调制框架，引入了多级码极化编码调制与比特交织极化编码调制两种基本方案，成为后续研究的基准。陈凯与牛凯等[68]设计了并行信道中的极化码构造算法，具有重要的实用意义。

在极化码的原始构造中，码长限定为 2 的幂次，即 $N = 2^n$ ，不够灵活，难以扩展到任意码长，满足实际通信系统需求。为了克服这个局限，牛凯等在文献[69]中提出了准均匀凿孔(QUP)算法，这是一种近似最优的速率适配方法，既保证极化码的纠错性能，构造方法又简单高效，满足任意码长需求。王闰昕与刘荣科在文献[70]中设计的缩短算法，也是一种高性能的速率适配方法。基于这两种算法设计的速率适配极化码，性能显著优于同等配置下的 Turbo/LDPC 码，是极化码入选 5G 移动通信标准的又一个关键因素。

基于 QUP 凿孔算法，陈凯与牛凯等[71]提出了增量冗余的极化编码 HARQ 方案，与 Turbo/LDPC 编码 HARQ 方案相比，具有同等或更优的吞吐率性能。李斌等[72]提出的增量冻结 HARQ 方案，是一种不定速率容量可达编码方案，对于极化 HARQ 研究富有启发性。

Bravo-Santos[73]最早研究了极化码在 Rayleigh 信道下的渐近性能。Trifonov 考虑了 Rayleigh 信道的极化变换，设计了迭代构造算法[74]。周德坤与牛凯等在文献[75]中提出了衰落信道容量等效的构造算法，具有重要的实用意义。

7. 极化信息处理

Arıkan 在提出极化码之后预见性地指出，极化现象广泛存在于信号传输领域，许多经典理论用极化观点理解会有新的发现。牛凯等在文献[76]中，总结了通信系统中存在的广义极化现象，包括调制极化、天线极化、多用户极化等，并给出了极化信息处理的基本框架，为通信系统优化提供了新方法。戴金晟与牛凯等在文献[77]中，提出了极化编码 MIMO 系统框架，在文献[78]中，提出了极化编码 NOMA 系统框架。基于广义极化设计的通信系统，相比 Turbo/LDPC 编码系统，性能有显著提升。

为了推动极化码理论研究，2019 年 6 月，IEEE 通信学会发布了 *Best Readings in Polar Coding*[79]。在前言中，概述了出版这个在线刊物的目的，是从全世界已发表的极化码论文中精选重要论文，涵盖与总结极化编码理论基础、实用化的极化码构造与译码方案以及广义极化码等前沿方向，克服 Arıkan 经典极化码的局限，关注各种极化码的实用化技术与挑战。整个刊物包括专著(Textbooks)、综述(Overviews & Tutorials)、专刊(Special Issues)、标准协议(Standards-related Articles)以及七个技术专题(Topics)，总计 54 项读物。感兴趣的读者可以阅读这些重要文献。

非常荣幸的是，作者与合作者有三篇极化码论文[61,66,75]，分别入选了 *Best Readings in Polar Coding* 的三个主题，为极化码理论与实用化研究贡献了微薄之力。

1.3 第五代移动通信中的极化码标准化

信道编码历来是移动通信标准的核心技术，是各国争夺的战略制高点。从 2G 到 4G 移动通信系统，信道编码技术都掌握在国外厂商手中，中国厂商只能受制于人，缴纳高昂的专利费用。

为了满足未来移动互联网业务流量增长 1000 倍的需求，采用新型的信道编码技术，提高频谱利用率，逼近香农信道容量成为 5G 移动通信标准化的主流观点。信道编码技术

在 5G 时代的变革，为中国带来了新的历史机遇。其中，极化码、Turbo 码与 LDPC 码成为 5G 信道编码标准的三大候选技术。

在 2016～2018 年召开的 3GPP RAN1 85～91 次标准化会议上，各参与单位提出了共计 346 项极化码技术提案，这些提案发起单位包括华为技术有限公司、中兴通讯股份有限公司、大唐电信科技股份有限公司、紫光展锐(上海)科技有限公司、爱立信公司、诺基亚公司、NTT DOCOMO 公司以及高通公司等全球主流设备商。

众多提案以作者在文献[63]提出的 CRC-Polar 级联码作为编码结构，以 CA-SCL 算法作为译码算法，采用作者在文献[69]提出的凿孔算法作为速率适配方案展开进一步的实用化研究。其中，极化码标准化的主要推动者——华为技术有限公司在其代表性提案[80]中，以 CRC 辅助 SCL 译码以及 QUP 凿孔方案作为极化码编译码算法的基础框架。

2016 年 11 月 17 日(当地时间)，在美国召开的 3GPP RAN1 87 会议上，关于 5G 短码的技术方案讨论，LDPC(低密度校验码)/TBCC(咬尾卷积码)方案、Turbo2.0 编码方案以及极化码方案展开了激烈竞争。最终，极化码以具有低复杂度编译码与卓越纠错性能的双重优势，在残酷竞争中突破重围，成为 5G 标准控制信道编码的入选方案。

在 2018 年 3GPP 标准化组织正式发布的第一版 5G 信道编码标准[81]中，采用了文献[63]提出的 CRC-Polar 级联码、文献[69]提出的极化码凿孔算法。信道编码是移动通信最重要的基础技术，历经 3G、4G 两代标准，在接近 20 年的时间内没有大的变动。这次 5G 编码标准的技术突破，是极化码基础理论与应用技术研究相互促进的成果，标志着极化码从理论迈向应用的关键一步。我们欣喜地看到，作者的研究工作为 5G 极化码的标准化提供了理论基础，助力华为技术有限公司等中国企业在 5G 信道编码标准方面取得历史突破，打破国外厂商在信道编码领域的技术垄断。可以预见，未来将会有更多的通信系统采用极化码作为核心技术。

1.4 本书的组织结构

本书主要介绍极化码的基础理论成果以及重要的应用成果，按照从理论到应用的逻辑顺序组织全书内容。

第 1 章全面回顾了信道编码的研究历史，梳理与总结了极化码的诞生与发展历程，概要介绍了 5G 移动通信中的极化码标准化。

理论方面，主要包括第 2～5 章。其中，第 2 章信道编码基础，简要介绍了信道编码的基础理论。首先，概略介绍了线性分组码与卷积码等经典编码的基本原理；然后，重点介绍了两种先进信道编码——Turbo 码与 LDPC 码编码与译码算法的基本原理。

第 3 章极化码基本理论，全面介绍了信道极化理论。首先，引入了信道极化的基本概念；其次，详细介绍了极化码基本构造与编码原理；接着，重点论述了极化码的经典译码算法——串行抵消(Successive Cancellation, SC)译码以及各种近似与简化过程；然后，深入分析了极化码的差错性能界与容量可达性，并诠释了极化码思想的缘起；最后，探讨了信道极化理论的进一步推广。这一章的内容便于读者从整体角度理解极化码原理。

第 4 章极化码构造与编码，具体描述了极化码编码构造的各种关键方法与算法细节。

首先，介绍了极化码的代数编码性质，包括最小距离、距离谱以及性能界；其次，详细论述了极化码各种代表性的构造方法，包括巴氏参数构造、密度进化构造、Tal-Vardy 构造、高斯近似构造、独立信道构造、极化谱构造等，对这些方法的基本原理进行了深入分析与全面总结；最后，介绍了三类典型极化码的编码结构特征，包括系统极化码、串行级联极化码、并行级联极化码。这一章的内容全面反映了极化码构造与编码技术的最新进展。

第 5 章极化码译码算法，详细论述了极化码译码的典型方案与算法实现细节。首先，总结了极化码译码算法的基本分类，引入格图与码树这两类理论分析工具；其次，详细论述了 SC 译码的增强算法，包括列表译码算法、堆栈与序列译码算法、SCH 与 SCP 译码算法等，这些算法是极化码高性能译码的主流算法；再次，对 BP 与 SCAN 译码算法进行了详细论述，这两类算法是极化码软输出译码的重要代表；接着，介绍了比特翻转译码算法，它是极化码硬判决高吞吐率译码的典型算法；然后，详细论述了以球译码为代表的短码译码算法，这些算法能够达到或逼近最大似然译码性能；最后，介绍基于神经网络的译码算法。这一章的内容全方位展示了极化码译码的研究前沿。

应用方面，主要包括第 6～8 章。其中，第 6 章硬件译码器设计，概要介绍了极化码硬件译码器设计的关键技术。首先，描述了 SC 与 SCL 译码算法的最优量化方法；其次，详细分析了 SC 译码器架构，总结了典型的硬件译码器架构；再次，介绍了基于概率计算的 SC 译码器，这是极化码低时延低功耗译码的代表方案；最后，分析总结了 SCL 译码器的硬件架构。这一章的内容对于极化码译码器的工程实现具有重要的参考意义。

第 7 章极化编码调制，重点介绍了极化码实用化的诸多关键技术原理。首先，介绍了极化码速率适配的基本原理，包括最优凿孔与最优缩短算法，详细介绍了极化码编码与速率适配在 5G 标准中的具体应用；其次，针对衰落信道特征，详细论述了极化码构造的代表性方法；再次，深入分析与总结了极化编码 HARQ 的典型方案；最后，细致分析了极化编码调制与极化码编码成形的基本原理与方法。这一章的内容对于极化码在物理层传输中的应用有重要的参考价值。

第 8 章极化信息处理，引入广义极化新观点，论述了极化编码传输技术的基本原理。首先，引入了极化信息处理的统一框架；其次，针对 MIMO 系统，详细论述了广义信道极化变换原理以及极化信号传输方案；最后，针对非正交多址系统，详细描述了信道极化变换过程以及极化信号处理方案。这一章的内容对于应用极化思想，提升通信系统整体性能，具有重要的参考价值。

参 考 文 献

[1] SHANNON C E. A mathematical theory of communication [J]. Bell System Technology Journal, 1948, 27(3/4): 379-423, 623-656.

[2] COVER T M, THOMAS J A. Elements of information theory [M]. New York: John Wiley & Sons, 1991.

[3] GALLAGER R G. Information theory and reliable communication [M]. New York: John Wiley & Sons, 1968.

[4] COSTELLO D J, FORNEY G D. Channel coding: the road to channel capacity [J]. Proceedings of the IEEE, 2007, 95(6): 1150-1177.

[5] HAMMING R W. Error detecting and error correcting codes [J]. Bell System Technology Journal, 1950, 29: 147-160.

[6] ELIAS P. Coding for noisy channels [J]. Record of the IRE National Convention, 1955, 4: 37-46.

[7] BOSE R C, CHAUDHURI D K R. On a class of error correcting binary group codes [J]. Information Control, 1960, 3(1): 68-79.

[8] HOCQUENGHEM A. Codes correcteurs d'Erreurs [J]. Chiffres, 1959, 2: 147-156.

[9] REED I S, SOLOMON G. Polynomial codes over certain finite fields [J]. Journal of the Society for Industrial and Applied Mathematics, 1960, 8(2): 300-304.

[10] BERLEKAMP E R. Algebraic coding theory [M]. New York: McGraw-Hill, 1968.

[11] VITERBI A J. Error bounds for convolutional codes and an asymptotically optimum decoding algorithm [J]. IEEE Transactions on Information Theory, 1967, 13(2): 260-269.

[12] FANO R M. Heuristic discussion of probabilistic decoding [J]. IEEE Transactions on Information Theory, 1963, 9(2): 64-74.

[13] GALLAGER R. Low-density parity-check codes [J]. IRE Transactions on Information Theory, 1962, 8(1): 21-28.

[14] FORNEY Jr G D. Concatenated codes [M]. Cambridge: MIT Press, 1966.

[15] UNGERBOECK G. Channel coding with multilevel/phase signals [J]. IEEE Transactions on Information Theory, 1982, 28(1): 55-67.

[16] LUCKY R W. Coding is dead [M]. New Jersey: Wiley-IEEE Press, 1993: 243-245.

[17] TANNER R M. A recursive approach to low complexity codes [J]. IEEE Transactions on Information Theory, 1981, 27(5): 533-547.

[18] BERROU C, GLAVIEUX A, THITIMAJSHIMA P. Near Shannon limit error-correcting coding and decoding: Turbo codes [C]. IEEE International Conference on Communications, Geneva, 1993: 1064-1070.

[19] BERROU C, GLAVIEUX A. Near optimum error-correcting coding and decoding: Turbo codes [J]. IEEE Transactions on Communications, 1996, 44(10): 1261-1271.

[20] BAHL L R, COCKE J, JELINEK F, et al. Optimal decoding of linear codes for minimizing symbol error rate [J]. IEEE Transactions on Information Theory, 1974, 20(2): 284-287.

[21] MACKAY D J C. Good codes based on very sparse matrices [J]. IEEE Transactions on Information Theory, 1999, 45(2): 399-431.

[22] RICHARDSON T, URBANKE R L. Modern coding theory [M]. Cambridge: Cambridge University Press, 2007.

[23] PEARL J. Probabilistic reasoning in intelligent systems [M]. 2nd ed. San Francisco: Kaufmann, 1988.

[24] FREY B J. Graphical models for machine learning and digital communication [M]. Cambridge: MIT Press, 1998.

[25] CHUNG S Y, FORNEY Jr G D, RICHARDSON T J, et al. On the design of low-density parity-check codes within 0.0045 dB of the Shannon limit [J]. IEEE Communications Letters, 2001, 5(2): 58-60.

[26] ARIKAN E. Channel polarization: a method for constructing capacity-achieving codes for symmetric binary-input memoryless channels [C]. IEEE International Symposium on Information Theory, Toronto, 2008: 1173-1177.

[27] ARIKAN E. Channel polarization: a method for constructing capacity-achieving codes [J]. IEEE Transactions on Information Theory, 2009, 55(7): 3051-3073.

[28] STOLTE N. Recursive codes with the Plotkin-construction and their decoding [D]. Darmstadt: University of Technology Darmstadt, 2002.

[29] DUMER I, SHABUNOV K. Soft-decision decoding of Reed-Muller codes: recursive lists [J]. IEEE Transactions on Information Theory, 2006, 52(3): 1260-1266.

[30] ARIKAN E, TELATAR E. On the rate of channel polarization [C]. IEEE International Symposium on Information Theory, South Korea, 2009: 1493-1495.

[31] KORADA S B, ŞAŞOĞLU E, URBANKE R L. Polar codes: characterization of exponent, bounds, and constructions [J]. IEEE Transactions on Information Theory, 2010, 56(12): 6253-6264.

[32] ŞAŞOĞLU E, TELATAR E, ARIKAN E. Polarization for arbitrary discrete memoryless channels [C]. IEEE Information Theory Workshop (ITW), Taormina, 2009: 144-148.

[33] ŞAŞOĞLU E, TAL I. Polar coding for processes with memory [J]. IEEE Transactions on Information Theory, 2013, 65(4): 1994-2003.

[34] KORADA S B. Polar codes for channel and source coding [D]. Lausanne: Ecole Polytechnique Federale de Lausanne (EPFL), 2009.

[35] ARIKAN E. Source polarization [C]. IEEE International Symposium on Information Theory (ISIT), Austin, 2010: 899-903.

[36] ÇAYCI S, ARIKAN E. Lossless polar compression of g-ary sources [C]. IEEE International Symposium on Information Theory Proceedings, Istanbul, 2013: 1132-1136.

[37] KORADA S B, URBANKE R L. Polar codes are optimal for lossy source coding [J]. IEEE Transactions on Information Theory, 2010, 56(4): 1751-1768.

[38] MORI R, TANAKA T. Source and channel polarization over finite fields and Reed-Solomon matrices [J]. IEEE Transactions on Information Theory, 2014, 60(5): 2720-2736.

[39] ARIKAN E. Polar coding for the Slepian-Wolf problem based on monotone chain rules [C]. IEEE International Symposium on Information Theory Proceedings, Cambridge, 2012: 566-570.

[40] YANG F, NIU K, DONG C, et al. A novel two-stage compression scheme combining polar coding and linear prediction coding for fronthaul links in cloud-RAN [J]. IEICE Transactions on Communications, 2017, 100(5): 691-701.

[41] ŞAŞOĞLU E, TELATAR I E, YEH E. Polar codes for the two-user binary-input multiple-access channel [C]. IEEE Information Theory Workshop (ITW), Cairo Egypt, 2010: 1-5.

[42] ABBE E, TELATAR I E. Polar codes for the m-user multiple access channel [J]. IEEE Transactions on Information Theory, 2012, 58(8): 5437-5448.

[43] GOELA N, ABBE E, GASTPAR M. Polar codes for broadcast channels [C]. IEEE International Symposium on Information Theory (ISIT), Istanbul, 2013: 1127-1131.

[44] MONDELLI M, HASSANI S H, SASON I, et al. Achieving Marton's region for broadcast channels using polar codes [J]. IEEE Transactions on Information Theory, 2015, 61(2): 783-800.

[45] ANDERSSON M, RATHI V, THOBABEN R, et al. Nested polar codes for wiretap and relay channels [J]. IEEE Communications Letters, 2010, 14(8): 752-754.

[46] SERRANO R B, THOBABEN R, ANDERSSON M, et al. Polar codes for cooperative relaying [J]. IEEE Transactions on Communications, 2012, 60(11): 3263-3273.

[47] MAHDAVIFAR H, VARDY A. Achieving the secrecy capacity of wiretap channels using polar codes [J]. IEEE Transactions on Information Theory, 2011, 57(10): 6428-6443.

[48] APPAIAH K, KOYLUOGLU O O, VISHWANATH S. Polar alignment for interference networks [C]. Allerton Conference on Communication, Control, and Computing, Monticello, 2011: 240-246.

[49] WANG L, ŞAŞOĞLU E. Polar coding for interference networks [C]. IEEE International Symposium on Information Theory (ISIT), Honolulu, 2014: 311-315.

[50] MORI R, TANAKA T. Performance of polar codes with the construction using density evolution [J]. IEEE Communications Letters, 2009, 13(7): 519- 521.

[51] TAL I, VARDY A. How to construct polar codes [J]. IEEE Transactions on Information Theory, 2013, 59(10): 6562-6582.

[52] TRIFONOV P. Efficient design and decoding of polar codes [J]. IEEE Transactions on Communications, 2012, 60(11): 3221-3227.

[53] SCHÜRCH C. A partial order for the synthesized channels of a polar code [C]. IEEE International Symposium on Information Theory (ISIT), Barcelona, 2016: 220-224.

[54] HE G N, BELFIORE J C, LAND I, et al. β-expansion: a theoretical framework for fast and recursive construction of polar codes [C]. IEEE Global Communications Conference (GLOBECOM), Singapore, 2017: 1-6.

[55] NIU K, LI Y, WU W L. Polar codes: analysis and construction based on polar spectrum [EB/OL]. [2019-11-24]. https://arxiv.org/abs/1908.05889.

[56] ARIKAN E. From sequential decoding to channel polarization and back again [EB/OL]. [2019-09-09]. https://arxiv.org/abs/1908.09594.

[57] PIAO J, NIU K, DAI J, et al. Approaching the normal approximation of the finite blocklength capacity within 0.025 dB by short polar codes [J]. IEEE Wireless Communications Letters, 2020, 9(7): 1089-1092.

[58] TAL I, VARDY A. List decoding of polar codes [C]. IEEE International Symposium on Information Theory (ISIT), St.

Petersburg, 2011: 1-5.

[59] CHEN K, NIU K, LIN J R. List successive cancellation decoding of polar codes [J]. Electronics Letters, 2012, 48(9): 500-501.

[60] NIU K, CHEN K. Stack decoding of polar codes [J]. Electronics Letters, 2012, 48(12): 695-696.

[61] CHEN K, NIU K, LIN J R. Improved successive cancellation decoding of polar codes [J]. IEEE Transactions on Communications, 2013, 61(8): 3100-3107.

[62] BALATSOUKAS-STIMMING A, PARIZI M B, BURG A. LLR-based successive cancellation list decoding of polar codes [J]. IEEE Transactions on Signal Processing, 2015, 63(19): 5165-5179.

[63] NIU K, CHEN K. CRC-aided decoding of polar codes [J]. IEEE Communications Letters, 2012, 16(10): 1668-1671.

[64] TAL I, VARDY A. List decoding of polar codes [J]. IEEE Transactions on Information Theory, 2015, 61(5): 2213-2226.

[65] LI B, SHEN H, TSE D. An adaptive successive cancellation list decoder for polar codes with cyclic redundancy check [J]. IEEE Communications Letters, 2012, 16(12): 2044-2047.

[66] NIU K, CHEN K, ZHANG Q T. Polar codes：primary concepts and practical decoding algorithms [J]. IEEE Communications Magazine, 2014, 52(7): 192-203.

[67] SEIDL M, SCHENK A, STIERSTORFER C, et al. Polar-coded modulation [J]. IEEE Transactions on Communications, 2013, 61(10): 4108-4119.

[68] CHEN K, NIU K, LIN J R. Practical polar code construction over parallel channels [J]. IET Communications, 2013, 7(7): 620-627.

[69] NIU K, CHEN K, LIN J R. Beyond Turbo codes: rate-compatible punctured polar codes [C]. IEEE International Conference on Communications (ICC), Budapest Hungary, 2013: 3423-3427.

[70] WANG R X, LIU R K. A novel puncturing scheme for polar codes [J]. IEEE Communications Letters, 2014, 18(12): 2081-2084.

[71] CHEN K, NIU K, LIN J R. A hybrid ARQ scheme based on polar codes [J]. IEEE Communications Letters, 2013, 17(10): 1996 -1999.

[72] LI B, TSE D, CHEN K, et al. Capacity-achieving rateless polar codes [C]. IEEE International Symposium on Information Theory (ISIT), Barcelona Spain, 2016: 46-50.

[73] BRAVO-SANTOS A. Polar codes for the Rayleigh fading channel [J]. IEEE Communications Letters, 2013, 17(12): 2352-2355.

[74] TRIFONOV P. Design of polar codes for Rayleigh fading channel [C]. International Symposium on Wireless Communication Systems (ISWCS), Brussels Belgium, 2015: 331-335.

[75] ZHOU D K, NIU K, DONG C. Construction of polar codes in Rayleigh fading channel [J]. IEEE Communications Letters, 2019, 23(3): 402-405.

[76] 牛凯, 戴金晟, 朴瑨楠. 面向 6G 的极化码与极化信息处理[J]. 通信学报, 2020, 41(5): 9-17.

[77] DAI J C, NIU K, LIN J R. Polar-coded MIMO systems [J]. IEEE Transactions on Vehicular Technology, 2018, 67(7): 6170-6184.

[78] DAI J C, NIU K, SI Z, et al. Polar-coded non-orthogonal multiple access [J]. IEEE Transactions on Signal Processing, 2018, 66(5): 1374-1389.

[79] IEEE Communications Society. Best readings in polar coding [EB/OL]. [2019-06-01]. https://www. comsoc.org/publications/best-readings/polar-coding.

[80] Huawei, HiSilicon. Polar codes-encoding and decoding [S/OL]. [2016-05-23]. https://www.3gpp.org/ftp/tsg_ran/WG1_RL1/TSGR1 _85/Docs/R1-164039.zip.

[81] 3RD GENERATION PARTNERSHIP PROJECT (3GPP). Multiplexing and channel coding [S/OL]. [2018-01-02]. https://www.3gpp.org/Dyn aReport/38212.htm.

第2章 信道编码基础

本章简要介绍信道编码的基本理论，着重讨论信道编码的基本原理与实现方法以及分类，包括各类经典与现代信道编码技术。内容由浅入深，以分析举例为主，部分内容可作为选读，有关的理论证明和深入探讨，可参考其他图书。

2.1 信道编码的基本概念

2.1.1 信道编码的定义

信道编码是为了保证通信系统的传输可靠性，消除信道中的噪声和干扰，专门设计的一类抗干扰技术和方法。在发送端，编码器根据一定的(监督)规律在待发送的信息码元中(人为地)加入一些必要的(监督)码元；在接收端，译码器利用监督码元与信息码元之间的(监督)规律，发现和纠正差错，以提高信息码元传输的可靠性。称待发送的码元为信息码元，人为加入的多余码元为监督(或校验)码元。信道编码的目的是，以最少的监督码元为代价来最大限度地提高可靠性。

2.1.2 信道编码的分类

人们可以从不同的角度来分类，其中最常用的是从它的功能、结构和规律加以分类。

1. 从功能上分为三类

(1) 仅具有发现差错功能的检错码，如循环冗余校验(CRC)码、自动请求重发(ARQ)等。

(2) 具有自动纠正差错功能的纠错码，如循环码中的 BCH 码、RS 码以及卷积码、级联码、Turbo 码等。

(3) 既能检错又能纠错的信道编码，最典型的是混合 ARQ，又称为 HARQ。

2. 从结构和规律上分两大类

(1) 线性码：监督关系方程是线性方程的信道编码称为线性码，目前大部分实用化的信道编码均属于线性码，如线性分组码、线性卷积码都是经常采用的信道编码。

(2) 非线性码：一切监督关系方程不满足线性规律的信道编码均称为非线性码。

2.1.3 典型的信道编码

1. 线性分组码

它一般是按照代数规律构造的，故又称为代数编码。线性分组码中的分组是指编码方法是按信息分组来进行的，而线性则是指编码规律即监督位(校验位)与信息位之间的关系遵从线性规律。线性分组码一般可记为(n,k)码，即k位信息码元为一个分组，编成n位码元长度的码组，而$n-k$位为监督码元长度，码率为$R=k/n$。

在线性分组码中，最具有理论和实际价值的一个子类，称为循环码，因为具有循环移位性而得名，它的产生简单且具有很多可利用的代数结构和特性。目前，一些主要的有应用价值的线性分组码均属于循环码。例如，在每个信息码元分组中，仅能纠正一个独立差错的汉明(Hamming)码[1]；可以纠正多个独立差错的 BCH 码[2,3]；可以纠正单个突发差错的 Fire 码；可纠正多个独立或突发差错的 RS 码[4,5]。

2. 卷积码

这是一类非分组的有记忆编码，以编码规则遵从卷积运算而得名。一般可记为 (n,k,m) 码，其中，n 表示每次输出编码器的位数，k 表示每次输入编码器的位数，而 m 表示编码器中寄存器的节(个)数，它的约束长度为 $m+1$ 位。正是因为每时刻编码器输出 n 位码元，它不仅与该时刻输入的 k 位码元有关，而且还与编码器中 m 级寄存器记忆的以前若干时刻输入的信息码元有关，所以称它为非分组的有记忆编码。

卷积码的译码既可以采用与分组码类似的代数译码方法，也可以采用概率译码方法，在两类方法中，概率方法更常用。而且在概率译码方法中最常用的是具有最大似然译码特性的 Viterbi 译码算法。

3. 级联码

级联码是一种复合结构的编码，它不同于上述单一结构线性分组码和卷积码，它是由两个以上单一结构的短码，复合级联成更长编码的一种有效方式。

级联码分为串行级联码和并行级联码两种类型。传统意义上的级联码是指串行级联码，它可以由两个或两个以上同一类型、同一结构的短码级联构成，也可以由不同类型、不同结构的短码级联构成一个长码。典型的串行级联码是由内码为卷积码，外码为 RS 码串接级联构成一组长码，其性能优于单一结构长码，而复杂度又比单一结构长码简单得多。它已广泛用于航天与卫星通信中。级联码不仅有串行结构，也有并行结构，最典型的并行级联码是 Turbo 码，是由直接输出和有、无交织的同一类型的递归型简单卷积码三者并行的复合结构共同构成的。具体结构可参见 Turbo 码部分。

4. ARQ 与 HARQ

ARQ 和混合型 ARQ(HARQ)，是传送数据信息时经常采用的差错控制技术。

ARQ 与 HARQ 由于采用了反馈重传技术，因此时延较大，一般不适合于实时话音业务，而比较适合于对时延不敏感，但对可靠性要求很高的数据业务。

HARQ 是一种既能检错重发又能纠错的复合技术，它是将反馈重传的 ARQ 与自动前向纠错的 FEC 相结合，优势互补的一项新技术，在移动通信数据传输中有重要应用。

2.1.4　汉明距离与基本不等式

对于 (n,k) 线性码 $\mathcal{C}$，通常用 n 维二进制线性空间表征其代数结构，称为汉明(Hamming)空间。显然，集合 $\mathcal{C}$ 中含有 2^k 个码字，构成一个封闭的 k 维线性子空间。

定义 2.1　对于任意的两个码字向量 $\boldsymbol{C}_1,\boldsymbol{C}_2 \in \mathcal{C}$，它们取值不同的位置总数定义为汉明空间两个向量间的距离，简称汉明距离，即

$$d(\boldsymbol{C}_1,\boldsymbol{C}_2)=\sum_{i=1}^{n}(c_{1i}\oplus c_{2i}) \tag{2.1.1}$$

定义 2.2 对于任意的码字向量$\boldsymbol{C}\in\mathcal{C}$，它的非零元素集合为$\mathcal{L}_{\boldsymbol{C}}=\{l|c_l=1\}$，定义集合$\mathcal{L}_{\boldsymbol{C}}$的势$|\mathcal{L}_{\boldsymbol{C}}|$为汉明空间向量的模值，简称汉明重量，即

$$W(\boldsymbol{C})=\sum_{i=1}^{n}c_i=|\mathcal{L}_{\boldsymbol{C}}| \tag{2.1.2}$$

由于线性码对线性运算满足封闭性，因此全零向量$\mathbf{0}$必然是任意集合$\mathcal{C}$的码字。由此，可以得到汉明重量与汉明距离之间的关系：

$$d(\boldsymbol{C}_1,\boldsymbol{C}_2)=W(\boldsymbol{C}_1\oplus\boldsymbol{C}_2) \tag{2.1.3}$$

一般地，可以用最小汉明距离$d_{\min}(\mathcal{C})$衡量线性码的纠错或检错能力。显然，最小汉明距离等价于最小汉明重量，即$d_{\min}(\mathcal{C})=W_{\min}(\mathcal{C})$。求任意线性码的最小汉明距是NP问题，对于充分大的信息位长k与编码码长n，搜索算法的复杂度为指数复杂度，但对于特定编码，有可能通过分析其代数结构得到$d_{\min}(\mathcal{C})$。

定理 2.1 纠检错基本不等式

给定编码集合$\mathcal{C}$，如果要纠正t bit 错误，或者要检测e bit 错误，或者既纠正t bit 错误又检测e bit 错误，则其最小汉明距离分别满足下列不等式：

$$\begin{cases}d_{\min}(\mathcal{C})\geqslant 2t+1 & (\text{纠错不等式})\\ d_{\min}(\mathcal{C})\geqslant e+1 & (\text{检错不等式})\\ d_{\min}(\mathcal{C})\geqslant t+e+1 & (\text{既检错又纠错不等式})\end{cases} \tag{2.1.4}$$

这三个不等式给出了衡量线性码纠错和检错能力的必要条件，是设计线性编码时的重要参考。

2.2 线性分组码

2.2.1 线性分组码基本概念

以最简单的(7,3)线性分组码为例说明。这种码的信息码元以每 3 位一组进行编码，即输入编码器的信息位长度$k=3$，完成编码后输出编码器的码组长度为$n=7$，显然监督位长度$n-k=4$(位)，编码码率$R=\frac{k}{n}=\frac{3}{7}$。

例 2.1 (7, 3)线性分组码的编码方程。

输入信息码组为

$$\boldsymbol{U}=(U_0,U_1,U_2) \tag{2.2.1}$$

输出的码组为

$$\boldsymbol{C}=(C_0,C_1,C_2,C_3,C_4,C_5,C_6) \tag{2.2.2}$$

编码的线性方程组为

$$\begin{cases} \text{信息位}\begin{cases} C_0 = U_0 \\ C_1 = U_1 \\ C_2 = U_2 \end{cases} \\ \text{监督位}\begin{cases} C_3 = U_0 \oplus U_2 \\ C_4 = U_0 \oplus U_1 \oplus U_2 \\ C_5 = U_0 \oplus U_1 \\ C_6 = U_1 \oplus U_2 \end{cases} \end{cases} \tag{2.2.3}$$

可见，输出的码组中，前三位即信息位，后四位是监督位，它是前 3 个信息位的线性组合。

将式(2.2.3)写成相应的矩阵形式为

$$\boldsymbol{C} = (C_0, C_1, C_2, C_3, C_4, C_5, C_6) = (U_0, U_1, U_2)\begin{bmatrix} 1 & 0 & 0 & 1 & 1 & 1 & 0 \\ 0 & 1 & 0 & 0 & 1 & 1 & 1 \\ 0 & 0 & 1 & 1 & 1 & 0 & 1 \end{bmatrix} = \boldsymbol{U} \cdot \boldsymbol{G} \tag{2.2.4}$$

若 $\boldsymbol{G} = (\boldsymbol{I} \mid \boldsymbol{Q})$，其中，$\boldsymbol{I}$ 为单位矩阵，$\boldsymbol{Q}$ 是任意 1 合定的子矩阵，则称 $\boldsymbol{C}$ 为系统(组织)码。$\boldsymbol{G}$ 为生成矩阵，可见已知信息码组 $\boldsymbol{U}$ 与生成矩阵 $\boldsymbol{G}$，即可生成码组(字)。生成矩阵主要用于编码器产生码组(字)。

1. 监督方程组

若将式(2.2.3)中后四位监督方程组改为

$$\begin{cases} C_3 = U_0 \oplus U_2 = C_0 \oplus C_2 \\ C_4 = U_0 \oplus U_1 \oplus U_2 = C_0 \oplus C_1 \oplus C_2 \\ C_5 = U_0 \oplus U_1 = C_0 \oplus C_1 \\ C_6 = U_1 \oplus U_2 = C_1 \oplus C_2 \end{cases} \tag{2.2.5}$$

并将它进一步改写为

$$\begin{cases} C_0 \oplus C_2 \oplus C_3 = 0 \\ C_0 \oplus C_1 \oplus C_2 \oplus C_4 = 0 \\ C_0 \oplus C_1 \oplus C_5 = 0 \\ C_1 \oplus C_2 \oplus C_6 = 0 \end{cases} \tag{2.2.6}$$

将上述线性方程改写为下列矩阵形式为

$$\begin{bmatrix} 1 & 0 & 1 & 1 & 0 & 0 & 0 \\ 1 & 1 & 1 & 0 & 1 & 0 & 0 \\ 1 & 1 & 0 & 0 & 0 & 1 & 0 \\ 0 & 1 & 1 & 0 & 0 & 0 & 1 \end{bmatrix}\begin{bmatrix} C_0 \\ C_1 \\ C_2 \\ C_3 \\ C_4 \\ C_5 \\ C_6 \end{bmatrix} = \begin{bmatrix} 0 \\ 0 \\ 0 \\ 0 \end{bmatrix} \tag{2.2.7}$$

它可以表示为

$$\boldsymbol{H} \cdot \boldsymbol{C}^{\mathrm{T}} = \boldsymbol{0}^{\mathrm{T}} \tag{2.2.8}$$

称 $\boldsymbol{H}$ 为监督矩阵，若 $\boldsymbol{H} = (\boldsymbol{P} \mid \boldsymbol{I})$，其中，$\boldsymbol{I}$ 为单位矩阵，则称 $\boldsymbol{C}$ 为系统(组织)码。监督矩阵多用于译码。

2. 校正(伴随)子方程

若在接收端，接收信号为

$$\boldsymbol{Y} = (y_0, y_1, \cdots, y_{n-1}) \tag{2.2.9}$$

且

$$\boldsymbol{Y} = \boldsymbol{X} + \boldsymbol{n} = \boldsymbol{C} \oplus \boldsymbol{e} \tag{2.2.10}$$

其中，$\boldsymbol{C} = (C_0, C_1, \cdots, C_{n-1})$ 为发送的码组(字)；$\boldsymbol{e} = (e_0, e_1, \cdots, e_{n-1})$ 为传输中的误码。

由 $\boldsymbol{H} \cdot \boldsymbol{C}^{\mathrm{T}} = \boldsymbol{0}^{\mathrm{T}}$ 可知，若传输中无差错，即 $\boldsymbol{e} = \boldsymbol{0}$，则接收端必然要满足监督方程 $\boldsymbol{H} \cdot \boldsymbol{C}^{\mathrm{T}} = \boldsymbol{0}^{\mathrm{T}}$，若传输中有差错，即 $\boldsymbol{e} \neq \boldsymbol{0}$，则接收端监督方程应改为

$$\boldsymbol{H}\boldsymbol{Y}^{\mathrm{T}} = \boldsymbol{H}(\boldsymbol{C} \oplus \boldsymbol{e})^{\mathrm{T}} = \boldsymbol{H}\boldsymbol{C}^{\mathrm{T}} \oplus \boldsymbol{H}\boldsymbol{e}^{\mathrm{T}} = \boldsymbol{H}\boldsymbol{e}^{\mathrm{T}} = \boldsymbol{S}^{\mathrm{T}} \tag{2.2.11}$$

由式(2.2.11)还可求得

$$\boldsymbol{S} = (\boldsymbol{S}^{\mathrm{T}})^{\mathrm{T}} = (\boldsymbol{H}\boldsymbol{Y}^{\mathrm{T}})^{\mathrm{T}} = \boldsymbol{Y}\boldsymbol{H}^{\mathrm{T}} = \boldsymbol{C}\boldsymbol{H}^{\mathrm{T}} + \boldsymbol{e}\boldsymbol{H}^{\mathrm{T}} = \boldsymbol{e}\boldsymbol{H}^{\mathrm{T}} \tag{2.2.12}$$

称式(2.2.11)和式(2.2.12)为伴随式或校正子方程，接收端用它来译码。

理论上，求解伴随式方程，可以对任意线性分组码进行译码。但如果 n、k 充分大，进行多比特纠错时，伴随式译码复杂度极高，难以实用化。因此，需要设计代数结构更好的编码，进一步降低译码算法的复杂度。

2.2.2 循环码

循环码是线性分组码中最重要的一个子类。它的最大特点是理论上有成熟的代数结构，可采用码多项式描述，能够用移位寄存器来实现。

1. 循环码的多项式表示

循环码具有循环推移不变性：若 $\boldsymbol{C}$ 为循环码，$\boldsymbol{C} = (C_0, C_1, \cdots, C_{n-1})$，将 $\boldsymbol{C}$ 左移、右移若干位，性质不变，且具有循环周期 n。对任意一个周期为 n 的循环码可以找到唯一的 n 次码多项式表示，即两者之间可以建立如表 2.2.1 所示的一一对应的关系。

表 2.2.1　码多项式与码向量之间的对应关系

n 元码组	n 阶码多项式
$\boldsymbol{C} = (C_0, C_1, \cdots, C_{n-1})$	$C(x) = C_0 + C_1 x + \cdots + C_{n-1} x^{n-1}$
码组(字)之间的模二运算	码多项式间的乘积运算
有限域 $GF(2^k)$	码多项式域 $F_2(x) \bmod f(x)$

例 2.2　上述对应关系可以应用下面的例子说明。

$\boldsymbol{C}=(1\,1\,0\,1\,0)$	$C(x)=1+x+x^3$
右移一位为 0 1 1 0 1	$xC(x)=x+x^2+x^4$
两者模 2 加 $\begin{array}{r} 11010 \\ \oplus\ \ 01101 \\ \hline 10111 \end{array}$	两码多项式运算 $C(x)+xC(x)=C(x)(1+x)$ $\begin{array}{r} 1+x+x^3 \\ \times\ \ 1+x \\ \hline 1+x+x^3 \\ x+x^2+x^4 \\ \hline 1+x^2+x^3+x^4 \end{array}$

由上述两者之间的一一对应的同构关系，可以将在通常的有限域 $GF(2^k)$ 中的“同余”(模)运算进一步推广至多项式域，并进行多项式域中的“同余”(模)运算如下：

$$\frac{C(x)}{p(x)}=Q(x)+\frac{r(x)}{p(x)} \tag{2.2.13}$$

或写成

$$C(x)=r(x)\bmod p(x) \tag{2.2.14}$$

其中，$C(x)$为码多项式；$p(x)$为素(不可约)多项式；$Q(x)$为商；$r(x)$为余多项式。

2. 生成多项式和监督多项式

在循环码中，可将上面线性分组码的生成矩阵 $\boldsymbol{G}$ 与监督矩阵 $\boldsymbol{H}$ 进一步简化为对应生成多项式 $g(x)$ 和监督多项式 $h(x)$。

仍以(7,3)线性分组码为例，其生成矩阵可以表示为

$$\boldsymbol{G}=\begin{bmatrix} 1 & 0 & 0 & 1 & 1 & 1 & 0 \\ 0 & 1 & 0 & 0 & 1 & 1 & 1 \\ 0 & 0 & 1 & 1 & 1 & 0 & 1 \end{bmatrix} \tag{2.2.15}$$

将 $\boldsymbol{G}$ 作初等变换后可得

$$\begin{aligned}\boldsymbol{G}&=\begin{bmatrix} 0 & 0 & 1 & 0 & 1 & 1 & 1 \\ 0 & 1 & 0 & 1 & 1 & 1 & 0 \\ 1 & 0 & 1 & 1 & 1 & 0 & 0 \end{bmatrix}=\begin{bmatrix} x^2+x^4+x^5+x^6 \\ x\ \ +x^3+x^4+x^5 \\ 1\ \ +x^2+x^3+x^4 \end{bmatrix}\\ &=\begin{bmatrix} x^2\left(1+x^2+x^3+x^4\right) \\ x\left(1+x^2+x^3+x^4\right) \\ 1\left(1+x^2+x^3+x^4\right) \end{bmatrix}=\begin{bmatrix} x^2\cdot g(x) \\ x\cdot g(x) \\ 1\cdot g(x) \end{bmatrix}\end{aligned} \tag{2.2.16}$$

可见，利用循环特性，生成矩阵 $\boldsymbol{G}$ 可以进一步简化为生成多项式 $g(x)$。同理，监督矩阵 $\boldsymbol{H}$ 也可以进一步简化为监督多项式 $h(x)$，不再赘述。

BCH 码是一类最重要的循环码，它能在一个信息码元分组中纠正多个独立的随机差错。BCH 码是 1959～1960 年由三位学者——博斯(Bose)、查得胡里(Chaudhuri)和霍昆格姆(Hocquenghem)各自独立发现的二元线性循环码，故取三位学者人名字头的三个字母命名为 BCH 码[2,3]。BCH 码具有纠错能力强、构造方便、编译码较易实现等一系列优点。

BCH 码的生成多项式 $g(x)$ 为

$$g(x)=\mathrm{LCM}\left[m_1(x),m_3(x)\ ,\cdots,m_{2t-1}(x)\right] \tag{2.2.17}$$

其中，t 为纠错的个数；$m_i(x)$ 为素(不可约)多项式；LCM 为最小公倍操作。由上述生成多项式得到的循环码，称为 BCH 码。BCH 码的最小距离为 $d \geqslant d_0 = 2t+1$，其中，d_0 为设计距离，t 为能纠正的独立随机差错的个数。BCH 码可以分为两类：码长 $n=2^m-1$，称为本原 BCH 码或称为狭义 BCH 码；码长为 $n=2^m-1$ 的因子，称为非本原 BCH 码，或称为广义 BCH 码。

RS(Reed-Soloman)码[4]，是一种特殊的非二进制 BCH 码。$q=2^m(m>1)$，码元符号取自 $\mathrm{GF}(2^m)$ 的多进制 RS 码，可用来纠正突发差错。将输入信息以 km bit 为一组，每组 k 个符号，而每个符号由 m bit 组成，而不是 BCH 码的单比特。其码长 $n=2^m-1$ 个符号或 $m\left(2^m-1\right)$ bit，信息段包含 k 个符号或 km bit，监督段包含 $n-k=2t$ 个符号或 $m(n-k)=2mt$ bit，最小距离 $d_{\min}=2t+1$。

2.2.3 Reed-Muller 码

Reed-Muller(RM)码是一类纠正多比特差错的循环码，最早由 Muller 提出[6]，但第一个译码算法是由 Reed 设计的[7]。RM 码构造简单，结构丰富，可以有多种软判决与硬判决译码算法，与极化码有密切联系。

对于任意整数 m 与 r，$0 \leqslant r \leqslant m$，存在一个二进制 r 阶 RM 码，记为 $\mathrm{RM}(r,m)$，其码长 $n=2^m$，信息位长度为

$$k(r,m)=\sum_{i=0}^{r}\binom{m}{i}=1+\binom{m}{1}+\binom{m}{2}+\cdots+\binom{m}{r} \tag{2.2.18}$$

最小汉明距离：$d_{\min}=2^{m-r}$。例如，令 $m=10$，$r=5$，那么 $n=1024$，$k(5,10)=638$，$d_{\min}=32$，即存在一个最小距离为 32 的 $(1024,638)$ RM 码。

RM 码的生成矩阵可以由 Hadamard 矩阵递推得到，具体过程描述如下。

给定 2×2 的核矩阵 $\boldsymbol{F}_2=\begin{bmatrix}1 & 0\\ 1 & 1\end{bmatrix}$，则 m 阶 Hadamard 矩阵为 $\boldsymbol{F}_{2^m}=\boldsymbol{F}_2^{\otimes m}=\underbrace{\boldsymbol{F}_2\otimes\boldsymbol{F}_2\otimes\cdots\otimes\boldsymbol{F}_2}_{m个}$，其中，$\otimes$ 表示矩阵 Kronecker 积运算，即将核矩阵 $\boldsymbol{F}_2$ 进行 m 次 Kronecker 积，得到一般的 Hadamard 矩阵。

码长 $n=2^m$ 的 r 阶 RM 码 $\mathrm{RM}(r,m)$，其生成矩阵 $\boldsymbol{G}_{rm}(r,m)$ 由 Hadamard 矩阵 $\boldsymbol{F}_n$ 的重

量为不小于 2^{m-r} 的所有行向量构成。

例 2.3　令 $m=3$，则相应的 Hadamard 矩阵为

$$F_8=\begin{bmatrix}1&0&0&0&0&0&0&0\\1&1&0&0&0&0&0&0\\1&0&1&0&0&0&0&0\\1&1&1&1&0&0&0&0\\1&0&0&0&1&0&0&0\\1&1&0&0&1&1&0&0\\1&0&1&0&1&0&1&0\\1&1&1&1&1&1&1&1\end{bmatrix} \tag{2.2.19}$$

则码长为 8 的 1 阶 RM(1,3) 码，其生成矩阵 $G_{rm}(1,3)$ 由矩阵 F_8 中所有重量为 4 与 8 的行向量组成，可以得到

$$G_{rm}(1,3)=\begin{bmatrix}1&1&1&1&0&0&0&0\\1&1&0&0&1&1&0&0\\1&0&1&0&1&0&1&0\\1&1&1&1&1&1&1&1\end{bmatrix} \tag{2.2.20}$$

RM 码的另一种常见编码构造是 Plotkin 递推结构 $|\boldsymbol{u}+\boldsymbol{v}|\boldsymbol{u}|$。设 $\boldsymbol{u}=(u_1,u_2,\cdots,u_n)\in\mathcal{C}_1$ 与 $\boldsymbol{v}=(v_1,v_2,\cdots,v_n)\in\mathcal{C}_2$ 分别为线性分组码 $\mathcal{C}_1$ 与 $\mathcal{C}_2$ 的两个 n 维码字，则可以按照 Plotkin 结构，构造如下的码长为 $2n$ 的线性分组码：

$$\mathcal{C}=\left[\mathcal{C}_1+\mathcal{C}_2|\mathcal{C}_1\right]=\left\{|\boldsymbol{u}+\boldsymbol{v}|\boldsymbol{u}|:\boldsymbol{u}\in\mathcal{C}_1,\boldsymbol{v}\in\mathcal{C}_2\right\} \tag{2.2.21}$$

假设 $\mathcal{C}_1$ 的生成矩阵为 $\boldsymbol{G}_1$，$\mathcal{C}_2$ 的生成矩阵为 $\boldsymbol{G}_2$，则 $\mathcal{C}$ 的生成矩阵为

$$\boldsymbol{G}=\begin{bmatrix}\boldsymbol{G}_1&\boldsymbol{0}\\\boldsymbol{G}_1&\boldsymbol{G}_2\end{bmatrix} \tag{2.2.22}$$

定理 2.2　假设 $\mathcal{C}_i$ 为生成矩阵和最小距离为 $\boldsymbol{G}_i$ 与 d_i 的二进制 (n,k_i) 线性分组码 $(i=1,2)$，且 $d_2>d_1$，则采用 Plotkin 结构得到的 $\mathcal{C}$ 是二进制 $(2n,k_1+k_2)$ 线性分组码，其最小距离满足 $d_{\min}(\mathcal{C})=\min\{2d_1,d_2\}$。

证明　令 $\boldsymbol{x}=|\boldsymbol{u}+\boldsymbol{v}|\boldsymbol{u}|$ 以及 $\boldsymbol{y}=|\boldsymbol{u}'+\boldsymbol{v}'|\boldsymbol{u}'|$ 为 $\mathcal{C}$ 中两个不同的码字，它们之间的汉明距离可以表示为汉明重量，即

$$d(\boldsymbol{x},\boldsymbol{y})=w(\boldsymbol{u}+\boldsymbol{u}')+w(\boldsymbol{u}+\boldsymbol{u}'+\boldsymbol{v}+\boldsymbol{v}') \tag{2.2.23}$$

下面考虑两种情况，$\boldsymbol{v}=\boldsymbol{v}'$ 与 $\boldsymbol{v}\neq\boldsymbol{v}'$。

如果 $\boldsymbol{v}=\boldsymbol{v}'$，由于 $\boldsymbol{x}\neq\boldsymbol{y}$，一定有 $\boldsymbol{u}=\boldsymbol{u}'$。这种情况下

$$d(\boldsymbol{x},\boldsymbol{y})=w(\boldsymbol{u}+\boldsymbol{u}')+w(\boldsymbol{u}+\boldsymbol{u}') \tag{2.2.24}$$

由于 $\boldsymbol{u}+\boldsymbol{u}'$ 是 $\mathcal{C}_1$ 的非零码字，因此 $w(\boldsymbol{u}+\boldsymbol{u}')\geqslant d_1$，可得

$$d(\boldsymbol{x},\boldsymbol{y})\geqslant 2d_1 \tag{2.2.25}$$

如果$\boldsymbol{v} \neq \boldsymbol{v}'$，由汉明距离的三角不等式$d(\boldsymbol{a},\boldsymbol{b}) = w(\boldsymbol{a}+\boldsymbol{b}) \geqslant w(\boldsymbol{a}) - w(\boldsymbol{b})$，可以得到

$$d(\boldsymbol{x},\boldsymbol{y}) \geqslant w(\boldsymbol{u}+\boldsymbol{u}') + w(\boldsymbol{v}+\boldsymbol{v}') - w(\boldsymbol{u}+\boldsymbol{u}') = w(\boldsymbol{v}+\boldsymbol{v}') \tag{2.2.26}$$

由于$\boldsymbol{v}+\boldsymbol{v}'$是$\mathcal{C}_2$的非零码字，因此$w(\boldsymbol{v}+\boldsymbol{v}') \geqslant d_2$，可得

$$d(\boldsymbol{x},\boldsymbol{y}) \geqslant d_2 \tag{2.2.27}$$

综合上述两种情况，得到$d(\boldsymbol{x},\boldsymbol{y}) \geqslant \{2d_1, d_2\}$，定理得证。

基于 Plotkin 结构，码长$n = 2^m$，r阶的$\mathrm{RM}(r,m)$码可以由如下方式递推构造：

$$\mathrm{RM}(r,m) = \{|\boldsymbol{u}+\boldsymbol{v}|\boldsymbol{u}| : \boldsymbol{u} \in \mathrm{RM}(r,m-1), \boldsymbol{v} \in \mathrm{RM}(r-1,m-1)\} \tag{2.2.28}$$

其生成矩阵为

$$\boldsymbol{G}_{rm}(r,m) = \begin{bmatrix} \boldsymbol{G}_{rm}(r,m-1) & \boldsymbol{0} \\ \boldsymbol{G}_{rm}(r,m-1) & \boldsymbol{G}_{rm}(r-1,m-1) \end{bmatrix} \tag{2.2.29}$$

RM 码具有丰富的结构特性，便于采用硬判决或软判决译码算法。Reed 提出的译码算法[7]，实质上是一种逐步判决的大数逻辑硬判决译码算法，会存在错误传播现象。Dumer 对 RM 码译码算法进行了广泛而深入的研究，提出了列表译码(List Decoding)算法[8]。RM 码也可以在因子图上采用迭代(BP)译码算法。尽管 RM 的最小距离特性不如 BCH 码，但其具有低复杂度的编译码算法，是一种有竞争力的信道编码方案。

2.2.4 检错码

循环码特别适合于检错，这是由于它既有很强的检错能力，同时实现也比较简单。CRC 码就是常用的检错码。它能发现突发长度小于或等于$n-k+1$的突发错误，其中不可检测错误比例为$2^{-(n-k-1)}$，能发现大部分突发长度大于$n-k+1$的突发错误，其中不可检测错误比例为$2^{-(n-k)}$，能发现所有不大于最小距离$d_{\min}-1$的错误以及所有奇数个错误。

已成为国际标准的常用 CRC 码有以下四种。

CRC-12：其生成多项式为

$$g(x) = 1 + x + x^2 + x^3 + x^{11} + x^{12} \tag{2.2.30}$$

CRC-16：其生成多项式为

$$g(x) = 1 + x^2 + x^{15} + x^{16} \tag{2.2.31}$$

CRC-CCITT：其生成多项式为

$$g(x) = 1 + x^5 + x^{12} + x^{16} \tag{2.2.32}$$

CRC-32：其生成多项式为

$$g(x) = 1 + x + x^2 + x^4 + x^5 + x^7 + x^8 + x^{10} + x^{11} + x^{12} + x^{16} + x^{22} + x^{23} + x^{26} + x^{32} \tag{2.2.33}$$

其中，CRC-12 用于字符长度为 6bit 的情况，其余 3 种均用于 8bit 字符。

2.3　卷　积　码

2.3.1　基本概念

卷积码不同于上述的线性分组码和循环码，它是一类有记忆的非分组码。卷积码一般可记为(n,k,m)码。其中，n表示编码器输出端码元数，k表示编码器输入端信息数据位，而m表示编码器中寄存器的节数。从编码器输入端看，卷积码仍然是每k位数据一组，分组输入。从编码器输出端看，卷积码是非分组的，它输出的n位码元不仅与当时输入的k位数据有关，而且还进一步与编码器中寄存器的以前分组的m位输入数据有关。所以它是一个有记忆的非分组码。

由于卷积码的编码规则遵从卷积运算规律，卷积码因此而得名。卷积码为有记忆编码，其记忆或称约束长度$l = m+1$，其中，m为编码器中寄存器的节数。

卷积码编码器的典型结构可看作由k个输入端、n个输出端、m级寄存器构成的有限状态的有记忆系统，也可看作一个有记忆的时序网络。

卷积码的典型编码器结构如图 2.3.1 所示。

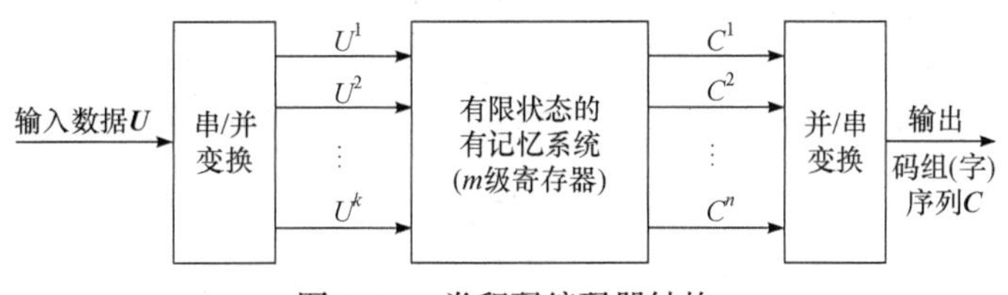

图 2.3.1　卷积码编码器结构

2.3.2　卷积码的描述

卷积码的描述可以分为两大类型。解析法：它可以用数学公式直接表达，包括离散卷积法、生成矩阵法、码生成多项式法。图形法：包括状态图(最基本的图形表达形式)、树图以及格图(或称为篱笆图)。

下面以(2,1,2)卷积码为例，说明卷积码编码过程，如图 2.3.2 所示。

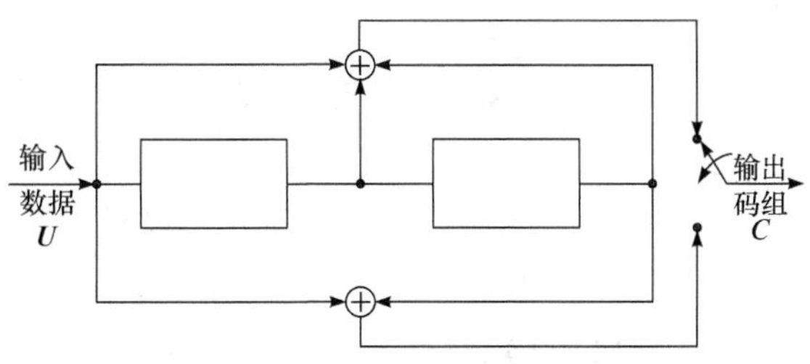

图 2.3.2　(2,1,2)卷积码编码器

其中，$k=1$，$n=2$，$m=2$，它可以分别采用离散卷积、生成矩阵和码多项式三种等效的方法描述，下面将分别予以介绍。

1. 离散卷积法

若输入数据序列为

$$\boldsymbol{U}=\left(U_0,U_1,\cdots,U_{k-1},U_k,\cdots\right) \tag{2.3.1}$$

这里经串/并变换后，输入编码器为一路，经编码后输出为两路码组，它们分别为

$$\boldsymbol{C}^1=\left(C_0^1,C_1^1,\cdots,C_{n-1}^1,C_n^1,\cdots\right) \tag{2.3.2}$$

$$\boldsymbol{C}^2=\left(C_0^2,C_1^2,\cdots,C_{n-1}^2,C_n^2,\cdots\right) \tag{2.3.3}$$

卷积码的离散卷积表达式为

$$\begin{aligned}\boldsymbol{C}^1&=\boldsymbol{U}*\boldsymbol{g}^1\\ \boldsymbol{C}^2&=\boldsymbol{U}*\boldsymbol{g}^2\\ \boldsymbol{C}&=\left(\boldsymbol{C}^1,\boldsymbol{C}^2\right)\end{aligned} \tag{2.3.4}$$

其中，$\boldsymbol{g}^1$ 与 $\boldsymbol{g}^2$ 为两路输出中编码器的脉冲冲击响应，即当输入为 $\boldsymbol{U}=\left(1\ 0\ 0\ 0\ \cdots\right)$ 的单位脉冲时，图 2.3.2 中上、下两个模 2 加观察到的输出值。这时有

$$\begin{aligned}\boldsymbol{g}^1&=\left(111\right)\\ \boldsymbol{g}^2&=\left(101\right)\end{aligned} \tag{2.3.5}$$

若输入数据序列为

$$\boldsymbol{U}=\left(1\ 0\ 1\ 1\ 1\right) \tag{2.3.6}$$

则有

$$\begin{aligned}\boldsymbol{C}^1&=\boldsymbol{U}*\boldsymbol{g}^1=\left(1\ 0\ 1\ 1\ 1\right)*\left(1\ 1\ 1\right)=\left(1\ 1\ 0\ 0\ 1\ 0\ 1\right)\\ \boldsymbol{C}^2&=\boldsymbol{U}*\boldsymbol{g}^2=\left(1\ 0\ 1\ 1\ 1\right)*\left(1\ 0\ 1\right)=\left(1\ 0\ 0\ 1\ 0\ 1\ 1\right)\end{aligned} \tag{2.3.7}$$

$$\boldsymbol{C}=\left(\boldsymbol{C}^1,\boldsymbol{C}^2\right)=\left(11,10,00,01,10,01,11\right) \tag{2.3.8}$$

2. 生成矩阵法

离散卷积法是卷积码中首先给出的解析表达式法，并因此而命名为卷积码。人们经过进一步的分析发现，卷积码也可以采用类似于线性分组码和循环码分析中常采用的两类方法：生成矩阵法和码多项式法。前者多用于理论分析，后者多用于工程实现。

仍以上述(2,1,2)卷积码为例，由生成矩阵表达式形式有

$$\begin{aligned}\boldsymbol{C}&=\boldsymbol{U}\cdot\boldsymbol{G}\\ &=\left(U_0\,U_1U_2\,U_3U_4\right)\begin{bmatrix}g_0^1g_0^2 & g_1^1g_1^2 & g_2^1g_2^2 & & 0\\ & g_0^1g_0^2 & g_1^1g_1^2 & g_2^1g_2^2 & \\ 0 & & g_0^1g_0^2 & g_1^1g_1^2 & g_2^1g_2^2\\ & & \cdots & \cdots & \cdots\end{bmatrix}\\ &=\left(1\ 0\ 1\ 1\ 1\right)\begin{bmatrix}11 & 10 & 11 & & & & \\ & 11 & 10 & 11 & & 0 & \\ & & 11 & 10 & 11 & & \\ & 0 & & 11 & 10 & 11 & \\ & & & & 11 & 10 & 11\end{bmatrix}\\ &=\left(11,10,00,01,10,01,11\right)\end{aligned} \tag{2.3.9}$$

由式(2.3.9)可见，若 $\boldsymbol{U}$ 为无限长数据序列，则生成矩阵为一个有头无尾的半无限矩阵。由生成矩阵解析式，可以更清楚地看出卷积码的非分组性质。

3. 码多项式法

为了简化，仍以上述 $(2,1,2)$ 卷积码为例。输入数据序列及其对应的多项式为

$$\boldsymbol{U}=(10111),\quad U(x)=1+x^2+x^3+x^4$$

$$\boldsymbol{g}^1=(111),\quad g_1(x)=1+x+x^2$$

$$\boldsymbol{g}^2=(101),\quad g_2(x)=1+x^2$$

输出的码组多项式为

$$\begin{aligned}C_1(x)&=U(x)g_1(x)=\left(1+x^2+x^3+x^4\right)\left(1+x+x^2\right)\\&=1+x^2+x^3+x^4+x+x^3+x^4+x^5+x^2+x^4+x^5+x^6\\&=1+x+x^4+x^6\end{aligned}\tag{2.3.10}$$

$$\begin{aligned}C_2(x)&=U(x)g_2(x)\\&=\left(1+x^2+x^3+x^4\right)\left(1+x^2\right)\\&=1+x^3+x^5+x^6\end{aligned}\tag{2.3.11}$$

对应的码组：

$$C_1(x)=1+x+x^4+x^6 \leftrightarrow \boldsymbol{C}^1=(1\ 1\ 0\ 0\ 1\ 0\ 1)$$

$$C_2(x)=1+x^3+x^5+x^6 \leftrightarrow \boldsymbol{C}^2=(1\ 0\ 0\ 1\ 0\ 1\ 1)$$

$$\boldsymbol{C}=\left(\boldsymbol{C}^1,\boldsymbol{C}^2\right)=(11,10,00,01,10,01,11)\tag{2.3.12}$$

对比三种不同描述方式，同一个 $(2,1,2)$ 卷积编码器，可获得的结果分别为式(2.3.8)、式(2.3.9)以及式(2.3.12)，显然它们是完全一样的。

下面，我们再给出一个例子，是 $(3,1,2)$ 卷积码，其编码器结构如图 2.3.3 所示。

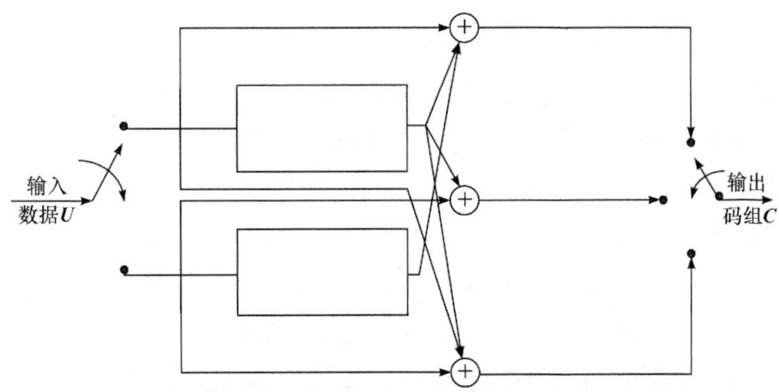

图 2.3.3 (3,2,1)卷积码编码器

其中，$k=2$，$n=3$，$m=1$。若输入数据序列 $\boldsymbol{u}=(1\ 1\ 0\ 1\ 1\ 0)$，由图 2.3.3 可知，将它分为并行的两路，其中，$\boldsymbol{u}^1=(101)$，$\boldsymbol{u}^2=(110)$。编码器的生成序列也可由图 2.3.3 分别写出。

$$\begin{aligned} &\boldsymbol{g}_1^1=(11), \quad \boldsymbol{g}_1^2=(01), \quad \boldsymbol{g}_1^3=(11) \\ &\boldsymbol{g}_2^1=(01), \quad \boldsymbol{g}_2^2=(10), \quad \boldsymbol{g}_2^3=(10) \end{aligned} \tag{2.3.13}$$

其中，$\boldsymbol{g}_i^j$ 的上标 j 表示输出并行路数，下标 i 则表示输入并行路数。

若采用生成矩阵法则有

$$\begin{aligned} \boldsymbol{C} &= \boldsymbol{U}\cdot\boldsymbol{G} \\ &=(1\ 1\ 0\ 1\ 1\ 0)\begin{bmatrix} 101 & 111 & & \\ 011 & 100 & & \\ & 101 & 111 & \\ & 011 & 100 & \\ & & 101 & 111 \\ & & 011 & 100 \end{bmatrix} \\ &=(1\ 1\ 0\ 0\ 0\ 0\ 0\ 0\ 1\ 1\ 1\ 1) \end{aligned} \tag{2.3.14}$$

4. 状态图

除了上述三种解析表达方式以外，还可以采用比较形象的图形表示法。而且一般情况下，三种解析表示法比较适合于描述编码过程，而图形法则比较适合于描述译码。状态图法则是三种图形法的基础。

这里仍然以最简单的$(2,1,2)$卷积码为例。由于 k=1，n=2，m=2，所以总的可能状态数位为$2^{km}=2^2=4$种，分别表示为 a=00，b=10，c=01，d=11，而每一时刻可能的输入有两个，即$2^k=2^1=2$。若输入的数据序列为$\boldsymbol{U}=(U_0,U_1,\cdots,U_i,\cdots)=(1\ 0\ 1\ 1\ 1\ 0\ 0\ 0\ \cdots)$。由图 2.3.2，按输入数据序列分别完成以下九步。

(1) 对图 2.3.2 中寄存器进行清 0，这时，寄存器起始状态为 00。

(2) 输入$U_0=1$，寄存器状态为 10，输出分两路$C_0^1=1\oplus0\oplus0=1$，$C_0^2=1\oplus0=1$，故$C=\left(C_0^1,C_0^2\right)=(1,1)$。

(3) 输入$U_1=0$，寄存器状态为 01，可算出$C=(1,0)$。

(4) 输入$U_2=1$，寄存器状态为 10，可算出$C=(0,0)$。

(5) 输入$U_3=1$，寄存器状态为 11，可算出$C=(0,1)$。

(6) 输入$U_4=1$，寄存器状态为 11，可算出$C=(1,0)$。

(7) 输入$U_5=0$，寄存器状态为 01，可算出$C=(0,1)$。

(8) 输入$U_6=0$，寄存器状态为 00，可算出$C=(1,1)$。

(9) 输入$U_7=0$，寄存器状态为 00，可算出$C=(0,0)$。

若按以上步骤可画出一个完整的状态图，如图 2.3.4 所示。

其中，共有 4 种状态 a=00，b=10，c=01，d=11。两状态转移的箭头表示状态转移的方向，括号内的数字表示输入数据信息，括号外的数字则表示对应输出的码组(字)。

状态图结构简洁，但是其时序关系不够清晰，且输入数据位很多时将产生重复。然而在译码时，时序关系很重要。为了解决时序关系，人们在状态图的基础上以时间为横轴将状态图展开，就形成了时序不重复的树形结构图。

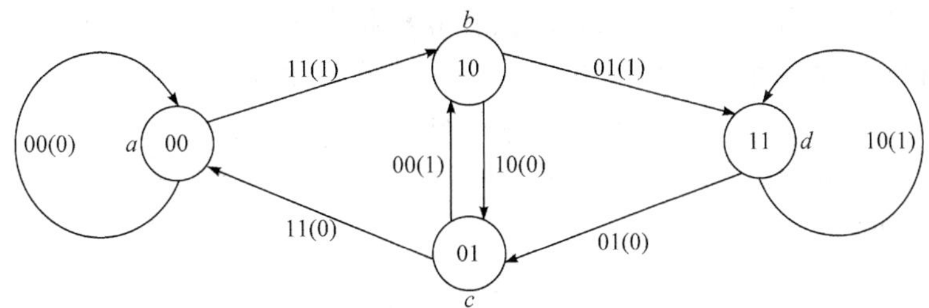

图 2.3.4　(2,1,2)卷积码状态图

5. 树图

它是以时序关系为横轴，将状态图展开，并展示出编码器的所有输入和输出的可能性。下面，仍以(2,1,2)卷积码为例给出它的树形展开图，如图 2.3.5 所示。

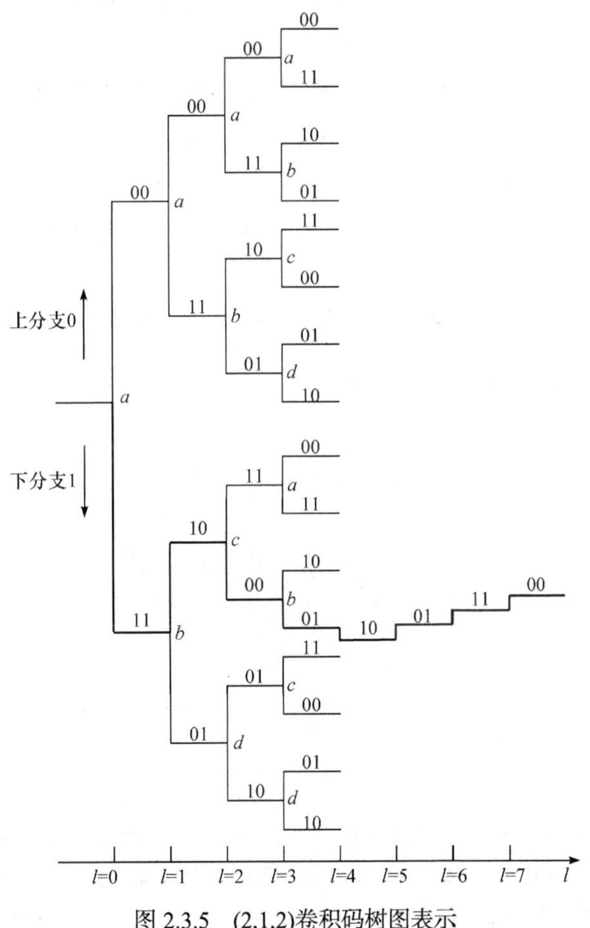

图 2.3.5　(2,1,2)卷积码树图表示

由图 2.3.5 可见，树图具有下列特点。

树图展示了编码器的所有输入、输出的可能情况；每一个输入数据序列 $\boldsymbol{U}$ 都可以在

树图上找到一条唯一的且不重复的路径；图 2.3.5 中，横坐标表示时序关系的节点级数 l，纵坐标则表示不同节点级数 l 的所有可能的状态，可见图形展示了一目了然的时序关系；仔细分析树图不难发现，$(2,1,2)$卷积码仅有 4 种状态 a、b、c、d，而树图随着输入数据的增长将不断地像核裂变一样一分为二向后展开，这必然会产生大量的重复状态。从图 2.3.5 中 l=3 开始就不断产生重复，因此树图结构复杂，且不断重复。

是否存在一种既有明显时序关系特性又不产生重复的图形结构呢？这就是下面要进一步介绍的格图结构。

6. 格图

格图(Trellis)是三种图形表示中最有用、最有价值的图形形式，由于它特别适合于卷积码中的维特比(Viterbi)译码，所以倍受重视。

格图又称为篱笆图，因像农村庄园中的篱笆墙而得名。格图是由状态图和树图演变而来的，既保留了状态图简洁的状态关系，又保留了树图时序展开的直观特性。具体而言，它是将树图中如 $l\geqslant 3$ 以后的所有重复状态合并折叠起来，因而在横轴上仅保留四个基本状态，a=00，b=10，c=01，d=11 而将 $l\geqslant 3$ 时所有重复状态均合并，折叠到这四个基本状态上。

下面，为了便于比较，仍然以最简单的$(2,1,2)$卷积码为例，即 k=1，n=2，m=2 画出其格图。总状态数为 $2^{km}=2^2=4$ 种，它们分别是 a=00，b=10，c=01，d=11。每个时刻 l 可能的输入有 $2^k=2^1=2$ 种，同理可能的输出也为 $2^k=2^1=2$ 种。

若仍设输入数据序列为 $\boldsymbol{U}=(U_0,U_1,\cdots,U_i,\cdots)=(1\ 0\ 1\ 1\ 1\ 0\ 0\ 0)$，则输出码组(字)序列由图 2.3.2 可求出：

$$\boldsymbol{C}=\left(\boldsymbol{C}^1,\boldsymbol{C}^2\right)=(11,10,00,01,10,01,11) \tag{2.3.15}$$

则$(2,1,2)$卷积码的格图结构如图 2.3.6 所示。

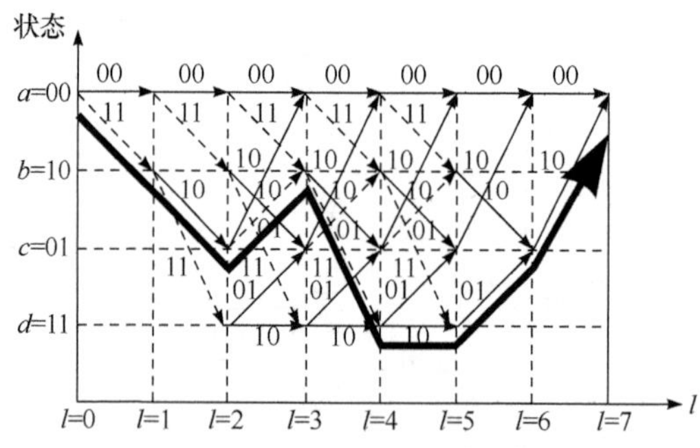

图 2.3.6 (2,1,2)卷积码格图表示

由图 2.3.6 可见：l=0 和 l=1 的前两段以及 l=5，l=6 后两级为状态的建立期和恢复期，其状态数少于四种；中间状态 $2\leqslant l\leqslant 4$，为格图占满状态；当 $U_l=0$ 时，为上分支，用实线代表，当 $U_l=1$ 时，为下分支，用虚线代表，当输入 $\boldsymbol{U}=(1\ 0\ 1\ 1\ 1\ 0\ 0)$时，输出码组(字)为 $\boldsymbol{C}=(11,10,00,01,10,01,11)$，在图中用粗黑线表示，其对应的状态转移为"$a\ b\ c\ b\ d\ d\ c\ a$"，与图中的粗黑线所表示的输出码组(字)以及相应状态转移是完全一致的。

2.3.3 维特比译码

卷积码的译码可以分为两类：代数译码与概率译码。其中，代数译码主要是门限译码算法；概率译码主要包括序列译码与维特比译码两种算法。维特比译码是目前最常采用的译码方法，本节仅介绍维特比译码。该算法是 1967 年由 Viterbi 提出的概率译码方法[9]，后来 Omura 指出，它实质上就是最大似然译码。

1. 译码准则

在数字与数据通信中，通信的可靠性度量一般是采用平均误码率 P_e，由概率论，最小平均误码率准则等效于最大后验概率(MAP)准则：

$$\begin{aligned}\min P_e &= \min\sum_{\boldsymbol{Y}} P(\boldsymbol{Y})P(e|\boldsymbol{Y}) \\ &= \min\sum_{\boldsymbol{Y}} P(\boldsymbol{Y})P\left(\hat{\boldsymbol{C}}\neq\boldsymbol{C}|\boldsymbol{Y}\right) \\ &= \min\sum_{\boldsymbol{Y}} P(\boldsymbol{Y})\left[1-P\left(\hat{\boldsymbol{C}}=\boldsymbol{C}|\boldsymbol{Y}\right)\right] \\ &\propto \max_{\boldsymbol{C}} P\left(\hat{\boldsymbol{C}}=\boldsymbol{C}|\boldsymbol{Y}\right)\end{aligned} \tag{2.3.16}$$

其中，$P(\boldsymbol{Y})$ 为接收信号序列的概率，它与具体译码方式无关；e 为差错事件；$\hat{\boldsymbol{C}}$ 为接收端恢复的码组(字)；$\boldsymbol{C}$ 为发送的码组(字)；$P\left(\hat{\boldsymbol{C}}=\boldsymbol{C}|\boldsymbol{Y}\right)$ 表示给定接收序列 $\boldsymbol{Y}$ 对应发送码字为 $\boldsymbol{C}$ 的后验概率。根据贝叶斯(Bayes)公式，后验概率可以表示为

$$P\left(\hat{\boldsymbol{C}}=\boldsymbol{C}|\boldsymbol{Y}\right)=\frac{P(\boldsymbol{C})P(\boldsymbol{Y}|\boldsymbol{C})}{P(\boldsymbol{Y})} \tag{2.3.17}$$

一般地，称条件概率 $P(\boldsymbol{Y}|\boldsymbol{C})$ 为似然概率，在信源序列先验等概率的条件下，最大后验概率(MAP)准则与最大似然(ML)准则是等效的。

$$\max_{\boldsymbol{C}} P(\boldsymbol{C}|\boldsymbol{Y}) \Leftrightarrow \max_{\boldsymbol{C}} P(\boldsymbol{Y}|\boldsymbol{C}) \tag{2.3.18}$$

为了防止数值不稳定，实际系统中常用对数似然概率，即 $\log P(\boldsymbol{Y}|\boldsymbol{C})$。在本书中，不加说明情况下，$\log(\cdot)$ 通常表示以 e 为底的自然对数运算。

对于 AWGN 信道，假设将编码比特 $c_i=0,1$ 映射为二进制信号 $x_i=1-2c_i=\pm1$，则接收信号模型可以表示为 $y_i=x_i+n_i$，其中，噪声样值服从高斯分布，即满足 $n_i \sim N\left(0,\sigma^2\right)$。因此，接收信号的概率密度函数(Probability Density Function, PDF)为

$$P\left(y_i|x_i\right)=\frac{1}{\sqrt{2\pi}\sigma}\exp\left[-\frac{\left(y_i-x_i\right)^2}{2\sigma^2}\right] \tag{2.3.19}$$

这样，在 AWGN 信道下，最大似然准则可以等效于最小欧氏距离准则，即

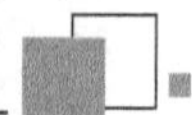

$$
\begin{aligned}
\max_{C}\left[\log P(Y|C)\right] &\propto \max\left(\log\left\{\prod_{i=1}^{n}\frac{1}{\sqrt{2\pi}\sigma}\exp\left[-\frac{(y_i-x_i)^2}{2\sigma^2}\right]\right\}\right)\\
&\propto \max\left[\sum_{i=1}^{n}-\frac{(y_i-x_i)^2}{2\sigma^2}\right]\\
&\propto \min\left[\sum_{i=1}^{n}(y_i-x_i)^2\right]\overset{(1)}{=}\min_{X}(Y-X)^2\\
&\propto \max\left(\sum_{i=1}^{n}y_i x_i\right)\overset{(2)}{=}\max_{X}(YX^{\mathrm{T}})=\max_{X}\langle Y,X\rangle\\
&\propto \max\left[\sum_{i=1}^{n}y_i(1-2c_i)\right]\\
&\propto \min\left[\sum_{i=1}^{n}y_i c_i\right]\overset{(3)}{=}\min_{C}(YC^{\mathrm{T}})=\min_{i\in\mathcal{L}}\left(\sum_{i=1}^{n}y_i\right)
\end{aligned}
\tag{2.3.20}
$$

在式(2.3.20)的推导中，$\langle\cdot\rangle$ 表示两个向量的内积运算。(1)式表示 ML 译码准则可以等价为最小欧氏距离译码准则，考虑到发送信号能量归一化，即 $E\|x_i\|^2=1$，可以进一步简化为(2)式，即接收序列 $\boldsymbol{Y}$ 与发送信号序列 $\boldsymbol{X}$ 之间的关系，称为相关度量最大化准则。考虑到映射关系 $x_i=1-2c_i=\pm1$，还能够等价变换为(3)式，即接收序列 $\boldsymbol{Y}$ 与编码码字 $\boldsymbol{C}$ 之间的汉明关系，称为汉明相关度量最小化准则，其中，$\mathcal{L}=\{l|c_l=1\}$ 表示编码比特取值为 1 的集合。

而对于无记忆的二进制对称信道 BSC，其接收信号模型为 $y_i=c_i+e_i$，其中，$e_i\in\{0,1\}$ 表示错误比特。假定 BSC 信道转移概率为 $P(0|1)=P(1|0)=p$，$P(1|1)=P(0|0)=1-p$，则在 BSC 信道中，最大似然准则可等效于最小汉明距离准则，即

$$
\begin{aligned}
\max_{C}\left[\log P(Y|C)\right] &= \max_{C}\left\{\log\left[\prod_{i=1}^{n}P(y_i|c_i)\right]\right\}\\
&= \max_{C}\left\{\log\left[p^{d(Y,C)}(1-p)^{n-d(Y,C)}\right]\right\}\\
&= \max_{C}\left\{d(Y,C)\log p+[n-d(Y,C)]\log(1-p)\right\}\\
&\propto \max_{C}[d(Y,C)]\log\frac{p}{1-p}\\
&\propto \min\left[\sum_{i=1}^{n}d(y_i,c_i)\right]
\end{aligned}
\tag{2.3.21}
$$

上述公式最后一步推导中，由于 BSC 信道的转移概率 $p\leqslant\frac{1}{2}$，因此 $\log\frac{p}{1-p}<0$。

2. Viterbi 算法设计思想

Viterbi 算法的核心思想是在卷积码的格图上，每个状态分段选择最大似然或最小距离路径，从而得到全局最优的译码路径。

定义 2.3　最大似然路径是格图上似然概率最大的路径，即满足

$$P(\boldsymbol{Y}|\boldsymbol{C}) \geqslant \forall P(\boldsymbol{Y}|\boldsymbol{B}), \quad \boldsymbol{B} \neq \boldsymbol{C} \tag{2.3.22}$$

为简化描述，假定卷积码码率为 $R=1/2$。图 2.3.7 给出了格图上第 k 节的一个状态转移蝶形。

如图 2.3.7 所示，假设译码器 0 时刻从全零状态开始译码，在第 $k-1$ 时刻，进入状态 S_{k-1}^0 的最大似然路径为 b_1^{2k-2}，则该状态对应的状态度量可以用部分路径的对数似然概率表示，即 $m\left(S_{k-1}^0\right)=\log P\left(y_1^{2k-2}\middle|b_1^{2k-2}\right)$。类似地，对于状态 S_{k-1}^1，假设其最大似然路径为 c_1^{2k-2}，则也可以定义状态度量为 $m\left(S_{k-1}^1\right)=\log P\left(y_1^{2k-2}\middle|c_1^{2k-2}\right)$。现在时钟节拍前进到第 k 时刻，此时对应的状态转移关系 S_{k-1}^0、S_{k-1}^1 分别转移到状态 S_k，对于前者，对应的信息比特为 0(图中用实线表示)，编码比特为 $b_k^1b_k^2$，而对于后者，相应的信息比特为 1(图中用虚线表示)，编码比特为 $c_k^1c_k^2$。这样，状态 S_k 度量更新公式为

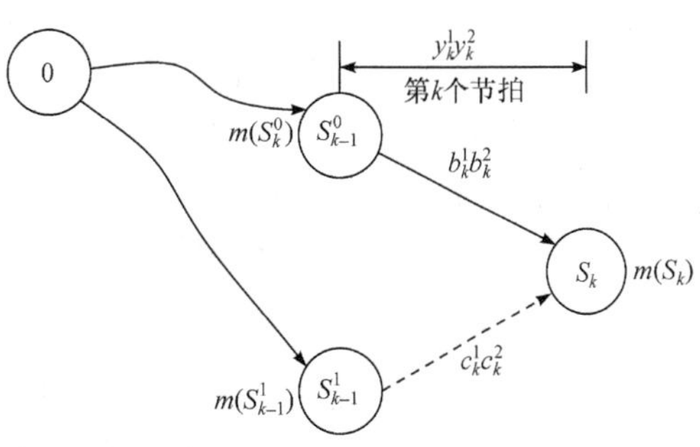

图 2.3.7　蝶形上的 ACS 运算

$$m(S_k)=\max\left[m\left(S_{k-1}^0\right)+\gamma\left(y_k^1y_k^2,b_k^1b_k^2\right),m\left(S_{k-1}^1\right)+\gamma\left(y_k^1y_k^2,c_k^1c_k^2\right)\right] \tag{2.3.23}$$

其中，$\gamma\left(y_k^1y_k^2,b_k^1b_k^2\right)=\log P\left(y_k^1y_k^2\middle|b_k^1b_k^2\right)$ 与 $\gamma\left(y_k^1y_k^2,c_k^1c_k^2\right)=\log P\left(y_k^1y_k^2\middle|c_k^1c_k^2\right)$ 称为分支度量，表示接收信号 $y_k^1y_k^2$ 分别与转移分支对应的编码比特组合 $b_k^1b_k^2$ 或 $c_k^1c_k^2$ 计算得到的对数似然概率。

上述公式就是 Viterbi 算法中著名的加-比-选(ACS)迭代运算公式，首先对状态度量与分支度量求和，然后进行两条路径度量的比较，最后选择似然概率最大的路径作为幸存路径。这样就完成了状态 S_k 的度量更新与路径更新。

定理 2.3　Viterbi 算法得到的幸存路径是最大似然路径。

证明　Viterbi 算法的核心步骤实际上利用了对数似然概率的可加性，即满足如下关系：

$$\begin{aligned}\log P\left(y_1^{2k}\middle|b_1^{2k}\right)&=\log P\left(y_1^{2k-2}\middle|b_1^{2k-2}\right)+\log P\left(y_k^1y_k^2\middle|b_k^1b_k^2\right)\\&=m\left(S_{k-1}^0\right)+\gamma\left(y_k^1y_k^2,b_k^1b_k^2\right)\end{aligned} \tag{2.3.24}$$

假定在译码过程的某个时刻，最大似然路径作为竞争失败路径被删掉，则意味着在这一时刻，幸存路径的度量超过了最大似然路径的度量。现在，如果将最大似然路径的其余部分添加到当前时刻的幸存路径上，则该路径的总度量将超过最大似然路径的总度量。但这和最大似然路径的定义显然存在矛盾。因此，最大似然路径不可能被 Viterbi 算法删除，即必定是最终的幸存路径。定理得证。

在维特比译码中，若接收信号首先进行硬判决，则常采用最小汉明距离准则，分支度量可以用汉明距离计算，而如果采用软判决，则常采用最小欧氏距离译码或最大相关度量译码准则，分支度量可以采用欧氏距离或相关度量得到。

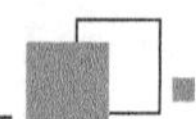

3. 硬判决译码算法

这里，仍以最简单的$(2,1,2)$卷积码为例。$(2,1,2)$卷积码的 Viterbi 译码是以图 2.3.6 中格图为基础的。由图可知，格图横轴共有 $L+m+1$ 个时间段(节点级数)，其中，L 为数据信息长度，m 为寄存器级(节)数。这是由于系统是有记忆的，它的影响可扩展至 $l=L+m+1$ 位。图中是按$\boldsymbol{U}=(1\ 0\ 1\ 1\ 1)$即 $L=5$，$m=2$ 考虑的，这时 $l=5+2+1=8$，所以在图中横轴以 $l=0,1,2,\cdots,7$ 表示，且图中前 $l=m=2$ 位为建立状态，后 $l\geqslant L$ 即 $l=5$，6 位为回归恢复状态。

Viterbi 译码器主要步骤如下。

(1) 从 $l=m=2$ 开始，网格为充满状态，并将路径存储器(PM)和路径度量存储器(MM)从 $l=0$ 至 $l=m=2$ 的初始状态记录下来，完成初始化。

(2) $l=l+1(l=2+1=3)$ 接收新一组数据并完成下列运算：进行 $l=l(=2)$ 至 $l=l+1(=3)$分支路径度量计算，从 MM 寄存器中取出$l=l(=2)$时刻幸存路径度量值；进行累加-比较-选择(ACS)基本计算并产生新的幸存路径；将新的幸存路径及其度量值分别存入 PM 和 MM。

(3) 如果 $l<L+M=5+2=7$，回到步骤(2)，否则往下进行。

(4) 求 MM 中最大似然值(或最小汉明距离)和对应的 PM 中最佳路径值，即维特比译码的最后输出值。

根据上述算法步骤，下列计算示例给出了维特比算法的运算过程和最后结果。

若输入数据序列为$\boldsymbol{U}=(1\ 0\ 1\ 1\ 1\ 0\ 0)$，其中，后两位 00 为尾比特，目的是将状态恢复回归至初始状态，所以真正输入的数据为“1 0 1 1 1”五位，即 $L=5$。在发送端，经图 2.3.2 所示的$(2,1,2)$卷积码编码器编码后输出为$\boldsymbol{C}=(11,10,00,01,10,01,11)$，在接收端，经过信道传输后，假设接收到的信号序列为$\boldsymbol{Y}=(10,10,01,01,10,01,11)$。对照发送和接收信号可求得汉明距离如下：发端$\boldsymbol{C}=(11,10,00,01,10,01,11)$，收端$\boldsymbol{Y}=(10,10,01,01,10,01,11)$，汉明距离$d(\boldsymbol{Y},\boldsymbol{C})=1+0+1+0+0+0+0=2$。

当维特比译码采用最常用的硬判决时，信道可假设为较理想的二进制对称 BSC 信道，这时，最大似然译码可进一步简化为最小汉明距离译码，其度量值可用式(2.3.21)直接计算求得，其结果如图 2.3.8 所示。

首先，将所有分支度量值全部计算出来并对应列在图 2.3.8 中，结果如下。

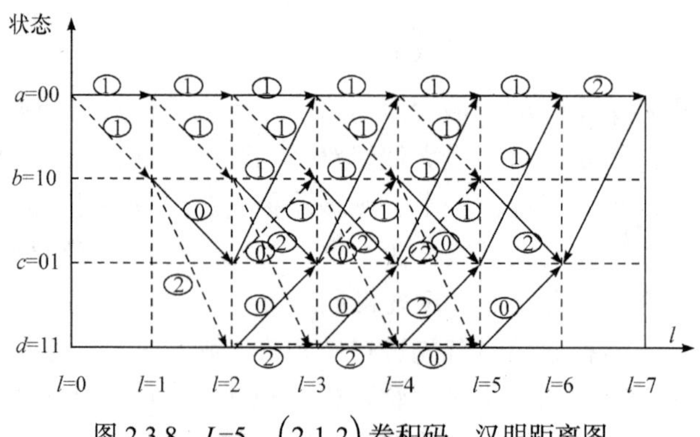

图 2.3.8 $L=5$，$(2,1,2)$卷积码，汉明距离图

其次，按照维特比算法，求出的幸存路径如图 2.3.9 所示。

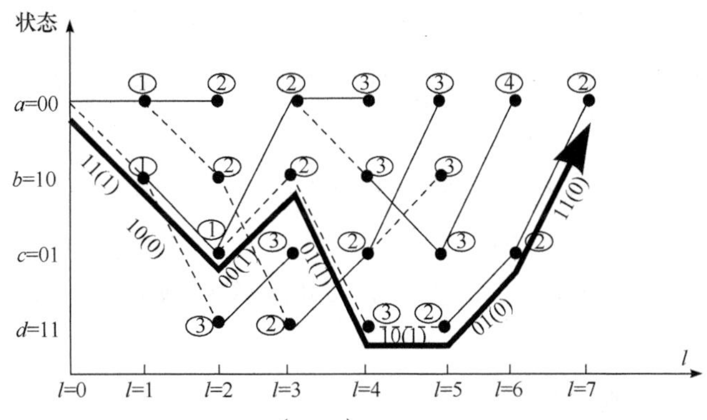

图 2.3.9　$L=5$，$(2,1,2)$ 卷积码，Viterbi 译码图

由图 2.3.8 和图 2.3.9 可见，在 $(2,1,2)$ 卷积码的 Viterbi 译码中，进入每一个节点有两条路径，仅能保留汉明距离最小的那一条路径，另一条路径则需删除，这样可以大大节省后续的运算量；在整个译码运算过程中，不断删除汉明距离大的路径，最后仅保留唯一的全通路径，其累积汉明距离最小，即我们所需的译码序列。在图 2.3.9 中，求得的最后译码序列唯一的全通路径用粗黑线表示。

译出的码组(字)：$\hat{\boldsymbol{C}}=(11,10,00,01,10,01,11)$。译出的对应数据：$\hat{\boldsymbol{U}}=(1\ 0\ 1\ 1\ 1\ 0\ 0)$，其中后两位 0 0 为尾比特。它对应的状态转移路线为：$a_0=00 \to b_1=10 \to c_2=01 \to b_3=10 \to d_4=11 \to d_5=11 \to c_6=01 \to a_7=00$(后两步状态转移为了回归原状态，即从 a 状态回归至 a 状态)。将译出的数据 $\hat{\boldsymbol{U}}$ 与发送的数据 $\boldsymbol{U}$ 对比，两者完全一致，即没有差错。

4. 软判决译码

关于两电平(硬)判决与多电平(软)判决，两电平是非此即彼，即非 0 即 1 的判决，所以称它为硬判决，而多电平则不属于非 0 即 1 的简单的硬判决。软、硬判决所允许的归一化噪声，干扰水平是不一样的。电平级数越多，允许噪声、干扰越大，判决性能越好，电平越多，实现越复杂，一般取 4 或 8 电平即可。软判决与硬判决译码过程完全类似，两者之间的主要差异如下。

(1) 信道模型不一样。硬判决采用二进制对称信道 BSC 模型，软判决由于是多电平判决就不能再采用二进制信道模型，所以采用离散无记忆信道模型，即 DMC 模型。

(2) 度量值与度量标准不一样，硬判决的度量值是汉明距离，度量准则是最小汉明距离准则，软判决的度量值是似然值，度量标准是最大似然准则，在 AWGN 信道中，等价为最小欧氏距离或最大相关度量准则。

软判决与硬判决相比稍增加了一些复杂度，但是在性能上却比硬判决好 1.5～2dB。所以在实际译码中常采用软判决。

5. Viterbi 算法复杂度

通常对于 (n,k,m) 卷积码，其状态图共含有 2^{km} 种状态，每种状态有 2^k 个转移分支，

假设数据帧长为 N，则格图上每一节有 2^{km} 个蝶形，需要执行 2^{km} 个 ACS 运算，每一个 ACS 运算包含 2^k 个加法、2^k-1 个比较。因此译码整个数据帧的计算复杂度为 $O\left(N2^{k(m+1)}\right)=O\left(N2^{kl}\right)$，单个比特的计算复杂度为 $O\left(2^{kl}\right)$，其中，$l=m+1$ 为卷积码的约束长度。

Viterbi 算法的复杂度正比于数据帧长，随着约束长度 l 指数增长。与之相比，采用穷举搜索的 ML 译码，复杂度为 $O\left(2^{nN}\right)$，显然，Viterbi 算法的复杂度远低于 ML 穷举搜索算法。因此，对于约束长度 $l\leqslant 10$ 的卷积码，都可以采用 Viterbi 算法，以中等复杂度获得最大似然的译码性能。

2.3.4 卷积码的速率适配

为了保证 Viterbi 算法能够从全零状态开始译码，卷积码编码器需要进行截尾操作，即在每一帧的信息比特送入编码器后，还需要连续送入多个 0 比特，从而将移位寄存器的状态推回全零状态。图 2.3.9 的示例描述了这一过程。一般地，$(n,1,m)$ 卷积码，信息帧长为 N，则编码码长为 Nn，名义码率为 $R=1/n$。但由于引入了截尾操作，新增比特数目为 mn，因此，其实际码率为 $R_r=\dfrac{N}{Nn+mn}=\dfrac{1}{n(1+m/N)}$，略低于名义码率，当帧长 N 充分大时，码率的损失可以忽略。

实际通信系统中，往往要求卷积码支持高码率，或者短码长，此时需要对原始的卷积码进行速率适配。

对于高码率情况，即 $R=k/n\to 1$，通常需要对低码率的卷积码进行凿孔或打孔(Puncturing)操作，从而以一种基本编码器支持多种码率的变换，称为速率适配凿孔卷积码(RCPC)[10]。

例如，原始码率为 $R=1/2$ 的(2,1,2)卷积码，通过凿孔操作，可以得到码率为 $R=2/3$ 的卷积码。其凿孔表为

$$\boldsymbol{P}=\begin{bmatrix}1 & 0\\ 1 & 1\end{bmatrix} \tag{2.3.25}$$

假设编码器连续输入的两个信息比特为 u_k,u_{k+1}，则原始编码器输出的比特为 $c_k^1,c_k^2,c_{k+1}^1,c_{k+1}^2$，按照凿孔表，需要删去比特 c_k^2，这样最终输出的编码比特序列为 $c_k^1,c_{k+1}^1,c_{k+1}^2$。在接收端执行 Viterbi 算法时，对于凿孔比特没有传输，因此相应的分支度量为 0。

一般地，为了保证纠错性能，需要对凿孔表进行优化搜索，文献[10]给出了多种典型码率的 RCPC 最优凿孔方案。

对于短码长情况，截尾操作所引起的码率损失不可忽略。因此，人们常用另一种改进形式的卷积码，称为咬尾(Tail-biting)卷积码[11]。由于没有截尾操作，咬尾卷积码的实际码率与名义码率严格相等。咬尾卷积码一个有趣的结构性质是格图表示的循环对称性，即在格图上，每个终止状态都能够循环对应到相应的初始状态，从而形成循环对称结构。

尽管咬尾卷积码的编码器初始状态不确定，但利用咬尾卷积码的循环对称性，接收

端进行译码时，通过迭代运行 Viterbi 算法(一般为两次迭代)，仍然能够获得最大似然译码结果。其中，第一次迭代，Viterbi 算法运行结束后，选择状态度量最大的终止状态作为初始状态，而第二次迭代，从选定的初始状态开始再次进行 Viterbi 译码，得到最大似然译码路径。详细的迭代译码过程参见文献[11]。

咬尾卷积码常用于移动通信系统的控制信道编码标准，既不损失码率，又能够保证传输的高可靠性。

2.3.5　卷积码差错性能

卷积码的纠错能力取决于所采用的译码算法与码的距离特性。对于 Viterbi 算法，最重要的距离度量为最小自由距离(Minimum Free Distance) d_{free}。

定义 2.4　卷积码的最小自由距离定义：

$$d_{\text{free}} \triangleq \min_{\boldsymbol{U}_1,\boldsymbol{U}_2}\left\{d\left(\boldsymbol{C}_1,\boldsymbol{C}_2\right)\middle|\boldsymbol{U}_1 \neq \boldsymbol{U}_2\right\} \tag{2.3.26}$$

其中，$\boldsymbol{C}_1$、$\boldsymbol{C}_2$ 是信息序列 $\boldsymbol{U}_1$、$\boldsymbol{U}_2$ 所对应的码字。

最小自由距离是卷积码中任意两个有限长度码字之间的最小汉明距离，这两个码字的长度可以相同，也可以不同。由于卷积码是线性码，满足封闭性，因此，最小自由距离也可以看作由任意有限长度的非零信息序列产生的最小重量码字。它也是状态图从全零状态分叉又合并于全零状态的所有有限长度路径中的最小重量。

对于卷积码的最大似然译码性能，常用一致界(Union Bound)来衡量其误码率[12]，即

$$P(E) < \sum_{d=d_{\text{free}}}^{\infty} A_d P_d \tag{2.3.27}$$

其中，$P(E)$ 表示码字差错概率，假设全零码字是正确码字。A_d 表示重量为 d 的码字数目，称为重量谱或距离谱。显然最小重量即 d_{free}。P_d 表示相对于全零序列，重量为 d 的错误码字对应的差错事件概率。

给定卷积码码率为 R，编码比特采用二进制调制，送入 AWGN 信道，接收比特信噪比为 E_b / N_0，则卷积码的 ML 译码性能界可以表示为

$$P(E) < \sum_{d=d_{\text{free}}}^{\infty} A_d Q\left(\sqrt{d\frac{2RE_b}{N_0}}\right) \tag{2.3.28}$$

其中，$Q(x)=\frac{1}{\sqrt{2\pi}}\int_x^{\infty}\mathrm{e}^{-y^2/2}\mathrm{d}y$ 是高斯互补误差函数，简称 Q 函数。

2.4　级　联　码

2.4.1　基本概念

在很多实际的通信信道中，出现的差错既不是单纯随机独立差错，也不是明显的突发差错，而是混合性差错，由此需要寻找强有力的能纠正混合差错性能的纠错码。由信

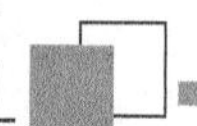

道编码定理可知，纠错能力与纠错码本身的长度是成正比的，但是采用单一结构、单一形式的码来构造长码一般是非常复杂的，也是不合算的。因此需要另找新思路来构造性能优良的长码。

乘积码、级联码等就是在上述思路启发下产生的不同形式的复合码。复合码就是采用若干个相同或不同结构的单元(成员)码按照某种复合结构合成一个高性能、高效率复合码。确切地说，级联码从原理上分为两类：一类为串行级联码，一般就称它为级联码，也即本节将要介绍的内容；另一类是并行级联码，这就是后面将要介绍的 Turbo 码。当然，从结构上看还有串、并联相结合的混合级联码。由于它结构较复杂，除了少数文章在 Turbo 码的成员码采用串行级联码代替做过一些研究和探讨以外，很少有人深究，我们仅讨论串行级联码。

级联码是一种由短码串行级联构造长码的特殊、有效的方法，它首先由 Forney 提出[13]。用这种方法构造出的长码不需要像单一结构构造长码时那样复杂的编、译码设备，而性能一般优于同一长度的长码。因此，级联码得到广泛的重视和应用。

Forney 提出的是一个由两级串行的级联码，其结构如下：

$$(n,k)=\left[n_1\times n_2,k_1\times k_2\right]=\left[(n_1,k_1),(n_2,k_2)\right] \tag{2.4.1}$$

它是由两个短码(n_1,k_1)、(n_2,k_2)串接构成一个长码(n,k)；称(n_1,k_1)为内码，(n_2,k_2)为外码；若总数据输入位 k 由若干个字节组成，则 $k=k_1k_2$，即有 k_2 个字节，每个字节含有 k_1=8 位；这时(n_1,k_1)主要负责纠正字节内(8 位内)的随机独立差错，(n_2,k_2)则负责纠正字节之间和字节内未纠正的剩余差错。这样，级联码可以纠正随机独立差错，但是更主要的是纠正突发性差错，它的纠错能力比较强。

从原理上看，内码(n_1,k_1)、外码(n_2,k_2)采用何种类型的纠错码是可以任意选取的，两者既可以是同一类型，也可以是不同类型。目前，最典型的是(n_1,k_1)选择纠随机独立差错性能强的卷积码，而(n_2,k_2)则选择性能更强、纠突发差错为主的 RS 码。

下面就以最典型的两级串接的级联码为例，给出典型结构如图 2.4.1 所示。

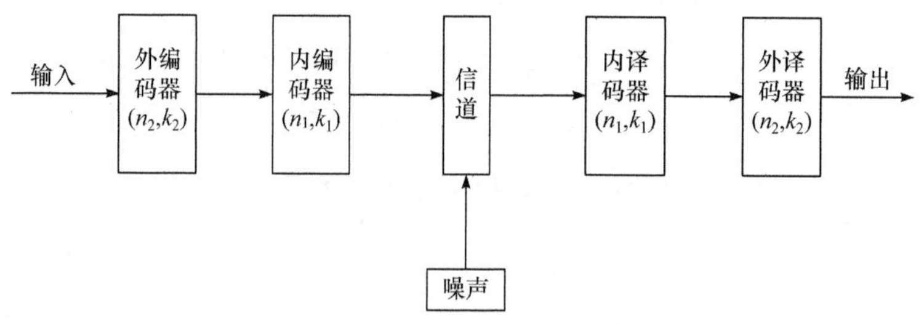

图 2.4.1　典型级联码组成结构

若内编码器的最小距离为 d_1，外编码器的最小距离为 d_2，则级联码的最小距离为 $d=d_1d_2$。级联码结构由内、外码串接构成，其设备量是两者的直接组合，显然比直接采用一种长码结构所需设备简单得多。

2.4.2　级联码的标准与性能

最早采用级联码的是美国国家宇航局(NASA)，20 世纪 80 年代，其将级联码用于深空遥测数据的纠错中。1984 年，NASA 采用$(2, 1, 7)$卷积码作为内码，$(255, 223)$RS 码作为外码构成级联码，并在内、外码之间加上一个交织器，其交织深度为 2～8 个外码块，当$E_b / N_0 = 2.53\text{dB}$时，其比特误码率$P_b \leqslant 10^{-6}$。1987 年，NASA 以该码为参数标准制定了 CCSDS 遥测系列编码标准。

由$(2, 1, 7)$卷积码与$(255, 223)$RS 码构成的典型级联码组成框图如图 2.4.2 所示。

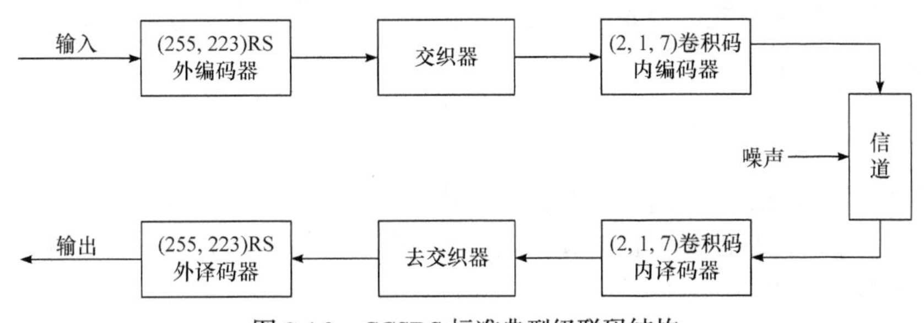

图 2.4.2　CCSDS 标准典型级联码结构

图 2.4.3 给出一些典型级联码的性能曲线。

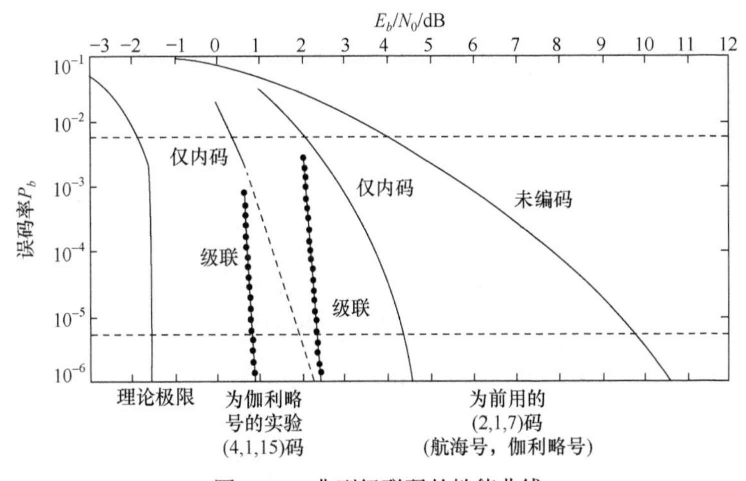

图 2.4.3　典型级联码的性能曲线

2.5　交 织 编 码

实际的移动信道既不是纯随机独立差错信道，也不是纯突发差错信道，而是混合性信道；前面介绍的线性分组码、循环码和卷积码大部分是用于纠正随机独立差错的。仅有其中少部分如 Fire 码和 RS 码可以纠正少量的突发差错，但是如果突发长度太长，实现会太复杂，而失去应用价值。

前面介绍的各类信道编码其基本思路是适应信道，即什么类型的信道就采用相应的

适合于该类信道并与该类信道特性相匹配的编码类型。针对 AWGN 信道，可以采用汉明码、BCH 码和卷积码等适合于纠正随机独立差错的编码方法。针对纯衰落信道，可以采用 Fire 码、RS 码以及可纠正多个突发差错的分组码和卷积码以及 ARQ 等。针对实际的移动信道,一般可采用既可纠正随机独立差错又能纠正突发差错的级联码以及 HARQ 等。

本节要介绍和讨论的是另一种思路，它不是按照适应信道的思路来处理，而是按照改造信道的思路来分析、处理问题。它利用发送和接收端的交织器与去交织器的信息处理手段，将一个有记忆的突发信道改造成为一个独立差错信道。交织编码，严格地说，并不是一类信道编码，而只是一种改造信道的信息处理手段。它本身并不具备信道编码最基本的检错和纠错功能。只是将突发差错信道改造成独立差错信道，从而便于应用纠正独立差错的信道编码。

2.5.1 交织编码的基本原理

交织编码的作用是改造信道，其实现方式很多，有块交织、帧交织、随机交织、混合交织等。这里仅以最简单、最直观的块交织为例，介绍其实现的基本原理。交织器的实现框图如图 2.5.1 所示。

由图 2.5.1 可见，交织、去交织由如下几步构成。

(1) 若输入数据(块)$\boldsymbol{U}$ 经信道编码后为 $\boldsymbol{X}_1=(x_1x_2x_3\cdots x_{25})$。

(2) 发端交织存储器为一个行列交织矩阵存储器 $\boldsymbol{A}_1$，它按列写入，按行读出。

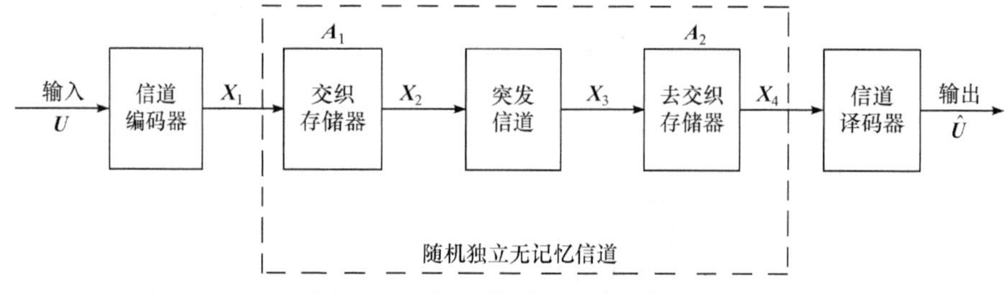

图 2.5.1 分组(块)交织器实现框图

$$\boldsymbol{A}_1=\text{写入顺序}\downarrow\begin{bmatrix} x_1 & x_6 & x_{11} & x_{16} & x_{21} \\ x_2 & x_7 & x_{12} & x_{17} & x_{22} \\ x_3 & x_8 & x_{13} & x_{18} & x_{23} \\ x_4 & x_9 & x_{14} & x_{19} & x_{24} \\ x_5 & x_{10} & x_{15} & x_{20} & x_{25} \end{bmatrix}\underset{\text{读出顺序}\rightarrow}{} \tag{2.5.1}$$

(3) 交织器输出后并送入突发信道的信号为

$$\boldsymbol{X}_2=(x_1x_6x_{11}x_{16}x_{21},x_2\cdots x_{22},\cdots,x_5\cdots x_{25}) \tag{2.5.2}$$

(4) 假设在突发信道中受到两个突发干扰，第一个突发影响 5 位即产生于 $x_1\sim x_{21}$；第二个突发影响 4 位，即产生于 $x_{13}\sim x_4$。则突发信道的输出端的输出信号 $\boldsymbol{X}_3$ 可表示为

$$\boldsymbol{X}_3=(\dot{x}_1\dot{x}_6\dot{x}_{11}\dot{x}_{16}\dot{x}_{21},x_2x_7\cdots x_{22},x_3x_8\dot{x}_{13}\dot{x}_{18}\dot{x}_{23},\dot{x}_4x_9\cdots x_{24},x_5x_{10}\cdots x_{25}) \tag{2.5.3}$$

(5) 接收端，将受突发干扰的信号送入去交织存储器，去交织存储器也是一个行列交织矩阵存储器 $\boldsymbol{A}_2$，它按行写入，按列读出(正好与交织矩阵规律相反)：

$$\boldsymbol{A}_2=\begin{bmatrix} \dot{x}_1 & \dot{x}_6 & \dot{x}_{11} & \dot{x}_{16} & \dot{x}_{21} \\ x_2 & x_7 & x_{12} & x_{17} & x_{22} \\ x_3 & x_8 & \dot{x}_{13} & \dot{x}_{18} & \dot{x}_{23} \\ \dot{x}_4 & x_9 & x_{14} & x_{19} & x_{24} \\ x_5 & x_{10} & x_{15} & x_{20} & x_{25} \end{bmatrix} \tag{2.5.4}$$

(6) 经去交织存储器去交织以后的输出信号为 $\boldsymbol{X}_4$，则 $\boldsymbol{X}_4$ 为

$$\boldsymbol{X}_4=\left(\dot{x}_1x_2x_3\dot{x}_4x_5\dot{x}_6x_7x_8x_9x_{10}\dot{x}_{11}x_{12}\dot{x}_{13}x_{14}x_{15}\dot{x}_{16}x_{17}\dot{x}_{18}x_{19}x_{20}\dot{x}_{21}x_{22}\dot{x}_{23}x_{24}x_{25}\right) \tag{2.5.5}$$

可见，由上述分析，经过交织矩阵和去交织矩阵变换后，原来信道中的突发性连错，即两个突发一个连错 5 位，另一个连错 4 位，变成了 $\boldsymbol{X}_4$ 输出中的随机独立差错。

从交织器实现原理图 2.5.1 上看，一个实际的突发信道，经过发送端交织器和接收端去交织器的信息处理后，就完全等效成一个随机独立差错信道，正如图中虚线框所示。所以从原理上看，信道交织编码实际上是一类信道改造技术，它将一个突发信道改造成一个随机独立差错信道。它本身并不具备信道编码检、纠错功能，仅起到信号预处理的作用。

2.5.2　分组(块)交织器的基本性质

我们可以从上述一个简单的 5×5 交织矩阵存储器的例子推广至一般情况。若分组(块)长度为 $L=M\times N$，即由 M 列 N 行的矩阵构成。其中，交织矩阵存储器是按列写入、按行读出，而去交织矩阵存储器则是按相反的顺序按行写入、按列读出，正是利用这种行、列顺序的倒换可以将实际的突发信道变换成等效的随机独立差错信道。这类分组(块)周期性交织器具有如下性质。

任何一个长度 $l\leqslant M$ 的突发错误，经交织以后，至少可以被 $N-1$ 位隔开，成为单个随机独立差错。任何长度 $l>M$ 的突发差错，经过去交织以后，可以将较长的突发差错变换成较短的，即其长度为 $l_1=\left[\dfrac{l}{M}\right]$ 的短突发差错。完成上述交织和去交织变换，在不计信道时延的条件下，将会产生交织矩阵存储器容量 MN 的两倍($2MN$)个符号的时延。其中，发送端和接收端各占一半，即 MN 个符号的时延。

在很特殊的情况下，周期为 M 的 k 个随机独立单个差错，经过上述的交织/去交织器以后，也有可能产生一定长度的突发差错。从以上分组(块)交织器、去交织器的性质可见，它是克服深衰落大突发差错的最为简单而有效的方法，并已在移动通信中广泛应用。

交织编码的主要缺点是在交织和去交织过程中会产生 $2MN$ 个符号的附加处理时延，这对实时业务，特别是话音业务将带来很不利的影响。所以对于话音等实时业务，应用交织编码时，交织器的容量即尺寸不能取太大。

交织器的另一个缺点是由于采用某种固定形式的交织方式，有可能产生特殊的相反

效果，即存在可能，将一些随机独立差错交织为突发差错。为了克服以上两个主要缺点，人们研究了不少有效措施，如采用卷积交织器和伪随机交织器等。

2.6 Turbo 码

半个世纪以来，人们一直在寻求构造逼近信道容量的好码，尽管 2.4 节所介绍的串行级联码具有优越的性能，但距离香农限还有大约 2.5dB 的差距。1993 年，在国际通信会议(ICC'93)上，由两位法国学者 Berrou 与 Glavieux 共同发明的 Turbo 码[14,15]，在信道编码领域掀起了一场革命。Turbo 码中 Turbo 是英文中的前缀，带有涡轮驱动，即反复迭代的含义。Turbo 码发明人 Berrou 提出，当分量码采用简单递归卷积码、交织器大小为 256×256 时，其计算机仿真结果表明：当 $E_b/N_0=0.7\text{dB}$ 时，$P_b\leqslant 10^{-5}$，性能极其优良，这一结果比以往所有的纠错码要好得多，与 Shannon 限仅差 1～2dB。

在信道编码定理的证明[16]中，香农应用了三个理论假设：①码长无限长；②随机化编码；③基于渐近等分割特性(Asymptotic Equipartition Property, AEP)，采用典型序列译码。后来，Gallager 证明[17]，采用最大似然(ML)译码或最大后验(MAP)译码也是容量可达的。Turbo 码的构造模拟了理论证明的思路。Turbo 码的编码器中，引入了交织器，使得编码序列具有了类随机特性，近似满足第②个假设：随机化编码。Turbo 码的译码采用了在两个分量码之间传递外信息的迭代译码算法，随着码长的增长，多次迭代的译码性能趋近于理论最优的最大后验译码(MAP)算法，近似满足第①与第③个假设。

2.6.1 Turbo 码的编码原理

Turbo 码编码器如图 2.6.1 所示，有三个基本组成部分：信息位 $\{u_k\}$ 直接输出，称为系统比特；第一路校验比特 $\{c_k^1\}$，经过 RSC 编码器 1 送入开关单元；输入信息位数据经过交织器后再通过 RSC 编码器 2，产生第二路校验比特 $\{c_k^2\}$，送入开关单元。以上三者可以看作并行级联，因此 Turbo 码从原理上可以看作并行级联码。

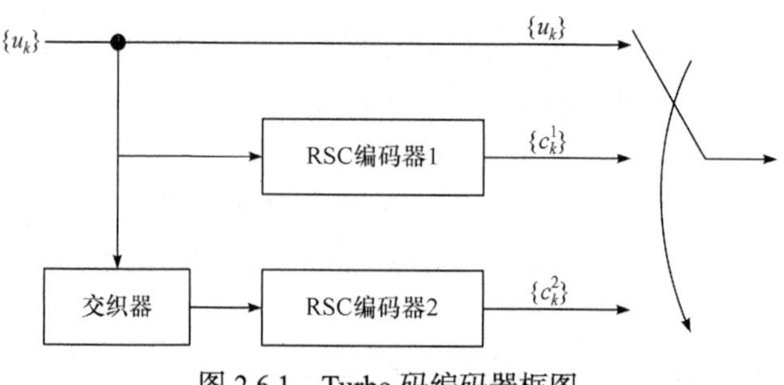

图 2.6.1 Turbo 码编码器框图

两个递归系统卷积码(RSC)编码器分别称为 Turbo 码的二维分量(单元组成)码，从原理上看，它可以很自然地推广到多维分量码。各个分量码既可以是卷积码也可以是分组码，还可以是串行级联码，两个或多个分量码既可以相同，也可以不同。从原理上看，分量码既可以是系统码也可以是非系统码，但是为了进行有效的迭代，已证明它必须选用递归系统码。

2.6.2　Turbo 码的译码器结构

假设 $R=1/3$ 的 Turbo 码，其编码比特经过 BPSK 调制，发送到 AWGN 信道，接收端 k 时刻对应的系统位与校验位接收信号模型为

$$\begin{cases} x_k = \left(1-2d_k\right)+n_k \\ y_k^1 = \left(1-2c_k^1\right)+p_k \\ y_k^2 = \left(1-2c_k^2\right)+q_k \end{cases} \tag{2.6.1}$$

其中，n_k、p_k 和 q_k 是独立正态分布随机变量，均值为 0，方差为 $\sigma^2=N_0/2$。因此接收信号服从高斯分布，即 $x_k,y_k^1,y_k^2 \sim \mathcal{N}\left(\pm1,N_0/2\right)$。这样，可以计算三路比特对应的接收对数似然比(LLR)，由于来自信道，通常称为信道信息。

$$\begin{cases} \Lambda\left(d_k\right)=\log\dfrac{P\left(x_k\left|d_k=0\right.\right)}{P\left(x_k\left|d_k=1\right.\right)}=\dfrac{2}{\sigma^2}d_k \\ \Lambda\left(c_k^i\right)=\log\dfrac{P\left(y_k^i\left|c_k^i=0\right.\right)}{P\left(y_k^i\left|c_k^i=1\right.\right)}=\dfrac{2}{\sigma^2}c_k^i, \quad i=1,2 \end{cases} \tag{2.6.2}$$

其中，$L_c=\dfrac{2}{\sigma^2}$ 称为信道可靠性因子。

Turbo 码译码器原理框图如图 2.6.2 所示，由两个分量码译码器组成，每个译码器采用软输入软输出(SISO)译码算法。第一个分量码译码器有三路信号输入：系统比特的信道信息 $\Lambda\left(d_k\right)$、第一路校验比特的信道信息 $\Lambda\left(c_k^1\right)$ 以及分量码译码器 2 输入的先验信息 $L_a^{(2)}\left(d_k\right)$。类似地，第二个分量码译码器也有三路信号输入：经过交织的系统比特的信道信息 $\Lambda\left(d_k'\right)$、第二路校验比特的信道信息 $\Lambda\left(c_k^2\right)$ 以及分量码译码器 1 输入的经过交织的先验信息 $L_a^{(1)}\left(d_k'\right)$。

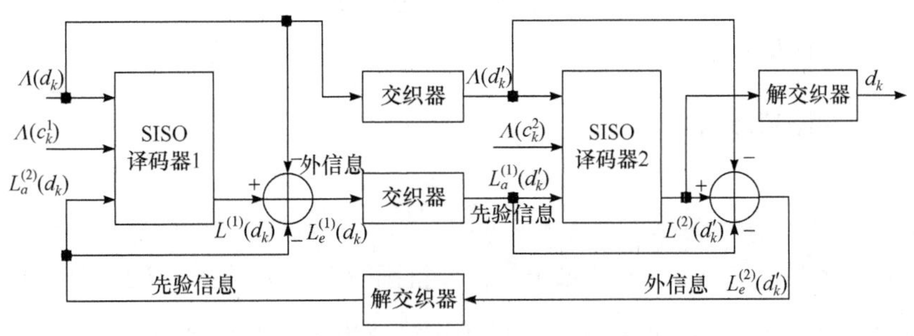

图 2.6.2　Turbo 码译码器原理框图

在一次迭代中，SISO 译码器 1 首先产生比特似然比信息 $L^{(1)}\left(d_k\right)$，然后减去系统比

特的信道信息与先验信息，得到输出的外信息，即

$$L_e^{(1)}(d_k) = L^{(1)}(d_k) - \Lambda(d_k) - L_a^{(2)}(d_k) \tag{2.6.3}$$

经过交织，成为 SISO 译码器 2 的先验信息 $L_a^{(1)}(d'_k)$。类似地，SISO 译码器 2 利用输入的先验信息、信道信息，产生比特似然比信息 $L^{(2)}(d'_k)$，然后抵消交织后的系统比特的信道信息与先验信息，得到输出的外信息，即

$$L_e^{(2)}(d'_k) = L^{(2)}(d'_k) - \Lambda(d'_k) - L_a^{(1)}(d'_k) \tag{2.6.4}$$

经过解交织，成为 SISO 译码器 1 的先验信息 $L_a^{(2)}(d_k)$。

经过多次上述迭代过程，最后对 SISO 译码器 2 产生的比特似然比信息解交织并进行判决，得到最终的译码结果。

由上述 Turbo 码的原理框图可看出，这类并行级联卷积码的译码具有反馈式迭代结构，它类似于涡轮机原理，故命名为 Turbo 码。译码算法采用软输入软输出(SISO)的最大后验概率的 BCJR 迭代算法，后面我们将进一步讨论。

Turbo 码常用的译码算法有 Bahl 等提出的计算每个码元最大后验概率(MAP)的迭代算法[18]，一般称它为 BCJR 算法(由提出算法的四位作者名字的第一个字母构成)和 Hagenauer 和 Hoeher 提出的软输出维特比(SOVA)算法[19]。BCJR 算法的最大特色是采用递推迭代方法来实现最大后验概率，且每个符号的运算量不随总码长而变化，运算速度快，因而受到重视。基于这一算法，引入反馈迭代和软输入软输出以及交织、去交织，实现了级联长码的伪随机化迭代译码，性能非常优异，并逐步逼近了理想 Shannon 容量限。

BCJR 标准算法，虽然已比最优的最大后验算法做了很大的简化，但是仍然比较复杂，工程实现有很大难度，为了进一步简化，目前提出的主要简化算法如下。

对数域算法：即 log-MAP，它实际上就是把上述标准算法中似然函数全部采用对数似然函数表示，这样乘法运算就变成了简单的加法运算，从而可以极大简化运算量。

最大值运算，即 Max-log-MAP，它可将 log-MAP 运算中似然值加法表示式中的对数分量忽略掉，使似然加法完全变成求最大值运算。这样除了可省去大部分加法运算以外，更大的好处是省去了对信噪比的估计，使算法更为稳健。

软输出 Viterbi 译码即 SOVA 算法，其运算量仅为标准 Viterbi 算法的两倍左右，最简单，但是性能约损失 1dB。

2.6.3 最大后验概率译码算法

1. 译码原理

BCJR 算法本质上是 Markov 模型上的概率推断算法，考虑 $R=1/2$ 系统反馈卷积码，记忆长度为 v，假设 k 时刻编码器输出的信息比特为 d_k，校验比特为 c_k，编码比特映射为 BPSK 或 QPSK 符号，数据帧长为 N，通过 AWGN 信道传输。在接收端定义接收序列为

$$R_1^N = (R_1, \cdots, R_k, \cdots, R_N) \tag{2.6.5}$$

其中，$R_k=(x_k,y_k)$是k时刻的接收信号，x_k与y_k定义为

$$\begin{cases} x_k=(1-2d_k)+n_k \\ y_k=(1-2c_k)+p_k \end{cases} \tag{2.6.6}$$

其中，n_k和p_k为独立正态分布随机变量，方差为σ^2。定义每个译码比特的似然比为

$$\lambda_k=\frac{P\left(d_k=0\mid R_1^N\right)}{P\left(d_k=1\mid R_1^N\right)} \tag{2.6.7}$$

其中，$P(d_k=i\mid R_1^N)$，$i=0,1$表示信息比特d_k的后验概率，它可以通过下述联合概率推导得到

$$\lambda_k^{i,m}=P\left(d_k=i,S_k=m\mid R_1^N\right) \tag{2.6.8}$$

即后验概率可以表示为

$$P\left(d_k=i\mid R_1^N\right)=\sum_m \lambda_k^{i,m} \tag{2.6.9}$$

其中，$i=0,1$，求和是对所有2^ν个状态进行的。因此，似然比可以表示为

$$\lambda_k=\frac{\sum_m \lambda_k^{0,m}}{\sum_m \lambda_k^{1,m}} \tag{2.6.10}$$

采用 Bayes 公式，式(2.6.8)的联合概率可以表示为

$$\begin{aligned} \lambda_k^{i,m} &= P\left(d_k=i,S_k=m,R_1^N\right)/P\left(R_1^N\right) \\ &= P\left(d_k=i,S_k=m,R_1^{k-1},R_k,R_{k+1}^N\right)/P\left(R_1^N\right) \\ &= P\left(d_k=i,S_k=m,R_k,R_{k+1}^N\right)P\left(R_1^{k-1}\mid d_k=i,S_k=m,R_k,R_{k+1}^N\right)/P(R_1^N) \\ &= P\left(d_k=i,S_k=m,R_k\right)P\left(R_{k+1}^N\mid d_k=i,S_k=m,R_k\right)P\left(R_1^{k-1}\mid d_k=i,S_k=m,R_k^N\right)/P\left(R_1^N\right) \end{aligned} \tag{2.6.11}$$

应用 Markov 性，可以定义k时刻、$S_k=m$状态的前向度量α_k^m为

$$P\left(R_1^{k-1}\mid d_k=i,S_k=m,R_k^N\right)=P\left(R_1^{k-1}\mid S_k=m\right)=\alpha_k^m \tag{2.6.12}$$

类似地，我们有

$$P\left(R_{k+1}^N\mid d_k=i,S_k=m,R_k\right)=P\left(R_{k+1}^N\mid S_{k+1}=f(i,m)\right)=\beta_{k+1}^{f(i,m)} \tag{2.6.13}$$

其中，$f(i,m)$是给定输入比特i和状态m对应的下一状态。相应地，可以定义k时刻、$S_k=m$状态的反向状态度量β_k^m。进一步，定义分支度量为

$$P\left(d_k=i,S_k=m,R_k\right)=\gamma_k^{i,m} \tag{2.6.14}$$

将式(2.6.12)～式(2.6.14)代入式(2.6.11)可以得到

$$\lambda_k^{i,m} = \alpha_k^m \beta_{k+1}^{f(i,m)} \gamma_k^{i,m} / P\left(R_1^N\right) \tag{2.6.15}$$

则式(2.6.10)的似然比可以表示为

$$\lambda_k = \frac{\sum_m \alpha_k^m \beta_{k+1}^{f(0,m)} \gamma_k^{0,m}}{\sum_m \alpha_k^m \beta_{k+1}^{f(1,m)} \gamma_k^{1,m}} \tag{2.6.16}$$

式(2.6.12)表示的前向度量可以迭代计算，推导如下：

$$\begin{aligned}
\alpha_k^m &= P\left(R_1^{k-1} \mid S_k = m\right) \\
&= \sum_n \sum_{j=0}^{1} P\left(d_{k-1} = j, S_{k-1} = n, R_1^{k-1} \mid S_k = m\right) \\
&= \sum_n \sum_{j=0}^{1} P\left(R_1^{k-2} \mid S_k = m, d_{k-1} = j, S_{k-1} = n, R_{k-1}\right) \\
&\quad \times P\left(d_{k-1} = j, S_{k-1} = n, R_{k-1} \mid S_k = m\right) \\
&= \sum_{j=0}^{1} P\left(R_1^{k-2} \mid S_{k-1} = b(j,n)\right) \\
&\quad \times P\left(d_{k-1} = j, S_{k-1} = b(j,n), R_{k-1}\right) \\
&= \sum_{j=0}^{1} \alpha_{k-1}^{b(j,m)} \gamma_{k-1}^{b(j,m)}
\end{aligned} \tag{2.6.17}$$

其中，$b(j,m)$表示给定输入比特j和当前状态m反推对应的前一状态。采用类似的推导过程，可以得到反向度量的迭代计算过程：

$$\begin{aligned}
\beta_k^m &= P\left(R_k^N \mid S_k = m\right) \\
&= \sum_l \sum_{i=0}^{1} P\left(d_k = i, S_{k+1} = l, R_k^N \mid S_k = m\right) \\
&= \sum_l \sum_{i=0}^{1} P\left(R_{k+1}^N \mid S_k = m, d_k = i, S_{k+1} = l, R_k\right) \\
&\quad \times P\left(d_k = i, S_{k+1} = l, R_k \mid S_k = m\right) \\
&= \sum_{i=0}^{1} P\left(R_{k+11}^N \mid S_{k+1} = f(i,m)\right) \\
&\quad \times P\left(d_k = i, S_k = m, R_k\right) \\
&= \sum_{j=0}^{1} \beta_{k+1}^{f(i,m)} \gamma_k^{j,m}
\end{aligned} \tag{2.6.18}$$

分支度量$\gamma_k^{i,m}$的计算推导如下：

$$\begin{aligned}
\gamma_k^{i,m} &= P\left(d_k = i, S_k = m, R_k\right) \\
&= P\left(d_k = i\right) P\left(S_k = m \mid d_k = i\right) P\left(R_k \mid d_k = i, S_k = m\right) \\
&= P\left(x_k \mid d_k = i, S_k = m\right) P\left(y_k \mid d_k = i, S_k = m\right) \xi_k^i / 2^v
\end{aligned} \tag{2.6.19}$$

其中，$\xi_k^i = P(d_k = i)$是先验概率。对于均值为 0、方差为σ^2的 AWGN 信道，式(2.6.19)可以变形为

$$\begin{aligned}\gamma_k^{i,m} &= \frac{\xi_k^i}{2^v\sqrt{2\pi}\sigma}\exp\left\{-\frac{1}{2\sigma^2}\left[x_k-(1-2i)\right]^2\right\}\mathrm{d}x_k \\ &\times\frac{1}{2^v\sqrt{2\pi}\sigma}\exp\left\{-\frac{1}{2\sigma^2}\left[y_k-\left(1-2c^{i,m}\right)\right]^2\right\}\mathrm{d}y_k \\ &= \kappa_k\xi_k^i\exp\left[L_c(x_k i + y_k c^{i,m})\right]\end{aligned} \tag{2.6.20}$$

由此，得到比特似然比为

$$\begin{aligned}\lambda_k &= \frac{\xi_k^0}{\xi_k^1}\exp(-L_c x_k)\times\frac{\sum\limits_m \alpha_k^m\exp\left(L_c y_k c^{0,m}\right)\beta_{k+1}^{f(0,m)}}{\sum\limits_m \alpha_k^m\exp\left(L_c y_k c^{1,m}\right)\beta_{k+1}^{f(1,m)}} \\ &= \xi_k\exp(-L_c x_k)\xi_k'\end{aligned} \tag{2.6.21}$$

其中，ξ_k是先验概率比；ξ_k'就是 Turbo 码文献中所指的外信息。由此可知，比特似然比包括三部分，分别为先验概率、信源比特提供的信道信息以及校验比特提供的信道信息。这样，式(2.6.17)、式(2.6.18)、式(2.6.20)、式(2.6.21)给出了 BCJR 算法或 MAP 算法的基本计算公式。

一般地，我们称这种算法为双向递推算法。因为在格图上，前向度量α_k^m从起始时刻 0 递推到终止时刻N，而反向度量β_k^m从终止时刻反向递推到起始时刻 0。并且每一个时刻的前后向递推计算，都需要用到分支度量$\gamma_k^{i,m}$。最终还需要计算每个信息比特的似然比。这样，BCJR 算法的复杂度是$\chi_{\text{MAP}} = 4\times N\times 2^{v+1} = O\left(N2^{v+1}\right)$，是同等规模格图上 Viterbi 算法复杂度的 4 倍。

当卷积码采用截尾比特时，BCJR 算法的前向度量与反向度量采用如下的初始化条件：

$$\begin{cases}\alpha_0^0 = 1, & \alpha_0^{m\neq 0} = 0 \\ \beta_N^0 = 1, & \beta_N^{m\neq 0} = 0\end{cases} \tag{2.6.22}$$

上述 MAP 算法是在实数域上运算的，容易产生数值溢出。一般地，常用对数域运算，从而保证数值稳定，也就是 Log-MAP 算法。此时，令对数分支度量为

$$D_k^{i,m} = \log\gamma_k^{i,m} = \log P\left(d_k = i, S_k = m, R_k\right) \tag{2.6.23}$$

并且定义对数前向度量、反向度量分别为A_k^m、B_k^m，可以得到 Log-MAP 算法结构为

$$A_k^m = E\left(A_{k-1}^{b(0,m)} + D_{k-1}^{0,b(0,m)}, A_{k-1}^{b(1,m)} + D_{k-1}^{1,b(1,m)}\right) \tag{2.6.24}$$

$$B_k^m = E\left(B_{k+1}^{f(0,m)} + D_k^{0,m}, B_{k+1}^{f(1,m)} + D_k^{1,m}\right) \tag{2.6.25}$$

$$\Lambda_k = \underset{m}{E}\left(A_k^m + D_k^{0,m} + B_{k+1}^{f(0,m)}\right) - \underset{m}{E}\left(A_k^m + D_k^{1,m} + B_{k+1}^{f(1,m)}\right) \tag{2.6.26}$$

其中，$E\left(\mathrm{e}^a,\mathrm{e}^b\right) = \log\left(\mathrm{e}^a + \mathrm{e}^b\right) = \max(a,b) + \log\left(1+\mathrm{e}^{-|a-b|}\right)$是雅可比(Jacobi)算子，包括 max

操作与修正项计算。注意，式(2.6.22)对应的对数似然比(LLR)可以应用雅可比算子迭代计算。

进一步，如果利用近似公式 $\log\left(\mathrm{e}^{a}+\mathrm{e}^{b}\right) \approx \max(a,b)$，可以得到 Max-Log-MAP 算法，其迭代公式不再赘述。由于近似计算，相对于 Log-MAP 算法，前者会有大约 0.5dB 的性能损失。为了弥补损失，通常会采用 Scale-Max-Log-MAP 算法，即在外信息计算中引入比例因子(Scale Factor)，通常取 $\beta=0.7$，与 Log-MAP 算法相比，性能几乎没有损失。

2. 外信息传递机制

Turbo 码分量码译码器的外信息传递机制是影响译码延时与吞吐率的关键因素，一般地，有三种外信息传递机制，简述如下。

1) 串行机制

标准的 Turbo 码译码算法是一种串行译码过程，一次迭代需要接收到所有的信道信息，然后分别启动两个分量码译码器，计算外信息并完成一次传递。这个过程如图 2.6.3(a)所示。如果码长很长，则这种串行译码时延很大，导致吞吐率较低。

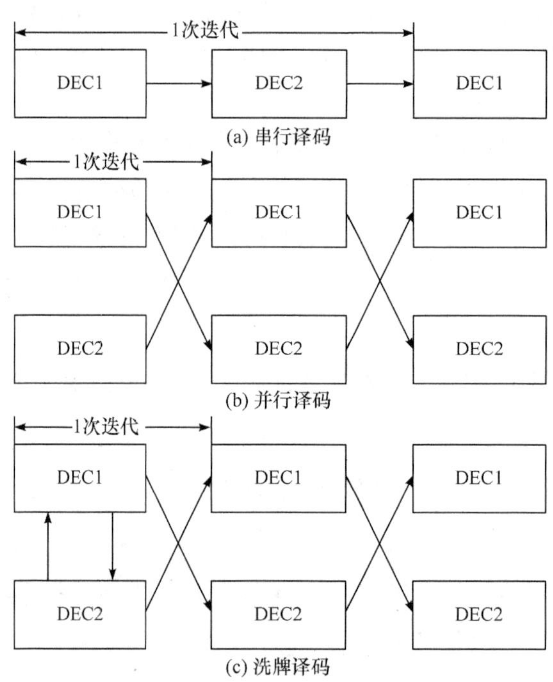

图 2.6.3 Turbo 译码器的外信息传递机制与译码结构

2) 并行机制

为了提高吞吐率，Divsalar 和 Pollara 提出了并行译码结构[20]，如图 2.6.3(b)所示。在并行译码中，两个分量码译码器同时启动，分别计算外信息，传递到下一次迭代的对应译码器中。对比图 2.6.3(a)、(b)两个子图，可以明显看出，并行译码的时延只有串行译码的一半，相比后者，这种方法可以提升一倍的吞吐率。并且并行译码不仅可以在整个数据帧上并行，还可以将数据帧划分为多个码块，实现码块译码的并行。不过这种情况下，需要仔细设计交织器，满足并行译码时无冲突访问的要求。

3) 洗牌机制

洗牌(Shuffle)译码[20](图 2.6.3(c))是在并行译码的基础上，提高外信息更新的可靠性。在同一次迭代的前向/反向度量计算中，假设当前译码器 k 时刻的前向/反向度量向后一时刻进行一步递推，如果 $k<\Pi^{-1}(k)$，则表明另一个分量码译码器的外信息还未更新，因此只用当前存储的分支度量进行度量递推运算，反之，如果 $k>\Pi^{-1}(k)$，则说明外信息已经更新，因此可以用最新的外信息重新计算分支度量进行度量递推运算。这种洗牌译码的方法，可以有效提高并行译码的可靠性，加快译码收敛速度。

2.6.4 软输出维特比译码算法

传统的 Viterbi 算法只能输出最大似然判决结果，如果进行修正，增加输出路径的可靠性度量估计，则称为软输出维特比(SOVA)译码算法，其最早是由 Hagenauer 和 Hoeher 在文献[19]中提出。

对于 1/2 码率卷积码，k 时刻对应状态 S_k，假设 Viterbi 算法已经计算了两条路径，δ 为判决延时或滑动窗长，则相应的路径度量表示如下：

$$M_m=\frac{E_s}{N_0}\sum_{j=k-\delta}^{k}\sum_{n=1}^{2}\left\|R_{jn}-x_{jn}^{(m)}\right\|^2,\quad m=1,2 \tag{2.6.27}$$

由此，两条路径的似然概率可以近似表示为

$$P\{\text{路径}m\}\approx \mathrm{e}^{-M_m},\quad m=1,2 \tag{2.6.28}$$

不失一般性，假设幸存路径为 $m=1$，则有 $M_1\leqslant M_2$。这样，选择竞争路径的概率为

$$p_{sk}=\frac{\mathrm{e}^{-M_2}}{\mathrm{e}^{-M_1}+\mathrm{e}^{-M_2}}=\frac{1}{1+\mathrm{e}^{M_2-M_1}}=\frac{1}{1+\mathrm{e}^{\Delta}} \tag{2.6.29}$$

其中，$\Delta=M_2-M_1$ 是路径度量差。显然，路径度量差越大，选择竞争路径的概率越小，反之亦然。由此可见，路径度量差 Δ 反映了竞争路径与幸存路径可靠性的差异，可以作为判决可靠性的估计。

第 j 个比特的似然概率可以用式(2.6.30)更新：

$$\hat{p}_j\leftarrow\hat{p}_j(1-p_{sk})+(1-\hat{p}_j)p_{sk} \tag{2.6.30}$$

相应地，可以得到比特 LLR 估计如下：

$$\hat{L}_j=\log\frac{1-\hat{p}_j}{\hat{p}_j}\leftarrow\frac{1}{\alpha}\log\frac{1+\mathrm{e}^{(\alpha\hat{L}_j+\Delta)}}{\mathrm{e}^{\Delta}+\mathrm{e}^{\alpha\hat{L}_j}}\approx\min\left(\hat{L}_j,\Delta/\alpha\right) \tag{2.6.31}$$

其中，α 是与信噪比有关的常数，通常取值为 1。

定义状态 S_k 对应的可靠度量向量为 $\Gamma(S_{k+1})=(L_1,\cdots,L_j,\cdots,L_\delta)$，分支度量为 $D(S_{k+1},d_k=i)$。SOVA 算法的结构如下：

(1) 计算 $\Gamma\left(S_{k+1}, d_k = i\right) = A\left(S_k^i\right) + D\left(S_{k+1}, d_k = i\right)$；

(2) 计算状态度量 $A\left(S_{k+1}\right) = \min\left(\Gamma(S_{k+1}, d_k = 0), \Gamma\left(S_{k+1}, d_k = 1\right)\right)$。

对于每个状态 S_{k+1} 存储度量差 $\Delta = \max \Gamma\left(S_{k+1}, d_k = i\right) - \min \Gamma\left(S_{k+1}, d_k = i\right)$，对于 $j = 1, 2, \cdots, k$，比较在状态 S_{k+1} 重合的两条路径，如果 $\hat{d}_j^{(1)}\left(S_{k+1}\right) \neq \hat{d}_j^{(2)}\left(S_{k+1}\right)$，则更新比特似然比 $L_j = \min\left(L_j, \Delta\right)$。

由于路径的可靠性度量是近似估计得到的，因此原始的 SOVA 算法性能比 Max-Log-MAP 算法有 0.5dB 左右的损失。SOVA 算法复杂度与 Viterbi 算法相当，低于 Log-MAP 或 Max-Log-MAP 算法。

2.6.5 外信息变换分析工具

如前所述，Turbo 码的译码采用软输入软输出 SISO 迭代译码算法，两个分量码译码器之间通过多次迭代，交互外信息/先验信息，最终提高判决的可靠性。Turbo 码的性能一般分为三个信噪比区间：①若信噪比较低，即使经过多次迭代，BER 性能也较差，为 10^{-1}～10^{-2}；②若信噪比超过某个门限，则 BER 急速下降，从 10^{-2} 急剧降低到 10^{-5}～10^{-6}，一般称这个区域为瀑布(Waterfall)区；③若信噪比进一步提升，则误码率下降变得较为缓慢，一般称为错误平台(Error Floor)区。

为了分析 Turbo 码在瀑布区的性能，特别是门限信噪比，Brink 提出了外信息变换图(EXIT)方法[22]。这一方法完美解释了 Turbo 码的迭代译码行为，能够准确预测门限信噪比，因而得到了普遍应用，成为 Turbo 码性能分析的标准工具。

令 Z_1, A_1, D_1, E_1 与 Z_2, A_2, D_2, E_2 分别表示两个分量码译码器的输入信道信息、输入先验信息、输出软信息与输出外信息。假设这些信息都采用对数似然比形式，参考式(2.6.3)与式(2.6.4)，可以得到输出外信息与相应信息之间的关系：

$$\begin{cases} E_1 = D_1 - A_1 - Z_1 \\ E_2 = D_2 - A_2 - Z_2 \end{cases} \tag{2.6.32}$$

观察上述公式，可以发现两个 SISO 译码器的行为是类似的。如果考虑交织器长度足够长(一般至少要求 10^4bit)，则可以近似认为先验信息 A 与信道信息 Z 相互独立。

对于 BPSK 调制、AWGN 信道，可以将接收信号模型统一表示为

$$z = s + n \tag{2.6.33}$$

其中，$s = \{\pm 1\}$ 是 BPSK 信号，相应的似然概率密度函数为

$$P\left(z \middle| S = s\right) = \frac{1}{\sqrt{2\pi\sigma^2}} \mathrm{e}^{-\frac{(z-s)^2}{2\sigma^2}} \tag{2.6.34}$$

则对应的信道信息可以表示为

$$Z = \ln \frac{P\left(z \middle| s = +1\right)}{P\left(z \middle| s = -1\right)} = \frac{2}{\sigma^2} z = \mu_Z s + n_Z \tag{2.6.35}$$

上述公式实际上是 LLR 形式的信道模型，因此，可以得到 Z 是高斯随机变量，其均值为 $\mu_Z = \frac{2}{\sigma^2} = L_c$，方差为 $\sigma_Z^2 = \frac{4}{\sigma^2} = 2L_c$。由此可见，$\mu_Z = \frac{\sigma_Z^2}{2}$。

另外，通过仿真观察可知：①对于充分大的交织器，即使经过多次迭代，先验信息 A 与信道信息 Z 仍然满足不相关的条件；②随着迭代次数的增加，SISO 译码器输出外信息 E（也就是另一个 SISO 译码器输入的先验信息 A）的概率密度函数接近于高斯分布。这样，先验信息 A 也可以建模为高斯随机变量，即

$$A = \mu_A s + n_A \tag{2.6.36}$$

类似于信道信息的分析，可知先验信息 A 的均值与方差也满足 $\mu_A = \frac{\sigma_A^2}{2}$。相应的概率密度函数为

$$P_A\left(\xi \middle| S = s\right) = \frac{1}{\sqrt{2\pi\sigma_A^2}} \mathrm{e}^{-\frac{(\xi - s)^2}{2\sigma_A^2}} \tag{2.6.37}$$

上述信道可以看作二进制输入的加性噪声信道(BI-AWGN)，因此，可以定义发送信号与先验信息之间的互信息 $I_A = I(S;A)$，其计算公式如下：

$$\begin{aligned} I_A(\sigma_A) &= \frac{1}{2} \sum_{s=-1,+1} \int_{-\infty}^{+\infty} P_A\left(\xi \middle| S = s\right) \ln \frac{2P_A\left(\xi \middle| S = s\right)}{P_A\left(\xi \middle| S = -1\right) + P_A\left(\xi \middle| S = +1\right)} \mathrm{d}\xi \\ &= 1 - \frac{1}{\sqrt{2\pi\sigma_A^2}} \int_{-\infty}^{+\infty} \mathrm{e}^{-\frac{(\xi - s)^2}{2\sigma_A^2}} \ln\left(1 + \mathrm{e}^{-\xi}\right) \mathrm{d}\xi \end{aligned} \tag{2.6.38}$$

令 $J(\sigma) = I_A(\sigma_A = \sigma)$ 表示 BI-AWGN 信道的容量，该函数满足

$$\lim_{\sigma \to 0} J(\sigma) = 0, \quad \lim_{\sigma \to 1} J(\sigma) = 1, \quad \sigma > 0 \tag{2.6.39}$$

尽管无法解析表达，可以证明函数 $J(\sigma)$ 是 σ 的单调递增函数，因此，可以得到其反函数 $\sigma_A = J^{-1}(I_A)$。

类似地，发送信息序列与外信息之间的互信息 $I_E(S;E)$ 可以计算如下：

$$I_E = \frac{1}{2} \sum_{s=-1,+1} \int_{-\infty}^{+\infty} P_E\left(\xi \middle| S = s\right) \ln \frac{2P_E\left(\xi \middle| S = s\right)}{P_E\left(\xi \middle| S = -1\right) + P_E\left(\xi \middle| S = +1\right)} \mathrm{d}\xi \tag{2.6.40}$$

注意，式(2.6.40)中外信息的似然概率密度函数 $P_E\left(\xi \middle| S = s\right)$ 是在给定信道信息 Z 与先验信息 A 条件下得到的，不能直接看作高斯分布，只能通过 BCJR 算法及 Mento-Carlo 仿真得到。

由此，我们可以把 I_E 看作 I_A 与信噪比 E_b / N_0 的函数，定义外信息变换特征函数如下：

$$I_E = G(I_A, E_b / N_0) \tag{2.6.41}$$

如果固定信噪比，则 I_E 只是 I_A 的函数，即 $I_E = G(I_A)$。

考虑信道对称性条件 $P\left(\xi \middle| S = s\right) = P\left(-\xi \middle| S = s\right) \mathrm{e}^{\xi s}$，可以假设发送序列为全零序列。这样 EXIT 变换算法简述如下。

(1) 给定信道条件，即信噪比 E_b / N_0，产生含有噪声的接收序列，计算信道信息序列 Z。

(2) 基于高斯分布假设，对每一个 σ_A，产生均值为 $\mu_A = \frac{\sigma_A^2}{2}$，方差是 σ_A^2 的先验信息序列 A，计算发送序列与先验信息的互信息 $I_A = I(S;A)$。

(3) 以序列 Z 与 A 作为输入，运行 BCJR 算法，得到外信息的经验似然概率密度函数 $P_E(\xi|S=s)$，利用式(2.6.40)计算发送序列与后验信息的互信息 $I_E(S;E)$。

(4) 绘制 $I_E \sim I_A$ 的 EXIT 特征函数。

下面试举一例说明。假设 $R=1/2$ Turbo 码(需要凿孔)，交织器长度为 10^6，其 RSC 分量码的生成多项式为 $g(D)=\left(1,\frac{D^6+D^5+D^4+D^2+D+1}{D^5+D^4+D^2+1}\right)$。图 2.6.4 给出了 $E_b / N_0 =$ 0～3dB 相应的 EXIT 曲线，并且给出了 0.7dB 与 1.5dB 的迭代译码轨迹，由于两个分量码完全相同，因此只需要计算一个分量码的特征曲线，再进行镜像映射，就可以得到另一个分量码的特征曲线。图 2.6.4 也给出了相应 Turbo 码的 BER 性能曲线。

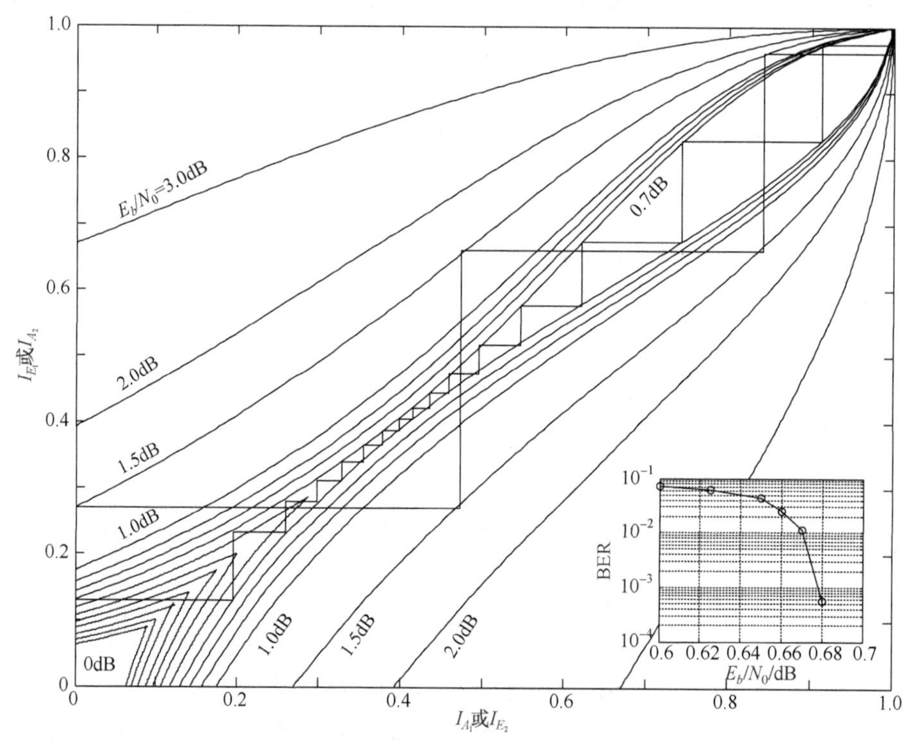

图 2.6.4 Turbo 码 EXIT 曲线示例

由图 2.6.4 可知，给定信噪比 E_b / N_0，当初始迭代 $n=0$ 时，先验信息为 0，相应互信息也为 0，即 $I_{A_1,0}=0$。在第 n 次迭代，第一个译码器输出外信息相应的特征函数为 $I_{E_1,n}=G_1\left(I_{A_1,n}\right)$。对于第二个译码器，外信息的互信息变成了先验信息的互信息，即 $I_{A_2,n}=I_{E_1,n}$。然后，计算得到第二个译码器输出的外信息特征函数 $I_{E_2,n}=G_2\left(I_{A_2,n}\right)$，反馈到第一个译码器，成为下一次迭代的先验信息 $I_{A_1,n+1}=I_{E_2,n}$。

只要 $I_{E_1,n+1}>I_{E_2,n}$，上述迭代过程会持续进行。当 $I_{E_1,n+1}=I_{E_2,n}$ 或等价的 $G_1\left(I_{E_2,n}\right)=G_2^{-1}\left(I_{E_2,n}\right)$ 时，两条特征曲线会交叉，迭代就会终止。从图 2.6.4 中可以看到，当信噪比较低，如 0～0.6dB 时，两条曲线会交叉，迭代会提前终止，而当 $E_b/N_0=0.7\text{dB}$ 时，两条曲线形成了非常窄的瓶颈，允许迭代译码轨迹穿过，最终达到收敛状态，这样 0.7dB 就是瀑布区的门限信噪比。并且可以看到，在 0.7dB 附近，BER 性能有显著改善。

EXIT 变换是分析 Turbo 码性能的非常好的半解析分析工具，只要对单个分量码进行迭代仿真，获得互信息特征曲线，就能够预测整个译码性能，特别是译码门限信噪比。它由于具有良好的分析能力，普遍应用于迭代译码解调、迭代检测系统的性能分析中。

2.6.6 Turbo 码差错性能

在发送端，交织器起到随机化码组(字)重量分布的作用，使 Turbo 码的最小重量分布均匀化并达到最大。它等效于将一个确知的 Turbo 编码规则编码后进行随机化，起到等效随机编码的作用。

在接收端，交织器、去交织器与多次反馈迭代译码，同样也起到了等效随机译码的作用，另外，交织器还同时能将具有突发差错的衰落信道改造成随机独立差错信道。级联编、译码能起到利用短码构造长码的作用，再加上交织的随机化作用使级联码也具有随机性，从而可以克服确定性的固定式级联码的渐近性能差的缺点。并行级联码采用最优的多次迭代软输入软输出的最大后验概率 BCJR 算法，从而极大地改善了译码的性能。

假设交织器采用随机均匀交织器，此时 Turbo 码的误比特率上界[23]表示为

$$P_b \leqslant \sum_{w=1}^{k}\sum_{w+j=h}\frac{w}{k}A_{w,j}Q\left(\sqrt{\frac{2hRE_b}{N_0}}\right) \tag{2.6.42}$$

其中，$A_{w,j}$ 表示输入冗余重量枚举因子，即输入信息重量为 w、编码后校验重量为 j 的码字数量。

定义 2.5　线性码的输入冗余重量枚举函数(IRWEF)表示为

$$A(W,Z)=\sum_{w}\sum_{j}A_{w,j}W^{w}Z^{j} \tag{2.6.43}$$

假设两个分量码的 IRWEF 分别为 $A_{im}^{C_1}(W,Z)$ 与 $A_{jl}^{C_2}(W,Z)$，由于采用了均匀交织器，则整个码的平均 IRWEF 可以表示为

$$A_{ij,ml}^{C_P}(W,Z)=\frac{A_{im}^{C_1}(W,Z)A_{jl}^{C_2}(W,Z)}{\begin{pmatrix}N\\w\end{pmatrix}} \tag{2.6.44}$$

给定 1/3 码率 Turbo 码，其 RSC 编码器 $R=1/2$，记忆长度为 3，生成矩阵为 $[1,(1+D+D^3)/(1+D^2+D^3)]$。交织方式采用随机交织，迭代次数为 8。图 2.6.5 仿真了帧长为 $N=1000$ 的 Log-MAP 算法的性能。由图可知，8 次迭代可以显著改善 Turbo 码的性能，

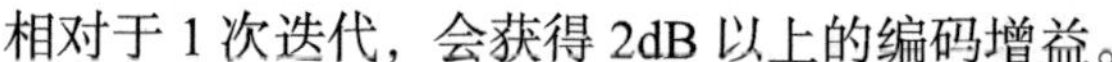

相对于 1 次迭代，会获得 2dB 以上的编码增益。

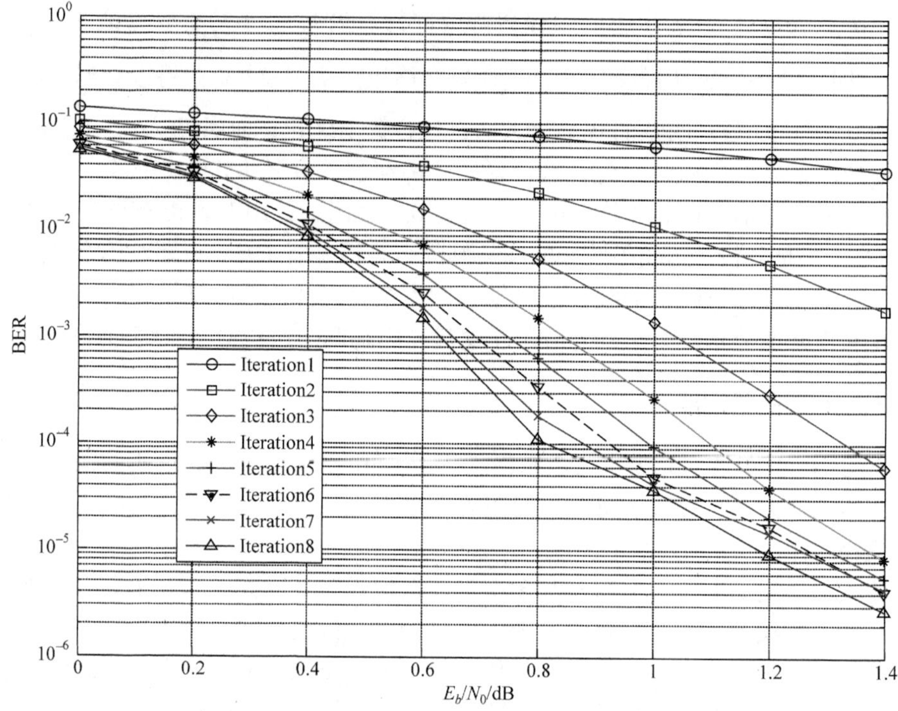

图 2.6.5 Log-MAP 算法的误比特率特性

图 2.6.6 给出了同样的配置，8 次迭代，三种不同译码算法 Log-MAP、Max-Log-MAP 以及 SOVA 算法的译码性能。

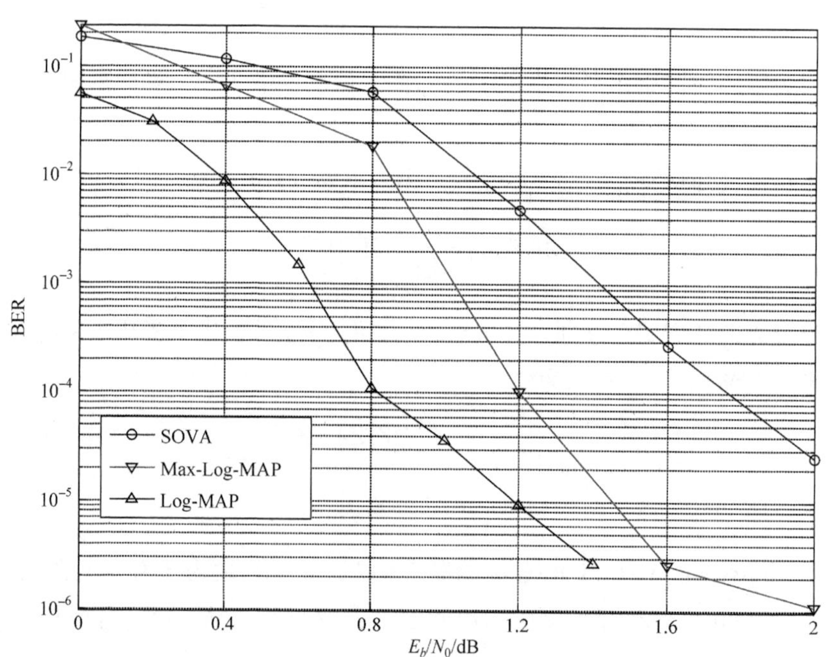

图 2.6.6 Log-MAP、Max-Log-MAP 与 SOVA 算法性能比较

由图 2.6.6 可知，Log-MAP 算法相对于 SOVA 算法有 1dB 左右的编码增益，相对于 Max-Log-MAP 算法有 0.5dB 左右的编码增益。

Turbo 码的设计包括分量码译码器的设计与交织器的优化。根据理论分析可知[23]，分量码必须采用 RSC 结构。反馈结构的引入，能够显著减小 Turbo 码低码重的距离谱，导致“距离谱细化”现象，从而大幅度地降低了门限信噪比，逼近容量极限。反之，如果采用 NSC 结构，则没有这种效果，无法改善纠错性能。另外，交织器与 RSC 结构配合，能够获得交织增益，对于 Turbo 码性能提升非常关键。实用化的交织器包括 S 交织器、QPP 交织器等。

综上所述，Turbo 码所采用的手段与 Shannon 证明信道编码定理时提出的三个先决条件——采用随机码、码长无限长和在接收端选用最优的最大后验概率算法不谋而合。这也正是 Turbo 码接近最优性能的主要原因。

但 Turbo 码也存在一些缺陷，列举如下。

(1) 存在错误平台。由于距离谱细化，Turbo 码的最小自由距离很小，在高信噪比条件下，误码率下降缓慢，即存在错误平台(Error Floor)现象。这个问题影响了 Turbo 码在超高可靠通信场景中的应用，为了降低错误平台，往往需要与其他编码进行级联。

(2) 译码时延大、吞吐率低。Turbo 码采用 SISO 译码算法，需要存储与译码一定的接收信号，才能输出似然比或外信息，并且多次迭代也增大了译码延迟，降低了吞吐率。为了提高译码并行度，LTE 标准中采用了 QPP 交织器，通过并行译码结构，可以改善吞吐率。但这个问题始终是 Turbo 译码的固有问题，因此在 5G NR 数据信道中，Turbo 码最终被弃用。

2.7　LDPC 码

低密度校验(LDPC)码是一种特定的线性分组码，1962 年，由 Gallager 在其博士论文中首次提出[24]，LDPC 码与 Turbo 码具有类似的纠错能力，它是一种可以逼近信道容量极限的好码。遗憾的是，由于当时计算能力的限制，LDPC 码被忽略了 30 多年。其间值得一提的是，Tanner 最早提出了采用二分图(Tanner 图)模型表示 LDPC 码[25]，今天该方法成为 LDPC 码的标准表示工具。直到 1996 年，英国卡文迪许实验室的 MacKay 重新发现了 LDPC 码具有优越的纠错性能[26]，从而掀起了 LDPC 码研究的新热潮。

2.7.1　基本概念

LDPC 码的特征是校验矩阵是稀疏矩阵，即 1 的个数很少，0 的个数很多。Gallager 最早设计的 LDPC 码是一种规则编码。给定码率 $R=1/2$，码长 $N=10$ 的(3,6)规则 LDPC 码，其校验矩阵如式(2.7.1)所示。

这里，校验矩阵 $\boldsymbol{H}$ 包含 5 行 10 列，每一行对应一个校验关系，称为校验节点，每一列对应一个编码比特，称为变量节点。(3,6)的含义是指，每一列含有 3 个 1，每一行含有 6 个 1，即列重为 3，行重为 6，行重与列重的分布相同，只是 1 的位置不同。并且只要码长充分长，行重与列重显著小于码长 N 与信息位长度 K，因此具有稀疏性。需要指出的是 LDPC 码的构造具有随机性，只要在校验矩阵中随机分布 1 的位置，满足行重与

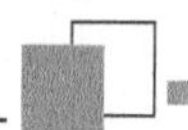

列重要求即可，这样得到一组码字集合，而并非单个编码约束关系。并且，校验矩阵不严格要求满秩。

$$
\boldsymbol{H}=\begin{array}{c} \begin{matrix} v_1 & v_2 & v_3 & v_4 & v_5 & v_6 & v_7 & v_8 & v_9 & v_{10} \end{matrix} \\ \left[\begin{matrix} 1 & 1 & 1 & 1 & 0 & 1 & 1 & 0 & 0 & 0 \\ 0 & 0 & 1 & 1 & 1 & 1 & 1 & 1 & 0 & 0 \\ 0 & 1 & 0 & 1 & 0 & 1 & 0 & 1 & 1 & 1 \\ 1 & 0 & 1 & 0 & 1 & 0 & 0 & 1 & 1 & 1 \\ 1 & 1 & 0 & 0 & 1 & 0 & 1 & 0 & 1 & 1 \end{matrix}\right] \begin{matrix} c_1 \\ c_2 \\ c_3 \\ c_4 \\ c_5 \end{matrix} \end{array} \tag{2.7.1}
$$

上述(3,6)码的校验矩阵可以看作二分图的邻接矩阵，也就是 Tanner 图，如图 2.7.1 所示。

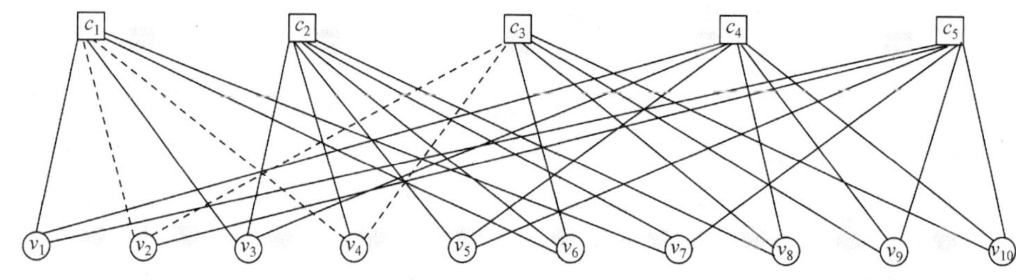

图 2.7.1 (3,6)规则 LDPC 码的 Tanner 图 ($N=10$)

图 2.7.1 中含有 10 个变量节点，对应校验矩阵的每一列；含有 5 个校验节点，对应校验矩阵的每一行。我们用集合 $\mathcal{A}_i$ 表示第 i 个变量节点连接的校验节点集合，用集合 $\mathcal{B}_j$ 表示第 j 个校验节点连接的变量节点集合。例如，$\mathcal{A}_1=\{1,4,5\}$，也就是式(2.7.1)校验矩阵的第 1 列，$\mathcal{B}_2=\{3,4,5,6,7,8\}$，对应校验矩阵的第 2 行。

校验矩阵的行重对应变量节点的连边数目，称为变量节点度分布，列重对应校验节点度分布。对比式(2.7.1)与图 2.7.1 的 Tanner 图结构，可以发现两者是一一对应的。Tanner 图中的环与公式中的 1 构成的连接关系完全对应。例如，图 2.7.1 中虚线构成了长度为 4 的环$(v_2\to c_3\to v_4\to c_1\to v_2)$对应了式(2.7.1)中含有 4 个 1 的虚线环。

定义 2.6 Tanner 图上一条闭环路径的长度定义为环长，在所有闭环中，长度最小的环长称为 Tanner 图的围长(Girth)。

一般地，对于(N,K)规则 LDPC 码，行重与列重分别为 d_c 与 d_v，我们通常称这样的 LDPC 码为(d_v,d_c)码，它的行重和列重满足如下关系式：

$$
Nd_v=(N-K)d_c \tag{2.7.2}
$$

这样，对应的 Tanner 图表示为$\mathcal{G}(\mathcal{V},\mathcal{C},\mathcal{E})$，其中，$\mathcal{V}$是变量节点集合，节点数目满足$|\mathcal{V}|=N$，$\mathcal{C}$是校验节点集合，节点数目满足$|\mathcal{C}|=N-K$，$\mathcal{E}$是边集合，数目满足$|\mathcal{E}|=Nd_v=(N-K)d_c$。进一步，$(d_v,d_c)$码的码率表示为

$$
R=\frac{K}{N}=1-\frac{d_v}{d_c} \tag{2.7.3}
$$

上述概念可以进一步推广到不规则 LDPC 码，假设最大行重为 d_c，最大列重为 d_v。

定义 2.7 Tanner 图的变量节点与校验节点的度分布生成函数如下：

$$\begin{cases} \lambda(x)=\sum_{i=2}^{d_v}\lambda_i x^{i-1} \\ \rho(x)=\sum_{i=2}^{d_c}\rho_i x^{i-1} \end{cases} \tag{2.7.4}$$

其中，λ_i 与 ρ_i 表示度为 i 的节点连边数占总边数的比例。进一步，可以定义

$$\begin{cases} \int_0^1 \lambda(x)\mathrm{d}x=\sum_{i=2}^{d_v}\frac{\lambda_i}{i} \\ \int_0^1 \rho(x)\mathrm{d}x=\sum_{i=2}^{d_c}\frac{\rho_i}{i} \end{cases}$$

分别表示变量与校验节点度分布倒数的均值。

由于总边数相等，因此也有如下等式：

$$\frac{N}{\sum_{i=2}^{d_v}\lambda_i/i}=\frac{N-K}{\sum_{i=2}^{d_c}\rho_i/i} \tag{2.7.5}$$

由此，给定度分布 (λ,ρ)，非规则 LDPC 码的码率为

$$R(\lambda,\rho)=1-\frac{\int_0^1\rho(x)\mathrm{d}x}{\int_0^1\lambda(x)\mathrm{d}x} \tag{2.7.6}$$

本质上，LDPC 码的设计也符合信道编码定理中随机编码的思想。Tanner 图上变量节点与校验节点之间的连接关系具有随机性，我们可以把度分布系数 λ_i 与 ρ_i 看作变量节点与校验节点连边的概率。因此，Tanner 图实际上是符合度分布要求的随机图，变量与校验节点之间的连边关系也可以看作一种边交织器。只要码长充分长，Tanner 图的规模充分大，这种随机连接就反映了随机编码特征，暗合了信道编码定理证明的假设：①码长无限长；②随机化编码。因此，LDPC 码与 Turbo 码在结构设计上具有类似的伪随机编码特征。

2.7.2　置信传播译码算法

1. 算法原理

LDPC 码的译码一般也采用迭代结构，图 2.7.2 给出了通用译码器结构。

如图 2.7.2 所示，LDPC 码译码器包括变量节点译码器与校验节点译码器，通过边交织与解交织操作，在两个译码器之间传递外信息，经过多次迭代后，对变量节点译码器的输出进行判决，得到最终译码结果。

LDPC 码典型的译码算法是置信传播(Belief Propagation, BP)译码算法。BP 译码算法是在变量节点与校验节点之间传递外信息，经过多次迭代后，达到算法收敛。它是一种典型的后验概率译码算法，经过充分迭代逼近于 MAP 译码性能，符合信道编码定理证明的假设③。

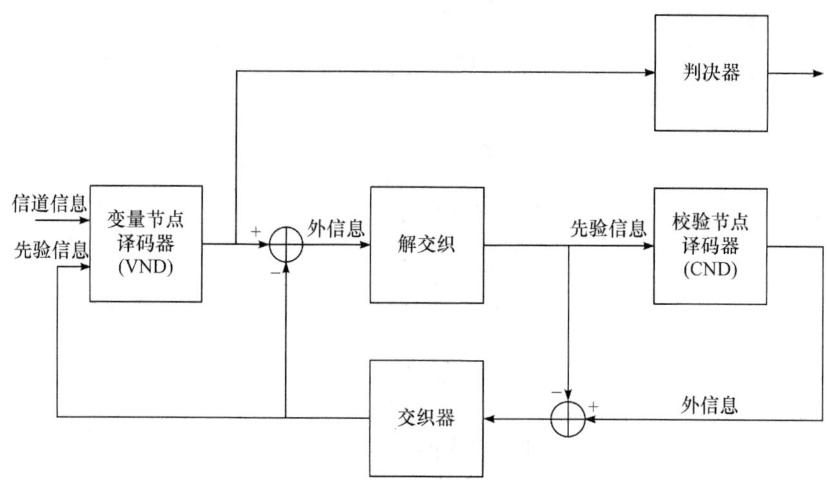

图 2.7.2 LDPC 码译码器结构

给定二元离散无记忆对称信道(B-DMC) $W:\mathcal{X}\to\mathcal{Y}$，$\mathcal{X}=\{0,1\}\to\{\pm1\}$，假设似然概率为 $p=P(y|x=0)$，则信道软信息定义如下：

$$L(p)=\log\frac{1-p}{p} \tag{2.7.7}$$

反解得到两个似然概率：

$$\begin{cases} p=\dfrac{1}{1+\mathrm{e}^{L(p)}} \\ 1-p=\dfrac{\mathrm{e}^{L(p)}}{1+\mathrm{e}^{L(p)}} \end{cases} \tag{2.7.8}$$

定理 2.4 比特软估计值为 $E(x)=\tanh\frac{1}{2}\log\frac{1-p}{p}$，其中，$\tanh(x)=\frac{\mathrm{e}^x-\mathrm{e}^{-x}}{\mathrm{e}^x+\mathrm{e}^{-x}}$ 是双曲正切函数。

证明 由于采用 BPSK 调制，因此信号的软估计值可以表示为

$$E(x)=-1\times p+1\times(1-p)=1-2p \tag{2.7.9}$$

将式(2.7.8)代入式(2.7.9)，可得

$$\begin{aligned} E(x)&=1-2p=\frac{1-\mathrm{e}^{-L(p)}}{1+\mathrm{e}^{-L(p)}}=\frac{\mathrm{e}^{L(p)/2}-\mathrm{e}^{-L(p)/2}}{\mathrm{e}^{L(p)/2}+\mathrm{e}^{-L(p)/2}} \\ &=\tanh\frac{L(p)}{2} \\ &=\tanh\frac{1}{2}\log\frac{1-p}{p} \end{aligned} \tag{2.7.10}$$

另外，利用双曲正切的反函数可以得到

$$\operatorname{artanh}\frac{L(p)}{2}=\frac{1}{2}\log\frac{1+L(p)/2}{1-L(p)/2} \tag{2.7.11}$$

下面首先分析校验节点向变量节点传递的外信息。

令 $P_{j,i}^{\text{ext}}$ 表示变量节点 i 为 1 时第 j 个校验方程满足约束的概率。显然，若要满足这个校验方程约束，则剩余的变量节点对应有奇数个比特取值为 1。因此，这个概率表示为

$$P_{j,i}^{\text{ext}}=\frac{1}{2}-\frac{1}{2}\prod_{i'\in\mathcal{B}_j,i'\neq i}\left(1-2P_{j,i'}\right) \tag{2.7.12}$$

其中，$P_{j,i'}$ 表示当变量节点 i' 取值为 1 时 $\left(v_{i'}=1\right)$ 校验节点 j 的估计概率。相应地，当变量节点取值为 $v_i=0$ 时，满足校验节点 j 的约束的概率为 $1-P_{j,i}^{\text{ext}}$。

假设 $E_{j,i}$ 表示当变量节点取值为 $v_i=1$ 时，从校验节点 j 到所连接的变量节点 i 传递的外信息，计算如下：

$$E_{j,i}=L\left(P_{j,i}^{\text{ext}}\right)=\log\frac{1-P_{j,i}^{\text{ext}}}{P_{j,i}^{\text{ext}}} \tag{2.7.13}$$

将式(2.7.12)代入式(2.7.13)可以得到

$$\begin{aligned}E_{j,i}&=\log\frac{\frac{1}{2}+\frac{1}{2}\prod_{i'\in\mathcal{B}_j,i'\neq i}\left(1-2P_{j,i'}\right)}{\frac{1}{2}-\frac{1}{2}\prod_{i'\in\mathcal{B}_j,i'\neq i}\left(1-2P_{j,i'}\right)}\\&=\log\frac{1+\prod_{i'\in\mathcal{B}_j,i'\neq i}\left(1-2\frac{\mathrm{e}^{-M_{j,i'}}}{1+\mathrm{e}^{-M_{j,i'}}}\right)}{1-\prod_{i'\in\mathcal{B}_j,i'\neq i}\left(1-2\frac{\mathrm{e}^{-M_{j,i'}}}{1+\mathrm{e}^{-M_{j,i'}}}\right)}\\&=\log\frac{1+\prod_{i'\in\mathcal{B}_j,i'\neq i}\frac{1-\mathrm{e}^{-M_{j,i'}}}{1+\mathrm{e}^{-M_{j,i'}}}}{1-\prod_{i'\in\mathcal{B}_j,i'\neq i}\frac{1-\mathrm{e}^{-M_{j,i'}}}{1+\mathrm{e}^{-M_{j,i'}}}}\end{aligned} \tag{2.7.14}$$

其中，$M_{j,i'}$ 是变量节点 i' 向校验节点 j 传递的外信息，其定义如下：

$$M_{j,i'}=L\left(P_{j,i'}\right)=\log\frac{1-P_{j,i'}}{P_{j,i'}} \tag{2.7.15}$$

注意，式(2.7.14)中，连乘中要去掉从变量节点 i 传来的外信息，这样可以避免自环。利用定理 2.4，可以得到

$$E_{j,i}=\log\frac{1+\prod_{i'\in\mathcal{B}_j,i'\neq i}\tanh\frac{M_{j,i'}}{2}}{1-\prod_{i'\in\mathcal{B}_j,i'\neq i}\tanh\frac{M_{j,i'}}{2}} \tag{2.7.16}$$

再利用式(2.7.11)，外信息可以进一步变换为

$$E_{j,i} = 2\operatorname{artanh}\left(\prod_{i' \in \mathcal{B}_j, i' \neq i} \tanh\frac{M_{j,i'}}{2}\right) \tag{2.7.17}$$

或者得到等价变换形式：

$$\tanh\frac{E_{j,i}}{2} = \prod_{i' \in \mathcal{B}_j, i' \neq i} \tanh\frac{M_{j,i'}}{2} \tag{2.7.18}$$

然后分析变量节点向校验节点传递的外信息。假设各边信息相互独立，则从变量节点 i 向校验节点 j 发送的外信息可以表示为

$$M_{j,i} = \sum_{j' \in \mathcal{A}_i, j' \neq j} E_{j',i} + L_i \tag{2.7.19}$$

其中，L_i 是信道接收的 LLR 信息。需要注意的是，上述外信息计算中，需要去掉从校验节点 j 传来的外信息，这样不产生自环，避免信息之间相关。

变量节点对应的比特似然比计算如下：

$$\Lambda_i = L_i + \sum_{j \in \mathcal{A}_i} E_{j,i} \tag{2.7.20}$$

相应的判决准则为

$$c_i = \begin{cases} 0, & \Lambda_i \geqslant 0 \\ 1, & \Lambda_i < 0 \end{cases} \tag{2.7.21}$$

注意，比特似然比 Λ_i 需要将信道软信息与所有校验节点的外信息叠加，这一点与式(2.7.19)不同。

根据上述描述，我们可以将 BP 译码算法总结如下。

(1) 根据式(2.7.7)计算信道软信息 L_i 序列，初始化变量到校验节点外信息 $M_{j,i} = L_i$，并传递到校验节点。

(2) 在校验节点处，根据式(2.7.17)计算校验到变量节点的外信息 $E_{j,i}$，并传递到变量节点。

(3) 在变量节点处，根据式(2.7.19)计算变量到校验节点的外信息 $M_{j,i}$，并传递到校验节点。

(4) 根据式(2.7.20)计算比特似然比，并利用式(2.7.21)的判决准则得到码字估计向量 $\hat{\boldsymbol{c}}$。

(5) 若迭代次数达到最大值 $I_{\max}$ 或者满足校验关系 $\boldsymbol{H}\hat{\boldsymbol{c}}^{\mathrm{T}} = \boldsymbol{0}^{\mathrm{T}}$，则终止迭代，否则，返回第(2)步。

BP 译码算法在变量节点的计算是累加所有的信息与外信息，而在校验节点处是将所有基于外信息得到的软估计相乘，再求解反双曲正切函数。因此 BP 译码算法也称为和积(Sum-Product)算法。

BP 译码算法在校验节点处的计算公式(2.7.17)可以简化。首先将 $M_{j,i'}$ 分解为两项：

$$M_{j,i'} = \alpha_{j,i'}\beta_{j,i'} = \operatorname{sign}\left(M_{j,i'}\right)\left|M_{j,i'}\right| \tag{2.7.22}$$

其中，$\mathrm{sign}(x)$是符号函数。利用这一分解，可以得到

$$\prod_{i'\in\mathcal{B}_j,i'\neq i}\tanh\frac{M_{j,i'}}{2}=\prod_{i'\in\mathcal{B}_j,i'\neq i}\alpha_{j,i'}\prod_{i'\in\mathcal{B}_j,i'\neq i}\tanh\frac{\beta_{j,i'}}{2} \tag{2.7.23}$$

这样，式(2.7.17)可以改写为

$$E_{j,i}=\left(\prod_{i'\in\mathcal{B}_j,i'\neq i}\alpha_{j,i'}\right)2\mathrm{artanh}\left(\prod_{i'\in\mathcal{B}_j,i'\neq i}\tanh\frac{\beta_{j,i'}}{2}\right) \tag{2.7.24}$$

式(2.7.24)可以将连乘改写为求和，推导如下：

$$\begin{aligned}E_{j,i}&=\left(\prod_{i'\in\mathcal{B}_j,i'\neq i}\alpha_{j,i'}\right)2\mathrm{artanh}\left\{\log^{-1}\left[\log\left(\prod_{i'\in\mathcal{B}_j,i'\neq i}\tanh\frac{\beta_{j,i'}}{2}\right)\right]\right\}\\&=\left(\prod_{i'\in\mathcal{B}_j,i'\neq i}\alpha_{j,i'}\right)2\mathrm{artanh}\left\{\log^{-1}\left[\sum_{i'\in\mathcal{B}_j,i'\neq i}\log\left(\tanh\frac{\beta_{j,i'}}{2}\right)\right]\right\}\end{aligned} \tag{2.7.25}$$

定义函数

$$\theta(x)=-\log\left(\tanh\frac{x}{2}\right)=\log\frac{\mathrm{e}^x+1}{\mathrm{e}^x-1} \tag{2.7.26}$$

由于该函数满足$\theta(\theta(x))=\log\frac{\mathrm{e}^{\theta(x)}+1}{\mathrm{e}^{\theta(x)}-1}=x$，因此可知$\theta(x)=\theta^{-1}(x)$。代入式(2.7.25)，可以得到

$$E_{j,i}=\left(\prod_{i'\in\mathcal{B}_j,i'\neq i}\alpha_{j,i'}\right)\theta\left[\sum_{i'\in\mathcal{B}_j,i'\neq i}\theta(\beta_{j,i'})\right] \tag{2.7.27}$$

这样，符号连乘可以用每个变量到校验的外信息$M_{j,i'}$的硬判决模 2 加得到，而函数$\theta(x)$可以造表得到。

上述校验节点外信息计算公式还可以进一步简化。考虑到最小项决定了乘积结果，因此得到如下近似：

$$E_{j,i}\approx\prod_{i'\in\mathcal{B}_j,i'\neq i}\mathrm{sign}(M_{j,i'})\min_{i'}|M_{j,i'}| \tag{2.7.28}$$

这种算法在变量节点涉及求和运算，在校验节点只涉及最小化运算，因此称为最小和(Min-Sum)算法。与标准 BP 译码算法相比，最小和算法性能稍差，但外信息计算得到了大幅简化。

对于 BP 或 MS 译码算法，由于外信息都是沿变量节点与校验节点的连边传递，因此，单次迭代的计算量为

$$\chi_{\mathrm{BP/MS}}\approx\frac{N}{\left[\int_0^1\lambda(x)\mathrm{d}x\right]^2}+\frac{(N-K)}{\left[\int_0^1\rho(x)\mathrm{d}x\right]^2} \tag{2.7.29}$$

一般地，LDPC 码的平均度分布为$\bar{d}_c \approx \bar{d}_v \approx \log N$，则 BP 译码算法的计算复杂度为$O\left(I_{\max} N \log N\right)$。

BP/MS 译码算法是软信息译码算法，如果只考虑硬判决信息，可以进一步简化为比特翻转(Bit Flipping)算法。这时算法复杂度更低，但性能有较大损失。

2. 消息传递机制

从实用化角度来看，BP 译码算法的消息传递机制非常重要。一般而言，可以划分为四种，简述如下。

(1) 全串行译码。这种调度机制就是标准的 BP 译码过程，在一次迭代过程中，变量节点按顺序启动，等所有外信息都计算完成后，再按照连边顺序，送入校验节点，按顺序计算相应外信息。基于这种方法的硬件译码器，只需要一个计算单元就能够完成译码，但所有外信息都需要存储，空间资源消耗大。

(2) 全并行译码。这种机制也称为洪泛调度(Flooding Scheduling)，需要采用硬件电路实现全部的计算单元，这样每个变量/校验节点都可以单独启动，快速计算与传递外信息。这种译码器结构能够获得最高的吞吐率，但硬件资源开销大，并且码长很长时，Tanner 图连边非常多，芯片内部单元间的布局布线非常复杂。

(3) 部分并行译码。这种结构是前两种的折中，采用硬件电路实现了一组译码单元，每次迭代时，同时读取一组变量与校验节点信息，并行运算并相互传递外信息。这种方法能够达到较好的译码性能与吞吐率，硬件资源开销的折中较好，是 LDPC 码译码器常用的设计方法。

(4) 洗牌译码。LDPC 码的洗牌译码方案[21]与 Turbo 码类似，它的基本思想是校验节点尽早利用变量节点更新后的外信息，计算输出信息。令$M_{j,i'}^{(l)}$、$M_{j,i'}^{(l-1)}$分别表示第l次与第$l-1$次迭代变量节点向校验节点传递的外信息，$E_{j,i}^{(l)}$表示第l次校验节点向变量节点传递的外信息。则校验节点外信息计算公式修正如下：

$$E_{j,i}^{(l)} = 2\operatorname{artanh}\left[\prod_{i' \in \mathcal{B}_j, i' < i} \tanh\frac{M_{j,i'}^{(l)}}{2} \cdot \prod_{i' \in \mathcal{B}_j, i' > i} \tanh\frac{M_{j,i'}^{(l-1)}}{2}\right] \tag{2.7.30}$$

显然，上述公式中，变量向校验节点传递的外信息按序号分为两组，即$i' < i$与$i' > i$。前者外信息已经更新，因此采用第l次迭代结果，而后者由于外信息还未更新，因此采用前一次，即第$l-1$次的结果。由于用到了最新的外信息计算结果，这种洗牌机制可以与前三种译码算法组合，加速译码收敛。

进一步，如果有两个译码器，分别采用正序$(1 \sim N)$与逆序$(N \sim 1)$译码，并且采用洗牌机制及时更新外信息，这样的传递机制称为重复洗牌(Shuffle-Replicas)[27]。这样的译码方法相比于单纯洗牌机制，收敛速度/吞吐率会加倍，但复杂度也加倍。

2.7.3 密度进化与高斯近似算法

密度进化(DE)的基本思想是由 Gallager 提出的[24]，Richardson 与 Urbanke 等最早利用密度进化分析 LDPC 码采用 BP 译码算法的渐近行为[28,29]。他们的研究表明，对于许多重要的信道，如 AWGN 信道，当码长无限长时，针对随机构造的 LDPC 码集合，可以用 DE 算法计算出无差错译码的门限值。因此，DE 算法能够比较与分析 LDPC 码的渐近性能，是一种重要的理论分析工具。

1. 密度进化

所谓密度进化，就是在 Tanner 图上计算与跟踪 LLR 的概率密度函数。假设信道 LLR 的 PDF 为 $p(L)$，第 l 次迭代，变量到校验节点外信息的 PDF 为 $p(M_l)$，校验到变量节点外信息的 PDF 为 $p(E_l)$。随着迭代次数的增加，外信息的密度函数会演化。

首先给出 DE 成立的如下两个独立性假设。

(1) 信道无记忆，这个假设是指各个接收信号相互独立，因此互不相关。

(2) Tanner 图不存在 $2l$ 长或更短的环，这样保证各节点传递的外信息相互独立。

首先观察(3,6)规则 LDPC 码的 BP 译码过程，图 2.7.3 给出了以某个检验节点为根节点构成的消息传递树。

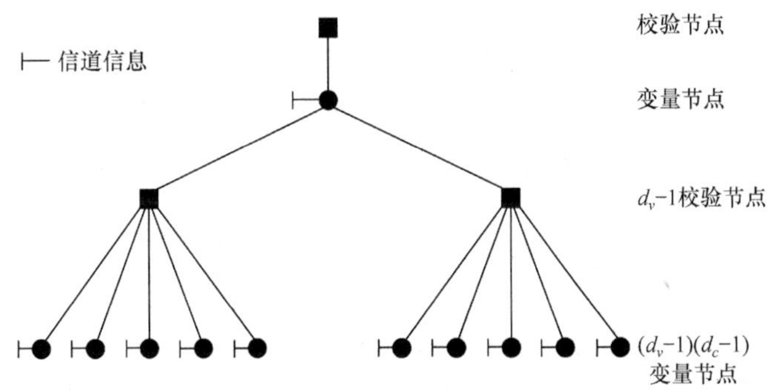

图 2.7.3　(3,6)规则 LDPC 码的 BP 译码消息传递树

如图 2.7.3 所示，在一次迭代中，作为根节点的校验节点向连接到它的某个变量节点传递信息，这个变量节点接收到两路校验节点信息以及信道信息后，就生成外信息，传递到与之相连的下一层 $d_v-1=2$ 个校验节点。而这两个校验节点又可以进一步扩展 $d_c-1=5$ 个变量节点。这样经过两次迭代，根节点的信息传递到了 $(d_v-1)(d_c-1)=2\times5=10$ 个变量节点。注意，在变量节点处的计算，还需要考虑信道信息。

一般而言，对于 (d_v,d_c) 规则 LDPC 码，BP 译码算法的迭代计算公式如下：

$$\begin{cases} M_{j,i}=\sum\limits_{j'=1}^{d_v-1}E_{j',i}+L_i \\ E_{j,i}=\left(\prod\limits_{i'=1}^{d_c-1}\alpha_{j,i'}\right)\theta\left[\sum\limits_{i'=1}^{d_c-1}\theta\left(\beta_{j,i'}\right)\right] \end{cases} \tag{2.7.31}$$

对于变量节点向校验节点传递的消息，由于各消息相互独立，因此外信息的密度函数是各个消息 PDF 的卷积，表示如下：

$$p(M_l)=p(L)*p(E_l)^{*(d_v-1)} \tag{2.7.32}$$

其中，$*$表示卷积运算。由于式(2.7.32)涉及d_v-1个卷积运算，复杂度较高，通常用快速傅里叶变换(FFT)代替，从而降低计算复杂度。

类似地，根据式(2.7.31)，对于校验节点向变量节点传递的消息，可以分解为两部分，表示如下：

$$\tilde{E}_{j,i}=\left(\operatorname{sign}\left(E_{j,i}\right),\log\left|\tanh\frac{E_{j,i}}{2}\right|\right)=\sum_{i'=1}^{d_c-1}\left(\alpha_{j,i'},\log\left|\tanh\frac{M_{j,i'}}{2}\right|\right)=\tilde{M}_{j,i'} \tag{2.7.33}$$

其中，$\operatorname{sign}\left(E_{j,i}\right)=\sum_{i'=1}^{d_c-1}\alpha_{j,i'}$是模 2 加运算，而$\log\left|\tanh\frac{E_{j,i}}{2}\right|=\sum_{i'=1}^{d_c-1}\log\left|\tanh\frac{M_{j,i'}}{2}\right|$是普通的代数求和。由于各个变量节点输入的外信息相互独立，因此$\tilde{E}_{j,i}$的概率密度函数表示为

$$p\left(\tilde{E}_l\right)=p\left(\tilde{M}_l\right)^{*(d_c-1)} \tag{2.7.34}$$

上述计算涉及d_c-1个卷积运算，也可用快速傅里叶变换代替。

最终，译码比特 LLR 的 PDF 可以表示为

$$p\left(\Lambda_l\right)=p(L)*p\left(E_l\right)^{*d_v} \tag{2.7.35}$$

上述规则中 LDPC 码的概率密度计算可以进一步推广到非规则码。此时，变量与校验节点信息的概率密度计算公式为

$$\begin{cases}p\left(M_l\right)=p(L)*\sum_{i=2}^{d_v-1}\lambda_i p\left(E_l\right)^{*(i-1)}\\ p\left(\tilde{E}_l\right)=\sum_{i=2}^{d_c-1}\rho_i p\left(\tilde{M}_l\right)^{*(i-1)}\\ p\left(\Lambda_l\right)=p(L)*\sum_{i=2}^{d_v}\lambda_i p\left(E_l\right)^{*i}\end{cases} \tag{2.7.36}$$

图 2.7.4 与图 2.7.5 分别给出了信噪比$E_b/N_0=1.12\text{dB}$，BI-AWGN 信道下，变量到校验节点外信息概率密度函数$p\left(M_l\right)$与校验到变量节点概率密度函数$p\left(E_l\right)$的演化结果。

由图 2.7.4 可知，初始迭代$p(L)$为高斯分布，随着迭代次数增加，$p\left(M_l\right)$仍然为高斯分布，并且 LLR 的均值逐渐增长，其小于 0 的拖尾逐步减少，直至趋于零。

由此，DE 算法过程可以简述为：给定一组度分布$(\lambda(x),\rho(x))$，针对二元对称无记忆信道(B-DMC)，利用信道对称性条件$p(L|x=-1)=p(-L|x=1)$，假设发送全零码字，给定信道条件，例如，BI-AWGN 信道的噪声均方根σ，反复进行式(2.7.36)的概率密度函数迭代运算。当迭代次数充分大时，比特似然比$\Lambda<0$对应的概率就是译码的差错概率，即$P_e=\lim_{l\to\infty}P\left(\Lambda_l<0\right)$。

在迭代早期，例如，第二次迭代，由图 2.7.5 可知，$p\left(E_l\right)$并不像高斯分布，但随着迭代次数的增加，函数形状越来越像高斯分布，并且 LLR 均值逐步增大，小于零的拖尾趋于消失。

利用密度进化方法，我们可以针对特定度分布，计算其译码无差错的噪声门限。

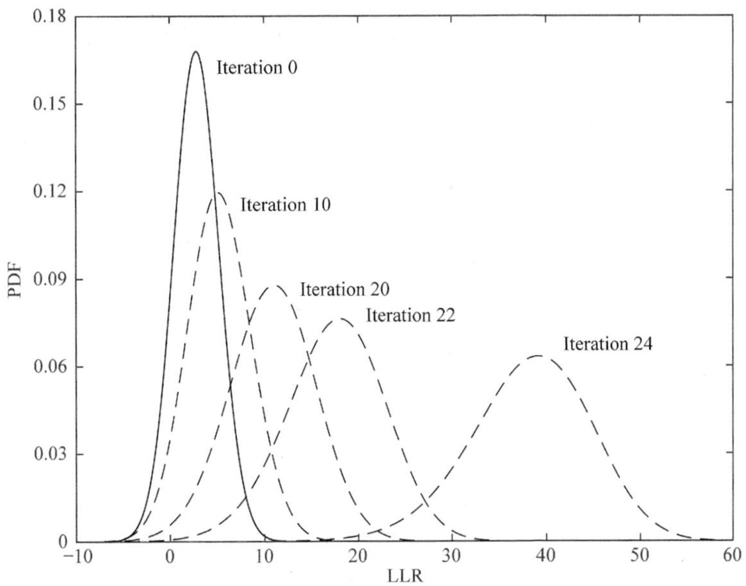

图 2.7.4　(3,6)规则 LDPC 码变量到校验节点外信息概率密度函数 $p(M_l)$ 的演化

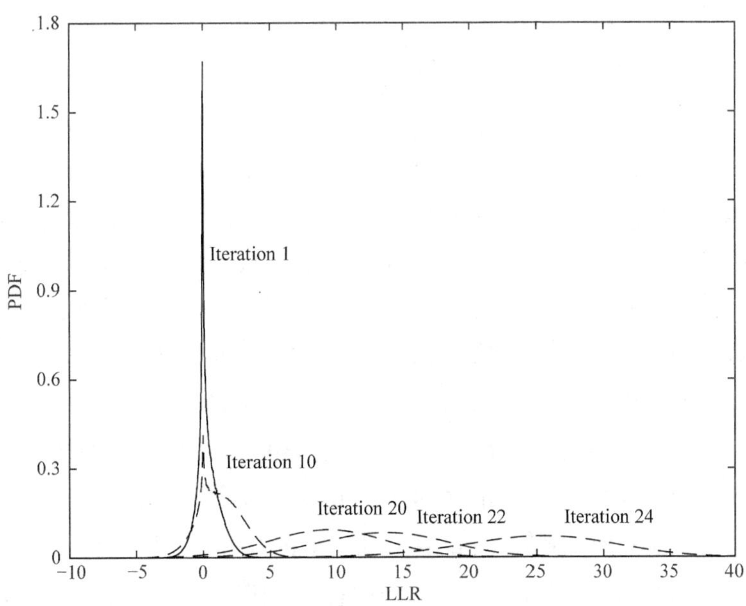

图 2.7.5　(3,6)规则 LDPC 码校验到变量节点外信息概率密度函数 $p(E_l)$ 的演化

定义 2.8　对于 BI-AWGN 信道，噪声门限定义为

$$\sigma^* = \sup\left\{\sigma \middle| \lim_{l\to\infty} P_e(\sigma) = 0\right\} \tag{2.7.37}$$

仍然以(3,6)规则 LDPC 码为例，在 BI-AWGN 信道下，不同信噪比的 BER 性能曲线如图 2.7.6 所示。当 $E_b/N_0 = 1.10\text{dB}(\sigma = 0.881)$ 时，随着迭代次数的增加，误码率不收敛，而当 $E_b/N_0 = 1.12\text{dB}(\sigma = 0.879)$，迭代次数超过 100 时，误码率已经趋于零。由此可见，

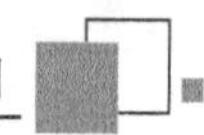

噪声门限必然满足 $0.879<\sigma^*<0.881$。可以通过 DE 算法确定其精确值为 $\sigma^*=0.88$（$E_b/N_0=1.11\text{dB}$）。

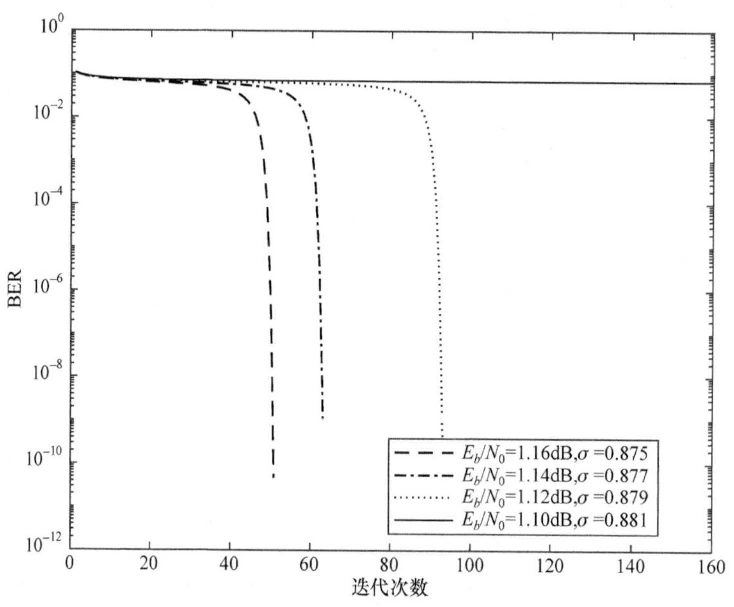

图 2.7.6 (3,6)规则 LDPC 码不同信噪比的渐近性能

$R=1/2$，反解 BI-AWGN 信道容量，可以得到极限信噪比为 $E_b/N_0=0.1871\text{dB}$，相应的噪声门限为 $\sigma^*=0.97869$。比较(3,6)规则 LDPC 码可知，该信道容量与容量极限还有很大差距。这种码性能受限的关键原因是度分布过于规则，为了逼近容量极限，需要对变量/校验节点的度分布进行优化，设计高度不规则的 LDPC 码。前人借助密度进化工具，采用差分演化或迭代线性规划算法，得到了高性能的度分布。其中，最著名的是 Chung 等基于 DE 算法得到的优化分布[30]，其变量节点度分布从 2 变化到 8000，具有高度不规则性。

$$\begin{aligned}\lambda(x)=&0.096294x+0.095393x^2+0.033599x^5+0.091918x^6\\&+0.031642x^{14}+0.086563x^{19}+0.093896x^{49}+0.006035x^{69}\\&+0.018375x^{99}+0.086919x^{149}+0.089018x^{399}+0.057176x^{899}\\&+0.085816x^{1999}+0.006163x^{2999}+0.003028x^{59999}+0.118165x^{7999}\end{aligned}\tag{2.7.38}$$

这个分布对应的信噪比为 $E_b/N_0=0.1916\text{dB}$，门限值为 $\sigma^*=0.9781869$。与容量极限相比，差距为 0.0045dB。

需要注意的是，上述设计是指码长与迭代次数趋于无穷大的极限信噪比门限，即 $N\to\infty,l\to\infty$。从渐近性能来看，即使码长无限长、迭代次数无限大，这种不规则 LDPC 码还与容量极限有 0.0045dB 的差距，因此这种不规则 LDPC 码只能逼近 BI-AWGN 信道的容量极限，但严格意义上讲是容量不可达的。从有限码长性能来看，Chung 等构造了最大度为 100 与 200 的不规则 LDPC 码，码长 $N=10^7$，迭代 2000 次，误比特率为 10^{-6}，距离香农限大约 0.04dB，远未达到容量极限。

尽管如此，基于 DE 算法构造渐近性能优越的度分布，为设计逼近信道容量极限的

LDPC 码提供了完整的理论框架。沿着这一思路，人们构造了许多高性能的 LDPC 码。

2. 高斯近似

密度进化是一种良好的理论工具，能够精确分析给定度分布的渐近性能，但其计算结果的准确性依赖于 LLR 分布的量化精度。一般而言，只有高精度量化才能获得准确的门限值估计，但这样即使采用 FFT，计算复杂度仍然巨大。

作为一种替代分析工具，高斯近似(GA)[31]虽然牺牲了一些准确性，但显著降低了计算复杂度。高斯近似假设变量与校验节点的外信息近似服从高斯分布，因此这些信息的方差是均值的一半，它们的密度函数完全由均值决定。这样我们只要在迭代过程中跟踪外信息的均值，就能够预测渐近性能。

对于(d_v,d_c) LDPC 码，假设变量节点v与校验节点u消息的均值分别为m_v与m_u，则第l次迭代，变量节点消息的均值递推公式为

$$m_v^{(l)}=m_{u_0}+(d_v-1)m_u^{(l-1)} \tag{2.7.39}$$

其中，0 次迭代对应的校验节点消息均值为 0，即$m_u^{(0)}=0$。

而校验节点消息的均值递推公式为

$$m_u^{(l)}=\phi^{-1}\left\{1-\left[1-\phi\left(m_{u_0}+(d_v-1)m_u^{(l-1)}\right)\right]^{d_c-1}\right\} \tag{2.7.40}$$

其中，函数$\phi(x)$定义如下：

$$\phi(x)=\begin{cases}1-\dfrac{1}{\sqrt{4\pi x}}\displaystyle\int_{-\infty}^{\infty}\tanh\frac{u}{2}\mathrm{e}^{-\frac{(u-x)^2}{4x}}\mathrm{d}u, & x>0\\ 1, & x=0\end{cases} \tag{2.7.41}$$

在实际应用中，函数$\phi(x)$涉及复杂的数值积分，一般采用两段近似公式：

$$\phi(x)=\begin{cases}\mathrm{e}^{-0.4527x^{0.86}+0.0218}, & 0<x<10\\ \sqrt{\dfrac{\pi}{x}}\mathrm{e}^{-\frac{x}{4}}\left(1-\dfrac{10}{7x}\right), & x\geqslant 10\end{cases} \tag{2.7.42}$$

对于度分布为$(\lambda(x),\rho(x))$的非规则 LDPC 码，其变量节点消息的递推公式如下：

$$m_v^{(l)}=\sum_{i=2}^{d_v-1}\lambda_i\left[m_{u_0}+(i-1)m_{u,i}^{(l-1)}\right] \tag{2.7.43}$$

而校验节点消息递推公式为

$$m_u^{(l)}=\sum_{j=2}^{d_c-1}\rho_j\phi^{-1}\left\{1-\left[1-\sum_{i=2}^{d_v-1}\lambda_i\phi\left(m_{u_0}+(i-1)m_u^{(l-1)}\right)\right]^{j-1}\right\} \tag{2.7.44}$$

综上所述，密度进化与高斯近似是两种分析迭代译码渐近性能的理论工具，不

仅可以用于 LDPC 码的性能分析与优化设计，也可以应用于 Turbo 码的性能分析与设计。

2.7.4 LDPC 码差错性能

影响 LDPC 码性能的两个重要参数是最小汉明距离 $d_{\min}$ 与最小停止集/陷阱集。理论上，LDPC 码的最佳译码算法是 ML 算法，此时性能主要由 $d_{\min}$ 与相应的距离谱决定。对于不含有环长为 4 的 LDPC 码校验矩阵，假设最小列重为 $w_{\min}$，则这个码的最小汉明距离满足如下不等式：

$$d_{\min} \geqslant w_{\min} + 1 \tag{2.7.45}$$

由于 ML 似然译码复杂度太高，LDPC 码更常用的译码算法是和积算法。在 BEC 信道下，退化为硬判决消息传递(MPA)算法，在一般的 B-DMC 信道中，就是 BP 译码算法。对于前者，决定迭代终止的是停止集(Stopping Set)，对于后者，影响性能的主要是陷阱集(Trap Set)。

停止集是变量节点的子集，在该集合中的变量节点的相邻校验节点连接到该集合至少两次。停止集的大小称为停止集规模。BEC 信道下采用迭代译码算法，最小停止集限制了 LDPC 码的性能。

图 2.7.7 给出了一个停止集示例，其中，$\{v_1, v_3, v_4\}$ 构成了一个停止集。如果这三个节点对应比特都被删除，则迭代译码将终止，无法判决其中的任意一个比特。这就是停止集名字的由来。

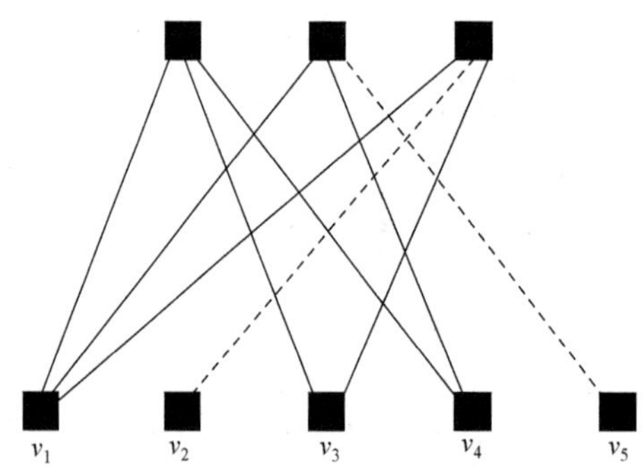

图 2.7.7 停止集示例

图 2.7.8 与图 2.7.9 分别给出了 AWGN 信道下，采用(3,6)规则 LDPC 码与 5G NR 标准中的 LDPC 码，码长分别为 $N = 1008$ 与 $N = 4000$，码率分别为 $R = 1/3, 1/2, 2/3$ 的仿真结果，最大迭代次数为 50 次。

由图 2.7.8 可以看出，当 BLER 值为 10^{-3} 时，码长为 1008，同等条件下，5G NR LDPC 码与(3, 6)规则 LDPC 码相比大约有 0.4dB 的编码增益。类似地，由图 2.7.9 可知，当 BLER 值为 10^{-3} 时，码长为 4000，同等条件下，5G NR LDPC 码与(3, 6)规则 LDPC 码相比大约有 0.64dB 的编码增益。

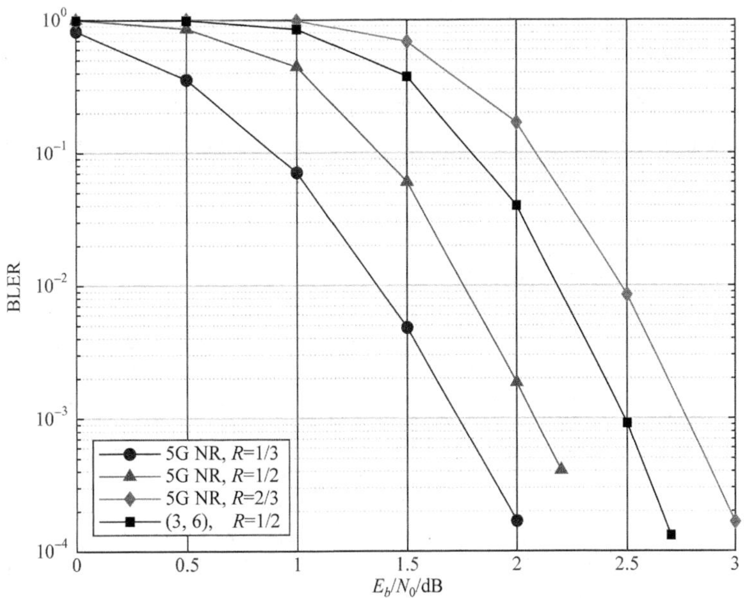

图 2.7.8　$N = 1008$ 不同码率 LDPC 码差错性能

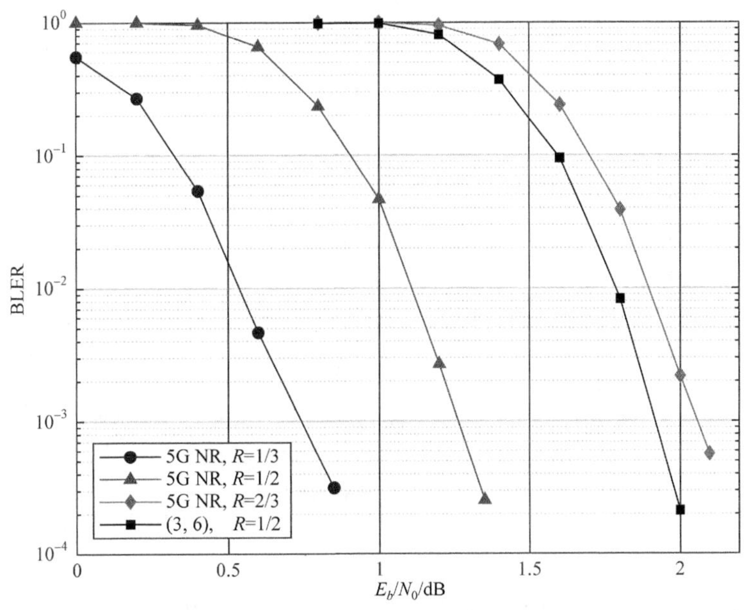

图 2.7.9　$N = 4000$ 不同码率 LDPC 码差错性能

2.7.5　LDPC 码构造

如前所述，LDPC 码的性能由其 Tanner 图的结构决定。理论上，只要码长充分长(如 10^7bit)，随机构造的 LDPC 码都是好码。但考虑到实用化，一般编码码长小于 10^4bit，此时需要考虑 Tanner 图与编码结构对性能的影响。

通常，较小的环长将会导致变量/校验节点交互的消息很快出现相关性，从而限制了纠错性能。一般而言，LDPC 码的构造要求消除长度为 2 与 4 的环，也就是说，Tanner

图的围长至少为 6。但从另一方面来看，Tanner 图上的环长/围长也并非越大越好。理论上，只有无环图才是严格的 MAP 译码，如果图上存在环，则和积算法只是后验概率译码算法，只能是 MAP 译码的近似。但由于受到最小汉明距离的限制，严格无环图的性能很差。因此，增大环长或围长并非 LDPC 码设计的唯一优化目标，需要综合考虑图结构与码字结构参数进行优选。

我们总结了 LDPC 码主流的构造与编码方法，如图 2.7.10 所示。LDPC 码的编码方法按照结构特点，分为五类，简述如下。

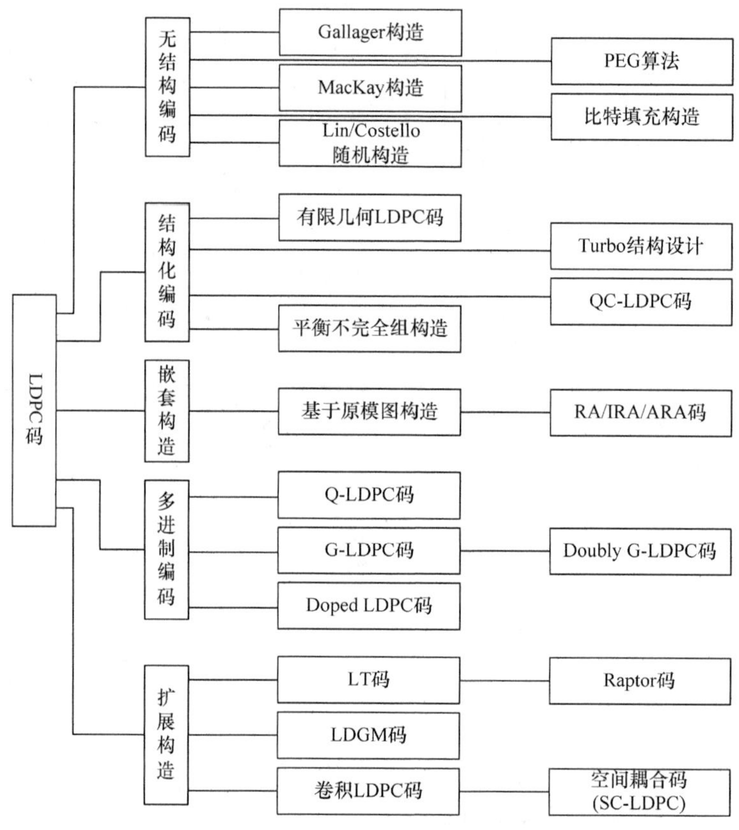

图 2.7.10 LDPC 码构造方法分类

1. 无结构编码

从实际应用来看，这一类大多数的 LDPC 码构造都是考虑去除某些限制条件的伪随机编码，例如，去掉长度为 4 的环。在 Gallager 的原始论文中[24]，(3,6)规则 LDPC 的构造，就是一种伪随机构造。他将校验矩阵的行等分为多段，通过在不同段中随机排列 1 的位置，实现伪随机构造。MacKay 构造[26]的基本思路是按列重随机选择列进行叠加，观察行重是否满足度分布要求，通过反复迭代操作，最终实现构造，这种构造能够消除长度为 4 的环。

比特填充构造[32]是指在 Tanner 图中每次添加变量节点时，要检查新增连边是否构成特定长度(如 4)的环，通过避免出现短环，得到增大围长的 Tanner 图结构。

渐近边增长(Progressive Edge Growth，PEG)构造[33]是比特填充构造的对偶方法。其基本思想是每次在 Tanner 图上添加新边时，都选择最大化本地围长的变量节点，这样能够保证围长充分大。

上述这些方法都是从不同角度随机构造 Tanner 图或者相应的校验矩阵 $\boldsymbol{H}$ 。但是 LDPC 码编码需要用到生成矩阵 $\boldsymbol{G}$ 。我们可以采用高斯消元法，得到生成矩阵 $\boldsymbol{G}$ ，但由于这种结构的生成矩阵往往不稀疏，因此 LDPC 码的编码复杂度是 $O\left(N^2\right)$ 。为了降低编码复杂度，Richardson 与 Urbanke[34]证明了，如果校验矩阵为近似下三角形式，则编码复杂度为 $O\left(N+g^2\right)$ ，其中，g 是校验矩阵与下三角矩阵之间的归一化距离，对于很多编码，$g \ll 1$ 。

2. 结构化编码

无结构编码能达到较好的纠错性能，但一般而言，编译码复杂度较高。与之相反，结构化编码，也称确定性编码，编译码复杂度更具有优势。结构化编码的一类主要思路是采用几何方法或组合设计。其中，几何设计的代表性方法就是林舒与 Fossorier 等提出的有限几何构造[35]。组合设计方面，有很多方法，包括平衡不完全组方法[36]、Kirkman 系统设计[37]以及正交拉丁方设计[38]等。这些方法都需要用到几何或组合理论，具有良好的数学分析基础。MacKay 与 Davey[39]对短码长条件下，各种结构化编码的 LDPC 码性能进行了比较与评估。

结构化编码的另一类思路是采用线性结构设计，代表性方法包括 Lu 和 Moura 提出的 Turbo 结构设计[40]与 Fossorier 提出的准循环(QC)-LDPC 码[41]。由于利用了线性编码特征，这两种方法的编码比较简单规整。

3. 嵌套构造

伪随机构造都是在整个 Tanner 图上进行设计，另一个设计思路是将 Tanner 图上的边分类，首先优化子图，然后扩展到全图，由于全图与子图具有嵌套结构，我们命名为嵌套构造。

这种构造的代表是由 Richardson 和 Urbanke 最早提出的多边类型(MET)-LDPC 码[42-43]。其中重要的一个子类就是原模图(Protograph)LDPC 码。Thorpe 最早提出了原模图的概念[44]，Divsalar 等[45]设计的 AR3A 与 AR4JA 码是两种具有代表性的原模图码，它们具有线性编码复杂度与快速译码算法，能够逼近信道容量极限，被应用在美国深空探测标准中。在 5G NR 移动通信标准中，也采用了基于原模图的 LDPC 编码方案。

图 2.7.11 给出了原模图与导出图示例。图 2.7.11(a)对应一个原模图，与普通的 Tanner 图不同，原模图中允许存在重边。这个图有 4 个变量节点、3 个校验节点和 9 条边，由于有重边，因此图 2.7.11(a)的原模图对应 8 种不同类型的边。其对应的基础矩阵如下：

$$\boldsymbol{B}=\begin{bmatrix}1 & 1 & 1 & 2\\ 1 & 1 & 0 & 0\\ 1 & 0 & 1 & 0\end{bmatrix} \tag{2.7.46}$$

图 2.7.11(b)给出了两次复制示意，经过在同类型边之间的重排，可以得到图 2.7.11(c)

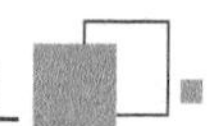

对应的导出图。

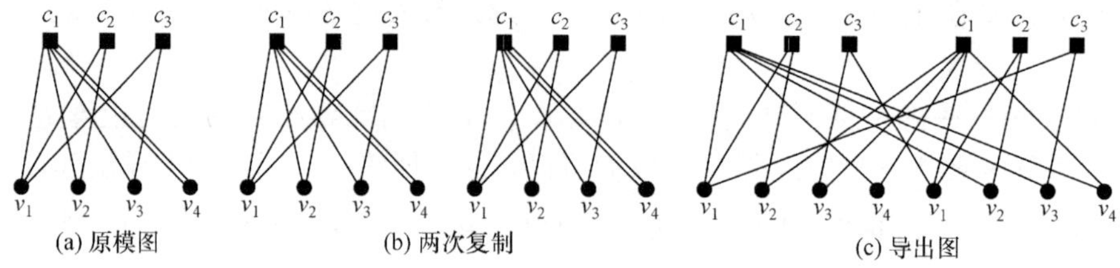

图 2.7.11 原模图与导出图示例

一般地，假设原模图有 M_P 个校验节点、N_P 个变量节点，经过 z 次复制与边重排操作，得到的全图称为导出图，其规模为 $M \times N = zM_P \times zN_P$。这种"复制重排"操作称为自举(Lifting)，操作次数 z 称为自举因子(Lifting Factor)。原模图的性能不能直接应用 EXIT 图分析，需要采用修正的 PEXIT 图分析[46]。导出图中的边连接优化，可以用 PEG 算法得到。

4. 多进制编码

上述讨论的 LDPC 码都是二进制编码，Davey 与 MacKay 最早提出了基于有限域的多进制 LDPC 码构造[47]。由于引入了有限域的额外编码约束，相对于二进制编码而言，Q-LDPC 码能够获得更好的纠错能力。但这种编码最大的问题是译码复杂度较高，限制了其工程应用。

另外一类多进制编码是广义构造，称为 G-LDPC 码，最早由 Lentmaier 与 Zigangirov 提出[48]。这种广义 LDPC 码将传统 LDPC 码中简单校验的校验节点替换为经典的线性分组码校验，例如，采用 Hamming 码、BCH 码或 RS 码作为校验节点。进一步，Liva 和 Ryan 考虑了不规则 G-LDPC 码[49]，他们在 Tanner 图上引入强纠错节点，称为掺杂(Dopted) LDPC 码。

5. 扩展构造

近年来，人们扩展 LDPC 码设计思想，针对具体应用构造新型编码。其中具有代表性的示例是低密度生成矩阵(LDGM)码、无速率(Rateless)码与空间耦合(Spatial Coupling)码，下面分别介绍其基本思想与性质。

1) LDGM 码

Cheng 与 McEliece 最早提出了 LDGM 码的设计思想[50]。一般而言，LDPC 码的校验矩阵是低密度的，而生成矩阵是高密度的，而 LDGM 码的设计利用了对偶性，它是一种系统码，生成矩阵是稀疏的，校验矩阵是稠密的。因此，LDGM 码主要应用于高码率场景，它具有线性的编译码复杂度。

早期研究表明，由于最小汉明距离较小，LDGM 码是渐近坏码，有显著的错误平台现象。但如果将两个 LDGM 码进行串行级联，或者将 LDGM 码与其他 LDPC 码级联，可以显著改善错误平台。

由于 LDGM 码编码简单，可以应用于信源压缩与编码，也可以与星座调制联合设计，或者应用于 MIMO 传输，逼近高频谱效率下的容量极限。

2) Rateless 码

无速率码(Rateless)最早来源于纠删应用。在固定/无线互联网中，由于某种原因(拥塞或差错)，MAC 层会产生丢包现象，但丢包数量并不固定。如果固定编码码率进行纠删，码率高于删余率，则纠删能力较差；反之，如果码率低于删余率，则冗余较大。总之，由于实际系统中，删余率无法先验确知或者存在动态变化，固定的码率无法匹配。

Luby 提出的 Luby 变换(LT)码是一种实用化的无速率码[51]。它是一种数据包编码，主要应用于 MAC 层或应用层数据传输，也有人称为喷泉(Fountain)码，这种说法是将每个编码数据包比喻为一滴水，根据传输条件动态变化，接收机收到不同的水量(数据包)，就可以开始纠删译码，因此码率不固定。

理论上可以证明，当码长趋于无限长时，LT 码能够达到二元删余信道(BEC)容量，它是一种容量可达的构造性编码。但码长有限时，已有研究表明，LT 码具有显著的错误平台现象。为了降低平台，Shokrollahi 提出了 Raptor 码[52]，这种编码使用一个高码率的 LDPC 码作为外码，级联 LT 编码，获得了显著的性能提升。Raptor 码已经应用于 3G 移动通信的应用层编码标准中。

3) 空间耦合码

借鉴卷积编码结构，Felström 与 Zigangirov 最早提出了 LDPC 卷积码[53]。后来，又根据结构特征命名为空间耦合码。它的基本思想是将基本校验矩阵作为移位寄存器的抽头系数，设计卷积型的编码结构，从而获得周期性时变的编码序列。

Kudekar 等认识到卷积在各个码段之间引入了编码约束关系，产生了“空间耦合”效应[54]。他们证明，即使采用规则的(3,6)码约束，只要引入适当的空间耦合关系，当编码长度趋于无穷时，密度进化的译码门限将趋于 BEC 信道容量的门限值。这意味着空间耦合码也是一种能够达到 BEC 信道容量的构造性编码。后人发现空间耦合码对于一般的 B-DMC 信道都是渐近容量可达的，这是 LDPC 编码理论的一个重大突破，经过近 60 年的研究，人们终于发现了可以达到容量极限的 LDPC 码。空间耦合码掀起了 LDPC 码新的研究热潮，尤其是有限码长下的高性能编译码算法是学术界关注的重点。

6. LDPC 码设计准则

60 年来，LDPC 码的设计理论蔚为大观，众多学者提出了各种设计理论与方法。我们可以依据码长不同，分两种情况探讨。

如果码长超长，如 $N=10^6\sim10^7$，则随机构造的 LDPC(如 MacKay 构造)具有优越的性能，能够逼近容量极限。但这种方法得到的校验矩阵没有结构，难以存储与实现。

如果是短码到中等码长，如 $N=10^2\sim10^4$，则代数构造、嵌套构造比随机构造更优越。并且使用前两者的编译码算法复杂度较低，有利于工程实现。

总之，LDPC 码的设计需要考虑多种参数与因素，其设计准则归纳如下。

1) 环长与围长

Tanner 图上的环会影响迭代译码的收敛性，围长越小，影响越大。但是消除所有的

环，既无工程必要，也无法提高性能。因此，在LDPC码的Tanner图设计中，最好的方法是尽量避免短环，尤其是长度为2与4的环。

2) 最小汉明距离

最小汉明距离决定了高信噪比条件下，LDPC码的差错性能。因此，为了降低错误平台，要尽可能增大最小距离。

3) 停止集分布

小规模的停止集会影响BEC信道下迭代译码的有效性。因此，从工程应用看，需要优化停止集分布，增加最小停止集规模。

4) 校验矩阵稀疏性

校验矩阵的系数结构对应Tanner图上的低复杂度译码。但校验矩阵的设计需要综合考虑最小距离、最小停止集与稀疏性之间的折中。

5) 编码复杂度

对于随机构造的LDPC码，主要的问题是编码复杂度较高。由于采用高斯消元法得到下三角形式的生成矩阵不再是稀疏矩阵，即使采用反向代换进行编码，其编码复杂度量级也是$O\left(N^2\right)$。因此，从实用化角度来看，LDGM码与原模图编码是具有吸引力的两种编码方案。在实际通信系统中，这两种编码也得到了普遍应用。

6) 译码器实现的便利性

从译码器的硬件设计来看，由于大规模Tanner图没有规则结构，随机构造的LDPC码面临着高存储量、布局布线复杂的问题。因此，嵌套式构造、结构化设计更有利于硬件译码器的实现，在工程应用中更具优势。

2.8 因子图与信息处理

20世纪90年代以来，信道编码理论发展经历了三个重大突破。第一个重大突破是Turbo码的发明。自从1993年国际通信会议(ICC′93)上Berrou等[14]展示了Turbo码的优异性能以来，Turbo码激起了理论界、工业界的极大兴趣。Turbo码被迅速应用到各种通信系统中，如深空通信、3G/4G移动通信等。第二个重大突破以MacKay[26]对于Gallager提出的低密度校验(LDPC)码[24]的再发现为标志，编码理论界掀起了构造逼近香农限好码的热潮，一时间并行级联卷积码(PCCC)、并行级联分组码(PCBC)、串行级联卷积码(SCCC)、串行级联分组码(SCBC)、Turbo乘积码(TPC)、LDPC码、重复累积码(RA)码等如雨后春笋不断涌现。第三个重大突破是Arıkan发明的极化码[55]，第一次从理论上证明，可以采用构造性编码达到香农信道容量。以Turbo码、LDPC码与Polar码为代表的高性能信道编码大都具有优异的纠错性能，人们意识到必须用统一的工具理解这些表面上各不相同的编码。

利用图论工具分析信道编码的先驱是Tanner[25]，他引入了Tanner图描述LDPC码和Gallager译码算法，在Tanner的原始论文中，所有的变量都是编码符号，是可见的；Wiberg等[56,57]将Tanner图进一步推广，引入了“隐”状态变量，描述广义LDPC码以及译码算法，并且其应用范围不仅限于编码领域；Kschischang 等进一步推广了这些图模型，提出因子图(Factor Graph)概念[58-61]与和积算法。

本节主要介绍因子图的基本概念，以及在因子图上信息处理的基本方法，即 Turbo 处理。

2.8.1　因子图

本小节主要介绍因子图(Factor Graph)的基本概念，所处理的函数是多变量函数。设 $x_1,x_2,\cdots,x_n$ 是变量集合，其中元素 x_i 属于某个符号集(通常是有限的) A_i。令 $g(x_1,x_2,\cdots,x_n)$ 是这些变量的实值函数，即该函数的定义域为 $S=A_1\times A_2\times\cdots\times A_n$，值域为 $\mathbb{R}$。函数 g 的定义域 S 称为变量集导出的配置空间，并且 S 的每个元素都有一个特定的配置。函数 g 的值域可以是任意的半环，但不失一般性，我们在开始讨论时首先假设 $\mathbb{R}$ 为实数集。

假设已定义了 $\mathbb{R}$ 上的加法，则对于每个函数 $g(x_1,x_2,\cdots,x_n)$，都有 n 个边缘函数 $g_i(x_i)$。对于每个 $a\in A_i$，$g_i(a)$ 可以通过在 $x_i=a$ 的配置上累加 $g(x_1,x_2,\cdots,x_n)$ 得到。

这种加法运算是因子图上和积算法的核心，为了更简洁地表述，引入标记：补和运算“not-sum”。补和运算的意义是在进行累加时，不是用累加相应的变量来表示运算，而是用不需要累加的变量来表示。例如，h 是三变量 x_1、x_2、x_3 的函数，则“x_2 的补和”运算表示为 $\sum\limits_{\sim\{x_2\}} h(x_1,x_2,x_3):=\sum\limits_{x_1\in A_1}\sum\limits_{x_3\in A_3} h(x_1,x_2,x_3)$。采用这种标记，得到 $g_i(x_i):=\sum\limits_{\sim\{x_i\}} g(x_1,x_2,\cdots,x_n)$，也就是说，$g(x_1,x_2,\cdots,x_n)$ 的第 i 个边缘函数是对 x_i 的补和。

对于因子图的研究兴趣在于推导有效计算边缘函数的步骤，可以利用两个特性：①根据全局函数结构，采用分配率简化求和；②重复利用计算的中间结果(部分和)。这一过程可以用因子图表述。

假设 $g(x_1,x_2,\cdots,x_n)$ 分解为几个局部函数乘积，每个子函数的变量集是 $\{x_1,x_2,\cdots,x_n\}$ 的子集，即

$$g(x_1,x_2,\cdots,x_n)=\prod_{j\in J} f_j(X_j) \tag{2.8.1}$$

其中，J 是离散指标集；X_j 是 $\{x_1,x_2,\cdots,x_n\}$ 的子集；$f_j(X_j)$ 是以 X_j 中元素为自变量的函数。

定义 2.9　因子图是表述公式(2.8.1)给出的分解结构的二分图。因子图有两类节点，每个变量 x_i 对应一个变量节点，而每个本地函数 f_j 对应一个因子节点，当且仅当变量 x_i 是 f_j 的自变量时，它们之间有边连接。

这样因子图是数学关系——变量属于函数的标准二分图表示。

例 2.4　令 $g(x_1,x_2,x_3,x_4,x_5)$ 为五变量函数，假设 g 可以表示为五个因子的乘积：

$$g(x_1,x_2,x_3,x_4,x_5)=f_A(x_1)f_B(x_2)f_C(x_1,x_2,x_3)f_D(x_3,x_4)f_E(x_3,x_5) \tag{2.8.2}$$

则 $J=\{A,B,C,D,E\}$，$X_A=\{x_1\}$，$X_B=\{x_2\}$，$X_C=\{x_1,x_2,x_3\}$，$X_D=\{x_3,x_4\}$，$X_E=\{x_3,x_5\}$。式(2.8.2)对应的因子图如图 2.8.1 所示。

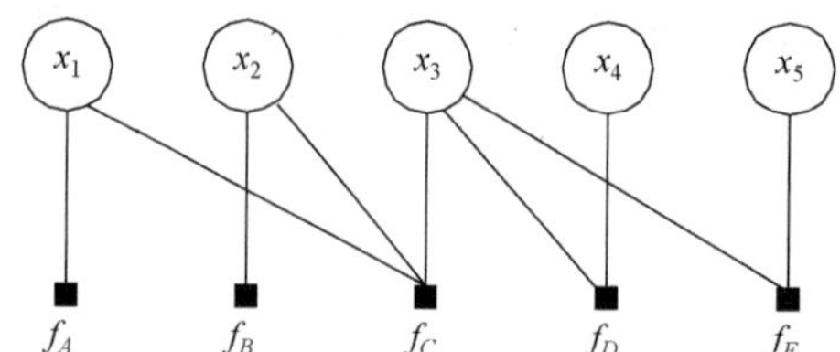

图 2.8.1 乘积 $f_A(x_1)f_B(x_2)f_C(x_1,x_2,x_3)\cdot f_D(x_3,x_4)f_E(x_3,x_5)$ 的因子图

许多情况下(例如，$g(x_1,x_2,\cdots,x_5)$ 表示联合概率函数)，需要计算边缘函数 $g_i(x_i)$。利用式(2.8.2)和分配率，我们可以得到每一个边缘函数。

示例中的 $g_1(x_1)$ 可以表示为

$$g_1(x_1)=f_A(x_1)\left(\sum_{x_2}f_B(x_2)\left\{\sum_{x_3}f_C(x_1,x_2,x_3)\cdot\left[\sum_{x_4}f_D(x_3,x_4)\right]\cdot\left[\sum_{x_5}f_E(x_3,x_5)\right]\right\}\right) \quad (2.8.3)$$

或采用补和标记表示为

$$g_1(x_1)=f_A(x_1)\sum_{\sim\{x_1\}}\left\{f_B(x_2)f_C(x_1,x_2,x_3)\cdot\left[\sum_{\sim\{x_3\}}f_D(x_3,x_4)\right]\cdot\left[\sum_{\sim\{x_3\}}f_E(x_3,x_5)\right]\right\} \quad (2.8.4)$$

类似地，可以得到

$$g_3(x_3)=\left[\sum_{\sim\{x_1\}}f_A(x_1)f_B(x_2)f_C(x_1,x_2,x_3)\right]\cdot\left[\sum_{\sim\{x_3\}}f_D(x_3,x_4)\right]\cdot\left[\sum_{\sim\{x_3\}}f_E(x_3,x_5)\right] \quad (2.8.5)$$

如图 2.8.2(a)和(b)所示，分别以 x_1 和 x_3 为根节点重画图 2.8.1 的因子图。由于式(2.8.2)中的全局函数经过仔细选择，因此因子图可以表示为树结构。若因子图是无环的，则因子图不仅表征了全局函数的分解结构，而且表征了边缘函数与全局函数的计算关系。

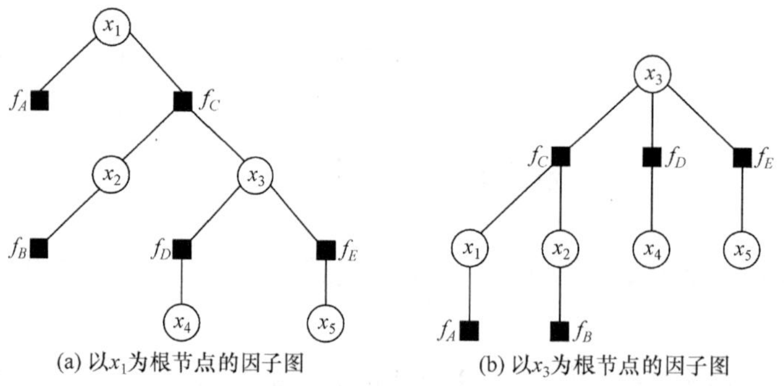

图 2.8.2 因子图分解示例

2.8.2 和积算法

1. 单节点和积算法

现在描述单个节点关联的消息传递算法，称为“单节点和积算法”，因为它计算以 x_i 为根节点的无环因子图的边缘函数 $g_i(x_i)$。为了更好地理解算法，可以想象在因子图的

每个顶点放置一个处理器，因子图的每一条边表示处理器之间的通信链路。处理器之间传递的消息是边缘函数的正确描述。计算从叶节点开始。每个节点发送平凡的恒等函数消息给它的父节点，每个因子节点发送函数的描述给它的父节点。每个顶点等待它所有的子节点发送消息，然后计算消息发送给父节点。如果发送消息是参数化函数，则结果消息是参数化乘积函数，但不一定就是字面意义上的消息相乘。类似地，函数求和运算也不一定就是字面意义上的消息求和。

整个计算在根节点 x_i 终止，此时 x_i 接收到所有消息，边缘函数 $g_i(x_i)$ 就是这些消息的乘积。需要指出，通过边 $\{x,f\}$ 的消息，或者从变量 x 到因子 f，或者反之，是与此边相联系的变量 x 的函数。这意味着，在每个因子节点，求和总是对与消息通过的边相联系的变量进行的。类似地，在变量节点处，所有消息都是该变量的函数，因此节点发送消息是这些消息的任意乘积。

在单节点和积算法中，通过一条边的消息可以解释如下：如果 $e=\{x,f\}$ 表示树的一条边，x 是变量节点，f 是因子节点，则通过边 e 的消息只是本地函数乘积对 x 的求和运算。

2. 高效计算的和积算法

许多时候，需要计算多个边缘函数 $g_i(x_i)$。计算过程可以是分别对每个边缘函数进行单节点和积算法，但这样做效率不高，因为重复进行了许多中间运算。有效方法是将单节点和积算法对应的各种因子图重合在一起，同时计算所有边缘函数。没有特定的节点作为根节点，并且相邻节点之间没有固定的父/子节点关系。相反的，每个节点 v 的相邻节点 w 都可以看作 v 的父节点。从 v 发送到 w 的消息按照单 i 和积算法计算，w 可看作 v 的父节点，而所有 v 的其他相邻节点就是子节点。

与单节点和积算法类似，消息在叶节点初始化。每个顶点 v 保持空，直到除一条边以外的所有消息都已到达。一旦这些消息到达后，v 就可以计算结果消息，并向相邻节点(与剩余边联系)发送(暂时看作父节点)。令该节点为 w，当向 w 发送消息后，v 返回空状态，等待 w 返回的消息。一旦接收到该消息，结点可以计算并且向除 w 以外的相邻节点发送消息，此时这些相邻节点可看作父节点。在变量节点 x_i，所有到达消息的乘积是边缘函数 $g_i(x_i)$，与单节点和积算法类似。该算法由加法和乘法构成，因此称为和积算法[58]。

节点 v 沿边 e 发送的消息是 v 的本地函数的乘积(或者是单位函数，如果 v 是变量节点)，而节点 v 除去边 e 收到的所有消息都是对边 e 联系的变量的乘积。令 $\mu_{x\to f}(x)$ 表示和积算法中从节点 x 到节点 f 的消息，$\mu_{f\to x}(x)$ 表示从节点 f 到节点 x 的消息。并且令 $n(v)$ 表示因子图上节点 v 的邻节点集。则如图 2.8.3 所示，和积算法中的消息计算公式如下。

变量到本地函数的消息传递：

$$\mu_{x\to f}(x)=\prod_{h\in n(x)\backslash\{f\}}\mu_{h\to x}(x) \tag{2.8.6}$$

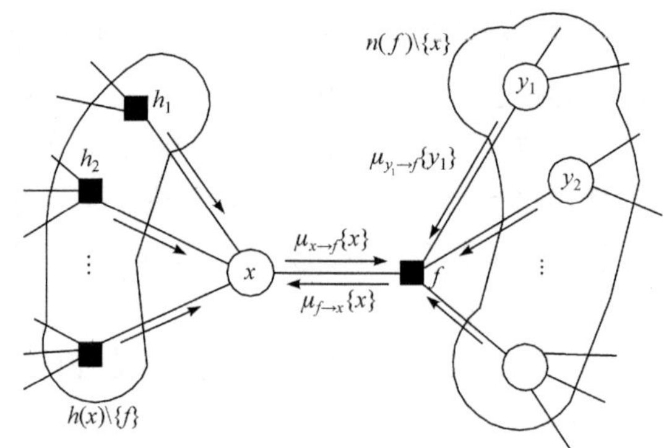

图 2.8.3　因子图分割与和积算法的更新规律

本地函数到变量的消息传递：

$$\mu_{f\to x}(x)=\sum_{\sim\{x\}}\left[f(X)\prod_{y\in n(f)\backslash\{x\}}\mu_{y\to f}(y)\right] \tag{2.8.7}$$

其中，$X=n(f)$是函数的变量数目。

变量 x 的更新规则非常简单，因为不存在本地函数，对 x 的乘积函数进行求和实际上就是相乘。另外，在本地函数节点处的更新规则涉及非平凡的函数相乘，然后进行求和运算。

和积算法是各种译码算法的抽象，它不仅可以涵盖几乎所有的信道译码算法，如 Viterbi、BCJR、SOVA、BP、MS、SC、SCL、SCS 算法，而且还可以统一表示人工智能、信号处理、网络理论中的一大批算法[62,63]。通过因子图与和积算法这一桥梁，我们站在更高的层面上看待信道编码、信号处理、自动控制、人工智能、神经网络、图论规划等领域的相关问题，原来表面各不相同的算法之间具有深刻的内在联系。

2.8.3　Turbo 信息处理

利用因子图模型，可以将迭代处理方法扩展到各种通信领域，包括信道均衡、多用户检测、信源信道联合编码、空时处理、同步等，远远超出原始的信道编码领域。

图 2.8.4 给出了 Turbo 迭代处理的原理框图，发送端包括 1 个或多个 Turbo/LDPC 编码器，经过交织器后，映射到多进制星座，也可以进一步映射到多载波、多天线或多用户传输系统。经过信道传输后，在接收端，可以将整个系统表征为复合因子图，如图 2.8.5 所示。其中，包括一个多载波、多天线或多用户传输构成的系统因子图，以及一个或多个 Turbo/LDPC 编码因子图。

这样，Turbo 处理就是在系统复合因子图上进行软消息的计算与传递。其中，系统因子图/编码因子图之间的消息传递，称为大迭代或外迭代，而在各自因子图内部的迭代称为小迭代或内迭代。

一次外迭代，系统因子图采用 SISO 检测算法，实现软解调与软判决检测等功能，将计算得到的软信息传递给一个或多个编码因子图。而在编码因子图上，分别采用 SISO 译码算法，计算外信息，再反馈到接收机前端。如图 2.8.5 所示，经过两个因子图之间消息的多次迭代传递，最终进行判决。

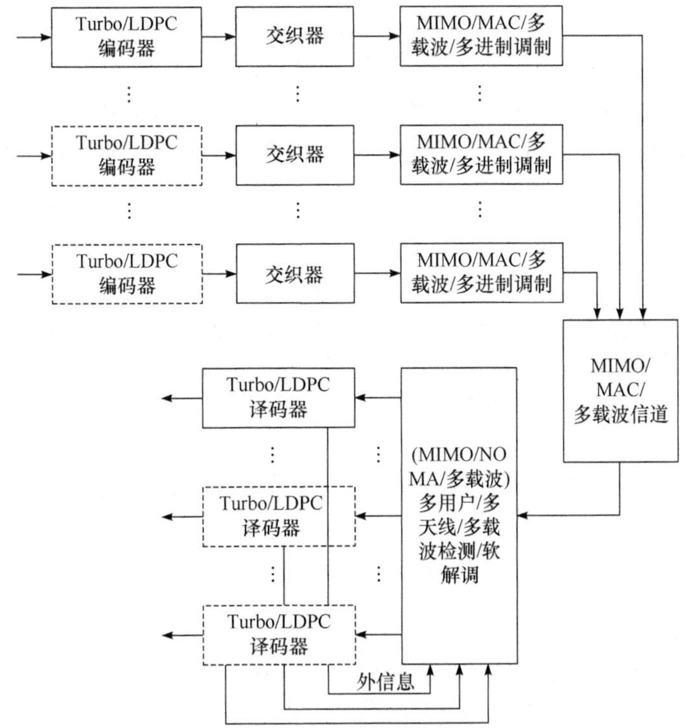

图 2.8.4　Turbo 迭代处理原理框图

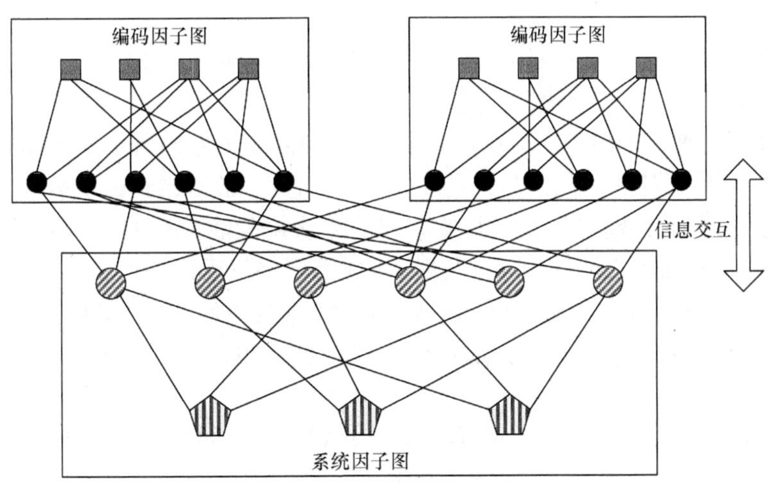

图 2.8.5　复合因子图示例

Turbo 迭代处理能够充分利用信道接收信息，符合经典信息论中的信息不增性原理，是一种最佳接收机结构。Turbo 处理具有显著的性能优势，已经被 4G/5G 移动通信系统普遍使用，成为高性能接收机的标准方案。

2.9　ARQ 与 HARQ 简介

随着社会的信息化，移动通信中数据业务迅速增长，特别是分组数据业务增长更迅

速。在欧洲 GSM 体系基础上，引入了通用分组无线服务(General Packet Ratio Service，GPRS)。在北美 IS-95 体系基础上，引入了 CDMA 20001x 的分组数据业务节点和 HDR。第三代移动通信中引入了各类不同速率的分组业务，比如 WCDMA 中采用的高速下行分组数据接入 HSDPA 系统。在第四代/第五代移动通信系统中，分组数据业务成为主要的业务形态，向宽带高速进一步发展。

1. 分组数据业务的特点

将数据进行分组打包传送，这一点对分组数据业务是共同的，至于包长以及分组结构，各类分组则有所不同，已有 X.25、帧中继、ATM 和 IP 各种不同类型。

其 QoS 与话音业务有如下不同。

(1) 误码要求达到 1×10^{-6} 以上。

(2) 时延与实时性，除要求实时性数据以外的大部分数据业务是非实时业务，对时延要求不严。

2. ARQ 的引入

自动请求重传(Automatic-Repeat-Request，ARQ)是一类实现高可靠性传输的检错重传技术，它无需复杂的纠错设备，实现相对简单。

顾名思义，ARQ 在接收端收到数据包后首先检验该数据包是否正确，再做如下判断。

(1) 如果正确，向发送端反馈一个成功应答(Acknowledgement，ACK)信号，发端收到 ACK 后可继续发送下一个数据包信号。

(2) 如果不正确，则向发送端反馈一个失败应答 NACK(Negative ACK)，发端收到 NACK 后重传原传送的数据包，并一直进行下去，直至发端收到 ACK 信号为止。

可见上述过程的传输可靠性只与接收端的错误检验能力有关，如果能选择恰当的检验手段即可实现高可靠性的传输。实现 ARQ 需要提供反馈信道，故仅适合于双工信道，而且实现 ARQ 需要较大的时延，这两点是 ARQ 的条件，也是缺点；综合分析 ARQ 的优缺点，将它引入移动分组业务通信中不仅是可行的，而且是比较合适的，有如下原因。

(1) 由于移动分组数据业务不仅满足双工通信的要求，而且大部分分组数据业务都没有实时性的要求。

(2) ARQ 简单、可靠性高，正好满足分组数据通信业务的要求。

2.9.1 ARQ 的分类

根据重传机制的不同，一般可以将 ARQ 分为三种类型。

(1) 停止等待(Stop-and-Wait，SW)型。

(2) 回溯 N 个数据(Go-Back-N，GBN)型，简称回溯型。

(3) 选择重传(Selective-Repeat，SR)型。

1. 停止等待 SW 型基本原理

在 SW 中，发送端每发送一个码字或数据包，就处于停止等待状态，只有当发送端收到接收端反馈的成功应答 ACK 或失败应答 NACK 信号后，发送端才跳出等待状态。

(1) 若收到 ACK 表示传输成功，则转入对下一个码字或数据包的传输。

(2) 若收到 NACK 表示传输失败，则下一个传输周期将重新传送原码字或数据包。

SW 的操作过程如图 2.9.1 所示。

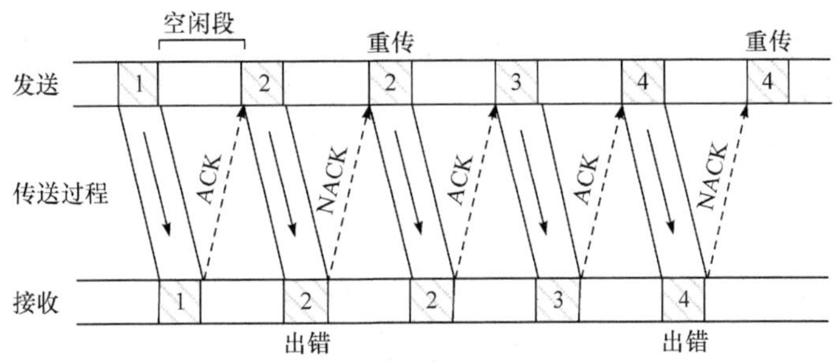

图 2.9.1　SW 重传机制操作过程

SW 的简单间歇(空闲)传输方式效率较低，但是最简单，时延也较短。它主要用于 20 世纪 70 年代以前的分组交换网中，如 IBM 的二进制同步通信系统 BISYNC。

2. 回溯型 GBN

它将简单间歇传输方式改为连续传输方式。

在 GBN 中，发送端连续不断地发送码字或数据包，若假设在信道往返时延内传送的码字或数据包总数为 N 个，则发送端将在发送第 $N+i$ 个码字或数据包前接收到对第 i 个码字或数据包的反馈信号。

若收到的反馈信号是 ACK，表明第 i 个码字或数据包传输成功，则发送端可以连续发送下一个码字或数据包。

若收到的反馈信号是 NACK，表明第 i 个码字或数据包传输失败，则发送端必须重新传送从第 i 个码字或数据包起的 N 个码字或数据包，即第 $i\sim i+N-1$ 个。

GBN 操作过程如图 2.9.2 所示。

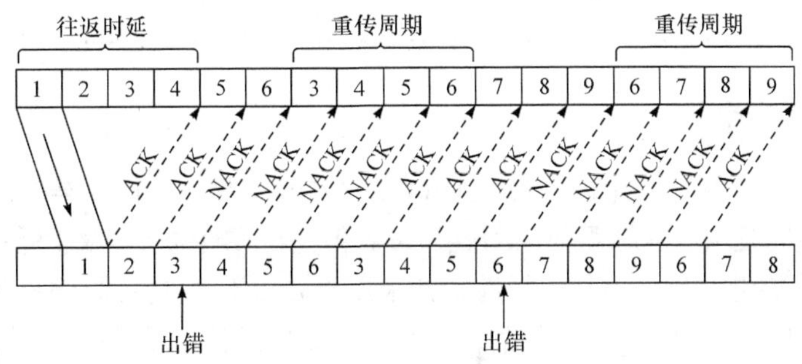

图 2.9.2　GBN 重传机制操作过程

GBN 虽然消除了间歇的空闲时间，实现了码字或数据包的连续传输，但由于在每次

重传的 N 个码字或数据包中，有许多码字或数据包已经传输成功，但在 GBN 方式中仍需重传这些码字或数据包，显然会降低传输效率。

在实际的分组传输体制中，CCITT 的 X.25 协议中正式采用了 GBN 方式，它显然比 SW 方式效率高，但是实现起来要等待反馈信号，因此在发送端需要存储那些尚未得到应答的码字或数据包，因此 GBN 发送端必须有存储器，因此要比 SW 复杂一些。

3. 选择重传型 SR

为了进一步改进 GBN 的效率，只重传那些发生错误的码字或数据包就构成了选择重传 SR，它的效率是三者中最高的。

SR 的操作过程如图 2.9.3 所示。

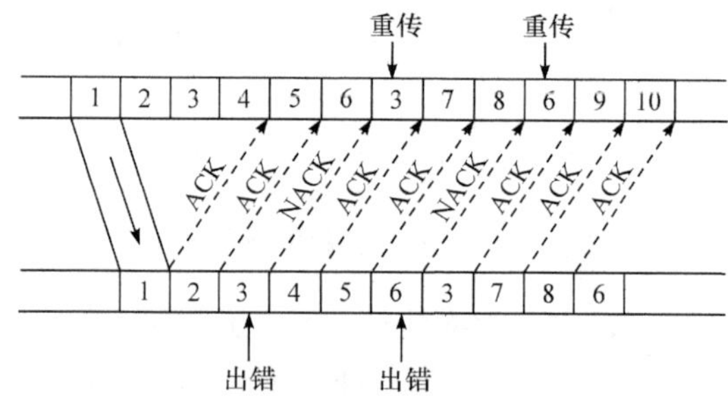

图 2.9.3　SR 重传机制操作过程

从图 2.9.3 中可看出由于发送端要保存未得到应答信号的码字或数据包，而接收端也要对成功接收的码字或数据包进行暂存，以便重传成功时对码字或数据包进行正确排序，所以发、收两端都要相当数量的存储器，故 SR 对硬件的要求是三者中最高的，而且其控制逻辑也是最复杂的。

ARQ 与 FEC 的主要性能比较结果如表 2.9.1 所示。

表 2.9.1　ARQ 与 FEC 的主要性能比较

类型	可靠性	有效性	实时性	流量	复杂度	反馈信道
ARQ	高	低	无	不定	低	需要
FEC	较高	较高	有	恒定	高	不需要

2.9.2　HARQ 基本原理

由前面 ARQ 与 FEC 的比较发现：ARQ 虽具有高可靠性、低复杂度的特点，但是它的有效性低，且时延大；FEC 虽然有效性较高，但是可靠性要比 ARQ 低一些，且复杂度也要高一些；若要进一步提高其可靠性，如采用 Turbo 码，则其译码复杂度将进一步加大到难以实现的程度。若将上述两者结合起来，优势互补，就产生了混合型 ARQ，即 HARQ 技术。

HARQ 一般可分为下列两类。

基于校验位的第一类 HARQ，它不论信道状态如何，每次都发送同样纠错能力的完整码字。显然，校验部分在信道状态较好时对带宽是一种浪费，因为这时不需要传送校验位，然而在信道状态差时也许已有校验位又显不够，所以它对信道适应性不好。在第一类 HARQ 中检错有以下两种途径。

(1) 先在信息位后面附加 CRC 检验位，再进行纠错编码，而检错主要靠 CRC 完成；它可提供很高的可靠性，但系统有效性较低。

(2) 直接对信息位进行编码，检错功能由纠错编码来完成，即由纠错码同时完成检错、纠错双重功能，它有效性较高，但可靠性较前一类低。

第二类 HARQ 是根据信道状态改变传输内容，而且只有当信道状态不大好时才会提供校验部分，因此从某种意义上讲，它对信道具有如下一定的自适应特性。

(1) 在需要发送校验部分时，首先尝试发送纠错能力较低的码。

(2) 若错误超出其纠错能力，则重传时发送新的校验位信息，在接收端将该校验信息与先前接收的部分合成具有更强纠错能力的码。由于重传的仅是增加的校验信息，因而每次重传内容均不相同。

在具体实现两类 HARQ 时，一般采用多进制 HARQ，而且所采用的纠错码大部分都是线性分组码，如 Hamming 码、BCH 码、RS 码，但也有采用卷积码、乘积码、级连码和 Turbo 码的。

2.10　本 章 小 结

本章主要讲述两部分。第一部分对信道编码基本概念与基本类型做了介绍，它们包含信道编码基本概念、线性分组码、卷积码、Viterbi 译码、级联码、交织码以及 ARQ 与 HARQ 等。第二部分重点介绍现代高性能信道编码理论，包括 Turbo 码、LDPC 码，这部分属于提高性内容。通过对经典信道编译码理论的回顾与总结，为第 3 章介绍极化码基本理论奠定了基础。

参 考 文 献

[1] HAMMING R W. Error detecting and error correcting codes [J]. Bell System Technology Journal, 1950, 29: 147-160.

[2] BOSE R C, RAY-CHAUDHURI D K. On a class of error correcting binary group codes [J]. Information Control, 1960, 3(1): 68-79.

[3] HOCQUENGHEMA. Codes correcteurs d'erreurs [J]. Chiffres, 1959, 2: 147-156.

[4] REED I S, SOLOMON G. Polynomial codes over certain finite fields [J]. Journal of the Society for Industrial and Applied Mathematics, 1960, 8(2): 300-304.

[5] BERLEKAMP E R. Algebraic coding theory [M]. New York: McGraw-Hill, 1968.

[6] MULLER D E. Applications of Boolean Algebra to switching circuits design and to error detection [J]. Transactions of the I.R.E. Professional Group on Electronic Computers, 1954, 3(3): 6-12.

[7] REED I S. A class of multiple error correcting codes and the decoding scheme [J]. IEEE Transactions on Information Theory, 1954, 4(4): 38-49.

[8] DUMER I, SHABUNOV K. Soft-decision decoding of Reed-Muller codes: recursive lists [J]. IEEE Transactions on Information Theory, 2006, 52(3): 1260-1266.

[9] VITERBI A J. Error bounds for convolutional codes and an asymptotically optimum decoding algorithm [J]. IEEE Transactions on Information Theory, 1967, 13(2): 260-269.

[10] HAGENAUER J. Rate-compatible punctured convolutional codes (RCPC codes) and their applications [J]. IEEE Transactions on Communications, 1988, 36(4): 389-400.

[11] MA H H, WOLF J K. On tail-biting convolutional codes [J]. IEEE Transactions on Communications, 1986, 34(2): 104-111.

[12] PROAKIS J G. 数字通信 [M]. 4 版. 张力军, 张宗橙, 郑宝玉, 等译. 北京: 电子工业出版社, 2003.

[13] FORNEY Jr G D. Concatenated codes [M]. Cambridge: MIT Press, 1966.

[14] BERROU C, GLAVIEUX A, THITIMAJSHIMA P. Near Shannon limit error-correcting coding and decoding: Turbo codes [C]. IEEE International Conference on Communications, Geneva, 1993: 1064-1070.

[15] BERROU C, GLAVIEUX A. Near optimum error-correcting coding and decoding: Turbo codes [J]. IEEE Transactions on Communications, 1996, 44(10): 1261-1271.

[16] SHANNON C E. A mathematical theory of communication [J]. Bell System Technology Journal, 1948, 27(3/4): 379-423, 623-656.

[17] GALLAGER R G. Information theory and reliable communication [M]. New York: John Wiley & Sons, 1968.

[18] BAHL L R, COCKE J, JELINEK F, et al. Optimal decoding of linear codes for minimizing symbol error rate [J]. IEEE Transactions on Information Theory, 1974, 20(2): 284-287.

[19] HAGENAUER J, HOEHER P. A Viterbi algorithm with soft-decision outputs and its applications [C]. IEEE International Conference on Communications (ICC), Geneva, 1993: 1680-1686.

[20] DIVSALAR D, POLLARA F. Multiple Turbo codes for deep-space communications [R]. JPL TDA Progress Report, 1995: 71-78.

[21] ZHANG J, FOSSORIER M P C. Shuffled iterative decoding [J]. IEEE Transactions on Communications, 2005, 53(2): 209-213.

[22] BRINK S T. Convergence behavior of iteratively decoded parallel concatenated codes [J]. IEEE Transactions on Communications, 2001, 49(10): 1727-1737.

[23] BENEDETTO S, MONTORSI G. Unveiling Turbo codes: some results on parallel concatenated coding schemes [J]. IEEE Transactions on Information Theory, 1996, 42(2): 409-428.

[24] GALLAGER R. Low-density parity-check codes [J]. IRE Transactions on Information Theory, 1962, 8(1): 21-28.

[25] TANNER R M. A recursive approach to low complexity codes [J]. IEEE Transactions on Information Theory, 1981, 27(5): 533-547.

[26] MACKAY D J C. Good codes based on very sparse matrices [J]. IEEE Transactions on Information Theory, 1999, 45(2): 399-431.

[27] ZHANG J, WANG Y, FOSSORIER M P C. Iterative decoding with replicas [J]. IEEE Transactions on Information Theory, 2007, 53(5): 1644-1663.

[28] RICHARDSON T J, URBANKE R L. The capacity of low-density parity-check codes under message-passing decoding [J]. IEEE Transactions on Information Theory, 2001, 47(2): 599-618.

[29] RICHARDSON T J, SHOKROLLAHI M A, URBANKE R L. Design of capacity-approaching irregular low-density parity-check codes [J]. IEEE Transactions on Information Theory, 2001, 47(2): 619-637.

[30] CHUNG S Y, FORNEY Jr G D, RICHARDSON T J, et al. On the design of low-density parity-check codes within 0.0045 dB of the Shannon limit [J]. IEEE Communications Letters, 2001, 5(2): 58-60.

[31] CHUNG S Y, RICHARDSON T J, URBANKE R L. Analysis of sum-product decoding of low-density parity-check codes using a Gaussian approximation [J]. IEEE Transactions on Information Theory, 2001, 47(2): 657-670.

[32] CAMPELLO J, MODHA D S. Extended bit-filling and LDPC code design [C]. IEEE Global Communications Conference (GLOBECOM), San Antonio, 2001: 985-989.

[33] HU X Y, ELEFTHERIOU E, ARNOLD D M. Regular and irregular progressive edge-growth Tanner graphs [J]. IEEE Transactions on Information Theory, 2005, 51(1): 386-398.

[34] RICHARDSON T J, URBANKE R L. Efficient encoding of low-density parity check codes [J]. IEEE Transactions on Communications, 2001, 47(2): 808-821.

[35] KOU Y, LIN S, FOSSORIER M P C. Low-density parity-check codes based on finite geometries: a rediscovery and new results [J]. IEEE Transactions on Information Theory, 2001, 47(7): 2711-2736.

[36] AMMAR B, HONARY B, KOU Y, et al. Construction of low-density parity-checkcodes based on balanced incomplete block designs[J]. IEEE Transactions on Information Theory, 2004, 50(6): 1257-1269.

[37] VASIC B, KURTAS E M, KUZNETSOV A V. Kirkman systems and their application in perpendicular magnetic recording [J]. IEEE Transactions on Magnetics, 2002, 38(4): 1705-1710.

[38] VASIC B, KURTAS E M, KUZNETSOV A V. LDPC codes based on mutually orthogonal Latin rectangles and their application in perpendicular magnetic recording [J]. IEEE Transactions on Magnetics, 2002, 38(5): 2346-2348.

[39] MACKAY D J C,DAVEY M C.Evaluation of Gallager codes for short block length and high rate applications[J].The IMA Volumes in Mathematics and its Applications, 2001, 123(1): 113-130.

[40] LU J, MOURA J M F. Turbo design for LDPC codes with large girth [C]. IEEE Workshop on Signal Processing Advances in Wireless Communications (SPAWC), Rome, 2003: 15-19.

[41] FOSSORIER M. Quasi-cyclic low-density parity-check codes from circulant permutation matrices [J]. IEEE Transactions on Information Theory, 2004, 50(8): 1788-1793.

[42] RICHARDSON T J, URBANKE R L. The renaissance of Gallager's low density parity-check codes [J]. IEEE Communications Magazine, 2003, 41(8): 126-131.

[43] RICHARDSON T J, URBANKE R L. Multi-edge type LDPC codes [C/OL]. [2004-04-20]. http://citeseerx. ist.psu.edu/viewdoc/summary?doi=10.1.1.106.7310.

[44] THORPE J. Low-density parity-check (LDPC) codes constructed from protographs [R]. IPN Progress Report, 2003: 1-7.

[45] DIVSALAR D, DOLINAR S, JONES C, et al. Capacity approaching protograph codes [J]. IEEE Journal on Selected Areas in Communications, 2009, 27(6): 876-888.

[46] LIVA G, CHIANI M. Protograph LDPC codes design based on EXIT analysis [C]. IEEE Global Communications Conference (GLOBECOM), Washington, 2007: 3250-3254.

[47] DAVEY M C, MACKAY D J C. Low density parity check codes over GF(q) [J]. IEEE Communications Letters, 1998, 2(6): 165-167.

[48] LENTMAIER M, ZIGANGIROV K S. On generalized low-density parity-check codes based on hamming component codes [J]. IEEE Communications Letters, 1999, 3(8): 248-250.

[49] LIVA G, RYAN W E. Short low-error-floor Tanner codes with Hamming nodes [C]. IEEE Military Communications Conference (MILCOM), Atlantic City, 2005: 208-213.

[50] CHENG J F, MCELIECE R J. Some high-rate near capacity codecs for the Gaussian channel [C]. Allerton Conference on Communications, Control and Computing, Pasadena, 1996: 1-10.

[51] LUBY M G. LT codes[C]. IEEE Symposium on Foundations of Computer Science, Vancouver, 2002: 271-280.

[52] SHOKROLLAHI M A. Raptor codes [J]. IEEE Transactions on Information Theory, 2006, 52(6): 2551-2567.

[53] FELSTRÖM A J, ZIGANGIROV K S. Time-varying periodic convolutional codes with low-density parity-check matrix[J]. IEEE Transactions on Information Theory, 1999, 45(6): 2181-2190.

[54] KUDEKAR S, RICHARDSON T J, URBANKE R L. Threshold saturation via spatial coupling: why convolutional LDPC ensembles perform so well over the BEC [J]. IEEE Transactions on Information Theory, 2011, 57(2): 803-834.

[55] ARIKAN E. Channel polarization: a method for constructing capacity-achieving codes [J]. IEEE Transactions on Information Theory, 2009, 55(7): 3051-3073.

[56] WIBERG N. Codes and decoding on general graphs [D]. Linkoping: Linkoping University, 1996.

[57] WIBERG N, LOELIGER H A, KOTTER R. Codes and iterative decoding on general graphs [J]. European Transactions on Telecommunications, 1995, 6: 513-525.

[58] KSCHISCHANG F R, FREY B J, LOELIGER H L. Factor graphs and the sum-product algorithm [J]. IEEE Transactions on Information Theory, 2001, 47(2): 498-519.

[59] KSCHISCHANG F R, FREY B J. Iterative decoding of compound codes by probability propagation in graphical models [J].

IEEE Journal on Selected Areas in Communications, 1998, 16(2): 219-230.
[60] AJI S M, MCELIECE R J. The generalized distributive law [J]. IEEE Transactions on Information Theory, 2000, 46(2): 325-343.
[61] FORNEY Jr G D. Codes on graphs: normal realizations [J]. IEEE Transactions on Information Theory, 2001, 47(2): 520-548.
[62] PEARL J. Probabilistic reasoning in intelligent systems [M]. 2nd ed. San Francisco: Kaufmann, 1988.
[63] FREY B J. Graphical models for machine learning and digital communication [M]. Cambridge: MIT Press, 1998.

第3章 极化码基本理论

本章主要介绍极化码的基本理论。在极化码理论中，信道极化是最关键的基本概念，它的设计思想完全不同于传统的信道编码方法。本章首先介绍信道极化的基本原理，其次详细描述极化编码与串行抵消译码算法，然后分析码长无限长条件下极化码的容量可达性与渐近错误率，最后讨论高维极化核的理论性能。

3.1 信道极化

信道极化是理解极化码原理的核心概念。信道极化(Channel Polarization)，最早由 Arıkan 引入[1]，是指将一组可靠性相同的二进制对称输入离散无记忆信道(Binary-input Discrete Memoryless Channel，B-DMC)采用递推编码的方法，变换为一组有相关性的、可靠性各不相同的极化子信道的过程，随着码长(信道数目)的增加，这些子信道呈现两极分化现象。

3.1.1 符号定义

我们用大写字母表示随机变量，如 X、Y，用小写字母表示随机变量的采样取值，如 x、y。对于随机变量 X，P_X 表示相应指派的概率。对于联合随机变量 (X,Y)，$P_{X,Y}$ 表示相应的联合概率。标准形式 $I(X;Y)$ 与 $I(X;Y|Z)$ 分别表示互信息与条件互信息。

令 $a_1^N=(a_1,a_2,\cdots,a_N)$ 表示行向量，进一步 $a_i^j=(a_i,a_{i+1},\cdots,a_j),1\leqslant i\leqslant j\leqslant N$ 表示向量 a_1^N 的子向量。定义 $[N]=\{1,2,\cdots,N\}$ 表示整数指标集合，$\mathcal{A}\in[N]$ 是指标子集，$\mathcal{A}^c=[N]-\mathcal{A}$ 表示补集。令 $|\mathcal{A}|$ 表示集合 $\mathcal{A}$ 的势，即集合中元素的数目。用 $1_{\mathcal{A}}$ 表示集合 $\mathcal{A}$ 的示性函数，即

$$1_{\mathcal{A}}(x)=\begin{cases}1, & x\in\mathcal{A}\\ 0, & x\notin\mathcal{A}\end{cases} \tag{3.1.1}$$

给定向量 a_1^N 与指标集合 $\mathcal{A}$，$a_{\mathcal{A}}=(a_i:i\in\mathcal{A})$ 表示下标取自于集合 $\mathcal{A}$ 的元素 a_i 构成的子向量。令 $a_{1,e}^j=(a_k:1\leqslant k\leqslant j;k\bmod 2=0)$ 表示由下标为偶数的元素构成的子向量，其中 mod2 是模 2 运算。类似地，$a_{1,o}^j=(a_k:1\leqslant k\leqslant j;k\bmod 2=1)$ 表示由下标为奇数的元素构成的子向量。另外，$0_1^N=(0,0,\cdots,0)$ 与 $1_1^N=(1,1,\cdots,1)$ 分别表示全 0 向量与全 1 向量。

例 3.1 $a_1^8=(1,0,1,1,0,1,0,0)$，$a_2^5=(0,1,1,0)$，$\mathcal{A}=\{6,7,8\}$，$a_{\mathcal{A}}=(1,0,0)$，$a_{1,o}^8=(1,1,0,0)$，$a_{1,e}^8=(0,1,1,0)$。

用大写黑体字母 $\boldsymbol{A}$ 表示矩阵，有时为表示方便，也用小写黑体字母 $\boldsymbol{a}$ 表示向量。给定两个矩阵 $\boldsymbol{A}=(a_{ij})$ 与 $\boldsymbol{B}=(b_{ij})$，定义克罗内克(Kronecker)积如下：

$$\boldsymbol{A}\otimes\boldsymbol{B}=\begin{bmatrix}a_{11}\boldsymbol{B} & a_{12}\boldsymbol{B} & \cdots & a_{1n}\boldsymbol{B}\\ a_{21}\boldsymbol{B} & a_{22}\boldsymbol{B} & & a_{2n}\boldsymbol{B}\\ \vdots & \vdots & & \vdots\\ a_{m1}\boldsymbol{B} & a_{m2}\boldsymbol{B} & \cdots & a_{mn}\boldsymbol{B}\end{bmatrix} \tag{3.1.2}$$

矩阵 $\boldsymbol{A}^{\otimes n}$ 表示 $\boldsymbol{A}$ 做 n 次 Kronecker 积得到的矩阵。特别地，$\boldsymbol{A}^{\otimes 0}=[1]$。

两个函数之间的渐近比较有五种情况，列举如下。

(1) 如果 $\forall n \geqslant n_0, |f(n)| \leqslant C|g(n)|$，其中，$C$ 是非零常数，则称函数 $f(n)$ 在数量级上小于等于 $g(n)$，记为 $f(n)=O(g(n))$。

(2) 如果 $\lim\limits_{n\to\infty}\dfrac{f(n)}{g(n)}=0$，则称函数 $f(n)$ 在数量级上严格小于 $g(n)$，记为 $f(n)=o(g(n))$。

(3) 如果 $\forall n \geqslant n_0, |f(n)| \geqslant C|g(n)|$，其中，$C$ 是非零常数，则称函数 $f(n)$ 在数量级上大于等于 $g(n)$，记为 $f(n)=\Omega(g(n))$。

(4) 如果 $\lim\limits_{n\to\infty}\dfrac{f(n)}{g(n)}=\infty$，则称函数 $f(n)$ 在数量级上严格大于 $g(n)$，记为 $f(n)=\omega(g(n))$。

(5) 如果 $\lim\limits_{n\to\infty}\dfrac{f(n)}{g(n)}=C$，其中，$C$ 是非零常数，则称函数 $f(n)$ 在数量级上等于 $g(n)$，记为 $f(n)=\Theta(g(n))$，也就是 $f(n)=O(g(n))$ 且 $f(n)=\Omega(g(n))$。

后面，统一用上述符号表示随机变量与样本、编码向量与子向量、指标集合等基本变量，不再赘述。

在本书中，默认用 $\log(\cdot)$ 表示以 e 为底数的对数运算，为了区分各种对数运算，也用 ln 表示自然对数，lg 表示常用对数，$\log_2$ 表示以 2 为底的对数，$\log_l$ 表示以 l 为底的对数。

3.1.2　B-DMC 信道模型

给定 B-DMC 信道 $W:\mathcal{X}\to\mathcal{Y}$，其中，$\mathcal{X}$ 表示信道输入符号集合，$\mathcal{Y}$ 表示信道输出符号集合，信道转移概率为 $W(y|x)$，$x\in\mathcal{X}$，$y\in\mathcal{Y}$。对于 B-DMC 信道而言，输入信号集合一般为 $\mathcal{X}=\{0,1\}$，且假设信号服从等概分布，即 $P(0)=P(1)=1/2$，而输出信号集合与信道转移概率则具有任意形式。

定义 3.1　对于 B-DMC 信道 $W:\mathcal{X}\to\mathcal{Y}$，相应的信道互信息、差错概率与 Bhattacharyya 参数(简称巴氏参数)分别定义如下：

$$I(W)\triangleq\sum_{y\in\mathcal{Y}}\sum_{x\in\mathcal{X}}\frac{1}{2}W(y|x)\log_2\frac{W(y|x)}{\frac{1}{2}W(y|0)+\frac{1}{2}W(y|1)} \tag{3.1.3}$$

$$P_e(W)\triangleq\sum_{x,y}\frac{1}{2}W(y|x)1_{\{W(y|x)\leqslant W(y|x\oplus 1)\}}(x,y) \tag{3.1.4}$$

$$Z(W)\triangleq\sum_{y\in\mathcal{Y}}\sqrt{W(y|0)W(y|1)} \tag{3.1.5}$$

其中，$P_e(W)\leqslant Z(W)$。

通常用互信息 $I(W)$ 衡量 B-DMC 信道 W 的可达速率，即输入信号先验等概条件下可靠通信的最高数据率。而巴氏参数 $Z(W)$ 表示信道 W 发送单比特 0 或 1，采用最大似然(ML)判决的差错概率上界。由此可知，对于 B-DMC 信道，$I(W),Z(W)\in[0,1]$。

1. 信道对称性

定义 3.2 对于 B-DMC 信道 W，假设存在重排变换 π，对于输出信号集合 $\mathcal{Y}$，满足如下两个条件。

(1) 重排变换可逆，$\pi^{-1}=\pi$。

(2) 对于任意的 $y\in\mathcal{Y}$，$W\left(y|1\right)=W\left(\pi\left(y\right)|0\right)$。

则称 B-DMC 信道 W 满足对称性。

由经典信息论可知，对于对称信道 W，它的互信息等于信道容量，即 $I(W)=C$。

例 3.2 给定二元对称信道(BSC) $W:\mathcal{X}=\{0,1\}\to\mathcal{Y}=\{0,1\}$，其满足对称性，即

$$\begin{cases}W\left(0|0\right)=W\left(1|1\right)\\W\left(1|0\right)=W\left(0|1\right)\end{cases}\tag{3.1.6}$$

二元删余信道(BEC) $W:\mathcal{X}=\{0,1\}\to\mathcal{Y}=\{0,\mathrm{e},1\}$ (此处 e 是删余符号)，也满足对称性，即

$$\begin{cases}W\left(0|0\right)=W\left(1|1\right)\\W\left(\mathrm{e}|0\right)=W\left(\mathrm{e}|1\right)\end{cases}\tag{3.1.7}$$

二进制输入加性白高斯信道(BI-AWGN) $W:\mathcal{X}=\{0,1\}\to\mathcal{Y}=\mathbb{R}$，假设采用双极性映射 $\{0,1\}\to\{+1,-1\}$，其信道转移概率服从均值为 0，方差为 σ^2 的高斯分布，即

$$\begin{cases}W\left(y|0\right)=\dfrac{1}{\sqrt{2\pi}\sigma}\mathrm{e}^{-\frac{(y-1)^2}{2\sigma^2}}\\[2ex]W\left(y|1\right)=\dfrac{1}{\sqrt{2\pi}\sigma}\mathrm{e}^{-\frac{(y+1)^2}{2\sigma^2}}\end{cases}\tag{3.1.8}$$

设定重排变换 $\pi\left(y\right)=-y$，则上述两个条件的概率密度满足对称性：

$$W\left(y|0\right)=\frac{1}{\sqrt{2\pi}\sigma}\mathrm{e}^{-\frac{(y-1)^2}{2\sigma^2}}=W\left(-y|1\right)\tag{3.1.9}$$

2. 互信息的上下界

下面举例说明，B-DMC 信道的容量计算。

例 3.3 给定 BSC 信道的转移概率 $W\left(1|0\right)=\delta$，则信道容量推导如下：

$$\begin{aligned}C=I(W)&=2\left[\frac{1}{2}\delta\log_2(2\delta)+\frac{1}{2}(1-\delta)\log_2 2(1-\delta)\right]\\&=\delta\log_2(2\delta)+(1-\delta)\log_2 2(1-\delta)\\&=1-H_2(\delta)\end{aligned}\tag{3.1.10}$$

给定 BEC 信道的删余率 $W\left(\mathrm{e}|0\right)=W\left(\mathrm{e}|1\right)=\epsilon$，则信道容量推导如下：

$$C=I(W)=2\left[\frac{1}{2}(1-\epsilon)\log_2\frac{(1-\epsilon)}{\frac{1}{2}(1-\epsilon)}+\frac{1}{2}\epsilon\log_2\frac{\epsilon}{\epsilon}\right]=1-\epsilon\tag{3.1.11}$$

给定 BI-AWGN 信道的转移概率如式(3.1.8)所示，则相应的信道容量为

$$
\begin{aligned}
C=I(W)&=\frac{1}{2}\sum_{x=\pm 1}\int_{-\infty}^{\infty}W(y|x)\log_2\frac{W(y|x)}{W(y)}\mathrm{d}y\\
&=\frac{1}{2}\sum_{x=\pm 1}\int_{-\infty}^{\infty}\frac{1}{\sqrt{2\pi}\sigma}\mathrm{e}^{-\frac{(y-x)^2}{2\sigma^2}}\log_2\frac{2\mathrm{e}^{-\frac{(y-x)^2}{2\sigma^2}}}{\mathrm{e}^{-\frac{(y-1)^2}{2\sigma^2}}+\mathrm{e}^{-\frac{(y+1)^2}{2\sigma^2}}}\mathrm{d}y\\
&=\int_{-\infty}^{\infty}\frac{1}{\sqrt{2\pi}\sigma}\mathrm{e}^{-\frac{(y-1)^2}{2\sigma^2}}\log_2\frac{2}{1+\mathrm{e}^{-\frac{2y}{\sigma^2}}}\mathrm{d}y
\end{aligned}
\tag{3.1.12}
$$

上述推导中利用了 AWGN 信道转移概率的对称性。

也可以利用互信息定义 $I(X;Y)=H(Y)-H(Y|X)$，推导如下：

$$
\begin{aligned}
C=I(W)&=h(Y)-h(Y|X)\\
&=h(Y)-h(Z)\\
&=-\int_{-\infty}^{\infty}p(y)\log_2 p(y)\mathrm{d}y-\frac{1}{2}\log_2\left(2\pi\mathrm{e}\sigma^2\right)
\end{aligned}
\tag{3.1.13}
$$

还可以利用互信息定义 $I(X;Y)=H(X)-H(X|Y)$，推导如下：

$$
\begin{aligned}
C=I(W)&=1+\frac{1}{2}\sum_{x=\pm 1}\int_{-\infty}^{\infty}\frac{1}{\sqrt{2\pi}\sigma}\mathrm{e}^{-\frac{(y-x)^2}{2\sigma^2}}\log_2\frac{\mathrm{e}^{-\frac{(y-x)^2}{2\sigma^2}}}{\mathrm{e}^{-\frac{(y-1)^2}{2\sigma^2}}+\mathrm{e}^{-\frac{(y+1)^2}{2\sigma^2}}}\mathrm{d}y\\
&=1-\int_{-\infty}^{\infty}\frac{1}{\sqrt{2\pi}\sigma}\mathrm{e}^{-\frac{(y-1)^2}{2\sigma^2}}\log_2\left(1+\mathrm{e}^{-\frac{2y}{\sigma^2}}\right)\mathrm{d}y
\end{aligned}
\tag{3.1.14}
$$

例 3.4　给定 BSC 信道的转移概率 $W(1|0)=\delta$，则 Bhattacharyya 参数为

$$
Z(W)=2\sqrt{\delta(1-\delta)}
\tag{3.1.15}
$$

给定 BEC 信道的删余率 $W(\mathrm{e}|0)=W(\mathrm{e}|1)=\epsilon$，则 Bhattacharyya 参数为

$$
Z(W)=\sqrt{\epsilon^2}=\epsilon=1-I(W)
\tag{3.1.16}
$$

给定 BI-AWGN 信道的转移概率如式(3.1.8)所示，则相应的 Bhattacharyya 参数为

$$
Z(W)=\int_{-\infty}^{\infty}\frac{1}{\sqrt{2\pi}\sigma}\mathrm{e}^{-\frac{(y-1)^2+(y+1)^2}{4\sigma^2}}\mathrm{d}y=\int_{-\infty}^{\infty}\frac{1}{\sqrt{2\pi}\sigma}\mathrm{e}^{-\frac{y^2+1}{2\sigma^2}}\mathrm{d}y=\mathrm{e}^{-\frac{1}{2\sigma^2}}
\tag{3.1.17}
$$

定义 3.3　对于 B-DMC 信道 W，信道截止速率(Cutoff Rate)定义为

$$
R_0(W)=-\log_2\left[\frac{1}{4}\sum_{y\in\mathcal{Y}}\left(\sum_{x\in\mathcal{X}}\sqrt{W(y|x)}\right)^2\right]
\tag{3.1.18}
$$

定理 3.1　对于任意 B-DMC 信道 W，其互信息有下界：

$$
I(W)\geqslant R_0(W)=\log_2\frac{2}{1+Z(W)}
\tag{3.1.19}
$$

证明 由于截止速率小于信道容量，因此可得

$$\begin{aligned}R_0(W)&=-\log_2\left[\frac{1}{4}\sum_{y\in\mathcal{Y}}\left(\sum_{x\in\mathcal{X}}\sqrt{W(y|x)}\right)^2\right]\\&=-\log_2\left[\frac{1}{4}\sum_{y\in\mathcal{Y}}\left(\sqrt{W(y|0)}+\sqrt{W(y|1)}\right)^2\right]\\&=-\log_2\left[\frac{1}{4}\sum_{y\in\mathcal{Y}}\left(W(y|0)+W(y|1)+2\sqrt{W(y|0)W(y|1)}\right)\right]\\&=-\log_2\left[\frac{1}{2}+\frac{1}{2}\sum_{y\in\mathcal{Y}}\sqrt{W(y|0)W(y|1)}\right]=\log_2\frac{2}{1+Z(W)}\end{aligned}\tag{3.1.20}$$

例 3.5 给定 BSC 信道的转移概率 $W(1|0)=\delta$，则相应的截止速率 $R_0(W)$ 为

$$R_0(W)=\log_2\frac{2}{1+2\sqrt{\delta(1-\delta)}}\tag{3.1.21}$$

给定 BEC 信道的删余率 $W(\mathrm{e}|0)=W(\mathrm{e}|1)=\epsilon$，则相应的截止速率 $R_0(W)$ 为

$$R_0(W)=\log_2\frac{2}{1+\epsilon}\tag{3.1.22}$$

给定 BI-AWGN 信道的转移概率如式(3.1.8)所示，则相应的截止速率 R_0 为

$$R_0(W)=\log_2\frac{1}{1+\mathrm{e}^{-\frac{1}{2\sigma^2}}}\tag{3.1.23}$$

为了推导 B-DMC 信道的互信息上界，首先引入信道转移概率分布的变分距离：

$$d(W)\triangleq\frac{1}{2}\sum_{y\in\mathcal{Y}}\left|W(y|0)-W(y|1)\right|\tag{3.1.24}$$

这个变分距离表征了概率空间中两个分布 $W(y|0)$ 与 $W(y|1)$ 之间的距离。

首先证明下面两个引理。

引理 3.1 对于任意 B-DMC 信道 W，$I(W)\leqslant d(W)$。

证明 假设信道 W 的输出符号集合为 $\mathcal{Y}=\{1,2,\cdots,n\}$，令 $P_i=W(i|0)$，$Q_i=W(i|1)$，$i=1,2,\cdots,n$。根据互信息定义，可以得到

$$I(W)=\sum_{i=1}^{n}\frac{1}{2}\left[P_i\log_2\frac{P_i}{(P_i+Q_i)/2}+Q_i\log_2\frac{Q_i}{(P_i+Q_i)/2}\right]\tag{3.1.25}$$

式(3.1.25)中的求和项可以变换如下：

$$f(x)=x\log_2\frac{x}{x+\delta}+(x+2\delta)\log_2\frac{x+2\delta}{x+\delta}\tag{3.1.26}$$

其中，$x=\min\{P_i,Q_i\}$ 且 $\delta=\frac{1}{2}|P_i-Q_i|$。为了最大化函数 $f(x)$ 在区间 $x\in[0,1-2\delta]$ 的取值，需要求导数并置为 0：

$$\frac{\mathrm{d}f}{\mathrm{d}x}=\frac{1}{2}\log_2\frac{\sqrt{x(x+2\delta)}}{x+\delta}=0 \tag{3.1.27}$$

求解上述方程可得 $x=0$ 时取最大值，即 $f(x)\leqslant f(0)=2\delta$ 代入互信息表达式得到

$$I(W)\leqslant\sum_{i=1}^{n}\frac{1}{2}|P_i-Q_i|=d(W) \tag{3.1.28}$$

引理 3.2　对于任意 B-DMC 信道 W，$d(W)\leqslant\sqrt{1-Z^2(W)}$。

证明　假设信道 W 的输出符号集合为 $\mathcal{Y}=\{1,2,\cdots,n\}$，令 $P_i=W(i|0)$，$Q_i=W(i|1)$，$i=1,2,\cdots,n$。令 $\delta_i=\frac{1}{2}|P_i-Q_i|$，$\delta=d(W)=\sum_{i=1}^{n}\delta_i$ 且 $R_i=(P_i+Q_i)/2$。由此，Bhattacharyya 参数表示为 $Z(W)=\sum_{i=1}^{n}\sqrt{(R_i-\delta_i)(R_i+\delta_i)}$。显然，在满足 $0\leqslant\delta_i\leqslant R_i,i=1,2,\cdots,n$ 与 $\sum_{i=1}^{n}\delta_i=\delta$ 的约束条件，可以求一阶与二阶导数，最大化巴氏参数即

$$\begin{cases}\dfrac{\partial Z}{\partial\delta_i}=-\dfrac{\delta_i}{\sqrt{R_i^2-\delta_i^2}}\\[2ex]\dfrac{\partial^2 Z}{\partial\delta_i^2}=-\dfrac{R_i^2}{\left(R_i^2-\delta_i^2\right)^{\frac{3}{2}}}\end{cases} \tag{3.1.29}$$

对于每个 i，在区间 $0\leqslant\delta_i\leqslant R_i$ 内，$Z(W)$ 是减函数与凹函数。因此，最大值在一阶导取常数时得到，即 $\forall i,\partial Z/\partial\delta_i=c$，其中，$c$ 是常数。经过变换可得 $\delta_i=R_i\sqrt{c^2/(1+c^2)}$。由约束条件 $\sum_{i=1}^{n}\delta_i=\delta$ 与归一化条件 $\sum_{i=1}^{n}R_i=1$，可得 $\delta=\sqrt{c^2/(1+c^2)}$。这样，巴氏参数在 $\delta_i=R_i\delta$ 取得最大值 $Z(W)\leqslant\sum_{i=1}^{n}\sqrt{R_i^2-\delta^2R_i^2}=\sqrt{1-\delta^2}=\sqrt{1-d^2(W)}$。变换可得 $d(W)\leqslant\sqrt{1-Z^2(W)}$。

定理 3.2　对于任意 B-DMC 信道 W，其互信息有上界：

$$I(W)\leqslant\sqrt{1-Z^2(W)} \tag{3.1.30}$$

证明　综合引理 3.1 与引理 3.2，容易证明上述结论。

引理 3.3　给定 B-DMC 信道集合 $\{W_j:\mathcal{X}\to\mathcal{Y},j\in\mathcal{J}\}$ 以及定义在指标集合 $\mathcal{J}$ 上的概率分布 Q，定义新的 B-DMC 信道 $W:\mathcal{X}\to\mathcal{Y}$，其信道转移概率为 $W(y|x)=\sum_{j\in\mathcal{J}}Q(j)W_j(y|x)$。则这两类信道的 Bhattacharyya 参数满足如下关系：

$$\sum_{j\in\mathcal{J}}Q(j)Z(W_j)\leqslant Z(W) \tag{3.1.31}$$

证明　将 Bhattacharyya 参数改写为如下形式：

$$\begin{aligned}Z(W)&=\sum_{y}\sqrt{W(y|0)W(y|1)}\\&=\frac{1}{2}\sum_{y}\left\{\left[\sqrt{W(y|0)}+\sqrt{W(y|1)}\right]^2-W(y|0)-W(y|1)\right\}\end{aligned}$$

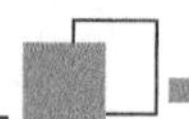

$$
\begin{aligned}
&=\frac{1}{2}\sum_{y}\left[\sum_{x}\sqrt{W(y|x)}\right]^2-1 \\
&=\frac{1}{2}\sum_{y}\left[\sum_{x}\sqrt{\sum_{j\in\mathcal{J}}Q(j)W_j(y|x)}\right]^2-1
\end{aligned} \tag{3.1.32}
$$

应用 Minkowski 不等式可得

$$
Z(W)\geqslant\frac{1}{2}\sum_{y}\sum_{j\in\mathcal{J}}Q(j)\left[\sum_{x}\sqrt{W_j(y|x)}\right]^2-1=\sum_{j\in\mathcal{J}}Q(j)Z(W_j) \tag{3.1.33}
$$

由此可见，Bhattacharyya 参数$Z(W)$是信道转移概率$W(y|x)$的凸函数。

3.1.3 两信道极化

首先给出一个二元删余信道(BEC)的两信道极化示例，如图 3.1.1 所示。

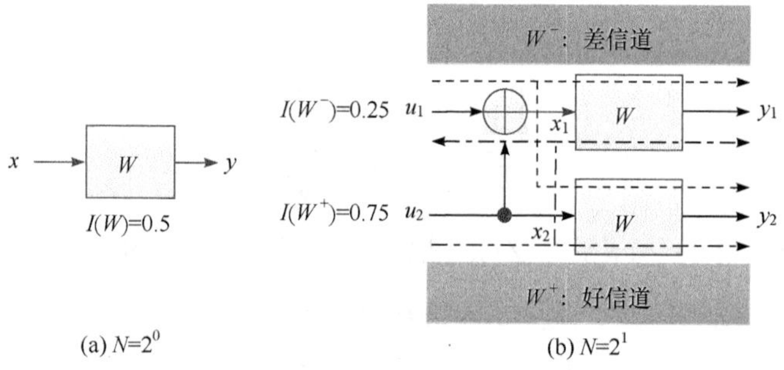

图 3.1.1 信道极化示例

图 3.1.1(a)给出了删余率$\epsilon=0.5$的 BEC 信道的映射关系$W:\mathcal{X}=\{0,1\}\to\mathcal{Y}=\{0,\mathrm{e},1\}$，其信道互信息为$I(W)=0.5$，巴氏参数$Z(W)$=0.5。

图 3.1.1(b)是 2 信道极化过程，$u_1,u_2\in\{0,1\}$是输入信道的两比特，$x_1,x_2\in\{0,1\}$是经过模 2 加编码后的两比特，将其分别送入信道后得到$y_1,y_2\in\mathcal{Y}$两个输出信号。则对应的编码过程可以表示为

$$
(x_1,x_2)=(u_1,u_2)\begin{bmatrix}1&0\\1&1\end{bmatrix}=(u_1,u_2)\boldsymbol{F}_2 \tag{3.1.34}
$$

通过矩阵$\boldsymbol{F}_2$的极化操作，将一对独立信道(W,W)变换为两个相关子信道(W^-,W^+)，其中，$W^-:\mathcal{X}\to\mathcal{Y}^2$，$W^+:\mathcal{X}\to\mathcal{Y}^2\times\mathcal{X}$，其信道输入、输出关系分别如图 3.1.1(b)中虚线和点划线所示。这两个子信道的信道互信息为$I(W^-)$=0.25, $I(W^+)$=0.75 (应用后面的定理 3.5 计算可得)，其满足下列关系：

$$
\begin{cases}
I(W^-)\leqslant I(W)\leqslant I(W^+)\\
Z(W^-)\geqslant Z(W)\geqslant Z(W^+)
\end{cases} \tag{3.1.35}
$$

由于$I(W^-)$<$I(W^+)$，这两个子信道产生了分化，W^+是好信道，W^-是差信道，这就是极化现象。我们称矩阵$\boldsymbol{F}_2$为 2×2 的极化核，或简称 2 阶极化核。

对于一般的 B-DMC 信道W，两信道极化是普遍存在的，有如下定理。

定理 3.3　对于两信道极化变换$(W,W)\mapsto(W^-,W^+)$，相应的极化子信道互信息满足：

$$I(W^-)+I(W^+)=2I(W) \tag{3.1.36}$$

$$I(W^-)\leqslant I(W)\leqslant I(W^+) \tag{3.1.37}$$

当且仅当$I(W)=0,1$时，等号成立。

证明　给定 B-DMC 信道$W:\mathcal{X}\to\mathcal{Y}$，经过两信道极化变换$(u_1,u_2)\to(u_1\oplus u_2,u_2)=(x_1,x_2)$，得到的复合信道$W\times W:\mathcal{X}^2\to\mathcal{Y}^2$分解为两个极化子信道$W^-:\mathcal{X}\to\mathcal{Y}^2$与$W^+:\mathcal{X}\to\mathcal{Y}^2\times\mathcal{X}$。复合信道$W\times W$的转移概率为

$$W(y_1,y_2|u_1,u_2)=\frac{P(u_2)P(y_2|u_2)P(u_1|y_2u_2)P(y_1|y_2u_2u_1)}{P(u_1)P(u_2)} \tag{3.1.38}$$

由于随机变量U_1与U_2相互独立，Y_1与Y_2相互独立，且U_1与Y_2相互独立，因此$P(u_1|y_2u_2)=P(u_1)$，$P(y_1|y_2u_2u_1)=P(y_1|u_2u_1)$。由此得到

$$\begin{aligned}W(y_1,y_2|u_1,u_2)&=W(y_2|u_2)W(y_1|u_2u_1)\\&=W(y_2|u_2)W(y_1|u_2\oplus u_1)\\&=W(y_2|x_2)W(y_1|x_1)\end{aligned} \tag{3.1.39}$$

对于极化子信道$W^-:\mathcal{X}\to\mathcal{Y}^2$，转移概率推导如下：

$$\begin{aligned}W(y_1,y_2|u_1)&=\frac{\sum_{u_2=0}^{1}P(y_1,y_2,u_1,u_2)}{P(u_1)}\\&=\frac{\sum_{u_2=0}^{1}P(u_1)P(u_2)W(y_1,y_2|u_1,u_2)}{P(u_1)}\\&=\sum_{u_2=0}^{1}\frac{1}{2}W(y_1,y_2|u_1,u_2)\\&=\sum_{u_2=0}^{1}\frac{1}{2}W(y_2|u_2)W(y_1|u_2\oplus u_1)\end{aligned} \tag{3.1.40}$$

极化子信道$W^+:\mathcal{X}\to\mathcal{Y}^2\times\mathcal{X}$，转移概率推导如下：

$$\begin{aligned}W(y_1,y_2,u_1|u_2)&=\frac{P(y_1,y_2,u_1,u_2)}{P(u_2)}\\&=\frac{1}{2}W(y_1,y_2|u_1,u_2)\\&=\frac{1}{2}W(y_2|u_2)W(y_1|u_2\oplus u_1)\end{aligned} \tag{3.1.41}$$

下面首先证明式(3.1.36)。由互信息链式法则可知

$$I(U_1U_2;Y_1Y_2)=I(U_1;Y_1Y_2)+I(U_2;Y_1Y_2|U_1) \tag{3.1.42}$$

其中，$I(U_1;Y_1Y_2)$就是极化子信道W^-的互信息，$I(U_2;Y_1Y_2|U_1)$的条件互信息推导如下：

$$\begin{aligned}I(U_2;Y_1Y_2|U_1)&=\sum_{y_1y_2}\sum_{u_1u_2}P(y_1y_2u_1u_2)\log_2\frac{P(y_1y_2|u_1u_2)}{P(y_1y_2|u_1)}\\&=\sum_{y_1y_2}\sum_{u_1u_2}P(y_1y_2u_1u_2)\log_2\frac{P(y_1y_2u_1|u_2)P(u_2)/P(u_1)P(u_2)}{P(y_1y_2u_1)/P(u_1)}\\&=\sum_{y_1y_2}\sum_{u_1u_2}P(y_1y_2u_1u_2)\log_2\frac{P(y_1y_2u_1|u_2)}{P(y_1y_2u_1)}\\&=I(U_2;Y_1Y_2U_1)=I(W^+)\end{aligned}\tag{3.1.43}$$

因此，可以得到$I(U_1U_2;Y_1Y_2)=I(W^-)+I(W^+)$。

另外，根据复合信道转移概率式(3.1.39)可知：

$$I(U_1U_2;Y_1Y_2)=I(X_1X_2;Y_1Y_2)=I(X_1;Y_1)+I(X_2;Y_2)\tag{3.1.44}$$

由于$I(X_1;Y_1)=I(X_2;Y_2)=I(W)$，因此$I(U_1U_2;Y_1Y_2)=2I(W)$，式(3.1.36)得证。

下面证明式(3.1.37)。对于极化子信道的互信息，利用互信息链式法则，可以进一步展开如下：

$$\begin{aligned}I(W^+)&=I(U_2;Y_1Y_2U_1)\\&=I(U_2;Y_2)+I(U_2;Y_1U_1|Y_2)\\&=I(W)+I(U_2;Y_1U_1|Y_2)\end{aligned}\tag{3.1.45}$$

由于$I(U_2;Y_1U_1|Y_2)\geqslant 0$，因此可得$I(W^+)\geqslant I(W)$，进一步，由式(3.1.36)可得，$I(W^-)\leqslant I(W)$。

当且仅当$I(U_2;Y_1U_1|Y_2)=0$时，式(3.1.37)的等号成立，这等价于

$$P(u_1,u_2,y_1|y_2)=P(u_1,y_1|y_2)P(u_2|y_2)\tag{3.1.46}$$

应用贝叶斯公式，式(3.1.46)可以变换为

$$\begin{aligned}&P(u_1,u_2,y_1,y_2)P(y_2)=P(u_1,y_1,y_2)P(u_2,y_2)\\&\Rightarrow P(y_1,y_2|u_1,u_2)P(y_2)=\frac{P(u_1,y_1,y_2)}{P(u_1)}\frac{P(u_2,y_2)}{P(u_2)}\\&\Rightarrow P(y_1,y_2|u_1,u_2)P(y_2)=P(y_1,y_2|u_1)P(y_2|u_2)\end{aligned}\tag{3.1.47}$$

由式(3.1.39)可知$P(y_1,y_2|u_1,u_2)=W(y_2|u_2)W(y_1|u_2\oplus u_1)$，代入式(3.1.47)推导如下：

$$W(y_2|u_2)\left[W(y_1|u_2\oplus u_1)P(y_2)-P(y_1,y_2|u_1)\right]=0\tag{3.1.48}$$

将$P(y_2)=\frac{1}{2}W(y_2|u_2)+\frac{1}{2}W(y_2|u_2\oplus 1)$以及式(3.1.47)代入式(3.1.48)，可以得到

$$W(y_2|u_2)W(y_2|u_2\oplus 1)\left[W(y_1|u_1\oplus u_2)-W(y_1|u_1\oplus u_2\oplus 1)\right]=0\tag{3.1.49}$$

依据B-DMC信道对称性，可以得到，对于任意的(u_1,u_2)取值，式(3.1.49)等价于

$$W(y_2|0)W(y_2|1)\left[W(y_1|0)-W(y_1|1)\right]=0\tag{3.1.50}$$

由式(3.1.50)的条件可知，$W(y_2|0)W(y_2|1)=0$，此时W是无噪的确定信道，因此

$I(W)=1$；或者对于任意的 y_1，满足 $W(y_1|0)=W(y_1|1)$，此时 W 是完全的噪声信道，因此 $I(W)=0$。这样我们完成了定理 3.3 的证明。

由定理 3.3 的等式(3.1.36)可知，两信道极化变换后的复合信道 (W^-,W^+) 的容量等于两个独立信道 W 的容量和，容量保持不变，没有损失。当信道 W 是理想无噪信道或完全有噪信道时，两个极化子信道发生退化，互信息满足 $I(W^-)=I(W)=I(W^+)$。如果信道 W 不属于上述两种极端情况，则两信道极化变换必然产生互信息差异，即 $I(W^-)<I(W)<I(W^+)$。由此可见，单步极化变换，能够带来信道容量的两极分化。

定理 3.4　对于两信道极化变换 $(W,W)\mapsto(W^-,W^+)$，相应的极化子信道 Bhattacharyya 参数满足：

$$Z(W^+)=Z^2(W) \tag{3.1.51}$$

$$Z(W^-)\leqslant 2Z(W)-Z^2(W) \tag{3.1.52}$$

$$Z(W^+)\leqslant Z(W)\leqslant Z(W^-) \tag{3.1.53}$$

当且仅当 W 是 BEC 信道时，式(3.1.52)的等号成立。另外，当且仅当 $Z(W)=0,1$ 或等价的 $I(W)=1,0$ 时，式(3.1.53)的等号成立。

证明　首先证明式(3.1.51)。根据子信道 W^+ 的转移概率公式(3.1.41)，相应的 Bhattacharyya 参数表示为

$$\begin{aligned}
Z(W^+)&=\sum_{y_1^2,u_1}\sqrt{W(y_1,y_2,u_1|0)W(y_1,y_2,u_1|1)}\\
&=\sum_{y_1^2,u_1}\frac{1}{2}\sqrt{W(y_1|u_1)W(y_2|0)}\sqrt{W(y_1|u_1\oplus 1)W(y_2|1)}\\
&=\sum_{y_2}\sqrt{W(y_2|0)W(y_2|1)}\cdot\sum_{u_1}\frac{1}{2}\sum_{y_1}\sqrt{W(y_1|u_1)W(y_1|u_1\oplus 1)}\\
&=Z^2(W)
\end{aligned} \tag{3.1.54}$$

其次证明式(3.1.52)。根据子信道 W^- 的转移概率公式(3.1.40)，相应的 Bhattacharyya 参数表示为

$$\begin{aligned}
Z(W^-)&=\sum_{y_1^2}\sqrt{W(y_1,y_2|0)W(y_1,y_2|1)}\\
&=\sum_{y_1^2}\frac{1}{2}\sqrt{W(y_1|0)W(y_2|0)+W(y_1|1)W(y_2|1)}\\
&\quad\cdot\sqrt{W(y_1|0)W(y_2|1)+W(y_1|1)W(y_2|0)}
\end{aligned} \tag{3.1.55}$$

注意到下列等式成立：

$$\left[\begin{aligned}
&\left(\sqrt{W(y_1|0)W(y_2|0)}+\sqrt{W(y_1|1)W(y_2|1)}\right)\\
&\cdot\left(\sqrt{W(y_1|0)W(y_2|1)}+\sqrt{W(y_1|1)W(y_2|0)}\right)\\
&-2\sqrt{W(y_1|0)W(y_2|0)W(y_1|1)W(y_2|1)}
\end{aligned}\right]^2$$

$$
\begin{aligned}
&=\left[\begin{array}{l}\sqrt{W(y_1|0)W(y_2|0)+W(y_1|1)W(y_2|1)}\\ \cdot\sqrt{W(y_1|0)W(y_2 1)+W(y_1|1)W(y_2|0)}\end{array}\right]^2\\
&\quad+2\sqrt{W(y_1|0)W(y_2|0)W(y_1|1)W(y_2|1)}\\
&\quad\cdot\left[\sqrt{W(y_1|0)}-\sqrt{W(y_1|1)}\right]^2\left[\sqrt{W(y_2|0)}-\sqrt{W(y_2|1)}\right]^2
\end{aligned}
\tag{3.1.56}
$$

由此，式(3.1.55)可以放大为

$$
\begin{aligned}
Z(W^-)\leqslant&\sum_{y_1^2}\frac{1}{2}\left(\sqrt{W(y_1|0)W(y_2|0)}+\sqrt{W(y_1|1)W(y_2|1)}\right)\\
&\cdot\left(\sqrt{W(y_1|0)W(y_2|1)}+\sqrt{W(y_1|1)W(y_2|0)}\right)\\
&-\sum_{y_1^2}\sqrt{W(y_1|0)W(y_2|0)W(y_1|1)W(y_2|1)}
\end{aligned}
\tag{3.1.57}
$$

式(3.1.57)展开可以得到

$$
\begin{aligned}
Z(W^-)\leqslant&\frac{1}{2}\sum_{y_1^2}\left[\begin{array}{l}\sqrt{W(y_1|0)W(y_2|0)}\sqrt{W(y_1|0)W(y_2|1)}\\+\sqrt{W(y_1|1)W(y_2|1)}\sqrt{W(y_1|0)W(y_2|1)}\\+\sqrt{W(y_1|0)W(y_2|0)}\sqrt{W(y_1|1)W(y_2|0)}\\+\sqrt{W(y_1|1)W(y_2|1)}\sqrt{W(y_1|1)W(y_2|0)}\end{array}\right]\\
&-\sum_{y_1^2}\sqrt{W(y_1|0)W(y_2|0)W(y_1|1)W(y_2|1)}\\
=&\frac{1}{2}\sum_{y_1^2}W(y_1|0)\sqrt{W(y_2|0)W(y_2|1)}\\
&+\frac{1}{2}\sum_{y_1^2}W(y_2|1)\sqrt{W(y_1|1)W(y_1|0)}\\
&+\frac{1}{2}\sum_{y_1^2}W(y_2|0)\sqrt{W(y_1|0)W(y_1|1)}\\
&+\frac{1}{2}\sum_{y_1^2}W(y_1|1)\sqrt{W(y_2|1)W(y_2|0)}\\
&-\sum_{y_1}\sqrt{W(y_1|0)W(y_1|1)}\sum_{y_2}\sqrt{W(y_2|0)W(y_2|1)}
\end{aligned}
\tag{3.1.58}
$$

式(3.1.58)中的第一项可以进一步展开如下：

$$
\begin{aligned}
Z(W)&=\sum_{y_1^2}W(y_1|0)\sqrt{W(y_2|0)W(y_2|1)}\\
&=\sum_{y_1}W(y_1|0)\sum_{y_2}\sqrt{W(y_2|0)W(y_2|1)}
\end{aligned}
\tag{3.1.59}
$$

其他项也类似，因此得到$Z(W^-)\leqslant 2Z(W)-Z^2(W)$。

式(3.1.52)等号成立，等价于式(3.1.56)第二项为 0，即

$$\begin{aligned}&\sqrt{W(y_1|0)W(y_2|0)W(y_1|1)W(y_2|1)}\\&\cdot\left[\sqrt{W(y_1|0)}-\sqrt{W(y_1|1)}\right]^2\left[\sqrt{W(y_2|0)}-\sqrt{W(y_2|1)}\right]^2=0\end{aligned} \tag{3.1.60}$$

由此可知，对于任意的 y_1 、 y_2 ，下列三个等式必然有一个满足

$$\begin{cases}W(y_1|0)W(y_2|0)W(y_1|1)W(y_2|1)=0\\W(y_1|0)=W(y_1|1)\\W(y_2|0)=W(y_2|1)\end{cases} \tag{3.1.61}$$

信道转移概率满足上述条件的 B-DMC 信道只可能是 BEC 信道。因此，当且仅当 W 是 BEC 信道时，式(3.1.52)的等号成立。

为了证明式(3.1.53)，将极化子信道 W^- 的信道转移概率改写为

$$W(y_1,y_2|u_1)=\frac{1}{2}\left[W_0(y_1^2|u_1)+W_1(y_1^2|u_1)\right] \tag{3.1.62}$$

其中， $W_0(y_1^2|u_1)=W(y_1|u_1)W(y_2|0)$ ， $W_1(y_1^2|u_1)=W(y_1|u_1\oplus 1)W(y_2|1)$ 。

应用引理 3.3，可以得到

$$Z(W^-)\geqslant\frac{1}{2}\left[Z(W_0)+Z(W_1)\right]=Z(W) \tag{3.1.63}$$

因为 $0\leqslant Z(W)\leqslant 1$ 且 $Z(W^+)=Z^2(W)$ ，所以可得 $Z(W)\geqslant Z(W^+)$ ，当且仅当 $Z(W)=0,1$ 时，等号成立。另外，因为 $Z(W^-)\geqslant Z(W)$ ，所以当且仅当 $Z(W)=0,1$ 时，满足 $Z(W^-)=Z(W^+)$ ，等价的充要条件为 $I(W)=1,0$ 。

定理 3.4 表明，经过两信道极化后，整个复合信道的可靠性得到了提升，Bhattacharyya 参数满足如下关系：

$$Z(W^-)+Z(W^+)\leqslant 2Z(W) \tag{3.1.64}$$

当且仅当 W 是 BEC 信道时，等号成立。可见 BEC 信道是一种特例，其相应两信道极化后的 Bhattacharyya 参数满足如下定理。

定理 3.5　对于两信道极化变换 $(W,W)\mapsto(W^-,W^+)$ ，如果 W 是 BEC 信道，删余率为 ϵ ，则极化子信道 W^- 与 W^+ 也是 BEC 信道，相应的 Bhattacharyya 参数为

$$\begin{cases}Z(W^+)=\epsilon^2=Z^2(W)\\Z(W^-)=2\epsilon-\epsilon^2=2Z(W)-Z^2(W)\end{cases} \tag{3.1.65}$$

相应的互信息为

$$\begin{cases}I(W^-)=(1-\epsilon)^2=I^2(W)\\I(W^+)=1-\epsilon^2=2I(W)-I^2(W)\end{cases} \tag{3.1.66}$$

反之，如果极化子信道 W^- 与 W^+ 是 BEC 信道，则 W 也是 BEC 信道。

证明　采用反证法，证明这个定理。

利用式(3.1.40)的 W^- 信道转移概率，可以构造如下两个等式：

$$
\begin{aligned}
& W(y_1,y_2|0)W(y_1,y_2|1) \\
&=\frac{1}{4}\big[W(y_2|0)W(y_1|0)+W(y_2|1)W(y_1|1)\big] \\
&\cdot\big[W(y_2|0)W(y_1|1)+W(y_2|1)W(y_1|0)\big] \\
&=\frac{1}{4}\begin{bmatrix} W^2(y_2|0)W(y_1|1)W(y_1|0)+W^2(y_1|0)W(y_2|0)W(y_2|1) \\ +W^2(y_1|1)W(y_2|0)W(y_2|1)+W^2(y_2|1)W(y_1|0)W(y_1|1) \end{bmatrix} \\
&=\frac{1}{4}\big[W^2(y_1|0)+W^2(y_1|1)\big]W(y_2|0)W(y_2|1) \\
&+\frac{1}{4}\big[W^2(y_2|0)+W^2(y_2|1)\big]W(y_1|1)W(y_1|0)
\end{aligned}
\tag{3.1.67}
$$

$$
\begin{aligned}
W(y_1,y_2|0)-W(y_1,y_2|1)&=\frac{1}{2}\begin{bmatrix} W(y_2|0)W(y_1|0)+W(y_2|1)W(y_1|1) \\ -W(y_2|0)W(y_1|1)-W(y_2|1)W(y_1|0) \end{bmatrix} \\
&=\frac{1}{2}\big[W(y_2|0)-W(y_2|1)\big]\big[W(y_1|1)-W(y_1|0)\big]
\end{aligned}
\tag{3.1.68}
$$

假设W是 BEC 信道，而W^-不是 BEC 信道。则存在(y_1,y_2)，使得式(3.1.67)与式(3.1.68)的左侧都不为 0。但是这两个公式的右侧必然为 0。显然存在矛盾，因此，W^-必然是 BEC 信道。并且，从式(3.1.68)可知，当等号左侧为 0 时，y_1或y_2必然为删余符号 e 。由此得到W^-的 Bhattacharyya 参数为

$$
\begin{aligned}
Z(W^-)&=\sum_{y_1^2}\sqrt{W(y_1,y_2|0)W(y_1,y_2|1)} \\
&=2\sqrt{(1-\epsilon)^2\epsilon^2}+\sqrt{\epsilon^4} \\
&=2\epsilon(1-\epsilon)+\epsilon^2=2\epsilon-\epsilon^2
\end{aligned}
\tag{3.1.69}
$$

相应地，互信息为$I(W^-)=1-Z(W^-)=1-2\epsilon+\epsilon^2=(1-\epsilon)^2=I^2(W)$。

反之，假设W^-是 BEC 信道而W不是，则存在y_1使得$W(y_1|1)W(y_1|0)>0$或$W(y_1|1)-W(y_1|0)\neq 0$。若令$y_1=y_2$，则式(3.1.67)与式(3.1.68)两式的右端都不为 0，显然与W^-是 BEC 信道相矛盾，因此W必然是 BEC 信道。

基于类似的思路，利用式(3.1.41)的W^+信道转移概率，可以构造如下两个等式：

$$
W(y_1,y_2,u_1|0)W(y_1,y_2,u_1|1)=\frac{1}{4}W(y_1|u_1)W(y_1|u_1\oplus 1)W(y_2|0)W(y_2|1) \tag{3.1.70}
$$

$$
W(y_1,y_2,u_1|0)-W(y_1,y_2,u_1|1)=\frac{1}{2}\big[W(y_1|u_1)W(y_2|0)-W(y_1|u_1\oplus 1)W(y_2|1)\big] \tag{3.1.71}
$$

采用类似的论证可知，假设W是 BEC 信道，则W^-必然是 BEC 信道，反之亦然。W^+的 Bhattacharyya 参数为

$$
\begin{aligned}
Z(W^+)&=\sum_{y_1^2}\sum_{u_1}\sqrt{W(y_1,y_2,u_1|0)W(y_1,y_2,u_1|1)} \\
&=2\cdot\frac{1}{2}\sqrt{\epsilon^4}=\epsilon^2
\end{aligned}
\tag{3.1.72}
$$

从而互信息为$I(W^+)=1-\epsilon^2=2(1-\epsilon)-(1-\epsilon)^2=2I(W)-I^2(W)$。

定理 3.6　对于两信道极化变换$(W,W)\mapsto(W^-,W^+)$，相应的极化子信道截止速率满足：

$$R_0(W^+)=\log_2\frac{2}{1+Z^2(W)} \tag{3.1.73}$$

$$R_0(W^-)\geqslant\log_2\frac{2}{1+2Z(W)-Z^2(W)} \tag{3.1.74}$$

$$R_0(W^-)\leqslant R_0(W)\leqslant R_0(W^+) \tag{3.1.75}$$

$$R_0(W^+)+R_0(W^-)\geqslant 2R_0(W) \tag{3.1.76}$$

当且仅当W是 BEC 信道时，式(3.1.73)的等号成立。另外，当且仅当$Z(W)=0,1$或等价地，$I(W)=1,0$时，式(3.1.74)的等号成立。

证明　式(3.1.71)直接由截止速率定义可得。由于截止速率$R_0(W)$是 Bhattacharyya 参数$Z(W)$的单调递减函数，基于定理 3.4 易得式(3.1.74)与式(3.1.75)。

利用式(3.1.73)与式(3.1.74)，两个极化子信道的截止速率和推导如下：

$$\begin{aligned}R_0(W^+)+R_0(W^-)&\geqslant\log_2\frac{2}{1+Z^2(W)}+\log_2\frac{2}{1+2Z(W)-Z^2(W)}\\&=\log_2\frac{4}{1+2Z(W)+Z^2(W)\left(2Z(W)-Z^2(W)\right)}\\&\geqslant\log_2\frac{4}{1+2Z(W)+Z^2(W)}\\&=\log_2\frac{4}{\left(1+Z(W)\right)^2}=2R_0(W)\end{aligned} \tag{3.1.77}$$

两信道极化是理解极化码的基础，经过简单编码操作，构成了复合信道(W^-,W^+)，然后进一步分解为有相关性的两个极化子信道W^-与W^+。除理想无噪与完全噪声信道外，对于一般的 B-DMC 信道，通过这样一步简单的编码变换，由定理 3.3 可知，两信道和容量不发生变化，只是单个信道容量在两个极化子信道之间偏移，产生一好一差两极分化。而由定理 3.4 可知，两信道 Bhattacharyya 参数和减小，意味着可靠性提升，并且单个信道的 Bhattacharyya 参数也在两个极化子信道之间发生偏移，W^+信道可靠性提高而W^-信道可靠性变低，产生了一高一低两极分化。进一步，由定理 3.6 可知，两信道的截止速率和大于原信道截止速率的 2 倍，意味着截止速率有提升，并且单个信道的截止速率也在两个极化子信道之间发生偏移，W^+信道截止速率增大而W^-信道截止速率减小，产生了一大一小两极分化。

综上所述，无论是信道容量、信道可靠性还是截止速率，经过两信道极化变换，都产生了两极分化现象。以两信道极化为基本操作单元，经过迭代变换，就能够推广到N信道极化，可以预见，两极分化效应会更加显著。

3.1.4 *N* 信道极化

上述两信道极化过程可以推广到四信道极化，如图 3.1.2 所示。此时，信道极化包括两个阶段。在第 2 阶段，4 个独立信道 W 分为两组复合信道，每组两个信道极化为 W^- 与 W^+ 信道，因此可以得到两个 W^- 信道与两个 W^+ 信道。在第 1 阶段，前一阶段极化得到的两个 W^- 信道复合后，再进一步极化为 W^{--} 与 W^{-+} 两个信道，而另外两个 W^+ 信道复合后，则进一步极化为 W^{+-} 与 W^{++} 两个信道。这样原来可靠性相同的 4 个独立信道变换为可靠性差异更大的 4 个极化信道。

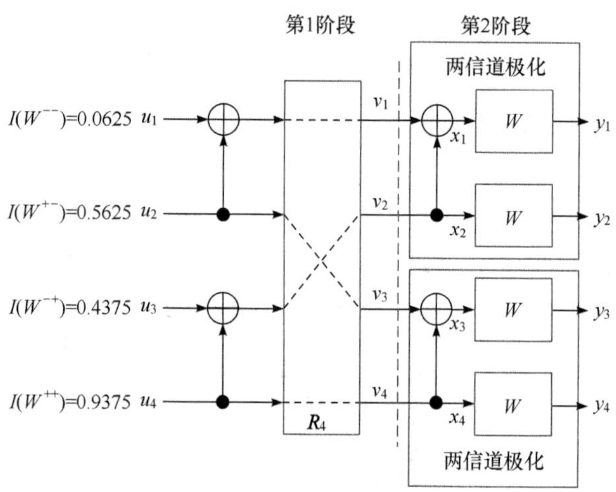

图 3.1.2 四信道极化示例

四信道极化的变换过程表示如下：

$$
\begin{aligned}
u_1^4\boldsymbol{R}_4\boldsymbol{F}_4 &= (u_1,u_2,u_3,u_4)\begin{bmatrix}1&0&0&0\\0&0&1&0\\0&1&0&0\\0&0&0&1\end{bmatrix}\begin{bmatrix}1&0&0&0\\1&1&0&0\\1&0&1&0\\1&1&1&1\end{bmatrix}\\
&= (u_1,u_2,u_3,u_4)\begin{bmatrix}1&0&0&0\\1&0&1&0\\1&1&0&0\\1&1&1&1\end{bmatrix} = u_1^4\boldsymbol{G}_4 = x_1^4
\end{aligned}
\tag{3.1.78}
$$

其中，$\boldsymbol{R}_4 = \begin{bmatrix}1&0&0&0\\0&0&1&0\\0&1&0&0\\0&0&0&1\end{bmatrix}$是比特反序重排矩阵。并且需要注意的是，为了保持与两信道极化完全一致的信道标记顺序，在图 3.1.3 的四信道极化示例中，自然顺序标记的比特序列 $\{u_1,u_2,u_3,u_4\}$，需要经过比特反序变换为比特序列 $\{u_1,u_3,u_2,u_4\}$，而标记为自然顺序比特序列 $\{v_1,v_2,v_3,v_4\}$。

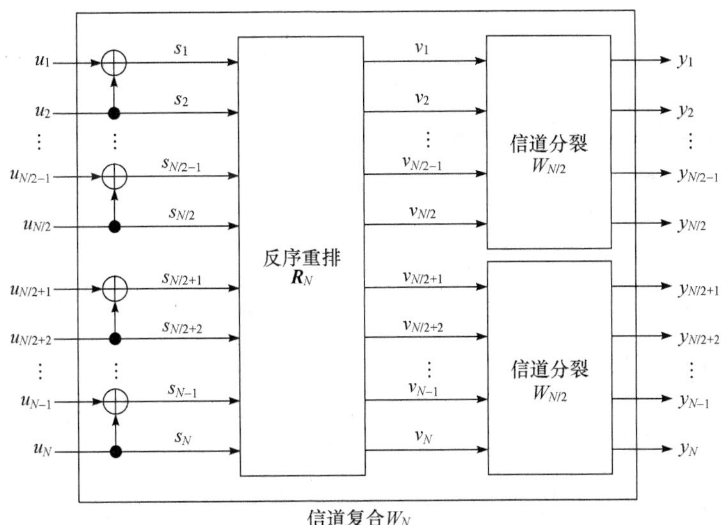

图 3.1.3　N 信道极化的迭代过程

对比四信道极化与两信道极化过程，可以看出，两信道极化是基本变换单元，通过递推应用这一基本变换，就得到了四信道极化结果。

推而广之，对于一般的 $N=2^n$ 信道极化，就可以由 $N/2$ 信道极化递推得到，其迭代过程如图 3.1.3 所示。由图 3.1.3 可知，输入比特序列 u_1^N 相邻两比特进行模 2 加运算，复合为信道 W_N，然后经过比特反序操作，分为两组子序列 $v_1^{N/2}$ 与 $v_{N/2+1}^N$，分别送入下一级的 $N/2$ 信道极化。一般地，前者称为信道复合(Channel Combining)，后者为信道分裂(Channel Splitting)。因此，N 信道极化变换可以表示为

$$u_1^N\left(\boldsymbol{I}_{N/2}\otimes\boldsymbol{F}_2\right)\boldsymbol{R}_N\left(\boldsymbol{I}_2\otimes\boldsymbol{G}_{N/2}\right)=u_1^N\boldsymbol{G}_N=x_1^N \tag{3.1.79}$$

其中，$\boldsymbol{G}_N=\left(\boldsymbol{I}_{N/2}\otimes\boldsymbol{F}_2\right)\boldsymbol{R}_N\left(\boldsymbol{I}_2\otimes\boldsymbol{G}_{N/2}\right)$是信道极化的生成矩阵，$\boldsymbol{R}_N$ 是反序重排矩阵。

由于生成矩阵 $\mathbf{G}_N$ 满足递归变换，因此 N 信道极化可以逐级分解，直到分解为最基本的两信道极化，这样 N 信道极化变换也可以表示为

$$u_1^N\boldsymbol{B}_N\boldsymbol{F}_2^{\otimes n}=x_1^N \tag{3.1.80}$$

其中，$\boldsymbol{B}_N$ 是比特反序矩阵。

下面我们对 N 信道极化进行数学建模与分析。考虑 B-DMC 信道 W 的 N 次独立使用，可以定义并行信道 $W^N:\mathcal{X}^N\to\mathcal{Y}^N$ 的信道转移概率为

$$W^N\left(y_1^N\middle|x_1^N\right)=\prod_{i=1}^N W\left(y_i\middle|x_i\right) \tag{3.1.81}$$

给定极化变换 $u_1^N\boldsymbol{G}_N=x_1^N$，则首先构建复合信道 $W_N:\mathcal{X}^N\to\mathcal{Y}^N$，其信道转移概率为

$$W_N\left(y_1^N\middle|u_1^N\right)=W^N\left(y_1^N\middle|x_1^N=u_1^N\boldsymbol{G}_N\right) \tag{3.1.82}$$

其次，进行信道分裂，得到 N 个极化信道集合$\left\{W_N^{(i)}:\mathcal{X}\to\mathcal{Y}^N\times\mathcal{X}^{i-1},1\leqslant i\leqslant N\right\}$，其中每个子信道的转移概率为

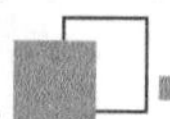

$$W_N^{(i)}\left(y_1^N,u_1^{i-1}\middle|u_i\right)=\sum_{u_{i+1}^N\in\mathcal{X}^{N-i}}\frac{1}{2^{N-1}}W_N\left(y_1^N\middle|u_1^N\right) \tag{3.1.83}$$

由此，极化子信道$W_N^{(i)}$的互信息定义为

$$\begin{aligned}I\left(W_N^{(i)}\right)&=I\left(U_i;Y_1^N\middle|U_1^{i-1}\right)\\&=\sum_{y_1^N\in\mathcal{Y}^N}\sum_{u_1^i\in\mathcal{X}^i}\frac{1}{2}W_N^{(i)}\left(y_1^N,u_1^{i-1}\middle|u_i\right)\log_2\frac{W_N^{(i)}\left(y_1^N,u_1^{i-1}\middle|u_i\right)}{\frac{1}{2}W_N^{(i)}\left(y_1^N,u_1^{i-1}\middle|0\right)+\frac{1}{2}W_N^{(i)}\left(y_1^N,u_1^{i-1}\middle|1\right)}\end{aligned} \tag{3.1.84}$$

相应的 Bhattacharyya 参数定义为

$$Z\left(W_N^{(i)}\right)=\sum_{y_1^N\in\mathcal{Y}^N}\sum_{u_1^{i-1}\in\mathcal{X}^{i-1}}\sqrt{W_N^{(i)}\left(y_1^N,u_1^{i-1}\middle|0\right)W_N^{(i)}\left(y_1^N,u_1^{i-1}\middle|1\right)} \tag{3.1.85}$$

将两信道极化变换重新标记为$(W,W)\mapsto\left(W_2^{(1)},W_2^{(2)}\right)$，相应的信道转移概率表示为

$$\begin{cases}W_2^{(1)}\left(y_1^2\middle|u_1\right)=\sum\limits_{u_2}\frac{1}{2}W_2\left(y_1^2\middle|u_1^2\right)=\sum\limits_{u_2}\frac{1}{2}W\left(y_1\middle|u_1\oplus u_2\right)W\left(y_2\middle|u_2\right)\\W_2^{(2)}\left(y_1^2,u_1\middle|u_2\right)=\frac{1}{2}W_2\left(y_1^2\middle|u_1^2\right)=\frac{1}{2}W\left(y_1\middle|u_1\oplus u_2\right)W\left(y_2\middle|u_2\right)\end{cases} \tag{3.1.86}$$

类似地，根据N信道极化变换的递推关系，当两组$N=2^n$极化信道$\left\{W_N^{(i)},W_N^{(i)}\right\}$进一步极化为$2N=2^{n+1}$个极化信道$\left\{W_{2N}^{(2i-1)},W_{2N}^{(2i)}\right\}$时，也能够标记为$\left(W_N^{(i)},W_N^{(i)}\right)\mapsto\left(W_{2N}^{(2i-1)},W_{2N}^{(2i)}\right)$。

定理 3.7(极化分解定理) 对于任意$n\geqslant 0$，$N=2^n$，$1\leqslant i\leqslant N$，极化子信道$W_{2N}^{(2i-1)}$与$W_{2N}^{(2i)}$的信道转移概率分别为

$$\begin{aligned}&W_{2N}^{(2i-1)}\left(y_1^{2N},u_1^{2i-2}\middle|u_{2i-1}\right)\\&=\sum_{u_{2i}}\frac{1}{2}W_N^{(i)}\left(y_1^N,u_{1,o}^{2i-2}\oplus u_{1,e}^{2i-2}\middle|u_{2i-1}\oplus u_{2i}\right)W_N^{(i)}\left(y_{N+1}^{2N},u_{1,e}^{2i-2}\middle|u_{2i}\right)\end{aligned} \tag{3.1.87}$$

与

$$\begin{aligned}&W_{2N}^{(2i)}\left(y_1^{2N},u_1^{2i-1}\middle|u_{2i}\right)\\&=\frac{1}{2}W_N^{(i)}\left(y_1^N,u_{1,o}^{2i-2}\oplus u_{1,e}^{2i-2}\middle|u_{2i-1}\oplus u_{2i}\right)W_N^{(i)}\left(y_{N+1}^{2N},u_{1,e}^{2i-2}\middle|u_{2i}\right)\end{aligned} \tag{3.1.88}$$

证明 根据式(3.1.83)的定义，极化子信道$W_{2N}^{(2i-1)}$的转移概率推导如下：

$$\begin{aligned}&W_{2N}^{(2i-1)}\left(y_1^{2N},u_1^{2i-2}\middle|u_{2i-1}\right)\\&=\sum_{u_{2i}^{2N}}\frac{1}{2^{2N-1}}W_{2N}\left(y_1^{2N}\middle|u_1^{2N}\right)\\&=\sum_{u_{2i,o}^{2N},u_{2i,e}^{2N}}\frac{1}{2^{2N-1}}W_N\left(y_1^N\middle|u_{1,o}^{2N}\oplus u_{1,e}^{2N}\right)W_N\left(y_{N+1}^{2N}\middle|u_{1,e}^{2N}\right)\\&=\sum_{u_{2i}}\frac{1}{2}\sum_{u_{2i+1,o}^{2N}}\frac{1}{2^{N-1}}W_N\left(y_1^N\middle|u_{1,o}^{2N}\oplus u_{1,e}^{2N}\right)\sum_{u_{2i+1,e}^{2N}}\frac{1}{2^{N-1}}W_N\left(y_{N+1}^{2N}\middle|u_{1,e}^{2N}\right)\end{aligned} \tag{3.1.89}$$

式(3.1.89)中，根据式(3.1.86)给出的两信道极化变换关系，可以将输入数据序列分解为$u_{1,o}^{2N} \oplus u_{1,e}^{2N}$与$u_{1,e}^{2N}$两个子向量，因此得到式(3.1.89)。类似地，极化子信道$W_{2N}^{(2i)}$的转移概率推导如下：

$$\begin{aligned} & W_{2N}^{(2i)}\left(y_1^{2N},u_1^{2i-1}\middle|u_{2i}\right) \\ & =\sum_{u_{2i+1}^{2N}} \frac{1}{2^{2N-1}} W_{2N}\left(y_1^{2N}\middle|u_1^{2N}\right) \\ & =\frac{1}{2}\sum_{u_{2i+1,o}^{2N}} \frac{1}{2^{N-1}} W_N\left(y_1^N\middle|u_{1,o}^{2N} \oplus u_{1,e}^{2N}\right) \sum_{u_{2i+1,e}^{2N}} \frac{1}{2^{N-1}} W_N\left(y_{N+1}^{2N}\middle|u_{1,e}^{2N}\right) \end{aligned} \tag{3.1.90}$$

对比两信道极化变换关系(3.1.86)与极化分解定理可知，N信道极化变换与两信道极化变换本质上是一一对应的，它们之间满足如下的对应关系：

$$\begin{gathered} W \leftarrow W_N^{(i)}, \quad W^- \leftarrow W_{2N}^{(2i-1)} \\ W^+ \leftarrow W_{2N}^{(2i)}, \quad u_1 \leftarrow u_{2i-1} \\ u_2 \leftarrow u_{2i}, \quad y_1 \leftarrow \left(y_1^N, u_{1,o}^{2i-2} \oplus u_{1,e}^{2i-2}\right) \\ y_2 \leftarrow \left(y_{N+1}^{2N}, u_{1,e}^{2i-2}\right), \quad y_1^2 \leftarrow \left(y_1^{2N}, u_1^{2i-2}\right) \end{gathered} \tag{3.1.91}$$

例 3.6　八信道极化分解如图 3.1.4 所示，包含了 3 级极化变换。最右侧的 8 个独立信道W经过复合-分裂操作，得到四组独立的两信道极化集合$\left\{W_2^{(1)},W_2^{(2)}\right\}$。然后，经过中间一级的极化变换，得到两组独立的四信道极化集合$\left\{W_4^{(1)},W_4^{(2)},W_4^{(3)},W_4^{(4)}\right\}$。经过左侧最后一级的极化变换，得到八信道极化集合$\left\{W_8^{(1)},W_8^{(2)},W_8^{(3)},W_8^{(4)},W_8^{(5)},W_8^{(6)},W_8^{(7)},W_8^{(8)}\right\}$。由此可见，$N=2^n$信道极化，应当包含$\log_2 N=n$级极化变换，每一级变换中，包含$N/2$个基本的两信道极化变换$\left(W_{2^i}^{(j)},W_{2^i}^{(j)}\right)\mapsto\left(W_{2^{i+1}}^{(2j-1)},W_{2^{i+1}}^{(2j)}\right)$，称为蝶形(Butterfly)结构。

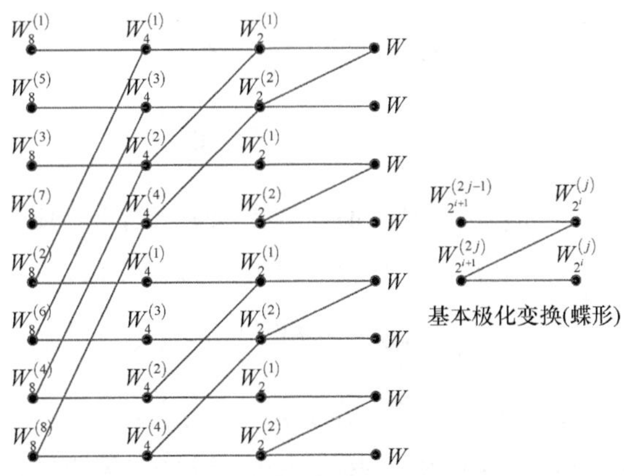

图 3.1.4　八信道极化分解示例

定理 3.8　对于任意的 B-DMC 信道W，经过$N=2^n$信道极化变换，$n\geqslant 0,1\leqslant i\leqslant N$，$\left(W_N^{(i)},W_N^{(i)}\right)\mapsto\left(W_{2N}^{(2i-1)},W_{2N}^{(2i)}\right)$，极化子信道的互信息满足如下关系：

$$I\left(W_{2N}^{(2i-1)}\right)+I\left(W_{2N}^{(2i)}\right)=2I\left(W_N^{(i)}\right) \tag{3.1.92}$$

$$I\left(W_{2N}^{(2i-1)}\right)\leqslant I\left(W_N^{(i)}\right)\leqslant I\left(W_{2N}^{(2i)}\right) \tag{3.1.93}$$

当且仅当 时，不等式(3.1.93)等号成立。

极化子信道的 Bhattacharyya 参数满足如下关系：

$$Z\left(W_{2N}^{(2i-1)}\right)+Z\left(W_{2N}^{(2i)}\right)\leqslant 2Z\left(W_N^{(i)}\right) \tag{3.1.94}$$

$$Z\left(W_{2N}^{(2i)}\right)\leqslant Z\left(W_N^{(i)}\right)\leqslant Z\left(W_{2N}^{(2i-1)}\right) \tag{3.1.95}$$

$$\begin{cases}Z\left(W_{2N}^{(2i-1)}\right)\leqslant 2Z\left(W_N^{(i)}\right)-Z^2\left(W_N^{(i)}\right)\\ Z\left(W_{2N}^{(2i)}\right)=Z^2\left(W_N^{(i)}\right)\end{cases} \tag{3.1.96}$$

当且仅当 $Z(W)=0,1$ 时，不等式(3.1.95)等号成立。当且仅当 W 是 BEC 信道时，式(3.1.96)等号成立。

极化子信道的截止速率满足如下关系：

$$R_0\left(W_{2N}^{(2i-1)}\right)+R_0\left(W_{2N}^{(2i)}\right)\geqslant 2R_0\left(W_N^{(i)}\right) \tag{3.1.97}$$

$$R_0\left(W_{2N}^{(2i)}\right)\geqslant R_0\left(W_N^{(i)}\right)\geqslant R_0\left(W_{2N}^{(2i-1)}\right) \tag{3.1.98}$$

当且仅当 $R_0(W)=0,1$ 时，等号成立。

利用式(3.1.91)给出的一一对应关系，分别应用定理 3.4～定理 3.6，即可完成上述定理的证明，不再赘述。进一步，对于 $N=2^n$ 信道极化变换的累积参量，满足如下定理。

定理 3.9 对于任意的 B-DMC 信道 W，经过 $N=2^n$ 信道极化变换，$n\geqslant 0,1\leqslant i\leqslant N$，$\left(W_N^{(i)},W_N^{(i)}\right)\mapsto\left(W_{2N}^{(2i-1)},W_{2N}^{(2i)}\right)$，序列互信息、累积 Bhattacharyya 参数与截止速率和分别满足如下关系：

$$\sum_{i=1}^{N} I\left(W_N^{(i)}\right)=NI(W) \tag{3.1.99}$$

$$\sum_{i=1}^{N} Z\left(W_N^{(i)}\right)\leqslant NZ(W) \tag{3.1.100}$$

$$\sum_{i=1}^{N} R_0\left(W_N^{(i)}\right)\geqslant NR_0(W) \tag{3.1.101}$$

证明 给定 $N=2^n$ 个信道、信源序列 U_1^N 与接收序列 Y_1^N，应用互信息链式法则，序列互信息可以分解为多个子信道互信息之和，即满足如下关系：

$$I\left(U_1^N;Y_1^N\right)=\sum_{i=1}^{N} I\left(U_i;Y_1^N\middle|U_1^{i-1}\right)=\sum_{i=1}^{N} I\left(U_i;Y_1^N U_1^{i-1}\right) \tag{3.1.102}$$

其中，$I\left(U_i;Y_1^N U_1^{i-1}\right)$ 是第 i 个极化子信道的互信息，式中第二个等式来自式(3.1.43)。应用定理 3.8 的式(3.1.92)可证明式(3.1.99)。由此可见，经过 N 信道极化变换，序列互信息保持不变，但由于信道相关性，各个极化子信道的可靠性或容量存在差异。

式(3.1.100)的证明非常容易，直接应用定理 3.8 的式(3.1.94)即可得证。类似地，式(3.1.101)的证明可以应用定理 3.8 的式(3.1.97)即可得证。由此可见，经过 N 信道极化变换，累积 Bhattacharyya 参数减小，说明整个复合信道的可靠性提升。相应地，截止速率和增加，说明传输速率也得到了提高。

定理 3.10　对于 N 信道极化变换 $\left(W_N^{(i)},W_N^{(i)}\right)\mapsto\left(W_{2N}^{(2i-1)},W_{2N}^{(2i)}\right)$，如果 W 是 BEC 信道，删余率为 ϵ，相应的 Bhattacharyya 参数满足如下递推关系：

$$\begin{cases} Z\left(W_{2N}^{(2i-1)}\right)=2Z\left(W_N^{(i)}\right)-Z^2\left(W_N^{(i)}\right) \\ Z\left(W_{2N}^{(2i)}\right)=Z^2\left(W_N^{(i)}\right) \end{cases} \tag{3.1.103}$$

相应的互信息满足如下递推关系：

$$\begin{cases} I\left(W_{2N}^{(2i-1)}\right)=I^2\left(W_N^{(i)}\right) \\ I\left(W_{2N}^{(2i)}\right)=2I\left(W_N^{(i)}\right)-I^2\left(W_N^{(i)}\right) \end{cases} \tag{3.1.104}$$

其中，初始值为 $Z\left(W_1^{(1)}\right)=\epsilon$，$I\left(W_1^{(1)}\right)=1-\epsilon$。

该定理的证明直接应用式(3.1.91)的一一对应关系，以及定理 3.5。

图 3.1.5 给出了 W 是 BEC 信道，删余率 $\epsilon=0.5$，信道数目 $N=1024$ 时，采用式(3.1.65)

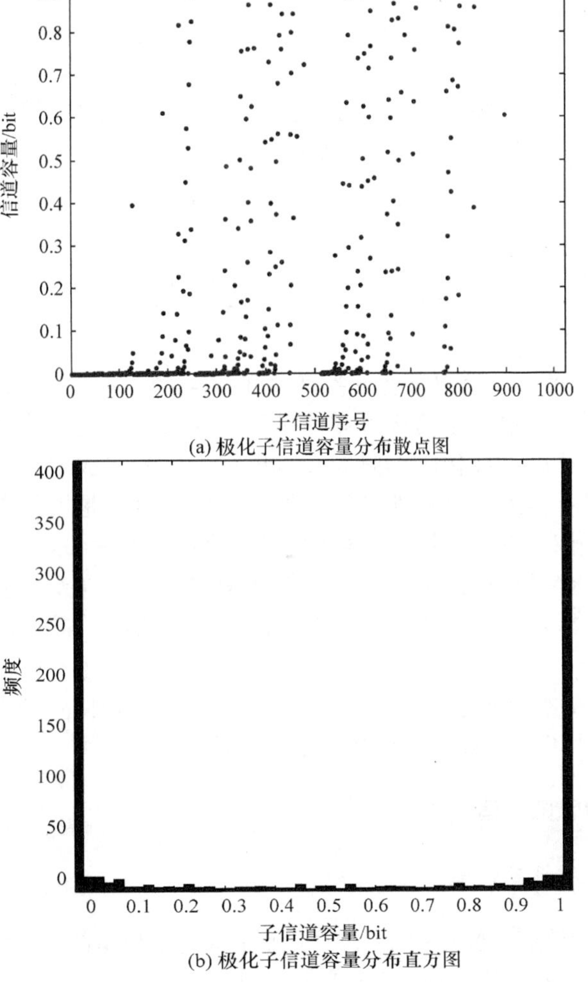

图 3.1.5　BEC 信道，删余率 $\epsilon=0.5$，$N=1024$，子信道容量统计分布

迭代计算得到的极化子信道容量散点图与直方图。从散点图可以看到，由于存在信道极化，因此这些子信道的容量或者趋于 0，或者趋于 1，而从直方图可以看到，容量趋于 1 的好信道比例近似为 $I(W)=0.5$ ，而差信道比例趋于 $1-I(W)=0.5$ 。

图 3.1.6 给出了 W 是 BEC 信道，删余率 $\epsilon=0.5$ ，信道数目 $N=2^0\sim2^8$ 时，采用式(3.1.65)迭代计算极化子信道互信息的演化趋势。其中，每个节点的上分支表示极化变换后相对好的信道(点划线标注)，下分支表示相对差的信道(实线标注)。显然，随着码长增长，好信道集聚到右上角(互信息趋于 1)，差信道集聚到右下角(互信息趋于 0)。

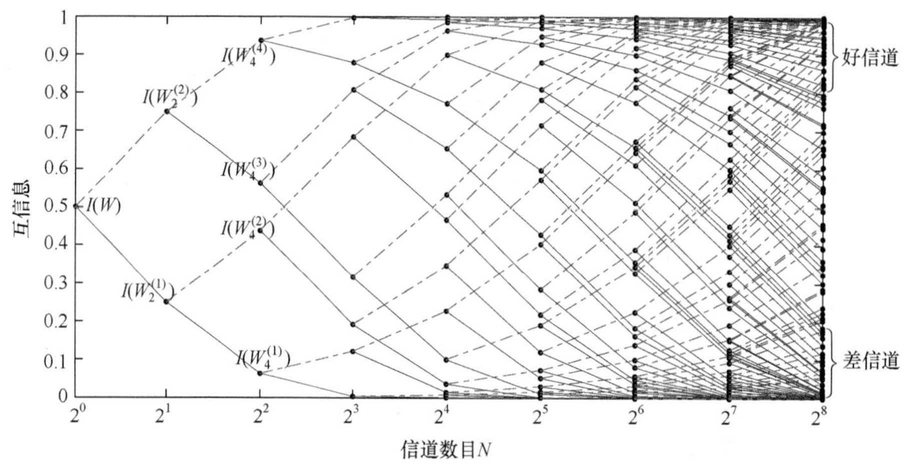

图 3.1.6 信道极化的互信息演化示例

3.2 基本构造与编码

3.1 节的分析表明，N 信道极化变换产生了显著的极化效应，各个子信道的可靠性发生两极分化。因此，根据子信道可靠性排序，在好信道上承载信息比特，在差信道上分配固定比特，这就是极化码编码的基本思想。为了完成编码，首先需要采用一定的算法，对各个极化信道的可靠性进行评估与排序，这就是极化码构造算法的主要目的。一般而言，极化码构造算法是离线实现的，给定原始 B-DMC 信道的初始参数，按照构造算法计算各个子信道的可靠性，就能够确定好信道与差信道集合。而极化码编码是在线进行的，挑选好信道集合承载发送的信息比特，并进行极化变换，产生编码比特。

本节首先介绍基本的极化码构造算法，即 Arıkan 在文献[1]提出的基于 Bhattacharyya 参数的构造算法，然后进一步描述极化码编码过程。

3.2.1 基于巴氏参数的构造

1. BEC 信道下的精确构造

如果 W 是 BEC 信道，删余率为 ϵ ，对于 N 个极化子信道的可靠性可以用巴氏参数评估。依据定理 3.10，BEC 信道的构造算法描述如下。

算法 3.1 BEC 信道基于 Bhattacharyya 参数的精确构造算法

1. 给定信道数目 $N=2^n$，初始化信道 W 的 Bhattacharyya 参数 $Z\left(W_1^{(1)}\right)=\epsilon$；

2. For $0\leqslant j\leqslant n-1$

   迭代计算极化子信道的 Bhattacharyya 参数

   For $1\leqslant i\leqslant 2^j$

$$\begin{cases} Z\left(W_{2^{j+1}}^{(2i-1)}\right)=2Z\left(W_{2^j}^{(i)}\right)-Z^2\left(W_{2^j}^{(i)}\right) \\ Z\left(W_{2^{j+1}}^{(2i)}\right)=Z^2\left(W_{2^j}^{(i)}\right) \end{cases} \tag{3.2.1}$$

   End

   End

3. 将 Bhattacharyya 参数 $\left\{Z\left(W_{2^n}^{(i)}\right)\right\}$ 按照从小到大排序，得到最终的可靠性结果。

上述精确构造算法需要执行 n 级迭代，每一级迭代需要计算 2^{j+1} 次乘加运算。由此，算法 3.1 需要 $\chi_{BC}(N)=\sum_{j=0}^{n-1}2^{j+1}=2\left(2^n-1\right)=2(N-1)$ 次乘加运算，其计算复杂度为 $O(N)$。

2. 一般信道下的构造

对于一般的 B-DMC 信道，需要计算 N 信道极化变换后的 Bhattacharyya 参数：

$$Z\left(W_N^{(i)}\right)=\sum_{y_1^N\in\mathcal{Y}^N}\sum_{u_1^{i-1}\in\mathcal{X}^{i-1}}\sqrt{W_N^{(i)}\left(y_1^N,u_1^{i-1}|0\right)W_N^{(i)}\left(y_1^N,u_1^{i-1}|1\right)} \tag{3.2.2}$$

来衡量相应极化信道的可靠性。但由于信道 $W_N^{(i)}$ 的输出符号集合为 $\mathcal{Y}^N\times\mathcal{X}^{i-1}$，为了精确计算式(3.2.2)，输出符号的组合数目随着信道数 N 指数增长，显然对于较大的信道数，这样的穷举计算无法应用。

因此，Arıkan 建议用 Monte-Carlo 仿真[1]近似计算 Bhattacharyya 参数 $Z\left(W_N^{(i)}\right)$。也就是说，只要枚举充分多的 u_1^i 与 y_1^N 的组合，然后求算术平均，就可以得到 Bhattacharyya 参数的近似估计。但这种方法需要枚举大量的输出符号集合，才能保证 Bhattacharyya 参数计算的准确性，其计算量很大。如果考虑极化信道的对称性，Bhattacharyya 参数的计算可以进一步降低。

注记 3.1 极化码的构造与 RM 码的构造有密切联系，但也有显著差异。在极化码构造中，是基于 Bhattacharyya 参数评估子信道的可靠性的，从而选取变换矩阵 $\boldsymbol{G}_N$ 中的相应行作为编码的生成矩阵，我们称这种构造为可靠性准则。而 RM 码的构造，参见 2.2.3 节，是选取变换矩阵 $\boldsymbol{G}_N$ 中汉明重量大的行向量组成编码生成矩阵，这样的构造称为行重准则。

当码长 $N\leqslant 32$ 时，这两种构造准则没有区别，按照可靠性准则与行重准则构造的极

化码与 RM 码完全等价，当码长 $N \geqslant 64$ 时，两种编码产生差异，随着码长增长，差异越来越大。文献[2]指出，当 $N \to \infty$ 时，在极化码与 RM 码选取的行向量中，序号相同的行数占总选取行数 $(K = NR)$ 的比例趋于 $I(W)$。例如，给定 BEC$(\epsilon = 0.5)$ 信道，两种码最多只有一半的行序号相同。

3.2.2 极化信道的对称性

由定义 3.2 可知，对于对称 B-DMC 信道 $W:\mathcal{X}=\{0,1\} \to \mathcal{Y}$，存在 $\mathcal{Y}$ 集合上的重排变换 π_1，对于所有 $y \in \mathcal{Y}$，满足两个条件：① $\pi_1^{-1} = \pi_1$；② $W(y|1) = W(\pi_1(y)|0)$。令 π_0 表示 $\mathcal{Y}$ 集合上的单位映射。则重排集合 $\{\pi_0, \pi_1\}$ 对于函数复合操作构成了阿贝尔群，即交换群。为简化表示，对于 $x \in \mathcal{X}$，$y \in \mathcal{Y}$，令 $x \cdot y = \pi_x(y)$。

引理 3.4 给定对称 B-DMC 信道 $W:\mathcal{X}=\{0,1\} \to \mathcal{Y}$，对于任意的 $a,x \in \mathcal{X}$，$y \in \mathcal{Y}$，满足 $W(y|x \oplus a) = W(a \cdot y|x)$ 或 $W(y|x \oplus a) = W(x \cdot y|a)$。

证明 首先穷举 $a = 0,1$ 与 $x = 0,1$，可以验证上述结论，也可以利用阿贝尔群的交换律推导如下：

$$W(y|x \oplus a) = W((x \oplus a) \cdot y|0) = W(x \cdot (a \cdot y)|0) = W(a \cdot y|x) \tag{3.2.3}$$

类似地，也可以证明第二个公式。由此可见，重排操作对于 $\oplus$ 操作满足交换律。

定义 3.4 对于 $x_1^N \in \mathcal{X}^N$，$y_1^N \in \mathcal{Y}^N$，序列重排定义如下：

$$x_1^N \cdot y_1^N \triangleq (x_1 \cdot y_1, \cdots, x_N \cdot y_N) \tag{3.2.4}$$

这种操作定义了 $\mathcal{X}^N$ 中每个元素 x 关联到 $\mathcal{Y}^N$ 中每个元素 y 的重排。

基于序列重排操作，对于并行信道 W^N、复合信道 W_N 以及极化信道 $W_N^{(i)}$，分别满足如下的对称性定理。

定理 3.11 如果 B-DMC 信道 $W:\mathcal{X} \to \mathcal{Y}$ 是对称的，则并行信道 W^N 也是对称信道，即对于任意的 $x_1^N, a_1^N \in \mathcal{X}^N$，$y_1^N \in \mathcal{Y}^N$，满足如下关系：

$$W^N\left(y_1^N \middle| x_1^N \oplus a_1^N\right) = W^N\left(x_1^N \cdot y_1^N \middle| a_1^N\right) \tag{3.2.5}$$

由引理 3.4 易证这个定理。

定理 3.12 如果 B-DMC 信道 $W:\mathcal{X} \to \mathcal{Y}$ 是对称的，则复合信道 W_N 以及极化信道 $W_N^{(i)}$ 也是对称信道，即对于任意的 $x_1^N, a_1^N \in \mathcal{X}^N$，$y_1^N \in \mathcal{Y}^N$，分别满足如下关系：

$$W_N\left(y_1^N \middle| u_1^N\right) = W_N\left(a_1^N \boldsymbol{G}_N \cdot y_1^N \middle| u_1^N \oplus a_1^N\right) \tag{3.2.6}$$

以及

$$W_N^{(i)}\left(y_1^N, u_1^{i-1} \middle| u_i\right) = W_N^{(i)}\left(a_1^N \boldsymbol{G}_N \cdot y_1^N, u_1^{i-1} \oplus a_1^{i-1} \middle| u_i \oplus a_i\right) \tag{3.2.7}$$

证明 令 $x_1^N = u_1^N \boldsymbol{G}_N$，由引理 3.4 可知：

$$W_N\left(y_1^N \middle| x_1^N\right) = \prod_{i=1}^N W(y_i|x_i) = \prod_{i=1}^N W(x_i \cdot y_i|0) = W_N\left(x_1^N \cdot y_1^N \middle| 0_1^N\right) \tag{3.2.8}$$

进一步，令 $b_1^N = a_1^N \boldsymbol{G}_N$，基于相同的推导可得

$$\begin{aligned} W_N\left(b_1^N \cdot y_1^N \middle| u_1^N \oplus a_1^N\right) &= W_N\left(\left(u_1^N \oplus a_1^N\right)\boldsymbol{G}_N \cdot \left(b_1^N \cdot y_1^N\right) \middle| 0_1^N\right) \\ &= W_N\left(\left(x_1^N \oplus b_1^N\right) \cdot \left(b_1^N \cdot y_1^N\right) \middle| 0_1^N\right) \\ &= W_N\left(x_1^N \cdot y_1^N \middle| 0_1^N\right) \end{aligned} \tag{3.2.9}$$

这样就证明了复合信道的对称性。

应用复合信道的对称性，极化信道的转移概率可以推导如下：

$$\begin{aligned} W_N^{(i)}\left(y_1^N, u_1^{i-1} \middle| u_i\right) &= \sum_{u_{i+1}^N} \frac{1}{2^{N-1}} W_N\left(y_1^N \middle| u_1^N\right) \\ &= \sum_{u_{i+1}^N} \frac{1}{2^{N-1}} W_N\left(a_1^N \boldsymbol{G}_N \cdot y_1^N \middle| u_1^N \oplus a_1^N\right) \\ &= W_N^{(i)}\left(a_1^N \boldsymbol{G}_N \cdot y_1^N, u_1^{i-1} \oplus a_1^{i-1} \middle| u_i \oplus a_i\right) \end{aligned} \tag{3.2.10}$$

此处，对 $u_{i+1}^N \in \mathcal{X}^{N-i}$ 求和就等价于固定 a_1^N，对 $u_{i+1}^N \oplus a_{i+1}^N$ 求和，因为 $\left\{u_{i+1}^N \oplus a_{i+1}^N : u_{i+1}^N \in \mathcal{X}^{N-i}\right\} = \mathcal{X}^{N-i}$，所以二者是等价变换。

进一步，通过选取合适的 a_1^N，还可以考察极化子信道 $W_N^{(i)}$ 内部的两种对称性。对于给定的序列组合 $\left(y_1^N, u_1^i\right)$，选择 a_1^N 令其头部子向量满足 $a_1^i = u_1^i$，则可以得到

$$W_N^{(i)}\left(y_1^N, u_1^{i-1} \middle| u_i\right) = W_N^{(i)}\left(a_1^N \boldsymbol{G}_N \cdot y_1^N, 0_1^{i-1} \middle| 0\right) \tag{3.2.11}$$

基于上述公式可知，如果计算或存储转移概率 $\left\{W_N^{(i)}\left(y_1^N, u_1^{i-1} \middle| u_i\right) : y_1^N \in \mathcal{Y}^N, u_1^i \in \mathcal{X}^i\right\}$，利用内部对称性，只需要计算或存储概率子集 $\left\{W_N^{(i)}\left(y_1^N, 0_1^{i-1} \middle| 0\right) : y_1^N \in \mathcal{Y}^N\right\}$ 即可，这样计算复杂度或存储空间得到了有效压缩。

另外，如果考虑 a_1^N 的剩余子向量 a_{i+1}^N 的选择，还有第二种内部对称性。定义集合 $\mathcal{X}_{i+1}^N = \left\{a_1^N \in \mathcal{X}^N : a_1^i = 0_1^i\right\}$，$1 \leqslant i \leqslant N$。对于任意的 $1 \leqslant i \leqslant N$，$a_1^N \in \mathcal{X}_{i+1}^N$ 与 $y_1^N \in \mathcal{Y}^N$，令 $u_1^i = 0_1^i$，信道转移概率简化为

$$W_N^{(i)}\left(y_1^N, 0_1^{i-1} \middle| 0\right) = W_N^{(i)}\left(a_1^N \boldsymbol{G}_N \cdot y_1^N, 0_1^{i-1} \middle| 0\right) \tag{3.2.12}$$

为了充分利用第二种对称性，引入集合 $\mathcal{X}_{i+1}^N \cdot y_1^N = \left\{a_1^N \boldsymbol{G}_N \cdot y_1^N : a_1^N \in \mathcal{X}_{i+1}^N\right\}$，称为作用群 $\mathcal{X}_{i+1}^N$ 的轨道。改变 y_1^N 得到的轨道 $\mathcal{X}_{i+1}^N \cdot y_1^N$ 能够将输出符号空间 $\mathcal{Y}^N$ 划分为不同等价类。令 $\mathcal{Y}_{i+1}^N$ 表示经过划分得到的等价类对应的输出信号表示子集，则极化信道的输出符号集合可以用 $\mathcal{Y}_{i+1}^N$ 进行压缩表示。

例如，假设 W 是 BSC，输出信号集合 $\mathcal{Y} = \{0,1\}$。经过 N 信道极化后，有 2^i 个轨道，而每个轨道 $\mathcal{X}_{i+1}^N \cdot y_1^N$ 有 2^{N-i} 个元素。特别地，对于第一个极化子信道 $W_N^{(1)}$，只有两个有效输出。而如果不考虑这种对称性，$W_N^{(1)}$ 的输出符号维度为 2^N。显然，利用对称性，可以极大地简化 $W_N^{(1)}$ 的转移概率表示。一般地，$W_N^{(i)}$ 的输出符号维度为 2^{N+i-1}，利用对称性，

维度可以缩减为 2^i。

如果考虑特定 B-DMC 信道的性质，则输出信号维度还能更加缩减。例如，假设W是 BEC，信道$\left\{W_N^{(i)}\right\}$也是 BEC，此时每个输出符号的有效取值只有三种。充分利用对称性，能够简化极化信道的 Bhattacharyya 参数计算。

定理 3.13 对于任意的对称 B-DMC 信道W，经N信道极化后，极化子信道$W_N^{(i)}$的 Bhattacharyya 参数计算可以简化表示为

$$Z\left(W_N^{(i)}\right)=2^{i-1}\sum_{y_1^N\in\mathcal{Y}_{i+1}^N}\left|\mathcal{X}_{i+1}^N\cdot y_1^N\right|\sqrt{W_N^{(i)}\left(y_1^N,0_1^{i-1}|0\right)W_N^{(i)}\left(y_1^N,0_1^{i-1}|1\right)} \tag{3.2.13}$$

利用轨道等价类划分易证上述定理。

当W是 BSC 信道时，基于定理 3.13，极化子信道$W_N^{(i)}$的 Bhattacharyya 参数计算可以简化表示为

$$Z\left(W_N^{(i)}\right)=2^{N-1}\sum_{y_1^N\in\mathcal{Y}_{i+1}^N}\sqrt{W_N^{(i)}\left(y_1^N,0_1^{i-1}|0\right)W_N^{(i)}\left(y_1^N,0_1^{i-1}|1\right)} \tag{3.2.14}$$

上述简化公式只需要计算 2^i 项，远小于式(3.2.2)需要计算的 2^{N+i-1} 项求和。

3.2.3 极化码编码

下面讨论极化码的编码。首先从线性分组码的编码结构入手，引入陪集码概念，然后基于构造算法，正式给出极化码的定义。

定义 3.5 限定码长是 2 的幂次，即$N=2^n$，$n\geqslant 0$，给定任意的集合$\mathcal{A}\subset[N]$，补集为$\mathcal{A}^c=[N]-\mathcal{A}$，则陪集码的编码表示为

$$x_1^N=u_1^N\boldsymbol{G}_N \tag{3.2.15}$$

其中，$\boldsymbol{G}_N$就是N信道极化中引入的生成矩阵，$\mathcal{A}$是全集$[N]$的任意子集。如果固定集合$\mathcal{A}$与子向量$u_{\mathcal{A}^c}$，而向量$u_{\mathcal{A}}$任意取值，则式(3.2.15)定义了从信息序列$u_{\mathcal{A}}$到编码码字x_1^N的映射，这种映射称为陪集码。由此，式(3.2.15)可以改写为

$$x_1^N=u_{\mathcal{A}}\boldsymbol{G}_N(\mathcal{A})\oplus u_{\mathcal{A}^c}\boldsymbol{G}_N\left(\mathcal{A}^c\right) \tag{3.2.16}$$

其中，$\boldsymbol{G}_N(\mathcal{A})$是$\boldsymbol{G}_N$的子矩阵，由$\mathcal{A}$集合中的行构成，称为陪集码的生成矩阵，而陪集由固定向量$u_{\mathcal{A}^c}\boldsymbol{G}_N\left(\mathcal{A}^c\right)$确定。

这样，一个陪集码由四元组$\left(N,K,\mathcal{A},u_{\mathcal{A}^c}\right)$标记，其中，$N$是编码码长，$K=|\mathcal{A}|$是信息位长度，也即编码子空间的维度，编码码率定义为$R=K/N$，集合$\mathcal{A}$定义为信息集合，即信息比特对应的行序号集合，$u_{\mathcal{A}^c}\in\mathcal{X}^{N-K}$称为冻结比特(Frozen Bit)或冻结向量。

例 3.7 一个$\left(4,2,\{2,4\},(1,1)\right)$陪集码的编码映射为

$$\begin{aligned}x_1^4&=u_1^4\boldsymbol{G}_4\\&=\left(u_2,u_4\right)\begin{bmatrix}1&0&1&0\\1&1&1&1\end{bmatrix}+(1,1)\begin{bmatrix}1&0&0&0\\1&1&0&0\end{bmatrix}\end{aligned} \tag{3.2.17}$$

给定信息向量$(u_2,u_4)=(1,0)$，则编码码字为$x_1^4=(1,1,1,0)$。

定义 3.6　给定 B-DMC 信道W，经过N信道极化变换，一个由四元组$(N,K,\mathcal{A},u_{\mathcal{A}^c})$约束的陪集码称为极化码，如果信息集合$\mathcal{A}$的选择满足$Z\left(W_N^{(i)}\right)\leqslant Z\left(W_N^{(j)}\right),i\in\mathcal{A},j\in\mathcal{A}^c$。

由定义 3.6 可知，信息集合$\mathcal{A}$中的子信道可靠性要高于冻结集合$\mathcal{A}^c$，由于子信道可靠性排序依赖于特定信道，因此极化码的设计也依赖于信道条件，在一个给定信道下设计的极化码，不一定是另一个信道的极化码。等价地，也可以依据互信息大小关系选择极化码的信息集合，即$I\left(W_N^{(i)}\right)\geqslant I\left(W_N^{(j)}\right),i\in\mathcal{A},j\in\mathcal{A}^c$。但通常用可靠性度量排序，便于极化码的差错性能推导与分析。

1. 生成矩阵结构

极化码的编码依赖于生成矩阵$\boldsymbol{G}_N$。根据图 3.1.3 的迭代结构，$\boldsymbol{G}_N$可以表示为迭代形式：

$$\boldsymbol{G}_N=\left(\boldsymbol{I}_{N/2}\otimes\boldsymbol{F}_2\right)\boldsymbol{R}_N\left(\boldsymbol{I}_2\otimes\boldsymbol{G}_{N/2}\right) \tag{3.2.18}$$

其中，$\boldsymbol{G}_1=\boldsymbol{I}_1$，本质上，这是快速 Hadamard 变换的迭代结构。

上述形式也可以等价表示为第二种迭代形式：

$$\boldsymbol{G}_N=\boldsymbol{R}_N\left(\boldsymbol{F}_2\otimes\boldsymbol{I}_{N/2}\right)\left(\boldsymbol{I}_2\otimes\boldsymbol{G}_{N/2}\right)=\boldsymbol{R}_N\left(\boldsymbol{F}_2\otimes\boldsymbol{G}_{N/2}\right) \tag{3.2.19}$$

图 3.2.1 给出了基于式(3.2.19)迭代形式的N信道极化变换。对比图 3.1.3 的极化变换结构，这两种变换是等价的。

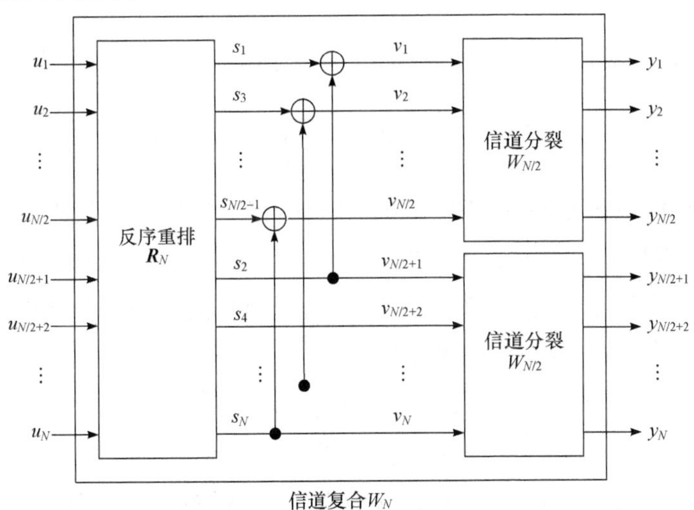

图 3.2.1　N信道极化变换的等价形式

将递归形式$\boldsymbol{G}_{N/2}=\boldsymbol{R}_{N/2}\left(\boldsymbol{F}_2\otimes\boldsymbol{G}_{N/4}\right)$代入式(3.2.19)，利用等式$\boldsymbol{AC}\otimes\boldsymbol{BD}=\boldsymbol{AB}\otimes\boldsymbol{CD}$可以得到

$$\boldsymbol{G}_N=\boldsymbol{R}_N\left(\boldsymbol{F}_2\otimes\left(\boldsymbol{R}_{N/2}\left(\boldsymbol{F}_2\otimes\boldsymbol{G}_{N/4}\right)\right)\right)=\boldsymbol{R}_N\left(\boldsymbol{I}_2\otimes\boldsymbol{R}_{N/2}\right)\left(\boldsymbol{F}_2^2\otimes\boldsymbol{G}_{N/4}\right) \tag{3.2.20}$$

重复上述过程，最终得到

$$\boldsymbol{G}_N=\boldsymbol{B}_N\boldsymbol{F}_2^{\otimes n} \tag{3.2.21}$$

其中，$\boldsymbol{B}_N=\boldsymbol{R}_N\left(\boldsymbol{I}_2\otimes\boldsymbol{R}_{N/2}\right)\left(\boldsymbol{I}_4\otimes\boldsymbol{R}_{N/4}\right)\cdots\left(\boldsymbol{I}_{N/2}\otimes\boldsymbol{R}_2\right)$是比特反序矩阵。基于迭代结构，比特反序矩阵也可以表示为递推形式：

$$\boldsymbol{B}_N=\boldsymbol{R}_N\left(\boldsymbol{I}_2\otimes\boldsymbol{B}_{N/2}\right) \tag{3.2.22}$$

其初始条件为$\boldsymbol{B}_2=\boldsymbol{I}_2$。

2. 比特序号标记

为了进一步分析生成矩阵$\boldsymbol{G}_N$的内部结构，引入下列序号的二进制表示。给定向量a_1^N，$N=2^n,n\geqslant 0$，其中，第i个元素a_i的序号i的二进制展开式为$i=\sum_{j=1}^{n}b_j2^{n-j}+1$，$b_1$是最高位(MSB)，$b_n$是最低位(LSB)。由此，序号$i$与其二进制展开向量$\left(b_1,b_2,\cdots,b_n\right)$构成一一映射关系。因此，元素$a_i$也可以表示为$a_{b_1\cdots b_n}$。

类似地，维度为$N\times N$的矩阵$\boldsymbol{A}$，其元素A_{ij}也可以表示为$A_{b_1\cdots b_n,b_1'\cdots b_n'}$，其中，$b_1,\cdots,b_n$是行序号$i$的二进制展开，$b_1',\cdots,b_n'$是行序号$j$的二进制展开。相应地，给定$2^n\otimes 2^n$的矩阵$\boldsymbol{A}$与$2^m\otimes 2^m$的矩阵$\boldsymbol{B}$，它们的Kronecker积$\boldsymbol{C}=\boldsymbol{A}\otimes\boldsymbol{B}$，则乘积矩阵的元素表示为$C_{b_1\cdots b_{n+m},b_1'\cdots b_{n+m}'}=A_{b_1\cdots b_n,b_1'\cdots b_n'}B_{b_{n+1}\cdots b_{n+m},b_{n+1}'\cdots b_{n+m}'}$。

利用上述元素序号的二进制比特展开标记，分析生成矩阵$\boldsymbol{G}_N=\boldsymbol{B}_N\boldsymbol{F}_2^{\otimes n}$的结构。首先分析矩阵$\boldsymbol{F}_2^{\otimes n}$。对于核矩阵$\boldsymbol{F}_2=\begin{bmatrix}1&0\\1&1\end{bmatrix}$，其元素表示为$F_{b,b'}=1\oplus b'\oplus bb'$，其中，$b,b'\in\{0,1\}$。反复运用Kronecker积运算的二进制标记，得到矩阵$\boldsymbol{F}_2^{\otimes n}$的元素表示如下：

$$F^{\otimes n}_{b_1\cdots b_n,b_1'\cdots b_n'}=\prod_{i=1}^{n}F_{b_i,b_i'}=\prod_{i=1}^{n}\left(1\oplus b_i'\oplus b_ib_i'\right) \tag{3.2.23}$$

接着分析反序重排矩阵$\boldsymbol{R}_N$作用的二进制标记。它实质上是将向量u_1^N中标记为$b_1,\cdots,b_n$的元素替换为$b_2\cdots b_nb_1$，也就是说，经过反序重排操作$v_1^N=u_1^N\boldsymbol{R}_N$，对于任意的$b_1,\cdots,b_n\in\{0,1\}$，满足元素互换关系$v_{b_1\cdots b_n}=u_{b_2\cdots b_nb_1}$。因此，反序重排矩阵对向量$u_1^N$的每个元素的下标执行了1bit左循环移位操作。

由比特反序矩阵的递推形式$\boldsymbol{B}_N=\boldsymbol{R}_N\left(\boldsymbol{I}_2\otimes\boldsymbol{B}_{N/2}\right)$可知，经过$n-1$次左循环后，矩阵变换$v_1^N=u_1^N\boldsymbol{B}_N$对于任意的$b_1,\cdots,b_n\in\{0,1\}$满足$v_{b_1\cdots b_n}=u_{b_n\cdots b_1}$。由此可知，比特反序矩阵$\boldsymbol{B}_N$实际上是对称矩阵，满足$\boldsymbol{B}_N^{\mathrm{T}}=\boldsymbol{B}_N$。又因为它是重排矩阵，所以得到$\boldsymbol{B}_N^{-1}=\boldsymbol{B}_N$。进一步，还可以得到$\boldsymbol{B}_N^{-1}=\boldsymbol{B}_N^{\mathrm{T}}$，即$\boldsymbol{B}_N$是正交矩阵。因此，对于任意的$N\times N$的矩阵$\boldsymbol{A}$，必然满足$\boldsymbol{A}=\boldsymbol{B}_N^{\mathrm{T}}\boldsymbol{A}\boldsymbol{B}_N$，即满足重排不变性。利用$\boldsymbol{B}_N$矩阵的正交性，进一步得到$\boldsymbol{B}_N\boldsymbol{A}=\boldsymbol{A}\boldsymbol{B}_N^{\mathrm{T}}$与$\boldsymbol{A}\boldsymbol{B}_N=\boldsymbol{B}_N^{\mathrm{T}}\boldsymbol{A}$，最终得到$\boldsymbol{B}_N\boldsymbol{A}=\boldsymbol{A}\boldsymbol{B}_N$。可见，任意矩阵与比特反序矩阵相乘满足交换律。

定理 3.14 给定$N=2^n$，$n\geqslant 1$，生成矩阵$\boldsymbol{G}_N$有两种等价形式$\boldsymbol{G}_N=\boldsymbol{B}_N\boldsymbol{F}_2^{\otimes n}$与$\boldsymbol{G}_N=\boldsymbol{F}_2^{\otimes n}\boldsymbol{B}_N$，其中，$\boldsymbol{B}_N$是比特反序重排矩阵，$\boldsymbol{G}_N$满足重排不变性，其元素为

$$\left(G_N\right)_{b_1\cdots b_n,b_1'\cdots b_n'}=\prod_{i=1}^{n}\left(1\oplus b_i'\oplus b_{n-i}b_i'\right) \tag{3.2.24}$$

证明　由式(3.2.23)可知，矩阵 $\boldsymbol{F}_2^{\otimes n}$ 满足重排不变性。由于 $\boldsymbol{B}_N$ 对于矩阵乘法满足交换律，因此得到 $\boldsymbol{G}_N=\boldsymbol{F}_2^{\otimes n}\boldsymbol{B}_N$。

定理 3.15　给定 $N=2^n$，$n\geqslant 0$，$b_1,\cdots,b_n\in\{0,1\}$，矩阵 $\boldsymbol{G}_N$ 与 $\boldsymbol{F}_2^{\otimes n}$ 标记为 $b_1,\cdots,b_n$ 的行有相同的汉明重量 $2^{w_{\mathrm{H}}(b_1,\cdots,b_n)}$，其中，$w_{\mathrm{H}}(b_1,\cdots,b_n)=\sum_{i=1}^{n}b_i$ 是比特向量 $(b_1,\cdots,b_n)$ 的汉明重量。

证明　给定 $b_1,\cdots,b_n$，则矩阵 $\boldsymbol{G}_N$ 相应行向量的汉明重量就是对每一项 $\left(G_N\right)_{b_1\cdots b_n,b_1'\cdots b_n'}$ 都求和。由于 $b_1',\cdots,b_n'\in\{0,1\}$ 任意取值，因此由式(3.2.24)易得，行向量汉明重量为 $2^{w_{\mathrm{H}}(b_1,\cdots,b_n)}$。类似地，也可以得到矩阵 $\boldsymbol{F}_2^{\otimes n}$ 的行向量汉明重量。

3. 编码复杂度

基于前述生成矩阵迭代结构分析可知，极化码编码主要涉及模 2 加运算与比特反序操作。对于 $\left(N,K,\mathcal{A},u_{\mathcal{A}^c}\right)$ 极化码，基于迭代结构，每一级包含 $N/2$ 个模 2 加运算与 N 个比特反序操作，其计算量表示为 $\chi_E(N)\leqslant N/2+N+2\chi_E(N/2)$，初始值为 $\chi_E(2)=3$。根据数学归纳法可知，$\chi_E(N)\leqslant\frac{3}{2}N\log_2 N$。这样极化码的编码复杂度为 $O(N\log_2 N)$。

一般地，极化码编码器可以有两种电路实现方式。一种是反序编码器，编码比特表示如下：

$$x_1^N=u_1^N\boldsymbol{G}_N=u_1^N\boldsymbol{B}_N\boldsymbol{F}_2^{\otimes n} \tag{3.2.25}$$

输入数据系列 u_1^N 按照自然顺序输入编码器，首先进行比特反序变换，然后进行快速 Hadamard 变换。由于需要进行比特反序操作，因此得名反序编码器。

另一种是原序编码器，其编码比特表示如下：

$$x_1^N=u_1^N\boldsymbol{F}_2^{\otimes n} \tag{3.2.26}$$

这种编码器的输入数据系列 u_1^N 直接进行快速 Hadamard 变换。由于直接采用原顺序操作，因此得名原序编码器。

由于 $\boldsymbol{F}_2^{\otimes n}$ 可以写为

$$\boldsymbol{F}_2^{\otimes n}=\begin{bmatrix}\boldsymbol{F}_2^{\otimes(n-1)} & 0\\ \boldsymbol{F}_2^{\otimes(n-1)} & \boldsymbol{F}_2^{\otimes(n-1)}\end{bmatrix} \tag{3.2.27}$$

因此，这种编码方式的码字可以表示为

$$x_1^N=\left(u_1^{N/2}\boldsymbol{F}_2^{\otimes(n-1)}+u_{N/2+1}^N\boldsymbol{F}_2^{\otimes(n-1)},u_1^{N/2}\boldsymbol{F}_2^{\otimes(n-1)}\right) \tag{3.2.28}$$

我们称这样的编码形式为 Plotkin 结构 $\left[\boldsymbol{u}+\boldsymbol{v}|\boldsymbol{v}\right]$。

对于原序编码器，节省了比特反序操作引入的额外处理时延，因此更有利于实际应

用。在 5G 移动通信标准中，就采用了原序编码结构。不过需要注意的是，在译码端需要进行比特反序变换操作，即 $x_1^N\boldsymbol{B}_N$。

图 3.2.2 给出了 $(8,4)$ 极化码的两种等价编码器结构，其中信息集合为 $\mathcal{A}=\{4,6,7,8\}$。冻结比特向量为 (u_1,u_2,u_3,u_5)，信息比特向量为 (u_4,u_6,u_7,u_8)。图 3.2.2(a)的反序编码器，需要将输入数据序列进行比特反序变换，而图 3.2.2(b)的原序编码器直接对自然顺序的输入序列进行快速 Hadamard 变换。

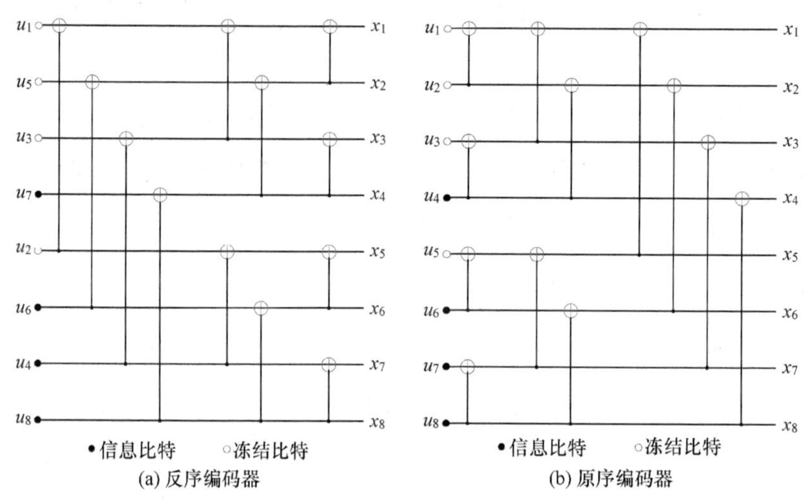

图 3.2.2 (8,4)极化码的两种编码器结构示例

3.3 串行抵消译码

极化码译码的基本算法是串行抵消(Successive Cancellation，SC)译码算法，最早由 Arıkan 提出[1]。其核心思想是在 Trellis 图的变量节点和校验节点进行软判决信息与硬判决信息的计算及传递，在信源侧进行逐信息比特判决，它是一种串行的软/硬信息混合传递算法。下面首先介绍 SC 译码算法的基本流程，然后介绍节省存储空间的 SC 译码算法，最后评估算法复杂度。

3.3.1 SC 译码算法流程

给定信源比特向量 $u_1^N=\left(u_{\mathcal{A}},u_{\mathcal{A}^c}\right)$，其中，$u_{\mathcal{A}}$ 是信息比特子向量，$u_{\mathcal{A}^c}$ 是冻结比特子向量，一般地，不妨设冻结比特为全 0 比特，即 $\forall i\in\mathcal{A}^c,u_i=0$。该向量在复合信道 W_N 中发送，得到接收信号序列 y_1^N，相应的信道转移概率为 $W_N\left(y_1^N\middle|u_1^N\right)$。SC 译码器的主要任务是在已知接收序列 y_1^N 与冻结比特向量 $u_{\mathcal{A}^c}$ 的条件下，得到信源比特向量的估计 $\hat{u}_1^N$。

1. 似然比迭代公式

信道侧的接收信号似然比表示为

$$L_{i,n+1}=L_1^{(1)}\left(y_i\right)=\frac{W\left(y_i\,|0\right)}{W\left(y_i\,|1\right)} \tag{3.3.1}$$

而在信源侧，如果$i\in\mathcal{A}^c$，则u_i已知，即满足$\hat{u}_i=u_i$。而如果$i\in\mathcal{A}$，假设已经得到$1\sim i-1$级信源比特的估计$\hat{u}_1^{i-1}$，则当前信息比特似然比表示为

$$L_N^{(i)}\left(y_1^N,\hat{u}_1^{i-1}\right)=\frac{W_N^{(i)}\left(y_1^N,\hat{u}_1^{i-1}\,|0\right)}{W_N^{(i)}\left(y_1^N,\hat{u}_1^{i-1}\,|1\right)} \tag{3.3.2}$$

判决准则为

$$\hat{u}_i=\begin{cases}0, & L_N^{(i)}\left(y_1^N,\hat{u}_1^{i-1}\right)\geqslant 1\\ 1, & L_N^{(i)}\left(y_1^N,\hat{u}_1^{i-1}\right)<1\end{cases} \tag{3.3.3}$$

应用极化分解定理(定理 3.7)，信源侧节点的似然比可以迭代计算，奇数节点的似然比公式推导如下：

$$\begin{aligned}
&L_N^{(2i-1)}\left(y_1^N,\hat{u}_1^{2i-2}\right)\\
&=\frac{W_N^{(2i-1)}\left(y_1^N,\hat{u}_1^{2i-2}\,|0\right)}{W_N^{(2i-1)}\left(y_1^N,\hat{u}_1^{2i-2}\,|1\right)}\\
&=\frac{\sum\limits_{u_{2i}}W_{N/2}^{(i)}\left(y_1^{N/2},u_{1,o}^{2i-2}\oplus u_{1,e}^{2i-2}\,|u_{2i}\right)W_{N/2}^{(i)}\left(y_{N/2+1}^N,u_{1,e}^{2i-2}\,|u_{2i}\right)}{\sum\limits_{u_{2i}}W_{N/2}^{(i)}\left(y_1^{N/2},u_{1,o}^{2i-2}\oplus u_{1,e}^{2i-2}\,|1\oplus u_{2i}\right)W_{N/2}^{(i)}\left(y_{N/2+1}^N,u_{1,e}^{2i-2}\,|u_{2i}\right)}\\
&=\frac{W_{N/2}^{(i)}\left(y_1^{N/2},u_{1,o}^{2i-2}\oplus u_{1,e}^{2i-2}\,|0\right)W_{N/2}^{(i)}\left(y_{N/2+1}^N,u_{1,e}^{2i-2}\,|0\right)+W_{N/2}^{(i)}\left(y_1^{N/2},u_{1,o}^{2i-2}\oplus u_{1,e}^{2i-2}\,|1\right)W_{N/2}^{(i)}\left(y_{N/2+1}^N,u_{1,e}^{2i-2}\,|1\right)}{W_{N/2}^{(i)}\left(y_1^{N/2},u_{1,o}^{2i-2}\oplus u_{1,e}^{2i-2}\,|1\right)W_{N/2}^{(i)}\left(y_{N/2+1}^N,u_{1,e}^{2i-2}\,|0\right)+W_{N/2}^{(i)}\left(y_1^{N/2},u_{1,o}^{2i-2}\oplus u_{1,e}^{2i-2}\,|0\right)W_{N/2}^{(i)}\left(y_{N/2+1}^N,u_{1,e}^{2i-2}\,|1\right)}\\
&=\frac{\dfrac{W_{N/2}^{(i)}\left(y_1^{N/2},u_{1,o}^{2i-2}\oplus u_{1,e}^{2i-2}\,|0\right)W_{N/2}^{(i)}\left(y_{N/2+1}^N,u_{1,e}^{2i-2}\,|0\right)}{W_{N/2}^{(i)}\left(y_1^{N/2},u_{1,o}^{2i-2}\oplus u_{1,e}^{2i-2}\,|1\right)W_{N/2}^{(i)}\left(y_{N/2+1}^N,u_{1,e}^{2i-2}\,|1\right)}+1}{\dfrac{W_{N/2}^{(i)}\left(y_1^{N/2},u_{1,o}^{2i-2}\oplus u_{1,e}^{2i-2}\,|1\right)W_{N/2}^{(i)}\left(y_{N/2+1}^N,u_{1,e}^{2i-2}\,|0\right)}{W_{N/2}^{(i)}\left(y_1^{N/2},u_{1,o}^{2i-2}\oplus u_{1,e}^{2i-2}\,|1\right)W_{N/2}^{(i)}\left(y_{N/2+1}^N,u_{1,e}^{2i-2}\,|1\right)}+\dfrac{W_{N/2}^{(i)}\left(y_1^{N/2},u_{1,o}^{2i-2}\oplus u_{1,e}^{2i-2}\,|0\right)W_{N/2}^{(i)}\left(y_{N/2+1}^N,u_{1,e}^{2i-2}\,|1\right)}{W_{N/2}^{(i)}\left(y_1^{N/2},u_{1,o}^{2i-2}\oplus u_{1,e}^{2i-2}\,|1\right)W_{N/2}^{(i)}\left(y_{N/2+1}^N,u_{1,e}^{2i-2}\,|1\right)}}\\
&=\frac{L_{N/2}^{(i)}\left(y_1^{N/2},u_{1,o}^{2i-2}\oplus u_{1,e}^{2i-2}\right)L_{N/2}^{(i)}\left(y_{N/2+1}^N,u_{1,e}^{2i-2}\right)+1}{L_{N/2}^{(i)}\left(y_1^{N/2},u_{1,o}^{2i-2}\oplus u_{1,e}^{2i-2}\right)+L_{N/2}^{(i)}\left(y_{N/2+1}^N,u_{1,e}^{2i-2}\right)}
\end{aligned} \tag{3.3.4}$$

这个迭代公式对应 Trellis 图上的校验节点信息计算。偶数节点的似然比迭代公式推导如下：

$$\begin{aligned}
L_N^{(2i)}\left(y_1^N,\hat{u}_1^{2i-1}\right)&=\frac{W_N^{(2i)}\left(y_1^N,\hat{u}_1^{2i-1}\,|0\right)}{W_N^{(2i)}\left(y_1^N,\hat{u}_1^{2i-1}\,|1\right)}\\
&=\frac{W_{N/2}^{(i)}\left(y_1^{N/2},u_{1,o}^{2i-2}\oplus u_{1,e}^{2i-2}\,|u_{2i-1}\right)W_{N/2}^{(i)}\left(y_{N/2+1}^N,u_{1,e}^{2i-2}\,|0\right)}{W_{N/2}^{(i)}\left(y_1^{N/2},u_{1,o}^{2i-2}\oplus u_{1,e}^{2i-2}\,|u_{2i-1}\oplus 1\right)W_{N/2}^{(i)}\left(y_{N/2+1}^N,u_{1,e}^{2i-2}\,|1\right)}\\
&=\left[L_{N/2}^{(i)}\left(y_1^{N/2},u_{1,o}^{2i-2}\oplus u_{1,e}^{2i-2}\right)\right]^{1-2\hat{u}_{2i-1}}L_{N/2}^{(i)}\left(y_{N/2+1}^N,u_{1,e}^{2i-2}\right)
\end{aligned} \tag{3.3.5}$$

这个公式对应 Trellis 图上变量节点的信息计算。由式(3.3.4)与式(3.3.5)可知，信源侧节点的似然比计算可以分解为两段长度为 $N/2$ 的接收序列的似然比计算，并且这样的迭代分解可以持续进行，一直到信道侧。因此，Trellis 图上的消息计算是一种递归分解的过程。同时，从似然比形式的迭代公式(3.3.4)与式(3.3.5)，可以看出，其中包含了软判决与硬判决信息。

令 $M(i,j)$ 表示 Trellis 上第 j $(1\leqslant j\leqslant n+1)$ 节第 i $(1\leqslant i\leqslant N)$ 个节点输出的软信息，而 $B(i,j)$ 表示相应节点的硬信息，则依据式(3.3.4)与式(3.3.5)，软信息迭代公式如下：

$$M(i,j)=\begin{cases}\dfrac{M(i,j+1)M\left(i+2^{j-1},j+1\right)+1}{M(i,j+1)+M\left(i+2^{j-1},j+1\right)}, & \left\lfloor\dfrac{i-1}{2^{j-1}}\right\rfloor\bmod 2=0\\ \left[M\left(i-2^{j-1},j+1\right)\right]^{1-2B\left(i-2^{j-1},j\right)}M(i,j+1), & \left\lfloor\dfrac{i-1}{2^{j-1}}\right\rfloor\bmod 2=1\end{cases}\tag{3.3.6}$$

硬信息迭代公式如下：

$$B(i,j+1)=\begin{cases}B(i,j)\oplus B\left(i+2^{j-1},j\right), & \left\lfloor\dfrac{i-1}{2^{j-1}}\right\rfloor\bmod 2=0\\ B(i,j), & \left\lfloor\dfrac{i-1}{2^{j-1}}\right\rfloor\bmod 2=1\end{cases}\tag{3.3.7}$$

在蝶形图上，式(3.3.6)的软信息迭代计算如图 3.3.1 所示。图 3.3.1(a)中，软信息 $M\left(i+2^{j-1},j+1\right)$ 与 $M(i,j+1)$ 在右上角的校验节点计算，得到从第 $j+1$ 节传递到第 j 节奇数节点的软信息 $M(i,j)$。而图 3.3.1(b)中，硬信息 $B\left(i-2^{j-1},j\right)$ 与软信息 $M\left(i-2^{j-1},j+1\right)$ 在左下角的变量节点计算，得到从第 $j+1$ 节传递到第 j 节偶数节点的软信息 $M(i,j)$。由此可见，无论奇数节点还是偶数节点，软信息都是从右往左传递。

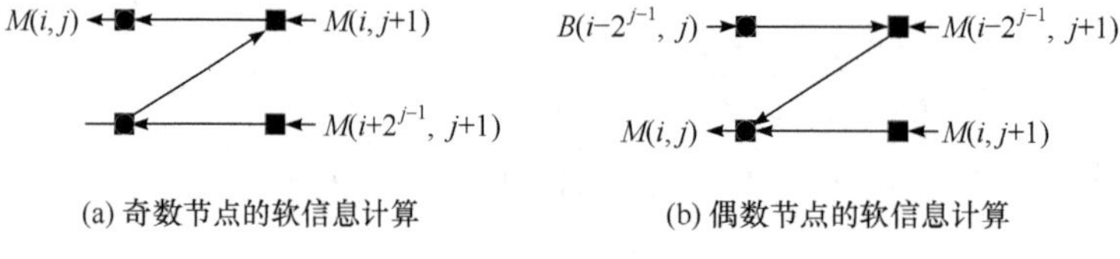

(a) 奇数节点的软信息计算　　(b) 偶数节点的软信息计算

图 3.3.1　蝶形图上软信息迭代计算示意

类似地，式(3.3.7)的硬信息迭代计算如图 3.3.2 所示。蝶形图上，硬信息 $B(i,j)$ 与 $B\left(i+2^{j-1},j\right)$ 从第 j 节传递到第 $j+1$ 节，即从左往右传递，得到第 $j+1$ 节两个节点的硬信息 $B(i,j+1)$。

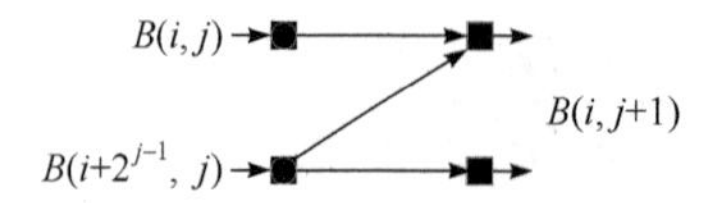

图 3.3.2　蝶形图上硬信息迭代计算示意

2. 算法流程

基于软硬信息迭代公式，下面给出 SC 算法的正式流程，如算法 3.2 所示。

算法 3.2　串行抵消(SC)标准译码算法

```
Input: 接收信号序列 y_1^N
Output: 译码序列 û_1^N
For i=1→N do \\信道似然比初始化
    M(i,n+1)=L_1^(1)(y_i)
End
For j=n→1 do
    For i=1→N do
        If 蝶形结构的节点激活 then
        基于式(3.3.6)，计算节点软信息 M(i,j)
        End
        If B(i,1)∈A^c then
            B(i,1)=0
        Else
            If M(i,1)⩾1 then
                B(i,1)=0
            Else
                B(i,1)=1
            End
        End
        If 蝶形结构的节点激活 then
            基于式(3.3.7)，计算节点硬信息 B(i,j)
        End
    End
End
Return 返回译码序列： û_1^N = B(i,1)_{i=1}^N
```

例 3.8　$N=8,K=4$ 的极化码，信息集合 $\mathcal{A}=\{4,6,7,8\}$，采用 SC 译码的流程如图 3.3.3～图 3.3.12 所示。图 3.3.3 给出了 $N=8$ 的极化码格图(Trellis)示例。一般地，给定码长为 $N=2^n$ 的极化码，格图包括 $n+1$ 节(stage)与 N 级(level)，左侧为信源侧，右侧为信道侧。从左到右标记节序号为 1～n，而第 $n+1$ 节为初始节，从上到下标记级序号为 1～N。黑色方块表示校验节点(check node)，而黑色圆圈表示变量节点(variable node)，信源侧白色圆圈表示冻结比特，黑色圆圈表示信息比特。

图 3.3.3 是 SC 译码的第 1 步，首先用信道似然比序列 $L_{1,4}$～$L_{8,4}$ 初始化第 4 节的软信息，然后基于 4 个蝶形约束，将下半部分的信道似然比序列 $(L_{5,4},L_{6,4},L_{7,4},L_{8,4})$ 分别送入上半部分，进行迭代计算，得到节点 $S_{1,3}$～$S_{4,3}$ 的软信息 $M(1,3)$～$M(4,3)$。

SC 译码算法的第 2 步如图 3.3.4 所示。依据蝶形结构，节点 $S_{1,3}$～$S_{4,3}$ 的软信息 $M(1,3)$～$M(4,3)$ 进一步计算得到节点 $S_{1,2}$ 与 $S_{2,2}$ 的软信息 $M(1,2)$ 与 $M(2,2)$。第 3 步计算

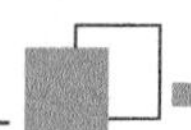

如图 3.3.5 所示。软信息 $M(1,2)$ 与 $M(2,2)$ 基于蝶形约束，得到节点 $S_{1,1}$ 的软信息 $M(1,1)$ 。由于节点 $S_{1,1}$ 对应的是冻结比特，因此可以确定估计值为 0，即 $\hat{u}_1=0$ 。这样，经过上述三步软信息迭代，得到了第一个信源比特的估计，也就是节点 $S_{1,1}$ 对应的硬信息 $B(1,1)=0$ 。

SC 译码的第 4 步如图 3.3.6 所示。利用节点 $S_{1,1}$ 的硬信息、$S_{1,2}$ 的软信息 $M(1,2)$ 、$S_{2,2}$ 的软信息与 $M(2,2)$ ，计算得到节点 $S_{2,1}$ 的软信息 $M(2,1)$ 。由于节点 $S_{2,1}$ 也对应冻结比特，因此可以确定估计值为 0，即 $\hat{u}_2=0$ ，也就是第 2 个信源比特的估计，等价地，节点 $S_{2,1}$ 对应的硬信息 $B(2,1)=0$ 。

第 5 步计算如图 3.3.7 所示。两个节点 $S_{1,1}$ 与 $S_{2,1}$ 的硬信息向右传递，分别得到节点 $S_{1,2}$ 与 $S_{2,2}$ 的硬信息 $B(1,2)=B(1,1)\oplus B(2,1)$ 与 $B(2,2)=B(2,1)$ 。利用这两个硬信息，以及节点 $S_{1,3}$～$S_{4,3}$ 的软信息 $M(1,3)$～$M(4,3)$ ，计算得到节点 $S_{3,2}$ 与 $S_{4,2}$ 的软信息 $M(3,2)$ 与 $M(4,2)$ 。进一步，根据蝶形约束，得到节点 $S_{3,1}$ 的软信息 $M(3,1)$。由于相应的信源比特也是冻结比特，因此估计比特为 $\hat{u}_3=0$ ，且硬信息为 $B(3,1)=0$ 。

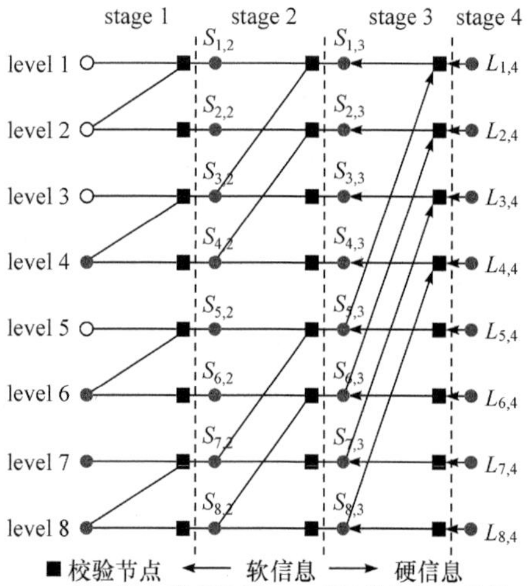

图 3.3.3 极化码格图示例 $(N=8)$

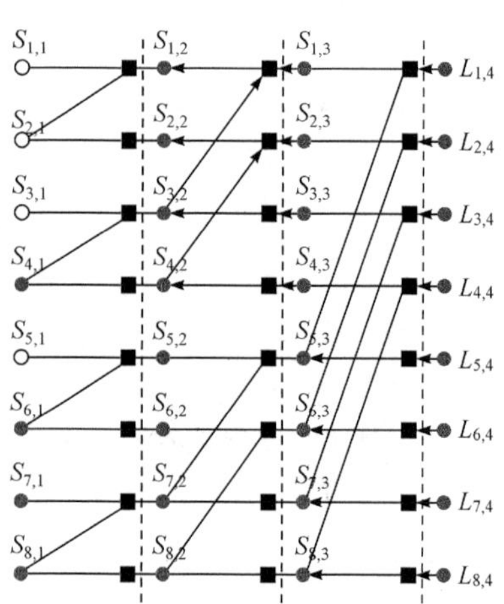

图 3.3.4 SC 译码算法第 2 步

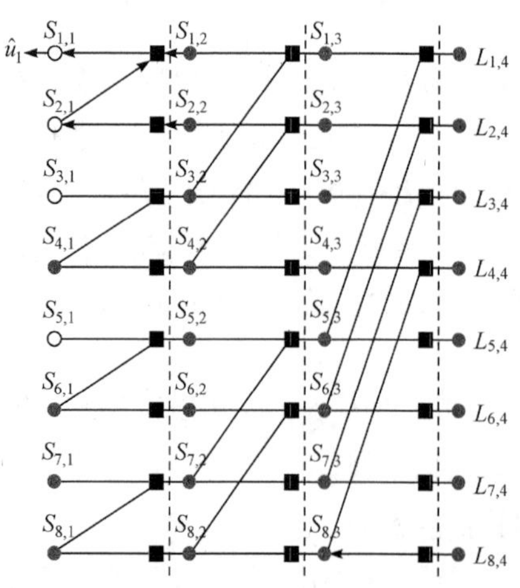

图 3.3.5 SC 译码算法第 3 步

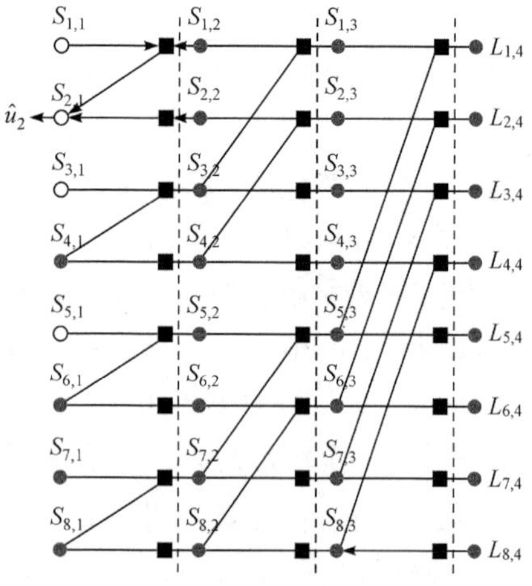

图 3.3.6 SC 译码算法第 4 步

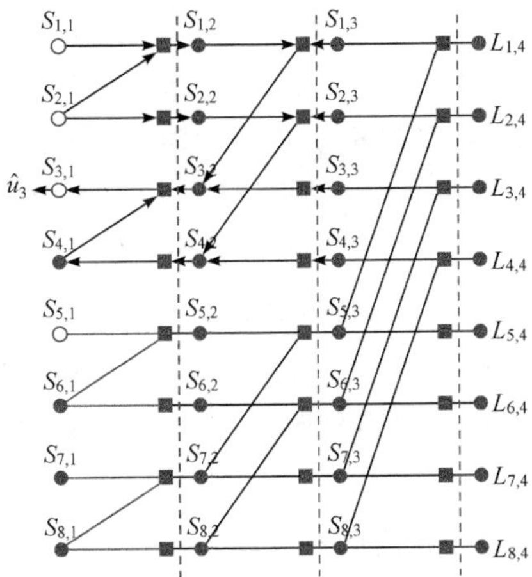

图 3.3.7　SC 译码算法第 5 步

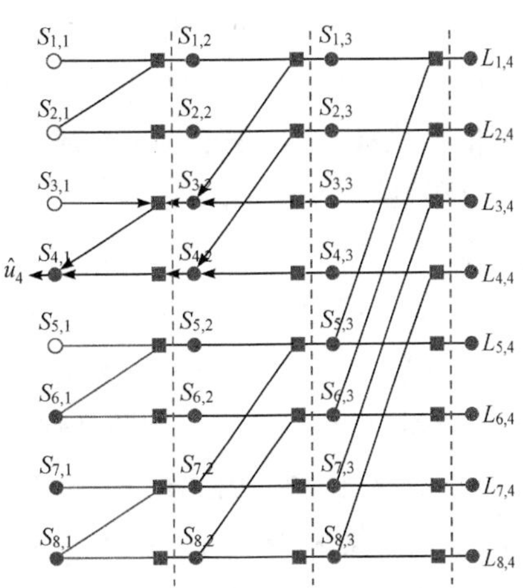

图 3.3.8　SC 译码算法第 6 步

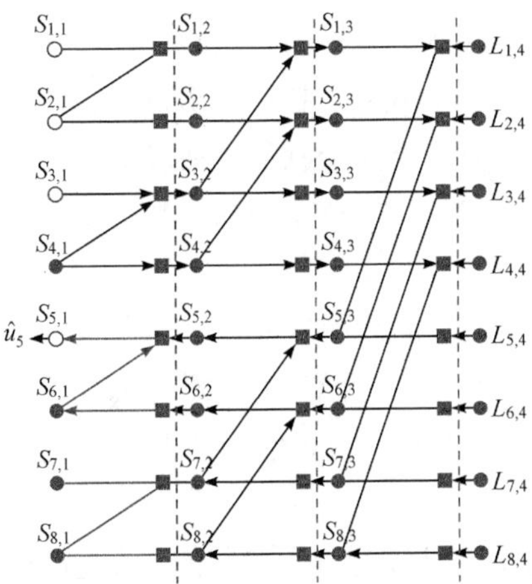

图 3.3.9　SC 译码算法第 7 步

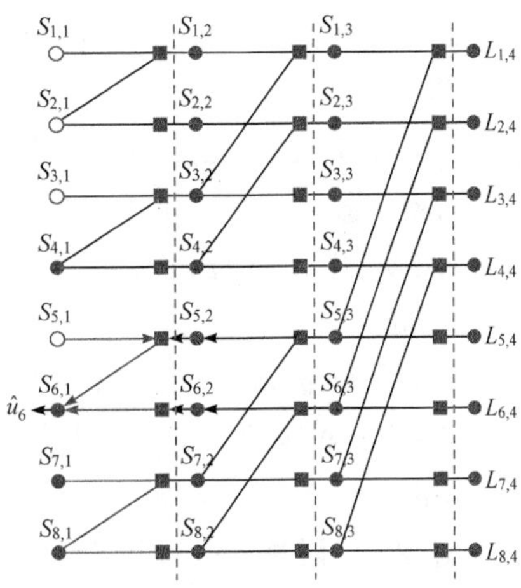

图 3.3.10　SC 译码算法第 8 步

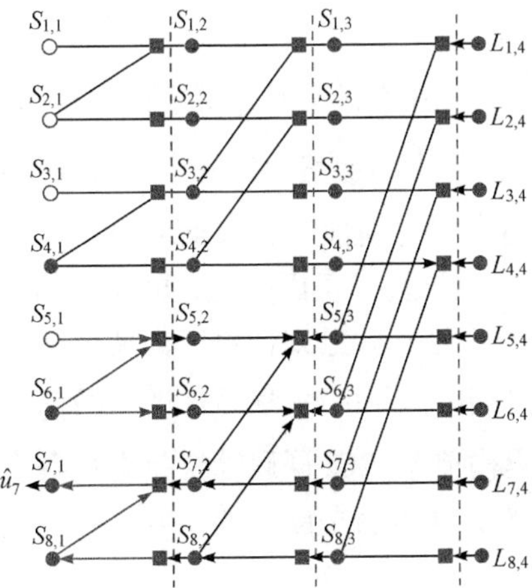

图 3.3.11　SC 译码算法第 9 步

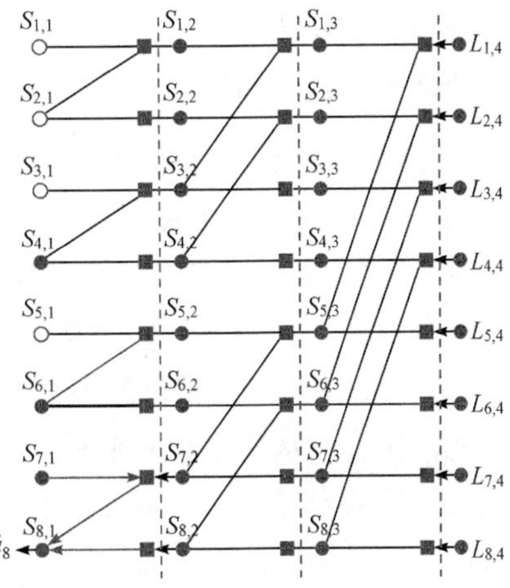

图 3.3.12　SC 译码算法第 10 步

SC 译码的第 6 步如图 3.3.8 所示。利用节点 $S_{3,1}$ 的硬信息 $B(3,1)$，以及两个节点 $S_{3,2}$ 与 $S_{4,2}$ 的软信息 $M(3,2)$ 与 $M(4,2)$，根据蝶形约束，计算得到节点 $S_{4,1}$ 的软信息 $M(4,1)$ 及相应的信息比特，基于式(3.3.3)的判决准则，得到估计结果 $\hat{u}_4$，以及硬信息 $B(4,1)=\hat{u}_4$。

SC 译码的第 7 步如图 3.3.9 所示。利用节点 $S_{3,1}$ 与节点 $S_{4,1}$ 的硬信息 $B(3,1)$ 与 $B(4,1)$，得到节点 $S_{3,2}$ 与 $S_{4,2}$ 的硬信息 $B(3,2)$ 与 $B(4,2)$。接着，根据第 2 节的蝶形约束，计算得到节点 $S_{1,3}\sim S_{4,3}$ 的硬信息 $B(1,3)\sim B(4,3)$。进一步，根据第 3 节的蝶形约束，计算得到 $S_{5,3}\sim S_{8,3}$ 的软信息 $M(5,3)\sim M(8,3)$。类似地，计算得到节点 $S_{5,2}$ 与节点 $S_{6,2}$ 的软信息 $M(5,2)$ 与 $M(6,2)$。最后，这两个软信息在蝶形上计算得到节点 $S_{5,1}$ 的软信息 $M(5,1)$。由于其对应冻结比特，因此 $\hat{u}_5=0$ 且 $B(5,1)=0$。

SC 译码的第 8 步如图 3.3.10 所示。利用节点 $S_{5,1}$ 的硬信息 $B(5,1)$，以及两个节点 $S_{5,2}$ 与 $S_{6,2}$ 的软信息 $M(5,2)$ 与 $M(6,2)$，根据蝶形约束，计算得到节点 $S_{6,1}$ 的软信息 $M(6,1)$ 及相应的信息比特，基于式(3.3.3)的判决准则，得到估计结果 $\hat{u}_6$，以及硬信息 $B(6,1)=\hat{u}_6$。

SC 译码的第 9 步如图 3.3.11 所示。利用节点 $S_{5,1}$ 与节点 $S_{6,1}$ 的硬信息 $B(5,1)$ 与 $B(6,1)$，以及两个节点 $S_{5,3}$ 与 $S_{6,3}$ 的软信息 $M(5,3)$ 与 $M(6,3)$，根据蝶形约束，计算得到节点 $S_{7,2}$ 与节点 $S_{8,2}$ 的软信息 $M(7,2)$ 与 $M(8,2)$。最后，这两个软信息在蝶形上计算得到节点 $S_{7,1}$ 的软信息 $M(7,1)$。由于其对应信息比特，基于式(3.3.3)的判决准则，得到估计结果 $\hat{u}_7$，以及硬信息 $B(7,1)=\hat{u}_7$。

SC 译码的第 10 步如图 3.3.12 所示。利用节点 $S_{7,1}$ 的硬信息 $B(7,1)$，以及两个节点 $S_{7,2}$ 与 $S_{8,2}$ 的软信息 $M(7,2)$ 与 $M(8,2)$，根据蝶形约束，计算得到节点 $S_{8,1}$ 的软信息 $M(8,1)$。由于其对应信息比特，基于式(3.3.3)的判决准则，得到估计结果 $\hat{u}_8$，以及硬信息 $B(8,1)=\hat{u}_8$。

由上述 SC 译码算法示例可以看出，软信息的迭代计算是分步进行的，即先计算奇数节点的软信息，得到奇数节点的硬信息后，再计算偶数节点的软信息。而硬信息的迭代计算则可以同时进行，只要前一节两个节点的硬信息都已知，就可以并行计算下一节奇数与偶数节点的硬信息。

需要强调的是，式(3.3.2)中的似然比 $L_N^{(i)}\left(y_1^N,\hat{u}_1^{i-1}\right)$，并不是通常意义上的序列似然比，其中，$\hat{u}_1^{i-1}$ 本质上是似然比计算的条件。因此，SC 译码中的似然比实际上是条件似然比，当前比特 u_i 判决的正确性依赖于前面子序列 $\hat{u}_1^{i-1}$ 判决的正确性。如果前面信源比特判决有错，则 SC 译码算法会造成错误传播现象，影响译码性能。正因如此，极化码的冻结比特并非可有可无。在 SC 译码过程中，由于冻结比特是先验已知信息，即使似然比结果 $L_N^{(i)}\left(y_1^N,\hat{u}_1^{i-1}\right)<1$，也可以根据先验信息，将冻结比特设定为 0，这样就能够有效防止判决错误的恶性传播。从这个意义来看，极化码的编码构造与 SC 译码算法是有机融合的整体，信息比特集合确定后，就等价于冻结比特对 SC 译码器是已知的，利用这种先验信息，可以帮助译码器提升性能。

另外，SC 译码算法，也可以按照极化分解定理(式(3.1.87)与式(3.1.88))，在每个节点分别计算似然概率对 $\left(W_N^{(2i-1)}\left(y_1^N,\hat{u}_1^{2i-2}|0\right),W_N^{(2i-1)}\left(y_1^N,\hat{u}_1^{2i-2}|1\right)\right)$ 或 $\left(W_N^{(2i)}\left(y_1^N,\hat{u}_1^{2i-1}|0\right),W_N^{(2i)}\right.$

$\left(y_1^N,\hat{u}_1^{2i-1}|1\right)\right)$。这种方法与似然比计算完全等价，不再赘述。

3.3.2 算法复杂度

基于上述分析，对于码长为 N 的极化码，相应的 Trellis 图划分为 $1+\log_2 N$ 节，其中，信道侧需要完成 N 个信道似然比计算，而其余各节都包含 $N/2$ 个蝶形结构，在每个蝶形结构中，需要分别完成一次变量节点/校验节点软信息计算，等价于奇数节点与偶数节点的软信息计算，如式(3.3.6)所示。因此最差情况下，软信息计算复杂度为 $\chi_{\text{soft},D}(N)=N\log_2 N+N$。

同时，Trellis 图总共包括 $\log_2 N$ 节，各节包含 $N/2$ 个蝶形结构，在每个蝶形结构中，需要分别完成奇数节点与偶数节点的硬信息计算，如式(3.3.7)所示。因此最差情况下，硬信息计算复杂度为 $\chi_{\text{hard},D}(N)=N\log_2 N$。综上所述，SC 译码算法的计算复杂度为 $O(N\log_2 N)$。

不管是基于似然比还是似然概率的译码，由于需要存储每一个节点的硬信息与软信息，标准 SC 译码算法的空间复杂度也为 $O(N\log_2 N)$。例 3.8 的译码是高度简化的描述，如果并行执行 Trellis 同一节中独立的蝶形运算，则 SC 译码的时延为 $2N-1$ 个符号周期。

3.3.3 SC 译码近似与简化

算法 3.2 给出的标准 SC 译码算法可以进一步简化，首先考虑对数版本的 SC 译码，然后介绍最小和(Min-Sum)SC 译码，最后介绍节省存储空间的 SC 译码算法。

1. 对数域 SC 译码算法

在实际应用中，经常采用对数比特似然比(LLR)，表示如下：

$$\Lambda_N^{(i)}\left(y_1^N,\hat{u}_1^{i-1}\right)=\ln\frac{W_N^{(i)}\left(y_1^N,\hat{u}_1^{i-1}|0\right)}{W_N^{(i)}\left(y_1^N,\hat{u}_1^{i-1}|1\right)} \tag{3.3.8}$$

由此，式(3.3.4)的对数版本推导如下，由于

$$\begin{aligned}
e^{\Lambda_N^{(2i-1)}\left(y_1^N,\hat{u}_1^{2i-2}\right)}-1&=\frac{e^{\Lambda_{N/2}^{(i)}\left(y_1^{N/2},u_{1,o}^{2i-2}\oplus u_{1,e}^{2i-2}\right)}e^{\Lambda_{N/2}^{(i)}\left(y_{N/2+1}^N,u_{1,e}^{2i-2}\right)}-e^{\Lambda_{N/2}^{(i)}\left(y_1^{N/2},u_{1,o}^{2i-2}\oplus u_{1,e}^{2i-2}\right)}-e^{\Lambda_{N/2}^{(i)}\left(y_{N/2+1}^N,u_{1,e}^{2i-2}\right)}+1}{e^{\Lambda_{N/2}^{(i)}\left(y_1^{N/2},u_{1,o}^{2i-2}\oplus u_{1,e}^{2i-2}\right)}+e^{\Lambda_{N/2}^{(i)}\left(y_{N/2+1}^N,u_{1,e}^{2i-2}\right)}}\\
&=\frac{\left[e^{\Lambda_{N/2}^{(i)}\left(y_1^{N/2},u_{1,o}^{2i-2}\oplus u_{1,e}^{2i-2}\right)}-1\right]\left[e^{\Lambda_{N/2}^{(i)}\left(y_{N/2+1}^N,u_{1,e}^{2i-2}\right)}-1\right]}{e^{\Lambda_{N/2}^{(i)}\left(y_1^{N/2},u_{1,o}^{2i-2}\oplus u_{1,e}^{2i-2}\right)}+e^{\Lambda_{N/2}^{(i)}\left(y_{N/2+1}^N,u_{1,e}^{2i-2}\right)}}
\end{aligned} \tag{3.3.9}$$

$$\begin{aligned}
e^{\Lambda_N^{(2i-1)}\left(y_1^N,\hat{u}_1^{2i-2}\right)}+1&=\frac{e^{\Lambda_{N/2}^{(i)}\left(y_1^{N/2},u_{1,o}^{2i-2}\oplus u_{1,e}^{2i-2}\right)}e^{\Lambda_{N/2}^{(i)}\left(y_{N/2+1}^N,u_{1,e}^{2i-2}\right)}+e^{\Lambda_{N/2}^{(i)}\left(y_1^{N/2},u_{1,o}^{2i-2}\oplus u_{1,e}^{2i-2}\right)}+e^{\Lambda_{N/2}^{(i)}\left(y_{N/2+1}^N,u_{1,e}^{2i-2}\right)}+1}{e^{\Lambda_{N/2}^{(i)}\left(y_1^{N/2},u_{1,o}^{2i-2}\oplus u_{1,e}^{2i-2}\right)}+e^{\Lambda_{N/2}^{(i)}\left(y_{N/2+1}^N,u_{1,e}^{2i-2}\right)}}\\
&=\frac{\left[e^{\Lambda_{N/2}^{(i)}\left(y_1^{N/2},u_{1,o}^{2i-2}\oplus u_{1,e}^{2i-2}\right)}+1\right]\left[e^{\Lambda_{N/2}^{(i)}\left(y_{N/2+1}^N,u_{1,e}^{2i-2}\right)}+1\right]}{e^{\Lambda_{N/2}^{(i)}\left(y_1^{N/2},u_{1,o}^{2i-2}\oplus u_{1,e}^{2i-2}\right)}+e^{\Lambda_{N/2}^{(i)}\left(y_{N/2+1}^N,u_{1,e}^{2i-2}\right)}}
\end{aligned} \tag{3.3.10}$$

上述两式相除，可以得到

$$\frac{e^{\Lambda_N^{(2i-1)}\left(y_1^N,\hat{u}_1^{2i-2}\right)}-1}{e^{\Lambda_N^{(2i-1)}\left(y_1^N,\hat{u}_1^{2i-2}\right)}+1}=\frac{e^{\Lambda_{N/2}^{(i)}\left(y_1^{N/2},u_{1,o}^{2i-2}\oplus u_{1,e}^{2i-2}\right)}-1}{e^{\Lambda_{N/2}^{(i)}\left(y_1^{N/2},u_{1,o}^{2i-2}\oplus u_{1,e}^{2i-2}\right)}+1}\cdot\frac{e^{\Lambda_{N/2}^{(i)}\left(y_{N/2+1}^N,u_{1,e}^{2i-2}\right)}-1}{e^{\Lambda_{N/2}^{(i)}\left(y_{N/2+1}^N,u_{1,e}^{2i-2}\right)}+1} \tag{3.3.11}$$

依据双曲正切函数的定义 $\tanh(x)=\dfrac{e^x-e^{-x}}{e^x+e^{-x}}$，整理可得

$$\tanh\left[\frac{\Lambda_N^{(2i-1)}\left(y_1^N,\hat{u}_1^{2i-2}\right)}{2}\right]=\tanh\left[\frac{\Lambda_{N/2}^{(i)}\left(y_1^{N/2},u_{1,o}^{2i-2}\oplus u_{1,e}^{2i-2}\right)}{2}\right]\cdot\tanh\left[\frac{\Lambda_{N/2}^{(i)}\left(y_{N/2+1}^N,u_{1,e}^{2i-2}\right)}{2}\right] \tag{3.3.12}$$

或者等价地，奇数节点的 LLR 直接计算公式为

$$\Lambda_N^{(2i-1)}\left(y_1^N,\hat{u}_1^{2i-2}\right)=2\operatorname{artanh}\left\{\tanh\left[\frac{\Lambda_{N/2}^{(i)}\left(y_1^{N/2},u_{1,o}^{2i-2}\oplus u_{1,e}^{2i-2}\right)}{2}\right]\cdot\tanh\left[\frac{\Lambda_{N/2}^{(i)}\left(y_{N/2+1}^N,u_{1,e}^{2i-2}\right)}{2}\right]\right\} \tag{3.3.13}$$

相应地，偶数节点的 LLR 迭代公式推导如下：

$$\Lambda_N^{(2i)}\left(y_1^N,\hat{u}_1^{2i-1}\right)=\left(1-2\hat{u}_{2i-1}\right)\Lambda_{N/2}^{(i)}\left(y_1^{N/2},u_{1,o}^{2i-2}\oplus u_{1,e}^{2i-2}\right)+\Lambda_{N/2}^{(i)}\left(y_{N/2+1}^N,u_{1,e}^{2i-2}\right) \tag{3.3.14}$$

利用式(3.3.13)与式(3.3.14)，可以得到 LLR 版本的软信息迭代计算公式，表示如下：

$$M(i,j)=\begin{cases}2\operatorname{artanh}\left\{\tanh\left[\dfrac{M(i,j+1)}{2}\right]\cdot\tanh\left[\dfrac{M\left(i+2^{j-1},j+1\right)}{2}\right]\right\}, & \left\lfloor\dfrac{i-1}{2^{j-1}}\right\rfloor\bmod 2=0\\ \left[1-2B\left(i-2^{j-1},j\right)\right]\left[M\left(i-2^{j-1},j+1\right)\right]+M(i,j+1), & \left\lfloor\dfrac{i-1}{2^{j-1}}\right\rfloor\bmod 2=1\end{cases} \tag{3.3.15}$$

用式(3.3.15)代替算法 3.1 中的软信息迭代计算，就可以得到 LLR 版本的 SC 译码算法。

2. 最小和 SC 译码算法

精确计算式(3.3.15)的软信息，需要对双曲正切函数 $\tanh(x)$ 与反双曲正切函数 $\operatorname{artanh}(x)$ 进行查表运算。将 LLR 分解为 $\Lambda_k=\operatorname{sgn}(\Lambda_k)|\Lambda_k|=\alpha_k\beta_k$，即 $\alpha_k=\operatorname{sgn}(\Lambda_k)$ 表示似然比的极性，而 $\beta_k=|\Lambda_k|$ 表示似然比的绝对值。基于文献[3]中的分析，式(3.3.15)的第一个公式可以改写为

$$\begin{aligned}M(i,j)&=\alpha_{i,j+1}\alpha_{i+2^{j-1},j+1}\cdot 2\operatorname{artanh}\left[\tanh\left(\frac{\beta_{i,j+1}}{2}\right)\cdot\tanh\left(\frac{\beta_{i+2^{j-1},j+1}}{2}\right)\right]\\&=\alpha_{i,j+1}\alpha_{i+2^{j-1},j+1}\cdot 2\operatorname{artanh}\left(\exp\left\{\ln\left[\tanh\left(\frac{\beta_{i,j+1}}{2}\right)\cdot\tanh\left(\frac{\beta_{i+2^{j-1},j+1}}{2}\right)\right]\right\}\right)\\&=\alpha_{i,j+1}\alpha_{i+2^{j-1},j+1}\cdot 2\operatorname{artanh}\left(\exp\left\{\ln\left[\tanh\left(\frac{\beta_{i,j+1}}{2}\right)\right]+\ln\left[\tanh\left(\frac{\beta_{i+2^{j-1},j+1}}{2}\right)\right]\right\}\right)\end{aligned} \tag{3.3.16}$$

定义复合映射函数 $\phi(x)$ 如下：

$$\phi(x) = -\ln[\tanh(x/2)] = \ln\frac{e^x+1}{e^x-1} \tag{3.3.17}$$

对于 $x>0$，这个函数满足 $\phi^{-1}(x)=\phi(x)$。由此，式(3.3.16)可以改写为

$$M(i,j) = \alpha_{i,j+1}\alpha_{i+2^{j-1},j+1}\phi\left[\phi\left(\beta_{i,j+1}\right)+\phi\left(\beta_{i+2^{j-1},j+1}\right)\right] \tag{3.3.18}$$

上述迭代公式中只涉及函数 $\phi(x)$ 的计算，由于其为单调减函数，因此可以造表求解。在工程应用中，满足如下的近似公式：

$$\begin{aligned}\phi\left[\phi\left(\beta_{i,j+1}\right)+\phi\left(\beta_{i+2^{j-1},j+1}\right)\right] &\approx \phi^{-1}\{\phi[\min\left(\beta_{i,j+1},\beta_{i+2^{j-1},j+1}\right)]\} \\ &= \min\left(\beta_{i,j+1},\beta_{i+2^{j-1},j+1}\right)\end{aligned} \tag{3.3.19}$$

因此，软信息的迭代公式可以近似为最小值与求和运算，表示如下：

$$M(i,j)=\begin{cases}\operatorname{sgn}[M(i,j)]\operatorname{sgn}\left[M\left(i+2^{j-1},j+1\right)\right]\cdot\min\left\{\left|M(i,j+1)\right|,\left|M\left(i+2^{j-1},j+1\right)\right|\right\}, & \left\lfloor\dfrac{i-1}{2^{j-1}}\right\rfloor \bmod 2=0 \\ \left[1-2B\left(i-2^{j-1},j\right)\right]M\left(i-2^{j-1},j+1\right)+M(i,j+1), & \left\lfloor\dfrac{i-1}{2^{j-1}}\right\rfloor \bmod 2=1\end{cases} \tag{3.3.20}$$

采用上述近似公式代替算法 3.1 中的软信息计算，就称为最小和 SC 译码算法。

3. 节省存储空间的 SC 译码算法

观察式(3.3.6)与式(3.3.7)可知，Trellis 图上节点 $S_{i,j}$ 对应的软信息与硬信息，实际上只参与一次迭代计算，计算之后这个值就失效了，因此可以取消节序号，软信息迭代公式简化如下：

$$M(i)=\begin{cases}\dfrac{M(i)M\left(i+2^{j-1}\right)+1}{M(i)+M\left(i+2^{j-1}\right)}, & \left\lfloor\dfrac{i-1}{2^{j-1}}\right\rfloor \bmod 2=0 \\ M\left(i-2^{j-1}\right)^{1-2B\left(i-2^{j-1}\right)}M(i), & \left\lfloor\dfrac{i-1}{2^{j-1}}\right\rfloor \bmod 2=1\end{cases} \tag{3.3.21}$$

类似地，硬信息迭代公式简化如下：

$$B(i)=\begin{cases}B(i)\oplus B\left(i+2^{j-1}\right), & \left\lfloor\dfrac{i-1}{2^{j-1}}\right\rfloor \bmod 2=0 \\ B(i), & \left\lfloor\dfrac{i-1}{2^{j-1}}\right\rfloor \bmod 2=1\end{cases} \tag{3.3.22}$$

利用上述简化的软、硬信息迭代公式，可以给出如算法 3.3 所示的节省存储空间的 SC 译码算法流程。

算法 3.3 节省存储空间的 SC 译码算法

```
Input: 接收信号序列 y_1^N
Output: 译码序列 û_1^N
For i=1→N do \\信道似然比计算
        L_1^(1)(y_i) = W(y_i|0) / W(y_i|1)
End
For j=1→n do
    For i=1→N do
        If 蝶形结构的节点激活 then
            基于式(3.3.21)，计算与更新节点软信息 M(i)
        End
        If B(i)∈A^c and j=1 then
            B(i)=0
        Else
            If M(i)⩾1 and j=1 then
                B(i)=0
            Else
                B(i)=1
            End
        If 蝶形结构的节点激活 then
            基于式(3.3.22)，计算与更新节点硬信息 B(i)
        End
    End
End
Return 返回译码序列：û_1^N = B(i)_{i=1}^N
```

对比算法 3.3 与算法 3.2 可知，由于应用了蝶形计算消息的时效性，SC 译码算法的存储量从 $N\log_2 N+N$ 缩减为 $2N$，因此，算法 3.3 的空间复杂度为 $O(N)$。

3.4 差错性能分析

本节首先推导有限码长下，SC 译码的误块率(BLER)差错性能界，然后证明码长无限长时，极化码的容量可达性，并进一步引入极化率(Polarization Rate)概念，推导渐近差错概率。

3.4.1 误块率差错性能界

给定配置为$\left(N,K,\mathcal{A},u_{\mathcal{A}^c}\right)$的极化码，假设参数$(N,K,\mathcal{A})$固定，而冻结比特向量 $u_{\mathcal{A}^c}$

任意取值，这样可以得到2^{N-K}个$\boldsymbol{G}_N$陪集码。下面分析 SC 译码在整个陪集码集合上的平均差错概率。

1. 码块差错事件

首先引入概率空间$\left(\mathcal{X}^N\times\mathcal{Y}^N,P\right)$，对于任意随机向量组合，$\forall\left(u_1^N,y_1^N\right)\in\mathcal{X}^N\times\mathcal{Y}^N$，其概率分布定义如下：

$$P\left(\left\{u_1^N,y_1^N\right\}\right)\triangleq\frac{1}{2^N}W_N\left(y_1^N\middle|u_1^N\right)\tag{3.4.1}$$

在这个概率空间上，定义随机向量集合$\left(U_1^N,X_1^N,Y_1^N,\hat{U}_1^N\right)$分别表示复合信道$W_N$的输入、并行信道$W^N$的输入与输出(也是复合信道$W_N$的输出)，以及 SC 译码的判决。对于概率空间中的每个随机向量样本$\left(u_1^N,y_1^N\right)\in\mathcal{X}^N\times\mathcal{Y}^N$，上述随机向量集合中的前三项分别取值为$U_1^N\left(u_1^N,y_1^N\right)=u_1^N$，$X_1^N\left(u_1^N,y_1^N\right)=u_1^N\boldsymbol{G}_N$，$Y_1^N\left(u_1^N,y_1^N\right)=y_1^N$。而译码器输出的每个判决比特($i=1,2,\cdots,N$)表示如下：

$$\hat{U}_i\left(u_1^N,y_1^N\right)=\begin{cases}u_i, & i\in\mathcal{A}^c\\ h_i\left(y_1^N,\hat{U}_1^{i-1}\left(u_1^N,y_1^N\right)\right), & i\in\mathcal{A}\end{cases}\tag{3.4.2}$$

其中，$h_i:\mathcal{Y}^N\times\mathcal{X}^{i-1}\to\mathcal{X},i\in\mathcal{A}$是判决函数，定义如下：

$$h_i\left(y_1^N,\hat{u}_1^{i-1}\right)\triangleq\begin{cases}0, & \dfrac{W_N^{(i)}\left(y_1^N,\hat{u}_1^{i-1}|0\right)}{W_N^{(i)}\left(y_1^N,\hat{u}_1^{i-1}|1\right)}\geqslant 1\\ 1, & 其他\end{cases}\tag{3.4.3}$$

上述判决函数的形式类似于 ML 译码准则$\dfrac{W_N\left(y_1^N|0\right)}{W_N\left(y_1^N|1\right)}\underset{0}{\overset{1}{\lessgtr}}1$，但需要注意两者之间的区别。ML 译码是基于整个序列信息进行判决，而 SC 译码的判决函数，可以看作条件 ML 判决，只依赖于前继序列$\hat{u}_1^{i-1}$的判决结果，而对于后继比特没有约束，因此后继冻结比特$\left(u_j:j>i,j\in\mathcal{A}^c\right)$的先验信息并没有直接利用。从这个意义上来看，SC 判决是次优准则，判决可靠性弱于标准的 ML 译码准则。不过即使存在这样的性能局限，从 3.4.2 节的分析可知，当码长趋于无限长时，次优的 SC 译码仍然能够达到 B-DMC 信道的容量极限。

假设信源随机向量U_1^N的样本序列$u_1^N\in\mathcal{X}^N$在概率空间中均匀取值，则相应于信息向量$U_{\mathcal{A}}$在信源空间$\mathcal{X}^K$任意取值，而冻结比特向量$U_{\mathcal{A}^c}$在空间$\mathcal{X}^{N-K}$任意取值。

基于上述概率模型，SC 译码的码字差错事件定义如下：

$$\mathcal{E}\triangleq\left\{\left(u_1^N,y_1^N\right)\in\mathcal{X}^N\times\mathcal{Y}^N:\hat{U}_{\mathcal{A}}\left(u_1^N,y_1^N\right)\neq u_{\mathcal{A}}\right\}\tag{3.4.4}$$

注意，由于译码器先验已知冻结比特向量，即$\hat{U}_{\mathcal{A}^c}=U_{\mathcal{A}^c}$，因此码字差错事件只考虑

信息向量错误。

给定配置$\left(N,K,\mathcal{A},u_{\mathcal{A}^c}\right)$的陪集码，其误块率(BLER)定义如下：

$$\begin{aligned}P_e\left(N,K,\mathcal{A},u_{\mathcal{A}^c}\right) &\triangleq \sum_{u_{\mathcal{A}}\in\mathcal{X}^K}\frac{1}{2^K}\sum_{y_1^N\in\mathcal{Y}^N:\hat{u}_1^N\left(y_1^N\right)\neq u_1^N}W_N\left(y_1^N\middle|u_1^N\right)\\&=P\left(\mathcal{E}\middle|\left\{U_{\mathcal{A}^c}=u_{\mathcal{A}^c}\right\}\right)\end{aligned}\tag{3.4.5}$$

其中，$\left\{U_{\mathcal{A}^c}=u_{\mathcal{A}^c}\right\}$表示概率事件$\left\{\left(\tilde{u}_1^N,y_1^N\right)\in\mathcal{X}^N\times\mathcal{Y}^N:\tilde{u}_{\mathcal{A}^c}=u_{\mathcal{A}^c}\right\}$。

在所有冻结比特向量$u_{\mathcal{A}^c}$上平均，得到整个陪集码集合的平均误块率如下：

$$P_e\left(N,K,\mathcal{A}\right)\triangleq\sum_{u_{\mathcal{A}^c}\in\mathcal{X}^{N-K}}\frac{1}{2^{N-K}}P_e\left(N,K,\mathcal{A},u_{\mathcal{A}^c}\right)=P(\mathcal{E})\tag{3.4.6}$$

2. 差错性能界

定理 3.16(有限码长差错概率上界)　对于任意的 B-DMC 信道W与任意选择的参数组合$\left(N,K,\mathcal{A}\right)$，SC 译码的 BLER 上界为

$$P_e\left(N,K,\mathcal{A}\right)\leqslant\sum_{i\in\mathcal{A}}Z\left(W_N^{(i)}\right)\tag{3.4.7}$$

证明　首先，码块错误事件可以分解为单个条件比特差错事件，即$\mathcal{E}=\bigcup_{i\in\mathcal{A}}\mathcal{B}_i$，其中

$$\mathcal{B}_i=\left\{\left(u_1^N,y_1^N\right)\in\mathcal{X}^N\times\mathcal{Y}^N:u_1^{i-1}=\hat{U}_1^{i-1}\left(u_1^N,y_1^N\right),u_i\neq\hat{U}_i\left(u_1^N,y_1^N\right)\right\}\tag{3.4.8}$$

表示 SC 译码中，前继比特序列u_1^{i-1}判决正确，而当前比特u_i判决错误的条件单比特差错事件。这个错误事件可以进一步放大为下列错误事件：

$$\begin{aligned}\mathcal{B}_i&=\left\{\left(u_1^N,y_1^N\right)\in\mathcal{X}^N\times\mathcal{Y}^N:u_1^{i-1}=\hat{U}_1^{i-1}\left(u_1^N,y_1^N\right),u_i\neq h_i\left(y_1^N,\hat{U}_1^{i-1}\left(u_1^N,y_1^N\right)\right)\right\}\\&=\left\{\left(u_1^N,y_1^N\right)\in\mathcal{X}^N\times\mathcal{Y}^N:u_1^{i-1}=\hat{U}_1^{i-1}\left(u_1^N,y_1^N\right),u_i\neq h_i\left(y_1^N,u_1^{i-1}\right)\right\}\\&\subseteq\left\{\left(u_1^N,y_1^N\right)\in\mathcal{X}^N\times\mathcal{Y}^N:u_i\neq h_i\left(y_1^N,u_1^{i-1}\right)\right\}=\mathcal{E}_i\end{aligned}\tag{3.4.9}$$

其中，单比特错误事件$\mathcal{E}_i$定义如下：

$$\mathcal{E}_i=\left\{\left(u_1^N,y_1^N\right)\in\mathcal{X}^N\times\mathcal{Y}^N:W_N^{(i)}\left(y_1^N,u_1^{i-1}\middle|u_i\right)\leqslant W_N^{(i)}\left(y_1^N,u_1^{i-1}\middle|u_i\oplus1\right)\right\}\tag{3.4.10}$$

因此，可以得到如下差错事件集合与差错概率的关系：

$$\begin{cases}\mathcal{E}\subseteq\bigcup\limits_{i\in\mathcal{A}}\mathcal{E}_i\\P(\mathcal{E})\leqslant\sum\limits_{i\in\mathcal{A}}P(\mathcal{E}_i)\end{cases}\tag{3.4.11}$$

对于单比特差错事件，其上界推导如下：

$$P(\mathcal{E}_i)=\sum_{u_1^N,y_1^N}\frac{1}{2^N}W_N\left(y_1^N\middle|u_1^N\right)1_{\mathcal{E}_i}\left(u_1^N,y_1^N\right)$$
$$\leqslant\sum_{u_1^N,y_1^N}\frac{1}{2^N}W_N\left(y_1^N\middle|u_1^N\right)\sqrt{\frac{W_N^{(i)}\left(y_1^N,u_1^{i-1}\middle|u_i\oplus 1\right)}{W_N^{(i)}\left(y_1^N,u_1^{i-1}\middle|u_i\right)}}\tag{3.4.12}$$

将式(3.1.83)代入式(3.4.12)可得

$$P(\mathcal{E}_i)\leqslant\sum_{u_1^i,y_1^N}\frac{1}{2}\sum_{u_{i+1}^N\in\mathcal{X}^{N-i}}\frac{1}{2^{N-1}}W_N\left(y_1^N\middle|u_1^N\right)\sqrt{\frac{W_N^{(i)}\left(y_1^N,u_1^{i-1}\middle|u_i\oplus 1\right)}{W_N^{(i)}\left(y_1^N,u_1^{i-1}\middle|u_i\right)}}$$
$$=\sum_{u_1^i,y_1^N}\frac{1}{2}W_N^{(i)}\left(y_1^N,u_1^{i-1}\middle|u_i\right)\sqrt{\frac{W_N^{(i)}\left(y_1^N,u_1^{i-1}\middle|u_i\oplus 1\right)}{W_N^{(i)}\left(y_1^N,u_1^{i-1}\middle|u_i\right)}}$$
$$=\sum_{u_1^{i-1},y_1^N}\sqrt{W_N^{(i)}\left(y_1^N,u_1^{i-1}\middle|0\right)W_N^{(i)}\left(y_1^N,u_1^{i-1}\middle|1\right)}=Z\left(W_N^{(i)}\right)\tag{3.4.13}$$

由此，得到平均误码率上界：

$$P(\mathcal{E})\leqslant P\left(\bigcup_{i\in\mathcal{A}}\mathcal{E}_i\right)\leqslant\sum_{i\in\mathcal{A}}P(\mathcal{E}_i)\leqslant\sum_{i\in\mathcal{A}}Z\left(W_N^{(i)}\right)\tag{3.4.14}$$

假设给定信息比特向量$u_{\mathcal{A}}$与冻结比特向量$u_{\mathcal{A}^c}$，形成信源向量u_1^N，经过复合信道W_N，对应的概率事件表示为$\left\{U_1^N=u_1^N\right\}$。这个事件与单比特错误事件的关系满足如下引理。

引理 3.5　对于任意的 B-DMC 信道W，给定比特序号(子信道序号)$1\leqslant i\leqslant N$与信源向量$u_1^N\in\mathcal{X}^N$，单比特差错事件$\mathcal{E}_i$与事件$\left\{U_1^N=u_1^N\right\}$相互独立，即满足$P(\mathcal{E}_i)=P\left(\mathcal{E}_i\middle|\left\{U_1^N=u_1^N\right\}\right)$。

证明　对于$\left(u_1^N,y_1^N\right)\in\mathcal{X}^N\times\mathcal{Y}^N$与$u_1^N\boldsymbol{G}_N=x_1^N$，我们有

$$P\left(\mathcal{E}_i\middle|\left\{U_1^N=u_1^N\right\}\right)$$
$$=\sum_{y_1^N}W_N\left(y_1^N\middle|u_1^N\right)1_{\mathcal{E}_i}\left(u_1^N,y_1^N\right)\tag{3.4.15}$$
$$=\sum_{y_1^N}W_N\left(x_1^N\cdot y_1^N\middle|0_1^N\right)1_{\mathcal{E}_i}\left(0_1^N,x_1^N\cdot y_1^N\right)=P\left(\mathcal{E}_i\middle|\left\{U_1^N=0_1^N\right\}\right)$$

其中，第 2 个等式应用了式(3.2.9)给出的复合信道对称性。由此可见，信源向量u_1^N的取值不影响事件$\mathcal{E}_i$，因此二者相互独立，引理成立。

定理 3.17　对于任意的 B-DMC 信道W，每一种参数配置$(N,K,\mathcal{A})$，存在一个冻结比特向量$u_{\mathcal{A}^c}$，SC 译码的 BLER 上界为

$$P_e\left(N,K,\mathcal{A},u_{\mathcal{A}^c}\right)\leqslant\sum_{i\in\mathcal{A}}Z\left(W_N^{(i)}\right)\tag{3.4.16}$$

证明　基于引理 3.5 与定理 3.16 的推导，对于所有信源序列$u_1^N\in\mathcal{X}^N$，满足如下不等式：

$$P\left(\mathcal{E}_i\middle|\left\{U_1^N=u_1^N\right\}\right)\leqslant Z\left(W_N^{(i)}\right) \tag{3.4.17}$$

并且由于$\mathcal{E}\subseteq\bigcup_{i\in\mathcal{A}}\mathcal{E}_i$，可得

$$P\left(\mathcal{E}_i\middle|\left\{U_1^N=u_1^N\right\}\right)\leqslant \sum_{i\in\mathcal{A}}Z\left(W_N^{(i)}\right) \tag{3.4.18}$$

由此可见，对于每一种参数配置$\left(N,K,\mathcal{A},u_{\mathcal{A}^c}\right)$，误码率都满足上界：

$$P_e\left(N,K,\mathcal{A},u_{\mathcal{A}^c}\right)=\sum_{u_{\mathcal{A}}\in\mathcal{X}^K}\frac{1}{2^K}P\left(\mathcal{E}_i\middle|\left\{U_1^N=u_1^N\right\}\right)\leqslant \sum_{i\in\mathcal{A}}Z\left(W_N^{(i)}\right) \tag{3.4.19}$$

这表明，$P_e\left(N,K,\mathcal{A},u_{\mathcal{A}^c}\right)$的上界与冻结向量$u_{\mathcal{A}^c}$的选择相互独立。

推论 3.1 对于任意的 B-DMC 信道W与任意选择的参数组合$(N,K,\mathcal{A})$，SC 译码的 BLER 紧致上界为

$$P_e\left(N,K,\mathcal{A},u_{\mathcal{A}^c}\right)\leqslant\frac{1}{2}\sum_{i\in\mathcal{A}}Z\left(W_N^{(i)}\right) \tag{3.4.20}$$

证明 由文献[4]的引理 4.65 可知，对于任意对称信道，不等式$P(\mathcal{E}_i)\leqslant\frac{1}{2}Z\left(W_N^{(i)}\right)$均成立，因此推论成立。

下面分析误块率(BLER)的下界，有如下定理。

定理 3.18(有限码长差错概率下界) 对于任意的 B-DMC 信道W，每一种参数配置$(N,K,\mathcal{A})$，SC 译码的 BLER 下界为

$$P_e(N,K,\mathcal{A})\geqslant\max_{i\in\mathcal{A}}Z\left(W_N^{(i)}\right)\geqslant\max_{i\in\mathcal{A}}\frac{1}{2}\left[1-\sqrt{1-Z^2\left(W_N^{(i)}\right)}\right] \tag{3.4.21}$$

证明 首先证明$\mathcal{E}=\bigcup_{i\in\mathcal{A}}\mathcal{B}_i=\bigcup_{i\in\mathcal{A}}\mathcal{E}_i$。

由式(3.4.9)可知，$\bigcup_{i\in\mathcal{A}}\mathcal{B}_i\subseteq\bigcup_{i\in\mathcal{A}}\mathcal{E}_i$显然成立。下面证明反向包含也成立。假设一个信源序列$v_1^N\in\mathcal{E}_i$，如果$v_1^{i-1}=\hat{v}_1^{i-1}$，则这个序列也属于集合$\mathcal{B}_i$，即$v_1^N\in\mathcal{B}_i$；否则必然存在$j<i$，$v_1^N\in\mathcal{B}_i$。由此可得$\bigcup_{i\in\mathcal{A}}\mathcal{B}_i\supseteq\bigcup_{i\in\mathcal{A}}\mathcal{E}_i$。

进一步，得到$P(\mathcal{E})=P\left(\bigcup_{i\in\mathcal{A}}\mathcal{E}_i\right)\geqslant\max_{i\in\mathcal{A}}P(\mathcal{E}_i)$，式(3.4.21)第一个不等式得证。进一步，利用文献[4]的结论，$P(\mathcal{E}_i)\geqslant\frac{1}{2}\left[1-\sqrt{1-Z^2\left(W_N^{(i)}\right)}\right]$，则第二个不等式得证。

3. BEC 信道仿真结果

给定 BEC 信道 W，删余率$\epsilon=0.5$，图 3.4.1 给出了码长分别为$N=2^{10},2^{15},2^{20}$，不同码率条件下，采用 SC 译码的误块率上、下界以及仿真结果。其中，虚线标注的下界采用式(3.4.21)的第一个不等式计算，点划线标注的下界计算参见 3.4.5 节。

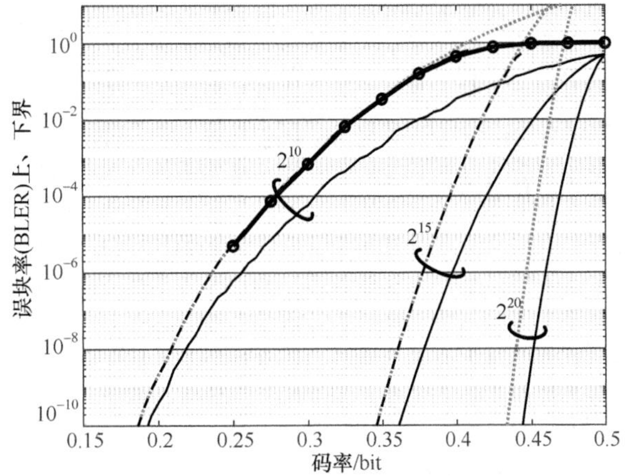

图 3.4.1　删余率为 0.5 的 BEC 信道，块长分别为 $N=2^{10},2^{15},2^{20}$，采用 SC 译码的误块率性能界与仿真结果

由图 3.4.1 可知，随着码长增长，极化码的码率 R 逐步逼近 BEC 信道容量 $I(W)=0.5$，而差错概率趋于 0。同时可以看出，$N=2^{10}$ 时，BLER 上界非常紧，中等码率条件下，与 SC 译码结果非常吻合，但下界式(3.4.21)较松，而采用下界式(3.4.85)，则与上界非常吻合。因此，SC 上界是一个非常好的理论工具，可以分析与预测极化码 SC 译码算法的性能。

3.4.2　信道容量可达性

下面考察信道极化的渐近行为。首先引入极化树(Polar Tree)过程，如图 3.4.2 所示。

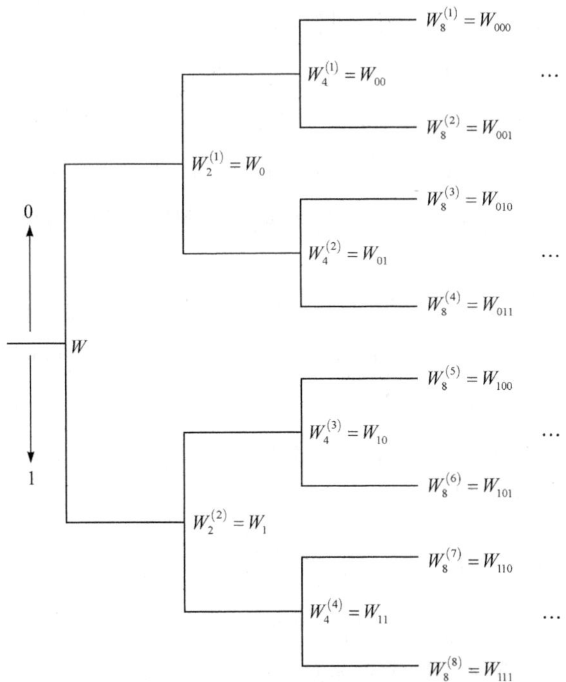

图 3.4.2　基于迭代信道构造的极化树

如图 3.4.2 所示，极化树是一棵二叉满树，其树根是原始 B-DMC 信道 W，增长一节则产生两个极化子信道 $W_2^{(1)}$ 与 $W_2^{(2)}$ 作为后继节点。这两个节点可以继续极化，进一步得到后续节点，例如，$W_2^{(1)}$ 信道产生 $W_4^{(1)}$ 与 $W_4^{(2)}$ 信道等。一般地，极化树第 n 节第 i 个节点(从上往下编号)对应的极化信道为 $W_{2^n}^{(i)}$。

考虑用极化信道序号的二进制展开向量标记极化树的节点。如图 3.4.2 所示，根节点是空序列，上支路标记为比特 0，下支路标记为比特 1。按照这种标记规则，第 n 节第 i 个节点序号对应的二进制向量为 $(b_1b_2\cdots b_n)$，即满足 $i=1+\sum_{j=1}^{n}b_j2^{n-j}$，因此极化信道 $W_{2^n}^{(i)}$ 对应表示为 $W_{b_1b_2\cdots b_n}$，其两个后继节点分别表示为 $W_{b_1b_2\cdots b_n0}$ 与 $W_{b_1b_2\cdots b_n1}$。这样从树根到节点的路径标记了节点的序号，即极化信道的序号。

1. 极化树上的随机过程

在极化树上定义随机树过程 $\{K_n:n\geqslant 0\}$，这个过程从树根 $K_0=W$ 开始，对于任意的 $n\geqslant 0$，给定 $K_n=W_{b_1\cdots b_n}$，则 K_{n+1} 等于 $W_{b_1\cdots b_n0}$ 与 $W_{b_1\cdots b_n1}$ 的概率分别为 $1/2$。由此，随机树过程 $\{K_n\}$ 可以看作从树根开始的独立同分布(i.i.d)二进制序列(也称伯努利序列) $\{B_n:n=1,2,\cdots\}$ 驱动的随机过程，其中，$P(B_n=1,0)=1/2$。换言之，给定伯努利序列 $B_1,\cdots,B_n$ 的取值样本 $b_1,\cdots,b_n$，则随机树过程取值为 $K_n=W_{b_1\cdots b_n}$。进一步，为了跟踪极化子信道的互信息、巴氏参数与截止速率，定义三个随机过程 $I_n=I(K_n)$、$Z_n=Z(K_n)$ 与 $R_{0,n}(K_n)=R_0(K_n)$。

为了精确表述问题，引入概率空间 $(\Omega,\mathfrak{F},P)$，其中，Ω 是二进制序列 $(b_1,\cdots,b_n)\in\{0,1\}^\infty$ 的样本空间，$\mathfrak{F}$ 是由圆柱集 $S(b_1,\cdots,b_n)\triangleq\{\omega\in\Omega:\omega_1=b_1,\cdots,\omega_n=b_n,n\geqslant 1,\forall b_i\in\{0,1\},1\leqslant i\leqslant n\}$ 生成的 Borel(博雷尔)域，P 是定义在博雷尔域上的概率测度，定义为 $P(S(b_1,\cdots,b_n))=1/2^n$。定义 $\mathfrak{F}_i$ 是由圆柱集 $S(b_1,\cdots,b_i)$，$b_1,\cdots,b_i\in\{0,1\}$，$1\leqslant i\leqslant n$ 生成的第 i 个博雷尔域。显然 $\mathfrak{F}_0$ 是只包含空集与 Ω 的平凡博雷尔域，并且各个博雷尔域满足嵌套包含关系，即 $\mathfrak{F}_0\subset\mathfrak{F}_1\subset\cdots\subset\mathfrak{F}$。

基于上述随机过程定义，可以描述 $N\to\infty$ 信道极化的渐近过程。对于 $\omega=(\omega_1,\omega_2,\cdots)\in\Omega$，$n\geqslant 1$，定义 $B_n(\omega)=\omega_n$，$K_n(\omega)=W_{\omega_1\cdots\omega_n}$，$I_n(\omega)=I(K_n(\omega))$、$Z_n(\omega)=Z(K_n(\omega))$ 与 $R_{0,n}(\omega)=R_0(K_n(\omega))$。其初始条件为 $n=0$，$K_0=W$，$I_0=I(W)$，$Z_0=Z(W)$ 与 $R_0=R_0(W)$。显然，对于任意固定 $n\geqslant 0$，随机变量 B_n、K_n、I_n、Z_n 与 $R_{0,n}$ 都在博雷尔域 $\mathfrak{F}_n$ 上可测。

2. 信道极化的收敛性分析

为了分析信道极化的参数收敛行为，首先引入鞅(Martingale)过程的定义。

定义 3.7 给定随机变量与博雷尔域复合序列 $\{X_n,\mathfrak{F}_n\}$，当且仅当对每一个 n 满足下列条件：

(1) $\mathfrak{F}_n \subset \mathfrak{F}_{n+1}$ 且 $X_n \subset \mathfrak{F}_n$；

(2) $\mathbb{E}(X_n) < \infty$；

(3) $X_n = \mathbb{E}(X_{n+1} | \mathfrak{F}_n)$。

则称 $\{X_n, \mathfrak{F}_n\}$ 是鞅过程，如果条件(3)改写为 $X_n \geqslant \mathbb{E}(X_{n+1} | \mathfrak{F}_n)$，则称为超鞅(Supermartingale)过程，反之条件(3)满足 $X_n \leqslant \mathbb{E}(X_{n+1} | \mathfrak{F}_n)$，则称为半鞅(Submartingale)过程。

鞅过程的条件(3)实际上意味着 $\mathbb{E}(X_n) = \mathbb{E}(X_{n+1})$，所以对一切 n，满足 $\mathbb{E}(X_n) = \mathbb{E}(X_1)$，因此鞅过程必然收敛，其极限就是 $\mathbb{E}(X_1)$。

基于鞅的定义，随机过程 $\{I_n\}$ 与 $\{Z_n\}$ 的收敛性满足如下两个引理。

引理 3.6　随机变量与博雷尔域复合序列 $\{I_n, \mathfrak{F}_n : n \geqslant 0\}$ 是鞅过程，满足下列条件：

$$\mathfrak{F}_n \subset \mathfrak{F}_{n+1} \text{且} I_n \subset \mathfrak{F}_n \tag{3.4.22}$$

即互信息随机变量满足博雷尔可测。

$$\mathbb{E}(I_n) < \infty \tag{3.4.23}$$

$$I_n = \mathbb{E}(I_{n+1} | \mathfrak{F}_n) \tag{3.4.24}$$

进一步，随机序列 $\{I_n : n \geqslant 0\}$ 几乎处处收敛于随机变量 I_∞，并且 $\mathbb{E}(I_\infty) = I_0$。

证明　基于博雷尔域的构造，可知第一个条件(式(3.4.22))成立。第二个条件(式(3.4.23))成立的原因是 $0 \leqslant I_0 \leqslant 1$，显然极化子信道的互信息是有界的。为了证明第三个条件，考虑圆柱集 $S(b_1, \cdots, b_n) \in \mathfrak{F}_n$，利用定理 3.8 的式(3.1.92)，推导如下：

$$\mathbb{E}\left(I_{n+1} \middle| S(b_1, \cdots, b_n)\right) = \frac{1}{2} I\left(W_{b_1 \cdots b_n 0}\right) + \frac{1}{2} I\left(W_{b_1 \cdots b_n 1}\right) = I\left(W_{b_1 \cdots b_n}\right) = I_n \tag{3.4.25}$$

由此得证。

综上所述，$\{I_n, \mathfrak{F}_n\}$ 是一个鞅过程。并且，由于 $\{I_n, \mathfrak{F}_n\}$ 是一个均匀可积鞅，基于这种鞅过程的一般收敛性可知，随机序列 $\{I_n; n \geqslant 0\}$ 几乎处处收敛于随机变量 I_∞，并且 $\lim\limits_{n\to\infty} \mathbb{E}(I_n) = \lim\limits_{n\to\infty} \mathbb{E}(I_{n+1}) = \mathbb{E}(I_\infty) = I_0$。由于鞅过程的收敛性，互信息序列的极限均值居然与原始信道互信息等价。

引理 3.7　随机变量与博雷尔域复合序列 $\{Z_n, \mathfrak{F}_n : n \geqslant 0\}$ 是超鞅过程，满足下列条件：

$$\mathfrak{F}_n \subset \mathfrak{F}_{n+1} \text{且} Z_n \subset \mathfrak{F}_n \tag{3.4.26}$$

即 Bhattacharyya 参数满足博雷尔可测；

$$\mathbb{E}(Z_n) < \infty \tag{3.4.27}$$

$$Z_n \geqslant \mathbb{E}(Z_{n+1} | \mathfrak{F}_n) \tag{3.4.28}$$

进一步，随机序列 $\{Z_n : n \geqslant 0\}$ 几乎处处收敛于随机变量 Z_∞，并且 $Z_\infty \xrightarrow{\text{a.e.}} \{0,1\}$。

证明　条件(3.4.26)与条件(3.4.27)显然成立。为了证明条件(3.4.28)，考虑圆柱集 $S(b_1, \cdots, b_n) \in \mathfrak{F}_n$，利用定理 3.8 的式(3.1.94)，推导如下：

$$\mathbb{E}\left(Z_{n+1} \middle| S(b_1, \cdots, b_n)\right) = \frac{1}{2} Z\left(W_{b_1 \cdots b_n 0}\right) + \frac{1}{2} Z\left(W_{b_1 \cdots b_n 1}\right) \leqslant Z\left(W_{b_1 \cdots b_n}\right) = Z_n \tag{3.4.29}$$

由此得证。综上所述，$\{Z_n,\mathscr{F}_n\}$是一个超鞅过程。并且，由于$\{Z_n,\mathscr{F}_n\}$是一个均匀可积超鞅，它在$\mathcal{L}^1$空间上几乎处处收敛于随机变量Z_∞，且$\lim_{n\to\infty}\mathbb{E}(|Z_n-Z_\infty|)=0$。由此可知，$\lim_{n\to\infty}\mathbb{E}(|Z_n-Z_{n+1}|)=0$。而由定理 3.8 的式(3.1.96)，$Z_{n+1}=Z_n^2$ 以概率 1/2 成立，因此$\mathbb{E}(|Z_n-Z_{n+1}|)\geqslant\frac{1}{2}\mathbb{E}(|Z_n-Z_{n+1}|)\geqslant\frac{1}{2}\mathbb{E}(Z_n(1-Z_{n+1}))\geqslant 0$。这样$\lim_{n\to\infty}\mathbb{E}(Z_n(1-Z_{n+1}))=0$，等价于$\mathbb{E}(Z_\infty(1-Z_\infty))=0$。

引理 3.7 意味着，Z_∞几乎处处收敛于 0 或者 1，这就是信道极化的两极分化收敛行为，它意味着，当$N\to\infty$时，Bhattacharyya 参数或者趋于 0(好信道)，或者趋于 1(差信道)，处于中间状态的取值忽略不计。

Arıkan 证明[3]，当信道数目充分大时，极化信道的互信息完全两极分化为无噪的好信道(互信息趋于 1)与完全噪声的差信道(互信息趋于 0)，并且好信道占总信道的比例趋于原始 B-DMC 信道W的容量$I(W)$，而差信道比例趋于$1-I(W)$。下面考察信道极化的互信息序列的收敛性，有如下重要定理。

定理 3.19(信道极化容量可达定理) 对于任意的 B-DMC 信道W，信道集合$\left\{W_N^{(i)}\right\}$呈现极化行为，意味着对于任意常数$\delta\in(0,1)$，当$N=2^n\to\infty$，$I\left(W_N^{(i)}\right)\in(1-\delta,1]$(极化子信道为好信道，容量趋于 1)的比例趋于$I(W)$，而$I\left(W_N^{(i)}\right)\in[0,\delta)$(极化子信道为差信道，容量趋于 0)的比例趋于$1-I(W)$。

证明 基于引理 3.6 与引理 3.7 可知，随机序列$\{I_n;n\geqslant 0\}$几乎处处收敛于随机变量I_∞，并且$\mathbb{E}(I_\infty)=I_0$。随机序列$\{Z_n;n\geqslant 0\}$几乎处处收敛于随机变量Z_∞，并且$Z_\infty\xrightarrow{\text{a.e.}}\{0,1\}$，即$Z_\infty$或者等于 0，或者等于 1。由定理 3.1 与定理 3.2 可知，互信息有上、下界：

$$\log_2\frac{2}{1+Z_\infty}\leqslant I_\infty\leqslant\sqrt{1-Z_\infty^2} \tag{3.4.30}$$

因此，若$Z_\infty\overset{\text{a.e.}}{=}0$，则$I_\infty\overset{\text{a.e.}}{=}1$；反之，若$Z_\infty\overset{\text{a.e.}}{=}1$，则$I_\infty\overset{\text{a.e.}}{=}0$。由此可见，$I_\infty\overset{\text{a.e.}}{=}1-Z_\infty$，也即$I_\infty\xrightarrow{\text{a.e.}}\{0,1\}$。由于$\mathbb{E}(I_\infty)=P(I_\infty=1)=I_0$，因此当$N\to\infty$时，极化子信道比例满足如下渐近关系式：

$$\begin{cases}\frac{1}{N}\left|\left\{i:I\left(W_N^{(i)}\right)>1-\delta\right\}\right|\to I(W)\\ \frac{1}{N}\left|\left\{i:I\left(W_N^{(i)}\right)>\delta\right\}\right|\to 1-I(W)\end{cases} \tag{3.4.31}$$

也就是说，$I\left(W_N^{(i)}\right)\in(1-\delta,1]$的比例趋于$I(W)$，相应地，$I\left(W_N^{(i)}\right)\in[0,\delta)$的比例趋于$1-I(W)$。

注记 3.2 从泛函观点看，随机序列$\{I_n;n\geqslant 0\}$与$\{Z_n;n\geqslant 0\}$，实际上都以$\{0,1\}$为不动

点，因此必然收敛。这样就从理论上证明了信道极化的渐近收敛行为。

注记 3.3 信道极化的容量可达性证明是编码理论与信息论的光辉成果，它创造性地将容量可达性这一困难问题转换为鞅过程的收敛性问题，好信道与总信道的比例就是原始信道的容量。因此，从这个全新观点出发，可以将 $I_0 = I(W)$ 看作随机过程 $\{Z_n; n \geqslant 0\}$ 收敛于 0 的概率。

定理 3.20 对于任意的 B-DMC 信道 W，有 $I(W)+Z(W) \geqslant 1$，当且仅当 W 是 BEC 时，等号成立。

证明 考虑两个 B-DMC 信道 W 与 W'，其 Bhattacharyya 参数分别为 $Z(W)=Z(W')=z_0$。假设 W' 是 BEC，则其删余率为 z_0，互信息 $I(W')=1-z_0$。分别给定相应于两个信道 W 与 W' 的极化变换随机序列 $\{Z_n\}$ 与 $\{Z_n'\}$。根据定理 3.8 的式(3.1.96)等号成立的条件，在概率意义上，序列 $\{Z_n'\}$ 是序列 $\{Z_n\}$ 的上界，即 $\forall n \geqslant 1, 0 \leqslant z \leqslant 1$，满足 $P(Z_n \leqslant z) \geqslant P(Z_n' \leqslant z)$。因此，序列 $\{Z_n\}$ 收敛于 0 的概率以序列 $\{Z_n'\}$ 收敛于 0 的概率为下界，即 $I(W) \geqslant I(W')$。将互信息与 Bhattacharyya 参数求和，定理得证。

上述定理给出了任意 B-DMC 信道 W 的互信息更紧的下界，可以看作定理 3.1 的加强。

定理 3.21 对于任意的 B-DMC 信道 W，其互信息 $I(W)$ 上、下界为

$$1-Z(W) \leqslant I(W) \leqslant \sqrt{1-Z^2(W)} \tag{3.4.32}$$

上述公式也可以变换为

$$\begin{cases} I(W)+Z(W) \geqslant 1 \\ I^2(W)+Z^2(W) \leqslant 1 \end{cases}$$

注记 3.4 上述分析表明，在所有的 B-DMC 信道 W 中，BEC 信道是容量-可靠性的最佳折中信道，分两方面解释。一方面，在信道容量都为 $I(W)$ 的所有 B-DMC 信道中，BEC 信道最小化了 Bhattacharyya 参数 $Z(W)$(最大化可靠性)；另一方面，在所有 B-DMC 信道中为了达到相同的 Bhattacharyya 参数 $Z(W)$，BEC 信道付出的信道容量 $I(W)$ 最小。

推论 3.2 随机变量与博雷尔域复合序列 $\{R_{0,n}, \mathfrak{F}_n : n \geqslant 0\}$ 是半鞅过程，满足下列条件：

$$\mathfrak{F}_n \subset \mathfrak{F}_{n+1} \text{ 且 } R_{0,n} \subset \mathfrak{F}_n \tag{3.4.33}$$

即截止速率满足博雷尔可测；

$$\mathbb{E}(R_{0,n}) < \infty \tag{3.4.34}$$

$$R_{0,n} \leqslant \mathbb{E}(R_{0,n+1} | \mathfrak{F}_n) \tag{3.4.35}$$

进一步，随机序列 $\{R_{0,n} : n \geqslant 0\}$ 几乎处处收敛于随机变量 $R_{0,\infty}$，$\mathbb{E}(R_{0,\infty}) = I_0$，并且 $R_{0,\infty} \xrightarrow{\text{a.e.}} \{0,1\}$。对于任意常数 $\delta \in (0,1)$，当 $N = 2^n \to \infty$，$R_0\left(W_N^{(i)}\right) \in (1-\delta, 1]$ 的比例趋于 $I(W)$，而 $R_0\left(W_N^{(i)}\right) \in [0,\delta)$ 的比例趋于 $1-I(W)$。

证明 式(3.4.32)与式(3.4.33)显然成立。为了证明条件(3.4.34)，考虑圆柱集 $S(b_1, \cdots, b_n) \in \mathfrak{F}_n$，利用定理 3.8 的式(3.1.97)，推导如下：

$$\mathbb{E}\left(R_{0,n+1}\middle|S(b_1,\cdots,b_n)\right)=\frac{1}{2}R_0\left(W_{b_1\cdots b_n0}\right)+\frac{1}{2}R_0\left(W_{b_1\cdots b_n1}\right)\geqslant R_0\left(W_{b_1\cdots b_n}\right)=R_{0,n} \tag{3.4.36}$$

由此得证。

综上所述，$\{R_{0,n},\mathfrak{F}_n\}$是一个半鞅过程。并且，由于$\{R_{0,n},\mathfrak{F}_n\}$是一个均匀可积半鞅，它在$\mathcal{L}^1$空间上几乎处处收敛于随机变量$R_{0,\infty}$，且$\lim_{n\to\infty}\mathbb{E}\left(\left|R_{0,n}-R_{0,\infty}\right|\right)=0$。利用引理 3.7，并根据截止速率定义可知$R_{0,\infty}\xrightarrow{\text{a.e.}}\{0,1\}$，并且$\mathbb{E}\left(R_{0,\infty}\right)=\mathbb{E}\left(I_\infty\right)=I_0$。由此可见，截止速率也几乎处处收敛于 0 或者 1，满足信道极化的两极分化收敛行为。

3.4.3 极化码思想的缘起与诠释

极化码思想可以从两种角度诠释：一种是提升截止速率的思路，来源于 Arıkan 的初始设计；另一种是对渐近等分割(AEP)性质的模拟，来源于笔者的论述。

1. 提升截止速率诠释

极化码思想的缘起，Arıkan 在文献[5]中进行了回顾与总结。他是从提高序列译码(Sequential Decoding)的截止速率R_0入手，思考极化码的设计。在研究卷积码序列译码的过程中，人们发现截止速率R_0是一个关键指标，编码码率低于截止速率，即$R<R_0$，则序列译码能够正常工作；反之，如果$R\geqslant R_0$，则序列译码算法度趋于无穷大。由于截止速率R_0严格小于信道容量，即$R<R_0<C$，所以长期以来，人们认为信道容量是不可达的，截止速率R_0成为逼近信道容量的阻碍。

在进一步的研究中，人们认识到，在多个序列译码器之间通过信道复合与分裂的操作引入相关性，能够提高截止速率。Pinsker[6]是应用这一思想的先驱，他采用线性分组码(内码)与卷积码(外码)级联编码方案，外码采用序列译码算法，在$R<C$条件下，能够以每比特常数复杂度达到任意高的可靠性。但这种方法只具有理论意义，不具有实用性。后来，在文献[7]中，Massey 发现将非二进制的删余信道分裂为相关二元删余信道(BEC)，能够提高截止速率。

Arıkan 在他的博士论文[8]中，通过研究多址接入信道(MAC)的序列译码，就注意到截止速率的特殊性。在接下来的 20 多年中，他持续不断地考虑如何提高截止速率的问题，分析了序列译码的截止速率上界[9]、猜测译码不等式[10]，在这些工作的启发下，终于发现通过信道极化变换，即信道复合与分裂操作，能够提高截止速率[11]，平均截止速率能够逼近于信道容量：

$$\lim_{N\to\infty}\bar{R}_0\left(W_N\right)=\lim_{N\to\infty}\frac{1}{N}\sum_{i=1}^{N}R_0\left(W_N^{(i)}\right)=I(W)=C \tag{3.4.37}$$

这就是推论 3.2 的基本结论，也是极化码设计的出发点之一。

2. 模拟 AEP 诠释

作者认为，也可以从典型序列译码的角度，思考极化码的设计。Shannon 在证明信道编码定理[12]时，采用了如下假设。

(1) 码长充分长，即$N\to\infty$。

(2) 采用随机编码方法。

(3) 基于信源信道联合渐近等分割(JAEP)特性，采用联合典型序列译码方法。

这三条假设对于设计逼近信道容量的信道编码具有重要的启发性。长期以来，人们主要关注第(2)个假设，通过构造方法模拟随机编码。例如，Turbo 码或 LDPC 码，都具有一定的随机性，能够在码长充分长时逼近信道容量。但第(3)个假设更重要，应用 JAEP 特性，采用联合典型序列译码是信道编码定理证明的关键步骤。

对于信道极化的理论理解，牛凯等在文献[13]和文献[14]中指出，极化变换实际上是联合渐近等分割(JAEP)特性的构造性示例。Turbo 码与 LDPC 码虽然模拟了随机编码的行为，但难以模拟 JAEP 特性，而在极化编码中，极化变换所得到的好信道可以看作联合典型映射，这种方法更加符合 Shannon 原始证明的基本思路。极化码渐近差错率随码长指数下降。这样极化码与随机编码具有一致的渐近差错性能，相当于给出了信道编码定理[12]的构造性证明。

Arıkan 对于极化思想的解释，是单纯从编码设计角度入手，关注特定的性能指标——截止速率的改善，虽然理论上非常精巧，但对于一般通信系统的极化效应，难以给出通用解释。而作者对于极化思想的解释，是从信道编码定理证明的基本假设出发，关注通信系统普遍的特征——渐近等分割(AEP)特性的模拟。AEP 特性是信息论中通信系统优化设计的基石，当码长趋于无限长时，任意通信系统都会具有 AEP 特性，从而达到理论最优。由于极化方法模拟了 AEP 特性，因此它具有普适性，不仅是达到信道容量的最佳信道编码，而且是达到熵、率失真函数的最佳信源编码，还是达到多用户通信容量域的最佳传输方案，适用于任意通信系统的优化设计，这也就是第 8 章极化信息处理思想的缘起。

3.4.4　渐近差错概率与比例行为分析

渐近差错概率，是指码长无限长时，极化码的误码率。首先需要考察 $N\to\infty$ 时，极化子信道的可靠性，然后进一步分析极化码的渐近差错概率。Arıkan 与 Telatar 在文献[15]最早给出了极化码渐近性能分析结果。进一步，人们也研究给定误码率 P_e，码长与码率的关系，即比例行为分析。

1. 极化子信道的渐近可靠性

如前所述，给定概率空间 $(\Omega,\mathfrak{F},P)$，极化随机过程建模为极化树上的伯努利序列 $\{B_n;n=1,2,\cdots\}$ 驱动的随机过程，其中，$P(B_n=1,0)=1/2$。对于 Bhattacharyya 参数序列 $\{Z_n;n=1,2,\cdots\}$，具有如下性质。

(1) 对于每个整数 n，$Z_n\in[0,1]$，且在博雷尔域 $\mathfrak{F}_n$ 上可测，也就是说，Z_0 是常数，Z_n 是 $B_1,B_2,\cdots,B_n$ 的函数。

(2) 对于每个整数 n，存在常数 q，Z_n 满足：

$$\begin{cases}Z_{n+1}=Z_n^2, & B_{n+1}=1\\ Z_{n+1}\leqslant qZ_n, & B_{n+1}=0\end{cases}\tag{3.4.38}$$

(3) $\{Z_n\}$ 序列几乎处处收敛于 $\{0,1\}$ 随机变量 Z_∞，并且 $P(Z_\infty=0)=I_0$，以及

$I_0 \in (0,1]$。

当 $q=2$ 时，上述随机序列 $\{Z_n\}$ 是极化过程中 Bhattacharyya 参数序列的上界序列，而当 q 取一般常数时，这个序列表示更一般的随机序列。

定理 3.22(渐近极化差错率) 对于任意 $\beta<1/2$ 的常数，极化子信道的 Bhattacharyya 参数渐近满足：

$$\lim_{n\to\infty} P\left(Z_n < 2^{-2^{n\beta}}\right) = I_0 \tag{3.4.39}$$

其中，常数 $0<\beta<1/2$ 称为极化率(Polarization Rate)，它表征了极化子信道可靠性随码长下降的速率。显然，渐近意义上，底数 2 可以替代为任意正常数 $\lambda>1$，即

$$\lim_{n\to\infty} P\left(Z_n < \lambda^{-2^{n\beta}}\right) = I_0 \tag{3.4.40}$$

渐近极化差错率定理非常重要，它刻画了极化子信道可靠性的渐近行为。为了证明这个定理，首先需要证明如下三个引理。

引理 3.8 令 $A:\mathbb{R}\to\mathbb{R}$ 是实数域到实数域的映射 $A(x)=x+1$，表示加 1 算子，令 $D:\mathbb{R}\to\mathbb{R}$ 的映射 $D(x)=2x$，表示倍增算子。假设序列 $\{a_i\}_{i=0}^n$，初始值为 a_0，满足如下的迭代公式：

$$a_{i+1} = f_i(a_i) \tag{3.4.41}$$

其中，$f_i\in\{A,D\}$。假设 $\left|\{0\leqslant i\leqslant n-1: f_i=D\}\right|=k$ 而 $\left|\{0\leqslant i\leqslant n-1: f_i=A\}\right|=n-k$，因此，在前 n 次迭代中，有 k 次倍增运算，有 $n-k$ 次加 1 运算。则序列元素有上界：

$$a_n \leqslant D^{(k)}\left(A^{(n-k)}(a_0)\right) = 2^k(a_0+n-k) \tag{3.4.42}$$

证明 式(3.4.42)给出的上界，实际上对应先做 $n-k$ 次加 1 运算，即 $f_0=\cdots=f_{n-k-1}=A$，然后做 k 次倍增运算，即 $f_{n-k}=\cdots=f_{n-1}=D$。下面用反证法证明，两种算子的其他任意排列都小于这个上界。

假设存在某种算子序列 $\{f_i\}$ 与上述顺序不同，则存在 $j\in\{1,\cdots,n-1\}$，满足 $f_{j-1}=D$ 且 $f_j=A$，产生序列 $\{a_i\}$，其中，a_n 是真上界。交换 f_j 与 f_{j-1}，定义新的算子序列 $\{f_i'\}$：

$$f_i' = \begin{cases} A, & i=j-1 \\ D, & i=j \\ f_i, & \text{其他} \end{cases} \tag{3.4.43}$$

令 $\{a_i'\}$ 表示基于新算子序列 $\{f_i'\}$ 操作得到的序列，则新序列 $\{a_i'\}$ 与原序列 $\{a_i\}$ 满足如下关系：

$$\begin{cases} a_i' = a_i, & i<j \\ a_j' = a_{j-1}'+1 = a_{j-1}+1 \\ a_{j+1}' = 2a_j' = 2a_{j-1}+2 > 2a_{j-1}+1 = a_{j+1} \end{cases} \tag{3.4.44}$$

由于从 $j+1$ 往后的迭代，算子序列 $\{f_i'\}$ 与 $\{f_i\}$ 相同，并且 A 与 D 都是保持大小顺序的算

子，因此$a'_{j+1} > a_{j+1}$，意味着$a'_n > a_n$，这与a_n是上界的假设矛盾，引理得证。

引理 3.9 对于任意$\epsilon > 0$，存在整数m，对于任意的$n \geqslant m$，满足

$$P\left(Z_n \leqslant 1/q^2\right) > I_0 - \epsilon \tag{3.4.45}$$

证明 令$\Omega_0 = \left\{\omega : Z_n(\omega) \to 0\right\}$。由$Z_n$序列的条件(3)可知，$P(\Omega_0) = I_0$。由序列极限的标准表述，$\lim\limits_{n\to\infty} a_n = 0$等价描述为，对于所有$k \geqslant 1$，存在正整数$n_0$，对于所有的正整数$n \geqslant n_0$，$a_n < 1/k$。基于极限描述，集合$\Omega_0$改写如下：

$$\Omega_0 = \bigcap_{k\geqslant 1} \bigcup_{n_0 \geqslant 1} \varUpsilon_{n_0,k} \tag{3.4.46}$$

其中，$\varUpsilon_{n_0,k} = \left\{\omega : \forall n \geqslant n_0, Z_n(\omega) < 1/k\right\}$。这样，对于任意的整数$k$，$\Omega_0 \subseteq \bigcup\limits_{n_0\geqslant 1} \varUpsilon_{n_0,k}$。不妨令$k = q^2$，则得到

$$I_0 = P(\Omega_0) \leqslant P\left(\bigcup_{n_0\geqslant 1} \varUpsilon_{n_0,q^2}\right) \tag{3.4.47}$$

由于集合$\varUpsilon_{n_0,k}$的势随着n_0的减小而增加，因此，对于任意的$\epsilon > 0$，存在正整数$m \leqslant n_0$，满足

$$P\left(\varUpsilon_{m,q^2}\right) > P\left(\bigcup_{n_0\geqslant 1} \varUpsilon_{n_0,q^2}\right) - \epsilon \geqslant I_0 - \epsilon \tag{3.4.48}$$

引理 3.10 对于任意$\epsilon > 0$，存在整数n_0，对于任意的$n \geqslant n_0$，满足

$$P\left(\log_q Z_n \leqslant -n/10\right) > I_0 - \epsilon \tag{3.4.49}$$

证明 引入累积伯努利变量$S_n = \sum\limits_{i=1}^{n} B_i$，定义事件$G_{m,n,\alpha}$如下：

$$G_{m,n,\alpha} = \left\{B_{m+1}^n : S_n - S_m \geqslant \alpha(n-m)\right\} \tag{3.4.50}$$

这个事件表示，在伯努利序列B_{m+1}^n中，1的比例不小于α。对于任意$\alpha < 1/2$，当$n-m$充分大时，根据二项分布的概率性质，这个事件的概率趋于1。正式表述为：对于任意$\alpha < 1/2$且$\epsilon > 0$，存在$n_0 = n_0(\epsilon, \alpha)$，当$n - m \geqslant n_0$时，满足$P\left(G_{m,n,\alpha}\right) > 1 - \epsilon$。

令$\varUpsilon_{m,q^2} = \left\{\omega : \forall n \geqslant m, Z_n(\omega) < 1/q^2\right\}$。给定$\epsilon > 0$，由引理3.9可以找到整数$m = m(\epsilon)$，满足$P\left(\varUpsilon_{m,q^2}\right) > I_0 - \epsilon/2$。

注意到，对于$\omega \in \varUpsilon_{m,q^2}$且$n \geqslant m$，有如下关系：

$$\begin{cases} Z_{n+1} = Z_n^2 \leqslant Z_n/q^2, & B_{n+1} = 1 \\ Z_{n+1} \leqslant qZ_n, & B_{n+1} = 0 \end{cases} \tag{3.4.51}$$

将式(3.4.51)左右两边取对数，得到

$$\begin{cases} \log_q Z_{n+1} \leqslant \log_q Z_n - 2, & B_{n+1} = 1 \\ \log_q Z_{n+1} \leqslant \log_q Z_n + 1, & B_{n+1} = 0 \end{cases} \tag{3.4.52}$$

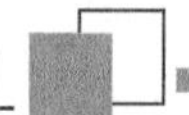

因此可得

$$
\begin{aligned}
\log_q Z_n &\leqslant \log_q Z_m - 2(S_n - S_m) + (n - m - (S_n - S_m)) \\
&\leqslant -3(S_n - S_m) + (n - m)
\end{aligned}
\tag{3.4.53}
$$

再找一个整数 $n_0 \geqslant 2m$ ，当 $n \geqslant n_0$ 时，满足 $P(G_{m,n,2/5}) > 1-\epsilon/2$ 。对于任意 $n \geqslant n_0$ ，当 $\omega \in \Upsilon_{m,q^2} \cap G_{m,n,2/5}$ 时，可得

$$
\begin{aligned}
\log_q Z_n &\leqslant -\frac{6}{5}(n-m) + (n-m) \\
&\leqslant -(n-m)/5 \leqslant -n/10
\end{aligned}
\tag{3.4.54}
$$

由于 $P(\Upsilon_{m,q^2} \cap G_{m,n,2/5}) > I_0 - \epsilon$ ，引理得证。

下面证明定理 3.22。

证明 给定 $\beta < 1/2$ ，选取 $\beta' \geqslant 1/3$ 且 $\beta' \in (\beta, 1/2)$ 。选择 $n_3(\epsilon)$ 满足 $n_2(\epsilon) = 3\log_2 n_3(\epsilon)$ 与 $n_1(\epsilon) = 20 n_2(\epsilon)$ ，且满足下列关系。

(1) 若 n_0 选定满足引理 3.10，则 $n_1(\epsilon) \geqslant 40$ 且 $n_1(\epsilon) \geqslant n_0(\epsilon/3)$ 。

(2) 由引理 3.10 可得，$P\left(G_{n_1(\epsilon),n_1(\epsilon)+n_2(\epsilon),\beta'}\right) > 1-\epsilon/3$ 。

(3) 类似地，由引理 3.10 可得，$P\left(G_{n_1(\epsilon)+n_2(\epsilon),n_3(\epsilon),\beta'}\right) > 1-\epsilon/3$ 。

(4) $\beta'(n_3(\epsilon) - n_1(\epsilon) - n_2(\epsilon)) \geqslant \beta n_3(\epsilon) + \log_2 \log_q 2$ 。

给定 $n \geqslant n_3(\epsilon)$ ，令 $n_2 = 3\log_2 n$ 且 $n_1 = 20 n_2$ ，则上述关系式用 (n_1, n_2, n) 替代 $(n_1(\epsilon), n_2(\epsilon), n(\epsilon))$ 。将极化序列分割为三个子事件：

$$
G = \{\log_q Z_{n_1} \leqslant -n_1/10\} \cap G_{n_1,n_1+n_2,\beta'} \cap G_{n_1+n_2,n,\beta'}
\tag{3.4.55}
$$

由引理 3.10 可得 $P(G) \geqslant I_0 - \epsilon$ 。

考察对数版本的 Bhattacharyya 参数序列 $\{\log_q Z_i : i \geqslant n_1\}$ ，其上界序列为 $\{L_i = \log_q Z_i : i \geqslant n_1\}$ ，定义如下：

$$
\begin{cases}
L_{i+1} = 2L_i, & B_{i+1} = 1 \\
L_{i+1} = L_i + 1, & B_{i+1} = 0
\end{cases}
\tag{3.4.56}
$$

对于 $\omega \in G$ ，可以划分为如下三段子向量。

(1) $L_{n_1} \leqslant -n_1/10$ 。

(2) 当 L_i 从 n_1 演进到 $n_1 + n_2$ 时，至少有 $\beta' n_2$ 个倍增操作。

(3) 当 L_i 从 $n_1 + n_2$ 演进到 n 时，至少有 $\beta'(n - n_1 - n_2)$ 个倍增操作。

由引理 3.8 可得

$$
L_{n_1+n_2} \leqslant 2^{\beta' n_2}(L_{n_1} + n_2) \leqslant 2^{\beta' n_2}(-n_1/10 + n_2) \leqslant -2^{\beta' n_2} n_1 / 20
\tag{3.4.57}
$$

类似地，第三段子向量满足：

$$\begin{aligned} L_{n_2} &\leqslant 2^{\beta'(n-n_1-n_2)}\left(L_{n_1+n_2}+\left(n-n_1-n_2\right)\right) \\ &\leqslant 2^{\beta'(n-n_1-n_2)}\left(-2^{\beta' n_2} n_1/20+n\right) \leqslant 2^{\beta'(n-n_1-n_2)}\left(-2^{n_2/3} n_1/20+n\right) \\ &\leqslant 2^{\beta'(n-n_1-n_2)}\left(-n\left(n_1/20-1\right)\right) \leqslant -n2^{\beta'(n-n_1-n_2)} \leqslant -2^{\beta'(n-n_1-n_2)} \leqslant \log_q 2^{-2^{\beta n}} \end{aligned} \tag{3.4.58}$$

当 $n \geqslant n_3(\epsilon)$ 时，式(3.4.58)意味着 $Z_n \leqslant 2^{-2^{\beta n}}$ 的概率为 $I_0-\epsilon$，由此完成了证明。

2. 逆定理与渐近差错概率

当 $B_{n+1}=0$ 时，Bhattacharyya 参数序列 $\{Z_n\}$ 满足的迭代条件为 $Z_{n+1} \geqslant Z_n$，则可以得到定理 3.22 的逆定理。

定理 3.23　如果序列 $\{Z_n\}$ 的条件(2)替代为如下关系式：

$$\begin{cases} Z_{n+1}=Z_n^2, & B_{n+1}=1 \\ Z_{n+1} \geqslant Z_n, & B_{n+1}=0 \end{cases} \tag{3.4.59}$$

并且如果 $Z_0>0$，对任意 $\beta>1/2$，满足如下关系：

$$\lim_{n\to\infty} P\left(Z_n<2^{-2^{n\beta}}\right)=0 \tag{3.4.60}$$

证明　对于 Bhattacharyya 参数序列 $\{Z_n\}$，引入其双对数版本 $\{\log_2(-\log_2 Z_n)\}$，构造这个序列的上界序列 $\{K_n\}$，定义如下：

$$\begin{cases} K_0=\log_2\left(-\log_2 Z_0\right) \\ K_n=K_{n-1}+B_n=K_0+\sum_{i=1}^{n} B_i \end{cases} \tag{3.4.61}$$

因此，可以得到

$$\begin{aligned} P\left(Z_n<2^{-2^{n\beta}}\right) &= P\left(\log_2\left(-\log_2 Z_n\right) \geqslant \beta n\right) \\ &\leqslant P\left(K_n \geqslant \beta n\right) \\ &= P\left(\sum_{i=1}^{n} B_i \geqslant \beta n-K_0\right) \end{aligned} \tag{3.4.62}$$

对于 $\beta \geqslant 1/2$，当 $n \to \infty$ 时，基于大数定理，最后一项的概率趋于 0，这样就证明了逆定理。这个定理也可以等价表示为 $\lim_{n\to\infty} P\left(Z_n \geqslant 2^{-2^{n\beta}}\right)=1$。

定理 3.24(渐近比例定律)　给定任意的 B-DMC 信道 W，相应互信息为 $I(W)$，令极化码的编码码率 $R<I(W)$，且极化率 $\beta<1/2$，则对于码长 $N=2^n, n \geqslant 0$，极化码的渐近差错概率满足：

$$P_e(N,R)=o\left(2^{-N^{\beta}}\right) \tag{3.4.63}$$

证明　利用定理 3.22，极化码的渐近差错概率表示为

$$P_e(N,R) \leqslant \sum_{i \in \mathcal{A}} Z\left(W_N^{(i)}\right) \leqslant NR \max_{i \in \mathcal{A}} Z_i \leqslant NI_0 2^{-2^{n\beta}} = I_0 2^{-2^{n\beta}+n} = o\left(2^{-N^\beta}\right) \tag{3.4.64}$$

上述定理表明，极化码的渐近差错概率最多随着码长的平方根增长呈指数下降，或者等价地，$\log_2\left(-\log_2 P_e(N,R)\right) = n\beta$，即在双对数变换后，极化码的渐近差错概率斜率正比于极化率β，因此称其为渐近比例定律。极化率$\beta = 1/2$是极化码渐近差错概率的临界值，当$\beta < 1/2$时，极化码差错概率能够保证指数下降，而当$\beta > 1/2$时，其渐近差错概率无法保证指数下降。因此，极化率是影响极化码渐近性能的关键指标。Arıkan 已经指出，极化率由极化变换的核矩阵决定，对于 2×2 矩阵 $\boldsymbol{F}_2 = \begin{bmatrix} 1 & 0 \\ 1 & 1 \end{bmatrix}$，极化率只能达到$1/2$，要想进一步提高极化率，只有采用更高维度的核矩阵。

研究极化码的差错概率P_e、编码码率R与编码码长N三者之间的定量关系，称为比例分析，具体包括三个研究思路。如果给定码长N与码率R，推导不依赖于具体 B-DMC 信道模型的差错概率上界，则称为渐近差错概率的比例分析，而如果给定差错概率P_e与编码码率R，推导不依赖于具体信道模型的码长下界，则称为有限码长比例分析。进一步，如果建立统一模型，讨论这三个参数之间的比例关系，则能够更深刻地揭示极化码的理论特性。下面分别介绍相关理论结果。

3. 渐近差错概率比例分析

Hassani 与 Urbanke 在文献[2]和文献[16]中，讨论了极化码差错概率与码长N与码率R之间的关系，对于充分极化信道与未极化信道的渐近可靠性，分别得到如下的定理。

定理 3.25 给定任意的 B-DMC 信道W，相应互信息为$I(W)$，$\{Z_n\}$是 Bhattacharyya 参数序列，则对于码长$N = 2^n, n \geqslant 0$，充分极化子信道的渐近差错概率满足：

(1) 如果编码码率$R < I(W)$，则

$$\lim_{n\to\infty} P\left(Z_n \leqslant 2^{-2^{E\left(n,\frac{R}{I(W)}\right)\left(1+\Theta\left(\frac{f(n)}{n}\right)\right)}}\right) = R \tag{3.4.65}$$

(2) 如果编码码率$R < 1 - I(W)$，则

$$\lim_{n\to\infty} P\left(Z_n \geqslant 1 - 2^{-2^{E\left(n,\frac{R}{1-I(W)}\right)\left(1+\Theta\left(\frac{f(n)}{n}\right)\right)}}\right) = R \tag{3.4.66}$$

其中，$f(n) = o\left(\sqrt{n}\right)$是$\sqrt{n}$的高阶无穷小函数，且满足$\lim_{n\to\infty} f(n) = \infty$。函数$E(n,x)$，$0 < R < 1$是满足下列方程的唯一整数解：

$$\sum_{i=E(n,x)}^{n} \binom{n}{i} \leqslant 2^n x \leqslant \sum_{i=E(n,x)-1}^{n} \binom{n}{i} \tag{3.4.67}$$

这个定理的证明思路，是观察Z_n的渐近行为，随着n的增长，Z_n以大概率趋近于[0,1]区间的两个端点。极化信道$W_{2^n}^{(i)}$的序号参数$i-1$对应的二进制展开序列为$b_1 b_2 \cdots b_n$，其中b_1

是高位比特(MSB)，b_n 是低位比特(LSB)。例如，规定映射 $0 \to -$，$1 \to +$，则二进制序列 $b_1 b_2 \cdots b_n$ 对应正负极性序列 $c_1 c_2 \cdots c_n = ++\cdots--$，从而极化子信道 $W_{2^n}^{(i)}$ 可以嵌套表示为 $W_{2^n}^{(i)} = \left(\left(\left(W^{c_1}\right)^{c_2}\right)\cdots\right)^{c_n}$，其可靠性主要由序列尾部的低位比特决定。对比定理 3.22 与定理 3.24 可知，定理 3.25 的理论结果包含了码率 R，能够更精细地刻画极化码的渐近差错概率。

推论 3.3　给定任意的 B-DMC 信道 W，相应互信息为 $I(W)$，$\{Z_n\}$ 是 Bhattacharyya 参数序列，编码码率 $R < I(W)$，则对于码长 $N = 2^n, n \geqslant 0$，充分极化子信道的渐近差错概率满足：

$$\lim_{n\to\infty} P\left(Z_n \leqslant 2^{-2^{\frac{n}{2}+\sqrt{n}\frac{Q^{-1}\left(\frac{R}{I(W)}\right)}{2}+o(\sqrt{n})}} \right) = R \tag{3.4.68}$$

其中，$Q(x) = \int_x^{\infty} \frac{1}{\sqrt{2\pi}} \mathrm{e}^{-t^2/2} \mathrm{d}t$ 是标准正态分布的拖尾函数。

这个推论的证明，在式(3.4.67)求解中应用了 Stirling 公式，函数 $E\left(n, \frac{R}{I(W)}\right)$ 被简化为 $\frac{n}{2} + \sqrt{n}\frac{Q^{-1}\left(\frac{R}{I(W)}\right)}{2} + o\left(\sqrt{n}\right)$。因此，采用 SC 译码的误块率渐近表达式为

$$\log_2\left(-\log_2 P_e^{\mathrm{SC}}(N,R)\right) \leqslant \frac{n}{2} + \sqrt{n}\frac{Q^{-1}\left(R/I(W)\right)}{2} + o\left(\sqrt{n}\right) \tag{3.4.69}$$

文献[15]证明，即使采用最大后验译码(MAP)，其误块率渐近表达式仍然不变，即

$$\begin{aligned} \log_2\left(-\log_2 P_e^{\mathrm{MAP}}(N,R)\right) &\leqslant \log_2\left(-\log_2 P_e^{\mathrm{SC}}(N,R)\right) \\ &\leqslant \frac{n}{2} + \sqrt{n}\frac{Q^{-1}\left(R/I(W)\right)}{2} + o\left(\sqrt{n}\right) \end{aligned} \tag{3.4.70}$$

理论上最好的渐近差错概率，是随机编码上界，即

$$P_e = \mathrm{e}^{-NE(R,W)+o(N)} \tag{3.4.71}$$

其中，$E(R,W) \in (0,1]$ 是给定信道模型 W 与编码码率 R，采用随机编码的差错指数函数[17]。显然，与随机编码相比，极化码的渐近差错性能较差，由于受极化率影响，后者的渐近差错性能无法再进一步提高。

对于极化随机过程，当处于第 n 级极化时，仍然有很小比例的一部分信道未完全极化，相应的 Bhattacharyya 参数 Z_n 既不趋于 0 也不趋于 1，这部分信道称为未极化信道，即给定常数 $0 < a < b < 1$，对于 B-DMC 信道 W，概率 $P^W\left(Z_n \in [a,b]\right)$ 表示未极化信道的比例。精确计算未极化信道的比例非常困难，分别引入上、下界指数：

$$\begin{cases}\gamma_u^W = \lim\limits_{[a,b]\to(0,1)} \limsup\limits_{n\to\infty} \dfrac{1}{n}\log_2 P^W\left(Z_n \in [a,b]\right) \\ \gamma_l^W = \lim\limits_{[a,b]\to(0,1)} \liminf\limits_{n\to\infty} \dfrac{1}{n}\log_2 P^W\left(Z_n \in [a,b]\right)\end{cases} \tag{3.4.72}$$

由此可得，当n充分大时，未极化信道比例有上、下界：

$$2^{\gamma_l^W n} \lessapprox P^W\left(Z_n \in [a,b]\right) \lessapprox 2^{\gamma_u^W n} \tag{3.4.73}$$

数值计算表明，如果W是BEC信道，则未极化信道比例的指数精确值为$\gamma^{\mathrm{BEC}} = -0.2757$。其指数上、下界为

$$-0.2786 \approx \frac{1}{2\ln 2} - 1 \leqslant \gamma^{\mathrm{BEC}} \leqslant \gamma_u^{\mathrm{BEC}} \leqslant -0.2669 \tag{3.4.74}$$

由此可得，如果W是BEC信道，未极化信道比例$P^W\left(Z_n \in [a,b]\right) = \Theta\left(2^{-n\gamma}\right) = \Theta\left(2^{-0.2757n}\right)$。

4. 有限码长比例分析

极化码差错性能的另一个研究方向是固定差错概率，考察码长与码率的关系。也就是说，给定特定信道与差错概率P_e，以码率R表示码长N如何取值，才能使极化码差错概率正好小于目标差错概率P_e。从实用观点来看，这种有限码长比例分析问题更具有实际意义。为了达到目标差错概率P_e，在某个编码码率下，可以得到满足差错性能要求的最短码长。

理论上，Polyanskiy、Poor与Verdu[18]证明，采用随机编码存在最短码长下界：

$$N \gtrapprox \frac{V\left(Q^{-1}(P_e)\right)^2}{\left(I(W)-R\right)^2} \tag{3.4.75}$$

其中，V称为信道散度函数，因此，最短码长与$\Theta\left(1/\left(I(W)-R\right)^2\right)$同阶。

利用未极化信道比例的分析结果，Hassani、Alishahi与Urbanke在文献[19]中研究了极化码的有限码长比例特性，总结为如下定理。

定理 3.26(有限码长比例定理)　任意的B-DMC信道W，相应互信息为$I(W)$，给定极化码的码率$R < I(W)$，为达到目标差错概率P_e，极化码的码长N满足上、下界：

$$\frac{A_l}{\left(I(W)-R\right)^{\alpha_l}} \leqslant N \leqslant \frac{A_u}{\left(I(W)-R\right)^{\alpha_u}} \tag{3.4.76}$$

其中，$A_u, A_l > 0$是依赖于P_e与$I(W)$的正常数。$\alpha_u = 6$与$\alpha_l = 3.579$分别称为上、下比例指数。

对比式(3.4.75)可知，理想的随机编码，比例指数为$\alpha = 2$，即码长随容量与码率的差值$\left(I(W)-R\right)$的平方增长，而极化码的码长要随$\left(I(W)-R\right)$的3.579次幂增长，显然极化码的性能不如理想的随机编码。后续的研究表明：下比例指数可以进一步提高到$\alpha_l =$

$3.627 = 1/0.2757$，这对应 BEC 信道的情况。而上比例指数也可以改进到 $\alpha_u = 4.714$ (对于任意的 B-DMC 信道)，或者 $\alpha_u = 3.637$ (对于 BEC 信道)。这些理论结果对于极化码参数的选取具有重要的指导意义。

5. 统一分析模型

为了细致考察码长 N、码率 R 与差错概率 P_e 三者之间的关系，Mondelli、Hassani 与 Urbanke[20]建立了统一比例分析模型，得到如下定理。

定理 3.27(统一比例定理)　对于任意的 B-DMC 信道 W，相应互信息为 $I(W)$，给定二元熵函数 $h_2(x) = -x\log_2 x - (1-x)\log_2(1-x)$，极化码的码率 $R < I(W)$，采用 SC 译码的差错概率 P_e 与极化码的码长 N 满足如下比例上界：

$$\begin{cases} P_e \leqslant N \cdot 2^{-N\eta h_2^{-1}\left(\frac{(\alpha+1)\eta-1}{\alpha\eta}\right)} \\ N \leqslant \dfrac{A_3}{\left(I(W)-R\right)^{\alpha/(1-\eta)}} \end{cases} \tag{3.4.77}$$

其中，$\alpha > 2$ 是比例指数，参数 $\eta \in \left(1/(1+\alpha), 1\right)$，$A_3$ 是不依赖于信道 W 与 η 的常数，$h_2^{-1}(x)$ 是二元熵函数的逆函数。

上述定理揭示了容量和码率差值与差错率之间的折中关系。比例指数越大，则差错概率下降越快，可以得到次指数速率下降。当 η 从 $1/(1+\alpha)$ 逐步接近 1 时，一方面，由于指数 $\eta h_2^{-1}\left(\dfrac{(\alpha+1)\eta-1}{\alpha\eta}\right)$ 随着 η 单调增长，因此差错概率越来越快地逼近于 0；另一方面，因为 $\alpha/(1-\eta)$ 也是 η 的增函数，所以容量与码率的差值趋于 0 的速度越来越慢。

将定理 3.26 看作定理 3.27 的特例，则对于一般的 B-DMC 信道，$\alpha = 4.714$，而对于 BEC 信道，$\alpha = 3.637$。

定理 3.27 还能够揭示误差指数(极化率)与比例指数之间的关系。当参数 η 趋于 1 时，容量与码率的差值可以任意小，但独立于码长 N，此时对于任意的 $\beta \in (0, 1/2)$，差错概率同阶于 $o\left(2^{-N^\beta}\right)$。另外，当 η 趋于 $1/(1+\alpha)$ 时，指数 $\eta h_2^{-1}\left(\dfrac{(\alpha+1)\eta-1}{\alpha\eta}\right)$ 趋于 0，在此区域，差错概率独立于码长 N，而码长同阶于 $o\left(1\big/\left(I(W)-R\right)^{1+\alpha}\right)$。我们还可以进一步给出差错概率与 Bhattacharyya 参数 Z_n 之间的统一比例定理。

定理 3.28　对于任意的 B-DMC 信道 W，互信息为 $I(W)$，Bhattacharyya 参数为 $Z(W)$，采用 SC 译码的差错概率 P_e 与极化码的码长 N 满足如下比例上界：

$$\begin{cases} P_e \leqslant N \cdot Z(W)^{\frac{1}{2}N\eta h_2^{-1}\left(\frac{(\alpha+1)\eta-1}{\alpha\eta}\right)} \\ N \leqslant \dfrac{A_4}{\left(I(W)-R\right)^{\alpha/(1-\eta)}} \end{cases} \tag{3.4.78}$$

其中，A_4 是不依赖于信道 W 与 η 的常数。这个定理表明，差错概率大约与 $o\left(Z(W)^{\sqrt{N}}\right)$ 成比例。定理 3.28 具有非常重要的物理意义。它表明给定信道 W，SC 译码的差错率与 $Z(W)^{\sqrt{N}}$ 成比例。如果固定信道 W，可以根据信道特性构造极化码。当进入错误平台(Error Floor)区域时，编码是给定的，而信道条件(如信噪比)发生了变化，这意味着极化码的构造不依赖于信道条件。定理 3.28 的结果表明，针对实际信道构造极化码，得到的 SC 译码差错概率与固定信道条件构造极化码的 SC 译码差错概率的比例行为本质上一致。因此，针对较好的固定信道构造极化码，就能够适应多种信道条件，即使存在信道条件错配(Mismatch)，也不会影响译码性能，不存在错误平台。它从理论上揭示了极化码是一种没有错误平台的线性分组码，这一点是极化码相对于 LDPC 码的显著性能优势。

3.4.5 子信道相关性分析

由于极化变换在各个子信道之间引入了相关性，因此有必要考察子信道差错的相互依赖关系。Parizi 与 Telatar[21]研究了 BEC 信道下子信道的相关性问题。

给定删余率为 ϵ 的 BEC 信道 W，引入删余标记随机变量 $E\in\{0,1\}$，0 表示不删余，而 1 表示删余，因此 $P(E=1)=\epsilon$，实际上 Bhattacharyya 参数 $Z(W)=\mathbb{E}(E)$。令向量 $\boldsymbol{s}\in\{+,-\}^n$ 表示极化信道序号二进制展开向量对应的极性序列，则极化信道 $W_n^{(\boldsymbol{s})}$ 的差错一一对应删余标记变量 $E_n^{(\boldsymbol{s})}$。因此考察两个不同子信道的删余标记的相关性，就能够反映极化子信道差错的相关性。

定义 3.8 给定 BEC 信道 W，经过 n 节极化后的两个子信道 $W_n^{(\boldsymbol{s})}$ 与 $W_n^{(\boldsymbol{t})}$，相应的删余标记变量分别为 $E_n^{(\boldsymbol{s})}$ 与 $E_n^{(\boldsymbol{t})}$，则这两个信道的相关系数定义为

$$\rho_n^{(\boldsymbol{s},\boldsymbol{t})} \triangleq \frac{\mathbb{E}\left(E_n^{(\boldsymbol{s})}E_n^{(\boldsymbol{t})}\right)-\mathbb{E}\left(E_n^{(\boldsymbol{s})}\right)\mathbb{E}\left(E_n^{(\boldsymbol{t})}\right)}{\sqrt{\operatorname{Var}\left(E_n^{(\boldsymbol{s})}\right)\operatorname{Var}\left(E_n^{(\boldsymbol{t})}\right)}} \tag{3.4.79}$$

对于 BEC 信道，经过 n 节极化后得到的删余标记向量 $\boldsymbol{E}_n=\left(E_n^{(\boldsymbol{s})}:\boldsymbol{s}\in\{-,+\}^n\right)$，子信道的 Bhattacharyya 参数构成了其均值向量，即 $\boldsymbol{Z}_n=\mathbb{E}(\boldsymbol{E}_n)$，满足如下递推关系：

$$\begin{cases} Z_n^{(\boldsymbol{s}-)}=2Z_{n-1}^{(\boldsymbol{s})}-\left(Z_{n-1}^{(\boldsymbol{s})}\right)^2 \\ Z_n^{(\boldsymbol{s}+)}=\left(Z_{n-1}^{(\boldsymbol{s})}\right)^2 \end{cases} \tag{3.4.80}$$

其中，$Z_0=\epsilon$，$\forall \boldsymbol{s}\in\{-,+\}^{n-1}$。

相应地，假设已知 $n-1$ 节的相关系数矩阵 $\boldsymbol{\Phi}_{n-1}=\left[\rho_{n-1}^{(\boldsymbol{s},\boldsymbol{t})}:\boldsymbol{s},\boldsymbol{t}\in\{-,+\}^{n-1}\right]$ 与 Bhattacharyya 参数向量 $\boldsymbol{Z}_{n-1}$，则相关系数迭代计算公式如下：

$$\rho_n^{(su,tv)}=\frac{\rho_{n-1}^{(s,t)}}{2}\left[(1+u)\sqrt{\frac{Z_{n-1}^{(s)}}{1+Z_{n-1}^{(s)}}}+(1-u)\sqrt{\frac{1-Z_{n-1}^{(s)}}{2-Z_{n-1}^{(s)}}}\right]\left[(1+v)\sqrt{\frac{Z_{n-1}^{(t)}}{1+Z_{n-1}^{(t)}}}+(1-v)\sqrt{\frac{1-Z_{n-1}^{(t)}}{2-Z_{n-1}^{(t)}}}\right]$$
$$+\frac{\left(\rho_{n-1}^{(s,t)}\right)^2}{4}\left[(1+u)\sqrt{\frac{1-Z_{n-1}^{(s)}}{1+Z_{n-1}^{(s)}}}-(1-u)\sqrt{\frac{Z_{n-1}^{(s)}}{2-Z_{n-1}^{(s)}}}\right]\left[(1+v)\sqrt{\frac{1-Z_{n-1}^{(t)}}{1+Z_{n-1}^{(t)}}}-(1-v)\sqrt{\frac{Z_{n-1}^{(t)}}{2-Z_{n-1}^{(t)}}}\right] \tag{3.4.81}$$

其中，$u,v\in\{-,+\}$，且初始相关系数 $\rho_0=1$。

定理 3.29 一般地，相关系数满足如下性质：

$$0\leqslant\rho_n^{(s,t)}\leqslant\min\left\{\sqrt{\frac{Z_n^{(t)}\left(1-Z_n^{(s)}\right)}{Z_n^{(s)}\left(1-Z_n^{(t)}\right)}},\sqrt{\frac{Z_n^{(s)}\left(1-Z_n^{(t)}\right)}{Z_n^{(t)}\left(1-Z_n^{(s)}\right)}}\right\} \tag{3.4.82}$$

且如果 $\boldsymbol{t}\neq\boldsymbol{s}$，则 $\rho_n^{(s,t)}\leqslant 1/3$。进一步，归一化相关系数的均值满足：

$$\frac{1}{4^n}\sum_{\boldsymbol{s},\boldsymbol{t}\in\{-,+\}^n}\rho_n^{(s,t)}\leqslant\left(\frac{2}{3}\right)^n \tag{3.4.83}$$

式(3.4.83)意味着，当 $n\to\infty$ 时，相关系数矩阵的所有非对角线元素都迅速趋于小值，即子信道之间的相关性快速衰减。对于最大相关系数，有如下的渐近性定理。

定理 3.30 对于任意 $\alpha>0$，最大相关系数满足：

$$\lim_{n\to\infty}P\left(\max_{t\neq s}\rho_n^{(s,t)}\leqslant 2^{-n(1+\alpha)}\right)=1 \tag{3.4.84}$$

这个定理是式(3.4.83)的加强版，它进一步说明，当 n 充分大时，极化信道的相关系数是指数衰减的，各个信道几乎相互独立。因此，利用极化信道的相关系数，得到 SC 译码的差错概率下界。

定理 3.31 对于 BEC 信道 W，参数配置 $(N,K,\mathcal{A})$，SC 译码的 BLER 下界为

$$P_e(N,K,\mathcal{A})\geqslant\sum_{s\in\mathcal{A}}Z\left(W_n^{(s)}\right)-\frac{1}{2}\sum_{\substack{\boldsymbol{s},\boldsymbol{t}\in\mathcal{A}\\ \boldsymbol{s}\neq\boldsymbol{t}}}\left[Z\left(W_n^{(s)}\right)Z\left(W_n^{(t)}\right)\right.$$
$$\left.+\rho_n^{(s,t)}\sqrt{Z\left(W_n^{(s)}\right)\left(1-Z\left(W_n^{(s)}\right)\right)}\sqrt{Z\left(W_n^{(t)}\right)\left(1-Z\left(W_n^{(t)}\right)\right)}\right] \tag{3.4.85}$$

应用容斥原理，可以证明这个定理。这个下界比定理 3.18 给出的下界(式(3.4.21))紧得多，不过只能应用于 BEC 信道。

3.5 信道极化推广

经典的信道极化变换可以进一步推广，主要有两个方向：①异质信道极化；②高维信道极化。对于前一个方向，是假设单步极化的两个信道不相同，进而推广到多信道不

相同，即非平稳信道的极化，这个研究方向的研究思路具体分为两个方面：一方面是设计并行极化方法，匹配非平稳信道；另一方面是忽略信道非平稳的差异，设计通用的极化构造方案。对于第二个方向，主要研究高维极化码的构造，目的是改善差错指数与比例指数，提高极化码的渐近性能与有限码长性能。

3.5.1 并行极化

回顾 3.1.2 节两信道极化的示例，可以发现，参与极化的两个信道不必完全相同，假设有两个 B-DMC 信道 $W_1:\mathcal{X}\to\mathcal{Y}_1$ 与 $W_2:\mathcal{X}\to\mathcal{Y}_2$，则经过极化后的信道 $W_1 \boxplus W_2:\mathcal{X}\to\mathcal{Y}_1\times\mathcal{Y}_2$，其转移概率定义为

$$\left(W_1 \boxplus W_2\right)\left(y_1,y_2\middle|u_1\right)=\frac{1}{2}\sum_{u_2}W_1\left(y_1\middle|u_1\oplus u_2\right)W_2\left(y_2\middle|u_2\right) \tag{3.5.1}$$

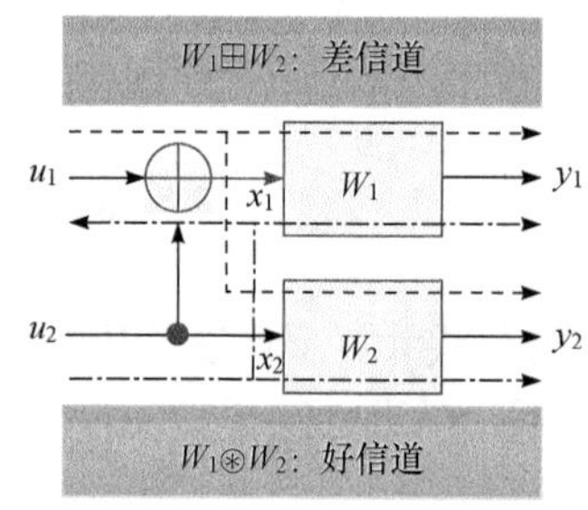

图 3.5.1 异质单步信道极化示例，W_1 与 W_2 是两个不同信道

类似地，极化信道 $W_1 \circledast W_2:\mathcal{X}\to\mathcal{Y}_1\times\mathcal{Y}_2\times\mathcal{X}$ 的转移概率定义为

$$\left(W_1 \circledast W_2\right)\left(y_1,y_2,u_1\middle|u_2\right)=\frac{1}{2}W_1\left(y_1\middle|u_1\oplus u_2\right)W_2\left(y_2\middle|u_2\right) \tag{3.5.2}$$

使用这两种广义信道极化变换，把单步极化后的两个信道记为 $W'=W_1 \boxplus W_2$ 与 $W''=W_1 \circledast W_2$。图 3.5.1 给出了异质单步信道极化变换 $(W_1,W_2)\mapsto(W',W'')$ 示例。

下面讨论两信道与多信道并行极化性质。

1. 两信道并行极化

定理 3.32 给定异质单步信道变换 $(W_1,W_2)\mapsto(W',W'')$，则两个极化信道的互信息满足：

$$I\left(W'\right)+I\left(W''\right)=I\left(W_1\right)+I\left(W_2\right) \tag{3.5.3}$$

$$I\left(W'\right)\leqslant\min\left(I\left(W_1\right),I\left(W_2\right)\right) \tag{3.5.4}$$

$$I\left(W''\right)\geqslant\max\left(I\left(W_1\right),I\left(W_2\right)\right) \tag{3.5.5}$$

当且仅当 $I\left(W_1\right)$ 或 $I\left(W_2\right)$ 取值为 0 或者 1 时，不等式(3.5.4)与不等式(3.5.5)中的等号成立。

证明 定义随机变量组 $(U_1,U_2,X_1,X_2,Y_1,Y_2)$，其中，$(U_1,U_2)$ 在 $\mathcal{X}^2$ 上均匀分布，$(X_1,X_2)=(U_1\oplus U_2,U_2)$，$(Y_1,Y_2)$ 由 (U_1,U_2) 根据以下条件概率式决定：

$$P_{Y_1,Y_2|U_1,U_2}=W_1\left(y_1\middle|u_1\oplus u_2\right)W_2\left(y_2\middle|u_2\right) \tag{3.5.6}$$

于是

$$
\begin{cases}I(W')=I(U_1;Y_1Y_2)\\ I(W'')=I(U_2;Y_1Y_2U_1)\end{cases} \tag{3.5.7}
$$

其中，信道W'和W''的转移概率函数分别如式(3.5.1)和式(3.5.2)所示。

由于变量U_1和U_2相互独立，即$I(U_2;U_1)=0$，根据互信息的链规则有

$$
\begin{aligned}I(W')+I(W'')&=I(U_1;Y_1Y_2)+I(U_2;Y_1Y_2U_1)\\&=I(U_1;Y_1Y_2)+I(U_2;Y_1Y_2|U_1)+I(U_2;U_1)\\&=I(U_1U_2;Y_1Y_2)\end{aligned} \tag{3.5.8}
$$

并且由于(U_1,U_2)与(X_1,X_2)存在一一映射关系，因此

$$
\begin{aligned}I(W')+I(W'')&=I(U_1U_2;Y_1Y_2)\\&=I(X_1X_2;Y_1Y_2)\\&=I(X_1;Y_1)+I(X_2;Y_2)\\&=I(W_1)+I(W_2)\end{aligned} \tag{3.5.9}
$$

至此，式(3.5.3)得证。接着证明不等式(3.5.4)和不等式(3.5.5)。

首先，容易得到以下不等式：

$$
\begin{aligned}I(W'')&=I(U_2;Y_1Y_2U_1)\\&=I(U_2;Y_2)+I(U_2;Y_1U_1|Y_2)\\&=I(W_2)+I(U_2;Y_1U_1|Y_2)\\&\geqslant I(W_2)\end{aligned} \tag{3.5.10}
$$

下面将证明，$I(W'')$的值不会随着W_1和W_2在单步信道变换中的位置交换而变化。

定义交换顺序的单步极化变换$(W_2,W_1)\mapsto(\tilde{W}',\tilde{W}'')$，满足：

$$
\tilde{W}''(y_1',y_2',u_1'|u_2')=\frac{1}{2}W_2(y_1'|u_1'\oplus u_2')W_1(y_2'|u_2') \tag{3.5.11}
$$

其中，$u_1',u_2'\in\mathcal{X}$，$y_1',y_2'\in\mathcal{Y}$。

必定存在至少一个这样的一一映射$f:(U_1',U_2',Y_1',Y_2')\to(U_1,U_2,Y_1,Y_2)$，其中，$Y_1'=Y_2$，$Y_2'=Y_1$，$U_1'=U_1$，$U_2'=U_1\oplus U_2$，使得对任意$y_1$、$y_2$、$u_1$、$u_2$满足：

$$
\tilde{W}''(y_1',y_2',u_1'|u_2')=W''(y_1,y_2,u_1|u_2) \tag{3.5.12}
$$

故W_1和W_2在单步信道变换中交换位置不会影响，即$I(W'')=I(\tilde{W}'')$。同时由不等式(3.5.10)，对于单步信道变换$(W_2,W_1)\mapsto(\tilde{W}',\tilde{W}'')$有$I(\tilde{W}'')\geqslant I(W_1)$。因此

$$
I(W'')=I(\tilde{W}'')\geqslant\max(I(W_1),I(W_2)) \tag{3.5.13}
$$

即不等式(3.5.5)。再由式(3.5.3)，直接得到不等式(3.5.4)。

当且仅当$I(U_2;Y_1U_1|Y_2)=0$时，式(3.5.4)中等号成立。此时，对所有(y_1,y_2,u_1,u_2)的取

值有

$$P_{U_1U_2Y_1|Y_2}(u_1,u_2,y_1|y_2)=P_{U_1Y_1|Y_2}(u_1,y_1|y_2)P_{U_2|Y_2}(u_2|y_2) \tag{3.5.14}$$

或者，等价地

$$P_{Y_1Y_2|U_1U_2}(y_1,y_2|u_1,u_2)P_{Y_2}(y_2)=P_{Y_1Y_2|U_1}(y_1,y_2|u_1)P_{Y_2|U_2}(y_2|u_2) \tag{3.5.15}$$

又因为 $P_{Y_1,Y_2|U_1,U_2}=W_1(y_1|u_1\oplus u_2)W_2(y_2|u_2)$，$P_{Y_2|U_2}(y_2|u_2)=W_2(y_2|u_2)$，式(3.5.15)可以被重新写作

$$W_2(y_2|u_2)\cdot\left[W_1(y_1|u_1\oplus u_2)P_{Y_2}(y_2)-P_{Y_1Y_2|U_1}(y_1,y_2|u_1)\right]=0 \tag{3.5.16}$$

更有

$$P_{Y_2}(y_2)=\frac{1}{2}W_2(y_2|u_2)+\frac{1}{2}W_2(y_2|u_2\oplus 1) \tag{3.5.17}$$

$$\begin{aligned}P_{Y_1Y_2|U_1}(y_1,y_2|u_1)=&\frac{1}{2}W_1(y_1|u_1\oplus u_2)W_2(y_2|u_2)\\&+\frac{1}{2}W_1(y_1|u_1\oplus u_2\oplus 1)W_2(y_2|u_2\oplus 1)\end{aligned} \tag{3.5.18}$$

将式(3.5.17)和式(3.5.18)代入式(3.5.16)，化简后得到

$$W_2(y_2|u_2)W_2(y_2|u_2\oplus 1)\cdot\left[W_1(y_1|u_1\oplus u_2)-W_1(y_1|u_1\oplus u_2\oplus 1)\right]=0 \tag{3.5.19}$$

对所有(u_1,u_2)的可能取值，式(3.5.19)等价于

$$W_2(y_2|0)W_2(y_2|1)\left[W_1(y_1|0)-W_1(y_1|1)\right]=0 \tag{3.5.20}$$

所以，或者对所有 y_2 的取值有 $W_2(y_2|0)W_2(y_2|1)\equiv 0$，此时 $I(W_2)=1$；或者对所有 y_1 的取值有 $W_1(y_1|0)=W_1(y_1|1)$，此时 $I(W_1)=0$。这就是等式 $I(W')=I(W_1)$ 与 $I(W'')=I(W_2)$ 成立的条件。

由于 W_1 和 W_2 在单步信道变换中交换位置并不会影响 $I(W')$ 和 $I(W'')$ 的取值，可以通过类似的方法证明：当且仅当 $I(W_1)=1$ 或 $I(W_2)=0$ 时，等式 $I(W')=I(W_2)$ 与 $I(W'')=I(W_1)$ 成立。

因此，当且仅当 $I(W_1)$ 或 $I(W_2)$ 中某一个的取值为 0 或者 1 时，不等式(3.5.4)与不等式(3.5.5)中的等号成立。至此，定理得证。

定理 3.33 给定异质单步信道变换 $(W_1,W_2)\mapsto(W',W'')$，则两个极化信道的 Bhattacharyya 参数满足：

$$Z(W')\leqslant Z(W_1)+Z(W_2)-Z(W_1)Z(W_2) \tag{3.5.21}$$

$$Z(W'')=Z(W_1)Z(W_2) \tag{3.5.22}$$

证明 首先证明第一个不等式，$Z(W')$可以展开为

$$
\begin{aligned}
Z(W') &= \sum_{y_1,y_2} \sqrt{W'(y_1,y_2|0)W'(y_1,y_2|1)} \\
&= \frac{1}{2}\sum_{y_1,y_2}\Big[W_1(y_1|0)W_2(y_2|0)W_1(y_1|0)W_2(y_2|1) \\
&\quad + W_1(y_1|0)W_2(y_2|0)W_1(y_1|1)W_2(y_2|0) \\
&\quad + W_1(y_1|1)W_2(y_2|1)W_1(y_1|0)W_2(y_2|1) \\
&\quad + W_1(y_1|1)W_2(y_2|1)W_1(y_1|1)W_2(y_2|0)\Big]^{\frac{1}{2}} \\
&= Z(W_1)Z(W_2)\sum_{y_1,y_2} P_1(y_1)P_2(y_2) \\
&\quad \cdot\sqrt{\frac{W_1(y_1|0)}{W_1(y_1|0)}+\frac{W_1(y_1|1)}{W_1(y_1|0)}+\frac{W_2(y_2|0)}{W_2(y_2|1)}+\frac{W_2(y_2|1)}{W_2(y_2|0)}}
\end{aligned} \tag{3.5.23}
$$

其中，$P_i(y_i)=\dfrac{\sqrt{W_i(y_i|0)W_i(y_i|1)}}{Z(W_i)}(i=1,2)$是$\mathcal{Y}_i$上的概率分布，且$Y_1$与$Y_2$相互独立。

令$A_i(y_i)=\sqrt{\dfrac{W_i(y_i|0)}{W_i(y_i|1)}+\dfrac{W_i(y_i|1)}{W_i(y_i|0)}}$，则式(3.5.23)可以改写为

$$
Z(W')=\frac{Z(W_1)Z(W_2)}{2}\mathbb{E}_{Y_1,Y_2}\sqrt{(A_1(y_1))^2+(A_2(y_2))^2-4} \tag{3.5.24}
$$

如果$a\geqslant c$且$b\geqslant c$，则不等式$\sqrt{a+b-c}\leqslant\sqrt{a}+\sqrt{b}-\sqrt{c}$成立。令$a=(A_1(y_1))^2$，$b=(A_2(y_2))^2$，且$c=4$，应用前述不等式，得到

$$
Z(W')=\frac{Z(W_1)Z(W_2)}{2}\left[\mathbb{E}_{Y_1}(A_1(y_1))+\mathbb{E}_{Y_2}(A_2(y_2))-2\right] \tag{3.5.25}
$$

将$\mathbb{E}(A_i(y_i))=\dfrac{2}{Z(W_i)}$代入式(3.5.25)，就得到了不等式(3.5.21)。

为了证明第二个不等式，需要将$Z(W'')$展开为

$$
\begin{aligned}
Z(W'') &= \sum_{y_1,y_2,u_1}\sqrt{W''(y_1,y_2,u_1|0)W''(y_1,y_2,u_1|1)} \\
&= \frac{1}{2}\sum_{y_1,y_2,u_1}\sqrt{W_1(y_1|u_1\oplus 0)W_2(y_2|0)W_1(y_1|u_1\oplus 1)W_2(y_2|1)} \\
&= \frac{1}{2}\sum_{y_2,u_1}\sqrt{W_2(y_2|0)W_2(y_2|1)}\sum_{y_1}\sqrt{W_1(y_1|u_1\oplus 0)W_1(y_1|u_1\oplus 1)} \\
&= \frac{1}{2}\sum_{y_2,u_1}\sqrt{W_2(y_2|0)W_2(y_2|1)}\sum_{y_1}\sqrt{W_1(y_1|u_1\oplus 0)W_1(y_1|u_1\oplus 1)} \\
&= \frac{1}{2}\sum_{y_2,u_1}\sqrt{W_2(y_2|0)W_2(y_2|1)}Z(W_1)=Z(W_1)Z(W_2)
\end{aligned} \tag{3.5.26}
$$

由此，定理得证。

2. 多信道并行极化

在文献[22]和文献[23]中，陈凯与牛凯研究了并行信道的极化。图 3.5.2 给出了并行信道通信模型，其中信道状态信息同时为编码器和译码器所知，信道由 J 个相互独立的子信道构成。所有的子信道均为二进制输入 $\mathcal{X}=\{0,1\}$，并且具有相同的信道输出符号集合 $\mathcal{Y}$，换言之，所有的子信道均属于同一种性质的信道。各个子信道之间相互独立，具有各自不尽相同的信道转移概率函数 $W_j\left(y|x\right)$，其中，$x\in\mathcal{X}$、$y\in\mathcal{Y}$。

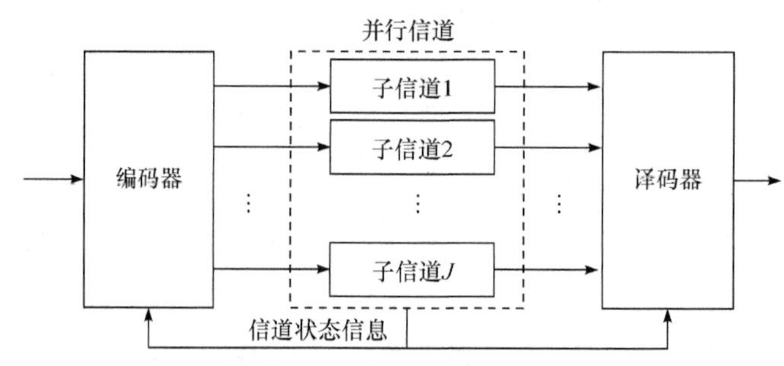

图 3.5.2　并行信道通信模型

例 3.9　并行二进制输入删除信道(Parallel BEC)：由 J 个互相独立的 BEC 信道构成，各子信道删除概率为 p_j，$j=1,2,\cdots,J$。

例 3.10　并行二进制输入 AWGN 信道(Parallel BI-AWGNC)：由 J 个相互独立的 AWGN 信道构成，使用符号能量归一化的 BPSK 信号作为信道输入，各子信道上的加性高斯白噪声的方差为 σ_j^2，$j=1,2,\cdots,J$。

由于信道极化依赖于具体的信道参数，因此本章假设各个子信道的转移概率函数(等价地，对 BEC 而言为删除概率，对 BI-AWGNC 而言为噪声方差)对编码、译码器均为已知。在实际系统中，该假设可以通过接收端估计出信道参数后利用反馈链路告知发送端，或者在 TDD 系统中通过反向链路信道估计技术得以实现。

给定一组由 J 个子信道构成的并行信道 $\{W_1,W_2,\cdots,W_J\}$，对每一个子信道使用 N/J 次，一共得到 N 个相互独立的信道。用 $w_{j,k}$ 表示子信道 W_j 的第 k 次使用，记 $w_{j,k}\Leftrightarrow W_j$，其中等价关系符号 $\Leftrightarrow$ 表示两个信道具有相同的信道转移概率函数，下标 $j=1,2,\cdots,J$，$k=1,2,\cdots,N/J$。

用符号 w_1^N 表示以上得到的 N 个信道，其中第 i 个信道 w_i 与 $w_{j,k}$ 的下标按以下关系一一对应：

$$\pi:\{1,2,\cdots,J\}\to\{1,2,\cdots,J\}\times\{1,2,\cdots,N/J\} \tag{3.5.27}$$

记作 $\pi(i)=(j,k)$。于是 w_i、$w_{j,k}$ 与子信道 W_j 的对应关系为

$$w_i\Leftrightarrow w_{\pi(i)}\Leftrightarrow w_{j,k}\Leftrightarrow W_j \tag{3.5.28}$$

其中，$i\in\{1,2,\cdots,N\}$，$j\in\{1,2,\cdots,J\}$，$k\in\{1,2,\cdots,N/J\}$。

给定一个映射关系 π，对 w_1^N 进行信道变换 $\boldsymbol{G}_N$ 产生 N 个新的信道 $\mathcal{W}_N^{(i)}$，$i=1,2,\cdots,N$，其信道转移概率函数为

$$\mathcal{W}_N^{(i)}\left(y_1^N,u_1^{i-1}\middle|u_i\right)=\frac{1}{2^{N-1}}\sum_{u_{i+1}^N\in\mathcal{X}^{N-i}}\mathcal{W}_N\left(y_1^N\middle|u_1^N\right) \tag{3.5.29}$$

其中

$$\mathcal{W}_N\left(y_1^N\middle|u_1^N\right)=\prod_{i=1}^N w_i\left(y_i\middle|x_i\right)=\prod_{i=1}^N w_{\pi(i)}\left(y_i\middle|x_i\right) \tag{3.5.30}$$

其中，$x_1^N=u_1^N\boldsymbol{G}_N$。以上各式实际上就是对式(3.1.82)与式(3.1.83)的扩展。对每一个 $i\in\{1,2,\cdots,N\}$，比特 x_i 分别通过信道 w_i 进行传输(实际上是经由 $w_{\pi(i)}$ 传输的)。称式(3.5.28)中的映射关系 π 为“信道映射”。

正如对单一信道进行信道变换的过程，变换 $\boldsymbol{G}_N$ 可以被分解成两个 $\boldsymbol{G}_{N/2}$ 变换，每一个变换 $\boldsymbol{G}_{N/2}$ 又可以被进一步分解为两个 $\boldsymbol{G}_{N/4}$ 变换……以此递归分解，最终得到 $N/2$ 个单步信道变换 $\boldsymbol{G}_2$。简而言之，就是 $\boldsymbol{G}_N$ 可以递归地用 $\boldsymbol{G}_2$ 表示。

类似 3.1.4 节所述的单一信道场景，对并行信道进行以上变换得到的信道 $\mathcal{W}_N^{(i)}$ 有以下定理。

定理 3.34(并行信道极化定理)　任意给定一组并行二进制输入无记忆信道 $\{W_1,W_2,\cdots,W_J\}$，其中，子信道数量为 2 的幂次，即 $J=2^d$，d 为一个正整数，假设所有子信道之间相互独立且具有相同输出符号集合。对各个子信道取 N/J 个可用时隙，$N=2^n\geqslant J$，一共得到 N 个相互独立的信道 $w_{j,k}$，其中，$j=1,2,\cdots,J$，$k=1,2,\cdots,N/J$。总存在一个信道映射 π，使得对 w_1^N 经变换 $\boldsymbol{G}_N$ 后得到信道集合 $\left\{\mathcal{W}_N^{(i)}\right\}$，其中，$w_i\Leftrightarrow w_{\pi(i)}$，$i=1,2,\cdots,N$，满足以下性质：

对任意 $\delta\in(0,1)$，当 N 以 2 的幂次趋于无穷大时，极化信道 $\left\{\mathcal{W}_N^{(i)}\right\}$ 中满足 $I\left(\mathcal{W}_N^{(i)}\right)\in(1-\delta,1]$ 的信道占总信道数 N 的比例趋于 $\sum_{j=1}^J I\left(W_j\right)/J$；同时，满足 $I\left(\mathcal{W}_N^{(i)}\right)\in[0,\delta)$ 的信道所占的比例趋于 $1-\sum_{j=1}^J I\left(W_j\right)/J$。

证明　下面通过一些特定的信道映射方案证明上述存在性定理。

对每一个子信道 W_j，分别使用 N/J 次后，总共得到 N 个相互独立的信道 $w_{j,k}$。对每一个 k 的取值，信道变换 $\boldsymbol{G}_J$ 作用于 $\left(w_{1,k},w_{2,k},\cdots,w_{j,k},\cdots,w_{J,k}\right)$ 这 J 个信道上，得到信道 $\mathcal{W}_{J,k}^{(j)}$，其转移概率函数为

$$\mathcal{W}_{J,k}^{(j)}\left(y_1^J,u_1^{j-1}\middle|u_j\right)=\frac{1}{2^{J-1}}\sum_{u_{j+1}^J\in\mathcal{X}^{N-j}}\mathcal{W}_{J,k}\left(y_1^J\middle|u_1^J\right) \tag{3.5.31}$$

其中

$$\mathcal{W}_{J,k}\left(y_1^J \middle| u_1^J\right)=\prod_{j'=1}^{J} w_{j',k}\left(y_{j'} \middle| x_{j'}\right) \tag{3.5.32}$$

由于$\boldsymbol{G}_J$通过递归得到，信道$\mathcal{W}_{J,k}^{(j)}$有如下性质：对任意$k\in\{1,2,\cdots,N/J\}$，有

$$\sum_{j=1}^{J} I\left(\mathcal{W}_{J,k}^{(j)}\right)=\sum_{j=1}^{J} I\left(w_{j,k}\right)=\sum_{j=1}^{J} I\left(W_j\right) \tag{3.5.33}$$

然后，对所有$j\in\{1,2,\cdots,J\}$分别对信道组$\left(\mathcal{W}_{J,1}^{(j)},\mathcal{W}_{J,2}^{(j)},\cdots,\mathcal{W}_{J,N/J}^{(j)}\right)$进行信道变换$\boldsymbol{G}_{N/J}$，一共得到$N$个信道$\left(\mathcal{W}_N^{(1)},\mathcal{W}_N^{(2)},\cdots,\mathcal{W}_N^{(N)}\right)$。显然，某一个$j$的取值下，对所有$k\in\{1,2,\cdots,N/J\}$，信道$\mathcal{W}_{J,k}^{(j)}$互相独立且具有相同的信道转移概率函数。

这一步信道变换，相当于是对$\left(\mathcal{W}_{J,1}^{(j)},\mathcal{W}_{J,2}^{(j)},\cdots,\mathcal{W}_{J,N/J}^{(j)}\right)$中$N/J$个信道逐一进行3.1.3节的单步信道变换。根据定理3.19，当N/J趋于无穷大时(等价于N趋于无穷大)，经过以上信道变换所得的信道$\left\{\mathcal{W}_N^{(i)}\right\}$对任意的$\delta\in(0,1)$有：满足$I\left(\mathcal{W}_N^{(i)}\right)\in(1-\delta,1]$的信道占总信道数$N$的比例趋于

$$\frac{1}{N}\sum_{j=1}^{J}\frac{N}{J} I\left(\mathcal{W}_{J,k}^{(j)}\right)=\frac{1}{J}\sum_{j=1}^{J} I\left(\mathcal{W}_j\right) \tag{3.5.34}$$

同时，满足$I\left(\mathcal{W}_N^{(i)}\right)\in[0,\delta)$的信道所占的比例趋于$1-\sum_{j=1}^{J} I\left(W_j\right)/J$。

上述信道变换过程中的信道映射π可以通过其逆映射

$$\pi^{-1}:\{1,2,\cdots,J\}\times\{1,2,\cdots,N/J\}\to\{1,2,\cdots,J\} \tag{3.5.35}$$

根据以下关系确定：

$$\pi^{-1}(k,j)=J(k-1)+j \tag{3.5.36}$$

其中，$j\in\{1,2,\cdots,J\}$，$k\in\{1,2,\cdots,N/J\}$。

对每一个k，在上述信道变换的第一步时交换$\left(w_{1,k},w_{2,k},\cdots,w_{j,k},\cdots,w_{J,k}\right)$中各信道的顺序，以此得到的信道映射$\pi$依然可以满足定理要求。至少存在$J!$种信道映射关系。此外，交换上述两个信道变换步骤的顺序，即先对每个j的取值，在$\left(w_{j,1},w_{j,2},\cdots,w_{j,k},\cdots,w_{j,N/J}\right)$上进行信道变换$\boldsymbol{G}_{N/J}$，再对得到的各组信道中相应的信道组做信道变换$\boldsymbol{G}_J$，依然可以满足定理要求。

上述并行信道极化定理说明，在并行信道下，采用合适的信道映射，也能够出现信道极化现象。下面将基于该信道极化过程，对并行信道下有限码长的极化编码进行研究。此外，定理中要求并行信道的子信道数J必须为2的幂次。对于更为一般的情况，则可以通过增加$\left(2^{\lceil\log_2 J\rceil}-J\right)$个容量为0的子信道来补足数量，其中，$\lceil\cdot\rceil$表示上取整运算。

3. 并行信道极化编码构造

在一组具有$J=2^d$个子信道的并行信道上构造一个码长为$N=2^n$的极化码，其中$d=1,2,\cdots$，且$n\geqslant d$，首先需要对这组并行信道进行如上所述规模为N的信道变换：各个

子信道分别使用N/J次得到信道组w_1^N，通过信道映射π后，进行信道变换$\boldsymbol{G}_N$。令K表示需选取的信息信道数量，即码率为$R=K/N$。与 3.2 节类似，从信道变换后所得的极化信道$\left\{\mathcal{W}_N^{(i)}\right\}$中选取$K$个最可靠的信道进行信息比特的传输，记这部分信道的序号i的集合为$\mathcal{A}$；其余的极化信道上则传输收发端约定的固定比特序列。由此构成一个从K个信息比特到N个通过w_1^N传输的编码比特的映射，即所需构造的极化码。

图 3.5.3 给出了上述并行信道下的极化编码结构。与 3.2 节的极化编码结构相比，图中编码结构仅仅是在信道变换$\boldsymbol{G}_N$与实际信道之间增加了一个信道映射的操作。

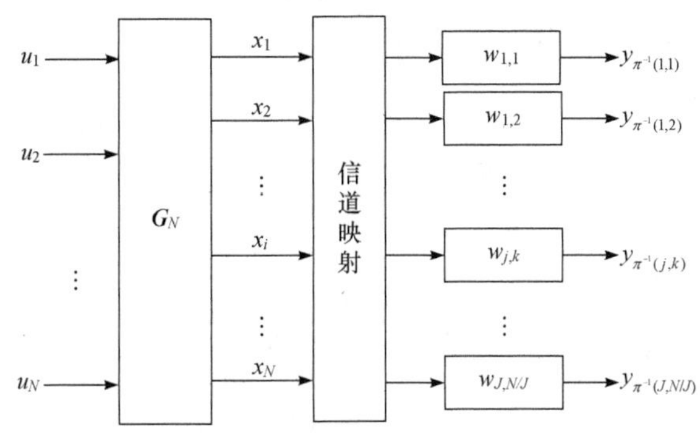

图 3.5.3　并行信道下的极化编码

在并行信道下构造一个码长为N的极化码，其信息信道序号集合为$\mathcal{A}$，数量为$|\mathcal{A}|=K$，信息比特与固定比特共同构成序列u_1^N，并假设u_1^N在集合$\{0,1\}^N$上等概率取值。与单一信道下的极化码类似，并行信道下构造的极化码采用 SC 译码算法的误块率(BLER)的上界为

$$P_e(N,K,\mathcal{A})\leqslant\sum_{i\in\mathcal{A}}Z\left(\mathcal{W}_N^{(i)}\right)\tag{3.5.37}$$

定理 3.34 指出，给定一组并行信道和一个合适的信道映射π，当码长趋于无穷时，容量趋于 1 的极化信道所占的比例趋于并行信道的平均容量。因此，类似单一信道极化码，基于以上信道变换和信道映射而构造的极化码是(平均)容量可达的。同时，正如证明所示，当子信道数量$J>1$时，能够满足平均容量可达条件的信道映射π并不是唯一的。

显然，给定一组子信道数为J的并行信道，对码长为N、信息信道数为K的极化码来说，最佳的信道映射π能够使 BLER 上界最小。注意，如式(3.5.37)所示，信道映射π隐含于$\mathcal{W}_N^{(i)}$，并没有显式地列在公式参数表中。然而，对码长为N的极化码来说，一共有$N!/((N/J)!)^J$种信道映射组合。例如，当$N=1024$、$J=4$时，共有10^{612}种配置。因此，在实用码长场景下，最佳的信道映射π不可能通过遍历的方法得到。

为在并行信道下有效地构造高纠错性能的极化码，本节给出了一种等容量分割信道映射方案，仅仅需要若干次排列操作即可得到一个准最优的信道映射π。等容量分割，即对递归结构中的任意一层，使得参与各分量变换的每组信道具有尽可能相同的信道容量，具体算法如下。

给定一组并行信道，其中包含 $J=2^d$ 个相互独立的二进制输入子信道 $\{W_1,W_2,\cdots,W_J\}$，$d=1,2,\cdots$，各个子信道容量分别为 $I(W_1),I(W_2),\cdots,I(W_J)$。目标极化码码长为 $N=2^n,n\geqslant d$。由信息比特和固定比特组成的源序列 u_1^N 经过 $\boldsymbol{G}_N$ 变换后，得到编码比特 x_1^N。取每个子信道 W_j 的 N/J 个可用时隙，得到 N 个信道 $w_{j,k}$，其中，$j\in\{1,2,\cdots,J\}$，$k\in\{1,2,\cdots,N/J\}$。然后，对 $i\in\{1,2,\cdots,N\}$，编码比特 x_i 通过信道 $w_{\pi(i)}$ 进行传输，其中，信道映射 π 根据以下方法决定。

令 $\mathcal{S}$ 表示 J 个并行子信道的结合，即 $\mathcal{S}=\{W_1,W_2,\cdots,W_J\}$。用 $\{\mathcal{S}_{b_1b_2\cdots b_i}\}$ 表示集合 $\mathcal{S}$ 的一个分割，其中，下标 $b_1b_2\cdots b_i$ 是一个二进制序列，每一个集合 $\mathcal{S}_{b_1b_2\cdots b_i}$ 包含的信道个数为 2^{d-i}，即

$$\mathcal{S}=\bigcup_{b_1b_2\cdots b_i\in\{0,1\}^i}\mathcal{S}_{b_1b_2\cdots b_i} \tag{3.5.38}$$

且对任意两个不同的集合 $\mathcal{S}_{b_1'b_2'\cdots b_i'}$ 与 $\mathcal{S}_{b_1''b_2''\cdots b_i''}$，有 $\left|\mathcal{S}_{b_1'b_2'\cdots b_i'}\right|=\left|\mathcal{S}_{b_1''b_2''\cdots b_i''}\right|=2^{d-i}$ 且 $\mathcal{S}_{b_1'b_2'\cdots b_i'}\cap\mathcal{S}_{b_1''b_2''\cdots b_i''}=\varnothing$。信道集合 $\mathcal{S}_{b_1b_2\cdots b_i}$ 中的平均信道容量为

$$\overline{I}_{b_1b_2\cdots b_i}=\frac{1}{2^{d-i}}\sum_{W'\in\mathcal{S}_{b_1b_2\cdots b_i}}I(W') \tag{3.5.39}$$

算法 3.4 等容量分割信道映射算法

1. 计算给定并行信道的平均信道容量 $\overline{I}=\frac{1}{J}\sum_{j=1}^{J}I(W_j)$；
2. 将所有 J 个子信道构成信道集合，即 $\mathcal{S}=\{W_1,W_2,\cdots,W_J\}$；
3. 将 $\mathcal{S}$ 分割成两个子集，即 $\mathcal{S}_{b_1=0}$ 与 $\mathcal{S}_{b_1=1}$，使得 $\overline{I}_0$ 与 $\overline{I}_1$ 都尽可能地接近 $\overline{I}$，即使得 $(\overline{I}_0-\overline{I})^2+(\overline{I}_1-\overline{I})^2$ 的值尽可能小；
4. 将各个 $\mathcal{S}_{b_1b_2\cdots b_i}$ 进一步分割为 $\mathcal{S}_{b_1b_2\cdots b_i0}$ 与 $\mathcal{S}_{b_1b_2\cdots b_i1}$，同样，使 $\overline{I}_{b_1b_2\cdots b_{i+1}}$ 尽可能地接近 $\overline{I}$；
5. 重复步骤 4，直到子集数量增加到 J。此时，每一个子集 $\mathcal{S}_{b_1b_2\cdots b_d}$，$b_1b_2\cdots b_d\in\{0,1\}^d$ 都仅包含一个信道。
6. 假定在某一个集合 $\mathcal{S}_{b_1b_2\cdots b_d}$ 中的信道是第 j 个子信道 W_j。那么，信道映射 π 根据以下逆映射的方式确定：

$$\pi^{-1}(j,k)=J(k-1)+D(b_1b_2\cdots b_d)+1 \tag{3.5.40}$$

其中，$j\in\{1,2,\cdots,J\}$，$k\in\{1,2,\cdots,N/J\}$。函数 $D(b_1b_2\cdots b_d)$ 将二进制序列 $b_1b_2\cdots b_d$ 以 b_1 为最高位(MSB)、b_d 为最低位(LSB)，转成对应的十进制数：

$$D(b_1b_2\cdots b_d)=1+\sum_{i=1}^{d}b_i2^{d-i} \tag{3.5.41}$$

图 3.5.4 给出了 $J=8$ 个信道进行等容量分割映射的示意。

例 3.11 在本例中，在 $J=8$ 个并行子信道 $\{W_1,W_2,\cdots,W_8\}$ 上构造一个码长为 $N=16$ 的极化码，各个子信道的容量分别为 $I(W_1)=0.1$，$I(W_2)=0.2$，$I(W_3)=0.3$，$I(W_4)=0.4$，

$I(W_5)=0.5$，$I(W_6)=0.6$，$I(W_7)=0.8$，$I(W_8)=0.9$，平均容量$\overline{I}=0.475$。

将以上 8 个子信道分成两个子集，$\mathcal{S}_0=\{W_1,W_3,W_6,W_8\}$和$\mathcal{S}_1=\{W_2,W_4,W_5,W_7\}$，每一个子集的平均容量$I_0=I_1=0.475$。然后，将$\mathcal{S}_0$分割成$\mathcal{S}_{00}=\{W_1,W_8\}$和$\mathcal{S}_{01}=\{W_3,W_6\}$，其中平均容量$I_{00}=0.5$、$I_{01}=0.45$；将$\mathcal{S}_1$分割成$\mathcal{S}_{10}=\{W_2,W_7\}$和$\mathcal{S}_{11}=\{W_4,W_5\}$，平均容量$I_{10}=I_{11}=0.5$。

进一步，将$\mathcal{S}_{00}$、$\mathcal{S}_{01}$、$\mathcal{S}_{10}$、$\mathcal{S}_{11}$分割成$\mathcal{S}_{000}=\{W_1\}$、$\mathcal{S}_{001}=\{W_8\}$、$\mathcal{S}_{010}=\{W_3\}$、$\mathcal{S}_{011}=\{W_6\}$、$\mathcal{S}_{100}=\{W_2\}$、$\mathcal{S}_{101}=\{W_7\}$、$\mathcal{S}_{110}=\{W_4\}$、$\mathcal{S}_{111}=\{W_5\}$。

对每个子信道取两个时隙，$k=1,2$，于是最终得到信道映射π：

$$\pi(1)=(1,1),\quad \pi(9)=(1,2),\quad \pi(2)=(8,1),\quad \pi(10)=(8,2)$$
$$\pi(3)=(3,1),\quad \pi(11)=(3,2),\quad \pi(4)=(6,1),\quad \pi(12)=(6,2)$$
$$\pi(5)=(2,1),\quad \pi(13)=(2,2),\quad \pi(6)=(7,1),\quad \pi(14)=(7,2)$$
$$\pi(7)=(4,1),\quad \pi(15)=(4,2),\quad \pi(8)=(5,1),\quad \pi(16)=(5,2)$$

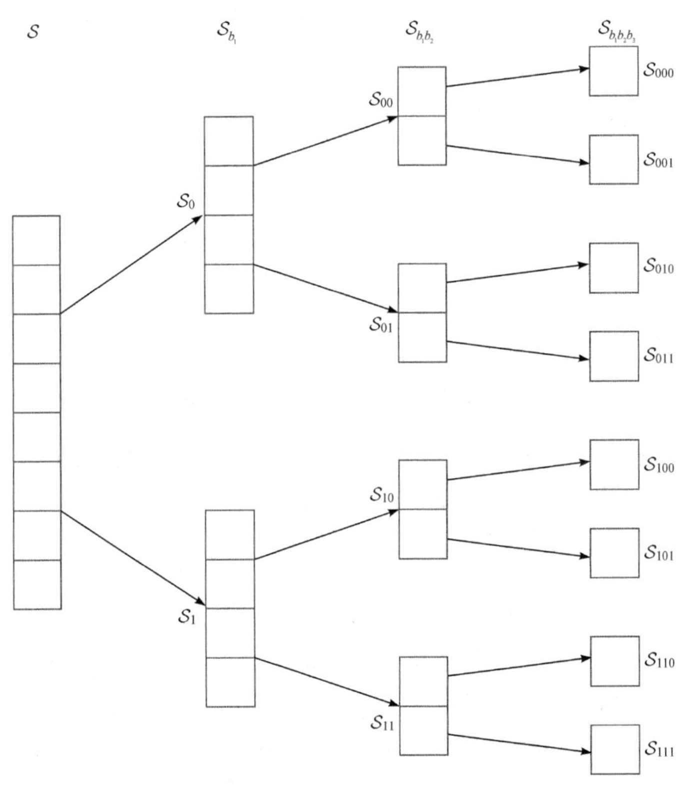

图 3.5.4　子信道集合分割，子信道数$J=8$

在等容量分割映射下，整个信道变换过程相当于首先对J个子信道进行$\boldsymbol{G}_J$变换，然后在每一个信道的N/J个可用时隙之间进行$\boldsymbol{G}_{N/J}$变换。这正是并行极化定理证明中所描述的(平均)容量可达的信道映射方式。特别地，当所有子信道具有相同容量的时候，并行信道极化问题就退化成了一般的单一信道极化问题，此时信道映射方案的选择并不会

影响极化结果。

图 3.5.5 给出一组由 $J=4$ 个 BEC 信道组成的并行信道进行极化编码并用 SC 算法译码的 BLER 上界曲线。各码长固定为 $N=1024$，码率从 0.1～0.5 变化。各并行子信道的容量分别为 $\{0.1,0.4,0.6,0.9\}$，平均容量为 0.5。极化码在 SC 译码算法下的 BLER 上界通过计算各个极化信道的 Bhattacharyya 参数并利用式(3.5.37)得到。从图 3.5.5 中曲线可以看到，相比随机构造的信道映射方案，采用等容量分割信道映射方案能够获得明显的性能优势，在所有码率配置上都具有更低的 BLER。作为对比，图中也给出了单一 BEC 信道极化编码在 SC 译码下的性能曲线，其中 BEC 信道的删除概率固定为 0.5(与并行信道的平均容量相等)。由于在并行信道场景下，各个子信道容量在进行信道变换之前，已经在不同程度上“偏离”了平均容量，因此并行信道场景下的极化编译码能够获得比单一信道极化编译码更好的性能。

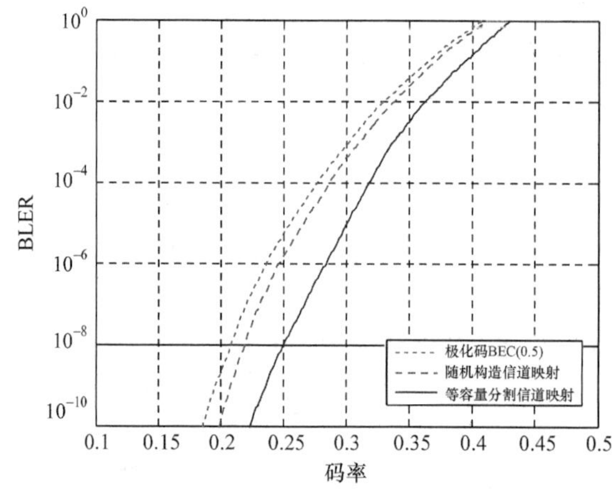

图 3.5.5 并行 BEC 信道下码长 1024、码率 1/2 的极化码的 BLER 上界

除作者外，其他研究者也对并行信道极化做了深入分析。Hof 等证明了极化码能够达到任意重排并行信道的容量[24]，Alsan 与 Telatar 给出了不依赖于鞅过程的极化渐近性简单证明，并推广到非平稳信道(并行信道)[25]。

3.5.2 通用极化

前面介绍的等容量分割映射构造虽然是一种近似最优的并行信道构造方案，但这种方案需要编码器已知所有异质信道状态，在实际应用中，这种假设过于理想。Şaşoğlu 和王乐乐在文献[26]中引入了通用极化(Universal Polarization)技术，它的基本思想是将极化过程分为慢极化与快极化两个阶段，在慢极化阶段，可以忽略信道状态的差异，总能选取可靠性较高的信道；而在快极化阶段，则按照正常极化变换，对慢极化阶段的好信道进一步极化。这种方法构造的极化码不依赖于并行信道的状态，很适合动态非平稳条件下的信道极化，具有很高的应用价值。

令 $\mathcal{W}$ 表示一组 B-DMC 信道 $W:\mathcal{X}\to\mathcal{Y}$ 的集合，其信道容量为

$$I(\mathcal{W})=\inf_{W\in\mathcal{W}} I(W) \tag{3.5.42}$$

如果构造码率为 R 的序列，能够达到集合信道容量，且码率小于互信息，即 $R<I(W)$，则这个编码序列能够一致地达到对称信道的容量极限，或者等价地，编码序列在所有信道上的差错概率都趋于零。此处的“一致容量可达”就是通用极化，即忽略信道状态的差异，都能达到容量极限。下面我们从示例入手，首先说明采用通用极化方法，构造 $R=1/2$ 码率编码，然后推广到任意码率的编码构造。

1. 码率 R=1/2 的通用极化构造

如前所述，构造 $R=1/2$ 码率的通用极化包括两个阶段：慢极化与快极化。在慢极化阶段，每次极化变换后，产生两种信道：好信道与差信道。其中好信道的占比接近一半，经过多次迭代变换，好信道的可靠性持续提高，而差信道的可靠性持续降低。好信道的序号独立于信道状态，因此慢极化变换具有通用性，不管原始信道具有何种差异变化，最终都得到同样的好信道集合。由于第一阶段极化的可靠性提升速度缓慢，因此当极化变换达到充分的通用性，构造过程就切换到第二阶段的标准极化变换，即快极化，进一步提升信道可靠性。

给定任意的两个 B-DMC 信道 W_1、W_2，对于异质单步信道变换 $(W_1,W_2)\mapsto(W',W'')$，根据定理 3.32 的证明可知，无论信道可靠性如何排列，都满足 $I(W')\leqslant I(W'')$，即 W'' 是好信道，W' 是差信道。为了表示方便，引入第 n 节左极化信道 L_n 与右极化信道 R_n，迭代标记规则如下：

$$\begin{cases} L_1=W', & R_1=W'' \\ L_{n+1}=(L_n,R_n)' \\ R_{n+1}=(L_n,R_n)'', & n=1,2,\cdots \end{cases} \tag{3.5.43}$$

依据定理 3.32 与定理 3.33，左极化与右极化信道显然满足：

$$\begin{cases} I(L_{n+1})+I(R_{n+1})=I(L_n)+I(R_n) \\ I(L_{n+1})\leqslant I(L_n)\leqslant I(R_n)\leqslant I(R_{n+1}) \\ Z(L_{n+1})\geqslant Z(L_n)\geqslant Z(R_n)\geqslant Z(R_{n+1}) \end{cases} \tag{3.5.44}$$

下面通过图形示例直观说明慢极化变换的过程。图 3.5.6 给出了两信道与四信道通用极化变换。如图 3.5.6(a)所示，从信源侧观察，两个信道 W_1、W_2 变换为第一节的左信道 L_1 与右信道 R_1。将两对独立的左右信道组合，如图 3.5.6(b)所示，引入第二节比特 u_1 与 u_3 之间的编码，则得到第二节极化的左信道 L_2 与右信道 R_2。尽管原始信道是可靠性各不相同的四个信道 W_1～W_4，但不管这四个信道可靠性如何排列，在图 3.5.6(b)中，右信道 R_2 可靠性最高，左信道 L_2 可靠性最低。

如果组合更多的第一节左右信道对，经过第二节编码，能够获得更多的第二节左右信道对。如图 3.5.7(a)所示，四对左右信道对 L_1 与 R_1 经过第二节编码，得到了三对左右信道对 L_2 与 R_2。其中三个右信道 R_2 的可靠性最高。一般地，Q 个信道对 (L_1,R_1) 将产生 $Q-1$ 个信道对 (L_2,R_2)，只要 Q 充分大，则第二节变换的右信道 R_2 占比将趋于总信道数目的一半。

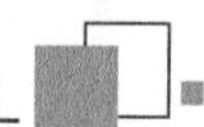

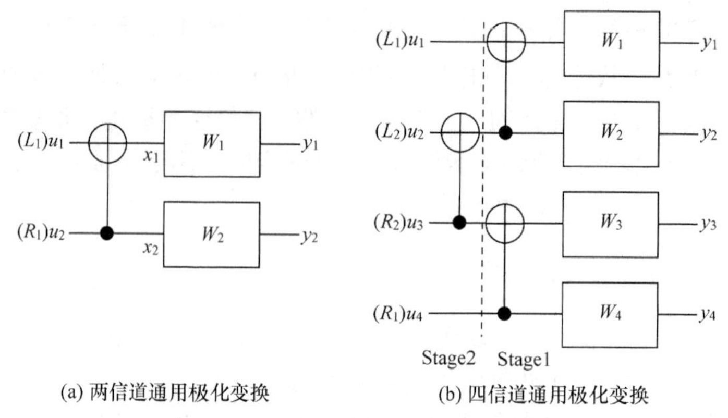

(a) 两信道通用极化变换　　(b) 四信道通用极化变换

图 3.5.6　两信道与四信道通用极化变换

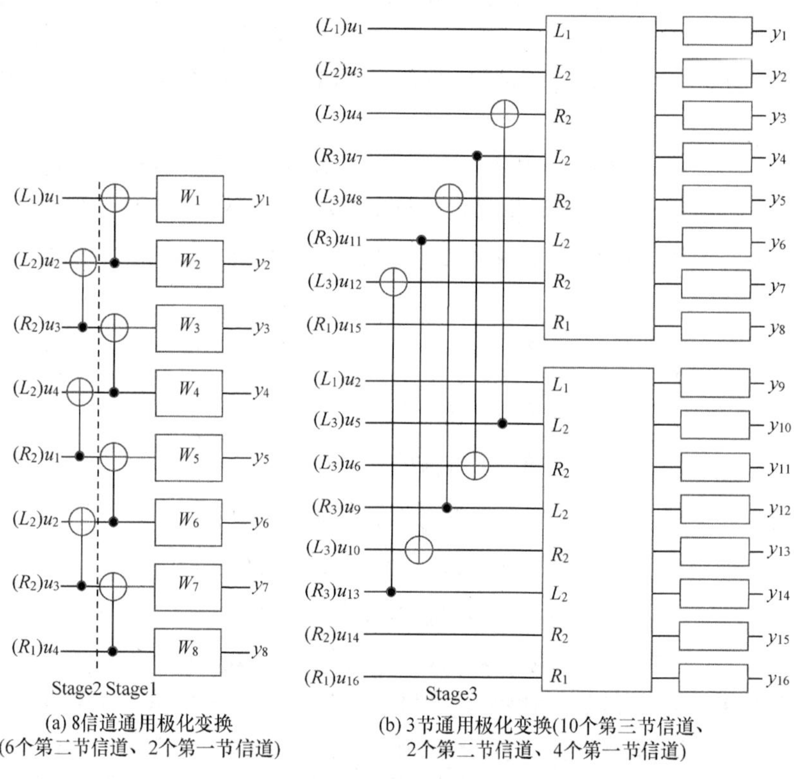

(a) 8信道通用极化变换（6个第二节信道、2个第一节信道）　　(b) 3节通用极化变换(10个第三节信道、2个第二节信道、4个第一节信道)

图 3.5.7　8 信道与 16 信道通用极化变换

有多种方法可以将前两节的通用极化进一步推广到更多节的变换。图 3.5.7(b)给出了一种简单的扩展变换。如图 3.5.7(b)所示，两组经过两节变换的 8 信道对，进行第三节变换，每一组顶部与底部的 L_1 与 R_1 信道对不参与编码变换，并且第一组开头的 L_2 与第二组结束的 R_2 也不参与变换。而剩余的 5 对信道对 (L_2,R_2) 经过上下交替的编码变换，得到了 5 个新的信道对 (L_3,R_3)。

这种通用极化编码过程可以推广到一般情况，如图 3.5.8 所示。给定两组第 n 节变换的信道，第一组与第二组的$1\sim n-1$节信道不参与编码，且第一组开头的 L_n 信道与第二组

结尾的 R_n 也不参与编码，剩余的 (L_n,R_n) 信道对经过交替的编码变换，得到信道对 (L_{n+1},R_{n+1})。

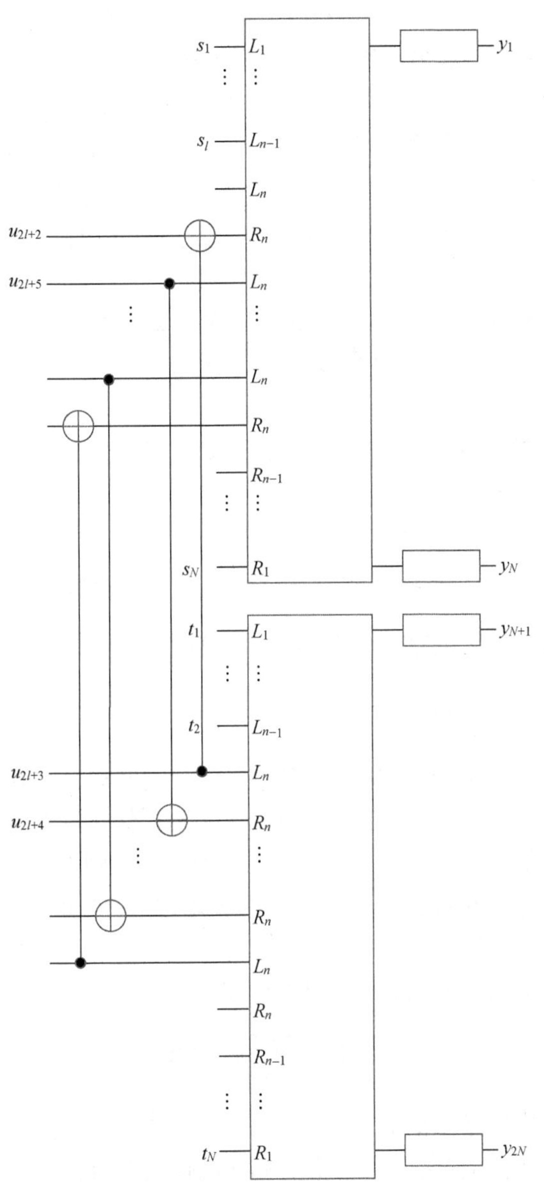

图 3.5.8　从第 n 节到第 $n+1$ 节的通用极化变换

上述通用极化编码过程，会遗留一部分不参与极化的低阶信道，虽然这些信道的数目随着极化节数增加而增加，但其所占比例是有限的。仔细归纳可知，假设 Q 个信道对 (L_{n-1},R_{n-1}) 参与通用极化编码得到第 n 节极化信道，则码长为 $N=2^{n-1}Q$，遗留未极化的第 $q=1,2,\cdots,n-1$ 节信道对 (L_q,R_q) 数量为 2^{n-q}，则第 n 节极化信道对占总信道比例的下界为

$$1-\frac{\sum_{q=1}^{n-1}2^{n-q}}{2^{n-1}Q}\geqslant 1-\frac{2^n}{2^{n-1}Q}=1-\frac{2}{Q} \tag{3.5.45}$$

显然，如果Q选择充分大的取值，则R_n信道占比趋近于 1/2。

上述慢极化过程与信道状态无关，能够实现通用极化编码。基于定理 3.33 可知，右信道R_{n+1}的 Bhattacharyya 参数为$Z(R_{n+1})=Z(R_n)Z(L_n)$，在极化过程中，由于左信道L_n越来越差，其 Bhattacharyya 参数$Z(L_n)$将逐渐接近 1，因此右信道的 Bhattacharyya 参数下降速度越来越慢。为了加快信道的极化速度，需要引入快极化过程，即标准的信道极化变换。

综上所述，码率$R=1/2$的通用极化编码过程描述如下。

(1) 慢极化操作：当极化节数n充分大时，对于所有信道W，满足$I(R_n)>1-\epsilon$，执行下一步。

(2) 快极化操作：选取$M=2^m$个慢极化后的右信道R_n，进行标准极化，选择其中的好信道作为信息比特集合。

(3) 剩余未极化的信道都设为冻结比特。

上述编码过程能够达到的码率最高不超过 1/2，其差错概率上界为$P_e\leqslant No\left(2^{-M^{\beta}}\right)$，$\beta<1/2$。其编译码算法复杂度都为$O\left(MN\log_2(MN)\right)$。

2. 任意码率的通用极化构造

为了实现任意码率的通用极化编码，需要扩展上述$R=1/2$的通用极化过程。其基本思想是改变慢极化过程中的左信道与右信道数量，不再保持左右各一半的比例。

假设选取g个右信道(好信道)，b个左信道(差信道)，则编码码率为$R=g/(b+g)$，通过适当调整b与g的值，可以产生任意码率的编码构造。下面针对$R<1/2$与$R>1/2$两种情况，分析慢极化的变换。

对于$R<1/2$，设定$g\leqslant b$，左右信道组合如下：

$$\underbrace{LL\cdots L}_{b-g}\underbrace{LRLR\cdots LR}_{g\text{个信道对}} \tag{3.5.46}$$

其中，开头的$b-g$个信道是左信道，后续是左信道与右信道交替出现。经过一次慢极化迭代，这组信道顺序产生右循环移位，变为如下的信道组合：

$$R\underbrace{LL\cdots L}_{b-g+1}\underbrace{LRLR\cdots L}_{g-1\text{个信道对}} \tag{3.5.47}$$

对于$R>1/2$，设定$g\geqslant b$，左右信道组合如下：

$$\underbrace{LRLR\cdots L}_{b\text{个信道对}}\underbrace{RR\cdots R}_{g-b} \tag{3.5.48}$$

其中，开头的b个信道对是左信道与右信道交替出现，后续是$g-b$个右信道。经过一次慢极化迭代，这组信道顺序产生右循环移位，变为如下的信道组合：

$$\underbrace{RLR\cdots LR}_{b-1\text{个信道对}}\underbrace{RR\cdots R}_{g-b+1}L \tag{3.5.49}$$

图 3.5.9 给出了上述两种慢极化变换的示例。图 3.5.9(a)是 $g=2$，$b=4$ 的极化变换过程，相应码率 $R=1/3$，图 3.5.9(b)是 $g=4$，$b=2$ 的极化变换过程，相应码率 $R=2/3$。其中，信道标记规则为：如果信道向下的连线在向上连线的左侧，则标记为 L 信道，如果信道向下的连线在向上连线的右侧，则标记为 R，并且从上到下，按照从小到大顺序标记信道序号。两个子图的右侧是输入信道序号，而左侧是输出信道序号。

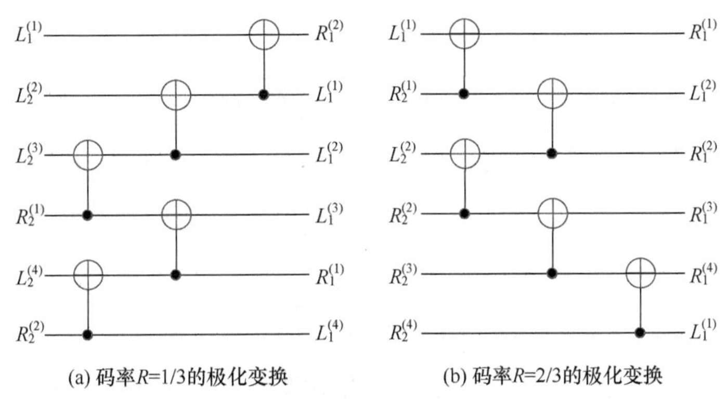

图 3.5.9　任意码率通用极化变换示例

综上所述，任意码率的通用极化编码过程描述如下。

(1) 慢极化操作：首先将 Q 个左右信道对合并，得到第二节信道对，后续节的极化变换，每一次迭代组合 $b+g$ 个变换块，当极化节数 n 充分大时，对于所有信道 W，满足 $I\left(R_n^{(i)}\right)>1-\epsilon$，执行下一步。

(2) 快极化操作：选取 $M=2^m$ 慢极化后的右信道 $R_n^{(i)}$，进行标准极化，选择其中的好信道作为信息比特集合。

(3) 剩余未极化的信道都设为冻结比特。

上述任意码率通用极化编码的差错概率上界为 $P_e \leqslant No\left(2^{-M^\beta}\right)$，$\beta<1/2$。编译码算法复杂度也都为 $O\left(MN\log_2(MN)\right)$。

当发送端未知信道状态，或者信道状态快速变化时，无法反馈跟踪，此时采用通用极化，是一种有效的逼近信道容量极限的编码手段。当然，如果发送端已知信道状态信息时，采用等容量分割映射的构造算法(算法 3.4)是更好的方法，性能要远优于通用极化构造。

3.5.3　高维极化

由 3.4.4 节极化码渐近差错率分析可知，极化码的性能主要受差错指数(极化率)的限制，对于 2×2 的核矩阵 $\boldsymbol{F}_2=\begin{bmatrix}1&0\\1&1\end{bmatrix}$，极化率 $\beta<1/2$，因此极化码渐近差错率只能随码长的平方根增长而指数下降。理论上[12]，采用随机编码，差错指数能够达到 1，即差错率随

码长增长而指数下降。因此，设计高维极化核，提高差错指数，是改善极化码渐近差错性能的重要研究方向。Park 与 Barg[27]最早研究了 2^r 进制极化码的渐近行为。Korada 等对高维极化理论[28,29]进行了系统研究，引入了部分距离的概念，建立了不同维度的极化率上下界，发现当维度 $l \geqslant 15$ 时，可以构造极化率超过 1/2 的高维极化码。Mori 与 Tanaka[30]进一步研究了有限域上的多元极化码构造。Presman 等[31]深入分析了二元非线性极化核的设计。Lin 等[32]经过计算机搜索，给出了维度小于 16 的线性与非线性极化核，具有重要的参考意义。

1. 高维极化理论

给定 B-DMC 信道 $W:\{0,1\}\to\mathcal{Y}$，假设发送信号向量为 $u_1^l\in\{0,1\}^l$。当维度 $l\geqslant 2$ 时，对于 $l\times l$ 的可逆矩阵 $\boldsymbol{G}$，其元素定义在 $\{0,1\}$ 集合上，经过编码变换 $x_1^l=u_1^l\boldsymbol{G}$ 得到编码向量 x_1^l，经过信道传输，接收信号向量为 y_1^l，则称上述变换为 l 维极化变换，相应的信道转移概率为

$$W_{\boldsymbol{G}}\left(y_1^l\middle|u_1^l\right)\triangleq\prod_{i=1}^{l}W\left(y_i\middle|x_i\right)=\prod_{i=1}^{l}W\left(y_i\middle|\left(x_1^l\boldsymbol{G}\right)_i\right) \tag{3.5.50}$$

注意，与经典的二维极化变换不同，经过 l 维极化变换后，不是产生两个可靠性有差异的极化信道，而是产生 l 个极化信道。定义此时的极化信道为 $W_{\boldsymbol{G}}^{(i)}:\{0,1\}\to\mathcal{Y}^l\times\{0,1\}^{i-1}$，其转移概率定义为

$$W_{\boldsymbol{G}}^{(i)}\left(y_1^l,u_1^{i-1}\middle|u_i\right)=\frac{1}{2^{l-1}}\sum_{u_{i+1}^l}W_{\boldsymbol{G}}\left(y_1^l\middle|u_1^l\right) \tag{3.5.51}$$

显然，经过矩阵 $\boldsymbol{G}$ 变换得到的极化信道的互信息满足如下等式：

$$\sum_{i=1}^{l}I\left(W_{\boldsymbol{G}}^{(i)}\right)=lI(W) \tag{3.5.52}$$

假设线性码集合 $\mathcal{C}$ 是由一组向量 $\boldsymbol{g}_1,\cdots,\boldsymbol{g}_K$ 的线性组合得到，则表示为 $\mathcal{C}=\langle\boldsymbol{g}_1,\cdots,\boldsymbol{g}_K\rangle$。令 $d_{\min}(\mathcal{C})$ 表示 $\mathcal{C}$ 的最小汉明距离，$d_{\mathrm{H}}(\boldsymbol{a},\boldsymbol{b})$ 表示两个向量 $\boldsymbol{a}$ 与 $\boldsymbol{b}$ 之间的汉明距离，$d_{\mathrm{H}}(\boldsymbol{b},\mathcal{C})=\min\limits_{c\in\mathcal{C}}d_{\mathrm{H}}(\boldsymbol{b},\boldsymbol{c})$ 表示向量 $\boldsymbol{b}$ 与码集合 $\mathcal{C}$ 之间的最小距离。进一步，令 $d(N,K)$ 表示码长为 N、维度为 K 的所有二元码最小距离的最大值。最后，令 $\mathrm{supp}(\boldsymbol{a})$ 表示向量 $\boldsymbol{a}$ 的非零元素位置集合，称为支集。

给定 B-DMC 信道 $W:\{0,1\}\to\mathcal{Y}$，令信道 $\tilde{W}:\{0,1\}\to\mathcal{Y}\times\{0,1\}$ 的转移概率为

$$\tilde{W}\left(y,r\middle|u\right)=\frac{1}{2}W\left(y\middle|u+r\right) \tag{3.5.53}$$

$(W\circledast P)\left(y_1,y_2\middle|x\right)=W\left(y_1\middle|x\right)P\left(y_2\middle|x\right)$ 表示两个信道 W 与 P 极化后的信道转移概率，类似地，$W^{\circledast k}$ 表示 k 个信道极化，其信道转移概率为

$$W^{\circledast k}\left(y_1^k\middle|x\right)=\prod_{j=1}^{k}W\left(y_j\middle|x\right) \tag{3.5.54}$$

如果 $\boldsymbol{G}$ 是可逆矩阵，并且对于所有的 B-DMC 信道 W，存在 $i\in\{1,\cdots,l\}$，极化信道

$W_{\boldsymbol{G}}^{(i)}=\tilde{W}^{\circledast k}$ 或者 $W_{\boldsymbol{G}}^{(i)}=W\circledast\tilde{W}^{\circledast k-1}$，则称 $\boldsymbol{G}$ 是可极化矩阵。

一般地，并非任意矩阵都能极化，极化核矩阵应当满足如下条件。

引理 3.11 对于任意的 B-DMC 信道 W：

(1) 如果 $\boldsymbol{G}$ 不是上三角矩阵，则存在整数 i，当 $k\geqslant 2$ 时，满足 $W_{\boldsymbol{G}}^{(i)}=\tilde{W}^{\circledast k}$ 或者 $W_{\boldsymbol{G}}^{(i)}=W\circledast\tilde{W}^{\circledast k-1}$，此时 $\boldsymbol{G}$ 是可极化矩阵。

(2) 如果 $\boldsymbol{G}$ 是上三角矩阵，则对于 $\forall 1\leqslant i\leqslant l$，$W_{\boldsymbol{G}}^{(i)}=W$ 或者 $W_{\boldsymbol{G}}^{(i)}=\tilde{W}$，此时 $\boldsymbol{G}$ 是非极化矩阵。

引理 3.11 说明，一个对角线全 1 的可逆矩阵是可极化矩阵，除非它是上三角矩阵。一般地，除重排矩阵外，对于任意的$\{0,1\}$可逆矩阵，总是能够经过行列重排，得到对角线全 1 的非上三角矩阵。因此，任意可逆矩阵(重排矩阵除外)都可以转化为极化矩阵。

对于高维极化核矩阵 $\boldsymbol{G}$，可以将 l 个复合的 B-DMC 信道分解为 l 个极化信道 $W_{\boldsymbol{G}}^{(1)},W_{\boldsymbol{G}}^{(2)},\cdots,W_{\boldsymbol{G}}^{(l)}$，然后经过 n 次 Kronecker 迭代，得到变换矩阵 $\boldsymbol{G}^{\otimes n}$，对应的信源序列为 $U_1^{l^n}$，由此得到如下的高维信道极化定理。

定理 3.35(高维信道极化定理) 给定 B-DMC 信道 W 与 $l\times l$ 的极化核矩阵 $\boldsymbol{G}$，对于高维极化子信道 $W_{\boldsymbol{G}^{\otimes n}}^{(i)}$，$i\in\left\{1,2,\cdots,l^n\right\}$，互信息满足如下的渐近行为：

(1) 如果 $\boldsymbol{G}$ 是极化矩阵，则对于任意 $\delta>0$，有

$$\lim_{n\to\infty}\frac{\left|\left\{i\in\left\{1,2,\cdots,l^n\right\}:I\left(W_{\boldsymbol{G}^{\otimes n}}^{(i)}\right)\in(\delta,1-\delta)\right\}\right|}{l^n}=0 \tag{3.5.55}$$

$$\lim_{n\to\infty}\frac{\left|\left\{i\in\left\{1,2,\cdots,l^n\right\}:Z\left(W_{\boldsymbol{G}^{\otimes n}}^{(i)}\right)\in(\delta,1-\delta)\right\}\right|}{l^n}=0 \tag{3.5.56}$$

(2) 如果 $\boldsymbol{G}$ 是极化矩阵，则极化信道互信息序列是有界鞅过程，其极限为

$$I_\infty=\begin{cases}1, & \text{w.p. } I(W)\\ 0, & \text{w.p. } 1-I(W)\end{cases} \tag{3.5.57}$$

其中，w.p.表示依概率收敛。

(3) 如果 $\boldsymbol{G}$ 是非极化矩阵，则 $I\left(W_{\boldsymbol{G}^{\otimes n}}^{(i)}\right)=I(W)$，$Z\left(W_{\boldsymbol{G}^{\otimes n}}^{(i)}\right)=Z(W)$，即没有产生极化效应。

对于多元极化码，码长为 $N=l^n$，信息集合为 $\mathcal{A}\subset\left\{1,2,\cdots,l^n\right\}$，$|\mathcal{A}|=K$，编码变换为 $x_1^{l^n}=u_1^{l^n}\boldsymbol{G}^{\otimes n}$，$Z\left(W_{\boldsymbol{G}^{\otimes n}}^{(i)}\right)$ 为第 i 个子信道的 Bhattacharyya 参数，则误块率上界为

$$P_e(N,K,\mathcal{A})\leqslant\sum_{i\in\mathcal{A}}Z\left(W_{\boldsymbol{G}^{\otimes n}}^{(i)}\right) \tag{3.5.58}$$

定义 3.9 给定 B-DMC 信道 W，互信息为 $0<I(W)<1$，$l\times l$ 的极化核矩阵 $\boldsymbol{G}$，如果满足：

(1) 对于任意的 $\beta<E(\boldsymbol{G})$，有

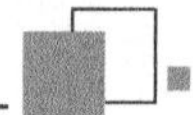

$$\liminf_{n\to\infty} P\left(Z_n \leqslant 2^{-l^{n\beta}}\right) = I(W) \tag{3.5.59}$$

(2) 且对于任意的 $\beta > E(\boldsymbol{G})$，有

$$\liminf_{n\to\infty} P\left(Z_n \geqslant 2^{-l^{n\beta}}\right) = 1 \tag{3.5.60}$$

则称 $E(\boldsymbol{G})$ 为矩阵 $\boldsymbol{G}$ 的极化率。极化率反映了多元极化码采用 SC 译码的渐近差错性能。特别地，对于二维核矩阵 $\boldsymbol{F}_2$，极化率为 $E(\boldsymbol{F}_2)=1/2$。

文献[28]和文献[29]引入了部分距离的概念，这个概念定义在极化核矩阵上，并与极化率有重要的联系。

定义 3.10 $l\times l$ 的极化核矩阵 $\boldsymbol{G}=\left[\boldsymbol{g}_1^{\mathrm{T}},\cdots,\boldsymbol{g}_l^{\mathrm{T}}\right]^{\mathrm{T}}$ 的部分距离定义为

$$\begin{cases} D_i \triangleq d_{\mathrm{H}}\left(\boldsymbol{g}_i,\langle \boldsymbol{g}_{i+1},\cdots,\boldsymbol{g}_l\rangle\right), & i=1,2,\cdots,l-1 \\ D_l \triangleq d_{\mathrm{H}}\left(\boldsymbol{g}_l,\boldsymbol{0}\right) \end{cases} \tag{3.5.61}$$

定理 3.36 给定 B-DMC 信道 W，$l\times l$ 的极化核矩阵 $\boldsymbol{G}$ 以及相应的部分距离 $\{D_i\}_{i=1}^{l}$，极化子信道的 Bhattacharyya 参数有上、下界：

$$Z(W)^{D_i} \leqslant Z\left(W_{\boldsymbol{G}}^{(i)}\right) \leqslant 2^{l-i} Z(W)^{D_i} \tag{3.5.62}$$

证明 首先证明上界。利用式(3.5.51)，将极化子信道的 Bhattacharyya 参数展开放大如下：

$$\begin{aligned} Z\left(W_{\boldsymbol{G}}^{(i)}\right) &= \sum_{y_1^l,u_1^{i-1}} \sqrt{W_{\boldsymbol{G}}^{(i)}\left(y_1^l,u_1^{i-1}|0\right) W_{\boldsymbol{G}}^{(i)}\left(y_1^l,u_1^{i-1}|1\right)} \\ &= \frac{1}{2^{l-1}} \sum_{y_1^l,u_1^{i-1}} \sqrt{\sum_{v_{i+1}^l,w_{i+1}^l} W_{\boldsymbol{G}}\left(y_1^l\left|u_1^{i-1},0,v_{i+1}^l\right.\right) W_{\boldsymbol{G}}\left(y_1^l\left|u_1^{i-1},1,w_{i+1}^l\right.\right)} \\ &\leqslant \frac{1}{2^{l-1}} \sum_{y_1^l,u_1^{i-1}} \sum_{v_{i+1}^l,w_{i+1}^l} \sqrt{W_{\boldsymbol{G}}\left(y_1^l\left|u_1^{i-1},0,v_{i+1}^l\right.\right)} \cdot \sqrt{W_{\boldsymbol{G}}\left(y_1^l\left|u_1^{i-1},1,w_{i+1}^l\right.\right)} \end{aligned} \tag{3.5.63}$$

令 $\boldsymbol{c}_0=\left(u_1^{i-1},0,v_{i+1}^l\right)\boldsymbol{G}$ 与 $\boldsymbol{c}_1=\left(u_1^{i-1},1,w_{i+1}^l\right)\boldsymbol{G}$。再令集合 $S_0=\left\{p:\boldsymbol{c}_{0,p}=\boldsymbol{c}_{1,p}=0\right\}$ 表示码字 $\boldsymbol{c}_0$ 与 $\boldsymbol{c}_1$ 的元素都取值为 0 的下标集合，类似地，集合 $S_1=\left\{p:\boldsymbol{c}_{0,p}=\boldsymbol{c}_{1,p}=1\right\}$ 表示码字 $\boldsymbol{c}_0$ 与 $\boldsymbol{c}_1$ 的元素都取值为 1 的下标集合。进一步，定义集合 $S=S_0\cup S_1$ 及其补集 $S^c=[l]-S_0\cup S_1$。由此可知：

$$\left|S^c\right| = d_{\mathrm{H}}\left(\boldsymbol{c}_0,\boldsymbol{c}_1\right) \geqslant D_i \tag{3.5.64}$$

这样，式(3.5.64)可以进一步改写为

$$\begin{aligned} Z\left(W_{\boldsymbol{G}}^{(i)}\right) &\leqslant \frac{1}{2^{l-1}} \sum_{v_{i+1}^l,w_{i+1}^l} \sum_{y_1^l,u_1^{i-1}} \prod_{j\in S_0} W\left(y_j|0\right) \prod_{j\in S_1} W\left(y_j|1\right) \sqrt{\prod_{j\in S^c} W\left(y_j|0\right) W\left(y_j|1\right)} \\ &\leqslant \frac{1}{2^{l-1}} \sum_{v_{i+1}^l,w_{i+1}^l,u_1^{i-1}} \prod_{j\in S^c} \sum_{y_1^l} \sqrt{W\left(y_j|0\right) W\left(y_j|1\right)} \\ &= \frac{1}{2^{l-1}} \sum_{v_{i+1}^l,w_{i+1}^l,u_1^{i-1}} Z^{D_i} = \frac{2^{2l-i-1}}{2^{l-1}} Z^{D_i} = 2^{l-i} Z^{D_i} \end{aligned} \tag{3.5.65}$$

为了证明下界，利用式(3.5.51)，将信道转移概率 $W_{\boldsymbol{G}}^{(i)}$ 改写为

$$W_{\boldsymbol{G}}^{(i)}\left(y_1^l,u_1^{i-1}\middle|u_i\right)=\frac{1}{2^{l-1}}\sum_{x_1^l\in\mathcal{X}\left(u_1^i\right)}\prod_{k=1}^{l}W\left(y_k\middle|x_k\right) \tag{3.5.66}$$

其中，集合 $\mathcal{X}\left(u_1^i\right)\subset\{0,1\}^l$，是给定 u_1^i 与 v_{i+1}^l 得到的编码码字，即

$$x_1^l=\sum_{j=1}^{i-1}u_j\boldsymbol{g}_j+u_i\boldsymbol{g}_i+\sum_{j=i+1}^{l}u_j\boldsymbol{g}_j \tag{3.5.67}$$

考虑编码 $\langle\boldsymbol{g}_{i+1},\cdots,\boldsymbol{g}_l\rangle$，并令 $\sum_{j=i+1}^{l}\alpha_j\boldsymbol{g}_j$ 表示满足距离关系 $d_{\mathrm{H}}\left(\boldsymbol{g}_i,\sum_{j=i+1}^{l}\alpha_j\boldsymbol{g}_j\right)=D_i$ 的码字。

由于 $\langle\boldsymbol{g}_{i+1},\cdots,\boldsymbol{g}_l\rangle$ 是线性码，因此 $x_1^l\in\mathcal{X}\left(u_1^i\right)$ 等价于下列条件：

$$x_1^l=\sum_{j=1}^{i-1}u_j\boldsymbol{g}_j+u_i\left(\boldsymbol{g}_i+\sum_{j=i+1}^{l}\alpha_j\boldsymbol{g}_j\right)+\sum_{j=i+1}^{l}v_j\boldsymbol{g}_j \tag{3.5.68}$$

现在令 $\boldsymbol{g}_i'=\boldsymbol{g}_i+\sum_{j=i+1}^{l}\alpha_j\boldsymbol{g}_j$，相应的矩阵为 $\boldsymbol{G}'=\left[\boldsymbol{g}_1^{\mathrm{T}},\cdots,\boldsymbol{g}_{i-1}^{\mathrm{T}},\boldsymbol{g}_i'^{\mathrm{T}},\boldsymbol{g}_{i+1}^{\mathrm{T}},\cdots,\boldsymbol{g}_l^{\mathrm{T}}\right]^{\mathrm{T}}$。则矩阵 $\boldsymbol{G}'$ 的第 i 行汉明重量为 D_i。由此可得，矩阵 $\boldsymbol{G}'$ 对应的极化信道 $W_{\boldsymbol{G}'}^{(i)}$ 与矩阵 $\boldsymbol{G}$ 对应的极化信道 $W_{\boldsymbol{G}}^{(i)}$ 是等价的。因此，不失一般性，矩阵 $\boldsymbol{G}$ 的第 i 行汉明重量为 D_i。

下面考虑一个理想信道 $W_{ge}^{(i)}$，即假设有一个精灵能够为译码器提供全部信息，因此其信道转移概率为

$$W_{ge}^{(i)}\left(y_1^l,u_1^{i-1},u_{i+1}^l\middle|u_i\right)=\frac{1}{2^{l-1}}\prod_{j=1}^{l}W\left(y_j\middle|\left(u_1^l\boldsymbol{G}\right)_j\right) \tag{3.5.69}$$

显然，$W_{\boldsymbol{G}}^{(i)}$ 是理想信道 $W_{ge}^{(i)}$ 的退化信道，因此可得 $Z\left(W_{ge}^{(i)}\right)\leqslant Z\left(W_{\boldsymbol{G}}^{(i)}\right)$。令 $\mathcal{B}_i=\left\{j:\boldsymbol{G}_{ij}=1\right\}$，因此有 $\left|\mathcal{B}_i\right|=D_i$。式(3.5.69)可以推导如下：

$$\begin{aligned}W_{ge}^{(i)}\left(y_1^l,u_1^{i-1},u_{i+1}^l\middle|u_i\right)=&\left[\frac{1}{2^{|\mathcal{B}_i|}}\prod_{j\in\mathcal{B}_i}W\left(y_j\middle|u_i+\left(u_1^l\boldsymbol{G}\right)_j-u_i\right)\right]\\&\cdot\left[\frac{1}{2^{l-|\mathcal{B}_i|-1}}\prod_{j\in\mathcal{B}_i^c}W\left(y_j\middle|\left(u_1^l\boldsymbol{G}\right)_j\right)\right]\end{aligned} \tag{3.5.70}$$

式中，等号右边第 2 项独立于 u_i。因为 $\boldsymbol{G}$ 可逆，$r_j=\left(u_1^l\boldsymbol{G}\right)_j-u_i$ 相互独立。由定理 3.11，$W_{ge}^{(i)}$ 等价于 $W\circledast\tilde{W}^{\circledast D_i-1}$ 或 $\tilde{W}^{\circledast D_i}$。由此可得

$$Z\left(W_{ge}^{(i)}\right)=Z\left(W\circledast\tilde{W}^{\circledast D_i-1}\right)=Z\left(\tilde{W}^{\circledast D_i}\right)=Z\left(W\right)^{D_i} \tag{3.5.71}$$

定理得证。

上述定理说明，高维极化子信道的 Bhattacharyya 参数可以用部分距离刻画。进一步，

极化率也可以由部分距离计算。

定理 3.37 给定 B-DMC 信道 W，$l\times l$ 的极化核矩阵 $\boldsymbol{G}$ 以及相应的部分距离 $\{D_i\}_{i=1}^{l}$，极化率公式为

$$E(\boldsymbol{G})=\frac{1}{l}\sum_{i=1}^{l}\log_l D_i \tag{3.5.72}$$

证明 类似于二元极化随机过程，引入 $\{B_n:n\geqslant 1\}$ 表示定义在集合 $\{1,2,\cdots,l\}$ 上的等概分布随机序列。首先由定理 3.36 可得 $Z_j\geqslant Z_{j-1}^{D_{B_j}}$。令 $m_i=\left|\{1\leqslant j\leqslant n:B_j=i\}\right|$，可得

$$Z_n\geqslant Z^{\prod_i D_i^{m_i}}=Z^{l^{\left(\sum_i m_i\log_l D_i\right)}} \tag{3.5.73}$$

式(3.5.73)中的指数可以改写为

$$l^{\left(\sum_i m_i\log_l D_i\right)}=\left(l^n\right)^{\left(\sum_i\frac{m_i}{n}\log_l D_i\right)} \tag{3.5.74}$$

根据大数定理，对于任意 $\epsilon>0$，当 $n\to\infty$ 时，有 $\left|\frac{m_i}{n}-\frac{1}{l}\right|\leqslant\epsilon$。由此符合极化率定义 3.9 第(2)条，即对于任意 $\beta>\frac{1}{l}\sum_i\log_l D_i$，满足

$$\lim_{n\to\infty}P\left(Z_n\geqslant 2^{-l^{n\beta}}\right)=1 \tag{3.5.75}$$

第(1)条的证明是定理 3.19 的简单推广，不再赘述。

例 3.12 给定下列矩阵：

$$\boldsymbol{F}=\begin{bmatrix}1&0&0\\1&0&1\\1&1&1\end{bmatrix} \tag{3.5.76}$$

其部分距离计算结果为 $D_1=1$，$D_2=1$，$D_3=3$。相应地，极化率为

$$E(\boldsymbol{F})=\frac{1}{3}\left(\log_3 1+\log_3 1+\log_3 3\right)=\frac{1}{3} \tag{3.5.77}$$

对于 2×2 的矩阵，唯一的极化矩阵是 $\boldsymbol{F}_2$，其极化率为 $E(\boldsymbol{F}_2)=1/2$。如果要提高极化率，则应当扩展矩阵维度，优化高维核矩阵，满足如下条件：

$$E_l\triangleq\max_{\boldsymbol{G}\in(0,1)^{l\otimes l}}E(\boldsymbol{G}) \tag{3.5.78}$$

一般地，为了优化极化率，需要穷举所有 $l\times l$ 的 $\{0,1\}$ 矩阵。但即使 $l=10$，也是天文数字。因此 Korada 等[28,29]引入了极化率的上、下界，简化高维核矩阵的优化过程。

定理 3.38 极化率 E_l 的上、下界：

(1) 令 $d(n,k)$ 表示码长为 n、维度为 k 的所有二元码最小距离的最大值，则

$$E_l\leqslant\frac{1}{l}\sum_{i=1}^{l}\log_l d(l,l-i+1) \tag{3.5.79}$$

(2) 利用球装界(Sphere Packing Bound)[3]，上界可以进一步加强：

$$E_l \leqslant \frac{1}{l}\sum_{i=1}^{l}\log_l \tilde{D}_i \tag{3.5.80}$$

其中

$$\tilde{D}_i = \max\left\{D : \sum_{j=0}^{\left\lfloor \frac{D-1}{2} \right\rfloor}\binom{l}{j} \leqslant 2^{i-1}\right\} \tag{3.5.81}$$

(3) 对于$l\times l$的极化核矩阵$\boldsymbol{G}=\left[\boldsymbol{g}_1^{\mathrm{T}},\cdots,\boldsymbol{g}_l^{\mathrm{T}}\right]^{\mathrm{T}}$，定义$S_i=\bigcup_{j>i}\mathrm{supp}\left(\boldsymbol{g}_j\right)$与$T_i=\mathrm{supp}\left(\boldsymbol{g}_j\right)\backslash S_i$，$\left|T_i\right|=t_i$。则(2)中的上界可以进一步加强为

$$E_l \leqslant \max_{\sum_{i=1}^{l} t_i = l}\frac{1}{l}\sum_{i=1}^{l}\log_l\left(t_i+q_i\right) \tag{3.5.82}$$

其中

$$q_i = \min\left\{\left\lfloor \frac{1}{2}\sum_{j>i}t_j \right\rfloor, d\left(\sum_{j>i}t_j, l-i+1\right)\right\} \tag{3.5.83}$$

(4) (Gilbert-Varshamov)下界为

$$E_l \geqslant \frac{1}{l}\sum_{i=1}^{l}\log_l \underset{\sim}{D}_i \tag{3.5.84}$$

其中

$$\underset{\sim}{D}_i = \max\left\{D : \sum_{j=0}^{D-1}\binom{l}{j} < 2^i\right\} \tag{3.5.85}$$

2. 高维极化核构造

采用缩短高维矩阵的计算机搜索方法，文献[32]对 2～16 维的线性核与非线性核进行了穷举优化，表 3.5.1 给出了所有维度部分距离的上界。

表 3.5.1　2～16 维的线性核与非线性核矩阵的部分距离上界

l	D_1	D_2	D_3	D_4	D_5	D_6	D_7	D_8	D_9	D_{10}	D_{11}	D_{12}	D_{13}	D_{14}	D_{15}	D_{16}
2	1	2														
3	1	2	3													
4	1	2	2	4												
5	1	2	2	3	5											
6	1	2	2	3	4	6										
7	1	2	2	3	4	4	7									
8	1	2	2	2	4	4	5	8								
9	1	2	2	2	3	4	4	6	9							
10	1	2	2	2	3	4	4	5	6	10						
11	1	2	2	2	3	4	4	5	6	7	11					
12	1	2	2	2	3	4	4	4,5	6	6	8	12				

续表

l	D_1	D_2	D_3	D_4	D_5	D_6	D_7	D_8	D_9	D_{10}	D_{11}	D_{12}	D_{13}	D_{14}	D_{15}	D_{16}
13	1	2	2	2	3	4	4	4,5	5,6	6	7	8	13			
14	1	2	2	2	3	4	4	4,5	5,6	6	7	8	9	14		
15	1	2	2	2	3	4	4	4,5	5,6	6	7	8	8	10	15	
16	1	2	2	2	2	4	4	4	5,6	6	6	8	8	8	10	16

表 3.5.1 中，两个数字的表项：第一个数字是线性核的上界，第二个数字是非线性核的上界。表 3.5.2 给出了 2～31 维的极化率上界。

表 3.5.2　2～31 维的极化率上界

维度	线性核	非线性核	维度	线性核
2	0.500000	0.500000	17	0.49175
3	0.420620	0.420620	18	0.48968
4	0.500000	0.500000	19	0.48742
5	0.430677	0.430677	20	0.49659
6	0.451328	0.451328	21	0.48705
7	0.457981	0.457981	22	0.49445
8	0.500000	0.500000	23	0.50071
9	0.461628	0.461628	24	0.50445
10	0.469154	0.469154	25	0.50040
11	0.477481	0.477481	26	0.50470
12	0.492100	0.492100/ 0.496050	27	0.50836
13	0.488338	0.493806	28	0.51457
14	0.494154	0.501940	29	0.51710
15	0.500651	0.507734	30	0.52205
16	0.518280	0.527420	31	0.52643

表 3.5.2 中，$l=2\sim16$ 的最大极化率来自文献[32]，既包括最优的线性核矩阵，又包括最优的非线性核矩阵，$l=17\sim31$ 的最大极化率来自文献[29]，是由码长 31 的 BCH 生成矩阵经过缩短得到的。其中的非线性核涉及映射 $\phi:\{0,1,2,3\}\to\{0,1\}^2$，$\phi(0)=(00)$，$\phi(1)=(01)$，$\phi(2)=(11)$，以及 $\phi(3)=(10)$。

对于偶数维度 l，定义扩展映射 $\phi^l:\{0,1,2,3\}^{l/2}\to\{0,1\}^l$，令 h 表示非线性核变换，假设 $\boldsymbol{G}_{\mathbb{Z}_4}$ 是 $\mathbb{Z}_4$ 域上的 $l\times(l/2)$ 矩阵，则 $h\left(u_1^l\right)=\phi^l\left(u_1^l\boldsymbol{G}_{\mathbb{Z}_4} \bmod 4\right)$，这种非线性变换也可以看作 $\mathbb{Z}_4$ 域上的线性变换，称为 $\mathbb{Z}_4$ 线性核。

对于奇数维度 l，定义映射 $\overline{\phi}^l:\{0,1\}\times\{0,1,2,3\}^{(l-1)/2}\to\{0,1\}^l$。其中，第一个元素是二进制，而后面的元素是四进制。令 h 表示非线性核变换，假设 $\boldsymbol{G}_{\mathbb{Z}_2\mathbb{Z}_4}=\left(\boldsymbol{G}_{\mathbb{Z}_2},\boldsymbol{G}_{\mathbb{Z}_4}\right)$ 是 $l\times(l+1)/2$ 矩阵，其中第一列元素对应的子矩阵 $\boldsymbol{G}_{\mathbb{Z}_2}$ 定义在 $\mathbb{Z}_2$ 域上，而其余列元素对应

的子矩阵 $\boldsymbol{G}_{\mathbb{Z}_4}$ 定义在 $\mathbb{Z}_4$ 域上，则 $h\left(u_1^l\right)=\bar{\phi}^l\left(u_1^l\boldsymbol{G}_{\mathbb{Z}_2}\bmod 2,u_1^l\boldsymbol{G}_{\mathbb{Z}_4}\bmod 4\right)$，因此，称为 $\mathbb{Z}_2\mathbb{Z}_4$ 线性核变换。

从表 3.5.2 中的结果可以看出，当维度 $l\leqslant 10$ 时，只有 $l=2,4,8$，极化率能够达到 $1/2$，其他维度的极化率都小于 $1/2$。而当维度 $l>10$ 时，极化率有可能超过 $1/2$，例如，$l=14\sim16,23\sim31$，并且极化率并非随着维度增长而单调递增，目前已知最高的极化率是 $l=16$ 的非线性核。下面列出各个维度具体的极化核矩阵。

1) 2 维最优极化核

这种情况的最优极化核矩阵就是

$$\boldsymbol{G}_2=\begin{bmatrix}1&0\\1&1\end{bmatrix}\tag{3.5.86}$$

部分距离为 $(D_1,D_2)=(1,2)$，因此差错指数为 $E(\boldsymbol{G}_2)=\frac{1}{2}\log_2 1+\frac{1}{2}\log_2 2=\frac{1}{2}$。无论线性还是非线性变换，这个核矩阵都是最优的。

2) 3 维最优极化核

这种情况的最优极化核矩阵是

$$\boldsymbol{G}_3=\begin{bmatrix}1&0&0\\1&1&0\\1&0&1\end{bmatrix}\tag{3.5.87}$$

无论是线性还是非线性变换，这个核矩阵都是最优的。相应的部分距离序列为 $(D_1,D_2,D_3)=(1,2,2)$，因此差错指数为 $E(\boldsymbol{G}_3)=\frac{1}{3}\log_3 1+2\times\frac{1}{3}\log_3 2=0.420620$。

3) 4 维最优极化核

这种情况的最优极化核矩阵是

$$\boldsymbol{G}_4=\begin{bmatrix}1&0&0&0\\1&1&0&0\\1&0&1&0\\1&1&1&1\end{bmatrix}\tag{3.5.88}$$

无论是线性还是非线性变换，这个核矩阵都是最优的。相应的部分距离序列为 $(D_1,D_2,D_3,D_4)=(1,2,2,4)$，因此差错指数为 $E(\boldsymbol{G}_4)=4\times\frac{1}{4}\log_4 2=0.5$。$\boldsymbol{G}_4$ 实际上是两个 $\boldsymbol{G}_2$ 核矩阵的 Kroneker 积，即 $\boldsymbol{G}_4=\boldsymbol{G}_2\otimes\boldsymbol{G}_2$，因此仍然是经典极化码结构。

4) 5 维最优极化核

这种情况的最优极化核矩阵是

$$\boldsymbol{G}_5=\begin{bmatrix}1&0&0&0&0\\1&1&0&0&0\\1&0&1&0&0\\1&0&0&1&0\\1&1&1&0&1\end{bmatrix}\tag{3.5.89}$$

无论是线性还是非线性变换，这个核矩阵都是最优的。相应的部分距离序列为 $(D_1,D_2,D_3,D_4,D_5)=(1,2,2,2,4)$，因此差错指数为 $E(\boldsymbol{G}_5)=5\times\frac{1}{5}\log_5 2=0.430677$。

5) 6 维最优极化核

这种情况的最优极化核矩阵是

$$\boldsymbol{G}_6=\begin{bmatrix}1&0&0&0&0&0\\1&1&0&0&0&0\\1&0&1&0&0&0\\1&0&0&1&0&0\\1&1&1&0&1&0\\1&1&0&1&0&1\end{bmatrix} \tag{3.5.90}$$

相应的部分距离序列为 $(D_1,D_2,D_3,D_4,D_5,D_6)=(1,2,2,2,4,4)$，因此差错指数为 $E(\boldsymbol{G}_6)=7\times\frac{1}{6}\log_6 2=0.451328$。

6) 7 维最优极化核

这种情况的最优极化核矩阵是

$$\boldsymbol{G}_7=\begin{bmatrix}1&0&0&0&0&0&0\\1&1&0&0&0&0&0\\1&0&1&0&0&0&0\\1&0&0&1&0&0&0\\1&1&1&0&1&0&0\\1&1&0&1&0&1&0\\1&0&1&1&0&0&1\end{bmatrix} \tag{3.5.91}$$

部分距离序列为 $(1,2,2,2,4,4,4)$，因此差错指数为 $E(\boldsymbol{G}_7)=9\times\frac{1}{7}\log_7 2=0.457981$。

7) 8 维最优极化核

这种情况的最优极化核矩阵是

$$\boldsymbol{G}_8=\begin{bmatrix}1&0&0&0&0&0&0&0\\1&1&0&0&0&0&0&0\\1&0&1&0&0&0&0&0\\1&0&0&1&0&0&0&0\\1&1&1&0&1&0&0&0\\1&1&0&1&0&1&0&0\\1&0&1&1&0&0&1&0\\1&1&1&1&1&1&1&1\end{bmatrix} \tag{3.5.92}$$

部分距离序列为 $(1,2,2,2,4,4,4,8)$，因此差错指数为 $E(\boldsymbol{G}_8)=12\times\frac{1}{8}\log_8 2=0.5$。

8) 9 维最优极化核

这种情况的最优极化核矩阵是

$$
\boldsymbol{G}_9=\begin{bmatrix}1&0&0&0&0&0&0&0&0\\1&1&0&0&0&0&0&0&0\\1&0&1&0&0&0&0&0&0\\1&0&0&1&0&0&0&0&0\\1&0&0&0&1&0&0&0&0\\1&1&0&1&0&1&0&0&0\\1&0&1&1&0&0&1&0&0\\1&0&1&1&1&1&0&1&0\\0&1&1&1&0&0&1&1&1\end{bmatrix} \tag{3.5.93}
$$

部分距离序列为$(1,2,2,2,2,4,4,6,6)$，因此差错指数为$\frac{1}{9}\log_9\left(2^{10}\times 3^2\right)=0.461628$。

9) 10 维最优极化核

这种情况的最优极化核矩阵是

$$
\boldsymbol{G}_{10}=\begin{bmatrix}1&0&0&0&0&0&0&0&0&0\\1&1&0&0&0&0&0&0&0&0\\1&0&1&0&0&0&0&0&0&0\\1&0&0&1&0&0&0&0&0&0\\1&1&1&0&1&0&0&0&0&0\\0&1&1&1&0&1&0&0&0&0\\1&1&0&0&0&1&1&0&0&0\\1&1&0&1&0&0&0&1&0&0\\1&1&0&0&1&1&0&1&1&0\\1&1&1&1&0&1&1&1&0&1\end{bmatrix} \tag{3.5.94}
$$

部分距离序列为$(1,2,2,2,2,4,4,4,6,8)$，因此差错指数为$\frac{1}{10}\log_{10}\left(2^{14}\times 3\right)=0.469154$。

10) 11 维最优极化核

这种情况的最优极化核矩阵是

$$
\boldsymbol{G}_{11}=\begin{bmatrix}1&0&0&0&0&0&0&0&0&0&0\\1&1&0&0&0&0&0&0&0&0&0\\1&0&1&0&0&0&0&0&0&0&0\\1&0&0&1&0&0&0&0&0&0&0\\1&1&0&1&1&0&0&0&0&0&0\\0&1&1&1&0&1&0&0&0&0&0\\1&1&0&0&0&1&1&0&0&0&0\\1&1&0&1&0&0&0&1&0&0&0\\1&0&0&1&1&1&1&0&1&0&0\\1&1&0&0&0&1&0&1&1&1&0\\1&1&1&1&1&0&0&0&1&1&1\end{bmatrix} \tag{3.5.95}
$$

部分距离序列为$(1,2,2,2,2,4,4,4,6,6,8)$，因此差错指数为$\frac{1}{11}\log_{11}\left(2^{15}\times 3^{2}\right)=0.477481$。

11) 12 维最优极化核

这种情况的最优线性极化核矩阵是

$$\boldsymbol{G}_{12}=\begin{bmatrix}1&0&0&0&0&0&0&0&0&0&0&0\\1&1&0&0&0&0&0&0&0&0&0&0\\1&0&1&0&0&0&0&0&0&0&0&0\\1&0&0&1&0&0&0&0&0&0&0&0\\1&1&0&1&1&0&0&0&0&0&0&0\\0&1&1&1&0&1&0&0&0&0&0&0\\1&1&0&0&0&1&1&0&0&0&0&0\\1&1&0&1&0&0&0&1&0&0&0&0\\1&0&0&1&1&1&1&0&1&0&0&0\\1&1&0&0&0&1&0&1&1&1&0&0\\1&1&1&1&1&0&0&0&1&1&1&0\\1&1&1&1&0&1&1&1&0&0&0&1\end{bmatrix}\tag{3.5.96}$$

部分距离序列为$(1,2,2,2,2,4,4,4,6,6,8,8)$，因此差错指数为$\frac{1}{12}\log_{12}\left(2^{18}\times 3^{2}\right)=0.492100$。

对于非线性核，如果存在部分距离序列为$(1,2,2,2,2,4,4,4,6,6,6,12)$的变换矩阵，则差错指数为$\frac{1}{12}\log_{12}\left(2^{15}\times 3^{4}\right)=0.496050$。但并没有确切搜索到这个矩阵。

12) 13 维最优极化核

这种情况的最优线性极化核矩阵是

$$\boldsymbol{G}_{13}=\begin{bmatrix}1&0&0&0&0&0&0&0&0&0&0&0&0\\1&1&0&0&0&0&0&0&0&0&0&0&0\\1&0&1&0&0&0&0&0&0&0&0&0&0\\1&0&0&1&0&0&0&0&0&0&0&0&0\\0&0&1&0&1&0&0&0&0&0&0&0&0\\1&0&1&0&1&1&0&0&0&0&0&0&0\\0&0&1&1&0&1&1&0&0&0&0&0&0\\0&1&1&1&0&0&0&1&0&0&0&0&0\\1&1&1&0&0&0&0&0&1&0&0&0&0\\1&1&0&1&0&0&1&1&0&1&0&0&0\\1&1&1&0&0&1&1&0&0&0&1&0&0\\1&1&1&1&0&0&0&0&1&1&1&1&0\\1&1&1&1&1&1&1&1&1&0&0&0&1\end{bmatrix}\tag{3.5.97}$$

部分距离序列为$(1,2,2,2,2,4,4,4,4,6,6,8,10)$，因此差错指数为$\frac{1}{13}\log_{13}\left(2^{18}\times 3^{2}\times 5\right)=$ 0.488338。

对于非线性核矩阵，是$\mathbb{Z}_2\mathbb{Z}_4$线性的，核矩阵为

$$G_{\mathbb{Z}_2\mathbb{Z}_4}=\begin{bmatrix}0&1&0&0&0&0&0\\0&2&0&0&0&0&0\\0&1&1&0&0&0&0\\0&1&0&1&0&0&0\\0&1&0&0&0&1&0\\0&1&1&1&1&0&0\\0&1&1&0&0&1&1\\0&0&2&0&0&2&0\\0&3&1&1&1&2&0\\0&3&3&2&0&3&1\\1&1&2&1&0&3&0\\0&2&2&2&2&0&0\\0&2&2&0&0&2&2\end{bmatrix} \tag{3.5.98}$$

部分距离序列为$(1,2,2,2,2,4,4,4,6,6,6,8,8)$，因此差错指数为$\frac{1}{13}\log_{13}\left(2^{19}\times 3^3\right)=0.493806$。此时，非线性核的差错指数大于同等维度下的线性核。

13) 14 维最优极化核

这种情况的最优线性极化核矩阵是

$$G_{14}=\begin{bmatrix}1&0&0&0&0&0&0&0&0&0&0&0&0&0\\1&1&0&0&0&0&0&0&0&0&0&0&0&0\\1&0&1&0&0&0&0&0&0&0&0&0&0&0\\0&0&1&1&0&0&0&0&0&0&0&0&0&0\\1&0&1&1&1&0&0&0&0&0&0&0&0&0\\1&1&0&1&0&1&0&0&0&0&0&0&0&0\\0&0&1&1&1&0&1&0&0&0&0&0&0&0\\1&0&0&1&0&0&1&1&0&0&0&0&0&0\\1&0&1&1&0&0&0&0&1&0&0&0&0&0\\1&1&1&0&0&0&0&1&1&1&0&0&0&0\\1&1&0&0&0&1&1&0&1&0&1&0&0&0\\0&1&1&1&0&0&1&1&0&0&0&1&0&0\\1&1&1&1&1&1&0&0&0&0&0&1&1&0\\1&1&1&1&1&1&1&1&1&1&1&0&0&1\end{bmatrix} \tag{3.5.99}$$

部分距离序列为$(1,2,2,2,2,4,4,4,4,6,6,6,8,12)$，因此差错指数为$\frac{1}{14}\log_{14}\left(2^{20}\times 3^4\right)=0.494154$。

对于非线性核矩阵，是$\mathbb{Z}_4$线性的，核矩阵为

$$
\boldsymbol{G}_{\mathbb{Z}_4}=\begin{bmatrix}
1&0&0&0&0&0&0\\
2&0&0&0&0&0&0\\
1&1&0&0&0&0&0\\
1&0&1&0&0&0&0\\
1&0&0&0&1&0&0\\
1&1&1&1&0&0&0\\
1&1&0&0&1&1&0\\
1&0&1&0&1&0&1\\
3&1&1&1&2&0&0\\
3&3&2&0&3&1&0\\
1&2&1&0&3&0&1\\
2&2&2&2&0&0&0\\
2&2&0&0&2&2&0\\
2&0&2&0&2&0&2
\end{bmatrix} \tag{3.5.100}
$$

部分距离序列为 $(1,2,2,2,2,4,4,4,6,6,6,8,8,8)$ ，因此差错指数为 $\frac{1}{14}\log_{14}\left(2^{22}\times3^{3}\right)=0.501940$。此时，非线性核的差错指数已经大于 1/2。

14) 15 维最优极化核

这种情况的最优线性极化核矩阵是

$$
\boldsymbol{G}_{15}=\begin{bmatrix}
1&0&0&0&0&0&0&0&0&0&0&0&0&0&0\\
1&1&0&0&0&0&0&0&0&0&0&0&0&0&0\\
1&0&1&0&0&0&0&0&0&0&0&0&0&0&0\\
0&0&1&1&0&0&0&0&0&0&0&0&0&0&0\\
1&0&1&1&1&0&0&0&0&0&0&0&0&0&0\\
1&1&0&1&0&1&0&0&0&0&0&0&0&0&0\\
0&0&1&1&1&0&1&0&0&0&0&0&0&0&0\\
1&0&0&1&0&0&1&1&0&0&0&0&0&0&0\\
1&0&1&1&0&0&0&0&1&0&0&0&0&0&0\\
1&1&1&0&0&0&0&1&1&1&0&0&0&0&0\\
1&1&0&0&0&1&1&0&1&0&1&0&0&0&0\\
0&1&1&1&0&0&1&1&0&0&0&1&0&0&0\\
1&1&1&1&1&1&0&0&0&0&0&1&1&0&0\\
1&0&1&1&0&0&1&1&1&0&0&0&1&1&0\\
1&1&1&1&1&1&1&1&1&1&1&0&0&0&1
\end{bmatrix} \tag{3.5.101}
$$

部分距离序列为 $(1,2,2,2,2,4,4,4,4,6,6,6,8,8,12)$ ，因此差错指数为 $\frac{1}{15}\log_{15}\left(2^{23}\times3^{4}\right)=0.500651$。

对于非线性核矩阵，是 $\mathbb{Z}_2\mathbb{Z}_4$ 线性的，核矩阵为

$$
\boldsymbol{G}_{\mathbb{Z}_2\mathbb{Z}_4}=\begin{bmatrix}
0&1&0&0&0&0&0&0\\
0&2&0&0&0&0&0&0\\
0&1&1&0&0&0&0&0\\
0&1&0&1&0&0&0&0\\
0&1&0&0&0&1&0&0\\
0&1&1&1&1&0&0&0\\
0&1&1&0&0&1&1&0\\
0&1&0&1&0&1&0&1\\
0&3&1&1&1&2&0&0\\
0&3&3&2&0&3&1&0\\
0&1&2&1&0&3&0&1\\
0&2&2&2&2&0&0&0\\
0&2&2&0&0&2&2&0\\
0&2&0&2&0&2&0&2\\
1&1&1&1&1&1&1&1
\end{bmatrix} \tag{3.5.102}
$$

部分距离序列为 $(1,2,2,2,2,4,4,4,6,6,6,8,8,8,8)$，因此差错指数为 $\frac{1}{15}\log_{15}\left(2^{25}\times 3^{3}\right)=$ 0.507734。此时，线性核与非线性核的差错指数都已经大于 1/2。

15) 16 维最优极化核

这种情况的最优线性极化核矩阵是

$$
\boldsymbol{G}_{16}=\begin{bmatrix}
1&0&0&0&0&0&0&0&0&0&0&0&0&0&0&0\\
1&1&0&0&0&0&0&0&0&0&0&0&0&0&0&0\\
1&0&1&0&0&0&0&0&0&0&0&0&0&0&0&0\\
1&0&0&1&0&0&0&0&0&0&0&0&0&0&0&0\\
1&1&0&1&1&0&0&0&0&0&0&0&0&0&0&0\\
1&1&1&0&0&1&0&0&0&0&0&0&0&0&0&0\\
0&1&0&0&1&1&1&0&0&0&0&0&0&0&0&0\\
1&1&0&1&1&0&1&1&0&0&0&0&0&0&0&0\\
0&0&0&1&1&1&0&0&1&0&0&0&0&0&0&0\\
1&1&1&1&1&1&1&1&1&1&0&0&0&0&0&0\\
1&1&0&1&0&1&1&0&0&0&1&0&0&0&0&0\\
1&0&0&1&1&1&0&1&1&0&1&1&0&0&0&0\\
0&1&0&0&1&1&1&1&0&1&1&0&1&0&0&0\\
1&1&1&0&0&1&0&0&1&1&1&0&0&1&0&0\\
1&0&1&0&0&0&0&1&0&1&1&1&1&0&1&0\\
1&1&1&1&1&1&1&1&1&1&1&1&1&1&1&1
\end{bmatrix} \tag{3.5.103}
$$

部分距离序列为 $(1,2,2,2,2,4,4,4,4,6,6,8,8,8,8,16)$，因此差错指数为 $\frac{1}{16}\log_{16}\left(2^{30}\times 3^{2}\right)=$ 0.518280。

对于非线性核矩阵，是 $\mathbb{Z}_4$ 线性的，核矩阵为

$$
\boldsymbol{G}_{\mathbb{Z}_4}=\begin{bmatrix}
1&0&0&0&0&0&0&0\\
2&0&0&0&0&0&0&0\\
1&1&0&0&0&0&0&0\\
1&0&1&0&0&0&0&0\\
1&0&0&0&1&0&0&0\\
1&1&1&1&0&0&0&0\\
1&1&0&0&1&1&0&0\\
1&0&1&0&1&0&1&0\\
3&1&1&1&2&0&0&0\\
3&3&2&0&3&1&0&0\\
1&2&1&0&3&0&1&0\\
2&2&2&2&0&0&0&0\\
2&2&0&0&2&2&0&0\\
2&0&2&0&2&0&2&0\\
1&1&1&1&1&1&1&1\\
2&2&2&2&2&2&2&2
\end{bmatrix}
\tag{3.5.104}
$$

部分距离序列为 $(1,2,2,2,2,4,4,4,6,6,6,8,8,8,8,16)$，因此差错指数为 $\frac{1}{16}\log_{16}\left(2^{29}\times 3^3\right)=0.527420$。此时，线性核与非线性核的差错指数都已经大于 1/2。

已有研究表明，当采用高维极化核编码，维度 $l\geqslant 14$ 时，差错指数已经超过 1/2，因此性能会优于经典极化码。不过由于 Trellis 结构相对于经典极化码更加复杂，SC 译码算法也需要专门设计。黄志亮等[33]对中高维度极化码的 SC 译码算法进行了深入分析，提出了简化与近似的译码算法，结果表明，当维度 $l\geqslant 14$ 以后，高维极化码的误块率性能会优于经典极化码，感兴趣的读者可以参阅文献[33]。

3.6 本章小结

极化编码的设计思想最早并不是由 Arıkan 提出的。早在 2002 年，德国学者 Stolte 在其博士论文[34]中就提出了 OCBM(Optimized Construction for Bitwise Multistage)编码，这种编码的基本思想是用信噪比衡量不同子码的可靠性，选择高可靠性的子码作为承载信息的子码，本质上符合可靠性构造准则。2006 年，美国学者 Dumer 与 Shabunov 在文献[35]中，也提出了根据可靠性选择 Hadamard 矩阵的行，可以改善 RM 码译码性能的基本思想。尽管有这些先驱工作，但建立完整严密的极化码理论体系，严格证明极化码的容量可达性，要归功于 Arıkan。

作为第一种达到信道容量的构造性编码，极化码是信道编码理论的重大突破。信道极化将互信息链式法则应用于信道编码设计，是一种全新的编码设计思想，也是通信系统优化的革命性方法。Arıkan 提出的经典极化码构造与编译码算法，构成了完美的理论体系。极化码的理论优势总结如下。

(1) 容量可达性。极化码是第一种严格证明渐近达到对称信道容量的信道编码，它第一次揭示了达到信道容量极限的编码构造过程，是信道编码定理的构造性证明。

(2) 低复杂度实现。极化码的经典编译码算法，复杂度都为 $O(N\log_2 N)$ ，可以用低复杂度方式实现。

(3) 无错误平台。极化码的代数编码性质决定了它的差错性能随码长平方根增长而呈指数下降，没有错误平台现象。这是非常优越的理论性能，对于超高可靠性应用场景非常重要。

(4) 极化普适性。正如 Arıkan 在文献[1]所指出的，以及后续文献[14]和文献[28]进一步深入分析，极化是通信系统的普遍现象，不仅存在于编码单元，也存在于更一般的通信系统中。

当然，在实际应用中，基于 Bhattacharyya 参数的构造方法，以及串行抵消(SC)译码算法还存在很多局限。我们将在后续章节中，系统介绍极化码的各种改进构造方法、高性能译码算法以及实际系统中的应用方案。

参 考 文 献

[1] ARIKAN E. Channel polarization: a method for constructing capacity-achieving codes [J]. IEEE Transactions on Information Theory, 2009, 55(7): 3051-3073.

[2] HASSANI S H, URBANKE R L. On the scaling of polar codes: I. The behavior of polarized channels [C]. IEEE International Symposium on Information Theory (ISIT), Austin Texas, 2010: 874-878.

[3] RYAN W E, LIN S. Channel codes classical and modern [M]. Cambridge: Cambridge University Press, 2009.

[4] RICHARDSON T, URBANKE R. Modern coding theory [M]. Cambridge: Cambridge University Press, 2007.

[5] ARIKAN E. On the origin of polar coding [J]. IEEE Journal on Selected Areas in Communications, 2016, 34(2): 209-223.

[6] PINSKER M S. On the complexity of decoding [J]. Problemy Peredachi Informatsii, 1965, 1(1): 84-86.

[7] MASSEY J L. Capacity, cutoff rate, and coding for a direct-detection optical channel [J]. IEEE Transactions on Communications, 1981, 29(11): 1615-1621.

[8] ARIKAN E. Sequential decoding for multiple access channels [R]. Technique Report LIDS-TH-1517, MIT, Cambridge, 1985.

[9] ARIKAN E. An upper bound on the cutoff rate of sequential decoding [J]. IEEE Transactions on Information Theory, 1988, 34(1): 55-63.

[10] ARIKAN E. An inequality on guessing and its application to sequential decoding [J]. IEEE Transactions on Information Theory, 1996, 42(1): 99-105.

[11] ARIKAN E. Channel combining and splitting for cutoff rate improvement [J]. IEEE Transactions on Information Theory, 2006, 52(2): 628-639.

[12] SHANNON C E. A mathematical theory of communication [J]. Bell System Technology Journal, 1948, 27(3/4): 379-423, 623-656.

[13] NIU K, CHEN K, ZHANG Q T. Polar codes：primary concepts and practical decoding algorithms [J]. IEEE Communications Magazine, 2014, 52(7): 192-203.

[14] 牛凯. “太极混一”——极化码原理及 5G 应用[J]. 中兴通讯技术, 2019, 25(1): 19-28.

[15] ARIKAN E, TELATAR E. On the rate of channel polarization [C]. IEEE International Symposium on Information Theory (ISIT), Seoul, 2009: 1493-1495.

[16] HASSANI S H, URBANKE R L. On the scaling of polar codes: Ⅱ. The behavior of un-polarized channels [C]. IEEE International Symposium on Information Theory(ISIT), Austin Texas, 2010: 879-883.

[17] GALLAGER R G. A simple derivation of the coding theorem and some applications [J]. IEEE Transactions on Information Theory, 1965, 11(1): 3-18.

[18] POLYANSKIY Y, POOR H V, VERDU S. Channel coding rate in the finite blocklength regime [J]. IEEE Transactions on Information Theory, 2010, 56(5): 2307-2359.

[19] HASSANI S H, ALISHAHI K, URBANKE R L. Finite-length scaling for polar codes [J]. IEEE Transactions on Information Theory, 2014, 60(10): 5875-5898.

[20] MONDELLI M, HASSANI S H, URBANKE R L. Unified scaling of polar codes: error exponent scaling exponent, moderate deviations and error floors [J]. IEEE Transactions on Information Theory, 2016, 62(12): 6698-6712.

[21] PARIZI M B, TELATAR E. On the correlation between polarized BECs [C]. IEEE International Symposium on Information Theory (ISIT), Istanbul, 2013: 784-788.

[22] 陈凯. 极化编码理论与实用方案研究[D]. 北京: 北京邮电大学, 2014.

[23] CHEN K, NIU K, LIN J R. Practical polar code construction over parallel channels [J]. IET Communications, 2013, 7(7): 620-627.

[24] HOF E, SASON I, SHAMAI S, et al. Capacity-achieving polar codes for arbitrarily permuted parallel channels [J]. IEEE Transactions on Information Theory, 2013, 59(3): 1505-1516.

[25] ALSAN M, TELATAR E. A simple proof of polarization and polarization for non-stationary channels [C]. IEEE International Symposium on Information Theory (ISIT), Honolulu, 2014: 301-305.

[26] ŞAŞOĞLU E, WANG L L. Universal polarization [J]. IEEE Transactions on Information Theory, 2016, 62(6): 2937-2946.

[27] PARK W, BARG A. Polar codes for q-ary channels, $q=2^r$ [J]. IEEE Transactions on Information Theory, 2010, 56(2): 955-969.

[28] KORADA S B. Polar codes for channel and source coding [D]. Lausanne: Ecole Polytechnique Federale de Lausanne (EPFL), 2009.

[29] KORADA S B, ŞAŞOĞLU E, URBANKE R L. Polar codes: characterization of exponent, bounds, and constructions [J]. IEEE Transactions on Information Theory, 2010, 56(12): 6253-6264.

[30] MORI R, TANAKA T. Source and channel polarization over finite fields and Reed-Solomon matrices [J]. IEEE Transactions on Information Theory, 2014, 60(5): 2720-2736.

[31] PRESMAN N, SHAPIRA O, LITSYN S, et al. Binary polarization kernels from code decompositions [J]. IEEE Transactions on Information Theory, 2015, 61(5): 2227-2239.

[32] LIN H P, LIN S, GHAFFAR K A S A. Linear and nonlinear binary kernels of polar codes of small dimensions with maximum exponents [J]. IEEE Transactions on Information Theory, 2015, 61(10): 5253-5270.

[33] HUANG Z L, ZHANG S Y, ZHANG F, et al. Simplified successive cancellation decoding of polar codes with medium-dimensional binary kernels [J]. IEEE Access, 2018, 6: 26707-26717.

[34] STOLTE N. Recursive codes with the Plotkin-construction and their decoding [D]. Darmstadt: University of Technology Darmstadt, 2002.

[35] DUMER I, SHABUNOV K. Soft-decision decoding of Reed-Muller codes: recursive lists [J]. IEEE Transactions on Information Theory, 2006, 52(3): 1260-1266.

第4章 极化码构造与编码

本章主要介绍极化码的构造与编码方法。首先介绍极化码的代数结构与性质，包括最小重量与距离谱。然后介绍三类不同的极化码构造方法：依赖信道条件的迭代构造、独立于信道条件的通用构造，以及基于重量谱的构造。迭代构造，主要包括巴氏参数近似、密度进化、Tal-Vardy 以及高斯近似等算法；通用构造，主要包括部分序、极化重量等算法；对于重量谱构造，重点说明极化谱的基本概念与子信道差错性能界的理论分析。最后介绍系统极化码编码结构，以及各种高性能的级联极化码结构，包括 CRC 级联极化码、校验级联极化码、并行级联极化码等。本章重点介绍极化码的编码设计，高性能译码算法留待第 5 章详细描述。

4.1 极化码编码性质

回顾第 3 章给出的定义，极化码是一种递推式的线性分组码，定义如下。

定义 4.1 给定 B-DMC 信道W，码长约束是 2 的幂次，即$N=2^n$，$n\geqslant 0$，给定信息比特集合$\mathcal{A}\subset[N]$，冻结比特集合$\mathcal{A}^c=[N]-\mathcal{A}$，则极化码的编码表示为

$$x_1^N=u_1^N\boldsymbol{G}_N \tag{4.1.1}$$

其中，$\boldsymbol{G}_N=\boldsymbol{B}_N\boldsymbol{F}_2^{\otimes n}$就是$N$信道极化中引入的生成矩阵，$\mathcal{A}$是全集$[N]$的任意子集，$K=|\mathcal{A}|$是信息位长度，也即编码子空间的维度，编码码率定义为$R=K/N$。如果固定集合$\mathcal{A}$与冻结比特向量$u_{\mathcal{A}^c}$，而信息向量$u_{\mathcal{A}}$任意取值，则式(4.1.1)定义了从信息序列$u_{\mathcal{A}}$到编码码字x_1^N的映射。这种由四元组$\left(N,K,\mathcal{A},u_{\mathcal{A}^c}\right)$标记的编码映射称为极化码。

与一般的线性分组码类似，极化码包括非系统码与系统码两种编码方式。Arıkan 最早提出的是非系统码[1]，后来在文献[2]又提出了系统极化码。并且，第 3 章已经指出，极化码与 Reed-Muller 码的编码有相似之处，可以将它们都看作陪集码。下面分析极化码的代数性质与距离谱等理论性能。

4.1.1 代数性质

回顾 2.2.3 节关于 Reed-Muller(RM)码的描述，极化码与 RM 码在编码结构上有很多相似之处。对于 RM(n,r)码，码长为$N=2^n$，码率为$R=\sum_{i=0}^{r}\binom{n}{r}\Big/2^n$。RM 码的生成矩阵也可以用核矩阵$\boldsymbol{F}_2$的 Kronecker 积表示，即$\boldsymbol{G}_N=\boldsymbol{F}_2^{\otimes n}$是 Hadamard 矩阵。假设生成矩阵第$1\leqslant i\leqslant 2^n$行序号的二进制展开向量$i\to\left(b_1\cdots b_n\right)$，则标记行序号的汉明重量为$\mathrm{wt}(i)=\mathrm{wt}\left(b_1\cdots b_n\right)$。进一步由 Hadamard 矩阵性质可知，第$i$行的汉明重量为$2^{\mathrm{wt}(i)}$。对于 RM($n,r$)码而言，它的真实生成矩阵可以看作$\boldsymbol{G}_N$中汉明重量至少为$2^{n-r}$的行构成的，这样的行向量数目为$\sum_{i=0}^{r}\binom{n}{r}$。从极化编码观点来看，相当于选择重量大的行(对应信息集合$\mathcal{A}$)承载信息比特，而重量小的行(对应冻结位集合$\mathcal{A}^c$)承载冻结比特，因此 RM 码与极

化码具有类似的编码结构：

$$u_1^N \boldsymbol{G}_N = \left(u_{\mathcal{A}}, u_{\mathcal{A}^c}\right)\boldsymbol{G}_N = x_1^N \tag{4.1.2}$$

从这个意义上看，RM(n,r)码可以看作特殊的极化码，其信息集合满足 $\mathcal{A}=\{i: n-r \leqslant \mathrm{wt}(i) \leqslant n\}$ 。Arıkan 在文献[3]和文献[4]中，对 RM 码与极化码进行了结构与性能的对比。

基于 2.2.3 节 RM 码的最小距离性质，可以得到极化码最小汉明距离的性质[5]。

定理 4.1(极化码最小距离定理)　极化码 $\left(N,K,\mathcal{A},u_{\mathcal{A}^c}\right)$ 的最小汉明距离为

$$d_{\min} = \min_{i\in\mathcal{A}} 2^{\mathrm{wt}(i)} \tag{4.1.3}$$

证明　由生成矩阵的性质，极化码的最小汉明距离必然不大于生成矩阵的行重，即 $d_{\min} \leqslant 2^{w_{\min}}$ 。另外，利用 RM 码与极化码的编码相似性，向极化码的信息集合中添加行重不低于 $2^{w_{\min}}$ 的所有行，则此时得到一个 $\mathrm{RM}(n, n-w_{\min})$ 码。根据 RM 码的最小距离性质[6]，可知 $d_{\min}\left(\mathrm{RM}(n,n-r)\right) = 2^{n-r}$ 。因此可得

$$d_{\min} \geqslant d_{\min}\left(\mathrm{RM}(n, n-w_{\min})\right) = 2^{w_{\min}} \tag{4.1.4}$$

上述定理表明，极化码的最小汉明距离由生成矩阵中的最小行重决定，或者等价地，由信息集合中的行序号二进制展开向量的最小重量决定。对于极化码最小距离上界，有如下定理。

定理 4.2　对于任意非零码率 $R>0$ 与任意选择的信息集合 $\mathcal{A}$ ，码长为 $N=2^n$ 的极化码最小距离上界为

$$d_{\min} \leqslant 2^{\frac{n}{2}+c\sqrt{n}} \tag{4.1.5}$$

其中， $n > n_0(R)$ ， $c = c(R)$ 是常数。

证明　由定理 4.1 可知，基于 RM 准则，选择冻结位，可以最大化 $d_{\min}$ 。将矩阵 $\boldsymbol{G}_N$ 中的行按照重量排序，选取其中最大的 $2^n R$ 个行作为真正的编码生成矩阵。由于 $\boldsymbol{G}_N$ 中有 $\binom{n}{i}$ 个行的重量为 2^i ，因此得到如下的不等式：

$$\sum_{i=k+1}^{n}\binom{n}{i} \leqslant 2^n R \leqslant \sum_{i=k}^{n}\binom{n}{i} \tag{4.1.6}$$

从而最小距离满足 $d_{\min} \leqslant 2^k$ ，其中， k 是式(4.1.6)的整数解。

对于 $R>1/2$ ，生成矩阵中包含超过一半的行，因此至少有一个行的重量小于或等于 $2^{\lceil \frac{n}{2} \rceil}$ ，从而定理的结论成立。下面考虑 $R<1/2$ 的情况。给定 $\Delta = o\left(\sqrt{n\log n}\right)$ ，二项分布可以近似如下：

$$\binom{n}{\lceil \frac{n}{2} \rceil + \Delta} = \frac{2^n}{\sqrt{n\pi/2}} \mathrm{e}^{-\frac{2\Delta^2}{n}}\left(1+o(1)\right) \tag{4.1.7}$$

下面计算行重在$\left[\frac{n}{2}-c\sqrt{n},\frac{n}{2}+c\sqrt{n}\right]$范围内的行向量数目，推导如下：

$$\begin{aligned}\sum_{i=\left\lceil\frac{n}{2}\right\rceil-c\sqrt{n}}^{\left\lceil\frac{n}{2}\right\rceil+c\sqrt{n}}\binom{n}{i}&=2^n\sum_{i=-c\sqrt{n}}^{c\sqrt{n}}\frac{1}{\sqrt{n\pi/2}}\mathrm{e}^{-\frac{2i^2}{n}}\\&\approx 2^n\int_{-c}^{c}\frac{1}{\sqrt{\pi/2}}\mathrm{e}^{-2t^2}\mathrm{d}t=2^n\int_{-2c}^{2c}\frac{1}{\sqrt{2\pi}}\mathrm{e}^{-s^2/2}\mathrm{d}s\\&=2^n\left(\int_{-2c}^{\infty}\frac{1}{\sqrt{2\pi}}\mathrm{e}^{-s^2/2}\mathrm{d}s-\int_{2c}^{\infty}\frac{1}{\sqrt{2\pi}}\mathrm{e}^{-s^2/2}\mathrm{d}s\right)\\&=2^n\left(Q(-2c)-Q(2c)\right)=2^n\left(1-2Q(2c)\right)\end{aligned}\tag{4.1.8}$$

当码率$R>0$时，选择充分大的常数c，满足$1-2Q(2c)>1-R>R$。这时，选择2^nR个行承载信息比特，则至少有一个行的重量在范围$\left[\frac{n}{2}-c\sqrt{n},\frac{n}{2}+c\sqrt{n}\right]$内，可见定理成立。

4.1.2 距离谱与性能界

在信道编码理论中，通常采用一致界(Union Bound)等性能界来估计最大似然译码的性能[7]。一致界的估计需要用到距离谱(Distance Spectrum)或重量枚举函数(Weight Enumeration Function，WEF)。极化码的 ML 译码性能，也可以用距离谱与一致界估计。

1. 距离谱

距离谱是指码字的重量分布情况，其中重量一般为汉明重量，即一个码字中非零码元的个数。距离谱的分布决定了码的性能。

对于线性分组码，其重量枚举函数(WEF)定义为

$$A(D)=\sum_{d}A_dD^d \tag{4.1.9}$$

其中，d为码字的重量；A_d是码字重量为d的码字个数。

为了刻画输入重量对码的 WEF 的影响，给出输入输出重量枚举函数(IOWEF)的定义：

$$A(M,D)=\sum_{m,d}A_{m,d}M^mD^d \tag{4.1.10}$$

其中，m表示信息序列的重量；d是码字的重量；$A_{m,d}$表示重量为m的信息序列生成的码重为d的码字的数目。

当$M=1$时，对比式(4.1.9)和式(4.1.10)可知：

$$A_d=\sum_{m}A_{m,d} \tag{4.1.11}$$

对于系统分组码来说，码字重量可理解为信息重量和校验重量的叠加。现给出输入冗余重量枚举函数(IRWEF)的定义：

$$A(M,Z)=\sum_{m,z}A_{m,z}M^mZ^z \tag{4.1.12}$$

其中，$A_{m,z}$表示输入重量为m且校验重量为z的码字个数。且满足码字重量为$d=m+z$。

若输入信息重量为 m，可对应多个不同的输出。故式(4.1.12)可改写成

$$A(M,Z)=\sum_{m,z}A_m(Z)M^m \tag{4.1.13}$$

其中，$A_m(Z)$定义为条件重量枚举函数(CWEF)。当给定输入重量 m 时，$A_m(Z)$为 Z 的函数，即

$$A_m(Z)=\sum_{z}A_{m,z}Z^z \tag{4.1.14}$$

根据 IRWEF 和 CWEF 的关系可知：

$$A_m(Z)=\frac{1}{m!}\frac{\partial^m A(M,Z)}{\partial M^m}\bigg|_{m=0} \tag{4.1.15}$$

2. 性能界

在 AWGN 信道和最大似然译码条件下，通常采用一致界作为 BLER 的上界，它综合考虑了不同汉明距离下的错误事件 $\mathcal{E}_d$ 对 BLER 产生的影响。式(4.1.16)给出了与 BLER 相关的一致界计算公式：

$$\begin{aligned}P_e(\mathcal{E})&=P_e\left(\bigcup_d\mathcal{E}_d\right)\leqslant\sum_d P_e(\mathcal{E}_d)\\&\leqslant\sum_d A_dQ\left(\sqrt{\frac{2dRE_b}{N_0}}\right)\end{aligned} \tag{4.1.16}$$

其中，A_d 表示重量为 d 的码字的个数；R 为码率；E_b 表示每个信息比特的能量；N_0 为单边噪声谱密度；$Q\left(\sqrt{\frac{2dRE_b}{N_0}}\right)$表示成对差错概率且 $Q(x)=\int_x^{+\infty}\frac{1}{\sqrt{2\pi}}\mathrm{e}^{-\frac{z^2}{2}}\mathrm{d}z$。

进一步，BER 的一致界公式为

$$P_b(\mathcal{E})\leqslant\sum_m\sum_d\frac{m}{K}A_{m,d}Q\left(\sqrt{\frac{2dRE_b}{N_0}}\right) \tag{4.1.17}$$

其中，$A_{m,d}$ 表示输入重量为 m 且输出重量为 d 的码字的个数；K 为输入信息序列长度。

极化码的 WEF 与 IOWEF 计算是高复杂度的搜索任务，李斌等[8]最早提出采用 SCL 译码，在码树上进行重量谱枚举。后来，刘珍珍和牛凯等在文献[9]中对非系统极化码与系统极化码的重量谱进行了深入计算及分析，并进一步推广到 3×3 核矩阵的重量谱分析[10]。我们将在 4.8 节中给出重量谱分析结果。

3. 最小重量谱

极化码与 RM 码也可以用码多项式理论进行分析。Bardet 等[11]将极化码与 RM 码都归结为递减单项码(Decreasing Monomial Code)，对于最小汉明重量的谱系数，有如下定理。

定理 4.3　对于$C(r,m)$形式的极化码或 RM 码，都属于递减单项码，其最小重量谱为

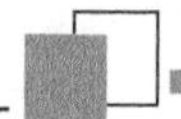

$$A_{d_{\min}}\left(\mathcal{C}(r,m)\right)=2^r\binom{m}{r}_2=2^r\frac{\left(2^m-1\right)\cdots\left(2^m-2^{r-1}\right)}{\left(2^r-1\right)\cdots\left(2^r-2^{r-1}\right)} \tag{4.1.18}$$

其中，$\binom{m}{r}_2$ 表示高斯二项系数。

4. 概率重量谱

理论上，为了评估极化码的 ML 译码性能，关键是求得重量谱。但精确枚举重量谱的计算量非常高，只适用于短码。Valipour 与 Yousefi[12]提出了概率重量分布(PWD)的计算方法，作为 WEF 的近似。下面简述具体计算过程。

给定极化码的码长 $N=2^n$，信息集合 $\mathcal{A}$，信息比特长度为 $|\mathcal{A}|=K$。对于编码器的输入向量 U_1^N，定义 $\mathcal{S}(\mathcal{A})=w_{\mathrm{H}}\left(U_{\mathcal{A}}\right)$ 表示信息子向量的汉明重量。令集合 $\mathcal{U}(\mathcal{A},m,n)$ 表示信息子向量的汉明重量为 $\mathcal{S}(\mathcal{A})=m$，且冻结子向量重量为 $\mathcal{S}\left(\mathcal{A}^c\right)=0$ 的输入向量集合。

令 $F^{(k)}(\mathcal{A},m,n)$ 表示编码码字 X_1^N 的重量为 $w_{\mathrm{H}}\left(X_1^N\right)=k$，而输入向量取自于集合 $\mathcal{U}(\mathcal{A},m,n)$ 的概率，即

$$F^{(k)}(\mathcal{A},m,n)=P\left(w_{\mathrm{H}}\left(X_1^N\right)=k\middle|\mathcal{S}\left(\mathcal{A},\mathcal{A}^c\right)=(m,0)\right) \tag{4.1.19}$$

其中，$k\leqslant N$，$m\leqslant|\mathcal{A}|=K$。依据定义，这个概率表示 IOWEF 的近似概率，称为概率重量分布(PWD)。因此重量为 k 的码字个数，即谱系数 $\mathcal{N}^{(k)}(\mathcal{A},n)$ 表示如下：

$$\mathcal{N}^{(k)}(\mathcal{A},n)=\sum_{m=0}^{K}\binom{K}{m}F^{(k)}(\mathcal{A},m,n) \tag{4.1.20}$$

令 $\mathcal{A}_e$ 与 $\mathcal{A}_o$ 分别表示信息集合 $\mathcal{A}$ 的偶数与奇数序号子集，类似地，定义子集 $\mathcal{A}_e^c$ 与 $\mathcal{A}_o^c$，引入下列条件：

$$\begin{cases}\mathcal{C}_1:\mathcal{S}\left(\mathcal{A}_e,\mathcal{A}_o,\mathcal{A}_e^c,\mathcal{A}_o^c\right)=\left(m_1,m-m_1,0,0\right)\\ \mathcal{C}_2:\mathcal{S}\left(\mathcal{A}_e,\mathcal{A}_e^c\right)=\left(m_1,0\right)\\ \mathcal{C}_3:\mathcal{S}\left(\mathcal{A}_o,\mathcal{A}_o^c\right)=\left(m-m_1,0\right)\end{cases} \tag{4.1.21}$$

由此，将码字向量也进行奇偶拆分，令 $U_{e,1}^N\boldsymbol{G}_{N/2}=\boldsymbol{R}=R_1^{N/2}$ 表示偶数码字子向量，$U_{o,1}^N\boldsymbol{G}_{N/2}=\boldsymbol{Q}=Q_1^{N/2}$ 表示奇数码字子向量，则它们的汉明重量分别为 $w_{\mathrm{H}}(\boldsymbol{R})=w_R$ 与 $w_{\mathrm{H}}(\boldsymbol{Q})=w_Q$。同时，再定义相似向量 $B_1^{N/2}$，其中的元素 $B_j=1$(如果 $Q_j=R_j=1$)。

极化码的 PWD 可以采用迭代方式计算，有如下定理。

定理 4.4 给定 $\left(N,K,\mathcal{A},u_{\mathcal{A}^c}\right)$ 极化码，其 PWD 函数 $F^{(k)}(\mathcal{A},m,n)$ 迭代计算公式为

$$\begin{aligned}F^{(k)}(\mathcal{A},m,n)=&\sum_{k_1=\min(k_1)}^{\max(k_1)}\sum_{m_1=\min(m_1)}^{\max(m_1)}P\left(\mathcal{S}\left(\mathcal{A}_e\right)=m_1\middle|\mathcal{S}(\mathcal{A})=m\right)\\&\times P\left(w_{\mathrm{H}}\left(X_1^{N/2}\right)=k_1\middle|\mathcal{C}_1\right)\times F^{(k-k_1)}\left(\mathcal{A}_o,m-m_1,n-1\right)\end{aligned} \tag{4.1.22}$$

其中，两个概率的计算公式如下：

$$P\left(\mathcal{S}\left(\mathcal{A}_e\right)=m_1\middle|\mathcal{S}\left(\mathcal{A}\right)=m\right)=\frac{\binom{|\mathcal{A}_e|}{m_1}\binom{|\mathcal{A}_o|}{m-m_1}}{\binom{|\mathcal{A}|}{m}} \tag{4.1.23}$$

$$\begin{aligned}P\left(w_{\mathrm{H}}\left(X_1^{N/2}\right)=k_1\middle|\mathcal{C}_1\right)=&\sum_{w_Q}\sum_{w_R:\left(w_R+w_Q-k\right)/2\in\mathbb{Z}}P\left(w_Q\middle|\mathcal{C}_2\right)P\left(w_R\middle|\mathcal{C}_3\right)\\&\times P\left(w_{\mathrm{H}}\left(B_1^{N/2}\right)=\left(w_R+w_Q-k\right)/2\middle|w_Q,w_R\right)\end{aligned} \tag{4.1.24}$$

式(4.1.24)中的集合 $\mathbb{Z}$ 是整数集。另外，式(4.1.22)中求和指标的上下限分别满足：

$$\begin{cases}\min\left(k_1\right)=\max\left(0,k-N/2\right)\\\max\left(k_1\right)=\min\left(k,N/2\right)\\\min\left(m_1\right)=\max\left(0,m-\left|\mathcal{A}_o\right|\right)\\\max\left(m_1\right)=\min\left(m,\left|\mathcal{A}_e\right|\right)\end{cases} \tag{4.1.25}$$

证明　根据定义，PWD 函数 $F^{(k)}\left(\mathcal{A},m,n\right)$ 可以展开如下：

$$F^{(k)}\left(\mathcal{A},m,n\right)=\sum_{k_1=\min(k_1)}^{\max(k_1)}\sum_{m_1=\min(m_1)}^{\max(m_1)}P\left(w_{\mathrm{H}}\left(X_1^{N/2}\right)=k_1,w_{\mathrm{H}}\left(X_1^{N}\right)=k,\mathcal{S}\left(\mathcal{A}_e\right)=m_1\middle|\mathcal{S}\left(\mathcal{A},\mathcal{A}^c\right)=\left(m,0\right)\right)$$

上式中的条件概率可以进一步展开如下：

$$\begin{aligned}&P\left(w_{\mathrm{H}}\left(X_1^{N/2}\right)=k_1,w_{\mathrm{H}}\left(X_1^{N}\right)=k,\mathcal{S}\left(\mathcal{A}_e\right)=m_1\middle|\mathcal{S}\left(\mathcal{A},\mathcal{A}^c\right)=\left(m,0\right)\right)\\=&P\left(\mathcal{S}\left(\mathcal{A}_e\right)=m_1\middle|\mathcal{S}\left(\mathcal{A},\mathcal{A}^c\right)=\left(m,0\right)\right)\\&\times P\left(w_{\mathrm{H}}\left(X_1^{N/2}\right)=k_1\middle|\mathcal{S}\left(\mathcal{A}_e,\mathcal{A},\mathcal{A}^c\right)=\left(m_1,m,0\right)\right)\\&\times P\left(w_{\mathrm{H}}\left(X_1^{N}\right)=k\middle|w_{\mathrm{H}}\left(X_1^{N/2}\right)=k_1,\mathcal{S}\left(\mathcal{A}_e,\mathcal{A},\mathcal{A}^c\right)=\left(m_1,m,0\right)\right)\end{aligned} \tag{4.1.26}$$

利用式(4.1.21)，可以将式(4.1.26)简化为

$$P\left(\mathcal{S}\left(\mathcal{A}_e\right)=m_1\middle|\mathcal{S}\left(\mathcal{A}\right)=m\right)P\left(w_{\mathrm{H}}\left(X_1^{N/2}\right)=k_1\middle|\mathcal{C}_1\right)P\left(w_{\mathrm{H}}\left(X_{N/2+1}^{N}\right)=k-k_1\middle|\mathcal{C}_3\right) \tag{4.1.27}$$

其中，第三项的概率实际上是码长为 $N/2$ 子码的 PWD 函数，即

$$P\left(w_{\mathrm{H}}\left(X_{N/2+1}^{N}\right)=k-k_1\middle|\mathcal{C}_3\right)=F^{(k-k_1)}\left(\mathcal{A}_o,m-m_1,n-1\right) \tag{4.1.28}$$

其中，集合 $\mathcal{A}_o$ 是输入子向量 $U_{o,1}^{N}$ 对应的信息子集。

根据极化码的迭代编码结构，码字向量的汉明重量满足如下关系：

$$w_{\mathrm{H}}\left(X_1^{N/2}\right)=w_{\mathrm{H}}\left(R_1^{N/2}\right)+w_{\mathrm{H}}\left(Q_1^{N/2}\right)-2w_{\mathrm{H}}\left(B_1^{N/2}\right) \tag{4.1.29}$$

因此，利用关系式 $\left(\mathcal{C}_2,\mathcal{C}_3\right)=\mathcal{C}_1$，第二项的概率可以推导如下：

$$P\left(w_{\mathrm{H}}\left(X_1^{N/2}\right)=k_1\middle|\mathcal{C}_1\right)=\sum_{w_Q}\sum_{w_R}P\left(w_Q,w_R\middle|\mathcal{C}_2,\mathcal{C}_3\right)P\left(k_1\middle|w_Q,w_R,\mathcal{C}_2,\mathcal{C}_3\right)$$

$$=\sum_{w_Q}\sum_{w_R}P\left(w_Q,w_R\middle|\mathcal{C}_2,\mathcal{C}_3\right)\times\sum_j P\left(w_{\mathrm{H}}\left(B_1^{N/2}\right)=j\middle|w_Q,w_R\right)P\left(k\middle|w_Q,w_R,j\right)$$

(4.1.30)

在式(4.1.30)中，如果 $k=w_Q+w_R-2j$，则 $P\left(k\middle|w_Q,w_R,j\right)=1$，否则为 0。并且条件 $\mathcal{C}_2$、$\mathcal{C}_3$ 相互独立，因此式(4.1.30)进一步简化为

$$\begin{aligned}&P\left(w_{\mathrm{H}}\left(X_1^{N/2}\right)=k_1\middle|\mathcal{C}_1\right)\\&=\sum_{w_Q}\sum_{w_R}P\left(w_Q,w_R\middle|\mathcal{C}_2,\mathcal{C}_3\right)P\left(w_{\mathrm{H}}\left(B_1^{N/2}\right)=\left(w_Q+w_R-k\right)/2\middle|w_Q,w_R\right)\\&=\sum_{w_Q}\sum_{w_R}P\left(w_Q\middle|\mathcal{C}_2\right)P\left(w_R\middle|\mathcal{C}_3\right)P\left(w_{\mathrm{H}}\left(B_1^{N/2}\right)=\left(w_Q+w_R-k\right)/2\middle|w_Q,w_R\right)\end{aligned}\tag{4.1.31}$$

第一项的概率 $P\left(\mathcal{S}\left(\mathcal{A}_e\right)=m_1\middle|\mathcal{S}\left(\mathcal{A}\right)=m\right)$ 由超几何分布可得。由此定理得证。

定理 4.4 中精确计算 $P\left(w_{\mathrm{H}}\left(B_1^{N/2}\right)=j\middle|w_Q,w_R\right)$ 需要知道上下两个码字子向量中编码比特的联合分布概率，这个概率只能通过穷举码字才能得到，不具有可操作性。下面给出两种近似计算方法。

1) PWD-AD1 近似计算

假设 $\boldsymbol{R}$ 与 $\boldsymbol{Q}$ 子向量中比特 1 的位置相互独立且均匀分布，给定 w_Q、w_R，则 $B_i=1$ 的概率近似表示为 $P_1\approx w_R w_Q/\left(N/2\right)^2$，由此，$P\left(w_{\mathrm{H}}\left(B_1^{N/2}\right)=j\middle|w_Q,w_R\right)$ 可以近似为

$$P\left(w_{\mathrm{H}}\left(B_1^{N/2}\right)=j\middle|w_Q,w_R\right)\approx\begin{cases}0, & j<\max\left(0,w_Q+w_R-N/2\right)\\ \alpha\dbinom{N/2}{j}P_1^j\left(1-P_1\right)^{N/2-j}, & \text{否则}\\ 0, & j>\min\left(w_Q,w_R\right)\end{cases}\tag{4.1.32}$$

其中，α 是归一化因子。

给定码长 N，采用式(4.1.32)，PWD 的近似计算复杂度为 $O\left(N^5\right)$。这个复杂度很高，只能适用于中短码长情况。

2) PWD-A2 近似计算

为了进一步降低计算复杂度，可以额外假设子向量 $X_1^{N/2}$ 中比特 1 的位置也是独立且均匀分布的，因此得到

$$P\left(w_{\mathrm{H}}\left(X_1^{N/2}\right)=k_1\middle|\mathcal{C}_1\right)\approx\binom{N/2}{k_1}P_2^{k_1}\left(1-P_2\right)^{N/2-k_1}\tag{4.1.33}$$

其中，$P_2=P_Q\left(1-P_R\right)+P_R\left(1-P_Q\right)$ 表示 $Q_i=1$ 且 $R_i=0$ 或 $Q_i=0$ 且 $R_i=1$ 的概率。依据独立性假设，概率 P_R、P_Q 分别计算如下：

$$\begin{aligned} P_Q &= \sum_{k'=0}^{N/2} \frac{k'}{2^{n-1}} P\left(w_{\mathrm{H}}(\boldsymbol{Q}) = k' \middle| \mathcal{C}_3\right) \\ &= \frac{1}{2^{n-1}} \mathbb{E}_{k'}\left[F^{(k')}\left(\mathcal{A}_o, m-m_1, n-1\right)\right] \end{aligned} \tag{4.1.34}$$

类似地

$$P_R = \frac{1}{2^{n-1}} \mathbb{E}_{k'}\left[F^{(k')}\left(\mathcal{A}_e, m_1, n-1\right)\right] \tag{4.1.35}$$

采用 PWD-A2 近似，计算复杂度可以降低到$O\left(N^4\right)$，但是精确度也会下降。当计算得到 PWD 后，代入式(4.1.20)，就得到了极化码的重量谱估计。

理论上，信息集合$\mathcal{A}$可以任意选择，采用 PWD 近似计算也是一种极化码的构造算法。通过优选集合$\mathcal{A}$，降低极化码 ML 译码的误码率上界。但由于这种近似计算复杂度仍然很高，因此只适用于短码极化码的优化设计。

5. 好码性质与错误平台

好码(Good Code)，就是当码长充分长时，码率小于或等于信道容量，即$R \leqslant C$，而差错概率可以任意小的码集合。

为了深入分析好码的重量谱，引入如下的低重量谱与极低重量谱定义。

定义 4.2 对于码长N，低重量谱序列$\mathcal{F} = \{F_N\}$定义如下：

$$1 \leqslant F_N \leqslant N \text{ 且 } \lim_{N\to\infty} \frac{F_N}{N} = 0 \tag{4.1.36}$$

相应地，极低重量谱序列$\{L_N\}$定义如下：

$$1 \leqslant L_N \leqslant N \text{ 且 } \lim_{N\to\infty} L_N = 0 \tag{4.1.37}$$

码集合$\mathcal{C}(N)$的归一化重量谱的斜率定义为

$$S^{\mathcal{C}(N)}(w) \triangleq \frac{\ln A^{\mathcal{C}(N)}(w)}{w} \tag{4.1.38}$$

其中，w是汉明重量；$A^{\mathcal{C}(N)}(w)$是码集合$\mathcal{C}(N)$中重量为w的谱系数。

Liu 等在文献[13]中给出了 BSC 信道或 AWGN 信道中好码的充要条件，具体内容如下。

定理 4.5 BSC 信道或 AWGN 信道中，一个二进制线性码$\mathcal{C}$如果是好码，当且仅当满足如下条件：

(1) 好码$\mathcal{C}$的最小汉明距离满足

$$\lim_{N\to\infty} d_{\min}^{\mathcal{C}(N)} = \infty \tag{4.1.39}$$

(2) 好码$\mathcal{C}$的低重量谱的斜率满足

$$\limsup_{N\to\infty} S^{\mathcal{C}(N)}\left(F_N\right) < \infty, \quad \forall \{F_N\} \in \mathcal{F} \tag{4.1.40}$$

并且条件(1)是任意的 B-DMC 信道下的好码是充分条件，即得到如下推论。

推论 4.1 BSC 信道或 AWGN 信道中，一个二进制线性码 $\mathcal{C}$ 是好码的充分条件为

$$\lim_{N\to\infty}\frac{d_{\min}^{\mathcal{C}(N)}}{N}=c>0 \tag{4.1.41}$$

依据定理 4.5，由于极化码的最小汉明距离满足 $d_{\min}=\Omega\left(\sqrt{N}\right)$，显然满足条件(1)，同时，极化码重量谱的斜率满足条件(2)，因此不难判断，极化码是一种好码。对于好码而言，不存在错误平台。从这个意义上来看，极化码的代数结构决定了它是一种无错误平台的线性分组码。

4.2 极化码构造方法概述

极化码的构造方法可以总结为三类，如图 4.2.1 所示，包括：①依赖信道条件的构造方法；②独立信道条件的构造方法；③基于重量谱的构造方法。下面简述各类方法的特点。

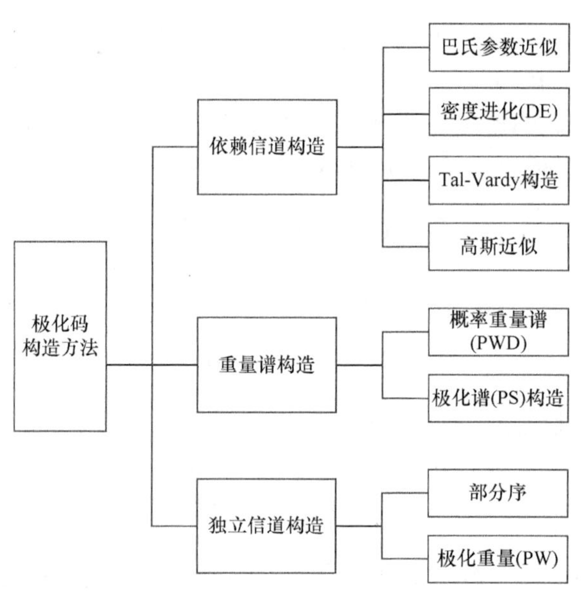

图 4.2.1 极化码构造方法分类

4.2.1 依赖信道条件的构造方法

由 3.4.1 节的分析可知，给定配置$\left(N,K,\mathcal{A},u_{\mathcal{A}^c}\right)$的极化码，其误块率(BLER)定义如下：

$$\begin{aligned}P_e\left(N,K,\mathcal{A},u_{\mathcal{A}^c}\right)&\triangleq\sum_{u_{\mathcal{A}}\in\mathcal{X}^K}\frac{1}{2^K}\sum_{y_1^N\in\mathcal{Y}^N:\hat{u}_1^N\left(y_1^N\right)\neq u_1^N}W_N\left(y_1^N\middle|u_1^N\right)\\&=P\left(\mathcal{E}\middle|\left\{U_{\mathcal{A}^c}=u_{\mathcal{A}^c}\right\}\right)\end{aligned} \tag{4.2.1}$$

其中，$\left\{U_{\mathcal{A}^c}=u_{\mathcal{A}^c}\right\}$表示概率事件$\left\{\left(\tilde{u}_1^N,y_1^N\right)\in\mathcal{X}^N\times\mathcal{Y}^N:\tilde{u}_{\mathcal{A}^c}=u_{\mathcal{A}^c}\right\}$。

在所有冻结比特向量 $u_{\mathcal{A}^c}$ 上平均，得到整个陪集码集合的平均误块率如下：

$$P_e(N,K,\mathcal{A}) \triangleq \sum_{u_{\mathcal{A}^c} \in \mathcal{X}^{N-K}} \frac{1}{2^{N-K}} P_e\left(N,K,\mathcal{A},u_{\mathcal{A}^c}\right) = P(\mathcal{E}) \tag{4.2.2}$$

由此，极化码的码字错误事件满足 $\mathcal{E} \subseteq \bigcup_{i\in\mathcal{A}} \mathcal{E}_i$，其中，单比特错误事件 $\mathcal{E}_i$ 定义如下：

$$\mathcal{E}_i = \left\{\left(u_1^N, y_1^N\right) \in \mathcal{X}^N \times \mathcal{Y}^N : W_N^{(i)}\left(y_1^N, u_1^{i-1} \middle| u_i\right) \leqslant W_N^{(i)}\left(y_1^N, u_1^{i-1} \middle| u_i \oplus 1\right)\right\} \tag{4.2.3}$$

相应的单比特差错概率，即子信道差错概率定义为

$$P\left(W_N^{(i)}\right) = P(\mathcal{E}_i) \triangleq \sum_{u_1^N, y_1^N} \frac{1}{2^N} W_N\left(y_1^N \middle| u_1^N\right) 1_{\mathcal{E}_i}\left(u_1^N, y_1^N\right) \tag{4.2.4}$$

对于依赖信道条件的构造方法，其基本思想是依据信道条件，采用不同的计算方法，评估式(4.2.4)定义的极化信道差错概率。如果采用 Bhattacharyya 参数评估极化信道可靠性，则称为基于巴氏参数构造。如果跟踪每个子信道的对数似然比(LLR)的概率密度，从而评估子信道差错概率，则称为基于密度进化(DE)的构造。Tal-Vardy 算法，是引入极化子信道的进化信道(Upgraded Channel)与退化信道(Degraded Channel)，通过计算这两类信道的差错概率，得到原计划信道的上下界。高斯近似(GA)构造算法，则是假设每个子信道的 LLR 服从高斯分布，通过跟踪与计算 LLR 均值来评估可靠性。

上述构造方法的共同特点就是编码构造依赖初始信道条件，例如，BEC 信道的删余率 ϵ，BSC 信道的转移概率 δ，或者 BI-AWGN 信道的信噪比 E_b / N_0。依赖初始信道条件的构造，既有优势，也有劣势。其优势体现在，这些构造方法能够获得子信道可靠性的较准确评估，但正因为依赖信道条件，这些算法不适于快速时变的信道环境，限制了极化码的实际应用。

具体比较上述构造方法，基于 Bhattacharyya 参数精确计算的构造方法(参见 3.2.1 节)由于涉及高度复杂的 Mente-Carlo 仿真，其计算复杂度最高。DE 构造复杂度次之，但为了保证子信道差错概率的高精度评估，DE 算法的复杂度也非常大。Tal-Vardy 算法的复杂度比 DE 算法低，并且能对子信道差错概率进行高精度计算，它是一种中等复杂度的算法。相比 DE 或 Tal-Vardy 算法，GA 构造虽然牺牲了一些计算精度，但计算复杂度更低。另外，等效 Bhattacharyya 参数构造的复杂度与 GA 构造一致，但其计算精度较差。综合比较，GA 构造在复杂度与计算精度之间能够达到较好折中，尤其适用于 BI-AWGN 信道的构造。

4.2.2　独立信道条件的构造方法

从第 3 章信道极化理论的描述可知，本质上，极化码是一种依赖信道的编码。但从实用化角度来看，独立信道条件的通用型构造能够适应信道条件的变化，更有价值。为了调和这二者之间的矛盾，可以采用两种思路。

对于依赖信道条件的构造，选择合适的设计参数，可得到一组固定的可靠子信道选择集合，也可以看作一种通用构造。

另外，人们深入分析了极化码的代数结构，发现了极化子信道存在不依赖于信道条

件的可靠性大小顺序，即部分序(Partial Order)。进一步，基于可靠性分析的经验总结，华为技术有限公司提出了极化重量构造，有限码长下，PW 是一种适用性非常好的通用构造方法。高通公司提出的 FRANK 构造，也是一种较好的通用构造方法。另外，5G 移动通信标准中，采用了序列表的构造方法，也可以看作一种通用构造。

4.2.3 基于重量谱的构造方法

基于重量谱的构造，目前研究还不够充分。如前所述的概率重量谱(PWD)构造，虽然理论上能够优化信息集合，但计算复杂度太高，只适用于短码。作者提出的极化谱(Polar Spectrum)构造，是一种有价值的探索，为高性能极化码的构造提供了新的设计思路。这种方法建立了极化码混合级联结构与经典的代数编码性质——重量谱之间的直接联系，以新的角度看待极化码构造，从理论上解释了重量谱对极化码子信道可靠性的影响，又满足独立信道条件构造的要求，具有工程应用价值。

4.3 等效巴氏参数构造与密度进化

基于 Bhattacharyya 参数的构造与密度进化构造是极化码的两种经典构造方法。本节主要介绍这两种构造方法的基本原理。

4.3.1 等效巴氏参数构造

基于 Bhattacharyya 参数的构造方法是 Arıkan 在经典文献[1]提出的构造方法，3.2.1 节描述了任意 B-DMC 信道下 Bhattacharyya 参数构造的基本流程。但由于任意信道下，精确计算极化信道的 Bhattacharyya 参数涉及复杂的高维积分，不具有实用性，这种算法只适用于 BEC 信道的极化码构造。因此，Arıkan 在文献[3]中，提出了近似 Bhattacharyya 参数的构造方法。它的基本思路是将任意信道的 Bhattacharyya 参数等效为 BEC 信道下的 Bhattacharyya 参数，利用 BEC 信道下的迭代公式，得到极化信道的可靠性估计。

一些典型 B-DMC 信道的 Bhattacharyya 参数如下。

给定 BSC 信道的转移概率 $W(1|0)=\delta$，则其 Bhattacharyya 参数为

$$Z(W)=2\sqrt{\delta(1-\delta)} \tag{4.3.1}$$

给定 BEC 信道的删余率 $W(e|0)=W(e|1)=\epsilon$，则 Bhattacharyya 参数为

$$Z(W)=\sqrt{\epsilon^2}=\epsilon=1-I(W) \tag{4.3.2}$$

给定 BI-AWGN 信道的转移概率：

$$W(y|u)=\frac{1}{\sqrt{2\pi}\sigma}\mathrm{e}^{-\frac{(y-(1-2u))^2}{2\sigma^2}} \tag{4.3.3}$$

其中，σ^2 是白噪声样值的方差。则相应的 Bhattacharyya 参数为

$$Z(W)=\int_{-\infty}^{\infty}\frac{1}{\sqrt{2\pi}\sigma}\mathrm{e}^{-\frac{(y-1)^2+(y+1)^2}{4\sigma^2}}\mathrm{d}y=\int_{-\infty}^{\infty}\frac{1}{\sqrt{2\pi}\sigma}\mathrm{e}^{-\frac{y^2+1}{2\sigma^2}}\mathrm{d}y=\mathrm{e}^{-\frac{1}{2\sigma^2}}=\mathrm{e}^{-\frac{E_b}{N_0}} \tag{4.3.4}$$

其中，N_0是白噪声单边功率谱密度；E_b/N_0是比特信噪比。

一般地，对于 B-DMC 信道W，对应的 Bhattacharyya 参数定义为

$$Z(W)\triangleq\sum_{y\in\mathcal{Y}}\sqrt{W(y|0)W(y|1)} \tag{4.3.5}$$

相应信道的极化码构造方法描述如下。

算法 4.1　任意 B-DMC 信道等效 Bhattacharyya 参数构造方法

1. 给定信道数目$N=2^n$，初始化信道W的 Bhattacharyya 参数：
$$Z(W)=\sum_{y\in\mathcal{Y}}\sqrt{W(y|0)W(y|1)}=Z_{\mathrm{BEC}}\left(W_1^{(1)}\right);$$
2. For　$0\leqslant j\leqslant n-1$

　　迭代计算极化子信道的等效 Bhattacharyya 参数

　　For　$1\leqslant i\leqslant 2^j$

$$\begin{cases}Z_{\mathrm{BEC}}\left(W_{2^{j+1}}^{(2i-1)}\right)=2Z_{\mathrm{BEC}}\left(W_{2^j}^{(i)}\right)-Z_{\mathrm{BEC}}^2\left(W_{2^j}^{(i)}\right)\\Z_{\mathrm{BEC}}\left(W_{2^{j+1}}^{(2i)}\right)=Z_{\mathrm{BEC}}^2\left(W_{2^j}^{(i)}\right)\end{cases} \tag{4.3.6}$$

　　End

End

3. 将 Bhattacharyya 参数$\left\{Z\left(W_{2^n}^{(i)}\right)\right\}$按照从小到大排序，得到最终的可靠性结果。

对于任意的 B-DMC 信道W，经过N信道极化变换后的精确 Bhattacharyya 参数为

$$Z\left(W_N^{(i)}\right)=\sum_{y_1^N\in\mathcal{Y}^N}\sum_{u_1^{i-1}\in\mathcal{X}^{i-1}}\sqrt{W_N^{(i)}\left(y_1^N,u_1^{i-1}|0\right)W_N^{(i)}\left(y_1^N,u_1^{i-1}|1\right)} \tag{4.3.7}$$

在算法 4.1 中，将每个极化子信道都等效为一个 BEC 信道，因此可得

$$Z\left(W_N^{(i)}\right)\approx Z_{\mathrm{BEC}}\left(W_N^{(i)}\right) \tag{4.3.8}$$

显然，这种等效巴氏参数构造存在计算误差。一般地，基于等效巴氏参数构造的极化码比精确构造方法的性能有所损失。

上述等效巴氏参数构造方法需要执行n级迭代，每一级迭代需要计算2^{j+1}次乘加运算。由此，算法 4.1 需要$\chi_{\mathrm{BC}}(N)=\sum_{j=0}^{n-1}2^{j+1}=2\left(2^n-1\right)=2(N-1)$次乘加运算，其计算复杂度为$O(N)$。

4.3.2　密度进化算法

如上所述，一般信道下，等效巴氏参数构造会导致极化码的性能损失。为了精确评

估极化子信道的可靠性，Mori 与 Tanaka 在文献[14]和文献[15]中提出了密度进化(DE)方法。DE 构造的基本思想类似于 LDPC 码的密度进化算法，在 Trellis 图上，通过迭代计算对数似然比(LLR)的概率密度函数，最后得到各个子信道的差错概率。

一般地，对于 B-DMC 信道 W，LLR 定义为 $\Lambda=\log\dfrac{W(y|0)}{W(y|1)}$，相应的密度函数为 $f_W(\Lambda)=f_1^{(1)}(\Lambda)$，相应信道的极化码构造方法描述如下。

算法 4.2　基于密度进化的构造方法

---

1. 给定信道数目 $N=2^n$，初始化信道 W 的 LLR 的密度函数 $f_1^{(1)}(\Lambda)=f_W(\Lambda)$；
2. For $0\leqslant j\leqslant n-1$

   基于卷积操作，迭代计算极化子信道的 LLR 的密度函数

   For $1\leqslant i\leqslant 2^j$

$$\begin{cases} f_{2^{j+1}}^{(2i-1)}\left(\Lambda_{2^{j+1}}^{(2i-1)}\right)=f_{2^j}^{(i)}\left(\Lambda_{2^j}^{(i)}\right)\boxtimes f_{2^j}^{(i)}\left(\Lambda_{2^j}^{(i)}\right) \\ f_{2^{j+1}}^{(2i)}\left(\Lambda_{2^{j+1}}^{(2i)}\right)=f_{2^j}^{(i)}\left(\Lambda_{2^j}^{(i)}\right)\star f_{2^j}^{(i)}\left(\Lambda_{2^j}^{(i)}\right) \end{cases} \tag{4.3.9}$$

   End

   End
3. For $1\leqslant i\leqslant 2^n$

   计算各个极化子信道的差错概率：

$$P\left(W_{2^n}^{(i)}\right)=\lim_{\epsilon\to+0}\left[\int_{-\infty}^{-\epsilon}f_{2^n}^{(i)}(x)\mathrm{d}x+\frac{1}{2}\int_{-\epsilon}^{+\epsilon}f_{2^n}^{(i)}(x)\mathrm{d}x\right] \tag{4.3.10}$$

4. 将子信道差错概率 $\left\{P\left(W_{2^n}^{(i)}\right)\right\}$ 按照从小到大排序，得到最终的可靠性结果。

在算法 4.2 中，$\boxtimes$ 表示校验节点的 LLR 密度函数卷积，而 $\star$ 表示变量节点的 LLR 密度函数卷积。这两种卷积运算都可以用快速傅里叶变换(FFT)替代。

图 4.3.1 给出了码长 $N=8$，第 6 个极化子信道的密度极化计算示例。8 个 LLR 密度函数两两配对，分别在节点 $s_{5,3}\sim s_{8,3}$ 进行变量节点的卷积操作，得到四路 LLR 的 PDF。然后进行两两配对，进行校验节点的卷积操作，得到两路 LLR 的 PDF。最后，这两路 LLR 在节点 $s_{6,1}$ 进行一次卷积操作，得到第 6 个子信道 LLR 的 PDF。

由于相同信道 LLR 的 PDF 卷积操作可以复用，因此上述密度进化构造算法需要执行 n 级迭代，每一级迭代需要计算 2^{j+1} 次卷积运算。由此，算法 4.2 需要 $\chi_{\mathrm{DE}}(N)=\sum_{j=0}^{n-1}2^{j+1}=2\left(2^n-1\right)=2(N-1)$ 次卷积运算。假设每一次卷积的 PDF 量化序列长度为 M，采用 FFT 变换简化卷积操作，则 DE 构造算法的计算复杂度为 $O(NM\log_2 M)$。一般而言，为了满足高精度构造要求，LLR 的概率密度函数的量化步长要充分小，典型的量化序列长度为 $M=10^4\sim10^6$。

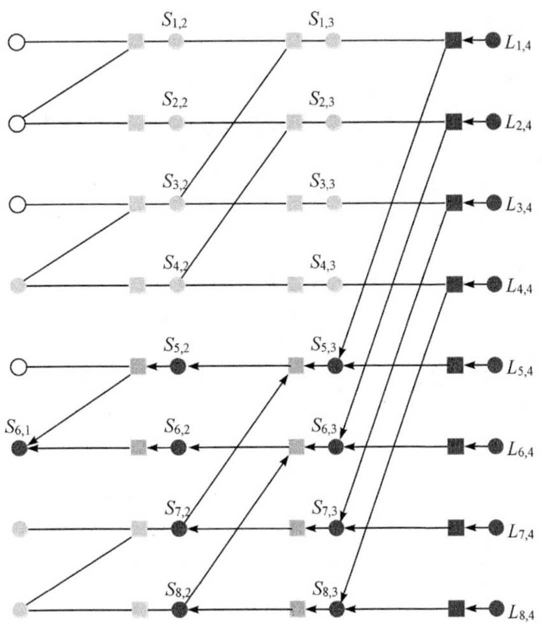

图 4.3.1　密度进化示例

图 4.3.2 给出了 N=16，$E_b/N_0 = 0$ dB 采用密度进化算法得到的极化子信道的 LLR 的概率函数，其中 LLR 的范围是[−128, 128]，量化精度是 1/32。由图 4.3.2 可知，第 8、10、11、12、14、15、16 信道的可靠性相对较高，因为概率密度函数的均值偏右，小于 0 的拖尾部分很小。而剩余信道的可靠性较差。

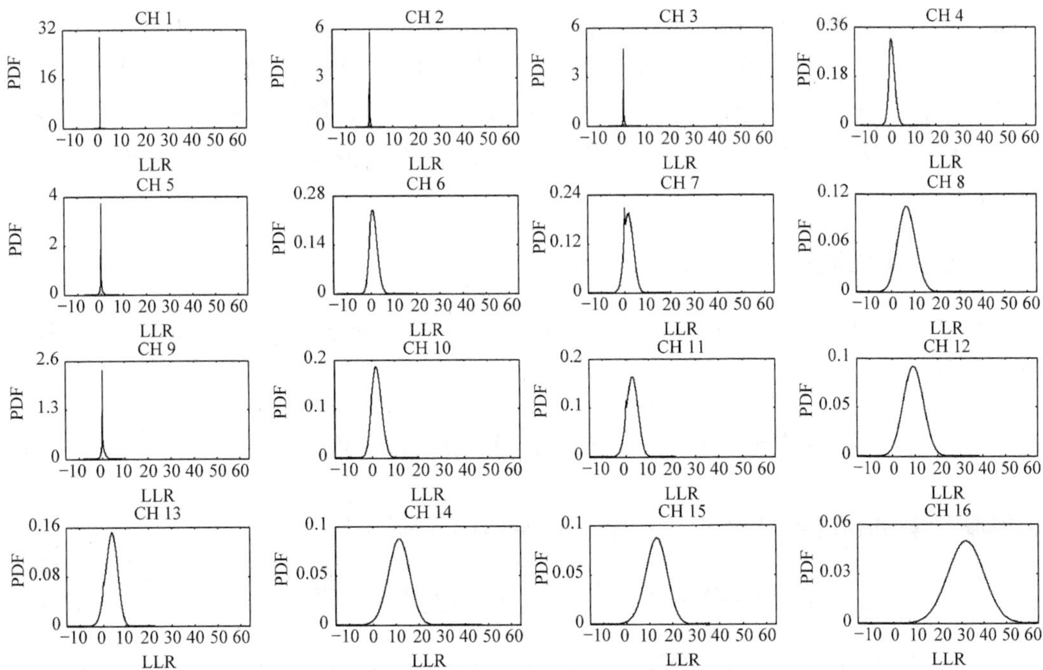

图 4.3.2　AWGN 信道下，码长 $N=16$ 的极化子信道 LLR 的概率密度函数

图 4.3.3 给出了 AWGN 信道下，等效巴氏参数构造与 DE 构造的极化码性能对比，其中码长 $N=128$，码率 $R=1/2$，采用 SC 译码算法。由图可知，DE 算法构造的极化码性能更好，由于采用了近似算法，等效巴氏参数构造的极化码性能略差。

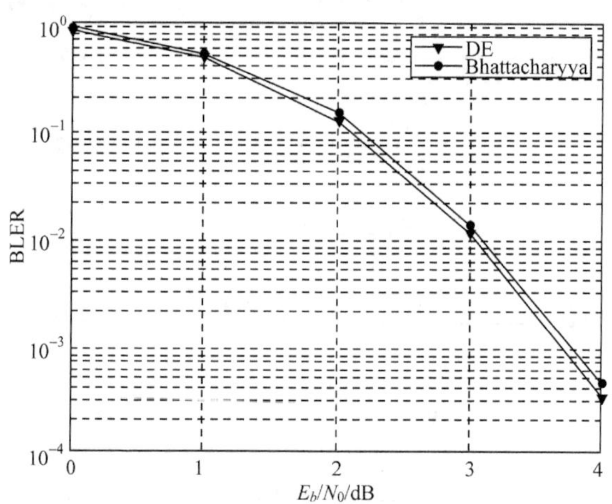

图 4.3.3　AWGN 信道下，码长 $N=128$，码率 $R=1/2$，采用 SC 译码算法，基于等效巴氏参数构造与 DE 构造的极化码性能比较

4.4　Tal-Vardy 构造

为了解决密度进化算法计算复杂度高的问题，Tal 与 Vardy 在文献[16]中，提出了一种新的高精度构造算法，称为 Tal-Vardy 构造。这种算法的基本思想是引入信道退化与进化操作，每一次迭代，计算退化/进化信道的转移概率，通过约束退化/进化信道输出信号的维度来控制计算量，从而以中等计算量获得极高的计算精度。下面首先介绍信道退化与进化的基本概念，然后分别介绍退化归并算法与进化归并算法，最后讨论连续信道下的 Tal-Vardy 构造。

4.4.1　信道退化与进化

给定 B-DMC 信道 $\mathcal{W}:\mathcal{X}\to\mathcal{Y}$，则经过极化后的信道 $\mathcal{W}\boxplus\mathcal{W}:\mathcal{X}\to\mathcal{Y}_1\times\mathcal{Y}_2$，其转移概率定义为

$$(\mathcal{W}\boxplus\mathcal{W})(y_1,y_2|u_1)=\frac{1}{2}\sum_{u_2}\mathcal{W}(y_1|u_1\oplus u_2)\mathcal{W}(y_2|u_2) \tag{4.4.1}$$

类似地，极化信道 $\mathcal{W}\circledast\mathcal{W}:\mathcal{X}\to\mathcal{Y}\times\mathcal{Y}\times\mathcal{X}$ 的转移概率定义为

$$(\mathcal{W}\circledast\mathcal{W})(y_1,y_2,u_1|u_2)=\frac{1}{2}\mathcal{W}(y_1|u_1\oplus u_2)\mathcal{W}(y_2|u_2) \tag{4.4.2}$$

依赖信道的构造方法，主要目的就是跟踪与计算极化信道的转移概率。假设信道输出集合 $\mathcal{Y}$ 是离散集合，则经过式(4.4.1)或式(4.4.2)的极化变换，极化信道的输出集合显然是平

方增长的。如果不控制输出信号维度，计算量会迅速增大。

下面分别引入信道退化与信道进化的定义。

定义 4.3　给定信道$\mathcal{W}:\mathcal{X}\to\mathcal{Y}$，如果存在中间信道$\mathcal{P}:\mathcal{Y}\to\mathcal{Z}$，对于信道$\mathcal{Q}:\mathcal{X}\to\mathcal{Z}$，满足如下信道转移概率关系：

$$\mathcal{Q}(z|x)=\sum_{y\in\mathcal{Y}}\mathcal{W}(y|x)\mathcal{P}(z|y) \tag{4.4.3}$$

则称信道$\mathcal{Q}$是相对于信道$\mathcal{W}$的退化信道，记为$\mathcal{Q}\preceq\mathcal{W}$。如图 4.4.1(a)所示，信道退化变换，实质上是对原始信道进行概率归并操作，原始信道$\mathcal{W}$与中间信道$\mathcal{P}$构成级联映射，得到了退化信道$\mathcal{Q}$。

如果逆向考虑信道退化变换，可以得到如下的进化信道定义。

定义 4.4　给定信道$\mathcal{W}:\mathcal{X}\to\mathcal{Y}$，如果存在中间信道$\mathcal{P}:\mathcal{Z}'\to\mathcal{Y}$，对于信道$\mathcal{Q}':\mathcal{X}\to\mathcal{Z}'$，满足如下信道转移概率关系：

$$\mathcal{W}(y|x)=\sum_{z'\in\mathcal{Z}'}\mathcal{Q}'(z'|x)\mathcal{P}(y|z') \tag{4.4.4}$$

则称信道$\mathcal{Q}'$是相对于信道$\mathcal{W}$的进化信道，记为$\mathcal{Q}'\succeq\mathcal{W}$。如图 4.4.1(b)所示，信道进化变换，实质上是逆用退化变换，进化信道进行概率归并操作，进化信道$\mathcal{Q}'$与中间信道$\mathcal{P}$构成级联映射，得到了原始信道$\mathcal{W}$。

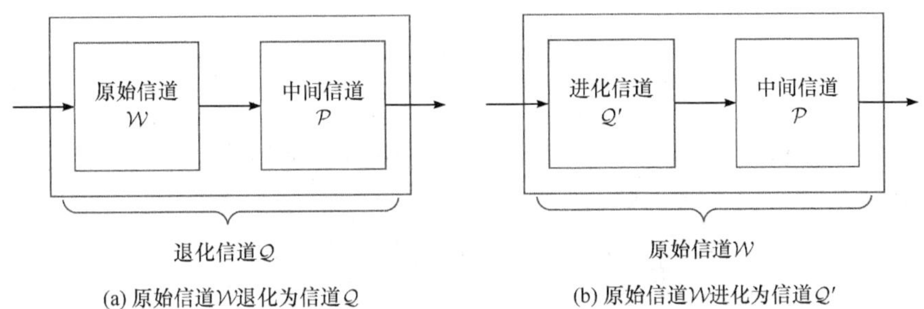

(a) 原始信道$\mathcal{W}$退化为信道$\mathcal{Q}$　(b) 原始信道$\mathcal{W}$进化为信道$\mathcal{Q}'$

图 4.4.1　信道退化与信道进化操作

一般地，退化与进化操作具有传递性，也就是说，如果$\mathcal{W}\preceq\mathcal{W}'$，且$\mathcal{W}'\preceq\mathcal{W}''$，则可以得到$\mathcal{W}\preceq\mathcal{W}''$。

如果一个信道$\mathcal{W}'$既是信道$\mathcal{W}$的退化信道，又是它的进化信道，则这两个信道等价，记为$\mathcal{W}'\equiv\mathcal{W}$。

给定 B-DMC 信道$\mathcal{W}:\mathcal{X}\to\mathcal{Y}$，差错概率定义为

$$\begin{aligned}P_e(\mathcal{W})&=\frac{1}{2}\sum_{y\in\mathcal{Y}}\mathcal{W}(y|x)1_{\mathcal{E}(\mathcal{W}(y|x)\leqslant\mathcal{W}(y|x\oplus 1))}\\&=\frac{1}{2}\sum_{y\in\mathcal{Y}}\min\{\mathcal{W}(y|0),\mathcal{W}(y|1)\}\end{aligned} \tag{4.4.5}$$

Bhattacharyya 参数为

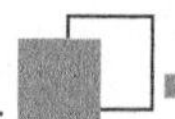

$$Z(\mathcal{W})=\sum_{y\in\mathcal{Y}}\sqrt{\mathcal{W}(y|0)\mathcal{W}(y|1)} \tag{4.4.6}$$

互信息定义为

$$I(\mathcal{W})=\sum_{y\in\mathcal{Y}}\sum_{x\in\mathcal{X}}\frac{1}{2}\mathcal{W}(y|x)\log_2\frac{\mathcal{W}(y|x)}{\frac{1}{2}\mathcal{W}(y|0)+\frac{1}{2}\mathcal{W}(y|1)} \tag{4.4.7}$$

对于原始信道 $\mathcal{W}$ 与退化信道 $\mathcal{Q}$ 的差错概率、巴氏参数与信道容量，有如下定理。

定理 4.6 给定 B-DMC 信道 $\mathcal{W}:\mathcal{X}\to\mathcal{Y}$ 以及其退化信道 $\mathcal{Q}:\mathcal{X}\to\mathcal{Z}$，相应性能指标满足如下关系：

$$P_e(\mathcal{Q})\geqslant P_e(\mathcal{W}) \tag{4.4.8}$$

$$Z(\mathcal{Q})\geqslant Z(\mathcal{W}) \tag{4.4.9}$$

$$I(\mathcal{Q})\leqslant I(\mathcal{W}) \tag{4.4.10}$$

如果互换 $\mathcal{W}$ 与 $\mathcal{Q}'$ 的位置，则上述不等式仍然成立，即对进化信道，也有一致的关系。

证明 首先证明第一个不等式。

$$\begin{aligned}P_e(\mathcal{Q})&=\frac{1}{2}\sum_{z\in\mathcal{Z}}\min\left\{\mathcal{Q}(z|0),\mathcal{Q}(z|1)\right\}\\&=\frac{1}{2}\sum_{z\in\mathcal{Z}}\min\left\{\sum_{y\in\mathcal{Y}}\mathcal{W}(y|0)\mathcal{P}(z|y),\sum_{y\in\mathcal{Y}}\mathcal{W}(y|1)\mathcal{P}(z|y)\right\}\\&\geqslant\frac{1}{2}\sum_{z\in\mathcal{Z}}\sum_{y\in\mathcal{Y}}\min\left\{\mathcal{W}(y|0)\mathcal{P}(z|y),\mathcal{W}(y|1)\mathcal{P}(z|y)\right\}\\&=\frac{1}{2}\sum_{y\in\mathcal{Y}}\min\left\{\mathcal{W}(y|0),\mathcal{W}(y|1)\right\}\sum_{z\in\mathcal{Z}}\mathcal{P}(z|y)\\&=P_e(\mathcal{W})\end{aligned} \tag{4.4.11}$$

接着，证明第二个不等式。

$$\begin{aligned}Z(\mathcal{Q})&=\sum_{z\in\mathcal{Z}}\sqrt{\mathcal{Q}(z|0)\mathcal{Q}(z|1)}\\&=\sum_{z\in\mathcal{Z}}\sqrt{\sum_{y\in\mathcal{Y}}\mathcal{W}(y|0)\mathcal{P}(z|y)\sum_{y\in\mathcal{Y}}\mathcal{W}(y|1)\mathcal{P}(z|y)}\\&\geqslant\sum_{z\in\mathcal{Z}}\sum_{y\in\mathcal{Y}}\sqrt{\mathcal{W}(y|1)\mathcal{W}(y|0)\mathcal{P}(z|y)\mathcal{P}(z|y)}\\&=\sum_{y\in\mathcal{Y}}\sqrt{\mathcal{W}(y|1)\mathcal{W}(y|0)}\sum_{z\in\mathcal{Z}}\mathcal{P}(z|y)\\&=Z(\mathcal{W})\end{aligned} \tag{4.4.12}$$

上述证明中，应用了柯西-施瓦兹(Cauchy-Schwartz)不等式。

最后，证明第三个不等式，这个不等式是经典信息论中的数据处理不等式。

$$
\begin{aligned}
& I(\mathcal{Q})-I(\mathcal{W}) \\
&=\sum_{z\in\mathcal{Z}}\sum_{x\in\mathcal{X}}\frac{1}{2}\mathcal{Q}(z|x)\log_2\frac{\mathcal{Q}(z|x)}{\frac{1}{2}\mathcal{Q}(z|0)+\frac{1}{2}\mathcal{Q}(z|1)} \\
&\quad-\sum_{y\in\mathcal{Y}}\sum_{x\in\mathcal{X}}\frac{1}{2}\mathcal{W}(y|x)\log_2\frac{\mathcal{W}(y|x)}{\frac{1}{2}\mathcal{W}(y|0)+\frac{1}{2}\mathcal{W}(y|1)} \\
&=\sum_{z\in\mathcal{Z}}\sum_{x\in\mathcal{X}}\sum_{y\in\mathcal{Y}}\frac{1}{2}\mathcal{W}(y|x)\mathcal{P}(z|y)\log_2\frac{\sum_{y\in\mathcal{Y}}\mathcal{W}(y|x)\mathcal{P}(z|y)}{\frac{1}{2}\sum_{y\in\mathcal{Y}}\mathcal{W}(y|0)\mathcal{P}(z|y)+\frac{1}{2}\sum_{y\in\mathcal{Y}}\mathcal{W}(y|1)\mathcal{P}(z|y)} \\
&\quad-\sum_{z\in\mathcal{Z}}\sum_{y\in\mathcal{Y}}\sum_{x\in\mathcal{X}}\frac{1}{2}\mathcal{W}(y|x)\mathcal{P}(z|y)\log_2\frac{\mathcal{W}(y|x)}{\frac{1}{2}\mathcal{W}(y|0)+\frac{1}{2}\mathcal{W}(y|1)} \\
&=\sum_{z\in\mathcal{Z}}\sum_{x\in\mathcal{X}}\sum_{y\in\mathcal{Y}}\frac{1}{2}\mathcal{W}(y|x)\mathcal{P}(z|y) \\
&\quad\cdot\log_2\frac{\sum_{y\in\mathcal{Y}}\mathcal{W}(y|x)\mathcal{P}(z|y)}{\frac{1}{2}\sum_{y\in\mathcal{Y}}\mathcal{W}(y|0)\mathcal{P}(z|y)+\frac{1}{2}\sum_{y\in\mathcal{Y}}\mathcal{W}(y|1)\mathcal{P}(z|y)}\frac{\frac{1}{2}\mathcal{W}(y|0)+\frac{1}{2}\mathcal{W}(y|1)}{\mathcal{W}(y|x)} \\
&\leqslant\log_2\sum_{z\in\mathcal{Z}}\sum_{x\in\mathcal{X}}\sum_{y\in\mathcal{Y}}\frac{1}{2}\mathcal{W}(y|x)\mathcal{P}(z|y) \\
&\quad\cdot\frac{\sum_{y\in\mathcal{Y}}\mathcal{W}(y|x)\mathcal{P}(z|y)}{\sum_{y\in\mathcal{Y}}\mathcal{W}(y|0)\mathcal{P}(z|y)+\sum_{y\in\mathcal{Y}}\mathcal{W}(y|1)\mathcal{P}(z|y)}\frac{\mathcal{W}(y|0)+\mathcal{W}(y|1)}{\mathcal{W}(y|x)} \qquad (4.4.13)\\
&=\log_2\sum_{z\in\mathcal{Z}}\sum_{x\in\mathcal{X}}\sum_{y\in\mathcal{Y}}\frac{1}{2}\mathcal{W}(y|x)\mathcal{P}(z|y)=\log_2 1=0
\end{aligned}
$$

上述证明中应用了詹森(Jensen)不等式。

由此可见，当信道 $\mathcal{Q}$ 相对于信道 $\mathcal{W}$ 退化时，前者的可靠性变差，互信息变小。

给定 B-DMC 信道 $\mathcal{W}:\mathcal{X}\to\mathcal{Y}$，其中，$\mathcal{X}=\{0,1\}$。由于 $\mathcal{W}$ 是对称信道，因此存在重排变换 π，对于所有的 $y\in\mathcal{Y}$，满足 $\mathcal{W}(y|1)=\mathcal{W}(\pi(y)|0)$。为表示方便，令 $\pi(y)=\overline{y}$。将每个输出符号 $y\in\mathcal{Y}$ 关联到一个似然比，即

$$
\mathrm{LR}(y)=\frac{\mathcal{W}(y|0)}{\mathcal{W}(y|1)}=\frac{\mathcal{W}(y|0)}{\mathcal{W}(\overline{y}|1)} \tag{4.4.14}
$$

根据定义，信道退化与进化都涉及数据归并。用函数 degrading-merge$(\mathcal{W},\mu)$产生退化信道 $\mathcal{Q}$ 的输出，并且输出信号的维度限定不超过 μ。类似地，函数 upgrading-merge$(\mathcal{W},\mu)$产生进化信道 $\mathcal{Q}'$ 的输出，且输出信号维度不超过 μ。令极化

子信道的序号$1 \leqslant i \leqslant 2^n$进行二进制展开为$i \to (b_1, b_2, \cdots, b_n)$。信道退化与进化归并的高级描述如下。

算法 4.3 极化子信道的退化算法

Input：给定 B-DMC 信道W的转移概率，输出信号维度上限$\mu = 2\nu$，码长$N = 2^n$，信道序号及其二进制展开$i \to (b_1, b_2, \cdots, b_n)$

Output：相对于极化子信道$\mathcal{W}_i$的退化信道$\mathcal{Q}$的转移概率

```
Q ← degrading-merge(W, μ)
For  j = 1,2,…,n  do
    If  b_j = 0  then
        𝒲 = 𝒬 ⊞ 𝒬
    Else
        𝒲 = 𝒬 ⊛ 𝒬
    End
    𝒬 ← degrading-merge(𝒲, μ)
End
Return  𝒬
```

算法 4.4 极化子信道的进化算法

Input：给定 B-DMC 信道W的转移概率，输出信号维度上限$\mu = 2\nu$，码长$N = 2^n$，信道序号及其二进制展开$i \to (b_1, b_2, \cdots, b_n)$

Output：相对于极化子信道$\mathcal{W}_i$的进化信道$\mathcal{Q}'$的转移概率

```
𝒬' ← upgrading-merge(W, μ)
For  j = 1,2,…,n  do
    If  b_j = 0  then
        𝒲 = 𝒬' ⊞ 𝒬'
    Else
        𝒲 = 𝒬' ⊛ 𝒬'
    End
    𝒬' ← degrading-merge(𝒲, μ)
End
Return  𝒬'
```

我们关心的是，经过极化变换后的退化或进化信道，是否还是极化子信道的退化或进化信道。下面的定理回答了这个问题。

定理 4.7 给定 B-DMC 信道$\mathcal{W}: \mathcal{X} \to \mathcal{Y}$，令极化变换为$\mathcal{W}_{\boxplus} = \mathcal{W} \boxplus \mathcal{W}$与$\mathcal{W}_{\circledast} = \mathcal{W} \circledast \mathcal{W}$。假设信道$\mathcal{Q}$相对于信道$\mathcal{W}$退化，退化信道的极化变换为$\mathcal{Q}_{\boxplus} = \mathcal{Q} \boxplus \mathcal{Q}$与$\mathcal{Q}_{\circledast} = \mathcal{Q} \circledast \mathcal{Q}$。则有如下结论：

经过极化变换，退化信道的极化子信道仍然是原信道极化子信道的退化信道，即

$$\mathcal{Q}_{\boxplus} \preceq \mathcal{W}_{\boxplus} \text{ 且 } \mathcal{Q}_{\circledast} \preceq \mathcal{W}_{\circledast} \tag{4.4.15}$$

上述结论对于进化信道也成立。

证明　首先证明第一个关系式$\mathcal{Q}_{\boxplus} \preceq \mathcal{W}_{\boxplus}$。

对于所有的$(z_1,z_2)\in\mathcal{Z}^2$与$u_1\in\mathcal{X}$，应用式(4.4.1)，可以得到

$$\mathcal{Q}_{\boxplus}(z_1,z_2|u_1)=\frac{1}{2}\sum_{u_2}\mathcal{Q}(z_1|u_1\oplus u_2)\mathcal{Q}(z_2|u_2) \tag{4.4.16}$$

依据退化信道的定义 4.3，将式(4.4.3)代入式(4.4.16)得到

$$\begin{aligned}&\mathcal{Q}_{\boxplus}(z_1,z_2|u_1)\\&=\frac{1}{2}\sum_{u_2}\sum_{(y_1,y_2)\in\mathcal{Y}^2}\mathcal{W}(y_1|u_1\oplus u_2)\mathcal{W}(y_2|u_2)\mathcal{P}(z_1|y_1)\mathcal{P}(z_2|y_2)\end{aligned} \tag{4.4.17}$$

应用式(4.4.1)的极化变换，式(4.4.17)简化为

$$\begin{aligned}&\mathcal{Q}_{\boxplus}(z_1,z_2|u_1)\\&=\sum_{(y_1,y_2)\in\mathcal{Y}^2}\left[\sum_{u_2}\frac{1}{2}\mathcal{W}(y_1|u_1\oplus u_2)\mathcal{W}(y_2|u_2)\right]\mathcal{P}(z_1|y_1)\mathcal{P}(z_2|y_2)\\&=\sum_{(y_1,y_2)\in\mathcal{Y}^2}\mathcal{W}_{\boxplus}(y_1,y_2|u_1)\mathcal{P}(z_1|y_1)\mathcal{P}(z_2|y_2)\end{aligned} \tag{4.4.18}$$

对于所有的$(y_1,y_2)\in\mathcal{Y}^2$与$(z_1,z_2)\in\mathcal{Z}^2$，定义中间信道$\mathcal{P}^*:\mathcal{Y}^2\to\mathcal{Z}^2$的转移概率为

$$\mathcal{P}^*(z_1,z_2|y_1,y_2)=\mathcal{P}(z_1|y_1)\mathcal{P}(z_2|y_2) \tag{4.4.19}$$

将式(4.4.19)代入式(4.4.18)，式(4.4.18)可以进一步改写为

$$\mathcal{Q}_{\boxplus}(z_1,z_2|u_1)=\sum_{(y_1,y_2)\in\mathcal{Y}^2}\mathcal{W}_{\boxplus}(y_1,y_2|u_1)\mathcal{P}^*(z_1,z_2|y_1,y_2) \tag{4.4.20}$$

根据定义 4.3 可知，$\mathcal{Q}_{\boxplus} \preceq \mathcal{W}_{\boxplus}$。

再证明第二个关系式$\mathcal{Q}_{\circledast} \preceq \mathcal{W}_{\circledast}$。

对于所有的$(z_1,z_2)\in\mathcal{Z}^2$、$u_1\in\mathcal{X}$以及$u_2\in\mathcal{X}$，应用式(4.4.2)可以得到

$$\mathcal{Q}_{\circledast}(z_1,z_2,u_1|u_2)=\frac{1}{2}\mathcal{Q}(z_1|u_1\oplus u_2)\mathcal{Q}(z_2|u_2) \tag{4.4.21}$$

类似地，将式(4.4.3)代入式(4.4.21)得到

$$\begin{aligned}&\mathcal{Q}_{\circledast}(z_1,z_2,u_1|u_2)\\&=\frac{1}{2}\sum_{(y_1,y_2)\in\mathcal{Y}^2}\mathcal{W}(y_1|u_1\oplus u_2)\mathcal{W}(y_2|u_2)\mathcal{P}(z_1|y_1)\mathcal{P}(z_2|y_2)\end{aligned} \tag{4.4.22}$$

应用式(4.4.2)的极化变换，式(4.4.22)简化为

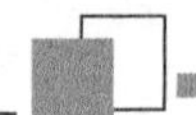

$$
\begin{aligned}
&\mathcal{Q}_{\circledast}\left(z_1,z_2,u_1\middle|u_2\right)\\
&=\sum_{(y_1,y_2)\in\mathcal{Y}^2}\left[\frac{1}{2}\mathcal{W}\left(y_1\middle|u_1\oplus u_2\right)\mathcal{W}\left(y_2\middle|u_2\right)\right]\mathcal{P}\left(z_1\middle|y_1\right)\mathcal{P}\left(z_2\middle|y_2\right)\\
&=\sum_{(y_1,y_2)\in\mathcal{Y}^2}\mathcal{W}_{\circledast}\left(y_1,y_2,u_1\middle|u_2\right)\mathcal{P}\left(z_1\middle|y_1\right)\mathcal{P}\left(z_2\middle|y_2\right)
\end{aligned}
\tag{4.4.23}
$$

将式(4.4.19)代入式(4.4.23)，可得

$$
\mathcal{Q}_{\circledast}\left(z_1,z_2,u_1\middle|u_2\right)=\sum_{(y_1,y_2)\in\mathcal{Y}^2}\mathcal{W}_{\circledast}\left(y_1,y_2,u_1\middle|u_2\right)\mathcal{P}^*\left(z_1,z_2\middle|y_1,y_2\right)
\tag{4.4.24}
$$

根据定义 4.3 可知，$\mathcal{Q}_{\circledast}\preceq\mathcal{W}_{\circledast}$。

由定理 4.7 可知，对于任意一个极化子信道 $\mathcal{W}_i$，都能够得到相应的退化信道 $\mathcal{Q}$ 与进化信道 $\mathcal{Q}'$。对于算法 4.3 或算法 4.4，假设退化/进化归并函数的计算复杂度为 $O(\tau)$，根据极化树进行迭代，需要调用归并函数的次数为 $\sum_{j=1}^{n}2^j=2^{n+1}-2=2N-2$。因此，总计算量为 $O\left((2N-2)\tau\right)$，或者简化表示为 $O(N\tau)$。

4.4.2 退化归并算法

下面讨论信道退化归并函数 degrading-merge 的实现。退化归并函数的基本思想是，每次将原始信道的一对输出信号进行合并，保证信道容量损失最小，重复多次这种归并操作，直到极化子信道的输出信号维度小于给定的上限。因此，退化归并函数是逐次归并的迭代算法，每做一次归并，输出信号维度缩减 2。

定理 4.8(基本归并) 给定 B-DMC 信道 $\mathcal{W}:\mathcal{X}\to\mathcal{Y}$，令 $y_1,y_2\in\mathcal{Y}$ 是一对输出符号。定义退化信道 $\mathcal{Q}:\mathcal{X}\to\mathcal{Z}$，如图 4.4.1 所示。其输出信号集合为

$$
\mathcal{Z}=\mathcal{Y}\backslash\left\{y_1,\overline{y}_1y_2,\overline{y}_2\right\}\cup\left\{z_{1,2},\overline{z}_{1,2}\right\}
\tag{4.4.25}
$$

对于所有 $x\in\mathcal{X}$ 与 $z\in\mathcal{Z}$，定义退化信道的转移概率为

$$
\mathcal{Q}\left(z\middle|x\right)=\begin{cases}\mathcal{W}\left(z\middle|x\right), & z\notin\left\{z_{1,2},\overline{z}_{1,2}\right\}\\ \mathcal{W}\left(y_1\middle|x\right)+\mathcal{W}\left(y_2\middle|x\right), & z=z_{1,2}\\ \mathcal{W}\left(\overline{y}_1\middle|x\right)+\mathcal{W}\left(\overline{y}_2\middle|x\right), & z=\overline{z}_{1,2}\end{cases}
\tag{4.4.26}
$$

由此可得 $\mathcal{Q}\preceq\mathcal{W}$，即 $\mathcal{Q}$ 是 $\mathcal{W}$ 的退化信道。

证明 由图 4.4.2(a)可知，原始信道 $\mathcal{W}$ 到退化信道 $\mathcal{Q}$ 的输出信号概率归并，第一行对应发送比特 0 的概率，即 $a_1=\mathcal{W}\left(y_1\middle|0\right)$，$a_2=\mathcal{W}\left(y_2\middle|0\right)$，$b_1=\mathcal{W}\left(\overline{y}_1\middle|0\right)$，$b_2=\mathcal{W}\left(\overline{y}_2\middle|0\right)$，基于对称性，可以得到第二行概率，即发送比特 1 的概率为 $a_1=\mathcal{W}\left(\overline{y}_1\middle|1\right)$，$a_2=\mathcal{W}\left(\overline{y}_2\middle|1\right)$，$b_1=\mathcal{W}\left(y_1\middle|1\right)$，$b_2=\mathcal{W}\left(y_2\middle|1\right)$。将输出符号 y_1、y_2 归并为 $z_{1,2}$，即将这两个符号对应的概率合并，即 a_1+a_2、b_1+b_2，类似地，输出符号 $\overline{y}_1$、$\overline{y}_2$ 也可以归并为 $\overline{z}_{1,2}$。而图 4.4.2(b)给出了中间信道 $\mathcal{P}$ 的映射，是概率为 1 的固定映射。因此，得到式(4.4.26)的退化信道转移概率。由定义 4.3 可知，$\mathcal{Q}$ 是 $\mathcal{W}$ 的退化信道。

定理 4.8 定义的原始信道 $\mathcal{W}$ 与退化信道 $\mathcal{Q}$ 的互信息差值，只依赖归并符号之间的差

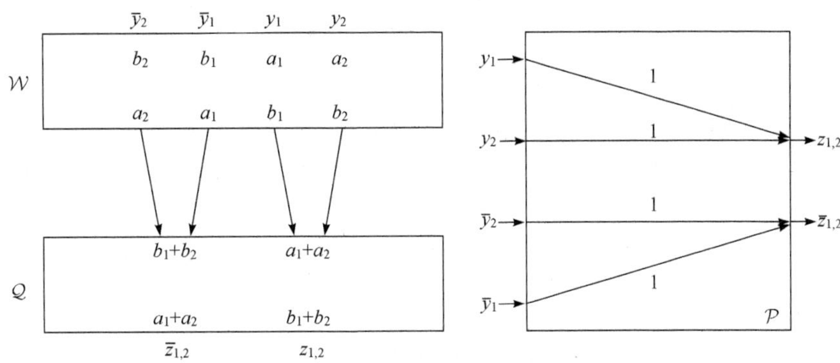

(a) 原始信道$\mathcal{W}$到退化信道$\mathcal{Q}$的输出信号概率归并　(b) 中间信道映射

图 4.4.2　两个输出信号归并操作

值，具体推导如下。

$$
\begin{aligned}
&I(\mathcal{W})-I(\mathcal{Q})\\
&=\sum_{y\in\mathcal{Y}}\sum_{x\in\mathcal{X}}\frac{1}{2}\mathcal{W}(y|x)\log_2\frac{\mathcal{W}(y|x)}{\frac{1}{2}\mathcal{W}(y|0)+\frac{1}{2}\mathcal{W}(y|1)}\\
&\quad-\sum_{z\in\mathcal{Z}}\sum_{x\in\mathcal{X}}\frac{1}{2}\mathcal{Q}(z|x)\log_2\frac{\mathcal{Q}(z|x)}{\frac{1}{2}\mathcal{Q}(z|0)+\frac{1}{2}\mathcal{Q}(z|1)}\\
&=\sum_{y_1,y_2,\bar{y}_1,\bar{y}_2}\sum_{x\in\mathcal{X}}\frac{1}{2}\mathcal{W}(y|x)\log_2\frac{\mathcal{W}(y|x)}{\frac{1}{2}\mathcal{W}(y|0)+\frac{1}{2}\mathcal{W}(y|1)}\\
&\quad-\sum_{z_{1,2},\bar{z}_{1,2}}\sum_{x\in\mathcal{X}}\frac{1}{2}\sum_{y_1,y_2,\bar{y}_1,\bar{y}_2}\mathcal{W}(y|x)\mathcal{P}(z|y)\\
&\quad\log_2\frac{\sum_{y_1,y_2,\bar{y}_1,\bar{y}_2}\mathcal{W}(y|x)\mathcal{P}(z|y)}{\frac{1}{2}\sum_{y_1,y_2,\bar{y}_1,\bar{y}_2}\mathcal{W}(y|0)\mathcal{P}(z|y)+\frac{1}{2}\sum_{y_1,y_2,\bar{y}_1,\bar{y}_2}\mathcal{W}(y|1)\mathcal{P}(z|y)}\\
&=a_1\log_2\frac{a_1}{\frac{1}{2}a_1+\frac{1}{2}b_1}+a_2\log_2\frac{a_2}{\frac{1}{2}a_2+\frac{1}{2}b_2}+b_1\log_2\frac{b_1}{\frac{1}{2}a_1+\frac{1}{2}b_1}+b_2\log_2\frac{b_2}{\frac{1}{2}a_2+\frac{1}{2}b_2}\\
&\quad-(a_1+a_2)\log_2\frac{a_1+a_2}{\frac{1}{2}(a_1+a_2)+\frac{1}{2}(b_1+b_2)}-(b_1+b_2)\log_2\frac{b_1+b_2}{\frac{1}{2}(a_1+a_2)+\frac{1}{2}(b_1+b_2)}\\
&=a_1\log_2 a_1+b_1\log_2 b_1-(a_1+b_1)\log_2(a_1+b_1)/2\\
&\quad+a_2\log_2 a_2+b_2\log_2 b_2-(a_2+b_2)\log_2(a_2+b_2)/2\\
&\quad-(a_1+a_2)\log_2(a_1+a_2)+(b_1+b_2)\log_2(b_1+b_2)\\
&\quad+(a_1+a_2+b_1+b_2)\log_2(a_1+a_2+b_1+b_2)/2
\end{aligned}
\tag{4.4.27}
$$

令 $C(a,b)=a\log_2 a+b\log_2 b-(a+b)\log_2(a+b)/2$，原始信道 $\mathcal{W}$ 与退化信道 $\mathcal{Q}$ 的互信息差值表示为

$$I(\mathcal{W})-I(\mathcal{Q})=C(a_1,b_1)+C(a_2,b_2)-C(a_1+a_2,b_1+b_2) \tag{4.4.28}$$

由此可见，两信道的互信息差值只与归并的转移概率有关，可以用式(4.4.28)评估归并后的互信息损失。

退化归并算法首先假设原始信道的 L 个输出符号对 $(y,\overline{y})$ 按照似然比从小到大排列，且都不小于 1，即

$$1\leqslant \mathrm{LR}(y_1)\leqslant \mathrm{LR}(y_2)\leqslant\cdots\leqslant \mathrm{LR}(y_L) \tag{4.4.29}$$

下面给出退化归并算法的详细流程。

算法 4.5 极化子信道的退化算法

Input：给定 B-DMC 信道 $\mathcal{W}$ 的转移概率：$\mathcal{X}\to\mathcal{Y}$，其中，$|\mathcal{Y}|=2L$，输出信号维度上限 $\mu=2\nu$

Output：退化信道 $\mathcal{Q}:\mathcal{X}\to\mathcal{Y}'$ 的转移概率分布，其中，$|\mathcal{Y}'|\leqslant\mu$

```
\\假设 1 ≤ LR(y_1) ≤ LR(y_2) ≤ … ≤ LR(y_L)
For i = 1,2,…,L−1 do
    d ← 新数据
    d.a ← W(y_i|0)， d.b ← W(ȳ_i|0)， d.a′ ← W(y_{i+1}|0)， d.b′ ← W(ȳ_{i+1}|0)
    d.deltaI ← calcDeltaI(d.a, d.b, d.a′, d.b′)
    insertRightmost(d)
End
l = L
While l > ν do
    d ← getMin( )
    a⁺ = d.a + d.a′, b⁺ = d.b + d.b′
    dLeft ← d.left, dRight ← d.right
    removeMin( )
    l ← l − 1
    If dLeft ≠ null then
        dLeft.a′ = a⁺， dLeft.b′ = b⁺
        dLeft.deltaI ← calcDeltaI(dLeft.a, dLeft.b, a⁺, b⁺)
        valueUpdated(dLeft)
    End
    If dRight ≠ null then
        dRight.a = a⁺， dRight.b = b⁺
```

```
        dRight.deltaI ← calcDeltaI(a⁺, b⁺, dRight.a′, dRight.b′)
        valueUpdated(dRight)
    End
End
```

根据数据结构中存储的概率，计算信道 Q 的转移概率并分布。

上述算法采用了两种数据结构，归并前后的数据存储在双向链表与堆栈中。基本数据结构单元 d 包括如下数据：

$$a,b,a',b',\text{deltaI},\text{dLeft},\text{dRight},h$$

其中，$a \leftarrow \mathcal{W}(y_i|0)$，$b \leftarrow \mathcal{W}(\overline{y}_i|0)$，$a' \leftarrow \mathcal{W}(y_{i+1}|0)$，$b' \leftarrow \mathcal{W}(\overline{y}_{i+1}|0)$。deltaI = calcDeltaI $(a,b,a',b') = C(a,b) + C(a',b') - C(a^+,b^+)$ 是调用函数 calcDeltaI 计算得到的互信息差值，其中，$a^+ = a + a', b^+ = b + b'$。dLeft 是指向符号对 (y_{i-1}, y_i) 的链表指针，dRight 是指向符号对 (y_{i-1}, y_{i+2}) 的链表指针。h 是堆栈指针。

算法 4.5 中，函数 insertRightmost 将数据单元插入链表最右侧，并更新堆栈。函数 getMin 返回互信息差值最小的数据单元，也就是需要合并的输出符号。removeMin 从链表与堆栈中删除 getMin 找到的数据单元。函数 valueUpdated 更新由于符号归并导致的堆栈变化，但不改变链表结构。也就是说，当 y_i 与 y_{i+1} 合并为 z 时，满足如下关系：

$$\text{LR}(y_i) \leqslant \text{LR}(z) \leqslant \text{LR}(y_{i+1}) \tag{4.4.30}$$

在算法 4.5 中，函数 getMin 与 calcDeltaI 的计算复杂度为 $O(1)$，由于需要更新堆栈，函数 removeMin、valueUpdated 与 insertRightmost 的复杂度为 $O(\log L)$。似然比序列对排序复杂度为 $O(L\log L)$。算法 4.5 中的 For 循环有 L 次迭代，Whlie 循环有 $L-\nu$ 次迭代，因此，算法总计算量为 $O(L\log L)$。

表面看起来，算法 4.5 是按照顺序，将相邻两个符号进行概率归并，似乎限制了搜索范围，得到的符号对不一定是全局最优的，即互信息差值不一定最小。但下面的定理说明，这种次优的搜索不会损失互信息差值，已经达到了最好的搜索结果。

定理 4.9　给定 B-DMC 信道 $\mathcal{W}:\mathcal{X} \to \mathcal{Y}$，输出符号集合表示为 $\mathcal{Y} = \{y_1, y_2, \cdots, y_L, \overline{y}_1, \overline{y}_2, \cdots, \overline{y}_L\}$，假设 $1 \leqslant \text{LR}(y_1) \leqslant \text{LR}(y_2) \leqslant \cdots \leqslant \text{LR}(y_L)$。令 $I(w_1, w_2)$ 表示归并 w_1、w_2 后得到的退化信道互信息。对于任意的 $1 \leqslant i \neq j \leqslant L$，满足下列关系：

$$I(\overline{y}_i, \overline{y}_j) = I(y_i, y_j) \geqslant I(y_i, \overline{y}_j) = I(\overline{y}_i, y_j) \tag{4.4.31}$$

并且，对于所有的 $1 \leqslant i < j < k \leqslant L$，有下列两个关系成立：

$$I(y_i, y_j) \geqslant I(y_i, y_k), \quad I(y_j, y_k) \geqslant I(y_i, y_k) \tag{4.4.32}$$

上述定理的证明比较复杂，参见文献[16]。这个定理说明，合并相邻符号已经充分减小了退化归并的互信息损失，在更大范围内搜索合并符号对是不必要的。

4.4.3　进化归并算法

依据经典信息论中的数据处理定理，符号归并必然导致互信息损失。4.4.2 节的退化

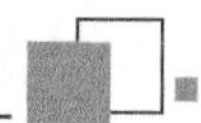

归并算法是自然结论。令人意想不到的是，通过归并也可以获得进化信道。本小节介绍两种进化归并算法，通过比例放大原始信道的似然比，再进行归并操作。第一种归并是将一对输出符号进行归并映射，而第二种归并则是将三个输出符号进行两两归并映射。下面分别介绍。

定理 4.10 给定 B-DMC 信道 $\mathcal{W}:\mathcal{X}\to\mathcal{Y}$，令输出符号 $y_1,y_2\in\mathcal{Y}$。假设 $\lambda_1=\mathrm{LR}(y_1)$，$\lambda_2=\mathrm{LR}(y_2)$，且 $1\leqslant\lambda_1\leqslant\lambda_2$。接着，令 $a_1=\mathcal{W}(y_1|0)$，$b_1=\mathcal{W}(\overline{y}_1|0)$。定义 α_2、β_2 如下：

$$\begin{cases}\alpha_2=(a_1+b_1)\dfrac{\lambda_2}{\lambda_2+1}, & \beta_2=(a_1+b_1)\dfrac{1}{\lambda_2+1}, \quad \lambda_2<\infty \\ \alpha_2=(a_1+b_1), & \beta_2=0, \quad \lambda_2=\infty\end{cases} \tag{4.4.33}$$

显然，$\alpha_2/\beta_2=\lambda_2$。

引入如下的概率映射：

$$t(\alpha,\beta|x)=\begin{cases}\alpha, & x=0\\ \beta, & x=1\end{cases} \tag{4.4.34}$$

定义进化信道 $\mathcal{Q}':\mathcal{X}\to\mathcal{Z}'$ 如图 4.4.3(a)所示，其输出符号集合为

$$\mathcal{Z}'=\mathcal{Y}\backslash\{y_1,\overline{y}_1,y_2,\overline{y}_2\}\cup\{z_2,\overline{z}_2\} \tag{4.4.35}$$

对于所有的 $x\in\mathcal{X},z\in\mathcal{Z}'$，进化信道 $\mathcal{Q}'$ 的转移概率为

$$\mathcal{Q}'(z|x)=\begin{cases}\mathcal{W}(z|x), & z\notin\{z_2,\overline{z}_2\}\\ \mathcal{W}(y_2|x)+t(\alpha_2,\beta_2|x), & z=z_2\\ \mathcal{W}(\overline{y}_2|x)+t(\beta_2,\alpha_2|x), & z=\overline{z}_2\end{cases} \tag{4.4.36}$$

则 $\mathcal{Q}'\succeq\mathcal{W}$，也就是说，信道 $\mathcal{Q}'$ 是相对于原始信道 $\mathcal{W}$ 的进化信道。

证明 令 $a_2=\mathcal{W}(y_2|0)$，$b_2=\mathcal{W}(\overline{y}_2|0)$。首先注意到 $a_1+b_1=\alpha_2+\beta_2$，α_2 与 β_2 是对 a_1+b_1 的比例分割，因此 $\beta_2=\dfrac{a_1+b_1}{\lambda_2+1}\leqslant\dfrac{a_1+b_1}{\lambda_1+1}=\dfrac{a_1+b_1}{a_1/b_1+1}=b_1$，且 $\alpha_2\geqslant a_1$。下一步，对于 $\lambda_2>1$，引入 $\gamma=\dfrac{a_1-\beta_2}{\alpha_2-\beta_2}=\dfrac{b_1-\alpha_2}{\beta_2-\alpha_2}$，则 $1-\gamma=\dfrac{\alpha_2-a_1}{\alpha_2-\beta_2}=\dfrac{\beta_2-b_1}{\beta_2-\alpha_2}$。

由 $1\leqslant\lambda_1\leqslant\lambda_2$ 可知，$\gamma=\dfrac{a_1-\beta_2}{\alpha_2-\beta_2}=\dfrac{a_1/\beta_2-1}{\alpha_2/\beta_2-1}=\dfrac{a_1/\beta_2-1}{\lambda_2-1}\leqslant\dfrac{\alpha_2/\beta_2-1}{\lambda_2-1}=1$，即 $0\leqslant\gamma\leqslant1$。

将中间信道 $\mathcal{P}:\mathcal{Z}'\to\mathcal{Y}$ (图 4.4.3(b))的转移概率定义如下：

$$\mathcal{P}(y|z)=\begin{cases}1, & z\notin\{z_2,\overline{z}_2\}\text{且}y=z\\ \dfrac{\alpha_2\gamma}{a_2+\alpha_2}, & (z,y)\in\{(z_2,y_1),(\overline{z}_2,\overline{y}_1)\}\\ \dfrac{a_2}{a_2+\alpha_2}, & (z,y)\in\{(z_2,y_2),(\overline{z}_2,\overline{y}_2)\}\\ \dfrac{\alpha_2(1-\gamma)}{a_2+\alpha_2}, & (z,y)\in\{(z_2,\overline{y}_1),(\overline{z}_2,y_1)\}\\ 0, & \text{其他}\end{cases} \tag{4.4.37}$$

注意到当$\lambda_2<\infty$时，有如下等式成立：

$$\frac{a_2}{a_2+\alpha_2}=\frac{b_2}{b_2+\beta_2}=\frac{\beta_2}{b_2+\beta_2} \tag{4.4.38}$$

依据进化信道定义，可以验证$\mathcal{W}(y|x)=\sum_{z\in\mathcal{Z}'}\mathcal{Q}'(z|x)\mathcal{P}(y|z)$。

定理 4.10 给出的第一种进化归并，实际上是将归并转移概率$\mathcal{W}(y_1|0)+\mathcal{W}(\overline{y}_1|0)$映射到更高的 LR 值上。下面的第二种进化归并给出了更有效的归并方法。

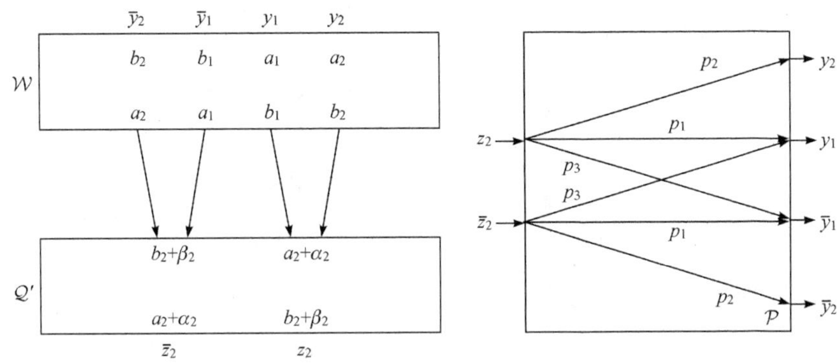

(a) 从信道$\mathcal{W}$到信道$\mathcal{Q}'$的进化归并操作　　(b) 中间信道映射

图 4.4.3　第一种进化归并示例

定理 4.11　给定 B-DMC 信道$\mathcal{W}:\mathcal{X}\to\mathcal{Y}$，令输出符号$y_1,y_2,y_3\in\mathcal{Y}$。假设$\lambda_1=\mathrm{LR}(y_1)$，$\lambda_2=\mathrm{LR}(y_2)$，$\lambda_3=\mathrm{LR}(y_3)$，且$1\leqslant\lambda_1<\lambda_2<\lambda_3$。接着，令$a_2=\mathcal{W}(y_2|0)$，$b_2=\mathcal{W}(\overline{y}_2|0)$。引入$\alpha_1,\beta_1,\alpha_3,\beta_3$，如果$\lambda_3<\infty$，它们定义为

$$\begin{cases}\alpha_1=\lambda_1\dfrac{\lambda_3 b_2-a_2}{\lambda_3-\lambda_1}, & \beta_1=\dfrac{\lambda_3 b_2-a_2}{\lambda_3-\lambda_1}\\ \alpha_3=\lambda_3\dfrac{a_2-\lambda_1 b_2}{\lambda_3-\lambda_1}, & \beta_3=\dfrac{a_2-\lambda_1 b_2}{\lambda_3-\lambda_1}\end{cases} \tag{4.4.39}$$

如果$\lambda_3=\infty$，它们定义为

$$\begin{cases}\alpha_1=\lambda_1 b_2, & \beta_1=b_2\\ \alpha_3=a_2-\lambda_1 b_2, & \beta_3=0\end{cases} \tag{4.4.40}$$

定义进化信道$\mathcal{Q}':\mathcal{X}\to\mathcal{Z}'$如图 4.4.4(a)所示，其输出符号集合为

$$\mathcal{Z}'=\mathcal{Y}\backslash\{y_1,\overline{y}_1,y_2,\overline{y}_2,y_3,\overline{y}_3\}\cup\{z_1,\overline{z}_1,z_3,\overline{z}_3\} \tag{4.4.41}$$

对于所有的$x\in\mathcal{X},z\in\mathcal{Z}'$，进化信道$\mathcal{Q}'$的转移概率为

$$\mathcal{Q}'(z|x)=\begin{cases}\mathcal{W}(z|x), & z\notin\{z_1,\overline{z}_1,z_3,\overline{z}_3\}\\ \mathcal{W}(y_1|x)+t(\alpha_1,\beta_1|x), & z=z_1\\ \mathcal{W}(\overline{y}_1|x)+t(\beta_1,\alpha_1|x), & z=\overline{z}_1\\ \mathcal{W}(y_3|x)+t(\alpha_3,\beta_3|x), & z=z_3\\ \mathcal{W}(\overline{y}_3|x)+t(\beta_3,\alpha_3|x), & z=\overline{z}_3\end{cases} \tag{4.4.42}$$

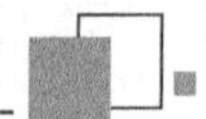

则$\mathcal{Q}' \succeq \mathcal{W}$，也就是说，信道$\mathcal{Q}'$是相对于原始信道$\mathcal{W}$的进化信道。

证明 令$a_1 = \mathcal{W}(y_1|0)$，$b_1 = \mathcal{W}(\overline{y}_1|0)$，$a_3 = \mathcal{W}(y_3|0)$，$b_3 = \mathcal{W}(\overline{y}_3|0)$。

定义中间信道$\mathcal{P}:\mathcal{Z}' \to \mathcal{Y}$(图 4.4.4(b))的转移概率如下：

$$\mathcal{P}(y|z) = \begin{cases} 1, & z \notin \{z_1, \overline{z}_1, z_3, \overline{z}_3\} \text{且} y = z \\ \dfrac{a_1}{a_1+\alpha_1} = \dfrac{b_1}{b_1+\beta_1}, & (z,y) \in \{(z_1,y_1),(\overline{z}_1,\overline{y}_1)\} \\ \dfrac{\alpha_1}{a_1+\alpha_1} = \dfrac{\beta_1}{b_1+\beta_1}, & (z,y) \in \{(z_1,y_2),(\overline{z}_1,\overline{y}_2)\} \\ \dfrac{a_3}{a_3+\alpha_3}, & (z,y) \in \{(z_3,y_3),(\overline{z}_3,\overline{y}_3)\} \\ \dfrac{\alpha_3}{a_3+\alpha_3}, & (z,y) \in \{(z_3,y_2),(\overline{z}_3,\overline{y}_2)\} \\ 0, & \text{其他} \end{cases} \tag{4.4.43}$$

注意到当$\lambda_2 < \infty$时，有如下等式成立：

$$\frac{a_3}{a_3+\alpha_3} = \frac{b_3}{b_3+\beta_3} = \frac{\beta_3}{b_3+\beta_3} \tag{4.4.44}$$

以及下列等式成立：

$$\alpha_1 + \alpha_3 = a_2, \quad \beta_1 + \beta_3 = b_2 \tag{4.4.45}$$

依据进化信道定义，可以验证$\mathcal{W}(y|x) = \sum\limits_{z \in \mathcal{Z}'} \mathcal{Q}'(z|x)\mathcal{P}(y|z)$。

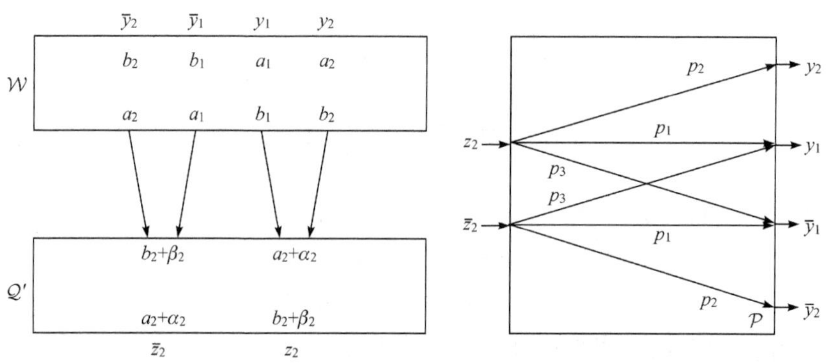

(a) 从信道$\mathcal{W}$到信道$\mathcal{Q}'$的进化归并操作　　(b) 中间信道映射

图 4.4.4 第二种进化归并示例

对于上述两符号归并与三符号归并得到的进化信道，哪一个信道更好？有如下定理。

定理 4.12 给定 B-DMC 信道$\mathcal{W}:\mathcal{X} \to \mathcal{Y}$，令输出符号$y_1, y_2, y_3 \in \mathcal{Y}$。令信道$\mathcal{Q}'_{123}:\mathcal{X} \to \mathcal{Z}'_{123}$表示应用定理 4.11 的三符号归并得到的进化信道。类似地，令信道$\mathcal{Q}'_{23}:\mathcal{X} \to \mathcal{Z}'_{23}$表示应用定理 4.10 的两符号归并得到的进化信道。由此可得，$\mathcal{Q}'_{23} \succeq \mathcal{Q}'_{123} \succeq \mathcal{W}$。也就是说，$\mathcal{Q}'_{123}$信道比$\mathcal{Q}'_{23}$信道更能精确表征$\mathcal{W}$。

这个定理说明，三符号归并与两符号归并能够得到更精确的进化信道。但前者并不能完全替代后者。对于三符号归并，在比例变换(4.4.39)的分母涉及两个似然比求差，即 $\lambda_3-\lambda_1$，当 λ_3 与 λ_1 相差很小时，会引入很大的误差。因此，在实际算法中，这两种归并都需要应用。

基于上述思路，可以将算法 4.4 修改为进化归并算法。首先对似然比序列进行排序，设定一个充分小的阈值，例如 $\epsilon=10^{-3}$。对于 $1\leqslant i<L$，检查 $\mathrm{LR}\left(y_{i+1}\right)/\mathrm{LR}\left(y_i\right)\leqslant 1+\epsilon$。如果存在这样的符号对，则采用两符号归并，而对于剩余的符号序列，采用三符号归并。

最后分析信道退化与进化的算法复杂度。给定码长 $N=2^n$，信道 $\mathcal{W}$ 的输出符号长度上限 μ，利用退化信道 $\mathcal{Q}$ 或进化信道 $\mathcal{Q}'$ 计算极化信道的转移概率，会得到 μ^2 或 $2\mu^2$ 长度的输出序列，相应的归并算法复杂度为 $O\left(\mu^2\log\mu\right)$。因此总的计算复杂度为 $O\left(N\mu^2\log\mu\right)$。

4.4.4　连续信道构造

上述退化与进化操作都是针对信道输出是离散情况进行的，如果信道输出是连续分布，例如，BI-AWGN 信道，则需要考虑对信道进行离散处理。假设 W 是输出连续的 B-DMC 信道，它的输出符号集合是实数集，即 $y\in\mathbb{R}$。满足如下对称性条件：

$$f\left(y|0\right)=f\left(-y|1\right)\tag{4.4.46}$$

另外，假设对于所有的 $y\geqslant 0$，满足 $f\left(y|0\right)\geqslant f\left(y|1\right)$(此处假设发送比特 0 映射为 −1)。定义似然比为 $\lambda(y)=\dfrac{f\left(y|0\right)}{f\left(y|1\right)}\geqslant 1$。则信道 W 的容量为

$$I(W)=\int_0^{\infty}\left(f\left(y|0\right)+f\left(y|1\right)\right)C\left[\lambda(y)\right]\mathrm{d}y\tag{4.4.47}$$

其中，$1\leqslant\lambda<\infty$，$C[\lambda]=1-\dfrac{\lambda}{\lambda+1}\log_2\left(1+\dfrac{1}{\lambda}\right)-\dfrac{1}{\lambda+1}\log_2(1+\lambda)$ 且 $C[\infty]=1$。

假设连续输出信号经过离散化，序列长度为 $\mu=2\nu$。则根据容量等分，对于 $y\geqslant 0$，可以得到输出符号的 ν 个离散集合。对于 $1\leqslant i\leqslant\nu-1$，离散集合定义为

$$A_i=\left\{y\geqslant 0:\frac{i-1}{\nu}\leqslant C\left[\lambda(y)\right]<\frac{i}{\nu}\right\}\tag{4.4.48}$$

对于 $i=\nu$，离散集合定义如下：

$$A_\nu=\left\{y\geqslant 0:\frac{\nu-1}{\nu}\leqslant C\left[\lambda(y)\right]\leqslant 1\right\}\tag{4.4.49}$$

1. 退化归并变换

利用输出信号的离散集合定义式(4.4.48)与式(4.4.49)，可以得到如下的退化信道。

定理 4.13　给定连续输出的信道 W，如下信道 $\mathcal{Q}:\mathcal{X}\to\mathcal{Z}$ 是 W 的退化信道，其输出信号集合为 $\mathcal{Z}=\left\{z_1,\overline{z}_1,z_2,\overline{z}_2,\cdots,z_\nu,\overline{z}_\nu\right\}$，相应的转移概率为

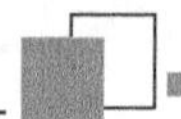

$$\begin{cases} \mathcal{Q}(z_i|0)=\mathcal{Q}(\overline{z}_i|1)=\int_{A_i} f(y|0)\mathrm{d}y \\ \mathcal{Q}(\overline{z}_i|0)=\mathcal{Q}(z_i|1)=\int_{A_i} f(-y|0)\mathrm{d}y \end{cases} \tag{4.4.50}$$

证明 不难看出，信道$\mathcal{Q}$是 B-DMC 信道。引入中间信道$\mathcal{P}:\mathbb{R}\to\mathcal{Z}$，其转移概率为

$$\mathcal{P}(z|y)=\begin{cases} 1, & z=z_i \text{且} y\in A_i \\ 1, & z=z_i \text{且} y\in A_i \\ 0, & \text{其他} \end{cases} \tag{4.4.51}$$

可以证明$\mathcal{Q}\preceq W$。

推论 4.2 原始信道W与退化信道$\mathcal{Q}$的容量差有界，其上、下界为

$$0\leqslant I(W)-I(\mathcal{Q})\leqslant\frac{1}{\nu}=\frac{2}{\mu} \tag{4.4.52}$$

证明 不等式$I(W)-I(\mathcal{Q})\geqslant 0$显然成立。下面证明右边第二个不等式。

根据离散集合A_i的定义，信道W的容量为

$$I(W)=\sum_{i=1}^{\nu}\int_{A_i}\big(f(y|0)+f(y|1)\big)C\big[\lambda(y)\big]\mathrm{d}y \tag{4.4.53}$$

对于信道$\mathcal{Q}$，定义输出似然比为$\lambda_i=\dfrac{\mathcal{Q}(z_i|0)}{\mathcal{Q}(z_i|1)}$。由此，信道$\mathcal{Q}$的容量表示为

$$I(\mathcal{Q})=\sum_{i=1}^{\nu}\big(\mathcal{Q}(z_i|0)+\mathcal{Q}(z_i|1)\big)C[\lambda_i] \tag{4.4.54}$$

根据离散集合定义，对于所有的$y\in A_i$，满足$\dfrac{i-1}{\nu}\leqslant C\big[\lambda(y)\big]\leqslant\dfrac{i}{\nu}$。而基于$\mathcal{Q}(z_i|0),\mathcal{Q}(z_i|1)$的定义式(4.4.50)，当$\mathcal{Q}(z_i|0)>0$时，显然有$\dfrac{i-1}{\nu}\leqslant C[\lambda_i]\leqslant\dfrac{i}{\nu}$。因此，如果$\mathcal{Q}(z_i|0)>0$，对于所有的$y\in A_i$，有$\left|C\big[\lambda(y)\big]-C[\lambda_i]\right|\leqslant\dfrac{1}{\nu}$。注意到$\mathcal{Q}(z_i|0)>0$意味着$\mathcal{Q}(z_i|0)+\mathcal{Q}(z_i|1)>0$，因此退化信道$\mathcal{Q}$的容量为

$$\begin{aligned} I(\mathcal{Q})&=\sum_{i=1}^{\nu}\big(\mathcal{Q}(z_i|0)+\mathcal{Q}(z_i|1)\big)C[\lambda_i] \\ &=\sum_{i=1}^{\nu}\int_{A_i}\big(f(y|0)+f(y|1)\big)C[\lambda_i]\mathrm{d}y \\ &\geqslant\sum_{i=1}^{\nu}\int_{A_i}\big(f(y|0)+f(y|1)\big)\left\{C\big[\lambda(y)\big]-\frac{1}{\nu}\right\}\mathrm{d}y \\ &=\left\{\sum_{i=1}^{\nu}\int_{A_i}\big(f(y|0)+f(y|1)\big)C\big[\lambda(y)\big]\mathrm{d}y\right\}-\frac{1}{\nu}=I(W)-\frac{1}{\nu} \end{aligned} \tag{4.4.55}$$

这样就证明了第二个不等式。

在算法 4.4 中，应用定理 4.13 的离散变换，就可以得到连续信道W的退化信道$\mathcal{Q}$。

2. 进化归并变换

基于类似的思想，也可以得到连续输出信道 W 的进化信道 $\mathcal{Q}'$ 。

定理 4.14　给定连续输出的信道 W，如下信道 $\mathcal{Q}':\mathcal{X}\to\mathcal{Z}'$ 是 W 的退化信道，其输出信号集合为 $\mathcal{Z}'=\{z_1,\bar{z}_1,z_2,\bar{z}_2,\cdots,z_\nu,\bar{z}_\nu\}$ ，定义 $\theta_i=C^{-1}\left(\dfrac{i}{\nu}\right)$(如果 $i=\nu$ ，则 $\theta_\nu=\infty$)，由离散集合定义式(4.4.48)可知 $1\leqslant\lambda(y)\leqslant\theta_i$ 。再定义 $\pi_i=\int_{A_i}\left(f(\alpha|0)+f(-\alpha|0)\right)\mathrm{d}\alpha$ ，则 $\mathcal{Q}'$ 信道的转移概率为

$$\mathcal{Q}'(z|0)=\begin{cases}\dfrac{\theta_i\pi_i}{\theta_i+1}, & z=z_i\text{且}\theta_i\neq\infty\\ \dfrac{\pi_i}{\theta_i+1}, & z=\bar{z}_i\text{且}\theta_i\neq\infty\\ \pi_i, & z=z_i\text{且}\theta_i=\infty\\ 0, & z=\bar{z}_i\text{且}\theta_i=\infty\end{cases}\tag{4.4.56}$$

与

$$\mathcal{Q}'(z_i|1)=\mathcal{Q}'(\bar{z}_i|0),\quad \mathcal{Q}'(\bar{z}_i|1)=\mathcal{Q}'(z_i|0)\tag{4.4.57}$$

推论 4.3　进化信道 $\mathcal{Q}'$ 与原始信道 W 的容量差有界，其上、下界为

$$0\leqslant I(\mathcal{Q}')-I(W)\leqslant\frac{1}{\nu}=\frac{2}{\mu}\tag{4.4.58}$$

给定信道 $\mathcal{W}$ ，其 Bhattacharyya 参数递推公式为

$$\begin{cases}Z(\mathcal{W}\boxplus\mathcal{W})\leqslant 2Z(\mathcal{W})-Z^2(\mathcal{W})\\ Z(\mathcal{W}\circledast\mathcal{W})=Z^2(\mathcal{W})\end{cases}\tag{4.4.59}$$

应用巴氏参数递推公式，可以进一步缩减极化子信道差错率，得到如下的退化归并算法的改进版本。

算法 4.6　极化子信道的改进退化算法

Input：给定 B-DMC 信道 W 的转移概率，输出信号维度上限 $\mu=2\nu$ ，码长 $N=2^n$ ，信道序号及其二进制展开 $i\to(b_1,b_2,\cdots,b_n)$

Output：极化子信道 $\mathcal{W}_i$ 的差错概率上界 $P_e(\mathcal{W}_i)$

```
Z ← Z(W)
Q ← degrading-merge(W, μ)
For  j = 1,2,…,n  do
   If  b_j = 0  then
        W = Q ⊞ Q
        Z ← min{Z(W), 2Z − Z²}
   Else
        W = Q ⊛ Q
        Z ← Z²
```

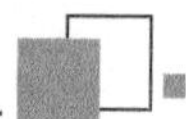

```
    End
    Q ← degrading-merge(W, μ)
End
Return  min{P_e(Q), Z}
```

上述算法得到的子信道差错概率上界不逊于算法 4.3 得到的上界。表 4.4.1 给出了采用三种构造——算法 4.3、算法 4.4 与算法 4.6 得到的极化码差错概率上、下界。其中，信道W是 BSC(0.11)信道，码长$N = 2^{20}$，码率$R = K / N = 445340 / 2^{20} = 0.42471$。

表 4.4.1　退化与进化构造算法的性能比较

输出序列维度	算法 4.3(退化构造)	算法 4.6(改进退化构造)	算法 4.4(进化构造)
μ=8	5.096030×10^{-3}	1.139075×10^{-4}	1.601266×10^{-11}
μ=16	6.926762×10^{-5}	2.695836×10^{-5}	4.296030×10^{-8}
μ=64	1.808362×10^{-6}	1.801289×10^{-6}	7.362648×10^{-7}
μ=128	1.142843×10^{-6}	1.142151×10^{-6}	8.943154×10^{-7}
μ=256	1.023423×10^{-6}	1.023423×10^{-6}	9.382042×10^{-7}
μ=512	—	9.999497×10^{-7}	9.417541×10^{-7}

由表 4.1 可知，算法 4.3 与算法 4.6 得到的都是极化码差错概率上界，而算法 4.4 得到的是差错概率下界。显然，算法 4.6 的上界比算法 4.3 的上界更紧，与算法 4.4 得到的下界更接近。另外，随着输出序列维度上限μ的增长，上、下界逐渐稳定收敛。一般，取$\mu = 128/256$就能够得到很高的计算精度。

AWGN 信道下，码长$N = 1024$，码率分别为$R = 1/3, 1/2, 2/3$，采用 Tal-Vardy 算法构造与 SC 译码的极化码 BLER 性能如图 4.4.5 所示，图中也给出了 Tal-Vardy 退化归并算法得到的差错概率上界。由图 4.4.5 可知，Tal-Vardy 算法构造和 SC 译码的极化码仿

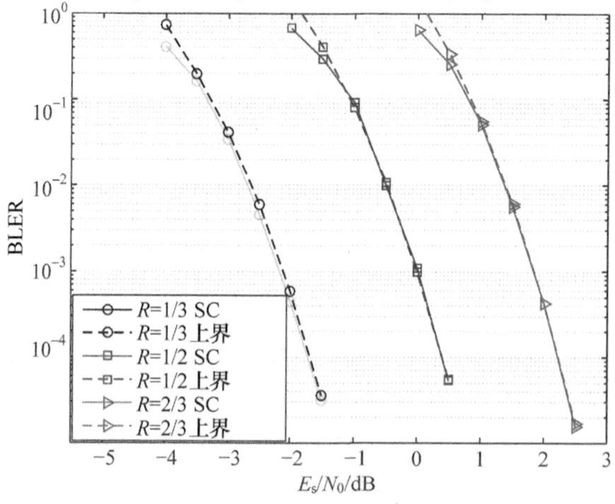

图 4.4.5　AWGN 信道不同码率 Tal-Vardy 构造的极化码性能

真性能与 Tal-Vardy 退化归并算法得到的差错概率上界非常吻合，这说明该算法是一种精确匹配信道条件的构造方法。

尽管 Tal-Vardy 算法能够获得高精度的可靠性评估，但当输出序列维度上限较大时，其计算复杂度 $O\left(N\mu^2\log\mu\right)$ 仍然较高，因此有必要设计复杂度更低的构造算法。

4.5　高斯近似构造

Trifonov 在文献[17]中提出了高斯近似(GA)构造算法。GA 构造是一种低复杂度高精度的构造算法，特别是对 BI-AWGN 信道非常有效。该算法的基本思想是，假设每个极化子信道的 LLR 服从高斯分布。因此不必像 DE 构造那样跟踪 LLR 的整个密度函数分布，也不必像 Tal-Vardy 算法那样计算退化/进化信道的转移概率，而只需要计算与跟踪子信道 LLR 的均值。本节首先介绍标准高斯近似构造，包括精确高斯近似(EGA)与近似高斯近似(AGA)算法，然后详细分析 AGA 算法的误差，最后提出了改进的高斯近似(IGA)构造算法[18,19]。

4.5.1　标准高斯近似

对于一个噪声方差为 σ^2 的 BI-AWGN 信道，采用 BPSK 调制，映射关系为 $\{0\to 1,1\to -1\}$。其信道转移概率模型为

$$W\left(y|x\right)=\frac{1}{\sqrt{2\pi\sigma^2}}\mathrm{e}^{-\frac{\left(y-(1-2x)\right)^2}{2\sigma^2}} \tag{4.5.1}$$

其中，$x\in\mathcal{X}=\{0,1\}$，$y\in\mathbb{R}$。接收符号 y 的对数似然比 LLR 表示为

$$L(y)=\ln\frac{W\left(y|0\right)}{W\left(y|1\right)}=\frac{2y}{\sigma^2} \tag{4.5.2}$$

不失一般性，假设发送全 0 码字，则 $y\sim\mathcal{N}\left(1,\sigma^2\right)$，从而推知 $L(y)$ 同样服从高斯分布 $L(y)\sim N\left(\frac{2}{\sigma^2},\frac{4}{\sigma^2}\right)$。

信道极化的高斯近似基本假设：所有子信道 LLR 均近似为方差是均值的 2 倍的高斯分布。

根据定义，每个子信道的 LLR 高斯分布直接由其均值确定。因此，在极化码构造过程中，为得到每个极化子信道的可靠度，我们可以跟踪它们的 LLR 均值，其迭代计算过程满足如下定理。

定理 4.15　给定两个相互独立的 BI-AWGN 信道 W_1 与 W_2，经过极化变换得到一对极化子信道 $\left(W_1,W_2\right)\mapsto\left(W_2^{(1)},W_2^{(2)}\right)$，令 W_1 与 W_2 的 LLR 分别为 λ_1 与 λ_2，其均值分别为 $\mathbb{E}\left(\lambda_1\right)=m_1$ 与 $\mathbb{E}\left(\lambda_2\right)=m_2$。再令 $W_2^{(1)}$ 与 $W_2^{(2)}$ 的 LLR 分别为 $\lambda_2^{(1)}$ 与 $\lambda_2^{(2)}$，其均值分别为

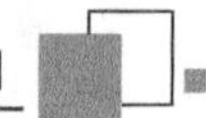

$\mathbb{E}\left(\lambda_2^{(1)}\right)=m_2^{(1)}$ 与 $\mathbb{E}\left(\lambda_2^{(2)}\right)=m_2^{(2)}$。则极化子信道的 LLR 均值迭代计算公式为

$$\begin{cases} m_2^{(1)}=\phi^{-1}\left\{1-\left[1-\phi(m_1)\right]\left[1-\phi(m_2)\right]\right\} \\ m_2^{(2)}=m_1+m_2 \end{cases} \tag{4.5.3}$$

其中函数

$$\phi(t)=\begin{cases} 1-\dfrac{1}{\sqrt{4\pi t}}\displaystyle\int_{\mathbb{R}}\tanh\left(\frac{z}{2}\right)\exp\left(-\frac{(z-t)^2}{4t}\right)\mathrm{d}z, & t>0 \\ 1, & t=0 \end{cases} \tag{4.5.4}$$

这里 $\tanh(\cdot)$ 是双曲正切函数。由此易知，$\phi(t)$ 是一个在 $[0,+\infty)$ 上连续且单调递减的函数，且 $\phi(0)=1$，$\phi(+\infty)=0$。

证明 根据信道极化变换 $(W_1,W_2)\mapsto\left(W_2^{(1)},W_2^{(2)}\right)$，原始信道与极化信道的 LLR 满足约束关系：

$$\begin{cases} \tanh\left(\dfrac{\lambda_2^{(1)}}{2}\right)=\tanh\left(\dfrac{\lambda_1}{2}\right)\tanh\left(\dfrac{\lambda_2}{2}\right) \\ \lambda_2^{(2)}=\lambda_1+\lambda_2 \end{cases} \tag{4.5.5}$$

对于式(4.5.5)的第一个等式，两端取数学期望，可以得到

$$\mathbb{E}\left[\tanh\left(\frac{\lambda_2^{(1)}}{2}\right)\right]=\mathbb{E}\left[\tanh\left(\frac{\lambda_1}{2}\right)\tanh\left(\frac{\lambda_2}{2}\right)\right] \tag{4.5.6}$$

式(4.5.6)两端分别表示为

$$\mathbb{E}\left[\tanh\left(\frac{\lambda_2^{(1)}}{2}\right)\right]=\int_{-\infty}^{\infty}\frac{1}{\sqrt{4\pi m_2^{(1)}}}\tanh\left(\frac{\lambda_2^{(1)}}{2}\right)\exp\left\{-\frac{\left(\lambda_2^{(1)}-m_2^{(1)}\right)^2}{4m_2^{(1)}}\right\}\mathrm{d}\lambda_2^{(1)} \tag{4.5.7}$$

$$\begin{aligned} &\mathbb{E}\left[\tanh\left(\frac{\lambda_1}{2}\right)\tanh\left(\frac{\lambda_2}{2}\right)\right] \\ &=\int_{-\infty}^{\infty}\frac{1}{\sqrt{4\pi m_1}}\tanh\left(\frac{\lambda_1}{2}\right)\exp\left\{-\frac{(\lambda_1-m_1)^2}{4m_1}\right\}\mathrm{d}\lambda_1 \\ &\cdot\int_{-\infty}^{\infty}\frac{1}{\sqrt{4\pi m_2}}\tanh\left(\frac{\lambda_2}{2}\right)\exp\left\{-\frac{(\lambda_2-m_2)^2}{4m_2}\right\}\mathrm{d}\lambda_2 \end{aligned} \tag{4.5.8}$$

定义函数 $\eta(m)=\displaystyle\int_{-\infty}^{\infty}\frac{1}{\sqrt{4\pi m}}\tanh\left(\frac{\lambda}{2}\right)\exp\left\{-\frac{(\lambda-m)^2}{4m}\right\}\mathrm{d}\lambda$，代入式(4.5.6)可以得到

$$\eta\left(m_2^{(1)}\right)=\eta\left(m_1\right)\eta\left(m_2\right) \tag{4.5.9}$$

引入补函数为 $\phi(m)=1-\eta(m)$，代入式(4.5.9)，可以得到

$$1-\phi\left(m_2^{(1)}\right)=\left[1-\phi\left(m_1\right)\right]\left[1-\phi\left(m_2\right)\right] \tag{4.5.10}$$

对于式(4.5.5)的第二个等式，两端取数学期望，可以得到

$$m_2^{(2)}=m_1+m_2 \tag{4.5.11}$$

定理得证。

给定 BI-AWGN 信道 W，其信道 LLR 为 $L_1^{(1)}$，均值为 $m_1^{(1)}$，经过极化变换，极化子信道 $W_{2^i}^{(i)}$ 的 LLR 表示为 $L_{2^i}^{(j)}$，$j=1,2,\cdots,2^i$，$m_{2^i}^{(j)}$ 为其对应的均值。依据定理 4.15，得到如下的精确高斯近似构造算法。

算法 4.7　BI-AWGN 信道精确高斯近似(EGA)构造算法

1. 给定信道数目 $N=2^n$，初始化信道 W 的 LLR 均值 $m_1^{(1)}=\dfrac{2}{\sigma^2}$。
2. For　$0\leqslant j\leqslant n-1$

   迭代计算极化子信道的 LLR 均值

   For　$1\leqslant i\leqslant 2^j$

$$\begin{cases} m_{2^{j+1}}^{(2i-1)}=\phi^{-1}\left[1-\left(1-\phi\left(m_{2^j}^{(i)}\right)\right)^2\right] \\ m_{2^{j+1}}^{(2i)}=2m_{2^j}^{(i)} \end{cases} \tag{4.5.12}$$

   End

   End
3. 将 LLR 均值 $\left\{m_{2^n}^{(i)}\right\}$ 按照从大到小排序，得到最终的可靠性结果。

上述 EGA 算法中，校验节点的 LLR 均值计算仍然需要复杂的积分运算，计算复杂度很高。因此，Chung 等在文献[20]中提出了 $\phi(t)$ 著名的两段式近似函数 $\varphi(t)$：

$$\varphi(t)=\begin{cases} \exp\left(-0.4527t^{0.86}+0.0218\right), & 0<t<10 \\ \sqrt{\dfrac{\pi}{t}}\exp\left(-\dfrac{t}{4}\right)\left(1-\dfrac{10}{7t}\right), & t\geqslant 10 \end{cases} \tag{4.5.13}$$

此函数最初被 Chung 等用来分析 LDPC 码的迭代收敛性能，之后也被广泛应用于极化码的构造，因此，实际使用的 GA 算法均是 EGA 的近似版本(Approximated GA, AGA)。

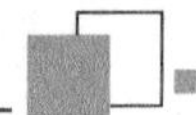

算法 4.8 BI-AWGN 信道近似高斯近似(AGA)构造算法

1. 给定信道数目 $N=2^n$，初始化信道 W 的 LLR 均值 $m_1^{(1)}=\dfrac{2}{\sigma^2}$。
2. For $0\leqslant j\leqslant n-1$

   迭代计算极化子信道的 LLR 均值

   For $1\leqslant i\leqslant 2^j$

$$\begin{cases} m_{2^{j+1}}^{(2i-1)}=\varphi^{-1}\left[1-\left(1-\varphi\left(m_{2^j}^{(i)}\right)\right)^2\right] \\ m_{2^{j+1}}^{(2i)}=2m_{2^j}^{(i)} \end{cases} \tag{4.5.14}$$

   End

   End
3. 将 LLR 均值 $\left\{m_{2^n}^{(i)}\right\}$ 按照从大到小排序，得到最终的可靠性结果。

在 AGA 构造算法中，用式(4.5.14)代替 EGA 构造算法中的式(4.5.12)。

根据高斯近似基本假设，各极化子信道的差错概率 $P_e\left(W_N^{(j)}\right)$ 为

$$P_e\left(W_N^{(j)}\right)=Q\left[\frac{m_{2^n}^{(j)}}{\sqrt{2m_{2^n}^{(j)}}}\right]=Q\left[\sqrt{\frac{m_{2^n}^{(j)}}{2}}\right] \tag{4.5.15}$$

其中，函数 $Q(x)=\dfrac{1}{\sqrt{2\pi}}\int_x^{+\infty}\mathrm{e}^{-\frac{t^2}{2}}\mathrm{d}t$ 为高斯分布的拖尾函数。因此子信道均值 $m_{2^n}^{(j)}$ 越大，该子信道的差错概率越小，越可靠。对于一个 (N,K) 极化码的构造，直接依据 N 个极化子信道的均值 $m_{2^n}^{(j)}$ 从大到小排序后，选择前 K 个子信道承载信息比特，子信道序号记为集合 $\mathcal{A}$，且 $|\mathcal{A}|=K$。$\mathcal{A}$ 的补集记为 $\mathcal{A}^c$，$\mathcal{A}\bigcup\mathcal{A}^c=\{1,2,\cdots,N\}$。

4.5.2 高斯近似误差分析

戴金晟与牛凯等在文献[18]中，提出极化失效集合(PVS)与极化反转集合(PRS)概念。他们发现，在 AGA 迭代计算过程中，若似然比(LLR)均值落入 PVS 或者 PRS，将会导致极化子信道可靠度排序出错，从而揭示了传统 GA 算法在长码构造时出现严重性能损失的本质原因。进一步提出了信道极化过程中的累积对数误差(CLE)，并推导了 CLE 的上界，用于评估不同 AGA 算法近似函数的性能。

1. *构造码树*

为了描述信道极化过程，引入“构造码树”工具，基于树形结构，可以很方便地描述 GA 算法的迭代计算过程。对于一个长度为 $N=2^n$ 的极化码，其对应的构造码树 $\mathcal{T}$ 为一棵完全二叉树，N 个叶节点分别表示 N 个极化子信道，从最上层根节点到叶节点的路径即表征了该叶节点对应的极化子信道可靠度迭代计算过程。$\mathcal{T}$ 可由一个二元变量组

$(\mathcal{V},\mathcal{B})$ 来描述，其中 $\mathcal{V}$ 与 $\mathcal{B}$ 分别表示节点集合与连边集合。

构造码树上某一节点的深度记为从根节点到该节点的路径长度，同在深度 i 的所有节点组成集合 $\mathcal{V}_i, i=0,1,2,\cdots,n$。根节点深度为 0。令 $v_i^{(j)}, j=1,2,\cdots,2^i$ 表示 $\mathcal{V}_i$ 中从左至右第 j 个节点。图 4.5.1 表示一个码长为 $N=16$ 的码树，其包含 4 层，粗边表示 $m_4^{(8)}$ 的迭代计算过程。在 $\mathcal{V}_2$ 集合中，从左至右的第 2 个节点表示为 $v_2^{(2)}$。除了深度为 n 的节点，每一个 $v_i^{(j)}\in\mathcal{V}_i$ 在 $\mathcal{V}_{i+1}$ 中具有两个后继节点，其对应的连边分别标记为 0 和 1。$v_n^{(j)}\in\mathcal{V}_n$ 被称为根节点。令 $\mathcal{T}\left(v_i^{(j)}\right)$ 表示根节点为 $v_i^{(j)}$ 的子树，且计算可知，该子树的深度为 $n-i$。每个节点 $v_i^{(j)}$ 具有两棵子树，分别表示为左子树 $\mathcal{T}_{\text{left}}=\mathcal{T}\left(v_{i+1}^{(2j-1)}\right)$ 与右子树 $\mathcal{T}_{\text{right}}=\mathcal{T}\left(v_{i+1}^{(2j)}\right)$。

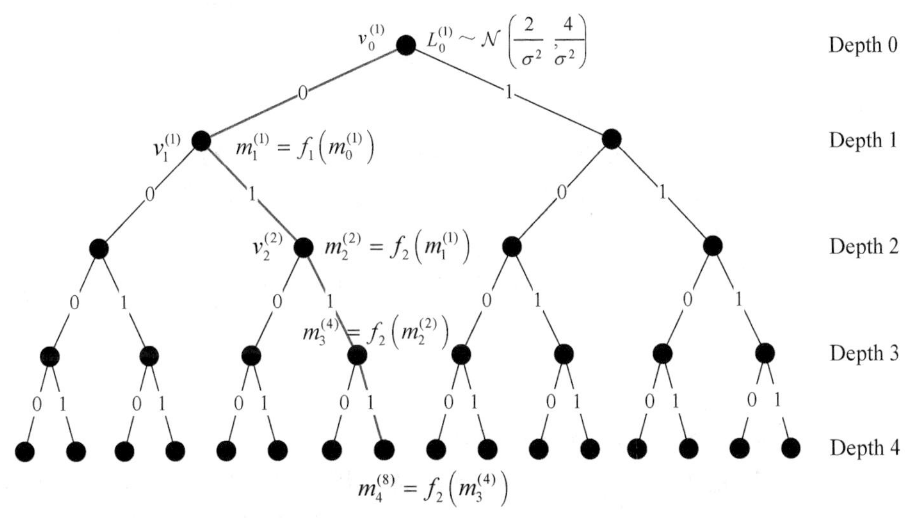

图 4.5.1　码长 $N=16$，$n=4$ 的“构造码树”示例

$\mathcal{B}$ 集合中所有的连边也被分为 n 层，表示为 $\mathcal{B}_l, l=1,2,\cdots,n$。每一条在 $\mathcal{B}_l$ 集合中的边与两个节点相连，一个节点深度为 $l-1$，另一个节点深度为 l。一个深度为 i 的节点对应一条路径 $(b_1,b_2,\cdots,b_i)$，其包含 i 条边，分别表示为 $b_l\in\mathcal{B}_l, l=1,2,\cdots,i$。

在构造码树上，LLR 均值可以简写为 $m_i^{(j)}$，根据式(4.5.16)进行迭代计算：

$$m_{i+1}^{(2j-1)}=f_c\left(m_i^{(j)}\right),\quad m_{i+1}^{(2j)}=f_v\left(m_i^{(j)}\right) \tag{4.5.16}$$

其中，函数 $f_c(t)$ 与 $f_v(t)$ 分别被用于校验节点(树上左侧“0”分支)与变量节点(树上右侧“1”分支)的计算。则 LLR 消息迭代计算过程可以用高斯近似表示为

$$\begin{cases} f_c(t)=\phi^{-1}\left(1-\left(1-\phi(t)\right)^2\right) \\ f_v(t)=2t \end{cases} \tag{4.5.17}$$

2. PVS 与 PRS 集合

引理 4.1　在高斯近似假设条件下，各子信道容量是关于其 LLR 均值的单调递增函数。

证明 注意到 BI-AWGN 信道容量 $I(W)$ 的表达式为

$$I(W)=h(\sigma^2)=\frac{1}{2}\sum_{x\in\mathcal{X}}\int_{\mathbb{R}}W(y|x)\log\left(\frac{2W(y|x)}{W(y|0)+W(y|1)}\right)\mathrm{d}y \tag{4.5.18}$$

其中，转移概率 $W(y|x)$ 如式(4.5.1)所示。根据 GA 原理，每个子信道由 LLR 均值为 m 的 BI-AWGN 信道 W 来近似，其对应的 AWGN 方差为 $\sigma^2=\dfrac{2}{m}$。由于函数 $h(\sigma^2)$ 随 σ^2 单调递减，因此，容量 $I(W)$ 随 m 单调递增。此外，有 $\lim\limits_{m\to 0}I(W)=0,\ \lim\limits_{m\to+\infty}I(W)=1$。

定理 4.16 给定两信道极化变换 $(W,W)\mapsto\left(W_2^{(1)},W_2^{(2)}\right)$，在 GA 假设下，$W$、$W_2^{(1)}$ 与 $W_2^{(2)}$ 对应的 LLR 均值分别为 m、$m_2^{(1)}$ 与 $m_2^{(2)}$。这三者之间应满足如下关系：

$$m_2^{(1)}\leqslant m\leqslant m_2^{(2)} \tag{4.5.19}$$

其中，当且仅当 $m=0$ 或 $m=+\infty$ 时等号成立。

结合文献[1]中的命题 4 及引理 4.1，式(4.5.19)中的结论很容易得证。同时，定理 4.16 表明经过两信道极化，原始信道 W 分裂为两个可靠度有差异的信道，一个可靠度低于原始信道 W，称为“差信道” $W_2^{(1)}$，另一个可靠度高于原始信道 W，称为“好信道” $W_2^{(2)}$。

定理 4.17 在基于 AGA 算法的极化码构造过程中，原始 EGA 算法中 $\phi(t)$ 的近似函数 $\Omega(t)$ 必须满足

$$0<\Omega(t)<1 \tag{4.5.20}$$

这一条件是 $\Omega(t)$ 满足定理 4.16 的充分必要条件。

证明 首先证明充分性。不同于 LDPC 码性能分析中的应用，近似函数 $\Omega(t)$ 应用于极化码构造时必须保证式(4.5.19)成立。因此，在两信道极化过程中，对于任意的 $t\in(0,+\infty)$，$\Omega(t)$ 必须满足

$$\Omega^{-1}\left(1-\left(1-\Omega(t)\right)^2\right)<t<2t \tag{4.5.21}$$

由于 $\phi(t)$ 在 $[0,+\infty)$ 上为单调递减函数[20]，因此要求近似函数 $\Omega(t)$ 同样在 $[0,+\infty)$ 上保持单调递减。由此，式(4.5.21)中左边的不等式可被简化为

$$1-\left(1-\Omega(t)\right)^2>\Omega(t)\Rightarrow 0<\Omega(t)<1 \tag{4.5.22}$$

然后证明必要性。若 $\Omega(t)$ 满足 $0<\Omega(t)<1$，有

$$\begin{aligned}&1-\left(1-\Omega(t)\right)^2>1-\left(1-\Omega(t)\right)\\ &\Rightarrow\Omega^{-1}\left(1-\left(1-\Omega(t)\right)^2\right)<\underbrace{\Omega^{-1}\left(1-\left(1-\Omega(t)\right)\right)}_{=t}\\ &\Rightarrow\Omega^{-1}\left(1-\left(1-\Omega(t)\right)^2\right)<t<2t\end{aligned} \tag{4.5.23}$$

上述分析过程表明式(4.5.20)是 $\Omega(t)$ 满足定理 4.16 的充分必要条件。

根据上述分析，在两信道极化过程中，若 $\Omega(t)$ 不能满足式(4.5.20)中的不等关系约束，

其相对于 EGA 算法中精确函数$\phi(t)$的近似误差会带来以下两种类型的子信道可靠度排序错误。

(1) 若$\Omega(t)$使得子信道 LLR 均值满足$m \leqslant m_2^{(1)} < m_2^{(2)}$，即极化子信道$W_2^{(1)}$的可靠度与原信道$W$的可靠度排序出现差错。换言之，极化之后没有出现“差信道”，此时称为“极化失效”(Polarization Violation)现象。

(2) 若$\Omega(t)$使得子信道 LLR 均值满足$m < m_2^{(2)} \leqslant m_2^{(1)}$，不仅极化子信道$W_2^{(1)}$的可靠度与原信道$W$的可靠度排序出现差错，而且$W_2^{(1)}$的可靠度与$W_2^{(2)}$的可靠度排序也出现差错。换言之，极化变换之后没有出现“差信道”，且“差信道”与“好信道”调换了位置，称为“极化反转”(Polarization Reversal)现象。

由上述两类排序错误，有如下定义。

定义 4.5　对于给定的近似函数$\Omega(t)$，极化失效集合(PVS)定义为

$$S_{\text{PVS}} \triangleq \left\{ t \middle| t \leqslant \Omega^{-1}\left(1-\left(1-\Omega(t)\right)^2\right) < 2t \right\} \tag{4.5.24}$$

其中，$t \in (0,+\infty)$。

显然，在两信道极化过程中，对于任意的 LLR 均值m属于S_{PVS}，$\Omega(t)$将会导致极化子信道 LLR 均值排序为$m \leqslant m_2^{(1)} < m_2^{(2)}$，违反了定理 4.16 中的可靠度排序要求。因此，对于 AGA 算法中的$\Omega(t)$，如果$S_{\text{PVS}} \neq \varnothing$，在迭代可靠度计算过程中，任意子信道 LLR 的均值$m \in S_{\text{PVS}}$将会在两信道极化过程中产生两个“好信道”，从而在后续极化过程中产生较为明显的排序错误。

定义 4.6　对于给定的近似函数$\Omega(t)$，极化反转集合(PRS)定义为

$$S_{\text{PRS}} \triangleq \left\{ t \middle| \Omega^{-1}\left(1-\left(1-\Omega(t)\right)^2\right) \geqslant 2t \right\} \tag{4.5.25}$$

其中，$t \in (0,+\infty)$。

在两信道极化过程中，对于任意 LLR 均值$m \in S_{\text{PRS}}$，$\Omega(t)$将会导致极化子信道 LLR 均值排序为$m < m_2^{(2)} \leqslant m_2^{(1)}$。换句话说，$\Omega(t)$的近似误差导致分裂得到的“好信道”与“差信道”交换了位置，从而两信道极化之后的子信道可靠度排序出现严重错误。这种错误随着极化过程向后续深入不断累积，最终导致信源侧子信道排序出现较大误差，AGA 算法构造所得的极化码性能大幅下降。此外注意到，由于$m_2^{(2)} = 2m$，则不可能出现$m_2^{(2)} < m$的情况。在两信道极化时，子信道排序只有可能出现三种情况，分别对应于式(4.5.19)的正常排序、PVS 对应的$m \leqslant m_2^{(1)} < m_2^{(2)}$，以及 PRS 对应的$m < m_2^{(2)} \leqslant m_2^{(1)}$。

推论 4.4　PVS 与 PRS 之间的关系可以表示为

$$S_{\text{PRS}} \neq \varnothing \Rightarrow S_{\text{PVS}} \neq \varnothing \tag{4.5.26}$$

证明　注意到当$t \in (0,+\infty)$时，根据定义 4.6，对于任意的$t \in S_{\text{PRS}}$，可以推知$\Omega^{-1}\left(1-\left(1-\Omega(t)\right)^2\right) \geqslant 2t$，显然有$\Omega^{-1}\left(1-\left(1-\Omega(t)\right)^2\right) \geqslant t$。因此，根据定义 4.5，推论直接得证。换句话说，$S_{\text{PRS}} \neq \varnothing$是$S_{\text{PVS}} \neq \varnothing$的充分条件。反过来，若$S_{\text{PVS}} = \varnothing$，则有$S_{\text{PRS}} = \varnothing$。

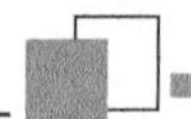

假设$\Omega(t)$在$(0,+\infty)$上单调递减，式(4.5.24)左侧的不等式可以简化为

$$\Omega(t)\geqslant 1-\left(1-\Omega(t)\right)^2 \Rightarrow \Omega(t)\geqslant 1 \tag{4.5.27}$$

类似地，式(4.5.25)中的不等式关系可被简化为

$$1-\left(1-\Omega(t)\right)^2 \leqslant \Omega(2t) \Rightarrow 2\Omega(t)-\Omega(t)^2 \leqslant \Omega(2t) \tag{4.5.28}$$

例 4.1 在标准 AGA 极化码构造算法中，Chung 等使用两段式近似函数$\varphi(t)$(式(4.5.13))。$\varphi(t)$是$\Omega(t)$的一种特殊形式，由于$\varphi(0)=\mathrm{e}^{0.0218}>1$，$\varphi(t)$不满足定理 4.16。对于$\varphi(t)$，其对应的 PVS 与 PRS 分别被记为$S_{\mathrm{PVS}}=(a_1,a_2]$与$S_{\mathrm{PRS}}=(0,a_1]$。区间边界$a_1$与$a_2$分别由式(4.5.29)给出：

$$\begin{cases}2\varphi(a_1)-\varphi(a_1)^2=\varphi(2a_1)\\ \varphi(a_2)=1\end{cases} \Rightarrow \begin{cases}a_1=0.01476\\ a_2=0.02939\end{cases} \tag{4.5.29}$$

上述两式由式(4.5.27)与式(4.5.28)导出。图 4.5.2 给出了传统两段式近似函数$\varphi(t)$的 PRS 与 PVS 集合划分。其中，$S_{\mathrm{PVS}}=(0.01476,0.02939]$，$S_{\mathrm{PRS}}=(0,0.01476]$。将上述两信道极化过程的结论推广到$N$信道极化，有如下定理。

定理 4.18 对于N信道极化变换，其中，$N=2^n,n\geqslant 1$，假设原始信道W的 LLR 均值有两种配置$\widehat{m}_0^{(1)}$与$\breve{m}_0^{(1)}$。若它们满足$\widehat{m}_0^{(1)}\geqslant\breve{m}_0^{(1)}$，则在高斯近似基本假设下，对于任意$j=1,2,\cdots,2^n$，有

$$\widehat{m}_n^{(j)}\geqslant\breve{m}_n^{(j)} \tag{4.5.30}$$

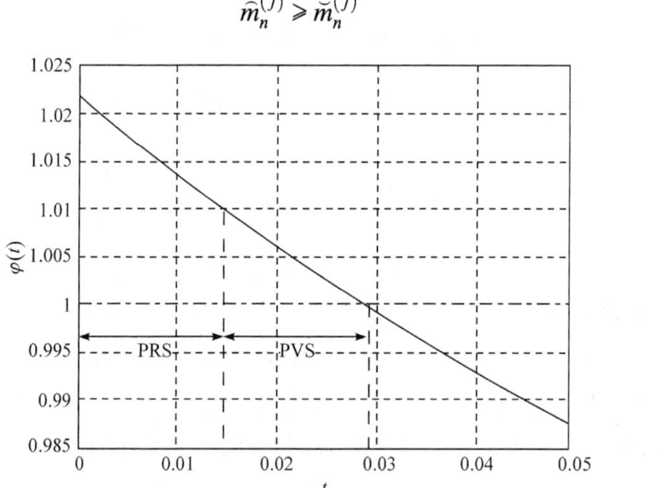

图 4.5.2 $\varphi(t)$函数的 PRS 与 PVS 划分示意

证明 用数学归纳法证明上述定理。

在高斯近似基本假设下，由于$\phi(t)$在$[0,+\infty)$上单调递减，很容易发现式(4.5.17)中的$f_c(t),f_v(t)$在$[0,+\infty)$上单调递增。

设$N=2^k$，$k=1$，若两种原始信道W的 LLR 均值满足$\widehat{m}_0^{(1)}\geqslant\breve{m}_0^{(1)}$，则有

$$\begin{cases} f_c\left(\widehat{m}_0^{(1)}\right) \geqslant f_c\left(\breve{m}_0^{(1)}\right) \\ f_v\left(\widehat{m}_0^{(1)}\right) \geqslant f_v\left(\breve{m}_0^{(1)}\right) \end{cases} \Rightarrow \begin{cases} \widehat{m}_1^{(1)} \geqslant \breve{m}_1^{(1)} \\ \widehat{m}_1^{(2)} \geqslant \breve{m}_1^{(2)} \end{cases} \tag{4.5.31}$$

随着原始信道 W 的 LLR 均值增加，两个极化子信道的 LLR 均值严格递增。

接着设 $N=2^k$，如果有 $\widehat{m}_1^{(1)} \geqslant \breve{m}_1^{(1)}$，则对于 $j=1,2,\cdots,2^k$，$\widehat{m}_k^{(j)} \geqslant \breve{m}_k^{(j)}$ 成立。因此，对于 $N=2^{k+1}$ 有

$$\begin{cases} f_c\left(\widehat{m}_k^{(j)}\right) \geqslant f_c\left(\breve{m}_k^{(j)}\right) \\ f_v\left(\widehat{m}_k^{(j)}\right) \geqslant f_v\left(\breve{m}_k^{(j)}\right) \end{cases} \Rightarrow \begin{cases} \widehat{m}_{k+1}^{(2j-1)} \geqslant \breve{m}_{k+1}^{(2j-1)} \\ \widehat{m}_{k+1}^{(2j)} \geqslant \breve{m}_{k+1}^{(2j)} \end{cases} \tag{4.5.32}$$

换句话说，对于 $j=1,2,\cdots,2^k$，$\widehat{m}_k^{(j)} \geqslant \breve{m}_k^{(j)}$。由上述分析过程，定理 4.18 得证。

上述定理表明，在高斯近似基本假设下，若信道 W 的 LLR 均值增加，两个极化子信道的 LLR 均值是严格随之递增的。当使用 Chung 等的两段式近似函数进行 AGA 极化码构造时，极化子信道排序会出现较为严重的错误，导致码长较长或码率较低时性能变差。结合 PVS、PRS 与定理 4.18，可以解释这一错误的来源。

对于使用 $\Omega(t)$ 函数的 AGA 极化码构造算法来说，若 $S_{\mathrm{PRS}} \neq \varnothing$，则对于任意的 LLR 均值 $m_i^{(j)} \in S_{\mathrm{PRS}}$，根据定义式(4.5.25)，在高斯近似迭代计算过程中，有 $m_{i+1}^{(2j-1)} \geqslant m_{i+1}^{(2j)}$。然而，对于 EGA 算法中的精确 $\phi(t)$ 函数，可以保证 $S_{\mathrm{PRS}}=\varnothing$ 与 $S_{\mathrm{PVS}}=\varnothing$，即对于任意 $m_i^{(j)}>0$，均有 $m_{i+1}^{(2j-1)}<m_{i+1}^{(2j)}$。上述分析过程表明，在 AGA 极化码构造过程中，在构造码树上，由于 $S_{\mathrm{PRS}} \neq \varnothing$，$m_i^{(j)} \in S_{\mathrm{PRS}}$ 将会导致左子树 $\mathcal{T}_{\mathrm{left}}=\mathcal{T}\left(v_{i+1}^{(2j-1)}\right)$ 和右子树 $\mathcal{T}_{\mathrm{right}}=\mathcal{T}\left(v_{i+1}^{(2j)}\right)$ 叶节点所对应的极化子信道可靠排序错误。换句话说，出现如下排序：

$$m_n^{\left((j-1)2^{n-i}+s\right)} \geqslant m_n^{\left((j-1)2^{n-i}+s+2^{n-i-1}\right)} \tag{4.5.33}$$

其中，$s=1,2,\cdots,2^{n-i-1}$。由 $m_{i+1}^{(2j-1)} \Rightarrow \widehat{m}_0^{(1)}$ 与 $m_{i+1}^{(2j)} \Rightarrow \breve{m}_0^{(1)}$，结合定理可得上述结论，据此有 $\widehat{m}_{n-i-1}^{(s)} \geqslant \breve{m}_{n-i-1}^{(s)}$。注意到在两棵子树上，$\widehat{m}_{n-i-1}^{(s)}$ 与 $\breve{m}_{n-i-1}^{(s)}$ 分别对应于式(4.5.33)左右两侧。然而，在 EGA 算法中，式(4.5.33)中的“$\geqslant$”应为“$<$”。这一极化反转现象导致了极化子信道的可靠度排序错误，从而直接导致信息子信道集合 $\mathcal{A}$ 的选取不准确，影响极化码的性能。

例 4.2　图 4.5.3 在码树上展示了极化失效与极化反转现象，其中 $N=16, n=4$。在 AGA 迭代计算过程中，$m_1^{(1)} \in S_{\mathrm{PRS}}$，从而有 $m_2^{(1)} \geqslant m_2^{(2)}$。对于左子树 $\mathcal{T}_{\mathrm{left}}=\mathcal{T}\left(v_2^{(1)}\right)$ 与右子树 $\mathcal{T}_{\mathrm{right}}=\mathcal{T}\left(v_2^{(2)}\right)$ 的叶节点，根据定理 4.18，有如下关系成立：

$$\begin{aligned} m_4^{(1)} \geqslant m_4^{(5)}, \quad m_4^{(2)} \geqslant m_4^{(6)} \\ m_4^{(3)} \geqslant m_4^{(7)}, \quad m_4^{(4)} \geqslant m_4^{(8)} \end{aligned} \tag{4.5.34}$$

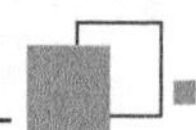

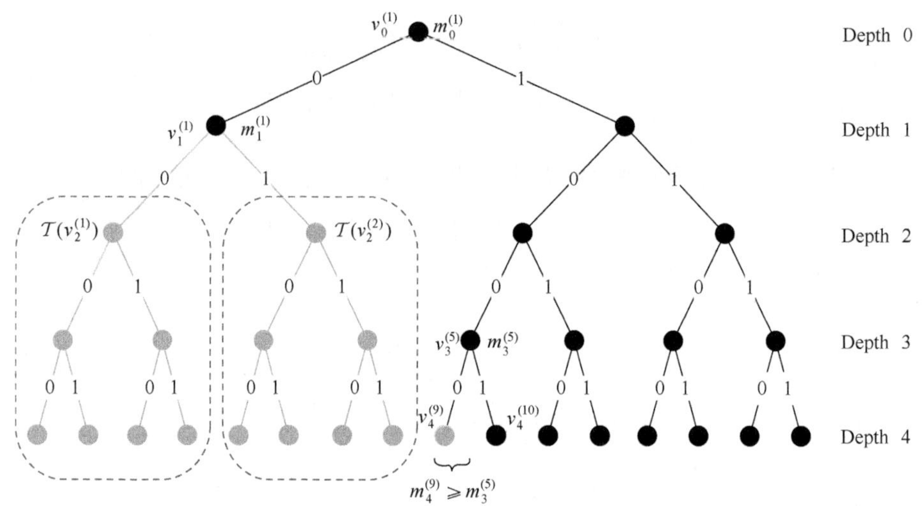

图 4.5.3 极化失效与极化反转现象在码树上的表示

类似地，由于$m_3^{(5)} \in S_{\text{PVS}}$，有$m_4^{(9)} \geqslant m_3^{(5)}$。然而，在 EGA 算法中，该式应为$m_4^{(9)} < m_3^{(5)}$。因此，相较于 EGA 算法，AGA 算法中近似函数$\Omega(t)$的误差导致了这个示例对应的极化子信道可靠度排序出现差错。

以上分析表明，在 AGA 极化码构造过程中，若$S_{\text{PRS}} \neq \varnothing$，其近似误差将会导致极化反转。根据 PRS 的定义，S_{PRS}出现在 0 附近。根据信道极化理论，当N趋近于正无穷时，极化子信道容量$\left\{I\left(W_N^{(j)}\right)\right\}$汇聚于 0 或 1，相应地，极化子信道 LLR 均值汇聚于 0 与$+\infty$。当码长逐渐变长时，随着 AGA 迭代计算过程的深入，将会有越来越多的 LLR 均值落入S_{PRS}。这正是使用传统两段式近似函数$\varphi(t)$的 AGA 算法构造极化码时，随着码长变长，出现严重性能损失的本质原因。

在 AGA 的迭代计算过程中，设码树上落入两个集合的节点数量分别表示为μ_{PVS}与μ_{PRS}，相应地，在所有节点中所占比例定义为

$$\theta_{\text{PVS}} = \frac{\mu_{\text{PVS}}}{\sum_{k=0}^{n-1} 2^k}, \quad \theta_{\text{PRS}} = \frac{\mu_{\text{PRS}}}{\sum_{k=0}^{n-1} 2^k} \tag{4.5.35}$$

对于 Chung 等提出的两段式近似函数$\varphi(t)$，表 4.2 给出了μ_{PVS}与μ_{PRS}随不同极化阶数n的分布(对应于不同码长N)，同时θ_{PVS}与θ_{PRS}也被列于表中，其中，$E_b / N_0 = 1\text{dB}$ ($\sigma^2 = 1.1915$)。从表 4.5.1 可以观察到，随着码长增加，码树上有越来越多的节点落入 PRS，相应的比例也随之增加。因此，基于两段式近似函数$\varphi(t)$的 AGA 所构造的极化码，在码长增加时，会出现严重的性能抖动，有明显的性能损失。

表 4.5.1 两段式近似函数 $\varphi(t)$ 的 μ_{PVS}、μ_{PRS}、θ_{PVS} 与 θ_{PRS} 随不同极化阶数 n 的分布 ($E_b / N_0 = 1\text{dB}$)

n	μ_{PVS}	θ_{PVS}	μ_{PRS}	θ_{PRS}
10	40	3.910%	33	3.226%
11	89	4.348%	88	4.299%

续表

n	μ_{PVS}	θ_{PVS}	μ_{PRS}	θ_{PRS}
12	191	4.664%	225	5.495%
13	394	4.810%	549	6.702%
14	803	4.901%	1297	7.917%
15	1617	4.935%	3003	9.165%
16	3280	5.005%	6820	10.41%
17	6340	4.837%	15240	11.63%
18	12528	4.779%	33646	12.83%
19	24550	4.683%	73503	14.02%
20	48036	4.581%	159132	15.18%

图 4.5.4 给出了 BPSK 调制、AWGN 信道下的极化码的 BLER 性能，其中 $N=2^n$ ($n=12,14,18$)，码率 $R=1/3$，译码采用 SC 算法。极化码由两种算法构造得到：一种是 Tal-Vardy 算法，另一种是高斯近似算法(AGA)，其中的近似函数为 Chung 等提出的两段式函数 $\varphi(t)$。由于采用逐信噪比构造，从图中可以明显看出，随着码长变长，传统 AGA 算法出现明显的性能损失，这与表 4.5.1 的数据分析一致。

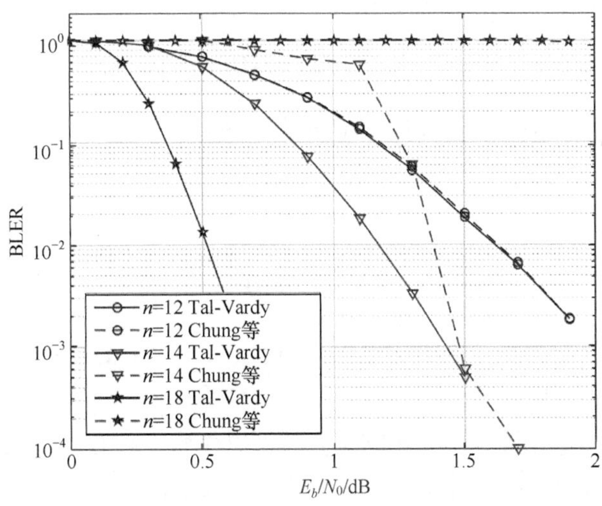

图 4.5.4　AWGN 信道下的极化码 BLER 性能

对于 AWGN 信道，相较于准确的 DE 算法与 Tal-Vardy 算法，EGA 算法也可以获得很好的性能。究其本质原因，EGA 算法中的 $\phi(t)$ 函数具有严格的保序特性，符合定理 4.16。这种严格保序性合理解释了 EGA 构造算法的优异性能。因此，EGA 算法相对于 DE 算法的误差可以忽略。

4.3.1 节描述的等效巴氏参数构造方法，在实验中也可获得不错的性能。上述关于 PVS 与 PRS 的分析给出了关于这种“好性能”的一种合理解释。由于在两信道极化过程中，

BEC 近似方法具有严格保序性，即$I\left(W_2^{(1)}\right)<I(W)<I\left(W_2^{(2)}\right)$。启发式的 BEC 近似不会造成极化失效与极化反转现象。因此，BEC 并不会造成图 4.5.2 中传统 AGA 算法那样的性能跳变，只会引起比较平缓的性能损失，在 BLER 性能曲线上体现为“右移”，即信噪比平移损失。

3. 信道极化累积对数误差(CLE)

极化失效与极化反转揭示了 AGA 算法在长码构造时性能较差的本质原因。除了 PVS 与 PRS，文献[18]提出累积对数误差(CLE)，用以定量地评估除去 PVS 与 PRS 之外的残留误差。CLE 度量可以用来指导近似函数$\Omega(t)$的具体设计。

对于 AGA 算法中近似函数$\Omega(t)$，假设已经保证$S_{\mathrm{PVS}}=\varnothing$且$S_{\mathrm{PRS}}=\varnothing$，CLE 分析将会对评估 AGA 算法的具体性能起到重要作用。在高斯近似基本假设下，子信道容量是关于 LLR 均值的函数。因此，AGA 中的$\Omega(t)$与 EGA 中$\phi(t)$之间的误差将会直接体现在子信道容量上。AGA 与 EGA 之间在子信道容量上的绝对误差表示为$\Delta(t)$，是关于 LLR 均值t的函数。在不引起歧义条件下，$\Delta(t)$在后面简写为Δ。

假设Δ发生在r次迭代计算之后，记为Δ_r，在后续$n-r$次迭代计算过程中逐步累积为最终误差，此过程可在深度为$n-r$的子树上表示。由 EGA 算法计算得到的子信道容量可以在构造码树上形成集合$\mathcal{I}$，且具有如下性质。

深度为d的节点所对应的容量集合为$\mathcal{I}_d, d=r,r+1,\cdots,n$。令$I_d^{(k)}$，$k=1,2,\cdots,2^{d-r}$表示$\mathcal{I}_d$中的第$k$个元素。对于任意$I_d^{(k)}\in\mathcal{I}_d$，$I_d^{(k)}$在$[0,1]$上取值。对于$d>r$，$I_d^{(k)}$是路径$b_{r+1}^d$的函数，路径向量$b_{r+1}^d$实际是$k-1$的二进制展开($k-1=\sum\limits_{i=1}^{d-r}b_{r+i}2^{d-r-i}$)。因此，在根节点$v_r^{(j)}$上，$\Delta_r$表示为

$$\Delta_r=\tilde{I}_r^{(1)}-I_r^{(1)}=h\left(\frac{2}{\tilde{m}_r^{(j)}}\right)-h\left(\frac{2}{m_r^{(j)}}\right) \tag{4.5.36}$$

其中，$\tilde{I}_r^{(1)}$、$I_r^{(1)}$与$\tilde{m}_r^{(j)}$、$m_r^{(j)}$分别表示通过 AGA 与 EGA 算法计算得到的容量与 LLR 均值；$h(\cdot)$如式(4.5.18)所示。

如前所述，在误差分析中，等效巴氏参数可以作为一种有效手段来代替原始高斯近似。根据信道极化过程的迭代计算结构，得到如下关系：

$$\begin{cases} I_{d+1}^{(2k-1)}=\left(I_d^{(k)}\right)^2, & b_{d+1}=0 \\ I_{d+1}^{(2k)}=2I_d^{(k)}-\left(I_d^{(k)}\right)^2, & b_{d+1}=1 \end{cases} \tag{4.5.37}$$

当$b_{d+1}=1$时，有$I_{d+1}^{(2k)}\leqslant 2I_d^{(k)}$。因此，在对数域可以得到

$$\begin{cases} \log I_{d+1}^{(2k-1)}=2\log I_d^{(k)}, & b_{d+1}=0 \\ \log I_{d+1}^{(2k)}\leqslant \log I_d^{(k)}+1, & b_{d+1}=1 \end{cases} \tag{4.5.38}$$

定义 $\tilde{I}_d^{(k)} = I_d^{(k)} + \Delta_d^{(k)}$，其中，$\tilde{I}_d^{(k)}$ 对应于 AGA 算法的容量，$\Delta_d^{(k)}$ 表示 AGA 与 EGA 之间的绝对容量误差。对任意 $r < d \leqslant n$，$\tilde{I}_d^{(k)}$ 与 $I_d^{(k)}$ 分别表示 AGA 与 EGA 计算得到的容量。此处目的是分析 AGA 与 EGA 之间的误差，而不是分析高斯近似算法本身的误差及 BEC 近似的误差。因此引入 $\Delta_r^{(1)} = \Delta_r$、$\rho_d^{(k)} = \Delta_d^{(k)} / I_d^{(k)}$ 表示相对误差，$e_d^{(k)} = \log \tilde{I}_d^{(k)} - \log I_d^{(k)} = \log\left(1+\rho_d^{(k)}\right)$ 表示对数域容量计算误差。定义部分 CLE(Partial CLE, PCLE)如下：

$$C_{r:n} = \sum_{k=1}^{2^{n-r}} \left| e_n^{(k)} \right| \tag{4.5.39}$$

相应地，CLE 度量是 PCLE 度量的累积，即 $C = \sum_r C_{r:n}$。

CLE 精确值计算过程较复杂且难以进行解析分析。因此，我们通过分析 CLE 的上界，简化 CLE 的计算。

定理 4.19　对于码树上的任意节点所对应的路径 b_{r+1}^n，定义路径的补汉明重为 $\left|\{r+1 \leqslant i \leqslant n : b_i = 0\}\right| = \alpha$，路径汉明重为 $\left|\{r+1 \leqslant i \leqslant n : b_i = 1\}\right| = n-r-\alpha$。则相应的容量对数误差 $\left|e_n^{(k)}\right|$ 的上界为

$$\left|e_n^{(k)}\right| \leqslant 2^\alpha \left|\log\left(1+\rho_r^{(1)}\right)\right| = 2^\alpha \left|\log\left(1+\frac{\Delta_r^{(1)}}{I_r^{(1)}}\right)\right| \tag{4.5.40}$$

证明　令 $\tilde{e}_d^{(k)}$ 表示 $e_d^{(k)}$ 的上界，$\tilde{e}_n^{(k)}$ 由 $\tilde{e}_r^{(1)} = e_r^{(1)} = \log\left(1+\rho_r^{(1)}\right)$ 及式(4.5.41)计算得出：

$$\begin{cases} \tilde{e}_{d+1}^{(2k-1)} = D\left(\tilde{e}_d^{(k)}\right), & b_{d+1} = 0 \\ \tilde{e}_{d+1}^{(2k)} = E\left(\tilde{e}_d^{(k)}\right), & b_{d+1} = 1 \end{cases} \tag{4.5.41}$$

其中，$E:\mathbb{R}\to\mathbb{R}$，$E(z)=z$；$D:\mathbb{R}\to\mathbb{R}$，$D(z)=2z$。

若 $\Delta_r^{(1)} \geqslant 0$，根据定理 4.18，$\Delta_d^{(k)} \geqslant 0$ 成立。注意到在迭代计算过程中，当 $b_{d+1}=0$ 时

$$0 \leqslant e_{d+1}^{(2k-1)} = 2e_d^{(k)} = \tilde{e}_{d+1}^{(2k-1)} \tag{4.5.42}$$

当 $b_{d+1}=1$ 时，可以证明 $e_{d+1}^{(2k)} \leqslant \tilde{e}_{d+1}^{(2k)}$。根据式(4.5.37)，易得

$$\begin{aligned} \tilde{I}_{d+1}^{(2k)} &= 2\tilde{I}_d^{(k)} - \left(\tilde{I}_d^{(k)}\right)^2 \\ &= 2\left(I_d^{(k)} + \Delta_d^{(k)}\right) - \left(I_d^{(k)} + \Delta_d^{(k)}\right)^2 \\ &= \underbrace{2I_d^{(k)} - \left(I_d^{(k)}\right)^2}_{=I_{d+1}^{(2k)}} + \underbrace{2\Delta_d^{(k)} - 2I_d^{(k)}\Delta_d^{(k)} - \left(\Delta_d^{(k)}\right)^2}_{=\Delta_{d+1}^{(2k)}} \end{aligned} \tag{4.5.43}$$

由此，$e_{d+1}^{(2k)}$ 可被写为

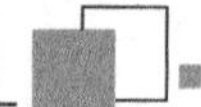

$$e_{d+1}^{(2k)} = \log\left(1+\rho_{d+1}^{(2k)}\right) = \log\left(1+\frac{2\Delta_d^{(k)} - 2I_d^{(k)}\Delta_d^{(k)} - \left(\Delta_d^{(k)}\right)^2}{2I_d^{(k)} - \left(I_d^{(k)}\right)^2}\right) \tag{4.5.44}$$

进一步有

$$\tilde{e}_{d+1}^{(2k)} = \log\left(1+\tilde{\rho}_{d+1}^{(2k)}\right) = e_d^{(k)} = \log\left(1+\frac{\Delta_d^{(k)}}{I_d^{(k)}}\right) \tag{4.5.45}$$

由此，可以得到

$$\tilde{\rho}_{d+1}^{(2k)} - \rho_{d+1}^{(2k)} = \frac{\Delta_d^{(k)}\left(I_d^{(k)} + \Delta_d^{(k)}\right)}{I_d^{(k)}\left(2 - I_d^{(k)}\right)} \geqslant 0 \tag{4.5.46}$$

从而得到 $\tilde{e}_d^{(k)} \geqslant e_d^{(k)} \geqslant 0$ 成立。

根据定义式(4.5.39)，在 $\tilde{e}_n^{(k)}$ 的迭代计算过程中，会有 D 运算 α 次，E 运算 $n-r-\alpha$ 次。因此有

$$0 \leqslant e_n^{(k)} \leqslant \tilde{e}_n^{(k)} = E^{n-r-\alpha} D^{\alpha}\left(e_r^{(1)}\right) = 2^{\alpha} e_r^{(1)} \tag{4.5.47}$$

类似地，若 $\Delta_r^{(1)} < 0$，则有 $\Delta_d^{(k)} < 0$。由式(4.5.46)与式(4.5.42)可以得到

$$0 > e_n^{(k)} > \tilde{e}_n^{(k)} = E^{n-r-\alpha} D^{\alpha}\left(e_r^{(1)}\right) = 2^{\alpha} e_r^{(1)} \tag{4.5.48}$$

结合式(4.5.47)与式(4.5.48)，定理 4.19 得证。

推论 4.5 PCLE $C_{r:n}$ 的上界为

$$C_{r:n} \leqslant 3^{n-r}\left|\log_2\left(1+\rho_r^{(1)}\right)\right| = 3^{n-r}\left|\log_2\left(1+\frac{\Delta_r^{(1)}}{I_r^{(1)}}\right)\right| \tag{4.5.49}$$

证明 对任意的 $k \in \left\{1,2,\cdots,2^{n-r}\right\}$，满足定义式(4.5.39)的向量 b_{r+1}^n 共有 $\binom{n-r}{\alpha}$ 个，其中 b_{r+1}^n 是 $k-1$ 的二进制展开。结合式(4.5.39)及定理 4.19，$C_{r:n}$ 满足如下约束：

$$C_{r:n} \leqslant \sum_{k=1}^{2^{n-r}}\left|\tilde{e}_n^{(k)}\right| = \sum_{\alpha=0}^{n-r}\binom{n-r}{\alpha}2^{\alpha}\left|e_r^{(1)}\right| = 3^{n-r}\left|e_r^{(1)}\right| \tag{4.5.50}$$

式(4.5.50)中最后一个等式的证明利用了二项式定理。因此，CLE 的上界为 $\sum_r 3^{n-r}\left|\log_2\left(1+\rho_r^{(1)}\right)\right| \approx \sum_r 3^{n-r}\left|\rho_r^{(1)}\right|$，$n-r$ 代表极化阶数。

上述定理表明，随着码长增长，初始误差 $\rho_r^{(1)}$ 将被指数放大。

4.5.3 改进高斯近似

根据 4.5.2 节的分析可知，AGA 近似函数的选取需要考虑 PVS、PRS 与 CLE 的影响。由此得到如下的 AGA 构造算法的近似函数设计准则。

(1) 消除 PVS 与 PRS：$\Omega(t)$ 的设计应严格保证 $S_{\mathrm{PVS}} = \varnothing$ 且 $S_{\mathrm{PRS}} = \varnothing$。根据推论 4.4

及其逆否命题，若 $S_{\mathrm{PVS}}=\varnothing$，则有 $S_{\mathrm{PRS}}=\varnothing$。因此，为消除 PVS 与 PRS，需要确保对于任意 $t\in(0,+\infty)$，均有 $0<\Omega(t)<1$。

(2) 低 SNR 区间设计：当 $t\to 0$ 时，需要保证 $\lim_{t\to 0}\Omega(t)=1$，从而降低近似误差。由于 CLE 上界随极化阶数增长是指数级放大的，因此，降低 CLE 上界的唯一办法就是降低初始误差 $\rho_r^{(1)}$。据此，当 $t\to 0$ 时，$\Omega(t)$ 需要被分为更多段，提高对 $\phi(t)$ 的拟合精度。这一准则可以降低 0 附近的初始绝对误差 $\Delta_r^{(1)}$，进而降低 $\rho_r^{(1)}$。

(3) 高 SNR 区间设计：当 t 远离 0 时，由于 $I_r^{(1)}$ 取值接近 1，CLE 上界可以忍受相对较大的绝对误差 $\Delta_r^{(1)}$。因此，$\Omega(t)$ 应选为更加简单的形式。

(4) 分界点连续：$\Omega(t)$ 应保证相邻两段之间连续，避免出现阶跃式跳变。

在以上四条设计准则中，准则(1)是最重要的，其可以避免 AGA 算法出现跳变性的性能损失。准则(2)为次要的，用来减小 AGA 算法与 EGA 算法之间的残留误差。准则(3)用来降低 AGA 算法的计算误差。准则(4)是近似函数的基本设计要求。

标准 AGA 算法两段式近似函数(4.5.13)导致 $S_{\mathrm{PVS}}\neq\varnothing$ 及 $S_{\mathrm{PRS}}\neq\varnothing$，违背了准则(1)。借助最小均方误差(MMSE)准则，文献[18]设计了新的两段式近似函数，记为 $\Omega_2(t)$。

$$\Omega_2(t)=\begin{cases}\mathrm{e}^{0.0116t^2-0.4212t}, & 0<t\leqslant a\\ \mathrm{e}^{-0.2944t-0.3169}, & a<t\end{cases}\tag{4.5.51}$$

其中，边界点 $a=7.0633$，与其对应的 AGA 算法记为 AGA-2。在极化码构造过程中，相对于 Chung 等的方案，AGA-2 算法具有保序性，在码长较长时可以消除阶跃式性能损失。此外，$\Omega_2(t)$ 的反函数可以被解析求得，其计算过程具有较低复杂度。

根据设计准则(3)，对于 AGA-2 算法，其 $f_c(t)$ 函数进一步简化为

$$f_c(t)=\begin{cases}\Omega_2^{-1}\left(1-\left(1-\Omega_2(t)\right)^2\right), & 0\leqslant t\leqslant\tau\\ t-2.3544, & t>\tau\end{cases}\tag{4.5.52}$$

其中，边界值 $\tau=9.4177$。

尽管 AGA-2 满足设计准则(1)，避免了排序错误，但由于其形式简单，在 0 附近仍然有较为明显的拟合误差，导致 CLE 增大。因此，在码长进一步变长时，AGA-2 算法仍然会带来一定的性能损失。为进一步提高 AGA 算法性能，文献[18]设计了新的三段式函数 $\Omega_3(t)$，具体形式如下：

$$\Omega_3(t)=\begin{cases}\mathrm{e}^{0.06725t^2-0.4908t}, & 0<t\leqslant a\\ \mathrm{e}^{-0.4527t^{0.86}+0.0218}, & a<t\leqslant b\\ \mathrm{e}^{-0.2832t-0.4254}, & b<t\end{cases}\tag{4.5.53}$$

其中，边界值 $a=0.6357$、$b=9.2254$。相应的 AGA 算法被记为 AGA-3。相对于 AGA-2 算法，AGA-3 算法可以更好地满足设计准则(1)与(2)。尤其是在 $\Omega_3(t)$ 的第三段，AGA-3 算法比 Chung 等的经典算法具有更低的计算复杂度。此外，$\Omega_3(t)$ 的反函数可以简单求得。类似于 AGA-2 算法，AGA-3 算法中的 $f_c(t)$ 函数可进一步简化为

$$f_c(t)=\begin{cases}\Omega_3^{-1}\left(1-\left(1-\Omega_3(t)\right)^2\right), & 0\leqslant t\leqslant \tau \\ t-2.4476, & t>\tau\end{cases} \tag{4.5.54}$$

其中，边界值$\tau=11.673$。

当码长N到达比较极端的长度时，根据设计准则(2)，AGA-3 算法也会出现性能损失。此时需要四段式近似函数$\Omega_4(t)$，满足极端长度的极化码构造要求，具体表达式为

$$\Omega_4(t)=\begin{cases}\mathrm{e}^{0.1047t^2-0.4992t}, & 0<t\leqslant a \\ 0.9981\mathrm{e}^{0.05315t^2-0.4795t}, & a<t\leqslant b \\ \mathrm{e}^{-0.4527t^{0.86}+0.0218}, & b<t\leqslant c \\ \mathrm{e}^{-0.2832t-0.4254}, & c<t\end{cases} \tag{4.5.55}$$

其中，边界值$a=0.1910$、$b=0.7420$、$c=9.2254$。$\Omega_4(t)$在 0 附近的近似精度被进一步提高，其对应的 AGA 算法被记为 AGA-4。由于$\Omega_4(t)$的最后两段与$\Omega_3(t)$相同，AGA-4 算法中的$f_c(t)$形式与式(4.5.54)一致。

在设计准则(3)指导下，以上三种新设计的 AGA 算法中，$f_c(t)$的计算复杂度都明显降低。设计准则(1)与(2)有助于 AGA 算法获得更好的性能。对于中短码长的极化码构造，AGA-2 算法是标准高斯近似算法的一种较好替代。当码长变长时，AGA-3 算法将会比 AGA-2 算法具有更好的性能。若码长继续增加到极端值，则需要采用 AGA-4 算法。如有更加极端的需求，可以根据四条准则设计新的 AGA 近似函数。

接下来，对比不同构造算法在 AWGN 信道下的 BLER 性能，调制方式采用 BPSK，译码采用 SC 算法。如图 4.5.5 所示，所有方案的码率均为$1/3$，码长N分别为2^{12}、2^{14}

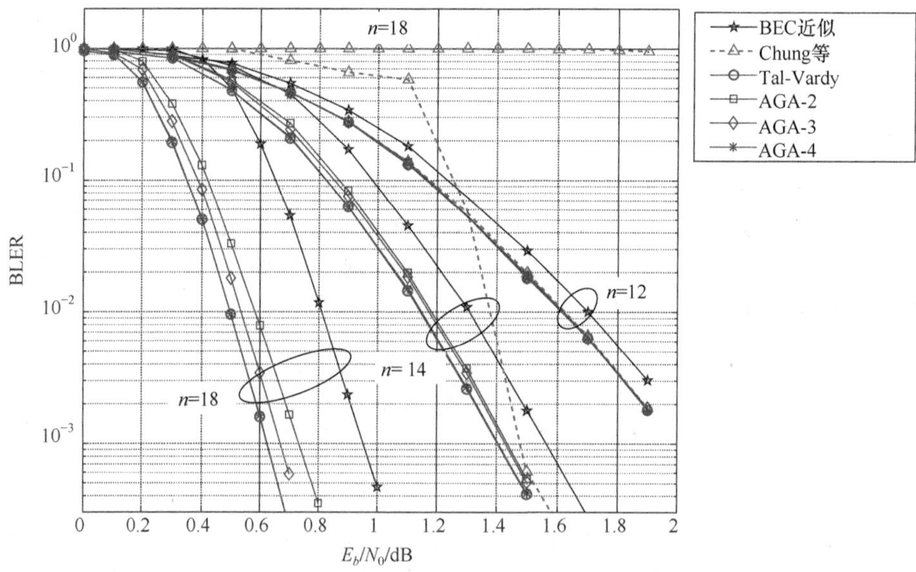

图 4.5.5 AWGN 信道下，采用不同构造算法所得的极化码 SC 译码性能，其中码长$N=2^n$($n=12,14,18$)，码率$R=1/3$

与 2^{18}。由图 4.5.5 可知，等效巴氏参数(BEC 近似)方法相对于其他构造算法有信噪比损失，表现为 BLER 曲线右移。当码长较长时，由于 DE 算法的复杂度太高，使用 Tal-Vardy 算法代替。因此，在图 4.5.5 中，Tal-Vardy 算法具有最高精度。然而，该算法在长码条件下仍然具有很高的复杂度。

在各种 AGA 算法中，当码长变长时，可以观察到 Chung 等的两段式近似函数的 AGA 算法的 BLER 曲线出现显著跳变，性能变差。相反，改进的 AGA-2 算法具有良好的性能。因此，在中短码长的极化码构造中，AGA-2 算法可以作为 Chung 等标准算法的良好替代。同时，观察到 AGA-3 具有更好的性能，而 AGA-4 算法逼近了 Tal-Vardy 算法的性能，可用于极端码长下的极化码构造。此外，随着码长增加，AGA-3 与 AGA-4 算法之间的性能差距也在变大。因此，根据 CLE 界与 BLER 性能分析，在码长继续增加时，要根据性能需求，进一步结合 AGA 近似函数的设计准则，设计精度更高的近似函数。

4.6　独立信道构造

前述介绍的都是依赖信道条件的构造算法，虽然能够准确评估极化信道的可靠性，但在实际通信系统应用中，由于需要根据信道条件的变化选择信息比特集合，不够方便与通用。为了解决这一问题，一种基本思路是固定一个信道参数，采用相应算法构造极化码。例如，在 AWGN 信道下，一般选择一个合适的信噪比，称为设计信噪比，采用 GA 算法构造极化码。这种方法比较适于工程实现，但需要根据经验选择设计信噪比，无法给出深入的理论解释。另一种思路就是深入分析极化码的结构特性，设计不依赖于信道条件的构造方法。本节主要介绍其中的三种具有代表性的方法：部分序(Partial Order)、极化重量(Polarization Weight)与 FRANK 构造。其中，部分序方法巧妙利用了极化码的代数编码性质，揭示了极化码的深层特征。而后两种方法计算非常简单，对于中短码长有很好的一致有序性，非常有利于工程实现。

4.6.1　部分序

极化比特子信道之间天然存在一些固定不变的可靠度大小关系，称为部分序。Mori 等在文献[15]中最早引入了基于子信道序号 Hamming 重量的部分序概念，随后 Bardet 等[11]与 Schürch[21]同时发现了新的部分序，并设计了组合构造的方法。

1. 信道退化充分条件

给定两个 B-DMC 信道 W_1 和 W_2，若信道 W_1 的可靠度低于 W_2，记为 $W_1 \preceq W_2$。部分序实质上是信道退化关系，即 W_1 和 W_2 的信道转移概率满足如下关系：

$$W_1(z|x) = \sum_{y\in\mathcal{Y}} W_2(y|x)P(z|y) \tag{4.6.1}$$

即信道 W_2 与中间信道 P 构成级联映射，得到了退化信道 W_1。

令 π 是一个 m bit 的重排映射表，如果它将序号 k 映射为 k'，满足如下的二进制展开

表示:

$$\left(k_1',k_2',\cdots,k_m'\right)=\left(k_{\pi(1)},k_{\pi(2)},\cdots,k_{\pi(m)}\right) \tag{4.6.2}$$

则称 π 为比特序号重排。

例 4.3 极化码编码中的比特反序重排映射表为

$$\pi=\begin{pmatrix} 1 & 2 & \cdots & m-1 & m \\ m & m-1 & \cdots & 2 & 1 \end{pmatrix} \tag{4.6.3}$$

这种重排就是一种比特序号重排。

引理 4.2(生成矩阵具有比特重排不变性) 极化码的生成矩阵可以写为如下形式:

$$\boldsymbol{G}_N=\boldsymbol{P}'\boldsymbol{G}_N\boldsymbol{P}^{-1} \tag{4.6.4}$$

其中, $\boldsymbol{P}$ 是任意的 $N\times N$ 比特序号重排矩阵; $\boldsymbol{P}'=\boldsymbol{B}_N\boldsymbol{P}\boldsymbol{B}_N^{-1}$ 是重排矩阵, $\boldsymbol{B}_N$ 是比特反序矩阵。

证明 极化码的生成矩阵表示为 $\boldsymbol{G}_N=\boldsymbol{B}_N\boldsymbol{F}_2^{\otimes n}$。假设 $\left(i_1,i_2,\cdots,i_n\right)$ 与 $\left(j_1,j_2,\cdots,j_n\right)$ 是 $i-1$ 与 $j-1$ 的二进制展开向量,由式(3.2.23)可知,矩阵 $\boldsymbol{F}_2^{\otimes n}$ 的元素表示为

$$\left[\boldsymbol{F}_2^{\otimes n}\right]_{i,j}=\prod_{k=1}^{n}\left[\boldsymbol{F}_2\right]_{i_k,j_k} \tag{4.6.5}$$

令 s_π 表示对应于矩阵 $\boldsymbol{P}$ 的比特序号重排,再令 $\boldsymbol{C}\triangleq\boldsymbol{P}^{-1}\boldsymbol{F}_2^{\otimes n}\boldsymbol{P}$,则得到

$$\begin{aligned}\boldsymbol{C}_{i,j}&=\left[\boldsymbol{F}_2^{\otimes n}\right]_{s_\pi(i),s_\pi(j)}=\prod_{k=1}^{n}\left[\boldsymbol{F}_2\right]_{i_{\pi(k)},j_{\pi(k)}}\\&=\prod_{l=1}^{n}\left[\boldsymbol{F}_2\right]_{i_l,j_l}=\left[\boldsymbol{F}_2^{\otimes n}\right]_{i,j}\end{aligned} \tag{4.6.6}$$

由此可得 $\boldsymbol{F}_2^{\otimes n}=\boldsymbol{P}^{-1}\boldsymbol{F}_2^{\otimes n}\boldsymbol{P}$。进一步得到 $\boldsymbol{F}_2^{\otimes n}=\boldsymbol{P}\boldsymbol{F}_2^{\otimes n}\boldsymbol{P}^{-1}$。对于生成矩阵,推导如下:

$$\begin{aligned}\boldsymbol{G}_N&=\boldsymbol{B}_N\boldsymbol{F}_2^{\otimes n}=\boldsymbol{B}_N\boldsymbol{P}\boldsymbol{F}_2^{\otimes n}\boldsymbol{P}^{-1}\\&=\boldsymbol{B}_N\boldsymbol{P}\boldsymbol{B}_N^{-1}\boldsymbol{B}_N\boldsymbol{F}_2^{\otimes n}\boldsymbol{P}^{-1}\\&=\boldsymbol{B}_N\boldsymbol{P}\boldsymbol{B}_N^{-1}\boldsymbol{G}_N\boldsymbol{P}^{-1}\end{aligned} \tag{4.6.7}$$

由此可得,极化码的生成矩阵满足比特序号重排不变性。

对于码长为 $N=2^n$ 的极化码,有 $n!$ 种不同的比特序号重排方式。因此引理 4.2 给出了 $n!$ 种生成矩阵表示。输入向量与编码码字的关系表示为

$$u_1^N=x_1^N\boldsymbol{P}'\boldsymbol{G}_N\boldsymbol{P}^{-1} \tag{4.6.8}$$

变换后得到

$$u_1^N\boldsymbol{P}=\left(x_1^N\boldsymbol{P}'\right)\boldsymbol{G}_N \tag{4.6.9}$$

可见, $\left(u_1^N\boldsymbol{P},y_1^N\boldsymbol{P}'\right)$ 与 $\left(u_1^N,y_1^N\right)$ 具有相同的分布。令 s_π 表示比特序号重排矩阵 $\boldsymbol{P}$ 相应的重排映射,可以得到

$$\begin{aligned}W_N^{(i)}\left(y_1^N,u_1^{i-1}\middle|u_i\right)&\equiv W_N^{(s_\pi(i))}\left(y_1^N\boldsymbol{P}',u_{s_\pi(1)}^{s_\pi(i-1)}\middle|u_{s_\pi(i)}\right)\\&=W_N^{(s_\pi(i))}\left(y_1^N,u_{s_\pi(1)}^{s_\pi(i-1)}\middle|u_{s_\pi(i)}\right)\end{aligned}\tag{4.6.10}$$

也就是说，信道$W_N^{(i)}$与$W_N^{(s_\pi(i))}$互为退化信道，二者等价。并且由于$\boldsymbol{P}'$是重排矩阵，因此$y_1^N\boldsymbol{P}'$与y_1^N一一对应，第二个等式成立。

例 4.4　当$n=2$时，码长为$N=2^n=4$，相应的比特序号重排只有两种：一种是单位映射，另一种是比特反序重排。针对比特反序重排，依据式(4.6.10)，有如下的信道等价关系：

$$\begin{cases}W_4^{(1)}\left(y_1^4\middle|u_1\right)=W_4^{(1)}\left(y_1^4\middle|u_1\right)\\W_4^{(2)}\left(y_1^4,u_1\middle|u_2\right)=W_4^{(3)}\left(y_1^4,u_1\middle|u_3\right)\\W_4^{(3)}\left(y_1^4,u_1,u_2\middle|u_3\right)=W_4^{(2)}\left(y_1^4,u_1,u_3\middle|u_2\right)\\W_4^{(4)}\left(y_1^4,u_1,u_2,u_3\middle|u_4\right)=W_4^{(4)}\left(y_1^4,u_1,u_3,u_2\middle|u_4\right)\end{cases}\tag{4.6.11}$$

其中，$W_4^{(1)}$与$W_4^{(4)}$保持恒等不变。但根据式(4.6.11)中间两个等式，可以得到

$$\begin{aligned}W_4^{(3)}\left(y_1^4,u_1,u_2\middle|u_3\right)&=W_4^{(2)}\left(y_1^4,u_1,u_3\middle|u_2\right)\\&\succeq W_4^{(2)}\left(y_1^4,u_1\middle|u_2\right)\end{aligned}\tag{4.6.12}$$

即$W_4^{(2)}$是$W_4^{(3)}$的退化信道。

定理 4.20(信道退化充分条件)　令$1\leqslant i,j\leqslant N$，$s_\pi$是比特序号重排，如果满足如下两个条件。

(1) $j=s_\pi(i)$。

(2) $\{1,2,\cdots,j\}\subset s_\pi\{1,2,\cdots,i\}$。

则信道$W_N^{(j)}$是相对于信道$W_N^{(i)}$的退化信道。

证明　证明过程实际上是式(4.6.11)的推广，即

$$\begin{aligned}W_N^{(i)}\left(y_1^N,u_1^{i-1}\middle|u_i\right)&=W_N^{(s_\pi(i))}\left(y_1^N,u_{s_\pi(1)}^{s_\pi(i-1)}\middle|u_{s_\pi(i)}\right)\\&\succeq W_N^{(j)}\left(y_1^N,u_1^{j-1}\middle|u_j\right)\end{aligned}\tag{4.6.13}$$

式(4.6.13)的推导中，应用条件$s_\pi(i)=j$，以及条件$\{1,2,\cdots,j\}\subset s_\pi\{1,2,\cdots,i\}$。

2. 汉明部分序

定理 4.21(汉明部分序)　给定 B-DMC 信道W，对于$1\leqslant i,j\leqslant N,N=2^n$，定义$i,j$的$n$ bit 二进制展开分别为$(i-1)\to(i_1,i_2,\cdots,i_n)$和$(j-1)\to(j_1,j_2,\cdots,j_n)$。经过$N$级极化变换，当且仅当$(i-1)\wedge(j-1)=(i-1)$，必然有$W_N^{(i)}\preceq W_N^{(j)}$。其中，$\wedge$是按位与操作。

证明　根据第 3 章的信道极化理论可知，极化信道$W_{2^n}^{(i)}$的序号参数$i-1$对应的二进

制展开序列为$b_1b_2\cdots b_n$，其中，b_1是高位比特(MSB)，b_n是低位比特(LSB)。规定映射$0\to -,1\to +$，则二进制序列$b_1b_2\cdots b_n$对应正负极性序列$c_1c_2\cdots c_n=++\cdots--$，从而极化子信道$W_{2^n}^{(i)}$可以嵌套表示为$W_{2^n}^{(i)}=\left(\left(\left(W^{c_1}\right)^{c_2}\right)\cdots\right)^{c_n}$。

令$(i_1,i_2,\cdots,i_n)\to(s_1,s_2,\cdots,s_n)$，$(j_1,j_2,\cdots,j_n)\to(t_1,t_2,\cdots,t_n)$，即二进制序列映射为正负极性序列，则有$W_{2^n}^{(i)}=\left(\left(\left(W^{s_1}\right)^{s_2}\right)\cdots\right)^{s_n}$与$W_{2^n}^{(j)}=\left(\left(\left(W^{t_1}\right)^{t_2}\right)\cdots\right)^{t_n}$。

由于$\forall m,i_m\wedge j_m=i_m$，因此，如果$i_m=0$，则$j_m=0$或1；如果$i_m=1$，则$j_m=1$。必然有$w_{\mathrm{H}}(i_1,i_2,\cdots,i_n)\leqslant w_{\mathrm{H}}(j_1,j_2,\cdots,j_n)$。相应地，如果$s_m=-$，则$t_m=-$或$+$；如果$s_m=+$，则$t_m=+$。由于$W^-\preceq W^+$，且根据定理4.7，退化变换具有传递性，由此可得$W_N^{(i)}\preceq W_N^{(j)}$。

上述定理表明，当两个信道的序号满足关系$(i-1)\wedge(j-1)=(i-1)$，则序号汉明重量(序号的二进制展开向量的汉明重量)大的信道的可靠性高于序号汉明重量小的信道，这种可靠性大小关系不依赖于初始信道，因此称为汉明部分序。这种部分序最早是由 Mori 等[15]发现的。

推论 4.6(比特反转部分序) 给定 B-DMC 信道W，对于$1\leqslant i,j\leqslant N,N=2^n$，定义$i,j$的$n$ bit 二进制展开分别为$(i-1)\to(i_1,i_2,\cdots,i_n)$和$(j-1)\to(j_1,j_2,\cdots,j_n)$。若存在$l\in\mathbb{Z}_n$满足：

(1) $i_l=0$，$j_l=1$；

(2) 对于$\forall k\in\mathbb{Z}_n\setminus\{l\}$，均满足$i_k=j_k$。

此时可得$W_N^{(i)}\preceq W_N^{(j)}$。

定理 4.21 与推论 4.6 给出序号汉明重量不同的极化比特子信道之间的部分序关系，下面举例说明。当$N=8$时，$4\to\{0,1,1\}$，$8\to\{1,1,1\}$，可得

$$W_8^{(4)}\preceq W_8^{(8)} \tag{4.6.14}$$

3. 比特交换部分序

定理 4.22(比特交换部分序) 给定 B-DMC 信道W，对于$1\leqslant i,j\leqslant N,N=2^n$，定义$i,j$的$n$ bit 二进制展开分别为$(i-1)\to(i_1,i_2,\cdots,i_n)$和$(j-1)\to(j_1,j_2,\cdots,j_n)$。若存在$l,l'\in\mathbb{Z}_n$满足：

(1) $l<l'$；

(2) $i_l=0$，$i_{l'}=1$；

(3) $j_l=1$，$j_{l'}=0$；

(4) 对于$\forall k\in\mathbb{Z}_n\setminus\{l,l'\}$，均满足$i_k=j_k$。

此时可得$W_N^{(i)}\preceq W_N^{(j)}$。

证明 令s_π表示交换l与l'位置的比特序号重排映射。由条件(1)～(4)可得，$i<j$。令$s_\pi(i)=j$，即满足定理 4.20 的条件(1)。由于$s_\pi=s_\pi^{-1}$，条件(2)等价于

$$s_\pi\{1,2,\cdots,j\}\subset\{1,2,\cdots,i\} \tag{4.6.15}$$

令任意整数$1\leqslant k\leqslant N$的二进制表示为$(k_1,k_2,\cdots,k_n)$，则这个整数的比特序号重排映射为

$$s_{\pi}(k)=\begin{cases}k, & k_l=k_{l'}\\ k-2^l+2^{l'}, & k_l=1\text{且}k_{l'}=0\\ k-2^{l'}+2^l, & k_l=0\text{且}k_{l'}=1\end{cases} \tag{4.6.16}$$

因此，$s_{\pi}(k)\leqslant k-2^l+2^{l'}$。对于$1\leqslant k<j$，可以得到

$$\begin{aligned}s_{\pi}(k)&\leqslant k-2^l+2^{l'}\\ &<j-2^l+2^{l'}=i\end{aligned} \tag{4.6.17}$$

这样，定理 4.20 中的条件(2)也满足，从而定理成立。

定理 4.22 给出序号汉明重量相同的极化比特子信道之间的部分序关系，下面举例说明。当$N=8$时，$4\to\{0,1,1\}$，$7\to\{1,1,0\}$，可得

$$W_8^{(4)}\preceq W_8^{(7)} \tag{4.6.18}$$

例 4.5　图 4.6.1 给出了$N=16$的极化子信道比特交换部分序关系的 Hasse 图示例。按照 Hamming 重量分为 5 个子图，其中汉明重量为 0 与 4 的分别只有一个子信道。汉明重量为 1 的有四个子信道，它们之间的部分序为$W_{16}^{(2)}\preceq W_{16}^{(3)}\preceq W_{16}^{(5)}\preceq W_{16}^{(9)}$，类似地，汉明重量为 3 的有四个子信道，它们之间的部分序为$W_{16}^{(8)}\preceq W_{16}^{(12)}\preceq W_{16}^{(14)}\preceq W_{16}^{(15)}$。而汉明重量为 2 的有 6 个子信道，其中，$W_{16}^{(7)}$与$W_{16}^{(10)}$不满足比特交换部分序关系，无法确定二者的相对可靠性。

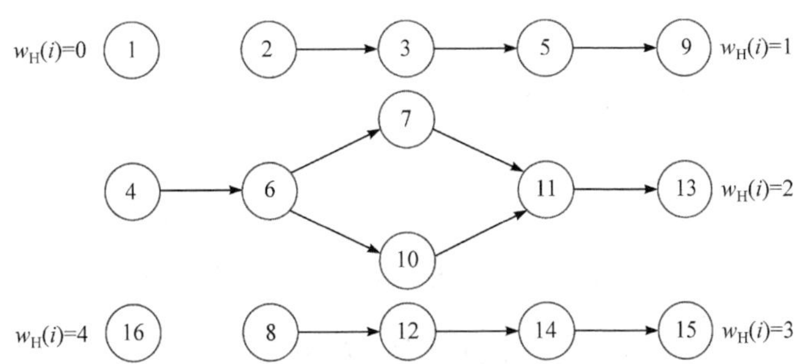

图 4.6.1　$N=16$的极化子信道比特交换部分序 Hasse 图

图 4.6.2 给出了$N=64$，汉明重量$w_{\mathrm{H}}(i)=3$的极化子信道比特交换部分序关系的 Hasse 图示例。图中包括 20 个子信道的部分序关系，其中有些信道之间的可靠性关系也无法确定。

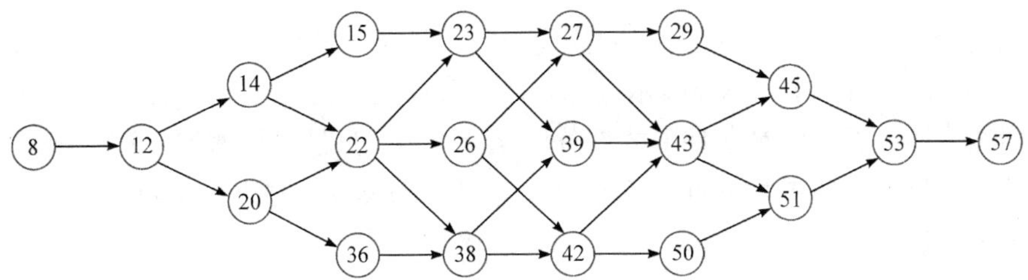

图 4.6.2　$N=64$，$w_{\mathrm{H}}(i)=3$的极化子信道比特交换部分序 Hasse 图

将比特交换部分序与比特反转部分序组合，能够得到复合的部分序。例如，对于 $N=2^{20}$ 以及 $i=436586$，在所有极化子信道中，大约有 23.06%的子信道满足组合部分序关系，比 $W_N^{(i)}$ 恶化，另外有 23.07%的子信道优于 $W_N^{(i)}$。

Wu 等[22]从 $W_4^{(2)} \preceq W_4^{(3)}$ 出发给出部分序的另外一种证明方式，并且将部分序关系拓展到码长较长的场景中。基于极化码部分序关系，Mondelli 等[23]给出需要计算的极化比特子信道数目的上界值，构造复杂度接近线性复杂度。文献[24]进一步提出了广义部分序关系，在码长 $N=1024$，码率 $R=0.5$ 的条件下，能够确定 82%的子信道的相对顺序，极大降低了构造算法的复杂度。

4.6.2 极化重量构造

部分序只能确定一部分极化子信道的可靠性关系，从极化码实用化来看，需要设计一种不依赖信道条件，并且排序全部子信道的度量。华为技术有限公司的研究人员提出了极化码的通用部分序关系(UPO)[25]。

定理 4.23(嵌入性与对称性) 极化码的通用部分序满足嵌入性与对称性条件。

(1) 嵌入性：码长 N 条件下的子信道可靠性顺序，在码长扩展到 $2N$ 时保持不变。

(2) 对称性：码长 N 条件下，部分序关系 $W_N^{(i)} \preceq W_N^{(j)}$ 与 $W_N^{(N-j)} \preceq W_N^{(N-i)}$ 成对出现。

证明 嵌入性很容易证明。假设 $i \to (i_1,i_2,\cdots,i_n)$，当码长从 N 扩展到 $2N$ 时，序号 i 的二进制展开表示为 $i \to (0,i_1,i_2,\cdots,i_n)$。首比特添加 0 并不影响比特反转/交换部分序关系，因此满足嵌入性。

为了证明对称性，假设 $i \to (i_1,i_2,\cdots,i_n)$，$j \to (j_1,j_2,\cdots,j_n)$。对于 $W_N^{(i)} \preceq W_N^{(j)}$，序号展开向量满足如下关系：

$$\begin{cases} i_l = 0, j_l = 1, & \text{比特反转部分序} \\ i_l = 0, i_{l'} = 1; j_l = 1, j_{l'} = 0, & \text{比特交换部分序} \end{cases} \tag{4.6.19}$$

令 $\bar{x}$ 表示 x 取反，则 $N-i \to (\bar{i}_1,\bar{i}_2,\cdots,\bar{i}_n)$，$N-j \to (\bar{j}_1,\bar{j}_2,\cdots,\bar{j}_n)$。因此，序号展开向量满足：

$$\begin{cases} \bar{i}_l = 1, \bar{j}_l = 0, & \text{比特反转部分序} \\ \bar{i}_l = 0, \bar{i}_{l'} = 1; \bar{j}_l = 1, \bar{j}_{l'} = 0, & \text{比特交换部分序} \end{cases} \tag{4.6.20}$$

由此可得，$W_N^{(N-j)} \preceq W_N^{(N-i)}$。

根据定理 4.23，可以设计 UPO 的迭代构造。图 4.6.3 给出了码长 $N=4,8,16,32$ 迭代构造的 UPO 关系。其中的 $x \to y$ 表示最邻近的部分序关系，$x \preceq y$。当码长从 N 扩展到 $2N$ 时，按照嵌入性，原码长 N 条件下的部分序保持不变，只是序号增加 $N/2$。这样也满足对称性要求。同时，需要增加新的部分序，连接原码长与复制码长这两部分节点。具体的部分序关系链条如下所示：

$$\mathrm{UPO}_{2^1} = \{\{1,2\}\}$$
$$\mathrm{UPO}_{2^2} = \{\{1,2\};\{2,3\};\{3,4\}\}$$
$$\mathrm{UPO}_{2^3} = \{\{1,2\},\{2,3\},\{3,4\};\{3,5\},\{4,6\};\{5,6\},\{6,7\},\{7,8\}\}$$
$$\mathrm{UPO}_{2^4} = \left\{\begin{array}{l}\{1,2\},\{2,3\},\{3,4\},\{3,5\},\{4,6\},\{5,6\},\{6,7\},\{7,8\};\\ \{5,9\},\{6,10\},\{7,11\},\{8,12\};\\ \{9,10\},\{10,11\},\{11,12\},\{11,13\},\{12,14\},\{13,14\},\{14,15\},\{15,16\}\end{array}\right\}$$

其中，分号间隔的部分就是新增的部分序关系。分号前后两段满足 UPO 复制。

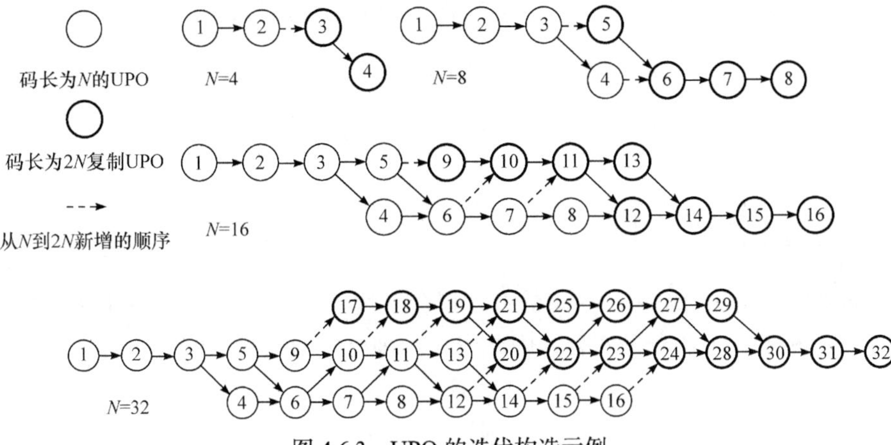

图 4.6.3　UPO 的迭代构造示例

为了将所有极化子信道进行唯一排序，文献[25]依据 β 展开，设计不依赖于信道条件的 PW 度量：

若 $i \to (i_1, i_2, \cdots, i_n)$，第 i 个极化比特子信道 PW 度量值定义为

$$\mathrm{PW}_N^{(i)} = \sum_{s=1}^{n} i_s \beta^{(n-s)} \tag{4.6.21}$$

其中，β 是权重因子。

β 展开是一种实数的基数表示方法，如果 $\beta = 2$ 就是二进制表示，$\beta = 10$ 就是十进制表示。为了得到与 GA 构造基本一致的排序，需要对 PW 度量中的 β 因子进行优化拟合。在码长 $N = 16 \sim 1024$ 范围内，合适的因子 $\beta = 1.1892 \approx 2^{1/4}$。

例 4.6　对于码长 $N = 16$，第 4 个子信道序号的二进制展开向量为 $(0,0,1,1)$，对应的 PW 度量计算如下：

$$\mathrm{PW}_{16}^{(3)} = 0 \times 2^{3/4} + 0 \times 2^{2/4} + 1 \times 2^{1/4} + 1 \times 2^{0/4} = 2.189$$

类似地，所有信道的 PW 度量计算如下：

$$\mathrm{PW}_{16} = \left\{\begin{array}{l}0.000, 1.000, 1.189, 2.189, 1.414, 2.414, 2.603, 3.603,\\ 1.682, 2.682, 2.871, 3.871, 3.096, 4.096, 4.285, 5.285\end{array}\right\}$$

PW 度量越大，可靠性越高。将所有 PW 度量从小到大排序，子信道的可靠性顺序如下：

$$\{1,2,3,5,9,4,6,7,10,11,13,8,12,14,15,16\}$$

PW 度量是一个低复杂度通用的构造度量。它的计算复杂度极低，为线性复杂度 $O(N)$，并且排序不依赖于信道条件，是一种通用的构造方法，非常适合实际系统应用。不过 PW 度量的权重因子选择是基于经验拟合得到的，难以建立 PW 度量与极化码代数结构之间的关联，无法给出更多的理论解释。

4.6.3 FRANK 构造

这种构造是高通公司在 3GPP 标准提案中引入的构造方法[26]。给定 AWGN 信道，FRANK 构造采用如下近似公式迭代计算极化子信道的互信息：

$$\begin{cases} I\left(W_N^{(2i-1)}\right)=I^2\left(W_{N/2}^{(i)}\right)+\delta \\ I\left(W_N^{(2i)}\right)=2I\left(W_{N/2}^{(i)}\right)-I^2\left(W_{N/2}^{(i)}\right)-\delta \end{cases} \tag{4.6.22}$$

其中，$\delta=\frac{1}{64}-\frac{\left|I\left(W_{N/2}^{(i)}\right)-0.5\right|}{32}$。

FRANK 构造实际上是一种简单的线性拟合迭代公式，但在码长 $N<1024$ 时，其可靠性排序与标准的 GA 方法非常吻合，因此也是一种有效的经验性构造方法。

4.7 极化谱构造

前面我们已经介绍了两类极化码的构造算法，包括依赖信道条件的构造与独立信道条件的构造。前者虽然能够获得高精度的极化子信道可靠性评估，但一般而言，复杂度较高，并且依赖信道条件，对于实际应用不够方便。而后者在一定条件下，可以做到通用构造，便于实际应用，但理论解释不够充分，没有深入挖掘极化码的代数结构性质。本节介绍作者提出的第三类构造算法——基于极化谱的构造[27]。首先引入极化谱的概念，接着针对不同信道条件，采用极化谱分析极化码 SC 译码的差错性能，然后深入分析极化码的编码结构，设计基于 MacWilliams 恒等式的极化谱枚举算法，最后，提出基于极化谱的构造度量。新的构造度量既有良好的理论解释，又能够在一定条件下转化为通用构造，兼顾了理论性与实用性。

4.7.1 极化谱的概念

回顾 3.4.1 节极化码 SC 译码的性能分析。引入概率空间$\left(\mathcal{X}^N\times\mathcal{Y}^N,P\right)$，对于任意随机向量组合，$\forall\left(u_1^N,y_1^N\right)\in\mathcal{X}^N\times\mathcal{Y}^N$，其概率分布定义如下：

$$P\left(\left\{u_1^N,y_1^N\right\}\right)\triangleq\frac{1}{2^N}W_N\left(y_1^N\middle|u_1^N\right) \tag{4.7.1}$$

在这个概率空间上，定义随机向量集合$\left(U_1^N,X_1^N,Y_1^N,\hat{U}_1^N\right)$分别表示复合信道 W_N 的输入、并行信道 W^N 的输入与输出(也是复合信道 W_N 的输出)，以及 SC 译码的判决。对于概率空间中的每个随机向量样本$\left(u_1^N, y_1^N\right) \in \mathcal{X}^N \times \mathcal{Y}^N$，上述随机向量集合中的前三项分别取值为$U_1^N\left(u_1^N, y_1^N\right)=u_1^N$，$X_1^N\left(u_1^N, y_1^N\right)=u_1^N \boldsymbol{G}_N$，$Y_1^N\left(u_1^N, y_1^N\right)=y_1^N$。而译码器输出的每个判决比特($i=1,2,\cdots,N$)表示如下：

$$\hat{U}_i\left(u_1^N, y_1^N\right)=\begin{cases}u_i, & i \in \mathcal{A}^c \\ h_i\left(y_1^N, \hat{U}_1^{i-1}\left(u_1^N, y_1^N\right)\right), & i \in \mathcal{A}\end{cases} \tag{4.7.2}$$

其中，$h_i: \mathcal{Y}^N \times \mathcal{X}^{i-1} \rightarrow \mathcal{X}, i \in \mathcal{A}$是判决函数，定义如下：

$$h_i\left(y_1^N, \hat{u}_1^{i-1}\right) \triangleq \begin{cases}0, & \dfrac{W_N^{(i)}\left(y_1^N, \hat{u}_1^{i-1} | 0\right)}{W_N^{(i)}\left(y_1^N, \hat{u}_1^{i-1} | 1\right)} \geqslant 1 \\ 1, & \text{其他}\end{cases} \tag{4.7.3}$$

假设信源随机向量U_1^N的样本序列$u_1^N \in \mathcal{X}^N$在概率空间中均匀取值，则相应于信息向量$U_{\mathcal{A}}$在信源空间$\mathcal{X}^K$中任意取值，而冻结比特向量$U_{\mathcal{A}^c}$在空间$\mathcal{X}^{N-K}$中任意取值。

基于上述概率模型，SC 译码的码字差错事件定义如下：

$$\mathcal{E} \triangleq\left\{\left(u_1^N, y_1^N\right) \in \mathcal{X}^N \times \mathcal{Y}^N: \hat{U}_{\mathcal{A}}\left(u_1^N, y_1^N\right) \neq u_{\mathcal{A}}\right\} \tag{4.7.4}$$

注意，由于译码器先验已知冻结比特向量，即$\hat{U}_{\mathcal{A}^c}=U_{\mathcal{A}^c}$，因此码字差错事件只考虑信息向量错误。

给定配置$(N, K, \mathcal{A})$的极化码，其误码块率(BLER)定义如下：

$$P_e(N, K, \mathcal{A}) \triangleq P(\mathcal{E}) \tag{4.7.5}$$

对于任意的 B-DMC 信道W与任意选择的参数组合$(N, K, \mathcal{A})$，SC 译码的 BLER 上界为

$$P_e(N, K, \mathcal{A})=P(\mathcal{E}) \leqslant \sum_{i \in \mathcal{A}} P\left(\mathcal{E}_i\right) \leqslant \sum_{i \in \mathcal{A}} Z\left(W_N^{(i)}\right) \tag{4.7.6}$$

其中，$\mathcal{E} \subseteq \bigcup_{i \in \mathcal{A}} \mathcal{E}_i$，单比特错误事件$\mathcal{E}_i$定义如下：

$$\mathcal{E}_i=\left\{\left(u_1^N, y_1^N\right) \in \mathcal{X}^N \times \mathcal{Y}^N: W_N^{(i)}\left(y_1^N, u_1^{i-1} | u_i\right) \leqslant W_N^{(i)}\left(y_1^N, u_1^{i-1} | u_i \oplus 1\right)\right\} \tag{4.7.7}$$

下面对单比特错误事件$\mathcal{E}_i$进行深入考察，它可以进一步分解为一些码字差错事件。

定理 4.24　给定$y_1^N \in \mathcal{Y}^N$与$u_{i+1}^N \in \mathcal{X}^{N-i}$，假设第$i$个发送比特为 0，即$u_i=0$，且全零码字向量$0_1^N$在极化信道$W_N^{(i)}$中发送，则在 SC 译码算法下，条件单比特差错事件$\mathcal{E}_i\left|\left\{0_1^N\right\}\right.$可以写为

$$\mathcal{E}_i\left|\left\{0_1^N\right\} \subset \bigcup_{u_{i+1}^N \in \mathcal{X}^{N-i}}\left\{W^N\left(y_1^N | 0_1^N\right) \leqslant W^N\left(y_1^N \left|\left(0_1^{i-1}, 1, u_{i+1}^N\right) \boldsymbol{G}_N\right.\right)\right\}\right|\left\{0_1^N\right\} \tag{4.7.8}$$

证明　根据定理 3.12，由于 B-DMC 信道W的对称性，复合信道W_N与极化信道$W_N^{(i)}$也满足对称性，对于任意的$\tilde{u}_1^N$，$a_1^N \in \mathcal{X}^N$，且$\tilde{y}_1^N \in \mathcal{Y}^N$，它们的转移概率分别表示为

$$W_N\left(\tilde{y}_1^N\middle|\tilde{u}_1^N\right)=W_N\left(a_1^N\boldsymbol{G}_N\cdot\tilde{y}_1^N\middle|\tilde{u}_1^N\oplus a_1^N\right)\tag{4.7.9}$$

与

$$W_N^{(i)}\left(\tilde{y}_1^N,\tilde{u}_1^{i-1}\middle|\tilde{u}_i\right)=W_N^{(i)}\left(a_1^N\boldsymbol{G}_N\cdot\tilde{y}_1^N,\tilde{u}_1^{i-1}\oplus a_1^{i-1}\middle|\tilde{u}_i\oplus a_i\right)\tag{4.7.10}$$

因此，单比特差错概率$\mathcal{E}_i$表示为

$$\begin{aligned}\mathcal{E}_i=\Big\{\left(\tilde{u}_1^N,\tilde{y}_1^N\right)\in\mathcal{X}^N\times\mathcal{Y}^N:&W_N^{(i)}\left(a_1^N\boldsymbol{G}_N\cdot\tilde{y}_1^N,a_1^{i-1}\oplus\tilde{u}_1^{i-1}\middle|a_i\oplus\tilde{u}_i\right)\\&\leqslant W_N^{(i)}\left(a_1^N\boldsymbol{G}_N\cdot\tilde{y}_1^N,a_1^{i-1}\oplus\tilde{u}_1^{i-1}\middle|a_i\oplus\tilde{u}_i\oplus1\right)\Big\}\end{aligned}\tag{4.7.11}$$

将极化信道转移概率表达式$W_N^{(i)}\left(y_1^N,u_1^{i-1}\middle|u_i\right)=\sum_{u_{i+1}^N\in\mathcal{X}^{N-i}}\frac{1}{2^{N-1}}W_N\left(y_1^N\middle|u_1^N\right)$代入式(4.7.11)，可得

$$\begin{aligned}\mathcal{E}_i=\Bigg\{\left(\tilde{u}_1^N,\tilde{y}_1^N\right)\in\mathcal{X}^N\times\mathcal{Y}^N:&\sum_{\tilde{u}_{i+1}^N\in\mathcal{X}^{N-i}}W_N\left(a_1^N\boldsymbol{G}_N\cdot\tilde{y}_1^N\middle|a_1^N\oplus\tilde{u}_1^N\right)\\&\leqslant\sum_{\tilde{v}_{i+1}^N\in\mathcal{X}^{N-i}}W_N\left(a_1^N\boldsymbol{G}_N\cdot\tilde{y}_1^N\middle|a_1^N\oplus\left(\tilde{u}_1^{i-1},\tilde{u}_i\oplus1,\ \tilde{v}_{i+1}^N\right)\right)\Bigg\}\end{aligned}\tag{4.7.12}$$

令 $a_1^N=\tilde{u}_1^N$， $a_1^N\boldsymbol{G}_N\cdot\tilde{y}_1^N=y_1^N$ (此处$(\cdot)$运算是序列重排操作，参见定义 3.4)且$\tilde{v}_{i+1}^N\oplus\tilde{u}_{i+1}^N=u_{i+1}^N$，可以得到如下的条件单比特差错事件：

$$\mathcal{E}_i\Big|\left\{0_1^N\right\}=\left\{\left(0_1^N,y_1^N\right)\in\mathcal{X}^N\times\mathcal{Y}^N:2^{N-i}W_N\left(y_1^N\middle|0_1^N\right)\leqslant\sum_{u_{i+1}^N\in\mathcal{X}^{N-i}}W_N\left(y_1^N\middle|\left(0_1^{i-1},1,u_{i+1}^N\right)\right)\right\}\tag{4.7.13}$$

令$\mathcal{D}_i\left(\left(0_1^{i-1},1,u_{i+1}^N\right)\boldsymbol{G}_N\right)\Big|\left\{0_1^N\right\}=\left\{W^N\left(y_1^N\middle|0_1^N\right)\leqslant W^N\left(y_1^N\middle|\left(0_1^{i-1},1,u_{i+1}^N\right)\boldsymbol{G}_N\right)\right\}$表示全零码字在极化信道$W_N^{(i)}$发送对应的码字错误事件。注意到，对于错误事件$\mathcal{E}_i\Big|\left\{0_1^N\right\}$，所有的码字$\left(0_1^{i-1},1,u_{i+1}^N\right)\boldsymbol{G}_N$都有贡献。因此，这个条件单比特错误事件是一个码字错误事件的并集，可以表示为

$$\mathcal{E}_i\Big|\left\{0_1^N\right\}\subset\bigcup_{u_{i+1}^N\in\mathcal{X}^{N-i}}\mathcal{D}_i\left(\left(0_1^{i-1},1,u_{i+1}^N\right)\boldsymbol{G}_N\right)\Big|\left\{0_1^N\right\}\tag{4.7.14}$$

因此，定理得证。

上述定理表明，单比特错误事件实际上与特定的码字集合$\left(0_1^{i-1},1,u_{i+1}^N\right)\boldsymbol{G}_N$关联。因此，引入下列子码与极化子码的定义。

定义 4.7 给定码长N，第i个子码$\mathbb{C}_N^{(i)}$定义为如下的码字集合：

$$\mathbb{C}_N^{(i)}\triangleq\left\{\boldsymbol{c}:\boldsymbol{c}=\left(0_1^{(i-1)},u_i^N\right)\boldsymbol{G}_N,\forall u_i^N\in\mathcal{X}^{N-i+1}\right\}\tag{4.7.15}$$

进一步，第i个子码$\mathbb{C}_N^{(i)}$的子集，称为极化子码$\mathbb{D}_N^{(i)}$，定义如下：

$$\mathbb{D}_N^{(i)} \triangleq \left\{ \boldsymbol{c}^{(1)} : \boldsymbol{c}^{(1)} = \left(0_1^{(i-1)}, 1, u_{i+1}^N \right) \boldsymbol{G}_N, \forall u_{i+1}^N \in \mathcal{X}^{N-i} \right\} \tag{4.7.16}$$

极化子码的补集定义为 $\mathbb{E}_N^{(i)} = \mathbb{C}_N^{(i)} - \mathbb{D}_N^{(i)} \triangleq \left\{ \boldsymbol{c}^{(0)} \right\}$。本质上，$\mathbb{C}_N^{(i)}$、$\mathbb{D}_N^{(i)}$ 与 $\mathbb{E}_N^{(i)}$ 都是陪集码，为了强调它们与极化码的关系，引入专门名词进行命名。

显然，子码 $\mathbb{C}_N^{(i)}$ 是线性分组码 $(N, N-i+1)$，且满足 $\left| \mathbb{C}_N^{(i)} \right| = 2^{N-i+1}$，$\left| \mathbb{D}_N^{(i)} \right| = 2^{N-i}$。码字差错概率就发生在集合 $\mathbb{D}_N^{(i)}$ 与 $\mathbb{E}_N^{(i)}$ 包含的码字向量之间。

命题 4.1　对于任意的码字 $\boldsymbol{c}^{(1)} \in \mathbb{D}_N^{(i)}$ 与 $\boldsymbol{c}^{(0)} \in \mathbb{E}_N^{(i)}$，这两码字之间的 Hamming 距离满足 $d_{\mathrm{H}}\left(\boldsymbol{c}^{(1)}, \boldsymbol{c}^{(0)} \right) = w_{\mathrm{H}}\left(\boldsymbol{c}^{(1)} \oplus \boldsymbol{c}^{(0)} \right)$，且这两个码字的模 2 和属于给定的极化子码，即 $\boldsymbol{c}^{(1)} \oplus \boldsymbol{c}^{(0)} \in \mathbb{D}_N^{(i)}$。

证明　根据定义 4.7，有如下关系：

$$d_{\mathrm{H}}\left(\boldsymbol{c}^{(1)}, \boldsymbol{c}^{(0)} \right) = w_{\mathrm{H}}\left(\left(\left(0_1^{i-1}, 1, u_{i+1}^N \right) \oplus \left(0_1^{i-1}, 0, v_{i+1}^N \right) \right) \boldsymbol{G}_N \right) = w_{\mathrm{H}}\left(\left(0_1^{i-1}, 1, u_{i+1}^N \oplus v_{i+1}^N \right) \boldsymbol{G}_N \right)$$

显然，$\boldsymbol{c}^{(1)} \oplus \boldsymbol{c}^{(0)} \in \mathbb{D}_N^{(i)}$。命题得证。

基于定义 4.7，引入码字成对差错事件的定义如下。

定义 4.8　给定码字 $\boldsymbol{c}^{(1)} \in \mathbb{D}_N^{(i)}$ 与 $\boldsymbol{c}^{(0)} \in \mathbb{E}_N^{(i)}$，这两个码字之间的成对差错事件定义为

$$\mathcal{D}_i\left(\boldsymbol{c}^{(1)} \right) \Big| \left\{ \boldsymbol{c}^{(0)} \right\} \triangleq \left\{ \left(\boldsymbol{c}^{(0)}, y_1^N \right) : W^N\left(y_1^N \middle| \boldsymbol{c}^{(0)} \right) \leqslant W^N\left(y_1^N \middle| \boldsymbol{c}^{(1)} \right) \right\} \tag{4.7.17}$$

相应地，成对差错概率(PEP)定义为

$$P_N^{(i)}\left(\boldsymbol{c}^{(0)} \to \boldsymbol{c}^{(1)} \right) = P\left(\mathcal{D}_i\left(\boldsymbol{c}^{(1)} \right) \Big| \left\{ \boldsymbol{c}^{(0)} \right\} \right) \triangleq \sum_{y_1^N} W^N\left(y_1^N \middle| \boldsymbol{c}^{(0)} \right) 1_{\mathcal{D}_i\left(\boldsymbol{c}^{(1)} \right) \left| \left\{ \boldsymbol{c}^{(0)} \right\} \right.}\left(\boldsymbol{c}^{(0)}, y_1^N \right) \tag{4.7.18}$$

根据命题 4.1 可知，成对差错概率简化为

$$\begin{aligned} P_N^{(i)}\left(\boldsymbol{c}^{(0)} \to \boldsymbol{c}^{(1)} \right) &= P\left(\left\{ W^N\left(y_1^N \middle| \boldsymbol{c}^{(0)} \right) \leqslant W^N\left(y_1^N \middle| \boldsymbol{c}^{(1)} \right) \right\} \right) \\ &= P\left(\left\{ W^N\left(y_1^N \middle| 0_1^N \right) \leqslant W^N\left(y_1^N \middle| \boldsymbol{c}^{(0)} \oplus \boldsymbol{c}^{(1)} \right) \right\} \right) \\ &= P_N^{(i)}\left(d_{\mathrm{H}}\left(\boldsymbol{c}^{(0)}, \boldsymbol{c}^{(1)} \right) \right) \end{aligned} \tag{4.7.19}$$

定理 4.24 中的事件 $\mathcal{D}_i\left(\left(0_1^{i-1}, 1, u_{i+1}^N \right) \boldsymbol{G}_N \right) \Big| \left\{ 0_1^N \right\}$ 就是成对差错事件，可以改写为 $\mathcal{D}_i\left(\boldsymbol{c}^{(1)} \right) \Big| \left\{ \boldsymbol{c}^{(0)} = 0_1^N \right\}$。不失一般性，本节后面令 $\boldsymbol{c}^{(0)} = 0_1^N$。则极化子信道 $W_N^{(i)}$ 的差错概率上界推导如下。

定理 4.25　极化子信道 $W_N^{(i)}$ 的差错概率上界表示为

$$P\left(W_N^{(i)} \right) \leqslant \sum_{\boldsymbol{c}^{(1)}} P_N^{(i)}\left(d_{\mathrm{H}}\left(\boldsymbol{c}^{(0)}, \boldsymbol{c}^{(1)} \right) \right) \tag{4.7.20}$$

证明　由引理 3.5 可知，事件 $\mathcal{E}_i$ 和 $\left\{ U_1^N = u_1^N \right\}$ 相互独立。因此有 $P(\mathcal{E}_i) = P\left(\mathcal{E}_i \Big| \left\{ \boldsymbol{c}^{(0)} \right\} \right)$。根据定理 4.24 与定义 4.8，可以得到

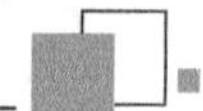

$$
\begin{aligned}
P\left(W_N^{(i)}\right) &= P\left(\mathcal{E}_i\right) = P\left(\mathcal{E}_i \middle| \left\{\boldsymbol{c}^{(0)}\right\}\right) \\
&= P\left(\bigcup_{\boldsymbol{c}^{(1)}} \mathcal{D}_i\left(\boldsymbol{c}^{(1)}\right) \middle| \left\{\boldsymbol{c}^{(0)} = 0_1^N\right\}\right) \\
&\leqslant \sum_{\boldsymbol{c}^{(1)}} P\left(\boldsymbol{c}^{(0)} \to \boldsymbol{c}^{(1)}\right)
\end{aligned} \tag{4.7.21}
$$

将式(4.7.19)代入式(4.7.21)，定理得证。

为了行文简洁，后面将 $P_N^{(i)}\left(d_{\mathrm{H}}\left(\boldsymbol{c}^{(0)},\boldsymbol{c}^{(1)}\right)\right)$ 简写为 $P_N^{(i)}(d)$。

基于上述分析，我们建立了单比特错误事件、极化子信道以及子码之间的一一映射，即 $\left\{\mathcal{E}_i \leftrightarrow W_N^{(i)} \leftrightarrow \mathbb{C}_N^{(i)}\right\}$。下面正式引入极化谱的概念。

定义 4.9 极化谱是极化子码 $\mathbb{D}_N^{(i)}$ 的距离谱，或者也称为极化重量分布，定义为重量分布集合 $\left\{A_N^{(i)}(d)\right\}, 1 \leqslant d \leqslant N$，其中，$d$ 是非零码字的汉明重量，重量谱系数 $A_N^{(i)}(d)$ 表征码本集合 $\mathbb{D}_N^{(i)}$ 中重量为 d 的码字数目。

4.7.2 基于极化谱的性能分析

基于极化谱，同样可以给出极化子信道与极化码的差错性能分析，进一步，还能够得到极化子信道互信息的上下界。

1. 基于极化谱的误块率分析

定理 4.26 给定 B-DMC 信道 W，经过 $N=2^n$ 信道极化变换，极化子信道 $W_N^{(i)}$ 的差错概率上界为

$$
P\left(W_N^{(i)}\right) \leqslant \sum_{d=1}^{N} A_N^{(i)}(d) P_N^{(i)}(d) \tag{4.7.22}
$$

应用定义 4.9 很容易证明上述定理。式(4.7.22)实际上是极化子码上的一致界(Union Bound)。

定理 4.27 对于配置 $(N,K,\mathcal{A})$ 的极化码，采用 SC 译码的误块率(BLER)上界为

$$
P_e(N,K,\mathcal{A}) \leqslant \sum_{i\in\mathcal{A}} \sum_{d=1}^{N} A_N^{(i)}(d) P_N^{(i)}(d) \tag{4.7.23}
$$

对比 Arıkan 的 BLER 上界经典公式(4.7.6)，式(4.7.23)给出的上界是一个解析表达式，由极化重量谱系数 $A_N^{(i)}(d)$ 与成对差错概率 $P_N^{(i)}(d)$ 共同决定了 SC 译码的误块率上界。当然，由于在低信噪比条件下，一致界会发散，也可以采用其他更紧的上界，如正切界或 TSB 界[28]。但一致界与下面提出的 Union-Bhattacharyya 上界具有更简单的形式，便于极化码的实际构造。

下面分别讨论 BEC、BSC 与 AWGN 信道下，基于极化谱的差错概率一致界。

1) BEC 信道下的成对差错概率与误块率

给定 BEC 信道 $W:\mathcal{X}\to\mathcal{Y}$，$\mathcal{X}=\{0,1\}$ 且 $\mathcal{Y}=\{0,\mathrm{e},1\}$，此处 e 表示删余符号，转移概

率为$W(y|x)$，删余率为ϵ，即$W(\mathrm{e}|0)=W(\mathrm{e}|1)=\epsilon$。

令$\mathcal{F}=\{i:y_i=\mathrm{e}\}$表示发生删余的序号集合，且$|\mathcal{F}|=l$。假设发送码字$\boldsymbol{c}^{(0)}=0_1^N$且$d=d_{\mathrm{H}}\left(\boldsymbol{c}^{(0)},\boldsymbol{c}^{(1)}\right)$，则当删余发生的序号集合覆盖$\boldsymbol{c}^{(0)}+\boldsymbol{c}^{(1)}$的支集时，将会导致错误，即$l\geqslant d$且$\operatorname{supp}\left\{\boldsymbol{c}^{(0)}+\boldsymbol{c}^{(1)}\right\}\subseteq\mathcal{F}$。因此，BEC 信道下的 PEP 概率为

$$P_{\mathrm{BEC}}\left(\boldsymbol{c}^{(0)}\to\boldsymbol{c}^{(1)}\right)=\sum_{l=d}^{N}\binom{N-d}{l-d}\epsilon^{(l-d)}(1-\epsilon)^{N-l}\epsilon^d=\epsilon^d \tag{4.7.24}$$

进一步，根据定理 4.26，极化信道$W_N^{(i)}$的一致界推导如下：

$$P_{\mathrm{BEC}}\left(W_N^{(i)}\right)\leqslant\sum_{d=d_{\min}^{(i)}}^{N}A_N^{(i)}(d)\epsilon^d \tag{4.7.25}$$

其中，$d_{\min}^{(i)}$是极化子码$\mathbb{D}_N^{(i)}$的最小汉明距离。

相应地，由定理 4.27，BEC 信道下，采用 SC 译码的 BLER 上界为

$$P_{e,\mathrm{BEC}}(N,K,\mathcal{A})\leqslant\sum_{i\in\mathcal{A}}\sum_{d=d_{\min}^{(i)}}^{N}A_N^{(i)}(d)\epsilon^d \tag{4.7.26}$$

2) BSC 信道下的成对差错概率与误块率

给定 BSC 信道$W:\mathcal{X}\to\mathcal{Y}$，$\mathcal{X}=\{0,1\}$且$\mathcal{Y}=\{0,1\}$，信道转移概率$W(y|x)$以及符号差错概率$\delta$，有$W(1|0)=W(0|1)=\delta$。假设发送全零码字$\boldsymbol{c}^{(0)}=0_1^N$，接收信号向量表示为$y_1^N=\boldsymbol{c}^{(0)}+e_1^N$，其中，$e_1^N$是差错向量。则成对差错概率推导如下。

命题 4.2　假设判决向量为$\boldsymbol{c}^{(1)}$，且$d=d_{\mathrm{H}}\left(\boldsymbol{c}^{(0)},\boldsymbol{c}^{(1)}\right)$，则 BSC 信道下的 PEP 表示为

$$P_{\mathrm{BSC}}\left(\boldsymbol{c}^{(0)}\to\boldsymbol{c}^{(1)}\right)=\sum_{m=\lceil d/2\rceil}^{d}\binom{d}{m}\delta^m(1-\delta)^{d-m} \tag{4.7.27}$$

上述命题的证明参见文献[27]，不再赘述。进一步，BSC 信道下的极化信道$W_N^{(i)}$一致界推导如下：

$$P_{\mathrm{BSC}}\left(W_N^{(i)}\right)\leqslant\sum_{d=d_{\min}^{(i)}}^{N}\sum_{m=\lceil d/2\rceil}^{d}\binom{d}{m}\delta^m(1-\delta)^{d-m} \tag{4.7.28}$$

其中，$d_{\min}^{(i)}$是极化子码$\mathbb{D}_N^{(i)}$的最小汉明距离。

相应地，根据定理 4.27，BSC 信道下，采用 SC 译码的 BLER 上界为

$$P_{e,\mathrm{BSC}}(N,K,\mathcal{A})\leqslant\sum_{i\in\mathcal{A}}\sum_{d=d_{\min}^{(i)}}^{N}\sum_{m=\lceil d/2\rceil}^{d}\binom{d}{m}\delta^m(1-\delta)^{d-m} \tag{4.7.29}$$

3) AWGN 信道下的成对差错概率与误块率

对于 AWGN 信道W，接收信号模型为

$$y_j=s_j+n_j \tag{4.7.30}$$

其中，$s_j \in \left\{\pm\sqrt{E_s}\right\}$ 是 BPSK 信号，E_s 是信号能量；$n_j \sim \mathcal{N}\left(0, \frac{N_0}{2}\right)$ 是高斯噪声样值，均值为 0，方差为 $\frac{N_0}{2}$。

由于采用 BPSK 调制，发送码字向量 $\boldsymbol{c}^{(0)}$ 变换为 $\boldsymbol{s}^{(0)} = \sqrt{E_s}\left(\boldsymbol{1} - 2\boldsymbol{c}^{(0)}\right)$，因此接收信号向量模型为

$$\boldsymbol{y} = \sqrt{E_s}\left(\boldsymbol{1} - 2\boldsymbol{c}^{(0)}\right) + \boldsymbol{n} \tag{4.7.31}$$

其中，$\boldsymbol{1}$ 是全 1 向量；$\boldsymbol{n}$ 是 AWGN 噪声向量。乘积信道的转移概率可以表示为

$$W^N\left(\boldsymbol{y}\middle|\boldsymbol{c}^{(0)}\right) = \frac{1}{\left(\pi N_0\right)^{N/2}} \exp\left\{-\frac{\left\|\boldsymbol{y} - \boldsymbol{s}^{(0)}\right\|^2}{N_0}\right\} \tag{4.7.32}$$

命题 4.3 假设判决向量为 $\boldsymbol{c}^{(1)}$ 且 $d = d_{\mathrm{H}}\left(\boldsymbol{c}^{(0)}, \boldsymbol{c}^{(1)}\right)$，AWGN 信道下，$\boldsymbol{c}^{(0)}$ 与 $\boldsymbol{c}^{(1)}$ 的 PEP 表示为

$$P_{\mathrm{AWGN}}\left(\boldsymbol{c}^{(0)} \to \boldsymbol{c}^{(1)}\right) = Q\left[\sqrt{\frac{2E_s}{N_0} d_{\mathrm{H}}\left(\boldsymbol{c}^{(0)}, \boldsymbol{c}^{(1)}\right)}\right] \tag{4.7.33}$$

其中，$\frac{E_s}{N_0}$ 是符号信噪比(SNR)，$Q(x) = \frac{1}{\sqrt{2\pi}} \int_x^{\infty} \mathrm{e}^{-t^2/2} \mathrm{d}t$ 是标准正态分布的拖尾函数。上述命题的证明参见文献[27]，不再赘述。

进一步，AWGN 信道下的极化信道 $W_N^{(i)}$ 一致界推导如下：

$$P_{\mathrm{AWGN}}\left(W_N^{(i)}\right) \leqslant \sum_{d=d_{\min}^{(i)}}^{N} A_N^{(i)}(d) Q\left(\sqrt{\frac{2dE_s}{N_0}}\right) \tag{4.7.34}$$

其中，$d_{\min}^{(i)}$ 是极化子码 $\mathbb{D}_N^{(i)}$ 的最小汉明距离。

相应地，由定理 4.27，AWGN 信道下，采用 SC 译码的 BLER 上界为

$$P_{e,\mathrm{AWGN}}(N, K, \mathcal{A}) \leqslant \sum_{i \in \mathcal{A}} \sum_{d=d_{\min}^{(i)}}^{N} A_N^{(i)}(d) Q\left(\sqrt{\frac{2dE_s}{N_0}}\right) \tag{4.7.35}$$

2. Union-Bhattacharyya 界

Union-Bhattacharyya(UB)界为 B-DMC 信道下的差错性能分析提供了一个简单工具。虽然 UB 界比一致界略松，但它更便于理论分析。

命题 4.4 给定 B-DMC 信道 W，经过 $N = 2^n$ 信道极化变换，极化子信道 $W_N^{(i)}$ 差错概率的 UB 界为

$$P\left(W_N^{(i)}\right) \leqslant \sum_{d=1}^{N} A_N^{(i)}(d) \left(Z(W)\right)^d \tag{4.7.36}$$

其中，$Z(W)$ 是信道 W 的 Bhattacharyya 参数。

当信道W分别是 BEC、BSC 与 BI-AWGN 信道时，应用式(4.3.1)、式(4.3.2)与式(4.3.4)，相应的极化子信道$W_N^{(i)}$差错概率的 UB 界分别为

$$P\left(W_N^{(i)}\right) \leqslant \begin{cases} \sum_{d=d_{\min}^{(i)}}^{N} A_N^{(i)}(d)\epsilon^d, & \text{BEC} \\ \sum_{d=d_{\min}^{(i)}}^{N} A_N^{(i)}(d)\left(2\sqrt{\delta(1-\delta)}\right)^d, & \text{BSC} \\ \sum_{d=d_{\min}^{(i)}}^{N} A_N^{(i)}(d)\exp\left(-\frac{dE_s}{N_0}\right), & \text{AWGN} \end{cases} \tag{4.7.37}$$

命题 4.5　对于配置$(N,K,\mathcal{A})$的极化码，采用 SC 译码的误码率(BLER)的 UB 界为

$$P_e(N,K,\mathcal{A}) \leqslant \sum_{i\in\mathcal{A}}\sum_{d=1}^{N} A_N^{(i)}(d)\left(Z(W)\right)^d \tag{4.7.38}$$

具体而言，对于 BEC 信道，BLER 的 UB 界为

$$P_{e,\text{BEC}}(N,K,\mathcal{A}) \leqslant \sum_{i\in\mathcal{A}}\sum_{d=d_{\min}^{(i)}}^{N} A_N^{(i)}(d)\epsilon^d \tag{4.7.39}$$

此处，UB 界与式(4.7.26)的一致界形式完全相同。

对于 BSC 信道，BLER 的 UB 界为

$$P_{e,\text{BSC}}(N,K,\mathcal{A}) \leqslant \sum_{i\in\mathcal{A}}\sum_{d=d_{\min}^{(i)}}^{N} A_N^{(i)}(d)\left(2\sqrt{\delta(1-\delta)}\right)^d \tag{4.7.40}$$

对于 AWGN 信道，BLER 的 UB 界为

$$P_{e,\text{AWGN}}(N,K,\mathcal{A}) \leqslant \sum_{i\in\mathcal{A}}\sum_{d=d_{\min}^{(i)}}^{N} A_N^{(i)}(d)\exp\left(-\frac{dE_s}{N_0}\right) \tag{4.7.41}$$

由式(4.7.37)及式(4.7.39)～式(4.7.41)可知，基于极化谱的上界具有显式的解析结构，BLER 性能完全由极化谱与初始信道的 Bhattacharyya 参数决定。相对于依赖信道的构造算法，这种显示的差错性能界更直观，也便于指导极化码构造。

3. Bhattacharyya 参数与互信息上下界分析

基于极化谱，可以分析极化信道的 Bhattacharyya 参数与互信息的上、下界。

命题 4.6　给定极化子信道$W_N^{(i)}$，其 Bhattacharyya 参数的上、下界为

$$\left(Z(W)\right)^{d_{\min}^{(i)}} \leqslant Z\left(W_N^{(i)}\right) \leqslant \sum_{d=d_{\min}^{(i)}}^{N} A_N^{(i)}(d)\left(Z(W)\right)^d \tag{4.7.42}$$

证明　依据 Bhattacharyya 参数定义，推导如下：

$$Z\left(W_N^{(i)}\right) = \frac{1}{2^{N-i}}\sum_{y_1^N}\sqrt{\sum_{u_{i+1}^N} W_N\left(y_1^N \middle| 0_1^{i-1},0,u_{i+1}^N\right)}\cdot\sqrt{\sum_{v_{i+1}^N} W_N\left(y_1^N \middle| 0_1^{i-1},1,v_{i+1}^N\right)}$$

$$\leqslant \frac{1}{2^{N-i}}\sum_{y_1^N}\sum_{u_{i+1}^N}\sum_{v_{i+1}^N}\sqrt{W_N\left(y_1^N\middle|0_1^{i-1},0,u_{i+1}^N\right)}\sqrt{W_N\left(y_1^N\middle|0_1^{i-1},1,v_{i+1}^N\right)} \tag{4.7.43}$$

不失一般性，令 $\boldsymbol{c}^{(0)}=\left(0_1^{(i-1)},0,\boldsymbol{u}_{i+1}^N\right)\boldsymbol{G}_N=0_1^N$ 与 $\boldsymbol{c}^{(1)}=\left(0_1^{(i-1)},1,v_{i+1}^N\right)\boldsymbol{G}_N$，应用子码 $\mathbb{C}_N^{(i)}$ 对称性，得到

$$Z\left(W_N^{(i)}\right)\leqslant\sum_{y_1^N\in\mathcal{Y}^N}\sum_{\boldsymbol{c}^{(1)}}\sqrt{W^N\left(y_1^N\middle|\boldsymbol{c}^{(0)}\right)W^N\left(y_1^N\middle|\boldsymbol{c}^{(1)}\right)} \tag{4.7.44}$$

枚举极化子码 $\mathbb{D}_N^{(i)}$ 的所有码字 $\boldsymbol{c}^{(1)}$，得到了 Bhattacharyya 参数的上界。

如果只考虑具有最小汉明重 $d_{\min}^{(i)}$ 的码字，可以得到 Bhattacharyya 参数的下界：

$$\left(Z(W)\right)^{d_{\min}^{(i)}}\leqslant Z\left(W_N^{(i)}\right) \tag{4.7.45}$$

利用命题 4.6，可以得到极化子信道的互信息上、下界。

定理 4.28 给定极化子信道 $W_N^{(i)}$，以及相应极化子码 $\mathbb{D}_N^{(i)}$ 的极化谱 $\left\{A_N^{(i)}(d)\right\}$，对称容量 $I\left(W_N^{(i)}\right)=I\left(U_i;Y_1^N\middle|U_1^{i-1}\right)$ 具有上、下界：

$$\max\left\{1-\sum_{d=d_{\min}^{(i)}}^{N}A_N^{(i)}(d)\left(Z(W)\right)^d,0\right\}\leqslant I\left(W_N^{(i)}\right)\leqslant\sqrt{1-\left(Z(W)\right)^{2d_{\min}^{(i)}}} \tag{4.7.46}$$

证明 根据定理 3.21 可知，极化子信道的容量 $I\left(W_N^{(i)}\right)$ 有上、下界：

$$1-Z\left(W_N^{(i)}\right)\leqslant I\left(W_N^{(i)}\right)\leqslant\sqrt{1-Z^2\left(W_N^{(i)}\right)} \tag{4.7.47}$$

应用命题 4.6，定理得证。

图 4.7.1 给出了删余率 $\epsilon=0.5$ 的 BEC 信道，经过 $N=1024$ 极化变换后的子信道容量及上、下界示例。其中，信道容量采用式(3.1.104)迭代计算。上、下界采用式(4.7.48)计

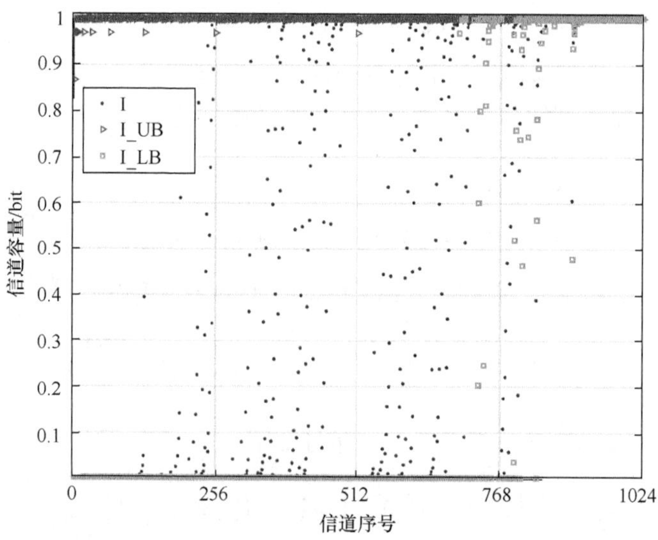

图 4.7.1 删余率 $\epsilon=0.5$ 的 BEC 信道，码长 $N=1024$，极化子信道的容量及上、下界

算。由图可知，基于极化谱的下界也呈现出明显的两极分化现象，由于上界公式比较松，两极分化现象不太显著。

4.7.3 极化谱计算

如前所述，极化谱对于极化子信道差错概率有重要的影响，下面讨论极化谱的计算。在极化码标准编码过程中，生成矩阵为 $\boldsymbol{G}_N=\boldsymbol{B}_N\boldsymbol{F}_N$，其中，$\boldsymbol{B}_N$ 是比特反序重排矩阵，$\boldsymbol{F}_N=\boldsymbol{F}_2^{\otimes n}$ 是 Hadamard 矩阵。实际上，极化子信道的极化谱不受 $\boldsymbol{B}_N$ 是比特反序重排的影响。

命题 4.7(极化谱具有比特反序重排不变性) 给定极化子信道 $W_N^{(i)}$，相应的极化谱 $\left\{A_N^{(i)}(d)\right\}$ 与比特反序重排 $\boldsymbol{B}_N$ 无关。

证明 任意选取极化子码 $\mathbb{D}_N^{(i)}$ 的一个码字 x_1^N，满足 $x_1^N=\left(0_1^{i-1},1,u_{i+1}^N\right)\boldsymbol{G}_N$。假设 $\tilde{x}_1^N=\left(0_1^{i-1},1,u_{i+1}^N\right)\boldsymbol{F}_N$。由定理 3.14 可知，$\boldsymbol{G}_N=\boldsymbol{B}_N\boldsymbol{F}_N=\boldsymbol{F}_N\boldsymbol{B}_N$，因此得到 $x_1^N=\left(0_1^{i-1},1,u_{i+1}^N\right)\boldsymbol{G}_N=\left(0_1^{i-1},1,u_{i+1}^N\right)\boldsymbol{F}_N\boldsymbol{B}_N=\tilde{x}_1^N\boldsymbol{B}_N$。由于 $\boldsymbol{B}_N$ 并不改变码字汉明重量分布，因此 $\tilde{x}_1^N$ 与 x_1^N 具有相同汉明重量。这也就意味着极化谱独立于比特反序重排。

根据命题 4.7 可知，极化谱枚举时，只需要考虑 $\boldsymbol{F}_N$ 作为生成矩阵，不必考虑比特反序重排矩阵 $\boldsymbol{B}_N$ 的影响。

令序号 i ($N/2+1\leqslant i\leqslant N$)表示矩阵 $\boldsymbol{F}_N$ 的行序号。根据子码 $\mathbb{C}_N^{(i)}$ 的定义，它的生成矩阵 $\boldsymbol{G}_{\mathbb{C}_N^{(i)}}$ 由矩阵 $\boldsymbol{F}_N$ 第 $i\sim N$ 行构成，即 $\boldsymbol{G}_{\mathbb{C}_N^{(i)}}=\boldsymbol{F}_N(i:N)$。进一步，引入另一个子码 $\mathbb{C}_N^{(N+2-i)}$，其生成矩阵满足 $\boldsymbol{G}_{\mathbb{C}_N^{(N+2-i)}}=\boldsymbol{F}_N(N+2-i:N)$。这样，子码 $\mathbb{C}_N^{(i)}$ 是 $(N,N-i+1)$ 的线性分组码，它的码率为 $R_{\mathbb{C}_N^{(i)}}=\dfrac{N-i+1}{N}=1-\dfrac{i-1}{N}$。类似地，子码 $\mathbb{C}_N^{(N+2-i)}$ 也是 $(N,i-1)$ 的线性分组码，其码率为 $R_{\mathbb{C}_N^{(N+2-i)}}=\dfrac{i-1}{N}$。

定理 4.29 给定 $N/2+1\leqslant i\leqslant N$，子码 $\mathbb{C}_N^{(N+2-i)}$ 是子码 $\mathbb{C}_N^{(i)}$ 的对偶码，即 $\mathbb{C}_N^{(N+2-i)}=\mathbb{C}_N^{\perp(i)}$，特别地，$\mathbb{C}_N^{(N/2+1)}$ 是自对偶码。

证明 可以用数学归纳法证明这个定理。给定码长 N 与子码序号 $N/2+1\leqslant i\leqslant N$，假设 $\mathbb{C}_N^{(N+2-i)}=\mathbb{C}_N^{\perp(i)}$ 成立。当码长加倍，变为 $2N$ 时，序号变为 $N+1\leqslant l\leqslant 2N$，得到两个新的子码 $\mathbb{C}_{2N}^{(l)}$ 与 $\mathbb{C}_{2N}^{(2N+2-l)}$。

根据 3.2.3 节的内容，极化码具有 Plotkin 结构 $\left[\boldsymbol{u}+\boldsymbol{v}|\boldsymbol{v}\right]$，由于 $N+1\leqslant l\leqslant 2N$，子码 $\mathbb{C}_{2N}^{(l)}$ 含有两个相同的分量码 $\mathbb{C}_N^{(l-N)}$。也就是说，$\forall \boldsymbol{r}\in\mathbb{C}_{2N}^{(l)}$，有 $\boldsymbol{r}=(\boldsymbol{t},\boldsymbol{t}),\boldsymbol{t}\in\mathbb{C}_N^{l-N}$。另外，基于 Plotkin 结构，对于在 $2\leqslant 2N+2-l\leqslant N+1$ 范围的序号，子码 $\mathbb{C}_{2N}^{(2N+2-l)}$ 也可以看作两个分量码的组合，一个是 $\mathbb{C}_N^{(2N+2-l)}$，另一个是 $\mathbb{C}_{2N}^{(1)}$。这样，对于每一个码字 $\boldsymbol{w}\in\mathbb{C}_{2N}^{(2N+2-l)}$，可以表示为 $\boldsymbol{w}=(\boldsymbol{a}+\boldsymbol{b},\boldsymbol{b})$，其中，$\boldsymbol{a}\in\mathbb{C}_N^{(2N+2-l)}$ 且 $\boldsymbol{b}\in\mathbb{C}_N^{(1)}$。

下面计算 $\boldsymbol{r}$ 与 $\boldsymbol{w}$ 的内积，推导如下：

$$(\boldsymbol{r}\cdot\boldsymbol{w})=(\boldsymbol{t},\boldsymbol{t})\begin{pmatrix}\boldsymbol{a}^{\mathrm{T}}+\boldsymbol{b}^{\mathrm{T}}\\ \boldsymbol{b}^{\mathrm{T}}\end{pmatrix}=\boldsymbol{t}\boldsymbol{a}^{\mathrm{T}} \tag{4.7.48}$$

由于$\boldsymbol{t}\in\mathbb{C}_N^{(i)}$且$\boldsymbol{a}\in\mathbb{C}_N^{\perp(i)}$，因此得到$\boldsymbol{t}\boldsymbol{a}^{\mathrm{T}}=0$。从而得到$\mathbb{C}_{2N}^{(2N+2-l)}=\mathbb{C}_{2N}^{\perp(l)}$。定理得证。

令$S_N^{(i)}(j)(0\leqslant j\leqslant N)$表示子码$\mathbb{C}_N^{(i)}$的重量谱系数，其中，$j$表示码本$\mathbb{C}_N^{(i)}$中码字的汉明重。类似地，$S_N^{\perp(i)}(j)$表示对偶码$\mathbb{C}_N^{\perp(i)}$的重量谱系数。

命题 4.8 给定子码$\mathbb{C}_N^{(i)}$，满足$\mathbb{C}_N^{(i)}=\mathbb{D}_N^{(i)}\cup\mathbb{C}_N^{(i+1)}$。也就是说，相应的重量谱系数与极化重量谱系数满足$S_N^{(i)}(j)=A_N^{(i)}(j)+S_N^{(i+1)}(j)$。

命题 4.9 子码$\mathbb{C}_N^{(i)}(2\leqslant i\leqslant N)$的奇数重量谱系数是 0，即$S_N^{(i)}(2j+1)=0$。类似地，对于极化子码$\mathbb{D}_N^{(i)}(2\leqslant i\leqslant N)$，可以得到$A_N^{(i)}(2j+1)=0$。对于极化子码$\mathbb{D}_N^{(1)}$，偶数重量谱系数为 0，即$A_N^{(i)}(2j)=0$。

命题 4.10 子码$\mathbb{C}_N^{(i)}$的重量谱是对称的，即$S_N^{(i)}(j)=S_N^{(i)}(N-j)$。类似的结论对极化子码$\mathbb{D}_N^{(i)}$也成立，即$A_N^{(i)}(j)=A_N^{(i)}(N-j)$。

证明参见文献[27]，不再赘述。

众所周知，线性码与其对偶码的重量分布可以由 MacWilliams 恒等式确定[29]。利用这个恒等式，我们可以计算子码与其对偶码的重量分布。

定理 4.30 给定子码$\mathbb{C}_N^{(i)}$与其对偶码$\mathbb{C}_N^{\perp(i)}=\mathbb{C}_N^{(N+2-i)}$，重量谱系数$S_N^{(i)}(j)$与$S_N^{\perp(i)}(j)$满足下列 MacWilliams 恒等式[29]：

$$\sum_{j=0}^{N}\binom{N-j}{k}S_N^{\perp(i)}(j)=2^{i-1-k}\sum_{j=0}^{N}\binom{N-j}{N-k}S_N^{(i)}(j) \tag{4.7.49}$$

其中，$0\leqslant k\leqslant N$。

式(4.7.49)给出的方程组含有$N+1$个方程，已知其中一个码的重量谱，通过求解这个方程组，就可以得到其对偶码的重量谱。

根据 Plotkin 结构与 MacWilliams 恒等式，可以设计重量谱与极化谱的迭代枚举算法，如算法 4.9 所示。

算法 4.9 重量谱与极化谱迭代枚举算法

Input：所有码长为 N 的子码的重量谱$\left\{S_N^{(i)}(j):i=1,2,\cdots,N,j=0,1,\cdots,N\right\}$

Output：所有码长为 $2N$ 的极化子码的极化谱$\left\{A_{2N}^{(l)}(j):l=1,2,\cdots,2N,j=1,2,\cdots,2N\right\}$

1. For $i=1\to N-1$

 For $j=0\to N$

 计算码长为 N 的极化子码的极化谱$A_N^{(i)}(j)=S_N^{(i)}(j)-S_N^{(i+1)}(j)$

 End

 End

 For $j=0\to N$

 计算只含有全 1 码字的极化子码的极化谱$A_N^{(N)}(j)=0$，$j=0,1,\cdots,N-1$且$A_N^{(N)}(N)=1$

End

2. For $l = N+1 \to 2N$

For $j = 0 \to N$

计算码长为 $2N$ 的极化子码的极化谱 $A_{2N}^{(l)}(2j) = A_N^{(l-N)}(j)$

计算码长为 $2N$ 的子码的重量谱 $S_{2N}^{(l)}(2j) = S_N^{(l-N)}(j)$

End

End

3. For $l = 2 \to N$

求解下列 MacWilliams 恒等式计算重量谱 $S_{2N}^{(l)}(j)$

$$\sum_{j=0}^{2N}\binom{2N-j}{k}S_{2N}^{(2N+2-l)}(j) = 2^{l-1-k}\sum_{j=0}^{2N}\binom{2N-j}{2N-k}S_{2N}^{(l)}(j) \tag{4.7.50}$$

其中，$k = 0,1,\cdots,2N$

End

4. For $l = 2 \to N$

For $j = 0 \to 2N$

计算极化谱 $A_{2N}^{(l)}(j) = S_{2N}^{(l)}(j) - S_{2N}^{(l+1)}(j)$

End

End

For $j = 0 \to 2N$

初始化重量分布 $S_{2N}^{(1)}(j) = \binom{2N}{j}$

初始化极化谱 $A_{2N}^{(1)}(j) = S_{2N}^{(1)}(j) - S_{2N}^{(2)}(j)$

End

整个算法分为四步枚举极化谱与重量谱。首先，根据命题 4.8 计算码长为 N 的极化子码 $\mathbb{D}_N^{(i)}$ 的极化谱。当码长从 N 扩展到 $2N$，根据矩阵结构 $\boldsymbol{F}_{2N} = \begin{bmatrix}\boldsymbol{F}_N & \boldsymbol{0}\\ \boldsymbol{F}_N & \boldsymbol{F}_N\end{bmatrix}$，枚举过程分为两步。

第一步，针对 $N+1 \leqslant l \leqslant 2N$，枚举重量谱与极化谱。利用 Plotkin 结构 $[\boldsymbol{u}+\boldsymbol{v}|\boldsymbol{v}]$，子码 $\mathbb{C}_{2N}^{(l)}$ 由两个相同的分量码 $\mathbb{C}_N^{(l-N)}$ 构成。因此，$\mathbb{C}_{2N}^{(l)}$ 与 $\mathbb{C}_N^{(l-N)}$ 有相同的重量分布，只不过前者的码字重量加倍。类似地，极化子码 $\mathbb{D}_{2N}^{(l)}$ 与 $\mathbb{D}_N^{(l-N)}$ 也有相同的极化谱。

第二步，针对 $1 \leqslant l \leqslant N$，枚举重量谱与极化谱。根据定理 4.29，子码 $\mathbb{C}_{2N}^{(l)}$ 与 $\mathbb{C}_{2N}^{(2N+2-l)}$ 是对偶码。由于 $\mathbb{C}_{2N}^{(2N+2-l)}$ 的重量谱已经在第一步求得，因此，可以通过求解 MacWilliams 恒等式得到 $\mathbb{C}_{2N}^{(l)}$ 的重量谱。

最后，基于命题 4.8，计算码长为 $2N$ 的极化子码 $\mathbb{D}_{2N}^{(l)}$ 的极化谱。需要注意 $\mathbb{C}_{2N}^{(1)}$ 的重量谱服从二项分布。

上述枚举算法的复杂度主要由 MacWilliams 恒等式求解决定。由于这个方程组的系

数矩阵具有下三角结构，便于迭代计算，因此最差情况下的计算复杂度为 $\chi_M(N)=(N+1)^2$。进一步，由于只需要考虑 $N/2-1$ 组方程组求解，因此总的计算复杂度为 $\chi_E(N)=(N/2-1)(N+1)^2$。如果应用命题 4.9 与命题 4.10 的结论，即奇数重量谱不存在与重量谱的对称性，则算法复杂度可以进一步降低为 $\chi_E(N)=(N/2-1)(N/4+1)^2$。因此算法 4.9 的复杂度为 $O(N^3)$。作为对比，4.1.2 节概率重量分布(PWD)的计算复杂度为 $O(N^4)\sim O(N^5)$。显然，极化谱枚举算法的复杂度要显著低于 PWD 枚举算法。

例 4.7 当码长 $N=4$ 时，针对生成矩阵 $\boldsymbol{F}_4$，相应的子码与极化子码如图 4.7.2 所示。

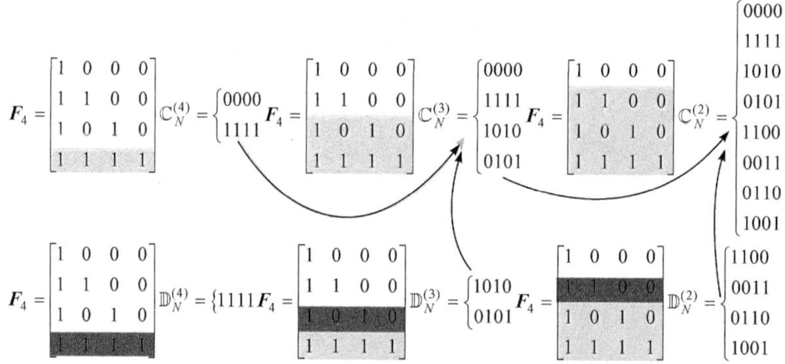

图 4.7.2 N=4 的子码与极化子码示例

由图 4.7.2 可知，极化子码 $\mathbb{C}_N^{(i)}$ 的码字集合是由固定 $\boldsymbol{F}_N$ 第 i 行向量(如图标注的深灰色向量)与第 $i+1\sim N$ 行向量任意线性组合得到的。同时，也可以看到，第 i 个子码 $\mathbb{C}_N^{(i)}$ 由第 $i+1$ 个子码 $\mathbb{C}_N^{(i+1)}$ 与第 i 个极化子码 $\mathbb{D}_N^{(i)}$ 的并集构成，即 $\mathbb{C}_N^{(i)}=\mathbb{C}_N^{(i+1)}\cup\mathbb{D}_N^{(i)}$，由此极化谱与子码重量谱的关系满足 $S_N^{(i)}(j)=A_N^{(i)}(j)+S_N^{(i+1)}(j)$。

例 4.8 表 4.7.1 给出了码长 $N=32$ 的极化谱的结果。由于极化谱的对称性(命题 4.10)，只给出了极化谱的一半结果，括号中的数字是对称重量，例如，$A_{32}^{(3)}(2)=A_{32}^{(3)}(30)=128$。由于对偶关系，$A_{32}^{(2)}$ 与 $A_{32}^{(32)}$、$A_{32}^{(3)}$ 与 $A_{32}^{(31)}$ 等满足 MacWilliams 恒等式。并且，根据命题 4.9，对于 $2\leqslant i\leqslant 32$ 的极化子码，只有非零的偶数码重，而对于第一个子码，只有非零的奇数码重。

表 4.7.1 $N=32$ 极化重量谱示例

序号 i	重量 d	$A_{32}^{(i)}(d)$	序号 i	重量 d	$A_{32}^{(i)}(d)$	序号 i	重量 d	$A_{32}^{(i)}(d)$
1	1(31)	32	1	13(19)	347373600	2	10(22)	32258304
1	3(29)	4960	1	15(17)	565722720	2	12(20)	112892416
1	5(17)	201376	2	2(30)	256	2	14(18)	235723520
1	7(15)	3365856	2	4(28)	17920	2	16(16)	300533760
1	9(23)	28048800	2	6(26)	453376	3	2(30)	128
1	11(21)	129024480	2	8(24)	5258240	3	4(28)	8960

续表

序号 i	重量 d	$A_{32}^{(i)}(d)$	序号 i	重量 d	$A_{32}^{(i)}(d)$	序号 i	重量 d	$A_{32}^{(i)}(d)$
3	6(26)	226688	8	14(18)	3670016	14	12(20)	28672
3	8(24)	2629120	8	16(16)	4587520	14	14(18)	57344
3	10(22)	16129152	9	2(30)	32	14	16(16)	71680
3	12(20)	56446208	9	4(28)	448	15	8(24)	512
3	14(18)	117861760	9	6(26)	6496	15	10(22)	4096
3	16(16)	150266880	9	8(24)	47488	15	12(20)	14336
4	4(28)	4096	9	10(22)	250656	15	14(18)	28672
4	6(26)	114688	9	12(20)	838208	15	16(16)	35840
4	8(24)	1318912	9	14(18)	1839968	16	16(16)	65536
4	10(22)	8044544	9	16(16)	2422016	17	2(30)	16
4	12(20)	28241920	10	4(28)	256	17	6(26)	560
4	14(18)	58949632	10	6(26)	3072	17	10(22)	4368
4	16(16)	75087872	10	8(24)	25088	17	14(18)	11440
5	2(30)	64	10	10(22)	121856	18	4(28)	64
5	4(28)	2432	10	12(20)	421632	18	8(24)	896
5	6(26)	56000	10	14(18)	923648	18	12(20)	4032
5	8(24)	655104	10	16(16)	1203200	18	16(16)	6400
5	10(22)	4042304	11	4(28)	128	19	4(28)	32
5	12(20)	14102144	11	6(26)	1536	19	8(24)	448
5	14(18)	29456064	11	8(24)	12544	19	12(20)	2016
5	16(16)	37589504	11	10(22)	60928	19	16(16)	3200
6	4(28)	1024	11	12(20)	210816	20	8(24)	256
6	6(26)	28672	11	14(18)	461824	20	12(20)	1024
6	8(24)	329728	11	16(16)	601600	20	16(16)	1536
6	10(22)	2011136	12	8(24)	4096	21	4(28)	16
6	12(20)	7060480	12	10(22)	32768	21	8(24)	96
6	14(18)	14737408	12	12(20)	114688	21	12(20)	496
6	16(16)	18771968	12	14(18)	229376	21	16(16)	832
7	4(28)	512	12	16(16)	286720	22	8(24)	64
7	6(26)	14336	13	4(28)	64	22	12(20)	256
7	8(24)	164864	13	6(26)	768	22	16(16)	384
7	10(22)	1005568	13	8(24)	4224	23	8(24)	32
7	12(20)	3530240	13	10(22)	14080	23	12(20)	128
7	14(18)	7368704	13	12(20)	48064	23	16(16)	192
7	16(16)	9385984	13	14(18)	116224	24	16(16)	256
8	8(24)	65536	13	16(16)	157440	25	4(28)	8
8	10(22)	524288	14	8(24)	1024	25	12(20)	56
8	12(20)	1835008	14	10(22)	8192	26	8(24)	16

续表

序号 i	重量 d	$A_{32}^{(i)}(d)$	序号 i	重量 d	$A_{32}^{(i)}(d)$	序号 i	重量 d	$A_{32}^{(i)}(d)$
26	16(16)	32	28	16(16)	16	31	16(16)	2
27	8(24)	8	29	8(24)	4	32	32	1
27	16(16)	16	30	16(16)	4			

4.7.4 基于极化谱的构造度量

如前所述，极化信道差错概率的 UB 界具有良好的解析结构，直接由极化谱与初始信道参数决定极化信道的可靠性。本小节介绍两种基于极化谱的构造度量。

1. 基于 UB 界的构造度量

从实用化角度来看，对数形式的 UB 界更有价值。将式(4.7.38)两端取对数，得到

$$\begin{aligned}&\ln\left[\sum_{d=1}^{N}A_N^{(i)}(d)\big(Z(W)\big)^d\right]\\&=\ln\left\{\sum_{d}\exp\left[\ln A_N^{(i)}(d)+d\ln\big(Z(W)\big)\right]\right\}\\&\approx\max_{d}\left\{L_N^{(i)}(d)+d\ln\big(Z(W)\big)\right\}\end{aligned} \tag{4.7.51}$$

这里采用了近似$\ln\left(\sum_k e^{a_k}\right)\approx\max_k\{a_k\}$，$L_N^{(i)}(d)=\ln\left[A_N^{(i)}(d)\right]$是极化谱系数度的对数形式。由此，给定 B-DMC 信道W与码长N，基于 UBW(UB Weight)度量的构造算法 4.10 描述如下。

算法 4.10 基于 UBW 度量的构造算法

Input：给定码长 $N=2^n$ 下的极化谱$\left\{A_N^{(i)}(d)\right\}$

Output：极化子信道的排序结果

1. 初始化信道W 的 Bhattacharyya 参数 $Z(W)=\sum_{y\in\mathcal{Y}}\sqrt{W(y|0)W(y|1)}$

2. For $1\leqslant i\leqslant N$

   计算极化子信道的 UBW 度量

$$\mathrm{UBW}_N^{(i)}=\max_{d}\left\{L_N^{(i)}(d)+d\ln\big(Z(W)\big)\right\} \tag{4.7.52}$$

   End

3. 将 UBW 度量按照从小到大排序，返回可靠性排序结果。

AWGN 信道下的 Bhattacharyya 参数为$Z(W)=\exp\left(-\frac{E_s}{N_0}\right)$，其中，$\frac{E_s}{N_0}$是符号信噪比，则相应的 UBW 度量为

$$\mathrm{UBW}_N^{(i)}=\max_d\left\{L_N^{(i)}(d)-d\frac{E_s}{N_0}\right\} \tag{4.7.53}$$

当选择合适的信噪比 E_s/N_0 时，可以得到固定的排序结果。上述算法为线性复杂度 $O(N)$，与 PW 构造一致，很适合实际通信系统的应用。

2. 基于简化 UB 界的构造度量

如果差错概率上界中只考虑首项，即最小汉明重量，则可以得到简化的一致界：

$$P_e(N,K,\mathcal{A})\lesssim\sum_{i\in\mathcal{A}}A_N^{(i)}\left(d_{\min}^{(i)}\right)P_N^{(i)}\left(d_{\min}^{(i)}\right) \tag{4.7.54}$$

或简化的 UB 界(SUB)：

$$P_e(N,K,\mathcal{A})\lesssim\sum_{i\in\mathcal{A}}A_N^{(i)}\left(d_{\min}^{(i)}\right)\left(Z(W)\right)^{d_{\min}^{(i)}} \tag{4.7.55}$$

相应地，也可以得到对数版本的 SUBW 度量如下：

$$\mathrm{SUBW}_N^{(i)}=L_N^{(i)}\left(d_{\min}^{(i)}\right)+d_{\min}^{(i)}\ln\left(Z(W)\right) \tag{4.7.56}$$

具体而言，对于 AWGN 信道，相应的 SUBW 度量为

$$\mathrm{SUBW}_N^{(i)}=L_N^{(i)}\left(d_{\min}^{(i)}\right)-d_{\min}^{(i)}\frac{E_s}{N_0} \tag{4.7.57}$$

例 4.9　AWGN 信道 $\frac{E_s}{N_0}=4\text{dB}$，码长 $N=32$，分别采用 GA、PW、等效巴氏参数、UBW 与 SUBW 构造算法，得到各个子信道的排序结果，如表 4.7.2 所示。由表可知，UBW 与 SUBW 与 GA 排序结果几乎一致，除了 4 与 17 两个子信道有差异。而 PW 构造与 GA 算法在 20、15、8 与 25 四个信道上的排序有差别。

表 4.7.2　AWGN 信道下 $N=32$ 各种构造算法排序比较

GA	PW	Bhattacharyya	UBW	SUBW	GA	PW	Bhattacharyya	UBW	SUBW
32	32	32	32	32	25	8	25	25	25
31	31	31	31	31	21	21	21	21	21
30	30	30	30	30	19	19	19	19	19
28	28	28	28	28	13	13	13	13	13
24	24	24	24	24	18	18	18	18	18
16	16	16	16	16	11	11	11	11	11
29	29	29	29	29	10	10	10	10	10
27	27	27	27	27	7	7	7	7	7
26	26	26	26	26	6	6	6	6	6
23	23	23	23	23	4	4	4	17	17
22	22	22	22	22	17	17	17	4	4
20	15	20	20	20	9	9	9	9	9
15	20	15	15	15	5	5	5	5	5
14	14	14	14	14	3	3	3	3	3
12	12	12	12	12	2	2	2	2	2
8	25	8	8	8	1	1	1	1	1

AWGN 信道下，码长 $N=128$ 与 1024，码率 $R=1/2$，不同差错上界的性能，如图 4.7.3 与图 4.7.4 所示。在码长较短情况下，由图 4.7.3 可知，当信噪比增大时，一致界、UB 界或 SUB 界趋近于 GA 近似界或 Tal-Vardy 界，并且一致界要优于 Arıkan 上界(式(4.7.6))。而当码长较长时，所有的差错上界在高信噪比条件下，都趋于一致。这说明，基于极化谱的差错上界能够准确反映极化码误块率的性能。

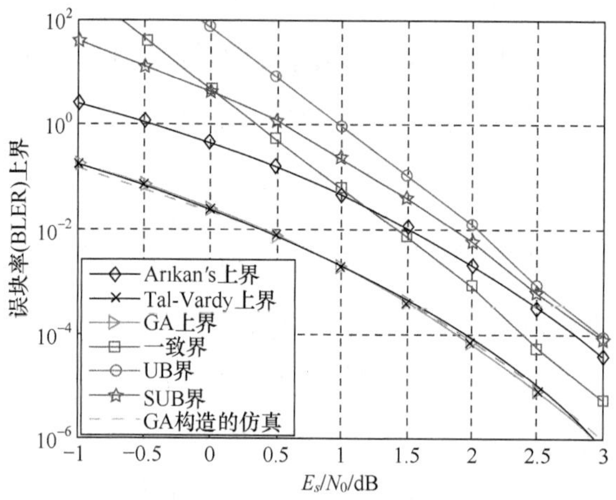

图 4.7.3　AWGN 信道中 $N=128$ 的差错上界性能比较

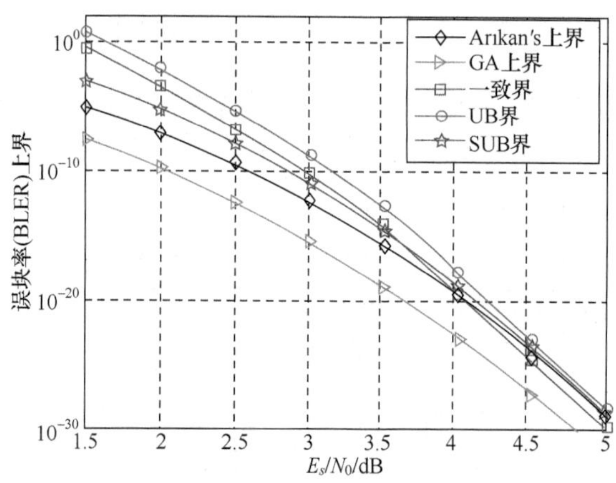

图 4.7.4　AWGN 信道中 $N=1024$ 的差错上界性能比较

进一步，AWGN 信道下，码长 $N=1024$，码率 $R=1/3,1/2,2/3$，不同构造方法在 SC/SCL 译码算法下的性能，如图 4.7.5 与图 4.7.6 所示。图 4.7.5 给出了 SC 算法的性能比较，在不同码率下，UBW 与 SUBW 构造都趋近于最优的 Tal-Vardy 或 GA 构造，并且可以看到基于 PW 度量构造的极化码性能较差。而图 4.7.6 给出了 SCL 算法的性能比较，可以看出，高码率条件下，UBW 与 SUBW 相比 GA 或 Tal-Vardy 有约 0.5dB 的性能增益，明显优于 PW 或 Bhattacharyya 参数构造。

由此可见，极化谱是一个非常有潜力的理论工具。一方面，与传统基于迭代计算的构造方法相比，基于极化谱推导的 BLER 上界简单直观，相应的 UBW/SUBW 度量揭示了子信道可靠性的本质因素；另一方面，与独立于信道初始条件的 PW 构造相比，基于极化谱的构造充分利用了极化码的代数结构特性，有明确理论依据，不再是简单的经验归纳。

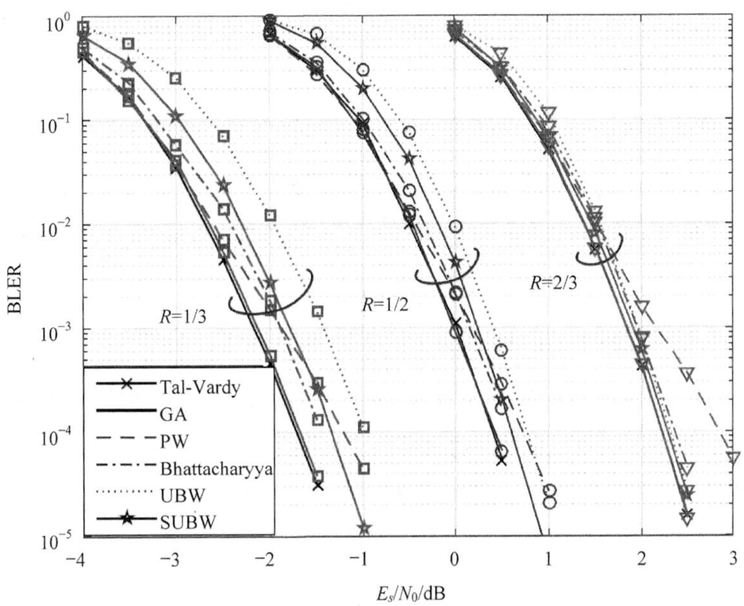

图 4.7.5 AWGN 信道下，码长 $N=1024$ 不同码率各种构造度量在 SC 译码算法下的性能比较

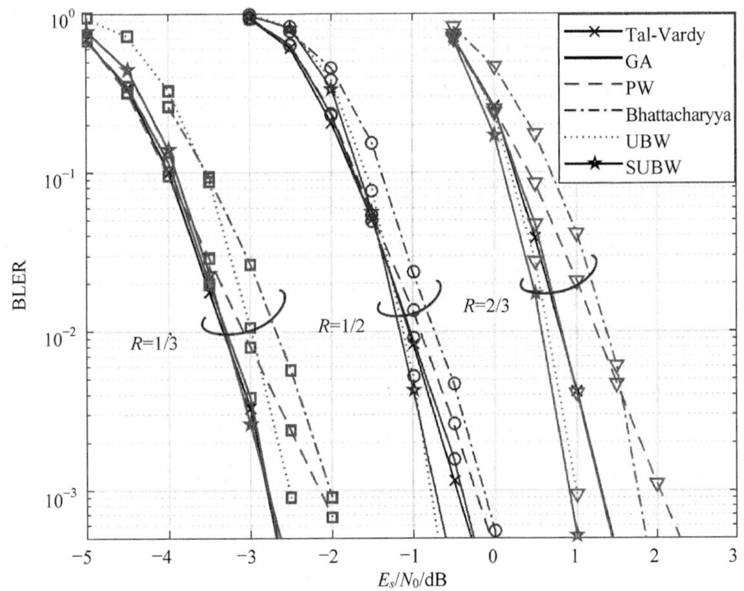

图 4.7.6 AWGN 信道下，码长 $N=1024$ 不同码率各种构造度量在 SCL 译码算法下的性能比较

4.8 系统极化码

依据信道编码理论，任何的线性码都可写成系统码的形式，Arıkan 在文献[2]中提出

了系统极化码(SPC)的构造方法。本节首先介绍系统极化码编码的基本形式，然后描述了SPC 简化的编码方式，最后通过重量谱分析，详细比较与分析了系统码与非系统码的差错性能。

4.8.1 系统极化码编码

1. 基本编码形式

给定码长 $N=2^n$，信息位长度 K，以及信息比特集合 $\mathcal{A}$，编码输入向量 u_1^N 包括信息向量 $u_{\mathcal{A}}$ 和冻结比特向量 $u_{\mathcal{A}^c}$ 两部分，极化码编码形式为

$$x_1^N = u_1^N \boldsymbol{G}_N = u_{\mathcal{A}} \boldsymbol{G}_{\mathcal{A}} + u_{\mathcal{A}^c} \boldsymbol{G}_{\mathcal{A}^c} \tag{4.8.1}$$

其中，$u_{\mathcal{A}}$ 为信息信道集合 $\mathcal{A}$ 承载的信息比特向量；$u_{\mathcal{A}^c}$ 为在固定信道集合 $\mathcal{A}^c$ 中传输的冻结比特序列；$\boldsymbol{G}_{\mathcal{A}}$ 是由生成矩阵 $\boldsymbol{G}_N$ 中行号在 $\mathcal{A}$ 中的行向量构成的子矩阵；同理，$\boldsymbol{G}_{\mathcal{A}^c}$ 是由生成矩阵中行号在 $\mathcal{A}^c$ 中的行向量所构成的子矩阵。

如果 x_1^N 为系统码的码字，且系统比特的下标构成集合 $\mathcal{B}$，而校验比特的下标构成集合 $\mathcal{B}^c$，同时满足 $\mathcal{B}^c=\{1,\cdots,N\}-\mathcal{B}$，那么编码方式表示为

$$\left(x_{\mathcal{B}}, x_{\mathcal{B}^c}\right)=\left(u_{\mathcal{A}}, u_{\mathcal{A}^c}\right)\begin{bmatrix} \boldsymbol{G}_{\mathcal{AB}} & \boldsymbol{G}_{\mathcal{AB}^c} \\ \boldsymbol{G}_{\mathcal{A}^c\mathcal{B}} & \boldsymbol{G}_{\mathcal{A}^c\mathcal{B}^c} \end{bmatrix} \tag{4.8.2}$$

其中，$\boldsymbol{G}_{\mathcal{AB}}$ 由矩阵 $\boldsymbol{G}_N$ 中行号在集合 $\mathcal{A}$ 中的行向量且列号在集合 $\mathcal{B}$ 中的列向量组成子矩阵，其余矩阵定义类似，不再赘述。

由此，系统比特和校验比特可通过式(4.8.2)分别写成如下形式：

$$x_{\mathcal{B}} = u_{\mathcal{A}} \boldsymbol{G}_{\mathcal{AB}} + u_{\mathcal{A}^c} \boldsymbol{G}_{\mathcal{A}^c\mathcal{B}} \tag{4.8.3}$$

$$x_{\mathcal{B}^c} = u_{\mathcal{A}} \boldsymbol{G}_{\mathcal{AB}^c} + u_{\mathcal{A}^c} \boldsymbol{G}_{\mathcal{A}^c\mathcal{B}^c} \tag{4.8.4}$$

如果集合 $\mathcal{A}$ 和 $\mathcal{B}$ 所包含的元素个数相同 $|\mathcal{A}|=|\mathcal{B}|=K$，且 $\boldsymbol{G}_{\mathcal{AB}}$ 是可逆矩阵，那么便可建立非系统极化码(NSPC)和系统极化码(SPC)之间的对应关系。

现假设 $\boldsymbol{G}_{\mathcal{AB}}$ 为可逆矩阵，对于系统码来说，$x_{\mathcal{B}}$ 是用来承载信息比特的序列，根据式(4.8.3)可得出好信道传输的比特序列：

$$u_{\mathcal{A}} = \left(x_{\mathcal{B}} - u_{\mathcal{A}^c} \boldsymbol{G}_{\mathcal{A}^c\mathcal{B}}\right) \boldsymbol{G}_{\mathcal{AB}}^{-1} \tag{4.8.5}$$

假设在固定比特信道上传输的序列为全零序列，将式(4.8.5)代入式(4.8.4)，便可得到对应的校验比特序列：

$$x_{\mathcal{B}^c} = x_{\mathcal{B}} \boldsymbol{G}_{\mathcal{AB}}^{-1} \boldsymbol{G}_{\mathcal{AB}^c} \tag{4.8.6}$$

由生成矩阵的性质可知，若 $\mathcal{A}=\mathcal{B}$，则满足 $\boldsymbol{G}_{\mathcal{AB}}$ 是可逆矩阵这一条件，因此下面统一令 $\mathcal{A}$ 等于 $\mathcal{B}$。

图 4.8.1 给出了码长 $N=8$，码率 $R=1/2$ 的极化码编码器的示例。由图可知，对于非系统极化码，选择可靠性高的 $\{u_4,u_6,u_7,u_8\}$ 作为信息比特，信息位长度为 4，而可靠性较差的 $\{u_1,u_2,u_3,u_5\}$ 则作为固定比特(Frozen Bit)，取值为 0。经过三级蝶形运算，可以得到

编码比特序列 x_1^8 。而对于系统极化码，则需要将信息位承载在 $\{x_4,x_6,x_7,x_8\}$ 上，对应的编码器左侧输入(信源侧)比特则通过代数运算式(4.8.5)确定取值。

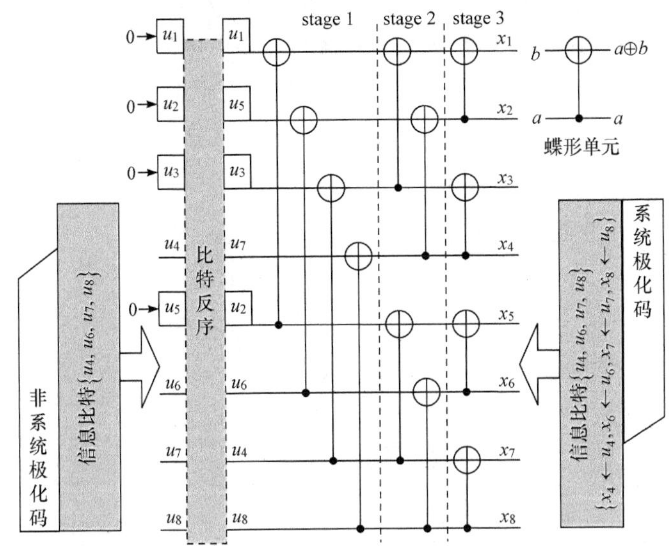

图 4.8.1　码长 $N=8$ ，码率 $R=1/2$ 的极化码编码器示例

对于非系统极化码，由于采用蝶形结构编码，因此极化码的编码复杂度为 $O(N\log N)$ 。但对于系统极化码，由于需要应用代数变换式(4.8.5)得到信源侧的输入序列，因此基本形式的编码会增加额外的复杂度。

2. 改进编码形式

为了简化 SPC 的编码，Arıkan 在文献[2]中给出了一种比较简单的方案。假设系统码字 x_1^N 是经过 BEC 信道后得到的，其中数据部分 $x_{\mathcal{A}}$ 已知，剩余部分 $x_{\mathcal{A}^c}$ 为删除符号。对于译码器来说， $x_{\mathcal{A}}$ 和 $u_{\mathcal{A}^c}$ 是已知的，而 $x_{\mathcal{A}^c}$ 和 $u_{\mathcal{A}}$ 是未知的。 x_1^N 经过 SC 译码后，可得到 $u_{\mathcal{A}}$ 。再进行一次极化码编码便可得到校验比特 $x_{\mathcal{A}^c}$ 。由于 SC 译码复杂度为 $O(N\log N)$ ，因此系统极化码的编码复杂度可以降低为 $O(N\log N)$ 。但这种方法要完成一次 SC 译码与一次标准编码，因此时延较大。

Vangala 等在文献[30]中提出了三种改进的系统极化码编码器方法，分别称为 A、B、C 编码器。

假设 $x_1^N=\left(u_{\mathcal{A}},x_{\mathcal{A}^c}\right)$ 是编码码字，其中， $u_{\mathcal{A}}$ 是信息位， $x_{\mathcal{A}^c}$ 是校验比特， $c_1^N=\left(c_{\mathcal{A}},c_{\mathcal{A}^c}\right)$ 是输入向量，其中， $c_{\mathcal{A}}$ 是对应信息位的输入序列， $c_{\mathcal{A}^c}$ 是冻结比特。编码过程表示如下：

$$\left(u_{\mathcal{A}},x_{\mathcal{A}^c}\right)=\left(c_{\mathcal{A}},c_{\mathcal{A}^c}\right)\boldsymbol{F}_2^{\otimes n} \tag{4.8.7}$$

这个编码方程中， $u_{\mathcal{A}}$ 与 $c_{\mathcal{A}^c}$ 是已知向量，而 $x_{\mathcal{A}^c}$ 与 $c_{\mathcal{A}}$ 是未知向量。基于 $\boldsymbol{F}_2^{\otimes n}$ 矩阵的迭代结构，不必要专门求解 $c_{\mathcal{A}}$ ，在 Trellis 上采用左右递推方式，就能够推断出所有的未知比特。

图 4.8.2 给出了码长 $N=8$ ，码率 $R=1/2$ 的 SPC 编码器 A 的示例。它的配置与图 4.8.1

一致，$\{x_4,x_6,x_7,x_8\}$承载信息位，对应信息比特$\{u_1,u_2,u_3,u_4\}$。而$\{c_1,c_2,c_3,c_5\}$是冻结比特，默认为 0。在这个编码 Trellis 结构中，未知比特包括校验位$\{x_1,x_2,x_3,x_5\}$以及输入比特$\{c_4,c_6,c_7,c_8\}$。注意到 Trellis 横向有 8 行约束，每一行只包含一个校验位或输入比特，因此，根据已知比特，从左向右或从右向左进行递推，就能够求得每个校验/输入比特。注意，递推顺序应当按照箭头方向，从下往上进行。例如，首先自底向上，从右往左递推，求得$c_8=u_4$，然后向上推进一行，继续从右向左计算，得到$c_7=u_4+u_3$。以此类推，就可以计算出所有的校验/输入比特。

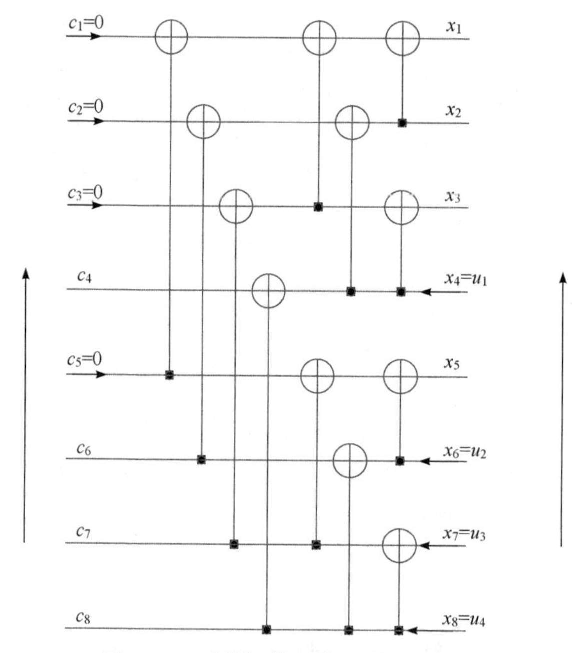

图 4.8.2 系统极化码编码器 A 的示例

编码器 A 要求的 XOR(蝶形单元)数量与 NSPC 一致，也为$\frac{N}{2}\log_2 N$，但需要较多的存储空间$N(1+\log_2 N)$。因此编码器 A 的计算复杂度与 NSPC 一样，也为$O(N\log_2 N)$，而空间复杂度较大。文献[30]进一步提出了编码器 B 与 C，可以有效降低空间复杂度，限于篇幅，不再赘述。感兴趣的读者可以参阅原文。

4.8.2 差错性能分析

刘珍珍与牛凯等对于系统极化码与非系统极化码性能进行了深入分析[9]，建立了基于距离谱的极化码性能分析理论框架。

1. 距离谱搜索算法

极化码的距离谱搜索需要巨大的计算量与存储量，早期主要通过列表译码算法来实现[8]。若要枚举完整的距离谱，理论上 SCL 译码的列表大小为2^N。只有当码长N非常小时，完整距离谱才是可实现的。对于中等长度的极化码，只能计算它的部分距离谱，也就是求距离谱的前几项。这是因为，信噪比条件下，发送全零比特且采用 SCL 译码算法进行译码时，可认为译码器的输出码字最有可能是重量较小的码字。针对 NSPC 与 SPC，极化码部分距离谱计算的详细步骤在算法 4.11 中给出。

算法 4.11　部分距离谱搜索算法

Input：极化码码长 N，码率 R，SCL 译码算法列表大小 L
Output：距离谱系数 A_d 和 $A_{m,d}$

1. 在具有高信噪比的 AWGN 信道上传输全零码字；
2. 采用 SCL 算法译码极化码得到 L 个 u_1^N 的估计值 $\hat{u}_1^N$；
3. 对所有得到的 $\hat{u}_1^N$ 再次进行极化编码 $\hat{x}_1^N = \hat{u}_1^N \boldsymbol{G}_N$，则 L 个估计的 $\hat{x}_1^N$ 和对应的 $\hat{u}_A$ 分别为 NSPC 的码字和信息比特序列；如果极化码是系统的，那么对 $\hat{x}_1^N$ 进行比特翻转操作得到 SPC 的码字 $\hat{x}_1^N$；SPC 码字对应的输入信息比特序列为 $\tilde{x}_A$；
4. 分别计算 L 个码字的重量和其对应的信息比特序列的重量；
5. 进一步，统计码字重量为 d 所对应的码字个数 A_d，则可以得到码的 WEF；统计码字重量为 d 且输入信息重量为 m 的码字个数 $A_{m,d}$，则可以得到码的 IOWEF。

2. 距离谱分布

给定极化码配置，根据算法 4.11 的距离谱搜索算法，可得到极化码的 WEF 分布和 IOWEF 分布。下面给出基于 $\boldsymbol{F}_2$ 内核矩阵的 NSPC 和 SPC 的距离谱分布。对于距离谱的表示，既可直接列出 WEF 和 IOWEF 的系数 A_d 和 $A_{m,d}$，也可写成多项式的形式，如式(4.1.9)和式(4.1.10)。

表 4.8.1 分别给出了码长 N=128、码率为 R=1/2 和 R=2/3 两种配置下的非系统极化码的部分重量谱分布。二者所采用的 SCL 译码算法的列表大小为 $L=1.28\times10^6$。

表 4.8.1　非系统极化码的重量谱分布

L	R	A_0	A_8	A_{12}	A_{16}	A_{20}
1.28×10^6	1/2	1	432	2304	232440	1044823
L	R	A_0	A_4	A_8	A_{12}	
1.28×10^6	2/3	1	32	19056	1260911	

由表 4.8.1 可知，这两种 NSPC 码对应的 WEF 多项式表示为

$$A(D)=1+432D^8+2304D^{12}+232440D^{16}+1044823D^{20} \tag{4.8.8}$$

$$A(D)=1+32D^4+19056D^8+1260911D^{12} \tag{4.8.9}$$

对于 R=1/2 的情况，最小距离为 8 且码字集中分布在码重 16 和 20。而对于 R=2/3 的情况，最小距离为 4 并且重量为 12 的码字占大多数。理论上，如果列表大小 L 足够大，则可得到完整的码重分布。但在实际仿真中，列表大小 L 是受限的。正因为这样，对应于第一种配置的 A_{20} 和第二种配置的 A_{12} 有可能不是完整的。

由 NSPC 和 SPC 的编码结构可知，两者的码字之间存在一个比特反序的对应关系，但是与全零码字相比，因此其重量是相同的，两者的 WEF 也是相同的。

对于极化码的 IOWEF 分布，也可通过算法 4.11 搜索得到。表 4.8.2 和表 4.8.3 分别给出了码长 $N=128$ 、码率为 1/2 的 NSPC 和 SPC 两种编码的部分 IOWEF。二者所采用的 SCL 译码算法的列表大小为 $L=1.28\times10^6$ 。

表 4.8.2　非系统极化码的 IOWEF 示例

m	$A_{m,d}$	m	$A_{m,d}$	m	$A_{m,d}$	m	$A_{m,d}$
1	6	8	99	16	43	32	2
2	35	9	1	18	2	36	1
3	13	10	1	20	2	40	1
4	87	12	50	24	17	—	—
6	46	14	12	28	6	—	—
7	6	15	1	30	1	—	—

表 4.8.3　系统极化码的 IOWEF 示例

m	1	2	3	4	5	6	7
$A_{m,d}$	21	62	79	108	79	62	21

表 4.8.2 只给出了 NSPC 在码字重量 $d=8$ 情况下的 IOWEF。其对应的多项式为

$$\begin{aligned}A(M,D)=\big(&6M+35M^2+13M^3+87M^4+46M^6+6M^7+99M^8+M^9\\&+M^{10}+50M^{12}+12M^{14}+M^{15}+43M^{16}+2M^{18}+2M^{20}+17M^{24}\\&+6M^{28}+M^{30}+2M^{32}+M^{36}+M^{40}\big)D^8\end{aligned}\tag{4.8.10}$$

根据 WEF 和 IOWEF 的对应关系可知 $\sum_{m=1}^{N}A_{m,d}=A_d$ 。根据表 4.8.2 可知， $A_8=432$ 。

类似地，表 4.8.3 给出了 SPC 在码字重量 $d=8$ 下的 IOWEF。其对应的多项式为

$$A(M,D)=\left(21M+62M^2+79M^3+108M^4+79M^5+62M^6+21M^7\right)D^8\tag{4.8.11}$$

通过对比表 4.8.2 和表 4.8.3 的数据发现，与 NSPC 相比，SPC 输入信息序列的重量分布更加集中且取值更小。

3. 理论性能分析

给定极化码 C_p ，信息比特序列长度为 K 、码长为 N 、码率为 $R=K/N$ ，其 WEF 为 $\{A_d\}$ ，则极化码 BLER 的一致界(BLER-UB)表示为

$$P_e^{C_p}\leqslant\sum_d A_dQ\left(\sqrt{\frac{2dRE_b}{N_0}}\right)\tag{4.8.12}$$

由于算法 4.11 只能求得部分距离谱，因此在利用式(4.8.12)求 BLER-UB 的性能时，只能对有限项求和。由于相同参数配置下 NSPC 和 SPC 的 WEF 分布相同，因此两种编码的 BLER-UB 相同。

给定极化码 C_p，信息比特长度为 K、码长为 N、码率为 $R=K/N$，其 IOWEF 为 $\{A_{m,d}\}$，则极化码 BER 一致界(BER-UB)表示为

$$P_b^{C_p} \leqslant \sum_m \sum_d \frac{m}{K} A_{m,d} Q\left(\sqrt{\frac{2dRE_b}{N_0}}\right) \tag{4.8.13}$$

为了方便对比分析 NSPC 和 SPC 的 BER 性能，式(4.8.13)可改写成：

$$P_b^{C_p} \leqslant \sum_d \frac{A_d}{K} Q\left(\sqrt{\frac{2dRE_b}{N_0}}\right)\left(\sum_m m\frac{A_{m,d}}{A_d}\right) \tag{4.8.14}$$

给定输出码字重量 d，定义条件错误概率为

$$P_e|d = \frac{A_d}{K} Q\left(\sqrt{\frac{2dRE_b}{N_0}}\right)\left(\sum_m m\frac{A_{m,d}}{A_d}\right) \tag{4.8.15}$$

它表示式(4.8.14)中与输出码字重量 d 相对应的项。

令 $\mathbb{E}_d(m)$ 表示输出重量为 d 的码字的平均输入重量，即

$$\mathbb{E}_d(m) = \sum_m mp(m) \tag{4.8.16}$$

其中，$p(m)$ 表示 m 的分布，给定码字输出重量 d 的情况下，根据式(4.8.14)，$p(m)$ 可写成

$$p(m) = \frac{A_{m,d}}{A_d} \tag{4.8.17}$$

表 4.8.4 给出了码长为 $N=128$，码率为 $R=1/2$ 的 NSPC 和 SPC 在不同码重 d 下的平均输入重量 $\mathbb{E}_d(m)$。其中，SCL 译码器列表大小设置为 $L=1.28\times10^6$。

表 4.8.4　NSPC 与 SPC 的 $\mathbb{E}_d(m)$ 枚举结果

类别	d=8	d=12	d=16	d=20
NSPC	8.99	13.61	16.25	22.25
SPC	4	6	8	10.6

在同等信道条件下，对于 NSPC 和 SPC 而言，当 d 固定时，式(4.8.14)中的参数 A_d 和 $Q\left(\sqrt{\frac{2dRE_b}{N_0}}\right)$ 都相等。唯一不同的是 $\mathbb{E}_d(m)$。通过对比表 4.8.4 中的两项可知，SPC 拥有更小的 $\mathbb{E}_d(m)$。因此，SPC 具有更小的条件错误概率 $P_e|d$。从而推得，系统极化码在 BER 性能上具有优势。

上述结论可以直观地从 $p(m)$ 得到。图 4.8.3 给出了 NSPC 和 SPC 在码字重量 $d=16$ 下的输入重量 m 的分布。从图中可以看出，与 NSPC 相比，SPC 具有更集中的分布且输入重量 m 更小。原因在于，如果给定输出重量 d，SPC 限制输入重量 m 的大小为 $m\leqslant d$，而 NSPC 允许输入重量 m 任意分布。因此，SPC 与 NSPC 相比，在 BER 性能上有优势。

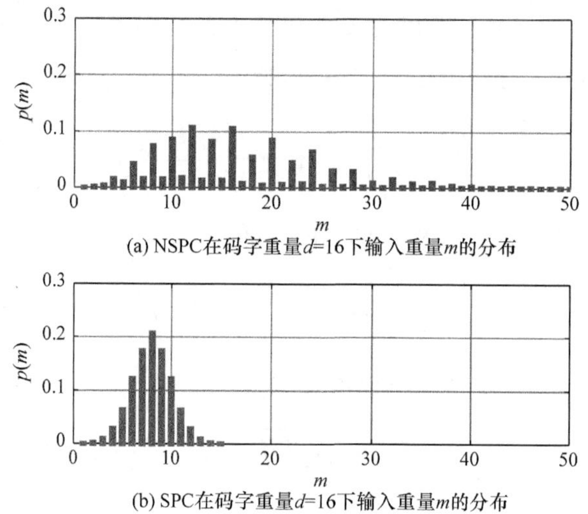

图 4.8.3 NSPC 和 SPC 在码字重量 d=16 下输入重量 m 的分布

4. 仿真结果与分析

图 4.8.4 给出了 NSPC 和 SPC 的 BLER 仿真性能(采用SCL译码($L=32$))与 BLER 上界性能曲线。仿真采用的极化码配置如下：码长 $N=128$，码率 $R=1/2$。上界由式(4.8.12)得到。NSPC 和 SPC 的 WEF 均由算法 4.11 搜索得到。由图 4.8.4 可知，NSPC 和 SPC 的仿真结果与 BLER 上界完全重合。

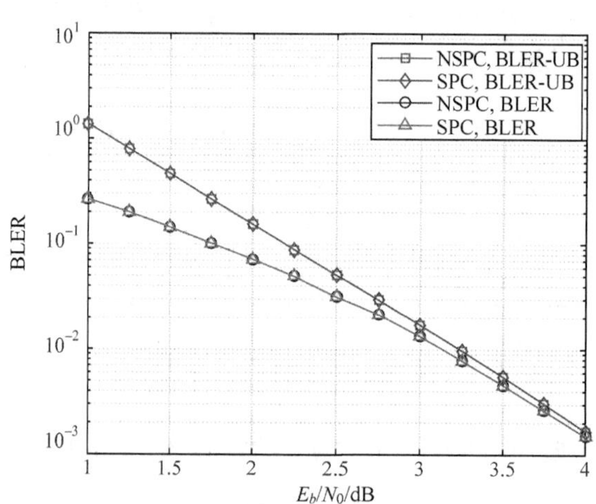

图 4.8.4 NSPC 和 SPC 的 BLER 上界和 BLER(码长 N=128，码率 R=1/2)

图 4.8.5 给出了 NSPC 和 SPC 的 BER 上界和 BER 性能对比曲线。仿真的极化码的参数配置为码长 $N=128$，码率 $R=1/2$。BER 上界可通过式(4.8.15)计算而得。公式中需要的参数 $A_{m,d}$ 可通过算法 4.11 得到。仿真结果表明，与 NSPC 相比，SPC 具有更好的 BER 性能界。由图 4.8.5 可知，SPC 比 NSPC 在 BER 性能上具有优势。

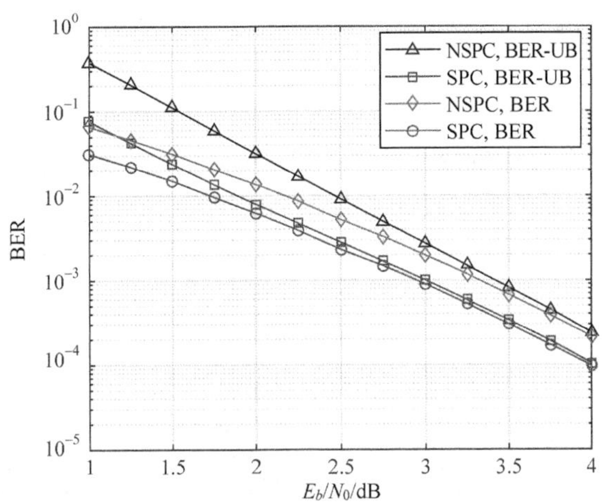

图 4.8.5　NSPC 和 SPC 的 BER 上界和 BER 性能(码长 N=128，码率 R=1/2)

4.9　串行级联极化码

尽管无限码长条件下，极化码能够渐近达到信道容量，是第一种构造性的好码。但在有限码长条件下，单独极化码编码以及 SC 译码的纠错性能并不令人满意，远逊于 Turbo/LDPC 码。造成这种现象的原因来自两个方面。首先，极化码本身的代数编码性能不够理想，它的最小汉明距离只能等同于相同配置的 RM 码，不如 BCH/RS 等更强有力的纠错编码；其次，经典的 SC 译码算法是一种次优算法，由于存在错误传播现象，在有限码长下，性能受限。因此，需要从编码设计与译码改进两个角度出发，对极化码进行优化。本节主要介绍极化码的编码优化技术。

按照信道编码理论，可以将极化码作为分量码，采用复合编码的方式，构造强有力的纠错编码。常见的复合编码方式包括串行级联极化码、并行级联极化码和极化乘积码三种。极化码的复合编码可以采用这三种方式。

(1) 串行级联极化码，是将极化码作为内码，采用各种编码作为外码，内外码串行级联，构成整个编码。串行级联极化码的代表性方案是牛凯与陈凯提出的 CRC 级联极化码方案[31]，这种编码方案不仅结构简单，而且极大增强了极化码的纠错性能，超越了 Turbo/LDPC 码，是目前极化码研究的主流方向。后续有学者提出了 LDPC 级联极化码、校验级联极化码、卷积级联极化码、BCH/RS 级联极化码。这些工作极大地丰富了串行级联极化码的研究内容。

(2) 并行级联极化码，主要以系统极化码作为分量码，构成类似 Turbo 结构，采用迭代译码方式，提高整个复合码的纠错性能。并行级联极化码由于具有高吞吐率译码结构，也有一定的研究价值。

(3) 极化乘积码，最早由 Arıkan 等提出[32]。Arıkan 等称这种方式为二维极化码，在水平方向与垂直方向都进行极化编码。但二维极化码的性能差强人意，还有待进一步研究。

4.9.1 CRC 级联极化码

1. 编码方案

循环冗余校验(CRC)是一种信道检错码，在实际通信系统中已经得到了广泛应用。参见图 4.9.1，在发送数据前，消息发送端首先使用循环冗余校验模块对原始的消息比特序列进行校验计算，得到一个校验比特序列。循环冗余校验比特序列和原始的消息比特一起组成了信道编码器的输入比特。信道编码器的输出比特被送入信道。经过信道传输后，得到一系列接收信号。然后，经过信道译码后的比特序列被送到消息接收端，由消息接收端对该比特序列进行循环冗余校验操作。如果计算得到的校验值为零，就认为信道译码得到的比特序列是正确的。若校验值不为零，则说明接收到的比特序列中包含了一定数量的错误。对于这种情况，实际系统中的消息接收端往往通过反馈信道请求消息，要求发送端重新发送一次该原始的消息比特序列。这种传输机制即混合自动请求重传(HARQ)，将会在第 7 章中进行详细讨论。

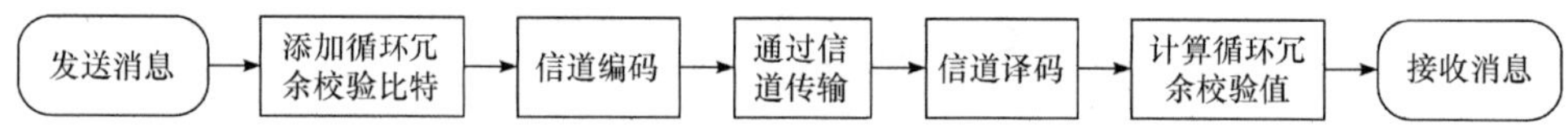

图 4.9.1 使用循环冗余校验检错的编码通信方案框图

在实际数字通信系统中，输入到信道纠错编码器的信源比特序列中都包含了 CRC 比特。然而出于译码算法复杂度等的考虑，在 Turbo/LDPC 码的系统中进行译码时，信道译码和 CRC 检错是相对独立地进行的。对于采用迭代译码方法进行信道译码的系统，可以将 CRC 校验与迭代信道译码过程相结合，即在每次迭代后，都对当前迭代所得到的比特序列进行一次 CRC 校验；一旦出现校验值为零的情况，就让信道译码器提前结束迭代过程，从而降低译码复杂度。3G/4G 移动通信系统中，Turbo 码进行迭代译码时，就是采用这种方法来节省译码过程中的操作步骤，以减少译码延迟。尽管如此，"信源序列中包含 CRC 校验信息"这一先验条件并没有在译码过程中得到充分利用，因此并不能提升译码性能。

牛凯与陈凯在文献[31]中提出了 CRC 级联极化(CRC-Polar)编译码方案，这是在正式文献中最早提出的 CRC-Polar 级联编码技术。Tal 与 Vardy 在文献[33]中并没有提出这一级联编码方案，只是在 2011 年 ISIT 会议报告中，提到了基于 CRC 辅助的极化编译码能够大幅度提高 Polar 码性能。

图 4.9.2 给出了 CRC 级联极化码与 CRC 辅助译码的示意图。在发送端，k bit 信息序列 c_1^k 经过 CRC 编码，级联 m bit CRC 校验位，得到极化编码器的输入序列 $u_{\mathcal{A}}$，然后经过极化码编码，得到 N bit 的码字序列 x_1^N。其编码过程表示如下：

$$\begin{cases} u_1^N \boldsymbol{G}_N = x_1^N \\ u_{\mathcal{A}} = c_1^k \boldsymbol{G}_{\text{CRC}}, \quad u_{\mathcal{A}^c} = \boldsymbol{0} \end{cases} \tag{4.9.1}$$

其中，$\boldsymbol{G}_{\text{CRC}}$ 是 CRC 的生成矩阵。

在译码端，采用串行抵消列表(SCL)或串行抵消堆栈(SCS)算法进行译码，当译码结

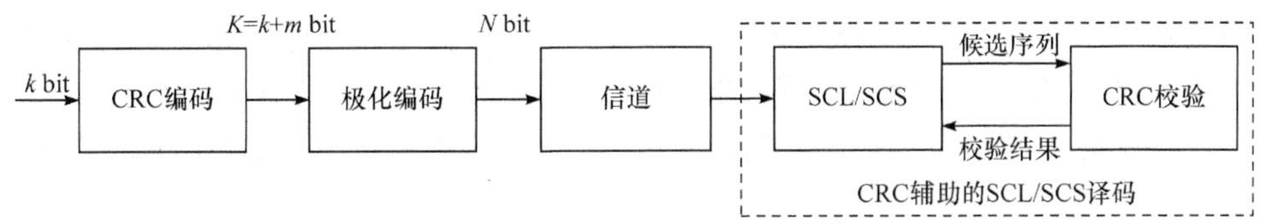

图 4.9.2 CRC-Polar 级联编译码方案

束时可以得到一组候选路径，对每一条路径进行 CRC 校验，只有通过 CRC 校验的候选序列才作为译码结果。幸运的是，相比于单独的极化码，CRC-Polar 码具有显著的性能增益。

图 4.9.3 给出了极化码在 AWGN 信道下的 BLER 性能。极化码的码长 $N=1024$ 、码率 $R=1/2$ 。译码采用 CA-SCL/SCS 算法。CRC 校验比特长度 $m=24$ ，生成多项式为 $g(D)=D^{24}+D^{23}+D^{6}+D^{5}+D+1$ 。

作为对比方案，图 4.9.3 中还给出了 WCDMA 系统[34]中 Turbo 码的曲线。其中，Turbo 码的分量码为两个 8 状态递归系统卷积码，其生成多项式均为 $\left[1,1+D+D^{3}/1+D^{2}+D^{3}\right]$ ，并使用速率比配算法调整码率为 $R=1/2$ 、码长 $N=1024$ 。接收端使用对数最大后验概率(Log-MAP)迭代译码算法[35]对 Turbo 码进行译码，最大迭代次数设定为 8 次。每进行一次迭代，对得到的临时判决序列进行一次 CRC 校验，若校验通过，则直接输出该译码序列。

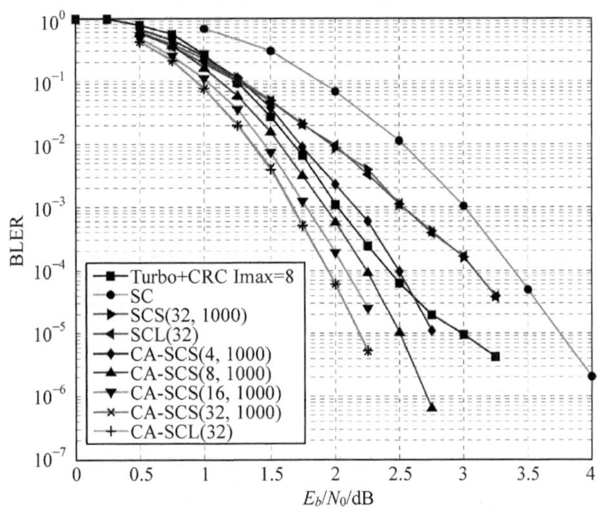

图 4.9.3 CRC-Polar 码与 Turbo 码的 BLER 性能比较

从 BLER 性能曲线可以看出，极化码在 SCL(32)和 SCS(32)译码下几乎具有相同的译码性能。此时 SCL 和 SCS 算法已经能达到极化码 ML 译码的性能了，然而，在 BLER 等于1×10^{-4}处相比 Turbo 码依然有 0.7dB 的距离。通过 CRC 辅助的译码方案，SCL 和 SCS 译码性能得到了显著提升，在 BLER 为1×10^{-4}处相比 Turbo 码还能多获得 0.5dB 的性能增益。此外，Turbo 码的 BLER 曲线已经出现“误码平台”现象，BLER 不再随着信噪比的提高而快速下降；而极化码没有出现类似现象。

2. CRC-Polar 码距离谱分析

CRC-Polar 码能够获得性能增益的关键因素是 CRC 码对极化码的距离谱有显著改

善。图 4.9.4 给出了 CRC 改善极化码距离谱的示意图。图 4.9.4(a)表示极化码的距离谱，当极化码单独编码时，相邻码字之间的距离较近，当采用 CRC 级联编码后，如图 4.9.4(b)所示，整个级联码字之间的汉明距离会显著增大，因此改善了 CRC-Polar 码的纠错性能。

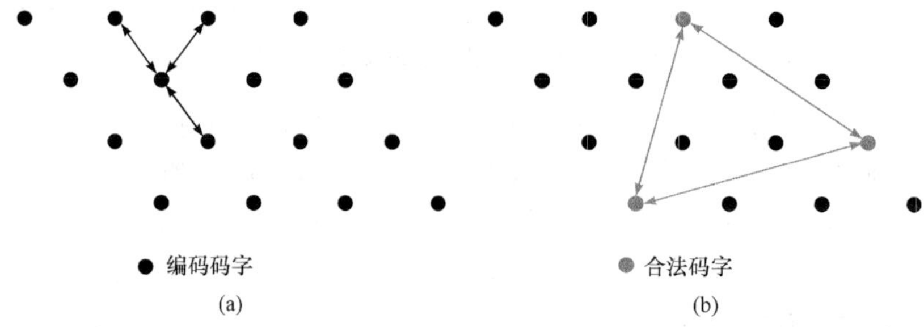

图 4.9.4 CRC 改善极化码距离谱的示意图

下面，定量分析极化码和 CRC-Polar 码的距离谱。给定码长 $N=128$、$N=256$，码率 $R=1/2$ (注意，这个码率是级联码码率，不考虑 CRC 编码比特开销，即 $R=k/N$)，两类编码的距离谱如表 4.9.1 和表 4.9.2 所示。

表 4.9.1 $N=128$ 的极化码距离谱分析

编码类型	信息位 K	$W=8$	$W=12$	$W=16$	$W=20$
Polar	64	432	2304	232440	1044823
CRC6+Polar	64+6	4	327	1301	—
CRC6-opt+Polar	64+6	0	300	972	—

表 4.9.2 $N=256$ 的极化码距离谱分析

编码类型	信息位 K	$W=8$	$W=16$	$W=20$	$W=24$
Polar	128	96	131824	548864	119215
CRC9+Polar	128+9	0	539	2357	—
CRC9-opt+Polar	128+9	0	507	1946	—
CRC10+Polar	128+10	0	552	—	—
CRC10-opt+Polar	128+10	0	215	—	—

从表 4.9.1 和表 4.9.2 可以看出，级联 CRC 码后，极化码的距离谱有了明显改善。对于码长 $N=128$ 的极化码，添加优化的 CRC6，最小汉明距离从 8 增加到 12，对于码长 $N=256$ 的极化码，添加 CRC9 或 CRC10，最小汉明距离将从 8 增加到 16。因此，CA-SCL 译码算法的性能优于 SCL 译码算法的本质原因不是 CRC 从候选码字中选择了合法码字，而是由于 CRC 改善了极化码的距离谱，从而改善了极化码的译码性能。

3. CRC 码优化设计

上述距离谱分析表明，CRC 校验码设计对于改善极化码性能非常关键。一般地，

CRC-Polar 码中，CRC 码设计有如下原则。

1) CRC 校验位映射

一般地，k bit 信息位经过 CRC 编码产生 m 个校验比特，这样总计有 $K=k+m$ 个输入比特需要映射到极化码的信息信道集合 $\mathcal{A}$，即满足 $|\mathcal{A}|=K$。在集合 $\mathcal{A}$ 中，CRC 校验比特映射到哪些位置，对于 CRC-Polar 码的性能有重要影响。如果采用反序编码 $x_1^N=u_1^N\boldsymbol{G}_N=u_1^N\boldsymbol{B}_N\boldsymbol{F}_2^{\otimes n}$，则将这 m 个校验比特映射到集合 $\mathcal{A}$ 中最好的 m 个信道上，经过比特反序变换后，校验比特将均匀分布到整个序列中。这种映射方式能够获得最佳纠错性能。

2) CRC 码长选择

CRC-Polar 码的总码率为 $R=k/N$，但极化码的码率为 $R_{\mathrm{PC}}=K/N=(k+m)/N$。当码长较长时，例如，$N\geqslant 1024$，选取 $m=16$ 或 24 即可，CRC 码长的开销可以忽略，分量码码率与总码率近似相等，即 $R_{\mathrm{PC}}\approx R$。但如果码长较短，例如，$N=64,128,256$，这些码长下，CRC 校验位开销不可忽略。一般地，m bit CRC 码的漏检概率小于 2^{-m}。一方面，若 m 越大，则漏检概率越小，能够提升级联码的检错能力。另一方面，若 m 越大，则需要占用更多可靠性不高的子信道承载数据，极化码的纠错能力会下降。因此，对于短码情况，并不是 CRC 码长越长越好，需要折中考虑，选择最佳码长配置。

3) CRC 生成多项式设计

在中短码长下，不仅 CRC 码长影响性能，而且生成多项式的设计对于 CRC-Polar 码的性能有决定性影响。需要通过对 CRC 生成多项式的优化，改善 CRC-Polar 码的距离谱。

文献[36]中提出了一种基于多级 SCL 的最小汉明距离搜索算法，用于优化 CRC-Polar 码的差错概率上界：

$$\begin{aligned} P_e|\boldsymbol{g} &\leqslant \sum_d A_d Q\left(\sqrt{\frac{2dRE_b}{N_0}}\right) \\ &\approx A_{d_{\min}} Q\left(\sqrt{2d_{\min}(\boldsymbol{g})\frac{RE_b}{N_0}}\right) \end{aligned} \tag{4.9.2}$$

其中，$\boldsymbol{g}=[g_{m-1},g_{m-2},\cdots,g_0]$ 表示 CRC 的生成多项式向量。

图 4.9.5 给出了搜索算法流程，首先通过极化码构造算法确定信息集合 $\mathcal{A}$，然后将输入序列从树根开始按照信息比特取 0 或 1，在码树上分为两个路径分支。对于每个分支，执行列表大小为 L 的 SCL 算法，产生 L 条译码路径。接着针对所有这些判决序列 u_1^N，穷举 CRC 生成多项式向量 $\boldsymbol{g}$，进行 CRC 编码与 Polar 编码，得到编码序列 x_1^N。统计其中重量最轻的码字，得到最小汉明重量谱 $A_{d_{\min}}(\boldsymbol{g})$ 的估计。

与算法 4.11 相比，文献[36]提出的搜索算法能大幅度降低列表规模。虽然有很小的概率可能遗漏一部分低重量码字，但是仍然能够对最小汉明重量谱进行较准确的估计，并且能够通过穷举方式，得到最小化 BLER 上界的最佳 CRC 生成多项式。

表 4.9.3 给出了码长 $N=128,256,512$，码率分别为 $R=1/2,2/3$，CRC-Polar 码的重量谱分布，采用 $L=2^{15}$ 的多级 SCL 算法搜索得到，其列表规模远小于算法 4.11。其中标准 CRC(Std.)的生成多项式来自文献[37]，优化 CRC(Opt.)的生成多项式由文献[36]搜索得

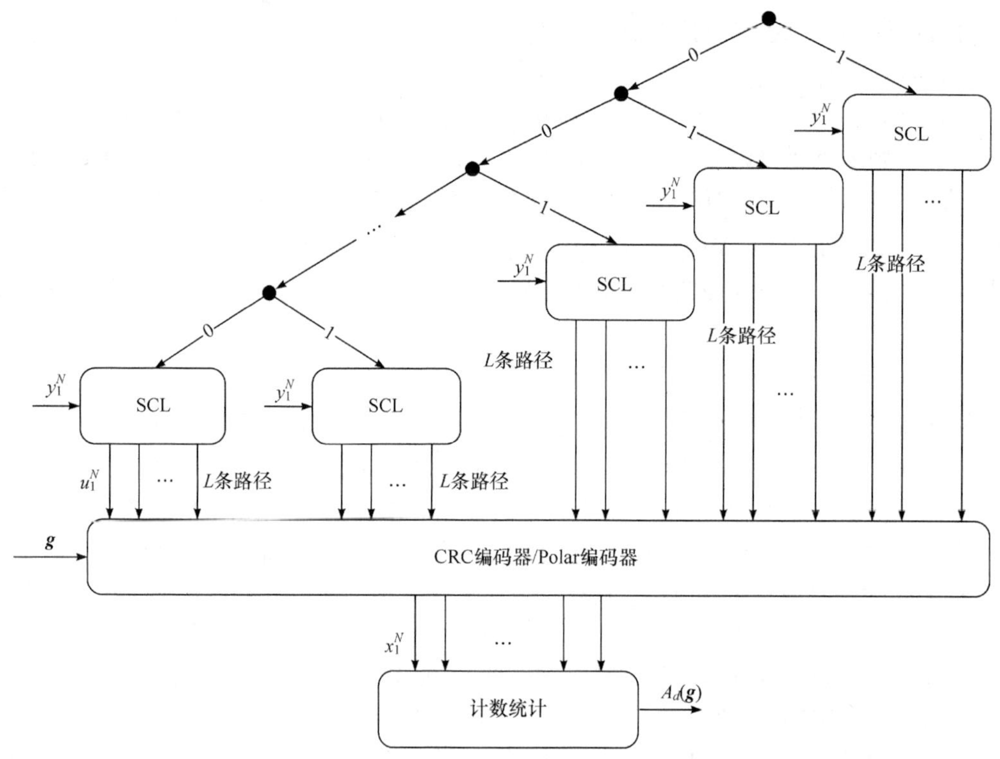

图 4.9.5 基于多级 SCL 的最小汉明距离谱搜索算法

到。由表 4.9.3 可知，优化的 CRC-Polar 码，最小重量谱显著优于标准 CRC-Polar 码。

表 4.9.3 CRC-Polar 码的最小汉明重量谱

极化码	CRC 码长 m	生成多项式 $\boldsymbol{g}=[g_{m-1},g_{m-2},\cdots,g_0]$	重量谱 A_d		
			8	12	16
$\left(128,\frac{1}{2}\right)$	6	Std. [1000011]	4	327	—
		Opt. [1110011]	0	300	—
	7	Std. [10010001]	14	250	—
		Opt. [11100101]	0	204	—
$\left(256,\frac{1}{2}\right)$	8	Std. [111010101]	0	0	2054
		Opt. [101001101]	0	0	1069
	9	Std. [1011001111]	0	0	539
		Opt. [1001101001]	0	0	507
	10	Std. [11000110011]	0	0	552
		Opt. [11101011111]	0	0	215
$\left(256,\frac{2}{3}\right)$	8	Std. [111010101]	528	—	—
		Opt. [111111001]	16	—	—
	9	Std. [1011001111]	38	1987	—
		Opt. [1101101101]	0	1785	—

续表

极化码	CRC 码长 m	生成多项式 $\boldsymbol{g}=[g_{m-1},g_{m-2},\cdots,g_0]$	重量谱 A_d		
			8	12	16
$\left(256,\frac{2}{3}\right)$	10	Std.　[11000110011]	14	1962	—
		Opt.　[11111011011]	0	851	—
		—	8	12	16
$\left(512,\frac{1}{2}\right)$	8	Std.　[111010101]	0	0	1054
		Opt.　[111111001]	0	0	196
	9	Std.　[1011001111]	0	0	153
		Opt.　[1011110011]	0	0	86
	10	Std.　[11000110011]	0	0	111
		Opt.　[11110010101]	0	0	17
$\left(512,\frac{2}{3}\right)$	8	Std.　[111010101]	77	1739	—
		Opt.　[111011101]	0	535	—
	9	Std.　[1011001111]	28	460	—
		Opt.　[1100000111]	0	353	—
	10	Std.　[11000110011]	0	468	—
		Opt.　[10101011011]	0	98	—

根据表 4.9.3 的 CRC-Polar 码配置，采用 CA-SCL 译码算法，AWGN 信道下的误帧率仿真结果如图 4.9.6 所示。由于只考虑最小重量谱系数，只有在高信噪比条件下，仿真结果才接近于 BLER 上界。不过能明显看到优化 CRC 码的级联码性能显著优于标准 CRC 编码的方案，有 0.2～0.5dB 的编码增益。由此可见，在中短码长下，优化 CRC 生成多项式，能够显著改善 CRC-Polar 码的性能。

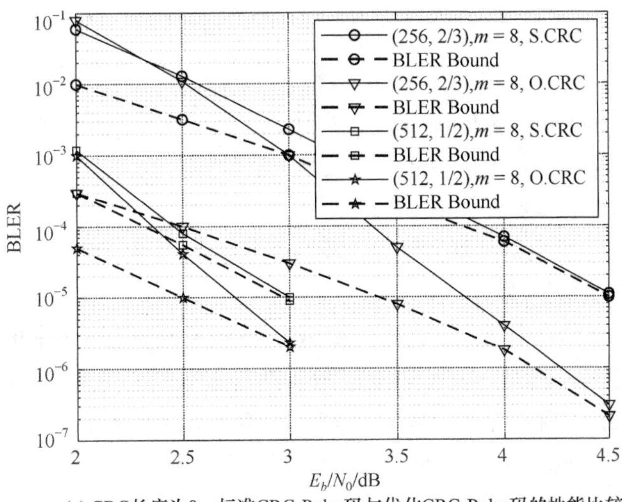

(a) CRC长度为8，标准CRC-Polar码与优化CRC-Polar码的性能比较

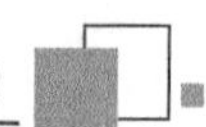

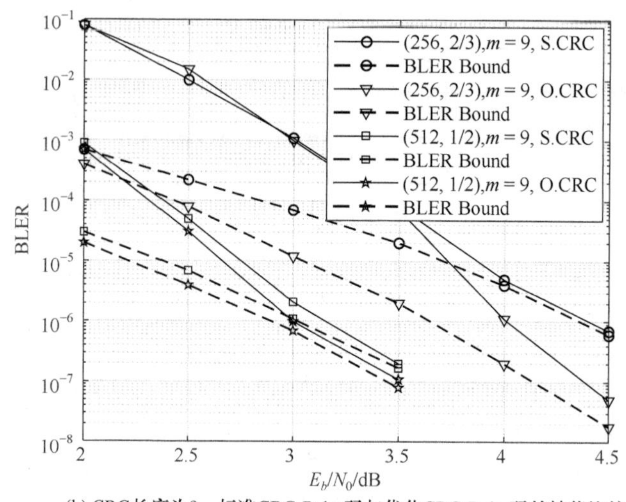

(b) CRC长度为9，标准CRC-Polar码与优化CRC-Polar码的性能比较

图 4.9.6 CRC-Polar 码采用标准 CRC 码与优化 CRC 码的 FER 性能比较 $(L=64)$ [36]

4. RM-Polar 码设计

由于改善距离谱，CRC-Polar 码获得了显著的性能增益。这一思路说明，当采用 SCL 译码时，优选信息信道集合 $\mathcal{A}$，改善距离谱是提高极化码性能的关键。李斌等在文献[38]中提出了 RM-Polar 码设计准则，该准则是一种富有启发性的极化码构造新方法。

RM-Polar 码构造是一种混合方法，其基本思想是在选择子信道时，在生成矩阵 $\boldsymbol{G}_N$ 中删掉按照可靠性排序选取的具有最小汉明重量的行，而用汉明重量大的行替代。前者按照可靠性选择生成矩阵的行，显然是 Polar 码子信道选择准则，而后者按照汉明重量选择生成矩阵的行，显然是 RM 码选择准则。因此，这是一种混合子信道选择准则，故而得名。

例如，构造 $(2048,1024)$ RM-Polar 码的具体过程如下。

1) 依据 RM 准则约束行选取

根据定理 4.1 可知，按照 RM 行重选取准则，$(2048,1024)$ 配置的编码，其选择的生成矩阵行序号集合是 $(2048,1486)$ RM 码行序号集合的子集，因此最小汉明重量为 $d_{\min}=32$。而如果按照 Bhattacharyya 参数排序选择行序号，则最小汉明重量为 $d_{\min}=16$。因此，为了改善距离谱，删掉生成矩阵 $\boldsymbol{G}_{2048}$ 中行重小于 16 的所有行。

2) 依据 Polar 准则选取子信道

在生成矩阵 $\boldsymbol{G}_{2048}$ 剩余的 1486 行中，按 Bhattacharyya 参数排序，选择可靠性最高的 1024 个子信道作为信息信道集合 $\mathcal{A}$。

图 4.9.7 给出了 AWGN 信道下，采用 SCL 译码算法，基于相同配置 $(2048,1024)$ 的 RM-Polar 码、CRC-Polar 码以及标准极化码(后两种码采用 GA 构造)的 BLER 性能比较。由图可知，RM-Polar 码相对于极化码有显著的性能改善，当 BLER=10^{-4} 时，能获得 1.2dB 的编码增益。而 CRC-Polar 码与 RM-Polar 码有类似的性能。由此可见，这两种编码都对距离谱有显著改善，获得了性能提升。

由于不单纯依据可靠性选择子信道，RM-Polar 准则在 SC 译码下性能并非最佳，但

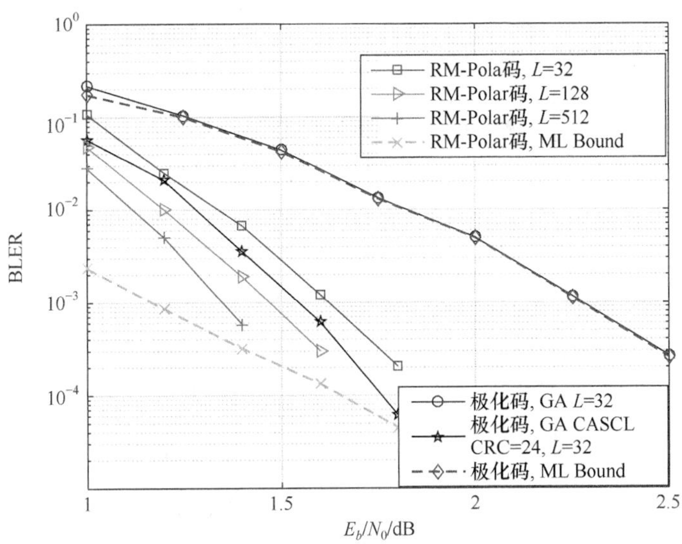

图 4.9.7　AWGN 信道下，采用 SCL 译码算法，配置为(2048,1024)的 RM-Polar 码、CRC-Polar 码与极化码的 BLER 性能比较

这一准则改善了极化码的距离谱，SCL 译码具有优越的纠错能力。不过，它仍然是一种经验式的构造准则，还需要深入进行理论分析。

5. SCL 译码下的编码构造与性能分析

CRC-Polar 码与 RM-Polar 码优越的性能让人们认识到，对于极化码构造，单纯考虑 SC 译码算法下的可靠性准则是不充分的。在 SCL 译码算法下，还需要深入研究极化码的构造准则与理论性能。Murata 与 Ochiai[39]对 SCL 译码下 CRC-Polar 码编码设计与性能分析进行了深入研究，基于半经验式的分析框架，建立了 CRC 码长与 BLER 性能界之间的约束关系，对于 CRC-Polar 设计具有一定的参考意义。Arıkan[40]研究了串行级联极化码的渐近性能，证明当码率小于信道容量时，级联码的差错概率随着码长指数下降。这一结果说明串行级联极化码是一种达到信道容量极限的好码。

串行级联极化码的构造与优化，对于设计高性能极化码非常重要。但由于 SCL 译码算法缺乏系统的理论分析工具，近年来该方向的进展不多，仍然是极化码理论研究有待突破的重要方向之一。

4.9.2　LDPC-Polar 级联码

由于 CRC 主要具有检错能力，纠错能力很弱，因此也可以考虑应用强有力的纠错码，如 LDPC 码，作为串行级联码的外码。牛凯与陈凯在文献[41]中提出了应用重复累加(RA)码的级联编码结构，如图 4.9.8 所示。

整个编码器分为上、下两部分，通过右侧的一级极化相连。由信道极化理论可知，上半部分的信道属于差信道，而下半部分的信道属于好信道。对于上半部分，为了增强可靠性，将输入比特序列 $\boldsymbol{u}^{(1)}=u_1^{N/2}$ 送入 RA 编码器，进行 LDPC 编码，产生编码序列 $c_{1:N/2}^{(1)}$。

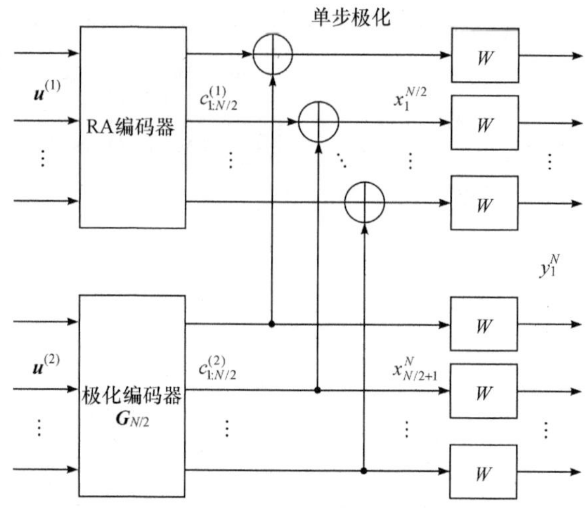

图 4.9.8 RA-Polar 级联编码结构

而下半部分，将另一半输入序列 $\boldsymbol{u}^{(2)}=u_{N/2+1}^N$ 送入极化码编码器，产生编码序列 $c_{1:N/2}^{(2)}=u_{N/2+1}^N\boldsymbol{G}_{N/2}$。最后，上、下两部分的 RA 码字与极化码码字进行一步极化编码，得到最终的 RA-Polar 码字，即

$$\begin{cases}x_1^{N/2}=c_{1:N/2}^{(2)}\oplus c_{1:N/2}^{(1)}\\x_{N/2+1}^N=c_{1:N/2}^{(2)}\end{cases}\tag{4.9.3}$$

这种混合级联编码的关键是设计两个分量码的码率。假设总信息位长度为 K，上半部分信息位长度为 K_1，则 RA 码的码率为 $R_1=2K_1/N$，而极化码的码率为 $R_2=2\left(K-K_1\right)/N$，总码率为 $R=K/N$。显然分量码与级联码的码率满足如下关系：

$$R_1+R_2=2R\tag{4.9.4}$$

文献[41]采用 DE 算法，逐信噪比优化两个分量码的码率。图 4.9.9 给出了极化码、系统 RA(4,4)编码以及 RA-Polar 级联码在 AWGN 信道下的 BLER 仿真结果。三种码都配置为(1024,512)。

其中，RA(4,4)码采用 BP 译码算法(100 次迭代)，Polar 码采用 SC 译码算法。RA-Polar 码采用 BP/SC 译码算法，也就是说，上半部分的 RA 分量码首先采用 BP 译码算法(100 次迭代)，然后下半部分极化码采用 SC 译码。RA-Polar 码上下两个分量码的信息位长度需要进行优化，例如，$E_b/N_0=3.5\text{dB}$，$K_1=161$，$R_1=0.3145$，$K_2=351$，$R_2=0.6885$。

由图 4.9.9 可知，相比 Polar 码，RA-Polar 码有大约 0.3dB 的编码增益，主要原因就在于 RA 码作为分量码，增强了差信道的可靠性。但相比系统 RA$(4,4)$码，仍然有性能差距。不过，RA-Polar 码与 Polar 码一样，没有错误平台。这是高信噪比条件下的性能优势。

除上述方案外，也可以考虑互换极化码与 LDPC 码的位置。Eslami 与 Nik 在文献[42]中提出，将极化码作为外码，将 LDPC 码作为内码，构成 Polar-LDPC 级联码方案。这种编码在 $R=0.93$ 的高码率条件下能够接近信道容量极限，并且没有错误平台。

4.9.3 校验级联极化码

以简单的线性分组码作为校验外码，极化码作为内码，就构成了校验级联极化(PC-Polar)

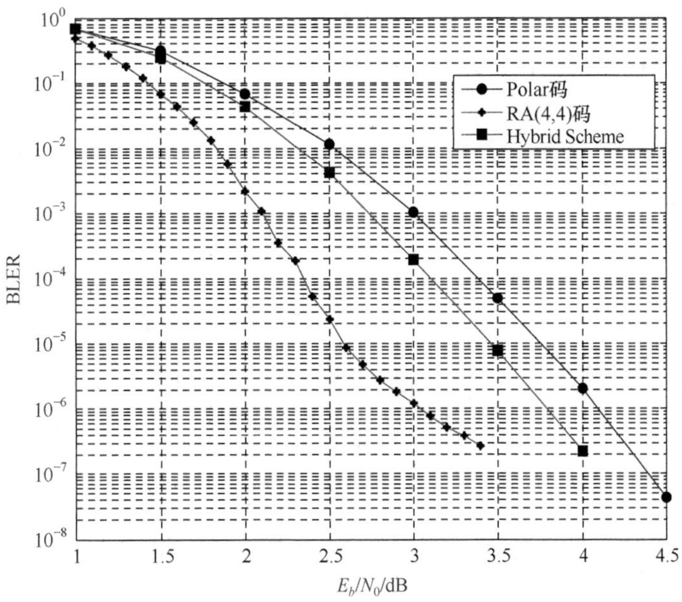

图 4.9.9　采用(1024,512)配置的 RA、Polar 以及 RA-Polar 码的 BLER 性能比较

码结构。这种编码思想最早是由 Seidl 与 Huber 在文献[43]中提出的。他们采用重复编码或扩展汉明码作为外码，增强极化信道的可靠性，能够提高整个编码的纠错性能。文献[44]提出了奇偶校验级联极化码初步方案。华为技术有限公司在文献[45]中，设计了高性能的 PC-Polar 编码方案，下面详细介绍其编译码流程。

1. PC-Polar 系统结构

奇偶校验(Parity Check, PC)是一种信道检错技术，在实际数字通信系统中已经得到了非常广泛的使用。图 4.9.10 为 PC-Polar 方案系统框图，其中发送端包含 m bit 奇偶校验编码器以及码长为 N 的极化编码器。首先对信息比特序列 $v_1^k=(v_1,v_2,\cdots,v_k)$ 添加奇偶校验比特，得到 u_1^{k+m}，接着经过极化编码器得到码字序列 x_1^N，送入信道。

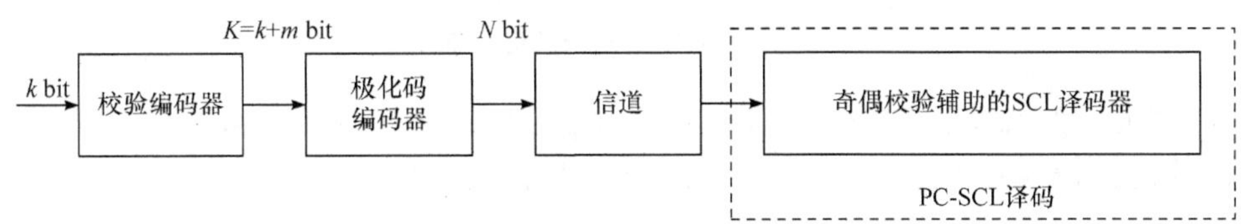

图 4.9.10　PC-Polar 方案系统框图

相较于 CRC 校验只能放在信息比特序列的末尾部分，m 个奇偶校验比特可以放置到比特序列 u_1^{k+m} 的任何位置，如图 4.9.11 所示。定义 u_1^{k+m} 中校验比特位置集合为 $\mathcal{P}=\{p_1,p_2,\cdots,p_m\}$，其中，$\mathcal{P}\subset\{1,2,\cdots,k+m\}$，$m$ 个校验比特取值按照式(4.9.5)得到：

$$u_{p_l}=\left(\sum_{i\in T_l}x_i\right)\bmod 2 \tag{4.9.5}$$

其中，T_l 为第 l 个校验比特所校验的比特位置集合，且 T_l 中所包含的比特序号均小于 p_l。若 T_l 为空集，则第 l 个校验比特为固定比特。

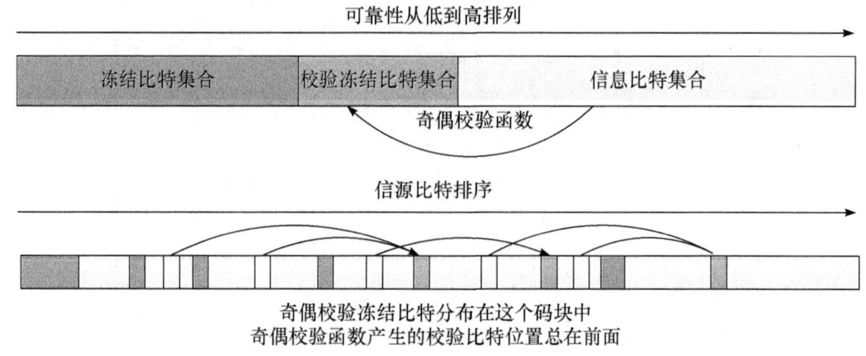

图 4.9.11　PC-Polar 码结构图

接收端得到接收符号序列 y_1^N 后，采用 PC 辅助 SCL 译码(PC-Aided SCL, PC-SCL)算法进行译码。

2. PC-Polar 码构造

定义 D 为实际发送码块长度，Q 为根据 PW 度量从小到大排列所得到的比特序号序列，S 为凿孔比特集合。下面详细介绍算法 4.12 PC-Polar 码构造过程。

算法 4.12　PC-Polar 码构造算法

1. 根据所给定的实际码长 D 以及编码码长 N 得到其凿孔比特集合 S。
2. 得到信息比特集合、固定比特集合以及奇偶校验比特集合：

(1) 根据序号序列 Q 将比特序号按照可靠度分为三个子集，如图 4.9.12 所示；

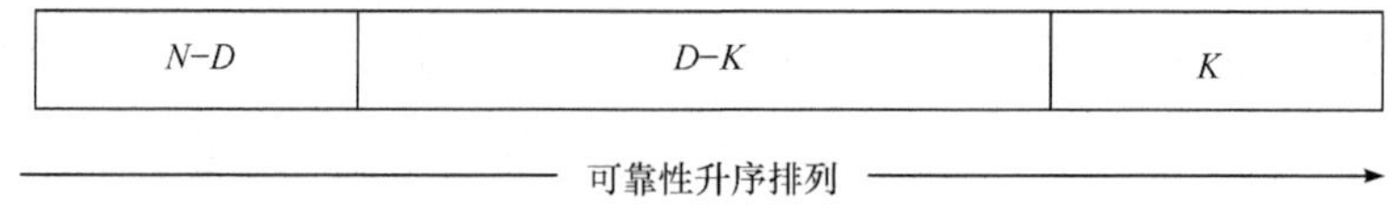

图 4.9.12　比特子集分割

(2) 定义 K 集合中比特位置所对应的最小行重为 $d_{\min}$，其中，行重即生成矩阵 $\boldsymbol{G}_N$ 中每行 1 的个数，并且找出 K 集合中行重等于 $d_{\min}$ 的比特元素个数记为 n_d；

(3) 计算 $F_p = \left\lceil \log_2 \sqrt{NK} \right\rceil$，根据其标记奇偶校验比特位：

① 若 $n_d < F_p$，按照可靠度从大到小找出 $\frac{F_p + n_d}{2}$ 个行重等于 $d_{\min}$ 的比特作为固定比特，同时按照可靠度从大到小找出 $\frac{F_p - n_d}{2}$ 个行重等于 $2d_{\min}$ 的比特作为校验比特位；

② 若 $n_d \geqslant F_p$，按照可靠度从大到小选取 F_p 个行重等于 $d_{\min}$ 的比特作为校验比特位。

(4) 得到信息比特集合、固定比特集合以及奇偶校验比特集合：

① 首先按照可靠度从大到小并且跳过已经标记过的比特位，选取 K 个比特作为信息比特位；

② 标记其他比特位为固定比特位；

③ 选取固定比特位中行重等于校验比特位行重的集合作为额外的校验比特位。

3. 取定记忆深度为素数 p，对于其中序号为 i 的校验比特，选取序号小于 i 且序号差为 p 的正整数倍的信息比特位作为其校验比特集合元素。若不存在满足该条件的比特位，则该校验比特即固定比特。

3. PC-SCL 译码算法性能分析

图 4.9.13～图 4.9.15 分别给出了不同码长、不同码率下 CRC-Polar 与 PC-Polar 两种编译码方案的性能对比图，其中，K 为信息比特长度，N 为实际发送码块长度。CRC-Polar 表示采用 5G 中的 CRC，OPT-CRC-Polar 表示采用优化的 CRC，其多项式为 $\boldsymbol{g}=[1110011]$。

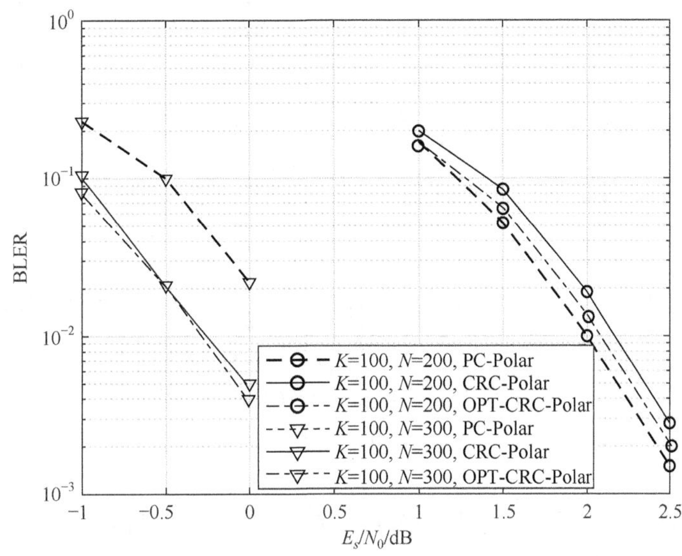

图 4.9.13　信息比特长度为 100，码率为 1/2、1/3 下的两种译码算法性能对比

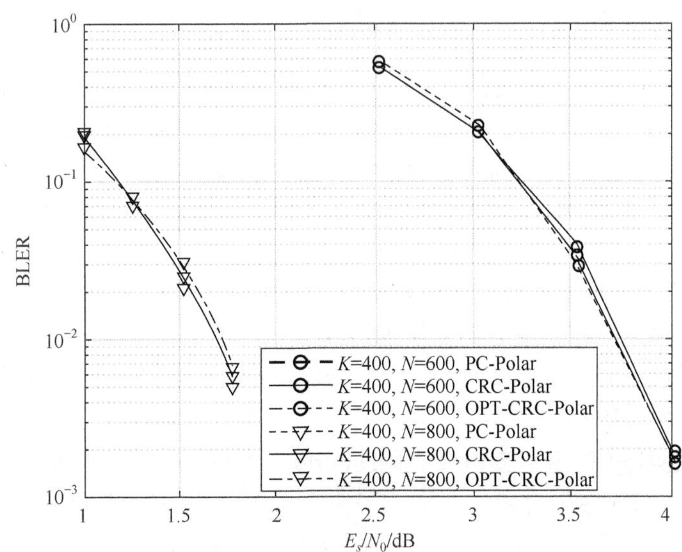

图 4.9.14　信息比特长度为 400，码率为 1/2、2/3 下的两种译码算法性能对比

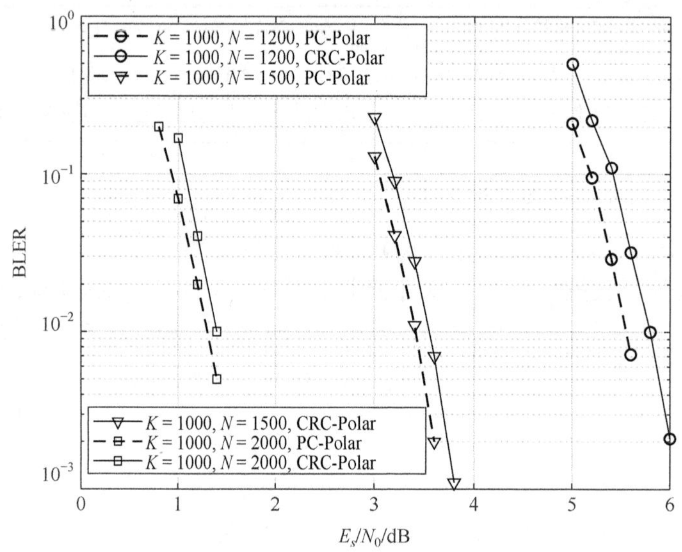

图 4.9.15 信息比特长度为 1000，码率为 1/2、2/3、5/6 下两种译码算法性能对比

从图 4.9.13～图 4.9.15 中可以看出，短码情况下，例如，当信息比特长度为 100 时，CRC-Polar 甚至比 PC-Polar 性能更好。中等码长情况下，例如，信息比特长度为 400，编码比特长度为 800 时，二者性能相当。而在长码情况下，PC-Polar 略优于 CRC-Polar 方案。当信息比特长度为 1000，码长为 1200 时，PC-Polar 性能相对于 CRC-Polar 方案能有 0.2dB 的增益。

尽管 PC-Polar 是一种性能优越的级联码方案，但其设计与分析理论还不够完善，仍然需要进一步深入研究。

4.9.4 其他级联极化码

Trifonov 与 Miloslavskaya 提出的广义级联码[46,47]是代表性的方案。他们采用多个扩展 BCH 码作为外码，基于动态冻结位技术，构造混合级联极化码，进一步可以推广到以 eBCH/RS 码作为极化核的多进制极化码。这种广义级联极化码，仍然可以采用 SC/SCL 译码算法，性能显著超越 Turbo/LDPC 码，与 CRC-Polar 码相比，也具有同等或更优的性能。

Wang 等研究了采用交织级联的极化码结构[48]，外码采用 BCH 或卷积码，内码采用极化码，内外码采用乘积码形式的交织器级联。相比单个极化码，这样的级联编码能够显著改善误差指数(Error Exponent)。另外，文献[49]研究了基于交织级联的 RS-Polar 级联码，也有一定的性能增益。

邱茂清在文献[50]提出了交织极化码(Interleaved Polar Code, I-Polar Code)。通过在极化码 Trellis 上引入多个交织器，构成了多个外码与内码的级联结构。这种编码结构简单且具有优越的性能，某些条件下甚至超越了 CRC-Polar 码，是一种非常有前景的编码方案。

4.10　并行级联极化码

并行级联极化码设计的基本思想来自 Arıkan[2]，他指出利用系统极化码的结构，可以类似 Turbo 码，构造并行级联结构。刘爱军等在文献[51]和文献[52]中先后研究了并行级联极化码的结构、重量谱与差错性能。随后，刘珍珍与牛凯等提出了 3D-PC 码的结构[53,54]，进一步改进了并行级联码的错误平台。

4.10.1　并行级联系统极化码

本小节简要介绍并行级联系统极化码(PCSPC)的编译码结构，并对距离谱进行分析。

1. PCSPC 编码结构

PCSPC[51]的编码结构如图 4.10.1 所示。它由 C_a 和 C_b 这两个系统极化码(SPC)编码器以并行方式进行级联。

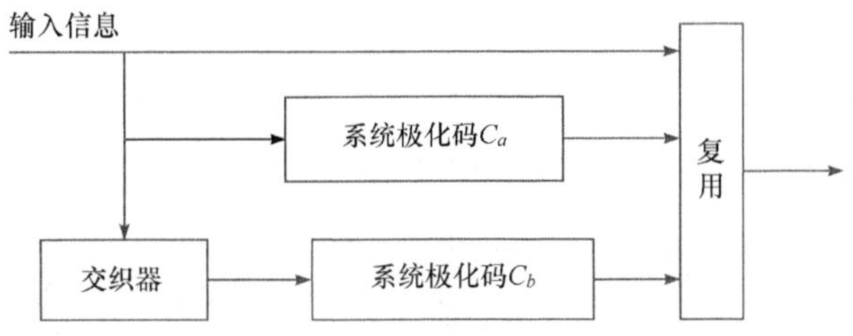

图 4.10.1　并行级联系统极化编码结构

假设分量码的码长为 N_c。长度为 K 的集合 $\mathcal{A}\subset\{1,\cdots,N_c\}$ 代表信息比特位置，可由高斯近似构造得到。集合 $\mathcal{A}^c$ 为 $\mathcal{A}$ 的补集。假设 $\boldsymbol{\mu}=(\mu_1,\cdots,\mu_K)$ 为信息序列，序列 $\boldsymbol{v}_1=\left(v_{1,1},\cdots,v_{1,N_c}\right)$ 包括 $v_{1,\mathcal{A}}$ 和 $v_{1,\mathcal{A}^c}$ 两部分。根据 SPC 的编码可知，第一个 SPC 编码器 C_a 输出的码字 $\boldsymbol{x}_1=\left(x_{1,1},\cdots,x_{1,N_c}\right)$ 为

$$\boldsymbol{x}_1=\boldsymbol{v}_1\boldsymbol{G}_{N_c}=v_{1,\mathcal{A}}\boldsymbol{G}_{\mathcal{A}}+v_{1,\mathcal{A}^c}\boldsymbol{G}_{\mathcal{A}^c}=\boldsymbol{v}_1\boldsymbol{F}_2^{\otimes n_c} \tag{4.10.1}$$

其中，$N_c=2^{n_c}$，$\boldsymbol{F}_2^{\otimes n_c}$ 表示 $\boldsymbol{F}_2$ 的 n_c 阶克罗内克积。$v_{1,\mathcal{A}^c}$ 是确定的且对编码器和译码器是已知的。根据系统码的结构可知，$x_{1,\mathcal{A}}=\boldsymbol{\mu}$ 并且 $x_{1,\mathcal{A}^c}$ 表示校验序列。

同时，经过随机交织后的信息序列送入第二个 SPC 编码器 C_b 进行编码产生第二个校验序列 $x_{2,\mathcal{A}^c}$。在复用器组合信息序列、第 1 个与第 2 个校验序列后，可以得到 PCSPC 的码字 $\boldsymbol{c}=(c_1,\cdots,c_N)$，其中，码长 $N=2N_c-K$ 和码率 $R=K/N$。接着对码字采用 BPSK 调制并在 AWGN 信道中传输。那么接收信号 $\boldsymbol{y}=(y_1,\cdots,y_N)$ 可以表示为

$$\boldsymbol{y}=(1-2\boldsymbol{c})+\boldsymbol{n} \tag{4.10.2}$$

其中，$\boldsymbol{n}=(n_1,\cdots,n_N)$ 是独立同分布的高斯随机噪声序列并且每个噪声样本服从

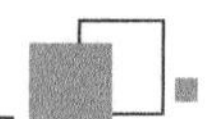

$n_i \sim \mathcal{N}\left(0,\sigma^2\right)$分布。

2. PCSPC 译码结构

PCSPC 码需要采用迭代结构进行译码，图 4.10.2 给出了迭代译码框图。译码过程描述如下。

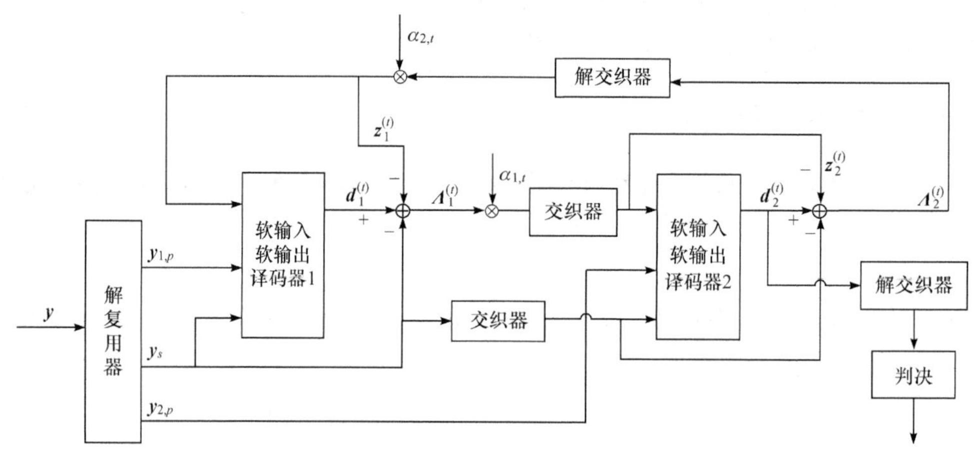

图 4.10.2 PCSPC 迭代译码结构

(1) 解复用器把接收到的信号 $\boldsymbol{y}$ 分解成三个部分 $\boldsymbol{y}_{1,p}$、$\boldsymbol{y}_{2,p}$ 和 $\boldsymbol{y}_s$，其中，$\boldsymbol{y}_{1,p}$ 和 $\boldsymbol{y}_{2,p}$ 分别表示接收到的第一个编码器和第二个编码器的校验信息，$\boldsymbol{y}_s$ 代表接收到的信息序列。

(2) 假设当前迭代次数为 t，如果接收到的信息 $\boldsymbol{y}_{1,p}$、$\boldsymbol{y}_s$ 和先验信息 $\boldsymbol{z}_1^{(t)}=\left(z_{1,1}^{(t)},\cdots,z_{1,K}^{(t)}\right)$ 送入第一个译码器进行译码，则译码器输出比特 LLR 序列 $\boldsymbol{d}_1^{(t)}=\left(d_{1,1}^{(t)},\cdots,d_{1,K}^{(t)}\right)$。

然后，$\boldsymbol{d}_1^{(t)}$ 减去先验信息和信道信息得到第一个译码器的外信息 $\boldsymbol{\Lambda}_1^{(t)}$：

$$\boldsymbol{\Lambda}_1^{(t)}=\boldsymbol{d}_1^{(t)}-\frac{2}{\sigma^2}\boldsymbol{y}_s-\boldsymbol{z}_1^{(t)} \tag{4.10.3}$$

其中，$\boldsymbol{z}_1^{(t)}$ 由第二个译码器提供。

由于第一个译码器输出的外信息可能被过高估计，因此有必要在迭代译码过程中对其进行缩放以提高系统的整体性能。根据两个译码器的信息交互可知，第二个译码器的先验信息可以写成如下形式：

$$z_{2,k}^{(t)}=\alpha_{1,t}\cdot\lambda_{1,\pi(k)}^{(t)} \tag{4.10.4}$$

其中，$\pi(k)$ 表示交织器映射函数。所有的缩放因子 $\alpha_{1,t}$ 组成一个序列 $\boldsymbol{\alpha}_1$。

(3) 第二个译码器在 $\boldsymbol{y}_{2,p}$、$\boldsymbol{y}_s$ 和 $\boldsymbol{z}_1^{(t)}$ 的辅助下输出比特 LLR 序列 $\boldsymbol{d}_2^{(t)}$。类似于式(4.10.3)，外信息序列 $\boldsymbol{\Lambda}_2^{(t)}$ 可通过计算得到。对其进行解交织和缩放操作，可以得到第一个译码器的先验信息：

$$z_{1,k}^{(t+1)}=\alpha_{2,t}\cdot\lambda_{2,\pi^{-1}(k)}^{(t)} \tag{4.10.5}$$

其中，$\alpha_{2,t}$ 为缩放序列 $\boldsymbol{\alpha}_2$ 的第 t 个元素；$\pi^{-1}(k)$ 为解交织函数。

(4) 步骤(2)和(3)继续执行直到达到给定的最大外迭代次数 T 。

为了进行外信息交互，对于 SPC 分量码译码，需要采用软输入软输出(SISO)译码算法，即 SCAN 算法[55]和 BP 算法，这两种算法的细节留待第 5 章介绍。

3. PCSPC 的距离谱与性能界

定理 4.31(PCSPC 的距离谱)　假定 PCSPC 的输入信息序列长度为 K，那么 PCSPC 的 CWEF 可表示为

$$A_m^{C_P}(Z) = \frac{A_m^{C_a}(Z) \cdot A_m^{C_b}(Z)}{\binom{K}{m}} \tag{4.10.6}$$

其中，$A_m^{C_a}(Z)$ 表示分量码 C_a 在输入序列重量为 m 的条件下的 CWEF，$A_m^{C_b}(Z)$ 为分量码 C_b 在输入序列重量等于 m 时的 CWEF。

利用式(4.10.6)中得到的 CWEF，推得 PCSPC 的 IRWEF 如下：

$$\begin{aligned} A^{C_P}(M,Z) &= \sum_{m=1}^{K} M^m A_m^{C_P}(Z) \\ &= \sum_{m=1}^{K} A_{m,z}^{C_P} M^m Z^z \end{aligned} \tag{4.10.7}$$

一般情况下，为了分析级联码在错误平台上的性能，可以采用基于码字最小距离的分析方法。对于一个码长为 N，信息位长度为 K 的线性二进制码 $C(N,K)$ 来说，假设其最小距离 $d_{\min}$ 对应的码字个数为 $N_{\min}$，$w_{\min}$ 为与 $N_{\min}$ 个码字对应的信息帧的汉明重量之和，高信噪比 E_b/N_0 条件下，错误平台的距离渐近限可写为

$$P_b \simeq \frac{w_{\min}}{K} Q\left(\sqrt{2d_{\min}\frac{K}{N}\frac{E_b}{N_0}}\right) \tag{4.10.8}$$

$$P_f \simeq N_{\min} Q\left(\sqrt{2d_{\min}\frac{K}{N}\frac{E_b}{N_0}}\right) \tag{4.10.9}$$

如果给定 $d_{\min}$、$w_{\min}$ 和 $N_{\min}$，便可利用式(4.10.8)和式(4.10.9)来估计错误平台的性能趋势。观察这两个公式可以发现，当 E_b/N_0 充分大时，$d_{\min}$ 与码长 N 的关系将决定编码是否存在错误平台。如果 $d_{\min}$ 与码长 N 之间为线性增长关系，那么不存在错误平台，否则存在错误平台。

为了研究 PCSPC 的渐近性能，需要分析 PCSPC 的最小距离与码长之间的对应关系。

定理 4.32(PCSPC 的最小距离与码长的关系)　PCSPC 的最小距离 $d_{\min}^{C_P}$ 与码长 N 之间的对应关系为

$$\frac{d_{\min}^{C_P}}{N} = O\left(\left(2^{\sqrt{\log_2 N}}\right)^{2c}\right) \tag{4.10.10}$$

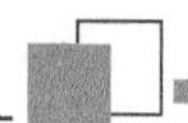

证明 对于并行级联码来说，其最小距离 $d_{\min}^{C_P}$ 与分量码的最小距离之间满足如下关系式：

$$d_{\min}^{C_P} \geqslant d_{\min}^{C_1} \cdot d_{\min}^{C_2} \tag{4.10.11}$$

其中，$d_{\min}^{C_j}$ 为第 j 个分量码 C_j 的最小距离。

对于极化码而言，其最小距离和最小距离界分别在定理 4.1 和定理 4.2 给出。PCSPC 的分量码 C_1 和 C_2 满足 $d_{\min}^{C_1} \leqslant \sqrt{N} \cdot 2^{c\sqrt{\log_2 N}}$ 和 $d_{\min}^{C_2} \leqslant \sqrt{N} \cdot 2^{c\sqrt{\log_2 N}}$，那么根据式(4.10.11)并采用 $O(\cdot)$ 标记法可知：

$$\begin{aligned}\frac{d_{\min}^{C_P}}{N} &= O\left(\left(2^{c\sqrt{\log_2 N}}\right)^2\right) \\ &= O\left(\left(2^{\sqrt{\log_2 N}}\right)^{2c}\right)\end{aligned} \tag{4.10.12}$$

其中，c 为常数。

由定理 4.32 可知，PCSPC 的最小距离 $d_{\min}^{C_P}$ 与码长 N 之间并非线性关系，因此 PCSPC 存在错误平台现象。

定理 4.33(PCSPC 的 BER 上界) 给定 PCSPC 的输入信息长度 K 和码率 R，在 ML 译码下的 BER 一致界为

$$P_b^{C_P} \approx \sum_{\substack{m \quad z \\ m+z=d}} \sum \frac{m}{K} A_{m,z}^{C_P} Q\left(\sqrt{2dR\frac{E_b}{N_0}}\right) \tag{4.10.13}$$

其中，$A_{m,z}^{C_P}$ 为 PCSPC 的 IRWEF 系数，即满足输入信息序列重量为 m 且对应输出的 PCSPC 码字的校验比特重量为 z 的码字数目。

4.10.2 3D 并行级联极化码

级联码理论研究表明，并行级联码可改善瀑布区的性能，而串行级联码可降低错误平台。Berrou 和 Rosnes 等结合并行与串行级联码各自的优点，提出了三维 Turbo 码(3D-TC)以提高 Turbo 码的性能[56,57]。研究表明，在 Turbo 码后串行级联一个第三维编码，系统的最小距离增大，从而降低了错误平台性能。借鉴 3D-TC 的思想，刘珍珍与牛凯等提出了 3D-PC 的概念[53]，即在 PCSPC 码后串行级联第三维编码，以达到降低 PCSPC 错误平台的作用。

1. 3D-PC 编码结构

图 4.10.3 给出了 3D-PC 的编码结构框图。它可以看成是内码和外码 PCSPC 的串行级联。3D-PC 的具体编码流程如下。

(1) 首先，长度为 K 的信息序列 $\boldsymbol{u}$ 送入 PCSPC 编码器中进行编码。PCSPC 的分量码都为 SPC 且分别用 C_a 和 C_b 表示。$\boldsymbol{x}_a$ 和 $\boldsymbol{x}_b$ 分别表示 C_a 和 C_b 的校验比特序列。进一步，复用器交替地从 $\boldsymbol{x}_a$ 和 $\boldsymbol{x}_b$ 中抽取比特以构成码字 $\boldsymbol{x}_{\text{PC}}$。

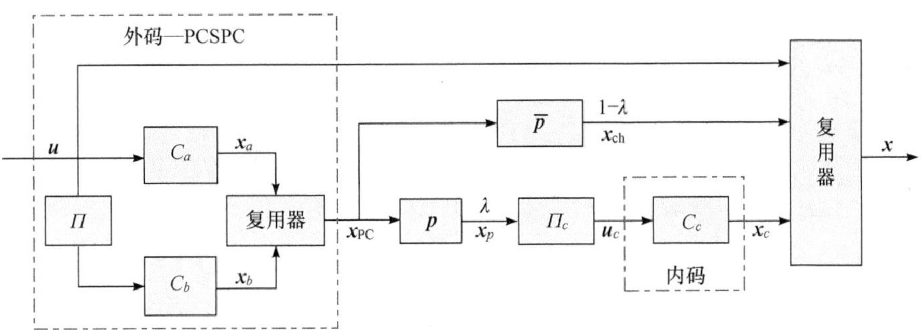

图 4.10.3　3D-PC 编码框图

(2) 将 $\boldsymbol{x}_{\text{PC}}$ 序列抽取构成 $\boldsymbol{x}_p$，抽取比例为 λ，抽取比特需要遵循特定的凿孔模式 $\boldsymbol{p}$，其长度为 $2/\lambda$。随后将 $\boldsymbol{x}_p$ 送入交织器 Π_c 中进行交织以保证比特之间尽可能独立。交织后的序列 $\boldsymbol{u}_c$ 送入第三个编码器 C_c 中参与编码，输出码字 $\boldsymbol{x}_c$。

(3) $\boldsymbol{x}_{\text{PC}}$ 中剩余的 $1-\lambda$ 比例的比特序列 $\boldsymbol{x}_{\text{ch}}$ 直接送到复用器。凿孔模式 $\boldsymbol{p}$ 和凿孔模式 $\bar{\boldsymbol{p}}$ 是互补的。

(4) 码长为 N_T 的 3D-PC 码字 $\boldsymbol{x}$ 可通过组合输入序列 $\boldsymbol{u}$、校验序列 $\boldsymbol{x}_{\text{ch}}$ 和校验序列 $\boldsymbol{x}_c$ 得到。一般情况下，分量码 SPC 的码率为 1/2，因此 3D-PC 的码率为 $R = K / N_T = 1/3$。为了取得更高的码率，需要凿掉一些来自 $\boldsymbol{x}_{\text{ch}}$ 或者 $\boldsymbol{x}_c$ 的校验比特。由于 $\boldsymbol{x}_c$ 包含更多的信息，因此首先考虑凿掉 $\boldsymbol{x}_{\text{ch}}$ 中的比特。

为了后续分析的方便，在这里给出一些符号的表示。$\boldsymbol{x}_p^a$ 和 $\boldsymbol{x}_p^b$ 为序列 $\boldsymbol{x}_a$ 和 $\boldsymbol{x}_b$ 的子序列。若从这两个序列中交替地选取比特便可构成序列 $\boldsymbol{x}_p$。进一步，$\boldsymbol{x}_p$ 将参与第三维编码。假设 $\boldsymbol{x}_{\text{ch}}^a$ 和 $\boldsymbol{x}_{\text{ch}}^b$ 为序列 $\boldsymbol{x}_a$ 和 $\boldsymbol{x}_b$ 的子序列，从这两个子序列中交替地选取比特便可得到序列 $\boldsymbol{x}_{\text{ch}}$。$\boldsymbol{x}_{\text{ch}}$ 直接送入复用器。

由于复杂度和性能的原因，编码器 C_c 的选择需要满足一些要求，例如，译码器要尽可能简单，输入软信息和输出软信息不应该引入太多的错误。一般设计为码率为 1 且生成多项式为 $g(D) = 1/\left(1+D^2\right)$ 的循环递归系统卷积码(CRSC)[56]。为了便于理论分析，在 3D-PC 编码结构中采用随机交织器。

凿孔模式 $\boldsymbol{p}$ 采用规则凿孔模式。如果 $\boldsymbol{p}$ 应用到码长为 N_c 的码字 $\boldsymbol{x}_{\text{PC}}$ 上，则在 N_c 个位置上有 $N_c\lambda$ 个 1，保留相对应的比特。例如，假设 $\lambda = 1/4$ 且 $\boldsymbol{p} = [11000000]$，则 $\boldsymbol{x}_a$ 和 $\boldsymbol{x}_b$ 中每 4 个比特提取 1 个比特送入 C_c 参与再次编码。根据 $\boldsymbol{p}$ 和 $\bar{\boldsymbol{p}}$ 之间的关系，很容易得到 $\bar{\boldsymbol{p}} = [00111111]$。如果 $\bar{\boldsymbol{p}}$ 应用到 $\boldsymbol{x}_{\text{PC}}$ 上，则保留的比特将直接送入复用器中。

2. 3D-PC 译码结构

3D-PC 的译码结构如图 4.10.4 所示。从信道 W 接收到的信号序列 $\boldsymbol{y}$ 被解复用器分解成三个部分 $\boldsymbol{y}_u$、$\boldsymbol{y}_{\text{ch}}$ 和 $\boldsymbol{y}_c$。对应的信道 LLR 信息分别用 $\boldsymbol{\Psi}_u$、$\boldsymbol{\Psi}_{\text{ch}}$ 和 $\boldsymbol{\Psi}_c$ 表示。译码器 C_a^{-1}、C_b^{-1}、C_c^{-1} 分别与编码器 C_a、C_b、C_c 相对应。下面描述详细的译码过程。

(1) 来自信道的 $\boldsymbol{\Psi}_c$ 和来自 C_a^{-1}、C_b^{-1} 的先验信息 $\boldsymbol{\Gamma}_c$ 送入译码器 C_c^{-1} 进行译码。然后译码器 C_c^{-1} 输出与 $\boldsymbol{u}_c$ 相关的外信息 $\boldsymbol{\Lambda}_c$。经解交织后得到信息 $\boldsymbol{\Gamma}_p$ 并与 $\boldsymbol{\Psi}_{\text{ch}}$ 合并后再进行

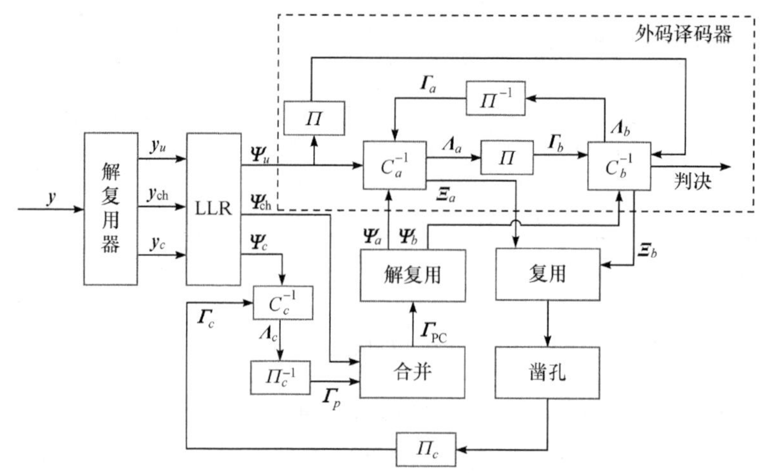

图 4.10.4 3D-PC 译码结构

解复用，得到$\boldsymbol{\Psi}_a$和$\boldsymbol{\Psi}_b$。$\boldsymbol{\Psi}_a$和$\boldsymbol{\Psi}_b$可看成校验比特$\boldsymbol{x}_a$和$\boldsymbol{x}_b$的信道 LLR 信息。它们辅助译码器C_a^{-1}和C_b^{-1}的译码。

(2) 译码器C_a^{-1}在信道信息$\boldsymbol{\Psi}_u$和$\boldsymbol{\Psi}_a$、先验信息$\boldsymbol{\Gamma}_a$的辅助下，得到与输入序列$\boldsymbol{u}$相关的外信息$\boldsymbol{\Lambda}_a$。$\boldsymbol{\Lambda}_a$经过交织后得到C_b^{-1}的先验信息$\boldsymbol{\Gamma}_b$。C_b^{-1}译码器接收到信道信息$\boldsymbol{\Psi}_b$和交织的$\boldsymbol{\Psi}_u$以及先验信息$\boldsymbol{\Gamma}_b$，输出与输入序列$\boldsymbol{u}$相关的外信息$\boldsymbol{\Lambda}_b$。外信息$\boldsymbol{\Lambda}_b$经过解交织得到先验信息$\boldsymbol{\Gamma}_a$供C_a^{-1}在下一次迭代使用。由于编码器C_a和C_b的输入信息都来自$\boldsymbol{u}$，因此与$\boldsymbol{u}$相关的外信息在C_a^{-1}和C_b^{-1}之间来回交互，直到达到给定的外码译码迭代次数。

(3) 当外码译码器译码完成后，译码器C_a^{-1}和译码器C_b^{-1}分别输出与校验比特序列$\boldsymbol{x}_p^a$有关的外信息$\boldsymbol{\Xi}_a$和与校验比特序列$\boldsymbol{x}_p^b$相关的外信息$\boldsymbol{\Xi}_b$。$\boldsymbol{\Xi}_a$和$\boldsymbol{\Xi}_b$经过复用、凿孔与交织等一系列操作后，得到了信息$\boldsymbol{\Gamma}_c$并传递给译码器C_c^{-1}作为下一次迭代的先验信息。这样便完成了一次外码译码器和内码译码器之间的外迭代。需要注意的是，对于内码译码器和外码译码器，两者之间进行交互的信息为部分校验比特$\boldsymbol{x}_p$的外信息。

(4) 当达到给定的外迭代次数后，将终止内码译码器与外码译码器之间的交互，根据分量码译码器C_b^{-1}的比特 LLR 信息进行判决。

由于译码器C_a^{-1}和C_b^{-1}之间需要交互外信息，对于 SPC 的译码，也采用 SISO 算法，即 SCAN 和 BP。

3. 3D-PC 码距离谱分析

假设q_a和q_b分别表示序列$\boldsymbol{x}_a$和$\boldsymbol{x}_b$的重量，那么$\boldsymbol{x}_{\mathrm{PC}}$的重量为$q=q_a+q_b$。$\eta_a$、$\eta_b$、$\eta$分别表示序列$\boldsymbol{x}_p^a$、$\boldsymbol{x}_p^b$和$\boldsymbol{x}_p$的重量，且满足$\eta=\eta_a+\eta_b$。$r_a$、$r_b$、$r$分别表示序列$\boldsymbol{x}_{\mathrm{ch}}^a$、$\boldsymbol{x}_{\mathrm{ch}}^b$和$\boldsymbol{x}_{\mathrm{ch}}$的重量，且有关系式$r=r_a+r_b$。估计编码结构可知$q=\eta+r$。

定理 4.34(基于随机凿孔的 3D-PC 的 IOWEF) 假设 3D-PC 的输入信息序列长度为K，抽取率为λ且采用随机凿孔方案，那么 3D-PC 的整体平均 IOWEF $\overline{A}_{m,d}^{C_{\mathrm{3D}}}$可写成如下形式：

$$\overline{A}_{m,d}^{C_{3D}} = \sum_{q,q_a,\eta} \frac{A_{m,q_a}^{C_a} A_{m,q-q_a}^{C_b}}{\begin{pmatrix} K \\ m \end{pmatrix}} \cdot \frac{\begin{pmatrix} q \\ \eta \end{pmatrix}\begin{pmatrix} 2K-q \\ 2\lambda K-\eta \end{pmatrix}}{\begin{pmatrix} 2K \\ 2\lambda K \end{pmatrix}} \cdot \frac{A_{\eta,d-m-q+\eta}^{C_c}}{\begin{pmatrix} 2\lambda K \\ \eta \end{pmatrix}} \tag{4.10.14}$$

其中，$A_{m,(r_x,\eta_x)}^{C_x}, x=a,b$ 表示分量码 SPC C_x 中满足输入重量为 m，输出重量 r_x 和 η_x 分别对应输入信道中和送入编码器 C_c 的子码字数目，$q \geqslant 0$，$\max(2\lambda K+q-2K, m+q-d) \leqslant \eta \leqslant \min(q, 2\lambda K), q_a \leqslant q$。证明过程参见文献[54]，不再赘述。

在设计 3D-PC 码时，不仅需要考虑瀑布区性能，也要考虑错误平台性能。文献[54]分析了 3D-PC 的最小距离与抽取率 λ 之间的关系。分析表明，抽取率 λ 越大，最小距离越大。当 $\lambda=1/4$ 和 $\lambda=1/8$ 时，3D-PC 的最小距离相对于 PCSPC 的最小距离增加较小，而对于 $\lambda=1/2$ 来说，其最小距离增加的幅度较大，故具有更低的错误平台。因此，从错误平台性能的角度来设计 3D-PC 码，则 λ 取值越大越好，即 $\lambda=1$。

另外，考察 3D-PC 的迭代译码收敛门限与抽取率 λ 之间的关系。分析表明，抽取率 λ 越大，收敛门限也越大，瀑布区性能越差。与 $\lambda=0$ 时的最好收敛门限相比，在 $\lambda=1/8$ 和 $\lambda=1/4$ 下的收敛性损失相对较小。$\lambda=1/2$ 和 $\lambda=1$ 配置下，收敛损失很大。

通过上述分析可知，随着 λ 的增加，错误平台性能变好，而瀑布区性能恶化。因此，在设计 3D-PC 时，需要找一个使瀑布区性能和错误平台区性能折中的 λ 取值。综合考虑错误平台和收敛门限，选择 $\lambda=1/8$ 和 $\lambda=1/4$ 这两种配置较为合适。

图 4.10.5 给出了 3D-PC 与 PCSPC 的 BLER 性能比较。仿真信道为 AWGN，输入的信息块长度为 $K=4096$。分量码的码率为 $1/2$。由于分量码输出的校验位长度为 K，因此 3D-PC 总码率为 $R=1/3$。交织器 Π 和 Π_c 为随机交织器。外码译码器的迭代次数为 1，内码译码器和外码译码器之间的迭代次数为 6。另外，SPC 分量码译码采用 SCAN 算法，而 CRSC 码采用 MAP 译码算法。3D-PC 方案中抽取率 λ 设定为 $1/4$ 和 $1/8$。

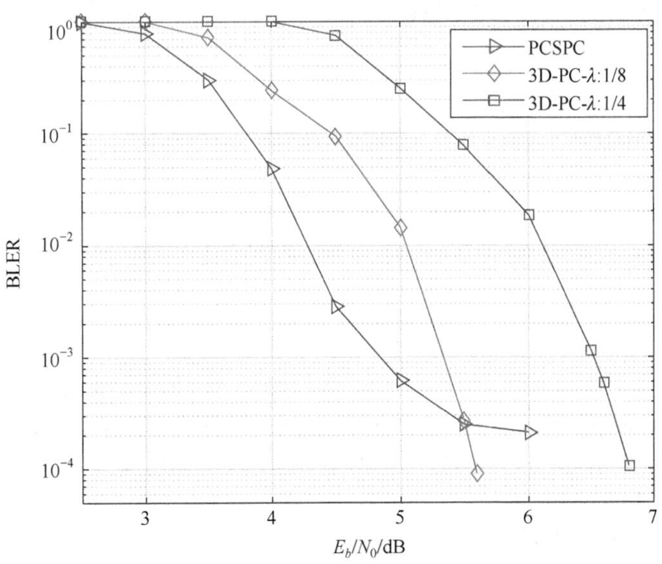

图 4.10.5　3D-PC 与 PCSPC 的 BLER 性能比较

作为对比方案，图 4.10.5 中也给出了 PCSPC 的性能。SPC 分量码的码长和码率分别为8192和1/2 。在这种配置下，PCSPC 的总码率也为1/3 ，与 3D-PC 码率相同。分量码也采用 SCAN 算法。为了公平比较，分量码译码器 C_a^{-1} 和 C_b^{-1} 之间的迭代次数也设置为 6。

观察图 4.10.5 发现，与 PCSPC 相比，3D-PC 在瀑布区域有性能损失。这与前面的分析结论一致。随着 λ 的增加，收敛门限增大。另外，在高信噪比区域，3D-PC 相较于 PCSPC 具有更好的差错性能。对于 PCSPC，错误平台现象出现在 2×10^{-4} ；而对于 3D-PC，当误码率为 2×10^{-4} 时，并未出现错误平台。这是由于 3D-PC 相比 PCSPC 增大了最小距离，因此降低了错误平台。

4.11 本章小结

本章主要介绍了极化码的构造与编码理论。在极化码的构造方面，主要包括依赖信道条件的构造、独立信道条件的构造以及基于距离谱的构造三类方法。其中，依赖信道条件的构造算法，研究成果较为丰富，包括巴氏参数构造、密度进化、Tal-Vardy 与高斯近似等代表性算法。这些方法的共性问题是需要根据初始信道条件，采用较为复杂的迭代运算构造极化码，不利于极化码在通信系统中的实际应用。独立信道条件的构造算法，主要包括部分序与 PW 度量，这两类方法具有通用性，便于实际应用，但无法建立与极化码差错性能的直接联系。第三类构造方法，例如，基于极化谱的构造方法，综合了上述两类构造方法的优点，既具有理论可解释性，又能够设计低复杂度的构造度量。

在极化码的编码理论方面，首先分析与比较了非系统码与系统码的距离谱性质；然后重点介绍了高性能的级联极化码方案，包括串行级联极化码与并行级联极化码。其中，CRC-Polar 级联码是最有代表性的串行级联码方案，已经在 5G 信道编码标准中应用。级联极化码的构造方法与设计理论，目前仍然是热门的研究方向，还需要进一步深入研究。

参考文献

[1] ARIKAN E. Channel polarization: a method for constructing capacity-achieving codes [J]. IEEE Transactions on Information Theory, 2009, 55(7): 3051-3073.

[2] ARIKAN E. Systematic polar coding [J]. IEEE Communications Letters, 2011, 15(8): 860-862.

[3] ARIKAN E. A performance comparison of polar codes and Reed-Muller codes [J]. IEEE Communications Letters, 2008, 12(6): 447-449.

[4] ARIKAN E. A survey of Reed-Muller codes from polar coding perspective[J]. IEEE Information Theory Workshop on Information Theory(ITW), Cairo, 2010: 6-10.

[5] KORADA S B. Polar codes for channel and source coding [D]. Lausanne: Ecole Polytechnique Federale de Lausanne (EPFL), 2009.

[6] MACWILLIAMS F J, SLOANE N J A. The theory of error-correcting codes [M]. 5th ed. Amsterdam: North-Holland, 1986.

[7] RYAN W E, LIN S. Channel codes classical and modern[M]. Cambridge: Cambridge University Press, 2009.

[8] LI B, SHEN H, TSE D. An adaptive successive cancellation list decoder for polar codes with cyclic redundancy check [J]. IEEE Communications Letters, 2012, 16(12): 2044-2047.

[9] LIU Z Z, CHEN K, NIU K, et al. Distance spectrum analysis of polar codes [C]. IEEE Wireless Communications and Networking Conference(WCNC), Istanbul Turkey, 2014: 490-495.

[10] LIU Z Z, NIU K, DONG C, et al. Performance analysis of polar codes based on 3×3 kernel matrix [C]. International Conference on Communications and Networking in China(CHINACOM)IEEE, Shanghai, 2015: 382-386.

[11] BARDET M, DRAGOI V, OTMANI A, et al. Algebraic properties of polar codes from a new polynomial formalism [C]. IEEE International Symposium on Information Theory, Barcelona, 2016: 230-234.

[12] VALIPOUR M, YOUSEFI S. On probabilistic weight distribution of polar codes [J]. IEEE Communications Letters, 2013, 17(11): 2120-21223.

[13] LIU R H, SPASOJEVIC P, SOLJANIN E. On the weight spectrum of good linear binary codes [J]. IEEE Transactions on Information Theory, 2005, 51(12): 4369-4373.

[14] MORI R, TANAKA T. Performance and construction of polar codes on symmetric binary-input memoryless channels [C]. IEEE International Symposium on Information Theory(ISIT), Seoul, 2009: 1496-1500.

[15] MORI R, TANAKA T. Performance of polar codes with the construction using density evolution [J]. IEEE Communications Letters, 2009, 13(7): 519-521.

[16] TAL I, VARDY A. How to construct polar codes [J]. IEEE Transactions on Information Theory, 2013, 59(10): 6562-6582.

[17] TRIFONOV P. Efficient design and decoding of polar codes [J]. IEEE Transactions on Communications, 2012, 60(11): 3221-3227.

[18] DAI J C, NIU K, Si Z, et al. Does Gaussian approximation work well for the long-length polar code construction? [J]. IEEE Access, 2017, 5: 7950-7963.

[19] 戴金晟. 基于广义极化变换的多流信号传输理论与方案研究[D]. 北京: 北京邮电大学, 2019.

[20] CHUNG S Y, RICHARDSON T J, URBANKE R L. Analysis of sum-product decoding of low-density parity-check codes using a Gaussian approximation[J]. IEEE Transactions on Information Theory, 2001, 47(2): 657-670.

[21] SCHÜRCH C. A partial order for the synthesized channels of a polar code [C]. IEEE International Symposium on Information Theory (ISIT), Barcelona, 2016: 220-224.

[22] WU W, FAN B, SIEGEL P H. Generalized partial orders for polar code bit-channels [C]. Allerton Conference on Communication, Control, and Computing(Allerton), Monticello, 2017: 541-548.

[23] MONDELLI M, HASSANI S H, URBANKE R L. Construction of polar codes with sublinear complexity [C]. IEEE International Symposium on Information Theory (ISIT), Aachen, 2017: 1853-1857.

[24] WANG W, LI L P, NIU K. An efficient construction of polar codes based on the general partial order[J]. EURASIP Journal on Wireless Communications and Networking, 2019(1): 1-12.

[25] HE G N, BELFIORE J C, LAND I, et al. β-expansion: a theoretical framework for fast and recursive construction of polar codes [C]. IEEE Clobal Communications Conference (BLOBECOM), Singapore, 2017: 1-6.

[26] Qualcomm. Frank polar construction: nested extension design of polar codes based on mutual information [S/OL]. [2017-04-07]. https://www.3gpp.org/ftp/tsg_ ran/WG1_RL1/TSGR1_88b/Docs/R1-1705633.zip.

[27] NIU K, LI Y, WU W L. Polar codes: analysis and construction based on polar spectrum [EB/OL]. [2019-08-16]. https://arxiv.org/abs/1908.05889.

[28] SASON I, SHAMAI S. Performance analysis of linear codes under maximum-likelihood decoding: a tutorial [J]. Foundations and Trends in Communications and Information Theory, 2006, 3(1/2): 1-225.

[29] MACWILLIAMS F J. A theorem on the distribution of weights in a systematic code [J]. Bell System Technology Journal, 1963, 42: 79-94.

[30] VANGALA H, HONG Y, VITERBO E. Efficient algorithms for systematic polar encoding [J]. IEEE Communications Letters, 2016, 20(1): 17-20.

[31] NIU K, CHEN K. CRC-aided decoding of polar codes [J]. IEEE Communications Letters, 2012, 16(10): 1668-1671.

[32] ARIKAN E, MARKARIAN G. Two-dimensional polar coding [EB/OL]. [2009-07-13]. http://kilyos.ee. bilkent.edu.tr/~arikan/ambleside_2009.pdf.

[33] TAL I, VARDY A. List decoding of polar codes [C]. IEEE International Symposium on Information Theory (ISIT), St. Petersburg, 2011: 1-5.

[34] 3RD GENERATION PARTNERSHIP PROJECT (3GPP). Multiplexing and channel coding (FDD) [S/OL]. [2009-03-01]. https://www. 3gpp.org/DynaReport/25212.htm.

[35] ROBERTSON P, HOEHER P, VILLEBRUN E. Optimal and sub-optimal maximum a posteriori algorithms suitable for Turbo decoding [J]. European Transactions on Telecommunications, 1997, 8(2): 119-126.

[36] ZHANG Q S, LIU A J, PAN X F. et al. CRC code design for list decoding of polar codes [J]. IEEE Communications Letters, 2017, 21(6): 1229-1232.

[37] KOOPMAN P, CHAKRAVARTY T. Cyclic redundancy code (CRC) polynomial selection for embedded networks [C]. International Conference on Dependable Systems and Networks, Florence, 2004: 145-154.

[38] LI B, SHEN H, TSE D. A RM-Polar Codes [EB/OL]. [2014-07-21]. https://arxiv.org/abs/1407.5483.

[39] MURATA T, OCHIAI H. On design of CRC codes for polar codes with successive cancellation list decoding [C]. IEEE International Symposium on Information Theory (ISIT), Aachen, 2017: 1868-1872.

[40] ARIKAN E. Serially concatenated polar codes [J]. IEEE Access, 2018, 6: 64549-64555.

[41] NIU K, CHEN K. Hybrid coding scheme based on repeat-accumulate and polar codes [J]. Electronics Letters, 2012, 48(20): 1273-1274.

[42] ESLAMI A, NIK H P. On finite-length performance of polar codes: stopping sets, error floor, and concatenated design [J]. IEEE Transactions on Communications, 2013, 61(3): 919-929.

[43] SEIDL M, HUBER J B. Improving successive cancellation decoding of polar codes by usage of inner block codes [C]. Turbo Codes and Iterative Information Processing (ISTC), Brest, 2010: 103-106.

[44] WANG T, QU D M, JIANG T. Parity-check-concatenated polar codes [J]. IEEE Communications Letters, 2016, 20(12): 2342-2345.

[45] HUAWEI, HISILICON. Huawei-polar code constuction for NR [S/OL]. [2016-10-14]. https://www.3gpp.org/ftp/tsg_ran/WG1_RL1/TSGR1_86b/Docs/R1-1608862.zip.

[46] TRIFONOV P, MILOSLAVSKAYA V. Polar codes with dynamic frozen symbols and their decoding by directed search [C]. IEEE Information Theory Workshop (ITW), Sevilla, 2013: 1-5.

[47] TRIFONOV P, MILOSLAVSKAYA V. Polar subcodes [J]. IEEE Journal on Selected Areas in Communications, 2016, 34(2): 254-266.

[48] WANG Y, NARAYANAN K R, HUANG Y C. Interleaved concatenations of polar codes with BCH and convolutional codes [J]. IEEE Journal on Selected Areas in Communications, 2016, 34(2): 267-277.

[49] WANG Y, ZHANG W, LIU Y Y, et al. An improved concatenation scheme of polar codes with Reed-Solomon codes [J]. IEEE Communications Letters, 2017, 21(3): 468-471.

[50] CHIU M C. Interleaved polar (I-polar) codes [J]. IEEE Transactions on Information Theory, 2020, 66(4): 2430-2442.

[51] WU D S, LIU A J, ZHANG Y X, et al. Parallel concatenated systematic polar codes [J]. Electronics Letters, 2015, 52(1): 43-45.

[52] ZHANG Q S, LIU A J, ZHANG Y X, et al. Practical design and decoding of parallel concatenated structure for systematic polar codes [J]. IEEE Transactions on Communications, 2016, 64(2): 456-466.

[53] LIU Z, NIU K, DONG C, et al. Adding a rate-1 third dimension to parallel concatenated systematic polar code: 3D polar code [J/OL]. [2018-05-03]. https:// www.hindawi.com/journals/wcmc/2018/8928761, 2018.

[54] 刘珍珍. 基于距离谱的极化码理论分析与应用研究[D]. 北京：北京邮电大学, 2018.

[55] FAYYAZ U U, BARRY J R. Low-complexity soft-output decoding of polar codes [J]. IEEE Journal on Selected Areas in Communications, 2014, 32(5): 958-966.

[56] BERROU C, GRAELL I A A, MOUHAMEDOU Y O C, et al. Improving the distance properties of Turbo codes using a third component code: 3D Turbo codes [J]. IEEE Transactions on Communications, 2009, 57(9): 2505-2509.

[57] ROSNES E, GRAELL I A A. Performance analysis of 3-D Turbo codes [J]. IEEE Transactions on Information Theory, 2011, 57(6): 3707-3720.

第5章 极化码译码算法

本章主要介绍极化码的译码算法理论。第一，介绍串行抵消译码(SC)及其各种增强译码算法，包括串行抵消列表(SCL)、串行抵消堆栈(SCS)、串行抵消序列译码、串行抵消混合(SCH)、串行抵消优先译码(SCP)，以及高性能的 CRC 辅助译码算法，包括 CA-SCL/SCS/SCH 等，这些算法构成了极化码译码的主流。通过阐述编译码最佳匹配机制，指出 CRC-Polar 级联编译码结构是极化码超越 Turbo/LDPC 码，具有显著性能优势的关键。第二，介绍软输出译码算法，包括 BP 译码及其各种改进算法，以及软抵消译码算法(SCAN)，这些算法能够输出软信息，方便与前端通信模块构成 SISO 处理结构，并且具有并行译码结构，译码吞吐率较高，但性能略差于 SC 的各种改进算法。第三，介绍基于硬判决的比特翻转算法，这些算法不需要排序，能提高译码吞吐率。第四，介绍短码条件下的译码算法，主要以球译码(Sphere Decoding)为代表，这些算法能够达到或逼近最大似然译码。第五，介绍基于神经网络的译码算法，这是近年来极化码译码研究的新进展。

5.1 概　述

本节主要对极化码的译码算法进行概述，并按照时间顺序总结代表性的研究工作，然后对译码算法常用的码树(Code Tree)和格图给出正式的定义与描述。

5.1.1 译码算法分类

自从 Arıkan 在经典文献[1]中提出极化码的基本算法——串行抵消(Successive Cancellation，SC)译码算法与置信传播(Belief Propagation，BP)译码算法以来，经过众多学者十余年的共同努力，极化码的译码算法已经比较完善。文献[2]和文献[3]对极化码译码算法进行了分类与总结。图 5.1.1 给出了极化码的译码算法体系，包括五类算法，下面分别介绍各类算法的特点。

1. 串行抵消译码及其改进算法

极化码的主流算法是 SC 译码及其各种改进算法。这些算法的译码过程，都可归结为 Trellis 与码树上采用的不同搜索机制。对于 SC 译码，从极化码的 Trellis 结构来看，在译码过程中，需要访问 Trellis 的每一个节点，进行软信息的迭代计算与硬判决信息的传递。由于需要计算 Trellis 上很多冗余节点(如冻结比特)的软/硬信息，因此 SC 译码的复杂度还有进一步降低的空间。从极化码的码树结构来看，在码树上每搜索一级，则判决 1bit，直到叶节点，如果前面判决出错，则可能引入错误传播，导致差错性能下降。因此，SC 译码可以看作码树上的贪婪式搜索，是一种次优算法，在有限码长下，其性能并不令人满意。由此，SC 译码的改进是沿着降低复杂度、提升性能的两条路线展开的。

在降低复杂度方面，代表性的方法是简化的 SC(SSC)译码算法。其基本思路是在码树上引入码率 $R=0$ 与 $R=1$ 的子码，对这些子码上的节点信息直接硬判决，节省了软信息的计算量。平均而言，SSC 译码算法相比标准 SC 译码，计算复杂度降低了 50% 以上。

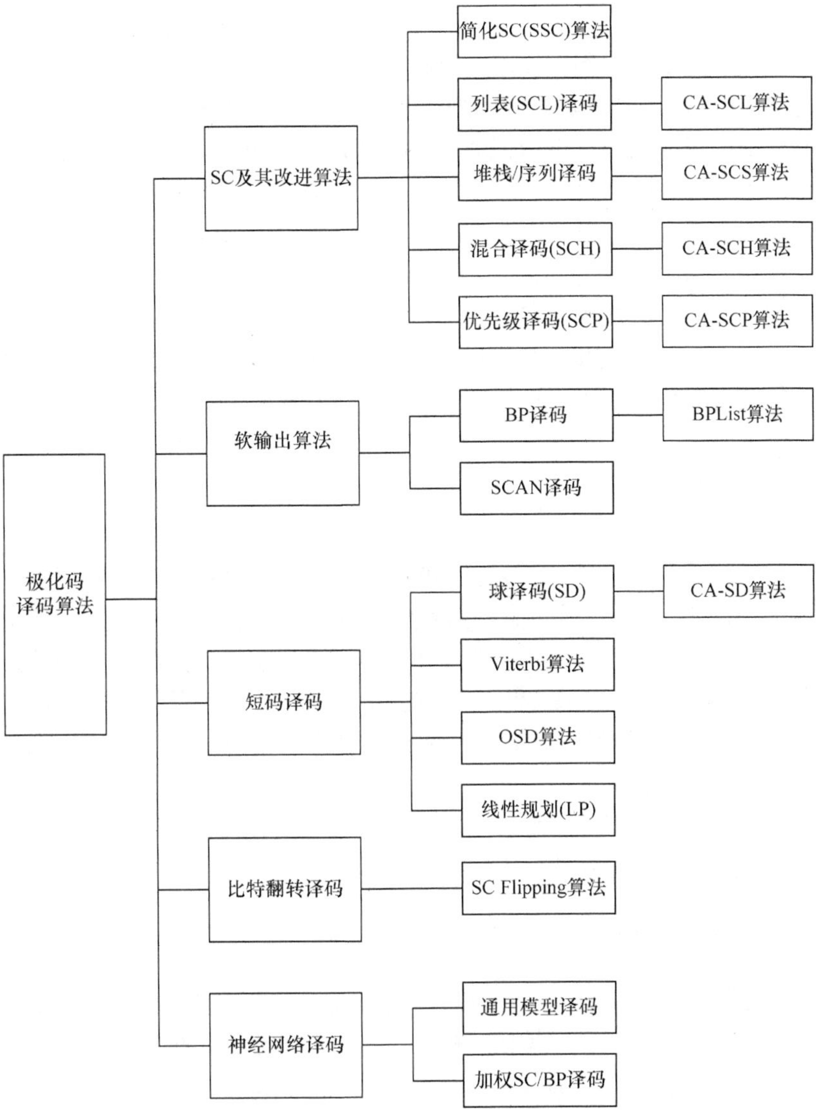

- 极化码译码算法
  - SC及其改进算法
    - 简化SC(SSC)算法
    - 列表(SCL)译码 — CA-SCL算法
    - 堆栈/序列译码 — CA-SCS算法
    - 混合译码(SCH) — CA-SCH算法
    - 优先级译码(SCP) — CA-SCP算法
  - 软输出算法
    - BP译码 — BPList算法
    - SCAN译码
  - 短码译码
    - 球译码(SD) — CA-SD算法
    - Viterbi算法
    - OSD算法
    - 线性规划(LP)
  - 比特翻转译码
    - SC Flipping算法
  - 神经网络译码
    - 通用模型译码
    - 加权SC/BP译码

图 5.1.1　极化码的译码算法体系

在提升译码性能方面，为了提高 SC 译码性能，需要改进码树上的路径搜索机制，主要包括广度优先与深度优先两种搜索机制。

串行抵消列表(SCL)译码算法的改进思路是在码树上进行广度优先搜索，每次搜索不进行判决，而是保留一个小规模的幸存路径列表，直至叶节点，然后从路径列表中，按照一定的规则选择最终译码结果。由于避免了在搜索过程中的判决，因此 SCL 译码的性能接近 ML 译码，要显著优于 SC 译码。

另一种改进思路，是在码树上采用深度优先搜索，也就是串行抵消堆栈(SCS)译码算法。这种算法，按照度量大小顺序，将码树上的路径压入堆栈，每次只扩展度量最大的路径，直到叶节点，然后根据一定的规则选择最终译码结果。SCS 译码算法也能够接近 ML 译码性能，并且计算复杂度显著低于 SCL 译码算法。除用堆栈实现路径排序外，也

可以采用序列译码方法。码树上的每次路径搜索，不仅会向前搜索，还有一定的概率会进行回溯，从而降低了错误判决概率，提高了译码准确性。

串行抵消混合(SCH)译码是广度/深度两种搜索机制的结合，将 SCL 与 SCS 组合，达到复杂度与性能的更好折中。串行抵消优先(SCP)译码也可看作一种 SCL/SCS 算法的组合，通过引入了优先级队列机制，减少了 Trellis 上路径搜索的次数。

上述这些改进算法都可以应用于 CRC-Polar 级联码，构成 CRC 辅助的译码算法，即 CA-SCL/SCS/SCH/SCP 算法等。CRC-Polar 级联码与 CRC 辅助译码构成了有限码长下，高性能极化编译码的关键技术方案。一方面，CRC-Polar 级联码显著改善了极化码的距离谱特性；另一方面，CRC 辅助译码算法，大幅度提高了码树上搜索译码的性能。这两方面的技术优势有机融合，使得极化码的性能超越了 Turbo/LDPC 码，推动极化码成为第五代移动通信的编码标准。

2. 软输出译码算法

极化码的软输出译码算法主要包括 BP 译码与 SCAN 译码算法。置信传播(BP)译码，是在极化码的 Trellis 上进行软消息的迭代计算与传递，由于采用了并行架构，译码吞吐率较高，但性能较差。近年来提出的 BP 列表译码算法，是一种重要的改进方案，能够达到译码吞吐率与性能的较好折中。软抵消(SCAN)译码算法是对 SC 译码的修正，在 Trellis 上引入了输出似然比计算，从而得到输出软信息。这两种算法的特点是采用软输出结构，方便构成软输入软输出(SISO)信号处理结构，通过系统迭代提升性能。但现有的软输出译码算法性能都比 SCL/SCS 等 SC 改进算法差，特别是远逊于 CA-SCL/SCS 等高性能译码算法。

3. 比特翻转译码算法

串行抵消翻转(Successive Cancellation Flipping，SCF)译码借鉴了 LDPC 码的翻转译码思想，这一类算法的基本思想是在码树上，对可能出错的判决比特进行翻转，保留多个译码路径，从而在达到与 SCL 译码类似性能的同时，降低译码复杂度。SCF 算法的关键是选择正确的翻转比特位置，这个问题对于提升 SCF 算法性能非常重要，但目前并没有通用高效的解决方案。

4. 短码极化码译码算法

极化码的短码译码是一个重要的研究方向。短码条件下，可以采用各种最大似然或准最大似然译码算法。球译码(SD)算法能够达到最大似然译码性能，是短码条件下非常理想的高性能译码算法。其他的译码算法包括 Viterbi 译码、OSD 译码以及线性规划(LP)译码等。这些算法的共同特点是复杂度较高，需要进一步研究低复杂度高性能的短码译码算法。

5. 神经网络译码算法

采用神经网络模型进行极化码译码，是近年来流行的热点研究方向。基于通用的神经网络模型，或定制的加权神经网络，这类算法能够提升 BP 或 SC 译码的性能，同时获得较高的译码吞吐率。但这些算法仍然达不到 SCL/SCS 算法的性能，还需要进一步深入研究。

5.1.2　研究团队与代表性工作

有限码长下，极化码译码算法理论的建立与完善，是众多学者共同努力的成果。图 5.1.2

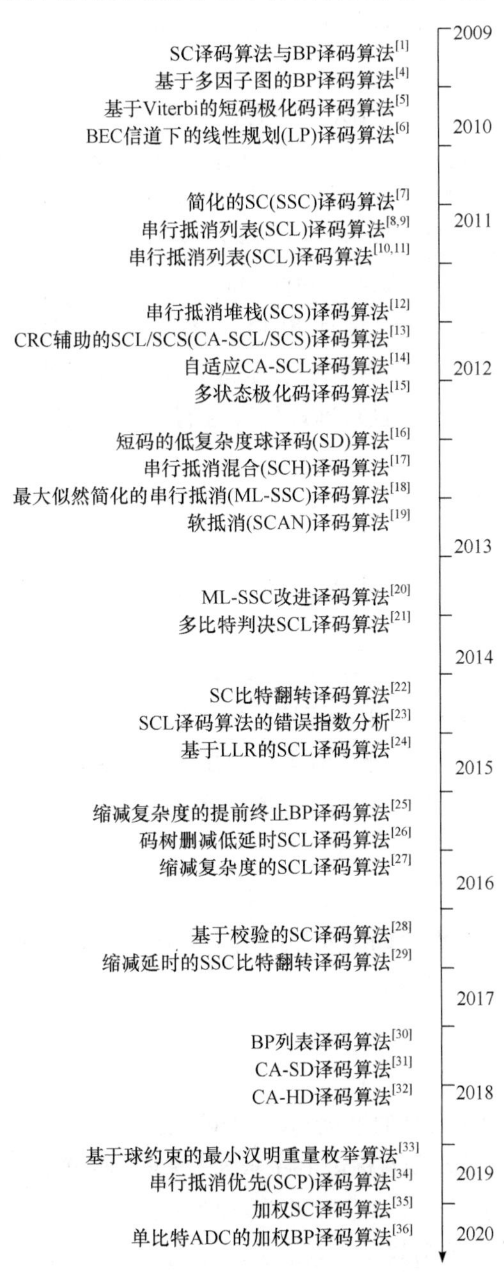

图 5.1.2　极化码译码算法研究时间线

给出了极化码译码算法研究的时间线，按照时间先后顺序，列出了译码算法研究的代表性工作。下面列举重要的研究团队。

(1) 加拿大多伦多大学 Alamdar-Yazdi 与 Kschischang 团队于 2011 年 12 月在 *IEEE Communications Letters* 期刊上发表论文[7]，提出了简化 SC(SSC)译码算法。

(2) 美国加利福尼亚大学圣迭戈分校 Tal 与 Vardy 教授团队，在 2011 年 8 月召开的国际信息大会(ISIT)上提出了 SCL 算法的基本思想[8]；在 2015 年 5 月发表在 *IEEE Transactions on Information Theory* 期刊上的论文[9]进一步给出了 SCL 算法详细的描述，并提出了 CA-SCL 译码算法。

(3) 北京邮电大学牛凯教授团队，在极化码译码算法的各个分支都有重要贡献。陈凯与牛凯在 2011 年 6 月向 BUPT-Hanyang University Workshop 提交的论文[10]中独立提出了 SCL 算法的基本思想，该论文于 2012 年 4 月发表在 *IET Electronus Letters* 期刊上[11]。2012 年 10 月，牛凯与陈凯发表在 *IEEE Communications Letters* 期刊上的论文[13]，正式提出了 CA-SCL/SCS 译码算法。与此同时，牛凯与陈凯发表在 *Electronics Letters* 上的论文[12]提出了 SCS 译码算法思想。进而，他们在 *IEEE Transactions on Communications* 期刊上的发表的论文[17]中提出了 SCH 译码算法。在此基础上，牛凯等还提出了 SCP 译码算法[34]，并且对球译码算法有一系列贡献[16,31,32]，也对神经网络译码有最新贡献[35,36]。

(4) 华为技术有限公司李斌博士团队提出了自适应 SCL 译码[14]，并对 SCL 的并行译码架构有重要贡献[37-39]。

(5) 俄罗斯圣彼得堡国立理工大学 Trifonov 教授团队，提出了多阶段译码[15]、序列译码[40,41]等算法。

(6) 瑞士洛桑联邦理工学院 Hussami、Korada 与 Urbanke 教授团队，于 2009 年 7 月发表在 ISIT 上的论文[4]，研究了 BP 译码算法的改进。

(7) 加拿大麦吉尔大学 Gross 教授团队，提出了 ML-SSC 译码算法[18]、ML-SSC 改进算法[20]等，对于译码器的硬件架构设计有重要指导意义。

5.1.3 格图与码树

回顾第 3 章，极化码的编译码主要的描述工具就是格图(Trellis)与码树(Code Tree)。下面给出它们的正式定义与表示。

1. 格图

一般地，给定码长为 $N=2^n$ 的极化码，格图包括 $n+1$ 节(stage)与 N 级(level)，左侧为信源侧，右侧为信道侧。从左到右标记节序号为 $1\sim n$，而第 $n+1$ 节为初始节，从上到下标记级序号为 $1\sim N$。黑色方块表示校验节点(Check Node)，而黑色圆圈表示变量节点(Variable Node)，信源侧白色圆圈表示冻结位，黑色圆圈表示信息位。

图 5.1.3 给出了码长 $N=8$ 的极化码格图(Trellis)示例。图中，码长为 $N=8$，信息比特长度 $K=4$，信息集合 $\mathcal{A}=\{4,6,7,8\}$。

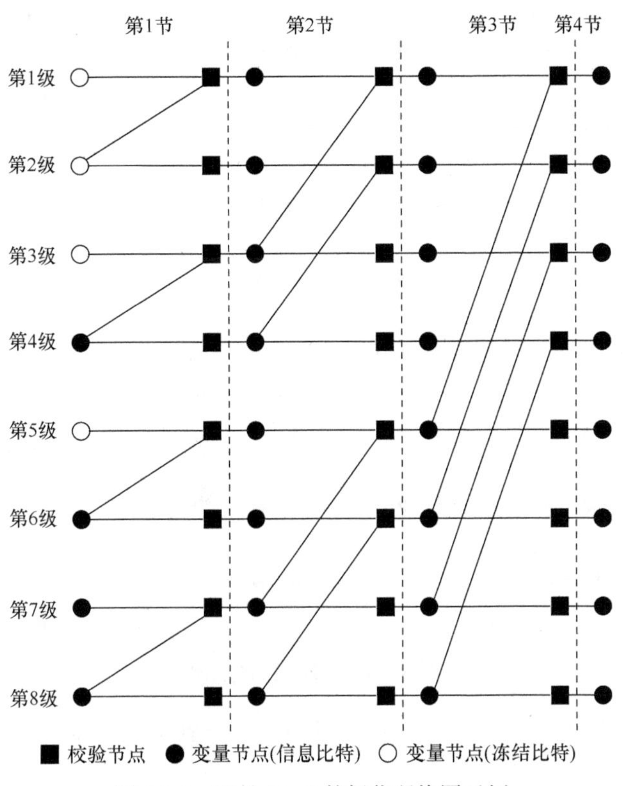

图 5.1.3　码长 $N=8$ 的极化码格图示例

2. 码树

极化码的码树是格图的压缩表示形式。由于格图有纵向的节(stage)与横向的级(level)两个维度，因此在两个维度上分别压缩，可以得到两种码树结构，分别称为节压缩码树与级压缩码树。

节压缩码树，对格图从右到左每一节的蝶形结构进行压缩表示，其根节点对应信道接收信号。这种码树表示为 $\mathcal{T}=(\mathcal{E},\mathcal{V})$，其中，$\mathcal{E}$ 和 $\mathcal{V}$ 分别表示码树中边和节点的集合。对于码长 $N=2^n$，第 n 节格图包含 $N/2$ 个蝶形，对应到节压缩码树上从根节点扩展的两个分支，以此类推，直到叶节点。因此，节压缩码树包含 N 个叶节点，深度为 $n=\log_2 N$。给定节点 v，对应的深度为 $0\leqslant d_v\leqslant n$，它的父节点为 p_v，左右子节点分别为 v_l 与 v_r。符号 $\mathcal{V}_v$ 表示以节点 v 为根节点的子树上的节点集合。令 $l(v)$ 表示叶节点 v 的序号，对于每一个节点，都对应一个集合

$$\mathcal{I}_v=\{l(u):u\in\mathcal{V}_v,\text{且}u\text{是叶节点}\} \tag{5.1.1}$$

这个集合包含由节点 v 生成的子树对应的所有叶节点的序号。节压缩码树主要用于 SC 译码算法的简化分析。

图 5.1.4 给出了码长 $N=8$ 的节压缩码树示例，也给出了对应的格图。由图可知，节压缩码树包含 8 个叶节点，从右到左，分别对应格图每一节的蝶形结构。

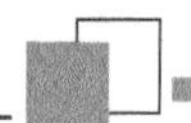

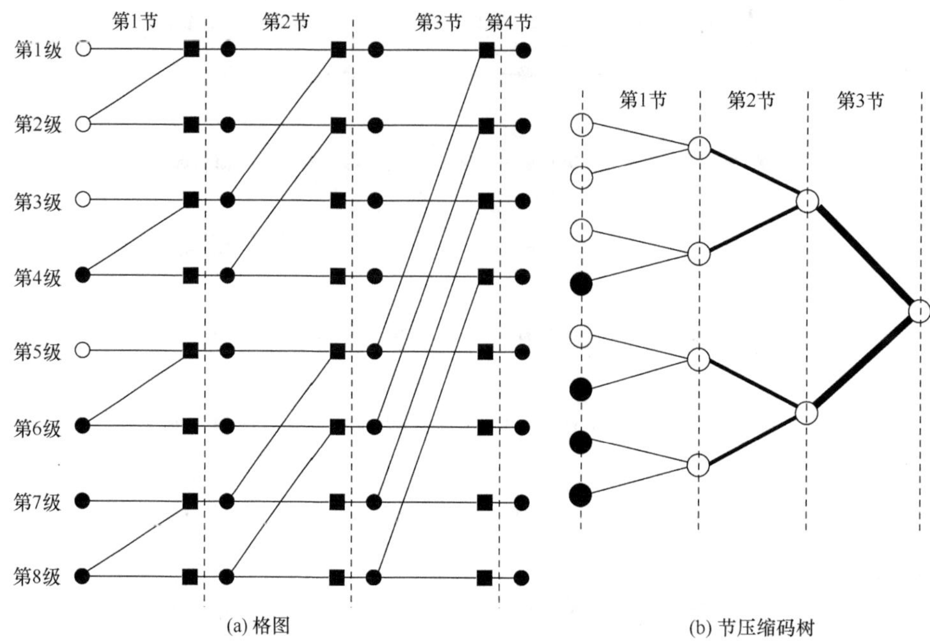

图 5.1.4　节压缩码树示例

级压缩码树与节压缩码树不同，它是对格图从上到下每一节的蝶形结构进行压缩表示。级压缩码树也表示为$\mathcal{T}=(\mathcal{E},\mathcal{V})$，其中，$\mathcal{E}$和$\mathcal{V}$分别表示码树中边和节点的集合。这种码树的根节点对应格图左上角(信源侧)的第一个节点。定义节点的深度为其到根节点的最短路径长度，对于一个码长为$N=2^n$的极化码，其码树节点集合$\mathcal{V}$能够按照深度d划分成$N+1$个子集，记作$\mathcal{V}_d$，其中，$d=0,1,\cdots,N$。特别地，$\mathcal{V}_0$仅包含根节点，即$|\mathcal{V}_0|=1$。除了叶节点(当$d=N$时)，码树$\mathcal{T}$中的每一个节点$v\in\mathcal{V}_d$分别通过两条标记着 0/1 的边与两个$\mathcal{V}_{d+1}$中的后继节点相连。某一个节点v所对应的序列u_1^d的值定义为从根节点开始到达该节点v经过的各条边的标记序列。例如，若某一个节点v表示序列u_1^i，则其左、右后继节点分别代表路径$\left(u_1^i,u_{i+1}=0\right)$与$\left(u_1^i,u_{i+1}=1\right)$。于是，从根节点到每一个深度为$d$的节点$v\in\mathcal{V}_d$的路径，均对应了一种$u_1^d$可能的取值，又因为信源序列为二进制比特序列，所以$|\mathcal{V}_d|\leqslant 2^d$。定义连接着深度为$i-1$和$i$的节点的边所构成的集合为第$i$层边，记作$\mathcal{E}_i$。显然，对任意$i\in\{1,2,\cdots,N\}$，有$|\mathcal{E}_i|\leqslant 2^i$。值得注意的是，该码树上，如果某一级对应的边是冻结比特，由于确知其取值，因此不必再扩展两条分支。节压缩码树主要用于 SC 增强译码算法的描述。

图 5.1.5 给出了码长$N=8$的级压缩码树示例。其中，根节点输出分支是冻结比特，对应格图的右上方所有的蝶形结构，以此类推，码树的每一级，都对应格图相应的蝶形结构。对于冻结比特不扩展分支，而信息比特扩展 0/1 两个分支。在级压缩码树上的每一层扩展与搜索，都对应格图上相应的蝶形结构的激活以及软信息与硬信息计算。

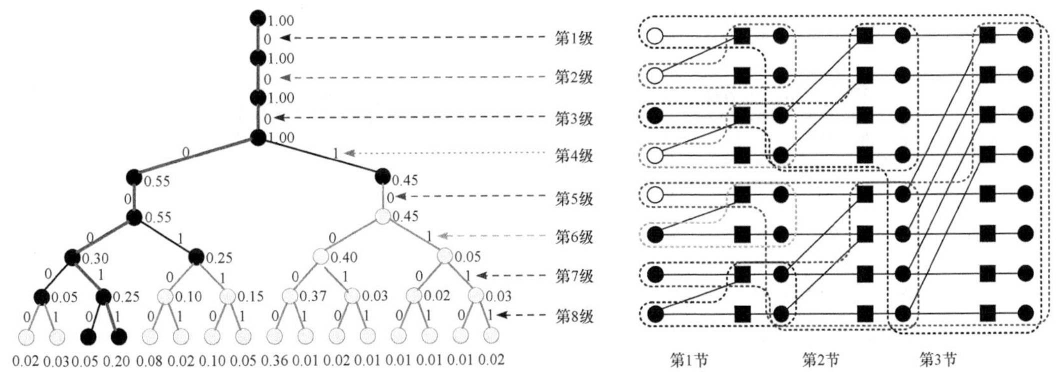

图 5.1.5　级压缩码树示例

5.2　SC 译码及其简化

本节分别采用级压缩码树与节压缩码树作为工具，描述 SC 译码的基本过程。然后详细介绍 SC 译码算法的简化方案。

5.2.1　级压缩码树上的 SC 算法

极化码 SC 译码已经在第 3 章进行了介绍。SC 译码过程中对第 i 个比特进行判决时，需要对两种可能的 $\hat{u}_i$ 取值，$\hat{u}_i=0$ 与 $\hat{u}_i=1$，分别计算与比较对应的路径度量 $M_N^{(i)}$，选择判决比特。

基于路径度量 $M_N^{(i)}$，SC 译码算法可以表示为：对序号 $i=1,2,\cdots,N$ 依次按式(5.2.1)进行度量计算并判决比特 $\hat{u}_i$：

$$\hat{u}_i=\begin{cases}0, & i\in\mathcal{A}\text{且}M_N^{(i)}\left(y_1^N,\hat{u}_1^{i-1}\right)\geqslant V_T\\ 1, & i\in\mathcal{A}\text{且}M_N^{(i)}\left(y_1^N,\hat{u}_1^{i-1}\right)<V_T\\ u_i, & i\in\mathcal{A}^c\end{cases}\tag{5.2.1}$$

其中，V_T 是判决阈值。

1. 路径度量

由信道极化理论可知，给定 B-DMC 中 W 信道的转移概率 $W(y|x)$，则极化子信道 $W_N^{(i)}$ 的转移概率为 $W_N^{(i)}\left(y_1^N,\hat{u}_1^{i-1}|\hat{u}_i\right)$。因此，SC 译码的路径度量可以有多种选择，或者是似然概率 $W_N^{(i)}\left(y_1^N,\hat{u}_1^{i-1}|\hat{u}_i\right)$ 以及相应的似然比 $L_N^{(i)}\left(y_1^N,\hat{u}_1^{i-1}\right)=\dfrac{W_N^{(i)}\left(y_1^N,\hat{u}_1^{i-1}|0\right)}{W_N^{(i)}\left(y_1^N,\hat{u}_1^{i-1}|1\right)}$，或者是后验概率 $P_N^{(i)}\left(\hat{u}_1^i|y_1^N\right)$。下面分别回顾与介绍各种度量。

1) 基于似然概率的迭代公式

给定码长 $N=2^n$，SC 算法中，奇数与偶数节点基于似然概率的迭代计算公式如下：

$$
\begin{aligned}
&W_N^{(2i-1)}\left(y_1^N,u_1^{2i-2}\middle|u_{2i-1}\right)\\
&=\sum_{u_{2i}}\frac{1}{2}W_{N/2}^{(i)}\left(y_1^{N/2},u_{1,o}^{2i-2}\oplus u_{1,e}^{2i-2}\middle|u_{2i-1}\oplus u_{2i}\right)W_{N/2}^{(i)}\left(y_{N/2+1}^N,u_{1,e}^{2i-2}\middle|u_{2i}\right)
\end{aligned}
\tag{5.2.2}
$$

与

$$
\begin{aligned}
&W_N^{(2i)}\left(y_1^N,u_1^{2i-1}\middle|u_{2i}\right)\\
&=\frac{1}{2}W_{N/2}^{(i)}\left(y_1^{N/2},u_{1,o}^{2i-2}\oplus u_{1,e}^{2i-2}\middle|u_{2i-1}\oplus u_{2i}\right)W_{N/2}^{(i)}\left(y_{N/2+1}^N,u_{1,e}^{2i-2}\middle|u_{2i}\right)
\end{aligned}
\tag{5.2.3}
$$

2) 基于似然比的迭代公式

如果采用似然比作为路径度量，则 SC 译码奇数与偶数节点的迭代计算公式如下：

$$
L_N^{(2i-1)}\left(y_1^N,\hat{u}_1^{2i-2}\right)=\frac{L_{N/2}^{(i)}\left(y_1^{N/2},u_{1,o}^{2i-2}\oplus u_{1,e}^{2i-2}\right)L_{N/2}^{(i)}\left(y_{N/2+1}^N,u_{1,e}^{2i-2}\right)+1}{L_{N/2}^{(i)}\left(y_1^{N/2},u_{1,o}^{2i-2}\oplus u_{1,e}^{2i-2}\right)+L_{N/2}^{(i)}\left(y_{N/2+1}^N,u_{1,e}^{2i-2}\right)}
\tag{5.2.4}
$$

与

$$
L_N^{(2i)}\left(y_1^N,\hat{u}_1^{2i-1}\right)=\left[L_{N/2}^{(i)}\left(y_1^{N/2},u_{1,o}^{2i-2}\oplus u_{1,e}^{2i-2}\right)\right]^{1-2\hat{u}_{2i-1}}L_{N/2}^{(i)}\left(y_{N/2+1}^N,u_{1,e}^{2i-2}\right)
\tag{5.2.5}
$$

3) 基于对数似然比的迭代公式

令对数比特似然比(LLR)表示如下：

$$
\varLambda_N^{(i)}\left(y_1^N,\hat{u}_1^{i-1}\right)=\ln\frac{W_N^{(i)}\left(y_1^N,\hat{u}_1^{i-1}\mid 0\right)}{W_N^{(i)}\left(y_1^N,\hat{u}_1^{i-1}\mid 1\right)}
\tag{5.2.6}
$$

采用对数似然比作为路径度量，则迭代计算公式为

$$
\varLambda_N^{(2i-1)}\left(y_1^N,\hat{u}_1^{2i-2}\right)=2\operatorname{artanh}\left\{\tanh\left[\frac{\varLambda_{N/2}^{(i)}\left(y_1^{N/2},u_{1,o}^{2i-2}\oplus u_{1,e}^{2i-2}\right)}{2}\right]\cdot\tanh\left[\frac{\varLambda_{N/2}^{(i)}\left(y_{N/2+1}^N,u_{1,e}^{2i-2}\right)}{2}\right]\right\}
\tag{5.2.7}
$$

与

$$
\varLambda_N^{(2i)}\left(y_1^N,\hat{u}_1^{2i-1}\right)=\left(1-2\hat{u}_{2i-1}\right)\varLambda_{N/2}^{(i)}\left(y_1^{N/2},u_{1,o}^{2i-2}\oplus u_{1,e}^{2i-2}\right)+\varLambda_{N/2}^{(i)}\left(y_{N/2+1}^N,u_{1,e}^{2i-2}\right)
\tag{5.2.8}
$$

4) 基于后验概率的迭代公式

给定接收序列 y_1^N，部分译码序列为 $\hat{u}_1^i$ 的后验概率(APP)定义为

$$
P_N^{(i)}\left(\hat{u}_1^i\mid y_1^N\right)=\frac{W_N^{(i)}\left(y_1^N,\hat{u}_1^{i-1}\middle|\hat{u}_i\right)\Pr\left(\hat{u}_i\right)}{\Pr\left(y_1^N\right)}
\tag{5.2.9}
$$

其中，当信息比特 u_i 在 $\mathcal{X}=\{0,1\}$ 内均匀取值时，有

$$
\Pr\{\hat{u}_i=0\}=\Pr\{\hat{u}_i=1\}=0.5
\tag{5.2.10}
$$

于是，接收序列为 y_1^N 的概率：

$$
\Pr\left(y_1^N\right)=\frac{1}{2^N}\cdot\sum_{u_1^N}W_N\left(y_1^N\mid u_1^N\right)
\tag{5.2.11}
$$

引理 5.1 基于 APP 值的迭代计算公式为

$$P_N^{(2i-1)}\left(\hat{u}_1^{2i-1} \mid y_1^N\right)=\sum_{\hat{u}_{2i}\in\{0,1\}} P_{N/2}^{(i)}\left(\hat{u}_{1,o}^{2i}\oplus\hat{u}_{1,e}^{2i} \mid y_1^{N/2}\right)\cdot P_{N/2}^{(i)}\left(\hat{u}_{1,e}^{2i} \mid y_{N/2+1}^N\right) \tag{5.2.12}$$

$$P_N^{(2i)}\left(\hat{u}_1^{2i} \mid y_1^N\right)=P_{N/2}^{(i)}\left(\hat{u}_{1,o}^{2i}\oplus\hat{u}_{1,e}^{2i} \mid y_1^{N/2}\right)\cdot P_{N/2}^{(i)}\left(\hat{u}_{1,e}^{2i} \mid y_{N/2+1}^N\right) \tag{5.2.13}$$

证明　当$N=1$时

$$P_1^{(1)}\left(\hat{u} \mid y\right)=\Pr\left(\hat{u} \mid y\right)=\frac{W\left(y \mid \hat{u}\right)}{2\cdot\Pr\left(y\right)}=\frac{W\left(y \mid \hat{u}\right)}{W\left(y \mid 0\right)+W\left(y \mid 1\right)} \tag{5.2.14}$$

对于奇数节点，代入式(5.2.2)，推导如下：

$$\begin{aligned}P_N^{(2i-1)}\left(\hat{u}_1^{2i-1} \mid y_1^N\right)&=\frac{W_N^{(2i-1)}\left(y_1^N,\hat{u}_1^{2i-2} \middle| \hat{u}_{2i-1}\right)\Pr\left(\hat{u}_{2i-1}\right)}{\Pr\left(y_1^N\right)}\\&=\frac{\Pr\left(\hat{u}_{2i-1}\right)\sum\limits_{\hat{u}_{2i}}\frac{1}{2}W_{N/2}^{(i)}\left(y_1^{N/2},\hat{u}_{1,o}^{2i-2}\oplus\hat{u}_{1,e}^{2i-2} \middle| \hat{u}_{2i-1}\oplus\hat{u}_{2i}\right)W_{N/2}^{(i)}\left(y_{N/2+1}^N,\hat{u}_{1,e}^{2i-2} \middle| \hat{u}_{2i}\right)}{\Pr\left(y_1^{N/2}\right)\Pr\left(y_{N/2+1}^N\right)}\\&=\sum_{\hat{u}_{2i}\in\{0,1\}} P_{N/2}^{(i)}\left(\hat{u}_{1,o}^{2i}\oplus\hat{u}_{1,e}^{2i} \mid y_1^{N/2}\right)\cdot P_{N/2}^{(i)}\left(\hat{u}_{1,e}^{2i} \mid y_{N/2+1}^N\right)\end{aligned} \tag{5.2.15}$$

对于偶数节点，代入式(5.2.3)，推导如下：

$$\begin{aligned}P_N^{(2i)}\left(\hat{u}_1^{2i} \mid y_1^N\right)&=\frac{W_N^{(2i)}\left(y_1^N,\hat{u}_1^{2i-1} \middle| \hat{u}_{2i}\right)\Pr\left(\hat{u}_{2i}\right)}{\Pr\left(y_1^N\right)}\\&=\frac{\frac{1}{2}W_{N/2}^{(i)}\left(y_1^{N/2},\hat{u}_{1,o}^{2i-2}\oplus\hat{u}_{1,e}^{2i-2} \middle| \hat{u}_{2i-1}\oplus\hat{u}_{2i}\right)\Pr\left(\hat{u}_{2i}\right)W_{N/2}^{(i)}\left(y_{N/2+1}^N,\hat{u}_{1,e}^{2i-2} \middle| \hat{u}_{2i}\right)}{\Pr\left(y_1^{N/2}\right)\Pr\left(y_{N/2+1}^N\right)}\\&=P_{N/2}^{(i)}\left(\hat{u}_{1,o}^{2i}\oplus\hat{u}_{1,e}^{2i} \mid y_1^{N/2}\right)\cdot P_{N/2}^{(i)}\left(\hat{u}_{1,e}^{2i} \mid y_{N/2+1}^N\right)\end{aligned} \tag{5.2.16}$$

同时，显然有

$$P_N^{(i)}\left(\hat{u}_1^i \mid y_1^N\right)=P_N^{(i)}\left(\hat{u}_1^{i-1},\hat{u}_i=0 \mid y_1^N\right)+P_N^{(i)}\left(\hat{u}_1^i,\hat{u}_i=1 \mid y_1^N\right) \tag{5.2.17}$$

$$\sum_{\hat{u}_1^i\in\{0,1\}^i} P_N^{(i)}\left(\hat{u}_1^i \mid y_1^N\right)=1 \tag{5.2.18}$$

特别地，定义当$i=0$时$P_N^{(i)}\left(\varnothing \mid y_1^N\right)$表示接收序列为$y_1^N$条件下，发送序列为任意二进制序列的概率之和，因此$P_N^{(i)}\left(\varnothing \mid y_1^N\right)=1$。

上述不同形式的度量，都可以作为SC算法的路径度量$M_N^{(i)}$，对于奇数节点与偶数节点，其基本计算单元结构如图5.2.1所示。

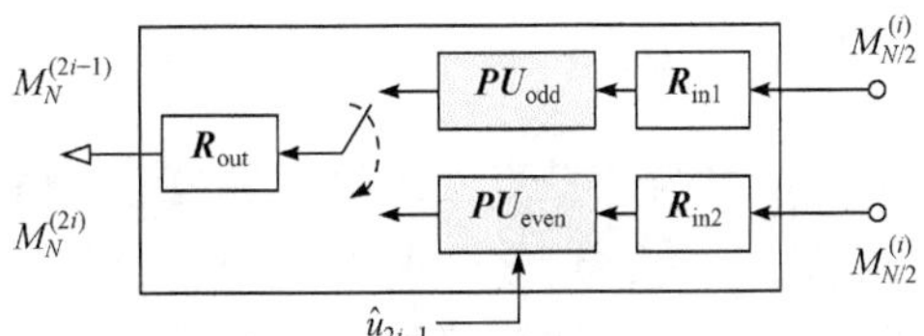

图5.2.1　极化码SC译码器递归实现的基本计算单元

2. 搜索机制

基于级压缩码树，极化码的SC译码可以看作在该二叉树上的路径搜索过程。从根

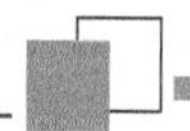

节点出发，判断两条后继路径所对应的路径度量值，并选择其中具有较大度量值的一条路径。再判断更下一层的两条后继路径，沿着具有较大度量值的方向进行扩展。同时，在经过第 i 层边进行路径扩展时，若 $i \in \mathcal{A}^c$ ，则直接根据固定比特 u_i 的值延伸分支，而无须进行路径度量计算。以上路径搜索过程逐层进行，直到遇到某一个叶子节点。记录搜索得到的路径，依次读出各条边所对应的标签值，即得到 SC 译码算法的输出序列。

例 5.1 图 5.2.2 给出了在级压缩码树上进行 SC 译码的示例。进行 SC 译码时，以根节点为搜索起点，根节点对应了一个空序列 $\varnothing$ ，对应的度量值为 1.00；第 1～3 层对应冻结比特，不进行扩展，路径序列为 $u_1^3=(000)$ 。第 4 层对应信息比特，需要进行路径扩展，两条候选路径的度量值分别为 0.55 和 0.45，因此选择沿着具有较大度量值的左子树进行扩展，对应信息比特为 $\hat{u}_4=0$ ，此时部分译码路径为 $u_1^4=(0000)$ 。由于第 5 层也对应冻结比特，因此不扩展路径。在第 6 层扩展时，两个候选路径的度量值分别为 0.30 和 0.25，因此沿着左子树进行路径扩展，对应信息比特为 $\hat{u}_6=0$ ，此时 $u_1^6=(000000)$ 。第 7 层扩展时，沿着度量值较大的右子树进行扩展，对应信息比特为 $\hat{u}_7=1$ ，因此 $u_1^7=(0000001)$ 。经过第 8 层扩展，达到一个度量值为 0.20 的叶子节点，从而得到了 SC 译码结果 $u_1^8=(00000011)$ 。在图 5.2.2 中用虚线箭头指示出了该 SC 译码过程，码树上共计 4 次路径扩展，黑色实心节点表示该节点的度量值只被计算但未被选中与扩展，灰色节点表示未访问的节点，实线加粗路径指示出了 SC 译码判决序列 (00000011) 。

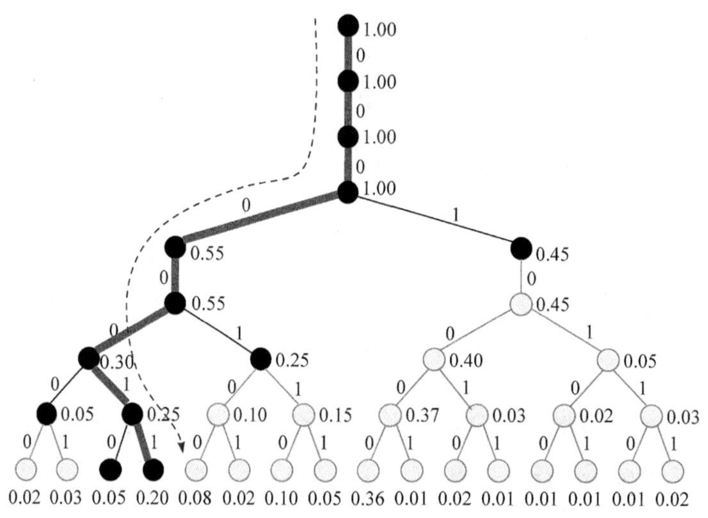

图 5.2.2 SC 译码算法在级压缩码树上的路径搜索示例

SC 译码算法在经过每一层边进行路径扩展时，都选取两条可见后继路径中较好的一条进行下一步扩展，每一步得到的都是一个局部最优解。显然，一旦有一个比特判决出错(偏离 ML 译码路径)，其后的译码过程都将在错误的子树中进行。如图 5.2.2 所示的例子中，译码算法在第 1 层路径扩展时就错误地选择了在左子树中继续路径搜索，从一开始便偏离了能够达到最大度量值 0.36 的 ML 译码路径(1000)。因此，极化码在 SC 译码下的 BLER 性能完全受到极化信道中可靠性较差的单个信息信道 $W_N^{(i)}$ 的影响。

图 5.2.3 与图 5.2.4 给出了卷积码与极化码的差错性能比较。图 5.2.3 的编码配置为码长 $N=256$，码率 $R=1/2$，极化码采用高斯近似构造，卷积码配置为 $(2,1,3)$，生成多项式为 $(17,13)$(八进制表示)。图 5.2.4 的编码配置为码长 $N=1024$，码率 $R=1/2$，极化码同样采用高斯近似构造，卷积码配置为 $(2,1,7)$，生成多项式为 $(371,247)$。极化码采用 SC 译码算法，卷积码采用 Viterbi 译码算法。

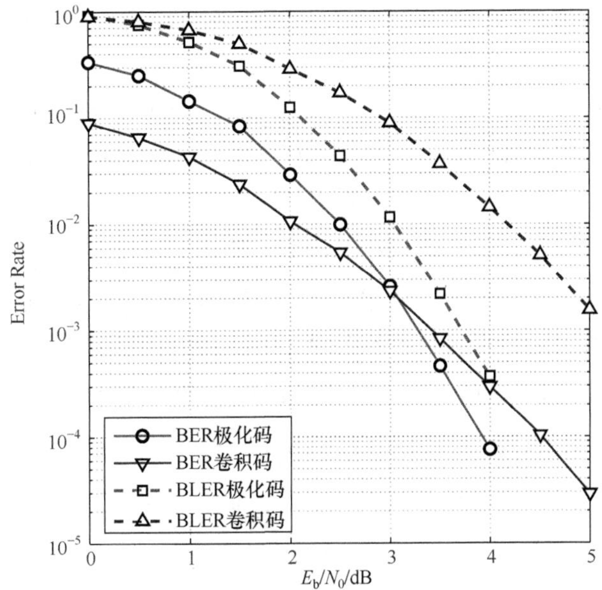

图 5.2.3　码长 $N=256$，码率 $R=1/2$ 的卷积码与极化码差错性能比较

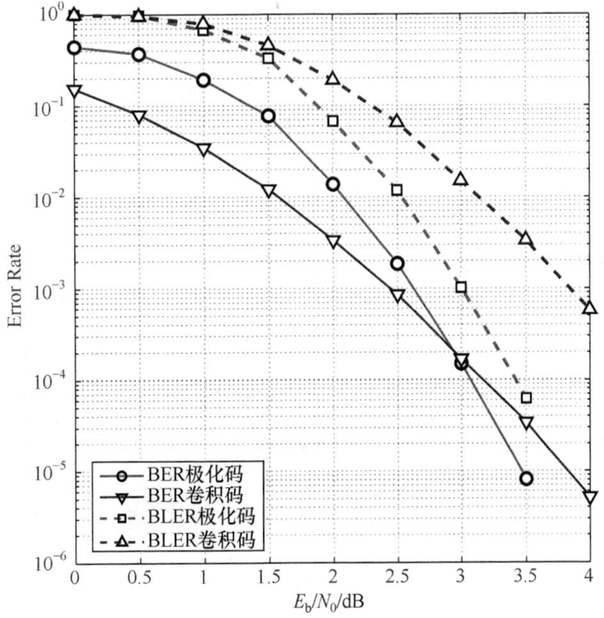

图 5.2.4　码长 $N=1024$，码率 $R=1/2$ 的卷积码与极化码差错性能比较

由图 5.2.3 和图 5.2.4 可知，由于 SC 译码算法的次优性，虽然极化码的 BLER 性能比卷积码性能更好，但 BER 性能与卷积码有交叉。当 E_b/N_0 低于 3dB 时，极化码的 BER 性能甚至不如卷积码，而在高于 3dB 时，才有改善。由此可见，在有限码长条件下，采用 SC 译码算法，极化码的性能并不令人满意，还有很大的改善空间。

5.2.2 节压缩码树上的 SC 算法

根据式(5.1.1)的定义，$\mathcal{I}_v$ 表示节压缩码树上由节点 v 生成的子树对应的所有叶节点序号集合。码树上的节点 v 对应一个子码，生成矩阵为 $\boldsymbol{G}_{2^{n-d_v}}$，子码码长为 2^{n-d_v}，而信息位集合为 $\mathcal{I}_v \cap \mathcal{A}$。由此，SC 译码过程描述如下。

假设节压缩码树上，内部节点(非叶节点) v 被激活进行译码，则以该节点为根节点的子树可以看作局部译码单元。如图 5.2.5 所示，译码时，它对应的左子节点 v_l 的软信息计算公式如下：

$$M_{v_l}(i)=M_v(2i-1)\boxplus M_v(2i),\quad i=1:2^{n-d_v-1} \tag{5.2.19}$$

其中，$\boxplus$ 是校验节点间的运算，可以采用 5.2.1 节中奇数节点的各种形式的运算。

将这个软信息发送到节点 v_l。当 v_l 进行判决时，得到硬信息即子码 B_{v_l}，送入节点 v。基于子码 B_{v_l} 的硬判决信息，进一步计算右子节点 v_r 的软信息：

$$M_{v_r}(i)=M_v(2i-1)\left(1-2B_{v_l}(i)\right)+M_v(2i),\quad i=1:2^{n-d_v-1} \tag{5.2.20}$$

并送入右子节点 v_r。当 v_r 进行判决时，得到硬信息 B_{v_r}，节点 v 进行本级节点的硬信息计算，即

$$\begin{cases}B_v(2i-1)=B_{v_l}(i)\oplus B_{v_r}(i)\\ B_v(2i)=B_{v_r}(i)\end{cases} \tag{5.2.21}$$

然后，将硬信息传递给父节点 p_v。

当节压缩码树的叶节点 v 被激活时，如果 $\mathcal{I}_v \subset \mathcal{A}$，即对应信息比特，则硬信息为 $B_v=h(M_v)$，其中，$h(M_v)$ 是判决函数，如果软信息 M_v 是似然比信息，则判决函数满足 $h(M_v)\underset{1}{\overset{0}{\lesseqgtr}}1$；反之，如果 $\mathcal{I}_v \subset \mathcal{A}^c$，即对应冻结比特，则硬信息为 $B_v=0$。一旦叶节点 v 得到硬信息 B_v，则相应的信息比特判决为 $\hat{b}_i=B_v$，这里 i 是节点 v 对应的比特序号。

定理 5.1 对于节压缩码树，给定节点 v 与集合 $\mathcal{I}_v$，对于序号为 $i<\min\mathcal{I}_v$ 的译码比特，并不受节点 v 的运算影响。节点 v 的判决子码 B_v 是以 v 为根节点的子树上所有码字叠加的结果。给定 B_v，当译码序号为 $i>\max\mathcal{I}_v$ 的比特时，并不依赖以 v 为根节点的子树上任意的子码字 B_u 或软信息 M_u，其中 $u\in\mathcal{V}_v$，而只依赖于节点 v 的判决子码 B_v。

证明 根据 SC 译码算法在节压缩码树上的串行译码过程，显然满足这两个性质。

5.2.3 SSC 算法

Alamdar-Yazdi 与 Kschischang 提出了简化串行抵消(SSC)译码算法[7]，其基本思想是

在节压缩码树上，针对两种特殊的子码，一种为 0 码率子码，另一种为 1 码率子码，进行简化运算。

定义 5.1　给定信息比特集合 $\mathcal{A}$，对于节压缩码树上的节点 v，如果相应子树 $\mathcal{T}_v$ 的所有叶节点都对应信息比特，即满足 $\mathcal{I}_v \subseteq \mathcal{A}$，则节点 v 对应的子码 $\mathbb{C}_v$ 是码率 $R=1$ 的编码。类似地，对于节压缩码树上的节点 v，如果子树 $\mathcal{T}_v$ 的所有叶节点都对应冻结比特，即满足 $\mathcal{I}_v \subseteq \mathcal{A}^c$，则节点 v 对应的子码 $\mathbb{C}_v$ 是码率 $R=0$ 的编码。

例 5.2　图 5.2.5 给出了码长 $N=8$ 的节压缩码树节点分类示例。如图所示，由于信息比特集合为 $\mathcal{A}=\{4,6,7,8\}$，冻结比特集合为 $\mathcal{A}^c=\{1,2,3,5\}$。则根据定义 5.1 可知，节压缩码树的节点分为三类：叶节点 1、2 都是冻结比特，因此它们与其父节点都对应 0 码率子码，在树上用白色圆圈标识；叶节点 7、8 都是信息比特，因此它们与其父节点都对应 1 码率子码，用黑色圆圈标识；其余节点，码率 $0<R<1$，称为 R 码率节点，用灰色节点标识。

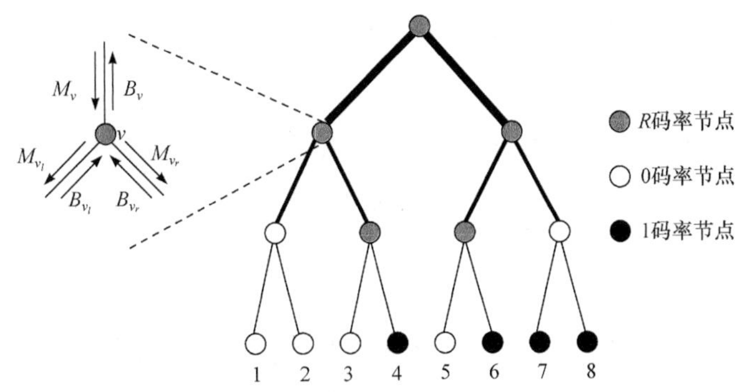

图 5.2.5　节压缩码树节点分类示例

如果码树上的节点 v 对应 0 码率子码，则子树 $\mathcal{T}_v$ 的所有叶节点都是冻结比特，因此节点 v 对应的子码 $B_v = 0_1^{2^{n-d_v}}$，即取全零向量。显然这个子树的所有子节点都不需要激活，进行软/硬信息迭代计算，因此可以节省计算量。

下面考察码树上的节点 v 对应 1 码率子码的情况。

定理 5.2　给定节点 v 与子树 $\mathcal{T}_v$，如果对应 1 码率子码，则不需要再进行子节点迭代计算，直接利用软信息 M_v，得到硬判决信息：

$$B_v = h(M_v) \tag{5.2.22}$$

且子树 $\mathcal{T}_v$ 的叶节点对应的所有比特判决结果为

$$\hat{u}_{\mathcal{I}_v} = \left(\hat{u}(\min \mathcal{I}_v),\cdots,\hat{u}(\max \mathcal{I}_v)\right) = B_v \boldsymbol{G}_{2^{n-d_v}} \tag{5.2.23}$$

上述简化计算的判决结果与标准 SC 译码的判决结果相同。

证明　子树 $\mathcal{T}_v$ 对应的子码生成矩阵为 $\boldsymbol{G}_{2^{n-d_v}}$，满足编码关系 $B_v = \hat{u}_{\mathcal{I}_v}\boldsymbol{G}_{2^{n-d_v}}$。又由于 $\boldsymbol{G}_{2^{n-d_v}} = \boldsymbol{G}_{2^{n-d_v}}^{-1}$，因此可得 $\hat{u}_{\mathcal{I}_v} = B_v\boldsymbol{G}_{2^{n-d_v}}$。

首先采用数学归纳法证明第一个公式对于简化计算与标准计算都成立。具体而言，先假设式(5.2.22)对于节点 v 的左右子节点成立，即

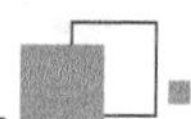

$$\begin{cases} B_{v_l} = h\left(M_{v_l}\right) \\ B_{v_r} = h\left(M_{v_r}\right) \end{cases} \tag{5.2.24}$$

然后证明对于子树上所有节点都成立。

由于式(5.2.24)成立，则可以推导如下：

$$h\left(M_{v_l}(i)\right) = h\left(M_v(2i-1)\right) \oplus h\left(M_v(2i)\right) \tag{5.2.25}$$

与

$$\begin{aligned} h\left(M_{v_r}(i)\right) &= h\left[\left(1-2h\left(M_{v_l}(i)\right)\right)M_v(2i-1)+M_v(2i)\right] \\ &= h\left[\left(1-2h\left(M_v(2i-1)\right)\oplus h\left(M_v(2i)\right)\right)M_v(2i-1)+M_v(2i)\right] \\ &= h\left(M_v(2i)\right) \end{aligned} \tag{5.2.26}$$

由此，节点 v 的奇偶比特硬判决信息分别为

$$B_v(2i) = B_{v_r}(i) = h\left(M_{v_r}(i)\right) = h\left(M_v(2i)\right) \tag{5.2.27}$$

与

$$\begin{aligned} B_v(2i-1) &= B_{v_l}(i) \oplus B_{v_r}(i) = h\left(M_{v_l}(i)\right) \oplus h\left(M_{v_r}(i)\right) \\ &= h\left(M_v(2i)\right) \oplus h\left(M_v(2i)\right) \oplus h\left(M_v(2i-1)\right) \\ &= h\left(M_v(2i-1)\right) \end{aligned} \tag{5.2.28}$$

可见，式(5.2.22)成立。

上述证明可以递推，如果以 v_l 或 v_r 作为根节点，在相应的子树上，式(5.2.22)仍然成立。这样采用数学归纳法，可以证明第一个性质。

对于式(5.2.23)，也可以采用数学归纳法证明，不再赘述。由此可见，对于标准译码运算，其结果与简化运算相同，定理得证。

基于上述分析，得到如下的 SSC 译码算法流程。

算法 5.1 简化串行抵消(SSC)译码算法

Input: 接收信号序列 y_1^N

Output: 译码序列 $\hat{u}_1^N$

初始化根节点的软信息 M_v

从树根开始，遍历码树

  IF 节点 v 是 0 码率节点

    计算节点硬信息 $B_v = \mathbf{0}$

  Else IF 节点 v 是 1 码率节点

    根据式(5.2.22)计算硬信息 B_v，并根据式(5.2.23)得到判决比特向量 $\hat{u}_{\mathcal{I}_v}$

   Else

    根据式(5.2.19)与式(5.2.20)计算节点软信息 $M_v(i)$

    根据式(5.2.21)计算硬信息 $B_v(i)$

   End

  End

Return 返回译码序列：$\hat{u}_1^N$

图 5.2.6 给出了 SSC 算法相对于 SC 算法的时延与复杂度增益。

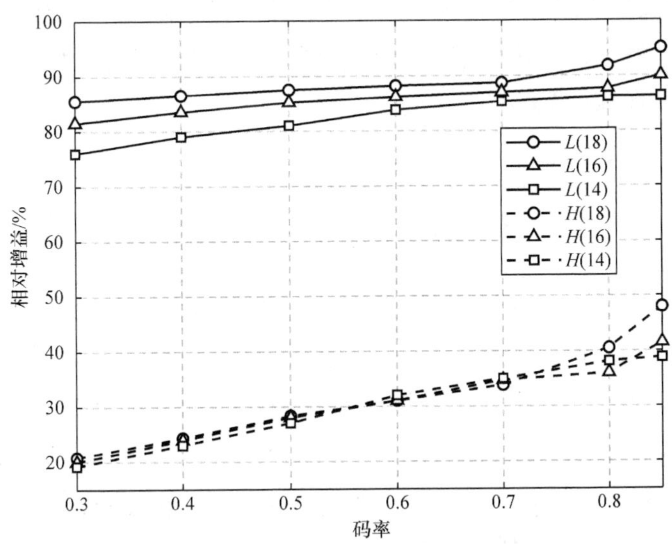

图 5.2.6　SSC 算法相对于 SC 算法的时延与复杂度增益

图 5.2.6 中，码长取值为 $N=2^{14},2^{16},2^{18}$ 三种情况，译码相对时延度量如下：

$$L(n)=\frac{L_{\mathrm{SC}}(n)-L_{\mathrm{SSC}}(n)}{L_{\mathrm{SC}}(n)} \tag{5.2.29}$$

其中，$L_{\mathrm{SC}}(n)$、$L_{\mathrm{SSC}}(n)$ 分别表示码长为 2^n 的极化码采用 SC 与 SSC 译码的时延。对于传统的 SC 算法，遍历节压缩码树，译码时延为 $L_{\mathrm{SC}}(n)=2N-2$，即需要耗费 $2N-2$ 个时钟。

类似地，译码复杂度缩减度量如下：

$$H(n)=\frac{H_{\mathrm{SC}}(n)-H_{\mathrm{SSC}}(n)}{H_{\mathrm{SC}}(n)} \tag{5.2.30}$$

其中，$H_{\mathrm{SC}}(n)$、$H_{\mathrm{SSC}}(n)$ 分别表示码长为 2^n 的极化码采用 SC 与 SSC 译码的校验节点运算量。

由图 5.2.6 可知，不同码率下，SSC 相对于 SC，能节省 20%～40%的计算复杂度，而译码时延能节省 70%～90%。由此可见，SSC 算法具有显著的复杂度与时延增益，同时保持了与 SC 相同的译码性能。

5.2.4　增强简化算法

SSC 译码算法只是简化了码率为 0 与 1 的节点运算，为了进一步减小时延或降低复杂度，需要考虑对码率为 R 的节点运算进行简化。这种操作也称为节压缩码树上的剪枝(Pruning)。

1. ML-SSC 与 Fast-SSC 算法

为了提高译码吞吐率，Sarkis 与 Gross[18]提出将一些 R 码率节点的运算改为复杂度受

限的 ML 译码，这就是 ML-SSC 译码算法。

定义 5.2 给定信息比特集合 $\mathcal{A}$ ，对于节压缩码树上深度为 d_v 的节点 v ，对应的子码 $\mathbb{C}_v$ 码长为 $N_v=2^{n-d_v}$ ，码率为 $R_v=\left|\mathcal{I}_v\cap\mathcal{A}\right|/2^{n-d_v}$ ，信息比特长度为 $K_v=\left|\mathcal{I}_v\cap\mathcal{A}\right|$。其生成矩阵为 $\boldsymbol{G}_{2^{n-d_v}}$ ，编码码字为 $x_1^{N_v}=u_{\mathcal{I}_v}\boldsymbol{G}_{N_v}$ 。

对于子码 $\mathbb{C}_v$ ，采用 ML 译码，判决码字如下：

$$B_v=\underset{x_1^{N_v}\in\mathbb{C}_v}{\arg\max}\sum_{i=1}^{N_v}\left(1-2x(i)\right)M_v(i) \tag{5.2.31}$$

上述 ML 译码，需要穷举 2^{K_v} 个码字，每个码字运算需要执行 N_v-1 次加法，并且还需要 $2^{K_v}-1$ 次比较，因此是指数复杂度算法，必须限定其复杂度。

假设复杂度上限为 Q ，则式(5.2.31)的计算复杂度必须满足如下约束：

$$2^{K_v}N_v-1\leqslant Q \tag{5.2.32}$$

选择满足复杂度约束的 R 码率节点，可以降低译码时延，提高吞吐率。但这种方法是以增加硬件复杂度为代价的，因此只能降低一部分低码率的子码译码时延。

为了进一步降低译码时延，Sarkis 等提出了 Fast-SSC 译码算法[20]，对 R 码率子码结构进行深入分析。他们发现，码率为 $R_v=1-1/N_v$ 的单校验子码，以及码率为 $R_v=1/N_v$ 的重复码，可以采用简单计算代替迭代运算。具体内容参考文献[20]，不再赘述。

2. 基于子码伴随式检验的简化算法

ML-SSC 与 Fast-SSC 算法只能对一部分 R 码率节点进行简化，并不是通用的方法，具有局限性。Yoo 与 Park 提出的伴随式校验串行抵消(Syndrome Check Successive Cancellation，SCSC)译码算法[42]，基于子码伴随式校验，简化 R 码率节点运算，是一种更具有通用性的码树剪枝技术。

定理 5.3 给定节点 v 与子树 $\mathcal{T}_v$ ，对应 R 码率子码，如果伴随式满足如下关系：

$$\begin{cases} s_1^{N_v}=h\left(M_v\right)\boldsymbol{G}_{N_v} \\ s_{\mathcal{I}_v\cap\mathcal{A}^c}=\boldsymbol{0} \end{cases} \tag{5.2.33}$$

即节点 v 对应的子码伴随式 $s_{\mathcal{I}_v\cap\mathcal{A}^c}$ 都为 0，满足校验约束关系，则不需要再进行子节点迭代计算，直接利用软信息 M_v ，得到硬判决信息为

$$B_v=h\left(M_v\right) \tag{5.2.34}$$

且子树 $\mathcal{T}_v$ 的叶节点对应的所有比特判决结果为

$$\hat{u}_{\mathcal{I}_v}=B_v\boldsymbol{G}_{N_v} \tag{5.2.35}$$

这个定理类似于定理 5.2，采用数据归纳法可以证明，不再赘述。

SCSC 译码算法需要在 R 码率节点上引入额外的运算量，用于伴随式计算。为了进一步降低译码复杂度，Choi 与 Park 提出了子码伴随式的迭代分解检测方法[28]，其基本思想是利用 Plotkin 结构，将伴随式计算进一步分解，能够获得额外的复杂度与时延增益。

图 5.2.7 给出了 $(1024,512)$ 极化码，采用各种 SC 简化译码算法，相对于 SC 译码的

平均译码延时节省比例与信噪比的关系。由图可知，SSC、ML-SSC 与 Fast-SSC 与信噪比无关，能够固定地缩减译码延时。但 SCSC 算法与信噪比有关，在高信噪比条件下，校验约束很容易满足，因此时延相对增益可以达到 95%。

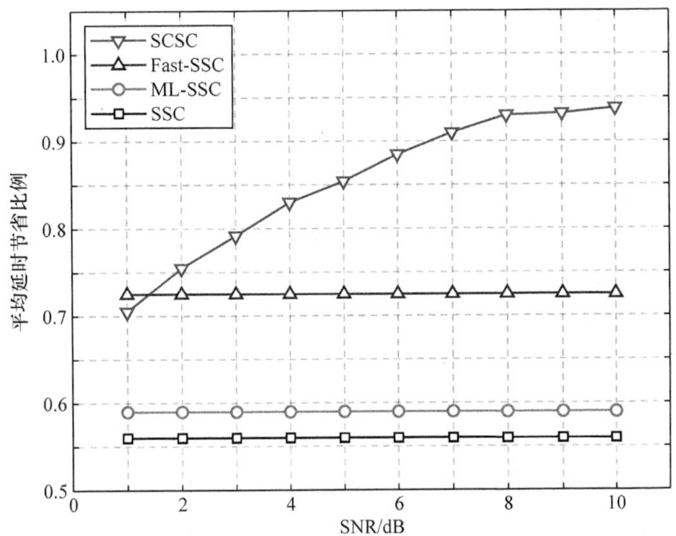

图 5.2.7　各种 SC 简化译码算法的平均译码延时节省比例

表 5.2.1 给出了(2048,1024)极化码在信噪比为 4dB 条件下,各种简化算法的操作数目。

表 5.2.1　(2048,1024)极化码在信噪比 SNR=4dB 条件下各种简化算法的操作数目

操作运算	SSC	SCSC	改进的 SCSC[28]
式(5.2.19)	581	215	153
式(5.2.20)	581	92	92
式(5.2.23)与式(5.2.33)	152	215	123

由表 5.2.1 可知，SSC 算法的软信息(式(5.2.19)与式(5.2.20))计算量最高，由于简化了 R 码率节点，SCSC 算法的软信息计算量显著降低，而改进的 SCSC 可以进一步降低左子节点的软信息计算量。SSC 算法的硬信息(式(5.2.23))计算量较低，SCSC 由于需要进行子码伴随式计算(式(5.2.33))，引入额外的硬信息计算，而改进的 SCSC 算法硬信息计算量最低。

SC 译码的简化算法特点总结如下。

(1) SC 译码的各种简化算法都与标准 SC 译码有相同的纠错性能，简化算法只是缩减了码树或格图上的计算，并没有损失 SC 译码性能。

(2) SSC 算法通过简化 0 码率与 1 码率的子码软信息运算，能够有效降低译码延迟与计算复杂度。

(3) 在此基础上，针对特定的 R 码率子码， ML-SSC 算法与 Fast-SSC 算法进行译码结构优化，采用复杂度受限的 ML 译码或简单计算，进一步减小译码延迟，但硬件复杂度会增加。

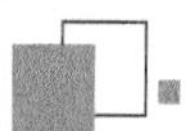

(4) 另一种思路是引入子码伴随式的校验，简化 R 码率子码计算，SCSC 算法及其改进能够显著降低 SC 算法的复杂度。

但总体而言，在有限码长下，SC 译码的性能并不令人满意，还需要设计其他高性能的译码算法，进一步改善极化码的差错性能。

5.3 列表译码算法

本质上，SC 算法是一种级压缩码树上的贪婪式搜索算法，在中短码长条件下，由于其无法改变搜索过程中的判决结果，存在差错传播现象，从而导致译码性能下降。为了改善极化码的差错性能，人们提出了串行抵消列表(SCL)译码算法。本节主要介绍列表译码的算法流程与实现细节，进一步，介绍 CRC 辅助的列表译码(CA-SCL)算法的基本原理，最后阐释列表译码的理论性能。

5.3.1 基于似然/后验度量的 SCL 算法

为了改善 RM 码译码性能，Dumer 等在文献[43]中就已经提出了列表译码算法。由于极化码与 RM 码有相似性，因此列表译码也可以应用于极化码。针对 SC 译码算法的搜索路径在某些层(对应可靠性较差的信息信道 $W_N^{(i)}$)的扩展过程中容易丢失的缺点，陈凯与牛凯[10,11]、Tal 与 Vardy[8,9]分别独立提出了 SCL 算法，其基本思想是增加每一层搜索允许保留的幸存路径数量，将 SC 译码的路径选择准则“选择最好的一条路径进行下一步扩展”，改为“选择最好的 L 条幸存路径进行下一步扩展”的选择准则，其中，$L \geqslant 1$。假设级压缩码树上，第 i 层对应的幸存路径列表为 $\mathcal{L}^{(i)}$，则满足 $\left|\mathcal{L}^{(i)}\right| \leqslant L$。

SCL 算法的目的，就是在级压缩码树上搜索一条路径 u_1^N，满足如下关系：

$$\hat{u}_1^N = \underset{v_1^N \in \mathcal{L}}{\arg\max} P\left(v_1^N \mid y_1^N\right) = \underset{v_1^N \in \mathcal{L}}{\arg\max} W_N\left(y_1^N \mid v_1^N\right) \tag{5.3.1}$$

即在列表中寻求似然概率或后验概率最大的路径。若 $\mathcal{L} = \mathcal{T}$，则 SCL 算法译码的结果严格等价于 ML 译码，一般地，要求 SCL 算法的列表规模 $L = |\mathcal{L}| \ll |\mathcal{T}| = 2^K$。

SCL 译码的节点运算与 SC 类似，可以采用似然度量或后验度量，下面分别介绍。

1. 基于似然概率的度量计算公式

给定接收序列 y_1^N，SCL 算法中奇数与偶数节点基于似然概率的度量计算公式如下:

$$\begin{aligned} & W_N^{(2i-1)}\left(y_1^N, u_1^{2i-2} \middle| u_{2i-1}\right) \\ & = \sum_{u_{2i}} \frac{1}{2} W_{N/2}^{(i)}\left(y_1^{N/2}, u_{1,o}^{2i-2} \oplus u_{1,e}^{2i-2} \middle| u_{2i-1} \oplus u_{2i}\right) W_{N/2}^{(i)}\left(y_{N/2+1}^N, u_{1,e}^{2i-2} \middle| u_{2i}\right) \end{aligned} \tag{5.3.2}$$

与

$$\begin{aligned} & W_N^{(2i)}\left(y_1^N, u_1^{2i-1} \middle| u_{2i}\right) \\ & = \frac{1}{2} W_{N/2}^{(i)}\left(y_1^{N/2}, u_{1,o}^{2i-2} \oplus u_{1,e}^{2i-2} \middle| u_{2i-1} \oplus u_{2i}\right) W_{N/2}^{(i)}\left(y_{N/2+1}^N, u_{1,e}^{2i-2} \middle| u_{2i}\right) \end{aligned} \tag{5.3.3}$$

需要注意，奇数节点的路径序列 $u_1^{2i-2} \in \mathcal{L}^{(2i-2)}$，偶数节点的路径序列 $u_1^{2i-1} \in \mathcal{L}^{(2i-1)}$。即 SCL 译码中，每个节点会有多个路径度量的计算。以奇数节点为例，需要从幸存列表 $\mathcal{L}^{(2i-2)}$ 中挑选任意一个路径序列 u_1^{2i-2}，然后在给定这个序列的条件下，扩展两条路径，对应当前比特 u_{2i-1} 分别为 0 与 1，即计算两个路径度量 $W_N^{(2i-1)}\left(y_1^N, u_1^{2i-2} \mid 0\right)$ 与 $W_N^{(2i-1)}\left(y_1^N, u_1^{2i-2} \mid 1\right)$。由此，总共得到 $2L$ 个路径度量，从中选出度量最大的 L 条路径，作为新的幸存路径列表 $\mathcal{L}^{(2i-1)}$。

2. 基于后验概率的度量计算公式

类似于 SC 译码的 APP 度量，给定接收序列 y_1^N，SCL 算法中奇数与偶数节点基于后验概率的度量计算公式如下：

$$P_N^{(2i-1)}\left(u_1^{2i-1} \mid y_1^N\right) = \sum_{\hat{u}_{2i} \in \{0,1\}} P_{N/2}^{(i)}\left(u_{1,o}^{2i} \oplus u_{1,e}^{2i} \mid y_1^{N/2}\right) \cdot P_{N/2}^{(i)}\left(u_{1,e}^{2i} \mid y_{N/2+1}^N\right) \tag{5.3.4}$$

$$P_N^{(2i)}\left(u_1^{2i} \mid y_1^N\right) = P_{N/2}^{(i)}\left(u_{1,o}^{2i} \oplus u_{1,e}^{2i} \mid y_1^{N/2}\right) \cdot P_{N/2}^{(i)}\left(u_{1,e}^{2i} \mid y_{N/2+1}^N\right) \tag{5.3.5}$$

类似地，奇数节点的路径序列 $u_1^{2i-2} \in \mathcal{L}^{(2i-2)}$，偶数节点的路径序列 $u_1^{2i-1} \in \mathcal{L}^{(2i-1)}$。采用 APP 作为路径度量的主要优点是数值计算比较稳定，不易产生溢出。

在算法实现中，为了保证数值稳定，上述两种路径度量都应当转化为对数形式，即对数似然(Logarithmic Likelihood，LL)概率度量或对数后验(Logarithmic A posterior，LA)概率度量。

3. 基于对数似然概率的迭代公式

定义对数似然概率如下：

$$\Gamma_N^{(i)}\left(y_1^N, u_1^i\right) = \ln\left(W_N^{(i)}\left(y_1^N, u_1^{i-1} \middle| u_i\right)\right) \tag{5.3.6}$$

则 SCL 算法中，奇数与偶数节点基于 LL 的迭代计算公式如下：

$$\begin{aligned} &\Gamma_N^{(2i-1)}\left(y_1^N, u_1^{2i-2} \middle| u_{2i-1}\right) \\ &= \max{}^*\begin{Bmatrix} \Gamma_{N/2}^{(i)}\left(y_1^{N/2}, u_{1,o}^{2i-2} \oplus u_{1,e}^{2i-2} \middle| u_{2i-1}\right) + \Gamma_{N/2}^{(i)}\left(y_{N/2+1}^N, u_{1,e}^{2i-2} \mid 0\right), \\ \Gamma_{N/2}^{(i)}\left(y_1^{N/2}, u_{1,o}^{2i-2} \oplus u_{1,e}^{2i-2} \middle| u_{2i-1} \oplus 1\right) + \Gamma_{N/2}^{(i)}\left(y_{N/2+1}^N, u_{1,e}^{2i-2} \mid 1\right) \end{Bmatrix} \end{aligned} \tag{5.3.7}$$

与

$$\begin{aligned} &\Gamma_N^{(2i)}\left(y_1^N, u_1^{2i-1} \middle| u_{2i}\right) \\ &= \Gamma_{N/2}^{(i)}\left(y_1^{N/2}, u_{1,o}^{2i-2} \oplus u_{1,e}^{2i-2} \middle| u_{2i-1} \oplus u_{2i}\right) + \Gamma_{N/2}^{(i)}\left(y_{N/2+1}^N, u_{1,e}^{2i-2} \middle| u_{2i}\right) \end{aligned} \tag{5.3.8}$$

其中，雅可比(Jacobian)对数式为

$$\max{}^*(a,b) = \max(a,b) + \ln\left(1 + \exp(-|a-b|)\right) \tag{5.3.9}$$

该函数在 Turbo 码及 LDPC 码的译码算法中也需要被频繁调用，通常用预先建立查找表(Lookup Table)的方式降低计算复杂度。

4. 基于对数后验概率的迭代公式

定义 APP 值的对数形式(LA)如下：

$$A_N^{(i)}\left(u_1^i \mid y_1^N\right)=\ln\left(P_N^{(i)}\left(u_1^i \mid y_1^N\right)\right) \tag{5.3.10}$$

对应式(5.3.4)与式(5.3.5)，LA 的递归计算表达式为

$$\begin{aligned}A_N^{(2i-1)}\left(u_1^{2i-1} \mid y_1^N\right)=\max{}^*\Big\{&A_{N/2}^{(i)}\left(u_{1,o}^{2i-2}\oplus u_{1,e}^{2i-2},u_{2i-1}\oplus 0 \mid y_1^{N/2}\right)+A_{N/2}^{(i)}\left(u_{1,e}^{2i-2},u_{2i}=0 \mid y_{N/2+1}^N\right),\\&A_{N/2}^{(i)}\left(u_{1,o}^{2i-2}\oplus u_{1,e}^{2i-2},u_{2i-1}\oplus 1 \mid y_1^{N/2}\right)+A_{N/2}^{(i)}\left(u_{1,e}^{2i-2},u_{2i}=1 \mid y_{N/2+1}^N\right)\Big\}\end{aligned} \tag{5.3.11}$$

$$A_N^{(2i)}\left(u_1^{2i} \mid y_1^N\right)=A_{N/2}^{(i)}\left(u_{1,o}^{2i}\oplus u_{1,e}^{2i} \mid y_1^{N/2}\right)+A_{N/2}^{(i)(i)}\left(u_{1,e}^{2i} \mid y_{N/2+1}^N\right) \tag{5.3.12}$$

与 SC 算法一样，改进的算法依然从码树根节点开始，逐层依次向叶子节点层进行路径搜索。不同的是，每一层扩展后，不再是从两条后继中选择较好的一条进行扩展，而是尽可能多地保留后继路径(每一层保留的路径数不大于 L)。在下一层扩展时，所有这些幸存路径分别扩展。完成一层的路径扩展之后，选择 APP 值最大的(至多) L 条，保存在一个列表中，等待进行下一层的扩展。因此称该算法为串行抵消列表(SCL)译码算法，并称参数 L 为搜索宽度。采用级压缩码树，SCL 译码算法的高级流程描述如下。

算法 5.2 级压缩码树上的串行抵消列表译码(SCL)算法

Input: 接收信号序列 y_1^N 、列表规模 L

Output: 译码序列 $\hat{u}_1^N$

1. 初始化。幸存路径列表初始化为空表 $\mathcal{L}^{(0)}=\{\varnothing\}$，对应的路径度量(LL 或 LA)值置为 0，$M\left(\varnothing,y_1^N\right)=0$。
2. 路径扩展。在级压缩码树上逐层扩展搜索，当扩展到第 i 层边时，对列表 $\mathcal{L}^{(i-1)}$ 内的所有幸存路径 $v_1^{i-1}\in\mathcal{L}^{(i-1)}$ 通过添加比特 $v_i=0$ 或 $v_i=1$ 进行路径扩展。扩展得到的所有候选路径，记录在新表 $\mathcal{L}^{(i)}$ 内：

$$\mathcal{L}^{(i)}=\left\{v_1^i=\left(v_1^{i-1},v_i\right)\middle|\forall\left(v_1^{i-1},v_i\right)\in\mathcal{L}^{(i-1)},\forall v_i\in\{0,1\}\right\} \tag{5.3.13}$$

同时，基于式(5.3.7)、式(5.3.8)或式(5.3.11)、式(5.3.12)迭代计算并记录所有 $v_1^i\in\mathcal{L}^{(i)}$ 的路径度量值 $M_N^{(i)}\left(v_1^i,y_1^N\right)$。特别地，若第 i 层对应冻结比特，即 $i\in\mathcal{A}^c$，如果 $v_i=u_i$，则置 $M_N^{(i)}\left(v_1^i,y_1^N\right)=M_N^{(i-1)}\left(v_1^{i-1},y_1^N\right)$；如果 $v_i\neq u_i$，则置 $M_N^{(i)}\left(v_1^i,y_1^N\right)=-\infty$。
3. 路径竞争。如果执行步骤(2)之后，列表 $\mathcal{L}^{(i)}$ 中路径数量小于或者等于 L，则直接跳过本步骤；否则，保留路径度量值最大的 L 条路径作为幸存路径，并从 $\mathcal{L}^{(i)}$ 中删除其余候选路径。
4. 终止判决。若路径未扩展至叶节点层，即当 $i<N$ 时，跳转执行步骤 2；否则，当 $i=N$ 时，选择列表 $\mathcal{L}^{(N)}$ 中具有最大度量值的幸存路径

$$\hat{u}_1^N=\underset{v_1^N\in\mathcal{L}^{(N)}}{\arg\max}\, M_N^{(N)}\left(v_1^N,y_1^N\right) \tag{5.3.14}$$

作为译码输出，完成译码过程。

需要注意，在 SCL 算法中，路径度量 $M_N^{(i)}\left(v_1^i,y_1^N\right)$ 表征的是从根节点到当前第 i 层的

某个路径 v_1^i 的可靠性，这个度量表征的是序列的可靠性，而不是从第 $i-1$ 层到第 i 层的分支 v_i 的可靠性。因此，译码序列的选择依赖于最终的路径度量 $M_N^{(N)}\left(v_1^N, y_1^N\right)$。

另外需要注意的一点是，对于冻结比特，即 $i \in \mathcal{A}^c$，路径度量设置为

$$M_N^{(i)}\left(v_1^i, y_1^N\right)=\begin{cases}M_N^{(i-1)}\left(v_1^{i-1}, y_1^N\right), & v_i=u_i \\ -\infty, & v_i \neq u_i\end{cases} \tag{5.3.15}$$

其中，$v_i=u_i$ 表示判决比特 v_i 与冻结比特真值 u_i 相同。

例 5.3　图 5.3.1 给出了码树上进行 SCL 译码的简单例子，以后验概率(APP)作为路径度量。算法搜索宽度 $L=2$。以根节点为搜索起点，第 1～3 层对应冻结比特，不扩展路径，第 4 层对应信息比特 u_4，两条候选路径均保留。第 5 层对应冻结比特，不扩展路径，因此部分路径列表为 $\mathcal{L}^{(5)}=\{(00000),(00010)\}$，由于第 6 层对应信息比特 u_6，每一条幸存路径均被扩展成两条新的候选路径，并从这四条新产生的候选路径中保留两条具有最大度量值的路径，此时幸存路径列表为 $\mathcal{L}^{(6)}=\{(000000),(000100)\}$。以此类推，最终得到的幸存路径列表为 $\mathcal{L}^{(8)}=\{(00000011),(00010000)\}$，对应的路径度量分别为 0.2 与 0.36，选择度量大的路径 (00010000) 作为 SCL 算法的译码输出序列。在这个例子中，SCL 译码最终输出的正是 ML 解。计算复杂度方面，对比图 5.2.2，SC 译码共进行了 4 次路径扩展，每一次路径扩展需要进行 2 次度量值的计算，一共需要 8 次度量值的计算；而 SCL 译码过程中也进行了 4 次路径扩展，其中 3 次路径扩展需要进行 4 次度量计算，共 14 次度量值的计算，几乎是 SC 译码的 2 倍。

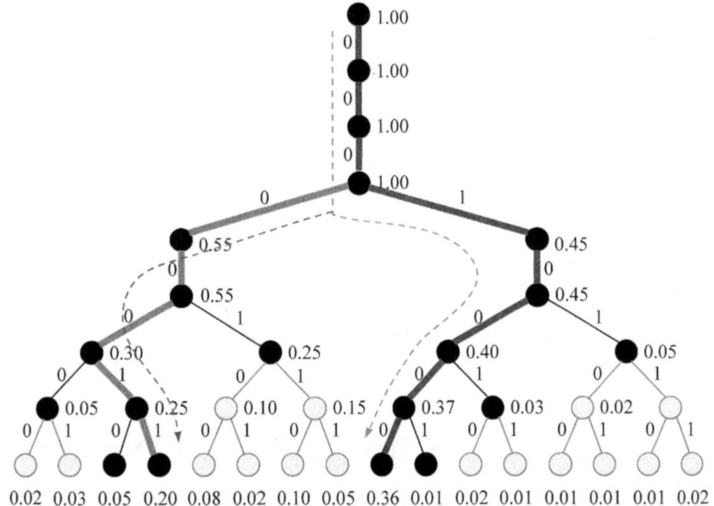

图 5.3.1　极化码 SCL 译码算法的路径搜索示例，其中搜索宽度 $L=2$

为了描述 SCL 译码的详细流程，令 $M(i,j,l)$ 与 $B(i,j,l)$ 分别表示格图上第 i $(1 \leqslant i \leqslant N)$级、第 j $(1 \leqslant j \leqslant n+1)$节、第 l $(1 \leqslant l \leqslant 2L)$个路径对应的软信息与硬信息，则软信息迭代公式如下：

$$M(i,j,l)=\begin{cases} M(i,j+1,l) \boxplus M\left(i+2^{j-1},j+1,l\right), & \left\lfloor \dfrac{i-1}{2^{j-1}} \right\rfloor \bmod 2 = 0 \\ M\left(i-2^{j-1},j+1,l\right) \circledast M(i,j+1,l), & \left\lfloor \dfrac{i-1}{2^{j-1}} \right\rfloor \bmod 2 = 1 \end{cases} \tag{5.3.16}$$

其中，$\boxplus$ 是校验节点运算，$\circledast$ 是变量节点运算，可以对应 LL 或 LA 度量计算。

硬信息迭代公式如下：

$$B(i,j+1,l)=\begin{cases} B(i,j,l) \oplus B\left(i+2^{j-1},j,l\right), & \left\lfloor \dfrac{i-1}{2^{j-1}} \right\rfloor \bmod 2 = 0 \\ B(i,j,l), & \left\lfloor \dfrac{i-1}{2^{j-1}} \right\rfloor \bmod 2 = 1 \end{cases} \tag{5.3.17}$$

并且扩展路径时，令

$$B(i,1,l)=\begin{cases} 0, & l \bmod 2 = 0 \\ 1, & l \bmod 2 = 1 \end{cases} \tag{5.3.18}$$

由此，格图上的 SCL 算法具体流程如下。

算法 5.3 格图上的串行抵消列表译码(SCL)算法

```
Input: 接收信号序列 y_1^N
Output: 译码序列 û_1^N
---
将路径列表初始化为空表 L^(0) = {∅}
For i = 1 → N do
        For l = 1 → 2L do \\软信息初始化
            M(i,0,l) = Γ_1^(1)(y_i) or A_1^(1)(y_i)
        End
End
For j = n → 1 do
    For i = 1 → N do
        If 蝶形结构的节点激活 then
            For l = 1 → 2L do
                基于迭代公式(5.3.16)，计算路径软信息 M(i,j,l)
            End
        End
        Sort M(i,1,1),…,M(i,1,2L)，保留其中 L 个度量最大的路径作为幸存路径
        \\标记幸存路径的硬信息
        For l = 1 → 2L do
            If B(i,1,l) ∈ A^c then
                B(i,1,l) = 0
            Else
            If l mod 2 = 0 且是幸存路径 then
                B(i,1,l) = 0
```

```
                Else
                    If  l mod 2 = 1 且是幸存路径  then
                        B(i,1,l) = 1
                    End
                End
            End
            将幸存路径的硬信息复制并写入路径列表 L^(i)(l) ← B(1,l')
            If 蝶形结构的节点激活  then
                    For  l = 1 → 2L   do
                        基于式(5.3.17)，计算节点硬信息 B(i,j,l)
                    End
            End
        End
    End
    Find  l* = arg max_l M(N,1,l)，以度量最大的路径作为译码序列 L(i,l*)_{i=1}^N
    Return 返回译码序列：û_1^N = L(i,l*)_{i=1}^N
```

SCL 译码算法最多允许沿着 L 条路径同时进行搜索过程，它本质上是一种广度优先搜索算法，其中任何单独路径的搜索过程与 SC 译码算法相同，因此 SCL 译码算法的(最大)计算复杂度为 SC 译码算法的 L 倍，即 $O(LN\log N)$。SCL 译码算法能够大大降低 ML 路径在路径扩展中丢失的概率，因此在有限码长条件下，SCL 译码在 BLER 性能上相比 SC 能够获得明显的增益。

当搜索宽度满足 $L=2^K$ 时，SCL 译码算法能够遍历所有 2^K 个合法码字，此时 SCL 译码完全等价于 ML 译码。但这样的复杂度显然是不能够被实际系统所接受的。所幸的是，通过在 AWGN 信道下的仿真结果显示，对于中等码长，例如，$N=1024$，搜索宽度 L 的取值为 32 甚至更小，SCL 译码即可非常接近 ML 译码的性能。

采用算法 5.3 实现 SCL 译码，由于格图上每个节点都需要维护 L 条路径的软信息与硬信息，因此相应的空间复杂度为 $O(LN\log_2 N)$。在对每一层路径扩展时，L 条幸存路径中的每一条路径都需要被复制一次，每次复制需要付出的计算复杂度为 $O(N)$。因此，对所有 L 条路径进行 N 层的扩展，路径复制操作数目为 $O(LN^2)$。

类似于 3.3.3 节的思路，算法 5.3 的存储空间可以进一步降低。由于格图上节点对应的软信息与硬信息，实际上只参与一次迭代计算，计算之后这个值就失效了，因此可以取消节序号，软信息迭代公式简化如下：

$$M(i,l)=\begin{cases} M(i,l)\boxplus M\left(i+2^{j-1},l\right), & \left\lfloor \dfrac{i-1}{2^{j-1}} \right\rfloor \bmod 2 = 0 \\ M\left(i-2^{j-1},l\right)\circledast M(i,l), & \left\lfloor \dfrac{i-1}{2^{j-1}} \right\rfloor \bmod 2 = 1 \end{cases} \tag{5.3.19}$$

其中，$\boxplus$ 是变量节点运算，$\circledast$ 是校验节点运算，可以对应 LL 或 LA 度量计算。

硬信息迭代公式如下：

$$B(i,l)=\begin{cases}B(i,l)\oplus B\left(i+2^{j-1},l\right), & \left\lfloor\dfrac{i-1}{2^{j-1}}\right\rfloor \bmod 2=0\\ B(i,l), & \left\lfloor\dfrac{i-1}{2^{j-1}}\right\rfloor \bmod 2=1\end{cases} \tag{5.3.20}$$

利用上述简化的软硬信息迭代公式，可以给出节省存储空间的 SCL 译码算法流程。

算法 5.4 节省存储空间的 SCL 译码算法

```
Input: 接收信号序列 y_1^N
Output: 译码序列 û_1^N
将路径列表初始化为空表 L^(0) = {∅}
For i = 1 → N do
    For l = 1 → 2L do  \\软信息初始化
        M(i,l) = Γ_1^(1)(y_i) or Λ_1^(1)(y_i)
    End
End
For j = n → 1 do
   For i = 1 → N do
      If 蝶形结构的节点激活 then
         For l = 1 → 2L do
            基于迭代公式(5.3.19)，计算路径软信息 M(i,l)
         End
      End
      If 路径扩展到叶节点 then
         Sort M(i,1),…,M(i,2L)，保留其中 L 个度量最大的路径作为幸存路径
         For l = 1 → 2L do
            If B(i,l) ∈ A^c then
              B(i,l) = 0
            Else
            If l mod 2 = 0 且是幸存路径 then
               B(i,l) = 0
            Else
               If l mod 2 = 1 且是幸存路径 then
                  B(i,l) = 1
               End
            End
         End
         将幸存路径的硬信息复制并写入路径列表 L^(i)(l) ← B(1,l')
```

```
        End
        If 蝶形结构的节点激活 then
            For l = 1 → 2L do
                基于式(5.3.20)，计算节点硬信息 B(i,l)
            End
        End
    End
End
Find l* = arg max_l M(N,l)，以度量最大的路径作为译码序列 𝓛^(i)(l*)
Return 返回译码序列：û_1^N = 𝓛^(i)(l*)
```

算法 5.4 实现的 SCL 译码算法，空间复杂度为 $O(LN)$。Tal 与 Vardy 在文献[8]和文献[9]提出采用“延迟复制”(Lazy Copy)的实现方案，通过在各条路径之间引入内存共享机制，有效减少了路径复制操作数，最终使得 SCL 译码算法的计算复杂度降低为 $O(LN\log_2 N)$。延迟复制的基本思想是，共享不同路径公共的软信息与硬信息存储单元，当路径扩展产生分叉时，进行必要的复制操作。其实现细节参见文献[8]和文献[9]，不再赘述。

总而言之，SCL 译码算法是对 SC 算法的扩展，在级压缩码树上进行广度优先搜索。其基本流程包括路径度量计算、路径扩展与排序、幸存路径选择与复制、节点硬信息计算等基本步骤。

下面针对 (8,4) 极化码的 SCL 译码，给出具体的算法示例。

例 5.4　给定码长 $N=8$，信息位 $K=4$ 的极化码，信息集合 $\mathcal{A}=\{4,6,7,8\}$，假设待发送的信息序列为“0011”，则编码后的码字为“01100110”，采用 BPSK 调制，符号信噪比为 1.0dB。采用 SCL 译码，搜索宽度为 $L=2$，译码流程如图 5.3.2 所示。

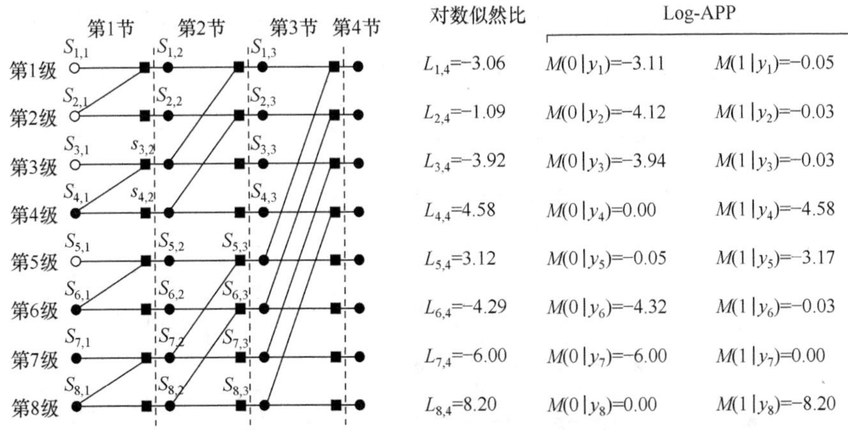

图 5.3.2　SCL 译码算法初始化过程

图 5.3.2 是 SCL 译码的初始化过程，首先用信道似然比序列 $L_{1,4}\sim L_{8,4}$ 计算第 4 节的对数后验概率(Log-APP)：$M(0|y_i)$和$M(1|y_i)$。并将一条空序列写入初始列表，$L^{(0)}=\{\varnothing\}$，

将其对应的路径度量值置为 0，即 $M\left(\varnothing \mid y_1^N\right)=0$。

如图 5.3.3 所示，当译码至第 1 个信源比特 $\hat{u}_1$ 时，由于节点 $S_{1,1}$ 对应的是冻结比特，因此可以确定估计值为 0，即 $\hat{u}_1=0$。将译码比特写入路径寄存器中的路径中，并根据下面的公式更新路径的度量值。

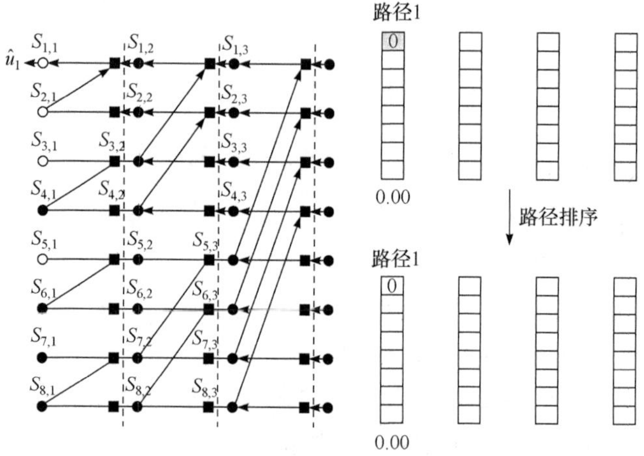

图 5.3.3　SCL 算法译码第 1 个信源比特

$$M_N^{(i)}\left(\hat{u}_1^i \mid y_1^N\right)=\begin{cases}\ln P_N^{(i)}\left(\hat{u}_1^i \mid y_1^N\right), & i \in \text{信息比特} \\ M_N^{(i)}\left(\hat{u}_1^{i-1} \mid y_1^N\right), & i \in \text{冻结比特且}\hat{u}_i=u_i \\ -\infty, & i \in \text{冻结比特且}\hat{u}_i \neq u_i\end{cases} \tag{5.3.21}$$

根据度量值对寄存器中的路径进行排序，由于此时只有一条路径，因此不需要删除多余的译码路径。

当 SCL 算法译码至第 2 个信源比特时，如图 5.3.4 所示。由于第 2 个信源比特也是冻结比特，因此直接将 $\hat{u}_2=0$ 写入译码路径中，并更新路径的度量值。同样地，此时只有一条译码路径，因此不需要进行排序和路径删除。

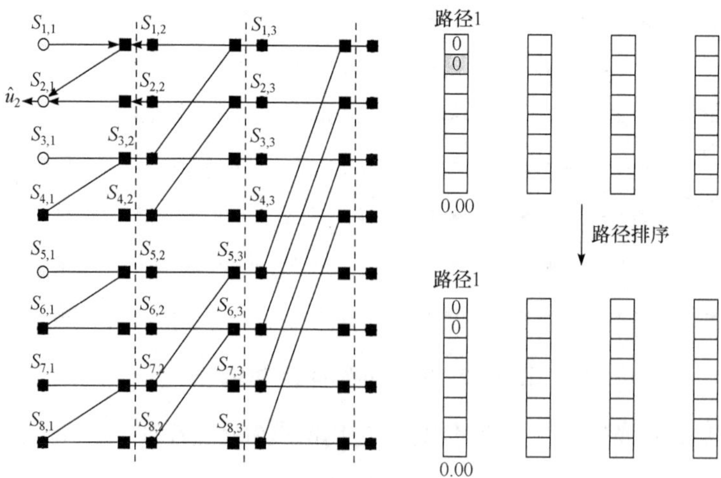

图 5.3.4　SCL 算法译码第 2 个信源比特

当译码至第 3 个信源比特时，如图 5.3.5 所示，同样地，将冻结比特 $\hat{u}_3=0$ 写入译码路径，再更新路径的度量值。

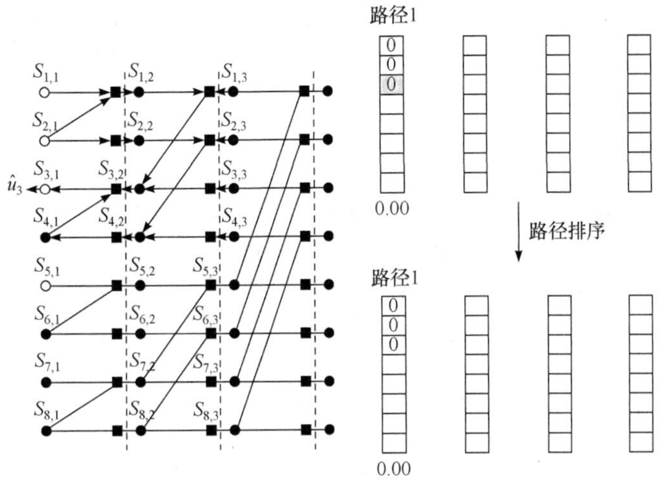

图 5.3.5　SCL 算法译码第 3 个信源比特

图 5.3.6 为 SCL 译码至第 4 个信源比特时的示意图，由于第 4 个比特是信息比特，因此对寄存器中的路径添加 $\hat{u}_4=0$ 或 $\hat{u}_4=1$ 进行路径扩展。对两条译码路径的度量值进行更新和排序，并保留 $L=2$ 条译码路径。

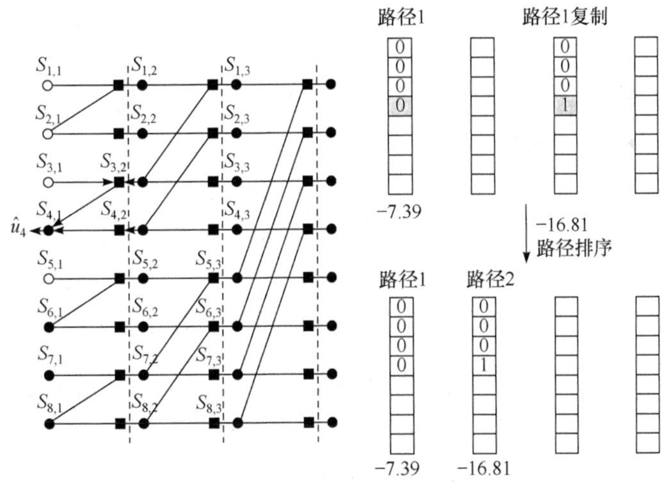

图 5.3.6　SCL 算法译码第 4 个信源比特

当译码至第 5 个信源比特时，如图 5.3.7 所示。此时的信源比特仍是冻结比特，因此将 $\hat{u}_5=0$ 写入寄存器中的两条译码路径，再次更新路径的度量值并排序。

SCL 译码至第 6 个信源比特时，如图 5.3.8 所示。由于第 6 个比特是信息比特，因此对寄存器中的两条路径添加 $\hat{u}_6=0$ 或 $\hat{u}_6=1$ 进行路径扩展。此时寄存器中共有 4 条译码路径，通过对这 4 条译码路径的度量值进行排序和路径竞争，注意，此时需要应用延迟复制操作，对路径信息进行必要的复制。最后，仅保留 $L=2$ 条度量值最大的译码路径，并删除寄存器中的其余路径。

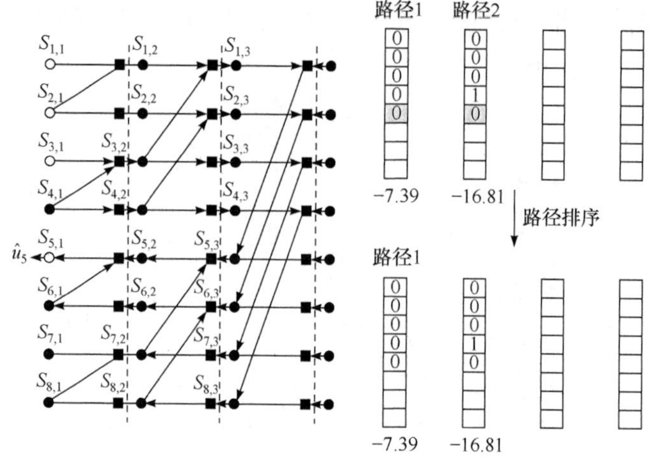

图 5.3.7　SCL 算法译码第 5 个信源比特

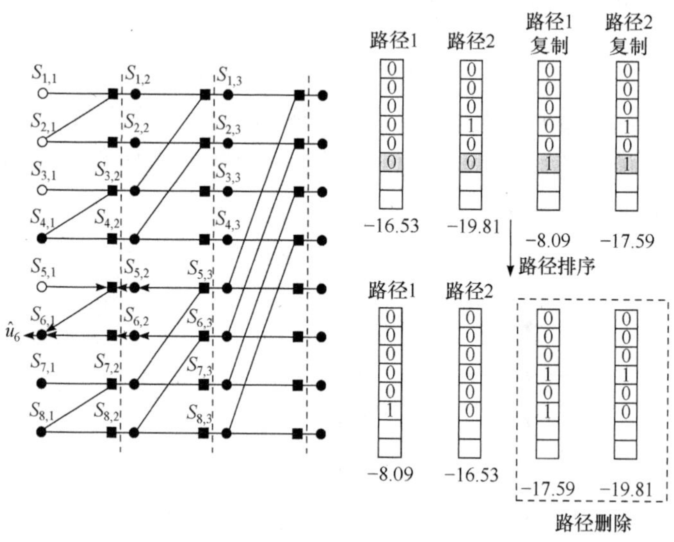

图 5.3.8　SCL 算法译码第 6 个信源比特

SCL 译码至第 7 个信源比特时，如图 5.3.9 所示。由于第 7 个比特也是信息比特，因此对寄存器中的两条路径添加 $\hat{u}_7 = 0$ 或 $\hat{u}_7 = 1$ 进行路径扩展。此时寄存器中有 4 条译码路径，通过对 4 条译码路径的度量值进行排序和路径竞争，相应的，也需要进行“Lazy-copy”操作。仍保留 $L = 2$ 条度量值最大的译码路径，并删除寄存器中另外两条路径。

图 5.3.10 为 SCL 译码至第 8 个信源比特时的示意图，同样是信息比特，将 $\hat{u}_8 = 0$ 或 $\hat{u}_8 = 1$ 添加至寄存器中的两条译码路径，更新 4 条路径的度量值并排序。由于此时是最后一位信源比特，因此将度量值最大的路径作为译码结果，即输出“00000110”。从中提取信息序列得到“0110”，与发送端结果一致，从而完成一次 SCL 译码的过程。

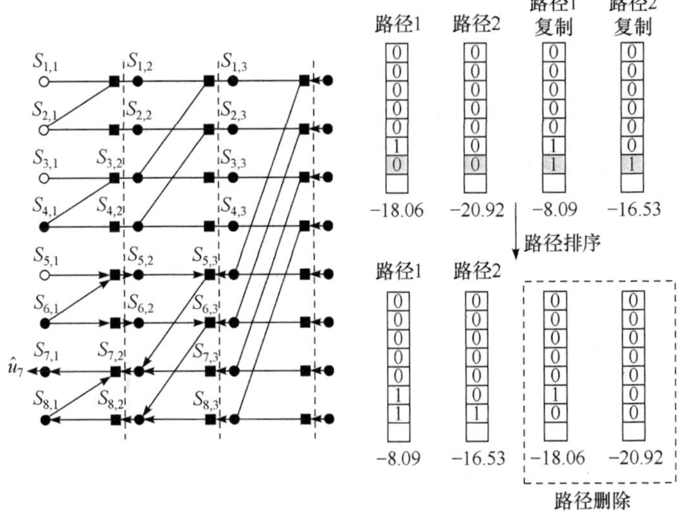

图 5.3.9　SCL 算法译码第 7 个信源比特

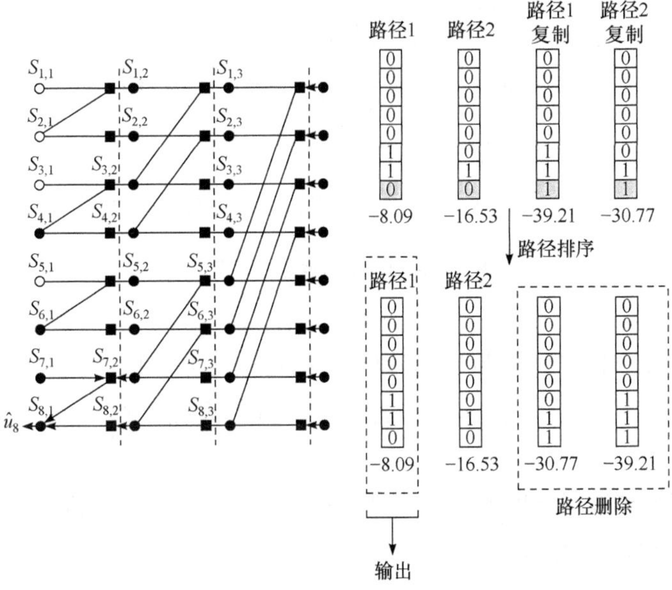

图 5.3.10　SCL 算法译码第 8 个信源比特

5.3.2　基于对数似然比的 SCL 算法

SCL 译码算法的路径度量不仅可以采用对数似然概率(LL)或对数后验概率(LA)方式迭代计算，也可以基于对数似然比(LLR)进行迭代计算，并且这种方式对于硬件译码器设计有一定优势。Balatsoukas-Stimming 等最早提出了基于 LLR 的 SCL 译码算法[24]。

令 $u_1^{i-1}[l]$ 表示幸存路径列表 $\mathcal{L}^{(i-1)}$ 中的某一条路径，在级压缩码树上进行路径扩展，得到的对数似然比为

$$\Lambda_N^{(i)}[l] = \ln \frac{W_N^{(i)}\left(y_1^N, u_1^{i-1}[l] \mid 0\right)}{W_N^{(i)}\left(y_1^N, u_1^{i-1}[l] \mid 1\right)} \tag{5.3.22}$$

我们用对数后验概率表示路径度量，定义如下：

$$\mathrm{PM}_l^{(i)} = -\ln\left(P_N^{(i)}\left[u_1^i[l] \mid y_1^N\right]\right) \tag{5.3.23}$$

为了分析 LLR 与 LA 之间的关系，首先证明如下引理。

引理 5.2 当 $\Pr(u_i[l]=0)=\Pr(u_i[l]=1)=1/2$ 时，对数似然比满足如下关系：

$$\begin{aligned}&\Pr\left(y_1^N, u_1^{i-1}[l], u_i[l]\right) + \Pr\left(y_1^N, u_1^{i-1}[l], u_i[l]\oplus 1\right)\\&= \Pr\left(y_1^N, u_1^{i-1}[l], u_i[l]\right)\left(1+e^{-(1-2u_i[l])\Lambda_N^{(i)}[l]}\right)\end{aligned} \tag{5.3.24}$$

证明 后验概率比与 LLR 关系表示为

$$e^{\Lambda_N^{(i)}[l]} = \frac{P_N^{(i)}\left(y_1^N, u_1^{i-1}[l] \mid 0\right)}{P_N^{(i)}\left(y_1^N, u_1^{i-1}[l] \mid 1\right)} = \frac{\Pr\left(y_1^N, u_1^{i-1}[l], 0\right)}{\Pr\left(y_1^N, u_1^{i-1}[l], 1\right)} \tag{5.3.25}$$

变换式(5.3.25)可得

$$\begin{aligned}&\Pr\left(y_1^N, u_1^{i-1}[l], 0\right) + \Pr\left(y_1^N, u_1^{i-1}[l], 1\right)\\&= \Pr\left(y_1^N, u_1^{i-1}[l], 0\right)\left(1+e^{-\Lambda_N^{(i)}[l]}\right)\\&= \Pr\left(y_1^N, u_1^{i-1}[l], 1\right)\left(1+e^{\Lambda_N^{(i)}[l]}\right)\end{aligned} \tag{5.3.26}$$

因此，式(5.3.26)可以等价表示为

$$\begin{aligned}&\Pr\left(y_1^N, u_1^{i-1}[l], u_i[l]\right) + \Pr\left(y_1^N, u_1^{i-1}[l], u_i[l]\oplus 1\right)\\&= \Pr\left(y_1^N, u_1^{i-1}[l], u_i[l]\right)\left(1+e^{-(1-2u_i[l])\Lambda_N^{(i)}[l]}\right)\end{aligned} \tag{5.3.27}$$

引理得证。

定理 5.4 给定码树第 i 层与第 l 条路径，则路径度量与 LLR 的关系如下：

$$\mathrm{PM}_l^{(i)} = \sum_{j=1}^{i} \ln\left(1+e^{-(1-2u_j[l])\Lambda_N^{(j)}[l]}\right) \tag{5.3.28}$$

即对数后验概率表示的路径度量 $\mathrm{PM}_l^{(i)}$ 与该路径的所有部分路径对数似然比 $\Lambda_N^{(j)}[l]$ 有关。

证明 将后验概率 $P_N^{(i)}\left(u_1^i[l] \mid y_1^N\right)$ 展开得到

$$P_N^{(i)}\left(u_1^i[l] \mid y_1^N\right) = \frac{\Pr\left(y_1^N, u_1^i[l]\right)}{\Pr\left(y_1^N\right)} \tag{5.3.29}$$

应用全概率公式，可得

$$\Pr\left(y_1^N, u_1^{i-1}[l]\right) = \sum_{u_i}\Pr\left(y_1^N, u_1^{i-1}[l], u_i[l]\right) \tag{5.3.30}$$

将式(5.3.24)代入式(5.3.30)，可得

$$\Pr\left(y_1^N, u_1^{i-1}[l]\right) = \Pr\left(y_1^N, u_1^{i-1}[l], u_i[l]\right)\left(1+e^{-(1-2u_i[l])\Lambda_N^{(i)}[l]}\right) \tag{5.3.31}$$

因此得到

$$\Pr\left(y_1^N, u_1^{i}[l]\right) = \Pr\left(y_1^N, u_1^{i-1}[l]\right)\left(1+e^{-(1-2u_i[l])\Lambda_N^{(i)}[l]}\right)^{-1} \tag{5.3.32}$$

式(5.3.32)实际上是递推关系式，反复应用引理 5.2，可得

$$\Pr\left(y_1^N,u_1^i[l]\right)=\prod_{j=1}^{i}\left(1+e^{-(1-2u_j[l])\Lambda_N^{(j)}[l]}\right)^{-1}\Pr\left(y_1^N\right) \tag{5.3.33}$$

将式(5.3.33)代入式(5.3.29)，可得

$$P_N^{(i)}\left(u_1^i[l]\mid y_1^N\right)=\prod_{j=1}^{i}\left(1+e^{-(1-2u_j[l])\Lambda_N^{(j)}[l]}\right)^{-1} \tag{5.3.34}$$

将式(5.3.34)代入定义式(5.3.23)，定理得证。

需要注意的是，由于取负对数，因此定理 5.4 中的路径度量 $\mathrm{PM}_l^{(i)}$ 越小越好。也就是说，给定两个路径 l_1 与 l_2，如果 $W_N^{(i)}\left(y_1^N,u_1^{i-1}[l_1]|u_i[l_1]\right)<W_N^{(i)}\left(y_1^N,u_1^{i-1}[l_2]|u_i[l_2]\right)$，则有 $\mathrm{PM}_{l_1}^{(i)}>\mathrm{PM}_{l_2}^{(i)}$。并且，所有部分序列的 LLR 都对这个路径度量有贡献，而不像采用 LL 或 LA 度量的 SCL 算法，只有信息比特才对后者的度量有贡献，而冻结比特没有贡献。

推论 5.1　路径度量 $\mathrm{PM}_l^{(i)}$ 具有递推性，即

$$\mathrm{PM}_l^{(i)}=\mathrm{PM}_l^{(i-1)}+\ln\left(1+e^{-(1-2u_i[l])\Lambda_N^{(i)}[l]}\right) \tag{5.3.35}$$

并且可以近似表示为

$$\mathrm{PM}_l^{(i)}=\begin{cases}\mathrm{PM}_l^{(i-1)}, & u_i[l]=\dfrac{1}{2}\left[1-\operatorname{sign}\left(\Lambda_N^{(i)}[l]\right)\right]\\ \mathrm{PM}_l^{(i-1)}+\left|\Lambda_N^{(i)}[l]\right|, & \text{其他}\end{cases} \tag{5.3.36}$$

证明　式(5.3.35)显然成立。利用对数函数的如下近似：

$$\ln\left(1+e^x\right)\approx\begin{cases}0, & x<0\\ x, & x\geqslant 0\end{cases} \tag{5.3.37}$$

可以证明式(5.3.36)。

需要注意的是，式(5.3.36)中，$\frac{1}{2}\left[1-\operatorname{sign}\left(\Lambda_N^{(i)}[l]\right)\right]$ 实际上是似然比判决的结果，对于 SC 译码而言，显然满足 $u_i[l]=\frac{1}{2}\left[1-\operatorname{sign}\left(\Lambda_N^{(i)}[l]\right)\right]$，因此 SC 译码路径必然包括在幸存路径列表中。

另外要注意的是，由于度量 $\mathrm{PM}_l^{(i)}$ 取值为非负，因此越小越好。如果迭代公式(5.3.36)只包含信息比特，不考虑冻结比特，则幸存路径列表中，显然只有 SC 译码路径度量最小，SCL 的译码结果将与 SC 等价，不会有改进。因此度量 $\mathrm{PM}_l^{(i)}$ 的迭代计算必然包含冻结比特，此时，如果 SC 译码路径的判决结果 $\frac{1}{2}\left[1-\operatorname{sign}\left(\Lambda_N^{(i)}[l]\right)\right]$ 与冻结比特 u_i 不相等，则会添加惩罚项 $\left|\Lambda_N^{(i)}[l]\right|$，从而修正了列表中的路径度量，使其不会陷于 SC 译码路径。

基于 LLR 的 SCL 算法相对基于 LL/LA 的 SCL 算法的区别与优势总结如下。

(1) 度量计算不同。基于 LL/LA 的 SCL 算法，只考虑信息比特相应的路径度量，而冻结比特不参与计算。而基于 LLR 的 SCL 算法，信息比特与冻结比特都需要考虑相应的路径度量计算。

(2) 数值动态范围不同。对路径度量进行量化后，LL/LA-SCL 算法的路径度量一般动态范围较大，格图不同节对应的节点动态范围差异很大，需要更多的量化比特。而 LLR-SCL 算法的路径度量动态范围较小，因此可以用统一的量化位宽表示格图不同节点的路径度量。这一点在设计硬件译码器时很有优势，可以有效节省路径度量的存储开销。

(3) 简化排序操作。考察 LLR-SCL 算法的路径度量迭代计算公式(5.3.36)，可以发现，从第 i 层到第 $i+1$ 层路径扩展产生的 $2L$ 路径中，实际上有 L 条路径的度量与前一层相同，假设这些路径已经排序，则只需要对新产生的 L 条路径进行排序，就能选出 L 条幸存路径。这样可以降低排序的操作数与时延，有利于硬件译码器的设计。

为了考察 AWGN 信道下，极化码采用 SCL 译码的差错性能。图 5.3.11 与图 5.3.12 分别给出了码长 $N=1024$ 与 2048，码率 $R=1/2$ 的极化码采用 SC 与不同列表的 SCL 译码算法的 BLER 性能。其中，极化码采用高斯近似构造。SCL 译码算法的列表规模配置为 $L=2,4,16,32$ 四种情况。

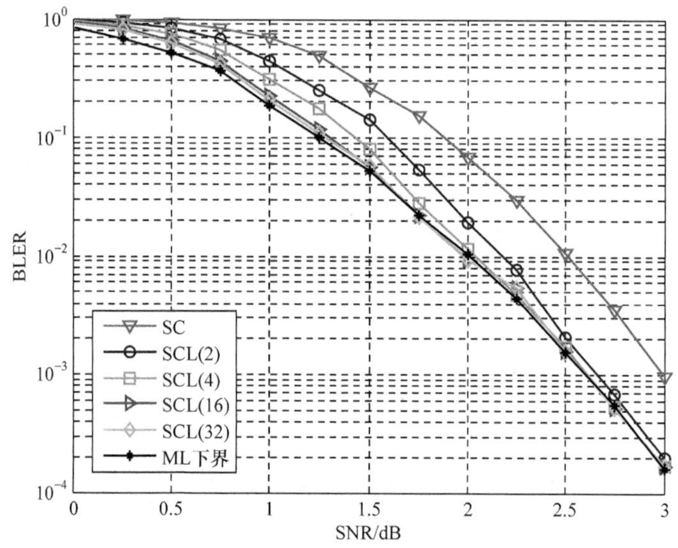

图 5.3.11　AWGN 信道下，码长 $N=1024$，码率 $R=1/2$ 的极化码采用 SC 与不同列表的 SCL 译码算法的 BLER 性能比较

同时，图 5.3.11 和图 5.3.12 也给出了 ML 下界。这个下界的计算方法来自文献[8]。具体而言，假设发送码字为 x_1^N，接收到一帧信号 y_1^N，采用 SCL 算法(当列表规模 L 充分大时)得到的码字序列为 $\hat{x}_1^N$。如果 $x_1^N \neq \hat{x}_1^N$ 且 $W^N\left(y_1^N \mid x_1^N\right) \leqslant W^N\left(y_1^N \mid \hat{x}_1^N\right)$，即正确码字与接收信号之间的似然概率小于错误码字与接收信号之间的似然概率，这种情况是 ML 译码无法纠正的错误。统计这样的错误事件比例，就可以得到 ML 下界。

从图 5.3.11 和图 5.3.12 中看出，随着列表规模的增长，SCL 译码算法的性能相对于 SC 译码逐渐提高，并且 $L=2$ 已经有明显的改善。在高信噪比条件下，$L \geqslant 2$ 时 BLER 性能已经收敛，而低信噪比条件下，随着 L 增大，BLER 性能也逐步改善。当 $L=32$ 时，SCL 译码算法的性能收敛于 ML 性能。很显然，作为增强型的 SC 译码算法，SCL 译码算法缩小了 SC 译码算法与 ML 译码性能之间的差距。一般，对于中短码长，由于中等列表规模的 SCL 译码算法性能已经收敛于 ML 性能，因此列表规模选择 $L \leqslant 32$ 为宜。

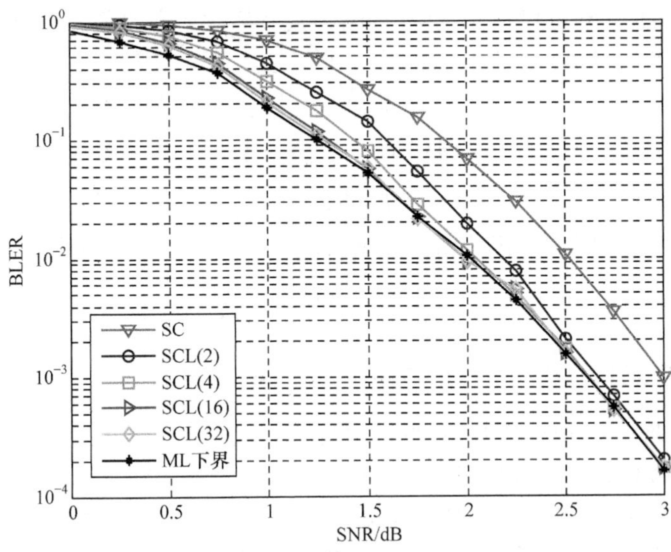

图 5.3.12　AWGN 信道下，码长 $N = 2048$，码率 $R = 1/2$ 的极化码采用 SC 与不同列表的 SCL 译码算法的 BLER 性能比较

图 5.3.13 给出了 AWGN 信道下 LL-SCL 算法与 LLR-SCL 算法的性能比较，其中，码长 $N = 1024$，码率 $R = 1/2$，$L = 2,16$。由图可知，LL-SCL 与 LLR-SCL 两种算法，只是在路径度量的计算上有差异，在不同的列表配置下，BLER 差错性能几乎完全一致。

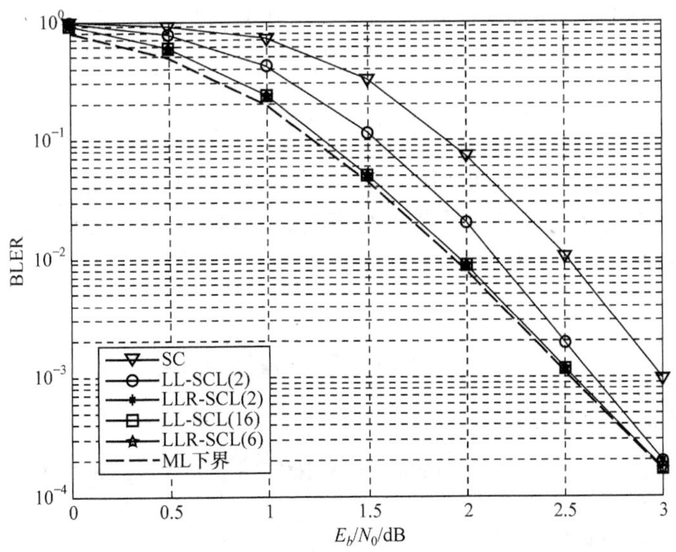

图 5.3.13　AWGN 信道下，码长 $N = 1024$，码率 $R = 1/2$ 的极化码采用 LL-SCL 算法与 LLR-SCL 算法的性能比较

5.3.3 剪枝 SCL 算法

当 SCL 算法在码树上进行路径搜索时，某些候选路径的度量值比同层的其他候选路径要小得多，在后续译码过程中，这部分路径及其后继各条路径，在路径竞争中很难生存到最后。基于这一思想，陈凯与牛凯等提出了 SCL 译码的剪枝方法[44]，在路径扩展步骤之后直接丢弃这部分路径，从而有效减小了计算量和存储空间的开销。

用集合 $\mathcal{L}^{(i)}$ 表示译码过程中扩展到第 i 层的候选路径集合。给定搜索宽度 L，则对任意 $i\in\{1,2,\cdots,N\}$，有 $|\mathcal{L}^{(i)}|\leqslant L$。用一个额外的向量 a_1^N 记录码树上每一层剪枝操作的参考值，其中，a_i 为集合 $\mathcal{L}^{(i)}$ 中各候选路径度量的最大值，即

$$a_i=\max_{v_1^i[l]\in\mathcal{L}^{(i)}} M_N^{(i)}\left(v_1^i[l]\,|\,y_1^N\right) \tag{5.3.38}$$

其中，$M_N^{(i)}\left(v_1^i[l]\,|\,y_1^N\right)$ 是对数似然概率度量。对于 SCL 译码算法，a_i 就是在对码树第 i 层进行扩展时，候选路径列表 $\mathcal{L}^{(i)}$ 中各路径度量的最大值。

为进行剪枝操作，引入新的参数——剪枝门限 τ，并规定 $\tau\geqslant 1$。在译码算法处理码树第 i 层的候选路径时，若候选路径的度量值小于 $a_i-\ln\tau$，则直接删除该路径。换言之，那些在剪枝操作中被删除的路径，其路径度量值满足：

$$M_N^{(i)}\left(v_1^i v_1^i[l]\,|\,y_1^N\right)<a_i-\ln\tau \tag{5.3.39}$$

用 APP 值更直观地表示式(5.3.39)，这些路径满足：

$$P_N^{(i)}\left(v_1^i[l]\,|\,y_1^N\right)<\frac{\exp\left(a_i\right)}{\tau}=\max_{v_1^i[l]\in\mathcal{L}^{(i)}}\frac{P_N^{(i)}\left(v_1^i[l]\,|\,y_1^N\right)}{\tau} \tag{5.3.40}$$

显然，如果剪枝操作删去的路径中包含 ML 译码路径，就会影响译码性能。因此需要在给定能够接受的最大性能损失的条件下，优化剪枝门限 τ 的设置。

给定信息比特集合 $\mathcal{A}$，SCL 译码出错事件定义为

$$\mathcal{E}=\left\{\left(u_1^N,\hat{u}_1^N,y_1^N\right)\in\mathcal{X}^N\times\mathcal{L}\times\mathcal{Y}^N:u_{\mathcal{A}}\neq\hat{u}_{\mathcal{A}}\right\} \tag{5.3.41}$$

以上错误事件能够归为两类。第一类是正确路径在扩展到第 N 层之前就已丢失，该类事件用符号 C 表示；第二类是译码结束时，正确路径存在于列表 $\mathcal{L}$ 中，但并不具有最大的路径度量，用补集符号 $\bar{C}$ 表示。于是，极化码在 SCL 译码下的 BLER 可以表示为

$$P_e(N,\mathcal{A},L,\tau)=\Pr\left(\mathcal{E}\,|\,\bar{C}\right)\Pr\left(\bar{C}\right)+\Pr\left(C\right) \tag{5.3.42}$$

事件 C 可以被进一步分解为

$$\Pr\left(C\right)=\sum_{i\in\mathcal{A}}\Pr\left(C_i\right) \tag{5.3.43}$$

其中，事件 C_i 表示正确路径在第 i 层的译码过程中丢失。

更进一步，C_i 还能够被分为两类事件。第一类是由搜索宽度的限制引起的，即在第 i 层的各条候选路径中，存在多于 L 条其他路径的度量值大于正确路径，该类事件用符号 F_i

表示；第二类是由剪枝操作引起的，即在第 i 层的处理中，正确路径的度量值远远小于该层候选路径度量的最大值，此类事件用符号 T_i 表示。于是

$$\Pr(C_i)=\Pr(F_i)+\Pr\left(T_i\middle|\overline{F_i}\right)\Pr\left(\overline{F_i}\right) \tag{5.3.44}$$

对不进行剪枝操作的 SCL 译码算法而言(等价于 $\tau=+\infty$ 时的情况)，条件概率 $\Pr\left(T_i\middle|\overline{F_i}\right)=0$。因此，由于引入剪枝操作所造成 BLER 性能损失的上界为

$$P_e(N,\mathcal{A},L,\tau)-P_e(N,\mathcal{A},L,+\infty)\leqslant\sum_{i\in\mathcal{A}}\Pr\left(T_i\middle|\overline{F_i}\right) \tag{5.3.45}$$

在码树 $\mathcal{T}$ 的第 i 层上，由于搜索宽度的限制，最多能够保留 L 条幸存路径，其 APP 值分别为 $P_l^{(i)}=P_N^{(i)}\left(v_1^i[l]\mid y_1^N\right),l=1,2,\cdots,L$。不失一般性，假设 $P_1^{(i)}\geqslant P_2^{(i)}\geqslant\cdots\geqslant P_L^{(i)}$。假定这 L 条幸存路径中包含了正确路径，即正确路径没有在前 $i-1$ 层的处理过程中丢失，也不会在第 i 层的路径竞争(搜索宽度限制)中丢失，于是

$$\Pr\left(\overline{F_i}\right)=\sum_{l=1}^{L}P_l^{(i)}\leqslant 1 \tag{5.3.46}$$

在第 i 层上进行剪枝操作时，被删去的候选路径的 APP 值满足：

$$P_j^{(i)}<\frac{P_1^{(i)}}{\tau}\leqslant\frac{1}{\tau}\sum_{l=1}^{L}P_l^{(i)} \tag{5.3.47}$$

其中，$j\in\{2,3,\cdots,L\}$。由于剪枝后至少有一条路径，即具有最大 APP 值的一条，能够被保留，因此在第 i 层上进行剪枝操作时丢失正确路径的概率为

$$\Pr\left(T_i\middle|\overline{F_i}\right)\leqslant\frac{\sum\limits_{j\in\{2,3,\cdots,L\},p_j<\frac{P_1^{(i)}}{\tau}}P_j^{(i)}}{\sum\limits_{l=1}^{L}P_l^{(i)}} \tag{5.3.48}$$

特别地，如果第 i 层对应的是冻结比特，那么正确路径一定不会在该层的扩展中丢失，即当 $i\in\mathcal{A}^c$ 时，$\Pr\left(T_i\middle|\overline{F_i}\right)=0$。

综合式(5.3.46)～式(5.3.48)，以 τ 为参数的剪枝操作带来的额外 BLER 性能损失有如下上界：

$$\sum_{i\in\mathcal{A}}\Pr\left(T_i\middle|\overline{F_i}\right)<\frac{K(L-1)}{\tau} \tag{5.3.49}$$

根据实际系统需求，设定一个能够接受的 BLER 性能损失 P_{tol}，于是得到

$$\tau=\frac{K(L-1)}{P_{\text{tol}}} \tag{5.3.50}$$

式(5.3.50)是一个固定的阈值。因为式(5.3.49)是一个非常松的上界，实际的性能损失往往会远远小于 P_{tol}，所以，这个固定的剪枝门限 τ 实际上是一个非常保守的值。

为了进一步剪枝，降低不必要的路径搜索，可以引入动态阈值，即如果路径满足如下关系：

$$P_N^{(i)}\left(v_1^i[m] \mid y_1^N\right) < \alpha_i \sum_{l=1}^{L} P_N^{(i)}\left(v_1^i[l] \mid y_1^N\right) \tag{5.3.51}$$

则将该路径剪枝。其中，α_i 是动态阈值，陈凯等在文献[26]中给出了动态阈值的优化方法。

AWGN 信道下，采用高斯近似构造$(1024,512)$极化码，图 5.3.14 给出了不同列表配置的 SCL 算法，以及固定阈值与动态阈值剪枝的 SCL 译码算法的性能。当可容忍的性能损失(相对于 BLER)设定为 $P_{\text{tol}}=10^{-5}$，两种剪枝方式几乎不损失性能。而若可容忍的性能损失设定为 $P_{\text{tol}}=0.1\text{BLER}$，其中 $\text{BLER}=0.1\sim0.001$，则动态阈值剪枝的性能略有下降。

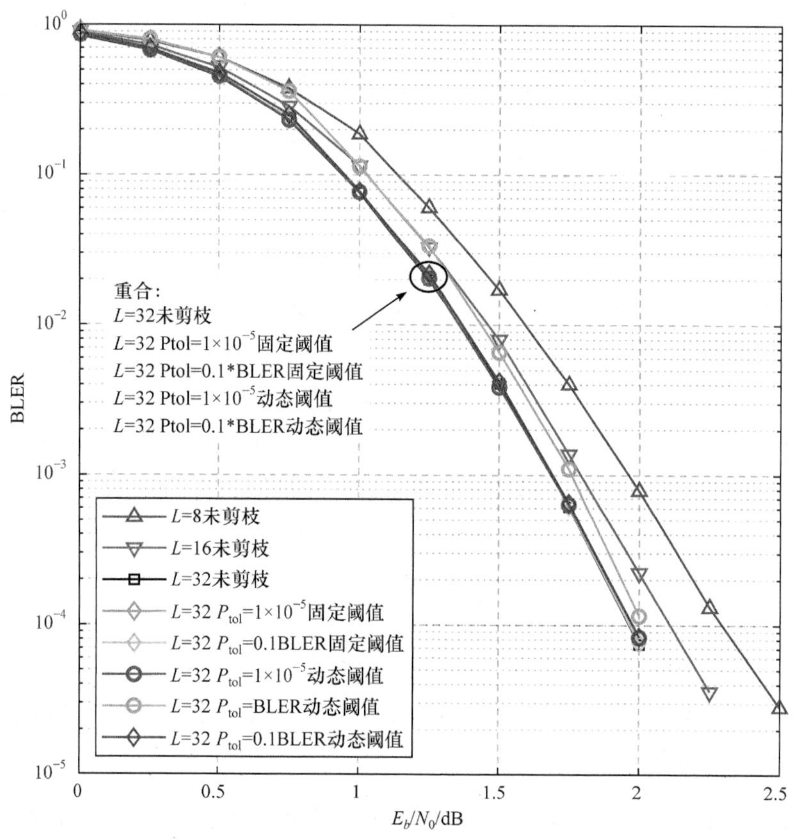

图 5.3.14 采用不同剪枝方法的 SCL 算法性能比较

图 5.3.15 给出了不同剪枝方法的计算复杂度(变量/校验节点平均访问数)比较。随着信噪比提升，两种剪枝方法的复杂度都会下降。固定阈值剪枝，$L=32$ 的复杂度接近 SCL $(L=16)$ 的复杂度。而动态阈值剪枝，在低信噪比区域，复杂度显著降低，甚至低于 SCL $(L=8)$，并且在高信噪比条件下接近 SC 译码算法的复杂度，相对于 SCL $(L=32)$ 算法，复杂度降低了 80%以上。

另外，张朝阳等在文献[27]中，提出了采用动态门限控制路径扩展的方法，能够有效降低 SCL 译码的计算复杂度，这种方法本质上也是一种剪枝算法。Sarkis 等将 ML-SSC 的思想推广到 SCL 译码[45]，通过引入复杂度受限的 ML 译码，减少码树上的节点访问次数，这可以看作一种降低译码延时的剪枝算法。

5.3.4　SCL 算法的低延迟译码

与 SC 算法类似，SCL 也是串行结构的算法，译码延时较大。为了降低译码延时，有必要设计 SCL 的并行译码结构。李斌等在文献[37]中最早提出了并行 SCL 译码结构，在文献[38]中引入 ML-SCL 混合译码，提高吞吐率，并进一步在文献[39]中设计了基于判决的低复杂度排序机制。Yuan 等在文献[21]中提出的多比特判决 SCL 译码，Xiong 等在文献[46]和文献[47]中提出的符号判决 SCL 译码，本质上也是一种并行译码结构。

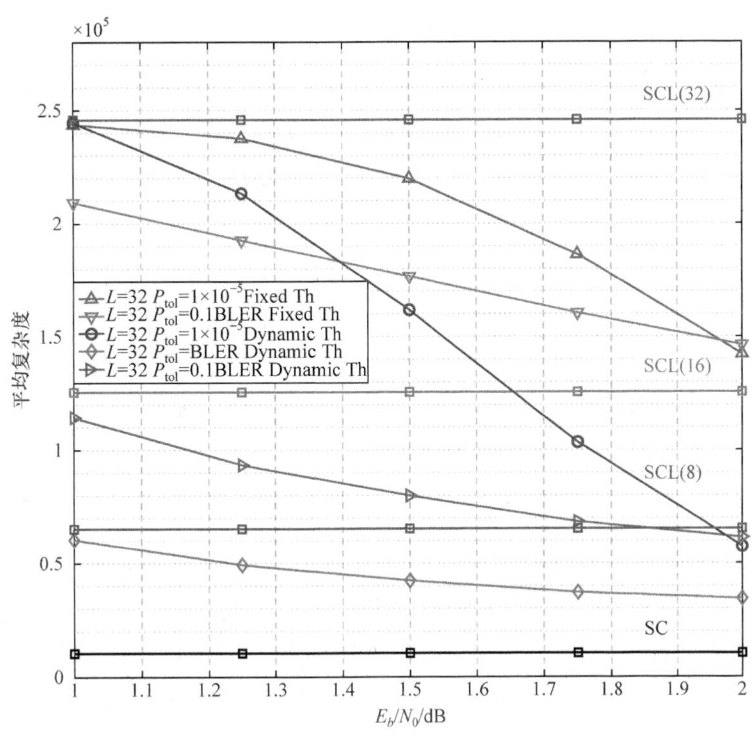

图 5.3.15　不同剪枝的 SCL 算法复杂度比较

采用两个分量码译码器的并行 SCL 译码结构如图 5.3.16 所示。SCL 译码器 A 处理前一半接收序列 $y_1^{N/2}$，而 SCL 译码器 B 处理后一半接收序列 $y_{N/2+1}^{N}$。

A、B 两个译码器同时在 $N/2$ 长的格图上执行 SCL 算法，分别产生 L 条幸存路径。假设 $k\,(1 \leqslant k \leqslant N/2)$ 时刻，A 译码器产生的幸存路径为 $\left(a_1^{k-1}[1], a_1^{k-1}[2], \cdots, a_1^{k-1}[L]\right)$，B 译码器产生的幸存路径为 $\left(b_1^{k-1}[1], b_1^{k-1}[2], \cdots, b_1^{k-1}[L]\right)$。这两组 $2L$ 条路径，依据蝶形结构 $a_k = v_k \oplus v_{k+N/2}, b_k = v_{k+N/2}$ 进行组合，产生最终的路径。

具体而言，在 k 时刻，A 译码器第 l 条幸存路径 $a_1^{k-1}[l]$ 产生 2 条候选路径 $\left(a_1^{k-1}[l], a_k = 0\right)$ 与 $\left(a_1^{k-1}[l], a_k = 1\right)$，而 B 译码器第 l 条幸存路径 $a_1^{k-1}[l]$ 也产生 2 条候选路径 $\left(b_1^{k-1}[l], b_k = 0\right)$ 与 $\left(b_1^{k-1}[l], b_k = 1\right)$。根据蝶形约束，两条路径的组合有三种情况：①如果 v_k、$v_{k+N/2}$ 都是冻结比特，则不用扩展，路径直接组合为 $\left(a_1^{k-1}[l], 0, b_1^{k-1}[l], 0,\right)$；②如果 v_k 是冻结比特，

$v_{k+N/2}$是信息比特，则进行二倍扩展，得到$\left(a_1^{k-1}[l],0,b_1^{k-1}[l],0\right)$与$\left(a_1^{k-1}[l],1,b_1^{k-1}[l],1\right)$；③如果$v_k$与$v_{k+N/2}$都是信息比特，则进行四倍扩展，得到四条路径$\left(a_1^{k-1}[l],v_k \oplus v_{k+N/2},\right.$ $\left.b_1^{k-1}[l],v_{k+N/2}\right)$，其中，$v_k,v_{k+N/2} \in \{0,1\}$。组合路径的度量是两个分离译码器输出的子路径之和。

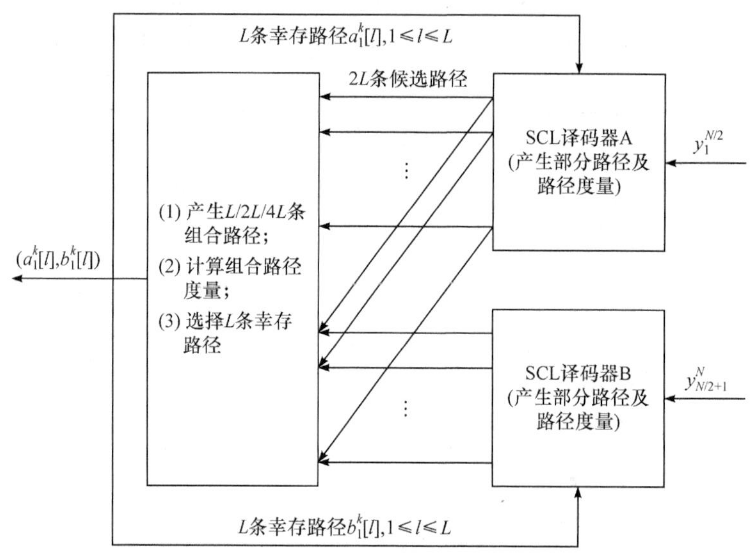

图 5.3.16 具有两个分量码译码器的并行 SCL 译码器结构

对组合路径度量进行排序，选择度量最大的L条路径作为幸存路径，然后分解为两个子路径，分别反馈到两个分量码译码器，进行下一时刻的路径扩展与度量计算。

上述两个分量译码器的并行结构，相对于标准 SCL 算法，吞吐率能够提升为原来的两倍，而译码性能几乎一样。一般地，对于码长$N=2^n$的极化码，采用2^m $(1\leqslant m<n)$个分量译码器的并行 SCL 译码结构，吞吐率能够提升为原来的2^m倍。每个分量译码器只完成2^{n-m}长度的部分序列译码，产生部分路径后，再进行路径扩展与组合，得到完整路径。显然，m越大，组合数量越多，并且排序复杂度也越高。

为了降低排序复杂度，文献[39]考虑将$2^m L$条候选路径中的一部分高可靠路径直接判决，不进行扩展，而只对低可靠的路径进行扩展，这样，减少了总的候选路径数目，从而减少了需要排序的路径数目。

在并行 SCL 译码[37]的基础上，文献[21]考虑了多比特判决 SCL 译码的硬件设计，首先设计扩展路径的 2bit 判决机制，并进一步推广到2^m bit 判决，从而有效减少了译码延时。进一步，文献[46]和文献[47]将 SCL 译码重新表述为基于符号(一个符号含有2^m bit)的度量计算与路径扩展过程，设计了简化的符号判决机制，优化了硬件译码器结构。

总而言之，并行与多比特/符号判决是设计高吞吐率、低延迟 SCL 译码器的重要指导理论与基本方法。

5.3.5　CA-SCL 算法

尽管SCL算法相比SC算法，显著改进了极化码有限码长的差错性能，但与Turbo/LDPC码相比，仍然有一定差距。为了进一步提高极化码性能，牛凯与陈凯在文献[13]中提出了CRC-Polar 级联编码方案以及 CRC 辅助的 SCL 译码(CA-SCL)算法，这是在正式文献中最早提出的 CA-SCL 算法。Tal 与 Vardy 在文献[8]中并没有提出这一级联编码方案，只是在2011 年 ISIT 会议报告中，提到了基于 CRC 辅助的极化编译码能够大幅度提高 Polar 码的性能。后来，李斌等又提出了自适应 CA-SCL(aCA-SCL)算法[14]，该算法能够达到复杂度与性能的较好折中，使得极化码性能逼近有限码长容量极限。

图 5.3.17 给出了 CRC 级联极化码与 CRC 辅助译码的示意图。在发送端，k bit 信息序列 c_1^k 经过 CRC 编码，级联 m bit CRC 校验位，得到极化编码器的输入序列 $u_{\mathcal{A}}$，然后经过极化码编码，得到 N bit 的码字序列 x_1^N。其编码过程表示如下：

$$\begin{cases} u_1^N \boldsymbol{G}_N = x_1^N \\ u_{\mathcal{A}} = c_1^k \boldsymbol{G}_{\text{CRC}}, \quad u_{\mathcal{A}^c} = \boldsymbol{0} \end{cases} \tag{5.3.52}$$

其中，$\boldsymbol{G}_{\text{CRC}}$ 是 CRC 的生成矩阵。

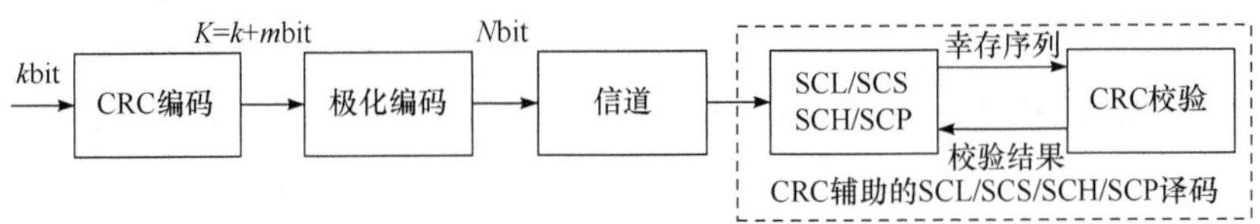

图 5.3.17　CRC-Polar 级联编码与 CA-SCL/SCS/SCH/SCP 译码方案

在译码端，采用 SCL、串行抵消堆栈(SCS)、串行抵消混合(SCH)、串行抵消优先(SCP)算法进行译码(SCS/SCH/SCP 算法在后续章节中介绍)，当译码结束时可以得到一组幸存路径，对每一条路径进行 CRC 校验，只有通过 CRC 校验的候选序列才作为译码结果。幸运的是，相比于单独的极化码，CRC-Polar 码具有显著的性能增益。

1. CA-SCL 算法流程

采用对数后验概率(LA)作为路径度量，CRC 辅助的 SCL(CA-SCL)译码算法的具体流程如下。

算法 5.5　循环冗余校验辅助的串行抵消混合译码算法 CA-SCL(L)

1. 初始化。将一条空序列加入列表，并置其度量值为 0，即 $\mathcal{L}^{(0)} = \{\varnothing\}$，$M\left(\varnothing \mid y_1^N\right) = 0$。
2. 路径扩展。当搜索到码树第 i 层时，对候选路径 v_1^{i-1} 通过添加元素 $v_i = 0$ 或 $v_i = 1$ 进行路径扩展，得到 $\left(v_1^{i-1}, 0\right)$ 和 $\left(v_1^{i-1}, 1\right)$，并分别计算路径度量值 $M_N^{(i)}\left(v_1^i \mid y_1^N\right)$。特别地，若第 i 层对应一个固定信道，即 $i \in \mathcal{A}^c$，且 $v_i \neq u_i$，则置 $M_N^{(i)}\left(v_1^i \mid y_1^N\right) = -\infty$，如果 $v_i = u_i$，则置 $M_N^{(i)}\left(v_1^i \mid y_1^N\right) = M_N^{(i)}\left(v_1^{i-1} \mid y_1^N\right)$。
3. 路径竞争。如果列表中的路径数目不超过 L，即 $|\mathcal{L}^{(i)}| \leqslant L$，则跳过这一步，否则，将候选路径度量排序，保留路径度量最大的 L 条路径作为幸存路径，从列表中删除其余路径。
4. CRC 辅助路径选择。重复第 2 步与第 3 步，如果列表中候选路径长度已经达到 N，按照路径度量

从大到小排序，依次验证每条候选路径对应的译码序列 v_1^N 是否满足 CRC 校验关系。将第一条通过 CRC 校验的序列输出作为译码序列，即 $\hat{u}_1^N = v_1^N$ 。如果遍历列表 $\mathcal{L}^{(N)}$ ，找不到这样的路径，则译码失败，结束算法。

对比算法 5.5 与算法 5.2 可知，CA-SCL 算法相比 SCL 算法，主要的差别在于路径选择的准则不同。SCL 算法中，是依据路径度量最大准则，选择候选路径，而 CA-SCL 算法，是根据 CRC 校验结果选择路径。一般而言，m bit 的 CRC 漏检概率为 2^{-m} ，只要选择中等长度的 CRC(如 10bit、12bit、16bit、24bit)，则 CRC 检测的准确率要远高于最大路径度量准则，因此 CA-SCL 算法能显著提升极化码的译码性能。

2. 自适应 CA-SCL 算法流程

给定列表规模 L 与码长 N ，CA-SCL 算法的复杂度与 SCL 算法类似，都是 $O\left(LN\log_2 N\right)$。为了支持大规模列表，可以采用自适应 CA-SCL 算法，流程如下。

算法 5.6 自适应循环冗余校验辅助的串行抵消混合译码算法 aCA-SCL($L_{\max}$)

---

1. 初始化。将一条空序列加入列表，并置其度量值为 0，即 $\mathcal{L}^{(0)} = \{\varnothing\}$ ， $M\left(\varnothing \mid y_1^N\right) = 0$ ，设定列表规模 $L \leftarrow 1$ 。
2. 路径扩展。当搜索到码树第 i 层时，对候选路径 v_1^{i-1} 通过添加元素 $v_i = 0$ 或 $v_i = 1$ 进行路径扩展，得到 $\left(v_1^{i-1},0\right)$ 和 $\left(v_1^{i-1},1\right)$ ，并分别计算路径度量值 $M_N^{(i)}\left(v_1^i \mid y_1^N\right)$ 。特别地，若第 i 层对应一个固定信道，即 $i \in \mathcal{A}^c$ ，且 $v_i \neq u_i$ ，则置 $M_N^{(i)}\left(v_1^i \mid y_1^N\right) = -\infty$ ，如果 $v_i = u_i$ ，则置 $M_N^{(i)}\left(v_1^i \mid y_1^N\right) = M_N^{(i)}\left(v_1^{i-1} \mid y_1^N\right)$ 。
3. 路径竞争。如果列表中的路径数目不超过 L ，即 $|\mathcal{L}^{(i)}| \leqslant L$ ，则跳过这一步，否则，将候选路径度量排序，保留路径度量最大的 L 条路径作为幸存路径，从列表中删除其余路径。
4. CRC 辅助路径选择。重复第 2 步与第 3 步，如果列表中候选路径长度已经达到 N ，按照路径度量从大到小排序，依次验证每条候选路径对应的译码序列 v_1^N 是否满足 CRC 校验关系。将第一条通过 CRC 校验的序列输出作为译码序列，即 $\hat{u}_1^N = v_1^N$ 。
5. 列表倍增。如果遍历列表 $\mathcal{L}^{(N)}$ ，找不到通过 CRC 校验的路径，且 $L < L_{\max}$ ，则倍增列表规模 $L \leftarrow 2L$ ，反之则译码失败，结束算法。

相比 CA-SCL 算法，aCA-SCL 算法增加了倍增列表的操作，若上一次迭代没有幸存路径通过 CRC 校验，则将列表规模扩大为原来的两倍，重新进行 SCL 译码，继续 CRC 校验。直至列表规模达到预先设定的最大值，即 $L = L_{\max}$ 。尽管只是增加了列表倍增这一简单的自适应机制，aCA-SCL 算法能够在复杂度与性能之间达到很好的折中，列表规模上限 $L_{\max}$ 可以取值很大，从而达到较高的纠错性能，但平均的列表规模却很小。

表 5.3.1 给出了(2048,1024)极化码级联 16bit CRC，设定不同的 $L_{\max}$ ，统计得到平均列表大小[14]。由表 5.3.1 可知，随着信噪比提升，平均列表规模迅速减小。因为在高信噪比条件下，只需要设定较小的 L 就有极大可能通过 CRC 校验，所以平均列表规模显著降低。而在低信噪比条件下，平均列表规模较大，但仍然远小于 $L_{\max}$ ，并且 $L_{\max}$ 越大，平

均值越小。另外，增大 $L_{\max}$ 能够纠正高信噪比条件下的一些恶劣错误图样，因此显著改善了极化码的纠错能力。文献[14]指出，采用 aCA-SCL 算法，设定 $L_{\max}=262144$，距离有限码长容量极限[48]只有 0.25dB。由此可见，采用 CA-SCL 算法，在有限码长下，CRC-Polar 级联码是一种逼近容量极限的高性能纠错编码。

表 5.3.1　(2048,1024)CRC-Polar 级联码采用 aCA-SCL 算法的平均列表规模统计

E_b/N_0 /dB	1.0	1.2	1.4	1.6	1.8	2.0
$L_{\max}=32$	16.64	8.03	3.86	2.04	1.39	1.14
$L_{\max}=128$	35.31	12.16	4.52	2.17	1.41	—
$L_{\max}=512$	70.41	19.14	5.45	2.27	—	—
$L_{\max}=2048$	133.40	30.80	6.64	2.36	—	—
$L_{\max}=8192$	271.07	52.59	7.88	2.47	—	—

3. 算法性能比较

图 5.3.18 给出了 AWGN 信道下，采用不同译码算法的极化码与 Turbo 码的 BLER 性能比较结果。极化码的码长 $N=1024$、码率 $R=1/2$。对于 CRC-Polar 级联码，码率定义为 $R=(k+m)/N$，其中，k 是信息比特长度，m 是 CRC 校验比特长度。因此 E_b/N_0 中需要扣除校验比特引入的码率开销。译码算法采用 SC、SCL 与 CA-SCL。循环冗余校验码生成多项式为 $g(D)=D^{24}+D^{23}+D^6+D^5+D+1$，校验比特长度 $m=24$。

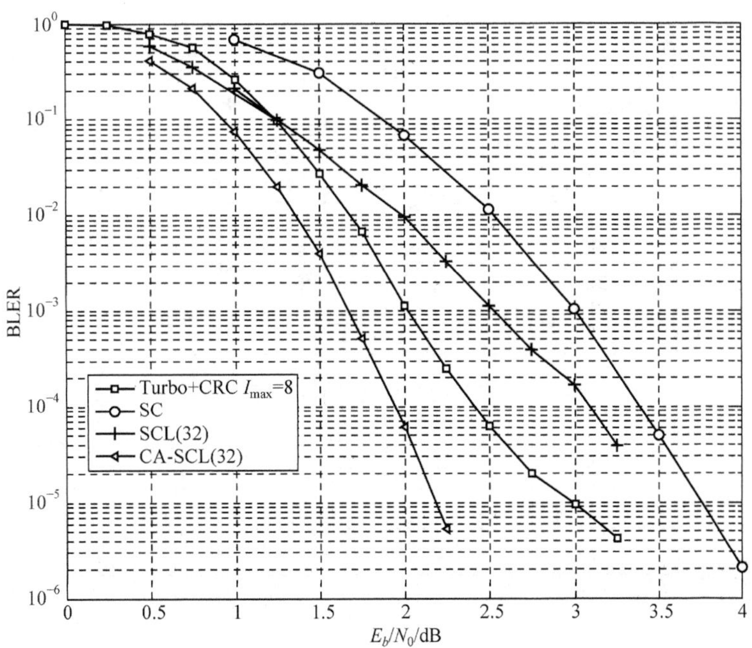

图 5.3.18　采用不同译码算法的极化码与 Turbo 码的 BLER 性能比较

作为对比方案，图 5.3.18 中还给出了 WCDMA 系统中 Turbo 码[49]的曲线。其中，Turbo

码的分量码为两个 8 状态递归系统卷积码，其生成多项式均为$[1,1+D+D^3/1+D^2+D^3]$，并使用速率匹配算法调整码率为$R=1/2$、码长$N=1024$。接收端使用对数最大后验概率(Log-MAP)迭代译码算法进行译码，最大迭代次数设定为$I_{\max}=8$次。

从 BLER 性能曲线可以看出，在$\text{BLER}=10^{-3}\sim10^{-4}$区间，极化码的 SC 译码性能与 Turbo 码相比有 1dB 以上的差距。如 5.3.2 节所示，SCL(32)算法已经能达到极化码 ML 译码的性能了，然而，在 BLER 等于10^{-4}处相比 Turbo 码依然有 0.7dB 的距离。而采用 CRC-Polar 级联编码以及 CA-SCL 译码算法，极化码性能得到了显著提升。在 BLER 为10^{-4}处相比 Turbo 码还能多获得 0.5dB 的性能增益，与 SC 算法相比，获得了 1.4dB 的编码增益，与 SCL 算法相比，也有 1dB 的增益。此外，从曲线上可以看到，当 BLER 小于10^{-4}时，Turbo 码的曲线已经呈现出了“误码平台”现象，BLER 不再随着信噪比的提高而快速下降；而所有极化码的曲线都没有出现类似现象。由此可见，CA-SCL 算法的 BLER 性能相比于 Turbo 码，具有显著的性能优势。

图 5.3.19 给出了极化码与 Turbo 码的 BER 性能比较。对比图 5.3.18 的 BLER 曲线，由于 CA-SCL 译码算法也具有比特错误扩散的问题，由某一个错误比特扩展得到的译码路径可能含有多个错误比特，即每一个错误的译码码字相比 Turbo 码包含更多错误比特。因此，极化码在 CA-SCL 译码下相比 Turbo 码的 BER 增益仅有 0.25dB。尽管如此，与 BLER 曲线一样，极化码也不会表现出“误码平台”的现象。此外，由于在多数数字通信应用中，一旦发现译码比特序列无法通过 CRC 校验，无论包含多少错误比特，均需要对该帧进行重传或者丢弃。因此，相比 BER 性能，BLER 性能对实际系统更有意义，而极化码恰是根据最优化 BLER 性能进行码构造的。

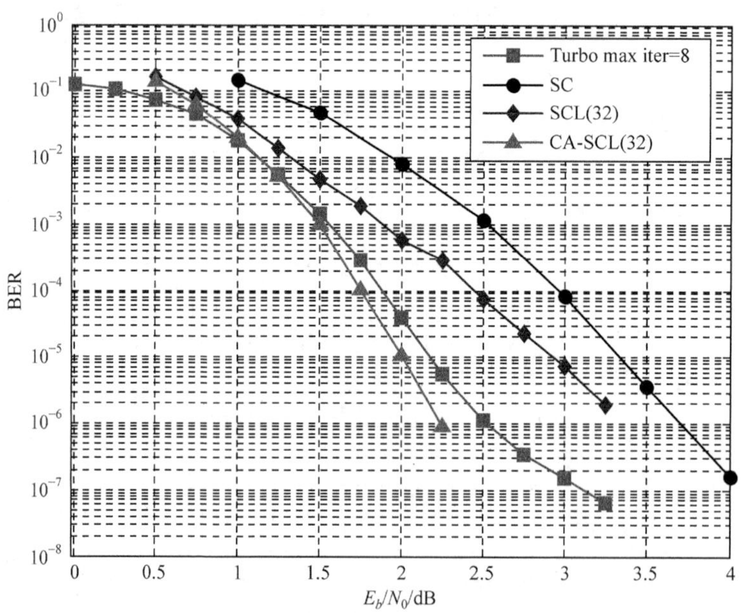

图 5.3.19 采用不同译码算法的极化码与 Turbo 码的 BER 性能比较

另外，CA-SCL 译码方案还能够通过增大列表规模L进一步提高性能，并利用自适应机制(aCA-SCL 算法)降低平均计算复杂度，而对于 Turbo 码，迭代 8 次已经收敛，纠错性能无法进一步提高。

图 5.3.20 中给出了极化码(码长为 $N=1024$ 、码率为 $R=1/2$)在更大列表配置下采用 CA-SCL 译码的性能，从图中曲线可以看到，当设置 $L=1024$ 或 $L=4096$ 时，在 BLER 为 10^{-4} 处相比 $L=32$ 的 CA-SCL 译码方案还能再多获得约 0.4dB 的性能增益。

牛凯等在文献[2]详细分析了 AWGN 信道下，Polar、Turbo 与 LDPC 三种编码的 BLER 性能比较，如图 5.3.21 所示。其中，极化码与 Turbo 码的码长 $N=1024$ ，而 LDPC 码的码长 $N=1056$ ，码率都为 $R=1/2$ 。所有编码都级联了 $m=24$ bit 的 CRC 码。Turbo 码分别采

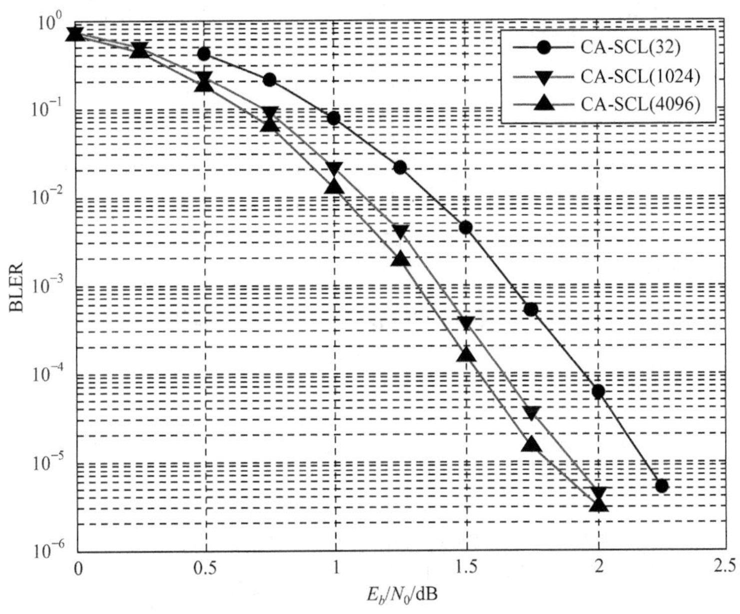

图 5.3.20 不同列表配置的 CA-SCL 译码性能比较

用了 WCDMA[49]与 LTE 标准[50]中的编码方式，而译码算法为 Log-MAP 算法，最大迭代次数 $I_{\max}=8$ 。类似地，LDPC 码采用了 WiMax 标准[51]的编码方式，译码算法是标准的 BP 算法，最大迭代次数 $I_{\max}=200$ 。极化码的构造采用高斯近似，SCL/CA-SCL 的列表规模 $L=32$ ，自适应列表译码的最大列表规模 $L_{\max}=1024$ 。为了性能比较的完整性，图 5.3.21 中也给出了 SC 与 BP 算法的性能。其中，极化码的 BP 算法的最大迭代次数 $I_{\max}=200$ 。

由图 5.3.21 可知，极化码采用 SCL/BP 算法的译码性能要好于 SC 算法，但在 BLER $=10^{-4}$ 处，仍然与 Turbo/LDPC 码有 0.7dB 左右的差距。而如果采用 CA-SCL(32)算法，则极化码的性能已经超过了 WCDMA/LTE 标准中的 Turbo 码以及 WiMax 标准中的 LDPC 码，有 0.2～0.7dB 的性能增益。如果采用自适应列表译码(aCA-SCL)算法，则极化码的性能可以进一步提升，在 BLER $=10^{-4}$ 处，相对 Turbo/LDPC 码能获得 1dB 以上的增益。并且在高信噪比条件下，Turbo/LDPC 码已经显现出“误码平台”，而极化码的所有算法都没有这一现象。

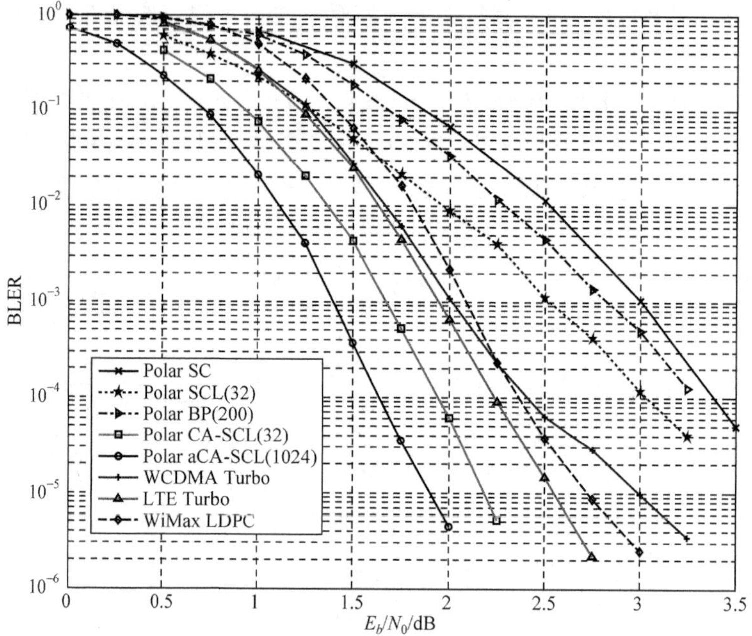

图 5.3.21 极化码、Turbo 码与 LDPC 码性能比较

4. 算法复杂度比较

另外，文献[2]也系统研究了 Polar、Turbo 与 LDPC 码的译码算法复杂度，如表 5.3.2 所示。

表 5.3.2 三种编码的译码算法复杂度与性能比较

编码	算法	译码复杂度	译码性能
Polar	SC	$O(N\log_2 N)$ 低复杂度	次优
	SCL	$O(LN\log_2 N)$ 中等复杂度	接近 ML
	BP	$O(I_{\max}N\log_2 N)$ 高复杂度	次优
	CA-SCL	$O(LN\log_2 N)$ 中等复杂度	超过 ML
Turbo	Log-MAP	$O\left(I_{\max}\left(4N2^m\right)\right)$ 高复杂度	接近 ML
LDPC	BP	$O\left(I_{\max}\left(N\bar{d}_v+M\bar{d}_c\right)\right)$ 高复杂度	接近 ML

表 5.3.2 中，Turbo 码由两个分量码构成，m 是卷积码的记忆长度，$I_{\max}$ 是最大迭代次数，N 是码长，$M=N-K$ 是校验比特长度，$\bar{d}_v$ $\left(\bar{d}_c\right)$表示 LDPC 码的变量(校验)节点的平均度分布。

Polar、Turbo 与 LDPC 码的译码算法都可以看作在图上进行消息传递。其中，Polar 码是在 Trellis 上迭代计算与传递 LLR/LL/LA 等软信息和硬信息，Turbo 码是在卷积分量码的 Trellis 上计算与传递软信息，而 LDPC 码是在校验矩阵约束的因子图上传递软信息。因此，可以用单个节点的消息运算作为基本操作单元。这样，SC 算法有最低的复杂度

$O(N\log_2 N)$，但其性能也最差。而 SCL 算法复杂度为$O(LN\log_2 N)$，当列表规模L较小时，例如，$L=32$，属于中等复杂度，其译码性能接近 ML。作为对比，BP 算法复杂度为$O(I_{\max}N\log_2 N)$，由于极化码 Trellis 上有很多短环，BP 译码需要充分迭代才能收敛，当$I_{\max}$很大时，例如，$I_{\max}=200$，属于高复杂度算法，即使这样，BP 算法的性能仍然较差。CA-SCL 算法的复杂度与 SCL 算法相当，都为$O(LN\log_2 N)$，但是其性能可以超越极化码单独译码的 ML 性能。

对于 Turbo 码，单次迭代，单个分量码需要计算$4(N/2)2^m$次基本运算，其中，2^m是 Trellis 上节点的数目，即卷积码的状态数，由于采用 BCJR 算法，每个节点需要 4 次运算。因此，总的计算复杂度为$O\left(I_{\max}\left(4N2^m\right)\right)$。Turbo 码译码算法可以逼近 ML 译码性能，但一般属于高复杂度。

对于 LDPC 码，假设因子图含有N个变量节点与$M=N-K$个校验节点，相应的平均度分布分别为$\bar{d}_v\,(\bar{d}_c)$，即每个变量节点平均连接$\bar{d}_v$个校验节点，每个校验节点平均连接$\bar{d}_c$个变量节点。因此，单次迭代，BP 译码的计算复杂度为$N\bar{d}_v+M\bar{d}_c$，总的计算复杂度为$O\left(I_{\max}\left(N\bar{d}_v+M\bar{d}_c\right)\right)$。LDPC 码的 BP 译码算法也可以逼近 ML 译码性能，虽然对于结构优化的 LDPC 码，如 QC-LDPC 码，其译码复杂度比 Turbo 码译码算法略低，但仍然属于高复杂度算法。

例 5.5　给定$N=1024$，对于极化码，$L=16$，对于 Turbo 码，$m=3$，$I_{\max}=8$，对于 LDPC 码，$M=512$，$\bar{d}_v=3$，$\bar{d}_c=4$，$I_{\max}=50$，三种编码的译码算法复杂度如表 5.3.3 所示。

表 5.3.3　Polar、Turbo 与 LDPC 码译码复杂度计算示例

编码	算法	译码复杂度
Polar	CA-SCL	$16\times1024\times10=1.64\times10^5$
Turbo	Log-MAP	$8\times4\times1024\times8=2.62\times10^5$
LDPC	BP	$50\times(1024\times3+512\times4)=2.56\times10^5$

由表 5.3.3 可知，显然极化码的复杂度最低，LDPC 码的复杂度次之，而 Turbo 码复杂度最高。当然，这只是一个固定编码参数的示例，三种编码的算法复杂度评估还需要根据具体实现手段进行深入分析。

基于图 5.3.21 与表 5.3.3，综合比较 Polar、Turbo 与 LDPC 码的编码性能与复杂度，可以看出，采用 CA-SCL 译码的极化码性能要显著优于 Turbo 码与 LDPC 码，并且 CA-SCL 算法的复杂度比 Turbo/LDPC 码译码算法更低。因此，极化码相比后两种编码，有性能与复杂度的双重优势。

5.3.6　理论性能分析

SCL 与 CA-SCL 算法相对于 SC 算法有显著的性能增益，这种增益是双重因素导致的，一方面，列表译码相对于 ML 似然译码有增益，另一方面，极化码的构造与 CRC 级联结构也对译码性能有重要影响。

1. 列表译码的性能增益

列表译码(List Decoding)并不是一个新概念，它的提出最早可以追溯到 Elias 与 Wozencraft 在 20 世纪 50 年代的工作[52,53]。采用列表译码，能够显著改善重要的线性分组码，例如，BCH 码与 RS 码的纠错性能。Guruswami 在文献[54]对列表译码的理论与算法进行了全面回顾与总结。

文献[55]提出了列表 Viterbi(LVA)算法，并分析了 LVA 算法相对于 VA 算法的性能。借鉴这一方法，我们比较极化码的 ML 译码与列表译码的差错性能。假设 AWGN 信道下，极化码的编码码字为 x_1^N，采用 BPSK 调制，映射为发送信号序列 $\boldsymbol{s}_0 = s_1^N$，则接收信号序列 $y_1^N = \boldsymbol{y}$ 可以表示为

$$\boldsymbol{y} = \boldsymbol{s}_0 + \boldsymbol{n} \tag{5.3.53}$$

其中，$\boldsymbol{n} = (n_1, n_2, \cdots, n_N)$ 是加性噪声向量，噪声样值 $n_i \sim \mathcal{N}(0, N_0/2)$ 服从均值为 0、方差是 $N_0/2$ 的正态分布，$s_{0,i} \in \{\pm\sqrt{E_s}\}$ 是 BPSK 信号，E_s 是符号能量。

给定码字集合 $\mathbb{C}$，其最小汉明距离为 d_{Hmin}，由于采用 BPSK 调制，相应的最小平方欧氏距离为 $d_{\mathrm{Emin}}^2 = 4E_s d_{\mathrm{Hmin}}$。假设与发送码字 x_1^N 距离最近的码字为 a_1^N，对应信号序列 $\boldsymbol{s}_1$，且满足 $d_{\mathrm{H}}(a_1^N, x_1^N) = d_{\mathrm{Hmin}}$。

对于 ML 译码，其误码率性能主要由最小汉明距离决定，可以近似表示为

$$P_{e,\mathrm{ML}} = A_{d_{\mathrm{Hmin}}} Q\left(\sqrt{\frac{d_{\mathrm{Emin}}^2}{2N_0}}\right) = A_{d_{\mathrm{Hmin}}} Q\left(\sqrt{\frac{2E_s d_{\mathrm{Hmin}}}{N_0}}\right) \tag{5.3.54}$$

其中，$A_{d_{\mathrm{Hmin}}}$ 为最小汉明距离对应的距离谱系数，即与发送码字 x_1^N 距离最近的码字数目。

图 5.3.22(a)给出了 ML 译码信号空间示例，它可以看作列表规模 $L=1$ 的列表译码特例，即幸存路径只有一条。此时两个码字的判决边界位于它们之间的中垂线，如果接收信号落到中点 O 最容易导致错误。因此最小欧氏距离的一半，即 $d_{\mathrm{Emin}}/2$ 是决定 ML 译码性能的首要因素，其次 $A_{d_{\mathrm{Hmin}}}$ 也影响 ML 译码性能。

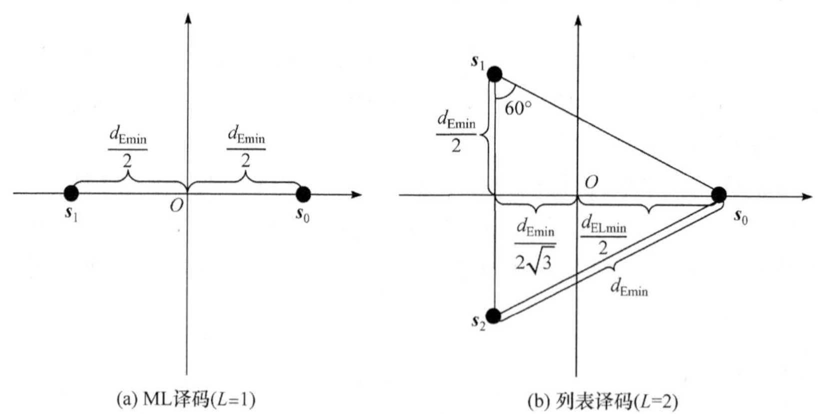

图 5.3.22 列表译码的信号空间示意

下面考虑 $L=2$ 的列表译码，如图 5.3.22(b)所示。此时，幸存路径列表中，有两个码

字 a_1^N 与 b_1^N，分别对应信号序列 $\mathbf{s}_1$ 与 $\mathbf{s}_2$。当三个信号 $\mathbf{s}_0$、$\mathbf{s}_1$ 与 $\mathbf{s}_2$ 构成等边三角形时，任意两个信号之间的距离相等都为 d_{Emin}，是最可能的错误事件。简单的几何分析表明，此时原点 O 位于等边三角形的中心，如果接收信号落到原点最容易导致错误。定义 $\mathbf{s}_0$ 到 O 之间距离的 2 倍为最小欧氏列表距离 d_{ELmin}，它满足如下关系：

$$\frac{d_{\text{ELmin}}}{2}=\frac{d_{\text{Emin}}}{\sqrt{3}} \tag{5.3.55}$$

$L=2$ 的列表译码可以看作 ML 译码的推广，译码器输出两个最可能的码字序列，其差错概率主要由最小汉明列表距离决定，可以近似表示为

$$P_{e,L=2}=A_{d_{\text{HLmin}}}Q\left(\sqrt{\frac{d_{\text{ELmin}}^2}{2N_0}}\right)=A_{d_{\text{HLmin}}}Q\left(\sqrt{\frac{2E_s d_{\text{HLmin}}}{N_0}}\right) \tag{5.3.56}$$

其中，$A_{d_{\text{HLmin}}}$ 为最小汉明列表距离对应的距离谱系数，即与发送码字 x_1^N 距离最近的码字列表组合数目。

根据式(5.3.55)给出的最小列表距离与最小欧氏距离之间的关系，可以得到 $L=2$ 的列表译码相对于 ML 译码的渐近增益：

$$10\lg\left(\frac{d_{\text{ELmin}}}{d_{\text{Emin}}}\right)^2=10\lg\left(\frac{4}{3}\right)=1.25\text{dB} \tag{5.3.57}$$

由此可见，列表译码相对于 ML 译码有增益，主要原因是前者的最小列表距离要大于后者的最小欧氏距离。等价地，前者的最小列表汉明距离也要大于后者的最小汉明距离。一般地，由于列表译码的码字列表组合数目增长比 ML 译码的码字数目更快，即 $A_{d_{\text{HLmin}}}>A_{d_{\text{Hmin}}}$，因此采用式(5.3.57)给出的只是名义增益，或者高信噪比下的渐近增益，前者相对于后者的实际性能增益并没有这么大。

下面，我们考虑列表规模 L 任意取值的情况。显然，它是 $L=1,2$ 的推广，此时，发送信号序列 $\mathbf{s}_0$ 与列表中 L 个码字构成了 $L+1$ 维空间中的等边超多面体(Simplex)，即任意两个信号之间的距离都是 d_{Emin}。这种情况下，原点 O 位于超多面体的中心，如果接收信号落到原点最易发生错误。类似地，可以定义 $\mathbf{s}_0$ 到 O 之间的 2 倍距离为最小欧氏列表距离 d_{ELmin}，它满足如下关系[56]：

$$\frac{d_{\text{ELmin}}}{2}=d_{\text{Emin}}\sqrt{\frac{1}{2}-\frac{1}{2(L+1)}} \tag{5.3.58}$$

由此得到列表译码相对于 ML 译码的渐近增益：

$$10\lg\left(\frac{d_{\text{ELmin}}}{d_{\text{Emin}}}\right)^2=10\lg\left(\frac{2L}{L+1}\right) \tag{5.3.59}$$

当列表规模 L 充分大时，渐近增益的极限为

$$\lim_{L\to\infty}10\lg\left(\frac{2L}{L+1}\right)=3\text{dB} \tag{5.3.60}$$

由此可见，采用列表译码，相对于 ML 译码，最多可以获得 3dB 增益。综合对比图 5.3.18 与图 5.3.20 可知，SCL(32)算法性能已经收敛于 ML 下界，可以看作 ML 译码

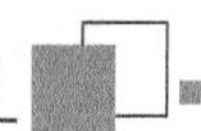

性能的参考。在 BLER=10^{-4} 附近，CA-SCL(4096)相对于 SCL(32)有大约 1.5dB 增益。根据式(5.3.60)，前者相对于后者应当有 3dB 增益，但由于列表距离谱系数的抵消因素，实际获得的增益只有 1.5dB。

除列表距离的影响外，SCL 算法的性能也受到极化码构造的直接影响。Dumer 在文献[43]中针对 RM 码设计了列表译码算法，其基本思想与极化码的 SCL 算法类似。RM 码构造是依据汉明重量准则的，参见 2.2.3 节与 4.9.1 节的论述。这种构造会选择一些汉明重量较大但可靠性差的行承载信息比特，由此导致了 RM 码在 SC 译码条件下性能较差，即使采用 SCL 算法，仍然不能接近 ML 译码性能。

图 5.3.23 给出了(256,93)RM 码采用 SCL 译码的 BLER 性能(数据来自文献[43])。由图可知，尽管随着列表规模 L 增大，SCL 译码性能逐渐改善，但即使 $L=1024$，与 ML 下界还有 0.25dB 的差距。造成这一现象的根本原因，就是 RM 码的构造不够理想，最小重量的码字在码字空间中分布非常分散，即使采用非常大的列表，仍然无法全部覆盖，从而导致 RM 码性能下降。

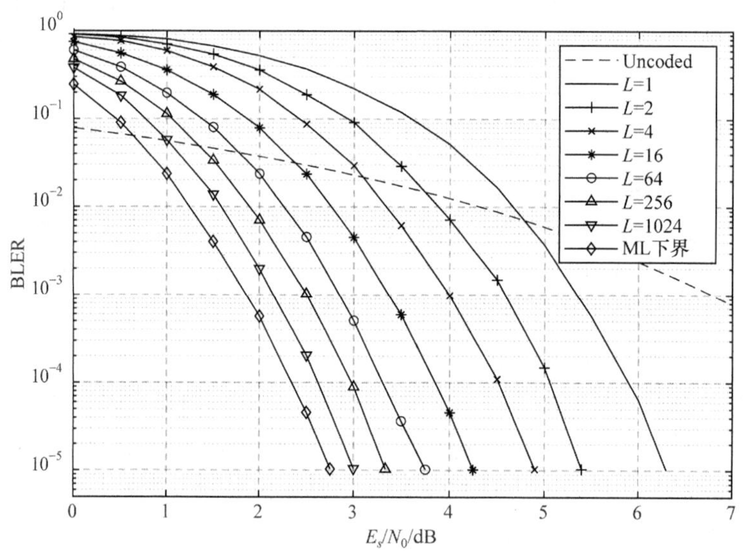

图 5.3.23 (256,93)RM 码 SCL 译码算法性能

2. 代数编码与概率译码的最佳匹配

有限码长下，如何设计高性能的信道编译码算法一直是编码理论的核心难题，它涉及代数编码性质与高性能译码算法的最佳匹配理论。以 BCH、Reed-Soloman(RS)、Reed-Muller(RM)为代表的线性分组码，其代数性质非常理想，最小汉明距离 $d_{\min}$ 很大，并且随着码长增长，最小距离也线性增长，根据 4.1.2 节好码性质的论述，这些码没有错误平台且具有很强的纠错潜力。但是，这些码的译码算法不够理想，与理论上最优的最大似然(ML)译码相比，性能很差。70 多年来，人们找不到复杂度低且性能接近 ML 译码的实用化译码算法。由于译码算法无法匹配编码良好的代数性质，这些线性分组码有限码长下的性能难以得到进一步改进。

另外，以 Turbo 与 LDPC 为代表的高性能现代编码，没有很好的代数性质，其最小

自由距离 d_{free} 或汉明距离 d_{min} 较小。但是，这些码采用的译码算法 MPA/BP 可以接近 ML 译码性能，因此在有限码长下获得了显著的性能增益。但是，由 2.6.6 节的论述可知，Turbo 码的最小距离随码长增长是次线性增加的，因此其代数编码性质不理想，高信噪比条件下，会有错误平台，LDPC 码也有类似的问题。正因为有这样的局限，近 30 年来，由于代数性质无法匹配译码算法，Turbo/LDPC 码的性能也无法进一步提升。

Arıkan 提出的经典极化码，尽管无限码长下具有良好性能，但有限码长下，最小汉明距离 d_{min} 不超过 RM 码(参见 4.1.1 节的论述)，且经典的 SC 译码属于次优算法，远差于 ML 译码算法。因此，经典极化码的代数编码性质与译码算法性能都不理想，纠错性能远逊于 Turbo/LDPC 码。

长期以来，对于有限码长下高可靠信道编码设计的核心目标就是实现代数编码性质与译码算法的最佳匹配，同时编译码算法复杂度还较低，能够便于工程实现，这是富有挑战性的理论工作。

牛凯与陈凯最早发现的 CRC-Polar 级联编译码结构[13]，具有深刻的理论意义，CRC 码对于 CRC-Polar 级联码性能有双重影响。对于编码而言，CRC 码能够大幅改善级联码的最小距离 d_{min} 以及重量谱分布，参见 4.9.1 节的论述。由于最小距离的改善，显然也会改善最小列表距离，因此有助于提高译码性能。对于译码而言，CRC 辅助的 SCL 译码过程，CRC 校验的作用模拟了信息理论中的精灵(Genie)译码模型，只要通过 CRC 校验的路径，有极大的概率是正确码字，漏检的概率非常低。这种路径选择机制的可靠性远高于基于 LL/LA/LLR 度量的路径选择，从而能够选择出路径度量未必最优，但满足 CRC 校验的候选路径。而这些候选路径往往就是正确码字，由此超过单纯采用极化码 ML 译码的性能，大幅度改善并提高了 CRC-Polar 级联码的纠错能力。并且从编码性质看，依据 4.1.1 节的论述，Polar 码是好码，没有错误平台。

由此可见，Polar 码的构造、CRC-Polar 级联编码与 CA-SCL 译码这三者精妙组合，才使 CRC-Polar 级联码达到了代数编码性质与概率译码性能的最佳匹配，从而实现了理论性能与工程应用的完美统一，超越了 Turbo/LDPC 码。我们把这三者之间的作用机制总结如下。

(1) 极化码构造是高性能编译码方案的设计基础。只有依据极化信道可靠性原则，选择高可靠的子信道承载数据，才能使低重量的码字在码字空间中集中分布，便于用很小的幸存路径列表覆盖这些码字，为高性能编译码设计提供了必要条件。

(2) CRC 编码是高性能编译码方案的设计关键。CRC 编码提高了级联码的最小汉明距离与重量谱，是高性能编译码设计的关键因素。并且，CRC 校验为 SCL 算法的路径选择提供了高可靠的选择机制，也是译码性能改善的关键因素。

(3) CA-SCL 译码是高性能编译码方案的设计核心。SCL 译码与极化码构造完美匹配，由于最小重量码字集中分布，因此用较小的列表规模(典型值 $L=32$)就可以纠正最可能的错误，从而以较低的计算复杂度，获得显著的性能增益，达到复杂度与性能之间的最优折中。另外，SCL 译码与 CRC 校验也能够完美匹配，利用 CRC 校验提供的路径选择机制，从列表中优选出接近 Genie 译码的候选路径，从而超越了 ML 译码的性能。

SCL 算法不仅可以用于极化码的译码，也可以用于极化码距离谱的搜索，参见 4.8 节与 4.9 节的论述，不再赘述。

3. 列表译码的比例分析

对于 SCL 算法，也需要考察其有限码长的比例特性。也就是说，给定特定信道与差错概率 P_e，采用 SCL 算法，以码率 R 表示的码长 N 如何取值，才能使极化码差错概率正好小于目标概率 P_e。从实用观点来看，为了满足差错概率 P_e 的目标，在某个编码码率下，采用 SCL 算法，满足差错性能要求的最短码长应当比采用 SC 算法需要的最短码长更短。

Mondelli 等研究了 SCL 译码算法的比例指数(Scaling Exponent)[23]。他们的研究表明，列表译码算法可以改善比例不等式中的常数，但无法改进比例指数本身。因此，列表译码算法更具有实用意义，对于比例指数改善，贡献不大。如果要改进比例指数，需要考虑基于多维极化核的极化码编码与列表译码，这仍然是开放性问题。

5.4 堆栈与序列译码算法

列表译码的实质是在码树上进行广度优先搜索。码树上的搜索有多种机制，除广度优先搜索外，显然也可以进行深度优先搜索，其中的代表性算法就是串行抵消堆栈译码(SCS)算法与串行抵消序列(SCSeq)译码算法。牛凯与陈凯在文献[12]中最早提出了 SCS 算法，而 Miloslavskaya 与 Trifonov 在文献[40]中提出了序列译码算法，后来，Trifonov 在文献[41]中提出了改进的路径度量，进一步降低了译码复杂度。这两种算法的基本思想都来自卷积码的码树搜索算法，前者借鉴了卷积码的堆栈译码算法，后者受序列译码即 Fano 算法的启发。

5.4.1 堆栈译码算法

深度优先搜索的基本思想是对码树上的路径按照度量排序，优先扩展度量最大的路径。其实现需要一个堆栈结构，因此称为串行抵消堆栈(SCS)译码算法。

针对似然概率或后验概率的路径度量，首先证明如下引理。

引理 5.3 给定一条部分候选路径 v_1^i，它的任何后继路径的度量值 $M_N^{(i)}\left(v_1^i\middle|y_1^N\right)$ 一定不大于 v_1^i 的路径度量值，即对任意 $v_1^j \in \left\{\tilde{v}_1^j \mid \tilde{v}_1^i = v_1^i,\ \forall \tilde{v}_{i+1}^j \in \{0,1\}^{j-i}\right\}$，$1 \leqslant i \leqslant j \leqslant N$，有

$$M_N^{(i)}\left(v_1^i\middle|y_1^N\right) \geqslant M_N^{(j)}\left(v_1^j\middle|y_1^N\right) \tag{5.4.1}$$

也就是说，如果存在一条长度为 N 的路径，其度量值大于另外一条长度为 l 的路径，那么也一定大于后者后继子树中任意一条长度为 N 的路径的度量值。

证明 假设路径度量为后验概率，则根据全概率公式，可以展开如下：

$$M_N^{(i)}\left(v_1^i\middle|y_1^N\right) = P_N^{(i)}\left(v_1^i\middle|y_1^N\right) = \sum_{v_{i+1}^j \in \mathcal{X}^{j-i}} P_N^{(i)}\left(v_1^i, v_{i+1}^j\middle|y_1^N\right) \tag{5.4.2}$$

显然，该路径度量是所有后继路径度量之和，因此必然不小于其中任意一条后继路径的度量。如果路径度量为似然概率，也可以得到类似结论，不再赘述。由于对数函数是单调函数，显然也有相同的结论。

因此，与 SCL 译码算法中逐层寻找具有最大度量的 L 条路径不同，SCS 译码算法始

终沿着候选路径集合中度量值最大的一条路径进行扩展，一旦找到一条长度为 N 的路径，根据引理 5.3，其度量值一定会大于堆栈中其余的候选路径，也就是说该路径就是 ML 解。SCS 将所有的候选路径记录在一个有序堆栈 $\mathcal{S}$ 中，各个候选路径从栈顶到栈底按照度量值从大到小排列。每一次仅仅扩展栈顶的一条路径，并将新产生的两条路径按其度量值插入堆栈中。持续执行出栈、扩展、入栈的过程，一直到出栈的候选路径长度达到 N，并将此路径输出作为译码序列。

假定 SCS 译码算法所用堆栈的最大深度为 D。同时，与 SCL 译码算法类似，定义 SCS 译码算法的搜索宽度 L：码树中每一层最多允许保留 L 条路径。引入搜索宽度的目的是限制扩展路径的数目过快增长。为使辅助搜索宽度 L 起作用，SCS 译码算法还需要维护一个计数器向量 $c_1^N=\left(c_1,c_2,\cdots,c_N\right)$，统计相应长度的出栈路径数，如 c_i 记录在译码过程中出栈的长度为 i 的路径数量。以对数后验概率(LA)作为度量，SCS 算法流程描述如下。

算法 5.7　串行抵消堆栈译码算法 $\mathrm{SCS}(L,D)$

Input: 接收信号序列 y_1^N、搜索宽度 L、堆栈最大深度 D

Output: 译码序列 $\hat{u}_1^N$

1. 初始化。将一条空序列压入栈 $\mathcal{S}$，并置其度量值为 0，即 $M\left(\varnothing \mid y_1^N\right)=0$，此时堆栈中元素数量 $|\mathcal{S}|=1$。同时，初始化计数器向量 c_1^N 为全零向量。
2. 出栈。将栈顶路径出栈，设其路径长度为 $i-1$，记该路径为 v_1^{i-1}。如果 v_1^{i-1} 不为空序列，即 $i\neq 1$，则长度为 $i-1$ 的路径所对应的计数器加 1，$c_{i-1}=c_{i-1}+1$。
3. 路径扩展。经过第 i 层边，对候选路径 v_1^{i-1} 通过添加元素 $v_i=0$ 或 $v_i=1$ 进行路径扩展，得到 $\left(v_1^{i-1},0\right)$ 和 $\left(v_1^{i-1},1\right)$，并分别计算路径度量值 $M_N^{(i)}\left(v_1^i \mid y_1^N\right)$。特别地，若第 i 层对应冻结比特，即 $i\in\mathcal{A}^c$，如果 $v_i=u_i$，则置 $M_N^{(i)}\left(v_1^i\right)=M_N^{(i-1)}\left(v_1^{i-1}\right)$；否则，如果 $v_i\neq u_i$，则置 $M_N^{(i)}\left(v_1^i\right)=-\infty$。
4. 入栈。若 $|\mathcal{S}|\geqslant D-2$，则直接删去栈底的 2 条候选路径，并将步骤 3 中扩展得到的两条长度为 i 的路径按照度量值插入堆栈相应位置中，保持堆栈中各候选路径从栈顶到栈底按度量值降序排列。
5. 路径竞争。如果 $c_{i-1}=L$，即第 $i-1$ 层扩展的路径数目达到 L 个，则将堆栈 $\mathcal{S}$ 中所有长度小于等于 $i-1$ 的候选路径全部删除。
6. 终止判决。如果栈顶候选路径的长度为 N，则直接将其出栈并输出为译码序列，即 $\hat{u}_1^N=v_1^N$；否则，返回步骤 2。

当进行 SCL 译码时，列表中的所有候选路径具有相同的长度；而当 SCS 译码时，堆栈中各个候选路径的长度不尽相同。此外，当搜索宽度 L 与堆栈深度 D 都足够大时，SCS 译码算法能够确保找到 ML 解。并且，由于 SCS 总是沿着最佳的候选路径进行搜索，因此每一层实际访问到的节点数往往远小于搜索宽度 L。

图 5.4.1 给出了一个 SCS 译码的例子。由于所涉及的码长较短，此例中不限制搜索宽度。以根节点为搜索起点，第 1 次扩展之后得到两条候选路径，即 (0000) 与 (0001)，压入栈中。第 2 次扩展，沿着度量值较大的 (0000) 进行，将其从栈中弹出，得到两条新路径 (000000) 和 (000001)，并压入栈中。第 3 次扩展时，沿着此时具有最大度量值的

(0001)扩展并出栈，得到新路径(000100)和(000101)，并压栈。第 4 次扩展时，对具有最大路径度量的(000100)进行出栈扩展。第 5 次对(0001000)进行出栈扩展。此时，栈顶路径为(00010000)，到达叶子节点，输出该序列为译码结果。在这个例子中，SCS 译码算法和 SCL 译码算法一样，也找到了 ML 解，并且只进行了 5 次路径扩展，比 SC 译码算法仅仅多了 1 次(相当于 2 次路径度量值的计算)，复杂度远低于 SCL 译码算法。

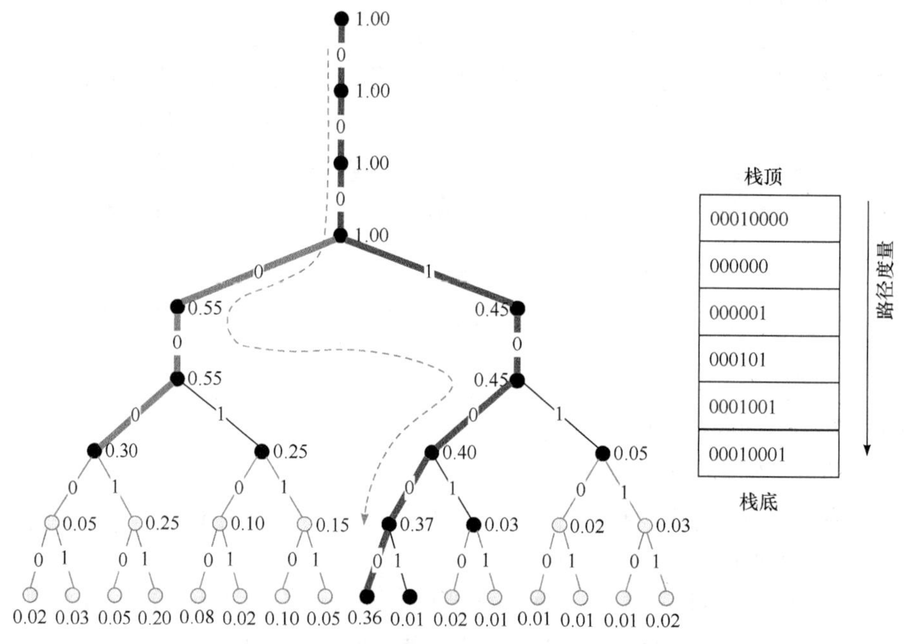

图 5.4.1 SCS 译码算法的路径搜索示例

在实现 SCS 译码算法时，堆栈最多能够同时存储 D 条路径，因此空间复杂度为 $O(DN)$。SCL 译码算法中“延迟复制”方案，同样也可以应用于 SCS 译码算法，并且由于搜索宽度 L 的限制，最坏情况下，其计算复杂度与 SCL 译码算法一样，为 $O(LN\log N)$。然而，SCS 译码算法的实际译码复杂度，依赖具体信道条件(如信噪比)：当信噪比较低时，各个候选路径度量值区分度低，因此所需的计算复杂度高；而当信噪比较高时，各个候选路径度量值区分度也随之提高，路径搜索过程会较大概率地一直沿着 ML 路径进行，从而大大降低计算复杂度。根据文献[12]的仿真结果，当信噪比较高时，SCS 译码算法实际的计算复杂度远远低于 SCL 译码算法，可以非常接近最简单的 SC 译码算法。

SCS 译码算法也可以应用 CRC 校验辅助路径选择，牛凯与陈凯在文献[13]中提出了 CRC 辅助的 SCS(CA-SCS)译码算法，其具体流程如下。

算法 5.8 循环冗余校验辅助的串行抵消堆栈译码算法 CA-SCS(L,D)

Input: 接收信号序列 y_1^N、搜索宽度 L、堆栈最大深度 D

Output: 译码序列 $\hat{u}_1^N$

---

1. 初始化。将一条空序列压入栈 $\mathcal{S}$，并置其度量值为 0，即 $M\left(\varnothing \mid y_1^N\right)=0$，此时堆栈中元素数量 $|\mathcal{S}|=1$。同时，初始化计数器向量 c_1^N 为全零向量。

---

2. 出栈。将栈顶路径出栈，设其路径长度为 $i-1$，记该路径为 v_1^{i-1}。如果 v_1^{i-1} 不为空序列，即 $i \neq 1$，则长度为 $i-1$ 的路径所对应的计数器加 1，$c_{i-1} = c_{i-1} + 1$。
3. 路径扩展。经过第 i 层边，对候选路径 v_1^{i-1} 通过添加元素 $v_i = 0$ 或 $v_i = 1$ 进行路径扩展，得到 $\left(v_1^{i-1}, 0\right)$ 和 $\left(v_1^{i-1}, 1\right)$，并分别计算路径度量值 $M_N^{(i)}\left(v_1^i \mid y_1^N\right)$。特别地，若第 i 层对应冻结比特，即 $i \in \mathcal{A}^c$，如果 $v_i = u_i$，则置 $M_N^{(i)}\left(v_1^i\right) = M_N^{(i-1)}\left(v_1^{i-1}\right)$；否则，如果 $v_i \neq u_i$，则置 $M_N^{(i)}\left(v_1^i\right) = -\infty$。
4. 入栈。若 $|\mathcal{S}| \geqslant D-2$，则直接删去栈底的 2 条候选路径，并将步骤 3 中扩展得到的两条长度为 i 的路径按照度量值插入堆栈相应位置中，保持堆栈中各候选路径从栈顶到栈底按度量值降序排列。
5. 路径竞争。如果 $c_{i-1} = L$，即第 $i-1$ 层扩展的路径数目达到 L 个，则将堆栈 $\mathcal{S}$ 中所有长度小于等于 $i-1$ 的候选路径全部删除。
6. CRC 辅助路径选择。如果栈顶候选路径的长度为 N，判断该候选路径所对应的译码序列 v_1^N 是否满足 CRC 校验关系。若 CRC 校验通过，则直接将其出栈并输出为译码序列，即 $\hat{u}_1^N = v_1^N$，并终止译码过程。若没有通过 CRC 校验，则判断此时堆栈是否为空：若堆栈为空，则终止译码过程并宣告译码失败；否则，返回执行步骤 2～步骤 5。

对比 SCS 与 CA-SCS 可知，它们的主要差别在于路径选择不同。前者选择的是到达叶节点的度量最大的路径，即栈顶路径。而后者，则要求栈顶路径必须通过 CRC 校验。类似于 5.3.5 节的论述，由于 CRC 校验的可靠性远高于路径度量，因此 CA-SCS 的性能也要超过 SCS 算法。

我们采用与图 5.3.18 相同的编码配置，在 AWGN 信道下，比较极化码各种译码算法与 Turbo 码的 BLER 性能，如图 5.4.2 所示。其中，SCL/CA-SCL 算法列表规模 $L = 32$，而 SCS/CA-SCS 算法配置为搜索宽度 $L = 4,8,16,32$，最大堆栈深度 $D = 1000$。

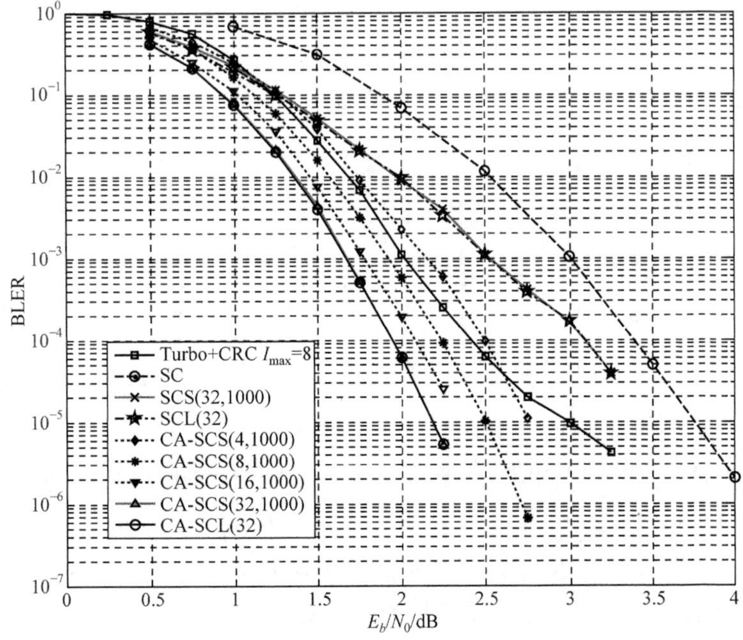

图 5.4.2　Turbo 码与采用不同译码算法的极化码的 BLER 性能比较

从 BLER 性能曲线可以看出，极化码采用 SCL(32)和 SCS(32,1000)译码，几乎具有相同的译码性能。此时，SCL 和 SCS 算法已经能达到极化码 ML 译码的性能了，然而，当 BLER=10^{-4}时，相比 Turbo 码依然有 0.7dB 的距离。通过 CRC 辅助的译码方案，SCL 和 SCS 译码性能得到了显著的提升。固定最大堆栈深度 $D=1000$，随着搜索宽度从 4 增加到 16，CA-SCS 译码性能趋近 CA-SCL(32)算法。当 BLER=10^{-4}时，CA-SCL(32)与 CA-SCS(32,1000)性能相当，相比 Turbo 码还能多获得 0.5dB 的性能增益。类似于图 5.3.18，Turbo 码的曲线已经呈现出了“误码平台”现象，BLER 不再随着信噪比的提高而快速下降；而所有极化码的曲线都没有在仿真信噪比范围内出现类似现象。

下面详细分析与比较极化码各种译码算法与 Turbo 码的算法复杂度。统计方法与例 5.5 类似。图 5.4.3 给出了平均计算复杂度的统计曲线。在对 Turbo 码进行译码时，每经过一次迭代都进行一次 CRC 校验，如果校验值为零，则直接停止译码过程，因此其复杂度是随信噪比提高而降低的。由于搜索范围是固定的，极化码在 CA-SCL 译码下的计算复杂度不会随着信噪比的改变而明显变化(轻微的变化是由于极化码的构造会随信噪比改变)。而 CA-SCS 译码则不同，随着信噪比的提高，正确的路径会越来越容易地保持其栈顶位置，从而计算复杂度会明显下降，在高信噪比下甚至能非常接近最简单的 SC 译码的复杂度。

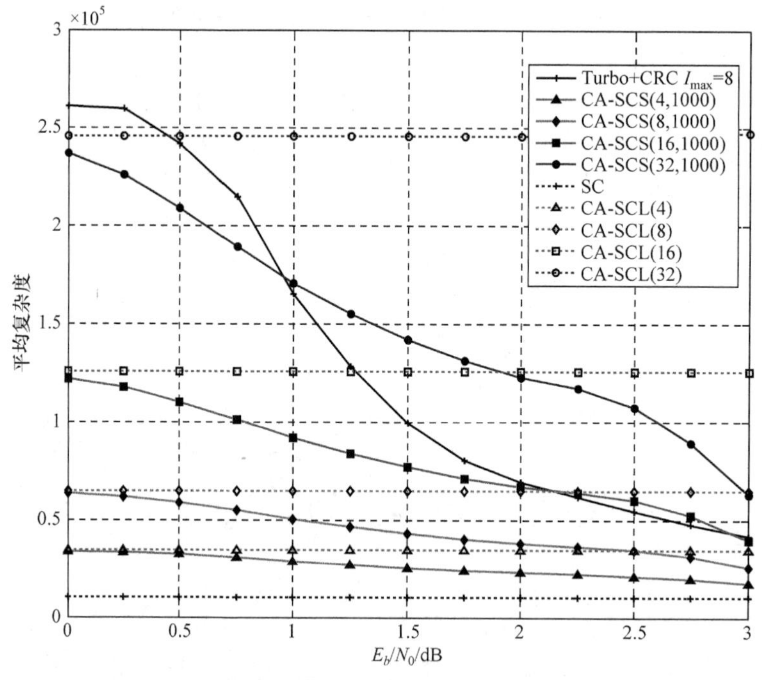

图 5.4.3 极化码在 CRC 辅助译码方案下与 Turbo 码的计算复杂度比较

综合图 5.4.2 与图 5.4.3 中的 BLER 与复杂度性能曲线，当搜索宽度设置为 $L=16$ 或 $L=32$ 时，极化码在 CA-SCS 译码算法下能够较 Turbo 码多获得 0.4～0.5dB 的 BLER 性能增益，并且仅仅需要与之相当甚至更低的计算复杂度。

(CA-)SCS 算法与(CA-)SCL 算法的区别与联系总结如下。

(1) 搜索机制不同，差错性能一致。SCL 与 SCS 是码树上的两种搜索机制，前者采用广度优先搜索，后者采用深度优先搜索，当选取合适的参数配置时，这两种算法都能够搜索到 ML 路径，因此其差错性能等价。类似地，CA-SCS 与 CA-SCL 也具有一致的纠错性能。

(2) SCS 计算复杂度远低于 SCL 算法。由于采用深度优先搜索机制，SCS 算法删减了大量不必要的候选路径搜索，因此极大降低了计算量，它的算法复杂度依赖于信噪比，高信噪比条件下，趋近于 SC 算法，比 SCL 低几十倍。这是 SCS 相对于 SCL 最显著的优势。

(3) SCS 空间复杂度高于 SCL 算法。SCS 的空间复杂度为 $O(DN)$，而 SCL 算法的空间复杂度为 $O(LN)$。SCS 译码算法需要维持一个深度为 D 的堆栈，若 D 设置得太小，则在 SCS 译码算法的入栈步骤中对堆栈溢出进行处理时，容易将 ML 路径丢失，从而恶化译码性能。理论上，为了完全避免 ML 路径因堆栈溢出而丢失，需要设置 D 为 LN，从而使得 SCS 译码算法的空间复杂度达到 $O(LN^2)$。实际仿真表明，在实用信噪比条件下，D 可以置为一个比 LN 小得多的值，但为了达到相同的纠错性能，堆栈最大深度仍远大于列表规模，即 $D \gg L$，因此 SCS 的空间复杂度要高于 SCL 算法。并且由于 D 的最优取值依赖于具体信噪比，因此很难通过理论分析确定。

5.4.2　序列译码算法

依据经典著作[57]的论述，卷积码的序列译码最早是 Wozencraft 提出的，后来 Fano 引入了优化的路径度量，因此称为 Fano 算法，堆栈译码最早由 Zigangirov 与 Jelinek 分别提出，称为 ZJ 或堆栈算法。本质上，序列译码与堆栈算法等价，只不过前者空间复杂度较小而计算复杂度较高，后者则以较大的堆栈存储空间换取了较低的时间复杂度。

受 Fano 度量的启发，Miloslavskaya 与 Trifonov 在文献[40]中提出了序列译码算法，Trifonov 在文献[41]中提出了改进的路径度量。这两个文献中的算法，虽然作者命名为序列译码，但也都采用有序结构的堆栈来实现，因此其流程与算法 5.7 类似，不再赘述。本小节重点介绍堆栈/序列译码的路径度量改进。

对于卷积码的序列译码，经典的 Fano 度量表示如下：

$$P\left(u_1^i \middle| y_1^N\right) = \frac{P\left(u_1^i, y_1^N\right)}{\prod_{i=1}^{N} P(y_i)} \tag{5.4.3}$$

其中，u_1^i 是码树上的变长路径对应的部分序列；$P(y_i)$ 是假设信道输入服从给定分布(如均匀分布)条件下的输出信号概率测度。式(5.4.3)给出的 Fano 度量实际上是后验概率度量。

1. 基本路径度量

考虑 Fano 度量的概率性质，牛凯与陈凯在文献[12，13]中提出的 SCS 与 CA-SCS 算

法，就是直接采用对数后验概率作为路径度量，即

$$M_1\left(v_1^i, y_1^N\right) = \ln P_N^{(i)}\left(v_1^i \middle| y_1^N\right) \tag{5.4.4}$$

我们称上述度量为基本路径度量。

根据算法 5.7 的描述，基本路径度量只在信息比特节点进行计算，而在冻结比特节点，即 $i \in \mathcal{A}^c$，路径度量设置为

$$M_1\left(v_1^i, y_1^N\right) = \begin{cases} M_1\left(v_1^{i-1}, y_1^N\right), & v_i = u_i \\ -\infty, & v_i \neq u_i \end{cases} \tag{5.4.5}$$

其中，$v_i = u_i$ 表示判决比特 v_i 与冻结比特真值 u_i 相等。

由于基本路径度量没有定量评估候选路径判决比特 v_i 与冻结比特 u_i 产生偏差的影响，因此可能会引入不必要的路径扩展。

2. 改进路径度量

考虑到基本路径度量 M_1 的局限性，需要将包括冻结比特在内的全部候选序列的后验概率作为路径度量。借鉴 LLR-SCL 算法中的路径度量，取正对数，应用推论 5.1，得到 SCS 算法中改进的路径度量如下：

$$M_2\left(v_1^i, y_1^N\right) = \begin{cases} M_2\left(v_1^{i-1}, y_1^N\right), & u_i = \dfrac{1}{2}\left[1 - \operatorname{sign}\left(\varLambda_N^{(i)}\left(v_1^{i-1} \middle| y_1^N\right)\right)\right] \\ M_2\left(v_1^{i-1}, y_1^N\right) - \left|\varLambda_N^{(i)}\left(v_1^{i-1} \middle| y_1^N\right)\right|, & \text{其他} \end{cases} \tag{5.4.6}$$

其中，$\varLambda_N^{(i)}\left(v_1^{i-1} \middle| y_1^N\right) = \ln \dfrac{W_N^{(i)}\left(y_1^N \middle| v_1^{i-1}, 0\right)}{W_N^{(i)}\left(y_1^N \middle| v_1^{i-1}, 1\right)}$ 是第 i 个比特的对数似然比(LLR)。

对比式(5.4.5)与式(5.4.6)可知，当候选路径判决比特 v_i 与冻结比特 u_i 相同时，改进路径度量 M_2 与基本路径度量 M_1 形式一致；而当候选路径判决比特 v_i 与冻结比特 u_i 不同时，改进路径度量 M_2 增加了修正量 $\left|\varLambda_N^{(i)}\left(v_1^{i-1} \middle| y_1^N\right)\right|$，因此可以定量评估冻结比特偏差对于路径的影响。

3. 带有偏置的路径度量

Fano 度量的设计，不仅要考虑到从根节点到当前第 i 层的路径度量影响，还要考虑以当前节点为根节点的子树序列对路径度量的影响，后者就是偏置量。具体而言，假设从根节点到当前节点的部分序列 u_1^i 是正确的，则深度优先搜索的主要目的就是最大化如下的后验概率：

$$T\left(u_1^i, y_1^N\right) = \max_{v_{i+1}^N : v_{i+1, \mathcal{A}^c}^N = \mathbf{0}} P\left(u_1^i, v_{i+1}^N \middle| y_1^N\right) \tag{5.4.7}$$

上述公式的含义是指，当给定正确的部分序列 u_1^i，堆栈/序列译码器要在码树上搜索满足冻结比特约束的所有部分序列 v_{i+1}^N，使得整个序列的后验概率最大。

式(5.4.7)无法精确计算，假设当前第 i 层节点对应的子树 T_i 最多有 2^{N-i} 条路径，令 $v_{i+1}^N[l]$ 表示第 l 条路径，L 是路径序号的随机变量，$\alpha = \arg\max\limits_{l} P\left(u_1^i, v_{i+1}^N[l] \middle| y_1^N\right)$，即度量最大的路径序号。因此可以用这些路径的后验概率的数学期望近似精确的路径概率，即

$$
\begin{aligned}
T\left(u_1^i, y_1^N\right) &\approx \mathbb{E}_L\left[P\left(u_1^i, v_{i+1}^N[L] \middle| y_1^N\right)\right] \\
&= \sum_{l=1}^{2^{N-i}} P\left(u_1^i, v_{i+1}^N[l] \middle| y_1^N\right) P(L=j) \\
&\geqslant P\left(u_1^i, v_{i+1}^N[\alpha] \middle| y_1^N\right) P(J=\alpha)
\end{aligned}
\tag{5.4.8}
$$

式(5.4.8)中的第一项 $P\left(u_1^i, v_{i+1}^N[\alpha] \middle| y_1^N\right)$ 可以用 M_1 或 M_2 度量表示，而第二项 $P(J=\alpha)$ 就是偏置量，反映了从当前第 i 层到叶节点的路径度量预测。由此可得带有偏置的路径度量如下：

$$
M_3\left(v_1^i, y_1^N\right) = M_p\left(v_1^i, y_1^N\right) + \Psi(i) \tag{5.4.9}
$$

其中，$p \in \{1,2\}$，$\Psi(i)$ 是路径偏置。

4. 偏置量设计

路径偏置 $\Psi(i)$ 反映了候选路径 v_1^i 与正确路径 u_1^i 之间的差异。路径偏置的设计可以采用不同的方法。文献[40]采用的偏置公式如下：

$$
\Psi(i) = \sum_{j \in \mathcal{A}^c, j>i} \ln\left(1 - P\left(W_N^{(j)}\right)\right) \tag{5.4.10}
$$

其中，$P\left(W_N^{(j)}\right)$ 是从 i 到 N 的第 j 个极化子信道的差错概率，并且 $j \in \mathcal{A}^c$ 是冻结比特。$P\left(W_N^{(j)}\right)$ 可以采用第 4 章的构造算法，例如，采用 Tal-Vardy、GA 等算法离线计算得到。这个偏置以 SC 译码的差错概率作为 $P(J=\alpha)$ 的概率近似。

而文献[41]采用的偏置公式如下：

$$
\Psi(i) = \sum_{j=1}^{i} \ln P\left(W_N^{(j)}\right) \tag{5.4.11}
$$

相应地，$\ln P\left(W_N^{(j)}\right)$ 也可以离线计算。根据文献[41]的分析，采用式(5.4.11)的偏置比式(5.4.10)的偏置能进一步减少计算量。

图 5.4.4 给出了 AWGN 信道下，(1024,512)的极化次级码(构造方法参见文献[58])，采用不同的路径度量，计算 SCS 译码的平均复杂度。其中，搜索宽度设定为 $L=32$ 与 256 两种情况，最大堆栈深度设定为 $D=LN$。M_1 度量取自式(5.4.4)，M_2 度量取自式(5.4.6)，M_3 度量取自式(5.4.9)，路径度量为 M_2，偏置量采用式(5.4.11)。由图 5.4.4 可知，在高信噪

比条件下，采用M_2度量比M_1度量的复杂度进一步降低。而采用偏置量修正的M_3度量，计算复杂度有一个量级的显著降低。可见，路径度量的优化，对于降低堆栈译码的复杂度具有重要意义。

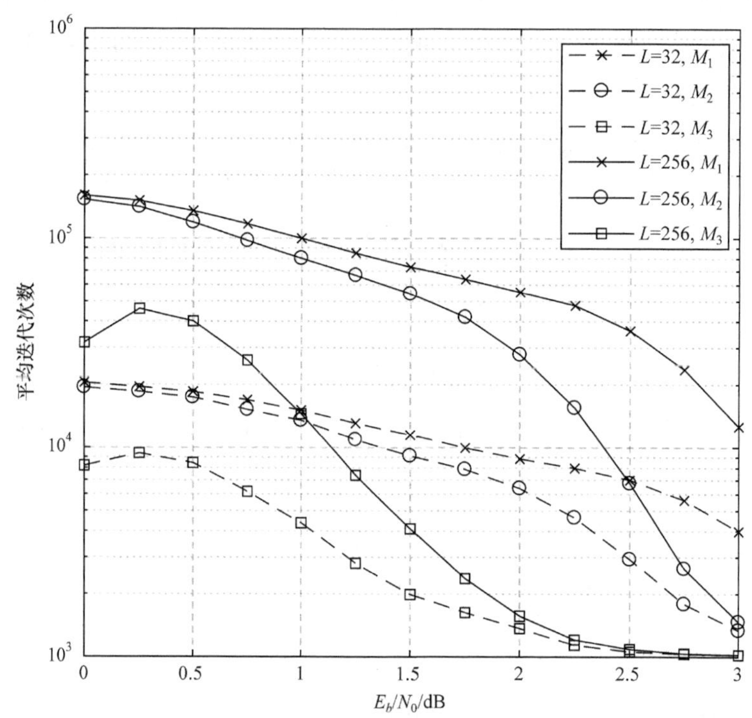

图 5.4.4 (1024,512)极化次级码采用不同度量的 SCS 译码算法平均复杂度比较

除采用堆栈形式的实现结构外，序列译码也可以直接在码树上进行路径扩展与回溯来实现。Jeong 与 Hong 提出了串行抵消 Fano(SCF)译码算法[59]，采用的路径度量为

$$M_3\left(v_1^i, y_1^N\right) = M_1\left(v_1^i, y_1^N\right) - \sum_{j=1}^{i} \ln\left(1 - P\left(W_N^{(j)}\right)\right) \tag{5.4.12}$$

这种算法的译码性能与 SCS 完全等价，它可以节省堆栈的存储空间开销，但码树搜索的复杂度会相应提高。虽然如此，SCF 算法的复杂度仍然低于 SCL 算法，并且能够在高信噪比条件下逼近 SC 算法的复杂度。

5.5 SCH 与 SCP 译码算法

如前所述，SCL 算法采用广度优先搜索，时间复杂度较高，而 SCS 算法采用深度优先搜索，空间复杂度较高。因此可以考虑将这两种搜索机制组合，达到时间/空间复杂度的较好折中。陈凯与牛凯等在文献[17]中提出了串行抵消混合(SCH)译码算法，采用深度/广度组合搜索机制，达到纠错性能与复杂度的折中平衡。后来，管笛、牛凯与张平等在文献[34]中，提出了串行抵消优先(SCP)译码算法，组合格图(Trellis)与优先级队列(Priority Queue)

两种数据结构，也实现了译码性能与复杂度的较好折中。

5.5.1　SCH 译码算法

串行抵消混合(SCH)译码算法融合了 SCL 和 SCS 两种译码算法的优点，它有两种搜索模式：最佳优先和最短优先，前者类似于 SCS 的深度优先搜索策略，后者类似于 SCL 的广度优先搜索策略。在译码过程中，SCH 算法在两种搜索模式之间切换，从而达到空间复杂度与时间复杂度的折中平衡。

与 SCS 算法类似，SCH 译码算法也需要维护一个有序堆栈 $\mathcal{S}$ 。译码开始时，SCH 译码首先工作在最佳优先搜索模式。在最佳优先搜索模式下，SCH 译码算法与 SCS 译码算法一样，始终对堆栈中度量值最大的候选路径进行扩展。在最佳优先搜索模式下，随着译码过程的进行，堆栈中的候选路径树逐渐增多。当发现堆栈即将溢出时，SCH 译码算法切换到最短优先搜索模式。当译码器工作在最短优先搜索模式下时，SCH 译码算法转而对堆栈中最短的候选路径进行扩展(若满足最短的路径有多条，则优先扩展具有最大度量值的)，同时，每层最多允许扩展的路径数量受到搜索宽度 L 的限制。最终，堆栈中的路径都将具有相同的长度，并且数量缩减为 L ，此时，SCH 译码算法再重新切换回最佳优先搜索模式。SCH 译码算法在最短优先搜索模式下，与 SCL 译码算法类似。图 5.5.1 中给出了以上 SCH 译码算法搜索模式切换的示意图。译码过程一直进行，直到有一条长度为 N 的路径出现在有序堆栈的顶部(意味着具有最大度量值)。

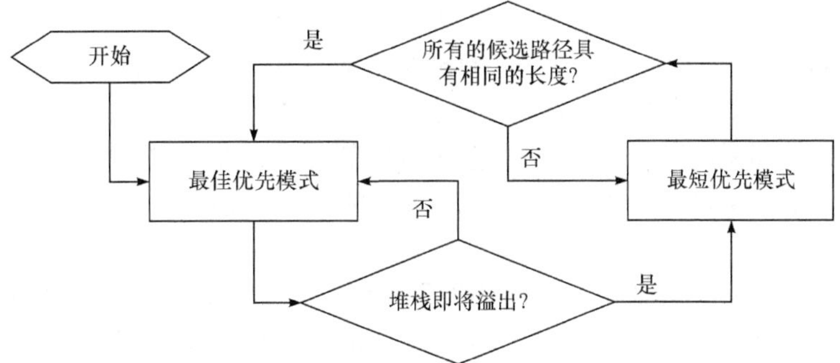

图 5.5.1　极化码 SCH 译码算法中搜索模式的切换

仍然采用对数后验概率(LA)作为路径度量，带有剪枝操作的 SCH 算法详细流程描述如下。

算法 5.9　串行抵消混合译码算法 $\mathrm{SCH}(L,D)$

Input: 接收信号序列 y_1^N 、搜索宽度 L 、堆栈最大深度 D

Output: 译码序列 $\hat{u}_1^N$

---

1. 初始化。将一条空序列写入堆栈 $\mathcal{S}$ ，并置其度量值为 0，即 $M\left(\varnothing \mid y_1^N\right)=0$ ，此时堆栈中元素数量 $|\mathcal{S}|=1$ ；同时，初始化计数器向量 c_1^N 为全零向量，并置搜索模式指示位 $f_{\text{mode}}=0$ ，其中，$f_{\text{mode}}=0$ 指示算法工作在最佳优先搜索模式， $f_{\text{mode}}=1$ 指示算法工作在最短优先搜索模式。
2. 出栈。当 $f_{\text{mode}}=0$ 时，将栈顶路径出栈；当 $f_{\text{mode}}=1$ 时，将 $\mathcal{S}$ 中最短的候选路径出栈，若有多条，

则选择度量值最大的一条。记出栈路径为 v_1^{i-1}，长度为 $i-1$。如果 v_1^{i-1} 不为空序列，即 $i \neq 1$，则长度为 $i-1$ 的路径所对应的计数器加 1，$c_{i-1}=c_{i-1}+1$。

3. 路径扩展。经过第 i 层边，对候选路径 v_1^{i-1} 通过添加元素 $v_i=0$ 或 $v_i=1$ 进行路径扩展，得到 $\left(v_1^{i-1},0\right)$ 和 $\left(v_1^{i-1},1\right)$，并分别计算路径度量值 $M_N^{(i)}\left(v_1^i \mid y_1^N\right)$。特别地，若第 i 层对应一个固定信道，即 $i \in \mathcal{A}^c$，如果 $v_i=u_i$，则置 $M_N^{(i)}\left(v_1^i\right)=M_N^{(i-1)}\left(v_1^{i-1}\right)$；否则，如果 $v_i \neq u_i$，则置 $M_N^{(i)}\left(v_1^i\right)=-\infty$。
4. 剪枝。逐一对步骤 3 中扩展得到的两条长度为 i 的路径进行剪枝操作判断，若 $M_N^{(i)}\left(v_1^i \middle| y_1^N\right)<a_i-\ln\tau$，则直接删除该路径。
5. 入栈。将步骤 4 中经过剪枝操作后保留下来的路径按照度量值插入堆栈相应位置，并保持堆栈中各候选路径从栈顶到栈底按度量值降序排列。
6. 路径竞争。如果 $c_{i-1}=L$，则将堆栈 $\mathcal{S}$ 中所有长度小于等于 $i-1$ 的候选路径全部删除。
7. 模式切换。当 $f_{\text{mode}}=1$ 时，若堆栈内所有候选路径具有相同长度，则切换到最佳优先搜索模式，置 $f_{\text{mode}}=0$；当 $f_{\text{mode}}=0$ 时，若 $D-|\mathcal{S}|\leqslant 2L-1$，则切换到最短优先搜索模式，置 $f_{\text{mode}}=1$。
8. 终止判决。如果栈顶候选路径的长度为 N，则直接将其出栈并输出为译码序列，即 $\hat{u}_1^N=v_1^N$；否则，返回执行步骤 2。

与 SCS 译码算法不同，SCH 译码算法的性能不会受到最大堆栈深度(D)过小的影响。这是因为在堆栈即将溢出时，SCH 不会丢弃任何一个候选路径，而是切换到最短优先搜索模式，保证堆栈不会溢出。当 SCH 工作在最短优先搜索模式时，与 SCL 译码算法一样，译码算法会逐层进行路径扩展，直到某一层的扩展次数达到 L，因此无法避免冗余的路径扩展操作。并且，最大堆栈深度 D 越小，SCH 切换至最短优先搜索模式的可能性越大。因此，SCH 译码算法的实际译码复杂度会随着 D 的减小而增大。

SCH 译码所需的存储空间至少要能够满足最短优先搜索模式的要求，即堆栈至少需要能够容纳由 L 条等长的候选路径扩展得到的 $2L$ 条新路径，因此 D 允许的最小值为 $2L$。

当 $D=2L$ 时，SCH 译码算法将始终工作在最短优先搜索模式，此时 SCH 译码算法完全等价于 SCL 译码算法；而当 D 足够大时，如 $D\geqslant LN$，SCH 译码算法将不会切换到最短优先搜索模式，此时 SCH 译码算法完全等价于 SCS 译码算法。特别地，当 $L=1$ 时，每一层仅有一条路径可以被扩展，此时 SCH 译码等价于最基本的 SC 算法。表 5.5.1 列出了 SCH 译码算法与 SC、SCL、SCS 译码算法的等价关系。因此，SCH 译码算法实际上是一种更广泛意义上的增强 SC 译码算法。

表 5.5.1 SCH 译码算法等价于 SC、SCL、SCS 译码算法的参数配置

算法	SCH 译码算法配置	
	搜索宽度 L	最大堆栈深度 D
SC 译码算法	$L=1$	$D\geqslant 2$
SCL 译码算法	$L>1$	$D=2L$
SCS 译码算法	$L>1$	$D\gg 2L$

与 SCL、SCS 译码算法一样，在实现 SCH 译码算法时，可以采用“延迟复制”机制减小复制候选路径操作带来的计算复杂度。在最坏情况下，SCH 译码算法的时间复杂度和空间复杂度分别为 $O(LN\log N)$ 与 $O(DN)$。SCH 译码算法的实际复杂度取决于具体的信噪比条件以及参数的配置。SCH 译码算法的实际计算复杂度介于 SCL 和 SCS 译码算法之间。

图 5.5.2 中给出了 AWGN 信道下，极化码采用 SC、SCL、SCS、SCH 译码算法的 BLER 性能曲线。其中，极化码的码长 $N=1024$、码率 $R=1/2$。使用高斯近似(GA)构造。SCH 译码算法中采用了剪枝方案，在图例中用 pruned 标记。对于所有采用剪枝的译码方案，统一设置 $P_{\text{tol}}=1\times10^{-5}$ 并通过式(5.3.50)计算剪枝门限 τ。SCL、SCS、SCH 译码算法的搜索宽度均设为 $L=32$。对 SCS 和 SCH 译码算法，最大堆栈深度分别设置为 $D=1024$ 与 $D=256$。如图 5.5.2 中所示，SCL、SCS 以及使用了剪枝的 SCH 的三条曲线几乎是重合的，并且这三种译码算法均能够逼近 ML 译码性能下界。理论上，不进行剪枝操作，在搜索宽度相同时，SCH 译码算法与 SCL 译码算法应当具有相同的 BLER 性能。从图中可以看到，极化码在 SCH 译码下的性能并没有因为剪枝操作而降低。

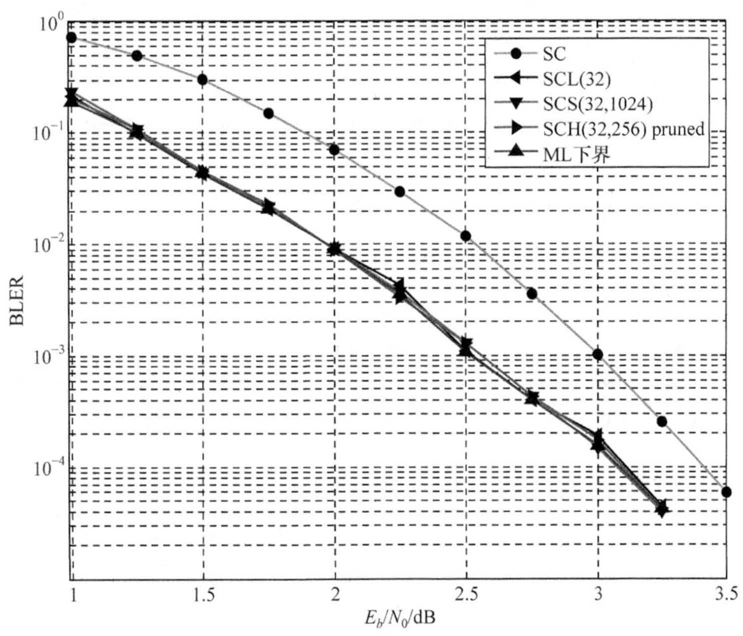

图 5.5.2　极化码在 SC 及增强 SC 译码算法下的 BLER 性能

下面考察 SCH 算法的计算复杂度。表 5.5.2 和表 5.5.3 给出了 SCH 译码器的两种搜索模式——最佳优先和最短优先的计算量统计。随着最大堆栈深度 D 的增大，最佳优先模式下计算量所占比例逐渐增大，由于最佳优先搜索可以避免不必要的计算，因此 SCH 译码算法的计算复杂度随之降低。当 $D=2L=64$ 时，SCH 译码器将会一直停留在最短优先模式，在此情况下，剪枝与不剪枝的 SCH 译码分别等价于剪枝与不剪枝的 SCL 译码算法。对 $D=4096$ 的不剪枝 SCH 译码以及 $D=1024$ 的剪枝 SCH 译码而言，所有的计算都是在最佳优先模式下进行的，此时剪枝与不剪枝的 SCH 译码算法分别等价于剪枝与不

剪枝的 SCS 译码算法。在图 5.5.3 中用带箭头的文字逐一指示了这些等价关系，其结果印证了表 5.5.1。

表 5.5.2 不同配置的 SCH 译码算法(不进行剪枝操作)，两种搜索模式的路径度量计算比例

SCH 译码参数		$E_b / N_0 = 2.0\text{dB}$		$E_b / N_0 = 3.0\text{dB}$	
L	D	最佳优先模式	最短优先模式	最佳优先模式	最短优先模式
32	64	0.00%	100.00%	0.00%	100.00%
32	1024	59.58%	40.42%	50.89%	49.11%
32	2048	97.75%	2.25%	83.44%	16.56%
32	4096	100.00%	0.00%	100.00%	0.00%

表 5.5.3 不同配置的 SCH 译码算法(进行剪枝操作)，两种搜索模式的路径度量计算比例

SCH 译码参数		$E_b / N_0 = 2.0\text{dB}$		$E_b / N_0 = 3.0\text{dB}$	
L	D	最佳优先模式	最短优先模式	最佳优先模式	最短优先模式
32	64	0.00%	100.00%	0.00%	100.00%
32	128	51.63%	48.37%	99.98%	0.02%
32	256	92.88%	7.12%	100.00%	0.00%
32	1024	100.00%	0.00%	100.00%	0.00%

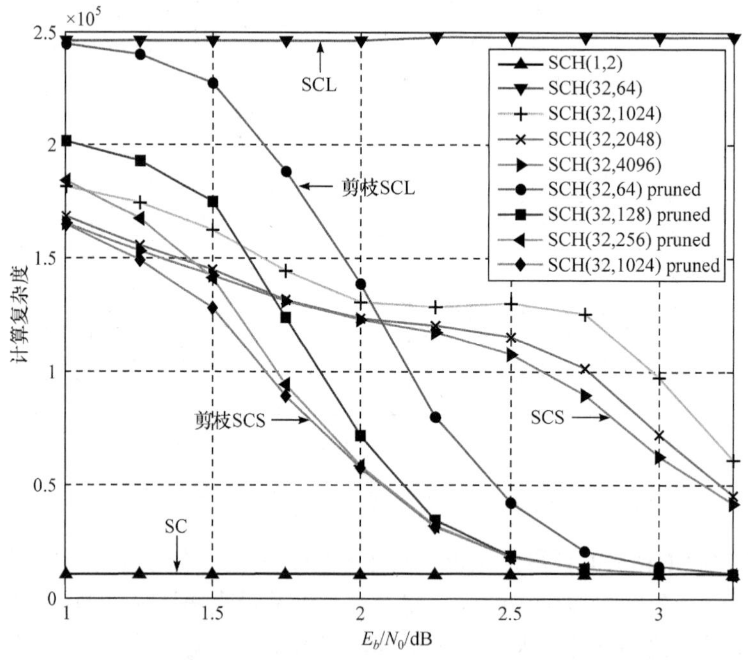

图 5.5.3 极化码 SCH 译码算法在不同配置下的计算复杂度

图 5.5.4 评估了 SCH 译码算法在不同参数配置下的空间复杂度。在最坏的情况下，堆栈中存储的候选路径数量将会达到 D 。如前所述，存储每一条路径需要占用 $N-1$ 个基

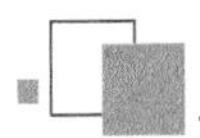

本计算单元，SCH 译码算法存储量为 $D(N-1)$。然而，由于在各条候选路径之间采用了内存共享的存储方式，实际存储量要远小于这个值。当搜索宽度 L 和剪枝门限值 τ 固定取值时，低信噪比区域，SCH 译码的空间复杂度随着 D 的增大而增大。注意到，由于采用了内存共享机制，空间复杂度并不随着 D 线性增大。比较 SCH(32,64)和剪枝的 SCH(32,64)这两条曲线，在这两种配置下 SCH 分别等价于 SCL(32)和剪枝的 SCL(32)，通过剪枝操作能够在中、高信噪比区域显著地降低空间复杂度。

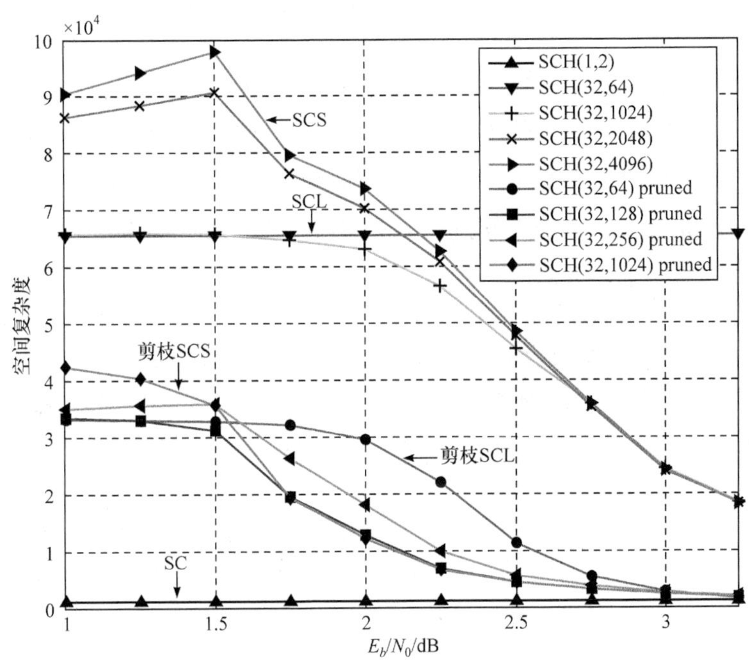

图 5.5.4　极化码 SCH 译码算法在不同配置下的空间复杂度

5.5.2　SCP 译码算法

串行抵消优先(SCP)译码算法的基本思路，是将度量计算与路径搜索分配到格图(Trellis)与优先级队列(Priority Queue)两种数据结构上分别执行。在格图上进行路径度量的计算与中间数据存储，格图上的每个节点最多允许存放 L 个值。而对于路径扩展与搜索，则是在优先级队列上，采用深度优先搜索机制实现。本质上，SCP 算法是在 SCL 译码过程中，充分利用 SCS 搜索机制，降低整个算法的复杂度。

具体而言，SCP 算法就是通过格图和优先级队列之间的交互路径度量与序号实现译码的。优先级队列的节点中存储着对应格图的信源侧比特位置信息、比特判决值以及度量信息。当译码开始时，先将首比特作为初始化的节点存入优先级队列中，此时该节点对应度量值为 0。随后，始终从优先级队列中抽取首节点，并根据其记录在格图上的位置信息进行译码计算。根据下一比特子信道对应于信息位或者冻结位，得到 2 个或 1 个新的节点，分别进行判决比特更新，并根据计算相应的路径度量值，写入新节点中，再将新节点按度量值升序存入优先级队列中，即完成了该节点的“路径扩

展”操作。

以对数后验概率作为路径度量，CRC 辅助的 SCP 译码算法流程描述如下。

算法 5.10 串行抵消优先译码算法 $\mathrm{SCP}(L,N)$

Input: 接收信号序列 y_1^N、搜索宽度 L、堆栈最大深度 D

Output: 译码序列 $\hat{u}_1^N$

1. 初始化。将首个节点写入优先级队列 Q，并置其度量值为 0，即 $M\left(\varnothing \mid y_1^N\right)=0$，此时队列元素数量 $|Q|=1$。
2. 队列长度判断。如果 $|Q|=0$，即队列为空，则译码结束，否则执行步骤 3。
3. 队列输出首节点。抽取优先级队列的首节点，假设为 v_{i-1}，相应的部分路径为 v_1^{i-1}。
4. 格图路径扩展。在格图上，对候选路径 v_1^{i-1} 通过添加元素 $v_i=0$ 或 $v_i=1$ 进行路径扩展，得到 $\left(v_1^{i-1},0\right)$ 和 $\left(v_1^{i-1},1\right)$，并分别计算路径度量值 $M_N^{(i)}\left(v_1^i \mid y_1^N\right)$，若该节点对应的格图节点已经扩展了 L 条路径，则执行步骤 3，否则执行步骤 5。
5. 队列插入节点。对于信息比特，第 4 步路径扩展后，得到两个节点，对于冻结比特，得到一个节点。将扩展后得到的节点，按照度量大小顺序插入优先级队列。并执行步骤 2。
6. 终止判断。若队列首节点对应序列长度为 N，则读取译码路径上的比特信息，并进行 CRC 校验。若 CRC 校验通过，则译码结束，并输出译码结果；否则，回到步骤 2。

例 5.6 给定码长 $N=8$，信息位 $K=4$ 的极化码，采用 $L=2$ 的 SCP 译码算法，其译码过程如图 5.5.5 所示。表 5.5.4 给出了 SCP 译码对应的优先级队列中节点的存储情况。

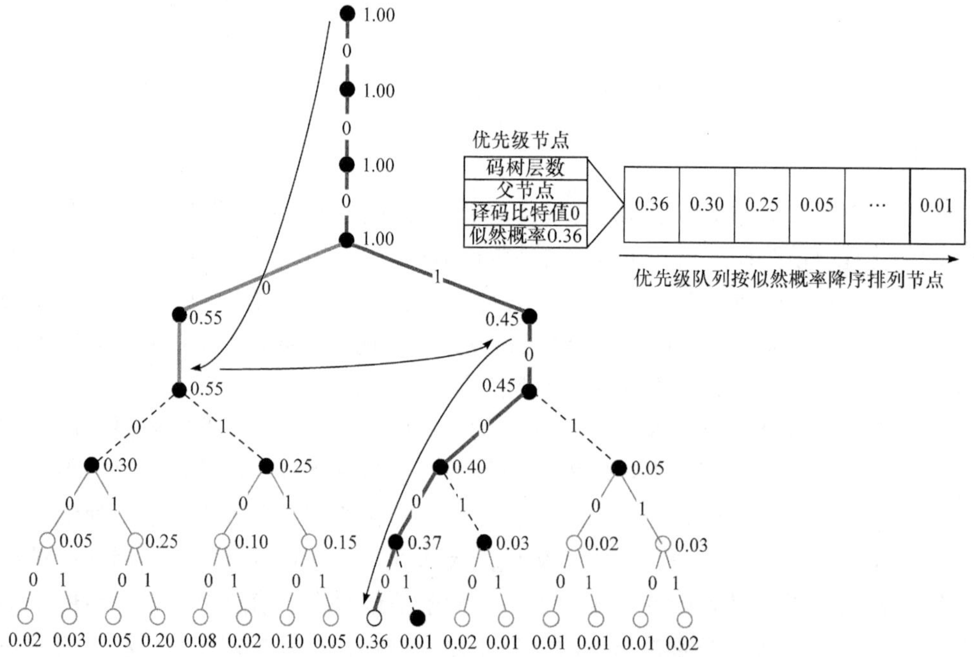

图 5.5.5 SCP 算法的码树与优先级队列交互示例

表 5.5.4　SCP 算法优先级队列存储示例

存储节点对应路径度量值		存储单元							
		单元 1	单元 2	单元 3	单元 4	单元 5	单元 6	单元 7	单元 8
步骤	第 1 步	1.00							
	第 2 步	1.00							
	第 3 步	1.00							
	第 4 步	0.55	0.45						
	第 5 步	0.55	0.45						
	第 6 步	0.45	0.30	0.25					
	第 7 步	0.45	0.30	0.25					
	第 8 步	0.40	0.30	0.25	0.05				
	第 9 步	0.37	0.30	0.25	0.05	0.03			
	第 10 步	0.36	0.30	0.25	0.05	0.03	0.03	0.01	

如图 5.5.5 所示，图中码树上的黑色粗线分支表示译码路径，虚线分支代表候选路径。节点旁的数字表示该节点对应的部分路径度量值，三个箭头代表了 SCP 译码在码树上的译码顺序。实心节点代表译码过程中被添加进优先级列表的节点，空心节点代表未被访问节点。

表 5.5.4 中的数字表示优先级队列中该位置存储的优先级节点的似然概率值。译码首先进行初始化，存入码树根节点，之后前三步译码分别进行三个冻结位比特的译码。在每一步译码时，都先将优先级队列中的首节点弹出队列，根据其在码树上的对应位置进行译码，并将其在译码码树上的邻近子节点按似然概率降序插入优先级队列中。当第 4 步遇到信息位比特时，先将优先级列表中的首节点(似然概率 1.00)弹出，进行译码，随后，将其对应的两个相邻子节点(度量为 0.55 和 0.45)存入优先级队列中。以此类推，直到第 10 步，优先级列表中的首节点对应码树的叶节点时，将其弹出后根据在优先级队列中记录的父节点，回溯找到译码码树的树根，从而得到整段译码路径。

下面通过仿真比较 AWGN 信道下 SCP、SCL 与 SCS 算法的纠错性能与复杂度。仿真采用 8bit CRC 进行辅助校验。使用的极化码码长为 1024，码率为 0.5，由高斯近似算法构造。

如图 5.5.6 所示，仿真对不同搜索宽度 P 的 SCP 译码器与不同最大路径列表数 L 的 SCL 译码器以及不同堆栈深度 D 的 SCS 译码器进行了对比。图中 SCP 译码结果与 SCL 译码结果在 P 与 L 相等时重合。因此，仿真验证了 SCP 算法与 SCL 算法能取得相同的译码性能。

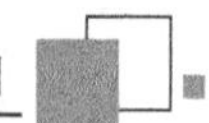

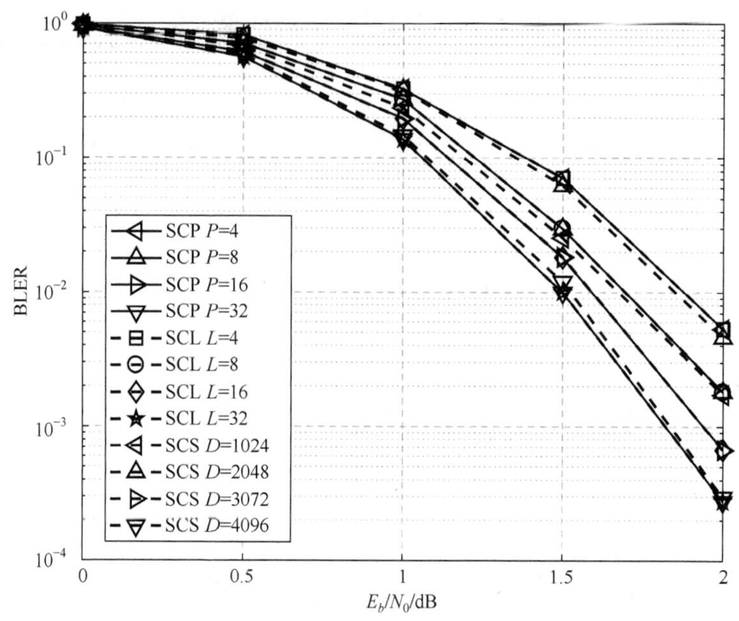

图 5.5.6 同等配置的 SCP、SCL、SCS 三种算法性能对比

图 5.5.7 展示了不同搜索宽度 P 的 SCP 译码算法和不同最大列表路径数 L 的 SCL 译码算法的时间复杂度。平均时间复杂度定义为译码在 Trellis 上进行的平均迭代计算次数。从图中可以看出，SCP 译码器的平均时间复杂度随着信噪比的提升而下降。在低信噪比情况下，SCP 译码器的时间复杂度比同等配置下的 SCL 译码器时间复杂度更低，而在超过 3.0dB 的高信噪比条件下，SCP 译码器的时间复杂度接近于 SC 译码器。

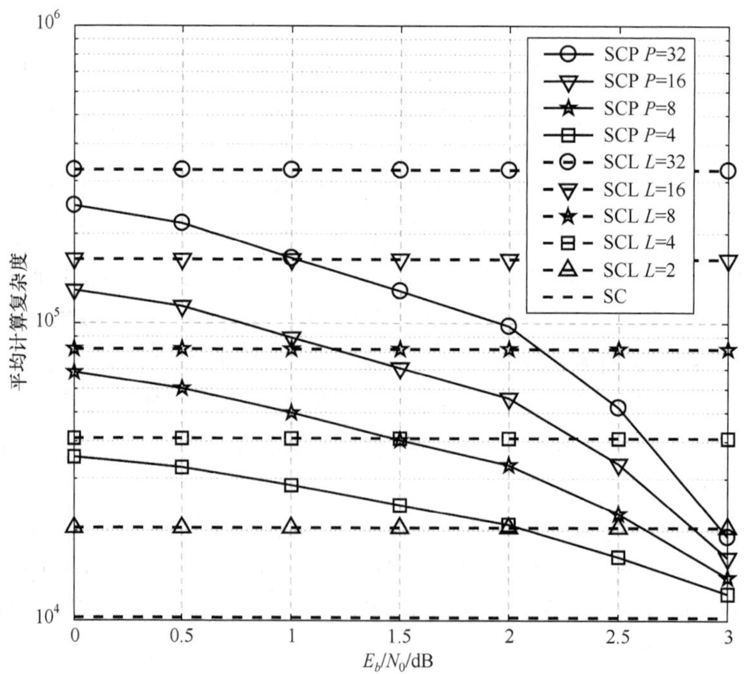

图 5.5.7 同等配置的 SCP、SCL 两种算法时间复杂度对比

我们将各种 SC 增强译码算法的特点总结在表 5.5.5 中。下面从差错性能、时间复杂度与空间复杂度三个方面，对比分析 SCP、SCH、SCL 与 SCS 算法。

表 5.5.5　SC 增强译码算法总结

算法	特点	差错性能	计算复杂度	空间复杂度
SCL	广度优先搜索	接近 ML 译码	$O(LN\log_2 N)$	$O(LN)$
SCS	深度优先搜索	接近 ML 译码	高信噪比接近 $O(N\log_2 N)$	$O(LN^2)$
SCH	广度/深度优先混合搜索	接近 ML 译码	高信噪比接近 $O(N\log_2 N)$	介于 $O(LN)$ 与 $O(LN^2)$ 之间
SCP	格图/优先级队列组合	接近 ML 译码	高信噪比接近 $O(N\log_2 N)$	$O(LN\log_2 N)$

(1) 四种算法纠错性能等价。由于限定了搜索宽度 L，因此 SCP 算法在码树上的节点访问数一定不会超过同等配置的 SCL 算法。同时，由于 SCP 算法中，优先级队列中的节点始终按照度量值有序排列，每次抽取的都是优先级队列的首节点，因此 SCP 算法在码树上的访问节点集合，必然包含在同样列表规模 L 的 SCL 算法在码树上的访问节点集合中，因此最终输出码字必然相同。由此可见，SCP 算法与 SCL 算法在纠错性能上完全一致。类似地，配置合适的搜索宽度与最大堆栈深度，SCP 算法与 SCS 算法的性能也等价。同样的，配置合适的参数，SCH 算法与前三种算法的性能也等价。

(2) SCP 算法相比 SCL 算法，降低了计算复杂度。SCP 算法是在 SCL 译码的基础上，结合深度优先搜索，减少了码树上的访问节点数，从而降低了计算复杂度。另外，由于使用优先级队列代替原有的排序结构，可以减少排序次数，降低了排序造成的复杂度和时延。因此，SCP 算法可以满足低时延 SCL 算法的设计要求。

(3) SCP 算法相比 SCS 算法，降低了空间复杂度。SCP 算法的格图数据存储量为 $LN\log_2 N$，而优先级队列最多需要存储的节点量为 $2LN$，因此总的空间复杂度为 $O(LN\log_2 N)$，而 SCS 的空间复杂度为 $O(LN^2)$。因此，SCP 算法相比 SCS 算法，节省了数据存储开销。

(4) SCH 与 SCP 算法都是组合或折中优化算法。为了组合 SCL/SCS 两种算法的优点，SCH 算法在搜索机制上进行了组合，性能接近 ML 译码，复杂度在高信噪比条件下接近 SC 译码，而空间复杂度介于 $O(LN)$ 与 $O(LN^2)$ 之间，是一种较好的折中算法。而 SCP 算法组合了格图与优先级队列两种数据结构，本质上还是 SCL 算法，计算复杂度接近 SC 译码，而空间复杂度为 $O(LN\log_2 N)$，也介于 SCL 与 SCS 算法之间。这两种组合算法，能够达到计算复杂度与空间复杂度的更好折中。

5.6　BP 译码算法

前述介绍的 SC 及其增强型译码算法，都是在格图或码树上进行软/硬信息的迭代计算与传递。由于格图实际上也是极化码的因子图表示，因此，Arıkan 在文献[1]中提出了

极化码的 BP 译码算法。与 SC 算法相比，BP 算法节点间进行软信息的迭代计算与传递。尽管 BP 译码性能比 SC 译码性能差，但由于它具有天然的并行结构，能够实现高吞吐率译码，并且支持软输出译码，方便构成联合迭代结构。因此，人们对标准 BP 译码进行了很多改进与增强。本节主要介绍 BP 译码的基本原理，及其各种简化与改进方法。

5.6.1 标准 BP 译码

Arıkan 最早在文献[1]中指出，极化码可以采用 BP 算法译码，后来又在文献[60]中进一步给出了 BP 译码的迭代计算公式，指出 BP 算法具有并行译码的优越性。

给定码长 $N=2^n$，极化码的因子图包含 n 节与 N 级，含有 $N(n+1)$ 个节点，用 (i,j) 表示第 j $(1\leqslant j\leqslant n+1)$节第 i 级$(1\leqslant i\leqslant N)$的节点。其中，每一节含有 $N/2$ 个蝶形单元，包含一个变量节点与一个校验节点，完成软信息的计算与传递。以下称蝶形单位为处理单元(PE)。

图 5.6.1 给出了(8,4)极化码的因子图示例。如图所示，信息比特集合为 $\{u_4,u_6,u_7,u_8\}$，冻结比特集合为 $\{u_1,u_2,u_3,u_5\}$。最右侧的节点输入信道软信息 $L_{1,4}^0 \sim L_{8,4}^0$，而最左侧的节点输入冻结比特的先验信息，在每一节的节点双向传递软信息，经过两侧消息的多次传递与计算，最终在信源侧进行判决，得到译码结果。

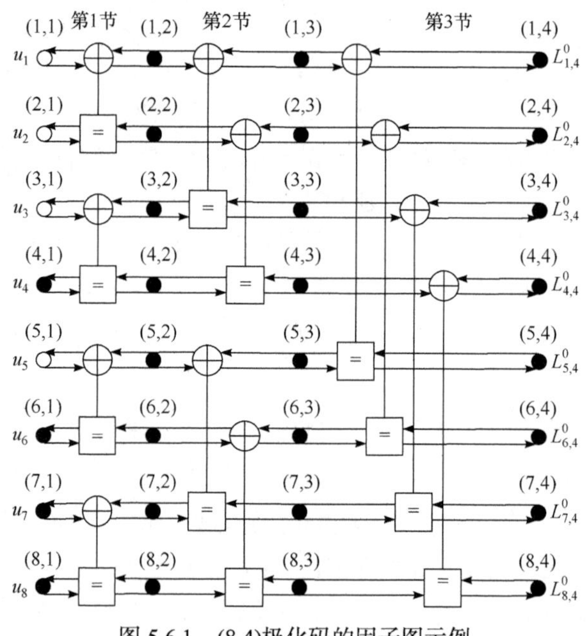

图 5.6.1 (8,4)极化码的因子图示例

图 5.6.2 给出了单个 PE 单元的消息传递过程。其中，节点 (i,j) 与 $\left(i+2^{j-1},j\right)$ 构成了第 j 节的节点，而节点 $(i,j+1)$ 与 $\left(i+2^{j-1},j+1\right)$ 构成了第 $j+1$ 节的节点。在这四个节点之间传递的消息有八种，其中，第 $t-1$ 次迭代，从节点 $(i,j+1)$ 向节点 (i,j) 传递的消息定义为 $L_{i,j+1}^{t-1}$，经过校验节点运算得到的软信息定义为 $L_{i,j}^{t}$。类似地，可以定义其他类型

的消息。

1. 软信息迭代

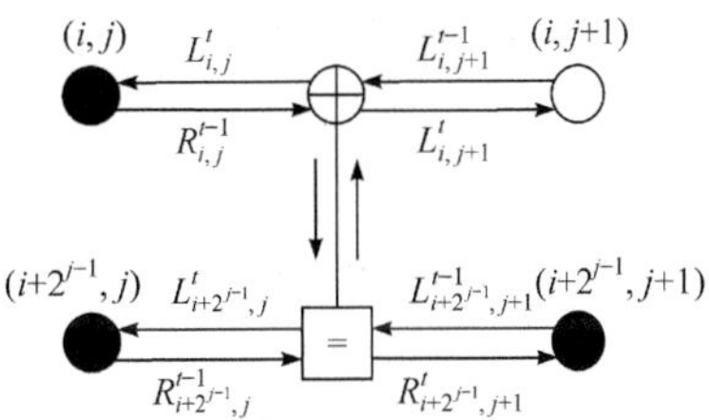

图 5.6.2　蝶形结构上的消息传递

如图 5.6.2 所示的蝶形结构，采用似然比(LR)形式，从右向左传递的软信息计算公式如下：

$$\begin{cases} L^t_{i,j} = f\left(L^{t-1}_{i,j+1}, L^{t-1}_{i+2^{j-1},j+1} \cdot R^{t-1}_{i+2^{j-1},j}\right) \\ L^t_{i+2^{j-1},j} = f\left(R^{t-1}_{i,j}, L^{t-1}_{i,j+1}\right) \cdot L^{t-1}_{i+2^{j-1},j+1} \end{cases} \tag{5.6.1}$$

相应地，从左向右传递的软信息计算公式如下：

$$\begin{cases} R^t_{i,j+1} = f\left(R^{t-1}_{i,j}, L^{t-1}_{i+2^{j-1},j+1} \cdot R^{t-1}_{i+2^{j-1},j}\right) \\ R^t_{i+2^{j-1},j+1} = f\left(R^{t-1}_{i,j}, L^{t-1}_{i,j+1}\right) \cdot R^{t-1}_{i+2^{j-1},j} \end{cases} \tag{5.6.2}$$

其中，函数 $f(x,y) = \dfrac{1+xy}{x+y}$ 是似然比计算函数，x 与 y 是任意实数，具体推导参见 3.3.1 节。注意，上述两个公式计算得到的软信息都是外信息，不包含节点自身产生的信息。

考虑数值稳定性，可以采用 LLR 形式，此时从右向左传递的软信息计算公式如下：

$$\begin{cases} L^t_{i,j} = 2\operatorname{artanh}\left[\tanh\left(\dfrac{L^{t-1}_{i,j+1}}{2}\right) \cdot \tanh\left(\dfrac{L^{t-1}_{i+2^{j-1},j+1} + R^{t-1}_{i+2^{j-1},j}}{2}\right)\right] \\ L^t_{i+2^{j-1},j} = 2\operatorname{artanh}\left[\tanh\left(\dfrac{R^{t-1}_{i,j}}{2}\right) \cdot \tanh\left(\dfrac{L^{t-1}_{i,j+1}}{2}\right)\right] + L^{t-1}_{i+2^{j-1},j+1} \end{cases} \tag{5.6.3}$$

相应地，从左向右传递的软信息计算公式如下：

$$\begin{cases} R^t_{i,j+1} = 2\operatorname{artanh}\left[\tanh\left(\dfrac{R^{t-1}_{i,j}}{2}\right) \cdot \tanh\left(\dfrac{L^{t-1}_{i+2^{j-1},j+1} + R^{t-1}_{i+2^{j-1},j}}{2}\right)\right] \\ R^t_{i+2^{j-1},j+1} = 2\operatorname{artanh}\left[\tanh\left(\dfrac{R^{t-1}_{i,j}}{2}\right), \tanh\left(\dfrac{L^{t-1}_{i,j+1}}{2}\right)\right] + R^{t-1}_{i+2^{j-1},j} \end{cases} \tag{5.6.4}$$

进一步，为了便于硬件译码器实现，可以采用最小和(Min-Sum)形式，此时，从右向左传递的软信息计算公式如下：

$$\begin{cases} L^t_{i,j} = \operatorname{sgn}\left(L^{t-1}_{i,j+1}\right)\operatorname{sgn}\left(L^{t-1}_{i+2^{j-1},j+1} + R^{t-1}_{i+2^{j-1},j}\right)\min\left\{\left|L^{t-1}_{i,j+1}\right|, \left|L^{t-1}_{i+2^{j-1},j+1} + R^{t-1}_{i+2^{j-1},j}\right|\right\} \\ L^t_{i+2^{j-1},j} = \operatorname{sgn}\left(R^{t-1}_{i,j}\right)\operatorname{sgn}\left(L^{t-1}_{i,j+1}\right)\min\left\{\left|R^{t-1}_{i,j}\right|, \left|L^{t-1}_{i,j+1}\right|\right\} + L^{t-1}_{i+2^{j-1},j+1} \end{cases} \tag{5.6.5}$$

相应地，从左向右传递的软信息计算公式如下：

$$\begin{cases} R^t_{i,j+1} = \operatorname{sgn}\left(R^{t-1}_{i,j}\right)\operatorname{sgn}\left(L^{t-1}_{i+2^{j-1},j+1} + R^{t-1}_{i+2^{j-1},j}\right)\min\left\{\left|R^{t-1}_{i,j}\right|, \left|L^{t-1}_{i+2^{j-1},j+1} + R^{t-1}_{i+2^{j-1},j}\right|\right\} \\ R^t_{i+2^{j-1},j+1} = \operatorname{sgn}\left(R^{t-1}_{i,j}\right)\operatorname{sgn}\left(L^{t-1}_{i,j+1}\right)\min\left\{\left|R^{t-1}_{i,j}\right|, \left|L^{t-1}_{i,j+1}\right|\right\} + R^{t-1}_{i+2^{j-1},j} \end{cases} \tag{5.6.6}$$

当达到最大迭代次数T后，对于信息比特，BP 译码器根据下面的判决式输出译码结果

$$\hat{u}_i = \begin{cases} 0, & i \in \mathcal{A}\text{且}L_{i,1}^{T} \geqslant 1\text{或}0 \\ 1, & i \in \mathcal{A}\text{且}L_{i,1}^{T} < 1\text{或}0 \end{cases} \tag{5.6.7}$$

如果采用似然比计算软信息，则判决门限为 1，如果采用 LLR 计算软信息，则判决门限为 0。

2. 算法流程

基于 Min-Sum 形式的软信息迭代公式，下面给出 BP 算法的正式流程，如算法 5.11 所示。

算法 5.11 标准 BP 译码算法

Input: 接收信号序列 y_1^N

Output: 译码序列 $\hat{u}_1^N$

For $i=1\to N$ do \\初始化

  $L_{i,n+1}^{0}=\Lambda_1^{(1)}(y_i)$，$L_{i,j}^{0}=0$，$R_{i,j}^{0}=0$

  If $i\in\mathcal{A}^c$ then

    $R_{i,j}^{t}=+\infty$；

  End

End

For $t=1\to T$ do

  For $j=n\to 1$ do

    For $i=1\to N$ do

      基于式(5.6.5)计算从右到左的软信息 $L_{i,j}^{t}$ 与 $L_{i+2^{j-1},j}^{t}$；

    End

  End

  For $j=n\to 1$ do

    For $i=1\to N$ do

      基于式(5.6.6)计算从左到右的软信息 $R_{i,j}^{t}$ 与 $R_{i+2^{j-1},j}^{t}$；

    End

  End

End

For $i=1\to N$ do

  If $i\in\mathcal{A}$ and $L_{i,1}^{T}\geqslant 0$ then

    $\hat{u}_i=0$

  Else

    $\hat{u}_i=1$

```
    End
End
Return 返回译码序列 û_1^N
```

上述译码算法，信道似然比信息与冻结比特先验信息分别从右侧与左侧输入，软信息从最右边传到最左边，左信息和右信息在相邻节点间迭代传递和更新，然后传回到最右边，这个过程即 BP 译码的一次迭代。经过多次迭代后，再进行判决。同时，算法也可以输出编码比特的似然比信息 $R_{i,n+1}^{T}$。

BP 译码算法的计算复杂度为 $O(TN\log_2 N)$，其空间复杂度为 $O(N)$。BP 译码算法的特点总结如下。

(1) 收敛速度慢。极化码因子图的结构规整，大量短环的存在约束了软信息传递行为，从而导致 BP 译码算法收敛速度慢的缺陷。一般而言，为了使算法充分收敛，BP 译码算法至少要迭代 200 次，甚至 500 次。

(2) 纠错性能较差。由于极化码的因子图中存在大量短环，围长较小，因此限制了 BP 译码性能的提升。即使经过充分迭代，BP 译码的性能也只比 SC 译码略优。并且采用最小和形式的 BP 译码算法，相对 LLR 形式的 BP 译码算法，也有性能损失。总之，BP 译码的性能远逊于各种 SC 增强译码算法或最大似然(ML)译码算法的性能。

(3) 采用并行结构，译码吞吐率高。BP 译码算法与 SC 译码算法最大的区别在于蝶形单元中消息计算与传递的时序不同。对于 SC 译码算法，只有蝶形单元激活后，才能进行软硬信息的计算与传递。而 BP 译码算法的蝶形单元是同时激活的，因此可以实现并行译码结构。这一点对于设计高吞吐率的极化码译码器非常有价值。

5.6.2　提前终止机制

为了解决标准 BP 译码算法迭代次数多、收敛速度慢的问题，人们提出了各种终止准则，提前结束 BP 译码，从而减少迭代次数，加速收敛。其中，Yuan 与 Parhi 提出的基于生成矩阵与基于最小 LLR 的终止准则较具有代表性[61,62]，后来 Simsek 与 Turk 提出了最差信息比特集合的终止准则[25]。下面简要介绍这三种准则的基本思想。

1. 基于生成矩阵的终止准则

一般地，由于极化码也是一种线性分组码，自然可以考虑通过检查校验关系，即 $\hat{\boldsymbol{x}}\boldsymbol{H}^{\mathrm{T}}=\boldsymbol{0}$ 是否满足，终止 BP 译码算法的迭代译码。但是，在极化码的 BP 译码过程中，已经利用了冻结比特向量的先验信息，即 $u_{\mathcal{A}^c}=0$，因此，每一次迭代得到的编码向量 $\hat{\boldsymbol{x}}$ 必然满足校验关系，从而无法用校验约束作为终止译码的条件。

另外，如果利用极化码的生成矩阵约束，可以作为译码终止的准则。假设某次迭代得到的信源比特向量与编码码字分别为 $\hat{\boldsymbol{u}}$ 与 $\hat{\boldsymbol{x}}$，如果 $\hat{\boldsymbol{u}}$ 是发送向量 $\boldsymbol{u}$，则必然满足编码生成关系：$\hat{\boldsymbol{u}}\boldsymbol{G}_N=\hat{\boldsymbol{x}}$。因此，每次迭代后，都需要检查信源向量与编码码字之间的生成关系，如果满足约束，则停止迭代，输出译码结果 $\hat{\boldsymbol{u}}$。由于 $\boldsymbol{G}_N$ 具有 Kronecker 结构，因此生成约束检验可以用快速 Hadamard 变换实现，其复杂度为 $O(N\log_2 N)$。

文献[62]指出，高信噪比条件下，基于生成矩阵的停止准则能够大幅度减少 BP 译码算法的迭代次数。例如，AWGN 信道下(1024, 512)极化码，采用 BP 译码算法，最大迭代次数为 $I_{\max}=40$，当信噪比 SNR=3.5dB 时，平均迭代次数可以降低 42.5%。

2. 基于最小 LLR 的终止准则

上述基于生成矩阵的终止准则，由于每次迭代都需要检验生成约束，计算复杂度较高。为了进一步降低复杂度，可以采用基于最小 LLR 的终止准则。

它的基本思想是用 LLR 绝对值衡量信息比特的可靠性。由于 BP 译码中，第 i 个信源比特就是依据对数似然比信息 $\mathrm{LLR}_{i,1}^t=L_{i,1}^t+R_{i,1}^t=\ln\dfrac{P\left(y_1^N|\hat{u}_i=0\right)}{P\left(y_1^N|\hat{u}_i=1\right)}$ 进行判决的，因此 $\left|\mathrm{LLR}_{i,1}^t\right|$ 表征了判决的可靠性。显然，绝对值越大，判决越准确，反之亦然。

因此，可以用 LLR 绝对值的最小值作为可靠性判决度量。给定阈值 β，如果最小 LLR 满足如下约束：

$$\min_{i\in\mathcal{A}}\left|\mathrm{LLR}_{i,1}^t\right|>\beta \tag{5.6.8}$$

则停止迭代，输出判决结果。一般地，阈值 $\beta=2.5$，相应的信息比特取 0 的概率将比取 1 的概率大 $\mathrm{e}^{2.5}\approx 12$ 倍，在中低信噪比条件下，所有的信息比特判决已经非常可靠。对于高信噪比条件，$\beta=2.5$ 的阈值会带来一定的性能损失，需要设定更高的阈值，例如，$\beta=9.5$，从而进一步提升判决的可靠性。为了适应信道的变化，可以采用自适应最小 LLR 终止准则，即中低信噪比，阈值设定为 $\beta=2.5$，高信噪比阈值设定为 $\beta=9.5$。

与基于生成矩阵的终止准则相比，基于最小 LLR 的终止准则只需要在每次迭代后搜索 LLR 的最小值并与预先给定的阈值相比较，额外引入的计算复杂度有明显降低。并且在高信噪比条件下，也能够大幅度降低 BP 译码的平均迭代次数。

3. 基于最差信息比特集合的终止准则

尽管上述两类准则都能够降低 BP 译码的平均迭代次数，但它们需要使用整个序列的信息进行迭代终止检查，开销仍然较大。为了进一步降低计算开销，文献[25]提出了只检测部分最差信息比特的终止准则。

最差信息比特(WIB)集合 $\mathcal{B}$，定义为信息比特集合中可靠性最差的部分极化信道的子集，即满足 $\mathcal{B}\subset\mathcal{A}$，且 $|\mathcal{B}|<|\mathcal{A}|$。令 $n_{\mathrm{WIB}}=|\mathcal{B}|$ 表示 WIB 集合元素的个数。通过监测多次迭代中 WIB 集合的比特相应的 LLR 极性变化，就可以检测译码结果是否正确。 由此，第 t 次迭代第 i 个比特的极性表示为

$$\hat{u}_t^i=\mathrm{sign}\left(L_{i,1}^t+R_{i,1}^t\right) \tag{5.6.9}$$

为了统计最后 M 次迭代 WIB 集合中比特极性的变化，引入如下的统计量：

$$\sum_{l\in\mathcal{B}}\sum_{v=t-M+1}^{t}\hat{u}_l^v\oplus\hat{u}_l^{v-1} \tag{5.6.10}$$

式中，$\hat{u}_l^v\oplus\hat{u}_l^{v-1}$ 表示相邻两次迭代(v 与 $v-1$)第 i 比特估计值的极性变化。如果 $\hat{u}_l^v\oplus\hat{u}_l^{v-1}=0$，

说明相邻两次迭代极性相同，否则，说明两次迭代的比特极性有翻转。如果式(5.6.10)为 0，则表明最后 M 次迭代，WIB 集合中所有比特都没有发生极性翻转，则可以终止 BP 译码。

一般地，选取总数为 1/8 码长的最差信息比特作为停止准则的判定比特，即 $n_{\text{WIB}} = N/8$，就已经能达到令人满意的译码性能。

给定(1024,512)极化码，采用 BP 译码算法，最大迭代次数 $I_{\max} = 40$，表 5.6.1 给出了三种终止准则平均迭代次数的比较[25]。其中，对于 WIB 集合准则，$n_{\text{WIB}} = 128$，$M = 5$。

表 5.6.1　三种终止准则平均迭代次数比较

终止准则	基于生成矩阵的终止准则		基于最小 LLR 的终止准则		基于 WIB 集合的终止准则	
SNR/dB	平均迭代次数	迭代缩减比例/%	平均迭代次数	迭代缩减比例/%	平均迭代次数	迭代缩减比例/%
1.5	39.6	1.0	39.9	0.2	39.9	0.2
2.0	36.5	8.7	38.4	4.0	39.1	2.3
2.5	30.8	23.0	35.7	10.7	35.3	11.8
3.0	26.1	26.1	33.9	15.2	28.4	29.0
3.5	23.0	42.5	30.7	23.2	26.7	33.3

由表 5.6.1 可知，当信噪比较低时，如 SNR=1.5dB，这三种准则的迭代次数缩减效果并不显著，这是因为在低信噪比条件下，BP 译码算法并未收敛，所以无法提前终止。而随着信噪比的提升，迭代缩减效果越来越显著。当 SNR=3.5dB 时，基于生成矩阵的终止准则可以缩减 42.5%，基于最小 LLR 的终止准则缩减 23.2%，而基于 WIB 集合的终止准则缩减 33.3%。从缩减效果来看，基于生成矩阵的终止准则最有效，但额外增加的复杂度也最高，而基于 WIB 集合的终止准则虽然缩减效果略差，但其复杂度与开销最小，达到了迭代缩减与复杂度增加之间更好的折中。

另外，如果采用 CRC-Polar 编码结构，则 BP 算法也可以利用 CRC 校验进行终止。也就是说，译码器经过多次迭代后，如果译码结果能够通过 CRC 校验，或者达到最大迭代次数，则结束译码。这种终止准则比较简单，不再赘述。

5.6.3　增强 BP 译码

标准 BP 译码算法的第二个问题是译码性能较差，即使在充分迭代的情况下，也仅比 SC 译码算法性能略好。为了提高 BP 译码性能，Yuan 与 Parhi 在文献[61]中，提出了加权 BP 译码算法，张应宪与刘爱军等在文献[63]和文献[64]中提出了加权 BP 译码算法的改进与简化算法。另一种增强性能的思路是采用多重 Trellis 译码。Hussami 等在文献[4]提出了采用多个 Trellis 进行 BP 迭代译码的基本方法，Elkelesh 等[65]对这种方法进行了系统研究，提出了重排格图的 BP 迭代译码算法，能够有效提升译码性能。李莉萍等[66]分析了重排格图的结构特性。

1. 加权 BP 译码算法

加权 BP(WBP)译码算法的基本思想是在迭代算法中，对变量与校验节点之间传递的

软信息进行加权，当采用最小和形式时，其具体计算公式如下：

$$\begin{cases}L_{i,j}^{t}=\alpha\cdot\operatorname{sgn}\left(L_{i,j+1}^{t-1}\right)\operatorname{sgn}\left(L_{i+2^{j-1},j+1}^{t-1}+R_{i+2^{j-1},j}^{t-1}\right)\min\left\{\left|L_{i,j+1}^{t-1}\right|,\left|L_{i+2^{j-1},j+1}^{t-1}+R_{i+2^{j-1},j}^{t-1}\right|\right\}\\L_{i+2^{j-1},j}^{t}=\alpha\cdot\operatorname{sgn}\left(R_{i,j}^{t-1}\right)\operatorname{sgn}\left(L_{i,j+1}^{t-1}\right)\min\left\{\left|R_{i,j}^{t-1}\right|,\left|L_{i,j+1}^{t-1}\right|\right\}+L_{i+2^{j-1},j+1}^{t-1}\\R_{i,j+1}^{t}=\alpha\cdot\operatorname{sgn}\left(R_{i,j}^{t-1}\right)\operatorname{sgn}\left(L_{i+2^{j-1},j+1}^{t-1}+R_{i+2^{j-1},j}^{t-1}\right)\min\left\{\left|R_{i,j}^{t-1}\right|,\left|L_{i+2^{j-1},j+1}^{t-1}+R_{i+2^{j-1},j}^{t-1}\right|\right\}\\R_{i+2^{j-1},j+1}^{t}=\alpha\cdot\operatorname{sgn}\left(R_{i,j}^{t-1}\right)\operatorname{sgn}\left(L_{i,j+1}^{t-1}\right)\min\left\{\left|R_{i,j}^{t-1}\right|,\left|L_{i,j+1}^{t-1}\right|\right\}+R_{i+2^{j-1},j}^{t-1}\end{cases}\tag{5.6.11}$$

其中，$\alpha\in[0,1]$ 是权重因子，仿真分析表明，$\alpha=15/16=0.9375$ 是性能较好的权重取值。

引入权重因子，可以压缩节点间传递的外信息取值，减小信息之间的相关性，从而提高了译码性能。

AWGN 信道下，基于高斯近似构造的(1024,512)极化码，采用标准 BP 算法，以及加权最小和 BP 与生成矩阵、最小 LLR、WIB 集合三种准则的算法性能如图 5.6.3 所示，最大迭代次数为 100。

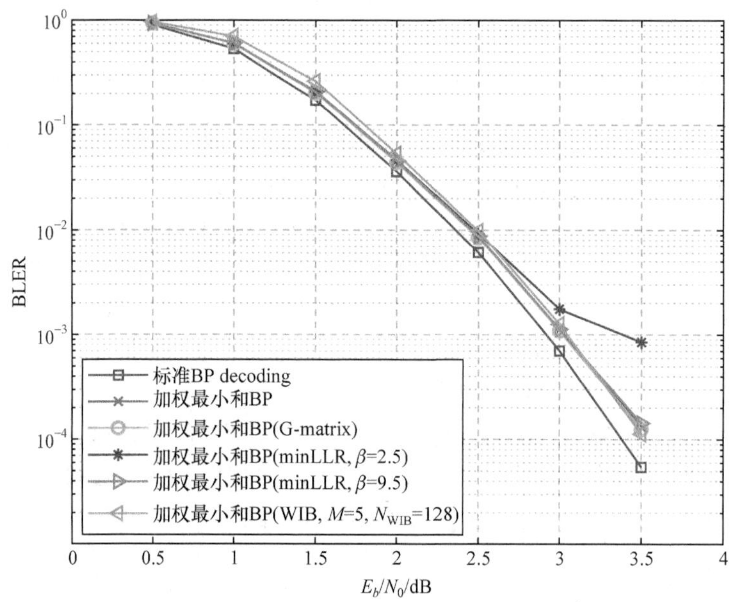

图 5.6.3 各种 BP 译码算法性能比较($N=1024$ ， $K=512$)

2. 多重格图 BP 译码算法

BP 译码性能较差的根本原因是 Trellis 上存在大量短环，导致迭代传递的信息存在相关性，从而使算法陷入较差的局部解。为了提高译码性能，Hussami 等提出采用多重格图的 BP 译码结构[4]，其基本思想是将格图进行重排，打乱消息传递路径，减少软信息之间的相关性。

一般地，给定码长 $N=2^n$ 的极化码格图，有 $n!$ 种排列。随着码长增长，格图重排数量会迅速增加。例如， $N=1024$ ，对应的排列数目为 $10!>3.6\times10^6$ 。在 BP 译码过程中，选择合适的格图重排，能够显著增强译码性能。这种思想最早是在文献[4]提出的，后来文献[65]对重排模式进行了系统深入的研究。

多重格图重排译码，相当于在 BP 译码过程中引入了冗余的校验约束。这种思想实际上来源于 LDPC 码的冗余 Tanner 图译码算法[67]。对于高密度校验码(HDPC)，即 Tanner 图上边连接密度很大的线性分组码，如 RS 码，增加冗余校验能够显著提升译码性能[68]。

图 5.6.4 给出了 $N=8$ 的极化码两重格图示例。如图所示，第二次迭代的格图与第一次迭代的格图并不相同，经过了重排。如果以第一次迭代的格图作为标准结构，则第二次迭代的格图可以用重排向量表示为 $\boldsymbol{\Pi}=(3,1,2)$，即将标准结构中的第 1、2、3 节重排为 3、1、2 节。相应地，第二次迭代同级蝶形单元中，节点间隔也发生了变化。定义标准结构的节点间隔向量为 $\boldsymbol{s}=(1,2,4)$，则第二次迭代的重排格图对应的节点间隔向量为 $\boldsymbol{s}=(4,1,2)$。

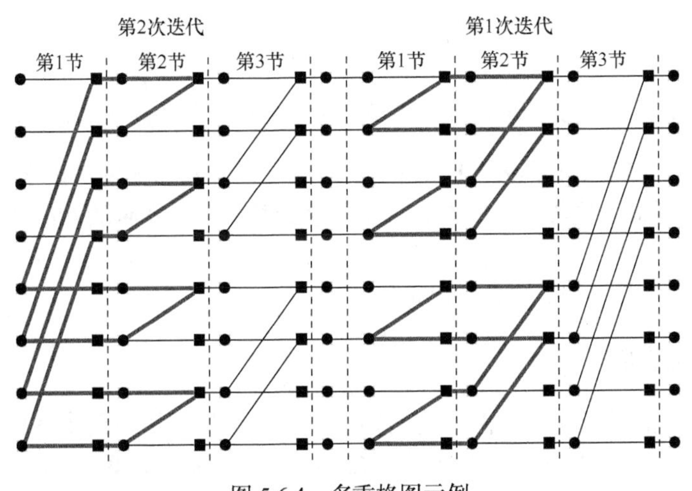

图 5.6.4　多重格图示例

由于结构重排，两次迭代的软信息传递路径会有差别。例如，第一次迭代的第一节与第二节之间构成了上下两个环长为 12 的环路，如图 5.6.4 中黑粗线所示，而在第二次迭代中，第一节与第二节之间的消息环路结构与第一次迭代的环路有差别。这样，当 BP 算法进行两次迭代时，就能够打破消息传递的本地环路，减小软信息之间的相关性，改善最终的译码性能。

需要注意的是，在多重格图 BP 译码中，只在相邻两次迭代的节点之间交互软信息，格图内部节点的软信息要清零。因为，各次迭代的格图会有重排，内部节点无法完全对应，为方便处理，不需要将前一次迭代的中间节点软信息传递到下一次迭代的中间节点。

AWGN 信道下，基于高斯近似构造的(1024,512)极化码，采用标准 BP 译码、多重格图 BP 译码以及 SCL 译码的 BLER 性能如图 5.6.5 所示。其中，BP 算法最大迭代次数为 100 次，多重格图采用了三种配置{2,5,10}，即分别有 2 种、5 种或 10 种重排方式。SCL 译码的列表规模为 $L=32$。由图 5.6.5 可知，标准 BP 译码算法的性能远逊于 SCL 算法。但如果采用多重格图 BP 译码，随着重排格图数目的增加，译码性能有明显改善。

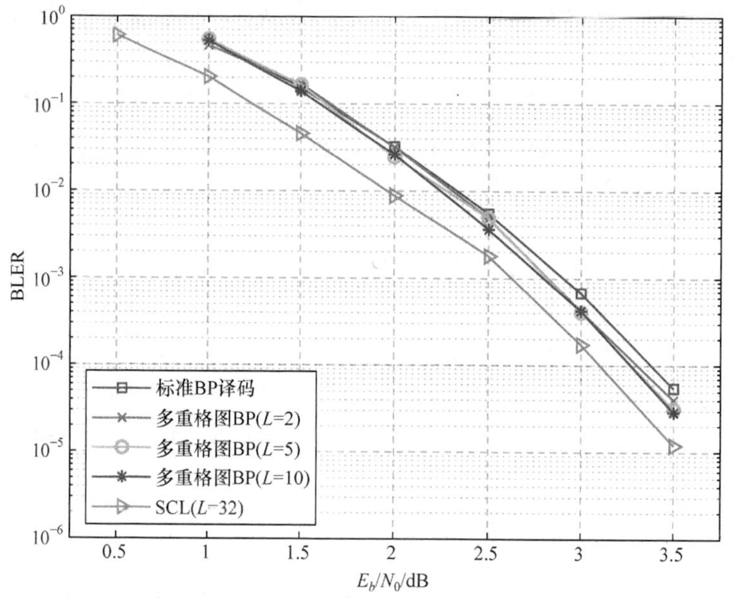

图 5.6.5 (1024,512)极化码采用标准 BP 译码、多重格图 BP 译码以及 SCL 译码的性能对比

文献[65]指出，当采用理想终止条件时，即假设译码器已知发送码字，当译码结果等于发送码字或达到最大迭代次数时终止译码，多重格图 BP 译码的性能能够超过 SCL 译码。这一理想结果说明，多重格图 BP 译码的性能受限于终止准则，理论上，如果设计好的终止准则，其译码性能与 SCL 译码可以比拟。

5.6.4 理论性能分析

BP 译码的性能受极化码格图结构的约束。为了定量分析图约束的影响，Eslami 与 Nik 在文献[69]中深入分析了极化码的停止集属性，证明极化码采用 BP 译码没有“误码平台”。

1. 停止集与停止树

如第 2 章所述，BP 译码算法的性能受停止集(Stopping Set)影响。停止集是非空的变量节点集合，该集合的每个相邻校验节点至少与集合中的两个变量节点相连。

图 5.6.6 给出了码长 $N=8$ 的极化码因子图上停止集的示例。如图所示，节点集合 $\left\{s_{4,1},s_{6,1},s_{2,2},s_{4,2},s_{6,2},s_{2,3},s_{4,3},s_{6,3},s_{1,4},s_{2,4},s_{3,4},s_{4,4},s_{5,4},s_{6,4}\right\}$ 构成了停止集。具有最小变量节点数目的停止集称为最小停止集。

由 LDPC 码的 BP 译码理论分析可知，在 BEC 信道下，当译码器终止迭代时，仍然无法译码的比特集合等于含有删余比特的最小停止集。一般地，停止集的结构与规模决定了 BP 译码的性能。最小停止集比大的停止集更容易产生无法译码的删余比特。因此，最小停止集是影响 BP 译码性能的关键因素。最小停止集的规模越大，BP 算法的纠错能力越强。

对于极化码，为了分析 BP 算法性能，引入下列概念。

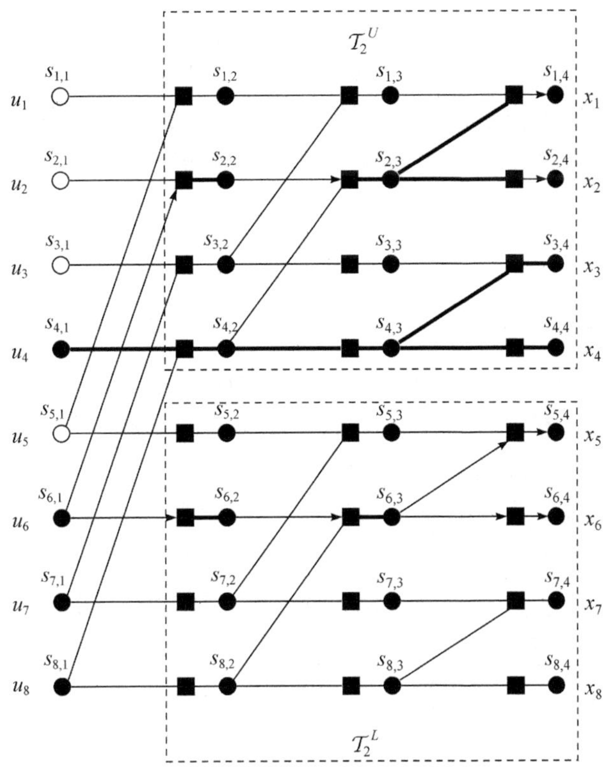

图 5.6.6　停止集与停止树示例

定义 5.3　停止树是极化码因子图上仅含有一个信息比特的停止集。停止树的根节点是信息比特对应的节点，叶节点是编码比特对应的节点。令第 i 个信源比特对应的停止树表示为 $\mathrm{ST}(i)$ 。在所有停止树中，含有最小变量节点数目的停止树称为最小停止树。令 $f(i)$ 表示停止树 $\mathrm{ST}(i)$ 的叶节点集合规模。含有最小叶节点集合的停止树称为最小叶节点停止树(MLST)。需要注意的是，在所有停止树中，最小停止树不一定有最小的叶节点集合。

如图 5.6.6 所示，信息比特 u_6 对应的停止树(用粗线标识)，树根为节点 $s_{6,1}$ ，叶节点为 $\{s_{1,4},s_{2,4},s_{5,4},s_{6,4}\}$ ，其叶节点集合规模为 $f(6)=4$ 。

定义 5.4　令 $\mathcal{T}_n$ 表示码长为 $N=2^n$ 的极化码因子图，则依据 Plotkin 结构，它由 $n-1$ 阶因子图 $\mathcal{T}_{n-1}^U$ 与 $\mathcal{T}_{n-1}^L$ 上下级联构成。因子图上的停止集称为图停止集(GSS)。一个图停止集上的编码比特集合称为该 GSS 的变量节点停止集(VSS)。最小变量停止集(MVSS)定义为因子图上所有 VSS 中含有最小编码比特集合的 VSS。类似地，需要注意，最小图停止集不一定对应最小变量停止集。

如图 5.6.6 所示的码长 $N=2^3$ 的因子图 $\mathcal{T}_3$ 由上下两个子因子图 $\mathcal{T}_2^U$ 与 $\mathcal{T}_2^L$ 级联构成。其中，粗线标识的图停止集，其 VSS 集合为 $\{x_1,x_2,x_3,x_4,x_5,x_6\}$ 。

定义 5.5　一个线性码的因子图上最小变量停止集(MVSS)的规模称为这个码对应的停止距离(Stopping Distance)。

定义 5.6　对于极化码，假设给定信息信道集合 $\mathcal{A}$ ，对于任意的序号集合 $\mathcal{J}\subset\mathcal{A}$ ，

总存在一个信息比特 $j \in \mathcal{J}$，其相应的停止树含有最小的叶节点集合。称这个信息比特为集合 $\mathcal{J}$ 上的最小信息比特 $\mathrm{MIB}(\mathcal{J})$。注意，集合 $\mathcal{J}$ 上可能不止一个 $\mathrm{MIB}(\mathcal{J})$。令 $\mathrm{GSS}(\mathcal{J})$ 表示只包括集合 $\mathcal{J}$ 作为信息比特的所有图停止集。相应地，可以定义 $\mathrm{VSS}(\mathcal{J})$ 表示 $\mathrm{GSS}(\mathcal{J})$ 上的变量节点停止集。在 $\mathrm{VSS}(\mathcal{J})$ 中，令最小变量停止集表示为 $\mathrm{MVSS}(\mathcal{J})$。

定义 5.7 给定 (N,K) 极化码，信息信道集合为 $\mathcal{A}$，则相应的停止距离为 $|\mathrm{MVSS}(\mathcal{A})|$。

2. 最小停止树与停止距离

分析极化码因子图上的 GSS 与 VSS 结构，有如下引理。

引理 5.4 极化码因子图上的任意 GSS 在格图的每一节都包含一些变量节点。并且，任意 GSS 至少包括一个信息比特与一个编码比特。

这个引理说明任意给定的 GSS 至少包含一个非空的 VSS。

引理 5.5 极化码的每个信息比特对应单独的一棵停止树。

引理 5.6 因子图 $\mathcal{T}_{n+1}$ 上的任意 GSS，由次级因子图 $\mathcal{T}_n^U$ 与/或 $\mathcal{T}_n^L$ 上的 GSS 以及一些变量节点 $s_{i,1}, i=1,2,\cdots,N$ 构成。

引理 5.6 说明，GSS 具有嵌套结构，在因子图 $\mathcal{T}_{n+1}$ 上的 GSS 实际上是由次级因子图 $\mathcal{T}_n^U$ 与/或 $\mathcal{T}_n^L$ 上的 GSS 构成的。

引理 5.7 给定极化码的码长 $N=2^n$，第 i 个比特的叶节点集合规模 $f(i)$ 可以定量表示为

$$\begin{cases} f\left(2^l\right)=2^l, & l=0,1,\cdots,n \\ f\left(2^l+m\right)=2f(m), & 1\leqslant m\leqslant 2^l-1,\quad 1\leqslant l\leqslant n-1 \end{cases} \tag{5.6.12}$$

如图 5.6.6 所示，对于第 1 个比特，$f(1)=1$，类似地，对于第 2、3、4 个比特，VSS 规模分别为 $f(2)=2$，$f(3)=2$，$f(4)=4$。

引理 5.8 给定极化码的码长 $N=2^n$，第 i 个比特的叶节点集合规模 $f(i)=w_{\mathrm{H}}(\boldsymbol{g}_i)$。其中，$\boldsymbol{g}_i$ 是生成矩阵 $\boldsymbol{G}_N$ 第 i 个行向量。特别地，任意信源比特的停止树的叶节点集合对应于矩阵 $\boldsymbol{F}_2^{\otimes n}$ 相应行向量中取值为 1 的比特位置集合。

下面分析极化码的变量节点停止集(VSS)，有如下定理。

定理 5.5 给定极化码的码长 $N=2^n$，对于信息信道集合 $\mathcal{A}$ 的任意子集 $\mathcal{J}\in\mathcal{A}$，其变量节点停止集满足

$$|\mathrm{MVSS}(\mathcal{J})| \geqslant \min_{j\in\mathcal{J}} f(j) \tag{5.6.13}$$

应用引理 5.4、引理 5.6 与引理 5.7，可以证明这个引理。

进一步，得到如下推论。

推论 5.2 给定码长 $N=2^n$ 与信息信道集合 $\mathcal{A}$，极化码的最小停止距离为

$$d_{\min}^{SS} = \min_{j\in\mathcal{A}} f(j) \tag{5.6.14}$$

上述推论表明，极化码的最小停止距离实际上是所有信息比特对应的停止树中最小的叶节点集合规模。

下面分析停止树与叶节点集合的分布，有如下引理。

引理 5.9　给定因子图 $\mathcal{T}_n$ 上所有信源比特的停止树规模向量 $\boldsymbol{A}_n = \left[|\mathrm{ST}(1)|, |\mathrm{ST}(2)|, \cdots, |\mathrm{ST}(2^n)|\right]$ 与叶节点集合规模向量 $\boldsymbol{B}_n = \left[f(1), f(2), \cdots, f(2^n)\right]$，这两个分布向量的递推公式如下：

$$\begin{cases} \boldsymbol{A}_{n+1} = [\boldsymbol{A}_n, 2\boldsymbol{A}_n] + \boldsymbol{1}_{n+1} \\ \boldsymbol{B}_{n+1} = [\boldsymbol{B}_n, 2\boldsymbol{B}_n] \end{cases} \tag{5.6.15}$$

其中，$\boldsymbol{1}_{n+1}$ 是长度为 2^{n+1} 的全 1 向量。上述分布向量的计算复杂度为 $O(N)$。

定理 5.6　给定码长 $N = 2^n$ 的极化码，对于任意的 $0 < \epsilon < 1/2$，停止树叶节点集合满足 $f(i) < N^{\epsilon}$ 的信源比特数量小于 $N^{H_2(\epsilon)}$，其中，$H_2(\epsilon) = -\epsilon\log\epsilon - (1-\epsilon)\log(1-\epsilon)$ 是二元熵函数。

证明　对于矩阵 $\boldsymbol{F}_2^{\otimes n}$，有 $\binom{n}{i}$ 行重量为 2^i，因此对于极化码，有 $\binom{n}{i}$ 个停止树的叶节点集合大小为 2^i。因此，这些停止树对应信源比特的叶节点集合规模为 2^i。因此，对于 $0 < \epsilon < 1/2$，变量节点小于 $2^{\epsilon n} = N^{\epsilon}$ 的停止树对应的信息比特总数小于 $\sum_{i=0}^{\epsilon n}\binom{n}{i}$，相应的上界为 $2^{H_2(\epsilon)n} = N^{H_2(\epsilon)}$。

上述定理表明，给定任意的信道容量可达的极化码与任意常数 $\sigma > 0$，如果将一部分信息比特用具有较大叶节点集合的冻结比特替换，则总能够得到停止距离为 $N^{1/2-\sigma}$ 的容量可达的极化码。下面的定理给出了极化码的渐近停止距离。

定理 5.7　码长为 N 的极化码，停止距离随码长的增长趋势为 $\Omega\left(\sqrt{N}\right)$。

证明　由定理 3.24 可知，采用 SC 译码，极化码在任意 B-DMC 信道下的渐近差错率为 $O\left(2^{-\sqrt{N}}\right)$。文献[4]指出，BP 译码至少能达到与 SC 译码一样的差错率，因此，BEC 信道下，BP 译码的渐近差错率也为 $O\left(2^{-\sqrt{N}}\right)$。令 $P(\mathcal{E}_{\mathrm{MVSS}})$ 表示最小变量停止集发生导致的错误概率，$P(\mathcal{E})$ 表示码块删余率，则它们满足如下关系：

$$\begin{aligned} P(\mathcal{E}_{\mathrm{MVSS}}) = \epsilon^{|\mathrm{MVSS}|} = \left(\frac{1}{\epsilon}\right)^{-|\mathrm{MVSS}|} \leqslant P(\mathcal{E}) = O\left(2^{-\sqrt{N}}\right) \\ \Rightarrow |\mathrm{MVSS}| = \Omega\left(\sqrt{N}\right) \end{aligned} \tag{5.6.16}$$

其中，ϵ 是 BEC 信道的删余率。

对于极化码的最小停止距离与最小汉明距离，有如下定理。

定理 5.8　极化码的最小停止距离与最小汉明距离相等，即 $d_{\min}^{SS} = d_{\min}$。

证明　由引理 5.8 可知，极化码第 i 个比特的叶节点集合规模满足 $f(i) = w_{\mathrm{H}}(\boldsymbol{g}_i)$。而由定理 4.1 可知，极化码最小汉明距离满足 $d_{\min} = \min_{i\in\mathcal{A}} 2^{\mathrm{wt}(i)} = \min_{i\in\mathcal{A}} w_{\mathrm{H}}(\boldsymbol{g}_i)$。再由推论 5.2

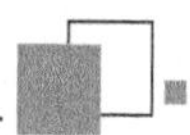

得到，$d_{\min}^{SS}=\min\limits_{j\in\mathcal{A}}f\left(j\right)$。因此得到定理结论，即 $d_{\min}^{SS}=d_{\min}$。

上述定理表明，极化码的最小停止集中编码比特数目的增长与最小汉明距离增长一样快。而依据第 4 章的定理，极化码采用 SC 译码，其差错性能没有“误码平台”。由此可得，极化码采用 BP 译码，也没有“误码平台”。

3. 围长分析

一般地，BP 译码算法性能受因子图上环长影响，环长越短，则迭代过程中传递的消息相关性越强，导致译码性能较差。因子图上最短的环长称为围长(Girth)。当迭代次数小于围长的一半时，BP 译码过程中，变量节点之间传递的消息能够保证互不相关。由此可见，围长是影响 BP 译码性能的关键因素。下面考察极化码因子图的环节构。

观察图 5.6.7 的因子图示例，可以看出，极化码因子图包含两类环：一类是只包括图上上半部分或下半部分变量节点的环，如图中粗实线所示。另一类是包含上下两部分变量节点的环，如图中粗虚线所示。第一类环在上、下两个子图中是对称分布的。因此，这些环也是码长 $N/2$ 的因子图上的环。换言之，由于极化码的因子图具有嵌套性，短码的最短环也是长码的最短环。图 5.6.7 中，右上方的环包括 6 个变量节点与 6 个校验节点，其长度为 12。这是码长为 4 的极化码因子图上的最短环。因此，我们得到，任意极化码的围长都是 12。

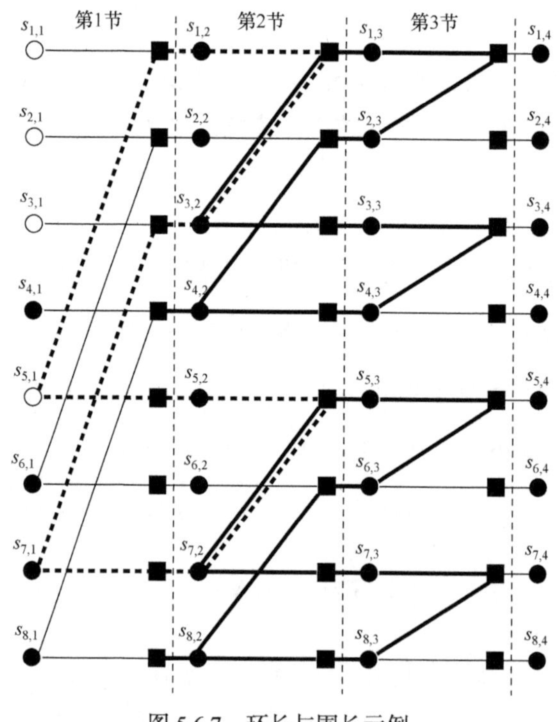

图 5.6.7 环长与围长示例

5.6.5 BP 列表译码

BP 译码算法最大的优势就是能够实现高吞吐率并行译码，但其最大劣势是译码性能较差，远逊于 SCL/SCS 等增强型 SC 译码算法。为了进一步改善 BP 译码性能，Elkelesh 等提出了 BP 列表(BPL)译码[30]算法，其原理如图 5.6.8 所示。

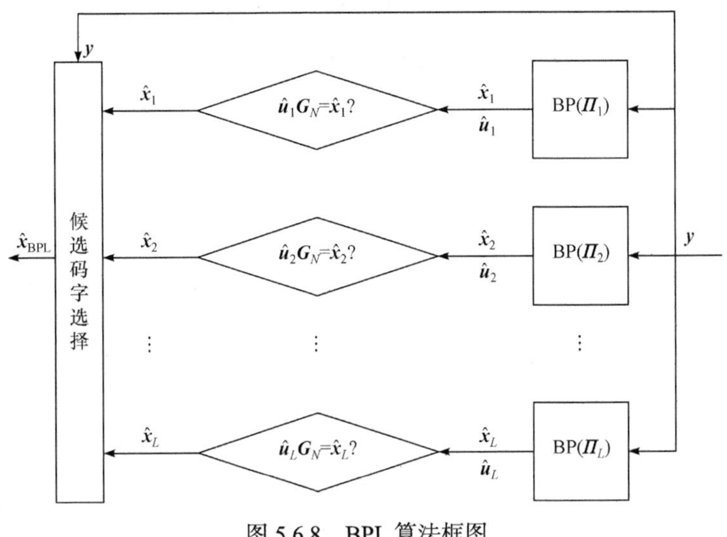

图 5.6.8　BPL 算法框图

如图 5.6.8 所示，BPL 的基本思想来自多重格图 BP 译码，其译码流程描述如下。

算法 5.12　置信传播列表译码算法 $\mathrm{BPL}(N,L)$

---

1. 接收信号向量 $\boldsymbol{y}$ 并行送入 L 个 BP 译码器，每个 BP 译码器配置为不同的格图排列结构，例如，第 l 个 BP 译码器的格图排列向量为 $\boldsymbol{\Pi}_l$，表示为 $\mathrm{BP}(\boldsymbol{\Pi}_l)$。
2. 当 L 个 BP 译码器经过多次迭代后，得到信源序列 $\hat{\boldsymbol{u}}_l$ 与编码码字 $\hat{\boldsymbol{x}}_l$ 的估计(l=1, 2,⋯,L)，基于生成矩阵终止准则，判断编码约束关系 $\hat{\boldsymbol{u}}_l\boldsymbol{G}_N=\hat{\boldsymbol{x}}_l$ 是否满足。如果满足编码关系，则终止相应的 BP 译码，输出编码码字估计 $\hat{\boldsymbol{x}}_l$。
3. 基于最小距离译码准则，选择最终的译码码字，即

$$\hat{\boldsymbol{x}}_{\mathrm{BPL}}=\mathop{\arg\min}_{\hat{\boldsymbol{x}}_l,l\in\{1,\cdots,L\}}\left\|\boldsymbol{y}-\hat{\boldsymbol{x}}_l\right\| \tag{5.6.17}$$

给定最大迭代次数 $I_{\max}$，BPL 算法的译码复杂度为 $O\left(I_{\max}LN\log_2 N\right)$，其译码延迟为 $O\left(I_{\max}\log_2 N\right)$，与 SCL 译码算法相比，复杂度更高，但译码延迟有显著降低。

AWGN 信道下，(1024,512)极化码采用 BP、SCL 和 BPL 算法的性能如图 5.6.9 所示，其中，L 表示列表大小，T 表示最大迭代次数。可以发现，BPL 算法与传统的 BP 算法相比，在 BLER 为 10^{-3} 时大约有 0.4dB 的性能增益，并且 BPL 算法的性能接近 SCL 算法。

BPL 算法显著提升了 BP 译码算法的性能，但与 CA-SCL 算法相比，仍然有一定的性能差距。为了进一步改进性能，Geiselhart 等提出了 CRC 辅助的 BPL 译码(CA-BPL)算法[70]。其基本思想与 BPL 算法类似，只是将 CRC 校验码也展开为 Trellis 结构，采用 BCJR 算法进行译码。引入 CRC 的 SISO 译码，可以获得性能的进一步改善。

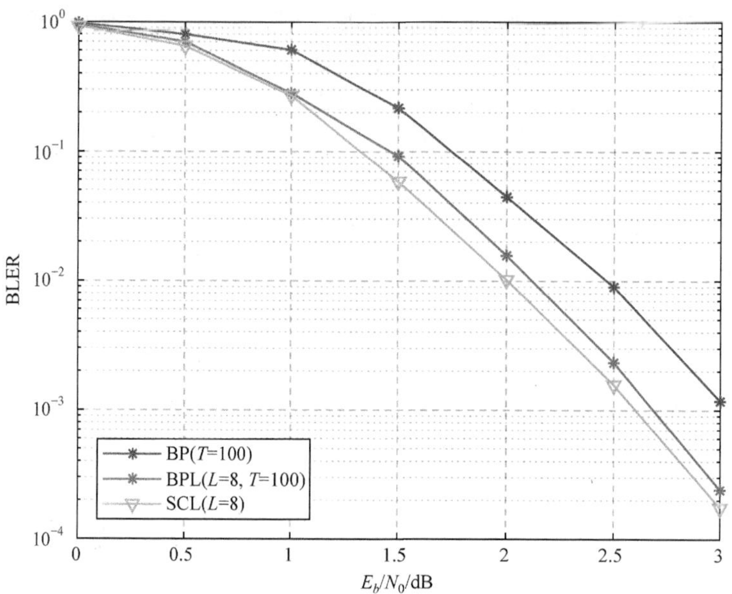

图 5.6.9　BP、BPL 与 SCL 算法性能比较($N=1024, K=512$)

AWGN 信道下，(128,64)极化码采用 BP、CA-SCL 和 CA-BPL 译码的 BLER 性能如图 5.6.10 所示。其中，采用了 5G 标准中的(128, 64)极化码和 6bit CRC 码，CRC 码的生成多项式为 $g(x)=x^6+x^5+1$。可以发现，短码与高信噪比条件下，CA-BPL 算法的性能接近 CA-SCL 算法的性能，但在长码条件下，还需要进一步改进。

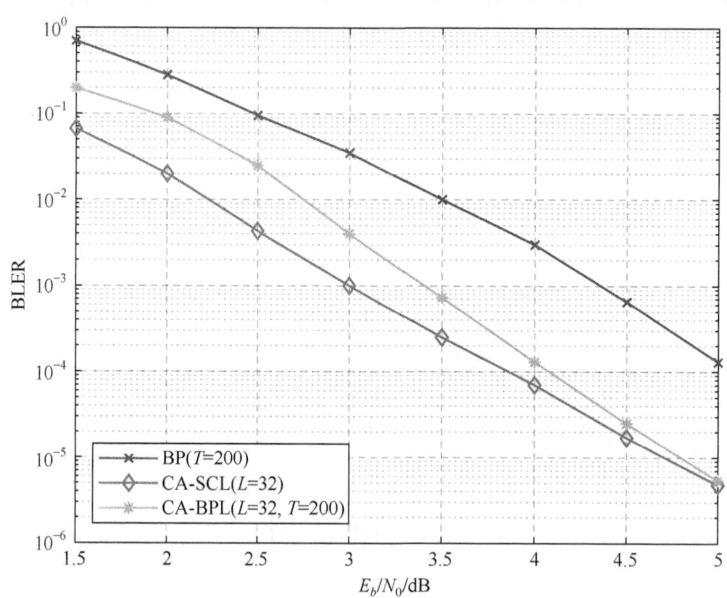

图 5.6.10　BP、CA-SCL 和 CA-BPL 算法性能比较($N=128, K=64$)

最后，我们将 BP 译码及其改进算法的优缺点总结如下。

(1) 高并行度译码结构，有效降低时延。与 SC 类型的译码算法相比，BP 算法最大的优点是采用高并行度的译码结构，属于并行算法，能够有效提升译码吞吐率，降低译码时延。这一点对于极化码硬件译码器设计非常有吸引力，具有重要的实用价值。

(2) 软入软出译码算法，方便系统集成。BP 算法是软入软出译码算法，能够输出编码比特的软信息，便于与接收机前端的检测/解调等单元构成软入软出的迭代接收机。但由于 BP 译码算法的次优性，整个系统的性能改进会有一定局限。

(3) 编码构造理论尚不完善，有待突破。BP 算法的性能主要由最小停止距离与停止树决定，但目前还没有较为精确的 BP 译码差错性能上界。适用于 BP 算法的极化码构造方法尚未见到报道，还需要进一步研究。

(4) 译码性能受限短环结构，有待提高。由于受到格图上短环的限制，标准 BP 算法的性能远差于 SCL 算法。虽然采用 BPL 算法与 CA-BPL 算法，性能有明显改善，但高性能 BP 译码算法体系还不完善，设计方法与优化理论需要进一步充实和提高。

5.7　SCAN 译码算法

软输出抵消译码(SCAN)算法是一种能够提供软信息的串行干扰抵消译码算法，最早是由 Fayyaz 与 Barry[71,19]提出。它的基本思想是对 SC 算法进行改造，从而得到编码比特的软输出信息。与 BP 算法类似，SCAN 译码算法具有 SISO 的结构特点，便于组成迭代结构机的整体结构。下面首先简述 SCAN 算法的基本原理，然后介绍其在 Turbo-Polar 码中的应用，最后简述 SCAN 列表译码算法。

5.7.1　算法流程

SCAN 算法的消息计算与 BP 算法类似，在 Trellis 右侧送入对数信道似然比信息，而在信道左侧送入冻结比特的先验信息。它与 BP 算法的主要区别在于，后者的消息传递是并行执行的，而前者类似于 SC 算法，是按照比特顺序串行执行的。

1. 软信息迭代

令 $L_{i,j}^{(t)}$ 与 $B_{i,j}^{(t)}$ 分别表示第 t 次迭代格图节点 $s_{i,j}$ 输出的 LLR 信息与比特软信息，则 SCAN 算法从右向左传递的软信息计算公式如下：

$$\begin{cases} L_{i,j}^{(t)} = 2\operatorname{artanh}\left[\tanh\left(\dfrac{L_{i,j+1}^{(t-1)}}{2}\right)\cdot\tanh\left(\dfrac{L_{i+2^{j-1},j+1}^{(t-1)}+B_{i+2^{j-1},j}^{(t-1)}}{2}\right)\right] \\ L_{i+2^{j-1},j}^{(t)} = 2\operatorname{artanh}\left[\tanh\left(\dfrac{B_{i,j}^{(t-1)}}{2}\right)\cdot\tanh\left(\dfrac{L_{i,j+1}^{(t-1)}}{2}\right)\right]+L_{i+2^{j-1},j+1}^{(t-1)} \end{cases} \tag{5.7.1}$$

相应地，从左向右传递的软信息计算公式如下：

$$\begin{cases} B_{i,j+1}^{(t)} = 2\operatorname{artanh}\left[\tanh\left(\dfrac{B_{i,j}^{(t-1)}}{2}\right)\cdot\tanh\left(\dfrac{L_{i+2^{j-1},j+1}^{(t-1)}+B_{i+2^{j-1},j}^{(t-1)}}{2}\right)\right] \\ B_{i+2^{j-1},j+1}^{(t)} = 2\operatorname{artanh}\left[\tanh\left(\dfrac{B_{i,j}^{(t-1)}}{2}\right),\tanh\left(\dfrac{L_{i,j+1}^{(t-1)}}{2}\right)\right]+B_{i+2^{j-1},j}^{(t-1)} \end{cases} \tag{5.7.2}$$

对于信息比特，SCAN 译码器根据下面的判决式输出译码结果：

$$\hat{u}_i = \begin{cases} 0, & i \in \mathcal{A}\text{且}L_{i,1}^T \geqslant 0 \\ 1, & i \in \mathcal{A}\text{且}L_{i,1}^T < 0 \end{cases} \tag{5.7.3}$$

如果采用似然比计算软信息，则判决门限为 1，如果采用 LLR 计算软信息，则判决门限为 0。

2. 算法流程

基于 LLR 形式的软信息迭代公式，下面给出 SCAN 算法的正式流程，如算法 5.13 所示。

算法 5.13 软输出抵消译码(SCAN)算法

Input: 接收信号序列 y_1^N

Output: 译码序列 $\hat{u}_1^N$

For $i=1\to N$ do //初始化

  $L_{i,n+1}^{(0)}=\Lambda_1^{(1)}(y_i)$， $L_{i,j}^{(0)}=0$ ， $B_{i,j}^{(0)}=0$

  If $i\in\mathcal{A}^c$ then

    $B_{i,j}^{(0)}=+\infty$;

  End

End

For $t=1\to T$ do

  For $j=n\to 1$ do

    For $i=1\to N$ do

      If 蝶形单元激活 Then

        基于式(5.7.1)，计算从右到左的软信息 $L_{i,j}^{(t)}$ 与 $L_{i+2^{j-1},j}^{(t)}$;

        基于式(5.7.2)，计算从左到右的软信息 $B_{i,j}^{(t)}$ 与 $B_{i+2^{j-1},j}^{(t)}$;

      End

    End

  End

End

For $i=1\to N$ do

  If $i\in\mathcal{A}$ and $L_{i,1}\geqslant 0$ then

    $\hat{u}_i=0$

  Else

    $\hat{u}_i=1$

  End

End

Return 返回译码序列： $\hat{u}_1^N$

上述译码算法中， T 为最大迭代次数，信道似然比信息与冻结比特先验信息分别从右侧与左侧输入，软信息从最右边传到最左边，当蝶形单元激活后，左信息和右信息在相邻节点间计算与传递，经过多次迭代后，最终输出译码结果。

本质上，SCAN 算法是 BP 与 SC 算法的混合，它的消息计算类似于 BP 算法，采用 SISO 方式，而消息传递机制类似于 SC 算法，采用串行传递方式。如果最大迭代次数 $T=1$，比特软信息用硬信息代替，则 SCAN 算法退化为 SC 算法。另外，如果消息传递的调度采用并行而非串行机制，则 SCAN 算法变换为 BP 算法。因此，SCAN 算法的计算复杂度为 $O(TN\log_2 N)$，其空间复杂度为 $O(N)$。

5.7.2 基于 S-EXIT 图变换的缩放因子加权 SCAN 算法

在 4.10.1 节，我们介绍了并行级联系统极化码(PCSPC)的原理。PCSPC 的分量码可以采用 SCAN/BP 译码器进行译码。由于分量码输出的外信息可能存在相关性且可靠性较低，为了改善 PCSPC 系统性能，文献[72]提出了在 PCSPC 的迭代结构中引入了缩放因子 SF 的概念。为了优化 SF，刘珍珍与牛凯提出了两种优化方案：一种基于 S-EXIT 图[73]，另一种基于 MWMSE 准则[74]。下面简要介绍这两种方案的原理。

与经典 EXIT 变换不同，基于仿真的 EXIT 图变换(S-EXIT)可以依据仿真数据分析两个分量译码器之间的相关性，预测译码性能趋势。

假设每次迭代的缩放因子相同并用 w 表示，输入信息和输出信息用随机变量表示，修正的 PCSPC 迭代译码结构如图 5.7.1 所示。

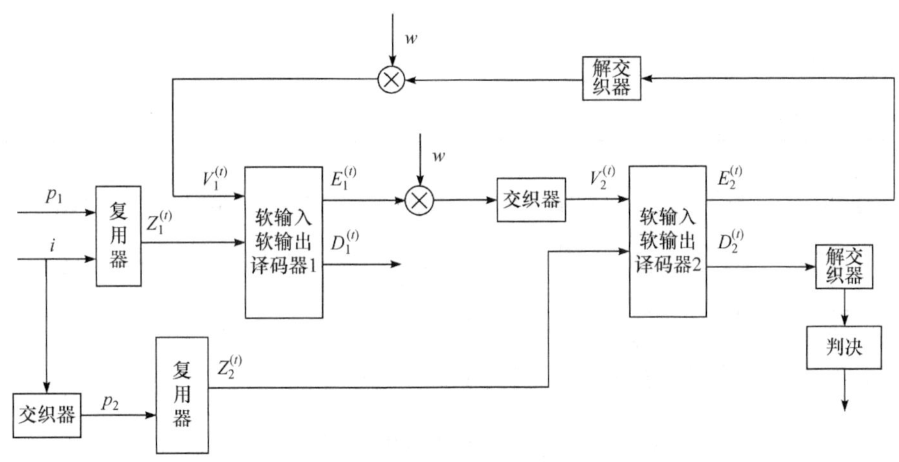

图 5.7.1　修正的 PCSPC 迭代译码结构

在图 5.7.1 中，$V_1^{(t)}$、$Z_1^{(t)}$、$E_1^{(t)}$、$D_1^{(t)}$、$V_2^{(t)}$、$Z_2^{(t)}$、$E_2^{(t)}$、$D_2^{(t)}$ 都为 LLR。其中，$V_j^{(t)}, j=1,2$ 表示第 j 个译码器的先验 LLR 信息；$Z_j^{(t)}, j=1,2$ 表示第 j 个译码器的信道 LLR 信息；$E_j^{(t)}, j=1,2$ 表示第 j 个译码器的外 LLR 信息；$D_j^{(t)}, j=1,2$ 表示第 j 个译码器的比特 LLR 信息。

S-EXIT 图变换依赖于图 5.7.1 所示的迭代译码结构，算法流程如下。

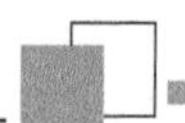

算法 5.14 S-EXIT 图变换算法

Input：给定一个 SNR 值，最大外迭代数 T ，最大仿真数 $F_{\max}$

Output：每次迭代分量码的 (I_V, I_E)

---

1. 设定仿真计数器 $\tau=1$
2. While $\tau \leqslant F_{\max}$ do
3. For $t=1 \to T$ do
4. 第一个译码器从第二个译码器获得先验信息 $V_1^{(t)}$
5. 在 $V_1^{(t)}$ 和信道信息 $Z_1^{(t)}$ 的辅助下第一个译码器输出外 LLR 信息 $E_1^{(t)}$
6. 第一个译码器的 $E_1^{(t)}$ 经过缩放和交织操作后作为第二个译码器的先验信息 $V_2^{(t)}$ ；
7. 在 $V_2^{(t)}$ 和信道信息 $Z_2^{(t)}$ 的辅助下，第二个译码器得到外 LLR 信息 $E_2^{(t)}$
8. $E_2^{(t)}$ 经过解交织和缩放处理后送入第一个译码器以作为 $t+1$ 次的先验信息；
9. End for
10. $\tau=\tau+1$
11. End while
12. For $t=1 \to T$ do
13. 统计仿真 $F_{\max}$ 帧后属于 $V_j^{(t)}$ 和 $E_j^{(t)}$ 的条件概率密度函数 $p_{V_j^{(t)}}(\zeta \mid x_i=-1)$, $p_{E_j^{(t)}}(\zeta \mid x_i=+1)$, $p_{V_j^{(t)}}(\xi \mid x_i=-1)$, $p_{E_j^{(t)}}(\xi \mid x_i=+1)$
14. 计算互信息 $I_{V_j^{(t)}}$ 和 $I_{E_j^{(t)}}$ $(j=1,2)$
15. End for
16. Return $\left(I_{V_1^{(t)}}, I_{E_1^{(t)}}\right)$ 和 $\left(I_{V_2^{(t)}}, I_{E_2^{(t)}}\right)$， $1 \leqslant t \leqslant T$

对于经典 EXIT 图变换，V_j 假设为服从高斯分布，与 I_{V_j} 的取值有关而与译码迭代次数无关。对于 S-EXIT 图变换，$V_j^{(t)}$ 是来自其他译码器的外信息，与迭代次数密切相关。因此，S-EXIT 图变换中的 $I_{V_j^{(t)}}$ 和 $I_{E_j^{(t)}}$ 需要根据 $V_j^{(t)}$ 和 $E_j^{(t)}$ 在线计算。

采用 S-EXIT 图变换，SCAN 算法的 SF 优化过程如下。

算法 5.15 基于 S-EXIT 图变换的 SF 优化算法

Input：初始化 SF $w_{\text{ini}}=0.0$ ，分段数 N_{seg}

Output：最优 SF w_{opt}

---

1. 间隔大小 $\varDelta=1.0/N_{\text{seg}}$
2. For $i=0; i \leqslant N_{\text{seg}}; i++$ do
3. 当前 SF $w=w_{\text{ini}}+i \times \varDelta$
4. 设定迭代译码结构中的 SF 为 w 并且利用 S-EXIT 图变换得到每次迭代中分量译码器的 $\left(I_{V_j^{(t)}}, I_{E_j^{(t)}}\right)$
5. End for

---

6. 找到使得$\left(I_{V_j^{(t)}},I_{E_j^{(t)}}\right)$离对角线的值最近的 SF

7. Return　w_{opt}

图 5.7.2 给出了第一个译码器和第二个译码器在不同 SF 下的 S-EXIT 图对比结果，

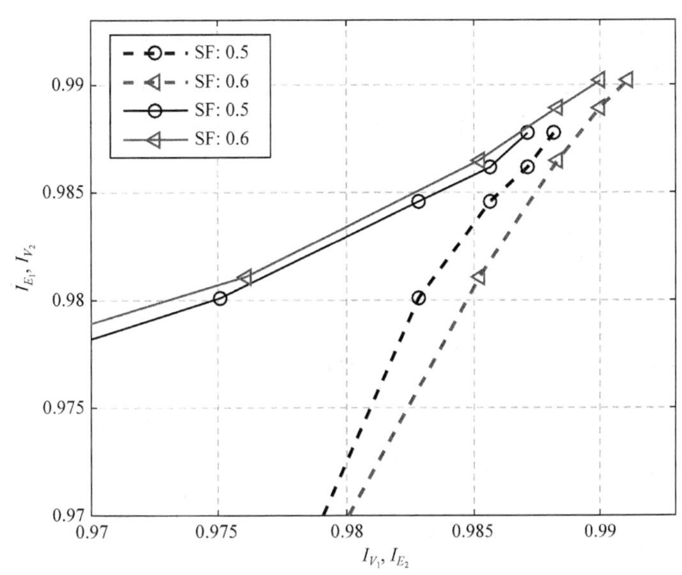

图 5.7.2　两个分量码译码器在不同缩放因子下的 S-EXIT 图对比

其中，对角线表示$I_{V_2}=I_{E_2}$，实线表示第一个译码器的 S-EXIT 图，虚线表示第二个译码器的 S-EXIT 图。根据 2.6.5 节 EXIT 图变换原理可知，如果迭代译码结构中两个分量码译码器的 EXIT 图开口越宽，那么译码收敛越快。对比发现，当 SF 为 0.6 时，两个译码器之间的开口最大，因此，$w_{\text{opt}}=0.6$是用 S-EXIT 图搜索得到的最优 SF。

5.7.3　基于 MWMSE 准则的缩放因子加权 SCAN 算法

采用最小加权均方误差 MWMSE 准则，也可以优化缩放因子 SF。其基本思想是使采用缩放因子的 SCAN/BP 译码性能尽可能接近理想译码器(假设译码器知道正确发送序列)的性能。

1. MWMSE 优化准则

对于具有标准译码器和 SF 的 PCSPC 迭代译码结构来说，第t次外迭代的第k个信息比特的 LLR 表示为

$$\Omega_k^t\left(u_k\right)=\frac{2}{\sigma^2}y_{s,k}+\alpha_{1,t}\lambda_{1,k}^{(t)}+\alpha_{2,t}\lambda_{2,\pi^{-1}(k)}^{(t)} \tag{5.7.4}$$

其中，u_k和$y_{s,k}$分别表示$\boldsymbol{u}$和$\boldsymbol{y}_s$的第k个元素；$\lambda_{j,k}^{(t)}$表示在第t次外迭代时第j个 SCAN/BP 译码器的第k个外信息。

如果采用理想译码器进行译码，第t次外迭代的第k个信息比特的 LLR 可写成如下

形式：

$$\tilde{\Omega}_k^t\left(u_k\right)=\frac{2}{\sigma^2}y_{s,k}+\tilde{\lambda}_{1,k}^{(t)}+\tilde{\lambda}_{2,\pi^{-1}(k)}^{(t)} \tag{5.7.5}$$

其中，$\tilde{\lambda}_{j,k}^{(t)}$ 表示在第 t 次外迭代时第 j 个理想译码器的第 k 个外信息。

为了实现无偏估计，将加权系数 $\mathbb{E}\left[\lambda_{j,k}^{(t)}\right]^2$ 和 $\mathbb{E}\left[\tilde{\lambda}_{j,k}^{(t)}\right]^2$ 引入均方误差(MSE)，构成如下的加权均方误差(WMSE)，以减小实际译码器和理想译码器的 LLR 分布差距。

定义 5.8(WMSE 函数) 给定第 t 次迭代第 j 个译码器的 SF $\alpha_{j,t}$，对应的 LLR 序列的 WMSE 可表示为如下形式：

$$\psi_j\left(\alpha_{j,t}\right)=\mathbb{E}\left[\tilde{\lambda}_{j,k}^{(t)}\mathbb{E}\left[\lambda_{j,k}^{(t)}\right]^2-\alpha_{j,t}\lambda_{j,k}^{(t)}\mathbb{E}\left[\tilde{\lambda}_{j,k}^{(t)}\right]^2\right]^2 \tag{5.7.6}$$

其中，$\mathbb{E}[\cdot]$ 为对 k 的期望。

定理 5.9(最优 SF) 给定实际译码器和理想译码器的 LLR 信息 $\lambda_{j,k}^{(t)}$ 和 $\tilde{\lambda}_{j,k}^{(t)}$，最优 SF 的计算表达式为

$$\alpha_{j,t}=\frac{\mathbb{E}\left[\tilde{\lambda}_{j,k}^{(t)}\lambda_{j,k}^{(t)}\right]^2}{\mathbb{E}\left[\tilde{\lambda}_{j,k}^{(t)}\right]^2},\quad j=1,2\text{且}t=1,\cdots,T \tag{5.7.7}$$

证明 为了优化迭代译码结构中的 SF，采用 MWMSE 优化准则的目的是最小化 WMSE。从数学的观点来看，为了最小化 WMSE $\psi_j\left(\alpha_{j,t}\right)$，很明显需要使得 $\psi_j\left(\alpha_{j,t}\right)$ 满足如下条件：

$$\frac{\partial\psi_j\left(\alpha_{j,t}\right)}{\partial\alpha_{j,t}}=0 \tag{5.7.8}$$

把式(5.7.6)代入式(5.7.8)中，并进行适当变换得到

$$\begin{aligned}\frac{\partial\psi_j\left(\alpha_{j,t}\right)}{\partial\alpha_{j,t}}&=\frac{\partial\left(\mathbb{E}\left[\tilde{\lambda}_{j,k}^{(t)}\mathbb{E}\left[\lambda_{j,k}^{(t)}\right]^2-\alpha_{j,t}\lambda_{j,k}^{(t)}\mathbb{E}\left[\tilde{\lambda}_{j,k}^{(t)}\right]^2\right]^2\right)}{\partial\alpha_{j,t}}\\&=2\alpha_{j,t}\mathbb{E}\left[\lambda_{j,k}^{(t)}\right]^2\left(\mathbb{E}\left[\tilde{\lambda}_{j,k}^{(t)}\right]^2\right)^2-2\mathbb{E}\left[\tilde{\lambda}_{j,k}^{(t)}\lambda_{j,k}^{(t)}\right]^2\mathbb{E}\left[\lambda_{j,k}^{(t)}\right]^2\mathbb{E}\left[\tilde{\lambda}_{j,k}^{(t)}\right]^2\\&=0\\\Rightarrow\quad\alpha_{j,t}&=\frac{\mathbb{E}\left[\tilde{\lambda}_{j,k}^{(t)}\lambda_{j,k}^{(t)}\right]^2}{\mathbb{E}\left[\tilde{\lambda}_{j,k}^{(t)}\right]^2}\end{aligned} \tag{5.7.9}$$

至此，定理得证。

通过分析发现 $\lambda_{j,k}^{(t)}$ 和 $\tilde{\lambda}_{j,k}^{(t)}$ 二者之间的差距越大，式(5.7.7)中的比例就越小。对 $\lambda_{j,k}^{(t)}$ 和 $\tilde{\lambda}_{j,k}^{(t)}$ 进行统计分析发现 $\mathbb{E}\left[\lambda_{j,k}^{(t)}\right]^2\leqslant\mathbb{E}\left[\tilde{\lambda}_{j,k}^{(t)}\right]^2$。因此，根据柯西-施瓦茨不等式可知 $\alpha_{j,t}\leqslant 1$。

2. SF 优化算法

基于 MWMSE 准则，SCAN 译码的缩放因子优化算法描述如下。

算法 5.16　SCAN 译码的 SF 优化算法

---

1. 初始化标准 SCAN 译码器下的 B 信息 $B_{i,0}=0, i\in\mathcal{A}$

2. 确定精灵信息 $\boldsymbol{g}_j\left(j=1,2\right)$，基本幅度 $\boldsymbol{\rho}_j\left(j=1,2\right)$ 和因子 f

3. 利用信道 LLR 初始化第 j 个译码器的 $L_{0,i}$ 和 $\tilde{L}_{0,i}$， $i\in\{1,\cdots,N_c\}$

4. 假设 $\lambda_{j,k}^{(t),\tau}$ 和 $\tilde{\lambda}_{j,k}^{(t),\tau}$ 分别代表第 τ 帧的外信息 $\lambda_{j,k}^{(t)}$ 和 $\tilde{\lambda}_{j,k}^{(t)}$

5. For $t=1\to T$ do

6. 　For $j=1\to 2$ do

7. 　　设置仿真帧计数器 $\tau=1$

8. 　　While $\tau\leqslant\varGamma$ do

9. 　　　// 行 10、行 11 展示标准 SCAN 译码器的外信息计算

10. 　　　计算输出比特 LLR $\varLambda_{j,k}^{(t)}$

11. 　　　输出第 j 个 SCAN 译码器的外信息 $\lambda_{j,k}^{(t)}$

$$\lambda_{j,k}^{(t)}=\begin{cases}\varLambda_{1,k}^{(t)}-\dfrac{2}{\sigma^2}y_{s,k}-\alpha_{2,t-1}\cdot\lambda_{2,\pi^{-1}(k)}^{(t-1)}, & j=1\\ \varLambda_{2,k}^{(t)}-\dfrac{2}{\sigma^2}y_{s,\pi(k)}-\alpha_{1,t}\cdot\lambda_{1,\pi(k)}^{(t)}, & j=2\end{cases}\tag{5.7.10}$$

12. 　　　//行 13～行 15 描述精灵辅助的 SCAN 译码器的外信息计算

13. 　　　初始化第 j 个精灵译码器的 B 信息

$$\begin{cases}\tilde{B}_{l_k,0}=\operatorname{sign}\left(2g_{j,k}-1\right)\cdot f\cdot\rho_{j,k}, & k\in\mathcal{K}\\ \tilde{B}_{i,0}=\infty, & i\in\mathcal{A}^c\end{cases}\tag{5.7.11}$$

14. 　　　计算第 j 个精灵译码器的比特 LLR $\tilde{\varLambda}_{j,k}^{(t)}$

15. 　　　获取外信息 $\tilde{\lambda}_{j,k}^{(t)}$

$$\tilde{\lambda}_{j,k}^{(t)}=\begin{cases}\tilde{\varLambda}_{1,k}^{(t)}-\dfrac{2}{\sigma^2}y_{s,k}-\tilde{\lambda}_{2,\pi^{-1}(k)}^{(t-1)}, & j=1\\ \tilde{\varLambda}_{2,k}^{(t)}-\dfrac{2}{\sigma^2}y_{s,\pi(k)}-\tilde{\lambda}_{1,\pi(k)}^{(t)}, & j=2\end{cases}\tag{5.7.12}$$

16. 　　　设置 $\lambda_{j,k}^{(t),\tau}=\lambda_{j,k}^{(t)}$ 和 $\tilde{\lambda}_{j,k}^{(t),\tau}=\tilde{\lambda}_{j,k}^{(t)}$

17. 　　　$\tau=\tau+1$

18. 　　End while

19. 　　计算 $\mathbb{E}\left[\tilde{\lambda}_{j,k}^{(t)}\lambda_{j,k}^{(t)}\right]=\sum_{\tau=1}^{\varGamma}\sum_{k=1}^{K}\dfrac{\tilde{\lambda}_{j,k}^{(t),\tau}\lambda_{j,k}^{(t),\tau}}{\varGamma K}$ 和 $\mathbb{E}\left[\tilde{\lambda}_{j,k}^{(t)}\right]^2=\sum_{\tau=1}^{\varGamma}\sum_{k=1}^{K}\dfrac{\tilde{\lambda}_{j,k}^{(t),\tau}\tilde{\lambda}_{j,k}^{(t),\tau}}{\varGamma K}$

20. 　　通过式(5.7.7)计算缩放因子 $\alpha_{j,t}$

21. 　End for

22. End for

算法 5.16 主要包括三个部分：标准 SCAN 译码器的外信息计算、精灵辅助的 SCAN

译码器的外信息计算和最优 SF 计算。

如果把算法 5.16 的 SCAN 译码算法替换为 BP 译码算法，那么该算法同样适用于 BP 译码的 SF 优化。

3. 数值结果和仿真性能

下面给出 AWGN 信道下，PCSPC 码采用 SCAN/BP 译码的缩放因子 SF 优化结果以及仿真结果。假设分量码码长和码率分别为 N_c 和 R_c。分量码有两种配置 Υ_1 和 Υ_2，其中，Υ_1 表示 $\{N_c=128,R_c=1/2\}$，Υ_2 表示 $\{N_c=256,R_c=2/3\}$。仿真信道为 AWGN 信道。

采用算法 5.16，得到的 SCAN/BP 译码的最优 SF 分别如表 5.7.1 与表 5.7.2 所示，其中，PCSPC 的分量码为 Υ_1，BP 译码器的内迭代次数为 60 次，PCSPC 迭代译码结构的外迭代次数为 3 次。

表 5.7.1 基于 SCAN 译码的 PCSPC 的最优 SF

$\alpha_{1,t}$					
信噪比/dB	3.0	3.5	4.0	4.5	5.0
第 1 次迭代	0.4839	0.5218	0.5266	0.5577	0.5566
第 2 次迭代	0.5081	0.5864	0.6399	0.7205	0.8030
第 3 次迭代	0.7241	0.8220	0.8663	0.9011	0.9378
第 4 次迭代	0.8277	0.8746	0.8898	0.9091	0.9397
第 5 次迭代	0.8458	0.8787	0.8916	0.9091	0.9398
第 6 次迭代	0.8496	0.8797	0.8915	0.9091	0.9401
$\alpha_{2,t}$					
信噪比/dB	3.0	3.5	4.0	4.5	5.0
第 1 次迭代	0.5441	0.5840	0.5909	0.6261	0.6532
第 2 次迭代	0.6834	0.7661	0.8180	0.8770	0.9277
第 3 次迭代	0.8265	0.8786	0.8955	0.9136	0.9420
第 4 次迭代	0.8607	0.8904	0.8995	0.9139	0.9424
第 5 次迭代	0.8681	0.8923	0.8998	0.9142	0.9423
第 6 次迭代	0.8694	0.8917	0.8996	0.9141	0.9423

表 5.7.2 基于 BP 译码的 PCSPC 的最优 SF

$\alpha_{1,t}$						
信噪比/dB	3.8	4.0	4.2	4.4	4.6	4.8
第 1 次迭代	0.3500	0.3282	0.3104	0.2952	0.2798	0.2934
第 2 次迭代	0.4418	0.4502	0.4608	0.4649	0.4643	0.5094
第 3 次迭代	0.6975	0.7207	0.7423	0.7560	0.7562	0.8178

			$\alpha_{2,t}$			
信噪比/dB	3.8	4.0	4.2	4.4	4.6	4.8
第 1 次迭代	0.4144	0.4036	0.3952	0.3788	0.3614	0.3856
第 2 次迭代	0.5992	0.6085	0.6193	0.6233	0.6179	0.6850
第 3 次迭代	0.8192	0.8332	0.8415	0.8446	0.8349	0.8666

不管是 SCAN 译码的最优 SF，还是 BP 译码的最优 SF，这些缩放因子与 SNR 和外迭代次数的关系是一致的。对于一个给定的 SNR，整体上，SF 随着外迭代次数的增加而增大。这是因为随着迭代次数的增加，译码器之间交互的外信息更加准确。此外，随着 SNR 的增大，SF 的值整体上也呈增大趋势。这归结于系统性能的提高。对于精灵辅助的 SCAN 和 BP 算法来说，因子 f 的经验值分别设置为 4 和 12。PCSPC 的最大仿真帧数 Γ 设定为 10^6。

在不同 SF 配置下，基于 SCAN 译码的 PCSPC 的 BER 性能如图 5.7.3 所示，其中分量码有 Υ_1 和 Υ_2 两种配置且分别用实线和虚线表示。菱形和方形分别表示 SF 设置为全 1(标准 SCAN 译码)和最优值(参考表 5.7.1)。另外，最大外迭代数 T 设置为 6。对于分量码为 Υ_1 的 PCSPC 码，观察发现，通过引入最优 SF 在 BER 为 10^{-4} 时可以带来 0.3dB 左右的增益。

在不同 SF 配置下，基于 BP 译码的 PCSPC 的 BER 性能如图 5.7.4 所示。为了对比方便，参考方案的仿真配置与文献[72]相同。即分量码为 Υ_1，分量码译码器为 BP 译码器且最大迭代次数为 60，外迭代次数 $T=3$ 且 SNR 的仿真范围为 3.8～4.8 dB。由图可知，在 BER 为 10^{-4} 时，与 SF 全为 1 的性能相比，最优 SF(参考表 5.7.2)下的性能具有 0.7 dB 的性能增益。进一步，采用最优缩放因子的 PCSPC 性能要好于文献[72]中给出的性能曲线。

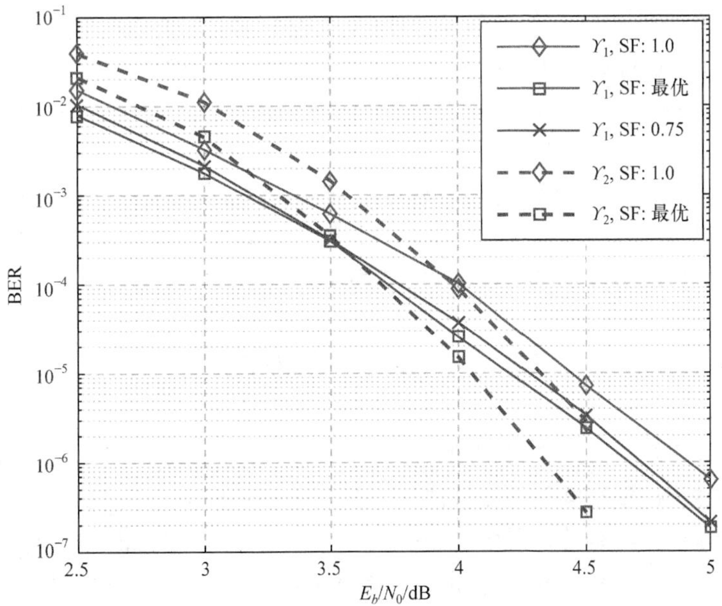

图 5.7.3　不同缩放因子基于 SCAN 译码的 PCSPC 的 BER 性能

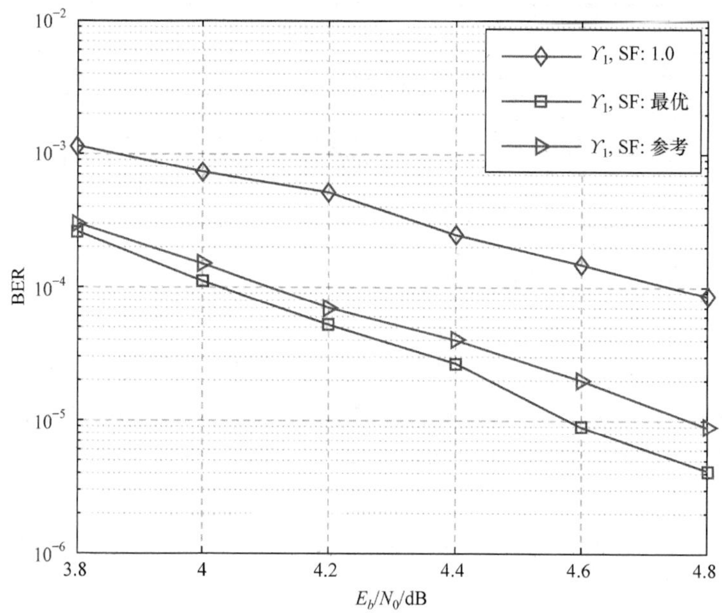

图 5.7.4 不同缩放因子基于 BP 译码的 PCSPC 的 BER 性能

SCAN 译码和 BP 译码下的最优 SF 可在线下计算得到。因此，以 SF 加权的 SCAN/BP 算法的译码复杂度和标准算法基本相同，除了增加一个标量乘法操作，综合考虑性能和复杂度，可以得出如下结论，即在略微增加复杂度的前提下，PCSPC 的译码性能可以得到明显改善。

5.7.4 SCAN 列表译码算法

为了进一步提高 SCAN 算法性能，类似于 BPL 算法，Pillet 等在文献[75]中提出了 SCAN 列表(SCANL)译码算法。SCANL 算法的基本结构与 BPL 相似，也是由 L 个并行的 SCAN 译码器构成，每个译码器采用重排格图译码，可以采用提前终止准则降低译码复杂度。

SCANL 算法与 BPL 算法具有相似的译码性能，当列表规模 L 较大时，能够接近同等配置下的 SCL 算法。并且，在相同译码性能下，SCANL 算法的迭代次数远小于 BPL 算法，能够达到性能与复杂度之间的更好折中。

5.8 比特翻转译码算法

比特翻转译码算法是一类典型的低复杂度算法，通过将不可靠的比特进行极性翻转，这种算法能够在译码复杂度与纠错性能之间达到更好的折中。Afisiadis 等在文献[22]中最早提出了串行抵消比特翻转译码(SCFlip)的基本思想，后来 Chandesris 等提出了改进的翻转位置度量[76,77]，称为动态 SCFlip 算法，该算法具有一定的代表性。另外一类方法是张朝阳等提出的渐近比特翻转译码算法[78]，这类算法引入了关键比特集合的概念，对影响比特判决可靠性的重要比特进行极性翻转，从而提高 SC 译码性能。SCFlip 算法有各种改进与变种[29,79]，并已经应用于硬件译码器设计[80,81]与列表译码改进[82]。

5.8.1　比特翻转度量

为了降低 SCL 算法的译码复杂度，除采用 SCS、SCP、SCH 等算法外，也可以采用比特翻转译码算法。人们发现，影响 SC 译码性能的关键，就是译码过程第 1 个信息比特的判决错误，称为首比特差错。如果能够发现译码错误的首比特，然后进行比特翻转，就可以显著提高 SC 译码的性能。基于类似的思想，在串行译码过程中，对可靠性不高的前几个信息比特都进行翻转，则译码性能还能进一步提高。

定义 5.9　令比特翻转集合定义为 $\mathcal{B}_\omega=\{i_1,\cdots,i_\omega\}\subset\mathcal{A}$，并且假设 $i_1<\cdots<i_\omega$，则比特翻转阶数 ω ($0\leqslant\omega\leqslant K$)表示翻转集合中比特的总数目。SCF 算法的硬判决准则如下：

$$\forall i\in\mathcal{I},\hat{u}[\mathcal{B}]_i=h_{\mathcal{B}}(\Lambda_i)=\begin{cases}h(\Lambda_i), & i\notin\mathcal{B}\\ 1-h(\Lambda_i), & i\in\mathcal{B}\end{cases}\tag{5.7.13}$$

其中，$\Lambda_i=\log\dfrac{P\left(u_i=0\middle|y_1^N,\hat{u}_1^{i-1}\right)}{P\left(u_i=1\middle|y_1^N,\hat{u}_1^{i-1}\right)}$是对数似然比(LLR)。

显然，SCFlip 译码的复杂度随着翻转比特数量指数增长。因此，必须设计适当的比特翻转度量，控制翻转比特的数目。文献[22]最早提出采用 LLR 的绝对值作为比特翻转度量。也就是说，当初次 SC 译码失败后，选择 LLR 的绝对值$|\Lambda_i|$最小的T个信息比特进行极性翻转，重新执行 SC 译码。但是，这种比特翻转度量是一种次优方案。由于$|\Lambda_i|$较小，因此它只能反映第i个比特位置硬判决的可靠性，并不能表征前面所有信息比特正确而当前第i个比特出错这种首比特错误事件的概率。因此，对数似然比的绝对值$|\Lambda_i|$不适宜作为比特翻转的判决度量。

文献[76]和文献[77]提出了改进的比特翻转度量，其主要目的是评估翻转位置的首比特差错概率，然后进行极性翻转校正。对于翻转位置的首比特差错概率，有如下定理。

定理 5.10　给定信息比特集合 $\mathcal{A}$ 与比特翻转集合 $\mathcal{B}_\omega$，令 $P(\mathcal{B}_\omega)$ 表示在集合 $\mathcal{B}_\omega$ 上翻转后能够正确译码的概率，这个概率表示如下：

$$P(\mathcal{B}_\omega)=\prod_{j\in\mathcal{B}_\omega}p_e\left(\hat{u}[\mathcal{B}_{\omega-1}]_j\right)\cdot\prod_{\substack{j<i_\omega\\ j\in\mathcal{A}-\mathcal{B}_\omega}}\left[1-p_e\left(\hat{u}[\mathcal{B}_{\omega-1}]_j\right)\right]\tag{5.7.14}$$

其中，$p_e\left(\hat{u}[\mathcal{B}_{\omega-1}]_j\right)=P\left(\hat{u}[\mathcal{B}_{\omega-1}]_j\neq u_j\middle|y_1^N,\hat{u}[\mathcal{B}_{\omega-1}]_1^{j-1}=u_1^{j-1}\right)$表示 SC 译码过程中，前 $j-1$个比特都正确而当前比特出错的概率。

证明　对于任意的$1\leqslant\omega'\leqslant\omega$，令 $\mathcal{B}_{\omega'}=\{i_1,\cdots,i_{\omega'}\}$ 表示阶次为 ω' 的比特翻转集合，并且这个集合是 $\mathcal{B}_\omega$ 的子集，即 $\mathcal{B}_{\omega'}\subset\mathcal{B}_\omega$，其翻转比特的位置是集合 $\mathcal{B}_\omega$ 开始的 ω' 个位置。令 $\Lambda[\omega']_i$ 与 $\hat{u}[\mathcal{B}_{\omega'}]_i$ 分别表示基于翻转集合 $\mathcal{B}_{\omega'}$ 计算的 LLR 与比特判决信息。根据 $\mathcal{B}_{\omega'}$ 的定义可知，给定两个翻转集合 $\mathcal{B}_{\omega'}$ 与 $\mathcal{B}_{\omega'-1}$，则采用 SC 译码，在 $i<i_{\omega'}$ 的位置上，这两个集合有相同的取值，而对于 $i=i_{\omega'}$，$\mathcal{B}_{\omega'}$ 将会翻转 $\mathcal{B}_{\omega'-1}$ 的硬判决结果。因此，对于任意的 $\omega'<\omega$，我们有

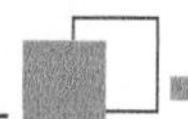

$$\begin{cases} \Lambda[\mathcal{B}_{\omega'}]_i = \Lambda[\mathcal{B}_{\omega'-1}]_i, & \forall i \leqslant i_{\omega'} \\ \hat{u}[\mathcal{B}_{\omega'}]_i = \hat{u}[\mathcal{B}_{\omega'-1}]_i, & \forall i \leqslant i_{\omega'} \\ \hat{u}[\mathcal{B}_{\omega'}]_{i_{\omega'}} = 1 - \hat{u}[\mathcal{B}_{\omega'-1}]_{i_{\omega'}}, & i = i_{\omega'} \end{cases} \tag{5.7.15}$$

由此，概率$P(\mathcal{B}_\omega)$可以表示为

$$\begin{aligned} P(\mathcal{B}_\omega) &= P\left(\hat{u}[\mathcal{B}_\omega]_1^{i_\omega} = u_1^{i_\omega} \middle| y_1^N\right) \\ &= P\left(\hat{u}[\mathcal{B}_{\omega-1}]_1^{i_\omega-1} = u_1^{i_\omega-1}, \hat{u}[\mathcal{B}_{\omega-1}]_{i_\omega} \neq u_{i_\omega} \middle| y_1^N\right) \\ &= P\left(\hat{u}[\mathcal{B}_{\omega-1}]_{i_\omega} \neq u_{i_\omega} \middle| y_1^N, \hat{u}[\mathcal{B}_{\omega-1}]_1^{i_\omega-1} = u_1^{i_\omega-1}\right) P\left(\hat{u}[\mathcal{B}_{\omega-1}]_1^{i_\omega-1} = u_1^{i_\omega-1} \middle| y_1^N\right) \\ &= p_e\left(\hat{u}[\mathcal{B}_{\omega-1}]_{i_\omega}\right) \prod_{j=i_{\omega-1}+1}^{i_\omega-1} \left[1 - p_e\left(\hat{u}[\mathcal{B}_{\omega-1}]_j\right)\right] P(\mathcal{B}_{\omega-1}) \end{aligned} \tag{5.7.16}$$

式(5.7.16)是递推关系式，由此可得式(5.7.14)。

注意，式(5.7.14)等号右边第二项的连乘只考虑信息比特，即$j \in \mathcal{A}$，因为冻结比特不会出错，即$p_e\left(\hat{u}[\mathcal{B}_{\omega-1}]_j\right) = 0, \forall j \in \mathcal{A}^c$。由此，定理得证。

在定理5.10中，由于依赖SC译码前面判决比特的正确性，条件错误概率$p_e\left(\hat{u}[\mathcal{B}_{\omega-1}]_j\right)$的计算比较复杂。因此，可以将其替换为$q_e\left(\hat{u}[\mathcal{B}_{\omega-1}]_j\right) = P\left(\hat{u}[\mathcal{B}_{\omega-1}]_j \neq u_j \middle| y_1^N, \hat{u}[\mathcal{B}_{\omega-1}]_1^{j-1}\right)$，即只依赖前面的比特判决结果，不管这些判决结果是否正确。根据LLR的定义可得如下的概率近似：

$$p_e\left(\hat{u}[\mathcal{B}_{\omega-1}]_j\right) \approx q_e\left(\hat{u}[\mathcal{B}_{\omega-1}]_j\right) = \frac{1}{1+e^{\left|\Lambda[\mathcal{B}_{\omega-1}]_j\right|}}, \quad \forall j \in \mathcal{A} \tag{5.7.17}$$

为了提高估计的准确性，可以引入比例因子α，得到如下的比特翻转度量。

命题 5.1 给定比特翻转集合$\mathcal{B}_\omega$，则其关联的比特翻转度量定义为

$$M_\alpha(\mathcal{B}_\omega) = \prod_{j \in \mathcal{B}_\omega} \left[\frac{1}{1+e^{\alpha\left|\Lambda[\mathcal{B}_{\omega-1}]_j\right|}}\right] \prod_{\substack{j < i_\omega \\ j \in \mathcal{A}-\mathcal{B}_\omega}} \left[\frac{1}{1+e^{-\alpha\left|\Lambda[\mathcal{B}_{\omega-1}]_j\right|}}\right] \tag{5.7.18}$$

如果是单比特翻转集合$\mathcal{B}_1 = \{i_1\}$，上述命题中的翻转度量可以简化为

$$M_\alpha(\mathcal{B}_1) = \frac{1}{1+e^{\alpha\left|\Lambda_{i_1}\right|}} \prod_{\substack{j < i_1 \\ j \in \mathcal{A}-\mathcal{B}_1}} \left[\frac{1}{1+e^{-\alpha\left|\Lambda_{L_j}\right|}}\right] \tag{5.7.19}$$

比特翻转度量公式(5.7.19)可以递推计算，即

$$M_\alpha(\mathcal{B}_\omega) = \frac{1}{1+e^{\alpha\left|\Lambda[\mathcal{B}_{\omega-1}]_{i_\omega}\right|}} \prod_{\substack{j=i_{\omega-1}+1 \\ j \in \mathcal{A}}}^{i_\omega-1} \left[\frac{1}{1+e^{-\alpha\left|\Lambda[\mathcal{B}_{\omega-1}]_{i_\omega}\right|}}\right] \cdot M_\alpha(\mathcal{B}_{\omega-1}) \tag{5.7.20}$$

利用等式关系$\frac{1}{1+e^x} = \frac{e^{-x}}{1+e^{-x}}$，式(5.7.20)进一步改为

$$
\begin{aligned}
M_\alpha(\mathcal{B}_\omega) &= \prod_{j\in\mathcal{B}_\omega}\left[\frac{e^{-\alpha\left|\Lambda[\mathcal{B}_{\omega-1}]_j\right|}}{1+e^{-\alpha\left|\Lambda[\mathcal{B}_{\omega-1}]_j\right|}}\right]\prod_{\substack{j\leqslant i_\omega\\ j\in\mathcal{A}-\mathcal{B}_\omega}}\left[\frac{1}{1+e^{-\alpha\left|\Lambda[\mathcal{B}_{\omega-1}]_j\right|}}\right] \\
&= \prod_{j\in\mathcal{B}_\omega}\left[e^{-\alpha\left|\Lambda[\mathcal{B}_{\omega-1}]_j\right|}\right]\prod_{\substack{j\leqslant i_\omega\\ j\in\mathcal{A}}}\left[\frac{1}{1+e^{-\alpha\left|\Lambda[\mathcal{B}_{\omega-1}]_j\right|}}\right]
\end{aligned}
\tag{5.7.21}
$$

进一步，采用对数形式的度量 $L_\alpha(\mathcal{B}_\omega)=-\frac{1}{\alpha}\log\left(M_\alpha(\mathcal{B}_\omega)\right)$ 有助于工程实现，其具体形式如下：

$$
L_\alpha(\mathcal{B}_\omega)=\sum_{j\in\mathcal{B}_\omega}\left|\Lambda[\mathcal{B}_{\omega-1}]_j\right|+\frac{1}{\alpha}\sum_{\substack{j\leqslant i_\omega\\ j\in\mathcal{A}}}\log\left[1+e^{-\alpha\left|\Lambda[\mathcal{B}_{\omega-1}]_j\right|}\right]
\tag{5.7.22}
$$

基于上述度量，令 $\mathrm{SC}(\mathcal{B}_\omega)$ 表示基于集合 $\mathcal{B}_\omega$ 翻转的 SC 译码算法，则 CRC 辅助的动态串行抵消比特翻转译码算法流程如下。

算法 5.17　动态串行抵消比特翻转(D-SCFlip)译码算法

```
Input: 接收信号序列 y_1^N
Output: 译码序列 û_1^N
-------------------------------------------------------------
(û_1^N, {Λ_i}_{i∈A}) ← SC(∅)   //执行不翻转的 SC 译码
If CRC(û_1^N) 校验通过 Then return û_1^N ;
    Else 初始化(L_flip, M_flip, {Λ_i}_{i∈A}) ;
End
For t = 1 → T do
    (û_1^N, {Λ[B_t]_i}_{i∈A}) ← SC(B_t)      //执行比特翻转后的 SC 译码
    If CRC(û_1^N) 校验通过 Then return û_1^N ;
    Else  For  i = last(B_t)+1 → N且i ∈ A  do
                 B = B_t ∪ {i} ;  η = M_α(B) ;
                 If η > M_flip(T) Then
                     Insert_flip(L_flip, M_flip, B, η) ;
                 End
          End
    End
End
Return 返回译码序列：û_1^N
```

上述算法中，$\mathcal{L}_{\text{flip}}$ 是翻转比特列表，$\mathcal{M}_{\text{flip}}$ 是相应的翻转度量集合，定义为 $\mathcal{M}_{\text{flip}}=\left\{M_\alpha(\mathcal{B})\middle|\mathcal{B}\in\mathcal{L}_{\text{flip}}\right\}$。当初始化翻转比特列表时，将集合 $\mathcal{M}_{\text{flip}}$ 中的翻转度量从大到小排列，

得到T个翻转位置，存储于列表$\mathcal{L}_{\text{flip}}$中。

当翻转 SC 算法无法通过 CRC 校验时，翻转列表与度量集合需要更新。对于$i>\text{last}(\mathcal{B}_t)=i_{\omega_t}$且$i\in\mathcal{A}$，翻转比特集合更新为$\mathcal{B}=\mathcal{B}_t\cup\{i\}$。如果相应的翻转度量$M_\alpha(\mathcal{B})$大于翻转列表中的最后一个度量$M_{\text{flip}}(T)$，则将集合$\mathcal{B}$、$M_\alpha(\mathcal{B})$按照顺序插入$\mathcal{L}_{\text{flip}}$与$\mathcal{M}_{\text{flip}}$中。需要注意，翻转度量$M_\alpha(\mathcal{B})$的计算，需要使用翻转 SC 译码的 LLR，即$\left\{\Lambda\left[\mathcal{B}_t\right]_i\right\}_{i\in\mathcal{A}}$。

翻转度量$M_\alpha(\mathcal{B})$中的比例因子α对于 D-SCFlip 算法的性能有直接影响，它与码长、码率、信噪比都有关系，一般只能通过仿真进行优化。文献[77]给出了$(N,K+m)=(1024,512+16)$的 CRC-Polar 码，$T=20$时的比例因子优化结果如表 5.8.1 所示。

表 5.8.1 $(N,K+m)=(1024,512+16)$ CRC-Polar 码的比例因子α优化配置

E_b/N_0/dB	1.6	2.2	2.6
比例因子α	0.3	0.4	0.5

依据表 5.8.1 的参数配置，对于$(1024,512+16)$CRC-Polar 码，图 5.8.1 给出了 D-SCFlip、SCFlip、CA-SCL 与 SC 算法在 AWGN 信道下的 BLER 性能比较。其中，SCFlip 算法采用文献[22]中的 LLR 绝对值作为翻转度量。

由图 5.8.1 可知，在最大翻转比特数配置相同时，如$T=10$，D-SCFlip 算法性能显著优于 SCFlip 算法，主要原因是前者的翻转度量精细刻画了 SC 串行译码轨迹，比后者的 LLR 绝对值更准确。并且，随着T增加，D-SCFlip 算法的性能趋近于 CA-SCL 算法。但为了达到$L=16$的 CA-SCL 算法的性能，D-SCFlip 算法需要设置$T=400$。

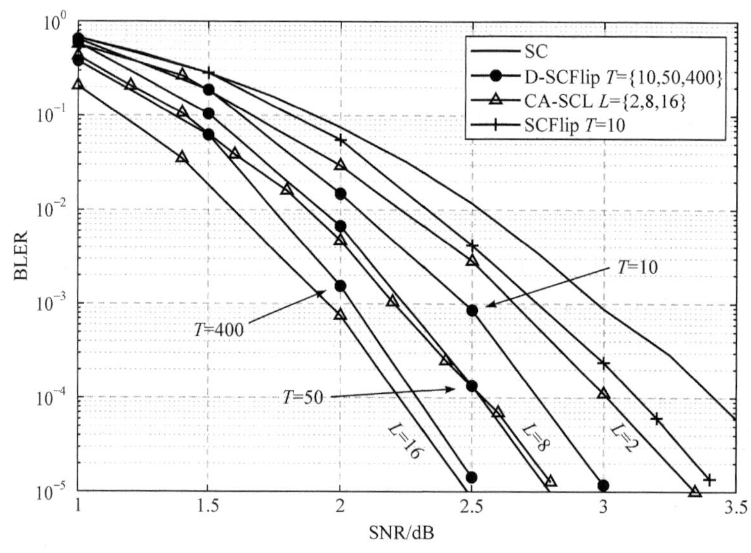

图 5.8.1 AWGN 信道下，$(1024,512+16)$CRC-Polar 码 D-SCFlip、SCFlip、CA-SCL、SC 算法性能比较

一般地，D-SCFlip 算法的复杂度为$O(TN\log_2 N)$。因此，尽管高信噪比条件下，D-SCFlip 算法的平均复杂度会趋近于 SC 算法，但最差情况下，它的复杂度要远高于 SCL 算法。

5.8.2　关键比特集合

对于 SCFlip 算法而言，准确估计翻转比特的位置非常关键。5.8.1 节，以首比特差错概率作为翻转度量，估计翻转比特的位置。而本节主要从极化码的编码结构出发，介绍关键比特集合在比特翻转中的作用。

文献[78]不把 SC 译码看作逐比特操作的过程，而是看作逐子块操作的过程。如图 5.8.2 所示，图 5.8.2(a)给出了码长 $N=8$，信息位长度 $K=4$ 的极化码的节压缩码树完整结构，其中，$\{u_4,u_6,u_7,u_8\}$ 对应信息比特。我们可以依据码率 $R=1$ 的子码结构，将信息比特分为三个子块，即 $C\to\{u_4\},B\to\{u_6\},A\to\{u_7,u_8\}$，每个块用一个节点表示，则得到图 5.8.2(b)。这样，SC 译码就是对每一个子块进行译码的过程。

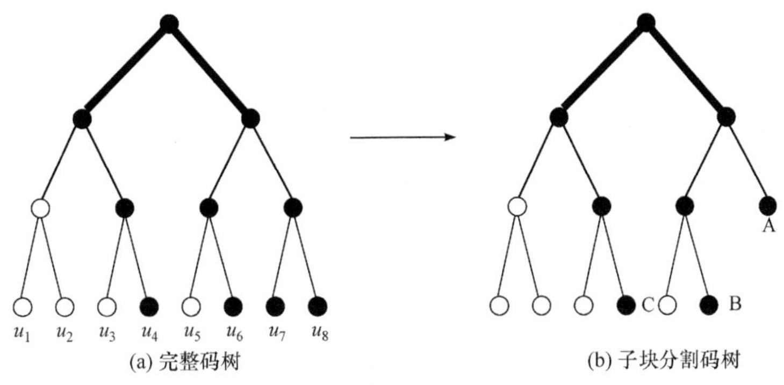

图 5.8.2　节压缩码树及子码分割码树

在码率 $R=1$ 的子码译码过程中，最重要的就是子块中的首比特判决。如果子块首比特判决正确，则整个子块有很大概率可以正确译码，反之，如果子块首比特判决错误，则整个子块也会出错。图 5.8.2 的示例中，我们称 $\{u_4,u_6,u_7\}$ 为关键比特集合，因为这三个比特分别是 C、B、A 三个子块的首比特。一般地，对于任意配置的极化码，有如下的关键比特集合构造算法。

算法 5.18　关键比特集合构造算法

Input：码长 N，信息比特长度 K，信息比特集合 $\mathcal{A}$ Output：关键比特集合 $\mathcal{C}$
1. 构建 (N,K) 极化码的节压缩码树； 2. 将节压缩码树分割为码率 $R=1$ 的多个子块； 3. 将每个子块的首比特加入关键比特集合 $\mathcal{C}$ 中并返回。

基于关键比特集合构造，文献[78]提出了渐近比特翻转算法，其思路与 D-SCFlip 类似，流程如下。

算法 5.19　渐近串行抵消比特翻转(P-SCFlip)译码算法

Input: 接收信号序列 y_1^N Output: 译码序列 $\hat{u}_1^N$

$\left(\hat{u}_1^N,\{\Lambda_i\}_{i\in\mathcal{A}}\right)\leftarrow \mathrm{SC}(\varnothing)$ //执行不翻转的 SC 译码

If $\mathrm{CRC}\left(\hat{u}_1^N\right)$ 校验通过 Then return $\hat{u}_1^N$；

Else 初始化关键比特集合并存入 $\mathcal{L}_{\mathrm{flip}}$，初始化翻转度量集合 $\mathcal{M}_{\mathrm{flip}}$；

End

For $t=1\to T$ do

$\left(\hat{u}_1^N,\left\{\Lambda\left[\mathcal{C}_t\right]_i\right\}_{i\in\mathcal{A}}\right)\leftarrow \mathrm{SC}\left(\mathcal{C}_t\right)$ //执行比特翻转后的 SC 译码

If $\mathrm{CRC}\left(\hat{u}_1^N\right)$ 校验通过 Then return $\hat{u}_1^N$；

Else For $i=\mathrm{last}\left(\mathcal{C}_t\right)+1\to N$ 且 $i\in\mathcal{A}$ do

$\mathcal{C}=\mathcal{C}_t\cup\{i\}$；$\eta=M\left(u_i\right)=\left|\dfrac{\Lambda\left(u_i\right)}{\sqrt{\mu_i}}\right|$；

If $\eta<M_{\mathrm{flip}}(1)$ Then

更新关键比特集合 $\mathcal{C}$ 以及 $\mathcal{L}_{\mathrm{flip}},\mathcal{M}_{\mathrm{flip}}$；

End

End

End

End

Return 返回译码序列：$\hat{u}_1^N$

类似于算法 5.17，上述算法中，$\mathcal{L}_{\mathrm{flip}}$ 是翻转比特列表，$\mathcal{M}_{\mathrm{flip}}$ 是相应的翻转度量集合，定义为 $\mathcal{M}_{\mathrm{flip}}=\left\{M(\mathcal{C})\middle|\mathcal{C}\in\mathcal{L}_{\mathrm{flip}}\right\}$。其中，每个比特位置的翻转度量采用 LLR 的绝对值，即 $\left|\dfrac{\Lambda\left(u_i\right)}{\sqrt{\mu_i}}\right|$，$\sqrt{\mu_i}$ 为归一化因子。当初始化翻转比特列表时，将集合 $\mathcal{M}_{\mathrm{flip}}$ 中的翻转度量从小到大排列，得到 T 个翻转位置，存储于列表 $\mathcal{L}_{\mathrm{flip}}$ 中。

当更新翻转列表与度量集合时，对于 $i>\mathrm{last}\left(\mathcal{C}_t\right)=i_{\omega_t}$ 且 $i\in\mathcal{A}$，翻转比特集合更新为 $\mathcal{C}=\mathcal{C}_t\cup\{i\}$。如果相应的翻转度量 $M\left(u_i\right)$ 小于翻转列表中的最小度量 $M_{\mathrm{flip}}(1)$，则将集合 $\mathcal{C}$、$M(\mathcal{C})$ 按照顺序插入 $\mathcal{L}_{\mathrm{flip}}$ 与 $\mathcal{M}_{\mathrm{flip}}$ 中。需要注意，在这个过程中，关键比特集合 $\mathcal{C}$ 需要更新，而翻转度量 $M(\mathcal{C})$ 的计算，需要使用翻转 SC 译码的 LLR，即 $\left\{\Lambda\left[\mathcal{C}_t\right]_i\right\}_{i\in\mathcal{A}}$。

一般地，P-SCFlip 算法性能类似于 D-SCFlip 算法，当 $T=100\sim400$ 时，能够接近 CA-SCL 算法的性能。P-SCFlip 算法复杂度也为 $O\left(TN\log_2 N\right)$，虽然高信噪比条件下，平均复杂度会趋近于 SC 算法，但最差情况下，它的复杂度要远高于 SCL 算法。

与 SCL 算法相比，比特翻转译码算法最大的优势是通过正确翻转特定位置的比特，可以构建多个 SC 译码器，不需要进行路径度量的排序比较。但对于目前的比特翻转译码算法，如果最大翻转比特数 T 较小，则其性能较差，无法达到 CA-SCL 算法的性能，如果 T 取值很大，虽然能够逼近 CA-SCL 算法的性能，但算法复杂度很高。因此，这类算法难以在算法性能与复杂度之间做到最佳折中，还需要进一步研究。

5.9　球译码算法

在极化码的研究中，短码的译码算法得到了普遍重视。球译码(Sphere Decoding，SD)是一种能够达到 ML 检测性能的多项式复杂度算法，人们在文献[83]～文献[85]中，对格点搜索的球译码算法流程与复杂度进行了深入探讨。由于极化码的生成矩阵具有下三角结构，因此非常适合采用球译码算法，达到 ML 译码性能。

Kahraman 与 Celebi[86]最早提出了极化码短码的球译码算法。牛凯等在文献[16]中改进了球译码的路径度量，大幅度降低了球译码复杂度。Guo 与 Fbregas 对球译码的半径约束条件进行了优化[87]。朴瑨楠、戴金晟与牛凯在文献[31]中提出了 CRC 辅助的球译码(CA-SD)算法，将球译码推广到 CRC-Polar 级联码结构中。进一步，朴瑨楠与牛凯等在文献[32]中优化 CRC-Polar 码结构，并组合 CA-SCL 与 CA-SD，设计了 CRC 辅助的混合译码(CA-HD)算法。这种方案探索了极化码有限码长下的极限性能，对于(128,64)的 CRC-Polar 码，采用 CA-HD 译码与有限码长容量限只有 0.025dB 的差距，具有重要的理论意义。

5.9.1　基本球译码算法

1. 极化码与级联极化码

对于一个(N,K)极化码，码长为$N=2^n$，信息位长度为K，码率为$R=K/N$。极化码的信息位集合为$\mathcal{A}$且$|\mathcal{A}|=K$，相应的冻结位集合为$\mathcal{A}$的补集，即$\mathcal{A}^c$且$\left|\mathcal{A}^c\right|=N-K$。极化码的编码过程为

$$\boldsymbol{c}=\boldsymbol{uBG}=\boldsymbol{vG} \tag{5.9.1}$$

其中，$\boldsymbol{u}$为长度为N的信息序列；$\boldsymbol{B}$为比特反序置换矩阵；$\boldsymbol{v}=\boldsymbol{uB}$以及$\boldsymbol{G}$为极化码生成矩阵，即

$$\boldsymbol{G}=\boldsymbol{F}^{\otimes n},\quad \boldsymbol{F}=\begin{bmatrix}1 & 0\\ 1 & 1\end{bmatrix} \tag{5.9.2}$$

根据信息位集合$\mathcal{A}$和冻结位集合，确定$\mathcal{A}^c$信息序列$\boldsymbol{u}$中的元素u_i，即当$i\in\mathcal{A}$时，u_i为信息比特，当$i\in\mathcal{A}^c$时，u_i为冻结比特。然后，根据$\boldsymbol{v}=\boldsymbol{uB}$，可以得到另一个信息位集合$\mathcal{B}=\left\{j \mid j=\pi(i-1)+1, i\in\mathcal{A}\right\}$，即当$j\in\mathcal{B}$时，$v_j$为信息比特，其中，$\pi(\bullet)$表示比特翻转置换。

对于一个(N,K_I)级联极化码，内码是一个(N,K)极化码，外码是一个(K,K_I)线性分组码。首先，消息序列$\boldsymbol{b}$编码成线性分组码的码字$\boldsymbol{s}$。然后，根据(N,K)极化码的信息位集合$\mathcal{A}$将$\boldsymbol{s}$插入极化码信息序列$\boldsymbol{u}$中。进一步，级联极化码的码字，也可以通过式(5.9.1)得到。

不失一般性，在 AWGN 信道下采用 BPSK 调制。每一调制符号$x_i=1-2c_i$，其中，c_i为编码比特。那么，接收序列为$\boldsymbol{y}=\boldsymbol{x}+\boldsymbol{n}$，其中，$n_i$为均值为 0、方差为$\sigma^2$的高斯噪声样值。

2. 球译码算法

对于(N,K_I)级联极化码，线性分组码的奇偶校验矩阵为$\boldsymbol{H}$，码字为$\boldsymbol{s}$。矩阵$\boldsymbol{H}$的每一行表示一个奇偶校验关系式，即

$$\bigoplus_{j=1}^{K} h_{i,j}s_j = 0, \quad i=1,2,\cdots,K_P \tag{5.9.3}$$

其中，$K_P = K - K_I$是奇偶校验关系式的数量。引入如下的奇偶校验集合。

定义 5.10 码字$\boldsymbol{s}$的奇偶校验集合为

$$\mathcal{R}_i(\boldsymbol{s}) \triangleq \{j \mid h_{i,j}=1\}, \quad i=1,2,\cdots,K_P \tag{5.9.4}$$

根据极化码的信息位集合$\mathcal{A}$将$\boldsymbol{s}$插入极化码信息序列$\boldsymbol{u}$中，那么$\boldsymbol{u}$的奇偶校验集合为

$$\mathcal{R}_i(\boldsymbol{u}) = \{t \mid t=f(j), j\in R_i(\boldsymbol{s})\}, \quad i=1,2,\cdots,K_P \tag{5.9.5}$$

其中，$f(j)$是从$\boldsymbol{s}$到$\boldsymbol{u}$的序号映射，对于不同的级联极化码方案，$f(j)$是不同的。进一步，由于$\boldsymbol{v}=\boldsymbol{u}\boldsymbol{B}$，通过对$\mathcal{R}_i(\boldsymbol{u})$中的元素进行比特反序置换可以得到$\boldsymbol{v}$的奇偶校验集合，即

$$\mathcal{R}_i(\boldsymbol{v}) = \{k \mid k=\pi(t-1)+1, t\in R_i(\boldsymbol{u})\}, \quad i=1,2,\cdots,K_P \tag{5.9.6}$$

根据奇偶校验集合的定义，可以得到

$$\bigoplus_{j\in\mathcal{R}_i(\boldsymbol{s})} s_j = \bigoplus_{t\in\mathcal{R}_i(\boldsymbol{u})} u_t = \bigoplus_{k\in\mathcal{R}_i(\boldsymbol{v})} v_k = 0 \tag{5.9.7}$$

极化码的最大似然译码等价为如下的形式：

$$\hat{\boldsymbol{v}} = \arg\min_{\boldsymbol{x}} \|\boldsymbol{y}-\boldsymbol{x}\|^2 = \arg\min_{\boldsymbol{v}} \|\boldsymbol{y}-(\mathbf{1}_N - 2\boldsymbol{v}\boldsymbol{G})\|^2 \tag{5.9.8}$$

球译码可以通过枚举满足如下条件的序列$\boldsymbol{v}$来解决这个问题，即

$$d(\boldsymbol{v}_1^N) \triangleq \|\boldsymbol{y}-(\mathbf{1}_N - 2\boldsymbol{v}\boldsymbol{G})\|^2 \leqslant r^2 \tag{5.9.9}$$

其中，r是球译码的搜索半径；$d(\boldsymbol{v}_1^N)$是与$\boldsymbol{v}_1^N$相关的欧氏距离。注意到，极化码生成矩阵$\boldsymbol{G}$是一个下三角矩阵，因此部分欧氏距离定义为

$$d(\boldsymbol{v}_i^N) \triangleq \sum_{k=i}^{N} m(\boldsymbol{v}_k^N) \tag{5.9.10}$$

其中

$$m(\boldsymbol{v}_i^N) \triangleq \left| y_i - \left(1 - 2\cdot \bigoplus_{j=i}^{N} (\boldsymbol{G}_{j,i} v_j)\right)\right|^2 \tag{5.9.11}$$

并且式(5.9.11)可以通过如下公式迭代计算，即

$$d(\boldsymbol{v}_i^N) = d(\boldsymbol{v}_{i+1}^N) + m(\boldsymbol{v}_i^N) \tag{5.9.12}$$

其中，$\boldsymbol{v}_i^N$表示从第i比特到第N比特的判决结果；$\oplus$表示模二加运算。

根据式(5.9.12)，为了实现最大似然译码，SD 算法需要更新搜索半径，当得到一个译

码结果 $\boldsymbol{v}$ 时，搜索半径需要根据 $\boldsymbol{v}$ 进行更新，并重新进行译码。

文献[16]指出，球译码过程可以看作码树上从第 N 比特 v_N 到第 1 比特 v_1 深度优先的搜索算法。可以采用堆栈来实现路径排序，路径长度度量 M_0 表示如下：

$$M_0 = N - i + 1 \tag{5.9.13}$$

在搜索过程中，半径 r 快速减少，以至于可以很快找到最大似然译码结果。

5.9.2　路径度量优化

基本球译码的算法复杂度是 $O\left(N^3\right) \sim O\left(N^{3.5}\right)$，为了降低复杂度，可以采用两方面的优化。一方面是优化路径度量，另一方面是优化搜索半径。牛凯等在文献[16]中提出了三种球译码优化的路径度量，从而有效降低了复杂度。即最优的路径度量 M_1，高信噪比下的路径度量 M_2 和低信噪比下的路径度量 M_3。

定理 5.11　AWGN 信道下，给定路径 $\boldsymbol{v}_i^N$ 和相应的调制符号 $\boldsymbol{x}_i^N$，$\boldsymbol{x}_1^{i-1} = \boldsymbol{s}_1^{i-1} \in \{-1,1\}^{i-1}$ 且 $P\left(\boldsymbol{x}_1^{i-1} = \boldsymbol{s}_1^{i-1}\right) = 2^{1-i}$，极化码采用 SD 译码的最优路径度量为

$$M_1\left(\boldsymbol{v}_i^N\right) = \sum_{l=i}^{N} \frac{2y_l x_l}{N_0} - h_1\left(\boldsymbol{y}_i^N\right) \tag{5.9.14}$$

其中，$h_1\left(\boldsymbol{y}_i^N\right) = \sum_{l=i}^{N}\left\{\ln\left[\cosh\left(\frac{2y_l}{N_0}\right)\right]\right\} + (N-i+1)\ln 2$，这里 $\cosh(x) = \frac{\mathrm{e}^x + \mathrm{e}^{-x}}{2}$ 是双曲余弦函数。

证明　最优的路径度量应当最大化似然概率，即

$$L_1 = \sum_{\boldsymbol{s}_1^{i-1} \in \{-1,1\}^{i-1}} P\left(\boldsymbol{y} \mid \boldsymbol{x}_i^N, \boldsymbol{x}_1^{i-1}\right) P\left(\boldsymbol{x}_1^{i-1} = \boldsymbol{s}_1^{i-1}\right) \tag{5.9.15}$$

由于 $P\left(\boldsymbol{x}_1^{i-1}\right) = 2^{1-i}$，式(5.9.15)等价于

$$L_2 = \sum_{\boldsymbol{s}_1^{i-1} \in \{-1,1\}^{i-1}} P\left(\boldsymbol{y} \mid \boldsymbol{x}_i^N\right) P\left(\boldsymbol{y} \mid \boldsymbol{x}_1^{i-1} = \boldsymbol{s}_1^{i-1}\right) \tag{5.9.16}$$

由于 $\boldsymbol{n}$ 是 AWGN 噪声序列，根据式(5.9.16)可得

$$\begin{aligned} & P\left(\boldsymbol{y} \mid \boldsymbol{x}_i^N\right) P\left(\boldsymbol{y} \mid \boldsymbol{x}_1^{i-1} = \boldsymbol{s}_1^{i-1}\right) \\ & = (2\pi)^{-N/2} \cdot \prod_{l=i}^{N} \exp\left[-\frac{\left(y_l - x_l\right)^2}{N_0}\right] \prod_{l=1}^{i-1} \exp\left[-\frac{\left(y_l - s_l\right)^2}{N_0}\right] \end{aligned} \tag{5.9.17}$$

从式(5.9.16)中忽略全部的独立于 $\boldsymbol{x}_i^N$ 和 $\boldsymbol{s}_1^{i-1}$ 的部分，那么该式等价于

$$L_3 = \sum_{\boldsymbol{s}_1^{i-1} \in \{-1,1\}^{i-1}} \prod_{l=i}^{N} \exp\left(\frac{2y_l x_l}{N_0}\right) \prod_{l=1}^{i-1} \exp\left(\frac{2y_l s_l}{N_0}\right) \tag{5.9.18}$$

由于 $s_l \in \{-1,1\}$，式(5.9.18)可以表示为

$$L_3 = \prod_{l=i}^{N} \exp\left(\frac{2y_l x_l}{N_0}\right) \prod_{l=1}^{i-1} \exp\left[2\cosh\left(\frac{2y_l}{N_0}\right)\right] \tag{5.9.19}$$

对式(5.9.19)取对数可得

$$L_4=\sum_{l=i}^{N}\frac{2y_lx_l}{N_0}+\sum_{l=1}^{i-1}\left\{\ln\left[2\cosh\left(\frac{2y_l}{N_0}\right)\right]\right\} \tag{5.9.20}$$

给定 $\boldsymbol{y}$ ，式(5.9.21)是常数：

$$\sum_{l=1}^{N}\left\{\ln\left[2\cosh\left(\frac{2y_l}{N_0}\right)\right]\right\} \tag{5.9.21}$$

通过在 L_4 中减去式(5.9.21)，可以得到最优的路径度量：

$$M_1\left(\boldsymbol{v}_i^N\right)=\sum_{l=i}^{N}\frac{2y_lx_l}{N_0}-\sum_{l=i}^{N}\left\{\ln\left[\cosh\left(\frac{2y_l}{N_0}\right)\right]\right\}-(N-i+1)\ln 2 \tag{5.9.22}$$

定理得证。

定理 5.11 给出的最优度量 M_1 包括两部分，第一部分与序列 $\boldsymbol{y}_i^N$ 和 $\boldsymbol{x}_i^N$ 相关。第二部分 $h_1\left(\boldsymbol{y}_i^N\right)$ 也由两部分组成：第一部分是 $\boldsymbol{y}_i^N$ 与能量的相关，第二部分是路径 $\boldsymbol{v}_i^N$ 的深度。在高信噪比和低信噪比下对 M_1 做近似，即可得到高信噪比下的路径度量 M_2 和低信噪比下的路径度量 M_3。

(1) 高信噪比下的路径度量 M_2。当 SNR 远大于 1 时，可得 $\cosh(z)\approx \mathrm{e}^{|z|}/2$ 。因此，最优路径度量 M_1 近似为

$$M_2\left(\boldsymbol{v}_i^N\right)=\sum_{l=i}^{N}\left(y_lx_l-|y_l|\right) \tag{5.9.23}$$

(2) 低信噪比下的路径度量 M_3。当 SNR 远小于 1 时，可得 $\ln\left[\cosh(z)\right]\approx z^2/2$ 。因此，最优路径度量 M_1 近似为

$$M_3\left(\boldsymbol{v}_i^N\right)=\sum_{l=i}^{N}\frac{2y_lx_l}{N_0}-\sum_{l=i}^{N}\frac{2y_l^2}{N_0^2}-(N-i+1)\ln 2 \tag{5.9.24}$$

文献[16]指出，最优路径度量 M_1 与高信噪比近似度量 M_2 能够有效降低球译码的复杂度，而低信噪比近似度量 M_3 对降低复杂度无效。因此，以 M_1 或 M_2 作为路径度量，降低复杂度的球译码算法步骤如下。

算法 5.20 基于优化路径度量的球译码算法

1. 初始化 $r\leftarrow+\infty$ ，将空路径 $\varnothing$ 压入堆栈，且 $d(\varnothing)\leftarrow 0$ 。
2. 出栈：如果路径长度为 N ，即 $i=1$ ，将路径 $\boldsymbol{v}_i^N$ 出栈。记录译码结果 $\hat{\boldsymbol{v}}\leftarrow\boldsymbol{v}$ ，并更新搜索半径 $r\leftarrow\sqrt{d\left(\boldsymbol{v}_i^N\right)}$ ，然后执行步骤 4。
3. 扩展当前路径 $\boldsymbol{v}_i^N$ ，得到两个新的路径，即 $\left(0,v_i,v_{i+1},\cdots,v_N\right)$ 和 $\left(1,v_i,v_{i+1},\cdots,v_N\right)$ 。对于每个路径，计算路径度量 $d\left(\boldsymbol{v}_{i-1}^N\right)$ 。如果采用最优度量，则基于式(5.9.22)计算度量；如果采用高信噪比近似度量，则基于式(5.9.23)计算度量。
4. 入栈：路径度量 $d\left(\boldsymbol{v}_{i-1}^N\right)<r^2$ 的路径入栈，其他的丢掉不用。
5. 将栈内的路径按照路径度量 M_1 或 M_2 从高到低进行排序。
6. 停止：如果栈空则停止译码，并得到译码结果 $\hat{\boldsymbol{u}}=\hat{\boldsymbol{v}}\boldsymbol{B}$ ；否则，返回步骤 2。

5.9.3　半径约束条件优化

另一种降低球译码复杂度的方法，是优化球译码的半径约束条件 $d\left(\boldsymbol{v}_i^N\right)\leqslant r^2$ 。文献[87]提出了两种球译码优化的半径约束条件，即静态和动态下界半径约束。下面分别介绍。

1. 静态下界半径约束

静态下界半径约束的主要思想是找到部分欧氏距离的下界，即

$$\min_{\boldsymbol{v}\in\mathcal{V}}\sum_{l=1}^{i-1}m\left(\boldsymbol{v}_l^N\right)\tag{5.9.25}$$

假设 Λ_i 是式(5.9.25)的下界，即

$$\Lambda_i\leqslant\min_{\boldsymbol{v}\in\mathcal{V}}\sum_{l=1}^{i-1}m\left(\boldsymbol{v}_l^N\right)\tag{5.9.26}$$

半径约束条件可以改写为

$$\sum_{k=i}^{N}m\left(\boldsymbol{v}_k^N\right)+\Lambda_i\leqslant r^2\tag{5.9.27}$$

对于 $m\left(\boldsymbol{v}_l^N\right)$，显然有

$$m\left(\boldsymbol{v}_l^N\right)\geqslant\min_{x_l\in\{-1,1\}}\left(y_l-x_l\right)^2\tag{5.9.28}$$

那么静态下界定义为

$$\mathrm{LB}(l)=\min_{x_l\in\{-1,1\}}\left(y_l-x_l\right)^2\tag{5.9.29}$$

相应的，静态下界半径约束条件为

$$\sum_{k=i}^{N}m\left(\boldsymbol{v}_k^N\right)+\sum_{l=1}^{i-1}\mathrm{LB}(l)\leqslant r^2\tag{5.9.30}$$

2. 动态下界半径约束

首先根据极化码冻结位 $\mathcal{A}^c$ ，将极化码生成矩阵 $\boldsymbol{G}$ 的第 i 行设为 0，$i\in\mathcal{A}^c$ 。设 $\boldsymbol{G}_i$ 表示由 $\boldsymbol{G}$ 的前 i 行和前 i 列组成的子矩阵。对于 $i\in\mathcal{A}$ ，找到 $\boldsymbol{G}_{i-1}$ 中的全部非零的相同列，设 d_i 表示这些列的数量。定义集合 $\mathcal{I}_i$ ，其中的元素表示非零相同列的索引集合。

首先以一个极化码的例子来说明动态下界半径约束。对于(8,4)极化码，冻结位 $\mathcal{A}^c=\{1,2,3,5\}$ ，那么将冻结位对应行置零后，相应的生成矩阵为

$$\boldsymbol{G}=\begin{bmatrix}0&0&0&0&0&0&0&0\\0&0&0&0&0&0&0&0\\0&0&0&0&0&0&0&0\\1&1&1&1&0&0&0&0\\0&0&0&0&0&0&0&0\\1&1&0&0&1&1&0&0\\1&0&1&0&1&0&1&0\\1&1&1&1&1&1&1&1\end{bmatrix}\tag{5.9.31}$$

并且

$$d_8 = 0, \quad \mathcal{I}_8 = \varnothing \tag{5.9.32}$$

$$d_7 = 3, \quad \mathcal{I}_7 = \{\{6,5\},\{4,3\},\{2,1\}\} \tag{5.9.33}$$

$$d_6 = 1, \quad \mathcal{I}_6 = \{\{4,3,2,1\}\} \tag{5.9.34}$$

$$d_4 = 0, \quad \mathcal{I}_4 = \varnothing \tag{5.9.35}$$

假设$i=7$，$v_7=0$，$v_8=0$，那么

$$\begin{aligned}\min_{\boldsymbol{v}\in\mathcal{V}}\sum_{l=1}^{6}m\left(\boldsymbol{v}_l^N\right) &\geqslant \min_{\boldsymbol{v}\in\mathcal{V}}\sum_{l=1}^{2}m\left(\boldsymbol{v}_l^N\right)+\min_{\boldsymbol{v}\in\mathcal{V}}\sum_{l=3}^{4}m\left(\boldsymbol{v}_l^N\right)+\min_{\boldsymbol{v}\in\mathcal{V}}\sum_{l=5}^{6}m\left(\boldsymbol{v}_l^N\right) \\ &= \min_{x_1\in\{-1,1\}}\sum_{l=1}^{2}\left(y_l-x_1\right)^2+\min_{x_3\in\{-1,1\}}\sum_{l=3}^{4}\left(y_l-x_3\right)^2+\min_{x_5\in\{-1,1\}}\sum_{l=5}^{6}\left(y_l-x_5\right)^2\end{aligned} \tag{5.9.36}$$

其中

$$x_1 = 1-2\cdot\bigoplus_{j=1}^{8}\left(\boldsymbol{G}_{j,1}v_j\right) = 1-2\cdot\bigoplus_{j=2}^{8}\left(\boldsymbol{G}_{j,2}v_j\right) \tag{5.9.37}$$

$$x_3 = 1-2\cdot\bigoplus_{j=3}^{8}\left(\boldsymbol{G}_{j,3}v_j\right) = 1-2\cdot\bigoplus_{j=4}^{8}\left(\boldsymbol{G}_{j,4}v_j\right) \tag{5.9.38}$$

$$x_5 = 1-2\cdot\bigoplus_{j=5}^{8}\left(\boldsymbol{G}_{j,5}v_j\right) = 1-2\cdot\bigoplus_{j=6}^{8}\left(\boldsymbol{G}_{j,6}v_j\right) \tag{5.9.39}$$

式(5.9.37)～式(5.9.39)是根据$v_7=0$，$v_8=0$和$\mathcal{I}_7=\{\{6,5\},\{4,3\},\{2,1\}\}$得到的。相比于静态下界，动态下界式(5.9.36)给出了更紧的下界。

算法 5.21 基于动态下界的球译码算法

1. 根据(N,K)极化码和冻结位$\mathcal{A}^c$确定d_i和$\mathcal{I}_i$，$i\in\mathcal{A}^c$；
2. 对于i，如果$d_i>0$，对于$\mathcal{I}\in\mathcal{I}_i$，计算

$$t_{i,l} = 1-2\cdot\bigoplus_{j=i}^{N}\left(\boldsymbol{G}_{j,l}v_j\right), \quad l\in\mathcal{I} \tag{5.9.40}$$

$$\min_{v\in\{0,1\}}\sum_{l\in\mathrm{I}}\left(y_l-t_{i,l}\oplus v\right)^2 \tag{5.9.41}$$

3. 根据式(5.9.41)更新动态下界。

图 5.9.1 给出了 AWGN 信道下，(64,57)极化码和 RM 码采用不同路径度量的球译码算法的 BLER 性能。由图可见，不同路径度量的球译码都可以达到极化码的 ML 译码性能，并且可以看出，在高码率条件下，RM 码的 ML 译码性能优于极化码。这是由于前者具有更大的最小汉明距离。

图 5.9.2 给出了(64,57)极化码和 RM 码在不同度量下的平均复杂度。计算复杂度用平均节点访问量进行评估。由图可知，相比于M_0，采用优化的路径度量M_1和M_2，球译码复杂度最大能够降低到标准算法的 1%。

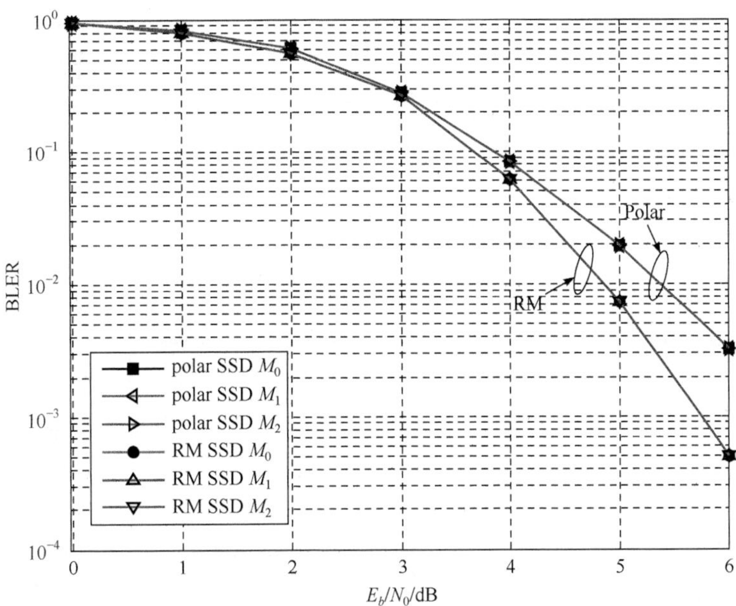

图 5.9.1　AWGN 信道(64,57)极化码和 RM 码采用球译码的 BLER 对比

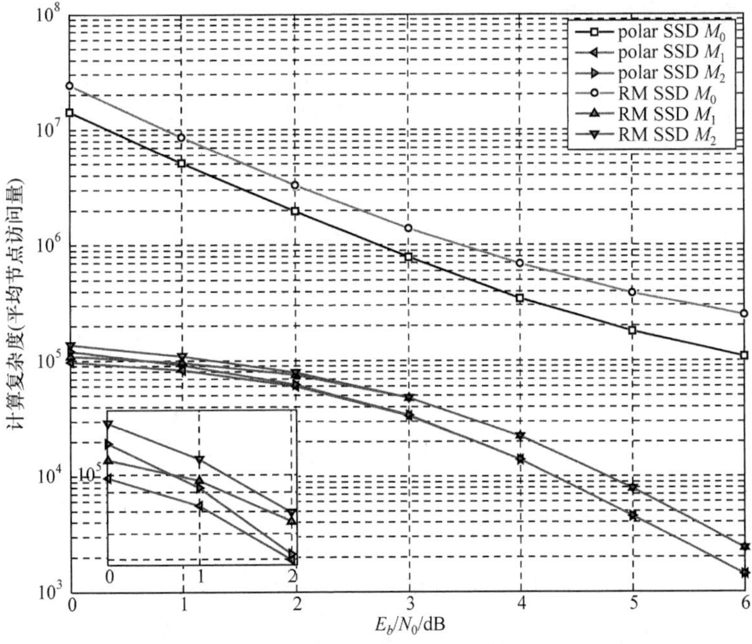

图 5.9.2　(64,57)极化码和 RM 码在不同度量下的平均复杂度

图 5.9.3 给出了采用静态下界和动态下界的球译码复杂度对比，其中极化码码长 N=64，仿真信噪比为 $E_b/N_0=6\text{dB}$。由图可知，静态下界和动态下界球译码都有比标准球译码更低的复杂度。具体而言，静态下界球译码的算法复杂度最多能降低到标准算法的 1/10，动态下界球译码最多能降低到 1%。

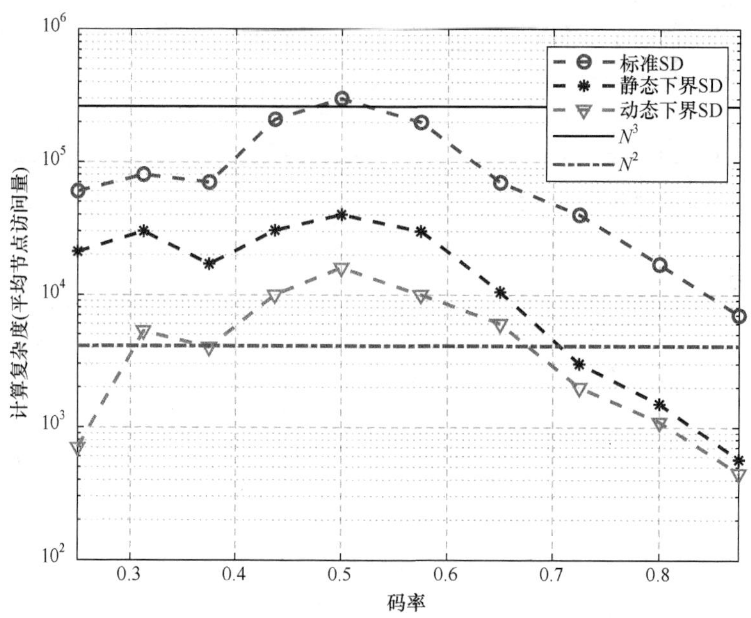

图 5.9.3 静态下界和动态下界球译码复杂度对比图

5.9.4 CRC 辅助的球译码算法

朴瑨楠与牛凯等在文献[31]中提出了 CRC 辅助的球译码(CA-SD)。该算法比 CA-SCL 算法具有更好的译码性能，特别适合短码条件下 CRC-Polar 级联码的高性能译码。

1. CRC-Polar 级联码校验集合构造

对于一个(N,K_I)的 CRC-Polar 级联码，内码是(N,K)极化码，外码是(K,K_I)CRC 码。CRC 比特级联在信息比特后面。给定 CRC 的生成多项式：

$$g(x)=g_{K_P}x^{K_P-1}+\cdots+g_1x+g_0 \tag{5.9.42}$$

相应的 CRC 生成矩阵为

$$\boldsymbol{G}_C \triangleq \begin{bmatrix} 1 & 0 & \cdots & 0 & r_{1,1} & r_{1,2} & \cdots & r_{1,K_P} \\ 0 & 1 & \cdots & 0 & r_{2,1} & r_{2,2} & \cdots & r_{2,K_P} \\ \vdots & \vdots & & \vdots & \vdots & \vdots & & \vdots \\ 0 & 0 & \cdots & 1 & r_{K_I,1} & r_{K_I,2} & \cdots & r_{K_I,K_P} \end{bmatrix} \tag{5.9.43}$$

其中，矩阵$\boldsymbol{G}_C$中第i行的多项式为$x^{K-i}+r_i(x)$，并且$r_i(x)=\left(x^{K-i}\right)\bmod g(x)$。因此，CRC 编码过程为$\boldsymbol{s}=\boldsymbol{b}\boldsymbol{G}_C$。相应地，码字$\boldsymbol{s}$的奇偶校验集合为

$$R_l(\boldsymbol{s})\triangleq\left\{i\,|\,r_{i,l}=1\right\}\cup\left\{K_I+l\right\},\quad l=1,2,\cdots,K_P \tag{5.9.44}$$

根据式(5.9.5)和式(5.9.6)，可以得到关于$\boldsymbol{u}$和$\boldsymbol{v}$的奇偶校验集合$\mathcal{R}_l(\boldsymbol{u})$和$\mathcal{R}_l(\boldsymbol{v})$。

图 5.9.4 是一个简单的例子，说明奇偶校验集合在 CA-SD 译码过程中的作用。图 5.9.4(a)给出了码字$\boldsymbol{s}$的三个奇偶校验集合，分别用白色、灰色和黑色标注。图中具有两个阴影

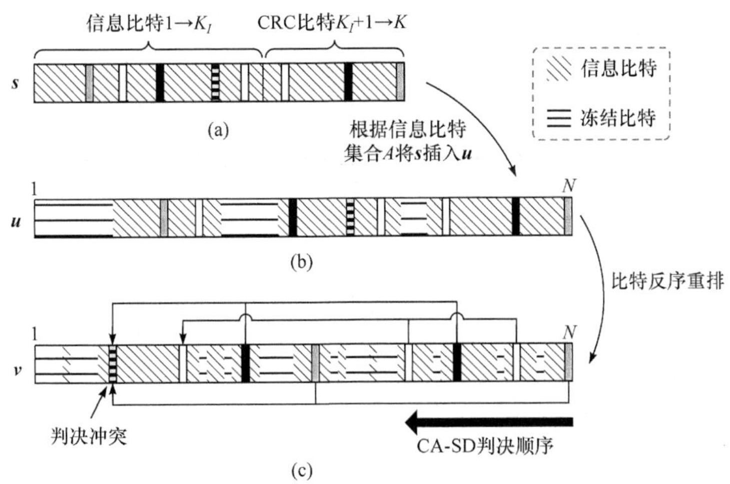

图 5.9.4　CA-SD 译码过程中应用奇偶校验集合示例

图样说明这个比特在两个不同的奇偶校验集合中。图 5.9.4(b)表示根据信息位集合 $\mathcal{A}$ 将 $\boldsymbol{s}$ 插入极化码信息序列 $\boldsymbol{u}$ 的过程，可以看到，白色、灰色和黑色的校验比特已经根据集合 $\mathcal{A}$ 做出了调整，得到了相应的 $\mathcal{R}_l(\boldsymbol{u})$。最后，图 5.9.4(c)说明，通过对 $\boldsymbol{u}$ 进行比特反序置换操作得到 $\boldsymbol{v}$ 和相应的 $\mathcal{R}_l(\boldsymbol{v})$。

定义 5.11　奇偶校验集合 $\mathcal{R}_l(\boldsymbol{v})$ 中的校验比特序号 k_l 定义为

$$k_l = \min\left(R_l(\boldsymbol{v})\right) \tag{5.9.45}$$

CA-SD 算法的译码过程与前述 SD 算法类似，都可以看作在树上的深度优先搜索算法，并且译码顺序是从 v_N 到 v_1。区别在于，CA-SD 算法中引入了 K_P 个奇偶校验关系。根据式(5.9.7)可知，$\mathcal{R}_l(\boldsymbol{v})$ 中序号最小的比特可根据已经译码的比特直接计算得到而不需要进行冗余搜索。在 CA-SD 算法译码过程中，$\mathcal{R}_l(\boldsymbol{v})$ 中的校验比特可以直接进行计算，即

$$v_{k_l} = \bigoplus_{k\in(R_l(\boldsymbol{v})\setminus k_l)} v_k \tag{5.9.46}$$

然而，如果多个奇偶校验集合的校验比特序号 k_l 相同，就会出现判决冲突的现象，即无法唯一确定校验比特。并且，这个问题还可能会导致译码错误。正如图 5.9.4(c)所示，同时具有灰色和黑色的校验比特属于两个不同校验集合，将导致该校验比特不能通过校验关系唯一确定。相反，白色校验比特只属于一个奇偶校验关系，可以唯一译码。

根据线性分组码的性质，不同奇偶校验关系的线性组合可以产生新的奇偶校验关系。因此，可以通过高斯消元的方法将 $\mathcal{R}_l(\boldsymbol{v})$ 转换成新的奇偶校验集合 $\mathcal{Q}_l(\boldsymbol{v})$，使得 $\mathcal{Q}_l(\boldsymbol{v})$ 中的校验比特序号都不相同，具体方法在算法 5.22 中给出。

算法 5.22　校验集合变换构造算法

Input：奇偶校验集合 $\mathcal{R}_l(\boldsymbol{v}), l=1,2,\cdots,K_P$
Output：K_P 个变换后的奇偶校验集合 $\mathcal{Q}_l(\boldsymbol{v})$

1. 初始化 $\boldsymbol{D}$ 为 $K_P\times N$ 的全 0 矩阵，新的奇偶校验集合 $\mathcal{Q}_l(\boldsymbol{v})=\varnothing$
2. 　For $l=1\to K_P$ do

3. For $j=1\to N$ do
4.   If $j\in\mathcal{R}_l(\boldsymbol{v})$ then
5. $\boldsymbol{D}_{l,j}=1$;
6.   对矩阵 $\boldsymbol{D}$ 进行高斯消元，使得 $\boldsymbol{D}$ 变成行阶梯形式
      End
   End
7. For $l=1\to K_P$ do
8.   For $j=1\to N$ do
9.   If $\boldsymbol{D}_{l,j}=1$ then
10. $\mathcal{Q}_l(\boldsymbol{v})=\mathcal{Q}_l(\boldsymbol{v})\cup\{j\}$;
        End
    End

经过算法 5.22 的步骤 6，矩阵 $\boldsymbol{D}$ 变成了行阶梯形式。$\boldsymbol{D}$ 的每一行都表示一个奇偶校验关系，并且第 l 行中，元素为 1 的列序号组成新的奇偶校验集合 $\mathcal{Q}_l(\boldsymbol{v})$。同时，第一个元素为 1 的列序号就是校验比特的序号，因此新的校验比特序号为

$$k_l=\min\left(\mathcal{Q}_l(\boldsymbol{v})\right),\quad l=1,2,\cdots,K_P \tag{5.9.47}$$

由于矩阵 $\boldsymbol{D}$ 为行阶梯矩阵，奇偶校验集合 $\mathcal{Q}_l(\boldsymbol{v})$ 的校验比特序号各不相同，所以每一个校验比特都可以唯一确定，即

$$v_{k_l}=\bigoplus_{k\in(\mathcal{Q}_l(\boldsymbol{v})\setminus k_l)}v_k,\quad l=1,2,\cdots,K_P \tag{5.9.48}$$

2. CA-SD 译码算法

算法 5.23 描述 CRC 辅助球译码(CA-SD)算法流程。为了降低算法复杂度，首先需要采用 SC 译码算法，确定初始半径，即设置 r^2 为 $d(\boldsymbol{v}_1'^N)$，其中，$\boldsymbol{v}_1'^N$ 是 SC 的译码结果。其次，需要采用算法 5.22 变换奇偶校验集合。最后，采用动态下界技术，进一步降低 CA-SD 的译码复杂度。此时，CA-SD 的半径约束变为

$$d\left(\hat{v}_{k+1}^N\right)+\alpha_k\leqslant r^2 \tag{5.9.49}$$

其中，$\hat{v}_{k+1}^N$ 是译码比特；α_k 是动态下界。

算法 5.23 CRC 辅助的球译码(CA-SD)算法

Input：接收序列 $\boldsymbol{y}$ 和奇偶校验集合 $\mathcal{R}_l(\boldsymbol{v}),l=1,2,\cdots,K_P$

Output：译码结果 $\hat{\boldsymbol{v}}$

1. 初始化动态下界 α_k，比特序号集合 $\mathcal{T}=\varnothing$ 和一个长度为 N 的序列 $\bar{\boldsymbol{v}}$；
2. 初始化译码比特序号 $k\leftarrow N$，执行 SC 算法得到 $\boldsymbol{v}_1'^N$，初始化半径约束 $r^2\leftarrow d\left(\boldsymbol{v}_1'^N\right)$；
3. 调用算法 5.22，将奇偶校验集合 $\mathcal{R}_l(\boldsymbol{v})$ 变换为新的校验集合 $\left\{\mathcal{Q}_l(\boldsymbol{v})\right\}$；
4. 根据式(5.9.47)初始化奇偶校验比特序号集合 $\mathcal{P}=\left\{k_l\mid l=1,2,\cdots,K_P\right\}$

5. While $k \leqslant N$ do
6. 　If $k=0$ and $d\left(\hat{\boldsymbol{v}}_1^N\right) \leqslant r^2$ then
7. 　　更新 $r^2 \leftarrow d\left(\hat{\boldsymbol{v}}_1^N\right)$，$\overline{\boldsymbol{v}} \leftarrow \hat{\boldsymbol{v}}$，跳至步骤 18；
8. 　Else If $d\left(\hat{\boldsymbol{v}}_{k+1}^N\right)+\alpha_k \leqslant r^2$ then
9. 　　If $k \in P$ then
10. 　　　找到 l，使得 $k_l = k$；
11. 　　　$\hat{v}_k \leftarrow \underset{t \in (\mathcal{Q}_l(\boldsymbol{v}) \setminus k_l)}{\oplus} \hat{v}_t$；
12. 　　Else If $k \in (\mathcal{A}-\mathcal{P})$ then
13. 　　　$\hat{v}_k \leftarrow \underset{\hat{v}_k \in \{0,1\}}{\arg\min}\, d\left(\hat{v}_k^N\right)$；
14. 　　Else If $k \in \mathcal{A}^c$ then
15. 　　　$\hat{v}_k \leftarrow 0$；
16. 　　　$k \leftarrow k-1$；
17. 　Else If $d\left(\hat{v}_{k+1}^N\right)+\alpha_k > r^2$ then
18. 　　　$k \leftarrow k+1$；
19. 　　While $k \in (\mathcal{A}^c \cup \mathcal{P} \cup \mathcal{T})$ do
20. 　　　$k \leftarrow k+1$；
21. 　　　$\hat{v}_k = \hat{v}_k \oplus 1$，$T = (T \cup \{k\}) - \{i \mid i < k\}$；
22. $\hat{\boldsymbol{v}} \leftarrow \overline{\boldsymbol{v}}$；

在 CA-SD 算法中，信源译码比特分为三类：信息比特、冻结比特及校验比特。信息比特和冻结比特的判决过程与传统的 SD 译码算法判决过程相同。对于校验比特，由已经译码的比特和奇偶校验集合 $\mathcal{Q}_l(\boldsymbol{v})$ 唯一确定，从而避免了冗余搜索。这样做，既能够降低复杂度，又能够保证译码结果通过 CRC 检测，提高了译码可靠性。

下面比较 AWGN 信道中 CRC-Polar 极化码采用 CA-SD 和 CA-SCL 译码算法的性能。其中，极化码采用高斯近似构造，仿真中的编码码率分别选取为 $R=0.25$ 和 0.5。

图 5.9.5 给出了 CA-SD 和 CA-SCL 译码算法的 BLER 性能比较，其中，极化码码长为 64，码率为 0.25 和 0.5，CRC 长度为 11，CRC 生成多项式为 $g(x)=x^{11}+x^{10}+x^9+x^5+1$，CA-SCL 译码的列表大小为 32。由图可知，高信噪比条件下，CA-SD 译码算法的性能接近于 ML 性能的下界。同时，相比于 CA-SCL 译码算法，当 BLER 为 10^{-3} 时，CA-SD 算法在码率为 0.25 和 0.5 条件下，分别有约 0.6dB 和 1dB 的性能增益。并且，相比于 CA-SCL 译码算法，当 BLER 为 10^{-4} 时，CA-SD 算法在码率为 0.25 和 0.5 条件下，分别有约 0.8dB 和 0.6dB 的性能增益。

图 5.9.6 给出了不同 CRC 长度下 CA-SD 和 CA-SCL 译码算法的性能比较。其中，码率为 0.25 和 0.5 的 CRC-Polar 级联码，仿真信噪比 E_s/N_0 分别设置为–2dB 和 0.5dB。由图可知，当 CRC 长度小于 6 时，CA-SD 和 CA-SCL 译码算法具有几乎一致的 BLER 性能，并且随着 CRC 长度的增加，译码性能获得了改善。因此，对于短码 CRC，CRC 误

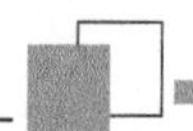

检率是影响性能的主要因素。相反，当 CRC 长度大于 6 时，CA-SCL 译码算法的性能随着 CRC 长度的增加而变差。这说明，随着 CRC 长度的增加，虽然 CRC 对选择译码路径有贡献，但 CRC 长度带来的码率损失有更大的影响。

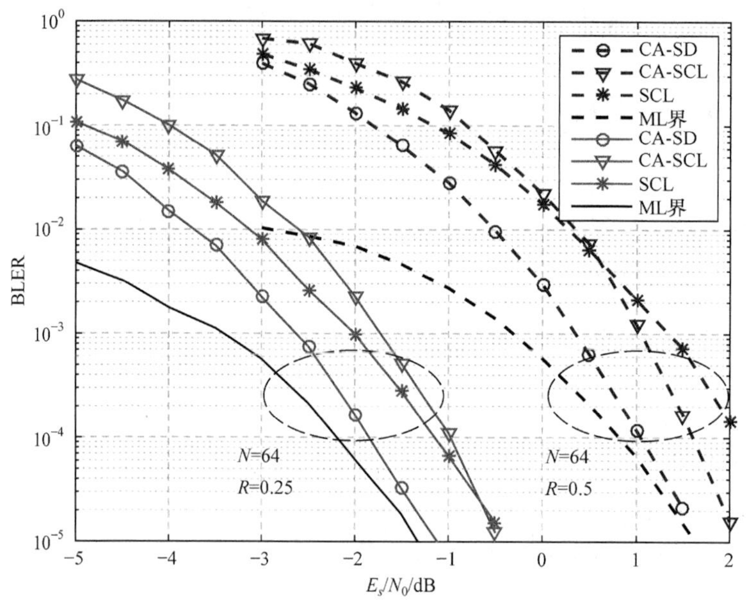

图 5.9.5　CRC-Polar 级联码不同译码算法的 BLER 性能比较

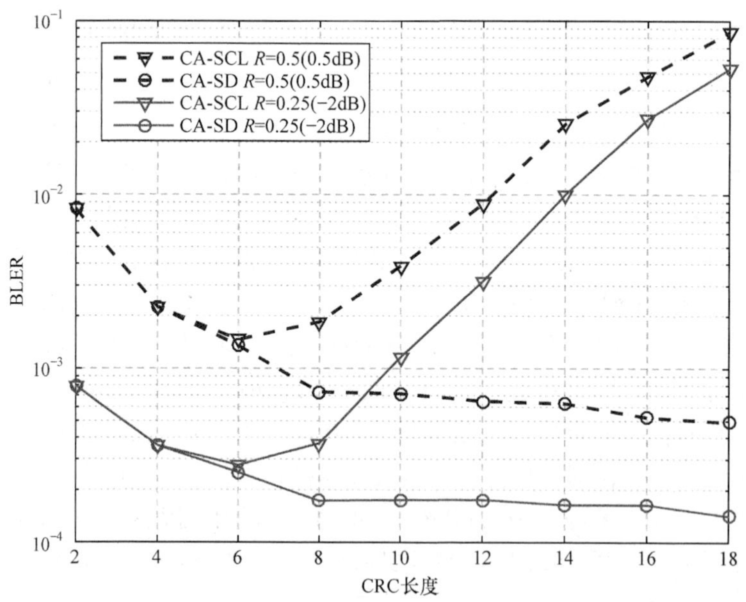

图 5.9.6　极化码不同 CRC 长度下的 BLER 性能比较图

相比之下，CA-SD 算法对于 CRC 长度并不敏感，这是因为 CRC 改善了极化码的距离谱，并且 CA-SD 算法能够达到 ML 性能，充分利用改善的距离谱特性。然而，对于 CA-SCL 译码算法，即使极化码的距离谱获得了改善，CA-SCL 距离 ML 译码性能仍有差距，由码率损失带来的性能损失不可忽略。因此，CA-SD 算法对于 CRC 长度不敏感，更具有鲁棒性，并可以减轻由于 CRC 选择问题带来的性能影响。

图 5.9.7 给出了 CA-SD 和 CA-SCL 译码算法的复杂度比较，其中，极化码码长为 64，CRC 长度为 6bit 和 11bit。极化码的码率为 0.25 和 0.5。CA-SD 算法的复杂度用平均节点访问量(Average Visited Nodes, AVN)来评估，CA-SCL 译码算法的节点访问量为 $LN\log N$，其中，L 是 CA-SCL 的列表大小。由图可知，随着信噪比的增加，CA-SD 的复杂度逐渐下降。结合图 5.9.6，在 6bit CRC 的条件下，CA-SCL 有与 CA-SD 几乎一致的性能，但 CA-SD 在中高信噪比下有更低的复杂度。同时，对于 11bit CRC，CA-SD 算法有明显的性能增益，并且在高信噪比下，译码复杂度比 CA-SCL 算法更低。

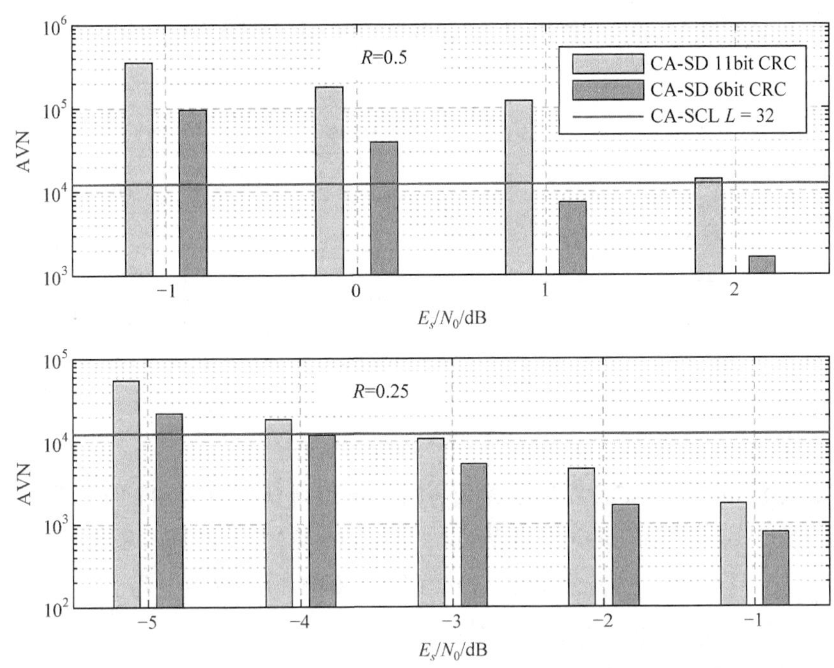

图 5.9.7 极化码译码复杂度比较图

5.9.5 逼近有限码长容量限的短码

有限码长下，CRC-Polar 级联码相对于 Turbo、LDPC 码有显著的性能增益[2]。在本节中，我们进一步探索极化短码的极限性能，文献[32]对 CRC-Polar 级联码中的 CRC 码进行优化，并采用 CRC 辅助的混合译码(CA-HD)算法，可以逼近有限码长香农限。

1. 有限码长容量极限

经典意义上的信道容量只适用于评估无限码长条件下信道编码的极限性能，虽然具有重要的理论意义，但对于工程应用而言，码长往往有限，这一容量极限是不可达的。为了评估有限码长条件下的信道容量，Polyanskiy、Poor 与 Verdu[48]提出了修正信道容量公式：

$$\tilde{C} \approx C - \sqrt{\frac{V}{N}} Q^{-1}(P_e) + \frac{\log N}{2N} \tag{5.9.50}$$

其中，C是信道容量；V是信道扩散函数；P_e是差错概率；N是码长。上述公式是在信道容量基础上添加了修正项得到的近似公式，称为正态近似(Normal Approximation, NA)。式(5.9.50)可以方便地评估有限码长N下特定信道的容量，这是近年来信息论的重大进展。下面用这个公式评估极化码的短码性能。

2. 高性能 CRC-Polar 级联码构造

高性能 CRC-Polar 级联码的编译码方案如图 5.9.8 所示，在发送端，包括 CRC 编码器与极化码编码器，经过 AWGN 信道后，接收端采用的是 CA-HD 译码算法。该算法由 CRC 辅助的自适应串行抵消列表(SCL)译码算法与 CRC 辅助的球译码(SD)算法组成。

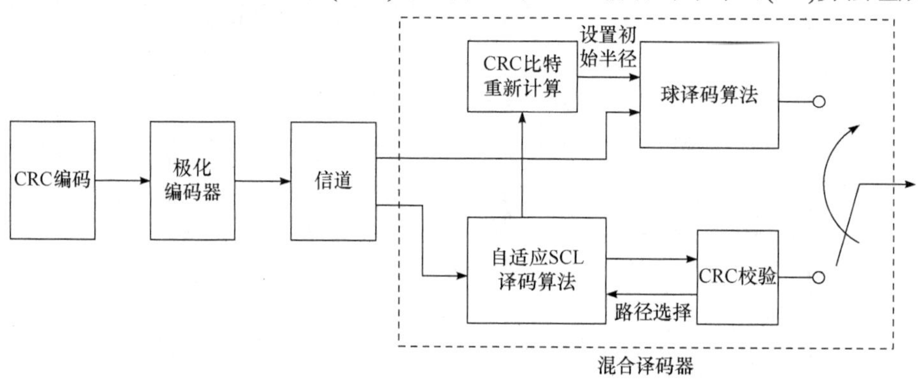

图 5.9.8　高性能 CRC-Polar 级联编译码方案

采用文献[88]的基于 SCL 距离谱搜索方法，可以得到 CRC-Polar 级联码的最小重量分布(Minimum Weight Distribution, MWD)，并根据 MWD 优化 CRC 编码。令 MWD 表示为$\{d_{\min}, A_{d_{\min}}\}$，其中，$d_{\min}$表示 CRC 极化码级联码的最小汉明重量，$A_{d_{\min}}$表示最小汉明重量为$d_{\min}$的 CRC 极化码级联码码字数量。

表 5.9.1 给出了码率$R=1/3,1/2,2/3$，码长$N=64,128$的 CRC-Polar 级联码的 CRC 生成多项式优化结果。其中，基于 SCL 距离谱搜索算法的列表设定为$L=2^{20}$。表 5.9.1 针对不同 CRC 长度($K_P=6\sim19$)搜索得到 MWD，并根据优化原则挑选出了不同配置下最优的 CRC 码。

表 5.9.1　针对极化码短码优化的 CRC 生成多项式

N	R	K_P	$g(x)$	$d_{\min}$	$A_{d_{\min}}$
64	1/3	12	19A5	16	168
	1/2	13	3D55	10	34
	2/3	18	56689	8	4238
128	1/3	16	11F15	24	513
	1/2	19	A22E5	16	293
	2/3	16	117B7	10	167

3. CA-HD 译码算法

CA-HD 译码算法的译码结构如图 5.9.8 所示。其基本思想是，译码器首先启动自适应 CA-SCL 算法，假设未达到预设最大列表规模 $L_{\max}$，已经有路径通过 CRC 校验，则提前结束译码；反之，如果 $L=L_{\max}$ 还没有路径通过 CRC 校验，则说明当前错误较为恶劣，此时利用 SCL 译码结果重新计算 CRC 比特并设置初始半径 r_0，进行 CA-SD 译码，得到最终结果。

通过优化 CA-SD 的初始半径，可以有效降低其译码复杂度。合理的初始半径 r_0 应该确保在通过 CRC 校验的序列中，至少有一个能满足半径约束，即

$$\exists \boldsymbol{u} \in \mathcal{U}, \quad \left\| \boldsymbol{y} - \left(\mathbf{1} - 2\boldsymbol{uBG} \right) \right\| \leqslant r_0 \tag{5.9.51}$$

其中，$\mathcal{U}$ 表示能通过 CRC 校验的信息序列集合；r_0 是初始半径。然而，当 ADSCL 译码失败后，$L_{\max}$ 条幸存路径全部都不能通过 CRC 校验，因此用 $L_{\max}$ 条幸存路径计算的初始半径不合理。也就是说，如果基于 $L_{\max}$ 条幸存路径计算初始半径，将没有信息序列满足式(5.9.51)，基于此初始半径的 CA-SD 不能找到 ML 译码结果。

为了得到合理的初始半径，应当对 ADSCL 中的幸存路径 $\hat{\boldsymbol{u}}_l$ 进行修改，使得修改后的序列满足 $\hat{\boldsymbol{u}}_l \in \mathcal{U}$。一种简单的方法是修改 $\hat{\boldsymbol{u}}_l$ 中的 CRC 比特。首先，根据信息位集合 $\mathcal{A}$ 和幸存路径 $\hat{\boldsymbol{u}}_l$ 得到消息序列 $\hat{\boldsymbol{b}}_l$。然后，对 $\hat{\boldsymbol{b}}_l$ 进行 CRC 编码得到 CRC 码字 $\hat{\boldsymbol{s}}_l$，那么新的 CRC 比特就是 $\hat{\boldsymbol{s}}_l$ 的后 K_P 个比特。之后，将 $\hat{\boldsymbol{u}}_l$ 中原有 CRC 比特替换为 $\hat{\boldsymbol{s}}_l$ 的 K_P 个比特，就可以得到更新后的幸存路径 $\hat{\boldsymbol{u}}_l$。由于 $\hat{\boldsymbol{u}}_l \in \mathcal{U}$，根据 $\hat{\boldsymbol{u}}_l$ 计算的初始半径 r_0 是合理的，即

$$r_0 = \min_{l} \left\| \boldsymbol{y} - \left(\mathbf{1} - 2\tilde{\boldsymbol{u}}_l \boldsymbol{BG} \right) \right\|, \quad l = 1, 2, \cdots, L_{\max} \tag{5.9.52}$$

基于上述思路，CRC 辅助混合译码算法流程如下。

算法 5.24 CA-HD 算法

Input：接收序列 $\boldsymbol{y}$

Output：译码结果 $\hat{\boldsymbol{b}}$

1. 初始化 $L \leftarrow 1$；
2. While $L \leqslant L_{\max}$ do
3. 　　用 SCL 译码算法对 $\boldsymbol{y}$ 进行译码；
4. 　　For $l = 1 \to L$ do
5. 　　　If $\hat{\boldsymbol{u}}_l$ 能通过 CRC 校验 then
6. 　　　　根据 $\hat{\boldsymbol{u}}_l$ 得到译码结果 $\hat{\boldsymbol{b}}$，执行步骤 15；
7. 　　$L \leftarrow 2L$；
8. For $l = 1 \to L_{\max}$ do
9. 　　根据 $\mathcal{A}$ 从 $\hat{\boldsymbol{u}}_l$ 得到译码结果 $\hat{\boldsymbol{b}}_l$；
10. 　　将 $\hat{\boldsymbol{b}}_l$ 编码成 CRC 码字 $\hat{\boldsymbol{s}}_l$；
11. 　　将 $\hat{\boldsymbol{u}}_l$ 中的 CRC 比特替换为 $\hat{\boldsymbol{s}}_l$ 的后 K_P 个比特，并且替换后的幸存路径用 $\hat{\boldsymbol{u}}_l$ 表示；
12. 　　计算合理的初始半径 $\left\| \boldsymbol{y} - \left(\mathbf{1} - 2\hat{\boldsymbol{u}}_l \boldsymbol{BG} \right) \right\|$；

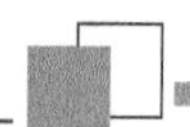

13. 根据式(5.9.52)计算初始半径 r_0；
14. 用初始半径为 r_0 的 CA-SD 算法对 $\boldsymbol{y}$ 进行译码并得到译码结果 $\hat{\boldsymbol{b}}$；
15. $\hat{\boldsymbol{b}}$ 是 CA-HD 算法的译码结果；

算法 5.24 描述了 CA-HD 的译码全过程。其中，第 2～7 行是 ADSCL 译码过程，第 8～13 行是初始化半径，第 14 行执行 CA-SD 译码。这种混合译码算法，在大多数情况下，只执行 CA-SCL 译码，而在极少数情况下，需要启动 CA-SD 译码。CA-SCL 译码复杂度较低，但性能受限，而 CA-SD 译码能达到理论最优的 ML 译码，但复杂度较高。由于对球译码初始半径进行了优化，通过有机组合两种译码机制，能够以较低的译码复杂度，趋近于 ML 译码性能。

在 AWGN 信道下，针对表 5.9.1 的级联极化码，采用 CA-SD、CA-HD 与 CA-SCL 译码算法，比较 BLER 性能。其中，极化码用高斯近似进行构造，CA-HD 算法的最大列表大小 $L_{\max}$ 为 1024。

图 5.9.9 给出了码长为 64，码率为 1/3、1/2、2/3 的 CRC-Polar 级联码在标准 CRC 和优化 CRC 下的 BLER 性能对比。其中，5G NR 中的 16bit CRC 作为标准 CRC。优化 CRC 采用表 5.9.1 中的结果。由图可知，对于三种码率，优化后的 CRC-Polar 级联码优于标准 CRC-Polar 级联码。当码率为 1/3，BLER 为10^{-4}时，优化的 CRC-Polar 级联码距离有限码长信道容量约 0.05dB。

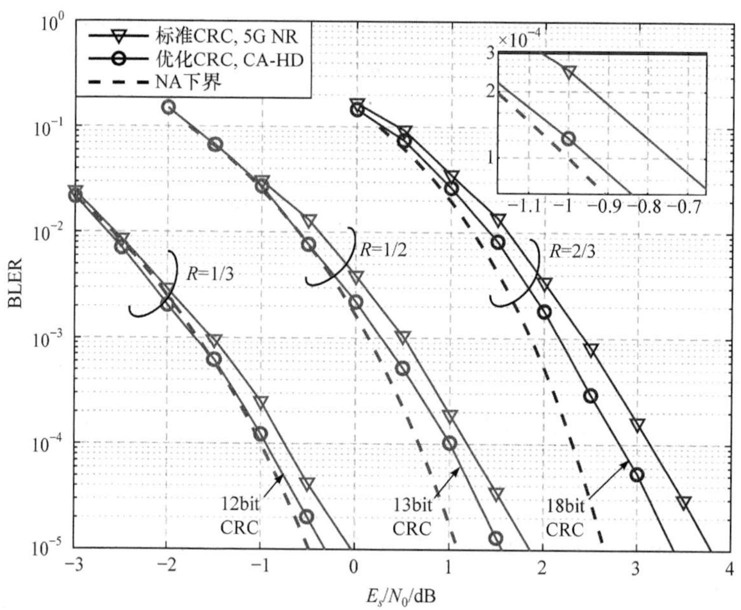

图 5.9.9 码长为 64，码率为 1/3、1/2、2/3 的 CRC-Polar 级联码在标准 CRC 和优化 CRC 下的 BLER 性能对比

图 5.9.10 给出了码长为 128，码率为 1/3、1/2、2/3 的 CRC-Polar 级联码在 CA-HD、CA-SCL 以及 ADSCL 译码算法下的 BLER 性能对比，其中 CA-SCL 的列表大小为 32，

ADSCL 的最大列表大小为 1024。由图可知，不同码率条件下，当采用固定的列表 $L=32$ 时，相比于正态近似(Normal Approximation，NA)下界，都有明显的性能损失。虽然 ADSCL 的列表规模达到了 1024，但其性能仍然比 CA-HD 略差。并且在各种码率下，CA-HD 的译码性能都接近理论极限，例如，$R=1/2$，BLER=10^{-3} 时，CA-HD 与 NA 只相差 0.025dB，几乎达到了有限码长容量极限。

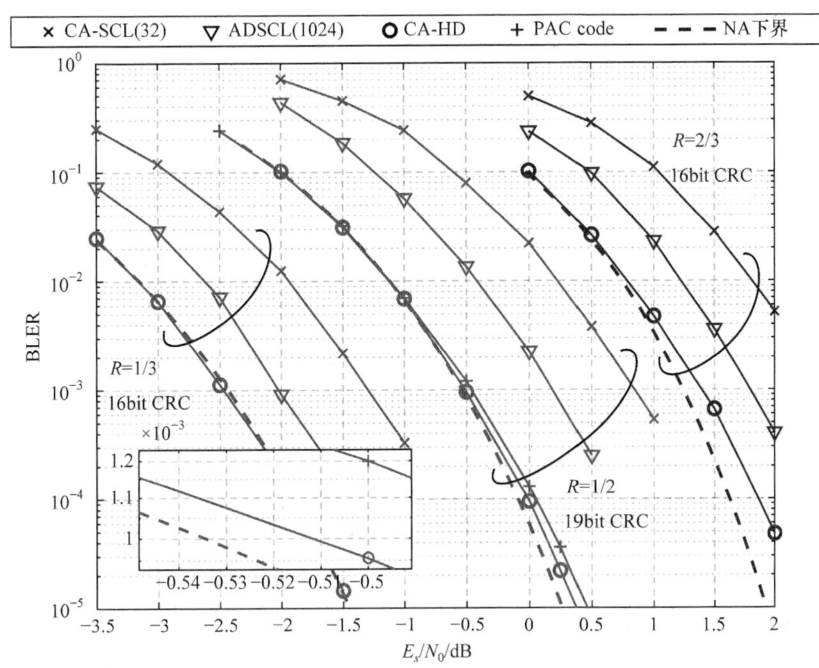

图 5.9.10　码长为 128，码率为 1/3，1/2，2/3 的 CRC-Polar 级联码在 CA-HD、CA-SCL 以及 ADSCL 译码算法下的 BLER 性能对比

Arıkan 在 2019 年的 Shannon Lecture 讲演中提到，为了达到有限码长容量极限，需要采用卷积码与极化码的级联方案，并且要采用序列译码算法，这就是 PAC(Polarization-Adjusted Convolutional)编码[89]。图 5.9.10 的结果表明，采用经过优化的 CRC-Polar 级联编码与混合译码算法，也能够逼近容量极限，与 PAC 方案性能类似。并且 PAC 码的码率难以灵活调整，而 CRC-Polar 级联编码适用于多种码率，具有更强的普适性。

图 5.9.11 给出了码长为 128，码率为 1/3、1/2、2/3 的 CRC-Polar 级联码在三种译码算法下的复杂度对比。译码复杂度用平均节点访问量(AVN)来表示，对于 ADSCL 译码算法，其 AVN 为 $\bar{L}N\log N$，其中，$\bar{L}$ 表示 ADSCL 译码算法的平均列表大小。对于三种码率，CA-HD 算法的译码复杂度位于 ADSCL 和 CA-SD 之间。并且，随着信噪比增加，CA-HD 算法的译码复杂度逐渐降低并接近于 ADSCL 译码算法的复杂度。

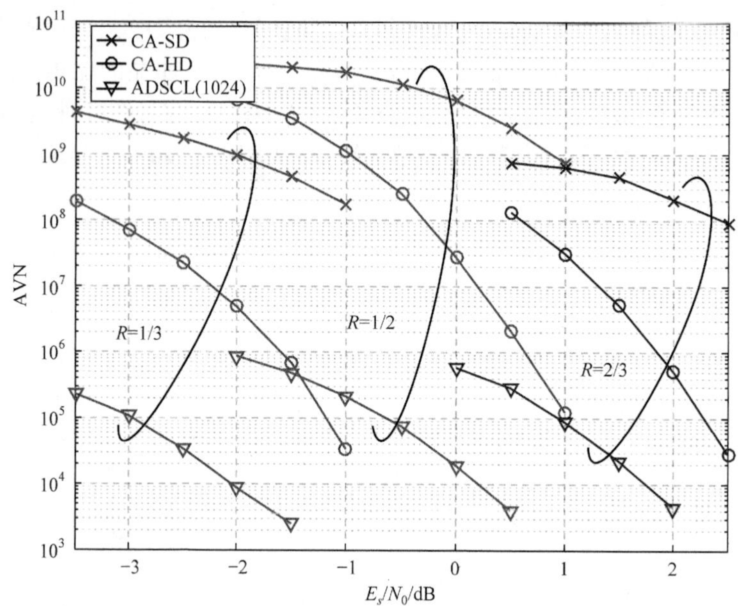

图 5.9.11 码长为 128，码率为 1/3、1/2、2/3 的 CRC-Polar 级联码在 CA-HD、CA-SD 以及 ADSCL 译码算法下的复杂度对比

5.10 基于球约束的最小重量枚举

最小重量分布(Minimum Weight Distribution, MWD)是一种重要的性能度量，其决定了 ML 译码的性能。基于 SCL 的 MWD 枚举算法[88]中，如果列表设置不够大，则码重枚举可能存在遗漏，并且 SCL 的搜索复杂度也非常高。朴瑨楠与牛凯等在文献[33]中提出基于码字的球约束特性，并采用球译码进行 MWD 搜索的基本思想。这里，球约束特性是指具有相同汉明重量的码字位于码字空间中的同一个球壳上。基于此特性，可以设计三种 MWD 枚举方法，它们的关系如图 5.10.1 所示。第一种是基于球约束的枚举方法(Sphere Constraint based Enumeration Method, SCEM)，此方法能够以中等复杂度准确枚举极化码 MWD 的全部码字。第二种是基于球约束的递归枚举方法(Sphere Constraint based Recursive Enumeration Method, SCREM)，此方法利用码字的球约束特性和极化码的 Plotkin

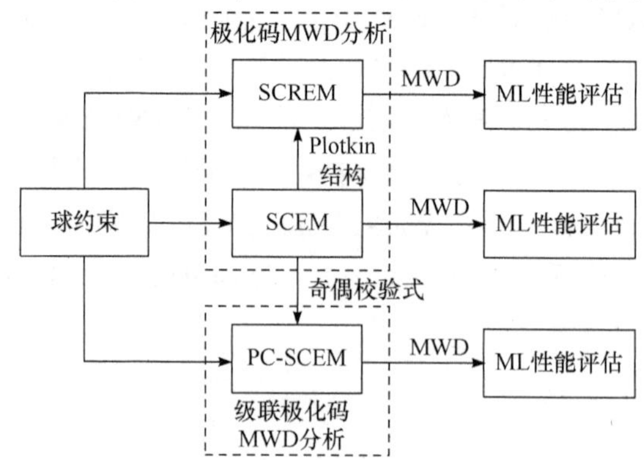

图 5.10.1 三种枚举算法的关系图

构造，有效降低了 SCEM 算法的复杂度。第三种是基于球约束的奇偶校验枚举方法(Parity-Check SCEM, PC-SCEM)，它是对级联极化码的 MWD 进行枚举的方法，利用外码的奇偶校验和码字的球约束特性，准确枚举级联极化码 MWD 的全部码字。下面详细介绍三种枚举算法。

5.10.1　基于球约束的枚举方法

本节中，首先介绍极化码的码字分布的球约束描述和 SCEM 的主要思想。然后，给出 SCEM 算法的详细描述。

1. SCEM 的主要思想

为了准确分析极化码的 MWD，需要统计汉明重量为 d_{min} 的全部码字。图 5.10.2 给出了极化码的码字分布图，假设发送全零码字，则具有相同汉明距离的码字分布在同一个球壳上，这就是码字球约束条件。由此，一个球心为全零码字，半径为 d_{min} 的球可以覆盖全部汉明重量为 d_{min} 的码字，利用球约束的码字枚举方法可以准确分析极化码的 MWD。

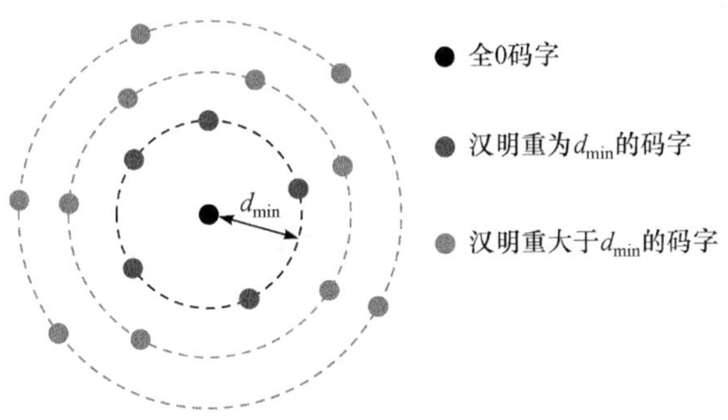

图 5.10.2　码字空间中最小汉明距离为 d_{min} 的码字分布图

在 5.9 节中，我们利用球译码算法，基于半径约束条件，找到距离接收序列最近的译码序列。受此启发，在球约束条件下，可以采用 SCEM 算法精确枚举，分析极化码的 MWD。类似于球译码算法，SCEM 算法也可以看作一种深度优先的树搜索方法。图 5.10.3(a)给出了 SCEM 算法的结构。作为比较，图 5.10.3(b)给出了 SCL 枚举算法。如第 4 章所述，SCL 枚举算法是一种广度优先的树搜索方法，因此需要存储大量路径，导致内存开销很大。并且，当 SCL 枚举算法的列表不充分时，将会丢失部分 MWD 码字。因此，SCL 枚举算法不能保证精确分析极化码的 MWD。

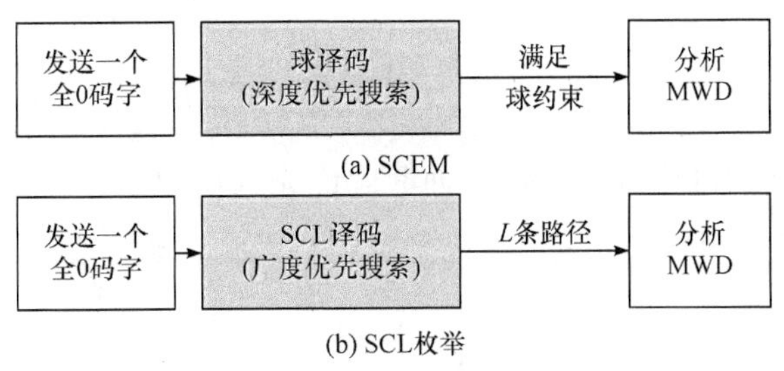

图 5.10.3　SCEM 和 SCL 枚举算法流程

对于 SCEM 的搜索过程，图 5.10.4 给出了码长为 4、球约束为 $d_{\min}$ 的二进制搜索树示例。搜索树的第 i 层表示第 $N-i+1$ 个编码比特 c_{N-i+1}。从根节点到叶节点的路径表示一个极化码码字。图中，路径 1 和路径 2 满足球约束条件，因此这两个路径保留在搜索树中。相反，路径 3 与其后续路径不满足球约束条件，因此将这些路径从搜索树中全部删除。SCEM 能够在树上搜索到满足球约束条件的全部码字，从而准确分析极化码的 MWD。

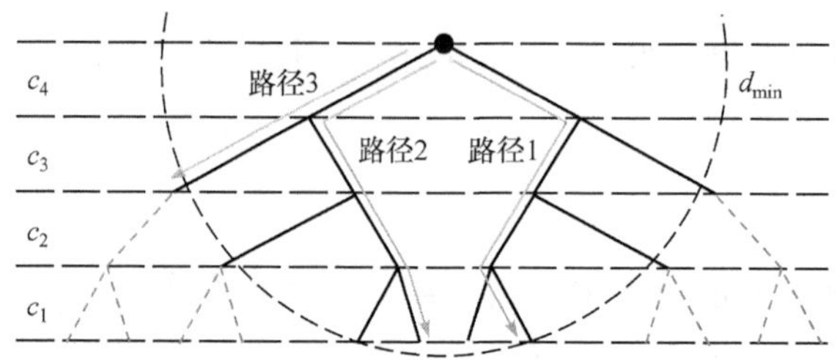

图 5.10.4 码长为 4、球约束为 $d_{\min}$ 的二进制搜索树示意图

2. SCEM 算法流程

给定极化码的码字 $\boldsymbol{c}$，其汉明重量表示为

$$\mathrm{wt}(\boldsymbol{c})=\sum_{i=1}^{N}c_i \tag{5.10.1}$$

由定理 4.1 可知，极化码最小汉明重量是极化码生成矩阵的最小行重，即

$$d_{\min}=\min_{i\in\mathcal{B}}\left(\mathrm{wt}(\boldsymbol{G}_i)\right) \tag{5.10.2}$$

因此，SCEM 中的球约束条件是

$$\mathrm{wt}(\boldsymbol{c})\leqslant d_{\min} \tag{5.10.3}$$

除了全 0 码字，都分布在球表面上。

由于极化码生成矩阵 $\boldsymbol{G}$ 是下三角矩阵，因此 c_i 只与 $\boldsymbol{v}_i^N$ 有关，即

$$c_i=\bigoplus_{j=i}^{N}\left(v_j g_{j,i}\right) \tag{5.10.4}$$

因此，码字 $\boldsymbol{c}$ 的部分汉明重量定义为

$$d\left(\boldsymbol{v}_i^N\right)\triangleq \mathrm{wt}\left(\boldsymbol{c}_i^N\right)=\sum_{k=i}^{N}\left[\bigoplus_{j=k}^{N}\left(v_j g_{j,k}\right)\right] \tag{5.10.5}$$

上述汉明重量可以递归计算，即

$$d\left(\boldsymbol{v}_i^N\right)=d\left(\boldsymbol{v}_{i+1}^N\right)+\left[\bigoplus_{j=i}^{N}\left(v_j g_{j,i}\right)\right] \tag{5.10.6}$$

枚举球约束码字的过程可以看作一种深度优先的树搜索方法，搜索顺序是从 v_N 到 v_1。并且，当 v_i 确定的时候，$d\left(\boldsymbol{v}_i^N\right)$ 也已经确定。因此，球约束条件(5.10.3)可以简化为

$$d\left(\boldsymbol{v}_i^N\right)\leqslant d_{\min} \tag{5.10.7}$$

这意味着，当上述条件不满足时，依附于 $\boldsymbol{c}_i^N$ 的全部码字的汉明重量都大于 $d_{\min}$ 。因此，可以从搜索树中删除这些码字，从而避免冗余的搜索。

算法 5.25 描述了 SCEM 的全部过程，其中，N 是码长，K 是信息比特的长度，$\mathcal{B}$ 是关于序列 $\boldsymbol{v}$ 的信息位集合。不失一般性，假设当判决比特 v_i 时，首先搜索树中的分支 $c_i=0$ ，然后搜索另一个分支 $c_i=1$ 。

算法 5.25　SCEM 算法 $\left(\mathcal{T},A_{d_{\min}}\right)=\mathrm{SCEM}\left(N,K,\mathcal{B}\right)$

Input：码长 N ，信息比特的长度 K ，关于序列 $\boldsymbol{v}$ 的信息位集合 $\mathcal{B}$
Output：最小重量分布 $\mathcal{T}$ ，汉明重量为 $d_{\min}$ 的码字数量 $A_{d_{\min}}$

初始化 $d_{\min}\leftarrow\min\limits_{i\in\mathcal{B}}\left(\mathrm{wt}\left(\boldsymbol{G}_i\right)\right)$ ， $\mathcal{T}=\varnothing$ ， $A_{d_{\min}}\leftarrow 0$ ；
初始化搜索比特序号 $i\leftarrow N$ ；
初始化 $\boldsymbol{v}\leftarrow\boldsymbol{0}$ ， $\boldsymbol{c}\leftarrow\boldsymbol{0}$ ；
While $i\leqslant N$ do
　If $i\in\mathcal{B}$ then
　　$v_i\leftarrow\left[\bigoplus\limits_{j=i+1}^{N}\left(v_j g_{j,i}\right)\right]$ 并且 $c_i\leftarrow 0$ ；
　Else
　　$v_i\leftarrow 0$ 并且 $c_i\leftarrow\left[\bigoplus\limits_{j=i}^{N}\left(v_j g_{j,i}\right)\right]$ ；
　If $d\left(\boldsymbol{v}_i^N\right)\leqslant d_{\min}$ then
　　If $i>1$ then
　　　$i\leftarrow i-1$;
　　　　continue;
　　Else
　　　$\mathcal{T}\leftarrow\mathcal{T}\cup\{\boldsymbol{c}\}$ 并且 $A_{d_{\min}}\leftarrow A_{d_{\min}}+1$ ；
　While $i\leqslant N$ do
　If $i\in\mathcal{B}$ 且 $c_i=0$ then
　　$v_i\leftarrow v_i\oplus 1$ 并且 $c_i\leftarrow 1$ ；
　　If $d\left(\boldsymbol{v}_i^N\right)\leqslant d_{\min}$ then
　　　$i\leftarrow i-1$;
　　　break;
　$i\leftarrow i+1$;
$\mathcal{T}\leftarrow\mathcal{T}-\{\boldsymbol{0}\}$ 并且 $A_{d_{\min}}\leftarrow A_{d_{\min}}-1$ ；

在算法 5.25 中，搜索顺序是从 v_N 到 v_1 ，当 v_i 确定后，相应地可以确定 $d\left(\boldsymbol{v}_i^N\right)$ 是否满足球约束条件。如果满足，继续判决下一个比特 v_{i-1} ，直到枚举出一个最小汉明重量为 $d_{\min}$ 的码字。如果不满足，在搜索树中删除路径 $\boldsymbol{c}_i^N$ 后面附着的节点，并从一个新分支进行搜

索。重复上述的搜索过程，枚举出最小汉明重量为$d_{\min}$的全部码字，并将这些码字记录在集合$\mathcal{T}$中。因此，通过 SCEM 算法，可以得到极化码的最小重量分布$\mathcal{T}$，即

$$\mathcal{T}=\{\boldsymbol{c}\mid \mathrm{wt}(\boldsymbol{c})=d_{\min},\boldsymbol{c}\in\boldsymbol{C}\} \tag{5.10.8}$$

尽管 SCEM 算法能够得到 MWD，但是相比于 SCL 枚举 MWD 的方法，仍有较高复杂度。不过，SCEM 算法是一种更通用的搜索方法，可以适用于任意构造的极化码。

5.10.2 基于球约束的递归枚举方法

在本节中，首先证明极化码 MWD 与其基于 Plotkin 结构的两个分量码 MWD 之间的关系。然后，根据这个关系设计递归结构的枚举算法 SCREM，进一步降低 SCEM 的复杂度。

1. 基于 Plotkin 结构的 MWD 关系

根据 Plotkin 结构$[\boldsymbol{u}|\boldsymbol{u}+\boldsymbol{v}]$，一个极化码可以分解成两个分量码。基于这一结构，分析极化码 MWD 和两个分量码 MWD 的关系，从而简化码字枚举过程。

对于一个(N,K)极化码$\mathcal{C}$，其信息位集合为$\mathcal{B}$，编码过程可以表示为

$$\begin{aligned}\boldsymbol{c}&=\boldsymbol{v}\boldsymbol{G}\\&=(\boldsymbol{v}',\boldsymbol{v}'')\begin{bmatrix}\boldsymbol{G}' & 0\\ \boldsymbol{G}' & \boldsymbol{G}'\end{bmatrix}\\&=(\boldsymbol{c}'\oplus\boldsymbol{c}'',\boldsymbol{c}'')\end{aligned} \tag{5.10.9}$$

其中，$\boldsymbol{G}'=\boldsymbol{F}^{\otimes(n-1)}$，$\boldsymbol{c}'=\boldsymbol{v}'\boldsymbol{G}'$和$\boldsymbol{c}''=\boldsymbol{v}''\boldsymbol{G}''$。并且$\boldsymbol{c}'$和$\boldsymbol{c}''$分别是$(N/2,K')$极化码$\mathcal{C}'$和$(N/2,K'')$极化码$\mathcal{C}''$的码字。相应的$\mathcal{C}'$的信息位集合$\mathcal{B}'$为

$$\mathcal{B}'=\left\{i\middle|i\in\mathcal{B},1\leqslant i\leqslant\frac{N}{2}\right\} \tag{5.10.10}$$

$\mathcal{C}''$的信息位集合$\mathcal{B}''$为

$$\mathcal{B}''=\left\{i-\frac{N}{2}\middle|i\in\mathcal{B},\frac{N}{2}+1\leqslant i\leqslant N\right\} \tag{5.10.11}$$

并且$K'=|\mathcal{B}'|$和$K''=|\mathcal{B}''|$。极化码$\mathcal{C}'$和$\mathcal{C}''$的最小汉明重量分别为$d'_{\min}$和$d''_{\min}$。

为了证明 MWD 关系，需要先证明如下两个引理。

引理 5.10 $\mathcal{C}'$是$\mathcal{C}''$的子码。

证明 根据极化码的部分序性质，如果v_i是信息比特，那么$v_{i+\frac{N}{2}}$一定也是信息比特。因此，如果$i\in\mathcal{B}'$，那么一定有$i\in\mathcal{B}''$。因此，$\mathcal{C}'$是$\mathcal{C}''$的子码。

引理 5.11 $d'_{\min}$和$d''_{\min}$有三种组合关系。

(1) $d'_{\min}=d_{\min}$和$d''_{\min}=d_{\min}$；

(2) $d'_{\min}=d_{\min}$和$d''_{\min}=\dfrac{d_{\min}}{2}$；

(3) $d'_{\min} > d_{\min}$ 和 $d''_{\min} = \dfrac{d_{\min}}{2}$ 。

证明　根据引理 5.10 有

$$d'_{\min} \geqslant d''_{\min} \tag{5.10.12}$$

然后，根据定理 2.2，可以得到

$$d_{\min} = \min\left(2d''_{\min}, d'_{\min}\right) \tag{5.10.13}$$

假设 $2d''_{\min} \geqslant d'_{\min}$ ，根据式(5.10.12)和式(5.10.13)可得

$$\begin{cases} 2d''_{\min} \geqslant d'_{\min} \geqslant d''_{\min} \\ d'_{\min} = d_{\min} \end{cases} \tag{5.10.14}$$

那么有

$$\frac{d_{\min}}{2} \leqslant d''_{\min} \leqslant d_{\min} \tag{5.10.15}$$

然后，根据

$$\exists j \in \{1,2,\cdots,n\}, \quad \mathrm{wt}\left(\boldsymbol{G}_i\right) = 2^j \tag{5.10.16}$$

可得

$$\begin{cases} d'_{\min} = d_{\min} \\ d''_{\min} = \dfrac{d_{\min}}{2} \text{或} d_{\min} \end{cases} \tag{5.10.17}$$

同理，假设 $2d''_{\min} < d'_{\min}$ 可得 $d''_{\min} = \dfrac{d_{\min}}{2}$ 和 $d'_{\min} > d_{\min}$ 。到此引理 5.11 证明完毕。

引理 5.12　给定 $\mathcal{T}$ 、$\mathcal{T}'$ 和 $\mathcal{T}''$ 分别为极化码 $\mathcal{C}$ 、$\mathcal{C}'$ 和 $\mathcal{C}''$ 的汉明重量为 $d_{\min}$ 、$d'_{\min}$ 和 $d''_{\min}$ 的码字集合，那么这三个集合之间有如下的关系：

(1) 当 $d'_{\min} = d_{\min}$ 和 $d''_{\min} = d_{\min}$ 时，有

$$\mathcal{T} = \mathcal{T}_1 \cup \mathcal{T}_2 \tag{5.10.18}$$

(2) 当 $d'_{\min} = d_{\min}$ 和 $d''_{\min} = \dfrac{d_{\min}}{2}$ 时，有

$$\mathcal{T} = \mathcal{T}_1 \cup \mathcal{T}_2 \cup \mathcal{T}_3 \cup \mathcal{T}_4 \tag{5.10.19}$$

(3) 当 $d'_{\min} > d_{\min}$ 和 $d''_{\min} = \dfrac{d_{\min}}{2}$ 时，有

$$\mathcal{T} = \mathcal{T}_3 \tag{5.10.20}$$

其中

$$\mathcal{T}_1 = \left\{\left(\boldsymbol{c}', 0\right) \mid \boldsymbol{c}' \in \mathcal{T}'\right\} \tag{5.10.21}$$

$$\mathcal{T}_2 = \left\{\left(0, \boldsymbol{c}'\right) \mid \boldsymbol{c}' \in \mathcal{T}'\right\} \tag{5.10.22}$$

$$\mathcal{T}_3 = \left\{\left(\boldsymbol{c}'', \boldsymbol{c}''\right) \mid \boldsymbol{c}'' \in \mathcal{T}''\right\} \tag{5.10.23}$$

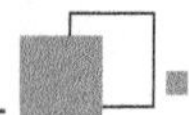

$$\mathcal{T}_4=\left\{(\boldsymbol{c}'\oplus\boldsymbol{c}'',\boldsymbol{c}'')\,|\,\boldsymbol{c}'\in\mathcal{T}',\boldsymbol{c}''\in\mathcal{T}'',\mathrm{wt}(\boldsymbol{c}'\oplus\boldsymbol{c}'')=\frac{d_{\min}}{2}\right\} \tag{5.10.24}$$

证明 根据式(5.10.9)，最小汉明重量为 $d_{\min}$ 的码字 $\boldsymbol{c}$ 可以表示为

$$\mathrm{wt}(\boldsymbol{c})=\mathrm{wt}(\boldsymbol{c}'+\boldsymbol{c}'')+\mathrm{wt}(\boldsymbol{c}'')=d_{\min} \tag{5.10.25}$$

然后，根据引理 5.11，$d'_{\min}$ 和 $d''_{\min}$ 分成了三类，采用分类讨论法。

(1) 当 $d'_{\min}=d_{\min}$ 和 $d''_{\min}=d_{\min}$ 时，$\mathcal{T}$ 可以根据如下的分类得到：

① 假设 $\mathrm{wt}(\boldsymbol{c}'')=0$，那么 $\mathrm{wt}(\boldsymbol{c})$ 化简为

$$\mathrm{wt}(\boldsymbol{c})=\mathrm{wt}(\boldsymbol{c}')=d_{\min} \tag{5.10.26}$$

因此，$\forall\boldsymbol{c}'\in\mathcal{T}'$ 可以使得 $\mathrm{wt}(\boldsymbol{c})=d_{\min}$。

② 假设 $\mathrm{wt}(\boldsymbol{c}'')=d_{\min}$，同理，$\mathrm{wt}(\boldsymbol{c})$ 可化简为

$$\mathrm{wt}(\boldsymbol{c}'+\boldsymbol{c}'')=0 \tag{5.10.27}$$

因此，可得 $\boldsymbol{c}'=\boldsymbol{c}''$。根据引理 5.10，有 $\mathcal{T}'\subset\mathcal{T}''$，那么对于 $\forall\boldsymbol{c}'\in\mathcal{T}'$，$\exists\boldsymbol{c}''\in\mathcal{T}''$ 使得 $\mathrm{wt}(\boldsymbol{c}'+\boldsymbol{c}'')=0$，即 $\boldsymbol{c}'=\boldsymbol{c}''$。所以 $(0,\boldsymbol{c}')$，$\boldsymbol{c}'\in\mathcal{T}''$ 是极化码 $\mathcal{C}$ 中汉明重量为 $d_{\min}$ 的码字。

③ 假设 $\mathrm{wt}(\boldsymbol{c}'')>d_{\min}$，显然 $\mathrm{wt}(\boldsymbol{c})>d_{\min}$。

综上，证明了 $\mathcal{T}=\mathcal{T}_1\cup\mathcal{T}_2$。

(2) 当 $d'_{\min}=d_{\min}$ 和 $d''_{\min}=\frac{d_{\min}}{2}$，$\mathcal{T}$ 可以根据如下的分类得到：

① 假设 $\mathrm{wt}(\boldsymbol{c}'')=0$，$\forall\boldsymbol{c}'\in\mathcal{T}'$ 可以使得 $\mathrm{wt}(\boldsymbol{c})=d_{\min}$。

② 假设 $\mathrm{wt}(\boldsymbol{c}'')=\frac{d_{\min}}{2}$ 并且 $\mathrm{wt}(\boldsymbol{c}')=0$，显然 $(\boldsymbol{c}'',\boldsymbol{c}'')$ 是极化码 $\mathcal{C}$ 中汉明重量为 $d_{\min}$ 的码字。

③ 假设 $\mathrm{wt}(\boldsymbol{c}'')=\frac{d_{\min}}{2}$ 并且 $\mathrm{wt}(\boldsymbol{c}')=d_{\min}$，为了得到极化码 $\mathcal{C}$ 中汉明重量为 $d_{\min}$ 的码字，需要枚举全部 $\boldsymbol{c}'\in\mathcal{T}'$ 和 $\boldsymbol{c}''\in\mathcal{T}''$，使得 $\boldsymbol{c}'+\boldsymbol{c}''$ 能满足如下条件：

$$\mathrm{wt}(\boldsymbol{c}'+\boldsymbol{c}'')=\frac{d_{\min}}{2} \tag{5.10.28}$$

④ 假设 $\mathrm{wt}(\boldsymbol{c}'')=\frac{d_{\min}}{2}$ 并且 $\mathrm{wt}(\boldsymbol{c}')>d_{\min}$，显然 $\mathrm{wt}(\boldsymbol{c}'+\boldsymbol{c}'')>\frac{d_{\min}}{2}$ 导致 $\mathrm{wt}(\boldsymbol{c})>d_{\min}$。

⑤ 假设 $\frac{d_{\min}}{2}<\mathrm{wt}(\boldsymbol{c}'')<d_{\min}$，为了使得 $\mathrm{wt}(\boldsymbol{c})=d_{\min}$，需要有

$$0<\mathrm{wt}(\boldsymbol{c}'+\boldsymbol{c}'')<\frac{d_{\min}}{2} \tag{5.10.29}$$

然后，根据引理 5.10 可得 $\boldsymbol{c}'$ 是 $\mathcal{C}''$ 的码字。因此，$\boldsymbol{c}'+\boldsymbol{c}''$ 也是 $\mathcal{C}''$ 的码字。然而，因为 $d''_{\min}=\frac{d_{\min}}{2}$，$\mathcal{C}''$ 中不存在能满足式(5.10.29)的码字，所以在这个分类中，不能找到最小汉明重量为 $d_{\min}$ 的码字。

⑥ 假设 $\mathrm{wt}(\boldsymbol{c}'')=d_{\min}$，根据证明中(1)的②可得 $(0,\boldsymbol{c}')$，$\boldsymbol{c}'\in\mathcal{T}''$ 是极化码 $\mathcal{C}$ 中汉明重量为 $d_{\min}$ 的码字。

⑦ 假设 $\mathrm{wt}(\boldsymbol{c}'')>d_{\min}$，显然 $\mathrm{wt}(\boldsymbol{c})>d_{\min}$。

综上，证明了 $\mathcal{T}=\mathcal{T}_1\cup\mathcal{T}_2\cup\mathcal{T}_3\cup\mathcal{T}_4$。

(3) 当 $d'_{\min}>d_{\min}$ 和 $d''_{\min}=\dfrac{d_{\min}}{2}$，$\mathcal{T}$ 可以根据如下的分类得到：

① 假设 $\mathrm{wt}(\boldsymbol{c}'')=0$，显然 $\mathrm{wt}(\boldsymbol{c})>d_{\min}$。

② 假设 $\mathrm{wt}(\boldsymbol{c}'')=\dfrac{d_{\min}}{2}$ 并且 $\mathrm{wt}(\boldsymbol{c}')=0$，显然 $(\boldsymbol{c}'',\boldsymbol{c}'')$ 是极化码 $\mathcal{C}$ 中汉明重量为 $d_{\min}$ 的码字。

③ 假设 $\mathrm{wt}(\boldsymbol{c}'')=\dfrac{d_{\min}}{2}$ 并且 $\mathrm{wt}(\boldsymbol{c}')>d_{\min}$，显然 $\mathrm{wt}(\boldsymbol{c}'+\boldsymbol{c}'')>\dfrac{d_{\min}}{2}$ 导致 $\mathrm{wt}(\boldsymbol{c})>d_{\min}$。

④ 假设 $\dfrac{d_{\min}}{2}<\mathrm{wt}(\boldsymbol{c}'')<d_{\min}$，根据证明中(2)的⑤可得，在这个分类中，不能找到最小汉明重量为 $d_{\min}$ 的码字。

⑤ 假设 $\mathrm{wt}(\boldsymbol{c}'')=d_{\min}$，有 $\mathrm{wt}(\boldsymbol{c}'+\boldsymbol{c}'')>0$ 导致 $\mathrm{wt}(\boldsymbol{c})>d_{\min}$。

⑥ 假设 $\mathrm{wt}(\boldsymbol{c}'')>d_{\min}$，显然 $\mathrm{wt}(\boldsymbol{c})>d_{\min}$。

综上，证明了 $\mathcal{T}=\mathcal{T}_3$。至此，引理 5.12 证明完毕。

引理 5.12 描述了 $\mathcal{T}$、$\mathcal{T}'$ 和 $\mathcal{T}''$ 之间的关系，由此根据 $\mathcal{T}'$ 和 $\mathcal{T}''$ 可以得到 $\mathcal{T}$，为简化 SCEM 算法提供了思路。

2. SCREM 算法流程

为了利用引理 5.12 分析极化码 $\mathcal{C}$ 的最小重量分布 $\mathcal{T}$，先要评估 $\mathcal{C}'$ 和 $\mathcal{C}''$ 的最小重量分布 $\mathcal{T}'$ 和 $\mathcal{T}''$。利用 Plotkin 的递归结构，可以采用 SCREM 算法来枚举极化码的最小重量分布，其具体流程如算法 5.26 所示。

算法 5.26　SCREM 算法：$\left(\mathcal{T},A_{d_{\min}}\right)=\mathrm{SCREM}\left(N,K,\mathcal{B},d_{\min}\right)$

Input：码长 N，信息比特的长度 K，关于序列 $\boldsymbol{v}$ 的信息位集合 $\mathbb{B}$ 和极化码的最小汉明重量 $d_{\min}$
Output：最小重量分布 $\mathcal{T}$，汉明重量为 $d_{\min}$ 的码字数量 $A_{d_{\min}}$

初始化 $\mathcal{T}=\varnothing$ 和 $A_{d_{\min}}\leftarrow 0$；
根据式(5.10.10)和式(5.10.11)初始化 $\mathcal{B}'$ 和 $\mathcal{B}''$；
初始化 $K'=|\mathcal{B}'|$ 和 $K''=|\mathcal{B}''|$；
初始化 $d'_{\min}$ 和 $d''_{\min}$ 分别为 $\mathcal{C}'$ 和 $\mathcal{C}''$ 的最小汉明重量；
　If $N=2$ 或 $K'=0$ 或 $K''=\dfrac{N}{2}$ then
　　$(\mathcal{T},A_{d_{\min}})\leftarrow\mathrm{SCEM}\left(N,K,\mathcal{B},d_{\min}\right)$；
　Else
　　$(\mathcal{T}',A_{d'_{\min}})\leftarrow\mathrm{SCREM}\left(\dfrac{N}{2},K',\mathcal{B}',d'_{\min}\right)$；
　　$(\mathcal{T}'',A_{d''_{\min}})\leftarrow\mathrm{SCREM}\left(\dfrac{N}{2},K'',\mathfrak{B}'',d''_{\min}\right)$
　　If $d'_{\min}=d_{\min}$ 和 $d''_{\min}=d_{\min}$ then

11. $\mathcal{T} \leftarrow \mathcal{T}_1 \cup \mathcal{T}_2$ 和 $A_{d_{\min}} \leftarrow 2A_{d'_{\min}}$ ；

12. Else If $d'_{\min} = d_{\min}$ 和 $d''_{\min} = \dfrac{d_{\min}}{2}$ then

13. 通过枚举全部 $\boldsymbol{c}' \in \mathcal{T}'$ 和 $\boldsymbol{c}'' \in \mathcal{T}''$ ，使得 $\boldsymbol{c}' + \boldsymbol{c}''$ 能满足 $\mathrm{wt}(\boldsymbol{c}' + \boldsymbol{c}'') = \dfrac{d_{\min}}{2}$ 得到 $\mathcal{T}_4$ ；

14. $\mathcal{T} \leftarrow \mathcal{T}_1 \cup \mathcal{T}_2 \cup \mathcal{T}_3 \cup \mathcal{T}_4$ 和 $A_{d_{\min}} \leftarrow 2A_{d'_{\min}} + A_{d''_{\min}} + |\mathcal{T}_4|$ ；

15. Else If $d'_{\min} > d_{\min}$ 和 $d''_{\min} = \dfrac{d_{\min}}{2}$ then

16. $\mathcal{T} \leftarrow \mathcal{T}_3$ 和 $A_{d_{\min}} \leftarrow A_{d''_{\min}}$ ；

首先根据 Plotkin 结构，将极化码 $\mathcal{C}$ 分解成两个分量极化码 $\mathcal{C}'$ 和 $\mathcal{C}''$ (步骤 1～步骤 4)。然后，根据引理 5.12，利用 $\mathcal{T}'$ 和 $\mathcal{T}''$ 得到 $\mathcal{T}$ (步骤 10～步骤 16)。同理，$\mathcal{T}'$ 和 $\mathcal{T}''$ 也都可以递归枚举(步骤 8 和步骤 9)。因此，极化码 $\mathcal{C}$ 的最小重量分布 $\mathcal{T}$ 可以采用递归方法进行枚举。此外，当极化码 $\mathcal{C}$ 不能分解成两个极化分量码，即码长 $N=2$ 或者 $K'=0$ ，或者基于 Plotkin 的分解不能降低复杂度，即 $K''=N/2$ ，则递归过程停止，极化码 $\mathcal{C}$ 的最小重量分布 $\mathcal{T}$ 用 SCEM 进行枚举(步骤 5 和步骤 6)。

5.10.3 基于球约束的奇偶校验枚举方法

级联极化码也可以采用球约束特性进行最小重量枚举，称为 PC-SCEM 算法。在 PC-SCEM 中，首要任务是确定最小汉明重量 $d_{\min}$ 。然而，对于级联极化码，没有直接方式来确定 $d_{\min}$ 。因此，采用贪婪式方法得到 $d_{\min}$ 。具体而言，由于级联码是相应极化码的子码，因此极化码的最小汉明重量是级联极化码的下界。所以首先设置球约束半径为极化码的最小汉明重量，即

$$r = \min_{i \in \mathcal{B}} \left(wt\left(\boldsymbol{G}_i\right) \right) \tag{5.10.30}$$

然后，考虑到极化码是 RM 码的子码，RM 码的码字汉明重量都是偶数，那么级联极化码的码字汉明重量也都是偶数。因此，如果在当前球约束条件下没有找到满足球约束的码字，则将半径 r 加 2，继续进行搜索，直到 r 为级联码的 $d_{\min}$ 并找到满足球约束的码字。

为了在球约束条件下枚举码字，级联极化码的全部比特被分为三个类型：信息比特、冻结比特和校验比特。对于信息比特和冻结比特，搜索过程和 SCEM 一样。对于校验比特，类似于 5.9.4 节的方法，需要通过变换得到奇偶校验集合 $\mathcal{Q}_i(\boldsymbol{v})$ ，然后直接判决得到。因此，通过 PC-SCEM 搜索到的码字全部都是级联极化码的码字。

算法 5.27 给出了 PC-SCEM 的详细流程。该算法可以分析各种级联极化码，如 CRC-Polar 级联码或 PC-Polar 级联码的最小重量分布。

算法 5.27 PC-SCEM 算法

Input：码长 N ，关于序列 $\boldsymbol{v}$ 的信息位集合 $\mathcal{B}$ ，奇偶校验集合 $\{\mathcal{Q}_i(\boldsymbol{v})\}$

Output：最小重量分布 $\mathcal{T}$ ，汉明重量为 $d_{\min}$ 的码字数量 $A_{d_{\min}}$

初始化，$\mathcal{T}=\varnothing$，$A_{d_{\min}}\leftarrow 0$，$r\leftarrow\min_{i\in\mathcal{B}}\left(wt\left(\boldsymbol{G}_i\right)\right)$；
初始化搜索比特序号 $k\leftarrow N$，$\boldsymbol{v}\leftarrow\boldsymbol{0}$，$\boldsymbol{c}\leftarrow\boldsymbol{0}$；
初始化 $P=\left\{k_i\mid k_i=\min\left(\mathcal{Q}_i\left(\boldsymbol{v}\right)\right),i=1,2,\cdots,K_P\right\}$；
　While $A_{d_{\min}}=0$ do
　　While $k\leqslant N$ do
　　　If $k\in\mathcal{B}-\mathcal{P}$ then
　　　　$v_k\leftarrow\left[\bigoplus_{j=k+1}^{N}\left(v_j g_{j,k}\right)\right]$ 并且 $c_k\leftarrow 0$；
　　　Else If $k\in\mathcal{P}$ then
　　　　找到 i 使得 $k_i=k$；
　　　　$v_k\leftarrow\bigoplus_{t\in\left(\mathcal{Q}_i\left(\boldsymbol{v}\right)\backslash k_i\right)}v_t$；
　　　　$c_k\leftarrow\left[\bigoplus_{j=k}^{N}\left(v_j g_{j,k}\right)\right]$；
　　　Else
　　　　$v_k\leftarrow 0$ 并且 $c_k\leftarrow\left[\bigoplus_{j=k}^{N}\left(v_j g_{j,k}\right)\right]$
　　　If $d\left(\boldsymbol{v}_k^N\right)\leqslant r$ then
　　　　If $k>1$ then
　　　　　$k\leftarrow k-1$；
　　　　　continue;
　　　　Else
　　　　　$\mathcal{T}\leftarrow\mathcal{T}\cup\{\boldsymbol{c}\}$ 并且 $A_{d_{\min}}\leftarrow A_{d_{\min}}+1$；
　　　While $k\leqslant N$ do
　　　　If $k\in\mathcal{B}-\mathcal{P}$ 和 $c_k=0$ then
　　　　　$v_k\leftarrow v_k\oplus 1$ 并且 $c_k\leftarrow 1$；
　　　　　If $d\left(\boldsymbol{v}_k^N\right)\leqslant r$ then
　　　　　　$k\leftarrow k-1$；
　　　　　　break;
　　　　$k\leftarrow k+1$
　$\mathcal{T}\leftarrow\mathcal{T}-\{\boldsymbol{0}\}$ 并且 $A_{d_{\min}}\leftarrow A_{d_{\min}}-1$；
　If $A_{d_{\min}}=0$ then
　　$r\leftarrow r+2$
　Else
　　$d_{\min}\leftarrow r$

5.10.4　仿真结果及分析

本节首先给出了极化码和 CRC-Polar 级联码的 MWD。然后，给出三种基于球约束

的枚举算法的搜索复杂度。极化码采用 GA 和 PW 算法构造。

1. 极化码的 MWD

表 5.10.1 和表 5.10.2 给出了采用 GA 和 PW 构造的极化码在不同码长、码率下的 MWD。GA 算法的构造信噪比为 $E_b/N_0=3\text{dB}$。由于部分极化码用 GA 方法在 $E_b/N_0=3\text{dB}$ 下构造的 MWD 过大，无法全部枚举，因此用"*"标注的极化码采用 $E_b/N_0=2.5\text{dB}$ 构造。从这两个表可以看出，随着码长的增加，GA 和 PW 构造的极化码 MWD 之间的差异逐渐增大。具体来说，GA 构造的极化码有更大的 $d_{\min}$ 或更小的 $A_{d_{\min}}$。由此可以解释，GA 和 PW 在短码下有几乎一致的性能，但在长码下，GA 构造性能更好。

表 5.10.1　GA 和 PW 构造的极化码在不同码长、码率下的 MWD(N=256～2048)

R	GA/PW	N							
		256		512		1024		2048	
		$d_{\min}$	$A_{d_{\min}}$	$d_{\min}$	$A_{d_{\min}}$	$d_{\min}$	$A_{d_{\min}}$	$d_{\min}$	$A_{d_{\min}}$
1/9	GA	32	88	64	4376	64	2608	64	224
	PW	32	88	32	16	64	3120	64	1632
1/8	GA	32	152	32	16	64	8752	64	1376
	PW	32	152	32	48	64	6960	64	5216
1/7	GA	32	344	32	48	64	19760	64	8288
	PW	32	280	32	112	32	32	64	14944
1/6	GA	32	920	32	432	64	65328	64	39008
	PW	32	920	32	432	32	96	32	64
1/5	GA	32	2840	32	1840	32	224	64	255584
	PW	32	2840	32	2096	32	1376	32	448
1/4	GA	16	48	32	12592	32	4704	32	64
	PW	16	48	16	32	32	9312	32	7360
1/3	GA	16	944	16	96	32	161376	32	47296
	PW	16	1072	16	608	16	192	16	128
1/2	GA	8	32	16	52832	16	20672	16	896
	PW	8	96	8	64	16	54464	16	57728
2/3	GA	8	11360	8	5824	8	896	16	3520896
	PW	8	11360	8	11456	8	5504	8	2816
3/4	GA	4	64	8	65728	8	57728	8	23296
	PW	4	64	8	65728	8	78208	8	90880
4/5	GA	4	448	4	128	8	344448	8	262912
	PW	4	448	4	384	4	256	8	508672
5/6	GA	4	1216	4	384	4	256	8	1065728
	PW	4	1216	4	896	4	768	4	512
6/7	GA	4	2752	4	1408	4	768	4	512
	PW	4	2752	4	2432	4	1792	4	1536
7/8	GA	4	6848	4	5504	4	2816	4	1536
	PW	4	6848	4	5504	4	2816	4	1536
8/9	GA	4	12992	4	7552	4	4864	4	3584
	PW	4	12992	4	9600	4	4864	4	5632

表 5.10.2 GA 和 PW 构造的极化码在不同码长、码率下的 MWD(N=4096～16384)

R	GA/PW	N					
		4096		8192		16384	
		$d_{\min}$	$A_{d_{\min}}$	$d_{\min}$	$A_{d_{\min}}$	$d_{\min}$	$A_{d_{\min}}$
1/9	GA PW	128 64	394848 704	128 64	47296 384	128* 64	384* 256
1/8	GA PW	128 64	1036896 2752	128 64	292032 1408	128 64	128 768
1/7	GA PW	128 64	3039840 14528	128 64	1850560 5504	128 64	11648 4864
1/6	GA PW	64 64	1216 54464	128 64	10958016 57728	128 64	786816 45824
1/5	GA PW	64 32	47296 384	64* 32	2432* 256	128 64	29096320 381696
1/4	GA PW	64 32	1408192 3456	64 32	55680 2816	64* 32	256* 1536
1/3	GA PW	32 32	128 158080	64 32	30026112 189184	64 32	606976 181760
1/2	GA PW	32 16	15280512 45824	32 16	3298048 22016	32 16	1536 19456
2/3	GA PW	16 8	2061056 3584	16 8	230912 3072	16 8	1024 2048
3/4	GA PW	8 8	3584 50688	16 8	63694336 44032	16 8	24431616 38912
4/5	GA PW	8 8	108032 706048	8 8	44032 658432	8 8	6144 366592
5/6	GA PW	8 4	1017344 1024	8 8	461824 2952192	8 8	186368 9246720
6/7	GA PW	8 4	3442176 1024	8 4	4197376 2048	8 8	2037760 13899776
7/8	GA PW	4 4	1024 3072	8 4	11340800 2048	8 4	15210496 4096
8/9	GA PW	4 4	3072 3072	4 4	2048 6144	8 4	36313088 4096

注："*" 标注的极化码采用 $E_b / N_0 = 2.5\text{dB}$ 构造。

表 5.10.3 为 GA 构造极化码不同信噪比下的 MWD。可以看到 GA 构造极化码的 MWD 随着信噪比变化。这是因为，在不同信噪比区间，GA 构造极化码的信息位集合不同。此外，MWD 也随着信噪比增加获得了改善，即 $d_{\min}$ 更大或 $A_{d_{\min}}$ 更小。

表 5.10.3 GA 构造极化码在不同信噪比下的 MWD

$\frac{E_b}{N_0}$/dB	(256,128)		(512,256)		(1024,512)		(2048,1024)	
	$d_{\min}$	$A_{d_{\min}}$	$d_{\min}$	$A_{d_{\min}}$	$d_{\min}$	$A_{d_{\min}}$	$d_{\min}$	$A_{d_{\min}}$
0.0	8	224	8	64	16	66752	16	86400
0.5	8	224	8	64	16	66752	16	61824
1.0	8	224	8	64	16	54464	16	57728

续表

$\frac{E_b}{N_0}$/dB	(256,128)		(512,256)		(1024,512)		(2048,1024)	
	$d_{\min}$	$A_{d_{\min}}$	$d_{\min}$	$A_{d_{\min}}$	$d_{\min}$	$A_{d_{\min}}$	$d_{\min}$	$A_{d_{\min}}$
1.5	8	96	8	64	16	54464	16	33152
2.0	8	96	16	61024	16	45248	16	27008
2.5	8	96	16	58976	16	35008	16	5504
3.0	8	32	16	52832	16	20672	16	896
3.5	8	32	16	44640	16	12992	32	17822912
4.0	16	60720	16	39520	16	5824	32	13382848
4.5	16	60720	16	30816	16	704	32	10843328

图 5.10.5 给出了极化码采用 SCL 译码($L=32$)的误码率性能图。极化码的码长分别为 1024 和 2048，码率为 1/2。根据表 5.10.1 和表 5.10.2，相应的一致界也在图中给出。可以看到高信噪比条件下,极化码的 BLER 性能与一致界重合。因此,根据极化码的 MWD 计算的联合一致界可以用来评估极化码的 BLER 性能。随着信噪比增加，两种极化码构造方法的性能差距开始出现并逐渐变大。原因是，GA 构造极化码的 MWD 随着信噪比的增加而逐渐改善，优于 PW 构造极化码的 MWD。因此，从优化 MWD 角度来看，GA 构造更适合长码极化码构造。

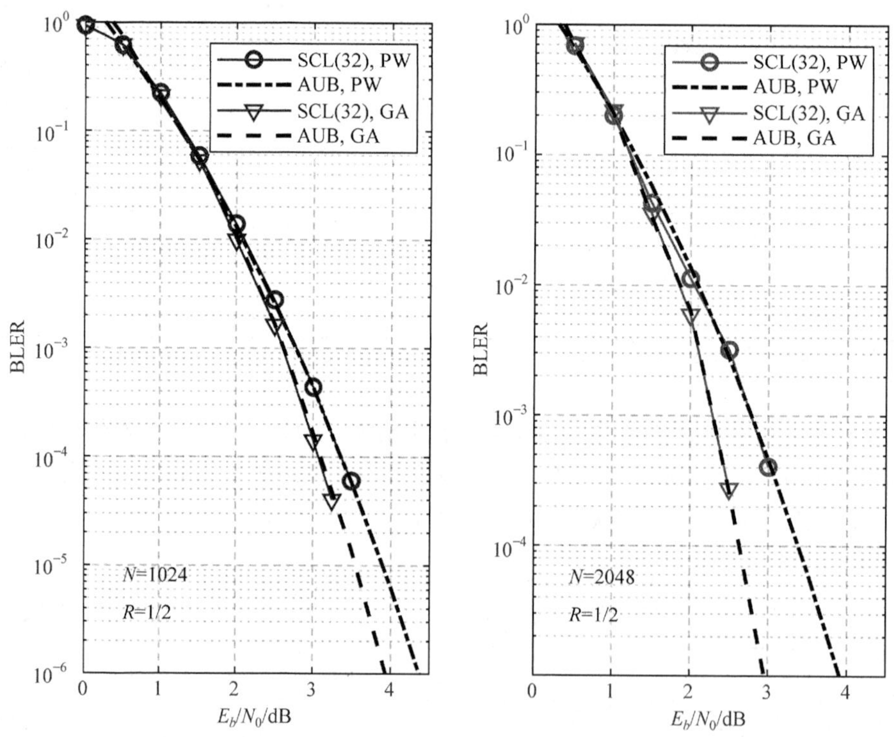

图 5.10.5　极化码在列表大小为 32 的 SCL 译码下的误码率性能图

2. CRC-Polar 级联码的 MWD

表 5.10.4 比较了 PC-SCEM 和多级 SCL 方法[88]枚举的 CRC-Polar 级联码的 MWD。其中，极化码在码率为 1/2 和 1/3 时，采用 GA 算法在 $E_b / N_0 = 3.1\text{dB}$ 和 $E_b / N_0 = 1.85\text{dB}$ 情况下构造。由表 5.10.4 可知，多级 SCL 枚举的 MWD 在一些配置下有偏差，例如，(256, 171) CRC-Polar 级联码，当 CRC 长度为 8 和 9 时，多级 SCL 搜索的结果比 PC-SCEM 偏小。相比于 PC-SCEM，(512, 341) CRC-Polar 级联码的 CRC 长度为 10 时，多级 SCL 枚举的 MWD 最多遗漏了 80.9%的 MWD 码字。其中的原因是，级联码的 $d_{\min}$ 大于等于相应极化码的 $d_{\min}$，导致多级 SCL 方法搜索分解不够充分。而 PC-SCEM 采用球约束，能够确保枚举全部的 MWD 码字。

表 5.10.4　由 PC-SCEM 和多级 SCL 方法枚举的 CRC 极化码级联码的 MWD

N	K_I	K_P	多级 SCL			PC-SCEM		
			$g(x)$	$d_{\min}$	$A_{d_{\min}}$	$g(x)$	$d_{\min}$	$A_{d_{\min}}$
256	128	8	0x1D5	16	2054	0x1D5	16	2054
		9	0x2CF	16	539	0x2CF	16	539
		10	0x633	16	552	0x633	16	552
256	171	8	0x1D5	8	528	0x1D5	8	553
		9	0x2CF	8	38	0x2CF	8	63
		10	0x633	8	14	0x633	8	14
512	256	8	0x1D5	16	1054	0x1D5	16	1142
		9	0x2CF	16	153	0x2CF	16	153
		10	0x633	16	111	0x633	16	111
	341	8	0x1D5	8	77	0x1D5	8	77
		9	0x2CF	8	28	0x2CF	8	28
		10	0x633	12	468	0x633	12	2450

注：生成多项式 $g(x)$ 采用 16 进制表示。

表 5.10.5 给出了采用 PC-SCEM 算法，CRC-Polar 级联码的优化 CRC 多项式。其中，极化码采用 PW 算法构造。标准 CRC 来自文献[90]。文献[32]通过枚举全部的 CRC 多项式并用 PC-SCEM 分析相应 CRC-Polar 级联码的 MWD 来优化 CRC 生成多项式。具体的优化准则是：①最大化 $d_{\min}$；②当 $d_{\min}$ 相同时，最小化 $A_{d_{\min}}$。

表 5.10.5　由 PC-SCEM 优化的 CRC-Polar 级联码的 CRC 生成多项式

N	K_I	K_P	优化 CRC			标准 CRC		
			$g(x)$	$d_{\min}$	$A_{d_{\min}}$	$g(x)$	$d_{\min}$	$A_{d_{\min}}$
128	32	6	0x5B	24	270	0x59	16	12
		8	0x1E7	24	128	0x1D5	16	5
		11	0xD11	24	34	0xCBB	16	3
	64	6	0x73	12	300	0x59	8	56
		8	0x14D	12	99	0x1D5	8	14
		11	0xD63	12	15	0xCBB	12	147

续表

N	K_I	K_P	优化 CRC			标准 CRC		
			$g(x)$	$d_{\min}$	$A_{d_{\min}}$	$g(x)$	$d_{\min}$	$A_{d_{\min}}$
128	96	6	0x73	6	16	0x59	6	53
		8	0x18D	6	6	0x1D5	4	8
		11	0xECF	8	2453	0xCBB	4	12
256	64	6	0x79	32	1640	0x59	16	8
		8	0x1F9	32	362	0x1D5	32	758
		11	0x895	32	41	0xCBB	32	136
	128	6	0x57	16	5853	0x59	12	23
		8	0x1D7	16	1397	0x1D5	12	16
		11	0xC31	16	200	0xCBB	16	553
	192	6	0x57	8	4647	0x59	8	9494
		8	0x14D	8	1621	0x1D5	8	3521
		11	0xCB9	8	155	0xCBB	8	606
512	128	6	0x43	32	498	0x59	32	1036
		8	0x1F3	32	95	0x1D5	32	256
		11	0x9A7	32	3	0xCBB	32	32
	256	6	0x57	16	1912	0x59	16	4344
		8	0x14D	16	362	0x1D5	16	918
		11	0xC23	16	28	0xCBB	16	213
	384	6	0x43	8	2563	0x59	8	5220
		8	0x187	8	368	0x1D5	8	1193
		11	0xE81	8	6	0xCBB	8	708

注：生成多项式 $g(x)$ 采用 16 进制表示。

图 5.10.6 给出了码长为 128，CRC 长度为 6 的 CRC-Polar 级联码的 BLER 性能。其中，码率为 1/4、1/2 和 3/4 下的优化 CRC 多项式取自表 5.10.5，分别为 0x5B、0x73 和 0x73。标准 CRC 多项式为 0x59。由图可知，高信噪比下，BLER 的性能接近 UB 界性能，但在低信噪比下有偏离。这是因为 CA-SCL 译码算法($L=32$)的性能比 ML 性能略差，并且在高信噪比下，只考虑 MWD 的 UB 界才能逼近 ML 性能。由于优化 CRC-Polar 码的 UB 界小于标准 CRC-Polar 码，前者的性能在高信噪比下优于后者。

图 5.10.7 给出了码长为 512，CRC 长度为 11 的 CRC-Polar 级联码的 BLER 性能。码率为 1/4、1/2 和 3/4 下的优化 CRC 多项式也取自表 5.10.5，分别为 0x9A7、0xC23 和 0xE81。标准 CRC 多项式为 0xCBB。类似图 5.10.6，在高信噪比条件下，BLER 性能曲线才能逼近 UB 界，并且优化的 CRC-Polar 级联码有更好的性能。

3. 复杂度分析

图 5.10.8 给出了 SCEM、SCREM 和 SCL 枚举等三种方法，在码长为 128，不同码率下的复杂度比较结果。其中的极化码用 PW 方法构造。复杂度用平均节点访问量(AVN)评估。枚举全部码字的节点访问量为 $2^K N\log N$，也是枚举 MWD 的复杂度上界。基于

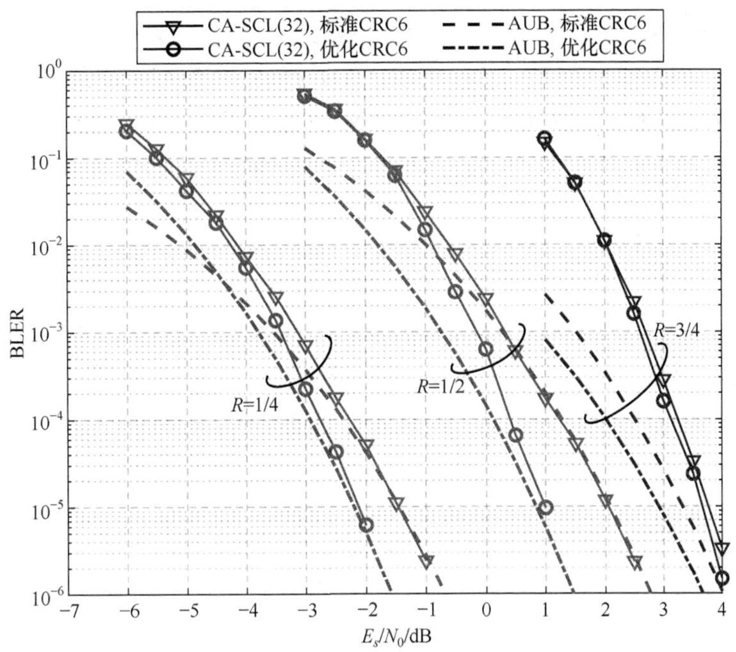

图 5.10.6　码长为 128，CRC 长度为 6 的 CRC-Polar 级联码的 BLER 性能

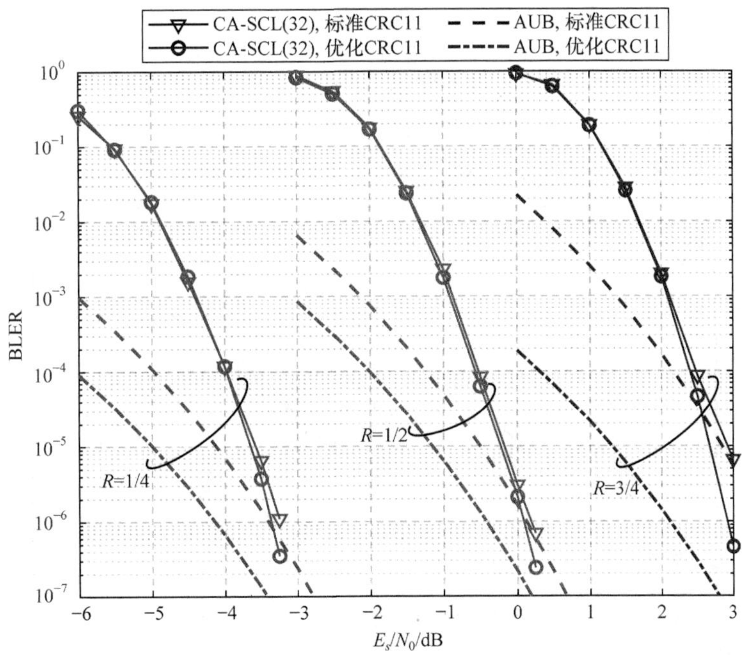

图 5.10.7　码长为 512，CRC 长度为 11 的 CRC-Polar 级联码的 BLER 性能

SCL 的枚举方法[14]的 AVN 为 $\min\left(2^K N\log N, L_1 N\log N\right)$，其中，$L_1$ 为列表大小。多级 SCL 枚举方法[88]的 AVN 为 $\min\left(2^K N\log N, ML_2 N\log N\right)$，其中，$L_2$ 为列表大小，M 为多级 SCL 划分的等级。在文献[14]和文献[88]中，L_1 和 L_2 分别为 1280000 和 32768。M 是极化码生成矩阵中列重为 $d_{\min}$ 的数量。

由图 5.10.8 可知，由于球约束可以对搜索树进行剪枝，从而避免了冗余搜索，因此 SCEM 的复杂度小于基于 SCL 的枚举方法。具体来说，SCEM 的复杂度比基于 SCL 的枚举方法低 3～4 个数量级。而且，由于 SCREM 的递归结构，其复杂度远低于 SCEM，相比于 SCL/多级 SCL 枚举方法，SCREM 的复杂度分别低10^5和10^8倍。

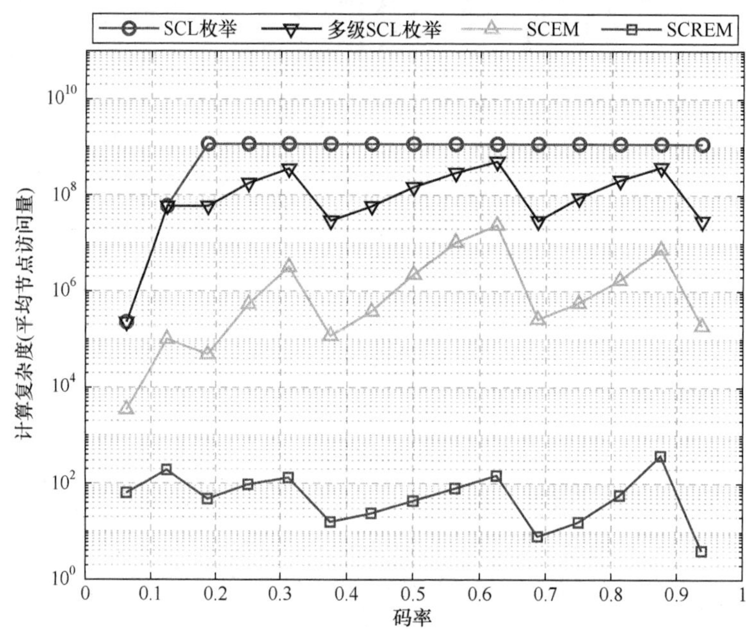

图 5.10.8　SCEM、SCREM 和 SCL 枚举方法在码长为 128 下的搜索复杂度比较

图 5.10.9 给出了 SCEM、SCREM 和 PC-SCEM 三种方法在码长为 128 下的复杂度

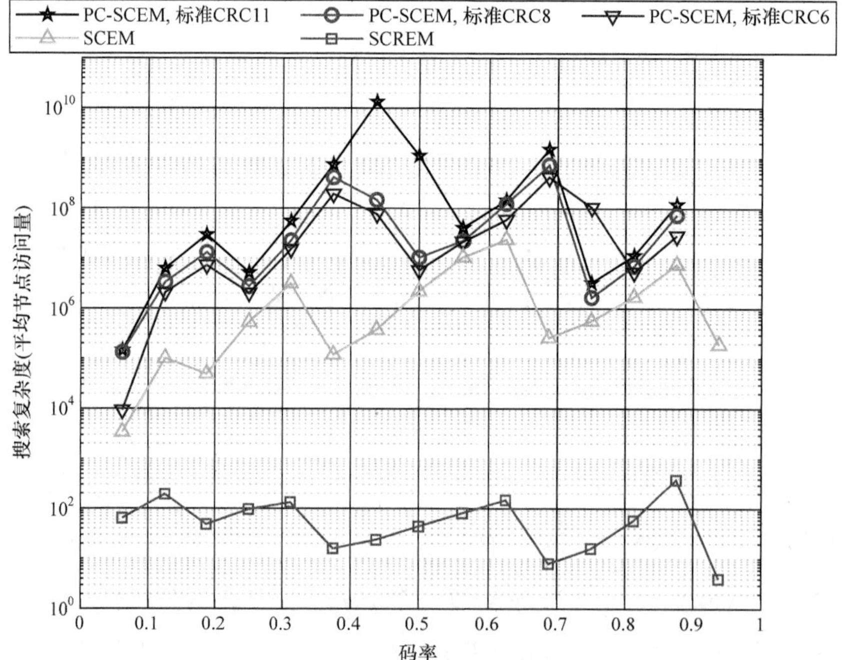

图 5.10.9　SCEM、SCREM 和 PC-SCEM 三种方法在码长为 128 下的复杂度比较

比较。图中采用标准 CRC6 (0x59)、CRC8 (0x1D5)和 CRC11 (0xCBB)的 CRC-Polar 级联码，极化码用 PW 方法构造。由图可知，PC-SCEM 的搜索复杂度高于 SCEM 和 SCREM，原因是级联结构增大最小汉明重量，进而扩大了球约束搜索范围。在码率为 0.25 条件下，三种 CRC-Polar 级联码有相同的最小汉明重量(表 5.10.5)，因此相应的 PC-SCEM 有相同的球约束范围，搜索复杂度也几乎相同。在码率为 0.5 和 0.75 条件下，可以观察到：更大的最小汉明重量导致了更高的搜索复杂度，相同的最小汉明重量导致了几乎相同的搜索复杂度。因此，CRC-Polar 级联码的最小汉明重量是影响 PC-SCEM 搜索复杂度的主要因素。

5.11　其他短码译码算法

对于短码极化码的译码，不仅可以采用球译码算法，还可以采用其他算法，达到或接近最大似然译码性能。其中，代表性的算法包括 Viterbi 译码、线性规划译码以及 OSD(Ordered Statistic Decoding)译码算法等。下面简要介绍这些算法的基本原理。

5.11.1　Viterbi 译码

Arıkan 等在文献[5]中提出了极化码的 Viterbi 译码算法。其基本思想来自经典著作[57]，依据校验关系，将极化码表示为并行的 Trellis 结构，然后在格图上采用 Viterbi 算法进行译码。

短码条件下，对于极低或极高码率，这种方法能够较为有效地达到 ML 译码性能。但如果码长较长、码率中等(如 $R=1/2$)，则 Viterbi 算法的 Trellis 复杂度很高。因此，Viterbi 算法只能适用于短码条件(如 $N=64$)下的译码。

5.11.2　LP 算法

线性规划(LP)是另一类接近最大似然译码性能的算法。Goela 等在文献[6]中最早提出了极化码的 LP 译码算法。他们将 ML 译码问题进行松弛，借助极化码的校验矩阵得到了译码的线性约束关系，通过 LP 算法求解该问题。如果结果为整数解，则必然是 ML 译码的码字，反之如果结果非整数，则直接判决为 0/1。因此，LP 译码能够逼近 ML 译码结果。

文献[6]提出的 LP 算法，只能适用于 BEC 信道下极化码的译码。后来，Taranalli 与 Siegel 在文献[91]提出了自适应线性规划(ALP)算法。基于更简单的稀疏因子图表示，ALP 算法能够应用于 AWGN 信道下极化码的译码，性能更加接近 ML 译码，并且译码复杂度更低。与原始的 LP 算法[6]相比，ALP 算法能够达到性能与复杂度更好的折中。

5.11.3　OSD 算法

排序统计译码(OSD)也是一种接近于 ML 性能的译码算法。文献[92]提出了基于 OSD 的极化码译码算法。其基本思想是对 LLR 按照绝对值从大到小排列，根据可靠性顺序对生成矩阵的列重排，经过列独立变换，再进行硬判决，多次重复上述过程，最终得到译码结果。对于短码情况($N\leqslant 64$)，OSD 译码性能可以趋近 ML 译码，但码长较长情况下，

译码复杂度很高。因此，OSD 算法也只适用于短码译码。

5.12 神经网络译码算法

近年来，采用神经网络(Neural Network, NN)设计信道译码算法成为热门的研究方向[93-95]，由于神经网络具有并行结构，在提升译码吞吐率方面有较大潜力。极化码也可以采用神经网络译码，文献[93]最早提出了基于全连接神经网络的极化码译码方案。针对极化码译码网络结构，文献[96]提出了最小和神经网络译码算法，文献[97]和文献[98]研究了加权 BP 译码算法。文献[99]和文献[100]应用遗传算法对极化码的构造与译码进行优化。高健与牛凯等在文献[35]中提出了加权的 SC 译码算法，在文献[36]中设计了单比特神经网络译码算法。下面简要介绍各种神经网络译码的基本原理。

5.12.1 全连接神经网络译码

1. 深度学习基本概念

首先简要介绍深度学习(Deep Learning, DL)的主要思想，以及用于极化译码的神经网络和相关概念。神经网络由许多神经元相连而成，在这样的神经元中，所有输入加权求和，并可以选择叠加一个偏差，求和结果通过非线性激活函数从后向前传播。常用的激活函数有 Sigmoid 和 ReLU，分别定义如下：

$$f_{\mathrm{Sigmoid}}(x)=\frac{1}{1+\mathrm{e}^{-x}} \tag{5.12.1}$$

$$f_{\mathrm{ReLU}}(x)=\max(0,x) \tag{5.12.2}$$

在神经网络中，如果神经元分层排列并且没有反馈连接，则称为全连接神经网络。神经网络的第 i 层具有 n_i 个输入和 m_i 个输出，执行映射 $\mathbb{R}^{n_i}\to\mathbb{R}^{m_i}$，并以神经元的权重和偏置作为参数。用 $\boldsymbol{x}_{\mathrm{NN}}$ 表示神经网络的输入，用 $\boldsymbol{y}_{\mathrm{NN}}$ 表示神经网络的输出，则神经网络的输入-输出映射可以被定义为函数形式：

$$\boldsymbol{y}_{\mathrm{NN}}=f(\boldsymbol{x}_{\mathrm{NN}},\boldsymbol{\theta})=f^{(L-1)}\left(f^{(L-2)}\left(\cdots\left(f^{(0)}(x_{\mathrm{NN}})\right)\right)\right) \tag{5.12.3}$$

其中，$\boldsymbol{\theta}$ 为可训练参数的集合；L 为神经网络的层数(深度)。如果神经元数量足够大，具有非线性激活函数的多层神经网络理论上可以逼近有界域上的任何连续函数。

为了找到神经网络的最优参数，需要已知“输入-输出”映射的训练集和预定义的损失函数，常用的损失函数有均方误差(MSE)和交叉熵(CE)，分别如式(5.12.4)和式(5.12.5)所示。其中，o_i 是第 i 个目标值(标签)，而 $\hat{o}_i$ 是神经网络的第 i 个输出。

$$L_{\mathrm{MSE}}=\frac{1}{K}\sum_i(o_i-\hat{o}_i)^2 \tag{5.12.4}$$

$$L_{\mathrm{CE}}=-\frac{1}{K}\sum_i\left[o_i\ln(\hat{o}_i)+(1-o_i)\ln(1-\hat{o}_i)\right] \tag{5.12.5}$$

使用梯度下降优化方法和反向传播算法，减少训练集损失，可以得到神经网络最优参数。

2. 全连接神经网络译码器

基于全连接神经网络的极化码译码器如图 5.12.1 所示，发射机将 K 位信息比特编码为码长为 N 的极化码字，经过调制后在有噪信道上传输。接收机采用全连接神经网络译码，恢复信息比特。该神经网络的输入层有 N 个神经元，用来接收训练和测试样本，输出层有 K 个神经元，分别输出 K 位信息比特。隐藏层数量和规模可根据需求自定义。

使用全连接神经网络进行译码处理，可以方便地生成大规模的训练样本。与传统译码算法(如 CA-SCL 和 BP)相比，全连接神经网络译码器没有迭代和反馈机制，因此具有较低的译码时延。

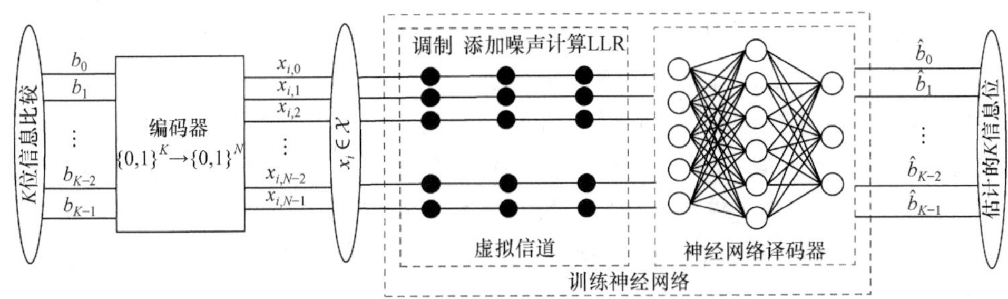

图 5.12.1　全连接神经网络译码系统模型

针对(16,8)极化码，文献[93]构建了“128-64-32”的全连接神经网络，该网络有 3 个隐藏层，神经元数量分别为 128 个、64 个和 32 个。使用均方误差作为损失函数，训练信噪比设置为 $E_b / N_0 = 1\text{dB}$，BER 性能如图 5.12.2 所示，其中，MAP 是最大后验译码，M_{ep} 是训练的码字数目。由图可知，训练次数越多，NN 译码器的 BER 与 MAP 译码的差距越小，说明全连接神经网络译码器的性能需要充足的训练样本。

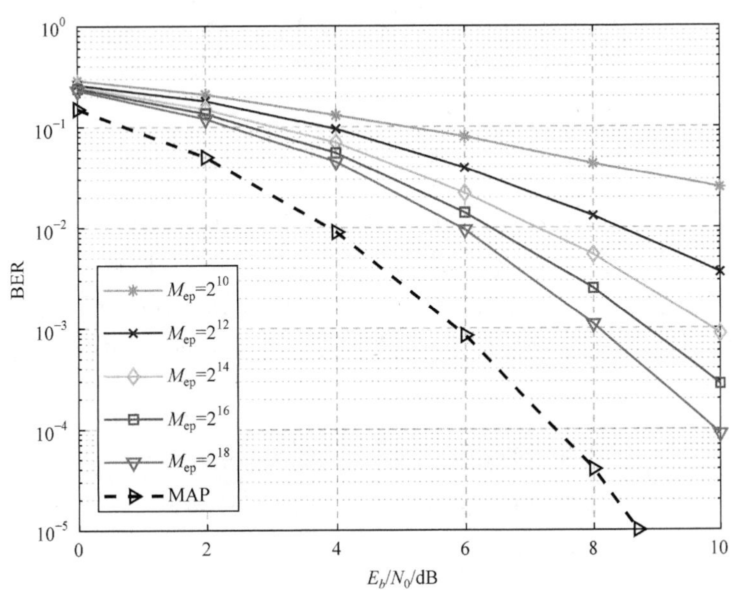

图 5.12.2　M_{ep} 取不同值时，全连接神经网络译码器的 BER 性能

这种通用神经网络译码存在两个缺点：①神经网络采用全连接结构，不满足对称性要求，因此必须穷举所有码字作为训练样本，只能局限于短码译码，如(16,8)极化码，对于长码，如果只枚举部分码字，则译码性能会严重下降，文献[94]采用了码块分割的方法，能进一步改善译码性能，但应用仍然有限制。②网络规模大，参数多，训练算法的收敛速度慢。虽然全连接神经网络译码有许多缺点，但这种方法能够适应任意编码的译码，是其最大的优势。

5.12.2 加权置信传播译码

加权置信传播(Weighted Belief Propagation, WBP)算法是一种常用的极化码神经网络译码算法，它可以通过在因子图上迭代地传输消息来实现。对于一个码长为 N 的极化码，因子图共有 $\log_2 N+1$ 级，每级包括 N 个节点。

WBP 算法中的权重可以通过训练神经网络获得，该神经网络基于全展开的 BP 因子图构建而成。图 5.12.3 给出了由一次完整迭代因子图展开的神经网络，对于码长为 N 的极化码，相应的神经网络包括 1 层输入层、1 层输出层和 $2n-1$ 层隐藏层，每层包含 N 个神经元。需要注意的是，只有最后一次迭代，从右向左传播才会展开为 n 层隐藏层，而其他迭代为 $n-1$ 层。

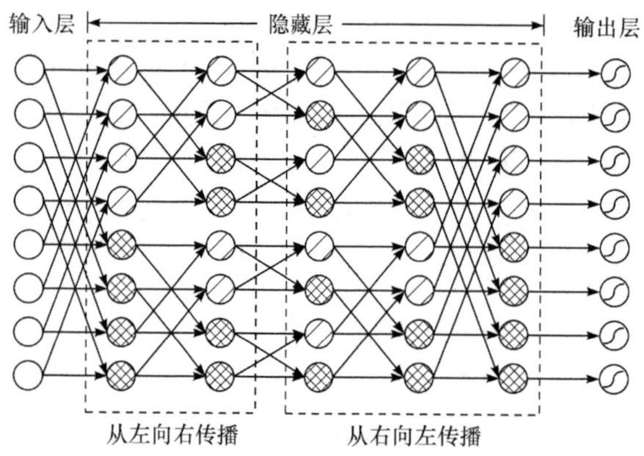

图 5.12.3　一次完整迭代的神经网络，码长 $N=8$

在图 5.12.3 中，一次完整迭代的因子图展开为 $2n-1$ 层隐藏层，而构建 $T(T>1)$ 次迭代的神经网络只需要在输入层与输出层之间级联多个单次迭代隐藏层，因此，对应于 T 次迭代的神经网络共有 $2(n-1)T+3$ 层。图 5.12.4 给出了 T 次迭代的神经网络结构。

WBP 神经网络中共有 3 种神经元，在图 5.12.3 中用不同的阴影图样表示，它们相应的激活函数分别为

$$\begin{cases} f_{\mathrm{S2C}}\left(\boldsymbol{x}_{l-1};\boldsymbol{\theta}_l\right)^{(l)}=\boldsymbol{W}_l^{\mathrm{S2C}}\cdot g\left(x'_{l-1},x''_{l-1}+z'\right) \\ f_{\mathrm{C2S}}\left(\boldsymbol{x}_{l-1};\boldsymbol{\theta}_l\right)^{(l)}=\boldsymbol{W}_l^{\mathrm{C2S}}\cdot g\left(x'_{l-1},\boldsymbol{z}''\right)+x''_{l-1} \\ \boldsymbol{o}=\sigma(l-1) \end{cases} \tag{5.12.6}$$

其中，$\boldsymbol{x}_{l-1}=\{x'_{l-1},x''_{l-1}\}$ 表示第 l 层的输入；$\boldsymbol{z}=\{z',z''\}$ 表示来自前面层的软信息。$\sigma(x)$ 是

Sigmoid 函数，即 $\sigma(x)=\left(1+\mathrm{e}^{-x}\right)^{-1}$。$\boldsymbol{\theta}_l=\{\boldsymbol{W}_l^{\mathrm{S2C}},\ \boldsymbol{W}_l^{\mathrm{C2S}}\}$ 表示分配给第 l 层的可训练权重的集合。$\boldsymbol{o}$ 是神经网络的输出向量。

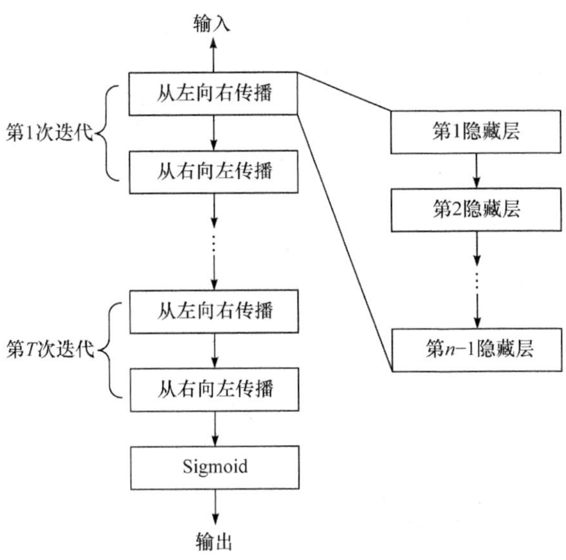

图 5.12.4　T 次迭代的神经网络

该神经网络将神经网络输出 $\boldsymbol{o}$ 和源码字 $\boldsymbol{u}$ 之间的交叉熵作为损失函数，即

$$E(\boldsymbol{u},\boldsymbol{o})=\frac{1}{N}\sum_{i=1}^{N}u_i\log(o_i)+(1-u_i)\log(1-o_i) \tag{5.12.7}$$

训练神经网络的最终目标是最小化损失函数并找到最优权重集合 $\boldsymbol{\theta}$。

AWGN 信道下，(64, 32)极化码采用 BP 与 WBP 译码的 BLER 性能如图 5.12.5 所示。

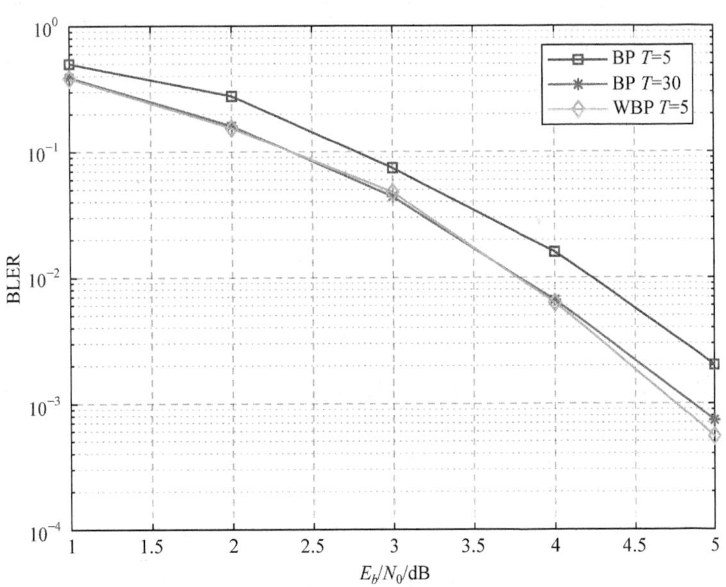

图 5.12.5　WBP 对(64, 32)极化码译码的 BLER 性能曲线

WBP 算法在深度学习框架 Tensorflow 上实现，学习率为 0.001，采用 Adam 自适应优化器。训练集是经过 AWGN 信道传输的全零码字，测试集样本由随机二进制消息经过极化编码、BPSK 调制、AWGN 信道传输后生成。信噪比范围为 1～4dB，步长间隔 1dB。批次大小为 120，即每个信噪比对应 30 个样本。所有训练权重初始化为 1。

由图 5.12.5 可知，与传统 BP 算法相比，WBP 实现了更低的 BLER。WBP 采用 $T=5$ 次迭代的 BLER 性能超过了 $T=30$ 次迭代的传统 BP 算法。特别是高信噪比区域，WBP 优势更为明显。

5.12.3 单比特 ADC 的 BP 译码

在窄带物联网(NB-IoT)和大规模机器通信(mMTC)场景中，单比特模数转换器(ADC)可以有效降低接收机的功耗，但将会导致显著的性能损失。文献[36]采用了 WBP 算法弥补单比特 ADC 引起的极化码性能损失。

图 5.12.6 给出了 AWGN 信道零延迟传输模型，包括单比特 ADC 和 WBP 神经网络译码器。在发射端，源序列 $\boldsymbol{u}$ 编码为极化码字 $\boldsymbol{x}$，经过 BPSK 调制后被送入 AWGN 信道传输。在接收端，相应的接收信号 $\boldsymbol{y}$ 经过单比特 ADC 后，转换成二元序列 $\boldsymbol{y}_b$，并转换为对数似然比(LLR)送入 WBP 神经网络译码器。

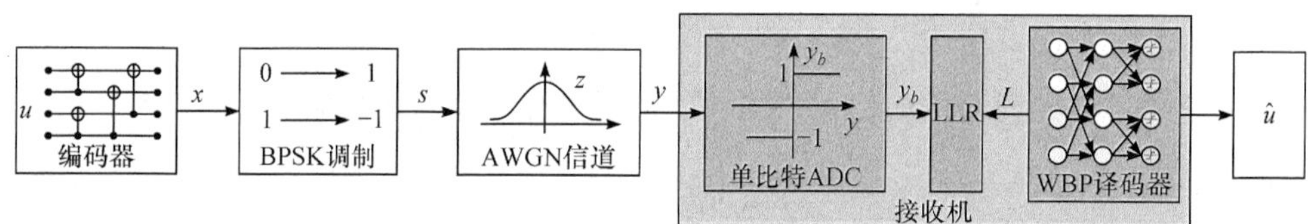

图 5.12.6 使用单比特 ADC 和 WBP 译码器的零延迟系统模型

如果采用普通的 WBP 神经网络译码，则大量的训练参数增加了额外的译码复杂度。针对上述问题，文献[35]提出基于层的权重分配 WBP 译码器，记作 SWBP(Simplified WBP)。也就是说，考虑 BP 因子图的结构特征和迭代方式，属于同一次迭代的所有层分配一个共享权重，如式(5.12.8)所示。

$$\begin{cases} l_{s,i}^t = w_s^{t,l} \cdot g\left(l_{s+1,2i-1}^t, l_{s+1,2i}^t + r_{s,i+N/2}^t\right) \\ l_{s,i+N/2}^t = w_s^{t,l} \cdot g\left(l_{s+1,2i-1}^t, r_{s,i}^t\right) + l_{s+1,2i}^t \\ r_{s+1,2i-1}^t = w_{s+1}^{t,r} \cdot g\left(r_{s,i}^t, l_{s+1,2i}^{t-1} + r_{s,i+N/2}^t\right) \\ r_{s+1,2i}^t = w_{s+1}^{t,r} \cdot g\left(r_{s,i}^t, l_{s+1,2i-1}^{t-1}\right) + r_{s,i+N/2}^t \end{cases} \tag{5.12.8}$$

相应地，S2C 和 C2S 两类神经元的激活函数转化为

$$\begin{cases} f_{\mathrm{S2C}}\left(\boldsymbol{x}_{l-1}, w_l^{\mathrm{S2C}}\right)^{(l)} = w_l^{\mathrm{S2C}} \cdot g\left(x'_{l-1}, x''_{l-1} + z'\right) \\ f_{\mathrm{C2S}}\left(\boldsymbol{x}_{l-1}, w_l^{\mathrm{C2S}}\right)^{(l)} = w_l^{\mathrm{C2S}} \cdot g\left(x'_{l-1}, z''\right) + x''_{l-1} \end{cases} \tag{5.12.9}$$

较少的可训练参数降低了 SWBP 译码器的训练和译码复杂度，并加快了收敛速度。文献[36]证明了 SWBP 具有对称结构，因此，采用全零码字已足够训练 SWBP 译码器。

这种结构分析方法可以推广到任意神经网络，为极化码神经网络译码器的设计提供了理论指导。

引理 5.13　给定两个独立的二元随机变量 a_1 和 a_2，它们的概率分布为 $\Pr(a_i=b)=P_b^{(i)}$，$b\in\{0,1\}$，对数似然比为 $L_i=L(a_i)=\ln\left(p_0^{(i)}/p_1^{(i)}\right)$。如果 S2C 神经元的激活函数满足

$$f_{\mathrm{S2C}}(L_1,L_2,w_{\mathrm{S2C}})=\operatorname{sign}(L_1)\operatorname{sign}(L_2)\cdot f_{\mathrm{S2C}}(|L_1|,|L_2|,w_{\mathrm{S2C}}) \tag{5.12.10}$$

则 S2C 神经元具有对称结构，即错误概率与传输的序列无关。

证明　令 $A_2=a_1\oplus a_2$，则对数似然比

$$L(A_2)=\ln\left(\frac{\Pr(A_2=0)}{\Pr(A_2=1)}\right)=\ln\left(\frac{p_0^{(1)}p_0^{(2)}+p_1^{(1)}p_1^{(2)}}{p_0^{(1)}p_1^{(2)}+p_1^{(1)}p_0^{(2)}}\right)=\ln\left(\frac{1+\mathrm{e}^{L_1+L_2}}{\mathrm{e}^{L_1}+\mathrm{e}^{L_2}}\right) \tag{5.12.11}$$

这个结论可以直接应用于 S2C 神经元。根据式(5.12.9)，令 $m_{\mathrm{S2C}}=x''_{l-1}+z'$，则 g 函数执行如下操作：

$$g(x'_{l-1},m_{\mathrm{S2C}})=\ln\left(\frac{1+\mathrm{e}^{x'_{l-1}+m_{\mathrm{S2C}}}}{\mathrm{e}^{x'_{l-1}}+\mathrm{e}^{m_{\mathrm{S2C}}}}\right)=2\operatorname{artanh}\left(\tanh\left(\frac{x'_{l-1}}{2}\right)\tanh\left(\frac{m_{\mathrm{S2C}}}{2}\right)\right) \tag{5.12.12}$$

其中，$\tanh(x)=\dfrac{\mathrm{e}^x-\mathrm{e}^{-x}}{\mathrm{e}^x+\mathrm{e}^{-x}}$，$\operatorname{artanh}(x)$ 是 $\tanh(x)$ 的反函数。令 $\alpha=\operatorname{sign}(x'_{l-1})$，$\beta=\operatorname{sign}(m_{\mathrm{S2C}})$ 则式(5.12.12)进一步简化为

$$g(x'_{l-1},m_{\mathrm{S2C}})=\alpha\beta\cdot 2\operatorname{artanh}\left(\tanh\left(\frac{|x'_{l-1}|}{2}\right)\tanh\left(\frac{|m_{\mathrm{S2C}}|}{2}\right)\right)=\alpha\beta g(|x'_{l-1}|,|m_{\mathrm{S2C}}|) \tag{5.12.13}$$

引入可训练的权重，则 S2C 神经元的激活函数为

$$f_{\mathrm{S2C}}\left(x'_{l-1},m_{\mathrm{S2C}},w_l^{\mathrm{S2C}}\right)=\alpha\beta\cdot w_l^{\mathrm{S2C}}g(|x'_{l-1}|,|m_{\mathrm{S2C}}|)=\alpha\beta\cdot f_{\mathrm{S2C}}\left(|x'_{l-1}|,|m_{\mathrm{S2C}}|,w_l^{\mathrm{S2C}}\right) \tag{5.12.14}$$

因此，S2C 神经元具有对称结构。

引理 5.14　如果 C2S 神经元的激活函数满足

$$f_{\mathrm{C2S}}\left(-x'_{l-1},-x''_{l-1},-z'',w_l^{\mathrm{C2S}}\right)=-f_{\mathrm{C2S}}\left(x'_{l-1},x''_{l-1},z'',w_l^{\mathrm{C2S}}\right) \tag{5.12.15}$$

则说明 C2S 神经元具有对称结构。

证明

$$\begin{aligned}f_{\mathrm{C2S}}\left(-x'_{l-1},-x''_{l-1},-z'',w_l^{\mathrm{C2S}}\right)&=w_l^{\mathrm{C2S}}\cdot g\left(-x'_{l-1},-z''\right)+\left(-x''_{l-1}\right)\\&=w_l^{\mathrm{C2S}}\cdot\left(-\left(g\left(x'_{l-1},z''\right)+x''_{l-1}\right)\right)\\&=-f_{\mathrm{C2S}}\left(x'_{l-1},x''_{l-1},z'',w_l^{\mathrm{C2S}}\right)\end{aligned} \tag{5.12.16}$$

因此，C2S 神经元同样具有对称结构。

引理 5.13 和引理 5.14 证明了 S2C 和 C2S 两种神经元同时具有对称结构，基于此，下列定理给出了 SWBP 神经网络译码器的对称性证明。

定理 5.12　令 $\boldsymbol{d}_0$ 表示 SWBP 神经网络输入层的输出，$\boldsymbol{d}_h$ 表示第 h 隐藏层的输出。

$\Gamma(\cdot)$ 表示神经网络传播函数，而第 h 隐藏层的传播函数用 Φ_h 表示，$\Phi_h=\{\varphi_{h,i}\}$，$\varphi_{h,i}$ 是神经网络中第 h 隐藏层、第 i 个神经元的激活函数，$h\in\{1,2,\cdots,H\}$，$i\in\{0,1,\cdots,N-1\}$。其中，H 是隐藏层数量。

$$\varphi_{h,i}=\begin{cases} f_{\mathrm{S2C}}\left(\boldsymbol{x}_{h-1},w_h^{\mathrm{S2C}}\right)^{(h)}, & \text{S2C神经元} \\ f_{\mathrm{C2S}}\left(\boldsymbol{x}_{h-1},w_h^{\mathrm{C2S}}\right)^{(h)}, & \text{C2S神经元} \end{cases} \tag{5.12.17}$$

则神经网络译码器可以迭代地表示为

$$\Gamma(\boldsymbol{d}_0)=\Phi_H\left(\Phi_{H-1}\left(\cdots\Phi_1(\boldsymbol{d}_0,w_1),\cdots,w_{H-1}\right),w_H\right) \tag{5.12.18}$$

并且满足 $\boldsymbol{d}_h=-\Gamma(-\boldsymbol{d}_0)$，即神经网络具有对称结构。

证明 当 $N=2$ 时，相应的 SWBP 神经网络译码器输出

$$\boldsymbol{d}_1=\Phi_1(\boldsymbol{d}_0,w_1) \tag{5.12.19}$$

由引理 5.13 和引理 5.14 可知，S2C 和 C2S 神经元同时具有对称结构，因此

$$\boldsymbol{d}_1=-\Phi_1(-\boldsymbol{d}_0,w_1) \tag{5.12.20}$$

则 $N=2$ 时构建的神经网络译码器具有对称结构。

对于任意的正整数 n，假设 $N=2^{n-1}$ 时构建的神经网络具有对称结构，即

$$\boldsymbol{d}_{H-1}=-\Phi_{H-1}\left(\cdots-\Phi_1(-\boldsymbol{d}_0,w_1),\cdots,w_{H-1}\right) \tag{5.12.21}$$

则 $N=2^n$ 时构建的神经网络的输出

$$\boldsymbol{d}_H=-\Phi_H(-\boldsymbol{d}_{H-1})=-\Gamma(-\boldsymbol{d}_0) \tag{5.12.22}$$

因此，SWBP 神经网络具有对称结构。

具有对称结构的神经网络译码器，可以用全零码字产生的样本进行训练，而不需要遍历整个码本。这样做，可以极大降低码字训练量，突破了全连接神经网络只能应用于短码的局限。

图 5.12.7 与图 5.12.8 分别给出了(64, 32)和(256, 128)极化码的 BLER 性能。在 SWBP 神经网络译码器的训练阶段，选取二元交叉熵作为损失函数，训练信噪比集合 $E_b/N_0(\mathrm{dB})=\{3,3.5,\cdots,6\}$，每个信噪比产生 20 个样本，即每个批次包括 140 个样本。训练阶段传输的是全零码字，而测试阶段传输的是二元域中的随机码字。MSBP 结果来自文献[36]，SNND 结果来自文献[97]，Neural BP 结果来自文献[98]。图中符号“$A-T-Q$bit”表示算法 A 在 Q bit 量化接收信号和 T 次迭代时的 BLER 性能。

在图 5.12.7 中，同样采用 5 次迭代和 1bit 量化时，SWBP 与传统 BP 相比拥有 1.2dB 的性能增益，而与采用 5 次迭代和 2bit 量化的传统 BP 相比，有 0.2dB 的性能增益。由图可知，SWBP 拥有最低的 BLER 曲线。并且，由于采用了基于层的权重分配方案，SWBP 中可训练权重的数量要少于神经网络译码器[97]，这意味着 SWBP 的训练复杂度更低。通过引入可训练的权重，不仅能增强 BP 译码的纠错性能，而且加快了收敛速度。SWBP 在 5 次迭代时，BLER 性能超过了 30 次迭代的传统 BP。

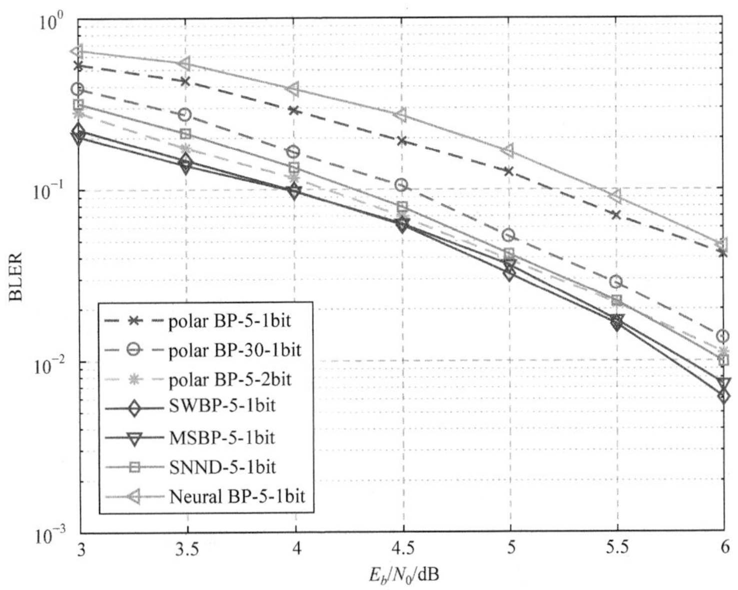

图 5.12.7　(64, 32)极化码的 BLER 性能

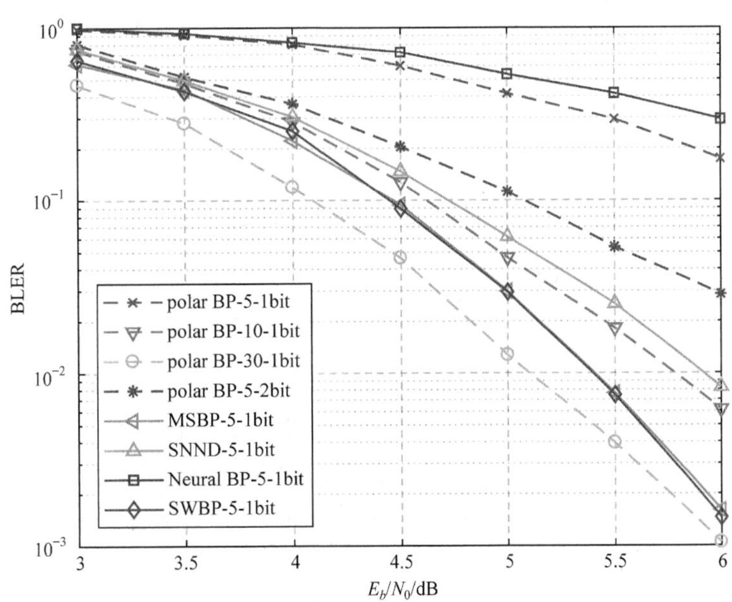

图 5.12.8　(256, 128)极化码的 BLER 性能

图 5.12.8 评估了(256, 128)极化码采用 SWBP 的鲁棒性。由图可知，SWBP 同样具有增强纠错能力和加快收敛速度的效果。与传统 BP 相比，SWBP 在 5 次迭代和 1bit 量化时拥有 2dB 的性能增益，并且超过了传统 BP 在 10 迭代时的 BLER 性能。

5.12.4　WSC 量化译码

不仅 BP 译码可以加权，SC 算法也可以加权。文献[35]提出了加权 SC(WSC)神经网络译码器。WSC 神经网络译码器模型基于 SC 算法格图构建，如图 5.12.9 所示。对于码

长为N的极化码，相应的 WSC 神经网络模型包括 1 层输入层、1 层输出层和$n=\log_2 N$层隐藏层，每层包括N个神经元。神经网络中传输的消息是 LLR。

WSC 神经网络中主要有三类神经元，分别是f神经元、g神经元和软符号(Soft Sign, SSign)神经元，如图 5.12.10 所示。其中，f神经元和g神经元的激活函数分别为f^*和g^*。

$$f^*(a,b)=w\cdot\operatorname{sign}(a)\operatorname{sign}(b)\min(|a|,|b|) \tag{5.12.23}$$

$$g^*(a,b,\hat{s})=w'\cdot\left(a+(1-2\hat{s})b\right) \tag{5.12.24}$$

其中，w和w'是可训练的权重；$\hat{s}$是计算的部分和。软符号神经元的激活函数为

$$\operatorname{ssign}(x)=-1+\frac{\operatorname{ReLU}(x+t)}{|t|+\tau}-\frac{\operatorname{ReLU}(x-t)}{|t|+\tau} \tag{5.12.25}$$

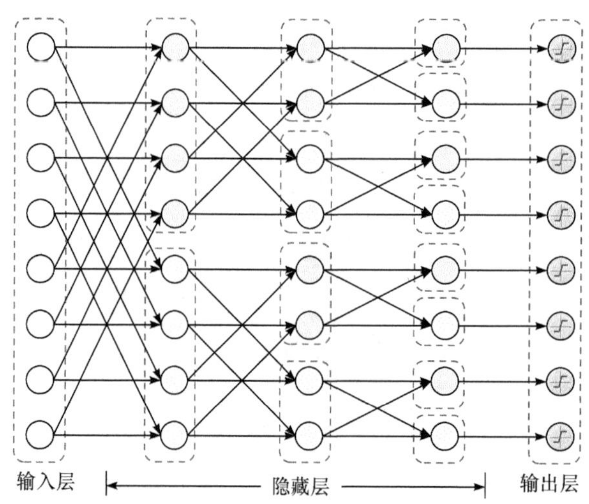

图 5.12.9 WSC 神经网络译码器模型，$N=8$

其中，t是训练参数；τ是一个小值，默认设置为$\tau=1\times10^{-4}$，$\operatorname{ReLU}(x)=\max(0,x)$。

需要注意的是，SC 算法中计算的部分和是在二元域{0, 1}上进行的，而为了方便软件测试，WSC 神经网络中的部分和在符号域{1, −1}上计算。

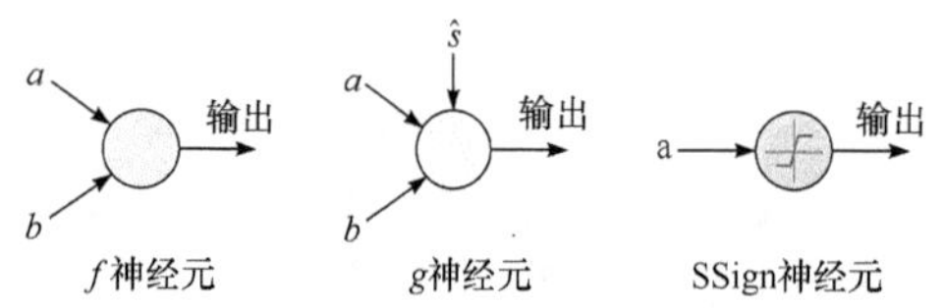

图 5.12.10 WSC 神经网络中的 3 类神经元

WSC 的训练和测试方案如图 5.12.11 所示。其中，训练阶段可以采用全零码字和线下训练的方式，训练样本为经过量化的 LLR。而在测试阶段，需要预先加载训练好的权重，并在每个神经元后面连接一个量化器。

量化器采用了均匀量化的方式，采用q bit 量化的均匀量化函数$Q(x)$定义如下：

$$Q(x)=\begin{cases}\left(\left\lfloor\dfrac{x}{\Delta}\right\rfloor+\dfrac{1}{2}\right)\Delta, & x\in[-M,M]\\ \operatorname{sign}(x)\left(M-\dfrac{\Delta}{2}\right), & 其他\end{cases} \tag{5.12.26}$$

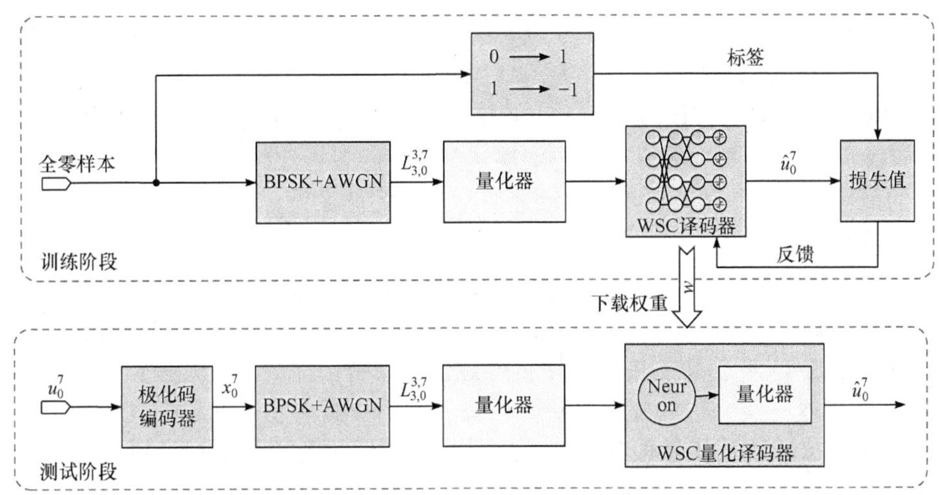

图 5.12.11　WSC 训练和测试方案

其中，量化步长 $\Delta=\dfrac{2M}{L}, L=2^q$ 。

WSC 用最小均方误差(MMSE)作为损失函数：

$$l=\frac{1}{K}\sum_{i\in\mathcal{A}}\left(\lambda_i-\hat{u}_i\right)^2 \tag{5.12.27}$$

图 5.12.12 给出了 WSC 用于量化译码的性能。从图中可知，在 3bit 量化时，与传统的 SC 量化译码(QSC-3bit)相比，QWSC-3bit 大约有 1dB 的性能增益，并且性能接近浮点 SC 译码。这意味着 WSC 部分弥补了量化造成的 BLER 损失。

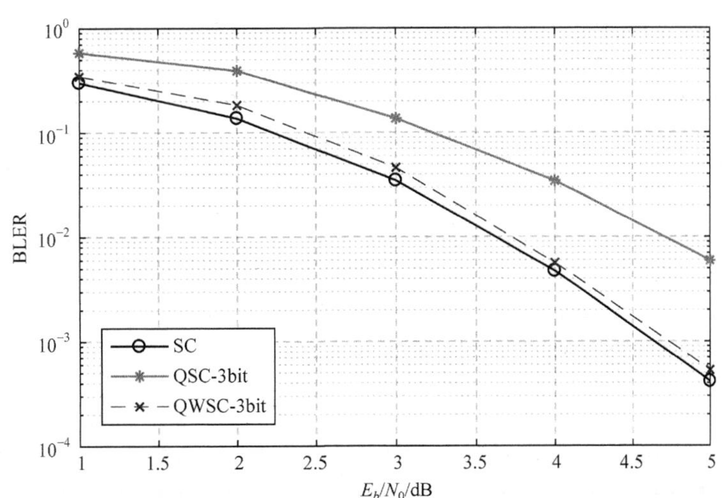

图 5.12.12　(64, 32)极化码 3bit 量化译码的 BLER 性能

5.13　本 章 小 结

本章对极化码的译码算法进行了全面梳理与总结。第一，基于 SC 的各种改进算法，

是极化码译码的核心算法，包括 SCL、SCS、SCH 与 SCP 等。基于码树结构，这些算法对 SC 译码进行了扩展与改进，能够以较低复杂度逼近 ML 译码性能。特别是 CA-SCL/SCS/SCH/SCP 等译码算法，大幅度提高了极化码译码性能。在中短码长下，与现有信道编码相比，CRC-Polar 级联码能够达到最优的差错性能，实现了有限码长下编码与译码的最佳匹配，是其入选 5G 移动通信标准的关键优势。第二，BP、SCAN 等软输出算法，在译码并行度方面有优势，但译码性能略逊于 SC 的各种改进算法。BPL、SCANL 等列表译码算法，能够显著提升原始算法的纠错能力，在译码性能与吞吐率之间达到了较好折中，是目前极化码译码算法研究的热门方向。第三，比特翻转译码算法充分利用了信道 LLR 信息的可靠排序，通过信源比特极性翻转，其差错性能能够趋近 SCL 算法。但这一类算法的复杂度仍然较高，还需要进一步研究复杂度与性能的折中优化。第四，球译码及其各种改进算法，是提升短码极化码性能的关键算法。特别是 CA-HD 算法，能够使 CRC-Polar 码逼近有限码长容量极限，是一种强有力的译码算法。第五，神经网络译码算法，是一类新兴的设计思路，能够在差错性能与译码吞吐率之间较好折中，具有很大的发展潜力。综上所述，极化码的译码算法研究还在快速发展中，相信经过众多学者的共同努力，必将探索出纠错性能、译码复杂度与吞吐率都达到最佳的新型算法。

参 考 文 献

[1] ARIKAN E. Channel polarization: a method for constructing capacity-achieving codes [J]. IEEE Transactions on Information Theory, 2009, 55(7): 3051-3073.

[2] NIU K, CHEN K, ZHANG Q T. Polar codes：primary concepts and practical decoding algorithms [J]. IEEE Communications Magazine, 2014, 52(7): 192-203.

[3] BABAR Z, EGILMEZ Z B K, XIANG L, et al. Polar codes and their quantum-domain counterparts [J]. IEEE Communications Surveys & Tutorials, 2020, 22(1): 123-155.

[4] HUSSAMI N, KORADA S B, URBANKE R. Performance of polar codes for channel and source coding [C]. IEEE International Symposium on Information Theory (ISIT), Seoul, 2009: 1488-1492.

[5] ARIKAN E, KIM H, MARKARIAN G. Performance of short polar codes under ML decoding [C]. ICT Mobile Summit Conference Proceedings, Santander, 2009: 10-12.

[6] GOELA N, KORADA S B, GASTPAR M. On LP decoding of polar codes [C]. IEEE Information Theory Workshop (ITW), Dublin, 2010: 1-5.

[7] ALAMDAR-YAZDI A, KSCHISCHANG F R. A simplified successive cancellation decoder for polar codes [J]. IEEE Communications Letters, 2011, 15(12): 1378-1380.

[8] TAL I, VARDY A. List decoding of polar codes [C]. IEEE International Symposium on Information Theory (ISIT), St. Petersburg, 2011: 1-5.

[9] TAL I, VARDY A. List decoding of polar codes [J]. IEEE Transactions on Information Theory, 2015, 61(5): 2213-2226.

[10] CHEN K, NIU K. K-best successive cancellation decoding of finite length polar codes [C]. BUPT- Hanyang University Workshop, Seoul, 2011: 21-25.

[11] CHEN K, NIU K, LIN J R. List successive cancellation decoding of polar codes [J]. Electronics Letters, 2012, 48(9): 500-501.

[12] NIU K, CHEN K. Stack decoding of polar codes [J]. Electronics Letters, 2012, 48(12): 695-696.

[13] NIU K, CHEN K. CRC-aided decoding of polar codes [J]. IEEE Communications Letters, 2012, 16(10): 1668-1671.

[14] LI B, SHEN H, TSE D. An adaptive successive cancellation list decoder for polar codes with cyclic redundancy check [J]. IEEE Communications Letters, 2012, 16(12): 2044-2047.

[15] TRIFONOV P. Efficient design and decoding of polar codes [J]. IEEE Transactions on Communications, 2012, 60(11): 3221-3227.

[16] NIU K, CHEN K, LIN J R. Low-complexity sphere decoding of polar codes based on optimum path metric [J]. IEEE Communications Letters, 2014, 18(2): 332-335.

[17] CHEN K, NIU K, LIN J R. Improved successive cancellation decoding of polar codes [J]. IEEE Transactions on Communications, 2013, 61(8): 3100-3107.

[18] SARKIS G, GROSS W J. Increasing the throughput of polar decoders [J]. IEEE Communications Letters, 2013, 17(4): 725-728.

[19] FAYYAZ U U, BARRY J R. Low-complexity soft-output decoding of polar codes [J]. IEEE Journal on Selected Areas in Communications, 2014, 32(5): 958-966.

[20] SARKIS G, GIARD P, VARDY A, et al. Fast polar decoders: algorithm and implementation [J]. IEEE Journal on Selected Areas in Communications, 2014, 32(5): 946-957.

[21] YUAN B, PARHI K. Low-latency successive-cancellation list decoders for polar codes with multibit decision [J]. IEEE Transactions on Very Large Scale Integration (VLSI) Systems, 2015, 23(10): 2268-2280.

[22] AFISIADIS O, BALATSOUKAS-STIMMING A, BURG A. A low-complexity improved successive cancellation decoder for polar codes [C]. Asilomar Conference on Signals, Systems and Computers, Pacific Grove, 2014: 2116-2120.

[23] MONDELLI M, HASSANI S H, URBANKE R L. Scaling exponent of list decoders with applications to polar codes [J]. IEEE Transactions on Information Theory, 2015, 61(9): 4838-4851.

[24] BALATSOUKAS-STIMMING A, PARIZI M B, BURG A. LLR-based successive cancellation list decoding of polar codes [J]. IEEE Transactions on Signal Processing, 2015, 63(19): 5165-5179.

[25] SIMSEK C, TURK K. Simplified early stopping criterion for belief propagation polar code decoders [J]. IEEE Communications Letters, 2016, 20(8): 1515-1518.

[26] CHEN K, LI B, SHEN H, et al. Reduce the complexity of list decoding of polar codes by tree-pruning [J]. IEEE Communications Letters, 2016, 20(2): 204-207.

[27] ZHANG Z, ZHANG L, WANG X, et al. A split reduced successive cancellation list decoder for polar codes [J]. IEEE Journal on Selected Areas in Communications, 2016, 34(2): 292-302.

[28] CHOI J, PARK I. Improved successive-cancellation decoding of polar codes based on recursive syndrome decomposition [J]. IEEE Communications Letters, 2017, 21(11): 2344-2347.

[29] GIARD P, BURG A. Fast-SSC-flip decoding of polar codes [C]. IEEE Wireless Communications and Networking Conference Workshops (WCNCW), Barcelona, 2018: 73-77.

[30] ELKELESH A, EBADA M, CAMMERER S, et al. Belief propagation list decoding of polar codes [J]. IEEE Communications Letters, 2018, 22(8): 1536-1539.

[31] PIAO J, DAI J C, NIU K. CRC-aided sphere decoding for short polar codes [J]. IEEE Communications Letters, 2019, 23(2): 210-213.

[32] PIAO J, NIU K, DAI J, et al. Approaching the normal approximation of the finite blocklength capacity within 0.025 dB by short polar codes [J]. IEEE Wireless Communications Letters, 2020, 9(7): 1089-1092.

[33] PIAO J, NIU K, DAI J C, et al. Sphere constraint based enumeration methods to analyze the minimum weight distribution of polar codes [J]. IEEE Transactions on Vehicular Technology, 2020, 69(10): 11557-11569.

[34] GUAN D, NIU K, DONG C, et al. Successive cancellation priority decoding of polar codes [J]. IEEE Access, 2019, 7: 9575-9585.

[35] GAO J, DAI J C, NIU K. Learning to decode polar codes with quantized LLRs passing [C]. IEEE International Symposium on Personal, Indoor and Mobile Radio Communications (PIMRC), 2019, Istanbul Turkey, 8-11.

[36] GAO J, NIU K, DONG C. Learning to decode polar codes with one-bit quantizer [J]. IEEE Access, 2020, 8: 27210-27217.

[37] LI B, SHEN H, TSE D. Parallel decoders of polar codes [OL]. [2013-09-04]. https://arxiv.org/ abs/1309.1026.

[38] LI B, SHEN H, TSE D, et al. Low-latency polar codes via hybrid decoding [C]. International Symposium on Turbo Codes and Iterative Information Processing (ISTC), Bremen, 2014: 223-227.

[39] LI B, SHEN H, Chen K. A decision-aided parallel SC-list decoder for polar codes [OL]. [2015-06- 09]. https://arxiv.org/abs/1506.02955.

[40] MILOSLAVSKAYA V, TRIFONOV P. Sequential decoding of polar codes [J]. IEEE Communications Letters, 2014, 18(7): 1127-1130.

[41] TRIFONOV P. A score function for sequential decoding of polar codes [C]. IEEE International Symposium on Information Theory (ISIT), Vail CO, 2018: 1470-1474.

[42] YOO H, PARK I C. Efficient pruning for successive-cancellation decoding of polar codes [J]. IEEE Communications Letters, 2016, 20(12): 2362-2365.

[43] DUMER I, SHABUNOV K. Soft-decision decoding of Reed-Muller codes: recursive lists [J]. IEEE Transactions on information theory, 2006, 52(3): 1260-1266.

[44] CHEN K, NIU K, LIN J R. A reduced-complexity successive cancellation list decoding of polar codes [C]. IEEE Vehicular Technology Conference (VTC Spring), Dresden, 2013: 1-5.

[45] SARKIS G, GIARD P, VARDY A, et al. Fast list decoders for polar codes [J]. IEEE Journal on Selected Areas in Communications, 2016, 34(2): 318-328.

[46] XIONG C, LIN J, YAN Z. Symbol-based successive cancellation list decoder for polar codes [C]. IEEE Workshop Signal Processing Systems (SiPS), Belfast, 2014: 1-6.

[47] XIONG C, LIN J, YAN Z. Symbol-decision successive cancellation list decoder for polar codes [J]. IEEE Transactions on Signal Processing, 2016, 64(3): 675-687.

[48] POLYANSKIY Y, POOR H V, VERDU S. Channel coding rate in the finite blocklength regime [J]. IEEE Transactions on information theory, 2010, 56(5): 2307-2359.

[49] 3rd Generation Partnership Project (3GPP). Multiplexing and channel coding (FDD) [S/OL]. 3GPP TS 25.212, Release 9, 2009[2017-07-04]. https://www.3gpp.org/DynaReport/25212.htm.

[50] 3rd Generation Partnership Project (3GPP). Multiplexing and channel coding (FDD) [S/OL]. 3GPP TS 36.212, Release 10, 2012[2019-09-13]. https://www.3gpp.org/DynaReport/36212.htm.

[51] IEEE. Part 16: air Interface for fixed and mobile broadband wireless access systems [S/OL]. IEEE P802.16e, 2006[2003-08-12]. https://grouper.ieee.org/groups/802/16/tge/docs/80216e-03_07r3.pdf.

[52] ELIAS P. List decoding for noisy channels [R]. Technical Report 335, Research Laboratory of Electronics, MIT, 1957.

[53] WOZENCRAFT J M. List decoding [R]. Quarterly Progress Report, Research Laboratory of Electronics, MIT, 1958, 48: 90-95.

[54] GURUSWAMI V. Algorithmic results in list decoding [J]. Foundations and Trends in Theoretical Computer Science, 2006, 2(2): 107-195.

[55] SESHADRI N, SUNDBERG C W. List viterbi decoding algorithms with applications [J]. IEEE Transactions on Communications, 1994, 42(2/3/4): 313-323.

[56] WOZENCRAFT J M, JACOBS I M. Principles of communication engineering [M]. New York: John Wiley & Sons, 1965.

[57] LIN S, COSTELLO Jr D J. Error control coding: fundamentals and applications [M]. 2nd ed. New Jersey: Pearson Education, 2004.

[58] TRIFONOV P, MILOSLAVSKAYA V. Polar subcodes [J]. IEEE Journal on Selected Areas in Communications, 2016, 34(2): 254-266.

[59] JEONG M O, HONG S N. SC-fano decoding of polar codes [J]. IEEE Access, 2019, 7: 81682-81690.

[60] ARIKAN E. Polar codes: a pipelined implementation [C]. International Symposium on Broadband Communications (ISBC), Melaka, 2010: 11-14.

[61] YUAN B, PARHI K K. Architecture optimizations for BP polar decoders [C]. IEEE International Conference on Acoustics, Speech and Signal Processing (ICASSP), Vancouver, 2013: 2654-2658.

[62] YUAN B, PARHI K K. Early stopping criteria for energy-efficient low-latency belief-propagation polar code decoders [J]. IEEE Transactions on Signal Processing, 2014, 62(24): 6496-6506.

[63] ZHANG Y, LIU A, PAN X, et al. A modified belief propagation polar decoder [J]. IEEE Communications Letters, 2014, 18(7):

1091-1094.

[64] ZHANG Y, ZHANG Q, PAN X, et al. A simplified belief propagation decoder for polar codes [C]. IEEE International Wireless Symposium (IWS), Xi'an 2014: 1-4.

[65] ELKELESH A, EBADA M, CAMMERER S, et al. Belief propagation decoding of polar codes on permuted factor graphs [C]. IEEE Wireless Communications and Networking Conference (WCNC), Barcelona, 2018: 1-6.

[66] LI L, LIU L. Belief propagation with permutated graphs of polar codes [J]. IEEE Access, 2020, 8: 17632-17641.

[67] HALFORD T R, CHUGG K M. Random redundant soft-in soft-out decoding of linear block codes [C]. IEEE International Symposium on Information Theory (ISIT), Seattle, 2006: 2230-2234.

[68] JIANG J, NARAYANAN K R. Iterative soft decoding of Reed-Solomon codes by adapting the parity-check matrix [J]. IEEE Transactions on Information Theory, 2006, 52(8): 3746-3756.

[69] ESLAMI A, NIK H P. On finite-length performance of polar codes: stopping sets, error floor, and concatenated design [J]. IEEE Transactions on Communications, 2013, 61(3): 919-929.

[70] GEISELHART M, ELKELESH A, EBADA M, et al. CRC-aided belief propagation list decoding of polar codes [C]. IEEE International Symposium on Information Theory (ISIT), Los Angeles, 2020: 395-400.

[71] FAYYAZ U U, BARRY J R. Polar codes for partial response channels [C]. IEEE International Conference on Communications (ICC), Budapest, 2013: 4337-4341.

[72] WU D, LIU A, ZHANG Y, et al. Parallel concatenated systematic polar codes [J]. Electronics Letters, 2015, 52(1): 43-45.

[73] LIU Z, NIU K, DONG C, et al. Convergence analysis and performance optimization of parallel concatenated systematic polar code [J]. The Journal of China Universities of Posts and Telecommunications, 2018, 25(2): 1-9.

[74] LIU Z, NIU K, LIN J R, et al. Scaling factor optimization of Turbo-Polar iterative decoding [J]. China Communications, 2018, 15(6): 169-177.

[75] PILLET C, CONDO C, BIOGLIO V. SCAN list decoding of polar codes [C]. IEEE International Conference on Communications (ICC), Dublin, 2020: 7-11.

[76] CHANDESRIS L, SAVIN V, DECLERCQ D. An improved SCFlip decoder for polar codes [C]. IEEE Global Communications Conference (GLOBECOM), Washington, 2016: 1-6.

[77] CHANDESRIS L, SAVIN V, DECLERCQ D. Dynamic-SCFlip decoding of polar codes [J]. IEEE Transactions on Communications, 2018, 66(6): 2333-2345.

[78] ZHANG Z, QIN K, ZHANG L, et al. Progressive bit-flipping decoding of polar codes: a critical-set based tree search approach [J]. IEEE Access, 2018, 6: 57738-57750.

[79] CONDO C, ERCAN F, GROSS W J. Improved successive cancellation flip decoding of polar codes based on error distribution [C]. IEEE Wireless Communications and Networking Conference Workshops(WCNCW), Barcelona, 2018: 19-24.

[80] ERCAN F, CONDO C, GROSS W J. Improved bit-flipping algorithm for successive cancellation decoding of polar codes [J]. IEEE Transactions on Communications, 2019, 67(1): 61-72.

[81] ZHOU Y, LIN J, WANG Z. Improved fast-SSC-flip decoding of polar codes [J]. IEEE Communications Letters, 2019, 23(6): 950-953.

[82] CHENG F, LIU A, ZHANG Y, et al. Bit-flip algorithm for successive cancellation list decoder of polar codes [J]. IEEE Access, 2019, 7: 58346-58352.

[83] VITERBO E, BOUTROS J. A universal lattice code decoder for fading channels [J]. IEEE Transactions on Information Theory, 1999, 45(5): 1639-1642.

[84] AGRELL E, ERIKSSON T, VARDY A, et al. Closet point search in lattices [J]. IEEE Transactions on Information Theory, 2002, 48(8): 2201-2214.

[85] DAMAN M O, GAMAL H E, CAIRE G. On Maximum-likelihood detection and the search for the closet lattice point [J]. IEEE Transactions on Information Theory, 2003, 49(10): 2389-2402.

[86] KAHRAMAN S, CELEBI M E. Code based efficient maximum likelihood decoding of short polar codes [C]. IEEE International Symposium on Information Theory Proceedings, Cambridge, 2012: 1967-1971.

[87] GUO J, FBREGAS A G I. Efficient sphere decoding of polar codes [C]. IEEE International Symposium on Information Theory (ISIT), Hong Kong, 2015: 236-240.

[88] ZHANG Q, LIU A, PAN X. et al. CRC code design for list decoding of polar codes [J]. IEEE Communications Letters, 2017, 21(6): 1229-1232.

[89] ARIKAN E. From sequential decoding to channel polarization and back again [OL]. [2019-09-09]. https://arxiv.org/abs/1908.09594.

[90] KOOPMAN P, CHAKRAVARTY T. Cyclic redundancy code (CRC) polynomial selection for embedded networks [C]. International Conference on Dependable Systems and Networks, Florence, 2004: 145-154.

[91] TARANALLI V, SIEGEL P H. Adaptive linear programming decoding of polar codes [C]. IEEE International Symposium on Information Theory (ISIT), Honolulu, 2014: 2982-2986.

[92] WU D, LI Y, GUO X, et al. Ordered statistic decoding for short polar codes [J]. IEEE Communications Letters, 2016, 20(6): 1064-1067.

[93] GRUBER T, CAMMERER S, HOYDIS J, et al. On deep learning-based channel decoding [C]. Conference on Information Sciences and Systems (CISS), Baltimore, 2017: 22-24.

[94] CAMMERER S, GRUBER T, HOYDIS J, et al. Scaling deep learning-based decoding of polar codes via partitioning [C]. IEEE Global Communications Conference (GLOBECOM), Singapore, 2017: 4-8.

[95] NACHMANI E, MARCIANO E, LUGOSCH L, et al. Deep learning methods for improved decoding of linear codes [J]. IEEE Journal of Selected Topics in Signal Processing, 2018, 12(1): 119-131.

[96] LUGOSCH L, GROSS W J. Neural offset min-sum decoding [C]. IEEE International Symposium on Information Theory (ISIT), Aachen, 2017: 1361-1365.

[97] XU W, WU Z, UENG Y, et al. Improved polar decoder based on deep learning [C]. IEEE Workshop Signal Processing Systems (SiPS), Lorient France, 2017: 1-6.

[98] XU W, YOU X, ZHANG C, et al. Polar decoding on sparse graphs with deep gearing [C]. Asilomar Conference on Signals, Systems and Computers, Pacific Grove, 2018: 599-603.

[99] ELKELESH A, EBADA M, CAMMERER S, et al. Genetic algorithm-based polar code construction for the AWGN channel [C]. International ITG Conference on Systems, Communications and Coding (SCC), Rostock, 2019: 11-14.

[100] ELKELESH A, EBADA M, CAMMERER S, et al. Decoder-tailored polar code design using the genetic algorithm [J]. IEEE Transactions on Communications, 2019, 67(7): 4521-4534.

第6章 硬件译码器设计

本章主要介绍极化码译码器的硬件设计方案。首先针对硬件设计需求，描述 SC 与 SCL 译码算法的量化方案。其次，梳理 SC 译码器架构，归纳总结典型的 SC 译码硬件结构。然后，针对硬件译码器的低延时需求，介绍基于概率计算的 SC 译码算法。最后，描述 SCL 译码器架构设计的基本方案。

6.1 译码算法量化方案

量化方案是极化码硬件译码器设计首先要考虑的关键问题。师争明与牛凯等在文献[1]和文献[2]中研究了 SC 译码的量化准则，提出了最小均方误差、最大容量和最大截止速率三种量化准则，并且给出了均匀量化的最佳步长。另外，本节也讨论 SCL 译码算法的量化问题，给出基本设计思路和方法。

6.1.1 量化模型

本章主要考虑 AWGN 信道下极化码的量化译码算法，给定码长 $N=2^n(n>0)$、信息比特集合 $|\mathcal{A}|=K$，其对应的码率为 $R=K/N$。极化码的构造采用高斯近似算法。信息序列 u_1^N 经过极化编码 $c_1^N=u_1^N\boldsymbol{G}_N$ 得到码字 c_1^N，进行 BPSK 调制，即 $x_i=1-2c_i$。调制后的信号 x_1^N 通过 AWGN 信道进行传输，接收信号模型为

$$y_i=x_i+n_i \tag{6.1.1}$$

其中，噪声样值 n_i 是均值为 0、方差为 σ^2 的高斯随机变量。

BI-AWGN 信道转移概率密度函数为

$$P(y_i|x_i)=\frac{1}{\sqrt{2\pi\sigma^2}}\exp\left[-\frac{(y_i-x_i)^2}{2\sigma^2}\right] \tag{6.1.2}$$

设每个符号能量归一化为 $E_s=1$，则 AWGN 信道的噪声均方根为

$$\sigma=\frac{1}{\sqrt{2R\left(10^{(E_b/N_0)/10}\right)}} \tag{6.1.3}$$

信道输出的第 i 个比特的对数似然比表示为

$$\lambda_i=\frac{2y_i}{\sigma^2} \tag{6.1.4}$$

其中，$i=1,2,\cdots,N$。

下面主要采用均匀量化，量化函数表示如下：

$$Q(z,\varDelta)=\begin{cases}\left(\left\lfloor\dfrac{z}{\varDelta}\right\rfloor+\dfrac{1}{2}\right)\varDelta, & z\in[-M,M]\\ \operatorname{sgn}(z)\left(M-\dfrac{\varDelta}{2}\right), & \text{其他}\end{cases} \tag{6.1.5}$$

其中，z 为被量化的消息值，记 $Q(z,\Delta)$ 为 z 对应的量化值。均匀量化函数满足对称性，即 $Q(z,\Delta)=-Q(-z,\Delta)$，$\Delta$ 为其均匀量化步长，采用 q bit 进行均匀量化，量化级数为 $L=2^q$，量化截止门限为 $M=L\Delta/2$。显然量化比特数越多，其量化精度也就越高，量化译码的性能也就越好。若量化级数确定，则只有一个量化步长 Δ 需要优化，该量化步长对应了最优的门限值 M。在极化码的量化译码中，在固定比特数的条件下，优化每个量化函数的量化步长，设计最优的均匀量化函数，尽可能提高量化译码性能。

6.1.2　SC 译码量化准则

本节主要研究 SC 译码算法的量化方案，给出基于最小均方误差、最大容量和最大截止速率三种量化准则。

在 SC 译码过程中，每个子信道的 LLR 信息采用不同的量化函数进行量化。令 $Q_i^j\left(z,\Delta_i^j\right)$ 表示 SC 译码的第 i 节第 j 个子信道对应的量化函数，其中每个子信道有不同的量化步长 Δ_i^j，该量化步长可以通过后续的优化方法求得。

给定 AWGN 信道，基于高斯近似，由信道极化得到的每个子信道也可以近似为高斯信道，只需要根据相应的量化比特数寻找最优的量化步长即可得到特定子信道对数似然比的最优量化函数。

为求得每个子信道的最优量化范围，文献[1]～文献[3]给出了三种均匀量化准则：最小均方误差(MMSE)量化准则、容量最大化量化准则及截止速率最大化量化准则。在给定量化比特数和子信道 LLR 值分布的情况下，这三种方法均可以求得子信道的最佳均匀量化步长。

1. MMSE 量化准则

二元输入加性高斯白噪声(BI-AWGN)信道的量化模型如图 6.1.1 所示，其中，输出信号用 q bit 量化之后可以视为如下模型，该量化信道是一个二元输入，$L=2^q$ 元输出的信道，其信道转移概率可表示为

$$P_{ij}\equiv\Pr\left(y_k\in T_j\middle|x_k=1-2i\right)=\int_{T_j}p\left(y_k\middle|x_k=1-2i\right)\mathrm{d}y_k \tag{6.1.6}$$

其中，$i=0,1;\ j=0,1,\cdots,L-1;\ x_k$ 和 y_k 分别表示第 k 个时刻发送信号和接收样值。$T_j=\left(a_j,a_{j+1}\right)$ 表示第 j 个量化区间。

在均匀量化条件下，失真函数 D 定义如下：

$$D(\Delta)=2\sum_{i=1}^{M-1}\int_{(M-1)\Delta}^{M\Delta}f\left(y-\frac{2i-1}{2}\Delta\right)p(y)\mathrm{d}y+2\int_{(M-1)\Delta}^{\infty}f\left(y-\frac{2M-1}{2}\Delta\right)p(y)\mathrm{d}y \tag{6.1.7}$$

其中，$M=L/2$；$f(y)$ 是失真函数；$p(y)$ 是每个子信道 LLR 的概率密度函数。

在 MMSE 准则中，失真函数 $f(y)=y^2$。为使量化失真最小化，需要满足

$$\frac{\mathrm{d}D(\Delta)}{\mathrm{d}\Delta}=0 \tag{6.1.8}$$

即可求得在 MMSE 准则下的最优量化步长。

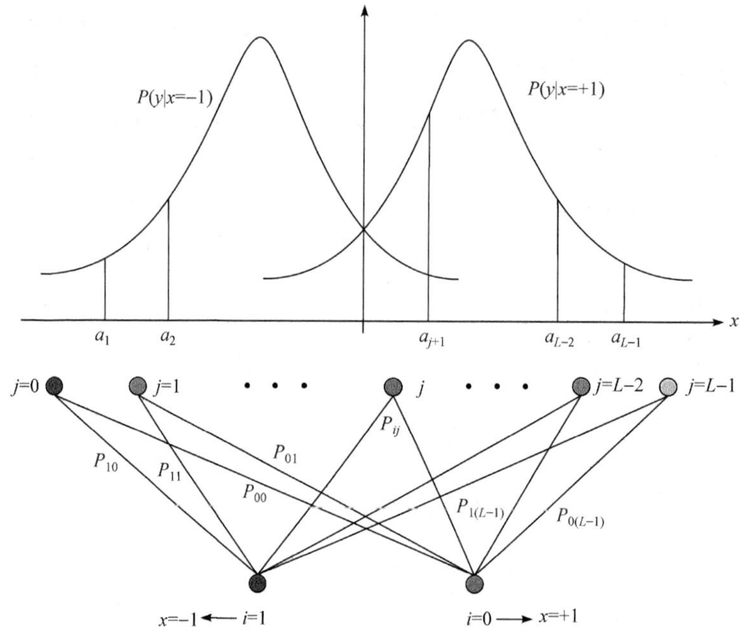

图 6.1.1　BI-AWGN 信道的等效量化模型

2. 容量最大化量化准则

根据信道容量的定义，图 6.1.1 的等效 B-DMC 信道容量计算如下：

$$\begin{aligned} C &= I(X;Y) = H(Y) - H(Y|X) \\ &= -\sum_{j=0}^{L-1} p_j \log_2(p_j) + \sum_{y_k}\sum_{x_k} \Pr(x_k)\Pr(y_k|x_k)\log_2\left[\Pr(y_k|x_k)\right] \\ &= -\sum_{j=0}^{L-1} p_j \log_2(p_j) + \sum_{y_k}\left\{\begin{aligned} &\frac{1}{2}\Pr(y_k|x_k=1)\log_2\left[\Pr(y_k|x_k=1)\right] \\ &+\frac{1}{2}\Pr(y_k|x_k=-1)\log_2\left[\Pr(y_k|x_k=-1)\right]\end{aligned}\right\} \\ &= -\sum_{j=0}^{L-1} p_j \log_2(p_j) + \sum_{j=0}^{L-1}\left[\frac{1}{2}P_{0j}\log_2(P_{0j}) + \frac{1}{2}P_{1j}\log_2(P_{1j})\right] \\ &= -\sum_{j=0}^{L-1} p_j \log_2(p_j) + \sum_{j=0}^{L-1} P_{0j}\log_2(P_{0j}) \end{aligned} \tag{6.1.9}$$

其中，$p_j = \Pr(y_k \in T_j)$表示接收信号 y_k 落在第 T_j 个量化区间的概率。由于输入信号服从等概分布，即$\Pr(x_k = 1-2i) = 1/2, i = 0,1$，从而有

$$\begin{aligned} p_j &= \Pr(y_k \in T_j) \\ &= \sum_{x_k} \Pr(x_k = 1-2i)\Pr(y_k \in T_j | x_k = 1-2i) \\ &= \frac{1}{2}(P_{0j} + P_{1j}) \end{aligned} \tag{6.1.10}$$

考虑到量化区间的对称性，即 $P_{0j}=P_{1(L-1-j)}, j=\{0,1,\cdots,L-1\}$，因此该信道的容量可以简化如下：

$$C(\varDelta)=1-\sum_{j=0}^{L-1}P_{0j}\log_2\left(\frac{P_{0j}+P_{0(L-1-j)}}{P_{0j}}\right) \tag{6.1.11}$$

在均匀量化条件下，转移概率 P_{0j} 只与均匀量化步长 $\varDelta$ 有关，因此，信道容量 C 可以视为量化步长的一维函数。为使得信道等效容量最大化，只需要令

$$\frac{\mathrm{d}C(\varDelta)}{\mathrm{d}\varDelta}=0 \tag{6.1.12}$$

即可求得在容量最大化准则下的最佳均匀量化步长。

3. 截止速率最大化量化准则

同样根据定义，等效 B-DMC 信道的截止速率可以推导如下：

$$\begin{aligned}
R(\varDelta)&=\max_{p(x)}\left\{-\log_2\left[\sum_{y_k\in Y}\left(\sum_{x_k\in X}p(x_k)\sqrt{p(y_k|x_k)}\right)^2\right]\right\}\\
&\triangleq-\log_2\left[\frac{1}{2^2}\sum_{y_k\in Y}\left(\sum_{x_k\in X}p(x_k)\sqrt{p(y_k|x_k)}\right)^2\right]\\
&=2\log_2 2-\log_2\left[\sum_{j=0}^{L-1}\left(\sqrt{P_{0j}}+\sqrt{P_{1j}}\right)^2\right]\\
&=2-\log_2\left(2+2\sum_{j=0}^{L-1}\sqrt{P_{0j}P_{1j}}\right)\\
&=1-\log_2\left(1+\sum_{j=0}^{L-1}\sqrt{P_{0j}P_{1j}}\right)
\end{aligned} \tag{6.1.13}$$

由于量化区间关于 0 点对称，考虑对称性，得到如下等式：

$$P_{1j}=P_{0(L-1-j)} \tag{6.1.14}$$

结合式(6.1.14)，可以将截止速率 $R(\varDelta)$ 简化如下：

$$R(\varDelta)=1-\log_2\left(1+2\sum_{j=0}^{L/2-1}\sqrt{P_{0j}P_{0(L-1-j)}}\right) \tag{6.1.15}$$

为使得截止速率最大化，只需要令

$$\frac{\mathrm{d}R(\varDelta)}{\mathrm{d}\varDelta}=0 \tag{6.1.16}$$

即可求得最佳均匀量化步长。

为求解式(6.1.8)、式(6.1.12)以及式(6.1.16)三个优化问题，可以采用二分法在局部范围内进行数值计算，进而可以求得其对应的最优量化步长。图 6.1.2 中给出了一个数值计算的示例，图中给出的是截止速率及其导数关于量化步长 $\varDelta$ 的变化曲线图，其中量化比特数 q=3，BI-AWGN 信道的转移概率密度函数 $p(y_k|x_k)\sim N(2,4)$，即被量化的信号服从

均值为 2、方差为 4 的高斯分布。由图可知，存在最佳量化步长，使对应的截止速率最大化。

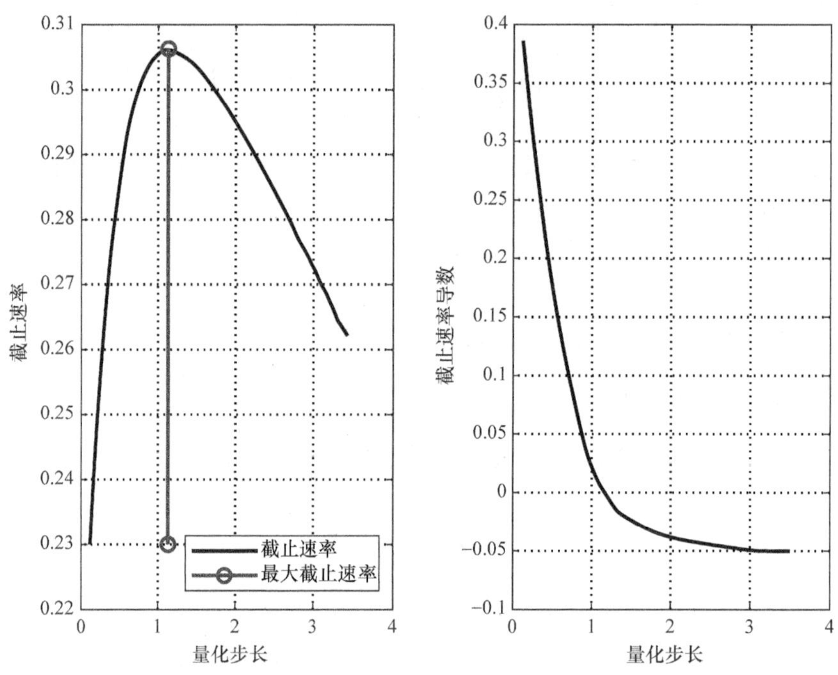

图 6.1.2 截止速率及其导数关于量化步长的变化曲线

图 6.1.3～图 6.1.5 给出了 AWGN 信道下，采用三种量化准则的 SC 译码性能。其中，信息序列长度 $K=512$，码长 $N=1024$，量化比特数 $q=\{4,5,6\}$，采用浮点条件下的高斯近似方法进行极化码的构造和最优量化步长的求解。

由图 6.1.3～图 6.1.5 可知，三种均匀量化方案均能在 6bit 条件下达到浮点译码的性能。然而，当量化比特数较低时(如 4bit)，MMSE 量化准则的译码性能较差，距离浮点仿

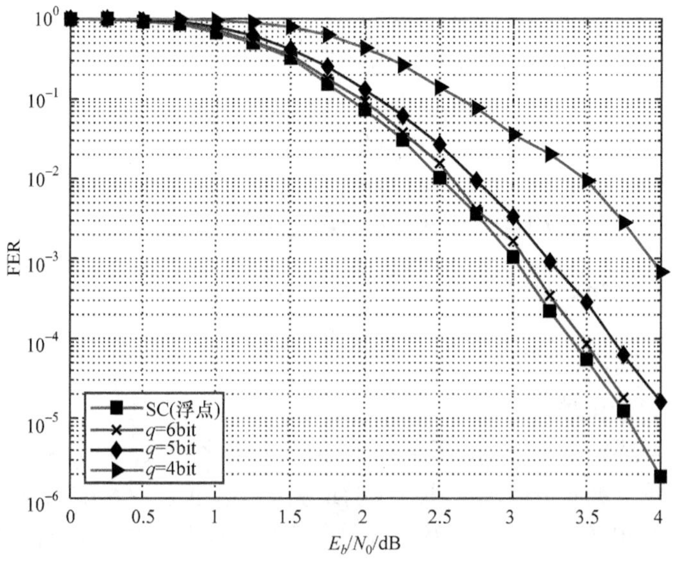

图 6.1.3 基于最小均方误差量化准则的 SC 译码性能

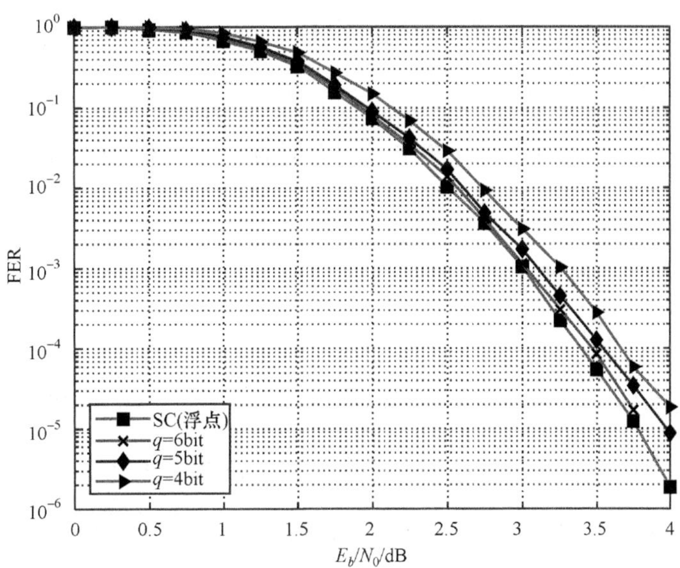

图 6.1.4　基于容量最大化量化准则的 SC 译码性能

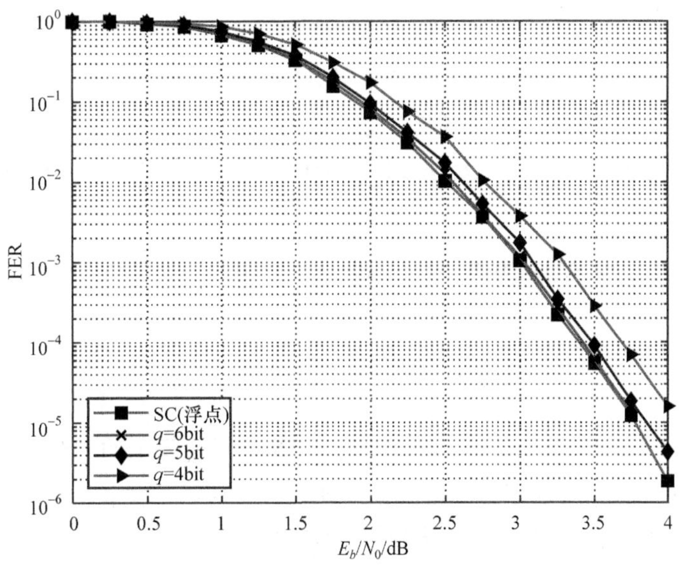

图 6.1.5　基于截止速率最大化量化准则的 SC 译码性能

真性能有较大差距。而其余两种准则，则有相对较好的性能。容量最大化量化准则能够取得较好的性能，但在高信噪比下，其性能并不稳定，相比之下，截止速率最大化量化准则能够取得更好的性能。在 5bit 量化译码条件下，其性能损失仅为 0.1dB 左右，而 4bit 量化时距离浮点性能有约 0.25dB 的差距。由此可见，截止速率最大化准则是一种稳定而有效的量化方案，适用于极化码的量化译码。

6.1.3　SCL 量化译码方案

本节讨论 SCL 译码算法的量化问题，分别针对对数后验概率(LA)和对数似然比(LLR)

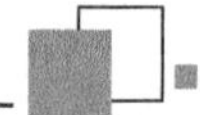

的 SCL 译码算法，分析量化对 SCL 算法的影响。

1. LA-SCL 译码量化

对于对数后验概率的 SCL 译码算法，APP 值的对数形式(LA)定义如下：

$$M_N^{(i)}\left(u_1^i \middle| y_1^N\right) = \ln\left(P_N^{(i)}\left(u_1^i \middle| y_1^N\right)\right) \tag{6.1.17}$$

路径度量的递归计算表达式为

$$\begin{aligned} & M_N^{(2i-1)}\left(u_1^{2i-1} \middle| y_1^N\right) \\ & = \max{}^* \begin{Bmatrix} M_{N/2}^{(i)}\left(u_{1,o}^{2i-2} \oplus u_{1,e}^{2i-2}, u_{2i-1} \oplus 0 \middle| y_1^{N/2}\right) + M_{N/2}^{(i)}\left(u_{1,e}^{2i-2}, u_{2i} = 0 \middle| y_{N/2+1}^N\right), \\ M_{N/2}^{(i)}\left(u_{1,o}^{2i-2} \oplus u_{1,e}^{2i-2}, u_{2i-1} \oplus 1 \middle| y_1^{N/2}\right) + M_{N/2}^{(i)}\left(u_{1,e}^{2i-2}, u_{2i} = 1 \middle| y_{N/2+1}^N\right) \end{Bmatrix} \end{aligned} \tag{6.1.18}$$

$$M_N^{(2i)}\left(u_1^{2i} \middle| y_1^N\right) = M_{N/2}^{(i)}\left(u_{1,o}^{2i} \oplus u_{1,e}^{2i} \middle| y_1^{N/2}\right) + M_{N/2}^{(i)}\left(u_{1,e}^{2i} \middle| y_{N/2+1}^N\right) \tag{6.1.19}$$

其中，$\max^*(a,b) = \max(a,b) + \log\left(1 + \mathrm{e}^{-|a-b|}\right)$。

令 $a_1 = M_{N/2}^{(i)}\left(u_{1,o}^{2i-2} \oplus u_{1,e}^{2i-2}, u_{2i-1} \oplus 0 \middle| y_1^{N/2}\right)$，$a_2 = M_{N/2}^{(i)}\left(u_{1,o}^{2i-2} \oplus u_{1,e}^{2i-2}, 1 \oplus 1 \middle| y_1^{N/2}\right)$。另外，分别记 $b_1 = M_{N/2}^{(i)}\left(u_{1,e}^{2i-2}, u_{2i} = 0 \middle| y_{N/2+1}^N\right)$，$b_2 = M_{N/2}^{(i)}\left(u_{1,e}^{2i-2}, u_{2i} = 1 \middle| y_{N/2+1}^N\right)$。即 a_1、a_2 表示前一级节点的 0 分支和 1 分支所对应的路径度量，b_1、b_2 对应另一个节点 0、1 分支的路径度量。

在实际译码过程，为了量化处理方便，采用负对数概率形式，则扩展后的路径度量可以简记为如下形式：

$$f\left(a_1^2, b_1^2\right) = \left(\min{}^*\left(a_1 + b_1, a_2 + b_2\right), \min{}^*\left(a_2 + b_1, a_1 + b_2\right)\right) \tag{6.1.20}$$

与

$$g\left(a_1^2, b_1^2, u_s\right) = \left(a_{1+u_s} + b_1, a_{2-u_s} + b_2\right) \tag{6.1.21}$$

其中，$\min^*\left(a,b\right) = \min\left(a,b\right) + \log\left(1 + \mathrm{e}^{-|a-b|}\right)$；$u_s$ 为译码过程中的部分序列和。式(6.1.20)和式(6.1.21)中前一部分表示当前比特为 0 时所代表的路径度量，而后一部分代表当前比特为 1 时所对应的路径度量。由于采用了负对数形式的路径度量，因此所有的路径度量均为非负数，便于量化操作。对于每个路径度量，都采用函数 $Q(x,\varDelta,q)$ 量化。

考虑到 SCL 译码过程中，后一级路径度量是前一级两个路径度量之和，逐级增加。为了保证后续路径度量的大小关系不变，防止量化中的饱和与限幅操作，需要逐级增加量化比特数目，而量化步长保持不变。这样就保证了量化译码的精度，从而使得量化译码的性能只取决于信道一侧的对数概率的量化损失。

图 6.1.6 给出了码长 N=8 的极化码量化条件下 SCL 译码过程的路径度量更新示意，其中，$\mathrm{PE}_{j,i}$ 表示格图上的每个节点单元。可以看到每个节点单元都需要一个量化函数 $Q\left(x,\varDelta,q_{\mathrm{ch}} + j\right)$，其中，$q_{\mathrm{ch}}$ 表示信道侧 LLR 信息的量化比特数，此后每一级的量化比特数为 $q_{\mathrm{ch}} + j$，每个节点选择式(6.1.20)或式(6.1.21)计算相应路径度量。

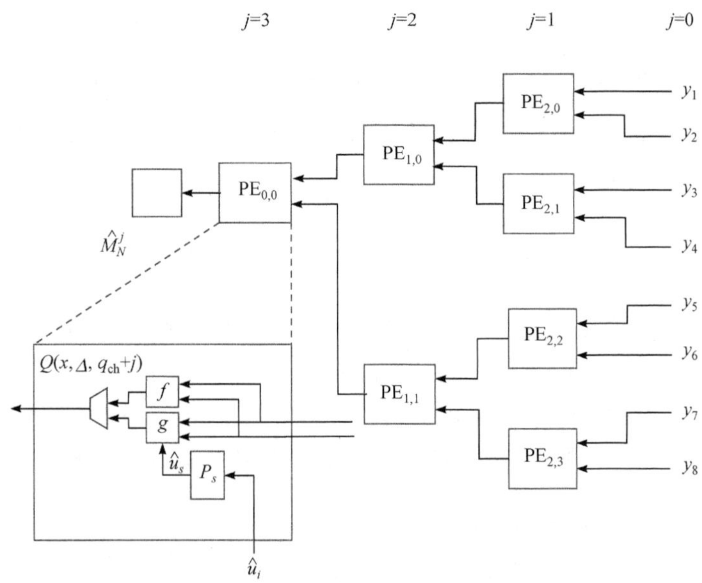

图 6.1.6　量化条件下 SCL 译码算法的路径度量更新结构

由图 6.1.6 可知，量化条件下的 SCL 译码过程，首先从最右侧即信道侧开始，利用接收信号 y_i 计算 LLR，然后更新每个节点的 APP 值。由于采用量化，因此在每个节点的路径度量都需要经过 $Q\left(x,\varLambda,q_{\mathrm{ch}}+j\right)$ 量化变换后才可继续进行后续计算。

2. LLR-SCL 译码量化

基于对数后验概率的 SCL 算法，路径度量的动态范围仍然较大。Balatsoukas-Stimming 等[4]提出了 LLR-SCL 译码算法，不仅可以减小存储资源的使用量，也降低了路径度量的动态范围。

令 $u_1^{i-1}[l]$ 表示幸存路径列表 $\mathcal{L}^{(i-1)}$ 中的某一条路径，对数似然比为

$$\varLambda_N^{(i)}[l]=\ln\frac{W_N^{(i)}\left(y_1^N,u_1^{i-1}[l]|0\right)}{W_N^{(i)}\left(y_1^N,u_1^{i-1}[l]|1\right)} \tag{6.1.22}$$

由 5.3.2 节可知，路径度量与 LLR 的关系如下：

$$\mathrm{PM}_l^{(i)}=\sum_{j=1}^{i}\ln\left(1+\mathrm{e}^{-(1-2u_j[l])\varLambda_N^{(j)}[l]}\right) \tag{6.1.23}$$

路径度量 $\mathrm{PM}_l^{(i)}$ 具有递推性，可以近似表示为

$$\mathrm{PM}_l^{(i)}=\begin{cases}\mathrm{PM}_l^{(i-1)}, & u_i[l]=\dfrac{1}{2}\left[1-\mathrm{sign}\left(\varLambda_N^{(i)}[l]\right)\right]\\ \mathrm{PM}_l^{(i-1)}+\left|\varLambda_N^{(i)}[l]\right|, & \text{其他}\end{cases} \tag{6.1.24}$$

针对 LLR 形式的路径度量，也可以采用均匀量化。假设 LLR 服从高斯分布 $N\left(\pm 2/\sigma^2, 4/\sigma^2\right)$，即均值为 $\pm 2/\sigma^2$，方差为 $4/\sigma^2$。根据高斯分布的 3σ 准则，可以考虑对 $[-2/\sigma^2-3\times 2/\sigma, 2/\sigma^2+3\times 2/\sigma]$ 范围内的 LLR 进行均匀量化。假设 SCL 译码的路径度量采用 q bit 量化，其量化步长为

$$\Delta=\frac{\left(2/\sigma^2+3\times 2/\sigma\right)\times 2}{2^q}=\frac{1+3\sigma}{2^{q-2}\sigma^2} \tag{6.1.25}$$

这样，所有子信道采用相同的量化函数 $Q(x,\Delta,q)$，实现复杂度也会进一步降低。具体实现流程与量化 LA-SCL 译码算法类似，不再赘述。

针对 AWGN 信道码长 $N=1024$，码率为 $R=0.5$ 的极化码，图 6.1.7 给出了采用 $L=2$ 的 LA-SCL 译码算法的误帧率(FER)性能，其中，信道侧量化比特数 $q_{\text{ch}}=\{2,3,4\}$。

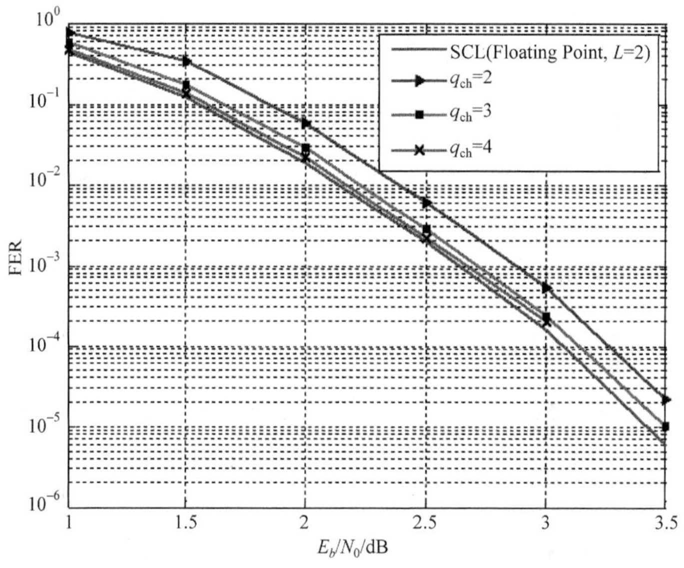

图 6.1.7 量化条件下 LA-SCL(L=2)译码算法性能

由图 6.1.7 可知，若采用 2bit 均匀量化，误帧率性能将有较大的损失，而 3bit 量化对于其误帧率性能仅有 0.1dB 左右的损失。若在此基础上增加一个量化比特，便可以达到浮点译码的性能。采用该法进行量化译码时，由于受到信道极化的影响，SCL 译码过程中每一级的路径度量都会加倍，为了使性能不受影响，格图每一级量化比特数相对于信道侧将逐级增加一个比特，这样保证每一级量化不损失路径度量的精度。也就是说，每一级子信道都采用相同的量化步长，而量化比特数将逐级增加。虽然较高的量化比特数和更精确的量化步长将取得更好的量化译码性能，但路径度量的位宽较大，需要较高的存储开销。

图 6.1.8 给出了相同配置下，LLR-SCL 译码算法性能，其中量化比特数分别为 6bit、7bit、8bit。由图可知，若进行 6bit 均匀量化，误帧率性能有较大的损失，约为 0.25dB，而采用 7bit 和 8bit 量化时，几乎可以达到浮点译码的性能。对比图 6.1.7 与图 6.1.8 可知，LLR-SCL 译码算法的路径度量动态范围更小，更有利于 SCL 硬件译码器的实现。

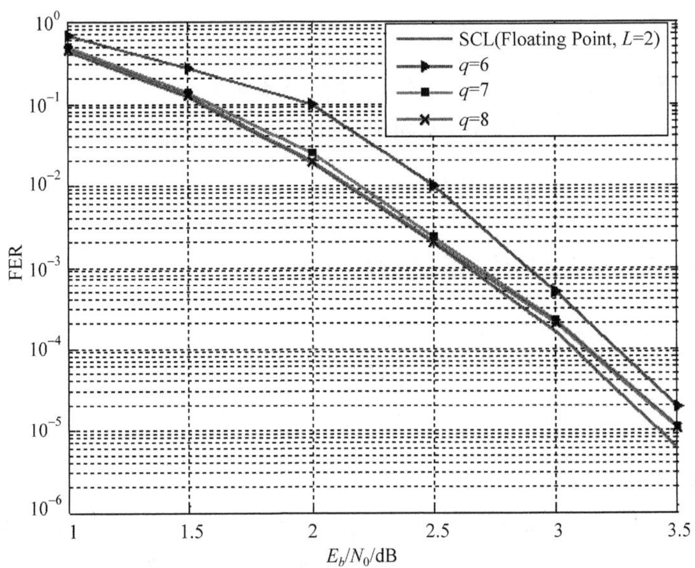

图 6.1.8 量化条件下 LLR-SCL(L=2)译码算法性能

6.2 SC 译码器架构

最近十年来，人们对极化码译码器的硬件设计开展了大量研究。其中，BP 译码器具有高吞吐率特性，代表性工作参见文献[5]～文献[7]，但 BP 译码性能较差。SC 译码器的硬件设计是目前极化码译码实现关注的重点，人们在提高译码并行度等方面开展了大量研究[23]。其中，最有代表性的 SC 译码器硬件结构有三类：Pipelined Tree SC 结构[8]、Line SC 结构[8]和半并行 SC 译码器结构[9]。为 SC 译码器架构设计奠定了基础。另外，张川与 Parhi 在文献[10]中提出的超前计算结构、Yuan 与 Parhi 在文献[11]中提出的多比特判决结构也是有代表性的 SC 译码结构。本节首先介绍这三种经典 SC 译码器架构，然后分析 SC 译码的时序逻辑，并介绍边鑫与牛凯等在文献[12]和文献[13]提出的多比特并行 SC 译码结构，最后对主流 SC 译码器架构进行比较分析。

6.2.1 Pipelined-Tree SC 结构

Leroux 等受到 FFT 蝶形结构的启示，在文献[8]中最早提出了两种基本 SC 译码器结构：Pipelined-Tree SC 结构和 Line SC 结构。

给定接收信息 y_1^N 和部分估计序列 u_1^{i-1}，令 $L_N^{(i)}\left(y_1^N,\hat{u}_1^{i-1}\right)$ 表示对数似然比(LLR)，定义如下：

$$L_N^{(i)}\left(y_1^N,\hat{u}_1^{i-1}\right)=\ln\frac{W_N^{(i)}\left(y_1^N,\hat{u}_1^{i-1}\mid 0\right)}{W_N^{(i)}\left(y_1^N,\hat{u}_1^{i-1}\mid 1\right)} \tag{6.2.1}$$

各节点 LLR 的计算可以通过如下公式递归进行：

$$L_N^{(2i-1)}\left(y_1^N,\hat{u}_1^{2i-2}\right)=f\left(L_{N/2}^{(i)}\left(y_1^{N/2},\hat{u}_{1,o}^{2i-2}\oplus\hat{u}_{1,e}^{2i-2}\right),L_{N/2}^{(i)}\left(y_{N/2+1}^N,\hat{u}_{1,e}^{2i-2}\right)\right) \tag{6.2.2}$$

$$L_N^{(2i)}\left(y_1^N,\hat{u}_1^{2i-1}\right)=g\left(L_{N/2}^{(i)}\left(y_1^{N/2},\hat{u}_{1,o}^{2i-2}\oplus\hat{u}_{1,e}^{2i-2}\right),L_{N/2}^{(i)}\left(y_{N/2+1}^N,\hat{u}_{1,e}^{2i-2}\right),\hat{u}_{2i-1}\right) \tag{6.2.3}$$

采用最小化(Min-Sum)形式，其中的 f 和 g 函数定义如下：

$$f(a,b)=\operatorname{sgn}(a)\operatorname{sgn}(b)\min\{|a|,|b|\} \tag{6.2.4}$$

$$g(a,b,u_s)=(1-u_s)a+b \tag{6.2.5}$$

式中，$a,b\in\mathbb{R}$；$u_s\in\{0,1\}$。

SC 算法对信源比特 $\hat{u}_i$ 的估计由式(6.2.6)得到：

$$\hat{u}_i=\begin{cases}0, & i\in\mathcal{A}^c\\ 0, & i\in\mathcal{A}\text{且}L_N^{(i)}\left(y_1^N,\hat{u}_1^{i-1}\right)\geqslant 0\\ 1, & i\in\mathcal{A}\text{且}L_N^{(i)}\left(y_1^N,\hat{u}_1^{i-1}\right)<0\end{cases} \tag{6.2.6}$$

其中，$\mathcal{A}$ 是信息比特集合。

图 6.2.1 给出了码长 $N=8$ 时的 SC 译码格图。图中，白色节点和黑色节点分别表示 f 运算和 g 运算，$\oplus$ 表示模二加运算用异或门实现，判决单元实现判决函数的功能。节点上方的标签 $t+i,i\geqslant 0$ 表示节点运算的先后顺序。首先在 t 时刻，靠近信道侧的节点接收来自信道的对数似然比信号 $L_1^{(1)}\left(y_j\right)$，然后进行阶段 1 的 f 运算。经过 f 运算 LLR 作为下一个阶段的输入，在 $t+1$ 时刻，进行 f 运算，并把运算结果传递给第三阶段。在 $t+2$ 时刻，f 运算通过最后的判决函数产生第一个比特估计值 $\hat{u}_0$，同时输入送入部分和计算单元，作为计算 $\hat{u}_1$ 的 g 运算的输入。因此，整个译码算法分别需要 $N/2\cdot\log_2 N$ 次 f 节点和 g 节点的运算操作。

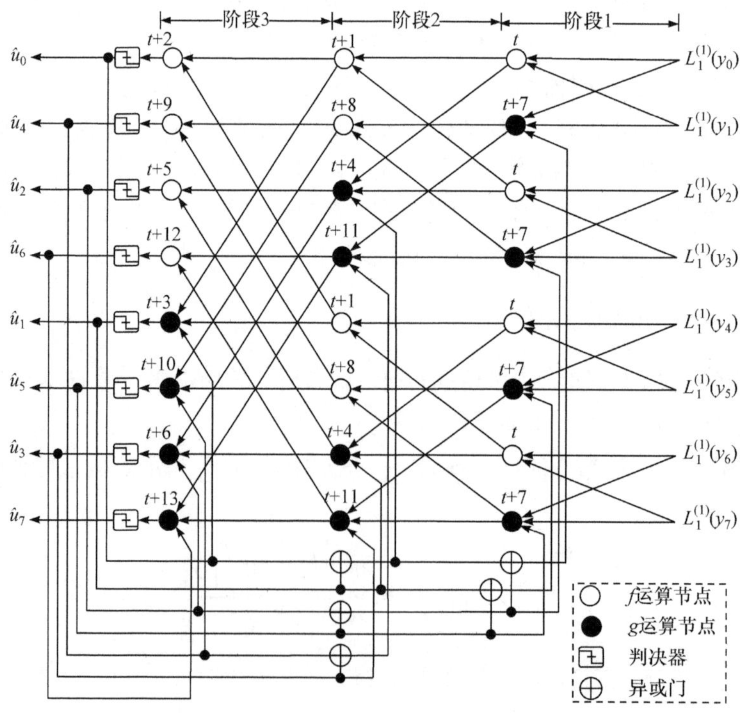

图 6.2.1 码长 N=8 的极化码的 SC 译码算法格图

对于硬件译码器设计，实现复杂度和译码延迟是两个重要的指标。考查图 6.2.1 的格图可以发现，SC 译码过程类似于 FFT 变换的蝶形结构。在格图中，假设每个阶段之间插入一些流水线寄存器，或者等效地，每个节点存储更新后的 LLR，那么硬件译码器就可以复用存储的中间结果，从而减少存储开销，提高吞吐率。一般地，完成整个格图的 SC 译码，不仅需要 $N\log_2 N$ 个处理器节点和 N 个中间存储节点，还需要 N 个寄存器存储信道信息。这样整个 SC 译码器复杂度为

$$C_T=\left(C_{\mathrm{np}}+C_r\right)\cdot N\log_2 N+NC_r \tag{6.2.7}$$

其中，C_{np} 和 C_r 分别表示计算节点和存储节点的硬件复杂度。

给定码长为 N 的极化码，分析第 5 章 SC 译码算法流程，可以得到译码延迟为

$$L=2\left(N-1\right)T_C \tag{6.2.8}$$

其中，T_C 表示硬件系统单个时钟周期。与此对应，整个 SC 译码器的吞吐率为

$$T=\frac{N}{\left(2N-1\right)t_{\mathrm{np}}}\approx\frac{1}{2t_{\mathrm{np}}} \tag{6.2.9}$$

其中，t_{np} 表示节点处理器的单位时间。这也意味着，每过 $2N-2$ 个时钟周期，计算节点都会重新被使用一次。所以在硬件设计中应充分考虑计算单元复用。

SC 译码器的时序调度如表 6.2.1 所示，在阶段 1，有 2 次计算状态的切换，在时钟周期 2(CC#2)和 CC#5 时，阶段 1 的输入不变，直到 CC#8 计算状态切换为 g 运算。这意味着阶段 1 的四个寄存器在 CC#8 完全复用。这一切换规律决定了每个阶段真正可以被复用的计算单元和存储单元。

表 6.2.1　SC 译码器时序调度(码长 *N*=8)

时钟周期	1	2	3	4	5	6	7	8	9	10	11	12	13	14
阶段 1	f							g						
阶段 2		f			g				f			g		
阶段 3			f	g		f	g			f	g		f	g
输出比特估计			$\hat{u}_0$	$\hat{u}_1$		$\hat{u}_2$	$\hat{u}_3$			$\hat{u}_4$	$\hat{u}_5$		$\hat{u}_6$	$\hat{u}_7$

通过硬件单元复用可以设计出如图 6.2.2 所示的 Pipelined-Tree SC 译码器硬件结构，其基本单元包括节点处理(PE)单元、寄存器单元、部分和(Partial-Sum Feedback，PSF)单元以及控制逻辑。其中，PE 单元完成 f 与 g 运算，寄存器单元存储格图中间节点的 LLR 信息，部分和单元完成部分序列的模二加运算，控制逻辑对节点间消息的传递进行调度与控制。

整个译码器包含 $N-1$ 个 PE 单元和 $N-1$ 个寄存器单元 $R_{l,j}$，其中，$0\leqslant l\leqslant m-1$，$0\leqslant j\leqslant 2^l$。判决单元(Decision Unit)生成比特估计值 $\hat{u}_i$，然后通过部分和模块反馈回各个 PE 单元。PE 单元配置了 f 运算和 g 运算，也包含了部分和(PSF)运算单元，用于产生部分和比特 $\hat{u}_s$，作为黑盒出现在 Pipelined-Tree SC 译码结构图中。部分和 $\hat{u}_s$ 的生成受控制信号 $b_{l,j}$ 的影响。另一个控制信号 b_l 用于选择切换 f 运算和 g 运算的计算状态。

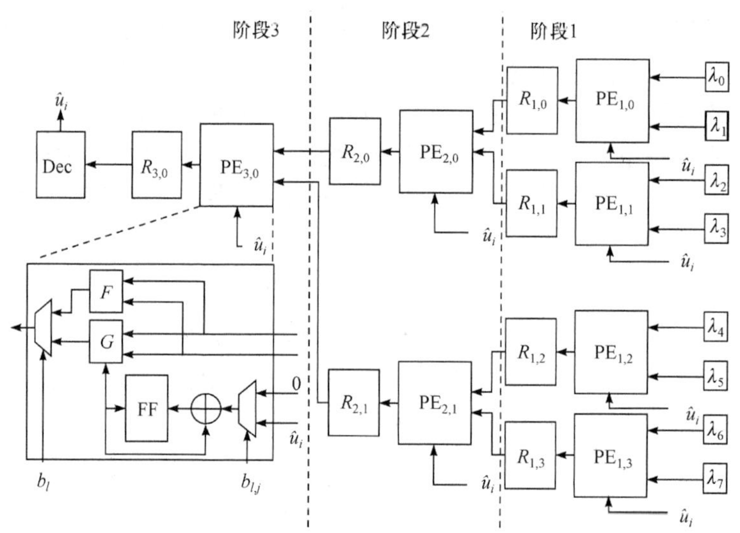

图 6.2.2 码长 N=8 Pipelined-Tree SC 译码结构示例

相对于 SC 译码格图结构，Pipelined-Tree SC 译码器具有相同的计算调度，如表 6.2.1 所示。相较于基于蝶形结构的 SC 译码器，Pipelined-Tree SC 译码器结构更简单。由于硬件单元资源减少，PE 单元数量可以粗略看作 f 与 g 运算单元的 2 倍，则 Pipelined-Tree SC 译码器复杂度为

$$C_T=(N-1)\left(2C_{\text{np}}+C_r\right)+NC_r \tag{6.2.10}$$

此外，由于 PE 单元之间是本地连接，因此减少了硬件布线的潜在拥塞，从而提高了时钟频率和吞吐量。

6.2.2 Line SC 结构

尽管 Pipelined-Tree SC 译码器复杂度较低，但是其 PE 单元的数目还有降低的空间。特别是码长较长时，减少 PE 单元数目对于控制硬件资源消耗有实际意义。

观察表 6.2.1 的 SC 调度时序，一次只会激活一个阶段的计算单元，在最坏的情况下(例如，阶段 1 最靠近信道侧)，最多有 $N/2$ 个 PE 单元被同时激活。这意味着仅仅利用 $N/2$ 个 PE 单元，通过时分复用的方式就可以达到相同的吞吐量。这种结构称为 Line SC 译码器结构，码长 $N=8$ 的译码器结构如图 6.2.3 所示。

如图 6.2.3 所示，PE 单元按照线性排列，而存储器单元还是按照 Pipelined-Tree SC 结构排列。寄存器和 PE 单元之间通过多路复用器和解复用器连接。例如，图中的 PE_1 是由图 6.2.2 的 $\text{PE}_{1,0}$ 和 $\text{PE}_{2,0}$ 合并得到，它既可以输出 LLR 到 $R_{1,0}$ 和 $R_{2,0}$，也可以从信道侧或者寄存器 $R_{1,0}$ 和 $R_{1,1}$ 接收信号。值得注意的是，为了保持部分和结果正确，部分和计算块 $\hat{u}_s$ 需要从 Pipelined-Tree SC 结构的 PE 单元中移出，必须单独考虑。整个 Line SC 译码器的复杂度为

$$C_T=(N-1)\left(C_r+C_{\hat{u}_s}\right)+NC_{\text{np}}+\left(\frac{N}{2}-1\right)3C_{\text{MUX}}+NC_r \tag{6.2.11}$$

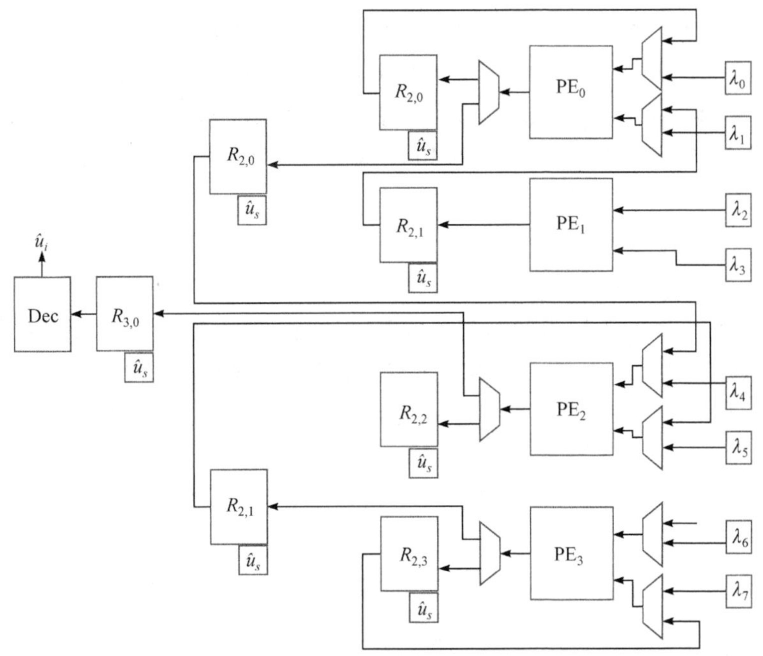

图 6.2.3　码长 N=8 Line SC 译码结构示例

其中，C_{MUX} 表示 2 输入的多路复用器或者解复用器的硬件复杂度；$C_{\hat{u}_s}$ 是 $\hat{u}_s$ 模块的计算复杂度。尽管节省 PE 单元数量，使得 Line SC 译码器结构更简单，但付出的代价是引入额外的多路复用器/解复用器，需要更复杂的电路控制逻辑和布局布线。

表 6.2.2 比较了蝶形结构 SC、Pipelined-Tree SC 以及 Line SC 译码器的硬件结构复杂度。在达到相同吞吐量前提下，后两种译码器降低了硬件实现的复杂度。然而，SC 串行译码特性导致时延较大，这一直是其实用化的瓶颈。Pipelined-Tree/Line SC 译码器给出了基本的硬件译码器结构，而采用超前进位计算，可以进一步降低 SC 译码延迟[13]。

表 6.2.2　不同结构的 SC 译码器复杂度比较

结构	C_{np}	C_r	T
蝶形结构 SC	$N\log_2 N$	$N(1+\log_2 N)$	$1/2t_{\mathrm{np}}$
Pipelined-Tree SC	$2N-2$	$2N-1$	$1/2t_{\mathrm{np}}$
Line SC	N	$2N-1$	$1/2t_{\mathrm{np}}$

6.2.3　半并行 SC 结构

Line SC 译码器的整个译码过程中，$N/2$ 个 PE 单元仅仅同时激活 2 次，因此，资源利用率还不够高。在半并行译码器中，采用 $P<N/2$ 个 PE 单元译码。当执行译码阶段 $l>\log_2 P$ 时，P 个 PE 单元同时并行译码，需要 $2^l/P$ 个时钟周期完成一次译码，而当 $l\leqslant\log_2 P$ 时，P 个 PE 单元同时译码，只需要 1 个时钟周期即可完成。

一般地，半并行 SC 译码器的 PE 单元数量满足 $P<N/2$。图 6.2.4 给出了 $N=8, P=2$

配置下半并行 SC 译码时序。每个阶段只有不超过 P 个计算节点工作，在时钟 $CC=\{0,1,2,5,8,9,10,13\}$ 时有 2 个 PE 单元同时激活，而在其余时刻只激活 1 个 PE 单元。由于半并行 SC 译码器在时钟周期 $\{0,1\}$ 和 $\{8,9\}$ 相当于 Line SC 译码器的单个时钟周期进行操作，因此与 Pipelined-Tree SC 以及 Line SC 译码器相比，半并行 SC 译码器只增加了 2 个时钟。这样，整个译码器的时延为

$$L_{\mathrm{SP}}=\sum_{l=0}^{p}2^{n-l}+\sum_{l=p+1}^{n-1}2^{n-l}2^{l-p}=2N+\frac{N}{P}\log_2\left(\frac{N}{4P}\right) \tag{6.2.12}$$

图 6.2.4 同时也表示了 LLR 的数据生成时序。时钟 $CC=\{0,1\}$ 生成的 LLR 在时钟 CC=5 之后就不再有用，因此寄存器中的数据可以替换为时钟 $CC=\{8,9\}$ 时生成的 LLR，这样可以复用相同存储单元。半并行 SC 译码器与 Line SC 译码器保持了相同的存储开销。

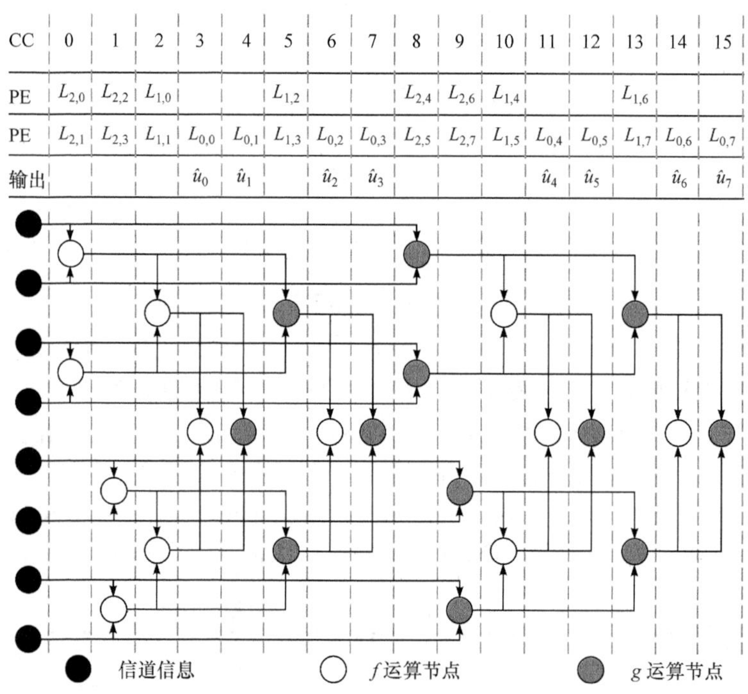

图 6.2.4 码长 N=8 半并行 SC 译码时序

给定码长 N，采用 P 个 PE 单元的半并行 SC 译码器的资源利用率为

$$\eta=\frac{N\log_2 N}{2P\left[2N+\frac{N}{P}\log_2\left(\frac{N}{4P}\right)\right]}=\frac{\log_2 N}{4P+2\log_2\left(\frac{N}{4P}\right)} \tag{6.2.13}$$

其单个计算单元硬件结构如图 6.2.5 所示。

如图 6.2.5 所示，单个 PE 单元中，使用 LLR 值的符号 $\psi(\lambda)$ 和幅度 $|\lambda|$ 的计算步骤[9]为

$$\psi(\lambda_f)=\psi(\lambda_a)\oplus\psi(\lambda_b) \tag{6.2.14}$$

$$|\lambda_f|=\min(|\lambda_a|,|\lambda_b|) \tag{6.2.15}$$

其中，$\psi(X)$ 表示为

$$\psi(X)=\begin{cases}0, & X>0\\ 1, & \text{否则}\end{cases} \tag{6.2.16}$$

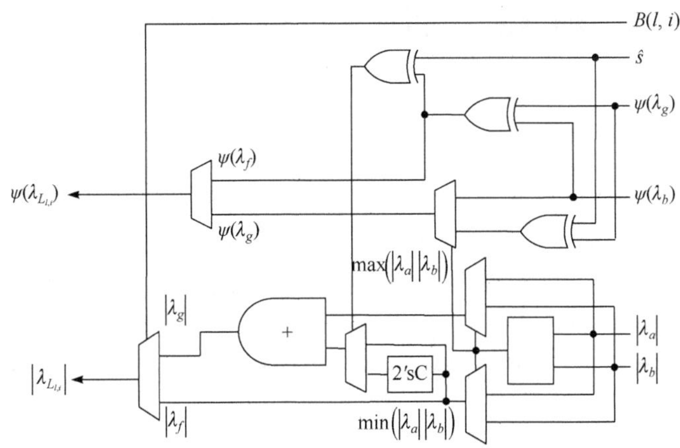

图 6.2.5　半并行译码器计算单元硬件结构

硬件实现上述操作，只需要进行简单的异或运算(XOR)和比较选择(CS)。其中，$|\lambda_a|$ 和 $|\lambda_b|$ 的大小关系通过幅度比较器生成，表示为

$$\gamma_{ab}=\begin{cases}1, & |\lambda_a|>|\lambda_b|\\ 0, & \text{否则}\end{cases} \tag{6.2.17}$$

信号 $\psi(\lambda_g)$ 的值由 $\psi(\lambda_a)$、$\psi(\lambda_b)$、$\hat{s}$ 和 γ_{ab} 四个信号共同决定。通过对 $\psi(\lambda_g)$ 查找真值表，得到如下简化的布尔方程：

$$\psi(\lambda_g)=\overline{\gamma}_{ab}\cdot\psi(\lambda_b)+\gamma_{ab}\cdot\psi(\lambda_b)\cdot(\hat{s}\oplus\psi(\lambda_a)) \tag{6.2.18}$$

其中，“⊕”、“·”和“+”分别表示异或运算(XOR)、与运算(AND)和或运算(OR)操作。幅度 $|\lambda_g|$ 是 $\max(|\lambda_a|,|\lambda_b|)$ 与 $\min(|\lambda_a|,|\lambda_b|)$ 的和或差：

$$|\lambda_g|=\max(|\lambda_a|,|\lambda_b|)+(-1)^{\chi}\min(|\lambda_a|,|\lambda_b|) \tag{6.2.19}$$

其中

$$\chi=\hat{s}\oplus\psi(\lambda_a)\oplus\psi(\lambda_b) \tag{6.2.20}$$

可见，$|\lambda_g|$ 可以用无符号加法器、多路复用器和二进制补码运算符来实现，其中，二进制补码运算符用于实现减法器的溢出。最终的结果由控制信号 $B(l,i)$ 决定：

$$\psi(\lambda_{L_{l,i}})=\begin{cases}\psi(\lambda_f), & B(l,i)=0\\ \psi(\lambda_g), & \text{其他}\end{cases} \tag{6.2.21}$$

$$|\lambda_{L_{l,i}}|=\begin{cases}|\lambda_f|, & B(l,i)=0\\ |\lambda_g|, & \text{其他}\end{cases} \tag{6.2.22}$$

相比于 Pipelined-Tree SC 译码器和 Line SC 译码器，半并行 SC 译码器虽然吞吐率略有降低，但提升了整体硬件利用率，在硬件资源受限的场景中有重要意义。

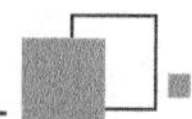

6.2.4 SC 译码时序逻辑分析

尽管 Pipelined-Tree SC、Line SC 与半并行 SC 译码器为 SC 硬件译码器设计提供了基本框架，但译码时延与吞吐率还存在提升空间。本节重点分析 SC 译码的时序逻辑规律，在此基础上，6.2.5 节将介绍文献[12]提出的低延迟多比特并行极化码译码器结构。

1. SC 译码时序逻辑规律

考虑如图 6.2.1 所示的码长 $N=8$ 的 SC 译码算法格图，白色的节点表示 f 运算，黑色节点表示 g 运算，节点上方的标签 $t+i$ 表示时钟序号，其中，$0\leqslant i\leqslant 2N-3$。图 6.2.6 给出了相对应的 SC 译码时序逻辑图。横坐标以时钟顺序为标注，对应于图 6.2.1 节点上方的标注。图 6.2.6 中以时钟 t 的上升沿为起始，至时钟 $t+14$ 结束，表示了一帧数据 $(N=8)$ 的译码时序。多帧情况是一种循环表示，从图中标识斜线阴影的区域也可以看出，这种译码时序是不断循环的。

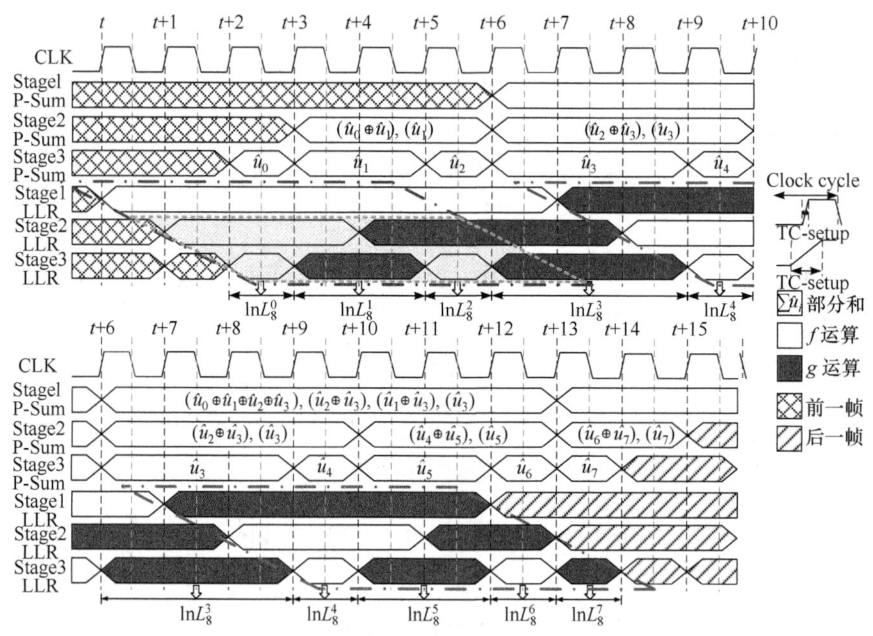

图 6.2.6 码长 N=8 的 SC 译码时序逻辑

图 6.2.6 中，时钟下方的前 3 行信号表示部分和随时钟上升沿的变化，后 3 行信号是 LLR 在不同阶段的变化，对于一个码长为 N 的极化码，一共有 $\log_2 N$ 个阶段。另外一个特点是，相同的时钟周期，所有的状态变化都是并行完成的。在时钟的驱动下，整个译码算法每一帧数据的状态转移过程都是相同的，下面从信道侧接收信号开始分析一帧数据的译码时序。

当第一个时钟 CLK t 的上升沿到来时，对应于格图中第 1 阶段的 f 运算节点被激活，计算出 LLR 后在寄存器中暂存输出结果。第二个时钟 CLK $t+1$ 的上升沿到来后，同样激活 f 运算节点，此时接收寄存器输出 LLR 产生新的 LLR 结果，并暂存在第二阶段寄存器中。直到第三个时钟 CLK $t+2$ 的上升沿到来，f 运算节点同样计算出相应的 LLR，此时已经到达整个格图左上角，对 LLR 进行判决，得到第一个比特估计值$\hat{u}_0$。依据信源比特是冻结位还是信息位，将结果存储在 RAM 中，如图 6.2.6 所示，同时将$\hat{u}_0$反馈回部分和计算模块。在时钟 CLK　$t+3$ 的上升沿到来时，阶段 3 的 f 运算切换为 g 运算，通过计算得到比特估计$\hat{u}_1$。将$\hat{u}_1$存储到输出 RAM，同时也将其输出到部分和计算模块。此时，阶段 1 和阶段 2 的运算需要保持 f 运算。因为整个硬件电路的时钟上升沿触发事件都是同时进行的，具有并行性。其余信源比特$\hat{u}_i(2\leqslant i\leqslant 7)$的估计过程类似，不再赘述。

由图 6.2.6 可知，在阶段r一帧起始时钟t的上升沿，都会有$r-1$个时钟缩进。这是由于每个阶段，存储器暂存中间 LLR 引入的延迟。整个码长$(N=8)$的 SC 译码过程，前半段如图 6.2.6 中上半部分的四边形区域所示，后半段译码过程如图 6.2.6 中下半部分四边形区域所示。这两段译码具有相似性，只是第 1 阶段的 f 运算切换为 g 运算。利用这一特点，可以采用超前进位计算。

命题 6.1(SC 译码时序逻辑规律)　给定集合$R=\{1,2,\cdots,\log_2 N\}$和集合$C=\{1,2,\cdots,2r\}$，其中，$r\in R$。给定一组向量$\boldsymbol{v}=(\boldsymbol{v}_1,\cdots,\boldsymbol{v}_c,\cdots,\boldsymbol{v}_M)$，其中，子矢量$\boldsymbol{v}_c=\begin{cases}(f,\cdots,f), & c\in\mathbb{O}\\(g,\cdots,g), & c\in\mathbb{E}\end{cases}$表示在阶段$r$中 f 运算和 g 运算的分布。

则第r个阶段第c个节点保持运算需要的时钟周期数目$\alpha(r,c)$表示为

$$\alpha(r,c)=\begin{cases}N\cdot 2^{1-r}-1, & c\in\mathbb{O}\\ N-\log_2 N, & (c\in\mathbb{E})\wedge(r=1)\\ \alpha(r-1,c/2)-\alpha(r,c-1), & (c\in\mathbb{E})\wedge(r\neq 1)\end{cases}\tag{6.2.23}$$

这里，$\mathbb{O}$与$\mathbb{E}$分别表示奇数与偶数集合。上述命题可以采用数学归纳法证明，不再赘述。

SC 译码保持运算的时钟周期$\alpha(r,c)$是适用于任意码长和码率配置的 f 与 g 运算随着时钟跳变而切换，称为时序逻辑规律。这一规律可以用如图 6.2.7 的树结构形式表示。每一个节点下面的数字表示的是，对于任意一帧的译码数据，译码器保持当前功能运算需要的时钟周期数目，所有左节点都需要保持$N\cdot 2^{1-r}-1$个时钟周期的 f 运算，整个树结构由于极化码串行抵消译码算法严格的结构特性，是一个完整的递归体系，即右子节点要保持的周期等于父节点周期数减去左子节点的周期数。

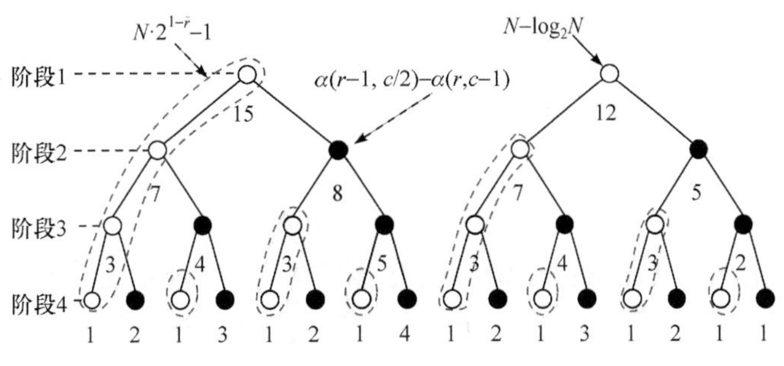

图 6.2.7　码长 N=16 时 SC 译码算法时序逻辑树

SC 译码时序逻辑规律可以在任意阶段的节点，判断进行的是 f 运算还是 g 运算。这样对于译码器多路复用器的选择使能信号，给出了明确表示。并且时序逻辑树的节点数

目总和表示了译码延迟的大小。例如，Pipelined-Tree SC 译码器的译码器时延为

$$L_{pt}=2\times\sum_{i=1}^{\log_2 N}2^{i-1}=2\times\frac{2\log_2 N-1}{2-1}=2(N-1) \tag{6.2.24}$$

即译码时延等于时序逻辑树中的节点个数。

2. 部分和时序逻辑规律

部分和$\hat{u}_s$的计算和存储在整个 SC 译码过程中也十分重要，其计算过程类似于极化码编码，估计比特$\hat{u}_i, 0\leqslant i\leqslant N-1$具有串行特性，因此中间计算结果必须进行暂存。如果采用 RAM 存储中间结果，其存储结构如图 6.2.8 所示。

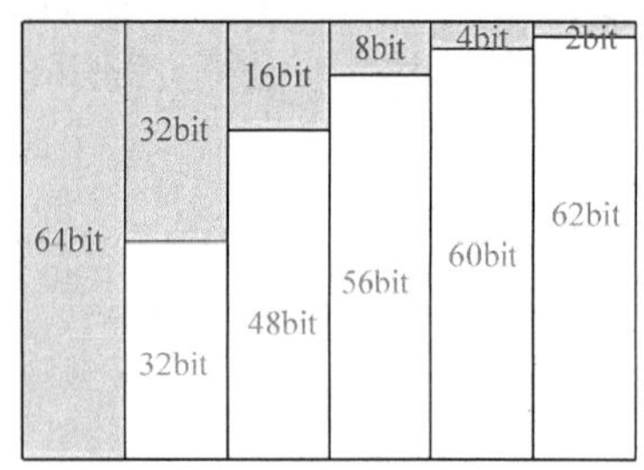

图 6.2.8 极化码 SC 译码算法部分和 RAM 存储结构示意图

可以看出，整个 RAM 中有一半存储资源是闲置的，并且部分和模块并不需要存储完整的码字序列。为了更好地节省硬件资源，文献[12]提出采用分布式存储方案代替 RAM，如图 6.2.9 所示。对于码长$N=8$，部分和计算模块首先将输入信号进行异或运算，同时保留奇数位置的信号，传递到下一级，通过多路复用器进行扩展，并把每个阶段的计算结果反馈到译码主体结构的相应阶段，作为第一级多路复用器的控制信号使能，选择g运算最终的输出结果。每一级需要加入一定数目的寄存器存储中间部分和结果，需要寄存的时间周期数目可以通过下列部分和时序逻辑规律得到。

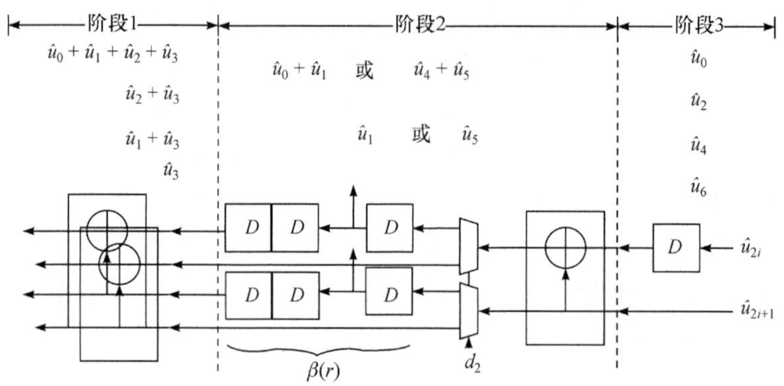

图 6.2.9 码长 N=8 的 SC 译码部分和(PSF)结构

命题 6.2 部分和时序逻辑规律

$$\beta(r)=\begin{cases}1, & r=\log_2 N\\ N\cdot 2^{1-r}-1, & r\neq\log_2 N\end{cases} \tag{6.2.25}$$

其中，N表示极化码译码码长；r表示所处的阶段；$\beta(r)$表示在阶段r部分和需要暂存的时钟周期的数目。上述命题可以采用数学归纳法证明，不再赘述。

考查如图 6.2.9 所示的码长$N=8$的 SC 译码部分和更新过程。在第 3 个时钟的上升沿产生第 1 个比特估计$\hat{u}_0$，此时部分和单元接收到这一信息，需要将其存入寄存器中。等下一个时钟到来时，$\hat{u}_0$参与了生成$\hat{u}_1$的g运算。然后，生成的$\hat{u}_0$和$\hat{u}_1$送入阶段 2 的部分和单元，产生部分和$\hat{u}_0+\hat{u}_1$与$\hat{u}_1$。此时双路解复用器的使能信号d_2为低电平，送入寄存器暂存，目的是等待部分和$\hat{u}_2+\hat{u}_3$与$\hat{u}_3$的产生。直到$\hat{u}_3$生成并被送入阶段 2，之前的部分和必须暂存在阶段 2 的寄存器中，同时解复用器使能也需要一直保持低电平。后续阶段的部分和处理类似，不再赘述。部分和时序逻辑规律$\beta(r)$给出了寄存时钟数目的规律。

对于 Pipelined-Tree SC 译码器，每个阶段r需要的寄存器数目为$\beta(r)$。由于采用双路解复用，阶段r的存储分支一共有$N\cdot 2^{-r}$个。对$\log_2 N$个阶段求和，部分和消耗的寄存器数目为

$$M_{\text{reg}}=\sum_{r=1}^{\log_2 N}\left(N\cdot 2^{-r}\right)\cdot\beta(r)=\sum_{r=1}^{\log_2 N}\left(N\cdot 2^{-r}\right)\cdot\left(N\cdot 2^{1-r}-1\right)=\frac{2}{3}N^2-N+\frac{1}{3}\qquad(6.2.26)$$

可以看出寄存器数目是$O\left(N^2\right)$量级的。对于长码条件的译码器设计，硬件消耗过大。下面将利用硬件复用的思路和部分和时序逻辑设计更为经济的 PSF 模块结构。

6.2.5 多比特并行 SC 译码器

基于 SC 译码时序逻辑规律，本节介绍多比特并行 SC 译码器结构，以降低译码延迟，减少硬件资源开销。

1. 译码器总体结构

低延迟多比特并行 SC 译码器如图 6.2.10 所示，包含了 PE 单元、部分和以及加速器等模块。其中，加速器是合并两阶段处理的 PE 单元。

整个译码时序如表 6.2.3 所示。在第 1 个时钟的上升沿到来时，译码器接收信道信息，送入 PE 计算单元，同时计算f运算和g运算的所有可能的 3 种结果，并且存储在寄存器中。在第 2 个时钟的上升沿到来时，将存储的 LLR 从阶段 1 的寄存器中读出，并送入加速器，同时计算出$(\hat{u}_0,\hat{u}_1,\hat{u}_2,\hat{u}_3)$，并存入输出 RAM，同时也输入部分和单元进行计算。由于采用了超前进位计算，在同一时刻并行计算部分和，使得更新之后的 LLR 存入阶段 1 寄存器中。这样，当第 3 个时钟上升沿到来之后，其 LLR 的值就从寄存器读出，输入加速器得到比特估计值$(\hat{u}_4,\hat{u}_5,\hat{u}_6,\hat{u}_7)$，完成了整个译码过程。

表 6.2.3 码长 N=8 多比特并行 SC 译码时序

时钟周期	1	2	3
阶段 1	PE	—	—
阶段 2	—	加速器	加速器
输出比特估计	—	$(\hat{u}_0,\hat{u}_1,\hat{u}_2,\hat{u}_3)$	$(\hat{u}_4,\hat{u}_5,\hat{u}_6,\hat{u}_7)$

2. PE 单元

多比特并行 SC 译码器通过化简，将$\log_2 N$阶段和$\log_2 N-1$阶段的处理合并为加速器模块，因此精简为$\log_2 N-1$个译码阶段。加速器利用了布尔化简和 SC 译码算法的嵌套特性，在同一个时钟输出 4 bit 信息，从而增加了硬件的整体并行度。

下面以码长 N=4 的 SC 译码为例，说明加速器的基本结果。在阶段 1，四个节点的

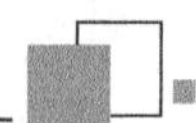

LLR 计算公式如下：

$$\begin{cases} l_2^0 = f\left(l_1^0, l_1^1\right) \\ l_2^1 = g\left(l_1^0, l_1^1, \hat{u}_0 \oplus \hat{u}_1\right) \\ l_2^3 = f\left(l_1^2, l_1^3\right) \\ l_2^4 = g\left(l_1^2, l_1^3, \hat{u}_1\right) \end{cases} \tag{6.2.27}$$

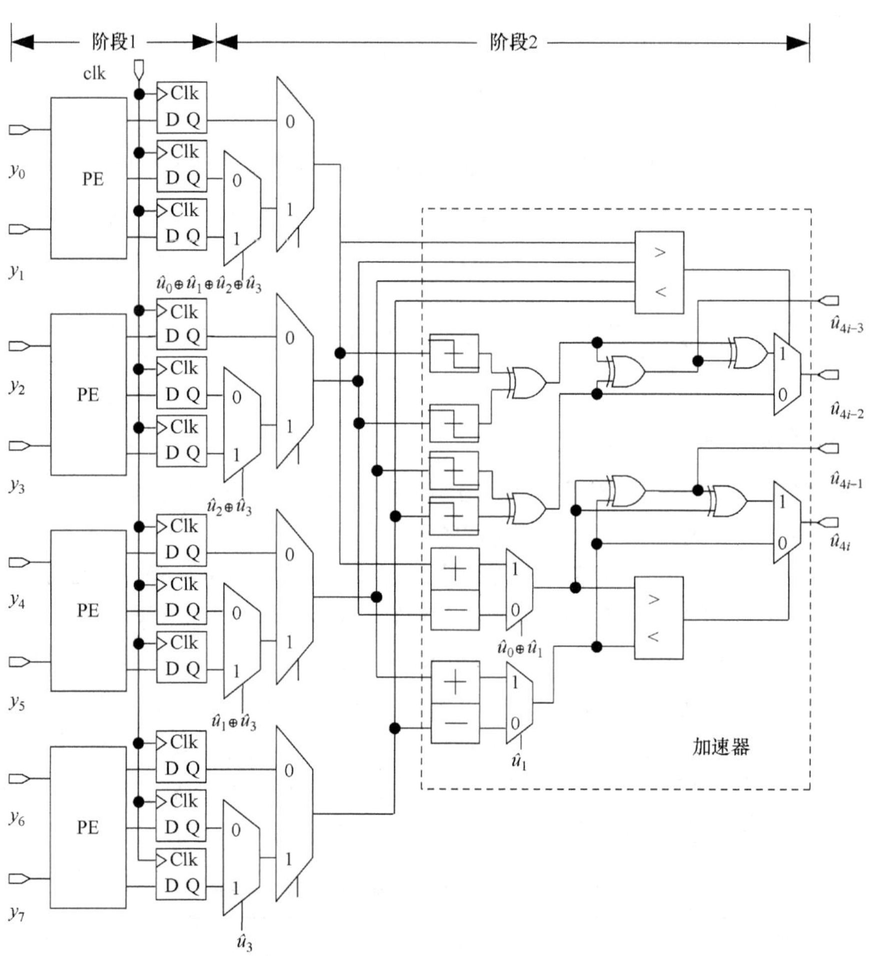

图 6.2.10 码长 N=8 的多比特并行 SC 译码器示例

信源比特估计的表达式为

$$\begin{cases} \hat{u}_0 = h\left[f\left(f\left(l_1^0, l_1^1\right), f\left(l_1^0, l_1^1\right)\right)\right] \\ \hat{u}_1 = h\left[g\left(f\left(l_1^0, l_1^1\right), f\left(l_1^0, l_1^1\right)\right), \hat{u}_0\right] \\ \hat{u}_2 = h\left[f\left(g\left(l_1^0, l_1^1, \hat{u}_0 \oplus \hat{u}_1\right), g\left(l_1^2, l_1^3, \hat{u}_1\right)\right)\right] \\ \hat{u}_3 = h\left[g\left(g\left(l_1^0, l_1^1, \hat{u}_0 \oplus \hat{u}_1\right), g\left(l_1^2, l_1^3, \hat{u}_1\right), \hat{u}_2\right)\right] \end{cases} \tag{6.2.28}$$

通过布尔函数简化后，得到如下简化公式：

$$\begin{cases}\hat{u}_0 = h\left(l_s^0\right)\oplus h\left(l_s^1\right)\oplus h\left(l_s^2\right)\oplus h\left(l_s^3\right)\\ \hat{u}_2 = h\left(g\left(l_s^0,l_s^1,\hat{u}_0\oplus\hat{u}_1\right)\right)\oplus h\left(g\left(l_s^2,l_s^3,\hat{u}_1\right)\right)\\ \hat{u}_{4i-2} = \begin{cases}h\left(\lambda_2\right), & \left|\lambda_2\right|\geqslant\left|\lambda_1\right|\\ h\left(\lambda_1\right)\oplus\hat{u}_{4i-3}, & \left|\lambda_2\right|<\left|\lambda_1\right|\end{cases}\end{cases} \tag{6.2.29}$$

其中，$l_s^i, 0\leqslant i\leqslant\log_2 N-1$表示阶段$s$的 LLR；$h$表示判决函数。类似地，可以在后$m$个阶段利用组合电路代替时序电路以降低整个系统的译码延迟，但是这样做将增加关键路径时延，影响系统吞吐率。综合考虑，加速器只在信道输入侧使用。

多比特并行 SC 译码器的 PE 单元硬件结构如图 6.2.11 所示。

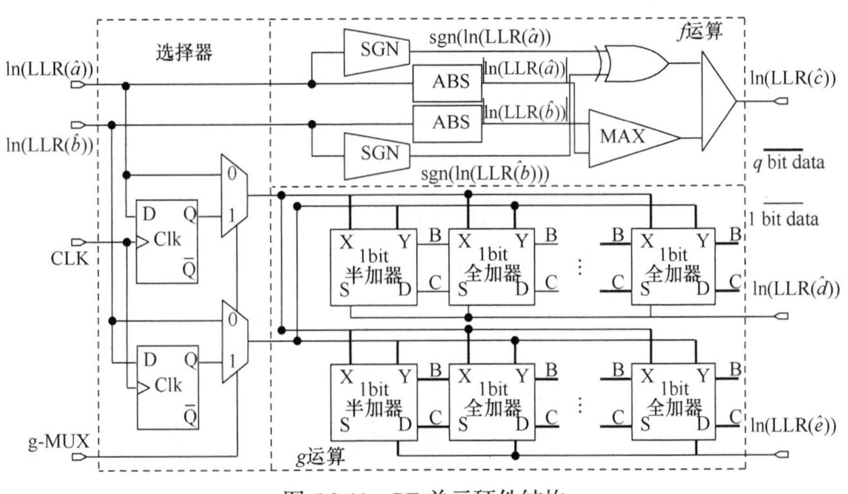

图 6.2.11　PE 单元硬件结构

整个 PE 单元包含 1 个 f 运算单元和 2 个 g 运算单元。其中，f 运算单元对两路输入 LLR 信号操作，将输入信号的符号乘积作为输出值的符号，而将两个 LLR 绝对值的较小值作为输出值。g 运算单元对两个输入 LLR 做加法或减法运算。假设 X 和 Y 是两个操作数，Z_{in} 是进位或借位。对于全加器，S 和 C_{out} 分别表示和信号与进位信号，D 和 B_{out} 分别表示差及借位信号。它们的逻辑关系如式(6.2.30)所示：

$$\begin{cases}S = X\oplus Y\oplus Z_{in}\\ C_{out} = X\cdot Y+\left(X\oplus Y\right)\cdot Z_{in}\\ D = X\oplus Y\oplus Z_{in}\\ B_{out} = \bar{X}\cdot Y+\left(\overline{X\oplus Y}\right)\cdot Z_{in}\end{cases} \tag{6.2.30}$$

注意到 S 和 D 结构相同，$\bar{X}\cdot Y$ 是 $X\oplus Y$ 的中间项，$\left(\overline{X\oplus Y}\right)\cdot Z_{in}$ 也是 $X\oplus Y\oplus Z_{in}$ 的中间产物。这样就可以通过硬件复用来提高资源利用率，同时还提高了硬件并行度。

3. 部分和模块

与主体框架的实现相比，部分和反馈单元是一种类似于极化码编码器的结构，如

图 6.2.12(a)所示。反馈部分需要提供 g 运算单元的输入信号 $\hat{u}_{2i-1}$。为了提高译码器吞吐率，需要在主体框架运算的同时提供该值，而不使用额外的时钟周期。然而，奇数/偶数位置的交错索引提升了部分和反馈模块的复杂度。采用复用结构可以设计最小的计数循环单元，如图 6.2.12(b)所示。

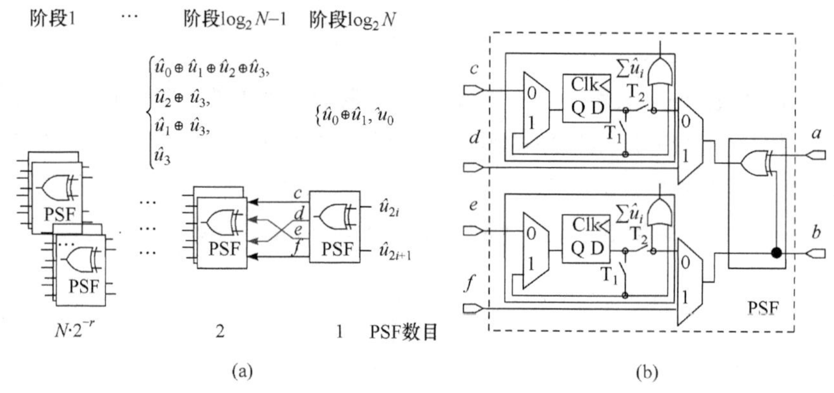

图 6.2.12 部分和反馈模块硬件结构

其中，直接连接的部分可以等效为导线而不占用硬件资源，加法操作可以等效为异或(XOR)门级电路。并且，在 $\log_2 N-1$ 阶段需要的异或门总数为

$$[N(\log_2 N-1)-2(1-N/2)/(1-2)]/2=N(\log_2 N-2)/2+1 \tag{6.2.31}$$

在阶段 l，当译码第 i 个比特时，序号 z 节点的部分和由指示函数 $I(l,i,z)$ [9]确定：

$$I(l,i,z)=\overline{B(l,i)}\cdot\bigwedge_{v=l}^{n-2}\left(\overline{B(v,z)\oplus B(v+1,i)}\right)\cdot\bigwedge_{w=0}^{l-1}\left(\overline{B(w,z)\oplus B(w,i)}\right) \tag{6.2.32}$$

其中，符号“Λ”为比特与操作，符号“+”为比特或操作，并且 $B(a,b)=\dfrac{b}{2^a}\bmod 2$。例如，码长 $n=8$，$l=2$ 的指示函数为

$$I(2,i,z)=\begin{bmatrix}1&0&0&0\\1&1&0&0\\1&0&1&0\\1&1&1&1\\0&0&0&0\\0&0&0&0\\0&0&0&0\\0&0&0&0\end{bmatrix} \tag{6.2.33}$$

所以阶段 2 的部分和为

$$\begin{cases}\hat{s}_{2,0}=\hat{u}_0\oplus\hat{u}_1\oplus\hat{u}_2\oplus\hat{u}_3\\\hat{s}_{2,1}=\hat{u}_1\oplus\hat{u}_3\\\hat{s}_{2,2}=\hat{u}_2\oplus\hat{u}_3\\\hat{s}_{2,3}=\hat{u}_3\end{cases} \tag{6.2.34}$$

使用指示函数，部分和更新的一般形式为

$$\hat{s}_{l,z} = \bigoplus_{i=0}^{N-1} \hat{u}_i \cdot I(l,i,z) \tag{6.2.35}$$

其中，$\oplus$ 表示异或运算。

整个 PSF 单元的硬件结构如图 6.2.12(a)所示。在比特信息估计 $\hat{u}_i$ 输入后，首先进行部分和运算，然后存储在寄存器中。当有新的比特估计输入后，需要由控制模块判断是否继续存储当前部分和，或是送入下一阶段部分和单元进行相应计算。如果需要继续存储，则循环存入之前的寄存器，由控制模块控制何时跳出循环寄存器。整个控制通过简单计数模块实现，计数的控制符合部分和时序逻辑规律。控制模块需要控制两级解双路复用器，第一级解双路复用器用于选择是否存储当前产生的信息比特，第二级多路复用器用于控制循环寄存器的跳出。在阶段 r 有 $N \cdot 2^{-r}$ 个部分和计算单元。通过增加一些解双路复用器和控制计数器，节省了大量的硬件存储资源，尤其是对于长码 SC 译码器而言，具有重要的实践意义。

4. 时序控制模块

整个译码器的时序控制设计基于 6.2.4 节介绍的 SC 译码及部分和时序逻辑规律。所要控制的对象，即两级多路复用器的使能、部分和模块中双通道解多路复用器的使能信号。

图 6.2.13 给出了码长 $N=16$ 的时序逻辑树，节点下方的数字代表了 f 和 g 运算需要维持的时钟周期数。相比于文献[10]提出的超前进位计算 SC 译码器，唯一区别是利用 PE 节点代替了原来的 f 和 g 运算节点，如图中 PE 节点所示。合并 f 和 g 运算并不会带来译码延迟的降低，但由于利用了超前进位计算，在单个阶段用寄存器暂存所有可能的计算结果，加入多路复用器而提高了整体的电路并行度。反映在时序逻辑树上，就是合并 f 和 g 运算节点，从而变成了一棵独立的树。整个结构的 f 和 g 运算切换依然服从前述时序逻辑规律。

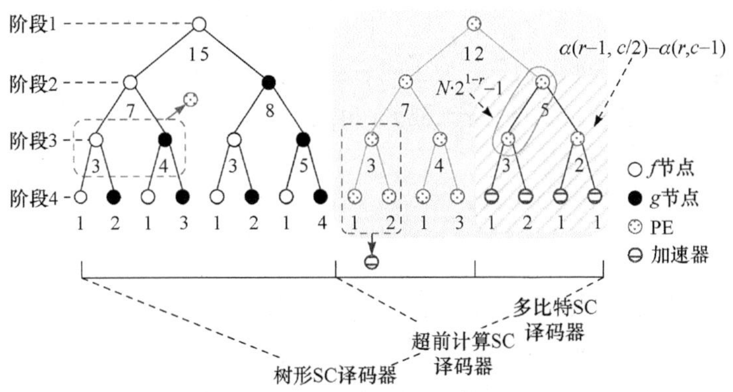

图 6.2.13　多比特并行时序逻辑树

对于多比特并行极化码 SC 译码器，利用了 SC 译码算法的嵌套结构，通过逻辑化简在最后 m 个阶段利用组合逻辑电路实现加速器结构，从而实现 2^m bit 估计在同一时钟周期进行译码。对应于图 6.2.13，在超前进位计算 SC 译码器的树结构基础上，合并了后 2 个阶段的译码节点为 1 个加速器节点。相对应的阶段数也从原来的 $\log_2 N$ 个减少为 $\log_2 N-m$ 个。

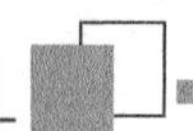

整个译码器的控制信号主要包括 3 部分，即图 6.2.10 极化码多比特并行 SC 译码器中每个阶段的两级多路复用器的使能信号，以及图 6.2.12 中的部分和模块的双通道解多路复用器的使能信号。其中，译码器的两级使能信号，第 1 级控制选择 g 运算得到的两种 LLR，由每一阶段的部分和直接控制。第 2 级控制下一阶段的输入为 f 运算或 g 运算。整个信号时序符合 SC 译码时序逻辑规律。此外，部分和模块的双通道解多路复用器的控制信号也要满足部分和时序逻辑规律。

6.2.6 译码延迟与硬件资源分析

下面比较四种典型 SC 译码器的译码延迟与硬件资源，主要包括 Pipelined-Tree SC 译码器[8]、超前进位计算 SC 译码器[10]、2b-SC 译码器[11]以及多比特并行 SC 译码器[12]。

1. 译码延迟分析

表 6.2.4 给出了四种典型 SC 译码器的译码延迟比较结果。

表 6.2.4 四种典型 SC 译码器的译码延迟比较

译码器类型	Pipelined-Tree SC 译码器[8]	超前进位计算 SC 译码器[10]	2b-SC 译码器[11]	多比特并行 SC 译码器[12]
译码时延	$2(N-1)T_c$	$(N-1)T_c$	$(3N/4-1)T_c$	$(N/2-1)T_c$
吞吐率(归一化)	1	2	8/3	4

对于 Pipelined-Tree SC 译码器，由前面分析可知，其译码延迟为

$$L_{\mathrm{PT}} = 2(N-1) \tag{6.2.36}$$

对于超前进位计算 SC 译码结构，从图 6.2.13 的时序逻辑树可以得出，超前进位 SC 译码结构利用超前计算将合并 f 和 g 运算，即用图中 PE 节点代替原来的 f 和 g 运算节点。相当于将原时序逻辑树进行剪枝，合并为 1 棵子树。相应的译码延迟也由原来的 $2(N-1)$ 变为 $N-1$。因此，超前进位计算 SC 译码器在付出一定硬件计算复杂度和多路复用器资源的代价下，将译码延迟降低为

$$L_{\mathrm{PC}} = \sum_{i=0}^{\log_2 N-1} 2^i = \frac{2^{\log_2 N}-1}{2-1} = N-1 \tag{6.2.37}$$

对于多比特并行 SC 译码器，在超前进位计算 SC 译码基础上，利用后两个阶段的嵌套结构化简，可以在 1 个时钟周期同时译码 4 个比特，增加了硬件系统的并行度。因此，这种译码器相当于在超前进位译码器时序逻辑树基础上只保留了其中的一棵子树，译码延迟为

$$L_A = \sum_{i=1}^{\log_2 N} 2^{i-1} = \frac{1-2^{\log_2 N}}{1-2} = \frac{N}{2}-1 \tag{6.2.38}$$

在四种译码器结构中，多比特并行 SC 译码器译码延迟最低，对于长码的硬件译码器实现具有重要意义。这样的设计打破了原本 SC 译码器的串行特性，可以在其中实现多任

务并发处理。

2. 硬件资源消耗分析

四种 SC 译码器的硬件资源消耗对比分析如表 6.2.5 所示。在 PE 单元数目方面，四种译码器基本相同。但是，后三种 SC 译码器相比于 Pipelined-Tree SC 译码器，加减法器数量增加了一倍。相应地，由于要存储所有中间产生的 LLR 值，后三种 SC 译码器存储 LLR 的寄存器也从 $N-1$增加到了 $3N-6$。

表 6.2.5　四种 SC 译码器硬件资源消耗比较

译码器类型		Pipelined-Tree SC 译码器[8]	超前进位计算 SC 译码器[10]	2b-SC 译码器[11]	多比特并行 SC 译码器[12]
PE 数量		$N-1$	$N-1$	$N-2$	$N-2$
加法器/减法器(PE 中)		q	$2q$	$2q$	$2q$
REG	LLR 部分	$N-1$	$3N-6$	$3N-6$	$3N-6$
	PSF 部分	$\frac{2}{3}N^2-N+\frac{1}{3}$	$\frac{N^2}{3}-N+\frac{2}{3}$	$\frac{N^2}{3}-N+\frac{2}{3}$	$N-4$
MUX	LLR 部分	$N-2$	$2N-3$	$2N-4$	$2N-4$
	PSF 部分	$N-2$	$N-2$	$N-2$	$2N-4$
XOR	PSF 部分	$N/2-1$	$N/2-1$	$N/2-1$	$N/2-1$

Pipelined-Tree SC 译码器的部分和单元寄存器数目由式(6.2.26)可知，其数量级为 N^2，这对于硬件实现开销很大。对于超前进位计算而言，其部分和单元的寄存器数目为

$$M_{\text{oc}}=\sum_{r=2}^{\log_2 N-1}\left(N\cdot 2^{-r}\right)\cdot\beta\left(r+1\right)=\sum_{r=1}^{\log_2 N-1}\left(N\cdot 2^{-r}\right)\cdot\left(N\cdot 2^{-r}-1\right)=\frac{N^2}{3}-N+\frac{2}{3} \tag{6.2.39}$$

其中，$N\cdot 2^{-r}$表示在阶段r需要存储的分支个数；$\beta\left(r+1\right)$表示在阶段r时需要寄存的时钟周期数，也就是寄存器的数目。可以看出，其硬件资源消耗依然是N^2数量级。

基于部分和时序逻辑优化的 PSF 模块，通过计数器和控制信号优化了硬件存储结构设计，其需要消耗的寄存器(REG)数目为

$$M_{m\text{-bit}}=\sum_{r=1}^{\log_2 N-2}N\cdot 2^{-r}=N-4 \tag{6.2.40}$$

其中，$N\cdot 2^{-r}$表示 PSF 模块在阶段r时的分支数，每个分支由于循环计数部分和的结构，只需要 1 个寄存器。且由于最后两个译码阶段的合并，整个 PSF 模块有$\log_2 N-2$个阶段。PSF 部分硬件资源存储的消耗从原有的N^2数量级变为N数量级。不同码长时四种 SC 译码器的部分和单元寄存器对比如图 6.2.14 所示。

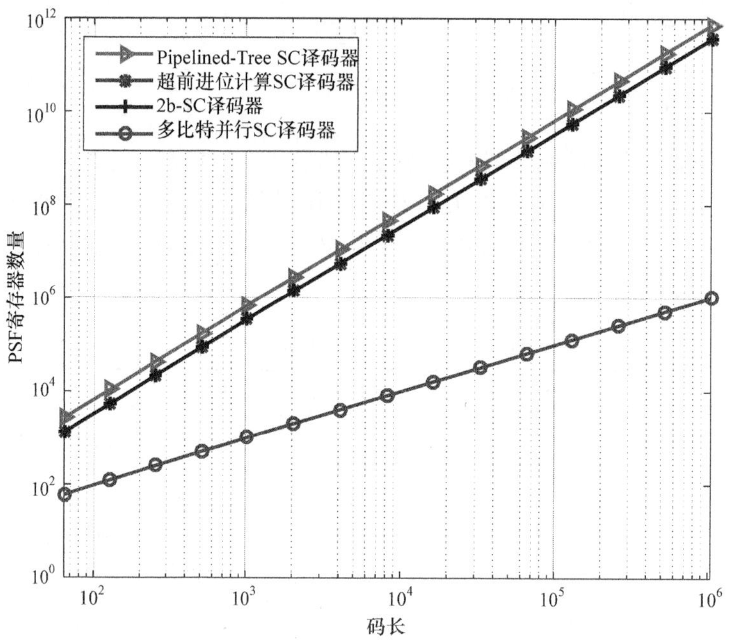

图 6.2.14 部分和模块寄存器数目消耗对比

由图 6.2.14 可知，随着码长的增加，多比特并行 SC 译码器结构可以显著节约寄存器硬件资源，所付出的代价仅仅为多路复用器数目增加了 1 倍。相比较而言，硬件存储资源更为宝贵，而多路复用器对于资源的消耗只占很小的部分。这对于长码 SC 硬件的实现而言具有实践意义。针对 SC 译码器硬件架构的优化，文献[14]～[23]提出了多种改进与增强设计方案，有兴趣的读者可以进一步参阅。

6.3 基于概率计算的 SC 译码器

SC 译码算法由于需要进行软硬信息迭代计算，其硬件利用率和吞吐率有一定的局限性。许郑磊与牛凯将概率计算(Stochastic Computation)方法和 SC 译码相结合，在文献[24]和文献[25]中首次提出了基于概率计算的 SC 译码架构，这是一种新型思路，能够有效提升极化码的译码吞吐率和硬件资源利用率。

6.3.1 概率计算原理

概率计算由 Gaines 在 1969 年提出[26]，主要目的是降低计算复杂度，是一种硬件的简化实现方式，能够有效降低硬件复杂度。它的基本思想是，将定点数转化为比特序列，通过每个比特之间的独立操作代替复杂的定点计算，从而降低了定点计算的复杂度，提升吞吐率。

概率计算方法的原理是用固定长度的 0、1 比特序列(称为概率序列)表示取值范围为[0,1] 区间的小数，比特“1”在整个序列的百分比即该序列代表的数值。例如，长度为10bit 的序列“1000101000”可以代表定点数“0.3”。由于序列中“1”的分布是随机的，因此不同的序列可能代表同一个定点数。例如，长度为 10bit 的序列“1000101000”和“0000000111”均可用于表示定点数“0.3”。由此得到概率计算方法的一个重要特性：决定一个概率序列对应数值的不是序列中比特“1”的位置，而是比特“1”的个数。

由于这种方式只是对概率值的近似计算，计算精度随着概率序列长度的增加而提高，但需要付出的硬件资源也越高。实际系统设计中需要根据精度要求，合理设计概率序列长度，达到计算精度和复杂度的最优折中。

1. 概率序列的产生

根据概率序列的性质，对于一个浮点概率值 P，相应概率序列中单个比特取值为“1”的概率为 P，而取值为“0”的概率是 $1-P$。

由此，概率序列生成模块可以由随机数生成器和比较器组成。随机数生成器用于生成 $[0,1]$ 区间内的随机数，而比较器对生成的随机数与待转换概率进行比较，如果随机数大于 P，则随机序列当前比特值为“1”，否则为“0”。这样循环操作 m 次，即可得到长度为 m 的概率序列。

2. 概率计算的基本运算

概率计算的基本思想是用概率序列代替定点数进行计算。由于概率序列每一个比特都相互独立，所以，两个概率序列之间的基本运算可以通过逐比特操作来实现。

首先介绍乘法的概率计算实现方式。假设输入概率序列为 M_1 和 M_2，代表的概率值分别为 P_1 和 P_2。对于乘法运算，假设输出序列和输出概率值分别为 M_o 和 P_o，则满足 $P_o = P_1 \times P_2$，输出序列 M_o 每一位取值“1”的概率应为 $P_o = P_1 \times P_2$。因此，可以用与门电路实现这个操作，如图 6.3.1(a)所示。由于概率序列的所有比特相互独立，比特间的“与”操作可以同时执行。也就是说，对于序列长度为 m 的两个输入概率序列，只要 m 个与门，在一个周期内就能完成计算。而采用定点数乘法，则需要复杂的组合电路实现，由此可见，概率计算在复杂度和硬件开销上具有较大优势。

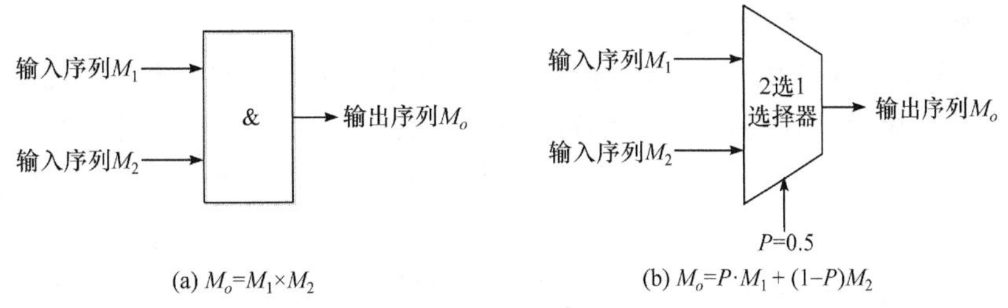

图 6.3.1　乘法和加法的概率计算实现方式

其次说明加法的概率计算实现方式。根据加法运算，输出概率值满足 $P_o = P_1 + P_2$，也就是说，输出序列 M_o 每一位取值“1”的概率，应为两个输入序列对应位取值“1”的概率之和。在概念上，这种操作可以用或门电路实现。但是，直接采用逐比特或运算，可能导致概率越界。因此，需要采用缩放加法操作，也就是 $P_o = (P_1 + P_2)/2$，采用选择器(multiplexer)能实现这个功能，如图 6.3.1(b)所示。选择器以 0.5 的概率选择输入序列的

一个比特直接输出，这正是缩放加法 $P_o = (P_1 + P_2)/2$ 得到的结果。

对于减法操作，依赖概率计算译码器的具体实现方式，下面分别介绍。

概率计算与定点数运算的主要区别和优势总结如下。

(1) 并行结构优势。在定点数的计算法则中，较高位起到决定性作用(最高位的“1”比低位所有比特之和的作用更强)，因此所有操作都是从低位到高位依次执行的，这就降低了计算的吞吐率和可并行性。而概率计算方法通过比较随机数和概率值的方式，将浮点数转化为长度固定的随机序列，序列中每一位的权重都是相同的，因此可以对输入概率序列的所有比特位同时执行运算操作，提高了计算的并行度，降低了计算时延。

(2) 低复杂度优势。进一步，概率序列之间的加减乘除运算都可以用最简单的硬件电路实现，相对于传统的定点数计算，概率计算方法以牺牲一定的准确度为代价，降低了硬件实现复杂度，这就是概率计算的优势所在。

6.3.2 基于概率计算的译码器架构

概率计算方法已应用于 Turbo 码迭代译码算法设计中[27]。基于概率计算方法，文献[24]设计了极化码 SC 译码算法。基于概率计算的 SC 译码算法流程如图 6.3.2 所示。

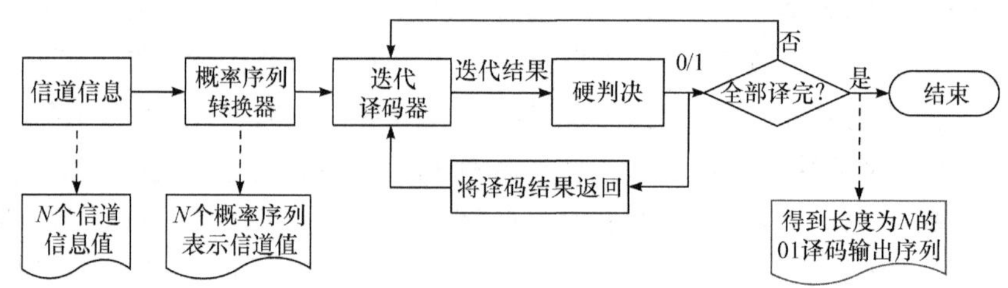

图 6.3.2 基于概率计算的 SC 译码器流程

如图 6.3.2 所示，由于 SC 译码的输入值(对接收信号进行解调、转换为 LLR 之后的值)的范围为$[-\infty,+\infty]$，需要将其归一化到[0,1]区间，然后根据 6.2.1 节所述的概率序列生成方式，将这些通过缩放之后的数值转换为概率序列。

SC 译码算法的所有操作都基于概率计算，节点之间传递的消息也是概率序列。在硬判决模块中，将信源比特对应的概率序列转换成 LLR 判决，更新部分和序列，用于后续迭代计算。其中的部分和更新模块、硬判决模块和 SC 译码的对应模块操作完全相同。

文献[24]和文献[25]提出了三种基于概率计算的 SC 译码方案：双极性概率计算译码、低比特概率计算译码和多级概率计算译码方案。它们之间的关系如图 6.3.3 所示。它们的基本思路都是对极化码译码器中的节点处理器进行优化，而译码器总体架构不发生变化。

概率计算 SC 译码器的硬件结构如图 6.3.4 所示。该结构框图采用的是流水线(pipeline)结构[8]，左边为信道输出值，译码器从左至右依次迭代译码计算，最后得到译码结果并更新部分和结果，并将部分和结果返回译码器用于后续迭代。

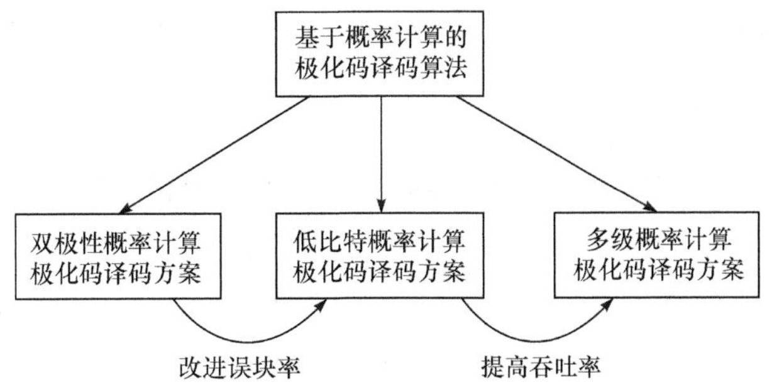

图 6.3.3　三种概率计算译码方案之间的关系

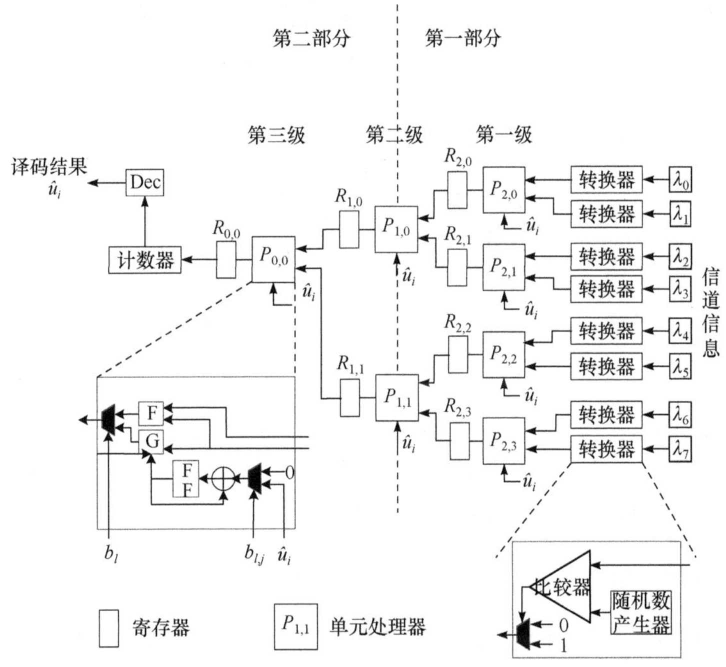

图 6.3.4　基于概率计算方法的极化码 SC 译码器通用硬件结构图

图 6.3.4 中以码长 N=8 的极化码为例，将译码迭代过程分成了三级，首先将信道输出值经过转换器得到对应的概率序列；然后按照 SC 算法和概率计算方法的处理方式对这些 LLR 进行递归计算；最后统计概率序列中比特“1”的个数，得到对应的浮点数值，判决输出。三种译码方案都可以用图 6.3.4 所示的硬件结构实现，它们之间的差别只是每个 PE 单元内部计算和转换器的实现方式不同。

由于迭代过程中表示对数似然比的概率序列间的基本运算，如加、减、乘、除等，都可以用非常简单的逻辑门电路实现，相对于定点数之间基本运算的复杂度有很大改观。而在整体译码结构上，概率计算译码器可以和定点译码器使用完全相同的译码结构，所以相比定点运算的译码器结构，概率计算译码器的优势是显而易见的，必然能提高译码吞吐率，降低译码时延。

6.3.3　双极性概率计算

双极性概率计算(Bipolar Stochastic Computation, BSC)是最基本的概率计算方案。这

种方案将 LLR 转换成双极性概率序列，序列转换与计算复杂度低，但是精度不令人满意。

1. 概率序列的产生方式

在双极性概率计算方案中，采用两级缩放产生概率序列，如图 6.3.5 所示。首先将 LLR 信息归一化到[−1,+1]区间内，根据信噪比，将输出序列做缩放操作，使得绝对值不超过 1。然后对这个序列进行第二级缩放，做如下操作：

$$L_{\text{out}} = \left(L_{\text{in}} + 1\right)/2 \tag{6.3.1}$$

其中，L_{in} 为第二级缩放的输入；L_{out} 为第二级缩放的输出。经过二次缩放将[−1,+1]区间转换为[0,+1]区间，比如数值 0.2 经过第二次缩放后变为 0.6，而−0.6 则会变为 0.2。二次缩放不影响原始序列的分布情况，也不影响译码结果。

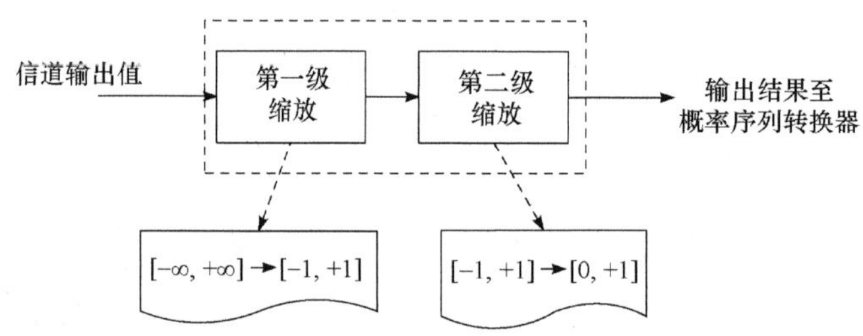

图 6.3.5　双极性概率计算方案两级缩放示意

双极性概率计算产生的概率序列和原始的概率序列含义不同。虽然两种序列都映射到[0,+1]区间，但是前者实际表示的是[−1,+1]区间的数值。在双极性概率计算译码方案中，所有的运算操作都是基于双极性概率序列进行的。

2. 校验节点的实现方式

最小和(Min-Sum)形式的 SC 算法便于硬件实现，此时校验节点的消息迭代公式为

$$L_{\text{out}} = \operatorname{sgn}\left(L_{\text{in1}}\right)\operatorname{sgn}\left(L_{\text{in2}}\right)\left|\min\left(L_{\text{in1}}, L_{\text{in2}}\right)\right| \tag{6.3.2}$$

其中，$\operatorname{sgn}\left(L_{\text{in}}\right)$ 表示输入 LLR 的符号位。本质上，校验节点运算就是将两个节点输入的最小值作为节点的输出值。在定点译码器中，通常用比较器来实现两个数值的比较，硬件电路相对复杂。

而在概率计算中，实际上是比较两个输入概率序列中“1”的个数即可。只需要引入计数器统计概率序列 L_m 含有比特“1”的个数即可。然后比较两个输入概率序列中比特“1”的个数即可得到校验节点的输出序列。

一般而言，双极性概率计算的比较器比定点译码的比较器位宽更小，但仍然需要付出一定的开销。

3. 变量节点的实现方式

变量节点的运算，只涉及加法与减法。为了保持概率序列的数值范围，需要采用缩放加、减法操作。缩放加法操作参见 6.2.1 节，不再赘述。而缩放减法操作基于反码运算，可以用加法器和符号取反器实现。

由于概率序列中“1”的比例表示了概率值的大小，如果取反，则序列中代表概率值 P 的比特“1”全部变为 0，而所有的“0”全部变为比特“1”，概率值从 P 变为 $1-P$。

图 6.3.6 给出了双极性概率计算的变量节点实现方式。所有负数通过 $L_{\text{out}}=\left(L_{\text{in}}+1\right)/2$ 转化为正数，0.5 是取值范围的中点，0 和 1 则是两个取值端点。如图 6.3.6 所示，图 6.3.6(a)给出了变量节点减法运算示意，而图 6.3.6(b)给出了加法运算示意。在图 6.3.6(a)中，输入序列 S_2 先要进行取反操作，然后送入选择器。

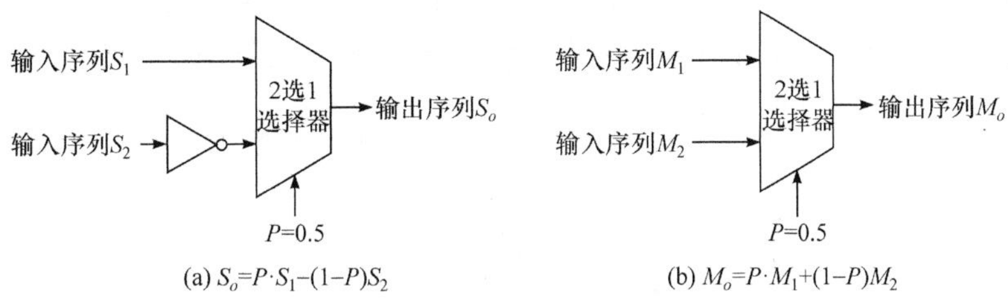

图 6.3.6　双极性概率计算译码方案的变量节点的实现方式

双极性概率计算译码方案的概率序列转化方式非常简单，其运算操作也很简单，因此显著降低了变量节点和校验节点的实现复杂度。但是这种方案也有明显的缺点，其计算精度不高，简单转换产生的概率序列随机性很大，不断迭代运算后序列之间难免产生关联，导致译码性能不是很理想。

6.3.4　低比特概率计算

为了改进双极性概率计算译码器的性能，可以采用低比特概率计算(Low Bit Stochastic Computation, LBSC)译码方案。该方案既保持了概率计算的低复杂度与低时延优点，又提高了译码吞吐率和资源利用率。

1. 概率序列的产生方式

单个双极性概率序列比特“1”的位置不起作用，而由其总数决定概率序列的数值。但是当两个概率序列运算时，如果各自比特“1”的位置越独立，则加减法的准确度越高。然而，在不断迭代的过程中，采用双极性概率计算，难以保证序列间的独立性。低比特概率计算采用新方式产生概率序列，如图 6.3.7 所示，可以降低概率序列对于独立性的要求。

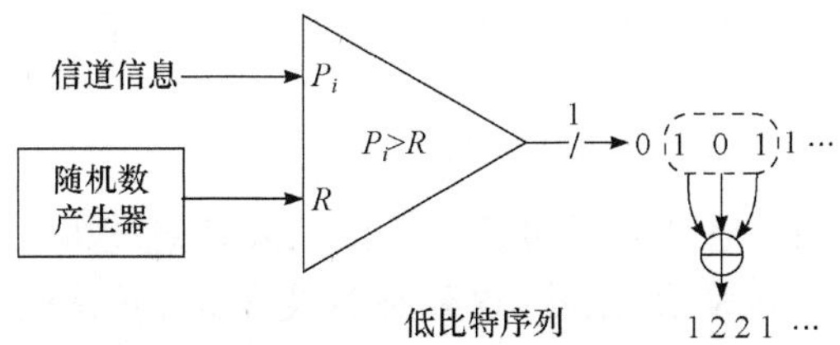

图 6.3.7　低比特概率计算的概率序列产生方式

如图 6.3.7 所示，低比特概率计算将信道值做归一化和缩放操作，首先产生一个双极性概率序列，然后采用滑动窗(图中虚线所示)将序列中每相邻的三个比特相加，得到低比特概率序列(Low Bit Stochastic Sequence)。需要注意的是，第一个比特的前相邻值和最后

一个比特的后相邻值假设为 0。

通过设置滑动窗，低比特概率序列将相邻比特求和，每一位的值可以理解为对应双极性概率序列在该比特位附近(前后)的比特“1”的个数。这样，运算操作不再依赖概率序列之间的独立性，由于增加了序列统计特征，译码器能够以更为精确的方式进行计算。

2. 校验节点的实现方式

Min-Sum 形式的 SC 算法，校验节点运算的核心就是比较操作，即比较概率序列中比特“1”的数量。图 6.3.8 给出了低比特概率计算校验节点的计数原理。

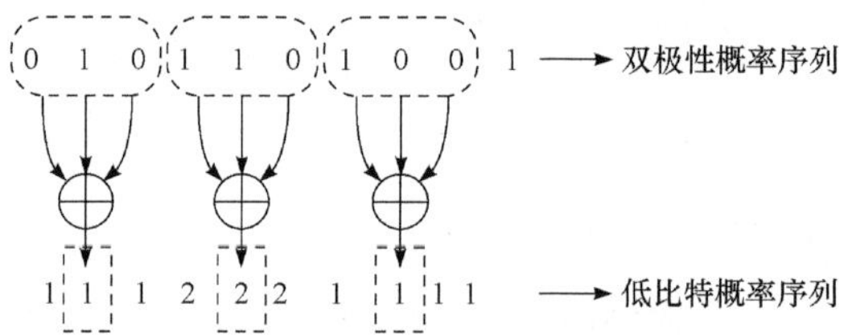

图 6.3.8　低比特概率计算校验节点的计数原理

图 6.3.8 中第一行是双极性概率序列，第二行是由第一行转换而来的低比特概率序列。由于低比特概率序列的虚框内数字代表了双极性概率序列滑动窗内部比特“1”的个数，只需要抽取与相加前者序列对应位置的数值，即可得到该序列的概率值。

根据概率序列长度 m 是否能被 3 整除，具体操作规则总结如下。

(1) $m \bmod 3 = 0$：直接抽取相加得到比特“1”的个数(一般概率序列长度 $m = 2^k$，这种情况不多见)。

(2) $m \bmod 3 = 2$：由于低比特概率序列的最后一位即双极性概率序列最后两位之和，直接将低比特概率序列的最后一位与前面抽取值相加得到结果。

(3) $m \bmod 3 = 1$：该情况无法得知双极性概率序列的最末位是比特“0”还是比特“1”，因此需要多转换 1 位，同样可以用(2)中的方法得到结果。

3. 变量节点的实现方式

变量节点的操作是加减法，在低比特概率序列中，直接用两个输入序列对应位置上的值相加减就可以得到输出概率序列在该位置上的值。给定概率序列长度 m，则用 m 个带缩放的加法器就可以完成变量节点运算。

6.3.5　多级概率计算

考虑到信道极化现象，格图上不同级节点的 LLR 信息的可靠性有显著差异，因此可以采用不同长度的概率序列表示 LLR，这就是多级概率计算译码方案。通过动态选择与适当截断中间节点概率序列的长度，可以进一步提高硬件资源利用率和吞吐率。多级概率计算的变量节点和校验节点运算与前述方案类似，不再赘述。

AWGN 信道下，基于概率计算的 SC 译码算法的误块率性能如图 6.3.9 所示，码长 $N = 1024$，码率 $R = 0.5$。图中给出了定点(FP-SC)译码算法(9bit 均匀量化)、双极性概率计算(BSC-SC)译码方案、低比特概率计算(LBSC-SC)译码方案、多级概率计算(ISC-SC)

译码方案的 BLER 性能比较。图例中，每个译码算法名称后面括号中的数字表明了概率序列的长度。

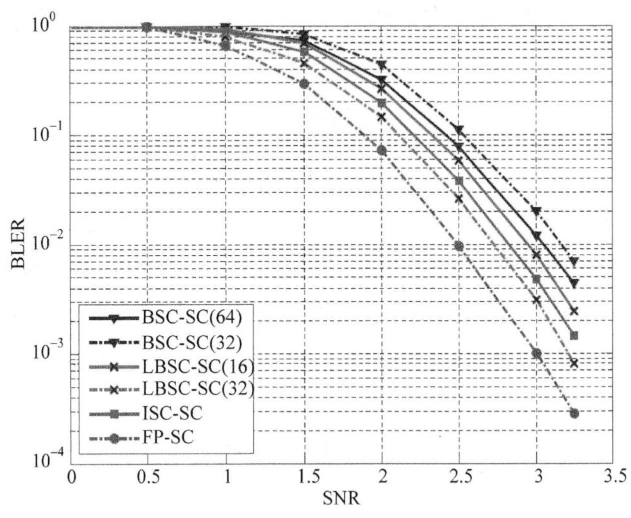

图 6.3.9　概率计算 SC 译码的差错性能

由图 6.3.9 可知，虽然 BSC-SC 译码算法序列转换和运算结构非常简单，但是其译码性能较差，即使采用长度为 64 的双极性概率序列表示对数似然比信息，它和 FP-SC 译码算法之间仍然存在着大约 1.2dB 的性能差距。

由于减少了概率序列对随机性和独立性的要求，LBSC-SC 译码算法的误块率有很大改善。序列长度为 16 的 LBSC-SC 译码算法的性能甚至好于长度为 64 的 BSC-SC 译码算法。序列长度为 32 的 LBSC-SC 译码算法和 FP-SC 算法之间的差距只有大约 0.4dB。

ISC-SC 算法将 SC 译码的迭代分成了两个阶段：第一阶段用 32bit 的低比特概率序列表示对数似然比，第二阶段随机截取原序列的一半，即 16bit 表示 LLR。其译码性能介于 32 位 LBSC-SC 和 16 位 LBSC-SC 之间，这与前述分析吻合。

下面比较概率计算译码器和定点译码器在吞吐率上的区别。假设每个逻辑门的时延为 T_g，而逻辑门之间的数据线是不产生时延的。比较选用的译码结构为流水线结构，采用码长 $N=1024$ 的极化码作为比较对象，定点 SC 译码器的量化比特数为 9bit。BSC-SC 译码器序列的长度为 64，LBSC-SC 译码器序列的长度为 32，ISC-SC 译码器初始长度为 32，第二阶段长度为 16。四种译码器的吞吐率如表 6.3.1 所示。

表 6.3.1　概率计算译码方案与定点译码器的吞吐率比较

译码器类型	变量节点时延	校验节点时延	总时延	吞吐率增益
FP-SC	$22T_g\times1023$	$36T_g\times1023$	$61380T_g$	—
BSC-SC	$53T_g\times1023$	$3T_g\times1023$	$57288T_g$	7.14%
LBSC-SC	$38T_g\times1023$	$12T_g\times1023$	$51150T_g$	20%
ISC-SC	$38T_g\times255+29T_g\times768$	$12T_g\times1023$	$44238T_g$	38.7%

由表 6.3.1 可知，FP-SC 译码器在变量节点平均需要 $22T_g$ 的时间，完成两个 9bit 定点数比较操作。而在校验节点，可以用 3 个 3bit 的超前进位加法器(Carry Look-ahead Adder, CLA)实现 9bit 定点数的加减法操作，单个 CLA 的时延为 $12T_g$，所以总时延为 $36T_g$。

BSC-SC 译码器的校验节点，平均每个概率序列中 2/3 的比特为 1，需要 $43T_g$ 时间统计比特“1”的个数，以及 $10T_g$ 时间进行比较。在变量节点，通过 2-1 数据选择器(MUX)实现运算，需要的时间为 $3T_g$。LBSC-SC 译码器的校验节点，需要约 $38T_g$ 时间完成计算，变量节点时延为 $12T_g$。

ISC-SC 译码器第一阶段的校验节点时延和 LBSC-SC 译码器完全相同，第二阶段的时延为 $29T_g$。变量节点时延与 LBSC-SC 译码器相同。对比四种译码器结构，ISC-SC 译码器的吞吐率有显著提升。

6.4 SCL 译码器架构

目前 SCL 算法已经成为极化码高性能译码的核心算法，人们针对 SCL 硬件译码器设计开展了广泛研究，代表性工作见文献[28]～文献[38]。SCL 译码器的基本架构与 SC 类似，主要包括 Pipelined-Tree、Line 与多比特并行等结构，它与 SC 译码器的主要区别在于，路径度量的排序机制以及内存管理。下面简要介绍 SCL 译码器的设计原理。

6.4.1 总体架构

SCL 译码器结构包括：路径度量计算、路径选择、内存管理等模块。不同结构的译码器每个模块的组成不同。图 6.4.1 给出了 SCL 译码器的基本结构。

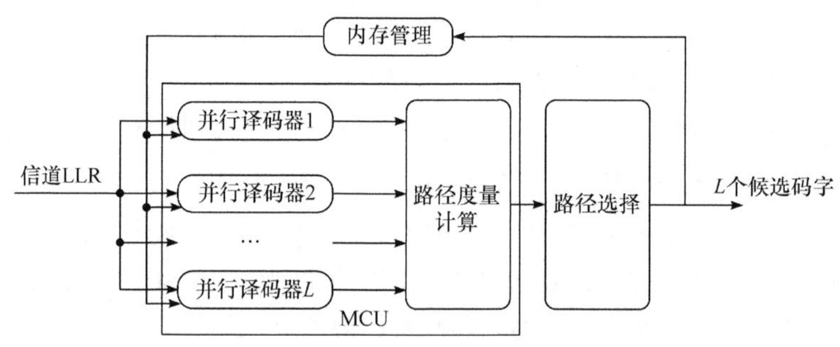

图 6.4.1 SCL 译码器结构

如图 6.4.1 所示，这个架构分为三个模块：路径度量计算、路径选择以及内存管理。SCL 译码器接收 N 个信道 LLR 信息，使用 L 个并行译码器，输出 L 个 LLR 信息到路径选择模块。其中，路径度量计算模块采用的结构与 SC 译码器类似，采用 Pipelined-Tree SC 或 Line SC 结构，以及这两种结构的改进。度量计算模块对路径信息值进行累加，得到每条路径的度量值，传递给路径选择模块。路径选择模块从 $2L$ 条路径中，通过排序选择出最优的 L 条路径，并进行路径交换等操作，将 L 条幸存路径的估计比特返回到路径度量计算模块，继续下一比特的译码。循环上述过程，得到最终的 L 个候选码字。

6.4.2　路径度量计算和排序

路径度量计算一般采用基于 LLR 的度量形式，而路径度量的排序有多种方法，下面分别介绍。

1. 路径度量计算

SCL 译码器的路径度量通常采用文献[4]提出的基于 LLR 的度量形式。给定每条路径 $l\in\{1,2,\cdots,L\}$，译码的每个比特 $i\in\{1,2,\cdots,N\}$，定义路径度量值为

$$\begin{aligned}\mathrm{PM}_l^{(i)} &\triangleq -\ln P_N^{(i)}\left(\hat{u}_1^i \mid y_1^N\right)\\ &=\sum_{k=1}^{i}\left(1+\mathrm{e}^{-(1-2\hat{u}_k[l])\cdot L_N^{(k)}[l]}\right)\end{aligned}\tag{6.4.1}$$

第 l 条路径度量值的更新过程用递归的方式表达如下：

$$\mathrm{PM}^{(i)}\approx\begin{cases}\mathrm{PM}^{(i-1)}, & \hat{u}_k=\delta\left(L_N^{(i)}\right)\\ \mathrm{PM}^{(i-1)}+|L_N^{(i)}|, & \text{否则}\end{cases}\tag{6.4.2}$$

其中，$\delta(x)=\frac{1}{2}\left(1-\mathrm{sgn}(x)\right)$，$\mathrm{sgn}(x)$是符号函数。

按照上述度量，排序模块需要将 PM 值进行排序，选出其中最优的，即 PM 值最小的 L 条路径。以单比特译码为例，需要对 $2L$ 条路径度量排序，选取 PM 值最小的 L 条。

对 $2L$ 个 PM 度量排序，采用简单的冒泡排序，复杂度为 $O\left(L^2\right)$。这种排序精确度最高，但是复杂度较高。事实上，依据 5.3.2 节的分析，$2L$ 个 PM 度量部分有序。按照路径扩展方式，并不需要将所有度量从小到大排序，只需要利用部分有序性质得到 L 个 PM 较小值，这样可以降低排序复杂度。

对于路径度量排序算法，主流方法有双门限(Double Thresholding Scheme，DTS)方法[29,30]、混合桶形排序(Hybrid Bucket Sorter，HBS)[31]和分布式排序(Distributed Sorting，DS)[32]等。

2. 双门限排序

假定译码码树第 i 层的 PM 值排序完成，L 个路径度量排序如下：

$$\mathrm{PM}_1^{(i)}\leqslant\mathrm{PM}_2^{(i)}\leqslant\cdots\leqslant\mathrm{PM}_l^{(i)}\leqslant\mathrm{PM}_{l+1}^{(i)}\leqslant\cdots\leqslant\mathrm{PM}_L^{(i)}\tag{6.4.3}$$

从 L 个路径度量扩展到 $2L$ 个路径度量的规则如下

$$\begin{cases}\mathrm{PM}_{2l}^{(i+1)}=\mathrm{PM}_l^{(i)}, & \hat{u}_i'^{(2l)}=\delta\left(L_N^{(i)}\right)\\ \mathrm{PM}_{2l+1}^{(i+1)}=\mathrm{PM}_l^{(i)}+\left|L_N^{(i)}\right|, & \hat{u}_i'^{(2l+1)}=1-\delta\left(L_N^{(i)}\right)\end{cases}\tag{6.4.4}$$

定义数值小于 T 的路径度量集合为

$$\Omega(T)=\left\{\mathrm{PM}_l^{(i+1)}(u_i)\middle|\mathrm{PM}_l^{(i+1)}(u_i)<T\right\}\tag{6.4.5}$$

当 $T=\mathrm{PM}_l^{(i)}$ 时，$\Omega(T)$的数目满足

$$l\leqslant\left|\Omega\left(\mathrm{PM}_l^{(i)}\right)\right|\leqslant 2l\tag{6.4.6}$$

由上述扩展规则，有

$$\mathrm{PM}_0^{(i+1)} \leqslant \mathrm{PM}_2^{(i+1)} \leqslant \cdots \leqslant \mathrm{PM}_{2l}^{(i+1)} = \mathrm{PM}_l^{(i)} \tag{6.4.7}$$

可得 $l \leqslant \left|\Omega\left(\mathrm{PM}_l^{(i)}\right)\right|$。同时有

$$\begin{cases} \mathrm{PM}_l^{(i)} = \mathrm{PM}_{2l}^{(i+1)} \leqslant \mathrm{PM}_{2l+2}^{(i+1)} \leqslant \cdots \leqslant \mathrm{PM}_{2L-2}^{(i+1)} \\ \mathrm{PM}_{2l+1}^{(i+1)} \geqslant \mathrm{PM}_{2l}^{(i+1)} \end{cases} \tag{6.4.8}$$

$$\Rightarrow \mathrm{PM}_k^{(i+1)} \geqslant \mathrm{PM}_l^{(i)},\ k \geqslant 2l$$

可得 $\left|\Omega\left(\mathrm{PM}_l^{(i)}\right)\right| \leqslant 2l$。

在双门限排序算法中，设置两个门限值，称为接收门限(Acceptance Threshold，AT)和拒绝门限(Rejection Threshold，RT)，两个门限取值定义为

$$[\mathrm{AT},\mathrm{RT}] = \left[\mathrm{PM}_{L/2}^{(i)}, \mathrm{PM}_{L-1}^{(i)}\right] \tag{6.4.9}$$

路径删减需要满足以下规则。

(1) 如果 $\mathrm{PM}_l^{(i+1)}(u_i) < \mathrm{AT}$，保留此条路径。

(2) 如果 $\mathrm{PM}_l^{(i+1)}(u_i) > \mathrm{RT}$，剪切此条路径。

(3) 如果 $\mathrm{AT} \leqslant \mathrm{PM}_l^{(i+1)}(u_i) \leqslant \mathrm{RT}$，随机选择路径，使总的路径数为 L。

按照如上规则，很容易从 $2L$ 条候选路径中选出 L 条路径。但是这种方法并不总是获得最好的性能，具体的性能与接收和拒绝门限的设置有关。这样排序的时间复杂度降低为 $O(1)$。

3. 混合桶形排序

混合桶形排序[33]可以从 $2L$ 条路径中选择出 L 条具有较小度量的无序路径。它由两部分组成：优化的桶形分类器和半删减器。

HBS 由 $L-1$ 个输入的优化桶形排序器和 L 个输入的半删减器组成。图 6.4.2 给出了 $2L=16$ 的示例。输入数据分成两组，$[m_1,m_3,\cdots,m_{2L-1}]$ 是扩展前的 L 个路径度量值，$[m_2,m_4,\cdots,m_{2L}]$ 是扩展后新增的 L 个路径度量值。输出信号 $[h_1,h_2,\cdots,h_L]$ 是无序的 L 个最小度量值，其具体的大小顺序会和其他解码操作并行实现。

将 PM_i 简记为 m_i，需要进行排序的 $2L$ 个度量值，满足如下条件：

$$\begin{cases} m_{2l-1} \leqslant m_{2l}, & l = 1,2,\cdots,L \\ m_{2l-1} \leqslant m_{2l+1}, & l = 1,2,\cdots,L-1 \end{cases} \tag{6.4.10}$$

当度量满足上述关系时，m_{2L} 永远不会是 L 个较小的度量值，因此优化桶形排序的输入只需要 $L-1$ 个即可。优化桶形排序流程如图 6.4.3 所示。

由图 6.4.3 可知，无论路径数目为多少，优化桶形排序包含三个操作步骤。

(1) 比较阶段：将 m_i 与其他 $L-2$ 个输入分别比较，若 m_i 度量大，则标记为 1，得到一组 $(L-1)(L-2)$ 的数组。

(2) 计算阶段：将(1)中的数组按行相加，得到 $L-1$ 个数值。

(3) 选择阶段：使用特殊的选择器选择出有序的度量。

优化桶形排序器一共需要 $(L-1)(L-2)/2$ 个比较器、$L-1$ 个加法器、$L/2$ 个选择器，

从 $L-1$ 个无序的度量值中输出 $L/2$ 个有序的度量值。

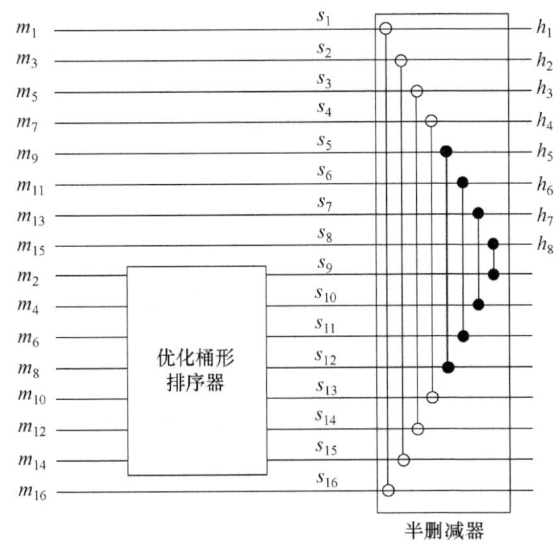

图 6.4.2　混合桶形排序器示例($2L$=16)

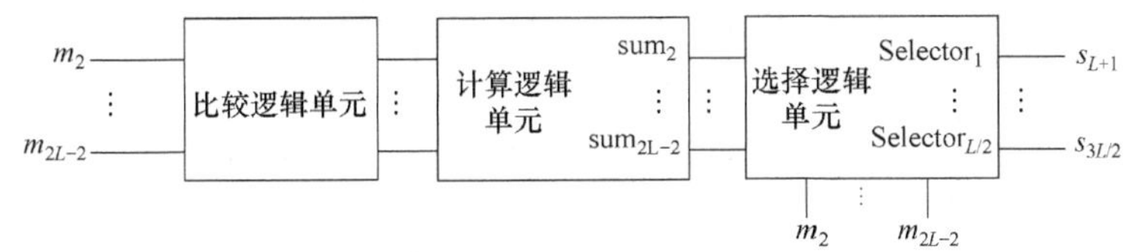

图 6.4.3　优化桶形排序流程

上述两种排序方法，都是较为适合 SCL 算法度量值排序的算法。排序的思路是从 $2L$ 条候选路径中选出 L 条无序的较小路径，这 L 条路径再与解码器其他模块并行计算完成一个从小到大的全排序，便于进行下次扩展排序。双门限排序的最大优势在于，在选出 L 条路径的步骤中，仅仅需要一个时钟、多个比较器即可完成，排序的其他步骤可并行计算完成。而混合桶形排序将排序分解为多个步骤，降低了每个部分的运算复杂度。

6.4.3　内存管理

内存管理模块负责对 SCL 译码过程中产生的数据进行存储和交换。对于码长为 N、列表大小为 L 的译码器，需要存储三部分数据信息：LLR 信息、部分和信息、路径译码结果。其中，路径译码信息如果只存储信息位，仅需要 KL bit。部分和信息使用 $LN/2$ bit。LLR 信息占用较大的存储空间，若 LLR 使用 Q bit 量化，每条路径需要存储 $N-1$ 个 LLR，共使用 $(N-1)QL$ bit。显然，LLR 信息占用了较大存储空间。

每次路径管理，如果进行路径交换，都需要交换上述三部分信息，这将耗费大量的硬件资源。采用 Lazy Copy 技巧[34]，可以避免不必要的路径交换。这种操作类似指针，如果交换两块地址上的数据，只需要交换地址指针。在硬件实现上，使用一块内存作为“指针内存”(Pointer Memory)，以及一块 CrossBar 来控制交换前后的数据，如图 6.4.4 所示。

图 6.4.4 中 Pointer Memory 存储交换信息，将此信息输入 CrossBar 中，完成不同路径 LLR 的交换。CrossBar 由 L 个 Lmux1 并联组成，完成数据的交互。图 6.4.4 给出了 LLR 信息的交换，部分和信息和路径译码结果使用内存较少，可以直接交换，也可按照上述

方法同时交换。

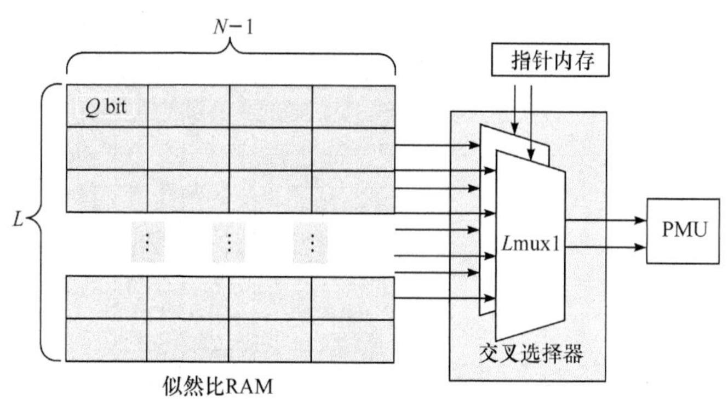

图 6.4.4 Lazy Copy 操作的硬件结构示意

针对码长为 $N=1024$，码率 $R=1/2$ 的极化码，表 6.4.1 对比了七种典型的 SCL 译码器结构的硬件特征。

表 6.4.1 主流 SCL 硬件译码器对比(N=1024)

SCL 译码器类型	低复杂度状态复制的 List 译码器[28]	基于 LLR 度量的 List 译码器[4]	多比特判决 List 译码器[35]	CA-SCL 译码器[32]		基于 LLR 度量的 List 译码器(基 2 排序)[4]	基于双门限排序的低延迟 List 译码器[36]	基于多比特判决与双门限排序的高吞吐率 List 译码器[37]	
PE 单元	64	64	n/a	64		64	64	64	
信息比特 K	512	512	512	512		528	528	512	512
列表大小 L	4	4	4	4	8	8	16	8	16
工艺	UMC 90 nm	UMC 90 nm	ST 65nm	UMC 90nm		TSMC 90nm	UMC 90nm	UMC 90nm	
面积/mm²	3.53	1.743	2.14	3.02	8.64	3.85	7.47	4.54	8.07
时钟频率/MHz	314	412	400	657	625	637	658	556	488
吞吐率/(Mbit/s)	124	162	401	216	177	245	460	1103	968
关键技术	对数似然度量、Lazy Copy	LLR 度量、Lazy Copy	4bit 判决	32CRC、Lazy Copy、最大值过滤器排序		16CRC、修剪 Radix-2L 排序	16CRC、双门限排序	8bit 判决、Lazy Copy、双门限排序	

由表 6.4.1 可知，文献[28]和文献[4]的 SCL 硬件译码器，时钟频率和吞吐率都较低，这是两类最基础的译码结构，其中，文献[4]使用 LLR 度量，优化了时钟频率和吞吐率，也降低了硬件资源开销。文献[35]使用多比特译码来提高吞吐率，文献[32]使用 CRC 辅助的 List 译码器。这是后续方案的典型配置。在文献[37]中，将多比特判决比特数提升至 8bit，同时改进双门限排序方法，显著提高了吞吐率性能，达到 1Gbit/s，并且此方案适用于大列表 ($L>8$) 的情况。

6.5　本 章 小 结

本章介绍了极化码硬件译码器设计的关键技术。首先讨论了 SC/SCL 算法的量化准则与基本方案，并且分析了定点条件下译码算法的性能；其次，总结了主流的 SC 译码器架构，包括 Pipelined-Tree SC、Line SC 以及半并行 SC 结构，并且深入分析了 SC 译码的时序逻辑规律，介绍了多比特并行 SC 译码器原理；然后，介绍了概率计算的基本原理，总结了三种概率计算 SC 译码的特征与优势；最后，归纳了 SCL 译码器架构，重点讨论了路径度量排序机制与内存管理方案，并对典型的 SCL 译码器的特征进行了对比分析。

经过多年发展，极化码硬件译码器设计趋于成熟，目前主流的 SC 译码器的吞吐率可以达到 10Gbit/s，SCL 译码器能够达到 1Gbit/s。但是，第五代移动通信数据业务的译码吞吐率要求达到 10～20Gbit/s，未来第六代移动通信可能需要达到 1Tbit/s。同时达到高吞吐率与高性能的硬件架构是今后极化码译码器设计的重要研究方向。

参 考 文 献

[1] SHI Z, CHEN K, NIU K. On optimized uniform quantization for SC decoder of polar codes [C]. IEEE Vehicular Technology Conference (VTC Fall), Vancouver, 2014: 14-18.

[2] SHI Z, NIU K. On uniform quantization for successive cancellation decoder of polar codes [C]. IEEE International Symposium on Personal, Indoor and Mobile Radio Communications (PIMRC), Washington, 2014: 545-549.

[3] 师争明. 信道极化码理论及其量化译码研究 [D]. 北京: 北京邮电大学, 2014.

[4] BALATSOUKAS-STIMMING A, PARIZI M B, BURG A. LLR-based successive cancellation list decoding of polar codes [J]. IEEE Transactions on Signal Processing, 2015, 63(19): 5165-5179.

[5] YUAN B, PARHI K. Architectures for polar BP decoders using folding [C]. IEEE International Symposium on Circuits and Systems (ISCAS), Melbourne, 2014: 205-208.

[6] PARK Y S, TAO Y, SUN S, et al. A 4.68 Gb/s belief propagation polar decoder with bit-splitting register file [C]. Symposium on VLSI Circuits Digest of Technical Papers, Honolulu, 2014: 1-2.

[7] SHA J, LIN J, WANG Z. Stage-combined belief propagation decoding of polar codes [C]. IEEE International Symposium on Circuits and Systems (ISCAS), Montreal, 2016: 421-424.

[8] LEROUX C, TAL I, VARDY A, et al. Hardware architectures for successive cancellation decoding of polar codes [C]. IEEE International Conference on Acoustics, Speech and Signal Processing (ICASSP), Prague, 2011: 1665-1668.

[9] LEROUX C, RAYMOND A J, SARKIS G, et al. A semi-parallel successive-cancellation decoder for polar codes [J]. IEEE Transactions on Signal Processing, 2013, 61(2): 289-299.

[10] ZHANG C, PARHI K. Low-latency sequential and overlapped architectures for successive cancellation polar decoder [J]. IEEE Transactions on Signal Processing, 2013, 61(10): 2429-2441.

[11] YUAN B, PARHI K. Low-latency successive-cancellation polar decoder architectures using 2-bit decoding [J]. IEEE Transactions on Circuits and Systems Ⅰ: Regular Papers, 2014, 61(4): 1241-1254.

[12] BIAN X, DAI J C, NIU K, et al. A low-latency SC polar decoder based on the sequential logic optimization [C]. IEEE International Symposium on Wireless Communications Systems (ISWCS), Lisbon Portugal, 2018: 1-5.

[13] 边鑫. 面向 5G 的极化码译码器的设计与实现 [D]. 北京: 北京邮电大学, 2019.

[14] PAMUK A. An FPGA implementation architecture for decoding of polar codes [C]. International Symposium on Wireless

Communication Systems (ISWCS), Aachen, 2011: 437-441.

[15] ZHANG C, YUAN B, PARHI K. Reduced-latency SC polar decoder architectures [C]. IEEE International Conference on Communications (ICC), Ottawa, 2012: 3471-3475.

[16] LEROUX C, RAYMOND A J, SARKIS G, et al. Hardware implementation of successive-cancellation decoders for polar codes [J]. Signal Processing Systems, 2012, 69(3): 305-315.

[17] MISHRA A, RAYMOND A, AMARU L, et al. A successive cancellation decoder ASIC for a 1024-bit polar code in 180nm CMOS [C]. IEEE Asian Solid State Circuits Conference(A-SSCC), Kobe, 2012: 205-208.

[18] PAMUK A, ARIKAN E. A two phase successive cancellation decoder architecture for polar codes [C]. IEEE International Symposium on Information Theory (ISIT), Istanbul Turkey, 2013: 957-961.

[19] FAN Y, TSUI C Y. An efficient partial-sum network architecture for semi-parallel polar codes decoder implementation [J]. IEEE Transactions on Signal Processing, 2014, 62(12): 3165-3179.

[20] SARKIS G, GROSS W J. Increasing the throughput of polar decoders [J]. IEEE Communications Letters, 2013, 17(4): 725-728.

[21] SARKIS G, GIARD P, VARDY A, et al. Fast polar decoders: algorithm and implementation [J]. IEEE Journal on Selected Areas in Communications, 2014, 32(5): 946-957.

[22] DIZDAR O, ARIKAN E. A high-throughput energy-efficient implementation of successive cancellation decoder for polar codes using combinational logic [J]. IEEE Transactions on Circuits and Systems Ⅰ: Regular Papers, 2016, 63(3): 436-447.

[23] SHRESTHA R, SAHOO A. High-speed and hardware-efficient successive cancellation polar-decoder [J]. IEEE Transactions on Circuits and Systems Ⅱ: Express Briefs, 2019, 66(7): 1144-1148.

[24] XU Z, NIU K. Successive cancellation decoders of polar codes based on stochastic computation [C]. IEEE International Symposium on Personal, Indoor and Mobile Radio Communications (PIMRC), Washington, 2014: 908-912.

[25] 许郑磊. 高性能信道极化码译码算法的研究 [D]. 北京: 北京邮电大学, 2015.

[26] GAINES B R. Stochastic computing systems [J]. Advances in Information Systems Science, 1969, 2: 37-172.

[27] CHEN J, HU J. High throughput stochastic Log-MAP Turbo-decoder based on low bits computation [J]. IEEE Signal Processing Letters, 2013, 20(11): 1098-1101.

[28] BALATSOUKAS-STIMMING A, RAYMOND A J, GROSS W J, et al. Hardware architecture for list successive cancellation decoding of polar codes [J]. IEEE Transactions on Circuits & Systems Ⅱ: Express Briefs, 2014, 61(8): 609-613.

[29] LIANG X, YANG J, ZHANG C, et al. Hardware efficient and low-latency CA-SCL decoder based on distributed sorting [C]. IEEE Global Communications Conference (Globecom), Washington, 2016: 4-8.

[30] MOUSAVI M, FAN Y, TSUI C, et al. Efficient partial-sum network architectures for list successive-cancellation decoding of polar codes [J]. IEEE Transactions on Signal Processing, 2018, 66(14): 3848-3858.

[31] XIA C Y, FAN Y Z, CHEN J, et al. An implementation of list successive cancellation decoder with large list size for polar codes [C]. International Conference on Field Programmable Logic and Applications (FPL), Ghent, 2018: 1-5.

[32] LIN J, YAN Z. Efficient list decoder architecture for polar codes [C]. IEEE International Symposium on Circuits and Systems (ISCAS), Melbourne, 2014: 1022-1025.

[33] WANG J, HU Z, AN N, et al. Hybrid bucket sorting method for successive cancellation list decoding of polar codes [J]. IEEE Communications Letters, 2019, 23(10): 1757-1760.

[34] TAL I, VARDY A. List decoding of polar codes [J]. IEEE Transactions on Information Theory, 2015, 61(5): 2213-2226.

[35] YUAN B, PARHI K. Low-latency successive-cancellation list decoders for polar codes with multibit decision [J]. IEEE Transactions on Very Large Scale Integration (VLSI) Systems, 2015, 23(10): 2268-2280.

[36] FAN Y, XIA C, CHEN J, et al. A low-latency list successive-cancellation decoding implementation for polar codes [J]. IEEE Journal on Selected Areas in Communications, 2016, 34(2): 303-317.

[37] XIA C, CHEN J, FAN Y, et al. A high-throughput architecture of list successive cancellation polar codes decoder with large list size [J]. IEEE Transactions on Signal Processing, 2018, 66(14): 3859-3874.

[38] LIN J, YAN Z. An efficient list decoder architecture for polar codes [J]. IEEE Transactions on Very Large Scale Integration (VLSI) Systems, 2015, 23(11): 2508-2518.

第7章 极化编码调制

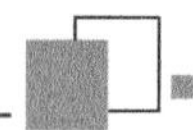

前面章节已经介绍了极化码的编译码理论与具体算法。本章主要讨论极化码在通信系统中应用的实际问题：速率适配、衰落信道构造、HARQ、编码调制等。首先，介绍极化码的速率适配技术，通过凿孔与缩短算法，使得极化码码长可以灵活配置，适应实际通信需求，进而具体介绍了 5G 移动通信标准中的极化码方案。其次，介绍衰落信道的极化效应，描述了具有实用意义的极化码构造算法。然后，介绍极化编码 HARQ 技术的主流方案，这些方案对于极化码在无线数据传输中的应用具有重要意义。最后，介绍极化编码调制的主流框架与检测算法，以及极化编码星座成形技术，这些技术对于提高链路传输的频谱效率，逼近高信噪比条件下的信道容量极限具有重要价值。

7.1 极化码速率适配

速率适配是信道编码实用化的一项关键技术，一般是指采用凿孔(Puncturing)与缩短(Shortening)方式，将原始编码码长变换为实际码长的过程。速率适配技术，需要优化凿孔或缩短图样，保证速率适配后的编码相对于原始编码性能损失最小。例如，Hagenauer 提出的速率适配凿孔卷积(RCPC)码[1]，设计了最优的卷积码凿孔图样，又如，Rowitch 与 Milstein 提出的速率适配凿孔 Turbo(RCPT)码[2]，设计了最优的 Turbo 凿孔图样。

对于极化码而言，原始码长限制为 2 的幂次[3]，即满足 $N=2^n$，这种约束限制了极化码在实际通信系统中的应用。Eslami 与 Nik 在文献[4]中设计了适用于 BP 译码的速率适配方案。Shin 等在文献[5]中提出了基于极化矩阵缩减的码长适配方案，但这种方案通用性不足，并且性能损失较大。牛凯等在文献[6]中提出了准均匀凿孔(QUP)方案，这种方案非常简单灵活，可以适用于任意码长的凿孔操作。进一步，王闰昕等在文献[7]中提出了一种适用于任意码长的高性能缩短方案，文献[8]命名为比特反序准均匀缩短(RQUS)方案。文献[8]引入了理论分析工具——路径谱，并证明 QUP 与 RQUS 两种方案能够达到谱距离最优。后来，文献[9]～文献[11]也提出了极化码的改进凿孔与缩短方案。

7.1.1 路径谱与谱距离

1. 码树与路径可靠性度量

给定极化码的码长 $N=2^n$，信息位长度 K，则编码码率为 $R=K/N$，相应的信息比特集合与冻结比特集合分别为 $\mathcal{A}$ 与 $\mathcal{A}^c$，信源向量 u_1^N 由信息比特子向量 $u_{\mathcal{A}}$ 与冻结比特子向量 $u_{\mathcal{A}^c}$ 复合构成，且满足如下编码关系：

$$x_1^N = u_1^N \boldsymbol{G}_N \tag{7.1.1}$$

其中，生成矩阵 $\boldsymbol{G}_N=\boldsymbol{B}_N\boldsymbol{F}_2^{\otimes n}$，$\boldsymbol{B}_N$ 是比特反序重排矩阵，$\boldsymbol{F}_2=\begin{bmatrix}1&0\\1&1\end{bmatrix}$是 2×2 的核矩阵，“$\otimes n$”是 n 阶克罗内克积。

令$\mathcal{T}=(\mathcal{V},\mathcal{P})$表示极化码的节压缩码树，其中，$\mathcal{V}$与$\mathcal{P}$分别表示节点集合与边集合。码树上节点的深度表示从根节点到该节点路径的长度。码树上，深度为l的节点集合表示为$\mathcal{V}_l(l=0,1,\cdots,n)$。根节点的深度为 0。集合$\mathcal{V}_l$中的节点可以在码树上从左到右逐个枚举，例如，$v_{l,m}\left(m=1,2,\cdots,2^l\right)$就表示$\mathcal{V}_l$中第$m$个节点。除深度为$n$的叶节点外，每个节点$v_{l,m}$都有两个后继节点在集合$\mathcal{V}_{l+1}$中，其相应的分支分别标记为 0 与 1。节点$v_{n,m}\in\mathcal{V}_n$称为叶节点。令$\mathcal{T}\left(v_{l,m}\right)$表示以$v_{l,m}$为根节点的子树，该子树的深度定义为叶节点深度与根节点深度之差，即$n-l$。

令极化信道序号$i=1+\sum_{l=1}^{n}b_l 2^{n-l}$对应的二进制展开向量为$(b_1,\cdots,b_l,\cdots,b_n)$，这个向量也可以标记码树上从根节点到叶节点的路径，即$\omega_n^{(i)}=(b_1,\cdots,b_l,\cdots,b_n)$(在不影响上下文含义时，可以去掉路径的上标序号)。并且，$\omega_l=(b_1,\cdots,b_l)$表示从根节点到深度为$l$的节点的部分路径。采用这种标记方法，码树上的叶节点将按照自然顺序排列。

定义 7.1　给定路径向量$\omega_n=(b_1,\cdots,b_l,\cdots,b_n)$，相应的路径重量$d_{\mathrm{H}}(\omega_n)$定义为对应的汉明重量，即$d_{\mathrm{H}}(\omega_n)=k=\left|\{l:b_l=1\}\right|$。相应地，互补汉明重量$f_{\mathrm{H}}(\omega_n)$定义为$f_{\mathrm{H}}(\omega_n)=r=n-k=\left|\{l:b_l=0\}\right|$。

根据以上分析，路径ω_n与信道序号i一一对应，因此它们的可靠性也等价。给定一条路径的端节点$v_{n,m}$，则其可靠性可由路径可靠性评估，表示为$B\left(v_{n,m}\right)$。

定义 7.2　码树上节点$v_{n,m}$有两个后继节点$v_{2n,2m-1}$与$v_{2n,2m}$，如果删减掉节点$v_{2n,2m-1}$，则另一个节点$v_{2n,2m}$将继承父节点的可靠性，即$B\left(v_{n,m}\right)\to B\left(v_{2n,2m}\right)$。我们称这样的操作为节点继承。

基于第 3 章信道极化码理论，可以用对数形式的 Bhattacharyya 参数评估节点/信道的可靠性。令$A_0=a_0=\log(Z_0)$且$A_l=\log\left(Z_l^u\right)$，其中，$Z_l^n$表示第$l$个子信道的 Bhattacharyya 参数上界。依据文献[12]对于 Bhattacharyya 参数的渐近分析可知，对数形式的上界满足如下的递推关系：

$$\begin{cases}A_l=A_{l-1}+1, & b_l=0\\ A_l=2A_{l-1}, & b_l=1\end{cases}\tag{7.1.2}$$

上述计算对应对数域的两种操作：加 1 算子$O_a:\mathbb{R}\to\mathbb{R},O_a(x)=x+1$与倍乘算子$O_d:\mathbb{R}\to\mathbb{R},O_d(x)=2x$。给定根节点初始值$A_0=a_0$，路径$(\omega_1,\cdots,\omega_n)$的各个节点可靠性迭代计算公式如下：

$$A_l(\omega_l)=g_l\left(A_{l-1}(\omega_{l-1})\right)\tag{7.1.3}$$

其中，$g_l\in\{O_a,O_d\}$。当$b_l=0$时，操作算子为$g_l=O_a$，而当$b_l=1$时，操作算子为$g_l=O_d$。显然，依据定义 7.1，当计算$A_n(\omega_n)$时，需要进行$d_{\mathrm{H}}(\omega_n)$次倍乘运算以及$f_{\mathrm{H}}(\omega_n)$次加 1 运算。对于路径可靠性$A_n(\omega_n)$的上下界，有如下定理。

定理 7.1　给定路径ω_n，相应的可靠性$A_n(\omega_n)$满足上下界$A_n^l(\omega_n)\leqslant A_n(\omega_n)\leqslant A_n^u(\omega_n)$，其中，下界$A_n^l(\omega_n)$与上界$A_n^u(\omega_n)$满足：

$$
\begin{cases}
A_n^l(\omega_n) = 2^{d_{\mathrm{H}}(\omega_n)} a_0 + f_{\mathrm{H}}(\omega_n) \\
A_n^u(\omega_n) = 2^{d_{\mathrm{H}}(\omega_n)} \left(a_0 + f_{\mathrm{H}}(\omega_n)\right)
\end{cases}
\tag{7.1.4}
$$

证明 假设路径 $\omega_n = (b_1,\cdots,b_l,\cdots,b_n)$ 关联的算子序列为 $\{g_l\}_{l=1}^n$，起始算子为 $g_1 = O_a$ (如果起始算子为 $g_1 = O_d$，则检查序列重新找到起始算子为 O_a 的部分序列)。这样，路径上存在 $l \in \{2,\cdots,n\}$ 满足 $g_{l-1} = O_a$ 而 $g_l = O_d$。根据引理 3.8 可知，交换 g_{l-1} 与 g_l 的顺序可以降低路径度量。如果在路径序列上进行算子连续交换，则得到 $A_n(\omega_n)$ 的下界，相应的算子序列为 $g_1 = \cdots = g_k = O_d$ 且 $g_{k+1} = \cdots = g_n = O_a$。也就是说，路径度量满足 $A_n(\omega_n) \geqslant O_a^{n-k}\left(O_d^k(a_0)\right) = A_n^l(\omega_n)$。采用类似的思路，可以得到上界，由此定理得证。

由于路径重量与互补重量表征了极化信道的可靠性，因此我们用 $A_n^l(\omega_n)$ 表示路径 ω_n 对应的端节点 $v_{n,m}$ 的可靠性，即

$$
B(v_{n,m}) = 2^{d_{\mathrm{H}}(\omega_n)} a_0 + f_{\mathrm{H}}(\omega_n)
\tag{7.1.5}
$$

2. 速率适配模式

速率适配是指将原始码长 $N = 2^n$ 的极化码，变换为实际码长为 M 的极化码的过程。一般地，变换后的码长满足 $2^{n-1} < M < 2^n$。这意味着，需要在原始码字中删减 $Q = N - M$ 个比特。定义删减表如下：

$$
T_N = (t_1, t_2, \cdots, t_N)
\tag{7.1.6}
$$

其中，$t_i \in \{0,1\}$，$i = 1,2,\cdots,N$，$t_i = 0$ 表示需要删减第 i 个编码比特 x_i，反之保留。令 $\mathcal{B} = \{i | t_i = 0\}$ 与 $\mathcal{B}^c = \{i | t_i = 0\}$ 分别表示删减比特集合与保留比特集合，满足 $|\mathcal{B}| = Q = N - M$ 与 $|\mathcal{B}^c| = M$。

速率适配极化码(RCPC)对应的信道分为两类：普通的 B-DMC 信道 W 与删减信道 $\mathbb{W}$ (在凿孔模式下为凿孔信道 $\mathbb{W}$，在缩短模式下为缩短信道 $\mathbb{W}$)，令组合信道 $\tilde{W} = \{W, \mathbb{W}\}$。RCPC 码需要在这两类信道上进行编码极化，得到极化子信道 $\left\{\tilde{W}_N^{(i)}\right\}$，相应的差错概率为 $P\left(\tilde{W}_N^{(i)}\right)$，Bhattacharyya 参数为 $Z\left(\tilde{W}_N^{(i)}\right)$。

一般地，速率适配有两种模式：凿孔与缩短。其操作定义如下。

定义 7.3 凿孔模式定义为编码器删减掉凿孔集合 $\mathcal{B}$ 上的编码比特，这些编码比特可以任意取值，但译码器并不知道相应取值。

凿孔模式下，由于译码器不知道凿孔比特取值，相应凿孔信道的转移概率 $\mathbb{W}$ 为 $\mathbb{W}(y_i|0) = \mathbb{W}(y_i|1) = \dfrac{1}{2}$。对应的信道容量 $I(\mathbb{W}) = 0$。给定凿孔比特 $x_i (i \in \mathcal{B})$，相应的 LLR 表示为 $\mathbb{L}(y_i) = \ln \dfrac{\mathbb{W}(y_i|0)}{\mathbb{W}(y_i|1)} = 0$。

定义 7.4　缩短模式定义为编码器删减掉缩短集合 $\mathcal{B}$ 上的编码比特，这些编码比特取固定值，并且译码器知道相应取值。

在缩短模式下，删减比特设为固定值，并且译码器知道相应取值。不失一般性，假设删减比特为 0，则缩短信道的转移概率为 $\mathbb{W}(0|0)=1$ 与 $\mathbb{W}(0|1)=0$ 。相应的信道容量为 $I(\mathbb{W})=1$ ，LLR 为 $\mathbb{L}(y_i)=+\infty$ 。

图 7.1.1 给出了凿孔与缩短模式下两信道极化的示例。在图 7.1.1(a)与图 7.1.1(b)中，被删减的编码比特 x_1 (x_2) 可以取任意值，相应的 Bhattacharyya 参数为 $Z(\mathbb{W})=1$ ，对应的凿孔表分别为 $T_2=(0,1)$ 与 $T_2=(1,0)$ 。由图 7.1.1 可知，图 7.1.1(a)与图 7.1.1(b)是等价的对称操作。另外，图 7.1.1(c)给出了缩短模式示例，信源比特 u_2 取为固定值，即 $u_2=0$ ，因此被缩短的编码比特 x_2 也为 0。相应的 Bhattacharyya 参数为 $Z(\mathbb{W})=0$ ，缩短表为 $T_2=(1,0)$ 。

(a) 凿孔模式下两信道极化　(b) 两信道极化对称凿孔形式

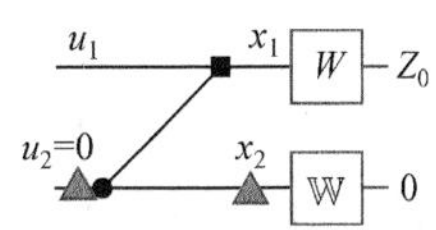

(c) 缩短模式下两信道极化

● 变量节点　■ 校验节点　× 凿孔比特　▲ 缩短比特

图 7.1.1　两种速率适配模式下的两信道极化示例

对于两信道极化，有如下的基本引理成立。

引理 7.1　对于凿孔模式下的两信道极化，由于对称性，两个凿孔表 $T_2=(0,1)$ 与 $T_2=(1,0)$ 产生相同的极化结果。

证明　不失一般性，考虑凿孔表 $T_2=(0,1)$ ，此时极化变换为 $(\mathbb{W},W)\mapsto\left(\tilde{W}_2^{(1)},\tilde{W}_2^{(2)}\right)$ 。在凿孔模式下，由于 $\forall y_1,\mathbb{W}(y_1|0)=\mathbb{W}(y_1|1)=\dfrac{1}{2}$ ，对于 $\forall y_1^2$ ，极化信道 $\tilde{W}_2^{(1)}$ 的转移概率表示为

$$\begin{aligned}\tilde{W}_2^{(1)}\left(y_1^2|0\right)&=\sum_{u_2}\frac{1}{2}\mathbb{W}(y_1|u_2)W(y_2|u_2)\\&=\mathbb{W}(y_1|0)\sum_{u_2}\frac{1}{2}W(y_2|u_2)=\tilde{W}_2^{(1)}\left(y_1^2|1\right)\end{aligned}\tag{7.1.7}$$

由此可见，极化信道 $\tilde{W}_2^{(1)}$ 退化为凿孔信道且 $Z\left(\tilde{W}_2^{(1)}\right)=1$ 。

另外，我们分析极化信道 $\tilde{W}_2^{(2)}$ 的 LLR。令 $\mathbb{L}(y_2)=\ln\dfrac{W(y_2|0)}{W(y_2|1)}$ 表示 B-DMC 信道 $W(y_2|u_2)$ 的 LLR。由于 $\mathbb{L}(y_1)=0$ ，相应的概率密度函数(PDF)为 $F(\mathbb{L}(y_1))=\delta(y_1)$ ，其中，$\delta(y_1)$ 是狄拉克函数。由于信源比特 u_2 对应变量节点，相应 LLR 的 PDF 推导如下：

$$\begin{aligned}F\left(\mathbb{L}\left(y_1^2,u_1\right)\right)&=F(\mathbb{L}(y_1))*F(\mathbb{L}(y_2))\\&=\delta(y_1)*F(\mathbb{L}(y_2))=F(\mathbb{L}(y_2))\end{aligned}\tag{7.1.8}$$

其中，$*$ 是卷积运算。由此可见，极化信道 $\tilde{W}_2^{(2)}$ 与原始信道可靠性相同，即 $Z\left(\tilde{W}_2^{(2)}\right)=Z(W)=Z_0$ 。

对于第二种凿孔方式，如图 7.1.1(b)所示，基于两信道($\mathbb{W}$ 与 W)交换的对称性，可以得到类似的结论。由此，引理得证。

引理 7.2 对于缩短模式下的两信道极化，极化信道的可靠性分别满足 $Z\left(\tilde{W}_2^{(1)}\right)=Z(W)$ 与 $Z\left(\tilde{W}_2^{(2)}\right)=0$。

证明 对于如图 7.1.1(c)所示的缩短模式，缩短编码比特 x_2 是好的选择，因为它只涉及单个信源比特 u_2。令信源比特 u_1 与 $u_2=0$ 对应的 LLR 分别为 $\mathbb{L}\left(y_1^2\right)=\ln\frac{\tilde{W}_2^{(1)}\left(y_1^2|0\right)}{\tilde{W}_2^{(1)}\left(y_1^2|1\right)}$ 与 $\mathbb{L}\left(y_2\right)=\ln\frac{\mathbb{W}\left(y_2|0\right)}{\mathbb{W}\left(y_2|1\right)}=+\infty$。考虑到校验节点约束，得到如下关系：

$$\tanh\left(\frac{\mathbb{L}\left(y_1^2\right)}{2}\right)=\tanh\left(\frac{\mathbb{L}\left(y_1\right)}{2}\right)\cdot 1 \tag{7.1.9}$$

因此得到 $Z\left(\tilde{W}_2^{(1)}\right)=Z(W)=Z_0$。

缩短模式下，由于 $\forall y_2,\mathbb{W}\left(y_2|0\right)=1,\mathbb{W}\left(y_2|1\right)=0$，并且对于 $\forall y_1^2$，极化信道 $\tilde{W}_2^{(2)}$ 的转移概率表示为

$$\begin{cases}\tilde{W}_2^{(2)}\left(y_1^2,u_1|0\right)=\dfrac{1}{2}W\left(y_1\,|\,u_1\right)\mathbb{W}\left(y_2\,|\,0\right)=\dfrac{1}{2}W\left(y_1\,|\,u_1\right)\\[2mm]\tilde{W}_2^{(2)}\left(y_1^2,u_1|1\right)=\dfrac{1}{2}W\left(y_1\,|\,u_1\oplus 1\right)\mathbb{W}\left(y_2\,|\,1\right)=0\end{cases} \tag{7.1.10}$$

由此得到 $\mathbb{L}\left(y_1^2,u_1\right)=\ln\frac{\tilde{W}_2^{(2)}\left(y_1^2,u_1|0\right)}{\tilde{W}_2^{(2)}\left(y_1^2,u_1|1\right)}=\mathbb{L}\left(y_2\right)=+\infty$，因此可知 $Z\left(\tilde{W}_2^{(2)}\right)=0$。

在信道极化过程中，引理 7.1 与引理 7.2 可以迭代引用。一般地，对于缩短模式，有如下引理。

引理 7.3 对于缩短模式下的极化码，极化信道的 Bhattacharyya 参数小于原始信道的相应参数，即 $Z\left(\tilde{W}_N^{(i)}\right)<Z\left(W_N^{(i)}\right)$。

上述引理的证明非常直接，不再赘述。它表明缩短模式提高了极化子信道的可靠性。但由于一些信源比特被缩短，整个编码的差错性能仍然会下降。

图 7.1.2 给出了原始码长 $N=4$，凿孔与缩短模式下的码树示例。其中，图 7.1.2(a)中，最左侧路径被删减，分解为两棵子树 $\mathcal{T}\left(v_{1,2}\right)$ 与 $\mathcal{T}\left(v_{2,2}\right)$。两个根节点 $v_{1,2}$ 与 $v_{2,2}$ 的可靠性继承了相应前继节点 $v_{0,1}$ 与 $v_{1,1}$ 的可靠性，即满足 $B\left(v_{0,1}\right)=a_0\to B\left(v_{1,2}\right)$ 与 $B\left(v_{1,1}\right)=\left(a_0+1\right)\to B\left(v_{2,2}\right)$。类似地，图 7.1.2(b)中，最右侧路径被删减，分解为两棵子树 $\mathcal{T}\left(v_{1,1}\right)$ 与 $\mathcal{T}\left(v_{2,3}\right)$。这两棵子树根节点的可靠度量分别为 a_0 与 $2a_0$。

引理 7.4 对于凿孔模式，给定任意子树 $\mathcal{T}\left(v_{n-1,m}\right)$，如果右子节点 $v_{n,2m}$ 被凿孔，则左子节点 $v_{n,2m-1}$ 也会被凿孔。

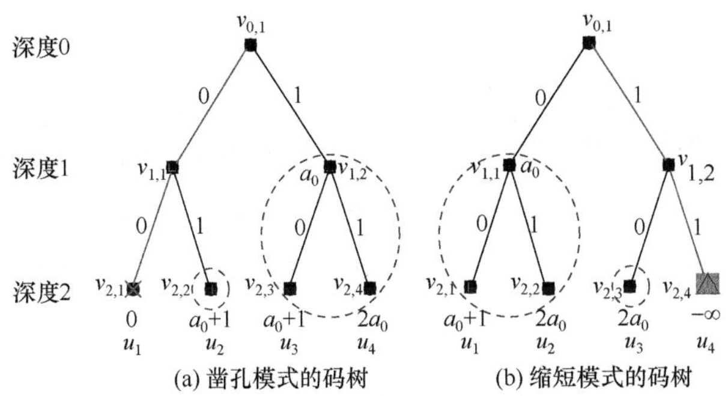

图 7.1.2　凿孔与缩短模式下的码树示例(N=4)

证明　这两个叶节点$v_{n,2m}$与$v_{n,2m-1}$就相应于两信道极化，在凿孔模式下，如果对应的子树$\mathcal{T}\left(v_{n-1,m}\right)$凿孔 1bit，根据引理 7.1，左节点$v_{n,2m-1}$应当首先被凿孔。进一步，如果右子节点$v_{n,2m}$被凿孔，则整个子树将全部删减。

引理 7.5　对于缩短模式，如果左子节点$v_{n,2m-1}$被缩短，则右子节点$v_{n,2m}$也会被缩短。

这个引理的证明类似引理 7.4，不再赘述。

3. 路径谱与谱距离

定义 7.5　路径谱定义为码树上的路径重量分布与互补重量分布，分别表示为PS1与PS0。集合$\mathrm{PS1}=\left\{H_M^{(k)},0\leqslant k\leqslant n\right\}$，谱系数$H_M^{(k)}$表示经过凿孔或缩短后，实际码长为$M$的极化码码树上重量为$k$的路径数目。类似地，集合$\mathrm{PS0}=\left\{C_M^{(r)},0\leqslant r\leqslant n\right\}$，谱系数$C_M^{(r)}$表示码树上重量为$r=n-k$的路径数目。

对于原始极化码，$M=N$，码树没有删减是二叉满树，此时路径谱满足二项分布，即谱系数分别为$H_N^{(k)}=\begin{pmatrix}n\\k\end{pmatrix}$与$C_N^{(r)}=\begin{pmatrix}n\\r\end{pmatrix}$。凿孔或缩短操作的优化目标，就是逼近原始极化码的路径谱。

引理 7.6　原始极化码的路径谱 PS1 与 PS0 满足对称性，即给定一对路径$\omega_n^{(i)}$与$\omega_n^{(N+1-i)}$，我们有$f_{\mathrm{H}}\left(\omega_n^{(i)}\right)=d_{\mathrm{H}}\left(\omega_n^{(N+1-i)}\right)$与$d_{\mathrm{H}}\left(\omega_n^{(i)}\right)=f_{\mathrm{H}}\left(\omega_n^{(N+1-i)}\right)$。

定义 7.6　为了刻画路径重量分布的整体性能，引入平均路径重量(APW)，定义如下：

$$\mathbb{E}[d_{\mathrm{H}}(\omega_n)]=\sum_{k=0}^{n}P_1(n,k,Q)k=\sum_{k=0}^{n}\frac{H_M^{(k)}}{M}k \tag{7.1.11}$$

其中，$P_1(n,k,Q)=\dfrac{H_M^{(k)}}{M}$是凿孔$Q$ bit 后重量为k的路径概率。相应地，引入平均互补路径重量(ACPW)，定义如下：

$$\mathbb{E}\left[f_{\mathrm{H}}(\omega_n)\right]=\sum_{r=0}^{n}P_0(n,r,Q)r=\sum_{r=0}^{n}\frac{C_M^{(r)}}{M}r \tag{7.1.12}$$

其中，$P_0(n,r,Q)=\frac{C_M^{(r)}}{M}$。

推论 7.1 原始极化码的 APW 与 ACPW 分别为 $\mathbb{E}\left[d_{\mathrm{H}}(\omega_n)\right]=\frac{n}{2}$ 与 $\mathbb{E}\left[f_{\mathrm{H}}(\omega_n)\right]=\frac{n}{2}$。

原始极化码的路径重量概率满足二项分布，易推得上述引理成立。

定义 7.7 路径重量谱距离(SD1)定义为原始极化码与速率适配极化码之间平均路径重量的差值，即

$$d_{\text{avg}}=\left|\frac{n}{2}-\sum_{k=0}^{n}P_1(n,k,Q)k\right| \tag{7.1.13}$$

相应地，互补路径重量谱距离(SD1)定义如下：

$$\lambda_{\text{avg}}=\left|\frac{n}{2}-\sum_{r=0}^{n}P_0(n,r,Q)r\right| \tag{7.1.14}$$

进一步，还可以引入联合谱距离(JSD)：

$$d_{\text{avg}}+\lambda_{\text{avg}}=\left|n-\sum_{k=0}^{n}P_1(n,k,Q)k-\sum_{r=0}^{n}P_0(n,r,Q)r\right| \tag{7.1.15}$$

SD0/SD1/JSD 反映了原始极化码与速率适配极化码的路径谱之间的差别，因此，优化速率适配方案的目标就是尽量减小这三个谱距离，相应地，速率适配后的 APW 与 ACPW 也会接近原始极化码。

7.1.2 最优凿孔算法

首先我们研究单比特凿孔的性质，然后引入准均匀凿孔(QUP)算法并证明它能够最小化谱距离 SD1 与 JSD，最后证明了 QUP 凿孔表的等价类数目。

1. 单比特凿孔

对于码树上只凿一个比特的方案，有如下引理。

引理 7.7 对于单比特凿孔，如果任意编码比特 x_i 被删减，则其凿孔表等价于删减第一个编码比特 x_1，相应地，信源比特 u_1 也被删减。

证明 由第 3 章可知，极化变换 $u_1^N\boldsymbol{G}_N=x_1^N$ 的逆变换表示为 $u_1^N=x_1^N\boldsymbol{G}_N$。因此，第一个信源比特写为 $u_1=\sum_{i=1}^{N}x_i$，可见该比特由所有编码比特约束。由引理 7.1，其中任意一个编码比特被删减，都会导致信源比特 u_1 被删减。引理得证。

基于引理 7.7 可得到单比特凿孔的最大路径重量与互补重量为 $\max d_{\mathrm{H}}(\omega_n)=\max f_{\mathrm{H}}(\omega_n)=n-1$。

2. QUP 凿孔算法

牛凯与陈凯等在文献[6]中提出了 QUP 凿孔算法，其流程描述如下。

算法 7.1　准均匀凿孔(QUP)算法

Input：实际码长 M，信息比特长度 K，AWGN 信道的噪声方差 σ^2

Output：凿孔表 T_N 以及信息比特集合 $\mathcal{A}$

1. 初始化 $N=2^n$， $Q = N-M$；
2. 将凿孔表初始化为全 1，然后将开始的 Q bit 置为 0；
3. 将信源侧零比特对应序号集合记为 $\mathcal{D}$；
4. 对凿孔表进行比特反序操作，得到 T_N；
5. 将比特反序后零元素序号集合记为 $\mathcal{B}$；
6. 在凿孔后的极化结构上进行高斯近似计算；
7. 选择可靠性最高的 K 个信道构成信息比特集合 $\mathcal{A}$；
8. 返回 T_N 与 $\mathcal{A}$。

注记：初始凿孔表中，凿孔比特位于表中开头比特，而经过比特反序操作，则近似均匀分布在整个凿孔表中，这就是 QUP 算法名称的由来。需要注意的是，当极化码采用标准编码形式 $x_1^N=u_1^N\boldsymbol{B}_N\boldsymbol{F}_2^{\otimes n}$ 时，凿孔比特均匀分布在整个码字中；而当采用自然顺序编码 $x_1^N=u_1^N\boldsymbol{F}_2^{\otimes n}$ 时，凿孔比特集中在开头。此时，不需要进行比特反序操作，只需要将开头 Q bit 凿掉即可。

QUP 凿孔算法非常灵活，并且简单通用，适用于任意码长。下面给出具体的凿孔示例。

例 7.1　给定原始码长 $N=8$，实际码长 $M=5$，凿孔比特数 $Q=3$，信息位 $K=3$。则初始凿孔表为 $T_8=(0,0,0,1,1,1,1,1)$。经过比特反序操作，得到凿孔表 $T_8=(0,1,0,1,0,1,1,1)$。相应地，编码比特 x_1,x_3,x_5 应当被凿掉。基于高斯近似构造得到的信息比特集合为 $\mathcal{A}=\{6,7,8\}$，对应的凿孔集合 $\mathcal{B}=\{1,3,5\}$，原始凿孔比特集合 $\mathcal{D}=\{1,2,3\}$。

定理 7.2　QUP 凿孔表中，凿孔比特的位置近似均匀分布，相邻两个凿孔位置之间的间距满足 $2^{(n-L-1)}\leqslant D\leqslant 2^{(n-L)}$，其中，$L=\lfloor \log_2 Q \rfloor$。

上述定理的证明参见文献[6]，不再赘述。

引理 7.8　对于 QUP 算法，需要凿掉信源比特向量 u_1^Q，相应的凿孔集合为 $\mathcal{D}=\{1,2,\cdots,Q\}$，要凿掉码树上最左侧的 Q 个叶节点。

3. 最优凿孔表

理论上，通过穷举所有的凿孔表，评估每一种凿孔图样的差错性能就可以得到最优凿孔方案。但这种穷举搜索方法复杂度太高，无法实际应用。因此，我们退而求其次，主要考虑最小化谱距离的凿孔方案。

引理 7.9 对于任意凿孔方案的一个子树，假设$v_{l,m}$与$v_{l-1,\left\lceil \frac{m}{2} \right\rceil}$分别是子树的根节点与前继节点。令$\zeta_n$表示从原根节点$v_{0,1}$到凿孔叶节点的删减路径，它含有子树$\mathcal{T}\left(v_{l-1,\left\lceil \frac{m}{2} \right\rceil}\right)$的最左侧路径。则根节点$v_{l,m}$的可靠性表示为

$$B\left(v_{l,m}\right)=a_0+f_{\mathrm{H}}\left(\zeta_n\right)-1-(n-l) \tag{7.1.16}$$

其中，$f_{\mathrm{H}}\left(\zeta_n\right)$是互补路径重量。

证明 给定信源凿孔比特集合$\mathcal{D}$，该集合对应的叶节点可以在码树上逐次凿掉。显然，应当首先凿掉信源比特u_1，分解后的子树根节点可靠性直接继承了凿孔路径$\omega_n^{(1)}$上的前继节点可靠性。由于$\omega_n^{(1)}$是全 0 路径，相应路径重量为 0，因此只有互补重量影响可靠性。假设根节点$v_{l,2}$的部分路径为ϕ_l，则该节点的可靠性为$B\left(v_{l,2}\right)=B\left(v_{l-1,1}\right)=a_0+f_{\mathrm{H}}\left(\phi_l\right)$。

进一步，剩余信源比特可以继续从子树上凿孔。由于分解后的每棵子树$\mathcal{T}\left(v_{l,2}\right)$都是二叉满树，根据引理 7.4，最左侧路径被凿掉，生成一组新的子树。对于最终得到的某个子树根节点$v_{l,m}$，假设从原根节点到当前根节点的相应路径为θ_l，基于定理 7.2，可靠性为$B\left(v_{l,m}\right)=a_0+f_{\mathrm{H}}\left(\theta_l\right)$。一般地，凿孔路径$\zeta_n$分解为两部分路径，即$\zeta_n=\left(\psi_{l-1},\chi_{n-l+1}\right)$，其中，$\psi_{l-1}$表示从原根节点$v_{0,1}$到节点$v_{l-1,\left\lceil \frac{m}{2} \right\rceil}$的路径，而$\chi_{n-l+1}$表示从节点$v_{l-1,\left\lceil \frac{m}{2} \right\rceil}$到凿孔叶节点的路径。由引理 7.4，路径$\chi_{n-l+1}$是全 0 路径，节点$v_{l-1,\left\lceil \frac{m}{2} \right\rceil}$与节点$v_{l,m}$之间的分支设置为 1。因此得到$f_{\mathrm{H}}\left(\theta_l\right)=f_{\mathrm{H}}\left(\psi_{l-1}\right)=f_{\mathrm{H}}\left(\zeta_n\right)-f_{\mathrm{H}}\left(\chi_{n-l+1}\right)=f_{\mathrm{H}}\left(\zeta_n\right)-1-(n-l)$。引理得证。

定理 7.3 给定码长为$M=N-Q$的 RCP 码，QUP 算法生成的凿孔表能最小化谱距离 SD1。

证明 对于任意凿孔方案，原始码树可以分解为一组子树。假设每棵子树的深度为l_j，有2^{l_j}个叶节点，由定理 7.2 可知，深度满足$0 \leqslant l_j \leqslant n-1$。因此，码长$M$可以表示为

$$\sum_{l_j} 2^{l_j} \alpha_{l_j}=M \tag{7.1.17}$$

其中，$\alpha_{l_j}=0,1,2,\cdots$表示深度为$l_j$的子树数目。定义集合$\mathcal{E}=\left\{l_j \middle| \alpha_{l_j} \neq 0\right\}$，其中的元素按照升序排列，即$l_1 \leqslant l_2 \leqslant \cdots \leqslant l_{|\mathcal{E}|}$。

利用引理 7.9，在所有子树上计算 APW 如下：

$$\begin{aligned}\mathbb{E}\left[d_{\mathrm{H}}(\omega_n)\right] &= \sum_{j=1}^{|\mathcal{E}|}\sum_{k=0}^{l_j}\frac{1}{M}\binom{l_j}{k}k\alpha_{l_j}=\sum_{j=1}^{|\mathcal{E}|}\sum_{k=0}^{l_j}\frac{2^{l_j}}{M}\frac{1}{2^{l_j}}\binom{l_j}{k}k\alpha_{l_j} \\ &= \sum_{j=1}^{|\mathcal{E}|}\frac{2^{l_j}}{M}\alpha_{l_j}\sum_{k=0}^{l_j}\frac{1}{2^{l_j}}\binom{l_j}{k}k=\sum_{j=1}^{|\mathcal{E}|}\frac{2^{l_j-1}}{M}l_j\alpha_{l_j}\end{aligned} \tag{7.1.18}$$

对于任意凿孔方式，α_{l_j}可以是任意整数，即$\alpha_{l_j}=0,1,2,\cdots$。式(7.1.18)可以看作二进

制数值从低位到高位的计算与进位过程。假设相邻序数 l_{j-1} 与 $l_j\left(l_j \geqslant l_{j-1}+1\right)$，相应的数值为 $\alpha_{l_{j-1}}=2$ 与 $\alpha_{l_j}=1$，则可以得到 $\left(l_{j-1}\right)2^{l_{j-1}-1}\alpha_{l_{j-1}}<l_j 2^{l_j}\alpha_{l_j}$。因此，为了最小化 SD1，数值 α_{l_j} 应当限定为 0 或 1。这意味着 $\left(\alpha_{n-1},\cdots,\alpha_0\right)$ 是码长 M 的二进制展开。

根据引理 7.8，QUP 算法的 α_{l_j} 取值为 0 或 1。因此 QUP 凿孔表能够最小化 SD1。定理得证。

定理 7.4　给定码长为 $M=N-Q$ 的 RCP 码，QUP 算法生成的凿孔表能最小化谱距离 JSD。

证明　类似定理 7.3，对于任意凿孔方案，码长可以展开为式(7.1.17)的二进制表示。对于深度 l_j 的子树，定义 $\mathcal{G}_j=\left\{\psi_{j,s}\middle|s=1,2,\cdots,\alpha_{l_j}\right\}$ 表示删减路径集合，其中，$\psi_{j,s}$ 是含有一个子树前继节点的第 s 个删减路径。令 $n_{j,s}=f_{\mathrm{H}}\left(\psi_{j,s}\right)-1$。

根据引理 7.9，所有子树上的 ACPW 计算如下：

$$\begin{aligned}\mathbb{E}\left[f_{\mathrm{H}}(\omega_n)\right]&=\sum_{j=1}^{|\mathcal{E}|}\sum_{s=1}^{\alpha_{l_j}}\sum_{r=0}^{l_j}\frac{1}{M}\binom{l_j}{r}\left(r+n_{j,s}-l_j\right)\\&=\sum_{j=1}^{|\mathcal{E}|}\sum_{s=1}^{\alpha_{l_j}}\sum_{r=0}^{l_j}\frac{1}{M}\binom{l_j}{r}n_{j,s}-\sum_{j=1}^{|\mathcal{E}|}\frac{2^{l_j-1}}{M}l_j\alpha_{l_j}\\&=\sum_{j=1}^{|\mathcal{E}|}\frac{2^{l_j}}{M}\sum_{s=1}^{\alpha_{l_j}}n_{j,s}-\mathbb{E}[d_{\mathrm{H}}(\omega_n)]\end{aligned}\tag{7.1.19}$$

其中，第二行由二项分布平均得到。由此得到 JSD 的表达式：

$$\left|n-\left(\mathbb{E}\left[d_{\mathrm{H}}(\omega_n)\right]+\mathbb{E}\left[f_{\mathrm{H}}(\omega_n)\right]\right)\right|=\left|n-\sum_{j=1}^{|\mathcal{E}|}\frac{2^{l_j}}{M}\sum_{s=1}^{\alpha_{l_j}}n_{j,s}\right|\tag{7.1.20}$$

上述联合距离谱表达式也可以看作二进制从低位到高位的进位过程。给定连续序数 l_j 与 l_{j+1}，对于任意凿孔方式，如果 $\alpha_{l_j}=2$，则两棵子树对应两个数值 $n_{j,1}$ 与 $n_{j,2}$。另外，如果应用 QUP 算法，则只有一棵子树相应的数值为 $n'_{j+1,1}=\max\left\{n_{j,1},n_{j,2}\right\}$。显然有 $2^{l_j}\left(n_{j,1}+n_{j,2}\right)\leqslant 2^{l_{j+1}}n'_{j+1,1}$。因此，QUP 算法生成的凿孔表可以最小化 JSD。定理得证。

基于上述分析，对于 QUP 凿孔算法，码长 M 可以表示为

$$\sum_{j=1}^{|\mathcal{F}|}2^{l_j}=M\tag{7.1.21}$$

其中，$\mathcal{F}=\left\{l_j\middle|\alpha_{l_j}=1\right\}$，满足 $l_1\leqslant l_2\leqslant\cdots\leqslant l_{|\mathcal{F}|}$。

定理 7.5　对于码长为 $M=N-Q$ 的 RCP 码，采用 QUP 凿孔算法，SD1 距离满足 $\frac{1}{2}\leqslant d_{\mathrm{avg}}\leqslant 1$。

证明　首先证明左边的不等号成立。由于 $l_j\leqslant n-1$，得到

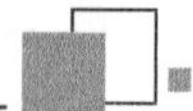

$$\frac{n}{2}-\sum_{j=1}^{|\mathcal{F}|}\frac{2^{l_j-1}}{M}l_j \geqslant \frac{n}{2}-\sum_{j=1}^{|\mathcal{F}|}\frac{2^{l_j-1}}{M}(n-1)=\frac{n}{2}-\frac{n-1}{2}\sum_{j=1}^{|\mathcal{F}|}\frac{2^{l_j}}{M}=\frac{1}{2} \tag{7.1.22}$$

然后，令 $S_0=\frac{n}{2}-\sum_{j=1}^{|\mathcal{F}|}\frac{2^{l_j-1}}{M}l_j=\frac{n}{2}-\sum_{j=1}^{|\mathcal{F}|-1}\frac{2^{l_j}}{2M}l_j-\frac{(n-1)2^{n-1}}{2M}$ 以及 $S_1=\frac{n}{2}-\sum_{j=1}^{|\mathcal{F}|}\frac{(n-2)2^{l_j}}{2M}=1$，我们需要证明 $S_0<S_1$。由于 $l_{|\mathcal{F}|}=n-1$，可以得到

$$\begin{aligned}
S_1-S_0&=\frac{1}{2M}\left[2^{n-1}-\sum_{j=1}^{|\mathcal{F}|-1}(n-2-l_j)2^{l_j}\right]\\
&\geqslant\frac{1}{2M}\left[2^{n-1}-\sum_{k=0}^{n-2}(n-2-k)2^k\right]\\
&\overset{(1)}{=}\frac{1}{2M}\left[2^{n-1}-\left(2^{n-1}-n\right)\right]\\
&=\frac{n}{2M}>0
\end{aligned} \tag{7.1.23}$$

其中，等号(1)成立来自算术-几何数列求和公式[13]。

推论 7.2 QUP 凿孔对应的 JSD 满足 $1\leqslant d_{\text{avg}}+\lambda_{\text{avg}}\leqslant 2$。

4. QUP 凿孔等价类

若两个凿孔方式具有相同的信源凿孔比特集合，则称两种凿孔等价。下面分析 QUP 的凿孔等价类。

对于 QUP 算法，凿孔长度 Q 也可以用二进制展开为

$$\sum_{z=1}^{|\mathcal{U}|}2^{m_z}=Q \tag{7.1.24}$$

其中，$\mathcal{U}=\{m_z\}$ 且满足 $m_1\leqslant m_2\leqslant\cdots\leqslant m_{|\mathcal{U}|}$。进一步，令 $m_0=-\infty$ 与 $m_{|\mathcal{U}|+1}=n$。引入函数 $h(x)=2^x$ 简化推导表示。

定理 7.6 与 QUP 算法等价的凿孔方式有 $h\left[\sum_{z=1}^{|\mathcal{U}|}(n-2|\mathcal{U}|+2z-m_z)2^{m_z}\right]$。

证明 给定原始码长 $N=2^n$ 的对偶格图(由 $x_1^N=u_1^N\boldsymbol{F}_2^{\otimes n}$ 约束)，令 $s_{p,q},p=1,2,\cdots,n,q=0,1,\cdots,n$ 表示格图上第 p 行第 q 列的变量节点，其中，行序号从上到下升序排列，列序号从左到右升序排列。

由引理 7.8 可知，QUP 凿孔算法的信源凿孔比特集合 $\mathcal{D}=\{1,2,\cdots,Q\}$。令 $E_z=\sum_{o=z+1}^{|\mathcal{U}|}2^{m_o}$ 与 $E_{|\mathcal{U}|}=0$。集合 $\mathcal{D}$ 可以分解为一组子集，即 $\mathcal{D}=\bigcup_{z=1}^{|\mathcal{U}|}\mathcal{D}_z$，其中，$\mathcal{D}_z=\{i\,|\,i=E_z+1,\cdots,E_z+2^{m_z}\}$。基于这种分解，分别考虑每个子集的等价凿孔表数目。

假设一共有 $J_z=\sum_{e=0}^{z-1}2^{m_e}$ 个信源比特已经被凿掉，这些节点生成 ξ_{z-1} 个等价类，反复应用引理 7.1，可以得到第 m_z 列有 J_z 个候选凿孔节点。下面计算信源凿孔比特集合 $\mathcal{D}_z$ 中的

等价类。

定义与集合 $\mathcal{D}_z$ 相关的格图节点集合为 $\left\{s_{p,0}\middle|p\in\mathcal{D}_z\right\}$，相应的信源向量为 $u_{\mathcal{D}_z}$。令 $N_z=2^{m_z}$。将这些节点从第 0 列到第 m_z 列扩展，得到局域编码向量 $c_1^{N_z}$，满足 $u_{\mathcal{D}_z}\boldsymbol{F}_2^{\otimes m_z}=c_1^{N_z}\boldsymbol{B}_{N_z}$。这样，集合 $\Lambda_z=\left\{s_{p,m_z}\middle|p\in\mathcal{D}_z\right\}$ 中的节点完全由这个局域编码约束确定。为了凿掉集合 $\mathcal{D}_z$ 中的节点，必然要凿掉集合 Λ_z 中的节点。

在 ξ_{z-1} 个等价凿孔方案中，考虑每个方案中的候选节点与集合 Λ_z 中节点的编码约束关系。不失一般性，选择集合 $\Xi_z=\left\{s_{p,m_z}\mid p\in\bigcup_{e=1}^{z-1}\mathcal{D}_e\right\}$ 中的候选节点与集合 Λ_z 中节点形成多蝶形编码约束。

由于 $J_z<2^{m_z}$，可得 $|\Xi_z|<|\Lambda_z|$。令 $\Phi_z=\left\{s_{p,m_z}\middle|p=E_z+1,\cdots,E_z+J_z\right\}$，有 $\Phi_z\subset\Lambda_z$。当格图从第 m_z 列扩展到第 m_z+1 列时，集合 Φ_z 与 Ξ_z 中的节点将形成多蝶形约束，满足如下关系：

$$\begin{cases}s_{p,(m_z+1)}=s_{p,m_z}\oplus s_{\left(p+2^{m_z}\right),m_z}\\ s_{\left(p+2^{m_z}\right),(m_z+1)}=s_{\left(p+2^{m_z}\right),m_z}\end{cases}\tag{7.1.25}$$

其中，$s_{p,m_z}\in\Phi_z$，$s_{\left(p+2^{m_z}\right),m_z}\in\Xi_z$。而集合 $\Phi_z^c=\Lambda_z-\Phi_z$ 中的节点是自由的，不受集合 Ξ_z 的约束。

因此，我们可以分别考虑两个集合 Φ_z 与 Φ_z^c 中的等价凿孔节点。对于第一种情况，节点 $s_{p,m_z}\in\Phi_z$ 必定要凿掉，而节点 $s_{\left(p+2^{m_z}\right),m_z}\in\Xi_z$ 只是候选节点。为了保证这两个节点都被凿掉，根据引理 7.1，必须要凿掉生成的节点 $s_{p,(m_z+1)}$ 与 $s_{\left(p+2^{m_z}\right),(m_z+1)}$。当从第 m_z+1 列扩展到第 m_{z+1} 列，这两个生成节点都可以看作深度为 $m_{z+1}-m_z-1$ 的码树根节点。因为每棵码树只凿掉一个节点，根据引理 7.7，等价凿孔节点数目为 $2^{m_{z+1}-m_z-1}$，所以这种情况等价类数目为 $\xi_z^1=h\left[2J_z\left(m_{z+1}-m_z-1\right)\right]$。

在第二种情况下，集合 Φ_z^c 中的节点必须要凿掉，它们也可以看作深度为 $m_{z+1}-m_z$ 的码树根节点。类似地，基于引理 7.7，这种情况的等价类数目为 $\xi_z^2=h\left[\left(2^{m_z}-J_z\right)\cdot\left(m_{z+1}-m_z\right)\right]$。这样在集合 $\bigcup_{e=1}^{z}\mathcal{D}_e$ 中的等价信源凿孔比特数目为 $\xi_z=\xi_{z-1}\xi_z^1\xi_z^2$。

对于所有子集迭代应用上述分析，QUP 算法的等价类数目计算如下：

$$\begin{aligned}\xi&=\prod_{z=1}^{|\mathcal{U}|}\xi_z^1\xi_z^2\\&=\prod_{z=1}^{|\mathcal{U}|}h\left[\sum_{e=0}^{z-1}2^{m_e}\left(m_{z+1}-m_z-2\right)+2^{m_z}\left(m_{z+1}-m_z\right)\right]\\&=h\left\{\sum_{z=1}^{|\mathcal{U}|}\left[\sum_{e=0}^{z}2^{m_e}\left(m_{z+1}-m_z\right)-2\sum_{e=0}^{z-1}2^{m_e}\right]\right\}\end{aligned}\tag{7.1.26}$$

式中，函数 $h(\cdot)$ 的第二项求和可以改写为

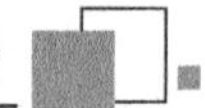

$$
\begin{aligned}
&2\sum_{z=1}^{|\mathcal{U}|}\sum_{e=0}^{z-1}2^{m_e} \\
&=2|\mathcal{U}|2^{m_0}+2(|\mathcal{U}|-1)2^{m_1}+\cdots+2\times 2^{m_{|\mathcal{U}|-1}} \\
&=2\sum_{z=1}^{|\mathcal{U}|}(|\mathcal{U}|-z)2^{m_z}
\end{aligned} \tag{7.1.27}
$$

其中，由于 $m_0=-\infty$ 可得 $2^{m_0}=0$ 。

展开式(7.1.26)函数 $h(\cdot)$ 的第一项，并由 $m_{|\mathcal{U}|+1}=n$ ，得到

$$
\begin{aligned}
&\sum_{z=1}^{|\mathcal{U}|}\left[\sum_{e=0}^{z}2^{m_e}\left(m_{z+1}-m_z\right)\right] \\
&=\sum_{e=0}^{1}2^{m_e}\left(m_2-m_1\right)+\cdots+\sum_{e=0}^{|\mathcal{U}|}2^{m_e}\left(m_{|\mathcal{U}|+1}-m_{|\mathcal{U}|}\right)=-\sum_{z=1}^{|\mathcal{U}|}m_z2^{m_z}+m_{|\mathcal{U}|+1}\sum_{e=0}^{|\mathcal{U}|}2^{m_e}=\sum_{z=1}^{|\mathcal{U}|}(n-m_z)2^{m_z}
\end{aligned} \tag{7.1.28}
$$

组合式(7.1.27)与式(7.1.28)，定理得证。

例 7.2 原始码长 $N=8$ ，凿孔比特数 $Q=3$ 的 QUP 凿孔等价类示例如图 7.1.3 所示。信源凿孔比特集合为 $\mathcal{D}=\{1,2,3\}$ 。由于 $Q=3=2^1+2^0$ ，可得 $m_0=-\infty, m_1=0, m_2=1, m_3=3$ 且 $\mathcal{D}_2=\{1,2\},\mathcal{D}_1=\{3\}$ 。

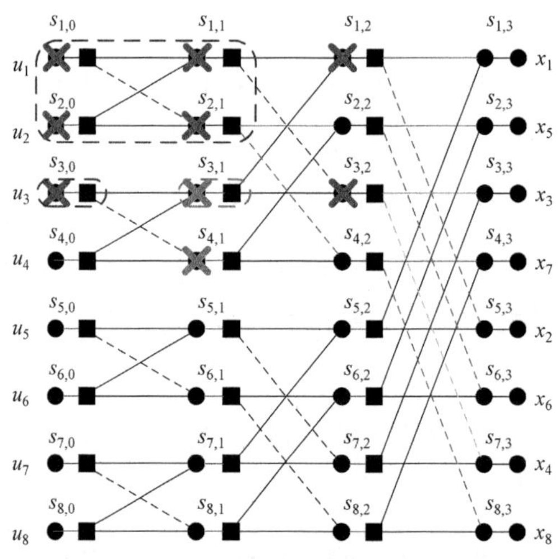

图 7.1.3 N=8、Q=3 的 QUP 凿孔等价类示例

由图 7.1.3 可知，由于 $\{s_{1,0},s_{2,0}\}$ 与 $\{s_{1,1},s_{2,1}\}$ 构成了蝶形约束(左上角虚线框)，$s_{1,1}$ 与 $s_{2,1}$ 是必须要凿掉的节点。另外，节点 $s_{3,0}$ 有两个候选凿孔节点 $s_{3,1}$ 与 $s_{4,1}$ 。因此对于集合 $\mathcal{D}_1$ 中的凿孔节点，等价凿孔类的数目为 $\xi_1=2^{2^{m_1}(m_2-m_1)}=2$ 。假设凿掉候选节点 $s_{3,1}$ ，则 $s_{1,2}$ 与 $s_{3,2}$ 必须被凿掉，因为这两个节点与节点 $s_{1,1}$ 和 $s_{3,1}$ 形成了蝶形约束。

因此，节点 $s_{2,1}$ 的等价凿孔数目为 $\xi_2^2=2^{\left(2^{m_2}-2^{m_1}\right)(m_3-m_2)}=4$ ，这实际上是以 $s_{2,1}$ 为根节点的二叉满树。并且节点 $s_{1,2}$ 与 $s_{3,2}$ 的等价凿孔数目为 $\xi_2^1=2^{2\times2^{m_1}(m_3-m_2-1)}=4$ ，它们也对应相应节点为根节点的二叉满树。这样总的等价类数目为 $\xi=4\times4\times2=32$ 。

在这个例子中，QUP 算法的凿孔比特集合为$\mathcal{B}=\{1,3,5\}$，对应两个等价凿孔集合，即$\{\{1,2\},\{3,4\},\{5,6,7,8\}\}$与$\{\{1,2,3,4\},\{5,6\},\{7,8\}\}$。我们可以从这两个集合中任意选择每个子集的一个比特序号，构成等价的凿孔比特集合，如$\{2,4,6\}$或$\{2,6,8\}$。

7.1.3　最优缩短算法

牛凯等在文献[8]也提出了比特反序准均匀缩短(RQUS)算法，其基本思想与王闰昕等在文献[8]中设计的缩短算法类似。

1. RQUP 缩短算法

文献[8]中提出的 RQUS 凿孔算法的流程描述如下。

算法 7.2　比特反序准均匀缩短(RQUS)算法

Input：实际码长M，信息比特长度K，AWGN 信道的噪声方差σ^2

Output：凿孔表T_N以及信息比特集合$\mathcal{A}$

1. 初始化$N=2^n$，$Q = N-M$；
2. 将凿孔表初始化为全 1，然后将末尾的Q bit 置为 0；
3. 将信源侧零比特对应序号集合记为$\mathcal{D}$；
4. 对凿孔表进行比特反序操作，得到T_N；
5. 将比特反序后零元素序号集合记为$\mathcal{B}$；
6. 在凿孔后的极化结构上进行高斯近似计算；
7. 选择可靠性最高的K个信道构成信息比特集合$\mathcal{A}$；
8. 返回T_N与$\mathcal{A}$。

注记：上述算法的初始缩短表中，缩短比特位于表中末尾比特，经过比特反序操作，近似均匀地分布在整个缩短表中，这就是 RQUS 算法名称的由来。类似于 QUP 算法，当极化码采用标准编码形式$x_1^N=u_1^N\boldsymbol{B}_N\boldsymbol{F}_2^{\otimes n}$时，缩短比特均匀分布在整个码字中，而当采用自然顺序编码$x_1^N=u_1^N\boldsymbol{F}_2^{\otimes n}$时，缩短比特集中分布在末尾。此时，不需要进行比特反序操作，只需要缩短末尾Q bit 即可。在 RQUS 算法中，所有被缩短的编码比特都取固定值，译码器确知其取值。RQUS 算法与文献[7]的算法类似，不过后者实际上给出了多种缩短方式，只是其中的一种与 RQUS 缩短方式等价。

例 7.3　给定原始码长$N=8$，实际码长$M=5$，凿孔比特数$Q=3$，信息位$K=3$。则初始凿孔表为$T_8=(1,1,1,1,1,0,0,0)$。经过比特反序操作，得到缩短表$T_8=(1,1,1,0,1,0,1,0)$。相应地，编码比特x_4,x_6,x_8应当被缩短。基于高斯近似构造得到的信息比特集合为$\mathcal{A}=\{7,5,3\}$，对应的缩短集合$\mathcal{B}=\{4,6,8\}$，原始凿孔比特集合$\mathcal{D}=\{6,7,8\}$。

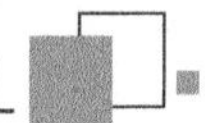

定理 7.7 RQUS算法保证每个缩短的编码比特都取固定值,并且译码器确知其取值。

证明 令 $\hat{x}_1^N = x_1^N \boldsymbol{B}_N$ 表示比特反序的码字。对于RQUS算法,应当删减子向量 $\hat{x}_{N-Q+1}^N$。根据编码约束 $u_1^N \boldsymbol{F}_2^{\otimes n} = \hat{x}_1^N$,矩阵 $\boldsymbol{F}_2^{\otimes n}$ 具有下三角结构,如果信源比特 $u_{N-j}, j = 0,1,\cdots,Q-1$ 设为冻结比特,则编码比特 $\hat{x}_{N-j}$ 也将设为固定值。定理得证。

推论 7.3 对于 RQUS 算法,需要缩短信源比特向量 u_{N-Q+1}^N,相应地缩短集合为 $\mathcal{D} = \{N-Q+1,\cdots,N\}$,码树上最右侧的 Q 个叶节点也应当被删减。

2. 最优缩短表

在码树上进行缩短,分析根节点的可靠性有如下引理。

引理 7.10 对于任意缩短方案的子树,假设 $v_{l,m}$ 是根节点,$v_{l-1,\left\lceil \frac{m}{2} \right\rceil}$ 是前继节点。令 ζ_n 表示子树 $\mathcal{T}\left(v_{l-1,\left\lceil \frac{m}{2} \right\rceil}\right)$ 需要删减的最右侧路径,则根节点 $v_{l,m}$ 的可靠性表示为 $B\left(v_{l,m}\right) = 2^{\left(d_{\mathrm{H}}(\zeta_n)-1-(n-l)\right)} a_0$。

证明 类似于引理 7.9 的证明,对于根节点 $v_{l,m}$,假设从原始根节点到当前根节点相应的路径为 θ_l,基于节点可靠性继承,可得 $B\left(v_{l,m}\right) = 2^{d_{\mathrm{H}}(\theta_l)} a_0$。进一步,删减路径 ζ_n 分解为两条路径,即 $\zeta_n = \left(\psi_{l-1}, \chi_{n-l+1}\right)$。根据引理 7.5,路径 χ_{n-l+1} 是全 1 路径,节点 $v_{l,m}$ 与 $v_{l-1,\left\lceil \frac{m}{2} \right\rceil}$ 之间的分支取值为 0。因此,可得 $d_{\mathrm{H}}(\theta_l) = d_{\mathrm{H}}(\psi_{l-1}) = d_{\mathrm{H}}(\zeta_n) - d_{\mathrm{H}}(\chi_{n-l+1}) = d_{\mathrm{H}}(\zeta_n) - 1-(n-l)$。引理得证。

定理 7.8 RQUS 算法可以最小化谱距离 SD0 与 JSD。

证明 对于任意缩短方式,原始码树可以分解为一组子树。使用式(7.1.17)的二进制展开以及定理 7.3 中集合 $\mathcal{E}$ 的定义,可以在引理 7.10 分解的所有子树上平均得到谱距离 SD0,推导如下:

$$\frac{n}{2} - \mathbb{E}\left[f_{\mathrm{H}}(\omega_n)\right] = \frac{n}{2} - \sum_{j=1}^{|\mathcal{E}|}\sum_{r=0}^{l_j} \frac{1}{M}\binom{l_j}{r} r\alpha_{l_j} = \frac{n}{2} - \sum_{j=1}^{|\mathcal{E}|} \frac{2^{l_j-1}}{M} l_j \alpha_{l_j} \tag{7.1.29}$$

类似于定理7.3的证明,为了最小化SD0,数值 α_{l_j} 应当限定为0或1。这意味着 $\left(\alpha_{n-1},\cdots,\alpha_0\right)$ 是码长 M 的二进制展开。

对于 RQUS 算法最小化 JSD 的证明类似于定理 7.4,不再赘述。

定理 7.9 RQUS 算法的谱距离 SD0 与 JSD 分别满足 $\frac{1}{2} \leqslant d_{\mathrm{avg}} \leqslant 1$ 与 $1 \leqslant d_{\mathrm{avg}} + \lambda_{\mathrm{avg}} \leqslant 2$。

图 7.1.4 给出了三种凿孔方案的谱距离 SD1 与 JSD 的比较结果,其中,Eslami 方案来自参考文献[4],Shin 方案来自参考文献[5],实际码长范围 M=1~1024。由图 7.1.4 可见,QUP 算法的 SD1/JSD 小于其他两种凿孔方案,因为 QUP 优化了速率适配极化码的路径重量谱。

图 7.1.5 比较了不同速率适配方案在 CA-SCL 译码算法下的 BLER 性能。其中,原始

码长 $N=1024$，实际码长 $M=864$，码率 $R=1/3,2/3$。列表规模分别取值为 $L=32$ 与 $L=128$。其中，“shortened”方案来自文献[10]。

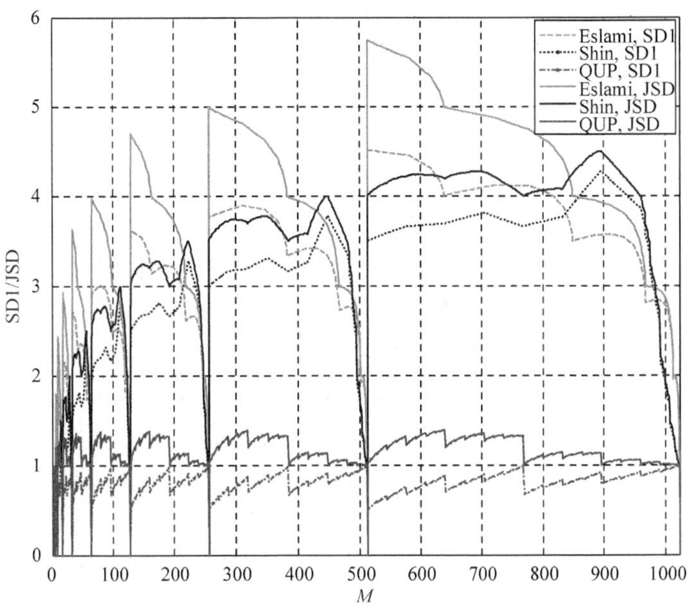

图 7.1.4　不同凿孔方案的谱距离(SD1 与 JSD)对比

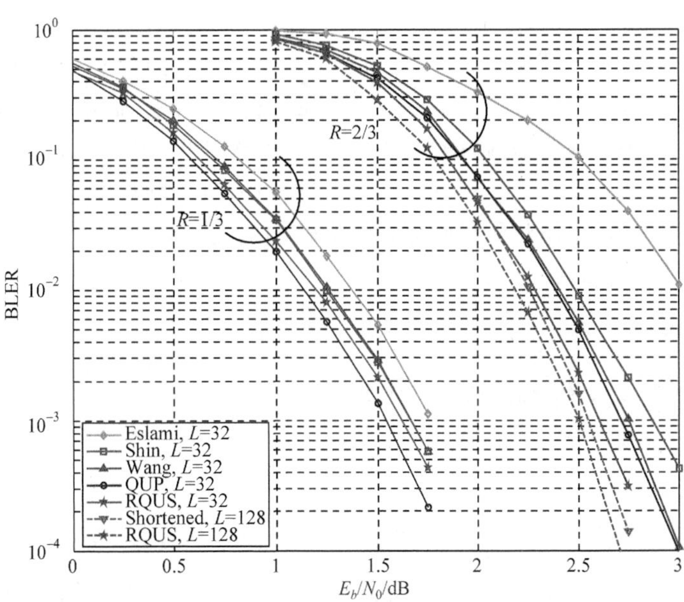

图 7.1.5　各种速率适配方案在 CA-SCL 译码算法下的 BLER 性能比较

由图 7.1.5 可知，对于低码率 $R=1/3$，QUP 凿孔方案能获得更好的 BLER 性能，在 BLER 等于10^{-3}处，相对于 Wang 与 Shin 两种方案有 0.1dB 增益，相对 Eslami 方案有 0.2dB 增益。而在高码率 $R=2/3$ 条件下，当 $L=32$ 时，RQUS 算法在所有速率适配方案中具有最优译码性能。另外，对比 QUP 与 RQUS 算法可知，当码率 $R<1/2$时，QUP 性能更好，

而当 $R>1/2$，则 RQUS 性能更好。

目前，QUP[6]与 RQUS[7,8]方案已经成为极化码速率适配的主流方案，并写入 5G 的信道编码标准[14]。

7.2 5G 标准中的极化码

极化码实用化的重大进展是第五代移动通信标准[14]采用极化码作为信道编码方案。

在 5G 新空口(5G NR)标准中，控制信道编码用 Polar 码代替了咬尾卷积码。这一替代的主要目的是支持信令高可靠传输。4G LTE 采用的咬尾卷积码受限于码字结构，纠错能力有限，在短码条件下，难以满足 5G 高可靠性信令传输的需求。而 CRC-Polar 码在中短码长下，与 Turbo/LDPC 相比，都具有显著的性能增益，当然其性能远好于咬尾卷积码。因此，为了支持 BLER=10^{-5} 的超高可靠性信令传输，5G 系统采用了 Polar 码作为控制信道编码方案。

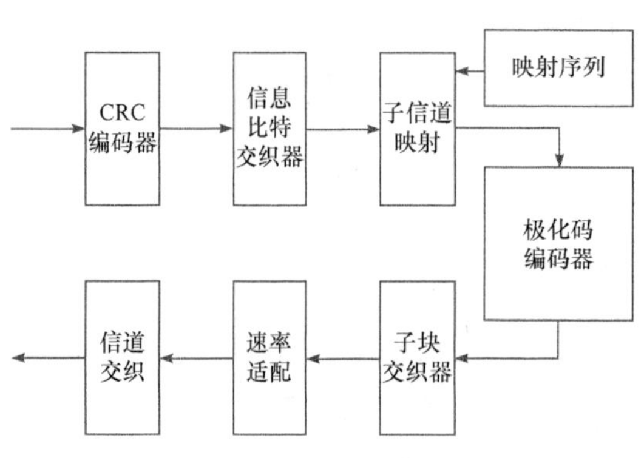

图 7.2.1　5G NR 控制信道编码流程

5G NR 系统选择极化码作为控制信道的差错编码[14]。具体而言，对于下行链路，PDCCH 信道的下行控制信息 DCI 与 PBCH 信道都采用极化码编码，对于上线链路，PUCCH 与 PUSCH 信道的上行控制信息 UCI 都采用极化码编码。

文献[15]对 5G NR 系统中的极化码设计进行了详细说明，其具体的编码流程如图 7.2.1 所示，包括六个步骤。首先进行 CRC 编码，然后经过信息比特交织，进行子信道映射后，送入极化码编码器，编码输出的码字先进行子块交织，再进行速率适配，最后进行信道交织，得到编码码字。

7.2.1　CRC 编码器

5G 标准所采用的 CRC 有三种，其生成多项式如下：

$$\begin{cases} g_6(x)=x^6+x^4+1 \\ g_{11}(x)=x^{11}+x^{10}+x^9+x^5+1 \\ g_{24}(x)=x^{24}+x^{23}+x^{21}+x^{20}+x^{17}+x^{15}+x^{13}+x^{12}+x^8+x^4+x^2+x+1 \end{cases} \tag{7.2.1}$$

其中，生成多项式 $g_{24}(x)$ 用于 PBCH 信道与 PDCCH 信道，而 $g_6(x)$ 与 $g_{11}(x)$ 用于 UCI 编码。当 $g_{24}(x)$ 应用于 DCI 编码时，产生的 CRC 比特中的最后 16 位，需要用 16bit 的无线网络临时识别码(RNTI)进行扰码。

7.2.2　交织器

5G NR 的极化码编码有三种交织器：信息比特交织器、子块交织器与信道交织器。下面简述各自的基本功能。

(1) 信息比特交织器主要对 CRC 编码的数据比特进行置乱。这种交织只对下行 PBCH 信道或 PDCCH 信道的 DCI 有效，而上行链路不采用。信息比特交织的设计思想，是将 CRC 校验比特分布到整个信息比特块中，每个校验比特与其约束信息比特相邻，从而方便 SCL 译码算法提前终止，降低广播信道或 DCI 盲检的算法复杂度。

(2) 子块交织器是将 Nbit 特码块分割为 32 个子块，每块长度为 $B = N/32\text{bit}$，根据 5G NR 协议定义的映射表，得到置乱比特序列 $\{c_j\}$。

(3) 信道交织器的目的是对抗 Doppler 效应引起的时变衰落，并且用于提高比特交织编码调制(BIPCM)的系统性能。这种交织主要应用于 PUCCH 与 PUSCH 的 UCI，而下行链路不采用。5G NR 中采用了三角形交织结构，既保证了数据读写的高并行度，又具有较好的灵活性。

7.2.3　子信道映射

5G NR 中的极化码采用了与信道条件无关的子信道映射方案，标准中给出了最大长度为 $N = 1024$ 个子信道的可靠性排序表。给定信息长度 K，可以从排序表中选择可靠性排序高的 K 个子信道承载信息比特。并且为了实现方便，子信道映射满足嵌套性，即高码率的信息比特集合包含低码率相应的子信道集合。

7.2.4　极化码编码器

5G NR 的极化码采用了简化编码方式[3]，即

$$x_1^N = u_1^N \boldsymbol{F}_2^{\otimes n} \tag{7.2.2}$$

其中，对于下行信道，n=5～9；对于上行信道，$n \leqslant 10$。其编码过程直接进行 Hadamard 变换，不必再进行比特反序操作。式(7.2.2)的编码过程更简单，但在译码端需要调整接收信号的顺序。

7.2.5　速率适配

5G NR 中的速率适配有三种模式：凿孔、缩短与重复。下面简述三种模式的适用条件。

1. 凿孔方式

如果最终码长不大于编码码长，即 $M \leqslant N$，并且编码码率 $R \leqslant 7/16$，即低码率条件下，则采用凿孔方式，删除子块交织后序列 $\{c_j\}$ 的开头 $U = N - M$ 个比特，即只传送序号为 $e_i = c_{j+U}, i = 0,\cdots,M$ 的比特。由于 5G NR 编码不进行比特反序操作，这种凿孔方式本质上就是 QUP 凿孔算法[6]。

图 7.2.2 给出了 QUP 与 RQUS 速率适配操作原理及示例。

如图 7.2.2(a)所示，图中给出的是 Nbit 的凿孔表，其中，0 表示将编码比特凿孔，而 1 表示保留原编码比特。在 5G NR 标准中采用简化编码形式，参见式(7.2.2)，则只需要凿掉开头的 $(N - M)$ bit，而保留后续的 M bit。如果采用原始编码形式，则原始凿孔表需要经过比特反序操作，这样凿孔位置就近似均匀地分散在整个编码码字中，因此得名

为准均匀凿孔(QUP)。这两种凿孔方式是等价的。图 7.2.2(c)给出了原码长 $N=8$，凿孔 3bit，得到实际码长 $M=5$ 的 QUP 凿孔示例。容易看出，对于 5G NR 标准，应当在比特序号集合{1,2,3}中凿掉这 3bit；而对于原始编码方式，需要在比特序号集合{1,3,5}中凿掉这 3bit。

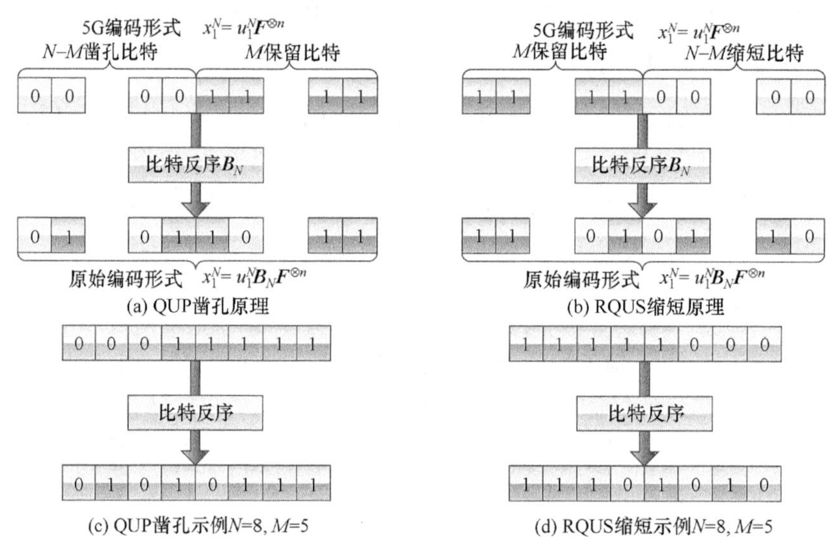

图 7.2.2 5G NR QUP 凿孔与 RQUS 缩短原理及示例

2. 缩短方式

如果 $M \leqslant N$ 且编码码率 $R>7/16$，即高码率条件，则采用缩短方式，子块交织后序列 $\{c_j\}$ 的末尾 $U=(N-M)$ bit 不发送，只传送序号为 $e_i=c_j, i=0,\cdots,M$ bit。类似地，这种凿孔方式等价于文献[7]中的缩短算法以及 RQUS 算法[8]。

类似的情况如图 7.2.2(b)所示。5G 编码形式只需要缩短结尾的（N–M）bit，而保留开头的 M bit。而原始编码形式，由于需要经过比特反序操作，缩短位置就近似均匀地分散在整个编码码字中。这两种凿孔方式也是等价的。图 7.2.2(d)给出了原码长 $N=8$，缩短 3bit，得到实际码长 $M=5$ 的 RQUS 缩短示例。容易看出，对于 5G NR 标准，应当在比特序号集合{6,7,8}中缩短这 3bit；而对于原始编码方式，需要在比特序号集合{4,6,8}中缩短这 3bit。

3. 重复方式

如果 $M>N$，则采用重复方式，即子块交织后序列 $\{c_j\}$ 的开头 $U=(N-M)$ bit 重复发送两次，即传送序号为 $e_i=c_{j \bmod N}, i=0,\cdots,M$ bit。

图 7.2.3 与图 7.2.4 分别给出了信息位长度为 $K=400$ 与 $K=1000$，5G 移动通信系统的三种候选编码——Turbo 码、LDPC 码与 Polar 码在 AWGN 信道下的误块率(BLER)性能比较。

图 7.2.3 和图 7.2.4 中，码率范围 $R=1/5$～8/9，Turbo 码采用 4G LTE 标准配置[16]，LDPC 码采用 Qualcomm 公司的 5G 编码提案[17]，Polar 码采用 5G 标准配置[14]。由图可见，低码率条件下 R=1/5～1/2，采用 QUP 凿孔的极化码与 Turbo/LDPC 码具有类似或稍

好的性能，而在高码率条件下，R=2/3～8/9，相对于后两种码，采用 RQUS 缩短的极化码具有显著的性能增益。

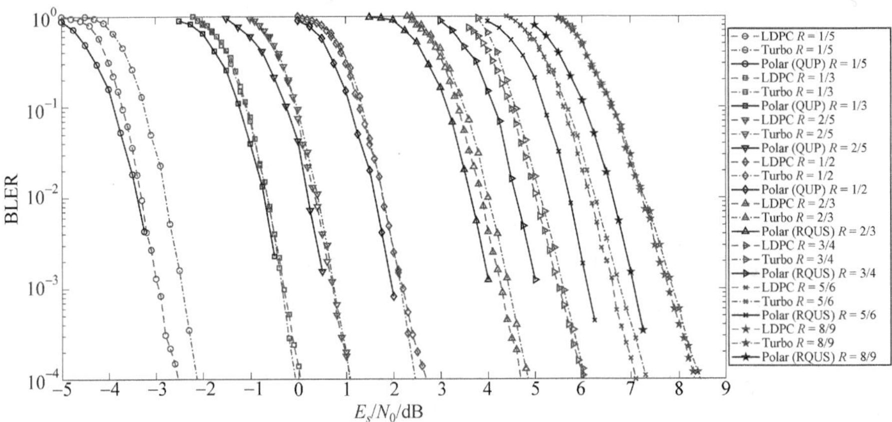

图 7.2.3　速率适配极化码(采用 QUP/RQUS 算法构造)、LTE Turbo 与 5GNR LDPC 码差错性能比较(信息比特长度 K=400)

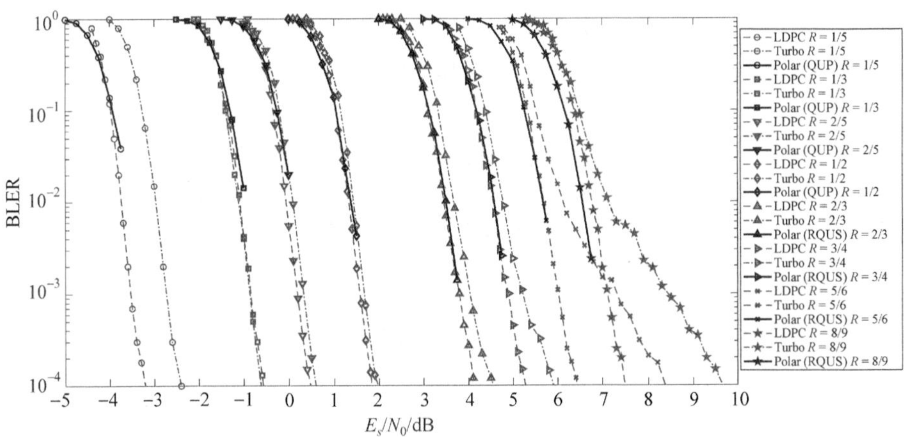

图 7.2.4　速率适配极化码(采用 QUP/RQUS 算法构造)、LTE Turbo 与 5G NR LDPC 码差错性能比较(信息比特长度 K=1000)

7.3　衰落信道下的极化码构造

衰落信道下极化码的构造与 AWGN 信道的编码构造有较大的差异，直接使用高斯近似算法进行构造会导致性能损失。Bravo-Santos 最早研究了极化码在 Rayleigh 信道下的渐近性能[18]。Si 等在文献[19]中将衰落信道等效为 BSC 信道进行构造设计。Trifonov 考虑了 Rayleigh 信道的极化变换，设计了迭代构造算法[20]。Liu 与 Ling 研究了独立衰落信道下极化码与极化格的构造[21]。周德坤与牛凯等在文献[22]提出了具有实用意义的 Rayleigh 信道下的等效构造算法。进一步，牛凯等[23]以极化谱为工具，研究了 Rayleigh、Rice 与 Nakagami 三种典型衰落信道下的构造。本节主要介绍文献[22]基于高斯近似的等

效构造方法，其基本思想是将 Rayleigh 衰落信道转化为等效的 BI-AWGN 信道，包括两种等效方案：一种是基于平均互信息等效(Average Mutual Information Equivalence，AMIE)构造，另一种是基于差熵等效(Kullback-Leibler Divergence Equivalence，KLDE)构造，也称作 K-L 度量等效构造。

7.3.1 衰落信道模型

在 Rayleigh 衰落信道中，采用 BPSK 调制的接收信号模型为

$$y = hs(b) + n \tag{7.3.1}$$

其中，$s(b) = 1 - 2b$，$b \in \{0,1\}$ 为信源比特；n 为高斯噪声，均值为 0，噪声方差为 σ^2。信道衰落系数 h 服从 Rayleigh 分布，其概率密度函数为

$$p(h) = 2h\mathrm{e}^{-h^2}, \quad h > 0 \tag{7.3.2}$$

当接收端已知信道系数 h 时，接收比特的 LLR 表示为

$$L(y|h) = \log \frac{p(y|b=0,h)}{p(y|b=1,h)} \tag{7.3.3}$$

其中，$p(y|b,h) = \frac{1}{\sqrt{2\pi\sigma^2}}\mathrm{e}^{-\frac{(y-hs(b))^2}{2\sigma^2}}$，此时式(7.3.3)可简化为

$$L(y|h) = \frac{2hy}{\sigma^2} \tag{7.3.4}$$

假设信息比特为 0，接收信号 LLR 定义为 $z = L(y)$，其条件概率密度函数为[24]

$$w_r(z|b=0) = \frac{\sigma^2}{2\sqrt{1+2\sigma^2}}\mathrm{e}^{\frac{z-|z|\sqrt{1+2\sigma^2}}{2}} \tag{7.3.5}$$

7.3.2 基于互信息等效构造方案

根据接收信号模型(7.3.1)可知，Rayleigh 信道的遍历互信息为

$$C_R(\sigma^2) = \int_0^{+\infty} p(h) C_G\left(\frac{\sigma^2}{h^2}\right)\mathrm{d}h \tag{7.3.6}$$

C_G 为已知衰落系数 h 的 BI-AWGN 信道互信息，计算如下：

$$C_G(\sigma^2) = \frac{1}{2}\sum_{s\in\{-1,1\}}\int_{-\infty}^{+\infty} p(y|s)\log_2\frac{2p(y|s)}{p(y|-1)+p(y|1)}\mathrm{d}y \tag{7.3.7}$$

其中，信道转移概率为

$$p(y|s) = \frac{1}{\sqrt{2\pi\sigma^2}}\mathrm{e}^{-\frac{(y-s)^2}{2\sigma^2}} \tag{7.3.8}$$

基于互信息等效的构造方案，即求解与 Rayleigh 信道互信息相同的等效 BI-AWGN

信道的噪声方差，也就是满足如下关系：

$$C_G\left(\sigma_A^2\right)=C_R\left(\sigma^2\right) \tag{7.3.9}$$

为了求解上述问题，首先需要讨论 $C_G\left(\sigma^2\right)$ 的单调性。

定理 7.10　$C_G\left(\sigma^2\right)$ 为方差 σ^2 的单调递减函数。

证明　文献[25]给出 BI-AWGN 信道互信息与信道最小均方误差(MMSE)的关系：

$$\frac{\mathrm{d}C_G}{\mathrm{d}s}=\frac{1}{2}\mathrm{MMSE}(s) \tag{7.3.10}$$

其中，$s=\dfrac{1}{\sigma^2}$ 为 BI-AWGN 信道信噪比；$\mathrm{MMSE}(s)$ 为信噪比等于 s 时的 MMSE。式(7.3.10)可改写为

$$\begin{aligned}\frac{\mathrm{d}C_G}{\mathrm{d}\sigma^2}&=\frac{\mathrm{d}C_G}{\mathrm{d}s}\times\frac{\mathrm{d}s}{\mathrm{d}\sigma^2}\\&=\frac{1}{2}\mathrm{MMSE}\left(\frac{1}{\sigma^2}\right)\times\left(-\frac{1}{\sigma^4}\right)\end{aligned} \tag{7.3.11}$$

由于 $\mathrm{MMSE}\left(\dfrac{1}{\sigma^2}\right)$ 为正数，故 $\dfrac{\mathrm{d}C_G}{\mathrm{d}\sigma^2}<0$，可得 $C_G\left(\sigma^2\right)$ 为方差 σ^2 的单调递减函数。

基于定理 7.10 可以采用二分法搜索求解式(7.3.9)的等效噪声方差，如算法 7.3 所示。其中，ξ 为给定误差，σ_A^2 为等效 BI-AWGN 信道的噪声方差。

算法 7.3　等效 BI-AWGN 信道噪声方差的二分法搜索算法

Input：Rayleigh 信道方差 σ^2，给定误差 ξ，等效 BI-AWGN 信道方差上界 a，下界 b

Output：基于互信息等效的 BI-AWGN 信道方差 σ_A^2

令 $\sigma_u^2\leftarrow a$，$\sigma_l^2\leftarrow b$；

令 $\sigma_A^2=\dfrac{\sigma_u^2+\sigma_l^2}{2}$；

根据式(7.3.6)和式(7.3.7)分别计算 $C_R\left(\sigma^2\right)$ 和 $C_G\left(\sigma_A^2\right)$；

while $|C_R\left(\sigma^2\right)-C_G\left(\sigma_A^2\right)|>\xi$ or $|\sigma_u^2-\sigma_l^2|>\xi$ do

　　if $C_R\left(\sigma^2\right)<C_G\left(\sigma_A^2\right)$

　　　　$\sigma_l^2\leftarrow\sigma_A^2$；

　　else

　　　　$\sigma_u^2\leftarrow\sigma_A^2$；

　　　　$\sigma_A^2=\dfrac{\sigma_u^2+\sigma_l^2}{2}$；

根据式(7.3.7)计算 $C_G\left(\sigma_A^2\right)$；

end

return σ_A^2

为了防止算法发散，a 应取足够大的正数，而 b 应取足够小的正数。采用算法 7.3 得到等效 BI-AWGN 信道方差 σ_A^2，然后利用高斯近似算法可以计算所有极化子信道方差，最后选取可靠度最高的 K 个极化子信道作为信息比特集合。

为了衡量 AMIE 构造方案的子信道可靠度计算的准确性，图 7.3.1 给出码长 $N=1024$ 时，等效计算 BER 和采用蒙特卡罗仿真的 BER 对照结果，其中，信噪比为 6dB。由图可知，相对于 Trifonov 提出的方案[20]，采用 AMIE 方案得到的 BER 更接近于实际 BER。由此可见，AMIE 方案的构造精确度较高。

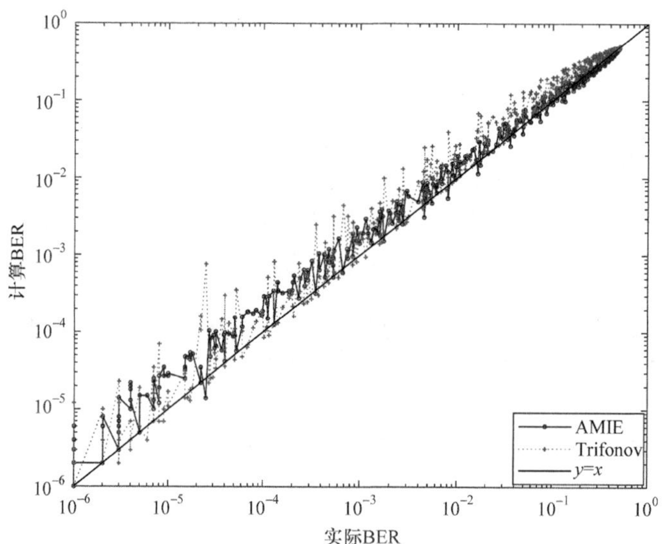

图 7.3.1　N=1024 时计算 BER 与实际 BER 对比图

7.3.3　基于差熵等效构造方案

互信息等效的构造方案，BI-AWGN 信道互信息计算涉及复杂积分计算，并且采用算法 7.3 存在多次迭代计算，复杂度较高。为了降低复杂度，可以采用差熵等效原则，得到等效 BI-AWGN 信道方差的解析表达式。

根据式(7.3.5)，可得 w_r 到 w_g 的差熵度量为

$$D(m)=\int_z w_r\left(z\mid b=0\right)\ln\frac{w_z\left(z\mid b=0\right)}{w_r\left(z\mid b=0\right)}\mathrm{d}z \tag{7.3.12}$$

定理 7.11　基于差熵等效原则的等效 BI-AWGN 信道 LLR 均值 m_K 满足：

$$m_K=\frac{2\varsigma}{0.5+\sqrt{0.25+\varsigma}} \tag{7.3.13}$$

其中，$\varsigma=\frac{2\sigma^2}{4\sqrt{1+2\sigma^2}}\left(\frac{1}{\mu^3}+\frac{1}{\tau^3}\right)$，$\mu=\frac{1+\sqrt{1+2\sigma^2}}{2}$，$\tau=\frac{\sqrt{1+2\sigma^2}-1}{2}$。

证明 将式(7.3.12)展开为

$$D(m)=\frac{\sigma^2}{2\sqrt{1+2\sigma^2}}\int_{-\infty}^{+\infty}\mathrm{e}^{\frac{z-|z|\sqrt{1+2\sigma^2}}{2}}\left[\frac{(z-m)^2}{4m}+\frac{z-|z|\sqrt{1+2\sigma^2}}{2}+\ln\left(\frac{\sqrt{\pi m}\sigma^2}{\sqrt{1+2\sigma^2}}\right)\right]\mathrm{d}z \tag{7.3.14}$$

通过将积分区间 $\mathcal{R}$ 拆分为负半部分 $\mathcal{R}^-$ 和正半部分 $\mathcal{R}^+$，差熵度量可以表示为

$$D(m)=d_1(m)+d_2(m)+d_3(m) \tag{7.3.15}$$

其中各项分别化简为

$$\begin{cases}d_1(m)=\dfrac{\sigma^2}{2\sqrt{1+2\sigma^2}}\displaystyle\int_{-\infty}^{0}\mathrm{e}^{\frac{z+z\sqrt{1+2\sigma^2}}{2}}\left(\dfrac{z^2}{4m}+\dfrac{z\sqrt{1+2\sigma^2}}{2}\right)\mathrm{d}z\\ d_2(m)=\dfrac{\sigma^2}{2\sqrt{1+2\sigma^2}}\displaystyle\int_{-\infty}^{0}\mathrm{e}^{\frac{z-z\sqrt{1+2\sigma^2}}{2}}\left(\dfrac{z^2}{4m}-\dfrac{z\sqrt{1+2\sigma^2}}{2}\right)\mathrm{d}z\\ d_3(m)=\ln\left(\dfrac{\sqrt{\pi m}\sigma^2}{\sqrt{1+2\sigma^2}}\right)+\dfrac{m}{4}\end{cases} \tag{7.3.16}$$

当 $\lambda>0$ 时，有

$$\int_{-\infty}^{0}z^2\mathrm{e}^{\lambda z}\mathrm{d}z=\frac{2}{\lambda^3},\quad \int_{-\infty}^{0}z\mathrm{e}^{\lambda z}\mathrm{d}z=-\frac{1}{\lambda^2} \tag{7.3.17}$$

根据式(7.3.17)，$d_1(m)$ 和 $d_2(m)$ 可计算如下：

$$\begin{cases}d_1(m)=\dfrac{\sigma^2}{2\sqrt{1+2\sigma^2}}\left(\dfrac{1}{2m\mu^3}-\dfrac{\sqrt{1+2\sigma^2}}{2\mu^2}\right)\\ d_2(m)=\dfrac{\sigma^2}{2\sqrt{1+2\sigma^2}}\left(\dfrac{1}{2m\tau^3}+\dfrac{\sqrt{1+2\sigma^2}}{2\tau^2}\right)\end{cases} \tag{7.3.18}$$

将式(7.3.16)和式(7.3.18)代入差熵公式计算中，可改写为

$$D(m)=\frac{m}{4}+\frac{\sigma^2}{4\sqrt{1+2\sigma^2}}\left(\frac{1}{\mu^3}+\frac{1}{\tau^3}\right)\frac{1}{m}+\frac{1}{2}\ln m+\upsilon \tag{7.3.19}$$

其中，υ 不依赖于 m。$D(m)$ 关于 m 的导数为

$$\frac{\mathrm{d}D(m)}{\mathrm{d}m}=\frac{1}{4}+\frac{1}{2m}-\frac{\sigma^2}{4\sqrt{1+2\sigma^2}}\left(\frac{1}{\mu^3}+\frac{1}{\tau^3}\right)\frac{1}{m^2} \tag{7.3.20}$$

为了求得差熵最小的 LLR 均值 $m_K=\arg\min D(m)$，要求 $D(m)$ 导数为零，即

$$\frac{\mathrm{d}D^m(m)}{\mathrm{d}m}=0 \tag{7.3.21}$$

通过求解上述问题，可得

$$m_K = \frac{2\varsigma}{0.5+\sqrt{0.25+\varsigma}} \tag{7.3.22}$$

由于差熵具有非对称性，即 w_g 相对 w_r 的差熵不等于 w_r 相对 w_g 的差熵，因此式(7.3.22)不是 w_r 相对 w_g 的差熵极小值。然而，w_r 相对 w_g 的差熵极小值不具有解析表达式。因此，引入 ω 作为修正系数，此时基于差熵等效的等效 BI-AWGN 信道噪声方差 σ_K^2 为

$$\sigma_K^2 = \omega\frac{2}{m_K} = \omega\frac{0.5+\sqrt{0.25+\varsigma}}{2\varsigma} \tag{7.3.23}$$

给定瑞利衰落信道噪声方差 σ^2，根据式(7.3.13)即可得到 ς。修正系数 ω 的最优值需要通过数值计算确定，不再赘述。一般地，$\omega=10$ 可以作为最优参数取值。

图 7.3.2 给出了 Rayleigh 信道下不同构造方案的 SC 译码算法性能对比，其中，Trifonov 为文献[20]所提方案，Cao 等的方法为文献[26]所提方案，仿真次数为 10^7。码长 $N=1024$，码率分别为 0.25,0.5,0.75。由图可知，相对于文献[20]和文献[26]的方案，AMIE 方案能够获得最佳性能，与蒙特卡罗仿真构造性能基本保持一致，文献[26]的方案在 SC 译码算法下性能最差，KLDE 算法在低码率和高码率下与最优性能几乎一致，在中码率下性能损失不大。

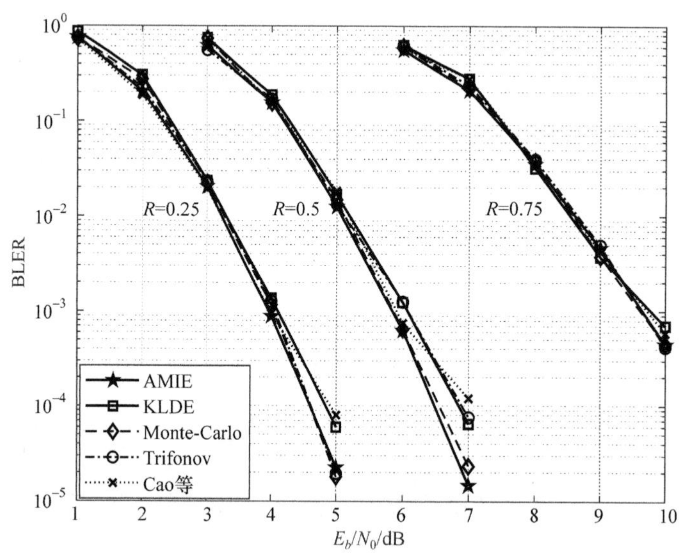

图 7.3.2 Rayleigh 信道下不同构造方案 SC 译码算法性能对比

图 7.3.3 给出了 Rayleigh 信道下不同构造方案采用 CA-SCL 译码算法的性能对比，采用 24bit CRC，列表大小 $L=32$。由图可知，AMIE 方案在 CA-SCL 译码算法下仍为最佳构造方案，虽然文献[20]所提方案在 SC 译码算法中的性能勉强可接受，但是在 CA-SCL 译码算法中性能最差。另外，采用文献[26]所提方案的 CA-SCL 译码算法的性能与最优方案 AMIE 几乎相同，采用 KLDE 方案的性能损失几乎可以忽略不计。

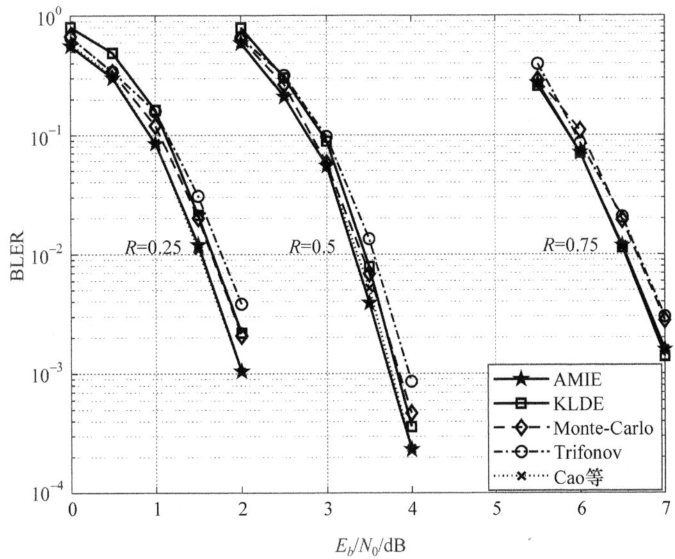

图 7.3.3　Rayleigh 信道下不同构造方案 CA-SCL 译码算法性能对比

综合上述两种译码算法的仿真结果，可以看出所提出的 AMIE 方案在两种译码算法下性能均为最优，KLDE 方案与最优性能之间的损失可以忽略不计，且具有较低的复杂度。

7.4　极化编码 HARQ

对于数据通信系统中，极化编码 HARQ 是一种重要的链路自适应技术。通过将纠错码技术与重传技术相结合以提高链路的吞吐率。HARQ 方案主要有两类：一种是蔡司合并(Chase Combining, CC)HARQ，该方案发送端每次重传时都发送与初传时相同的码字，接收端则将新收到的信号与之前的信号进行软信息合并译码；另一种是增量冗余(Incremental Redundancy, IR)HARQ，该方案发送端每次发送码字的不同部分，接收端则将新收到的信号与之前所有的信号组合，看作一个复合码进行译码。

极化码也可以应用于 HARQ，为了适应块长的变化，需要采用速率适配方案，如 QUP 凿孔算法。陈凯与牛凯等最早在文献[27]中基于速率适配凿孔极化(RCPP)码，提出了蔡司合并 HARQ 方案，并给出了吞吐率性能界。进一步，他们在文献[28]中提出了极化编码的增量冗余 HARQ 方案，与 CC-HARQ 相比，IR-HARQ 可以获得更好的吞吐率。李斌等在文献[29]中提出了增量冻结(Incremental Freezing, IF)HARQ 方案，使用较低码率的极化码对早期传输中的部分不可靠比特进行编码和重传。可以证明，IF-HARQ 在时不变信道上是一种不定速率容量可达编码方案。文献[30]提出了基于极化矩阵扩展的增量冗余 HARQ 方案，简称 PE-HARQ(Polar Extension HARQ)方案。上述方案是极化编码 HARQ 的代表性方案，下面简述其基本原理。

7.4.1 蔡司合并 HARQ 方案

1. 方案描述

基于速率适配凿孔极化码(RCPP)的 CC-HARQ 传输方案如图 7.4.1 所示，具体的时序过程如图 7.4.2 所示。由信息比特序列 u_A，经过极化编码得到 M bit 原始码字 v_1^M，凿孔后得到 N bit 码字 x_1^N，共计凿掉 $Q=(M-N)$ bit，将码字 x_1^N 存储在发送缓存区中，在 HARQ 控制模块作用下进行传输。在接收端，如果译码失败，将通过反馈信道返回 NACK 信令，发送端重传缓存区的码字 x_1^N。由此，接收端将合并多个接收序列进行译码。这样的传输过程将一直持续，直到译码成功或者达到系统允许的最大传输次数 T。

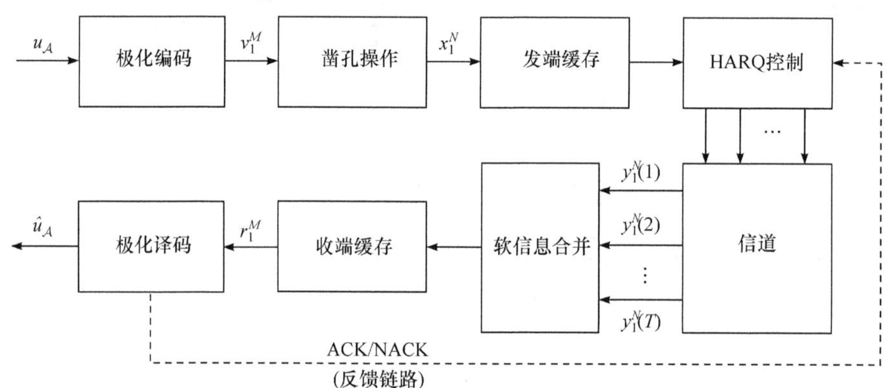

图 7.4.1 极化编码 CC-HARQ 传输方案

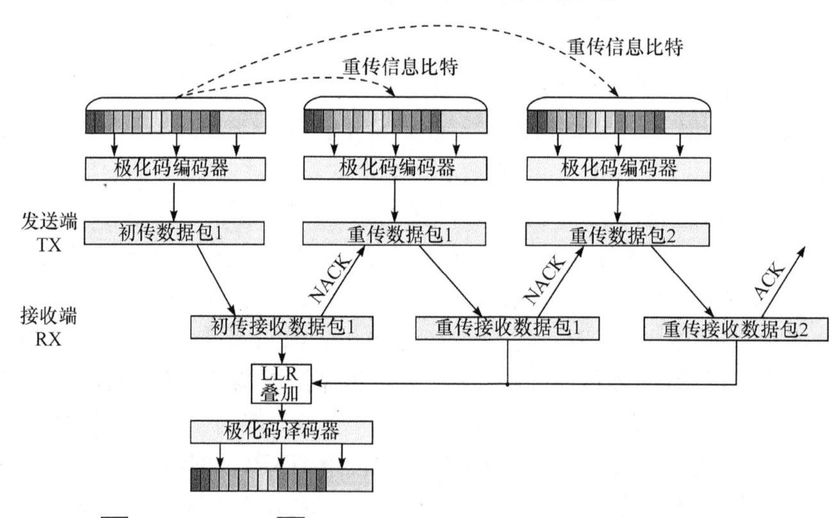

图 7.4.2 极化编码的 CC-HARQ 方案时序流程

CC-HARQ 在接收端的具体处理过程如图 7.4.2 所示，第 t 次传输的接收信号和相应的对数似然比(Log-Likelihood Ratios, LLR)分别写为 $y_1^N(t)$ 和 $r_1^M(t)$，其中，$t=1,2,\cdots$ 表示传输实验的次数。接收缓存的内容是码字 LLR 值 $r_1^M(t)$ 的组合。在第一次传输之后，LLR

初始化为$r_1^M \leftarrow r_1^M(1)$，译码器针对$\boldsymbol{r}$进行解码。如果未能正确译码，即未通过 CRC 校验，则通过反馈信道向发射器发送 NACK，重传码字$\boldsymbol{x}$。这样新接收信号$y_1^N(2)$转换为 LLR 值$r_1^M(2)$，合并两次传输的 LLR，更新为$r_1^M \leftarrow r_1^M(1)+r_1^M(2)$。译码器根据更新的 LLR 值再次解码。此过程持续到发射器接收到 ACK 信号，或者达到允许传输次数的最大数目。

2. 吞吐率分析

不失一般性，考虑二进制输入 AWGN/Rayleigh 信道，当发送 RCPP 码字x_1^N时，第七个符号周期对应的接收信号如下：

$$y_i(t)=\alpha_i(t)\cdot s_i+z_i(t) \tag{7.4.1}$$

其中，$t\in\{1,2,\cdots,T\}$；$i\in\{1,2,\cdots,M\}$；$s_i=1-2x_i$是 BPSK 调制之后的信号；$z_i(t)$是均值为 0、方差为σ^2的高斯白噪声，即$z_i(t)\sim\mathcal{N}(0,\sigma^2)$；$\alpha_i(t)$是信道衰落系数($\mathbb{E}(\alpha_i(t))=1$，对于 AWGN 信道，$\alpha_i(t)=1$)。在整个传输过程中，假设已知高斯噪声方差$\sigma^2$，而$\alpha_i(t)$仅接收端已知。

设计最优 CC-HARQ 方案相当于构造最大化链路吞吐率的 RCPP 码。下面首先给出特定配置下链路吞吐率的近似界，然后描述 CC-HARQ 方案的编码构造算法。

对于 CC-HARQ 机制，当t次传输之后，接收到码字x_1^N的t个有噪信号。设$E_t, t=1,2,\cdots,T$表示第t次传输后的译码错误事件，$\Pr(E_t)$表示事件E_t的概率，$\bar{E}_t$表示E_t的互补事件。特别地，E_0表示初始事件，满足$\Pr(E_0)=1$。

当发送K bit 信息块时，成功接收的平均信息比特数$\mathbb{E}(K)$为

$$\mathbb{E}(K)=K\left[1-\Pr\left(\bigcap_{t=0}^{T}E_t\right)\right] \tag{7.4.2}$$

而发送的平均编码比特数$\mathbb{E}(N)$为

$$\mathbb{E}(N)=\sum_{t=1}^{T}N\Pr\left(\bar{E}_t\cap\bigcap_{j=0}^{t-1}E_j\right)+N\Pr\left(\bigcap_{t=0}^{T}E_t\right) \tag{7.4.3}$$

式中，等号右边第一项表示前$t-1$次传输不正确而第t次传输正确的事件，等号右边第二项表示所有T次传输都不正确。由此，链路平均吞吐率可以写为

$$\eta=\frac{\mathbb{E}(K)}{\mathbb{E}(N)} \tag{7.4.4}$$

由随机事件交集性质，显然下面的不等式恒成立：

$$\Pr\left(\bigcap_{j=0}^{t-1}E_j\right)\leqslant\Pr(E_t) \tag{7.4.5}$$

另外递推应用集合性质$\bigcap_{j=0}^{t-1}E_j=\left(\bar{E}_t\cap\bigcap_{j=0}^{t-1}E_j\right)\cup\left(E_t\cap\bigcap_{j=0}^{t-1}E_j\right)$，可得

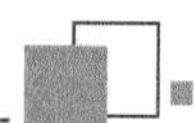

$$\begin{aligned}\Pr\left(\overline{E}_t \cap \bigcap_{j=0}^{t-1} E_j\right) &= \Pr\left(\bigcap_{j=0}^{t-1} E_j\right) - \Pr\left(\bigcap_{j=0}^{t} E_j\right) \\ &= \Pr(E_{t-1}) - \Pr(E_t) \\ &\quad - \left[\Pr\left(E_{t-1} \cap \overline{\bigcap_{j=0}^{t-2} E_j}\right) - \Pr\left(E_t \cap \overline{\bigcap_{j=0}^{t-1} E_j}\right)\right]\end{aligned} \tag{7.4.6}$$

当概率差的绝对值$\left|\Pr\left(E_{t-1} \cap \overline{\bigcap_{j=0}^{t-2} E_j}\right) - \Pr\left(E_t \cap \overline{\bigcap_{j=0}^{t-1} E_j}\right)\right|$较小时，式(7.4.6)可以近似为

$$\Pr\left(\overline{E}_t \cap \bigcap_{j=0}^{t-1} E_j\right) \approx \Pr(E_{t-1}) - \Pr(E_t) \tag{7.4.7}$$

将式(7.4.5)、式(7.4.7)代入式(7.4.4)，可以得到链路吞吐率的近似估计：

$$\begin{aligned}\eta &\approx \frac{K\left[1-\Pr(E_T)\right]}{\sum_{t=1}^{T} N\left[\Pr(E_{t-1}) - \Pr(E_t)\right] + N\Pr(E_T)} \\ &\approx \frac{K\left[1-\Pr(E_T)\right]}{N\left[1+\sum_{t=1}^{T-1}\Pr(E_t)\right]}\end{aligned} \tag{7.4.8}$$

由于式(7.4.5)中$\Pr(E_t)$是$\Pr\left(\bigcap_{j=0}^{t-1} E_j\right)$的上界，式(7.4.7)中$\Pr(E_{t-1})-\Pr(E_t)$通常也是$\Pr\left(\overline{E}_t \cap \bigcap_{j=0}^{t-1} E_j\right)$的上界，因此式(7.4.8)的吞吐率近似值趋向下界。并且其中的$\Pr(E_t)$与$\Pr(E_T)$实际上是RCPP码的BLER。对于AWGN和Rayleigh衰落信道，可以利用7.3节介绍的互信息等效方法，基于高斯近似估计SC译码的BLER上界。

3. 重传码字构造

给定信息序列长度K，整个传输过程最多允许传输S个比特，最大重传次数T，以及信道噪声方差σ^2。CC-HARQ传输方案下最大化吞吐率的RCPP码构造算法如下。

算法 7.4　CC-HARQ 方案极化码构造算法

1. 初始化，$N \leftarrow 0$，$M \leftarrow 0$以及最优吞吐率$\eta_{\text{opt}} \leftarrow 0$；
2. 对所有的$N' \in \{K, K+1, \cdots, \lfloor S/T \rfloor\}$从小到大取值，循环执行以下操作:
   (1) 如果$K/N' < \eta_{\text{opt}}$，则终止步骤2的循环直接执行步骤3;
   (2) 设定凿孔极化码原始码长$M \leftarrow 2^{\log\lceil N \rceil}$；
   (3) 在噪声方差为σ^2的BAWGNC信道下，构造凿孔极化码，信息比特集合为$\mathcal{A}$；
   (4) 初始化长度T的辅助序列q_1^T。对所有$t \in \{1,2,\cdots,T\}$，计算并记录$q_t = \Pr(E_t)$；

(5) 利用近似界(7.4.8)估计码长为 N' 时的吞吐率：

$$\eta' = \frac{K(1-q_T)}{N'\left(1+\sum_{t=1}^{T-1} q_t\right)} \tag{7.4.9}$$

(6) 若 $\eta' > \eta_{\text{opt}}$，记录当前码长并更新最优吞吐率，$N = N'$，$\eta_{\text{opt}} \leftarrow \eta'$；

3. 输出最优化的凿孔极化码码长 N 以及信息信道的序号集合 A。

在以上算法中，如果不考虑算法 7.4 中步骤(1)中提前终止的情况，步骤(2)～步骤(6)最多需要被循环执行 $\lfloor S/T \rfloor - K + 1$ 次。步骤(4)需要计算各个极化信道的可靠性。利用高斯近似(GA)进行极化码构造时的复杂度为 $O(N)$。因此，整个算法的复杂度为 $O(S^2/T^2)$。

7.4.2　增量冗余 HARQ 方案

1. 方案描述

基于 RCPP 的增量冗余 HARQ 传输方案如图 7.4.3 所示，相应的时序流程如图 7.4.4 所示。

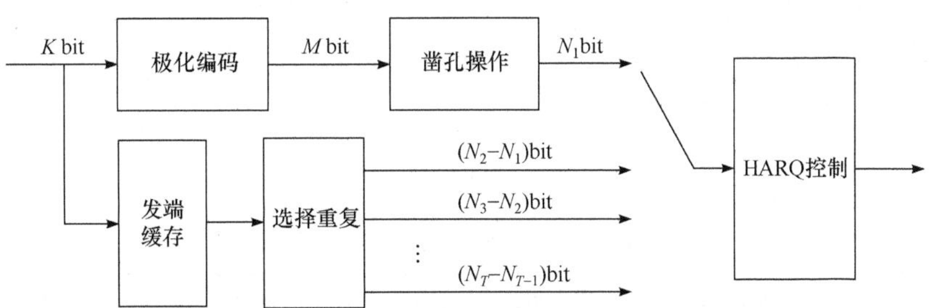

图 7.4.3　极化码 IR-HARQ 传输方案发送端框图

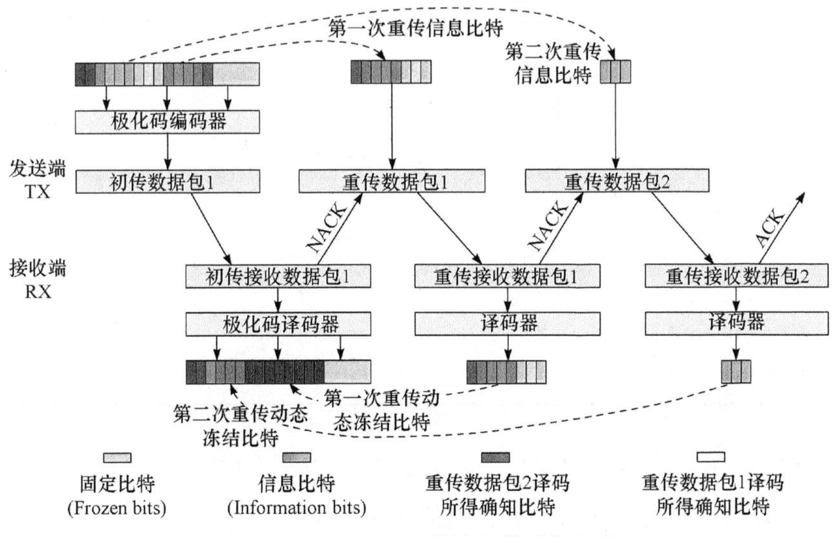

图 7.4.4　IR-HARQ 传输方案时序流程

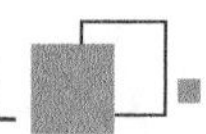

与 CC-HARQ 方案类似，信息序列$u_{\mathcal{A}}$经过凿孔极化编码得到长度为N_1的编码序列$x_1^{N_1}$并被送入信道进行传输，其中凿孔前原始码长$M=2^{\lceil \log_2 N_1 \rceil}$，凿孔方案由算法 7.1 确定。与 CC-HARQ 方案不同的是，送入发端缓存的数据并不是编码序列$x_1^{N_1}$，而是信息序列u_1^K。若收端通过反馈链路返回 NACK 信号，则选择信息序列$u_{\mathcal{A}}$中最容易出错的比特，不经过编码，直接送入信道进行重传。前t次传输中，发端一共通过信道发送的比特数为N_t；也就是说，除了初传为N_1以外，第t次传输发送的比特数为N_t-N_{t-1}。

图 7.4.4 给出的 IR-HARQ 方案，信道传输包括两部分比特：一部分是通过凿孔极化编码得到的N_1个编码比特，这部分比特经过了极化编码，故称为极化比特；另一部分是需要重传的可靠度相对较低的N_T-N_1个信息比特，称为重复比特。重复比特的引入改变了信道变换的结构，通过重传，直接加强了该部分信息信道的可靠性。这一点是 IR-HARQ 方案与 CC-HARQ 方案的不同之处。

给定信息序列长度K、初传序列长度N_1以及总共允许传输的比特数N_T，为构造 IR-HARQ 方案，第一步是构造一个码长为N_1、码率为K/N_1的凿孔极化码。采用密度进化(DE)或高斯近似(GA)得到通过各个极化信道$W_M^{(i)}$相应 LLR 的 PDF 函数$a_M^{(i)}$，计算子信道错误概率后，选择最可靠的K个信道承载信息比特，相应信息比特集合为$\mathcal{A}$。

第二步，需要确定一个长度为N_T-N_1的重复序号序列$r_1^{N_T-N_1}$，其元素依次为各次重传的信息比特序号，即对任意$k\in\{1,2,\cdots,N_T-N_1\}$，有$r_k\in\mathcal{A}$，重复比特$z_k=u_{r_k}$。重复序号序列$r_1^{N_T-N_1}$根据以下算法得到。

算法 7.5 重复序号序列的构造

Input：N_1、N_T和$\mathcal{A}$，原始信道W的 LLR PDF 函数为a，极化信道$W_M^{(i)}$的相应 PDF 函数$a_M^{(i)}$

Output：重复传输比特的序号序列$r_1^{N_T-N_1}$

1. 初始化一个辅助 LLR 的概率分布函数序列$\left\{\tilde{a}_M^{(i)}\right\}$，其中，$\tilde{a}_M^{(i)}\leftarrow a_M^{(i)}$，并且计算错误概率$P_e\left(\tilde{a}_M^{(i)}\right)$；
2. 对$k\in\{1,2,\cdots,N_T-N_1\}$从小到大取值，依次执行以下步骤：

   (1) 在信息比特集合$\mathcal{A}$中找出使得错误概率最大的序号i，即

   $$i=\arg\max_{i'\in\mathcal{A}} P_e\left(\tilde{a}_M^{(i')}\right) \tag{7.4.10}$$

   (2) 记录重复关系$r_k\leftarrow i$；

   (3) 更新$\tilde{a}_M^{(i)}$：

   $$\tilde{a}_M^{(i)}\leftarrow\tilde{a}_M^{(i)}*a \tag{7.4.11}$$

   其中，运算$*$表示两个 LLR PDF 函数的卷积，并重新计算$P_e\left(\tilde{a}_M^{(i)}\right)$；
3. 输出重复序号序列$r_1^{N_T-N_1}$。

由上述算法可见，重复序号序列可以根据N_1、N_T、$\mathcal{A}$以及信道转移概率函数唯一确定，因此收发两端分别根据以上参数独立确定序列$r_1^{N_T-N_1}$。

2. 吞吐率分析

在 IR-HARQ 方案中，需要将接收的重复比特软信息合并，进行 SC 译码的 BLER 上界为

$$P_E\left(N_1,N_T,K,\mathcal{A}\right)\leqslant\sum\nolimits_{i\in\mathcal{A}}P_e\left(\tilde{a}_M^{(i)}\right) \tag{7.4.12}$$

为了在 IR-HARQ 传输方案下获得最高的吞吐率，除了需要对凿孔极化码的配置进行优化设计之外，还需要对每次重传的比特数进行优化。

假设系统允许的最大传输次数为 T，每次传输发送的比特数依次为 N_1、N_2、…、N_T。与 CC-HARQ 方案类似，对发送信息序列长度为 K、凿孔极化编码输出的编码序列长度为 N、最多传输次数为 T 的 IR-HARQ 方案，采用串行抵消(SC)译码算法时的链路吞吐率可以按式(7.4.13)计算：

$$\eta=\frac{\mathbb{E}(K)}{\mathbb{E}(N)} \tag{7.4.13}$$

类似于 CC-HARQ 方案的推导，IR-HARQ 方案吞吐率推导如下：

$$\eta\approx\frac{K\left[1-\Pr\left(E_T\right)\right]}{\sum_{t=1}^{T}N_t\left[\Pr\left(E_{t-1}\right)-\Pr\left(E_t\right)\right]+N_T\cdot\Pr\left(E_T\right)} \tag{7.4.14}$$

给定信息序列长度 K，整个传输过程中最多允许经过信道传输 H 个比特，最大重传次数 T，以及信道噪声方差 σ^2，IR-HARQ 方案每次传输比特数 N_1、N_2、…、N_T 可以通过如下算法得到。

算法 7.6　IR-HARQ 方案极化码构造算法

1. 用辅助集合 S_{opt} 记录每次传输后最佳的总发送比特数，并初始化为一个空集，$S_{\text{opt}}\leftarrow\varnothing$；初始化最优吞吐率 $\eta_{\text{opt}}\leftarrow 0$；
2. 对所有的 $m\in\{K,K+1,\cdots,H\}$ 从小到大取值，循环执行以下操作：
   (1) 分配一个长度为 $H-m+1$ 的序列 e_1^{H-m+1}；
   (2) 对所有 $j\in\{1,2,\cdots,H-m+1\}$，参考式(7.4.12)计算极化比特数为 m 时，增加 j 个重复比特后的 BLER，并将该 BLER 值记录在 e_j 中；
   (3) 分配并初始化临时辅助集合 $S\leftarrow\{m\}$、临时吞吐率 $\eta'\leftarrow 0$；
   (4) 对所有 $l\in\{2,\cdots,T\}$ 从小到大取值，依次执行以下操作：
   分配并初始化临时辅助集合 $A\leftarrow S$；
   对所有 $n\in\{m+1,m+2,\cdots,H\}$ 从小到大取值，若 $n\notin S$，则依次执行以下步骤：
   将集合 $S\cup\{n\}$ 中的元素按从小到大排序为序列 t_1^l；
   按照式(7.4.14)估算临时传输配置 $S\cup\{n\}$ 下的吞吐率：

$$\rho\leftarrow\frac{K\left(1-e_{t_l-m+1}\right)}{\sum_{i=1}^{l}t_i\left(e_{t_{i-1}-m+1}-e_{t_i-m+1}\right)+t_l\cdot e_{t_l-m+1}} \tag{7.4.15}$$

   若 $\rho>\eta'$，则令 $A\leftarrow S\cup\{n\}$，并且更新 $\eta'\leftarrow\rho$；

记录总共传输次数为 l 时的最佳配置 $S \leftarrow \Lambda$；

(5) 此时集合 S 存储了极化比特数为 m 、传输次数为 T 的最佳配置；如果 $\eta' > \eta_{\text{opt}}$ ，则更新最优配置集合及相应的吞吐率 $S_{\text{opt}} \leftarrow S$ 、 $\eta_{\text{opt}} \leftarrow \eta'$ ；

3. 将 S_{opt} 中各元素从小到大排序，依次输出为 N_1 、 N_2 、 $\cdots$ 、 N_T 。

图 7.4.5 给出了 AWGN 信道下极化码 CC/IR-HARQ 的吞吐率性能仿真。信息序列长度 $K=1024$ ，采用 SC 算法进行译码，最大允许的传输次数 $T=6$ 。在进行极化码 CC/IR-HARQ 方案的优化设计时，在全部 T 次传输中，最多允许发送的比特数 $H=16384$ 。极化码 CC/IR-HARQ 方案的最优配置分别由算法 7.4 和算法 7.6 得到。由图 7.4.5 可知，基于高斯近似(GA)计算的吞吐率近似界(式(7.4.8)和式(7.4.14))与仿真曲线较为吻合，近似界更接近于下界。

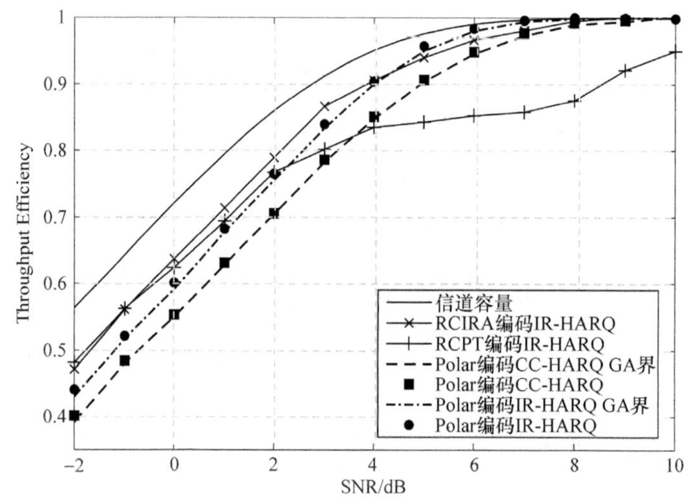

图 7.4.5 极化码 CC/IR-HARQ 在 AWGN 信道下的吞吐率性能

作为对比，图 7.4.5 中还给出了基于速率适配凿孔 Turbo(RCPT)码[2]以及速率适配非规则重复累积(RCIRA)码[31](一类 LDPC 码)的 IR-HARQ 传输方案的吞吐率曲线。如图所示，极化码 IR-HARQ 方案具有与 Turbo/LDPC 码方案相当甚至更高的吞吐率。而极化码 CC-HARQ 方案的吞吐率相比 IR-HARQ 方案稍低一些。

更具体地，在低信噪比区域，Turbo 码与 LDPC 码方案的吞吐率基本一致，而基于极化码的两种方案都比 Turbo 码与 LDPC 码方案略差一些，其中，极化码 IR-HARQ 方案较 Turbo/LDPC 码方案差约 0.5dB，而 CC-HARQ 方案则有大约 1.0dB 的性能差距。随着信噪比的提升，极化码 HARQ 方案与 Turbo/LDPC 码方案的差距越来越小。当信噪比高于 4.0dB 时，两种极化码方案都能够获得优于 Turbo 码方案的吞吐率。造成这一现象的原因是极化码的码长可以以 1bit 为步长进行精确调整；而 Turbo 码及 LDPC 码由于构造算法较为复杂，且有限码长下 Turbo/LDPC 码的性能无法精确估算，因此无法实现精细步长调整。于是在高信噪比区域，极化码的优势表现得更为明显。而在低信噪比区域，由于极化码在 SC 译码算法下的纠错性能相比 Turbo/LDPC 码有较大的差距，因此吞吐率不如后两者。

7.4.3　增量冻结 HARQ 方案

文献[29]提出了一种极化码增量冻结 HARQ 传输方案，图 7.4.6 给出了极化码 IF-HARQ 传输方时序流程。这其实是一种增量冗余的编码方式。极化码 IF-HARQ 传输方案是基于信道极化的特性，重传时将前几次传输时位于容量较小信道上的一部分信息比特放在容量更大的信道上进行传输的一种方案。

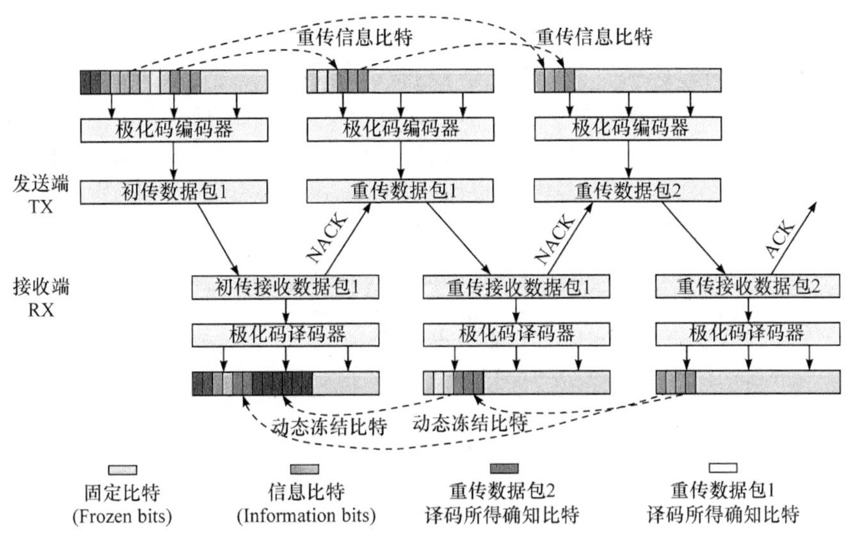

图 7.4.6　极化码 IF-HARQ 传输方案时序流程

假设在 B-DMC 信道上容量在 0～R 之间连续变化，其中，R 称为峰值速率。IF-HARQ 方案在以下意义上是容量可达的：对于任意整数 $k>1$，如果信道容量介于 $R/(k+1)$ 和 R/k 之间，则该方案可以达到 $R/(k+1)$ 码率。

考虑容量可达极化码的码率为 R，码长为 N，在信道 W_1 上的容量为 R^1。定义 $S(W_1)$ 为好信道索引集合，其中，$|S(W_1)|=NR$。如图 7.4.6 所示，第一阶段，发送 $S(W_1)$ 集合上所有的 NR 个信息比特，冻结其余比特。如果未知信道 W 满足 $W\succeq W_1$，那么译码器可以在该次传输之后正确译码。

如果未知信道 W 比信道 W_1 要差，则第一次传输无法正确译码，需要执行第二次传输，令 W_2 信道的信道容量为 $R/2$。在第二次传输中，使用相同的极化码重传差集 $S(W_1)-S(W_2)$ 上的信息比特。注意，根据嵌套属性 $S(W_2)\subset S(W_1)$，易得

$$|S(W_1)-S(W_2)|=NR/2=|S(W_2)| \tag{7.4.16}$$

因此，这些信息比特可以放置在集合 $S(W_2)$ 上传输，而冻结其余比特。如果 $W\succeq W_2$，则第二次传输能正确译码这些比特。当这些比特信息判决后，则 $S(W_1)-S(W_2)$ 中的比特变为冻结比特，只需要译码 $S(W_2)$ 的比特位。由于 $W\succeq W_2$，这些比特也可以正确译码。

如果未知信道 W 弱于信道 W_2，译码器在第一次与第二次传输之后仍无法解码，则需要发起第三次传输。设 W_3 信道的信道容量为 $R/3$。那么在集合 $S(W_2)-S(W_3)$ 上的比特需要重新传输，其数量为

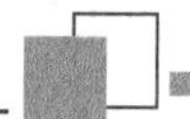

$$2(NR/2 - NR/3) = NR/3 \tag{7.4.17}$$

因此，在第三次传输中，它们都可以在信道集合$S(W_3)$上传输(冻结其余比特)。

一般来说，如果第k次传输之后解码失败。引入信道容量为$R/(k+1)$的信道W_{k+1}。重新传输先前在$S(W_k)-S(W_{k+1})$集合上的所有信息比特，其数量为

$$k\left(\frac{NR}{k} - \frac{NR}{k+1}\right) = \frac{NR}{k+1} \tag{7.4.18}$$

在$k+1$次传输中，这些比特可以在$S(W_{k+1})$集合上发送。

图 7.4.7 给出了传输码长$M=16$、信息比特长度$K_1=12$的递增冻结重传示例。图中极化信道已经根据容量大小排序，最左侧的信道容量最大，越往右，信道容量越小。

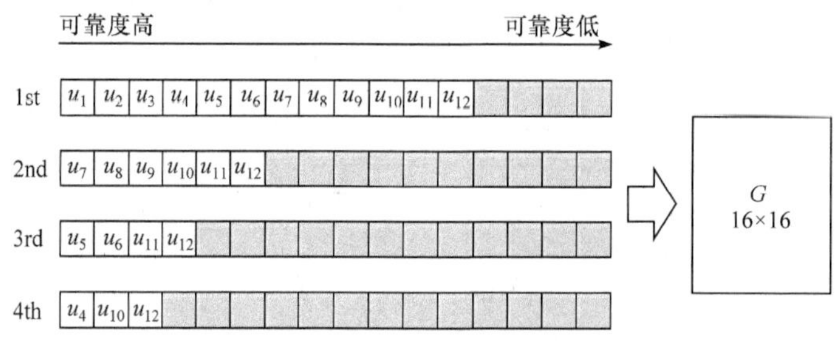

图 7.4.7 极化码 IF-HARQ 传输方案编码示例

(1) 第一次传输：将 12 个信息比特记为$u_1,u_2,\cdots,u_{12}$，从最左侧开始逐一映射到极化信道上，占据了 12 个信息位，形成 3/4 码率的极化码。

(2) 第二次传输：如果第一次传输失败，重传第一次传输的后半部分信息比特，即$u_7,u_8,\cdots,u_{12}$，从最左侧开始逐一映射到极化信道上，占据了 6 个信息位，形成 3/8 码率的极化码。

(3) 第三次传输：如果第二次传输失败，重传第一次传输的u_5、u_6和第二次传输的u_{11}、u_{12}，从最左侧开始逐一加载到极化信道上，占据了 4 个信息位，形成 1/4 码率的极化码。

(4) 第四次传输：如果第三次传输失败，重传第一次传输的u_4、第二次传输的u_{10}和第三次传输的u_{12}，从最左侧开始逐一映射到极化信道上，占据了 3 个信息位，形成 3/16 码率的极化码。

IF-HARQ 方案初传时，采用高码率的极化码，利用极化码的嵌套属性，在重传时采用低码率的好信道重复传输部分比特。理论分析与仿真表明，该方案具有容量可达性，是一种灵活的 HARQ 机制。但该方案的缺点在于，当重传次数有限的情况下，采用低码率极化码重传时，会产生较多冗余，导致吞吐率明显降低。

7.4.4 极化扩展 HARQ 方案

文献[30]提出了一种基于极化矩阵扩展的增量冗余 HARQ 传输方案，简称 PE-HARQ 方案。

PE-HARQ 方案如图 7.4.8 所示，其中，最关键的是扩展码长，构造低码率的极化码。

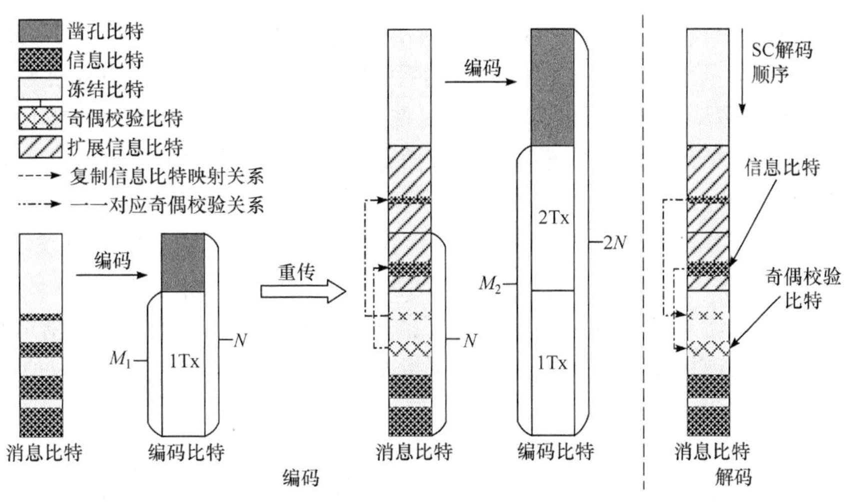

图 7.4.8　极化码 PE-HARQ 方案

假设每次重传的原始码长为 N，经过凿孔之后得到凿孔极化码的码长为 M_1，信息位长度为 K，信息集合为 $\mathcal{A}_1$。如果第一次传输译码失败，接收端将返回 NACK 信号，发送端进行重传。此时需要构造码长为 $N_2=2N$ 的极化码，经过凿孔的码长为 M_2，考虑速率匹配将所有信道按照容量大小排序，选择其中容量最大的 K 个信道构成集合 $\mathcal{A}_2$。查找 $\mathcal{A}_1$ 不属于 $\mathcal{A}_2$ 的元素，形成校验子信道集合 $\mathcal{P}_2$，对应图 7.4.8 中网格阴影部分。将 $\mathcal{P}_2$ 的信息比特一一复制到对应信道上，建立一对一的校验方程。将重复比特码块进行码长 N_2 的编码，由于极化码结构，第一次传输的就是位于码字后一部分的 M_1 个比特，因此这次只需要传输位于码字前一部分的 M_2-M_1 个比特。

注意，扩展码长度没有限制，这意味着每次重传可以生成任意数量的增量编码比特。另外，当扩展部分出现新的信息比特信道时，可以获得额外的编码增益，否则，性能相当于 CC-HARQ。

PE-HARQ 方案的编译码时序如图 7.4.9 所示。当扩展极化码时，首先重建先前的凿孔位。如果需要更多比特，则应扩展原始码的长度。在重构极化码时，采用 QUP 作为速

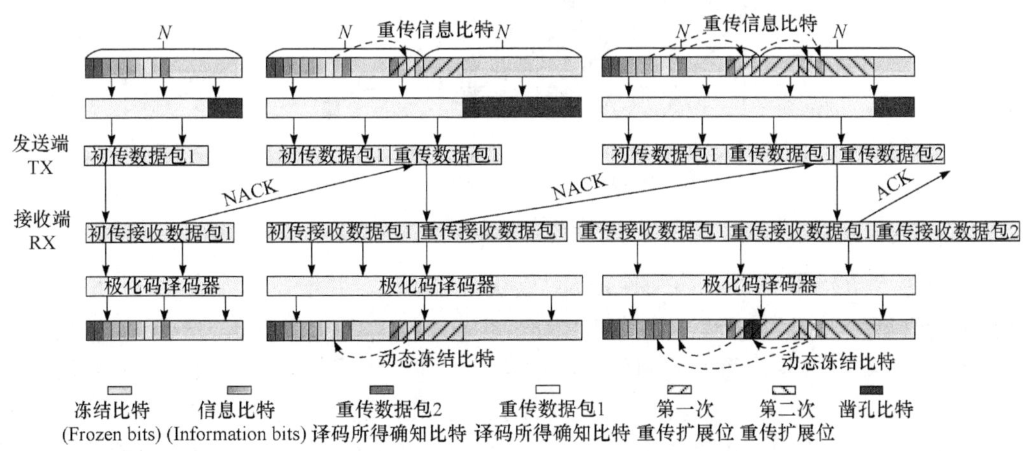

图 7.4.9　极化码 PE-HARQ 方案编译码时序

率适配方法，采用 DE/GA 或其他算法确定扩展部分的新信息比特和原始部分的冗余比特，将冗余比特复制到新信息比特位置，然后将冗余位作为极化码的冻结比特处理。在译码端，基于 SC 译码顺序，新的信息比特将在冗余比特之前解码，并且将译码信息比特作为相应位置的冻结比特值。这意味着所有信息位都在最可靠的子信道上。

PE-HARQ 各次重传在 AWGN 与 ETU 衰落信道下的 BLER 性能如图 7.4.10 所示。采用 $L=32$ 的 CA-SCL 译码算法。初始发送的极化码码长 $N=1024$ (CRC 码长为 24bit)，码率 $R=1/2$ 。每次重传，产生并发送 1024 个增量编码比特，码率分别为 1/3、1/4、1/5，直到 1/8 码率，对应于 7 次重传。值得注意的是，每次重传的新信息比特信道数目与码长、码率和比特信道可靠性排序方法等密切相关。图中，新信息比特信道在所有 6 次重传中的百分比分别为 11.3%、0.5%、3.4%、0%、0%和 0%。

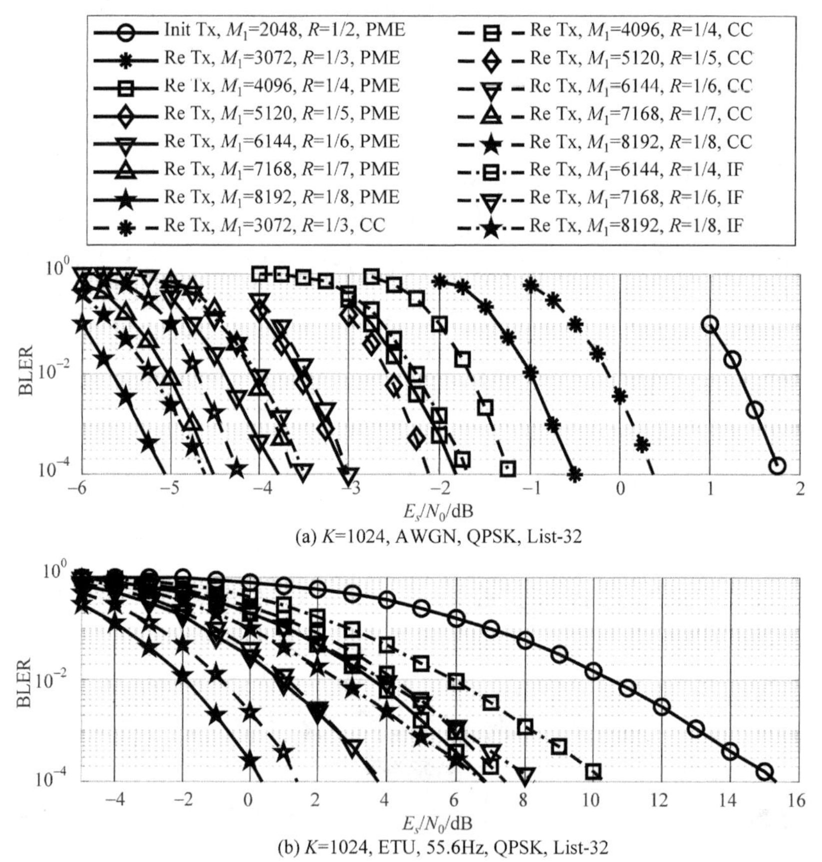

图 7.4.10　极化码 PE-HARQ 方案性能

由于在 AWGN 信道中，CC-HARQ 只能获得信噪比合并增益，因此当码长增加一倍时，重传性能增益应为 3dB。由图 7.4.10(a)可知，与 CC-HARQ 和 IF-HARQ 相比，PE-HARQ 方案可以获得稳定的额外编码增益。例如，当码长是第一次传输的两倍时，第三次传输的性能增益为 3.9dB，这意味着 PE-HARQ 相对于 CC-HARQ 获得了 0.9dB 的额外编码增益。此外，由图 7.4.10(b)可知，PE-HARQ 方案在 ETU 衰落信道下也有额外的编码增益。

7.4.5 极化码的 HARQ 方案对比

针对上述四种极化码 HARQ 传输方案，图 7.4.11 总结了各种方案的优缺点，具体对比如下。

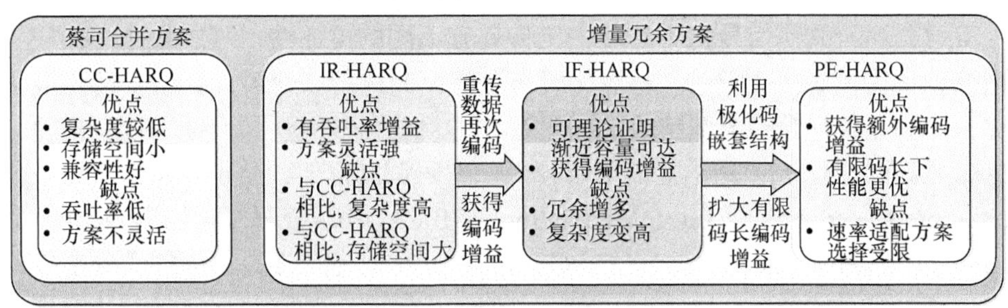

图 7.4.11　极化码 HARQ 机制对比

(1) CC-HARQ 方案每次重传都需要对整个编码序列进行传输，因此在最优化吞吐率的情况下，更倾向于在初传时发送更多的编码比特(降低初传码率)，从而减小初传错误概率。CC-HARQ 方案复杂度较低，存储空间也较小，在译码器缓存、译码时延、反馈链路负荷以及与其他技术的兼容性等方面具有一定的优势。

(2) IR-HARQ 方案每次重传比特数不受限制，多次重传并不会过多地降低吞吐率，因此相比 CC-HARQ，IR-HARQ 方案在初传以及每次重传时，会倾向于少传一些编码比特(提高码率)，因此后者的吞吐率更高，但初传错误概率更高，需要更多的传输次数。然而，更多的传输次数将导致更大的反馈开销以及更长的译码时延，并且处理机制更复杂。

(3) IF-HARQ 传输方案具有不定速率容量可达性。该方案优先传输低可靠性子信道上的信息比特，由于利用了极化子信道的嵌套性质，具有比较高的系统吞吐率。该方案的缺点在于，在重传次数有限的情况下，利用低码率极化码重传，会产生比较多的冗余，导致吞吐率降低。

(4) 极化码 PE-HARQ 方案可以生成任意数量的编码比特进行重传。该方案利用极化码生成矩阵的下三角结构进行扩展，以增大每次重传的码长。该方案既具有长码的编码增益，又具有多重传输的分集增益，相对于 CC/IF-HARQ 方案，都具有额外的编码增益。

7.5 极化编码调制

编码调制(CM)技术将信道编码与星座调制进行联合优化，是高信噪比条件下，逼近信道容量极限的重要方法。1982 年，Ungerboeck 提出的网格编码调制(TCM)技术[32]，将汉明空间和欧氏空间进行联合优化，采用集分割(Set Partitioning，SP)映射方式，最大化信号序列的最小欧氏距离。TCM 是编码调制联合优化的里程碑，为后续研究提供了重要的指导意义。Wachsmann 等提出的多级编码(Multilevel Coding，MLC)的编码调制框架[33]，在发送端使用多个编码器，在接收端采用多阶段解调算法得到调制比特软信息，并且证明在分量码码率选择合理的情况下多级编码可以逼近信道容量。Zehavi 提出比特交织编码调制(Bit Interleaved Coded Modulation，BICM)框架[34]，在发送端信道编码和调制之间

引入比特交织器。当交织深度无限大时，信道编码和调制相互独立，在接收端，可以忽略比特之间的相关性进行并行解调。Caire 等从 BICM 容量和截止速率的角度对比 BICM 框架和 CM(Coded Modulation)框架[35]，证明 BICM 框架相对于 CM 框架更适合 Rayleigh 衰落信道。目前，MLC 与 BICM 框架成为编码调制的两种代表性方案。

一般地，高阶调制信号携带的多个比特具有不同的可靠性，可以看作一种广义信道极化现象，称为调制极化[36,37]。将极化码与星座调制进行联合设计，组合编码极化与调制极化，能够显著提升编码调制的系统性能。

Seidl 等在文献[36]中最早提出了两种极化编码调制框架，分别是比特交织极化编码调制(Bit Interleaved Polar Coded Modulation，BIPCM)和多级码极化编码调制(Multilevel Coding Polar Coded Modulation，MLC-PCM)。在 BIPCM 框架下，Shin 等设计了极化码编码比特到调制符号的低复杂度映射方案[38]，但不够灵活。陈凯与牛凯等[39-41]设计了通用的 BIPCM 映射算法，能获得显著的性能增益。在 MLC-PCM 框架下，Zhang 等提出了一种调换编码与调制顺序的方案[42]，接收端首先采用多进制软译码算法，然后进行解调硬判决，能够获得不错的性能。戴金晟与牛凯等发现在 MLC-PCM 框架下，发送端引入 m 序列进行比特加扰，能够避免系统性能损失[43]。Tavildar 提出比特置换的极化编码调制框架，能够获得较大的性能增益[44]。Bocherer 等针对极化编码调制提出有效构造算法[45]，相对于 LDPC 编码调制能够获得 1dB 增益。周德坤与牛凯等提出了 BIPCM 与 MLC-PCM 框架下的通用构造度量[46]，对于工程应用具有实用价值。

下面首先介绍调制极化的基本概念，然后分别介绍 BIPCM 与 MLC-PCM 的基本原理[47]与系统性能。

7.5.1 调制极化模型

极化编码调制的一般链路结构如图 7.5.1 所示，主要包括 CRC 编码、极化编码、速率适配与星座调制四个单元。

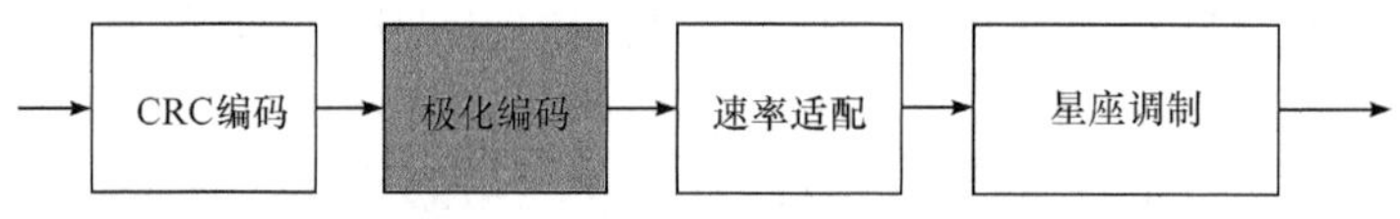

图 7.5.1 极化编码调制链路结构

在发送端，首先经过 CRC 编码，然后产生信息比特序列 $u_{\mathcal{A}}$，其中，$|\mathcal{A}|=K$，送入极化编码器进行编码。编码序列经过速率适配，采用 2^m 进制调制，这 mN 个比特映射为 N 个调制符号序列 x_1^N，各调制符号在复数域上取值，即 $s_i \in \mathbb{C}$，假设发送符号功率 $\mathbb{E}\left[|s_i|^2\right]=1$。

接收信号序列表示为 y_1^N，第 t 个接收信号 y_t 表示为

$$y_t = h_t x_t + z_t \tag{7.5.1}$$

其中，z_t 是独立同分布的均值为 0、方差为 σ^2 的复高斯噪声样值，即 $z_t \sim \mathcal{CN}\left(0,\sigma^2\right)$。接收端采用理想信道估计，即瞬时信道状态 h_t 与噪声方差 σ^2 在接收端已知。AWGN 信道下，$h_t \equiv 1$。

给定 DMC 调制信道 $W:\mathcal{X}\to\mathcal{Y}$，其中，$\mathcal{X}$ 是 $|\mathcal{X}|=M=2^m$ 进制的调制星座，$\mathcal{Y}$ 是接收信号集合，相应的信道转移概率函数为 $W(y|x)$，$x\in\mathcal{X}$，$y\in\mathcal{Y}$。此时调制信道 $W:\mathcal{X}\to\mathcal{Y}$ 的互信息定义为

$$I(W)=I(X;Y)=\int_{y\in\mathcal{Y}}\sum_{x\in\mathcal{X}}p(x)W(y|x)\log_2\frac{W(y|x)}{p(y)}\mathrm{d}y \tag{7.5.2}$$

其中，$p(y)=\sum_{x\in\mathcal{X}}p(x)W(y|x)$。

1. 格雷映射的调制极化

在 BIPCM 框架中，引入比特交织器消除比特之间的相关性，此时编码与调制可以看作两个独立模块。信道 W 分解为 m 个并行调制比特子信道 $\{W_i\}$，其中，$W_i:\mathcal{C}\to\mathcal{Y}$，$\mathcal{C}=\{0,1\}$。第 i 个并行调制比特子信道 W_i 的信道转移概率为

$$W_i(y|c)=\frac{1}{2^{m-1}}\sum_{x\in\mathcal{X}_c^i}W(y|x) \tag{7.5.3}$$

其中，$\mathcal{X}_c^i$ 为第 i 比特等于 c 的比特序列所对应的星座点的集合，即

$$\mathcal{X}_c^i=\left\{x\,|\,L^i(x)=c\right\} \tag{7.5.4}$$

其中，$L^i(x)$ 代表映射到 x 的比特序列的第 i 个比特取值。由此，并行调制比特子信道 W_i 的互信息定义如下：

$$I(W_i)=I(c_i;Y)=\frac{1}{2}\sum_{c=0}^{1}\int_{-\infty}^{+\infty}W_i(y|c)\log_2\frac{W_i(y|c)}{p(y)}\mathrm{d}y \tag{7.5.5}$$

其中，$p(y)=\frac{1}{2}\sum_{c=0}^{1}W_i(y|c)$ 为输出符号等于 y 的概率。

在 BIPCM 框架下，各比特解调相互独立，系统容量为子信道容量之和，即 BICM 容量：

$$I_{\text{BICM}}(W)=\sum_{i=1}^{m}I(W_i) \tag{7.5.6}$$

由式(7.5.6)与式(7.5.5)可知，系统容量 $I_{\text{BICM}}(W)$ 依赖于星座点分布以及星座映射方式。基于信息不增性原理，Caire 等证明 BICM 容量小于信道互信息(调制容量)[35]，即 $I_{\text{BICM}}(W)\leqslant I(W)$，也就是并行解调会带来互信息损失。由于格雷映射的比特不相关，因此 BIPCM 框架通常采用这种映射来获得较优的性能。

表 7.5.1 给出 16PAM 星座格雷映射表，$\{-15,-13,\cdots,13,15\}$ 为 16PAM 各星座点坐标，比特向量 c_1^4 映射到星座点，从表 7.5.1 中可以看出相邻两个星座点对应的比特序列汉明距离均为 1。需要注意，由于 I/Q 两路相互独立，因此 16PAM 也等价于 256QAM。

表 7.5.1 16PAM 星座格雷映射

星座点坐标	−15	−13	−11	−9	−7	−5	−3	−1	1	3	5	7	9	11	13	15
c_1	0	0	0	0	0	0	0	0	1	1	1	1	1	1	1	1
c_2	0	0	0	0	1	1	1	1	1	1	1	1	0	0	0	0
c_3	0	0	1	1	1	1	0	0	0	0	1	1	1	1	0	0
c_4	0	1	1	0	0	1	1	0	0	1	1	0	0	1	1	0

图 7.5.2 为 16PAM 星座采用格雷映射的调制比特子信道互信息。由图可知，各个子信道的容量存在差异，其中，第一比特容量最大，第二比特次之，第四比特最小。上述结果说明，采用格雷映射的调制比特子信道之间存在容量/可靠性差异，可以看作一种广义的极化现象，称为调制极化。

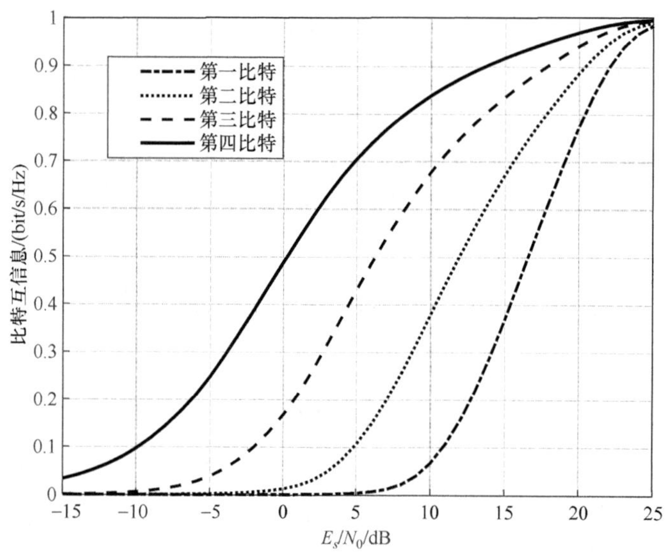

图 7.5.2 16PAM 星座采用格雷映射调制比特子信道互信息

AWGN 信道下，16PAM 星座采用格雷映射的 BICM 容量与信道互信息对比如图 7.5.3 所示，图中信道互信息根据式(7.5.2)计算得到。由图可知，与调制容量相比，BICM 容量存在一定的损失。因此在 AWGN 信道下，BICM 是一种次优方案。

2. 集分割映射的调制极化

在 MLC-PCM 框架中，M 维输入信道 W 分解为 m 个串行调制比特子信道 $\{W_i\}$，其中，$W_i:\mathcal{C}\to\mathcal{Y}\times\mathcal{C}^{i-1}$。信道 W_i 的信道转移概率定义为

$$W_i\left(y,c_{1:i-1}\mid c_i\right)=\frac{1}{2^{m-1}}\sum_{c_{i+1:m}}W\left(y\middle|L\left(c_{1:m}\right)\right) \tag{7.5.7}$$

相应地，调制比特子信道 W_i 的互信息定义如下：

$$
\begin{aligned}
I\left(W_i\right) &= I\left(c_i;Y,c_{1:i-1}\right) \\
&= \frac{1}{2}\sum_{c_{1:i-1}}\sum_{c=0}^{1}\int_{-\infty}^{+\infty} W_i\left(y,c_{1:i-1}\middle|c\right)\log_2\frac{W_i\left(y,c_{1:i-1}\middle|c\right)}{W_i\left(y,c_{1:i-1}\right)}\mathrm{d}y
\end{aligned}
\tag{7.5.8}
$$

其中，$W_i\left(y,c_{1:i-1}\right)=\frac{1}{2}\sum_{c=0}^{1}W_i\left(y,c_{1:i-1}\middle|c\right)$。

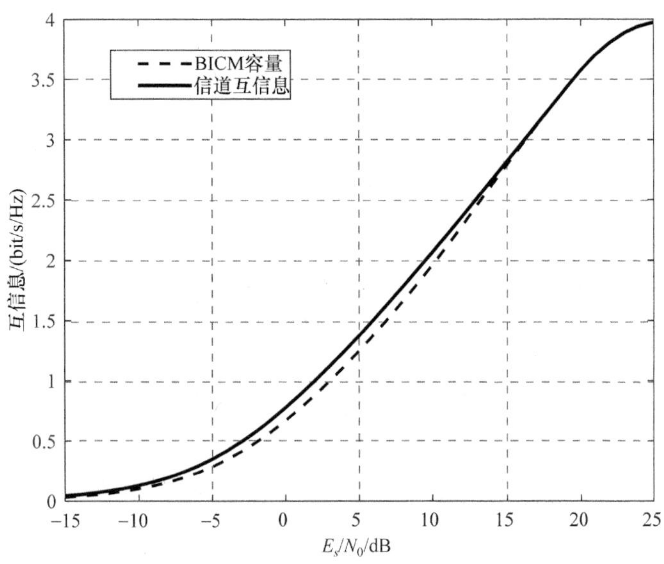

图 7.5.3　采用格雷映射的 16PAM 星座 BICM 容量与信道互信息对比

根据互信息链式法则，可得 $I\left(W\right)=\sum_{i=1}^{m}I\left(W_i\right)\geqslant I_{\mathrm{BICM}}$，因此采用 MLC-PCM 方案不会造成互信息损失，在 AWGN 信道下，比 BIPCM 性能更好。对于极化码而言，极化现象越显著，性能越优越。依据同样的原理，调制极化也应当增大调制比特子信道的可靠性差异。在 MLC-PCM 框架中，Seidl 等[36]提出采用集分割(SP)映射，增强极化效应。

在集分割(SP)映射中，每级比特映射为星座点的子集，保证比特序号从小到大进行分割时，信号子集之间最小欧氏距离逐渐增大。表 7.5.2 给出了 16PAM 星座的 SP 映射表，可以看出，第一比特 0,1 子集之间的最小欧氏距离为 2，给定第一比特时，第二比特子集之间的最小欧氏距离为 4，第三比特、第四比特子集之间的最小欧氏距离分别为 8、16。可见，星座点之间的欧氏距离逐级增加。

表 7.5.2　16PAM 星座集分割(SP)映射

星座点坐标	−15	−13	−11	−9	−7	−5	−3	−1	1	3	5	7	9	11	13	15
c_1	0	1	0	1	0	1	0	1	0	1	0	1	0	1	0	1
c_2	0	0	1	1	0	0	1	1	0	0	1	1	0	0	1	1
c_3	0	0	0	0	1	1	1	1	0	0	0	0	1	1	1	1
c_4	0	0	0	0	0	0	0	0	1	1	1	1	1	1	1	1

图 7.5.4 给出了 AWGN 信道下，16PAM 调制采用集分割映射时，各比特子信道的容量分布。由图可知，第一比特～第四比特的互信息逐渐变大，各个比特之间存在显著的容量差异，调制极化现象非常明显。并且，对比图 7.5.4 与图 7.5.2 可知，集分割映射的第一比特子信道容量优于格雷映射的第一比特子信道容量，而集分割映射的第四比特子信道容量小于格雷映射的第四比特子信道容量。由此可见，集分割映射的信道极化效应比格雷映射更显著。

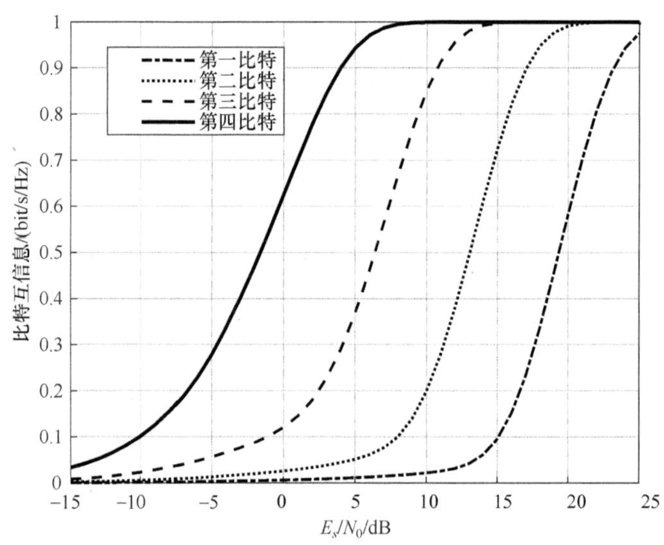

图 7.5.4 16PAM 星座 SP 映射调制比特子信道互信息

7.5.2 比特交织极化编码调制

比特交织极化编码调制(BIPCM)，通过交织器，将极化码与星座调制级联，把原始调制信道转换为一组并行的 B-DMC 信道，适配极化码码长与调制阶数，提升系统性能。

1. 系统架构

BIPCM 的系统架构如图 7.5.5 所示，包括两级结构：首先将 2^m 进制输入调制信道拆分为 m 个并行的、独立的二进制输入无记忆信道(B-DMC)；然后采用极化编码进行信道映射与适配。适配极化码码长，需额外增加容量为零的虚拟信道，使得并行信道数目为 2 的幂次。

BIPCM 方案的具体实现步骤如下。

(1) 由 K 个信息比特和 $N-K$ 个固定比特组成的源序列 u_1^N 经过极化编码得到编码序列 x_1^N，其中，$x_1^N=\boldsymbol{G}_N\cdot u_1^N$。

(2) 编码序列 x_1^N 通过串/并变换被分割成 J 个比特流 $s_{1,(j)}^{N/J}$，各流中的元素 $s_{k,(j)}=x_{J(k-1)+j}$，其中，$j\in\{1,2,\cdots,J\}, k\in\{1,2,\cdots,N/J\}$。

(3) 各流通过一个信道映射 $\mathcal{M}:\{1,2,\cdots,J\}\to\{1,2,\cdots,J\}$ 进行一次置换，即对所有 $k\in\{1,2,\cdots,N/J\}$ 和 $j\in\{1,2,\cdots,J\}$，有

$$t_{k,\mathcal{M}(j)} = s_{k,(j)} \tag{7.5.9}$$

其中，信道映射 $\mathcal{M}$ 根据等容量分割原则得到。

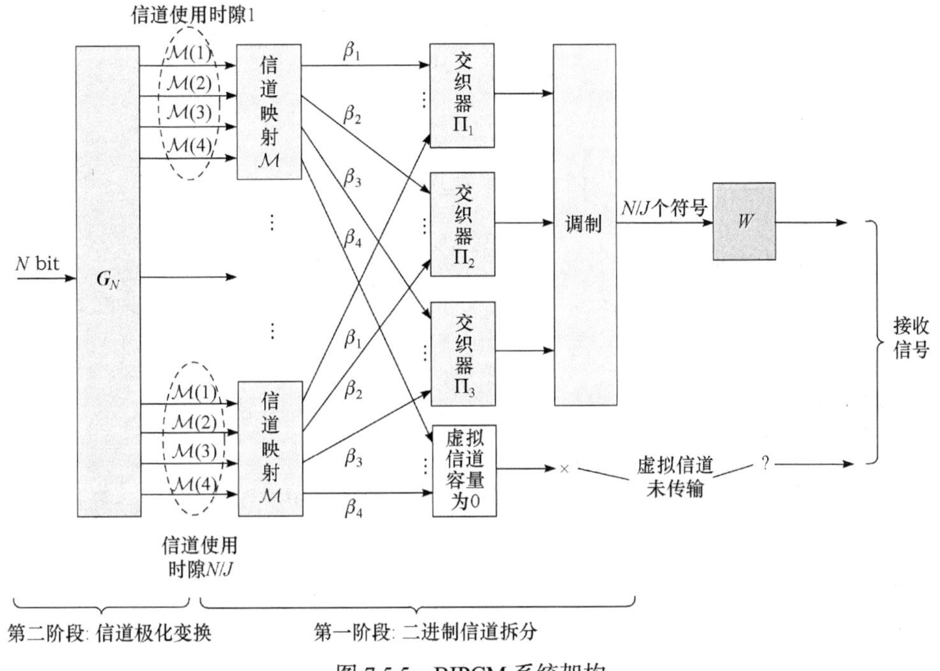

图 7.5.5　BIPCM 系统架构

(4) 将步骤(3)中得到的 J 个置换后的比特流中的前 m 个，即序号为 $j \in \{1,2,\cdots,m\}$ 的序列 $t_{1,(j)}^{N/J}$ 分别经过一个长度为 N/J 的随机交织器。从交织后得到的 m 个序列中分别取 1 个比特，构成 N/J 个二进制 m 元组。这些 m 元组经过 2^m 进制调制后得到符号序列 $a_1^{N/J}$ 并被送入信道进行传输。其余的 $J-m$ 个序列，即序号为 $j \in \{m+1, m+2, \cdots, J\}$ 的 $t_{1,(j)}^{N/J}$，则直接丢弃不传。

(5) 在收端，根据接收信号 $y_1^{N/J}$，并经过解交织、解信道映射后，得到编码序列 x_1^N 的 LLR 值，并据此使用 SC 算法或者其他增强 SC 算法进行译码。

2. 子信道映射

基于第 3 章信道极化理论，BIPCM 系统采用等容量分割子信道映射方案，其流程如下所述。

给定一组并行信道，其中包含 $J=2^d, d=1,2,\cdots,J$ 个相互独立的二进制输入子信道 $\{W_1, W_2, \cdots, W_J\}$，各子信道的容量分别为 $\{I(W_1), I(W_2), \cdots, I(W_J)\}$。目标极化码码长为 $N=2^n, n \geqslant d$。由信息比特和固定比特组成的源序列 u_1^N 经过变换 $\boldsymbol{G}_N$ 后，得到编码比特 x_1^N。取每个子信道 W_j 的 N/J 个可用时隙，得到 N 个信道 $w_{j,k}$，其中，$j=1,2,\cdots,J$，$k=1,2,\cdots,N/J$。然后，对 $i \in \{1,2,\cdots,N\}$，编码比特 x_i 通过信道 $W_{\pi(i)}$ 进行传输，其中信道映射 π 根据以下方法决定。

令 $\mathcal{S}$ 表示 J 个并行子信道的集合，即 $\mathcal{S}=\{W_1,W_2,\cdots,W_J\}$。用 $\left\{\mathcal{S}_{b_1b_2\cdots b_i}\right\}$ 表示集合 $\mathcal{S}$ 的一个分割，其中下标 $b_1b_2\cdots b_i$ 是一个二进制序列，每一个集合 $\mathcal{S}_{b_1b_2\cdots b_i}$ 包含的信道个数为 2^{d-i}。信道集合 $\mathcal{S}_{b_1b_2\cdots b_i}$ 中的平均信道容量为

$$\overline{I}_{b_1b_2\cdots b_i}=\frac{1}{2^{d-i}}\sum_{W'\in\mathcal{S}_{b_1b_2\cdots b_i}} I\left(W'\right) \tag{7.5.10}$$

(1) 计算给定并行信道的平均信道容量 $\overline{I}=\frac{1}{J}\sum_{j=1}^{J}I\left(W_j\right)$。

(2) 将所有 J 的子信道 $\{W_1,W_2,\cdots,W_J\}$ 构成信道集合 $\mathcal{S}$。

(3) 将 $\mathcal{S}$ 分割成两个子集 $\mathcal{S}_{b_1=0}$ 与 $\mathcal{S}_{b_1=1}$，使得 $\overline{I}_0$ 与 $\overline{I}_1$ 都尽可能地接近 $\overline{I}$，即使得 $\left(\overline{I}_0-\overline{I}\right)^2+\left(\overline{I}_1-\overline{I}\right)^2$ 的值尽可能小。

(4) 将各个 $\mathcal{S}_{b_1b_2\cdots b_i}$ 进一步分割为 $\mathcal{S}_{b_1b_2\cdots b_i0}$ 与 $\mathcal{S}_{b_1b_2\cdots b_i1}$，同样地，使 $\overline{I}_{b_1b_2\cdots b_{i+1}}$ 尽可能地接近 $\overline{I}$。

(5) 重复步骤(4)，直到子集数量增加到 J。此时，每一个子集 $\mathcal{S}_{b_1b_2\cdots b_d}$ 都仅包含一个信道。

(6) 假定在某一个集合 $\mathcal{S}_{b_1b_2\cdots b_d}$ 中的信道是第 j 个子信道 W_j，那么信道映射根据以下逆映射的方式确定：

$$\pi^{-1}\left(j,k\right)=J\left(k-1\right)+D\left(b_1b_2\cdots b_d\right)+1 \tag{7.5.11}$$

其中，$j\in\{1,2,\cdots,J\}$，$k=1,2,\cdots,N/J$。函数 $D\left(b_1b_2\cdots b_d\right)$ 将二进制序列转成对应的十进制数。

为了便于理解等容量分割准则的信道映射方案，图 7.5.6 给出了 64 进制编码调制下的信道映射方案示例，为了满足 2 的幂次约束，需要引入两个容量为 0 的虚拟信道 W_7 和 W_8，$\mathcal{M}$ 即所求的信道映射准则。

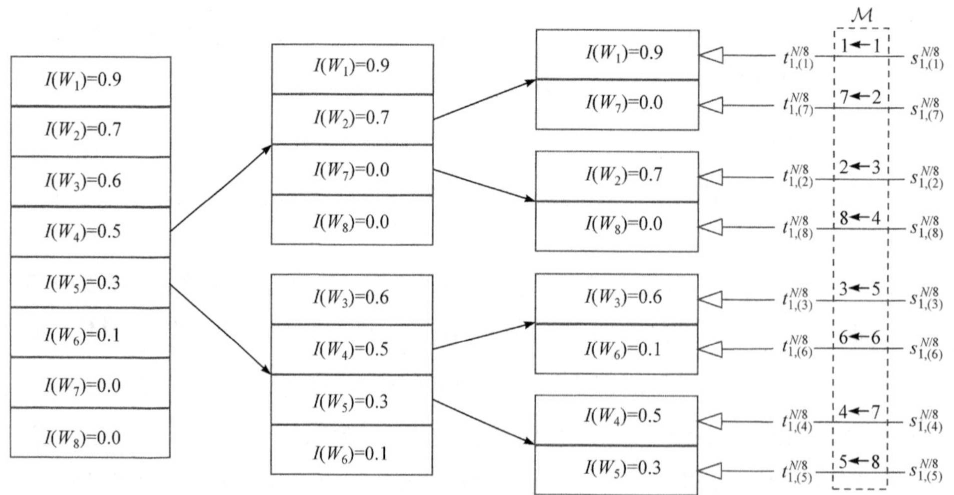

图 7.5.6 64 进制编码调制下的信道映射方案示例，其中 W_7 和 W_8 为虚拟信道

3. 速率适配

在 BIPCM 系统中，采用 QUP 算法实现速率适配极化码，需要对两个部分进行优化设计：其一是引入凿孔操作后的极化码构造，其二是最佳凿孔比特位置的选择。

对于第一个问题，即凿孔场景下的极化码构造，其本质是构造一个信道变换，并从极化信道中选择可靠性最高的 K 个用以承载信息比特。在凿孔操作中被删去的 $N-mJ$ 个比特，由于并没有通过实际信道进行传输，在接收端无法获取相应的软信息。因此在接收端进行译码时，这些比特的对数似然比(LLR)直接设置为零，或者等价地，设置对应的后验概率值为 $\Pr\left(x=0|y\right)=\Pr\left(x=1|y\right)=0.5$。对于译码器来说，等价于这部分凿去的比特是经过了一组容量 $I\left(W\right)=0$ 的信道接收得到的。

因此，构造凿孔极化码时，相当于在一组由 M 个实际信道 W 和 $N-mJ$ 个容量为零的虚拟信道 W_v 构成的并行信道上进行信道变换 $\boldsymbol{G}_N$，并从中选取错误概率最低的 K 个极化信道作为信息比特信道，其中各个极化信道的错误概率可以通过高斯近似(GA)等方法得到。

针对第二个问题，即最佳凿孔比特位置的选择。根据以上讨论，凿孔下的信道极化可以看作一个并行信道极化问题。虚拟信道 W_v 的位置对应于凿孔比特的位置，因此，凿孔比特位置的选择问题实际上就是一个子信道映射的问题，更直接地，就是 mJ 个实际信道 W 和 $N-mJ$ 个容量为零的虚拟信道 W_v 的排列问题。在码长有限的情况下，此排列顺序对于最终极化码的性能有重要影响，下面给出任意码长的速率适配方案。

首先定义一个 N 长的序列 $p_1^N=\left(p_1,p_2,\cdots,p_N\right)$，$j=1,2,\cdots,N$，用以指示凿孔比特的位置，$N=2^n$，$n=1,2,\cdots$，称该序列 p_1^N 为“凿孔图样”。其中，若 $p_i=0$，则表示在该凿孔图样下需要凿掉第 j 个编码比特。

对一个原始码长为 N 的极化码进行凿孔，目标凿孔后编码码字的长度为 mJ，即需要从原码字中凿去 $N-mJ$ 个比特，则凿孔图样 p_1^N 按以下方法确定。

(1) 初始化一个长度为 N 的辅助序列 q_1^N，设置 q_1^N 的前 $N-mJ$ 个元素为 0，后 mJ 个序列为 1，即

$$q_1^N=\left\{\underbrace{0,0,\cdots,0}_{N-mJ\text{个}},\underbrace{1,1,\cdots,1}_{mJ\text{个}}\right\} \tag{7.5.12}$$

(2) 对以上 q_1^N 中各元素进行比特反序重排列，得到所求凿孔图样 p_1^N，即对每一个 $j=1,2,\cdots,N$，有

$$p_j=p_{D(b_1b_2\cdots b_n)}=q_{D(b_nb_{n-1}\cdots b_1)} \tag{7.5.13}$$

其中，函数 $D\left(b_1b_2\cdots b_n\right)$ 将一个 n 长的二进制序列 $b_1b_2\cdots b_n$，以 b_1 为最高位（MSB）、b_n 为最低位（LSB），转成一个十进制数：

$$D\left(b_1b_2\cdots b_n\right)=1+\sum_{j=1}^{n}b_j\cdot 2^{n-j} \tag{7.5.14}$$

按照上述方式可以得到最终的凿孔图样，在比特交织极化编码场景下等容量分割是

一种较优准则，参照该准则，比特子信道映射方案可以按照以下方法确定。

(1) 首先对 m 个比特子信道 $\{W_1,W_2,\cdots,W_m\}$ 按照容量从小到大的顺序进行排列，第 i 个比特子信道 W_i 对应位置记为 $\pi(i)$，其逆映射函数记为 π^{-1}，满足 $\pi^{-1}(\pi(i))=i$。

(2) 将容量最大和最小所对应的比特子信道作为第一、二个位置所对应的序号，次大和次小作为第三、四个位置所对应的序号，依次进行下去得到最终序号序列。定义该序号序列为 r_1^m，$r_i\in\{1,2,\cdots,m\}$。

当 $m=2k,k\in N^+$ 时，可得

$$\begin{cases}r_{2l-1}=\pi^{-1}(l)\\ r_{2l}=\pi^{-1}(2k-l)\end{cases} \tag{7.5.15}$$

当 $m=2k-1,k\in N^+$ 时，可得：

① 当 $l<k$ 时，$\begin{cases}r_{2l-1}=\pi^{-1}(l)\\ r_{2l}=\pi^{-1}(2k-l)\end{cases}$；

② 当 $l=k$ 时，$r_{2l-1}=\pi^{-1}(l)$。

(3) 将得到的序号序列 r_1^m 重复 J 次得到序列 u_1^{mJ}，可表示为

$$u_1^{mJ}=\left\{\underbrace{r_1^m,r_1^m,\cdots,r_1^m}_{J\text{个}}\right\} \tag{7.5.16}$$

将得到的序列 u_1^{mJ} 顺序依次填入凿孔图样 p_1^N 中取值为 1 的位置，得到最终的映射方式。其中，$p_j=0$ 表示第 j 个位置为凿孔位置，$p_j=i,i\in\{1,2,\cdots,m\}$ 表示第 j 个位置作为第 i 个比特子信道进行传输。

7.5.3　多级极化编码调制

由于引入了交织器，BIPCM 架构中，极化码与星座调制实际上是相互独立的，因此会导致容量损失。更好的极化方案是多级极化编码调制(MLC-PCM)，将编码极化与调制极化进行匹配，从而达到信道容量极限。

1. 系统架构

MLC-PCM 的发送端采用多个编码器，接收端采用 MSD(Multistage Demodulation)解调方式。图 7.5.7 是 MLC-PCM 的系统结构，其中，N 为每个编码器码长，总码长为 mN，采用 $M=2^m$ 维调制方式。

如图 7.5.7 所示，MLC-PCM 可以看作两级信道极化变换，第 1 阶段就是将 2^m 进制输入信道 W 变换到 $\{W_1,W_2,\cdots,W_m\}$，第 2 阶段则是逐个基于 W_j 进行信道变换 $\boldsymbol{G}_N$，其中，$N=2^n,n=1,2,3,\cdots$。得到比特极化信道 $W_{m,N}^{(i)}:\{0,1\}\to\mathcal{Y}^N\times\{0,1\}^{i-1},i=1,2,\cdots,mN$，其中，上标 i 对应的信道 $W_{m,N}^{(i)}$ 是从 $W_{\lceil i/N\rceil}$ 通过极化变换而来的。与传统极化码类似，在计算所有 mN 个极化信道的可靠性之后，选择最可靠的 K 个用以承载信息比特。为了适配码长，也可以采用 QUP 凿孔方式，不再赘述。

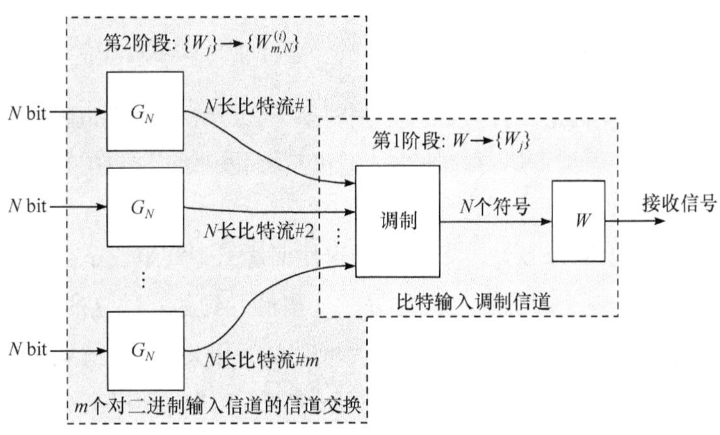

图 7.5.7　MLC-PCM 系统结构

MLC-PCM 方案从信源序列 u_1^{mN} 到发送符号序列映射如图 7.5.8 所示，分成如下两个步骤。

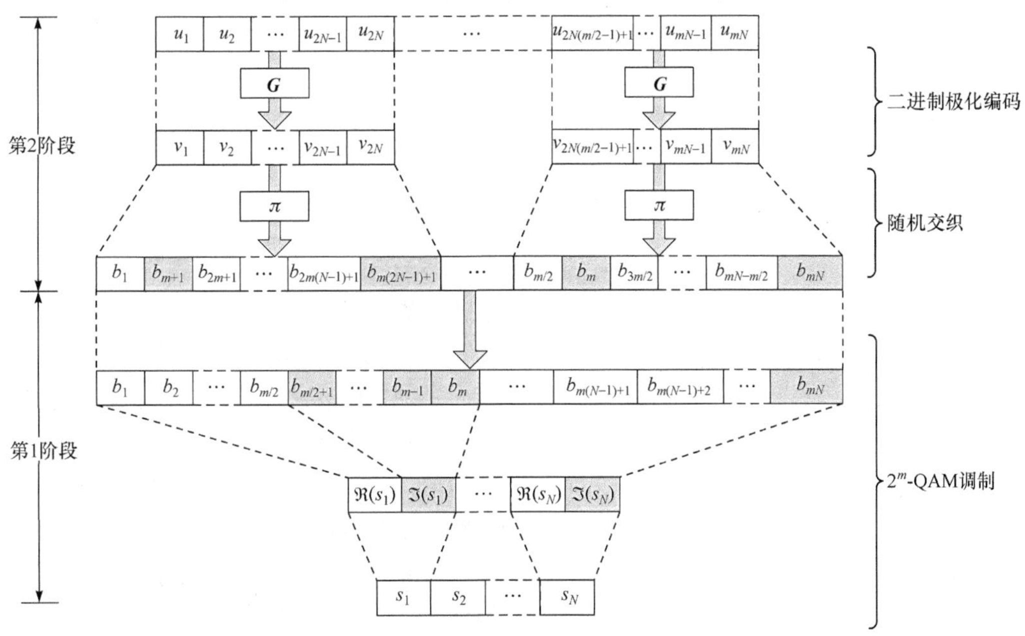

图 7.5.8　MLC-PCM 方案从序列 u_1^{mN} 到发送符号序列的映射关系

(1) 在 2^m 进制 QAM 调制下，调制阶数 $m=2,4,6,\cdots$。通过将调制视作一种信道变换，调制过程对应的 2^m 进制输入信道 W 变换到 $\{W_1,W_2,\cdots,W_m\}$。不失一般性，设定前一半信道，即序号为 $j\in\left\{1,2,\cdots,\frac{m}{2}\right\}$ 的 W_j，对应输出调制符号的实部；后一半，即序号为 $j\in\left\{\frac{m}{2}+1,\cdots,m-1,m\right\}$ 的 W_j，则对应输出调制符号的虚部。比特到符号的映射方案采用 7.5.1 节所述的集分割映射，以获得较好的极化效果。

(2) 对每一个 $j\in\{1,2,\cdots,m\}$，在 $W_{k,j}$ 的 N 个可用时隙上进行编码极化变换。

注意，在步骤(1)调制极化变换以后，每一个 $j\in\left\{1,2,\cdots,\frac{m}{2}\right\}$ 对应的信道 W_j 与 $W_{j+m/2}$ 为相互独立的实数 AWGN 信道，并且在集分割映射下，QAM 实部和虚部具有相同的星座映射规则。为了在有限码长下尽可能地对信道进行极化，可以在 $\{W_j\}$ 与 $\{W_{j+m/2}\}$ 之间再进行一次单步极化操作。

由 W_j 的 N 个可用时隙以及 $W_{j+m/2}$ 的 N 个可用时隙，一共组成了 $2N$ 个二进制输入信道。由于对于特定的某一个时隙 t，W_j 与 $W_{j+m/2}$ 虽然受到相互独立的高斯噪声干扰，却具有相同的实时信道衰落系数 h。为了消除后者带来的相关性，首先需要对 W_j 的 N 个可用时隙以及 $W_{j+m/2}$ 的 N 个可用时隙，分别在时间维度 t 上进行随机交织；然后在所得到的 $2N$ 个信道上进行维度为 $2N\times 2N$ 的二进制信道极化变换 $\boldsymbol{G}$，最终得到 $W_j^{(i)}$，其中，$i\in\{1,2,\cdots,2N\}$，$j\in\left\{1,2,\cdots,\frac{m}{2}\right\}$。选择最可靠的 K 个极化信道用以传输信息比特 $u_{\mathcal{A}}$，其他的则用以传输固定比特 $u_{\mathcal{A}^c}$。由于步骤(2)在实部和虚部之间额外增加了一次极化，极化信道的序号表达式为

$$\mathcal{A}\in\left\{2(j-1)N+i\,\middle|\,i\in\{1,2,\cdots,2N\},\quad j\in\left\{1,2,\cdots,\frac{m}{2}\right\}\right\} \tag{7.5.17}$$

2. 检测与译码处理

与 BIPCM 不同，由于 MLC-PCM 方案构成了复合极化信道，其检测与译码过程是联合进行的，整体构成串行抵消(SC)结构，如图 7.5.9 所示。具体流程描述如下。

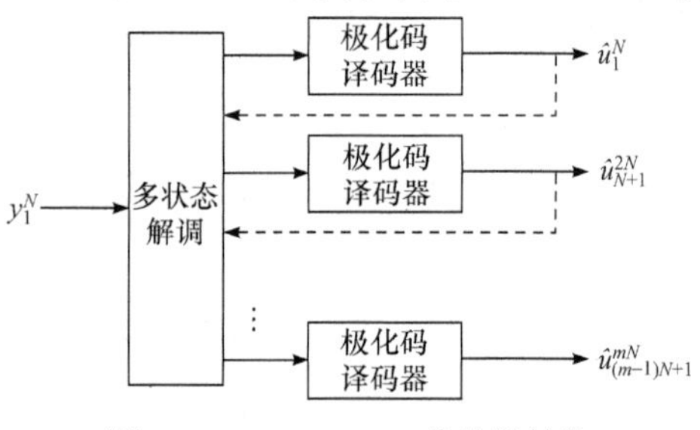

图 7.5.9 MLC-PCM 接收机结构

(1) 根据接收符号序列 y_1^N，计算得到第一个比特流 N 个比特的软信息。

(2) 将比特软信息送入第一个译码器中得到信源估计序列 $\hat{u}_1^N$，然后将该译码结果经过编码送入解调器中辅助第二个比特流进行 MSD 解调，如图 7.5.9 中虚线所示。

(3) 按照上述过程依次进行下去，直到第 m 个比特流译码完成。

注意，上述结构也可以应用 SCL 算法，此时，每个译码器反馈一组候选路径列表，可以看作硬判决反馈。另外，如果反馈候选路径的软信息，则检测性能还可以进一步提高。

AWGN 信道下，BIPCM 与 WCDMA 系统中所使用的 Turbo 编码调制的 BLER 性能对比如图 7.5.10 所示，其中，码长均设为 $N=1536$、码率 $R=1/3$，调制方式采用 64QAM。对 BIPCM 方案，SCS 与 CA-SCS 的搜索宽度设置为 L=32。对 Turbo 编码调制方案，采用 Log-MAP 算法进行迭代译码，最大迭代次数 $I_{\max}=8$。如图 7.5.10 所示，使用 SCS/CA-SCS 译码，BIPCM 方案的 BLER 性能有显著的性能增益。其中，在 CA-SCS 译码下 BIPCM 方案相比 Turbo 编码调制方案能够多获得 0.5dB 的性能增益，并且 Turbo 编码调制方案在 BLER 为 10^{-3} 就出现

了误码平台现象，而 BIPCM 直到 BLER 小于10^{-4}，也没有出现错误平台。

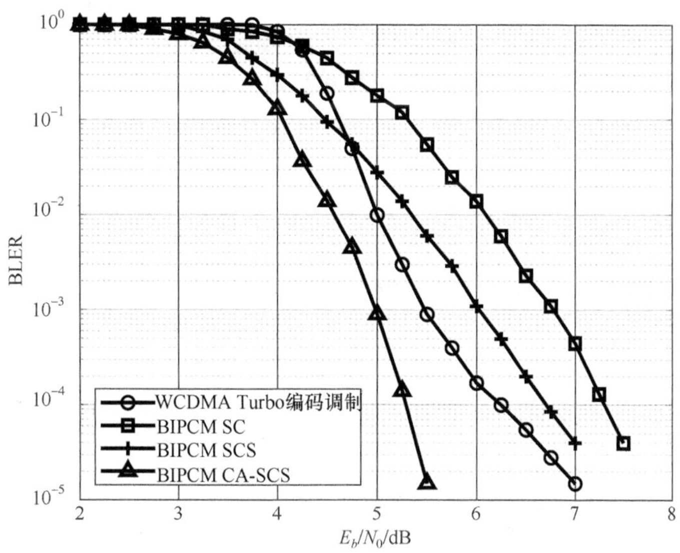

图 7.5.10　AWGN 信道下 BIPCM 与 Turbo 编码调制方案的性能比较

类似地，图 7.5.11 给出了 AWGN 信道下，采用 64QAM 调制的 MLC-PCM 与 Turbo 编码调制方案的对比。两种方案均配置为信息序列长度 $K=512$、码率 $R=1/3$，实际传输的符号数和比特数分别为 $N=256$ 和 $mN=1536$。对 MLC-PCM 方案，采用 SC 算法和 CA-SCL 算法进行译码，其中，CA-SCL 的搜索宽度设置为 L=32；对 Turbo 编码调制方案采用 Log-MAP 算法，最大迭代次数 I_{max}=8。在 MLC-PCM 方案中，星座映射方案采用集分割映射与格雷映射。

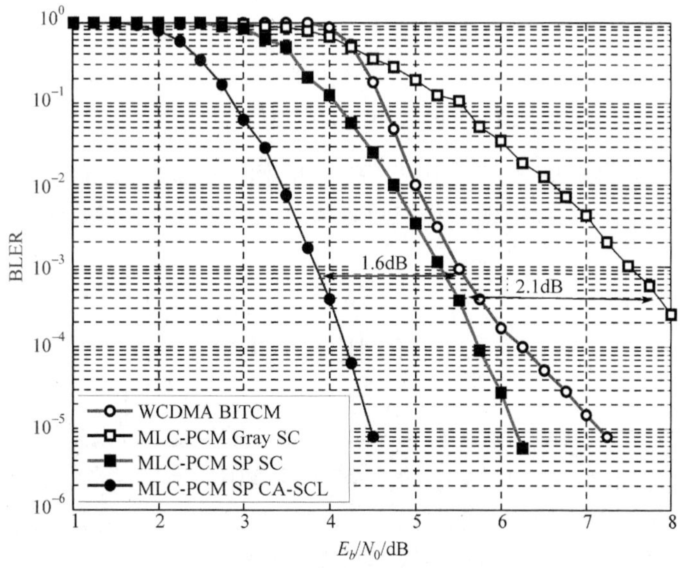

图 7.5.11　AWGN 信道下 MLC-PCM 方案与 Turbo 编码调制方案(BITCM)BLER 性能对比

仿真结果显示，在 SC 译码下，SP 映射 MLC-PCM 比格雷映射方案多获得 2.1dB 的编码增益。可见星座映射对 MLC-PCM 性能有重要影响。在 CA-SCL 译码算法下，MLC-PCM 相比 Turbo 编码调制方案(BITCM)能够获得 1.6dB 增益，且没有出现误码平台现象。

进一步，对比图 7.5.10 的 BIPCM 性能曲线，由于进行了编码极化与调制极化的联合优化，在 SC 和 CA-SCL/SCS 译码下，MLC-PCM 能够比 BIPCM 方案分别多获得 1.5dB 和 1.1dB 的性能增益。

图 7.5.12 给出了 Rayleigh 信道下调制方式为 QPSK/16QAM/64QAM、码长为 512、码率为 1/2 与 2/3、极化编码调制(MLC-PCM)与 LTE Turbo 编码调制在误块率(BLER)为 10^{-4} 时的频谱效率对比。译码采用 CA-SCL 算法。Turbo 码编码采用 LTE 标准，译码采用 Log-MAP 算法。

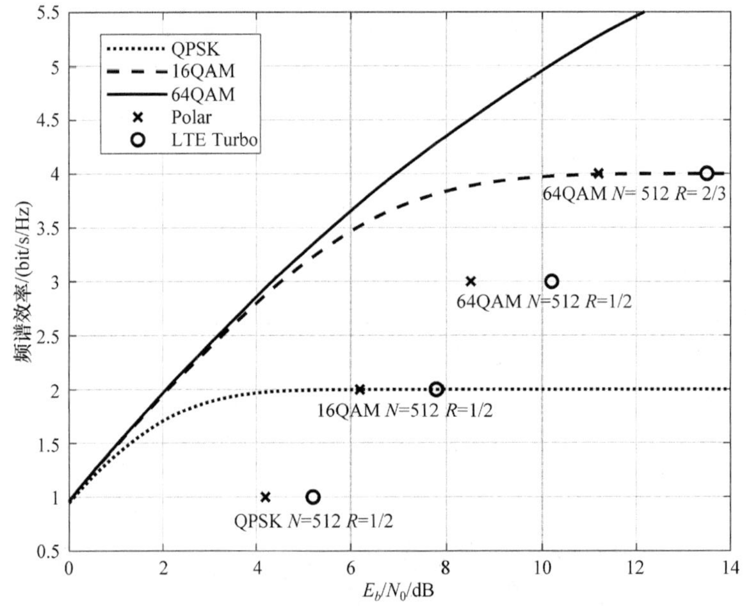

图 7.5.12 Rayleigh 信道下极化编码调制与 LTE Turbo 编码调制性能的对比

由图 7.5.12 可知，Rayleigh 信道下，MLC-PCM 相对于 LTE Turbo 编码调制有 1～2.5dB 的性能增益，并且调制阶数越高，性能增益越大。由此可见，极化编码调制是提高频谱效率的有效手段。

7.6 极化编码成形

为了进一步提升编码调制系统在 AWGN 信道中的性能，可以采用星座成形(Shaping)技术。根据信息论理论，在功率受限的 AWGN 信道中，当且仅当信源服从高斯分布时，可以达到信道容量。采用传统规则星座，当星座维度无限大时，信道互信息会存在 1.53dB 的损失[48]。常用的成形方案包括概率成形与几何成形。

Kschischang 与 Pasupathy 最早提出了概率成形方案[49]，即采用规则星座结构，但编码方式使得星座信号点不等概分布。Forney 最早提出了 Trellis Shaping 成形方案[50]，该方案能够获得 1dB 左右的增益。Gallager 提出另外一种提高信道互信息的方式[51]，即将较多的比特序列分配映射到功率较小的星座点，将较少的比特序列分配映射到功率较大的星座点。在保证最小欧氏距离不变的前提下，可以降低输入信号功率。进一步，Raphaeli 等设计出一种变速率的 Turbo 编码调制框架[52]，从而实现概率成形。

另一种方案是几何成形，即根据高斯分布配置星座图上信号点的位置，从而逼近信道容量。Sun 等[53]首次提出一种等概分布的不均匀星座，当星座点集合趋近于无穷大时，可达信道容量。Schwarte[54]提出了任意维度下，可达高斯信道容量的等概分布星座图存在的充分条件。

目前关于极化编码调制星座成形的工作相对较少，周德坤与牛凯等设计了 BIPCM 系统的概率成形方案[55,56]，相对等概分布有明显增益。İşcan 等提出了 MLC-PCM 框架下的概率成形方案[57, 58]，系统性能获得了显著的提升。Fayyaz[59]针对 BIPCM-ID 框架提出星座映射优化方案，但是相对于传统的 BIPCM 和 MLC-PCM 仍然存在一定的性能差异。

7.6.1　概率成形方案

极化编码调制的概率成形方案，首先将 0/1 等概的 Bernoulli 分布转换为近似高斯分布，并且从极化效应角度设计信号映射方式，从而获得性能增益。在 AWGN 信道中，由于 I/Q 两路相互独立，因此下面仅考虑一维星座成形方案，二维 MQAM 星座的情况可以直接推广。

1. 概率成形框架

基于 BIPCM 的概率成形(Shaping BIPCM，SBIPCM)框架如图 7.6.1 所示，发送端采用 m 个码长为 N 的极化编码器得到 m 路码字序列，然后经过比特交织器得到 m 路比特流。每次从 m 路比特流的相同位置取出 1 个比特得到 N 个长度为 m 的比特序列，最后将长度为 m 的比特序列 c_1^m 映射到 2^s 维星座图中得到长度为 N 的符号序列 x_1^N，送入信道进行传输。映射函数 L 满足

$$L:\mathcal{C}^m \to \mathcal{X} \tag{7.6.1}$$

其中，$\mathcal{X}$ 为星座图集合，$|\mathcal{X}|=2^s$。

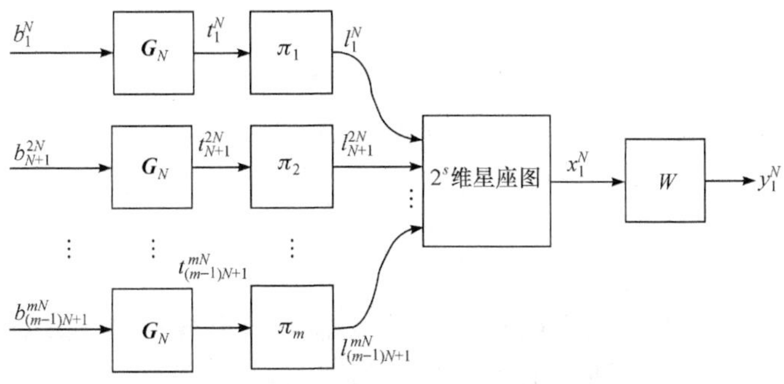

图 7.6.1　极化编码调制概率成形框架

为了实现不等概率传输，需采用多对一映射策略，即 $m>s$。特别地，当 $m=s$ 时，为等概分布星座。同样地，2^s 维输入信道可以拆分为 m 个并行调制比特子信道 $\{W_i\}$。不

同于 BIPCM 中星座图采用一对一映射，在 SBIPCM 中并行子信道 W_i 的信道转移概率应改写为

$$W_i\left(y \mid c_i\right)=\frac{1}{2^{m-1}} \sum_{c_{\mathcal{I}'}} W\left(y \mid L\left(c_1^m\right)\right) \tag{7.6.2}$$

其中，$\mathcal{I}'=\mathcal{Z}_m \backslash\{i\}$。信道 W_i 互信息计算仍可采用式(7.5.5)进行计算，其 BICM 容量定义为

$$I_{\mathrm{BICM}}(W)=\sum_{i=1}^m I\left(W_i\right) \tag{7.6.3}$$

在接收端，符号序列 y_1^N 进行并行解调，得到 m 路长度为 N 的 LLR 序列取值。经过解交织器后分别送入极化译码器中，最后得到信源序列。由于 SBIPCM 框架中 m 个极化译码器可同时工作，故时延不会增加。SBIPCM 框架中极化码构造过程类似于 7.3.2 节互信息等效方法，将调制极化子信道 $\left\{W_i\right\}$ 等效为相同容量的 BI-AWGN 信道，确定对应的噪声方差，然后 m 个极化码分别进行高斯近似，得到所有极化子信道的可靠度。

2. 概率成形算法

同样，SBIPCM 框架性能取决于 BICM 容量 $I_{\mathrm{BICM}}(W)$，BICM 容量与星座点分布相关。任意 M 维 PAM 星座可由其最小欧氏距离 Δ 以及星座点概率分布确定。概率成形星座优化的目标是最大化 $I_{\mathrm{BICM}}(W)$，为了简化分析，可以将目标函数改为最大化信道互信息。

一般地，调制信道 $W: \mathcal{X} \rightarrow \mathcal{Y}$ 的互信息表示为

$$I(X ; Y)=h(Y)-h(Y \mid X) \tag{7.6.4}$$

其中，$h(\cdot)$ 为熵函数。对于概率分布为 $p(x)$ 的随机变量 X，其熵 $h(X)$ 定义为

$$h(X)=-\sum_x p(x) \log_2 p(x) \tag{7.6.5}$$

若 AWGN 信道 W 噪声 n 服从均值为 0、方差为 σ^2 的高斯分布，此时 $h(Y \mid X)=\frac{1}{2} \log_2\left(\sigma^2\right)$，式(7.6.4)改写为 $I(X ; Y)=h(Y)-\frac{1}{2} \log_2\left(\sigma^2\right)$，因此最大化信道互信息 $I(X ; Y)$ 等价于最大化输出符号熵 $h(Y)$。若输入信号平均功率为 P_0，则输出信号平均功率为

$$\begin{aligned} E\left[Y^2\right] & =E\left[(X+n)^2\right] \\ & =E\left[X^2\right]+2 E[X n]+E\left[n^2\right] \end{aligned} \tag{7.6.6}$$

由于输入信号与噪声相互独立，式(7.6.6)可改写为

$$\begin{aligned} E\left[Y^2\right] & =P_0+2 E[n] E[X]+\sigma^2 \\ & =P_0+\sigma^2 \end{aligned} \tag{7.6.7}$$

由信息论可知，在平均功率受限条件下，当信号服从高斯分布时，熵函数最大。因此，当且仅当输入信号 X 服从高斯分布时，相应的输出信号 Y 服从高斯分布，信道互信息可达到信道容量。

为了使得输入信号 X 逼近高斯分布，对于任意星座点取值 x，其概率应服从 Maxwell-Boltzmann 分布[49]，定义为

$$P(x) = A\mathrm{e}^{-cx^2}, \quad c > 0 \tag{7.6.8}$$

其中，系数 A 用来保证概率和归一化，满足

$$A = \frac{1}{\sum_x \mathrm{e}^{-cx^2}} \tag{7.6.9}$$

参数 c 用于平衡输入信号 X 的平均功率和概率分布。当 $c=0$ 时，星座图中各信号点概率相等。当 c 逐渐增大时，星座图集中于原点附近。可以证明，输入信号 X 的平均功率是参数 c 的单调减函数，因此给定传输功率，可采用二分法搜索得到参数 c 。

以 16PAM 星座举例说明，其星座点集合 $\mathcal{X} = \{-15,-13,\cdots,13,15\}$ 。给定星座图平均功率为 $P_0 = 45$ ，此时可得参数 $c = 9.267\times10^{-3}$ ，星座点概率分布如图 7.6.2 所示。由图可知，星座图概率分布呈现两端对称，且越靠近原点的信号点，概率取值越高，概率分布趋近于高斯分布。

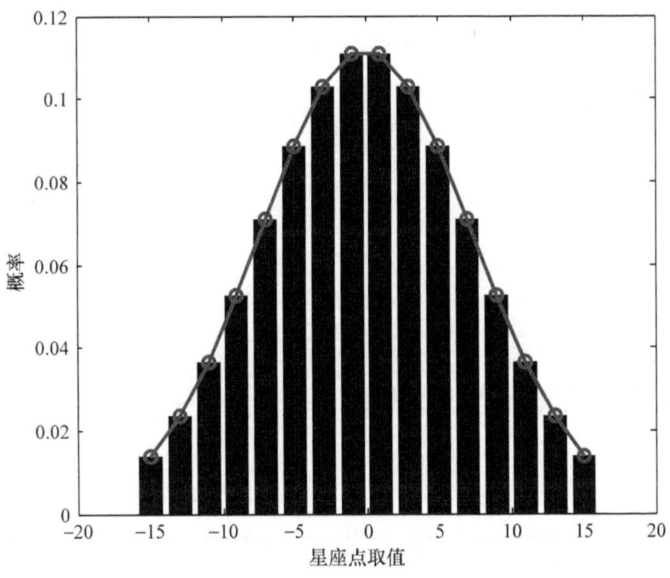

图 7.6.2 概率成形的 16PAM 概率分布

极化码编码比特取 0 或 1 的概率均等于 1/2，因此需要将所得最优连续概率分布进行离散化，得到可实现的次优概率分布。当然，次优概率分布应尽量逼近原始最优概率分布从而减少性能损失。假定目标离散概率服从幂次分布，即 $P'(x) = 1/2^k, k \in \mathcal{Z}$ 。利用 Huffman 编码方式，从而逼近上述幂次分布。在 Huffman 编码中，每次挑选概率最低的两个数值进行合并，相加得到一个新的概率值，直到所有概率值合并为 1。

我们仅考虑二进制 Huffman 编码，将概率成形所得最优连续概率分布值按照 Huffman 编码原则进行合并，叶节点对应为星座点集合，最大深度为 $d_{\max}$ 。对于任意星座点 x ，定义其对应叶节点深度为 $d(x)$ ，其概率取值为 $P'(x) = \frac{1}{2^{d(x)}}$ 。同样以 16PAM 举例，图 7.6.3 给出了 Huffman 编码的概率映射树。

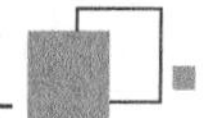

由图 7.6.3 可知，16PAM 次优离散概率分布为

$$
\begin{cases}
P'(x=\pm 13,\pm 15)=\dfrac{1}{2^6} \\
P'(x=\pm 11)=\dfrac{1}{2^5} \\
P'(x=\pm 5,\pm 7,\pm 9)=\dfrac{1}{2^4} \\
P'(x=\pm 1,\pm 3)=\dfrac{1}{2^3}
\end{cases}
\tag{7.6.10}
$$

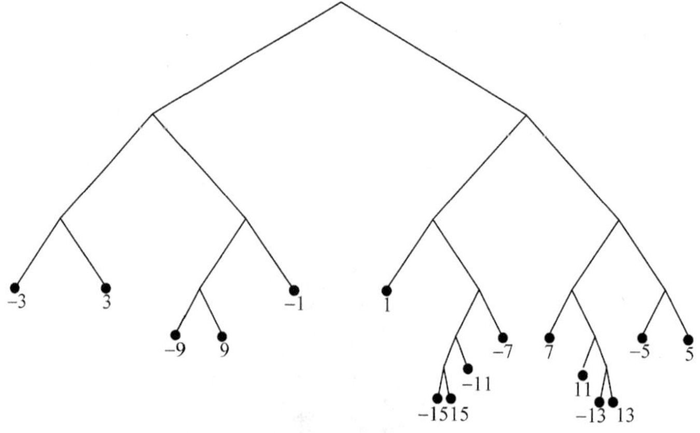

图 7.6.3　16PAM 最优概率分布对应 Huffman 树

当星座图概率分布确定后，并行比特子信道可靠度分布取决于其映射方式。SBIPCM 接收端采用并行解调方式，这种情况下也是格雷映射性能较优，其格雷映射过程如算法 7.7 所示。

算法 7.7　星座信号点映射算法

```
Input：Huffman 树最大深度 d_max， M 个星座点所对应深度 {d_i}
Output：星座图映射 L : B^{d_max} → X
首先产生比特长度为 d_max 的格雷映射 L'，其中，第 j 个 d_max 长比特序列为 L'_j；
I = 1;
For  i = 1 : M
    将比特序列集合 {L'_I, …, L'_{I+2^{d_max−d_i}−1}} 映射到星座点 x_i；
     I = I + 2^{d_max−d_i}；
End
Return L
```

算法 7.7 是多对一的映射方案，首先得到 $d_{\max}$ 比特格雷映射，然后依次顺序分配给 M 个星座点。其中，$2^{d_{\max}-d_i}$ 个 $d_{\max}$ 长度的比特序列会映射到星座点 x_i。

表 7.6.1 给出了比特序列 c_1^6 到 16PAM 星座的映射，类似于 Raphaeli 等[52]给出的

16PAM 星座映射方式。其中，符号×代表该比特可取 0 或 1。举例说明，映射到星座点“−7”的比特序列可以为 001100， 001101， 001110 以及 001111 。由于每个比特序列出现的概率均为 $\frac{1}{2^{d_{\max}}}=\frac{1}{2^6}$，故星座点“−7”的概率取值等于 $\frac{1}{2^4}$。

表 7.6.1　比特序列 c_1^6 到 16PAM 星座的映射

比特序列	−15	−13	−11	−9	−7	−5	−3	−1	1	3	5	7	9	11	13	15
c_1	0	0	0	0	0	0	0	0	1	1	1	1	1	1	1	1
c_2	0	0	0	0	0	0	1	1	1	1	0	0	0	0	0	0
c_3	0	0	0	0	1	1	1	0	0	1	1	1	0	0	0	0
c_4	0	0	0	1	1	0	×	×	×	×	0	1	1	0	0	0
c_5	0	0	1	×	×	×	×	×	×	×	×	×	×	1	0	0
c_6	0	1	×	×	×	×	×	×	×	×	×	×	×	×	1	0

上述映射过程可以保证比特序列中任意比特均服从 0、1 等概的 Bernoulli 分布，因此满足极化码中编码比特的概率分布特性。对于 16PAM 星座，可使用 $m=6$ 个极化编码器实现上述不等概率分布星座。

3. 仿真结果与分析

等概 16PAM 和不等概 16PAM 星座互信息计算结果如图 7.6.4 所示，其中，等概 16PAM 星座采用格雷映射。从图中可以看出，相对于等概 16PAM 星座，不等概 16PAM 在 BICM 容量上能够获得 0.5～1dB 的增益，有利于获得更好的性能。在高信噪比下，BICM 容量

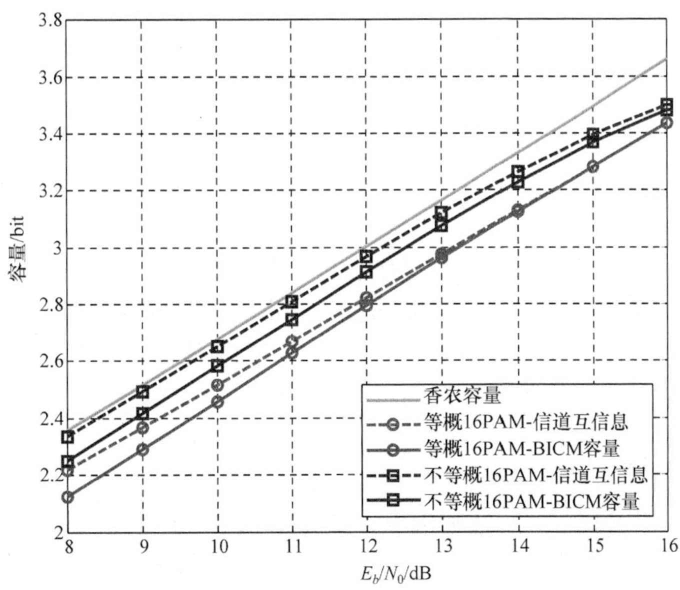

图 7.6.4　等概 16PAM 和不等概 16PAM 星座互信息计算结果

与信道互信息之间的差距可忽略不计，说明了用信道互信息代替 BICM 容量作为优化目标是可行的。并且可以看出，不等概 16PAM 星座在低信噪比区间能够逼近信道容量，在高信噪比区间与香农容量差距越来越大。

极化编码等概 16PAM 和不等概 16PAM 调制的 BLER 性能对比如图 7.6.5 所示，其中，等概 16PAM 星座采用格雷映射，N 为单个极化编码器长度，也是每个数据帧传输符号数。对于不同星座，信息传输速率均设定为 $R_b = 2\text{bit/s/Hz}$，对于等概 16PAM 星座，映射到星座点的比特序列长度为 4，故码率为 $R=1/2$。对于不等概 16PAM 星座，调制比特序列长度为 6，故码率为 $R=1/3$。极化码译码器使用 SC 译码算法。由图 7.6.5 可知，相对于等概 16PAM 星座，不等概 16PAM 星座在两种码长下均能获得约 0.5dB 的增益。如果增大码长，获得的成形增益可以进一步提高。

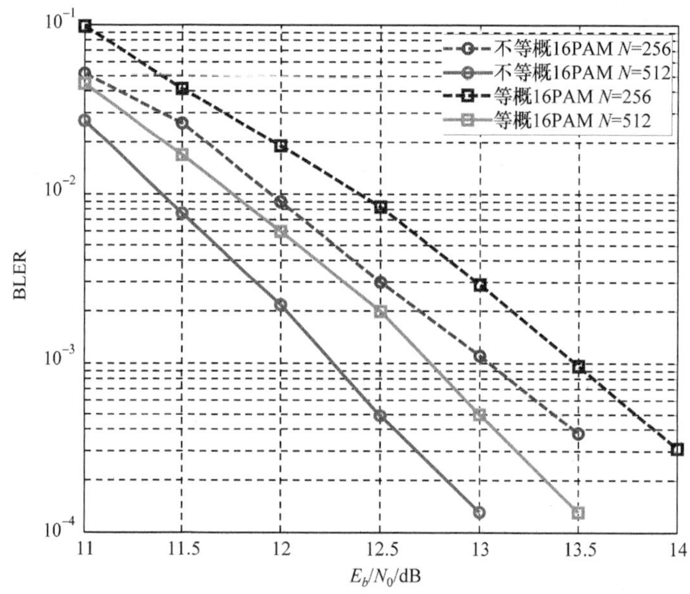

图 7.6.5　等概 16PAM 和不等概 16PAM 星座 BLER 性能对比

7.6.2　几何成形方案

不同于概率成形，在几何成形中星座点为等概分布，但位置上呈现不均匀分布。文献[56]研究了 BIPCM 框架中的几何成形方案，给出优化的星座结构。并且，经过几何成形后，星座呈现不均匀结构，此时格雷映射不一定为最优映射方式，需要搜索最大化极化效应的星座映射方式。下面简要介绍几何成形的基本原理。

1. 几何成形框架

采用 Sun 等[53]提出的几何成形方案，对于 M 维平均功率为 P_0 的非均匀星座点集合 $\mathcal{X}=\{x_1,x_2,\cdots,x_M\}$，其星座点位置确定方案具体如算法 7.8 所示。

算法 7.8 几何成形星座优化算法

Input：星座图维度 M，平均功率 P_0

Output：非均匀星座点集合 $\mathcal{X}=\{x_1,x_2,\cdots,x_M\}$

定义 N+1 个实数 ϑ_1^{M+1}，且满足

$$-\infty=\vartheta_1<\vartheta_2<\cdots<\vartheta_M<\vartheta_{M+1}=+\infty \tag{7.6.11}$$

For $p=2:M$

求解 ϑ_i，满足 $\frac{1}{\sqrt{2\pi P_0}}\int_{\vartheta_p}^{\vartheta_{p+1}}\mathrm{e}^{-\frac{x^2}{2P_0}}\mathrm{d}x=\frac{1}{M}$

End

For $p=1:M$

搜索星座点 x_p，满足 $x_p=\frac{M}{\sqrt{2\pi P_0}}\int_{\vartheta_p}^{\vartheta_{p+1}}x\mathrm{e}^{-\frac{x^2}{2P_0}}\mathrm{d}x$

End

$P=0;$

For $p=1:M$

$P=P+\frac{x_p^2}{M}$

End

For $p=1:M$

$x_p=\frac{x_p}{\sqrt{P/P_0}}$

End

Return x_1^M

上述算法分为三个步骤：第一步是将整个概率空间等分为 M 份，求解子区间的分隔点。第二步是针对每个子区间求解其质心，作为该子区间的星座点，最后可得 M 维最佳星座图。第三步是将星座点坐标进行归一化处理，使得平均功率等于 P_0。其中，在求解子区间分割点 ϑ_2^M 时，具体解法如下：

$$\begin{aligned}\frac{1}{\sqrt{2\pi P_0}}\int_{\vartheta_p}^{\vartheta_{p+1}}\mathrm{e}^{-\frac{x^2}{2P_0}}\mathrm{d}x&=\frac{1}{\sqrt{2\pi P_0}}\int_{-\infty}^{\vartheta_{p+1}}\mathrm{e}^{-\frac{x^2}{2P_0}}\mathrm{d}x-\frac{1}{\sqrt{2\pi P_0}}\int_{-\infty}^{\vartheta_p}\mathrm{e}^{-\frac{x^2}{2P_0}}\mathrm{d}x\\&=\varPhi\left(\frac{\vartheta_{p+1}}{\sqrt{P_0}}\right)-\varPhi\left(\frac{\vartheta_p}{\sqrt{P_0}}\right)\end{aligned} \tag{7.6.12}$$

其中，$\varPhi(\cdot)$ 为标准正态分布累积函数。由于 $\varPhi\left(\frac{-\infty}{\sqrt{P_0}}\right)=0$，可以根据查表依次求得 ϑ_1^{N+1}。

定理 7.12[53] 当 M 趋近于无穷大时，按照算法 7.8 得到的星座图能够达到 AWGN 信道容量。

上述定理来自文献[53]，它从接收符号概率密度函数出发，通过不等式变换证明输入信号分别为几何成形星座与高斯分布时，两者接收符号概率密度函数在任意点的差都不大于$\frac{4}{\sqrt{2\pi}\sigma M}$，其中，$\sigma$为 AWGN 信道噪声标准差。也就是说，当$M$趋近于无穷大时，两种输入信号的接收符号概率分布完全一致，此时几何成形星座的信道互信息可达到 AWGN 信道容量。

下面以 16PAM 星座为例，设定$P_0=1$，按照算法 7.8 可得 16 个星座点坐标，如表 7.6.2 所示。

表 7.6.2 16PAM 成形星座结构

x_i	x_1	x_2	x_3	x_4	x_5	x_6	x_7	x_8
取值	−1.990	−1.341	−1.024	−0.787	−0.587	−0.407	−0.240	−0.079
x_i	x_9	x_{10}	x_{11}	x_{12}	x_{13}	x_{14}	x_{15}	x_{16}
取值	0.079	0.240	0.407	0.587	0.787	1.024	1.341	1.990

由表 7.6.2 可知，16PAM 成形星座为对称星座，且越靠近原点附近，星座点间的最小欧氏距离越小。从信号采样的角度出发，高斯信号主要功率集中在原点附近，为了最大限度地保留原有分布，采样时小信号需要较多的采样点。

16PAM 星座与 16 维成形星座的 BICM 容量对比如图 7.6.6 所示，两种星座均采用格雷映射。由图可知，相对于 16PAM 星座，几何成形星座容量有一定的增益。

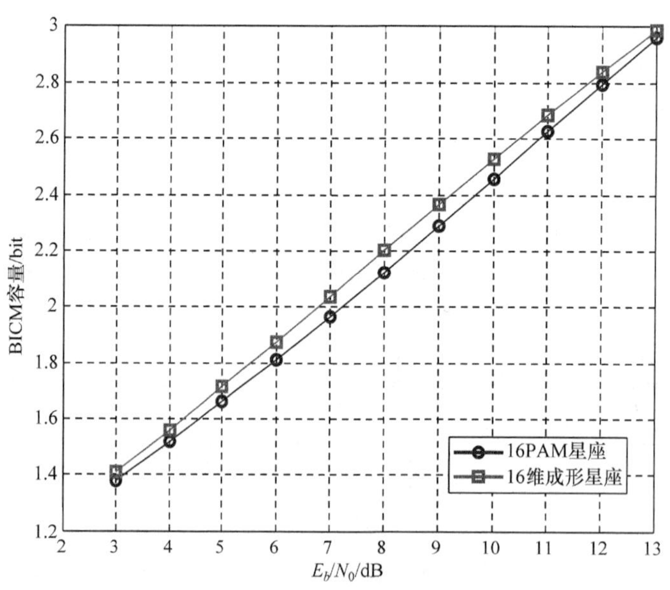

图 7.6.6 16PAM 星座与 16 维成形星座的 BICM 容量对比

2. 星座映射优化

在 BIPCM 框架中，M^2维 QAM 星座格雷映射为优化映射方式。具体而言，分别对

I/Q 两路的 M 维 PAM 星座进行格雷映射，然后计算笛卡儿乘积即可。然而，几何成形的 M 维星座为一维空间中的不均匀星座，格雷映射不一定是星座 $\mathcal{X}'=\mathcal{X}^2$ 的最优映射方式。为了进一步提升 BIPCM 框架的几何成形系统性能，有必要优化其星座映射方式。采用 BSA(Binary Switching Algorithm)算法[60]进行贪婪式搜索。对于二维星座 $\mathcal{X}'$，引入巴氏参数度量及其上界如下：

$$Z(W_i) \leqslant \frac{1}{2^{2m-1}} \sum_{a_1 \in \mathcal{X}_0'^i} \sum_{a_2 \in \mathcal{X}_1'^i} \mathrm{e}^{-\frac{\|a_1-a_2\|^2}{8\sigma^2}} \tag{7.6.13}$$

$$Z_{\mathrm{UB}}^C = \frac{1}{2^{2m-1}} \sum_{i=1}^{2m} \sum_{a_1 \in \mathcal{X}_0'^i} \sum_{a_2 \in \mathcal{X}_1'^i} \mathrm{e}^{-\frac{\|a_1-a_2\|^2}{8\sigma^2}} \tag{7.6.14}$$

其中，$\|a_1-a_2\|^2$ 表示二维星座点 a_1 和 a_2 之间的平方欧氏距离。

为了适配 BSA 算法，必须得到每个星座点 x_p 对于式(7.6.14)求和的贡献值，即星座点 x_p 的巴氏参数 $Z(x_p)$。对于星座点 x_p，定义不包含 x_p 的星座点集合为 $\mathcal{X}_p'$，其中 $\mathcal{X}_p'=\mathcal{X}'\setminus\{x_p\}$。将星座点 x_p 与星座点集合 $\mathcal{X}_p'$ 中每一个星座点 x_q 进行配对计算得到 $\mathrm{e}^{-\frac{\|x_p-x_q\|^2}{8\sigma^2}}$，定义映射到 x_p 与 x_q 的调制比特序列分别为 $L^{-1}(x_p)$ 和 $L^{-1}(x_q)$。按照比特序号从 1 遍历到 $2m$，星座点 x_p 与星座点 x_q 配对计算 $\mathrm{e}^{-\frac{\|x_p-x_q\|^2}{8\sigma^2}}$ 的次数 $d(x_p,x_q)$ 等于 $L^{-1}(x_p)$ 与 $L^{-1}(x_q)$ 之间的汉明距离，记为

$$d(x_p,x_q) = W_{\mathrm{H}}\left(L^{-1}(x_p) \oplus L^{-1}(x_p)\right) \tag{7.6.15}$$

其中，$W_{\mathrm{H}}(\cdot)$ 表示二进制序列汉明重量。

按照上述方式遍历星座点集合 $\mathcal{X}'$ 中所有星座点，任意两星座点之间的配对次数会加倍。综合上述过程，任意星座点 x_p 的巴氏参数 $Z(x_p)$ 定义如下：

$$Z(x_p) = \frac{1}{2^{2m}} \sum_{x_q \in \mathcal{X}_p'} \mathrm{e}^{-\frac{\|x_p-x_q\|^2}{8\sigma^2}} \times d(x_p,x_q) \tag{7.6.16}$$

此时，Z_{UB}^C 可改写为

$$Z_{\mathrm{UB}}^C = \sum_{x \in \mathcal{X}'} Z(x) \tag{7.6.17}$$

对于 M^2 维星座图，$2m$ 比特到星座图的映射方式共有 $(M^2)!$ 种。因此，将一维空间的 16PAM 星座拓展到二维空间的 256QAM 星座，映射方式共有 256! 种。根据式(7.6.17)，采用穷搜方法，遍历所有映射方式得到最优解复杂度极高，下面介绍一种贪婪式搜索算法从而得到局部最优解。

算法 7.9 描述采用 BSA 算法搜索二维空间 M^2 维几何成形星座 $\mathcal{X}'$ 最优映射 L 的过程，其中，各个函数功能简述如下。

算法 7.9 二维空间几何成形星座最优映射搜索算法

Input：星座图维度 M^2，星座图星座点集合 $\mathcal{X}'=\mathcal{X}^2$，其中，$\mathcal{X}$ 为一维空间中 M 维几何成形星座

Output：最优映射方案 $L:\mathcal{B}^{2m}\to\mathcal{X}'$

初始化：首先得到一维空间中 M 维星座 $\mathcal{X}$ 的格雷映射，采用笛卡儿乘积等得到二维空间中的格雷映射，赋给 L，定义差值 $\delta=0$

```
q = 1;
While  q ≤ M^2
    For  p = 1 : M^2
        {Z(x_1), Z(x_2), …, Z(x_{M^2})} = Update_Cost(X', L);
    End
    Z^c_UB = Cal_Cost(X', L)
    A_1^{M^2} = Sort_Index({Z(x_1), Z(x_2), …, Z(x_{M^2})});
    For  p = 1 : M^2
        If  A_q = p
            continue;
        End
            L' = Switch(L, A_q, p);
            Z'^c_UB = Cal_Cost(X', L);
        If  Z'^c_UB − Z^c_UB < δ
            p' = p;
            δ = Z'^c_UB − Z^c_UB;
        End
    End
    If  δ = 0
        q++;
    Else
        L = Switch(L, A_q, p');
        q = 1;
    End
End
Return L
```

(1) $\text{Update\_Cost}(\mathcal{X}',L)$：在映射 L 下利用式(7.6.16)计算得到星座图 $\mathcal{X}'$ 中各个星座点的代价值 $\left\{Z(x_1),Z(x_2),\cdots,Z(x_{M^2})\right\}$。

(2) $\text{Cal\_Cost}(\mathcal{X}',L)$：在映射 L 下根据式(7.6.17)计算得到星座图 $\mathcal{X}'$ 的上界值 Z_{UB}^{C}。

(3) $\text{Sort\_Index}\left(\left\{Z(x_1),Z(x_2),\cdots,Z(x_{M^2})\right\}\right)$：按照从大到小的顺序进行排序，得到其

排序之后的序号 $A_1^{M^2}$ 。

(4) $\text{Switch}\left(L, A_q, p\right)$：将映射 L 中第 A_q 个和第 p 个星座点对应的比特序列进行交换得到新的映射方式 L' 。

算法 7.9 的主要思想是迭代式交换两个星座点所对应的二进制序列，从而使得 Z_{UB}^C 不断减小，其中选择交换的两个星座点采用启发式方法，其核心思想是交换顺序规则的设定，即改变代价值最大的星座点的映射比特序列更容易使得 Z_{UB}^C 降低。

具体而言，首先使用 Sort_Index 函数根据每个星座点的代价值得到其大小顺序，代价值最大的星座点作为交换的首要目标，即序号为 A_1 的星座点。固定交换中的一个星座点序号为 A_1 ，对于另外一个星座点，遍历所有序号 $A_2^{M^2}$ 。若交换星座点使得目标值 Z_{UB}^C 减小，则选取 Z_{UB}^C 下降最明显的星座点与序号为 A_1 的星座点进行交换。若不存在这样的星座点，此时选取序号为 A_2 的星座点作为下一个交换目标。因为交换 A_1 与 A_2 不会减小 Z_{UB}^C ，所以另外一个星座点序号的遍历范围为 $A_3^{M^2}$ 。以此类推，直到任意两个星座点进行交换都无法进一步降低 Z_{UB}^C ，算法终止，得到局部最优点。需要注意，若交换两个星座点，更新映射图样后要回到序号为 A_1 的星座点重新开始遍历。

3. 仿真结果与分析

BIPCM 框架下 256QAM 和 256 维几何成形星座的性能对比如图 7.6.7 所示，其中 256QAM 采用传统格雷映射，成形星座分别采用格雷映射和搜索得到的最优星座映射图样。极化码码长 $N=1024$ ，码率 $R=1/2$ 。极化码译码器采用 CA-SCL 译码算法，列表大小为 32。由图可知，成形星座采用格雷映射在 $\text{BLER}=10^{-3}$ 时可以获得 0.3dB 左右的增益。另外，成形星座通过 BSA 算法得到的最优星座映射方式相对于格雷映射在 $\text{BLER}=10^{-3}$ 时能够获得 0.1dB 左右的增益。

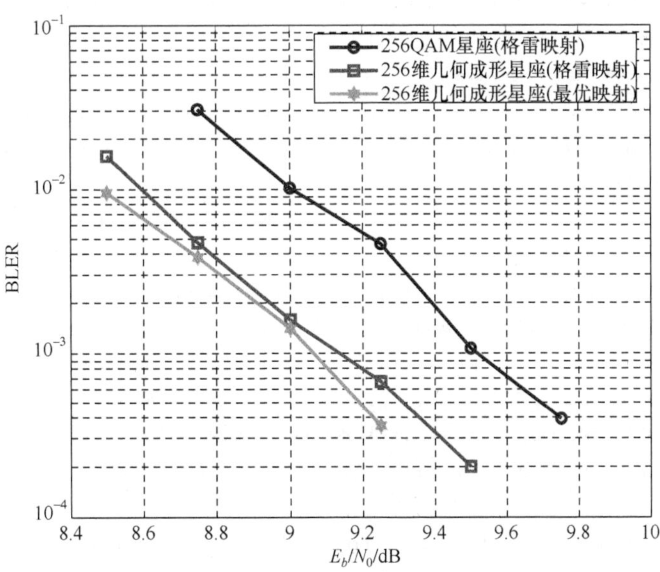

图 7.6.7　码率 R=1/2 时性能对比

7.7 本章小结

本章主要介绍极化码在通信系统中的实用化技术，包括速率适配、衰落信道构造、极化编码 HARQ、极化编码调制与极化编码成形。在实际通信系统中，特别是无线/移动通信、卫星通信等系统中，这些技术都是非常重要的链路传输技术。由于具有卓越的纠错性能，极化码已经成为第五代移动通信的控制信道编码标准，这是极化码实用化的重大进展。随着极化码实用化研究的逐步丰富与完善，将会有越来越多的通信系统应用极化码。

参考文献

[1] HAGENAUER J. Rate-compatible punctured convolutional codes (RCPC codes) and their applications [J]. IEEE Transactions on Communications, 1988, 36(4): 389-400.

[2] ROWITCH D N, MILSTEIN L B. On the performance of hybrid FEC/ARQ system using rate compatible punctured Turbo (RCPT) codes [J]. IEEE Transactions on Communications, 2000, 48(6): 948-959.

[3] ARIKAN E. Channel polarization: a method for constructing capacity-achieving codes [J]. IEEE Transactions on Information Theory, 2009, 55(7): 3051-3073.

[4] ESLAMI A, NIK H P. On finite-length performance of polar codes: stopping sets, error floor, and concatenated design [J]. IEEE Transactions on Communications, 2013, 61(3): 919-929.

[5] SHIN D M, LIM S C, YANG K. Design of length-compatible polar codes based on the reduction of polarizing matrices [J]. IEEE Transactions on Communications, 2013, 61(7): 2593-2599.

[6] NIU K, CHEN K, LIN J R. Beyond Turbo codes: rate-compatible punctured polar codes [C]. IEEE International Conference on Communications (ICC), Budapest Hungary, 2013: 3423-3427.

[7] WANG R, LIU R K. A novel puncturing scheme for polar codes [J]. IEEE Communications Letters, 2014, 18(12): 2081-2084.

[8] NIU K, DAI J, CHEN K, et al. Rate-compatible punctured polar codes: optimal construction based on polar spectra [OL]. [2017-12-03]. https://arxiv.org/abs/1612.01352.

[9] ZHANG L, ZHANG Z Y, WANG X, et al. On the puncturing patterns for punctured polar codes [C]. IEEE International Symposium on Information Theory (ISIT), Honolulu, 2014: 121-125.

[10] MILOSLAVSKAYA V. Shortened polar codes [J]. IEEE Transactions on Information Theory, 2015, 61(9): 4852-4865.

[11] LI L, SONG W, NIU K. Optimal puncturing of polar codes with a fixed information set [J]. IEEE Access, 2019, 7: 65965-65972.

[12] ARIKAN E, TELATAR E. On the rate of channel polarization [C]. IEEE International Symposium on Information Theory (ISIT), Seoul, 2009: 1493-1495.

[13] RILEY K F, HOBSON M P, BENCE S J. Mathematical methods for physics and engineering [M]. 3rd ed. Cambridge: Cambridge University Press, 2010.

[14] 3RD GENERATION PARTNERSHIP PROJECT (3GPP). Multiplexing and channel coding [S]. 3GPP TS 38.212, V.15.1.0. 2018.

[15] BIOGLIO V, CONDO C, LAND I. Design of polar codes in 5G new radio [J]. IEEE Communications Surveys and Tutorials, 2020, 23(1): 29-40.

[16] 3RD GENERATION PARTNERSHIP PROJECT (3GPP). Multiplexing and channel coding (FDD) [S/OL]. 3GPP TS 36.212, Release 10, 2012[2017-07-04]. https://www.3gpp.org/DynaReport/25212.htm.

[17] Qualcomm. LDPC rate compatible design overview [S/OL]. 3GPP TSG R1-1610137, 2016[2016-10-10]. https://www.3gpp.org/ftp/tsg_ran/WG1_RL1/TSGR1_86b/Docs/R1-1610137.zip.

[18] BRAVO-SANTOS A. Polar codes for the Rayleigh fading channel [J]. IEEE Communications Letters, 2013, 17(12): 2352-2355.

[19] SI H, KOYLUOGLU O O, VISHWANATH S. Polar coding for fading channels: binary and exponential channel cases [J]. IEEE Transactions on Communications, 2014, 63(8): 2638-2648.

[20] TRIFONOV P. Design of polar codes for Rayleigh fading channel [C]. International Symposium on Wireless Communication Systems (ISWCS), Brussels, 2015: 331-335.

[21] LIU L, LING C. Polar codes and polar lattices for independent fading channels [J]. IEEE Transactions on Communications, 2016, 64(12): 4923-4935.

[22] ZHOU D, NIU K, DONG C. Construction of polar codes in Rayleigh fading channel [J]. IEEE Communications Letters, 2019, 23(3): 402-405.

[23] NIU K, LI Y. Polar codes for fast fading channel: design based on polar spectrum [J]. IEEE Transactions on Vehicular Technology, 2020, 69(9): 10103-10114.

[24] GRADSHTEYN I S, RYZHIK I M. Tables of integrals, series and products [M]. New York: Academic, 1980.

[25] GUO D N, SHAMAI S, VERDU S. Mutual information and minimum mean-square error in Gaussian channels [J]. IEEE Transactions on Information Theory, 2004, 51(4): 1261-1282.

[26] CAO C, KOIKE-AKINO T, WANG Y S, et al. Irregular polar coding for massive MIMO channels [C]. IEEE Global Communications Conference (GLOBECOM), Singapore, 2017: 1-7.

[27] CHEN K, NIU K, LIN J R. A hybrid ARQ scheme based on polar codes [J]. IEEE Communications Letters, 2013, 17(10): 1996-1999.

[28] CHEN K, NIU K, HE Z, et al. Polar coded HARQ scheme with Chase combining [C]. IEEE Wireless Communications and Networking Conference (WCNC), Istanbul, 2014: 474-479.

[29] LI B, TSE D, CHEN K, et al. Capacity-achieving rateless polar codes [C]. IEEE International Symposium on Information Theory (ISIT), Barcelona, 2016: 46-50.

[30] ZHAO M M, ZHANG G, XU C, et al. An adaptive IR-HARQ scheme for polar codes by polarizing matrix extension [J]. IEEE Communications Letters, 2018, 22(7): 1306-1309.

[31] YUE G, WANG X, MADIHIAN M. Design of rate-compatible irregular repeat accumulate codes [J]. IEEE Transactions on Communications, 2007, 55(6): 1153-1163.

[32] UNGERBOECK G. Trellis-coded modulation with redundant signal sets: part Ⅰ:introduction[J]. IEEE Communications Magazine, 1987, 25(2): 5-21.

[33] WACHSMANN U, FISCHER R F H, HUBER J B. Multilevel codes: theoretical concepts and practical design rules [J]. IEEE Transactions on Information Theory, 1999, 45(5): 1361-1391.

[34] ZEHAVI E. 8-PSK trellis codes for a Rayleigh channel [J]. IEEE Transactions on Communications, 1992, 40(5): 873-884.

[35] CAIRE G, TARICCO G, BIGLIERI E. Bit-interleaved coded modulation [J]. IEEE Transactions on Information Theory, 1998, 44(3): 927-946.

[36] SEIDL M, SCHENK A, STIERSTORFER C, et al. Polar-coded modulation [J]. IEEE Transactions on Communications, 2013, 61(10): 4108-4119.

[37] 牛凯. 面向 6G 的极化编码链路自适应技术[J]. 移动通信, 2020, 44(6): 48-56.

[38] SHIN D M, LIM S C, YANG K. Mapping selection and code construction for 2^m-ary polar-coded modulation [J]. IEEE Communications Letters, 2012, 16(6): 905-908.

[39] CHEN K, NIU K, LIN J R. Practical polar code construction over parallel channels [J]. IET Communications, 2013, 7(7): 620-627.

[40] CHEN K, NIU K, LIN J R. Polar coded modulation with optimal constellation labeling [C]. National Doctoral Academic Forum on Information and Communications Technology, Beijing, 2013: 1-5.

[41] CHEN K, NIU K, LIN J R. An efficient design of bit-interleaved polar coded modulation [C]. IEEE International Symposium on Personal Indoor and Mobile Radio Communications (PIMRC), Istanbul, 2013: 693-697.

[42] ZHANG Q S, LIU A J, PAN X F, et al. Symbol-based belief propagation decoder for multilevel polar coded modulation [J]. IEEE Communications Letters, 2017, 21(1): 24-27.

[43] DAI J C, NIU K, LIN J R. Frozen-sequence constrained high-order polar-coded modulation [C]. IEEE Personal Indoor and Mobile Radio Communications (PIMRC), Montreal, 2017: 1-6.

[44] TAVILDAR S R. Bit-permuted coded modulation for polar codes [C]. IEEE Wireless Communications and Networking Conference Workshops (WCNCW), San Francisco, 2017: 1-5.

[45] BOCHERER G, PRINZ T, YUAN P H, et al. Efficient polar code construction for higher-order modulation [C]. IEEE Wireless Communications and Networking Conference Workshops (WCNCW), San Francisco, 2017: 22-26.

[46] ZHOU D, NIU K, DONG C. Universal construction for polar coded modulation [J]. IEEE Access, 2018, 6: 57518-57525.

[47] 陈凯. 极化编码理论与实用方案研究[D]. 北京: 北京邮电大学, 2014.

[48] FORNEY Jr G D, GALLAGER R G, LANG G, et al. Efficient modulation for band-limited channels [J]. IEEE Journal on Selected Areas in Communications, 1984, 2(5): 632-647.

[49] KSCHISCHANG F, PASUPATHY S. Optimal nonuniform signaling for Gaussian channels [J]. IEEE Transactions on Information Theory, 1993, 39(3): 913-929.

[50] FORNEY Jr. G D. Trellis shaping [J]. IEEE Transactions on Information Theory, 1992, 38(2): 281-300.

[51] GALLAGER R G. Information theory and reliable communication [M]. New York: John Wiley & Sons, 1968.

[52] RAPHAELI D, GUREVITZ A. Constellation shaping for pragmatic Turbo-coded modulation with high spectral efficiency [J]. IEEE Transactions on Communications, 2004, 52(3): 341-345.

[53] SUN F W, TILBORG H. Approaching capacity by equiprobable signaling on the Gaussian channel [J]. IEEE Transactions on Information Theory, 1993, 39(5): 1714-1716.

[54] SCHWARTE H. Approaching capacity of a continuous channel by discrete input distributions [J]. IEEE Transactions on Information Theory, 1996, 42(2): 671-675.

[55] ZHOU D, NIU K, DONG C. Constellation shaping for bit-interleaved polar coded-modulation [C]. IEEE International Symposium on Personal, Indoor, and Mobile Radio Communications (PIMRC), Valencia Spain, 2016: 1-5.

[56] 周德坤. 极化编码调制关键技术研究 [D]. 北京: 北京邮电大学, 2019.

[57] ISCAN O, BOHNKE R, XU W. Shaped polar codes for higher order modulation [J]. IEEE Communications Letters, 2018, 22(2): 252-255.

[58] ISCAN O, BOHNKE R, XU W. Sign-bit shaping using polar codes [J/OL]. Transactions on Emerging Telecommunications Technologies, 2020[2020-07-19]. https://doi.org/10.1002/ett.4058.

[59] FAYYAZ U. Symbol mapping design for bit-interleaved polar-coded modulation with iterative decoding [J]. IEEE Communications Letters, 2019, 23(1): 32-35.

[60] ZEGER K, GERSHO A. Pseudo-gray coding [J]. IEEE Transactions on Communications, 1990, 38(12): 2147-2158.

第8章 极化信息处理

一般通信系统中广泛存在可靠性差异导致的广义极化现象。例如，星座调制的各个比特具有不同的可靠性，即第 7 章介绍的调制极化。又如，MIMO(Multiple Input Multiple Output)系统中，由于每对收发天线的信道响应不同，因此检测的可靠性各不相同。再如，多址接入系统中，由于各个用户经历了不同的信道衰落，也存在可靠性差异。这些通信系统中的可靠性差异都可以归结为广义极化现象。采用极化编码，充分匹配通信系统中普遍存在的广义极化效应，这就是极化信息处理技术。本章首先介绍极化信息处理的基本框架，然后针对两种典型的广义极化系统——MIMO 与 NOMA，介绍极化信息处理的优化设计方案。极化信息处理技术能够逼近信道容量极限，大幅度提升系统性能，是通信系统整体优化的新型技术。

8.1 极化信息处理框架

Arıkan 在提出极化码之后预见性地指出[1]，极化现象广泛存在于信号传输领域，许多经典理论用极化观点理解会有新的发现。具体而言，在信号调制中，由于比特之间的解调顺序不同，可靠性存在差异；在 MIMO 信号传输中，由于天线检测顺序不同，各数据流的可靠性存在差异；非正交多址接入系统中，各用户的码本配置与检测顺序不同引入了用户可靠性差异，这些都是信号域极化现象的典型代表。

Arıkan 建立的信道极化理论是对经典信息论中互信息链式法则的深刻洞察与创新应用。事实上，根据互信息链规则，通信系统中只要存在传输过程的多数据流耦合与相关，接收端采用串行抵消方式进行检测，就会产生多流信号之间的可靠性差异，这就是广义极化现象。

值得注意的是，广义极化现象必须依赖于多流信号之间的相互耦合作用，若多流信号相互独立，则不会产生这种现象。目前，通信系统中最为常见的两种多流信号耦合场景为多天线传输与非正交多址接入。本节首先引入广义极化变换的基本概念，然后介绍极化信息处理系统框架。

8.1.1 广义极化变换

一般地，假设发送序列为 $X_1^M=\left(X_1,X_2,\cdots,X_M\right)$，信道输出的接收序列为 $Y_1^M=\left(Y_1,Y_2,\cdots,Y_M\right)$，信道状态序列为 $S_0^M=\left(S_0,S_1,\cdots,S_M\right)$。考虑到信道记忆性，相应的转移概率可以表示为 $W\left(Y_i\middle|X_i,S_i\right)$，当信道状态与收发序列完全独立时，该信道退化为平稳无记忆信道，转移概率简化为 $W\left(Y\middle|X\right)$。

定义 8.1 给定发送序列 X_1^M 与接收序列 Y_1^M，针对一般的有记忆信道 $W\left(Y_i\middle|X_i,S_i\right)$，基于链式规则，序列互信息表示为

$$I\left(X_1^M;Y_1^M\middle|S_0^M\right)=\sum_{i=1}^{M}I\left(X_i,S_i;Y_1^M\middle|X_1^{i-1},S_0^{i-1}\right) \tag{8.1.1}$$

其中，$I\left(X_i,S_i;Y_1^M\middle|X_1^{i-1},S_0^{i-1}\right)$表示第 i 个子信道 $W_N^{(i)}\left(Y_1^M,X_1^{i-1},S_0^{i-1}\middle|X_i,S_i\right)$ 的互信息。我们称式(8.1.1)对应的信道极化为“广义极化变换”，各个子信道的可靠性差异(极化)是由无线信道的记忆性或多流信号之间相互耦合所产生的相关性引入的。

8.1.2　极化信息处理系统

针对广义极化现象，可以设计极化信息处理系统，也称极化编码传输系统。该系统以极化编译码器为核心单元，以广义极化变换为指导，进行通信系统的整体优化。图 8.1.1 给出了无线通信系统中的极化信息处理的通用框图。极化传输系统由上半部分的极化发射机与下半部分的极化接收机构成。其中，极化发射机主要包括一个或多个极化编码器、极化编码匹配与映射单元、广义极化变换单元以及在线/通用极化码构造单元等。极化接收系统主要包括一个或多个极化码译码器、极化解映射单元、广义极化信号检测单元以及信道状态测量单元等。

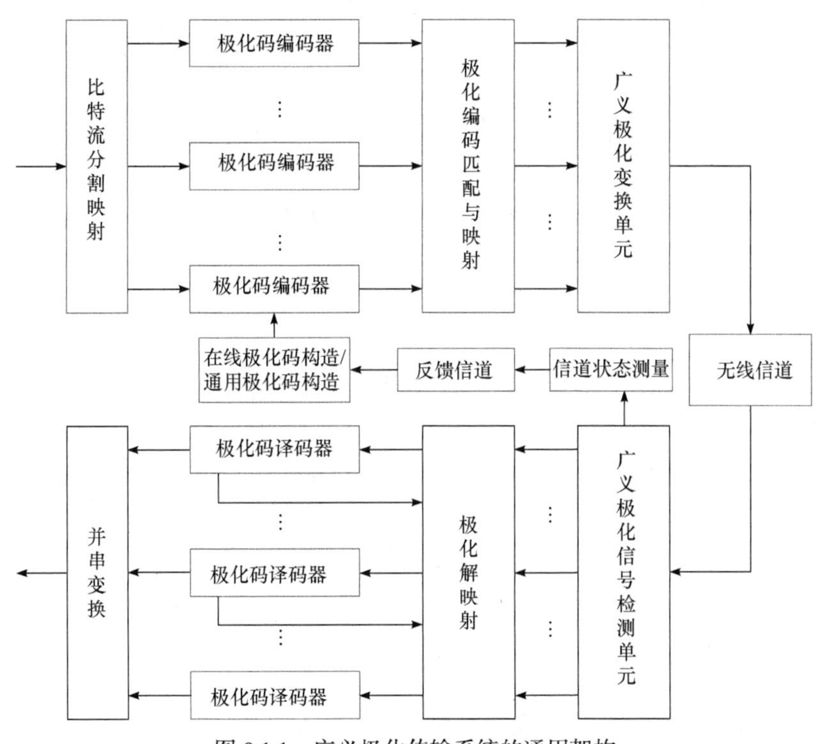

图 8.1.1　广义极化传输系统的通用架构

在 Rayleigh 信道、多径衰落信道等典型的无线衰落信道中，由于信道具有时变特性，接收端需要测量信道状态信息，并通过反馈信道发送到发射端，然后基于在线或离线的极化码构造与映射算法，获得极化码的最佳配置方案。针对无线信道的不同类型，广义极化变换与信号检测单元对应不同的多流信号处理技术，如 MIMO 信道对应多天线发送与接收、多址信道对应多用户码本叠加发送与多用户信号检测等。

图 8.1.2 给出了广义极化传输系统的抽象框架，包括三个不同层次极化变换的联合优化。按照从右到左的顺序，第一级极化变换是信号域极化，经过极化分解后，多个耦合

数据流产生可靠性差异。第二级极化变换是调制极化，在上述数据流可靠性差异的基础上对各流内部的多进制符号进行解映射，得到可靠性差异(极化)效果更明显的一组比特。第三级极化变换是二进制编码极化，借助于极化码编码器将极化效应进一步增强。综上，三级极化变换的极化效果逐步增强，相互关联构成一个有机整体。

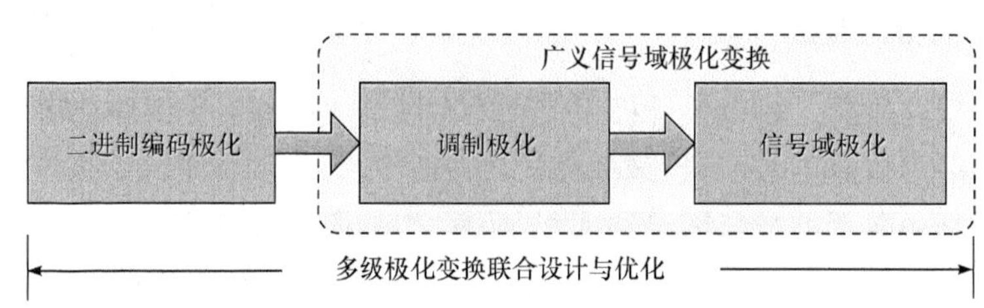

图 8.1.2　多级极化变换联合设计与优化示意

牛凯等在文献[2]中提出了极化信息处理的框架，论证了广义极化变换是一种新的通信系统优化思路，采用串行抵消结构的检测译码算法，能够达到系统容量极限。戴金晟与牛凯等在文献[3]和文献[4]中，最早提出了极化编码 MIMO 系统框架，基于天线-调制-编码三级极化结构的联合设计，相比 LDPC/Turbo 编码 MIMO，系统性能有显著提升。戴金晟与牛凯等在文献[5]中，最早提出了极化编码 NOMA 系统框架，基于用户-调制-编码三级极化的联合设计，相比传统方案，系统性能有大幅度提升。李燕与牛凯等在文献[6]中设计了极化编码 GFDM 系统框架，以及编码-多载波两级极化结构，能获得可观的性能增益。这些研究工作表明，极化信息处理为通信系统优化提供了新方法，以广义极化观点设计通信系统，能够使系统性能获得整体提升。

8.2　MIMO 系统的信道极化变换

MIMO 信号传输可以看作一个特殊的信号域极化过程，利用互信息的链式法则，原始 MIMO 信道被变换为一组具有依赖关系的无记忆信道。与已有的调制和二进制极化编码模块组合在一起，构成了天线-调制-比特三级广义极化结构，因此信道编码、调制与多天线传输得以在统一的理论框架下进行联合优化设计，MIMO 系统的传输性能得以提升。

8.2.1　极化多天线系统传输模型

根据 8.2.2 节给出的三级极化变换框架，极化多天线系统框架如图 8.2.1 所示，其中多天线映射/解映射、调制映射/解映射及极化编码/译码模块分别对应第一～第三级信道极化变换。在信号传输过程中，K bit 的原始数据被编码与调制后成为 2^m 进制的符号流，再经由配置 T 根发射天线与 M 根接收天线的 MIMO 信道在 N 个时隙内传输到接收端。因此，编码后的总码长为 TmN 。

在发送端，信源向量 u_1^{TmN} 由信息比特向量 $u_{\mathcal{A}}$ 和固定比特向量 $u_{\mathcal{A}^c}$ 组成，其中，$|\mathcal{A}|=K$, u_1^{TmN} 送入多个或者一个极化码编码器进行编码，总体编码码率 $R=\dfrac{K}{TmN}$ 。编码后序列 v_1^{TmN} 经过交织，成为二进制序列 b_1^{TmN} 。然后，根据 2^m 进制调制，TmN 个编码比

特映射为包含 TN 个复数符号的信号流 s_1^{TN} 。这些符号进一步分为 T 个数据流，分别送入对应的天线进行发送，各天线发送 N 个符号。整个传输符号数据块可由一个 $T\times N$ 的矩阵 $\boldsymbol{X}$ 表示，其中，行与列分别对应发送天线序号域传输时隙。调制方式采用 QAM 调制，平均传输符号能量归一化为 1，即 $\mathbb{E}\left[\|x_{i,j}\|^2\right]=1$ 。

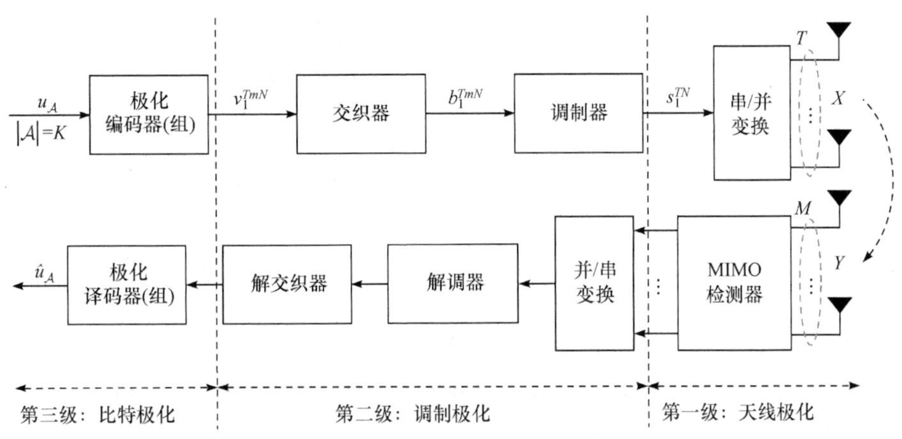

图 8.2.1　极化多天线系统框架

第 t 个传输时隙内的 MIMO 信道可表示为一个 $M\times T$ 的复矩阵 $\boldsymbol{H}(t)$ ，其中，$t=1,2,\cdots,N$ 。在接收端，给定 $M\times T$ 维的接收信号矩阵 $\boldsymbol{Y}$ 与加性高斯白噪声矩阵 $\boldsymbol{Z}$ ，第 t 个时隙内的接收信号记为

$$\boldsymbol{Y}_t=\boldsymbol{H}(t)\cdot\boldsymbol{X}_t+\boldsymbol{Z}_t \tag{8.2.1}$$

其中， $\boldsymbol{Z}_t$ 的元素为独立同分布的均值为 0、方差为 σ^2 的复高斯随机变量，即 $z_{i,j}\sim\mathcal{CN}\left(0,\sigma^2\right)$。发送天线与接收天线对之间的信道设为能量归一化的 Rayleigh 快衰落信道，即对任意的时隙 t ， $\boldsymbol{H}(t)$ 中的信道系数 $h_{i,j}$ 满足 $h_{i,j}\sim\mathcal{CN}(0,1)$ 。一般地，接收端采用理想信道估计假设，且由于极化码的构造依赖于信道条件，假设发送端能够通过反馈链路(或 TDD 系统利用信道互易特性进行估计)得到噪声方差 σ^2 。但由于信道是快衰落的，信道系数 $h_{i,j}$ 无法在发送端获得，只能获取其概率分布。当获取接收信号序列 $\boldsymbol{Y}$ 后，采取一系列信号处理流程，如 MIMO 检测、解调、解交织及极化码译码，得到信息比特数据的估计值 $\hat{u}_{\mathcal{A}}$ 。

8.2.2　MIMO 系统极化变换

根据第一级天线极化分解的方式，即串行天线分解(Sequential Antenna Partition, SAP)与并行天线分解(Parallel Antenna Partition, PAP)，Polar-MIMO 系统可被分为两种，分别简记为 S-Polar-MIMO 与 P-Polar-MIMO。

1. 基于串行天线分解的信道极化变换

为简化分析，将式(8.2.1)的 MIMO 信道传输模型重新写为

$$y_1^M = \boldsymbol{H} \cdot x_1^T + z_1^M \tag{8.2.2}$$

式中忽略了时隙下标。假设接收端为理想信道估计，即确知信道增益矩阵 $\boldsymbol{H}$。令 MIMO 信道为 $W: \mathcal{X}^T \mapsto \mathcal{Y}$，其中 $\mathcal{X}$ 为各天线的发送符号集合，$|\mathcal{X}| = 2^m$，且 $\mathcal{Y}$ 表示接收信号向量 $\boldsymbol{y}$ 的集合。W 的转移概率公式为

$$W\left(y_1^M \middle| x_1^T, \boldsymbol{H}\right) = \left(\pi\sigma^2\right)^{-M} \cdot \exp\left(-\sum_{l=1}^{M} \frac{\left\|y_l - \tilde{x}_l\right\|^2}{\sigma^2}\right) \tag{8.2.3}$$

其中，$\tilde{x}_1^M = \boldsymbol{H} \cdot x_1^T$，与其对应的元素为 $\tilde{x}_l$。

S-Polar-MIMO 系统中的 MIMO 信道 W 经过三级信道极化变换后成为一系列比特极化信道，这一分解过程记为

$$W \to \left\{W_k\right\} \to \left\{W_{k,j}\right\} \to \left\{W_{k,j}^{(i)}\right\} \tag{8.2.4}$$

该过程如图 8.2.2 所示。SAP 过程为第一级信道变换。基于第 7 章多级极化编码调制(MLC-PCM)理论，第二级信道变换采用串行调制分解。最终，极化编码的比特极化变换在第三级进行。三级信道变换的具体过程描述如下。

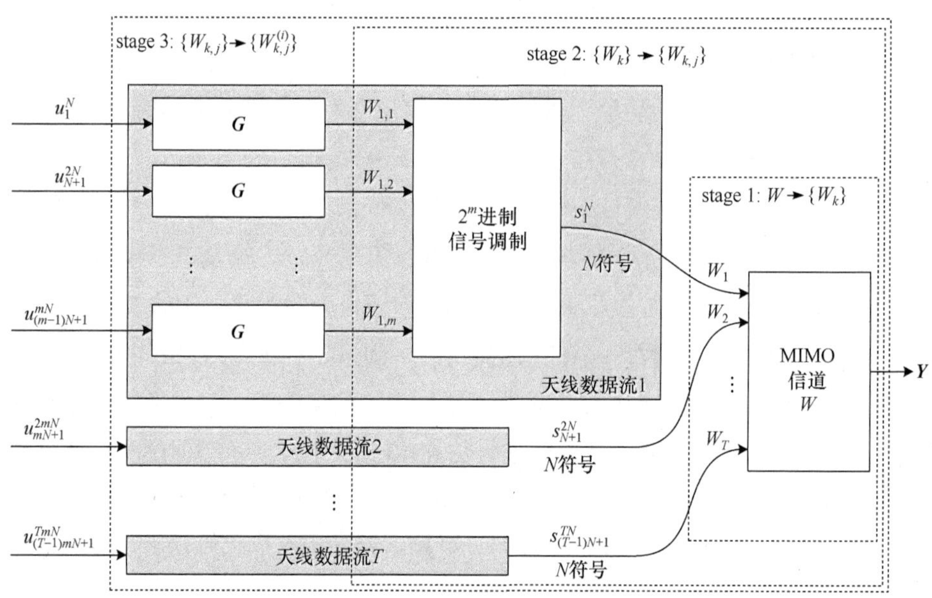

图 8.2.2　S-Polar-MIMO 系统三级信道极化变换

1) 第一级：串行天线分解

对于 MIMO 信道 W，根据信息论中互信息的链式法则，x_1^T 与 y_1^M 之间的平均互信息可写为

$$I\left(X_1, X_2, \cdots, X_T; \boldsymbol{Y} \middle| \boldsymbol{H}\right) = \sum_{k=1}^{T} I_k = \sum_{k=1}^{T} I\left(X_k; \boldsymbol{Y} \middle| X_1, X_2, \cdots, X_{k-1}, \boldsymbol{H}\right) \tag{8.2.5}$$

其中，$\boldsymbol{Y}$ 与 $\boldsymbol{H}$ 分别表示对应于 y_1^M 与 $\boldsymbol{H}$ 的随机向量与随机矩阵；X_k 表示对应于 x_1^T 中 x_k 的

随机变量。注意到，平均互信息 I_k 可进一步写为

$$\begin{aligned} I_k &= I\left(X_k;\boldsymbol{Y}|\ X_1,X_2,\cdots,X_{k-1},\boldsymbol{H}\right) \\ &= H\left(X_k|\ X_1,X_2,\cdots,X_{k-1},\boldsymbol{H}\right)-H\left(X_k|\ X_1,X_2,\cdots,X_{k-1},\boldsymbol{Y},\boldsymbol{H}\right) \\ &= H\left(X_k|\ \boldsymbol{H}\right)-H\left(X_k|\ X_1,X_2,\cdots,X_{k-1},\boldsymbol{Y},\boldsymbol{H}\right) \\ &= I\left(X_k;X_1,X_2,\cdots,X_{k-1},\boldsymbol{Y}|\ \boldsymbol{H}\right) \end{aligned} \tag{8.2.6}$$

其中，$H(\cdot)$ 表示熵函数。由于各天线数据流传输符号之间相互独立，式(8.2.6)的等式链成立，本质上表示各天线数据流以串行方式逐次检测，产生了 T 个相关的子信道 $W_k:\mathcal{X}\to Y\times\mathcal{X}^{k-1}$，其中，$k=1,2,\cdots,T$。$W_k$ 的转移概率写为

$$W_k\left(y_1^M,x_1^{k-1}\middle|x_k,\boldsymbol{H}\right)=\sum_{x_{k+1}^T\in\mathcal{X}^{T-k}}\left(\frac{1}{2^{m(T-1)}}\cdot W\left(y_1^M\middle|x_1^T,\boldsymbol{H}\right)\right) \tag{8.2.7}$$

假设输入符号等概，式(8.2.7)也表示了 W_k 的对称信道容量。通过 SAP，原始 MIMO 信道 W 的容量可被重新写为

$$I(W)=\sum_{k=1}^{T}I(W_k)=\sum_{k=1}^{T}I_k \tag{8.2.8}$$

式(8.2.8)服从互信息的链式法则；$I(\cdot)$ 函数表示对称信道容量。

定义 8.2 (串行天线分解)　MIMO 信道 W 的 T 阶串行天线分解(T-SAP)定义为

$$W\to\{W_1,W_2,\cdots,W_T\} \tag{8.2.9}$$

这种操作将信道 W 分解为 T 个有序排列的 2^m 进制符号并输入信道 W_k，$k=1,2,\cdots,T$，称为天线综合信道(Antenna Synthesized Channel)。

2) 第二级：串行调制分解

在第二级信道变换，W_k 进一步拆分为一组相关的二进制输入信道 $\{W_{k,j}\}$，$j=1,2,\cdots,m$，称为比特综合信道。对任意天线的数据流，每 m 个比特组成的比特向量 $b_1^m\in\mathbb{B}^m$ 映射为一个调制符号 $x\in\mathcal{X}$，这种映射关系被称为“全符号映射”(Full-Symbol Labeling, FSL) $L:\mathbb{B}^m\mapsto\mathcal{X}$。因此，$W_k$ 的互信息表示为

$$\begin{aligned} I(W_k) &= I\left(X_k;\boldsymbol{Y}\middle|X_1,X_2,\cdots,X_{k-1},\boldsymbol{H}\right) \\ &= I\left(B_1,B_2,\cdots,B_m;\boldsymbol{Y}\middle|X_1,X_2,\cdots,X_{k-1},\boldsymbol{H}\right) \\ &= \sum_{j=1}^{m}I\left(B_j;\boldsymbol{Y}\middle|B_1,B_2,\cdots,B_{j-1},X_1,X_2,\cdots,X_{k-1},\boldsymbol{H}\right) \end{aligned} \tag{8.2.10}$$

其中，B_j 代表对应于 b_1^m 中元素 b_j 的随机变量。与式(8.2.6)的推导过程类似，同样有

$$\begin{aligned} I_{k,j} &= I\left(B_j;\boldsymbol{Y}\middle|B_1,B_2,\cdots,B_{j-1},X_1,X_2,\cdots,X_{k-1},\boldsymbol{H}\right) \\ &= I\left(B_j;B_1,B_2,\cdots,B_{j-1},X_1,X_2,\cdots,X_{k-1},\boldsymbol{Y}\middle|\boldsymbol{H}\right) \end{aligned} \tag{8.2.11}$$

式(8.2.11)表明各天线符号的解调也按照串行方式进行，此过程产生 m 个相关的信道 $W_{k,j}:\mathbb{B}\to\mathcal{Y}\times\mathcal{X}^{k-1}\times\mathbb{B}^{j-1}$。在完成第一级与第二级信道变换后，共产生 mT 个比特综合信

道$\left\{W_{k,j}\right\}$，其转移概率为

$$\begin{aligned}W_{k,j}\left(y_1^M,x_1^{k-1},b_1^{j-1}\mid b_j,\boldsymbol{H}\right)&=\sum_{\substack{b_{j+1}^m\in\mathbb{B}^{m-j},\\ x_k=L\left(b_1^m\right)}}\left(\frac{1}{2^{m-1}}\cdot W_k\left(y_1^M,x_1^{k-1}\mid x_k,\boldsymbol{H}\right)\right)\\&=\sum_{\substack{b_{j+1}^m\in\mathbb{B}^{m-j},\\ x_k=L\left(b_1^m\right),x_{k+1}^T\in\mathcal{X}^{T-k}}}\left(\frac{1}{2^{Tm-1}}\cdot W\left(y_1^M\mid x_1^T,\boldsymbol{H}\right)\right)\end{aligned}\tag{8.2.12}$$

假设输入比特等概分布，$W_{k,j}$ 的容量可写为$I\left(W_{k,j}\right)=I_{k,j}$。根据式(8.2.10)与式(8.2.11)，原始 MIMO 信道W的容量可进一步写为

$$I\left(W\right)=\sum_{k=1}^{T}I\left(W_k\right)=\sum_{k=1}^{T}\sum_{j-1}^{m}I\left(W_{k,j}\right)\tag{8.2.13}$$

3) 第三级：比特分解

第三级信道变换为比特分解，通过二进制信道极化变换$\boldsymbol{G}$，N个$W_{k,j}$将会极化为N个比特极化子信道$\{W_{k,j}^{(i)}\}$，其转移概率为

$$W_{k,j}^{(i)}\left(\boldsymbol{Y},u_1^{a-1}\mid u_a\right)=\frac{1}{2^{N-1}}\sum_{u_S\in\mathbb{B}^{N-i}}\prod_{\substack{i'=1,x_1^T=\boldsymbol{X}_{i'},\\ b_1^m=L^{-1}\left(x_k\right)}}^{N}W_{k,j}\left(\boldsymbol{Y}_{i'},x_1^{k-1},b_1^{j-1}\middle|b_j,\boldsymbol{H}\left(i'\right)\right)\tag{8.2.14}$$

其中，$i=1,2,\cdots,N$，$j=1,2,\cdots,m$，$k=1,2,\cdots,T$，$a=\left(k-1\right)mN+\left(j-1\right)N+i$，且集合

$$S=\left\{a+1,a+2,\cdots,\left(k-1\right)mN+jN\right\}\tag{8.2.15}$$

此外，从u_1^{TmN}到$\boldsymbol{X}$的一对一映射由极化编码与调制映射L联合确定。

将式(8.2.12)代入式(8.2.14)，比特极化信道$W_{k,j}^{(i)}$的表达式可改写为

$$W_{k,j}^{(i)}\left(\boldsymbol{Y},u_1^{a-1}\mid u_a\right)=\frac{1}{2^{TmN-1}}\sum_{u_{a+1}^{TmN}\in\mathbb{B}^{TmN-a}}\tilde{W}\left(\boldsymbol{Y}\middle|u_1^{TmN}\right)\tag{8.2.16}$$

其中

$$\tilde{W}\left(\boldsymbol{Y}\mid u_1^{TmN}\right)=\prod_{t=1}^{N}W\left(\boldsymbol{Y}_t\middle|\boldsymbol{X}_t,\boldsymbol{H}\left(t\right)\right)\tag{8.2.17}$$

定理 8.1 S-Polar-MIMO 结构是 MIMO 信道容量可达的系统构造方式。

证明 根据上述三级信道极化变换的结构，一组N个 MIMO 信道W被串行分解为TmN个比特极化信道$\{W_{k,j}^{(i)}\}$。在这种结构下，原始 MIMO 信道W容量是无损的，即

$$\begin{aligned}NI\left(W\right)&=N\sum_{k=1}^{T}I\left(W_k\right)=N\sum_{k=1}^{T}\sum_{j=1}^{m}I\left(W_{k,j}\right)\\&=\sum_{k=1}^{T}\sum_{j=1}^{m}\sum_{i=1}^{N}I\left(W_{k,j}^{(i)}\right)\end{aligned}\tag{8.2.18}$$

对任意的比特综合信道 $W_{k,j}$，其对应一个极化码编码器，当码长增长时，相应码率趋近于 $I\left(W_{k,j}\right)$。对任意一个极化码，一部分比特极化信道 $W_{k,j}^{(i)}$，其中，$i \in \mathcal{A}_{k,j}$，变得比原始信道 $W_{k,j}$ 更好，即 $I\left(W_{k,j}^{(i)}\right) > I\left(W_{k,j}\right)$；而另一部分序号为 $i \in \mathcal{A}_{k,j}^c$ 的比特极化信道变得更差，其中，$\mathcal{A}_{k,j}^c$ 表示集合 $\mathcal{A}_{k,j}$ 在全集 $\{1,2,\cdots,N\}$ 中的补集。根据信道极化理论，当 N 趋近于正无穷时，$I\left(W_{k,j}^{(i)}\right) \to 1$，其中，$i \in \mathcal{A}_{k,j}$，而 $I\left(W_{k,j}^{(i)}\right) \to 0$，$i \in \mathcal{A}_{k,j}^c$，并且有

$$\lim_{N \to +\infty} \frac{\left|\mathcal{A}_{k,j}\right|}{N} = I\left(W_{k,j}\right) \tag{8.2.19}$$

因此，对于 S-Polar-MIMO 结构，当 N 趋近于正无穷时，系统总体可达速率为

$$\sum_{k=1}^{T}\sum_{j=1}^{m} \lim_{N \to +\infty} \frac{\left|\mathcal{A}_{k,j}\right|}{N} = \sum_{k=1}^{T}\sum_{j=1}^{m} I\left(W_{k,j}\right) = I(W) \tag{8.2.20}$$

因此，定理得证。

如果 QAM 调制阶数均为偶数，即 $m = 2,4,6,\cdots$，实部与虚部对应的比特综合信道 $\{W_{k,j}\}$ 与 $\{W_{k,j+m/2}\}$ ($j = 1,2,\cdots,m/2$)的映射规则相同，注意到它们对应的噪声相互独立，且满足 $I\left(W_{k,j}\right) = I\left(W_{k,j+m/2}\right)$。因此称由比特到符号实部与虚部的映射为“半符号映射”(Half-Symbol Labeling, HSL)。对任意序号组 $j \in \left\{1,2,\cdots,\frac{m}{2}\right\}$ 且 $k \in \{1,2,\cdots,T\}$，由于 $W_{k,j}$ 与 $W_{k,j+m/2}$ 相互独立，当第三级信道极化变换时，可将两者联合使用，增强极化效果。因此，由 $W_{k,j}$ 的 N 次使用与 $W_{k,j+m/2}$ 的 N 次使用共同组成 $2N$ 个比特综合信道，可采用 $2N \times 2N$ 的极化码编码矩阵 $\boldsymbol{G}$ 完成第三级信道极化变换，最终得到 $2N$ 个比特极化信道 $\left\{W_{k,j}^{(i)}\right\}$，$i = 1,2,\cdots,2N$。

渐近来看，S-Polar-MIMO 结构在 HSL 模式下也是 MIMO 信道容量可达的。证明过程与定理 8.1 类似，不再赘述。值得注意的是，尽管 FSL 与 HSL 两种调制映射模式下的系统渐近性能是一致的，但是对于有限码长，两者并不等价，因为第三级信道极化变换长度不同。

2. 基于并行天线分解的信道极化变换

另一种三级信道极化变换的实现方式是基于并行天线分解结构的，其过程表示为

$$W \to \left\{\bar{W}_k\right\} \to \left\{\bar{W}_{k,j}\right\} \to \left\{\bar{W}^{(i)}\right\} \tag{8.2.21}$$

如图 8.2.3 所示，MIMO 信道在第一级信道变换过程中并行分解为天线综合信道。第二级信道变换基于 BIPCM 模式，采用并行调制分解。最后，第三级采用比特极化变换。图中，Tm 个交织器 Π 的交织图样随机产生且互不相同，三级信道变换的具体过程描述如下。

1) 第一级：并行天线分解

在第一级信道变换，MIMO 信道 W 被并行分解为 T 个相互独立的信道 $\bar{W}_k : \mathcal{X} \to \mathcal{Y}$，

其转移概率函数为

$$\bar{W}_k\left(y_1^M\left|x_k,\boldsymbol{H}\right.\right)=\sum\nolimits_{x_1^T\backslash x_k\in\mathcal{X}^{T-1}}\frac{1}{2^{m(T-1)}}\cdot W\left(y_1^M\left|x_1^T,\boldsymbol{H}\right.\right) \tag{8.2.22}$$

其中，$x_1^T\backslash x_k$ 表示向量 x_1^T 除去元素 x_k 后的子向量。

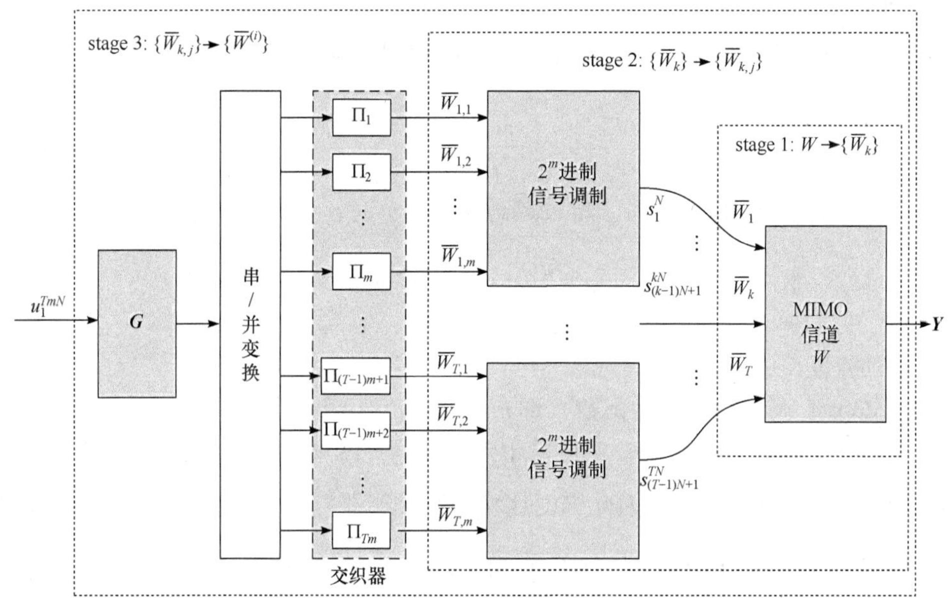

图 8.2.3　P-Polar-MIMO 系统三级信道极化变换

定义 8.3 (并行天线分解)　MIMO 信道 W 的 T 阶并行天线分解(T-PAP)定义为

$$W\to\left\{\bar{W}_1,\bar{W}_2,\cdots,\bar{W}_T\right\} \tag{8.2.23}$$

这种方式将 MIMO 信道 W 分解为 T 个有序排列的 2^m 进制符号并输入信道 $\bar{W}_k$，$k=1,2,\cdots,T$，也称为天线综合信道(Antenna Synthesized Channel)。

假设输入符号为等概分布，$\bar{W}_k$ 的对称信道容量写为

$$I\left(\bar{W}_k\right)=I\left(X_k;\boldsymbol{Y}\left|\boldsymbol{H}\right.\right) \tag{8.2.24}$$

式(8.2.24)表明各天线数据流在接收端以并行方式进行检测。

定理 8.2　PAP 是 MIMO 信道容量有损的分解方式。

证明　根据式(8.2.6)，注意到 $H\left(X_k\left|X_1,X_2,\cdots,X_{k-1},\boldsymbol{Y},\boldsymbol{H}\right.\right)\leqslant H\left(X_k\left|\boldsymbol{Y},\boldsymbol{H}\right.\right)$，可得如下不等式：

$$I\left(\bar{W}_k\right)=I\left(X_k;\boldsymbol{Y}\left|\boldsymbol{H}\right.\right)\leqslant I\left(X_k;\boldsymbol{Y}\left|X_1,X_2,\cdots,X_{k-1},\boldsymbol{H}\right.\right)=I\left(W_k\right) \tag{8.2.25}$$

因此有

$$\sum_{k=1}^{T}I\left(\bar{W}_k\right)\leqslant\sum_{k=1}^{T}I\left(W_k\right)=I\left(W\right) \tag{8.2.26}$$

由此，定理得证。

定理 8.2 表明 PAP 模式对应的并行检测在降低处理时延的同时，在 MIMO 信道变换过程中带来了系统容量损失，因而 PAP 模式的性能相对于 SAP 模式会变差。

2) 第二级：并行调制分解

P-Polar-MIMO 结构与 S-Polar-MIMO 结构在第二级信道的变换不同，前者采用比特交织编码调制(BICM)方案实现并行调制分解。任意天线综合信道 $\bar{W}_k$ 将会并行变换为一组独立的比特综合信道 $\{\bar{W}_{k,j}\}$。给定符号映射函数

$$x_k = L\left(b_{(k-1)m+1}^{km}\right) \tag{8.2.27}$$

其中，$k=1,2,\cdots,T$，比特向量 b_1^{mT} 映射为发送符号向量组 x_1^T。$\{\bar{W}_{k,j}\}$ 的转移概率函数为

$$\begin{aligned}
&\bar{W}_{k,j}\left(y_1^M \mid b_{(k-1)m+j},\boldsymbol{H}\right)\\
&=\frac{1}{2^{m-1}}\sum_{b_{(k-1)m+1}^{km}\backslash b_{(k-1)m+j}\in\mathbb{B}^{m-1},x_k=L\left(b_{(k-1)m+1}^{km}\right)}\bar{W}_k\left(y_1^M\middle|x_k,\boldsymbol{H}\right)\\
&=\frac{1}{2^{Tm-1}}\sum_{\substack{b_{(k-1)m+1}^{km}\backslash b_{(k-1)m+j}\in\mathbb{B}^{m-1},\\ x_k=L\left(b_{(k-1)m+1}^{km}\right),x_1^T\backslash x_k\in\mathcal{X}^{T-1}}}W\left(y_1^M\middle|x_1^T,\boldsymbol{H}\right)
\end{aligned} \tag{8.2.28}$$

其中，$b_{(k-1)m+1}^{km}\backslash b_{(k-1)m+j}$ 代表 $b_{(k-1)m+1}^{km}$ 除去元素 $b_{(k-1)m+j}$ 后得到的子向量。

根据第 7 章对 BIPCM 次优性的论述，有

$$\begin{aligned}
\sum_{j=1}^{m}I\left(\bar{W}_{k,j}\right)&=\sum_{j=1}^{m}I\left(B_{(k-1)m+j};\boldsymbol{Y}\middle|\ \boldsymbol{H}\right)\\
&\leqslant\sum_{j=1}^{m}I\left(B_{(k-1)m+j};\boldsymbol{Y}\middle|\ B_{(k-1)m+1},\cdots,B_{(k-1)m+j-1},\boldsymbol{H}\right)\\
&\overset{(1)}{=}I\left(B_{(k-1)m+1},B_{(k-1)m+2},\cdots,B_{km};\boldsymbol{Y}\middle|\ \boldsymbol{H}\right)\\
&=I\left(X_k;\boldsymbol{Y}\middle|\ \boldsymbol{H}\right)=I\left(\bar{W}_k\right)
\end{aligned} \tag{8.2.29}$$

其中，$B_{(k-1)m+j}$ 表示对应于 $b_{(k-1)m+j}$ 的随机变量，等式(1)服从互信息链式法则。由不等式关系编码 BICM 的并行调制分解，也会在第二级信道变换过程中带来容量损失。

3) 第三级：比特分解

第三级信道极化变换为比特分解，与 S-Polar-MIMO 结构中的第三级信道极化变换不同的是，此处只需要一个 $TmN\times TmN$ 的 $\boldsymbol{G}$ 矩阵(一个极化码编码器)进行二进制信道极化变换，它同时作用于 N 组信道 $\{\bar{W}_{k,j}\}$ 上，最终得到 TmN 个极化子信道 $\{\bar{W}^{(i)},i=1,2,\cdots,TmN\}$，转移概率为

$$\bar{W}^{(i)}\left(\boldsymbol{Y},u_1^{i-1}\mid u_i\right)=\frac{1}{2^{TmN-1}}\sum_{u_{i+1}^{TmN}\in\mathbb{B}^{TmN-i}}\bar{W}\left(\boldsymbol{Y}\mid u_1^{TmN}\right) \tag{8.2.30}$$

其中，$\bar{W}\left(\boldsymbol{Y}\mid u_1^{TmN}\right)=\prod_{t=1}^{N}W\left(\boldsymbol{Y}_t\middle|\boldsymbol{X}_t,\boldsymbol{H}(t)\right)$。

这里，从u_1^{TmN}到$\boldsymbol{X}$的一对一映射也是由极化编码与信号调制过程联合决定的。编码比特序列$v_1^{TmN}=\boldsymbol{G}\cdot u_1^{TmN}$，经过交织器后，重排为新序列$b_1^{TmN}$。

利用上述三级信道极化变换，N个 MIMO 信道W最终被分解为TmN个二进制输入极化子信道$\left\{\bar{W}^{(i)}\right\}$。原始 MIMO 信道被退化分解，即

$$\sum_{i=1}^{TmN} I\left(\bar{W}^{(i)}\right)=N\sum_{k=1}^{T}\sum_{j=1}^{m} I\left(\bar{W}_{k,j}\right)\leqslant N\sum_{k=1}^{T} I\left(\bar{W}_k\right)\leqslant NI\left(W_k\right) \tag{8.2.31}$$

总而言之，对比两种 Polar-MIMO 结构，S-Polar-MIMO 结构更加趋近原始 MIMO 信道容量，其检测与译码时延也会更高一些。相反，P-Polar-MIMO 结构提升了信号处理的并行度，但也损失了系统性能。

8.3 MIMO 系统的极化信号传输

本节描述了 S-Polar-MIMO 与 P-Polar-MIMO 结构的设计过程。针对基于 QR 分解(QRD)的 MIMO 检测方案，给出了信道容量分布的理论分析结果。最后，描述了两种结构的接收端检测与译码算法。

8.3.1 串行天线分解下的极化信号传输

1. 基于 QRD 的发送端编码构造

当采用 S-Polar-MIMO 极化分解时，还需要预先确定 MIMO 检测方案，因为该过程会直接影响第一级天线综合信道的容量分布。假设在接收端，对信道矩阵$\boldsymbol{H}$应用 QRD，满足

$$\boldsymbol{H}=\boldsymbol{Q}\cdot\boldsymbol{R} \tag{8.3.1}$$

其中，$\boldsymbol{Q}$是一个$M\times M$的酉矩阵；$\boldsymbol{R}$是一个$M\times T$的上三角矩阵，即对于任意$1\leqslant j\leqslant T$有$\Im\left(r_{j,j}\right)=0$，并且对于$i>j$有$r_{i,j}=0$，其中，$1\leqslant i\leqslant M$且$T\leqslant M$。

MIMO 系统接收信号经过 QRD 之后变为

$$\widetilde{\boldsymbol{Y}}_t=\boldsymbol{Q}^{\mathrm{H}}\cdot\boldsymbol{Y}_t=\boldsymbol{R}\cdot\boldsymbol{X}_t+\widetilde{\boldsymbol{Z}}_t \tag{8.3.2}$$

其中，$\widetilde{\boldsymbol{Z}}_t=\boldsymbol{Q}^{\mathrm{H}}\cdot\boldsymbol{Z}_t$中的元素服从高斯分布，且对于任意$1\leqslant i\leqslant M$，$\tilde{z}_{i,t}\sim\mathcal{CN}\left(0,\sigma^2\right)$。

对任意$1\leqslant k'\leqslant T$，将式(8.3.2)的矩阵展开后的标量形式为

$$\tilde{y}_{k',t}=r_{k',k'}\cdot x_{k',t}+\sum_{k''=k'+1}^{T} r_{k',k''}\cdot x_{k'',k'}+\tilde{z}_{k',t} \tag{8.3.3}$$

依据 S-Polar-MIMO 分解结构，天线数据流以增序方式逐一检测，即首先检测第 1 根天线的数据，接着检测第 2 根天线，…，最后检测第T根天线。因此，在式(8.3.3)中，将天线序号标记为$k=T+1-k'$，即列向量$\boldsymbol{X}_t$中的元素从上至下依次对应于天线序号从T至1。假设接收端采用理想的串行干扰抵消(SIC)检测，当处理$x_{k',t}$时，可忽略干扰项

$\sum_{k''=k'+1}^{T}\left(r_{k',k''}\cdot x_{k'',k'}\right)$。因此，$\left\{x_{k',t}\right\}$ 等价于一个信道系数为 $\left\{r_{k',k'}\right\}$ 的衰落信道。由此，天线综合信道 $W_k\,(k=T+1-k')$ 写为

$$\begin{aligned}&W_k\left(\boldsymbol{Y}_t, x_{k'+1,t}, x_{k'+2,t},\cdots, x_{T,t}\,\middle|\, x_{k',t}, r_{k',k'}\right)\\&=W_k\left(\tilde{y}_{k',t}\,\middle|\, x_{k',t}, r_{k',k'}\right)\\&=\frac{1}{\pi\sigma^2}\cdot\exp\left(-\frac{\left\|\tilde{y}_{k',t}-r_{k',k'}\cdot x_{k',t}\right\|^2}{\sigma^2}\right)\end{aligned}\tag{8.3.4}$$

在发送端，需要已知天线数据流的检测顺序与噪声方差 σ^2，可由接收端反馈。然而，$\{r_{k',k'}\}$ 或者 $\boldsymbol{H}(t)$ 在快衰落信道下是时变的，发送端无法即时获取信道响应瞬时值。因此，需要基于 MIMO 信道的遍历容量分析进行发送端编码构造，这一点与经典的极化码构造不同，下面假设收发端共同确知信道状态(如噪声方差 σ^2)信息。

1) 天线综合信道遍历容量分析

给定噪声方差 σ^2，根据式(8.2.8)，一个 $T\times M$ 的 MIMO 信道 W 的遍历容量表示为

$$I_W(\sigma)=\sum_{k=1}^{T} I_k(\sigma)\tag{8.3.5}$$

其中，$I_k(\sigma)$ 表示 W_k 的遍历容量，其计算公式为

$$I_k(\sigma)=\int_0^{+\infty} I_G(\sigma|g)\,p(g)\,\mathrm{d}g\tag{8.3.6}$$

其中，$I_G(\sigma\,|\,g)$ 表示给定衰落信道增益 $g=r_{k',k'}$ 时的条件 AWGN 信道容量；$p(g)$ 表示 $r_{k',k'}$ 的分布，$k=T+1-k'$。下面分别分析这两项。

给定 2^m 进制的 QAM 星座点集合 X 与信道增益 g，结合式(8.3.4)，上述条件 AWGN 信道的容量计算公式如下：

$$I_G(\sigma\,|\,g)=-\int_{-\infty}^{+\infty}\int_{-\infty}^{+\infty} p(y|g)\cdot\log p(y|g)\,\mathrm{d}u\mathrm{d}v-\log\pi\mathrm{e}\sigma^2\tag{8.3.7}$$

其中，$u=\Re(y)$，$v=\Im(y)$，且

$$p(y|g)=\frac{1}{2^m}\sum_{x\in\mathcal{X}}\frac{1}{\pi\sigma^2}\cdot\exp\left(\frac{-\|y-gx\|^2}{\sigma^2}\right)\tag{8.3.8}$$

根据文献[7]中的 Theorem 3.3，$\boldsymbol{R}$ 矩阵中对角线元素 $r_{k',k'}$ 平方的 2 倍服从自由度为 $2(M-k'+1)$ 的 χ^2 分布，即对任意 $k'=1,2,\cdots,T$，有 $2r_{k',k'}^2\sim\chi^2\left(2(M-k'+1)\right)$。因此，在进行一系列变量代换后，$r_{k',k'}$ 的概率密度函数(PDF)表示为

$$p\left(r_{k',k'}\right)=\frac{2}{\Gamma(M-k'+1)}\cdot r_{k',k'}^{2(m-k')+1}\cdot\exp\left(-r_{k',k'}^2\right)\tag{8.3.9}$$

其中，$\Gamma(\kappa)=\int_0^{+\infty}\tau^{\kappa-1}\mathrm{e}^{-\tau}\mathrm{d}\tau$ 是 Gamma 函数。

采用 7.3 节的互信息等效构造方法，可以将 W_k 的遍历容量等效为一个 AWGN 信道容量，即满足

$$I_G(\sigma_k)=I_k(\sigma) \tag{8.3.10}$$

其中，AWGN 信道的容量 $I_G(\sigma_k)$ 根据式(8.3.7)计算得到，其中的信道增益 $g=1$。该方法将 W_k 等效为一个容量相同的 AWGN 信道 $\tilde{W}_k$。

2) 比特综合信道容量分析

针对 QAM 星座的 FSL 映射，定义集合 $\mathcal{X}_{b_1^j}^{1:j}$ 表示全符号集合 $x\in\mathcal{X}$ 的子集，满足

$$\mathcal{X}_{b_1^j}^{1:j}=\left\{x\left|L_{1:j}^{-1}(x)=b_1^j,x\in\mathcal{X}\right.\right\} \tag{8.3.11}$$

其中，$L_{1:j}^{-1}(x)$ 表示符号 x 逆映射得到的比特向量中第 1～j 个比特。天线综合信道在第二级信道变换中经由串行调制分解拆分为一组比特综合信道，即 $I(W_k)=I_G(\sigma_k)=\sum_{j=1}^{m}(W_{k,j})$。根据式(8.2.12)有

$$I(W_{k,j})=\sum_{b_1^j\in\mathbb{B}^j}\int_{-\infty}^{+\infty}\int_{-\infty}^{+\infty}\frac{1}{2^j}\cdot p_k\left(y\left|b_1^j\right.\right)\cdot\log\frac{p_k\left(y\left|b_1^j\right.\right)}{p_k\left(y\left|b_1^{j-1}\right.\right)}\mathrm{d}u\mathrm{d}v \tag{8.3.12}$$

其中，$u=\Re(y)$，$v=\Im(y)$，且有

$$\begin{aligned}p_k\left(y\left|b_1^j\right.\right)&=\frac{1}{2^{m-j}}\sum_{x\in\mathcal{X}_{b_1^j}^{1:j}}p_k(y|x)\\&=\frac{1}{2^{m-j}}\sum_{x\in\mathcal{X}_{b_1^j}^{1:j}}\frac{1}{\pi\sigma_k^2}\cdot\exp\left(\frac{-\|y-x\|^2}{\sigma_k^2}\right)\end{aligned} \tag{8.3.13}$$

在得到比特综合信道的容量 $I(W_{k,j})$ 后，根据容量等效原理，$W_{k,j}$ 也可被近似为一个 BI-AWGN 信道 $\tilde{W}_{k,j}$，其信道容量等于 $I(W_{k,j})$。因此有

$$I_B(\sigma_{k,j})=I(W_{k,j}) \tag{8.3.14}$$

其中，$I_B(\sigma_{k,j})$ 的具体表达式为

$$I_B(\sigma_{k,j})=-\int_{-\infty}^{+\infty}p_{k,j}(y)\cdot\log p_{k,j}(y)\mathrm{d}y-\frac{1}{2}\log 2\pi\mathrm{e}\sigma_{k,j}^2 \tag{8.3.15}$$

其中，$p_{k,j}(y)=\frac{1}{2\sqrt{2\pi\sigma_k^2}}\left[\exp\left(\frac{-(y-1)^2}{2\sigma_{k,j}^2}\right)+\exp\left(\frac{-(y+1)^2}{2\sigma_{k,j}^2}\right)\right]$。

2. MIMO 系统极化效应分析

对于 S-Polar-MIMO 系统，其性能取决于三级极化变换后比特极化信道的极化效果。显然，QAM 星座的映射准则与 MIMO 检测算法均会影响最终的极化效果。为评估比特极化信道间的极化效果，主要关注其容量分布的均值与方差。若 QAM 星座映射采用 FSL，这两个特征值分别定义为

$$M_{\mathrm{FSL}}(W)=\frac{1}{TmN}\sum_{k=1}^{T}\sum_{j=1}^{m}\sum_{i=1}^{N}I\left(W_{k,j}^{(i)}\right)=\frac{1}{T}\sum_{k=1}^{T}I\left(W_{k}\right) \tag{8.3.16}$$

$$V_{\mathrm{FSL}}(W)=\frac{1}{TmN}\sum_{k=1}^{T}\sum_{j=1}^{m}\sum_{i=1}^{N}I^{2}\left(W_{k,j}^{(i)}\right)-M_{\mathrm{FSL}}^{2}(W) \tag{8.3.17}$$

类似地，当 QAM 星座映射采用 HSL 时，均值与方差分别定义为

$$M_{\mathrm{HSL}}(W)=\frac{1}{TmN}\sum_{k=1}^{T}\sum_{j=1}^{m/2}\sum_{i=1}^{2N}I\left(W_{k,j}^{(i)}\right)=\frac{1}{T}\sum_{k=1}^{T}I\left(W_{k}\right) \tag{8.3.18}$$

$$V_{\mathrm{HSL}}(W)=\frac{1}{TmN}\sum_{k=1}^{T}\sum_{j=1}^{m/2}\sum_{i=1}^{2N}I^{2}\left(W_{k,j}^{(i)}\right)-M_{\mathrm{HSL}}^{2}(W) \tag{8.3.19}$$

天线极化信道与比特综合信道的极化效果评估也主要分析其容量的均值与方差。

给定 MIMO 检测算法后，根据式(8.3.16)与式(8.3.18)，有 $M_{\mathrm{FSL}}(W)=M_{\mathrm{HSL}}(W)$，因此，极化信道互信息的方差成为评估极化效应的关键指标。为增强比特综合信道的极化效应，QAM 调制采用集分割(SP)映射。相应地，FSL 模式采用全集分割(FSP)映射，HSL 模式采用半集分割(HSP)映射。

例 8.1　16QAM 星座的 FSP 映射与 HSP 映射如图 8.3.1 所示，其中星座点的比特序列为 (b_1,b_2,b_3,b_4)。

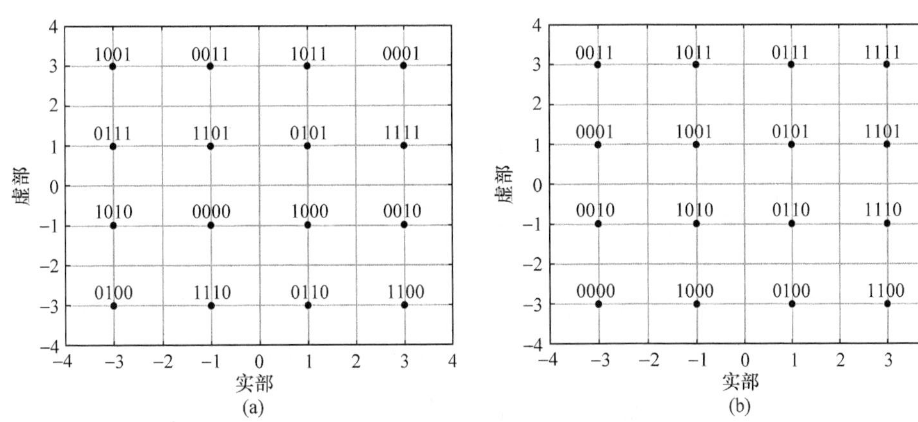

图 8.3.1　16QAM 星座的 FSP 与 HSP 映射

图 8.3.2(a)展示了 FSL 与 HSL 两种映射方式下比特综合信道容量的分布。由于各发送天线(TA)的比特综合信道容量总和是一致的，两种星座映射方式下的容量均值也一致，图 8.3.2(a)中的容量均值由虚线表示。可以看出，FSL 下比特综合信道容量的方差更大。因此，在两级信道极化变换之后，FSL 会带来更好的极化效果。然而，由图 8.3.2(b)可以看出，采用 FSL 时，经过三级极化变换后，比特极化信道的容量方差反而更小了。这一现象说明，HSL 模式下，虽然前两级变换后极化效果不如 FSL 好，但第三级变换中极化深度可增加一层，反而使得最终的比特极化信道具有更好的极化效果。因此，采用 HSL 的 S-Polar-MIMO 系统将会具有更佳的性能。其中，$E_s/N_0=6\mathrm{dB}$，收发天线数均为 2，MIMO 检测采用 QRD 算法。图 8.3.2(b)为三级信道极化变换后，两种星座映射下的比特

极化信道容量方差，系统配置与图 8.3.2(a)一致。

图 8.3.3 展示了 MIMO 检测算法对天线综合信道容量分布的影响(调制方式为 QPSK，$E_s/N_0=6\text{dB}$)。显然，相对于 MMSE-SIC 检测算法，QRD 算法在第一级信道极化变换后会带来更好的极化效果。然而，MMSE-SIC 的容量均值更高。因此，无法单纯从 MIMO 信号处理的角度判断两个 S-Polar-MIMO 系统的性能优劣。

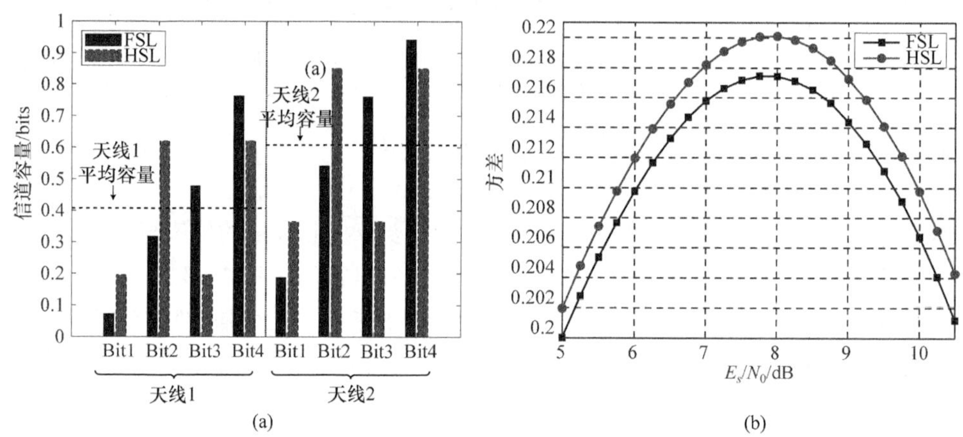

图 8.3.2 采用 16QAM FSP 映射与 HSP 映射的比特综合信道容量 $I\left(W_{k,j}\right)$ 分布

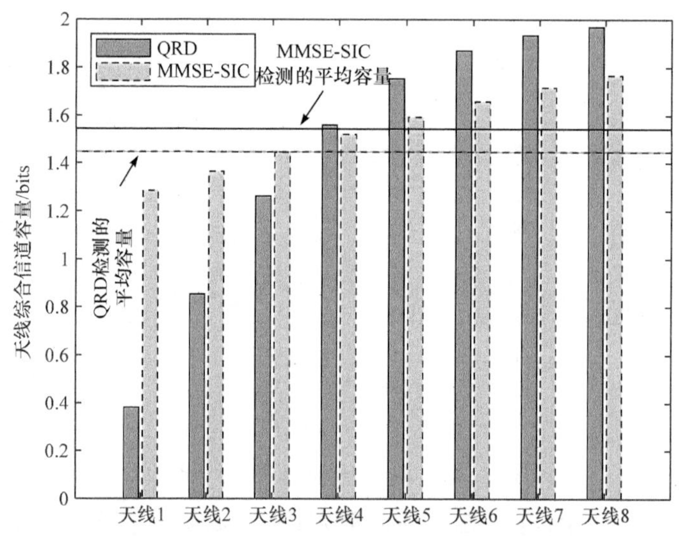

图 8.3.3 QRD 与 MMSE-SIC 两种 MIMO 检测算法下，天线综合信道容量 $I\left(W_k\right)$ 的分布

3. 接收端联合多级检测与译码

在接收端，S-Polar-MIMO 的检测、解调与极化码译码是联合处理的，称为联合多级检测与译码(JMSDD)接收机，如图 8.3.4 所示。JMSDD 接收机的整体结构为广义的串行抵消结构，给定接收信号 $\boldsymbol{Y}$，信息比特 u_A 由增序从 $1\sim TmN$ 逐一完成译码。

首先，MIMO 检测器由第 1～第 T 根发射天线逐一检测各天线数据。之后，解调器将比特 LLR 信息送入各自对应的极化码译码器。在译码器完成译码后，将信息比特估计送入极化码编码器重构编码比特，该硬判决信息反馈至解调器用来计算下一个译码器的比特 LLR 信息。在一个天线数据流完成解调与译码后，基于估计结果重构调制符号并反馈至 MIMO 检测器完成干扰抵消。图 8.3.4 中重构的编码比特与调制符号数据流用虚线标示。

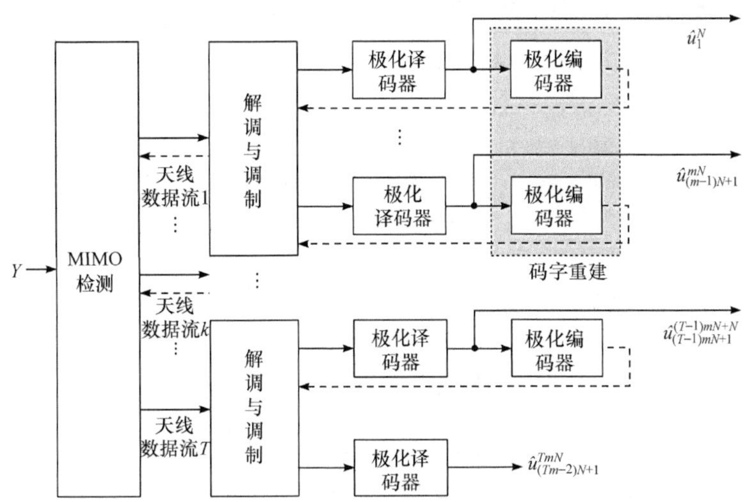

图 8.3.4 S-Polar-MIMO 系统的接收机结构示意

JMSDD 接收机结构类似于极化码的 SC 译码算法。因此，各种增强的 SC 译码算法，如 SCL 与 CA-SCL 也可用于 S-Polar-MIMO 系统，产生更优异的性能。

8.3.2 并行天线分解下的极化信号传输

由于采用并行分解，P-Polar-MIMO 系统中的比特综合信道可靠度计算比 S-Polar-MIMO 系统简单。注意到各天线数据流的调制方案为 BICM，为得到比特综合信道 $\left\{\bar{W}_{k,j}\right\}$ 的可靠度，在估计 $I_E(k,j)$ 时，所有先验信息均需要设为 0，即 $\forall k,j,I_A(k,j)=0$。进一步，将 $\bar{W}_{k,j}$ 近似为相同容量的 BI-AWGN 信道 $\tilde{W}_{k,j}$，即满足

$$I\left(\bar{W}_{k,j}\right)=I\left(\tilde{W}_{k,j}\right) \tag{8.3.20}$$

因此，$\tilde{W}_{k,j}$ 的噪声方差 $\sigma_{k,j}^2$ 为

$$\sigma_{k,j}^2=\frac{4}{\left(\Omega^{-1}\left(I_E(k,j)\right)\right)^2} \tag{8.3.21}$$

其中，$\Omega(x)$ 是 BI-AWGN 信道互信息的近似函数。

P-Polar-MIMO 系统发送端编码构造过程描述如下。

1. Monte-Carlo 仿真统计计算比特综合信道容量

根据式(8.3.20)与式(8.3.21)，通过 Monte-Carlo 仿真统计并计算互信息 $I_E(k,j)$，得到比特综合信道 $\bar{W}_{k,j}$ 的等效噪声方差。

2. 比特极化信道可靠度计算与选择

采用密度进化(DE)或高斯近似(GA)算法，利用$\sigma_{k,j}$及并行极化过程计算各比特极化信道$\left\{\bar{W}^{(i)}\right\}$的可靠度，选择其中可靠度最高的$K$个承载信息比特$u_{\mathcal{A}}$。

P-Polar-MIMO 接收端采用分离式的检测与译码(SDD)，如图 8.3.5 所示，MIMO 检测采用线性 MMSE (LMMSE)算法[8]，并行输出多路天线数据流的符号估计值给解调器，解调器计算比特 LLR 送入极化码译码器。由于检测与译码分别进行，相对于 S-Polar-MIMO 的联合处理，MIMO 检测与解调过程均没有硬信息反馈，降低了系统处理时延，同时也造成了一定的性能损失。

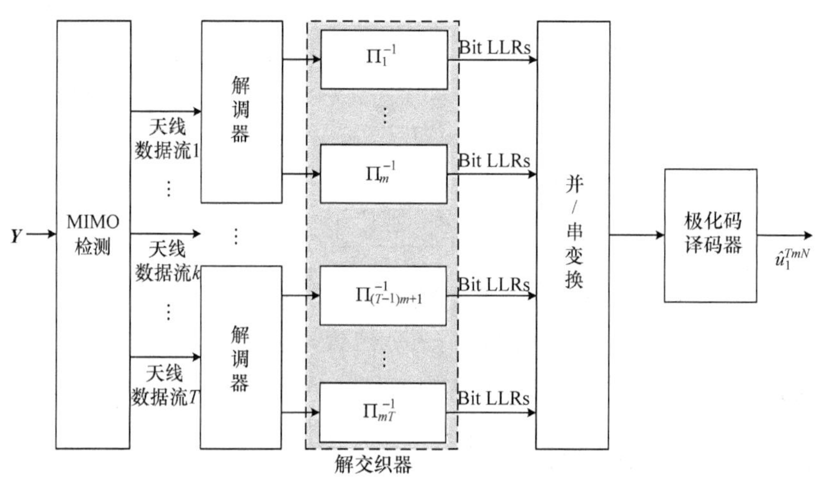

图 8.3.5 P-Polar-MIMO 系统 SDD 接收机结构

8.3.3 极化 MIMO 性能评估

1. 复杂度分析

当 S-Polar-MIMO 系统检测与译码时，首先应用 QRD 分解信道矩阵$\boldsymbol{H}(t)$，$t=1,2,\cdots,N$，单次 QRD 的复杂度为$O\left(M^3\right)$。当采用 FSL 时，译码复杂度为$O(TmN \log N)$。整个 S-Polar-MIMO 接收机处理复杂度为$O\left(TmN\log N+M^3N\right)$。类似地，若 QAM 调制采用 HSL，译码复杂度变为$O(TmN\log 2N)$。

P-Polar-MIMO 系统中只包含一个长度为TmN的极化码，采用 LMMSE 检测，相应的复杂度为$O\left(M^3\right)$。因此，整个 SDD 接收机的复杂度为$O\left(TmN\log TmN+M^3N\right)$。

2. 仿真结果分析

下面给出 S-Polar-MIMO 与 P-Polar-MIMO 系统的仿真性能，作为对比，也给出 Turbo 编码 MIMO (Turbo-MIMO)系统与 LDPC 编码 MIMO (LDPC-MIMO)系统的性能。Turbo 编码与速率适配算法均参照 LTE 标准[9]，Log-MAP 译码算法的内迭代次数为 8。LDPC 码的编码器与速率适配方案参照 5G NR 标准[10]，译码采用 15 次内迭代的 Layered BP 算法。S-Polar-MIMO 系统对应于 Turbo-MIMO 与 LDPC-MIMO 系统内加上 MIMO 检测器与信道译码器的外迭代(with outer-loop Iteration, w/-oi) LST-b 结构，其中每根天线采用一个编码器以便于后续的 SIC MIMO 检测。P-Polar-MIMO 系统对应于 Turbo-MIMO 与 LDPC-MIMO 系统没有 MIMO 检测器与信道译码器的外迭代(without outer-loop Iteration, w/o-oi)。

S-Polar-MIMO 系统采用 MMSE-SIC 检测与 CA-SCL 译码算法，其中 CRC 编码长度为 16，CA-SCL 算法的列表规模为 32。如图 8.3.6 所示，S-Polar-MIMO 系统相比 Turbo-MIMO w/-oi 与 LDPC-MIMO w/-oi 系统，至少有 0.5dB 的信噪比增益。当调制阶数变高时，采用 SC 译码的 S-Polar-MIMO 系统性能就可以超过 Turbo-MIMO 与 LDPC-MIMO 系统，这是由于极化编码与 MIMO 进行了联合设计，且调制阶数变高带来了更明显的极化效果。

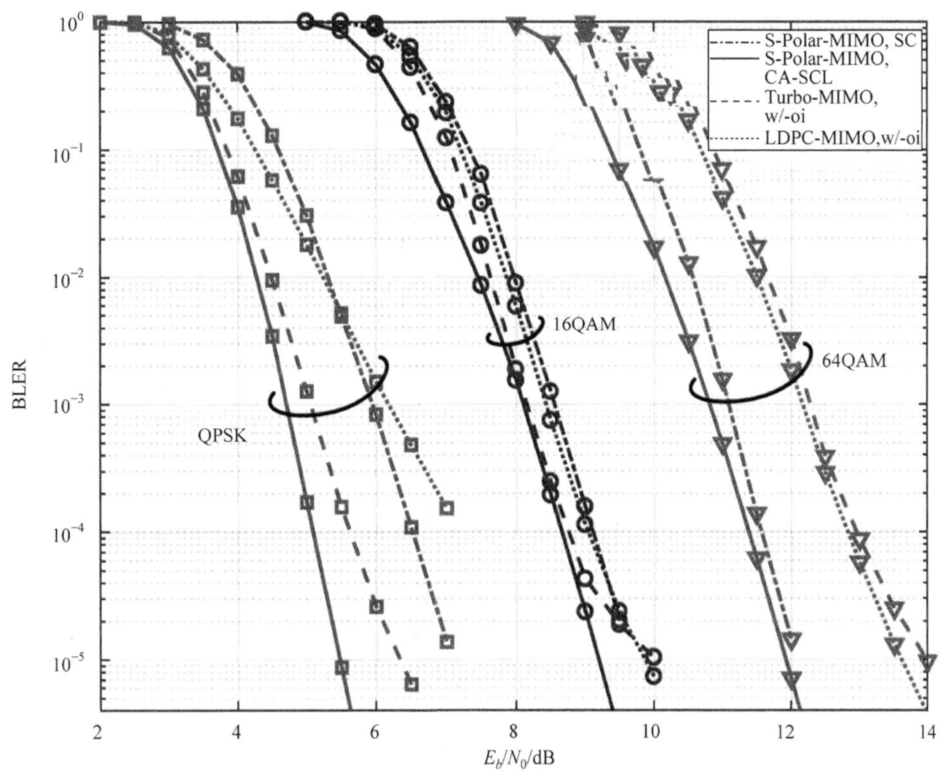

图 8.3.6　S-Polar-MIMO 在不同调制方式下 BLER 性能的对比，MIMO 采用 8 发 8 收，N=256

图 8.3.7 对比了采用 LMMSE 检测的 P-Polar-MIMO、Turbo-MIMO w/o-oi 与 LDPC-MIMO w/o-oi 系统的 BLER 性能，此时所有系统均只使用了一个编码器。P-Polar-MIMO 系统相对于另外两个系统仍然有明显的性能增益。此外，Turbo-MIMO 与 LDPC-MIMO 系统在高信噪比区间有明显的“误码平台”现象，而 P-Polar-MIMO 系统没有平台。

图 8.3.8 比较了$1\times1\sim8\times8$ MIMO、64QAM 调制、BLER=10^{-3}条件下，不同码长码率下 PC-MIMO 与 Turbo 编码 MIMO(TC-MIMO)、LDPC 编码 MIMO(LC-MIMO)的频谱效率。其中，Turbo 编码采用 4G LTE 标准，LDPC 编码采用 5G 标准。图中 PC-MIMO 标记为 Polar，TC-MIMO 标记为 4G LTE Turbo，LC-MIMO 标记为 5G LDPC。可以看

到，PC-MIMO 相对于 TC-MIMO/LC-MIMO 有 1～2dB 的性能增益。这说明，由于采用整体极化，PC-MIMO 能够达到更高的频谱效率，非常适合未来移动通信的高频谱效率传输需求。

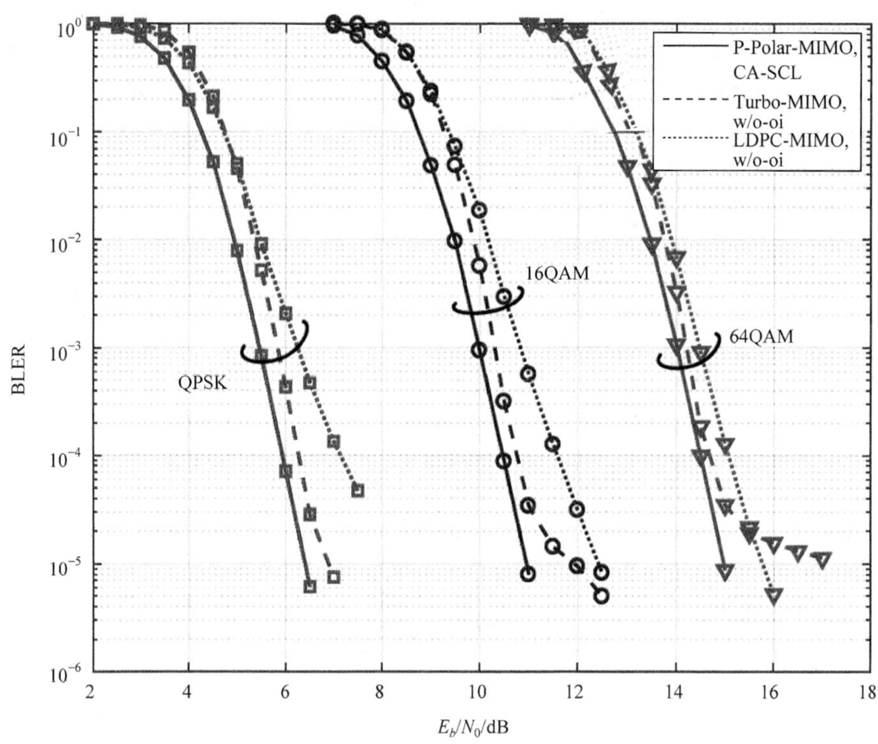

图 8.3.7　P-Polar-MIMO 在不同调制方式下 BLER 性能的对比，MIMO 采用 4 发 4 收，N=128

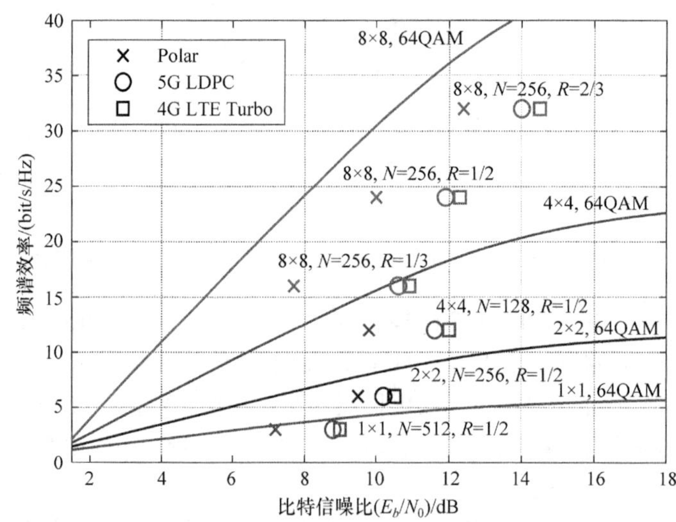

图 8.3.8　PC-MIMO 与 TC/LC-MIMO 的频谱效率比较

上述仿真结果表明，Polar-MIMO 系统相比 Turbo 及 LDPC 编码的 MIMO 系统，在复杂度相当或者更低的情况下，有显著的性能增益。

8.4　非正交多址系统的信道极化变换

本节把信道极化推广到 NOMA 传输场景下，将 NOMA 传输与信号映射以及编码极化结合起来，设计了非正交多址场景下的三阶段联合信道极化变换。NOMA 信道的分解也有两种方式，分别是串行用户分解与并行用户分解，下面分别介绍其原理。

8.4.1　基于串行用户分解的信道极化变换

对于 NOMA 系统，假设接收端理想信道估计，即信道增益向量 $\boldsymbol{h}=(\boldsymbol{h}_1,\boldsymbol{h}_2,\cdots,\boldsymbol{h}_V)$ 在接收端确知。定义 NOMA 信道为 $W:\mathcal{X}\mapsto\mathcal{Y}$，其中，$\mathcal{X}$ 为发送信号向量 $\boldsymbol{x}=(\boldsymbol{x}_1,\boldsymbol{x}_2,\cdots,\boldsymbol{x}_V)$ 的集合，且 $|\mathcal{X}|=2^{JV}$，$\mathcal{Y}$ 表示接收信号向量 $\boldsymbol{y}$ 的集合。给定各用户码本后，JV bit 的 $\boldsymbol{b}$ 向量映射为发送向量 $\boldsymbol{x}\in X$，NOMA 映射过程定义为

$$L:\boldsymbol{b}=(\boldsymbol{b}_1,\boldsymbol{b}_2,\cdots,\boldsymbol{b}_V)\in\mathbb{B}^{JV}\mapsto\boldsymbol{x}\in X \tag{8.4.1}$$

其中，L 依赖于各用户的映射函数 g_v。因此，NOMA 信道 W 等价定义为 $W:\mathbb{B}^{JV}\mapsto\mathcal{Y}$，其转移概率为

$$W(\boldsymbol{y}|\boldsymbol{b},\boldsymbol{h})=W\left(\boldsymbol{y}\middle|L^{-1}(\boldsymbol{x}),\boldsymbol{h}\right) \tag{8.4.2}$$

其中，$L^{-1}(\cdot)$ 表示 L 的逆映射。

对于 Polar-NOMA 系统，NOMA 信道 W 在三级信道极化变换下可分解为一系列比特极化信道，表示为

$$W\to\left\{W_{s_k}\right\}\to\left\{W_{s_k,j}\right\}\to\left\{W_{s_k}^{(i)}\right\} \tag{8.4.3}$$

分解过程如图 8.4.1 所示。令用户分解顺序为 $\boldsymbol{s}=(s_1,s_2,\cdots,s_V)$，该顺序 $\boldsymbol{s}$ 在接收端即为多用户检测顺序，假设第 s_1 个用户首先被检测，紧接着检测第 s_2 个用户，依次进行下去。

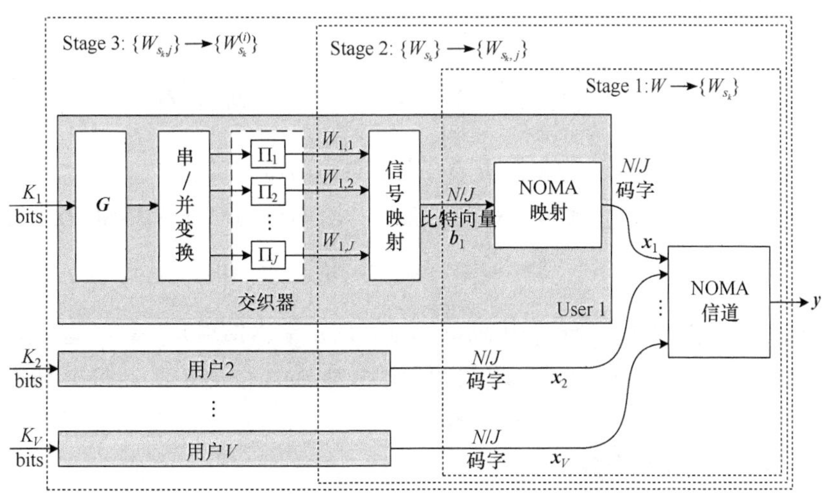

图 8.4.1　Polar-NOMA 系统三级信道极化变换

这种串行用户分解(SUP)中的第一级信道变换与第 7 章介绍的多级极化编码调制(MLC-PCM)类似。在交织器$\Pi_j, j=1,2,\cdots,J$辅助下，第二级信道变换过程进行信号分解，得到一系列二进制输入信道$\left\{W_{s_k,j}\right\}$，该处理过程类似于比特交织编码调制(BICM)。第三级信道变换为编码域二进制信道极化变换。接下来，详细介绍三级信道极化变换过程。

1) 第一级：串行用户分解

给定用户分解顺序$\boldsymbol{s}=(s_1,s_2,\cdots,s_V)$，根据互信息链式法则，NOMA 信道中$\boldsymbol{b}$与$\boldsymbol{y}$之间的平均互信息(AMI)写为

$$I\left(B_1,B_2,\cdots,B_V;\boldsymbol{Y}\middle|\boldsymbol{H}\right)=\sum_{k=1}^{V}I_{s_k}=\sum_{k=1}^{V}I\left(B_{s_k};\boldsymbol{Y}\middle|B_{s_1},B_{s_2},\cdots,B_{s_{k-1}},\boldsymbol{H}\right) \tag{8.4.4}$$

其中，$\boldsymbol{Y}$与$\boldsymbol{H}$分别表示对应于$\boldsymbol{y}$与$\boldsymbol{h}$的随机变量。此外，$\boldsymbol{B}_{s_k}$表示对应于$\boldsymbol{b}_{s_k}$的随机变量。

注意到各用户的平均互信息I_{s_k}可进一步写为

$$\begin{aligned}
I_{s_k} &= I\left(B_{s_k};\boldsymbol{Y}\middle|B_{s_1},B_{s_2},\cdots,B_{s_{k-1}},\boldsymbol{H}\right)\\
&= H\left(B_{s_k}\middle|B_{s_1},B_{s_2},\cdots,B_{s_{k-1}},\boldsymbol{H}\right)-H\left(B_{s_k}\middle|B_{s_1},B_{s_2},\cdots,B_{s_{k-1}},\boldsymbol{Y},\boldsymbol{H}\right)\\
&= H\left(B_{s_k}\middle|\boldsymbol{H}\right)-H\left(B_{s_k}\middle|B_{s_1},B_{s_2},\cdots,B_{s_{k-1}},\boldsymbol{Y},\boldsymbol{H}\right)\\
&= I\left(B_{s_k};B_{s_1},B_{s_2},\cdots,B_{s_{k-1}},\boldsymbol{Y}\middle|\boldsymbol{H}\right)
\end{aligned} \tag{8.4.5}$$

其中，$H(\cdot)$代表熵函数。由于各用户的传输比特之间是相互独立的，上述等式链成立。因此，给定用户分解顺序$\boldsymbol{s}$后，NOMA 的信号叠加传输在用户之间引入的相关性可以视为一种信道变换。子信道$W_{s_k}:\mathbb{B}^J\mapsto\mathcal{Y}\times\mathbb{B}^{J(k-1)}$的转移概率函数写为

$$W_{s_k}\left(\boldsymbol{y},\boldsymbol{b}_{s_1},\boldsymbol{b}_{s_2},\cdots,\boldsymbol{b}_{s_{k-1}}\middle|\boldsymbol{b}_{s_k},\boldsymbol{h}\right)=\frac{1}{2^{J(V-1)}}\sum_{\left(\boldsymbol{b}_{s_{k+1}},\cdots,\boldsymbol{b}_{s_V}\right)\in\mathbb{B}^{J(V-k)}}W\left(\boldsymbol{y}\middle|\boldsymbol{b},\boldsymbol{h}\right) \tag{8.4.6}$$

注意到，对于任意检测顺序$\boldsymbol{s}$，第一级信道变换后，NOMA 信道W的平均互信息是无损的，即

$$I(W)=\sum_{k=1}^{V}I\left(W_{s_k}\right)=\sum_{k=1}^{V}I_{s_k}=I\left(B_1,B_2,\cdots,B_V;\boldsymbol{Y}\middle|\boldsymbol{H}\right) \tag{8.4.7}$$

该式遵循平均互信息的链式法则，函数$I(\cdot)$表示对称信道容量。

定义 8.4(串行用户分解) NOMA 信道W的V阶串行用户分解(V-SUP)定义为

$$W\to\left\{W_{s_1},W_{s_2},\cdots,W_{s_V}\right\} \tag{8.4.8}$$

这种方式将信道W分解为V个有序排列的二进制向量输入信道$W_{s_k},k=1,2,\cdots,V$，称为用户综合信道(User Synthesized Channel)。对给定的 NOMA 信道W，V-SUP 结果与用户分解顺序$\boldsymbol{s}$有关，所有可能的结果共有$V!$种。

2) 第二级：多进制信号分解

在第二级信道变换中，用户综合信道W_{s_k}进一步分解为单比特输入信道$\left\{W_{s_k,j}\right\}$，

$j=1,2,\cdots,J$，称为比特综合信道。类似于极化编码调制中的信道变换，第二级多进制信号分解采用比特交织编码调制(BICM)思路。通过引入交织器，保证系统在衰落信道下具有较好的鲁棒性。注意到

$$I\left(W_{s_k}\right)=I_{s_k}=\sum_{j=1}^{J}I\left(B_{s_k,j};\boldsymbol{Y}\middle|B_{s_1},\cdots,B_{s_{k-1}},B_{s_k,1},\cdots,B_{s_k,j-1},\boldsymbol{H}\right) \tag{8.4.9}$$

其中，$b_{s_k,j},j=1,2,\cdots,J$ 表示 $\boldsymbol{b}_{s_k}$ 向量中第 j 个比特；$B_{s_k,j}$ 是对应于 $b_{s_k,j}$ 的随机变量。假设 W_{s_k} 的输入比特为均匀分布，在交织器作用下，2^J 进制的二进制向量输入信道 W_{s_k} 变换为一组 J 个并行独立的二进制单比特输入信道 $\left\{W_{s_k,j}\right\}$，其转移概率为

$$\begin{aligned}&W_{s_k,j}\left(\boldsymbol{y},\boldsymbol{b}_{s_1},\boldsymbol{b}_{s_2},\cdots,\boldsymbol{b}_{s_{k-1}}\middle|b_{s_k,j}=b,\boldsymbol{h}\right)\\&=\frac{1}{2^{J-1}}\sum_{\boldsymbol{b}_{s_k}\in\mathbb{B}^J,b_{s_k,j}=b}W_{s_k}\left(\boldsymbol{y},\boldsymbol{b}_{s_1},\boldsymbol{b}_{s_2},\cdots,\boldsymbol{b}_{s_{k-1}}\middle|\boldsymbol{b}_{s_k},\boldsymbol{h}\right)\end{aligned} \tag{8.4.10}$$

其中，$b\in\mathbb{B}$。进一步可得

$$\begin{aligned}\sum_{j=1}^{J}I\left(W_{s_k,j}\right)&=\sum_{j=1}^{J}I\left(B_{s_k,j};\boldsymbol{Y}\middle|B_{s_1},\cdots,B_{s_{k-1}},\boldsymbol{H}\right)\\&\leqslant\sum_{j=1}^{J}I\left(B_{s_k,j};\boldsymbol{Y}\middle|B_{s_1},\cdots,B_{s_{k-1}},B_{s_k,1},\cdots,B_{s_k,j-1},\boldsymbol{H}\right)\end{aligned} \tag{8.4.11}$$

结合式(8.4.9)与式(8.4.11)，有如下关系：

$$I(W)=\sum_{k=1}^{V}I\left(W_{s_k}\right)\geqslant\sum_{k=1}^{V}\sum_{j=1}^{J}I\left(W_{s_k,j}\right) \tag{8.4.12}$$

式(8.4.12)表明，第二级信道变换中 BICM 结构在增强系统鲁棒性的同时也带来了一定的系统容量损失。

3) 第三级：比特分解

第三级信道变换，对每个用户中的比特综合信道 $\left\{W_{s_k,j}\right\}$，连续使用 N/J 组信道极化变换 $\boldsymbol{G}$，系统最终可得到 NV 个比特极化信道 $\left\{W_{s_k}^{(i)}\right\}$，其中，$k=1,2,\cdots,V$，$i=1,2,\cdots,N$。

8.4.2 用户分解顺序极化调度

根据第 3 章的信道极化理论，基于 SUP 模式的 Polar-NOMA 系统，整体性能取决于三级极化的极化效果。Polar-NOMA 系统中第二级与第三级信道变换具有固定结构，因此，最终的极化效果取决于第一级 SUP 过程的用户分解顺序，不同的分解顺序 $\boldsymbol{s}$ 将导致用户综合信道 $\left\{W_{s_k}\right\}$ 分布的差异，最终影响极化信道 $\left\{W_{s_k}^{(i)}\right\}$ 的极化效果。

给定 NOMA 信道 W 与用户分解顺序 $\boldsymbol{s}$，可以用 $\left\{W_{s_k}\right\}$ 容量分布的均值与方差表征极化效应，分别定义为

$$M(W,\boldsymbol{s})=\frac{1}{V}\sum_{k=1}^{V}I\left(W_{s_k}\right)=\frac{1}{V}I(W) \tag{8.4.13}$$

$$V(W,\boldsymbol{s})=\frac{1}{V}\sum_{k=1}^{V}I^2\left(W_{s_k}\right)-M^2(W,\boldsymbol{s}) \tag{8.4.14}$$

其中，函数$M(\cdot)$与$V(\cdot)$分别表示求均值与方差。式(8.4.13)表明均值$M(W,\boldsymbol{s})$仅依赖于原始 NOMA 信道W，而与用户分解顺序无关。因此，方差$V(W,\boldsymbol{s})$是衡量第一级信道变换极化效果的关键指标。

命题 8.1 给定 NOMA 信道W，最优用户分解顺序$\boldsymbol{s}^*$会最大化容量方差$V(\cdot)$，即

$$\boldsymbol{s}^*=\arg\max_{\boldsymbol{s}}V(W,\boldsymbol{s}) \tag{8.4.15}$$

然而，精确计算用户综合信道容量$I\left(W_{s_k}\right)$，复杂度很高。由于发送端的用户分解顺序对应接收端用户 SIC 的检测顺序，先检测用户数据将作为已知信息供后续用户检测使用。同时，注意到$I\left(W_{s_k}\right)$是信干噪比(SINR)的单调函数。可以用 SIC 检测的各用户 SINR 代替信道容量$I\left(W_{s_k}\right)$，导出最优用户分解顺序。

NOMA 信号传输结构可用一个$F\times V$的二进制叠加矩阵$\boldsymbol{F}$表示，相应的因子图表示为$\mathcal{G}(\mathcal{V},\mathcal{F})$，包含$V$个变量节点(Variable Nodes, VN)，表示用户；F个功能节点(Function Nodes, FN)，表示正交资源块 RE。当且仅当$\boldsymbol{F}_{f,v}=1$时，第v个用户可以占用第f个 RE，即第v个用户的码字$\boldsymbol{x}_v$中第f个元素为非零值。同时，$\boldsymbol{F}_{f,v}=1$也表示因子图上第v个 VN 与第f个 FN 相互连接。因子图上与第f个 FN 节点相连接的 VN 节点集合定义为$V_f=\left\{v\middle|\boldsymbol{F}_{f,v}=1\right\}$，$d_f=\left|V_f\right|$表示第$f$个 FN 节点的度。类似地，与第$v$个 VN 节点相连接的 FN 节点集合定义为$\mathcal{F}_v=\left\{f\middle|\boldsymbol{F}_{f,v}=1\right\}$，$q_v=\left|\mathcal{F}_v\right|$表示第$v$个 VN 节点的度。

给定用户分解顺序$\boldsymbol{s}=(s_1,s_2,\cdots,s_V)$，已完成分解的用户序号集合定义为

$$\mathcal{D}_k=\{s_1,s_2,\cdots,s_k\} \tag{8.4.16}$$

其中，$k=1,2,\cdots,V$，且有$\mathcal{D}_0=\varnothing$。定义$\mathcal{D}_k^c=\mathcal{V}-\mathcal{D}_k$，其中，全集$\mathcal{V}=\{1,2,\cdots,V\}$。当$\mathcal{D}_k$确定后，在原始因子图$\mathcal{G}(\mathcal{V},\mathcal{F})$上移除 VN 节点$v\in\mathcal{D}_k$以及与其相连的边$\mathcal{G}(\mathcal{V},\mathcal{F})$，可以得到删减因子图，对应的因子图矩阵记为$\boldsymbol{F}^{(\mathcal{D}_k)}$。这个矩阵通过将原始因子图矩阵$\boldsymbol{F}$中序号为$v\in\mathcal{D}_k$的列置为全 0 列得到。

例 8.2 $V=6$个用户 SCMA 系统的因子图如图 8.4.2(a)所示，RE 数量$F=4$，系统过载率 SOF 为$\vartheta=150\%$，其对应的叠加矩阵$\boldsymbol{F}$为

$$\boldsymbol{F}=\begin{bmatrix}0&1&1&0&1&0\\1&0&1&0&0&1\\0&1&0&1&0&1\\1&0&0&1&1&0\end{bmatrix} \tag{8.4.17}$$

其中，VN 节点度均为$q_v=2$；FN 节点度均为$d_f=3$。

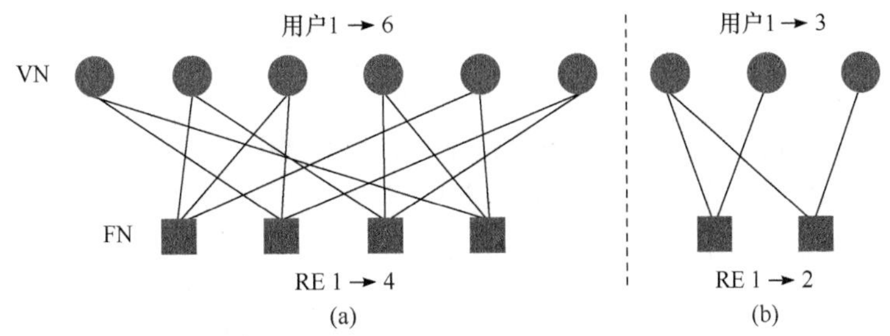

图 8.4.2　NOMA 系统信号叠加因子图表示

$V=3$ 个用户的 PDMA 系统因子图如图 8.4.2(b)所示，RE 数量 $F=2$，系统过载率 SOF 为 $\vartheta=150\%$，其对应的叠加矩阵 $\boldsymbol{F}$ 为

$$\boldsymbol{F}=\begin{bmatrix}1 & 1 & 0\\ 1 & 0 & 1\end{bmatrix} \tag{8.4.18}$$

其中，FN 节点度 $d_f=2$。而 VN 节点度各不相同，q_v 等于 1 或 2，用户 1 可以同时在两个 RE 上传输数据，这是 PDMA 与 SCMA 的显著不同点。

当 $\mathcal{D}_2=\{1,2\}$ 时，式(8.4.17)的因子图矩阵变为

$$\boldsymbol{F}^{(\mathcal{D}_2)}=\begin{bmatrix}0 & 0 & 1 & 0 & 1 & 0\\ 0 & 0 & 1 & 0 & 0 & 1\\ 0 & 0 & 0 & 1 & 0 & 1\\ 0 & 0 & 0 & 1 & 1 & 0\end{bmatrix} \tag{8.4.19}$$

给定 $\boldsymbol{F}^{(\mathcal{D}_k)}$，其 FN 节点与 VN 节点的度为别记为 $d_f^{(\mathcal{D}_k)}$ 与 $q_v^{(\mathcal{D}_k)}$。显然，对于任意 $v\in\mathcal{D}_k$，有 $q_v^{(\mathcal{D}_k)}=0$。在修剪后的因子图上，相对于原始因子图，对于任意$1\leqslant k\leqslant V$，FN 节点度不变或减小，即 $d_f^{(\mathcal{D}_k)}<d_f$。

假设各用户以等功率P发送，在用户分解过程中，即时 SINR 定义如下。

定义 8.5　在确定 $\mathcal{D}_k$ 之后，未分解用户的即时 SINR(Tentative SINR, T-SINR)定义为

$$\gamma_v^{(D_k)}=\sum_{f\in F_v}\frac{P}{\left(d_f^{(D_k)}-1\right)P+N_0}=\sum_{f\in F_v}\frac{1}{\left(d_f^{(D_k)}-1\right)+\lambda} \tag{8.4.20}$$

其中，$v\in\mathcal{D}_k$，常数 $\lambda=N_0/P$。

当确定 $\mathcal{D}_{k-1}$后，需要从序号为 $v\in\mathcal{D}_{k-1}$ 的用户中选取一个进行第 k 轮分解，被分解的用户序号记为 s_k，此时其实际 SINR(Realistic SINR, R-SINR)为

$$\gamma_{s_k}=\gamma_{s_k}^{(D_{k-1})} \tag{8.4.21}$$

在完成上述用户分解过程后，得到 R-SINR 序列 $\mathcal{T}=\left\{\gamma_{s_1},\gamma_{s_2},\cdots,\gamma_{s_V}\right\}$，该序列是代替复杂容量分析的有效度量。对于序列 $\mathcal{T}$ 的均值与方差，分别定义为

$$M\left(\mathcal{T},\boldsymbol{s}\right)=\frac{1}{V}\sum_{k=1}^{V}\gamma_{s_k}=\frac{1}{V}\sum_{f=1}^{F}\sum_{t=1}^{d_f}\frac{1}{\left(d_f-t\right)+\lambda} \tag{8.4.22}$$

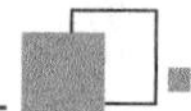

$$V(\mathcal{T},\boldsymbol{s})=\frac{1}{V}\sum_{k=1}^{V}\gamma_{s_k}^2-M^2(\mathcal{T},\boldsymbol{s})\propto\sum_{k=1}^{V}\gamma_{s_k}^2=\Theta(\boldsymbol{s})\tag{8.4.23}$$

显然，根据式(8.4.22)，$\mathcal{T}$ 的均值仅与原始 NOMA 叠加因子图结构有关，而与用户分解顺序 $\boldsymbol{s}$ 无关。这一性质类似于天线分解的容量均值分析。注意到 $\mathcal{T}$ 由 $\boldsymbol{s}$ 唯一确定，最优分解顺序将会最大化 R-SINR 序列的 $V(\mathcal{T},\boldsymbol{s})$，即

$$\boldsymbol{s}^*=\arg\max_{\boldsymbol{s}}V(\mathcal{T},\boldsymbol{s})=\arg\max_{\boldsymbol{s}}\Theta(\boldsymbol{s})\tag{8.4.24}$$

在基于 SUP 的 Polar-NOMA 系统中，最优用户分解顺序 $\boldsymbol{s}^*$ 对应最优系统性能。

当系统用户数 $V=2$ 时，关于最优用户分解顺序 $\boldsymbol{s}^*$，有如下定理。

定理 8.3 两用户 $(V=2)$ 的 Polar-NOMA 系统最优用户分解顺序遵循“由差到好”(Worst-Goes-First, WGF)准则，数学表达式为

$$\boldsymbol{s}^*=\arg\max_{\boldsymbol{s}}\Theta(\boldsymbol{s})=(1,2)\text{，当且仅当}\gamma_1^{(\mathcal{D}_0)}\leqslant\gamma_2^{(\mathcal{D}_0)}\tag{8.4.25}$$

证明 对于两种分解顺序 $\boldsymbol{s}_1=(1,2)$ 与 $\boldsymbol{s}_2=(2,1)$，首先证明条件的必要性，当采用 $\boldsymbol{s}_1$ 时，有

$$\gamma_1=\gamma_1^{(\mathcal{D}_0)}=\sum_{f\in F_1}\frac{1}{\left(d_f^{(\mathcal{D}_0)}-1\right)+\lambda}\tag{8.4.26}$$

其中，由于 $\mathcal{D}_0=\varnothing$，$d_f^{(\mathcal{D}_0)}$ 等于原始因子图中的 d_f。此外，注意到

$$\begin{aligned}\gamma_2=\gamma_2^{(\mathcal{D}_1)}&=\sum_{f\in F_2}\frac{1}{\left(d_f^{(\mathcal{D}_1)}-1\right)+\lambda}\\&=\sum_{f\in F_2\cap F_1}\frac{1}{\left(d_f^{(\mathcal{D}_0)}-2\right)+\lambda}+\sum_{f\in F_2-F_1}\frac{1}{\left(d_f^{(\mathcal{D}_0)}-1\right)+\lambda}\\&=\sum_{f\in F_2}\frac{1}{\left(d_f^{(\mathcal{D}_0)}-1\right)+\lambda}+\Delta=\gamma_2^{(\mathcal{D}_0)}+\Delta\end{aligned}\tag{8.4.27}$$

其中，Δ 具体表达式为

$$\Delta=\sum_{f\in F_2\cap F_1}\left(\frac{1}{\left(d_f^{(\mathcal{D}_0)}-2\right)+\lambda}-\frac{1}{\left(d_f^{(\mathcal{D}_0)}-1\right)+\lambda}\right)>0\tag{8.4.28}$$

因此，可以得到

$$\Theta(\boldsymbol{s}_1)=(\gamma_1)^2+(\gamma_2)^2=\left(\gamma_1^{(\mathcal{D}_0)}\right)^2+\left(\gamma_2^{(\mathcal{D}_0)}+\Delta\right)^2\tag{8.4.29}$$

如果用户分解顺序采用 $\boldsymbol{s}_2$，第一轮用户分解满足

$$\gamma_2=\gamma_2^{(\mathcal{D}_0)}=\sum_{f\in F_2}\frac{1}{\left(d_f^{(\mathcal{D}_0)}-1\right)+\lambda}\tag{8.4.30}$$

第二轮用户分解时，可推知

$$
\begin{aligned}
\gamma_1=\gamma_1^{(\mathcal{D}_1)} &= \sum_{f\in F_1}\frac{1}{\left(d_f^{(\mathcal{D}_1)}-1\right)+\lambda}\\
&= \sum_{f\in F_1\cap F_2}\frac{1}{\left(d_f^{(\mathcal{D}_0)}-2\right)+\lambda}+\sum_{f\in F_1-F_2}\frac{1}{\left(d_f^{(\mathcal{D}_0)}-1\right)+\lambda}\\
&= \sum_{f\in F_1}\frac{1}{\left(d_f^{(\mathcal{D}_0)}-1\right)+\lambda}+\varDelta=\gamma_1^{(\mathcal{D}_0)}+\varDelta
\end{aligned}
\tag{8.4.31}
$$

其中，$\varDelta$ 表达式与式(8.4.28)相同。由此得到

$$
\Theta(\boldsymbol{s}_2)=(\gamma_2)^2+(\gamma_1)^2=\left(\gamma_2^{(\mathcal{D}_0)}\right)^2+\left(\gamma_1^{(\mathcal{D}_0)}+\varDelta\right)^2 \tag{8.4.32}
$$

由于最优用户分解顺序假设为 $\boldsymbol{s}^*=(1,2)$，可以导出如下不等式：

$$
\begin{aligned}
&\Theta(\boldsymbol{s}_1)\geqslant\Theta(\boldsymbol{s}_2)\\
\Rightarrow\ &\left(\gamma_1^{(\mathcal{D}_0)}\right)^2+\left(\gamma_2^{(\mathcal{D}_0)}+\varDelta\right)^2\geqslant\left(\gamma_2^{(\mathcal{D}_0)}\right)^2+\left(\gamma_1^{(\mathcal{D}_0)}+\varDelta\right)^2\\
\Rightarrow\ &\gamma_2^{(\mathcal{D}_0)}\geqslant\gamma_1^{(\mathcal{D}_0)}
\end{aligned}
\tag{8.4.33}
$$

由此证明了必要性。另外，不难观察到不等式链在反方向仍然成立。因此，充分性成立。

定理 8.3 表明在两用户 Polar-NOMA 系统中，WGF 极化调度是最优策略。该策略使得“差”用户与“好”用户之间的差距变得更大，从而增强了第一级信道变换之后用户综合信道之间的极化效果。用户分解顺序的 WGF 极化调度策略遵循信道极化理论，由此得到的用户分解顺序 $\boldsymbol{s}^*$ 能够最大化用户综合信道的容量方差。此外，从证明过程可知，WGF 极化调度策略与信噪比 SNR 无关，仅与 NOMA 系统中多用户的信号叠加方式(因子图结构)有关。

当系统用户数 $V>2$ 时，关于最优用户分解顺序 $\boldsymbol{s}^*$ 有如下必要条件。

定理 8.4　当基于 SUP 的 Polar-NOMA 系统中用户数 $V>2$ 时，最大化 R-SINR 序列方差的最优用户分解顺序 $\boldsymbol{s}^*=(s_1,s_2,\cdots,s_V)$ 必须满足如下必要条件：

$$
\gamma_{s_k}^{(\mathcal{D}_{k-1})}\leqslant\gamma_{s_{k+1}}^{(\mathcal{D}_{k-1})},\quad \forall 1\leqslant k\leqslant(V-1) \tag{8.4.34}
$$

证明　考虑两种用户分解顺序：

$$
\begin{cases}
\boldsymbol{s}_1=\boldsymbol{s}^*=(s_1,s_2,\cdots,s_k,s_{k+1},\cdots,s_V)\\
\boldsymbol{s}_2=(s_1,s_2,\cdots,s_{k+1},s_k,\cdots,s_V)
\end{cases}
\tag{8.4.35}
$$

其中，s_k 与 s_{k+1} 在两种分解顺序中互换位置。注意到，$\Theta(\boldsymbol{s}_1)$ 与 $\Theta(\boldsymbol{s}_2)$ 的差别只与第 s_k 个用户和第 s_{k+1} 个用户有关，这是由于它们的分解顺序位置互换并不影响其他用户。这意味着

$$
\Theta(\boldsymbol{s}_1)-\gamma_{s_k,\boldsymbol{s}_1}-\gamma_{s_{k+1},\boldsymbol{s}_1}=\Theta(\boldsymbol{s}_2)-\gamma_{s_k,\boldsymbol{s}_2}-\gamma_{s_{k+1},\boldsymbol{s}_2} \tag{8.4.36}
$$

其中，$\gamma_{s_k,\boldsymbol{s}_1}$ 与 $\gamma_{s_k,\boldsymbol{s}_2}$ 分别表示在 $\boldsymbol{s}_1$ 与 $\boldsymbol{s}_2$ 下得到的 γ_{s_k}，且 $\gamma_{s_{k+1},\boldsymbol{s}_1}$ 与 $\gamma_{s_{k+2},\boldsymbol{s}_2}$ 的定义类似。对用户 s_k 与 s_{k+1} 应用定理 8.4 中的两用户 WGF 极化调度策略，得到如下不等式关系：

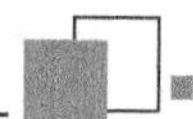

$$
\begin{aligned}
&\Theta\left(\boldsymbol{s}_1\right) \geqslant \Theta\left(\boldsymbol{s}_2\right) \\
&\Rightarrow \gamma_{s_k,\boldsymbol{s}_1} + \gamma_{s_{k+1},\boldsymbol{s}_1} \geqslant \gamma_{s_k,\boldsymbol{s}_2} + \gamma_{s_{k+1},\boldsymbol{s}_2} \\
&\Rightarrow \left(\gamma_{s_k}^{(\mathcal{D}_{k-1})}\right)^2 + \left(\gamma_{s_{k+1}}^{(\mathcal{D}_{k-1})} + \Delta\right)^2 \geqslant \left(\gamma_{s_{k+1}}^{(\mathcal{D}_{k-1})}\right)^2 + \left(\gamma_{s_k}^{(\mathcal{D}_{k-1})} + \Delta\right)^2 \\
&\Rightarrow 2\Delta\gamma_{s_{k+1}}^{(\mathcal{D}_{k-1})} \geqslant 2\Delta\gamma_{s_k}^{(\mathcal{D}_{k-1})} \\
&\Rightarrow \gamma_{s_{k+1}}^{(\mathcal{D}_{k-1})} \geqslant \gamma_{s_k}^{(\mathcal{D}_{k-1})}
\end{aligned}
\tag{8.4.37}
$$

其中，Δ 表达式为

$$
\Delta = \sum_{f \in F_{s_{k+1}} \cap F_{s_k}} \left(\frac{1}{\left(d_f^{(D_{k-1})} - 2\right) + \lambda} - \frac{1}{\left(d_f^{(D_{k-1})} - 1\right) + \lambda} \right) > 0 \tag{8.4.38}
$$

因此，条件的必要性得证。

需要指出的是，多用户$(V>2)$场景中的必要性条件并不能唯一确定用户分解顺序的最优解，反之最优解一定满足定理 8.4 的必要条件。进一步，还可以得到如下推论。

推论 8.1 给定用户分解顺序 $\boldsymbol{s}$ ，交换满足定理 8.4 必要条件的两个相邻位置 s_k 与 s_{k+1} ，将会导致 R-SINR 序列 $\mathcal{T}$ 的方差 $V(\mathcal{T},\boldsymbol{s})$ 减小。

基于定理 8.4 与推论 8.1，对任意 $V \geqslant 2$ 的 Polar-NOMA 系统，当采用 SUP 模式时，得到如下基于 WGF 策略的多用户分解极化调度算法。

算法 8.1 Polar-NOMA 系统多用户分解顺序 WGF 极化调度

Input：用户数 V 及 NOMA 叠加因子图矩阵 $\boldsymbol{F}$

Output：用户分解顺序 $\boldsymbol{s}$

算法过程：

1. 初始化 $\mathcal{D}_0 = \varnothing$ 。
2. 对 $k = 1 \to V$ ，循环执行以下步骤：

(1) 记录

$$
s_k = \arg\min_{v \in D_{k-1}^c} \gamma_v^{(D_{k-1})} \tag{8.4.39}
$$

其中，$\gamma_v^{(D_{k-1})}$ 根据定义 8.5 与矩阵 $\boldsymbol{F}$ 计算得到。

(2) 更新集合 $D_k = D_{k-1} \cup \{s_k\}$ 。

(3) 记录 $\boldsymbol{s} = (s_1, s_2, \cdots, s_k)$ 。

采用算法 8.1，最优用户分解顺序的枚举次数从遍历搜索的 $V!$ 降低到 $\dfrac{(1+V)V}{2} - 1$ 。图 8.4.3 展示了所有可能的 $V!$ 种用户分解顺序中，满足定理 8.4 必要条件的排序(Qualified Orders)所占的比例，以及最大化R-SINR序列方差 $V(\mathcal{T},\boldsymbol{s})$ 的最优排序(Optimal Order)的比例。

此外，SCMA 与 PDMA 两种 NOMA 典型技术分别代表规则与非规则的叠加因子图连接关系[11,12]。图 8.4.3 中“$F \times V$”表示 NOMA 系统中正交物理资源块数量与叠加用户数量。显然，最优用户分解顺序不是唯一的，而是存在很多最优解的等价类。此外，用户数量越多，满足定理 8.4 必要条件的排序占比越低，因此必要条件的筛选能力越强，复杂度降低得越多。

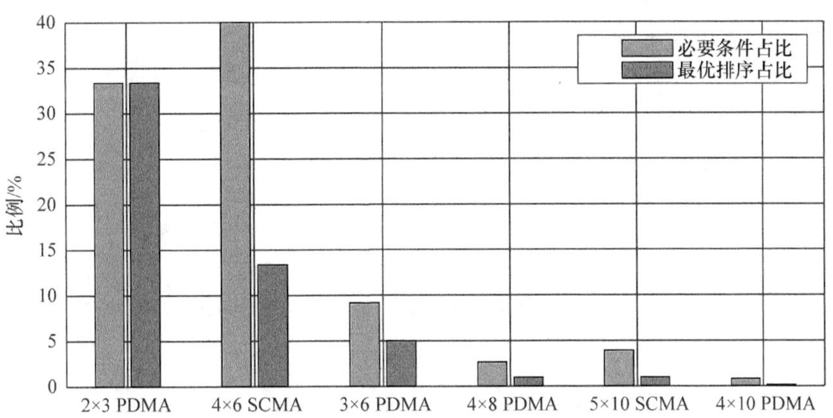

图 8.4.3　两类用户分解顺序在所有分解顺序中的占比

根据上述分析，基于 SUP 的 Polar-NOMA 系统采用算法 8.1 优化用户分解顺序。另外，可以观察到 $\lambda = N_0 / P$ 并不影响最终结果，WGF 极化调度策略和信噪比 SNR 只与 NOMA 叠加因子图结构有关。

8.4.3　基于并行用户分解的信道极化变换

与 SUP 思路相反，另一种三级信道极化的实现方案如图 8.4.4 所示。该方案基于并行用户分解(Parallel User Partition, PUP)，对应于图 8.4.1 的第一级信道变换。整个过程可表示为

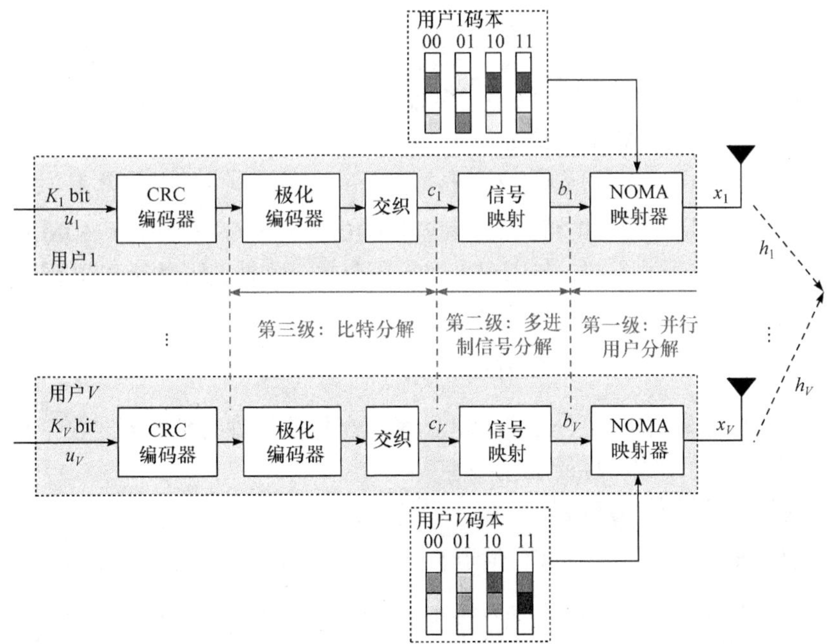

图 8.4.4　Polar-NOMA 系统发送端结构

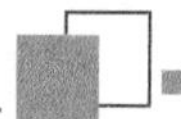

$$W \to \left\{\bar{W}_v\right\} \to \left\{\bar{W}_{v,j}\right\} \to \left\{\bar{W}_v^{(i)}\right\} \tag{8.4.40}$$

其中，第二～第四项依次对应于第一～第三级信道极化变换后产生的子信道。接下来，详细介绍三级信道极化变换过程。

1) 第一级：并行用户分解

第一级信道变换并行地将 NOMA 信道 W 分解为 V 个相互独立的子信道 $\bar{W}_v:\mathbb{B}^J \mapsto \mathcal{Y}$，其转移概率函数为

$$\bar{W}_v\left(\boldsymbol{y}\middle|\boldsymbol{b}_v,\boldsymbol{h}\right)=\frac{1}{2^{J(V-1)}}\sum_{\left(\boldsymbol{b}_1,\cdots,\boldsymbol{b}_{v-1},\boldsymbol{b}_{v+1},\cdots,\boldsymbol{b}_V\right)\in J(V-1)} W\left(\boldsymbol{y}\middle|\boldsymbol{b},\boldsymbol{h}\right) \tag{8.4.41}$$

定义 8.6(并行用户分解) NOMA 信道的 V 阶并行用户分解(V-PUP)定义为

$$W \to \left\{\bar{W}_1,\bar{W}_2,\cdots,\bar{W}_V\right\} \tag{8.4.42}$$

这种方式将信道 W 分解为 V 个相互独立的二进制向量输入信道 $\bar{W}_v, v=1,2,\cdots,V$，也称为用户综合信道(User Synthesized Channel)。

假设输入二进制向量是等概的，$\bar{W}_v$ 的容量表达式写为

$$I\left(\bar{W}_v\right)=I\left(B_v;\boldsymbol{Y}\middle|\boldsymbol{H}\right) \tag{8.4.43}$$

表明用户数据流在接收端以并行干扰抵消(PIC)的方式进行检测。此外，假设 SUP 模式下用户分解顺序配置为 $\boldsymbol{s}=(1,2,\cdots,V)$，易得如下不等式：

$$\begin{aligned} I\left(\bar{W}_v\right)&=I\left(B_v;\boldsymbol{Y}\middle|\boldsymbol{H}\right)\\ &\leqslant I\left(B_v;\boldsymbol{Y}\middle|B_1,B_2,\cdots,B_{v-1},\boldsymbol{H}\right)=I\left(W_v\right) \end{aligned} \tag{8.4.44}$$

因此，可以推知

$$\sum_{v=1}^{V} I\left(\bar{W}_v\right)\leqslant\sum_{v=1}^{V} I\left(W_v\right)=I(W) \tag{8.4.45}$$

对于任意分解顺序 $\boldsymbol{s}$，PUP 模式下的用户综合信道容量和总是与原始 NOMA 信道容量相等。因此，式(8.4.43)对任意 $\boldsymbol{s}$ 都成立。

类似地，也可以用容量均值 $\bar{M}(W)$ 与方差 $\bar{V}(W)$ 评估 $\left\{\bar{W}_v\right\}$ 的极化效果。由于 PUP 模式下，用户综合信道是并行分解得到的，其容量均值与方差都只与原始 NOMA 信道 W 有关，而不像 SUP 模式下的方差，与用户分解顺序有关。此外，注意到 PUP 模式下 $\bar{M}(W)$ 的容量均值小于 SUP 模式下 $M(W,\boldsymbol{s})$ 的容量均值，即

$$\bar{M}(W)\leqslant M(W,\boldsymbol{s}) \tag{8.4.46}$$

式(8.4.46)表明 PUP 模式下的 Polar-NOMA 系统在降低处理时延的同时也带来了容量损失，因此相对于 SUP 模式，性能会差一些。

2) 第二级：多进制信号分解

在第二级信道变换中，用户综合信道 $\bar{W}_v$ 进一步分解为比特综合信道 $\left\{\bar{W}_{v,j}\right\}$。与 SUP 模式下的三级信道变换类似，PUP 模式也采用比特交织编码调制(BICM)思路。因此，用户综合信道 $\bar{W}_v$ 变换为一组 J 个并行独立的二进制单比特输入信道 $\left\{\bar{W}_{v,j}\right\}$，其转移概率为

$$\bar{W}_{v,j}\left(\boldsymbol{y}\middle|b_{v,j}=b,\boldsymbol{h}\right)=\frac{1}{2^{J-1}}\sum_{\boldsymbol{b}_v\in\mathbb{B}^J,b_{v,j}=b}\bar{W}_v\left(\boldsymbol{y}\middle|\boldsymbol{b}_v,\boldsymbol{h}\right) \tag{8.4.47}$$

其中，$b_{v,j}$ 代表 $\boldsymbol{b}_v$ 的第 j 比特，$j=1,2,\cdots,J$，且 $b\in\mathbb{B}$。

3) 第三级：比特分解

第三级信道变换是编码极化，对每个用户，连续使用 N/J 次包含 J 个子信道 $\left\{\bar{W}_{v,j}\right\}$ 的信道组，经过编码极化变换 $\boldsymbol{G}$，系统最终可得到 NV 个比特极化信道 $\left\{\bar{W}_v^{(i)}\right\}$，其中，$v=1,2,\cdots,V$，$i=1,2,\cdots,N$。

8.5　非正交多址系统的极化信号传输

本节分别针对 SUP 模式与 PUP 模式的 Polar-NOMA 系统，设计极化信号传输方案，即详细的发送端与接收端实现过程。

8.5.1　串行用户分解框架下的极化信号传输

1. 发送端编码构造

在基于 SUP 模式的 Polar-NOMA 系统中，信道极化过程分为三级，对应的发送端编码构造过程分为两步，其中，第一步涵盖了第一级与第二级极化。

1) 步骤一：比特综合信道可靠度计算

该步骤计算两级信道变换后比特综合信道的可靠度。给定接收信号 $\boldsymbol{y}$ 与用户信道增益 $\{\boldsymbol{h}_v\}$，NOMA 多用户检测器将各用户比特 LLR 作为软信息输出。基于 EXIT 图思想，令 $B_{v,j}$ 与 $A_{v,j}$ 分别表示对应于第 v 个用户的第 j 比特与其先验信息的随机变量。对于任意 v 与 j，$A_{v,j}$ 建模为高斯随机变量，即满足

$$A_{v,j}=\mu_{v,j}\left(1-2b_{v,j}\right)+n_{v,j} \tag{8.5.1}$$

其中，$n_{v,j}$ 表示均值为 0、方差为 $\sigma_{v,j}^2=2\mu_{v,j}$ 的高斯随机变量。利用这种模型，$B_{v,j}$ 与 $A_{v,j}$ 之间的平均互信息表示为

$$\begin{aligned}I_A(v,j)&=I\left(B_{v,j};A_{v,j}\right)=\Omega\left(\sigma_{v,j}\right)\\&=1-\int_{\mathbb{R}}\frac{1}{\sqrt{2\pi}\sigma_{v,j}}\mathrm{e}^{-\frac{\left(l-\sigma_{v,j}^2/2\right)^2}{2\sigma_{v,j}^2}}\log\left(1-\mathrm{e}^{-l}\right)\mathrm{d}l\end{aligned} \tag{8.5.2}$$

令 $E_{v,j}$ 表示第 v 个用户的第 j 比特所对应的外信息。当得到 $A_{v,j}$ 与接收信号 $\boldsymbol{y}$ 后，基于 EXIT 图分析方法，采用 Monte-Carlo 仿真统计概率分布 $p\left(E_{v,j}\middle|b_{v,j}\right)$。因此，$B_{v,j}$ 与 $E_{v,j}$ 的平均互信息计算为

$$
\begin{aligned}
I_E(v,j) &= I\left(B_{v,j};E_{v,j}\right) \\
&= \sum_{b_{v,j}\in\mathbb{B}} \int_{\mathbb{R}} p\left(l\middle|b_{v,j}\right) p\left(b_{v,j}\right) \log \frac{p\left(l\middle|b_{v,j}\right)}{\sum\limits_{b_{v,j'}\in\mathbb{B}} p\left(l\middle|b_{v,j'}\right) p\left(b_{v,j'}\right)} \mathrm{d}l
\end{aligned} \tag{8.5.3}
$$

根据算法 8.1 的 WGF 极化调度策略，得到优化后的用户检测顺序 $\boldsymbol{s}=(s_1,s_2,\cdots,s_V)$。为获得第 s_k 个用户比特综合信道 $\{W_{s_k,j}\}$ 的可靠度，需要计算 $I_E(s_k,j)$，先验信息满足 $I_A(s_{k'},j)=1,k'=1,\cdots,k-1$，且 $I_A(s_{k'},j)=0,k'=k,\cdots,V$，其中，$j=1,2,\cdots,J$。类似地，$W_{s_k,j}$ 近似为一个 BI-AWGN 信道 $\tilde{W}_{s_k,j}$，两者满足如下容量等效原则：

$$
I\left(W_{s_k,j}\right)=I\left(\tilde{W}_{s_k,j}\right) \tag{8.5.4}
$$

因此，$\tilde{W}_{s_k,j}$ 的 LLR 均值计算如下：

$$
\tilde{\mu}_{s_k,j}=\frac{\tilde{\sigma}_{s_k,j}^2}{2}=\frac{1}{2}\left\{\Omega^{-1}\left[I_E(s_k,j)\right]\right\}^2 \tag{8.5.5}
$$

其中，$\Omega^{-1}(\cdot)$ 表示 $\Omega(\cdot)$ 的反函数。

2) 步骤二：比特极化信道可靠度计算

由于 $W_{s_k,j}$ 近似为等容量的 AWGN 信道 $\tilde{W}_{s_k,j}$，相应的极化子信道 $\left\{W_{s_k}^{(i)}\right\}$ 的可靠度也使用高斯近似算法评估，不再赘述。由此，选出最可靠的 K 个极化子信道承载信息比特，其他为冻结比特。在基于 SUP 模式的 Polar-NOMA 系统中，每个用户分配不同数量的信息比特。对于第 s_k 个用户，其信息比特集合表示为 $\mathcal{A}_{s_k}$。这样，第 s_k 个用户码率为 $R_{s_k}=\left|\mathcal{A}_{s_k}\right|/N$，总传输比特数为 $K=\sum_{k=1}^{V}\left|\mathcal{A}_{s_k}\right|=\sum_{k=1}^{V}K_{s_k}$。

基于 SUP 模式的 Polar-NOMA 系统性能提升的本质原因可以总结为两点：第一是优化后的用户分解顺序 $\boldsymbol{s}$ 可增强系统极化效果；第二是 Polar-NOMA 的码字构造保证第 s_k 个用户的码率会与用户信道容量 $I\left(W_{s_k}\right)$ 实现最佳匹配。

比特极化信道的容量分布如图 8.5.1 所示，其中，PDMA 配置如式(8.4.18)所示。根据算法 8.1，优化后的用户分解顺序为 $\boldsymbol{s}=(2,3,1)$。各用户的码长均为 $N=256$，因此总比特极化信道数量为 $NV=768$。此外，系统码率为 $R=0.5$，信噪比 $E_b/N_0=3\,\text{dB}$。在完成 Polar-NOMA 系统的码字构造后，各用户分配的信息比特数量分别为 $K_1=195$、$K_2=86$ 与 $K_3=103$。由图 8.5.1 可知，相较于第二个和第三个用户，第一个用户分配了更多的信息比特。这种码率的精细分配匹配了用户信道容量，从而获得了性能提升。

2. 接收端联合串行抵消检测与译码

SUP 模式下的 Polar-NOMA 接收机如图 8.5.2 所示，由串行抵消(JSC)检测与极化码译码器联合构成。给定接收信号与用户分解顺序，NOMA 多用户检测器输出第 s_k 个用户的比特 LLR 软信息，将该信息送入极化码译码器，通过译码得到信息比特数据 $\hat{\boldsymbol{u}}_{s_k}$。之后，比特估计序列 $\hat{\boldsymbol{u}}_{s_k}$ 送入极化码编码器与 NOMA 码字映射器，得到重构的 NOMA 码

字向量 $\hat{\boldsymbol{x}}_{s_k}$。基于重构码字硬信息 $\hat{\boldsymbol{x}}_{s_k}$ 在因子图上抵消已检测用户的干扰，然后继续检测第 s_{k+1} 个用户。详细的 JSC 检测与译码过程如下述算法。

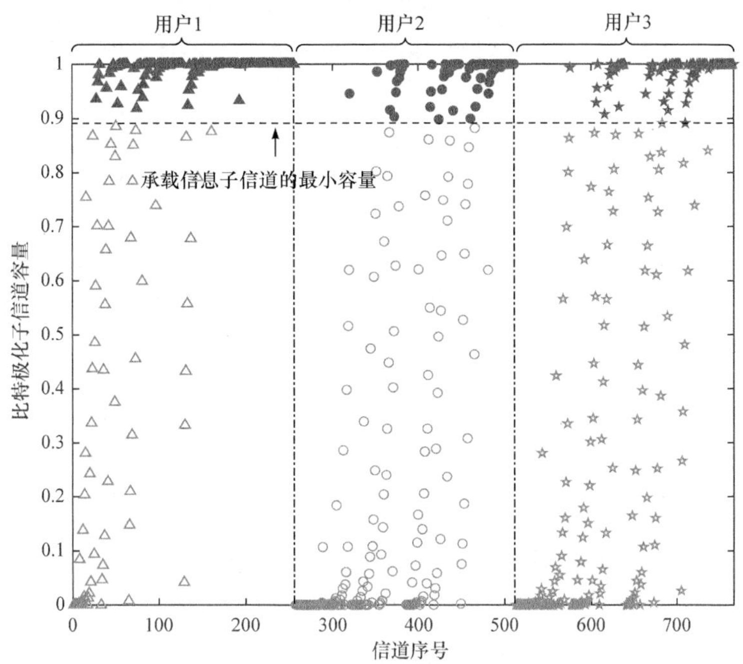

图 8.5.1　AWGN 信道下，采用 2×3 PDMA 的 Polar-NOMA 系统中比特极化信道容量分布

算法 8.2　联合串行抵消(JSC)检测与译码算法

Input：N/J 个时隙内的接收信号向量 $\boldsymbol{y}$、各用户的信道增益向量 $\{\boldsymbol{h}_v\}$ 及预定的用户分解顺序 $\boldsymbol{s}=(s_1,s_2,\cdots,s_V)$

Output：各用户原始信息比特数据估计值 $\hat{\boldsymbol{u}}_v$

对 $k=1\to V$，循环执行以下步骤：

(1) 令 $\mathcal{D}_{k-1}=\{s_1,s_2,\cdots,s_{k-1}\}$，其中，$\mathcal{D}_0=\varnothing$；

(2) 在修剪后的因子图上执行 SC-MPA 算法，得到第 s_k 个用户的比特 LLR 软信息；

(3) 将比特 LLR 软信息送入极化码译码器得到 $\hat{\boldsymbol{u}}_{s_k}$，译码算法可采用 SC、SCL 或者 CA-SCL；

(4) 利用第 s_k 个用户的译码结果 $\hat{\boldsymbol{u}}_{s_k}$ 来重构其对应的 NOMA 码字 $\hat{\boldsymbol{x}}_{s_k}$，并将其反馈到 NOMA 检测器。

上述算法中，多用户检测采用串行抵消辅助的 MPA(Successive Cancellation Aided MPA, SC-MPA)算法。其基本思想是，确定已检测用户集合 $\mathcal{D}_k$ 后，修剪因子图上与 FN 节点 f 相连的 VN 节点集合，记为 $\mathcal{V}_f^{(\mathcal{D}_k)}$，其中，$\mathcal{V}_f^{(\mathcal{D}_0)}=\mathcal{V}_f$。显然，对任意 VN 节点 $v\in\mathcal{D}_k^c$，与其相连的 FN 节点集合仍然为 $\mathcal{F}_v$。通过在修剪因子图上执行 MPA 算法，可以得到第 s_{k+1} 个用户的比特 LLR 软信息，记为 $\Lambda\left(b_{s_{k+1},j}\right)$，如图 8.5.2 所示。

首先定义如下关于第 α 轮 SC-MPA 算法的内迭代参数。

(1) $\Gamma_{v\to f}^{(\alpha)}\left(\boldsymbol{x}_v\right)$ 表示第 v 个用户的码字 $\boldsymbol{x}_v$ 的对数似然概率，该值从第 v 个 VN 节点传

递到第 f 个 FN 节点。

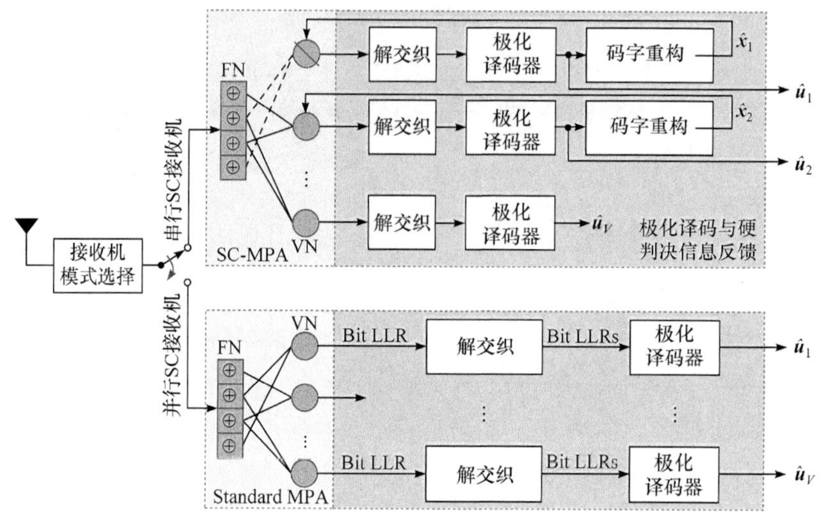

图 8.5.2 Polar-NOMA 系统接收端示意图

(2) $\Gamma_{f\to v}^{(\alpha)}(\boldsymbol{x}_v)$ 表示第 v 个用户的码字 $\boldsymbol{x}_v$ 的对数似然概率，该值从第 f 个 FN 节点传递到第 v 个 VN 节点。

给定 $\mathcal{D}_{k-1}$，为获得第 s_k 个用户的比特 LLR 信息，SC-MPA 算法步骤如下。

算法 8.3 SC-MPA 多用户检测算法

1. 初始化过程

(1) 令 $\alpha=1$，设置 MPA 最大迭代次数为 $\Omega_{\max}$；

(2) 更新接收信号为

$$\hat{\boldsymbol{y}}=\boldsymbol{y}-\sum_{v\in D_{k-1}}\text{diag}(\boldsymbol{h}_v)\hat{\boldsymbol{x}}_v \tag{8.5.6}$$

(3) 计算对数域条件概率

$$\Xi_f(\boldsymbol{x})=-\frac{1}{N_0}\hat{y}_f-\sum_{v\in\mathcal{V}_f^{(D_{k-1})}}h_{v,f}x_{v,f}{}^2 \tag{8.5.7}$$

其中，$\boldsymbol{x}=\{\boldsymbol{x}_v\}$，$v\in\mathcal{V}_f^{(D_{k-1})}$，且 $\hat{y}_f$ 是 $\hat{\boldsymbol{y}}$ 中第 f 个元素；

(4) 对任意 $v\in\mathcal{D}_{k-1}^c$ 与 $f\in\mathcal{F}_v^{(D_{k-1})}$，初始化 $\Gamma_{v\to f}^{(0)}(\boldsymbol{x}_v)=-\ln M=-\ln 2^J$。

2. 迭代消息传递

(1) FN 节点更新：对任意 $1\leqslant f\leqslant F$ 及 $v\in\mathcal{V}_f^{(D_{k-1})}$，计算

$$\Gamma_{f\to v}^{(\alpha)}(\boldsymbol{x}_v)=\max_{\boldsymbol{x}_u:u\in\mathcal{V}_f^{(D_{k-1})}\setminus v}{}^*\left\{\Xi_f(\boldsymbol{x})+\sum\nolimits_{u\in\mathcal{V}_f^{(D_{k-1})}\setminus v}\Gamma_{u\to f}^{(\alpha-1)}(\boldsymbol{x}_u)\right\} \tag{8.5.8}$$

其中，$\max^*\{a_1,\cdots,a_n\}=\ln\left(\mathrm{e}^{a_1}+\cdots+\mathrm{e}^{a_n}\right)$。接着，对每一个 $\Gamma_{f\to v}^{(\alpha)}(\boldsymbol{x}_v)$ 执行归一化操作：

$$\Gamma_{f\to v}^{(\alpha)}(\mathbf{x}_v)=\Gamma_{f\to v}^{(\alpha)}(\mathbf{x}_v)-\max_{\mathbf{x}_v\in\mathcal{X}_v}{}^*\left\{\Gamma_{f\to v}^{(\alpha)}(\mathbf{x}_v)\right\} \tag{8.5.9}$$

(2) VN 节点更新：对 $k\leqslant k'\leqslant V$，令 $v=s_{k'}$，对每个 FN 节点 $f\in\mathcal{F}_v$，计算

$$\Gamma_{v\to f}^{(\alpha)}(\boldsymbol{x}_v)=\sum\nolimits_{h\in\mathcal{F}_v\setminus f}\Gamma_{h\to v}^{(\alpha)}(\boldsymbol{x}_v) \tag{8.5.10}$$

接着，对每一个 $\Gamma_{v\to f}^{(\alpha)}(\boldsymbol{x}_v)$ 执行归一化操作：

$$\Gamma_{v\to f}^{(\alpha)}(\boldsymbol{x}_v)=\Gamma_{v\to f}^{(\alpha)}(\boldsymbol{x}_v)-\max_{\mathbf{x}_v\in\mathcal{X}_v}{}^{*}\left\{\Gamma_{v\to f}^{(\alpha)}(\boldsymbol{x}_v)\right\} \tag{8.5.11}$$

(3) 更新 $\alpha=\alpha+1$；若 $\alpha>\Omega_{\max}$，转到步骤 3；否则，转到步骤 2。

3. 计算第 s_k 个用户的比特 LLR

在完成步骤 2 的迭代消息传递后，计算第 s_k 个用户的比特 LLR：

$$\Lambda\left(b_{s_k,j}\right)=\max_{\boldsymbol{x}_{s_k}:\boldsymbol{x}_{s_k}^{(j)}=0}{}^{*}\left\{\Gamma_{s_k}\left(\boldsymbol{x}_{s_k}\right)\right\}-\max_{\boldsymbol{x}_{s_k}:\boldsymbol{x}_{s_k}^{(j)}=1}{}^{*}\left\{\Gamma_{s_k}\left(\boldsymbol{x}_{s_k}\right)\right\} \tag{8.5.12}$$

其中，$\Gamma_{s_k}\left(\boldsymbol{x}_{s_k}\right)$ 写为

$$\Gamma_{s_k}\left(\boldsymbol{x}_{s_k}\right)=\sum_{h\in\mathcal{F}_{s_k}}\Gamma_{h\to s_k}^{(\Omega_{\max})}\left(\boldsymbol{x}_{s_k}\right) \tag{8.5.13}$$

在 JSC 检测与译码过程中，各用户可采用 CA-SCL 译码算法，在 CRC 辅助下，接收机可以知道用户译码是否正确。若用户译码器列表内有译码结果通过 CRC 校验，则该路径可作为译码结果 $\hat{\boldsymbol{u}}_{s_k}$。相反，若列表中无路径通过 CRC 校验，则将度量最大的幸存路径作为译码结果 $\hat{\boldsymbol{u}}_{s_k}$。利用 $\hat{\boldsymbol{u}}_{s_k}$，继续执行后续 NOMA 码字重构与反馈步骤。

8.5.2 并行用户分解框架下的极化信号传输

1. 发送端编码构造

对于 PUP 模式下的 Polar-NOMA 系统，不同于 SUP 模式，所有用户并行处理。编码构造仍然分为两步。

1) 步骤一：比特综合信道可靠度计算

注意到 PUP 模式下的 Polar-NOMA 系统接收端采用并行检测与译码，该过程会忽略掉码字重构与反馈步骤。相应地，比特综合信道可靠度的计算比 SUP 模式简单。

为获得比特综合信道 $\left\{\bar{W}_{v,j}\right\}$ 的可靠度，需要在没有先验信息($I_A(v,j)=0$，对 $\forall v,j$)的条件下估计 $I_E(v,j)$。之后，将 $\bar{W}_{v,j}$ 近似为等容量的 AWGN 信道 $\tilde{W}_{v,j}$，即

$$I\left(\bar{W}_{v,j}\right)=I\left(\tilde{W}_{v,j}\right) \tag{8.5.14}$$

由此，$\tilde{W}_{v,j}$ 的 LLR 均值为

$$\tilde{\mu}_{v,j}=\frac{\tilde{\sigma}_{v,j}^2}{2}=\frac{1}{2}\left\{\Omega^{-1}\left[I_E(v,j)\right]\right\}^2 \tag{8.5.15}$$

2) 步骤二：比特极化信道可靠度计算

由于 $\bar{W}_{v,j}$ 等效为 AWGN 信道 $\tilde{W}_{v,j}$，可使用高斯近似算法评估可靠性，不再赘述。

2. 接收端并行检测与译码

在接收端，采用 MPA 算法作为 PUP 模式下的多用户检测算法，其中多址干扰以并行方式进行抑制，残余的多址干扰由各用户的极化码译码器进一步消除。总体来说，多用户检测与极化码译码分别以并行和串行干扰抵消(PSC)的方式消除多址干扰，联合组成

了 PUP 模式下的 Polar-NOMA 系统接收机，如图 8.5.2 所示。

8.5.3 极化 NOMA 性能评估

为了评估 Polar-NOMA 系统的性能，采用三种 NOMA 方案，其中 4×6 SCMA 的叠加因子图矩阵见式(8.4.17)、2×3 PDMA 的叠加因子图矩阵见式(8.4.18)。另一种 3×6 PDMA 方案的叠加因子图矩阵为

$$\boldsymbol{F}=\begin{bmatrix}1&1&0&1&0&0\\1&0&1&0&1&0\\0&1&1&0&0&1\end{bmatrix} \tag{8.5.16}$$

SCMA 码本通过旋转 4 进制的脉冲幅度调制(PAM)星座而最大化系统和速率。另外两种 PDMA 码本直接采用 QPSK 调制星座，不需要复杂的设计。上述三种 NOMA 方案中，各用户的调制阶数均为 $J=2$。

本节采用的各种 Polar-NOMA 系统中，用户码长为 $N=1024$，系统总体码率为 $R=0.5$。此外，CRC 的生成多项式为 $g(x)=x^{10}+x^9+x^8+x^7+x^4+x^2+1$。因此，系统非固定比特(信息比特+CRC 比特)数量为 $NVR+10V=522V$。基于 SUP 的 Polar-NOMA 系统，接收端采用 JSC 检测与译码算法，CA-SCL 译码算法的列表大小 $L=32$。用户分解顺序为 WGF 极化调度策略(接收端检测顺序)，传统的 BGF(Best-Goes-First)调度策略作为对比方案。基于 PUP 的 Polar-NOMA 方案，采用标准 MPA 多用户检测算法与 CA-SCL 译码算法相结合的方式。SC-MPA 或 MPA 算法内迭代次数设为 $\Omega_{\max}=3$ 次。

作为对比方案，也对 Turbo-NOMA 系统性能进行评估。Turbo 码编码及其速率适配方案参照 LTE 标准[9]。各用户的码长与系统总体码率及 Polar-NOMA 系统一致。Turbo 译码采用 Log-MAP 算法，其内部两个分量码译码器之间的迭代次数设为 8 次。为公平对比，Polar-NOMA 系统中的 JSC 接收机对应于 Turbo-NOMA 系统中的外迭代接收机。由于在 JSC 接收机中，共有 V 次硬信息反馈，Turbo-NOMA 系统中的外迭代次数也设置为 V 次。低时延的 PSC 接收机由于没有信息反馈过程，相应的 Turbo-NOMA 系统中，接收机采用无外迭代结构。

1. 数值结果分析

对于 SUP 模式，图 8.5.3 给出了 AWGN 信道下，用户综合信道容量方差 $V(W,\boldsymbol{s})$。由图可知，相对于传统意义上的 BGF 调度，WGF 极化调度策略可以显著提高方差 $V(W,\boldsymbol{s})$。图中的最优结果由遍历搜索得到，目标是最大化方差。如 8.4.2 节所述，尽管算法 8.1 的用户分解顺序无法证明是最优的，但由图可知，此结果与遍历搜索得到的最优解几乎完全一致。可见 WGF 确实是一种性能优越的极化调度策略。

对于 PUP 模式，用户综合信道容量分布见图 8.5.4。在并行用户分解模式下，SCMA 的规则信号叠加结构中各用户的可靠度几乎完全一致，而 PDMA 的非规则结构仍然使用户可靠度不一致。由此可见，采用 PDMA 的 Polar-NOMA 系统极化效果更强，比同等系统负载率下采用 SCMA 的 Polar-NOMA 系统有更大的性能增益。

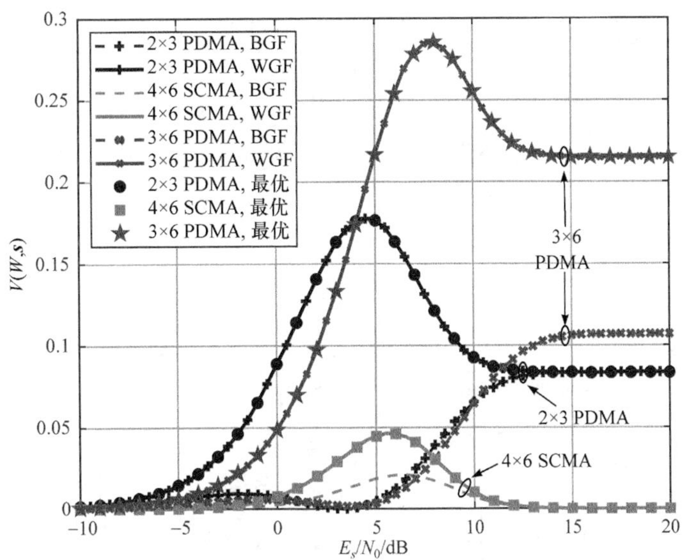

图 8.5.3　AWGN 信道下采用 SUP 模式时，用户综合信道容量方差 $V(W,\boldsymbol{s})$

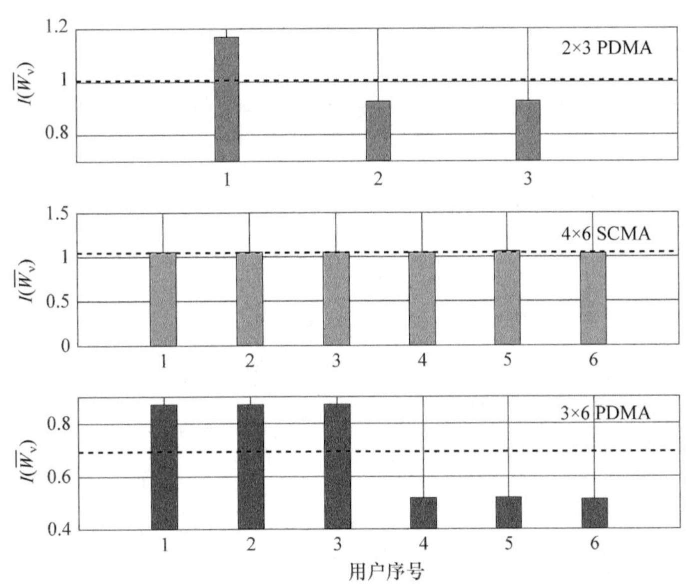

图 8.5.4　AWGN 信道下，采用 PUP 模式的用户综合信道容量分布

2. 仿真结果分析

AWGN 信道下基于 SUP 模式的 Polar-NOMA 系统平均 BLER 性能如图 8.5.5 所示，相应的 Turbo-NOMA 系统采用外迭代(w/-oi)接收机。显然，当系统 SOF $\vartheta=150\%$ 时，Polar-NOMA 系统的平均 BLER 性能至少比 Turbo-NOMA 系统好 0.25dB。此外，当 SOF $\vartheta=200\%$ 时，Polar-NOMA 相对于 Turbo-NOMA 的性能增益可以达到 1.5dB。此外，Turbo-NOMA 系统在高信噪比区间出现明显的“误码平台”现象，然而 Polar-NOMA 没有这一现象。相对于 BGF 调度策略，WGF 调度策略有 0.25dB 的增益。以上分析表明，对于 Polar-NOMA 系统，用户码本设计与 NOMA 信号叠加结构需要联合设计来获得更好的性能。

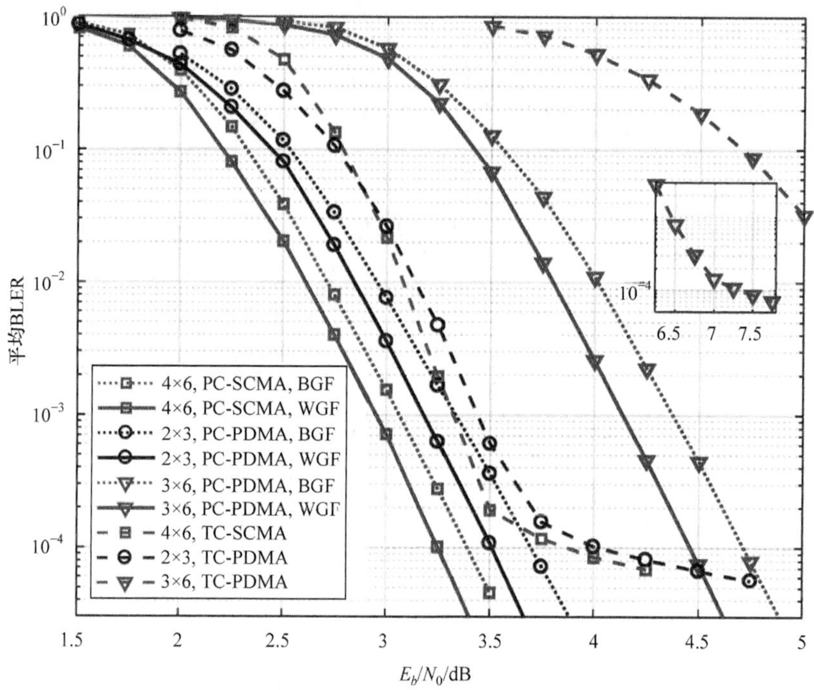

图 8.5.5 AWGN 信道下，基于 SUP 模式的 Polar-NOMA 与 Turbo-NOMA w/-oi 性能对比

注：图例中 的“PC”与“TC”分别表示 Polar 编码与 Turbo 编码的系统

图 8.5.6 展示了 AWGN 及 Rayleigh 衰落信道下，基于 PUP 模式的 Polar-NOMA 与

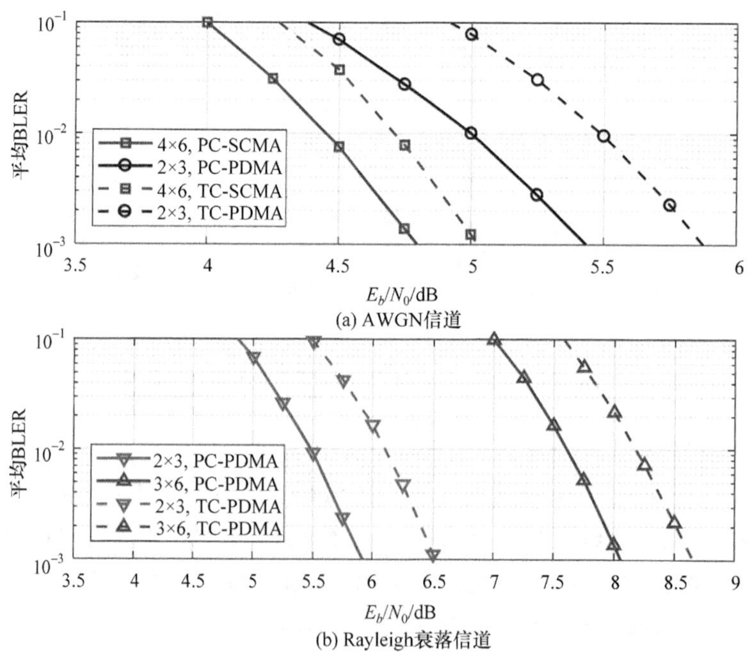

图 8.5.6 AWGN 与 Rayleigh 衰落信道下，基于 PUP 模式的 Polar-NOMA 与 Turbo-NOMA w/o-oi 性能对比

Turbo-NOMA w/o-oi 性能对比结果。在 AWGN 信道下，给定 SOF $\vartheta=150\%$，当采用4×6 SCMA 方案时，Polar-NOMA 系统比 Turbo-NOMA 系统性能好约 0.25dB。在相同 SOF 下，当采用2×3 PDMA 方案时，该性能增益会扩大到 0.5dB 左右。在 Rayleigh 衰落信道下，当 SOF 分别配置为$\vartheta=150\%$与$\vartheta=200\%$时，Polar-NOMA 系统相对于 Turbo-NOMA 系统的性能增益可以达到 0.5～0.6dB。

图 8.5.7 给出了 Rayleigh 衰落信道下，采用3×6 PDMA 方案时的系统吞吐率。由图可知，在 SUP 模式下，两种用户分解策略(WGF 与 BGF)中，Polar-NOMA 系统吞吐率η相对于 Turbo-NOMA 系统有 0.4～0.5dB 的增益。PUP 模式下，前者比后者也有约 0.5dB 增益。

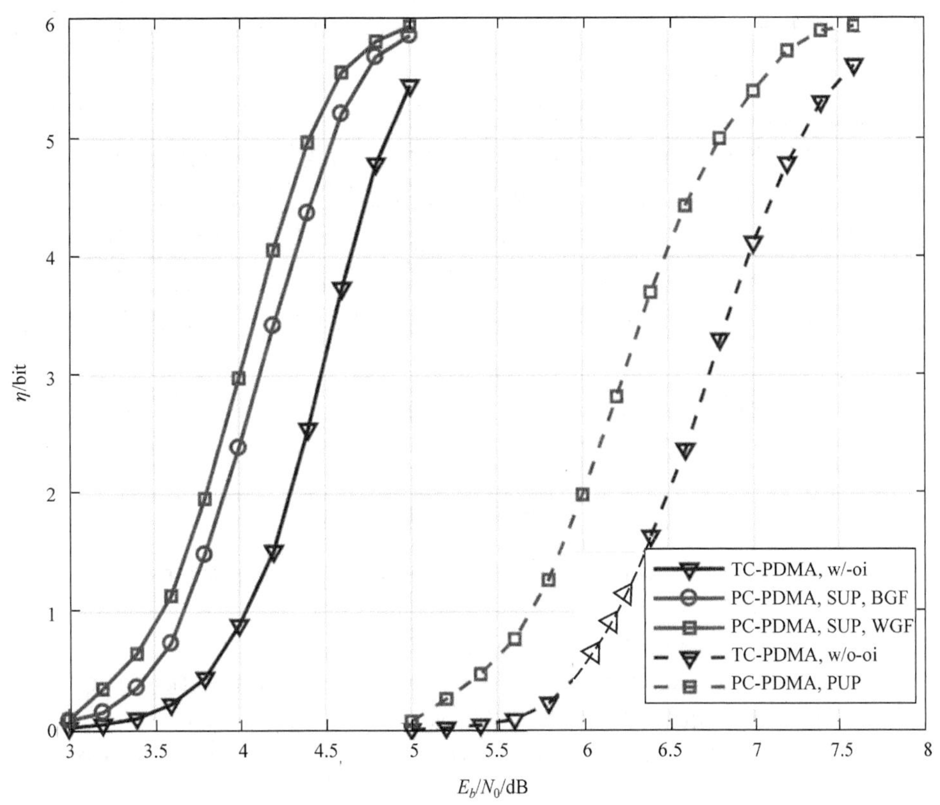

图 8.5.7　Rayleigh 衰落信道下不同编码 NOMA 系统的吞吐率对比

8.6 本 章 小 结

长期以来，人们采用联合优化的方法提高通信系统的整体性能。其中的典型代表技术包括格型编码调制(TCM)与 Turbo 迭代处理。TCM 技术将信道编码与星座调制进行联合优化，通过引入集分割(SP)映射，优化编码调制符号序列的欧氏距离，从而能够逼近高信噪比下的信道容量。但由于采用了 ML 检测译码算法(如 Viterbi 算法)，当逼近信道容量极限时，TCM 的实现复杂度较高。与之相对应，随着 Turbo 码、LDPC 码的发明与

实用，Turbo 处理也引起了人们的普遍重视，基于迭代结构信号处理成为逼近信道容量的重要技术方案。但由于需要多次迭代，处理时延很大且复杂度较高，Turbo 处理的应用具有明显的局限性。

自从极化码发明以来，大量的理论分析表明，信道极化不仅存在于编码系统中，也是各种通信系统中普遍存在的现象，如 MIMO 系统、多址接入、非正交多载波系统。信道极化引入了通信系统优化的新观点，是方法论的创新。与前面两种联合优化技术相比，在理论性能上，基于信道极化码设计的通信系统，能够逼近相应的信道容量，具有同等或者更好的渐近性能；在实用化方面，基于信道极化观点优化的通信系统，由于采用了不需要迭代处理的类似串行抵消(SC)结构的接收机，能够获得复杂度与性能的双重优势。

借助于广义极化观点，本章将极化码的设计思想进一步推广到编码传输系统，并总结了极化信息处理框架。在通信系统中，应用极化信息处理技术的优势集中体现在以下两个方面。

(1) 高频谱效率。极化编码 MIMO 方案，集成了编码、调制与空间三级极化结构。对比 Turbo/LDPC 编码 MIMO 系统，PC-MIMO 由于充分挖掘了空间极化效应，具有显著的性能增益，极大提升了频谱效率，是满足高频谱效率传输需求的新型技术。

(2) 大系统容量。极化编码 NOMA 方案，包含编码、信号与用户三级极化结构。理论上，PC-NOMA 能够逼近多址接入信道容量极限，具有优越的渐近性能。工程上，这一方案能够以低复杂度多用户检测算法显著提高接入用户容量，满足通信系统大容量接入需求。

综上所述，基于极化信息处理思想，设计极化编码传输系统，是满足未来通信需求的重要技术，具有广阔的应用前景。

参 考 文 献

[1] ARIKAN E. Channel polarization: a method for constructing capacity-achieving codes [J]. IEEE Transactions on Information Theory, 2009, 55(7): 3051-3073.

[2] 牛凯, 戴金晟, 朴瑨楠. 面向 6G 的极化码与极化信息处理[J]. 通信学报，2020，41(5): 9-17.

[3] DAI J C, NIU K , LIN J R. Polar-coded MIMO systems [J]. IEEE Transactions on Vehicular Technology, 2018, 67(7): 6170-6184.

[4] 戴金晟. 基于广义极化变换的多流信号传输理论与方案研究[D]. 北京：北京邮电大学，2019.

[5] DAI J C, NIU K, SI Z, et al. Polar-coded non-orthogonal multiple access [J]. IEEE Transactions on Signal Processing, 2018, 66(5): 1374-1389.

[6] LI Y, NIU K, DONG C. Polar-coded GFDM systems [J]. IEEE Access, 2019, 7: 149299-149307.

[7] EDELMAN A. Eigenvalues and condition number of random matrices [D]. Cambridge: MIT, 1989.

[8] VUCETIC B, YUAN J. Space-time coding [M]. New York: John Wiley & Sons, 2003.

[9] 3RD GENERATION PARTNERSHIP PROJECT (3GPP). Multiplexing and channel coding (FDD) [S/OL]. 3GPP TS 36.212, Release 10, 2010[2019-09-13]. https://www.3gpp.org/DynaReport/ 36212.htm.

[10] 3RD GENERATION PARTNERSHIP PROJECT (3GPP). Multiplexing and channel coding [S/OL]. 3GPP TS 38.212, V.15.1.0. 2018[2018-01-02]. https://www.3gpp.org/DynaReport/ 38212.htm.

[11] DING Z, LEI X, KARAGIANNIDIS G K, et al. A survey on non-orthogonal multiple access for 5G networks: research challenges and future trends [J]. IEEE Journal on Selected Areas in Communications, 2017, 35(10): 2181-2195.

[12] DAI L, WANG B, YUAN Y, et al. Non-orthogonal multiple access for 5G: solutions, challenges, opportunities, and future research trends [J]. IEEE Communications Magazine, 2015, 53(9): 74-81.